JN494102

VALUES OF SOME PHYSICAL CONSTANTS

Constant	Symbol	Value
Atomic mass constant	m_u	$1.660\,5402 \times 10^{-27}$ kg
Avogadro constant	N_A	$6.022\,1367 \times 10^{23}$ mol^{-1}
Bohr magneton	$\mu_B = e\hbar/2m_e$	$9.274\,0154 \times 10^{-24}$ J·T^{-1}
Bohr radius	$a_0 = 4\pi\epsilon_0\hbar^2/m_e e^2$	$5.291\,772\,49 \times 10^{-11}$ m
Boltzmann constant	k_B	$1.380\,658 \times 10^{-23}$ J·K^{-1}
		$0.695\,038$ cm^{-1}·K^{-1}
Electron magnetic moment	μ_e	$9.284\,7701 \times 10^{-24}$ J·T^{-1}
Electron rest mass	m_e	$9.109\,3897 \times 10^{-31}$ kg
Gravitational constant	G	$6.672\,59 \times 10^{-11}$ m^3·kg^{-1}·s^{-2}
Molar gas constant	R	$8.314\,510$ J·K^{-1}·mol^{-1}
Fine structure constant	$\alpha = e^2/2h\epsilon_0 c$	$7.297\,353\,08 \times 10^{-3}$
	α^{-1}	$137.035\,989$
Hartree energy	$E_h = \hbar^2/m_e a_0^2$	$4.359\,7482 \times 10^{-18}$ J
Neutron rest mass	m_n	$1.674\,9286 \times 10^{-27}$ kg
Nuclear magneton	$\mu_N = e\hbar/2m_p$	$5.050\,7866 \times 10^{-27}$ J·T^{-1}
Permittivity of vacuum	ϵ_0	$8.854\,187\,816 \times 10^{-12}$ C^2·J^{-1}·m^{-1}
	$4\pi\epsilon_0$	$1.112\,650\,056 \times 10^{-10}$ C^2·J^{-1}·m^{-1}
Planck constant	h	$6.626\,0755 \times 10^{-34}$ J·s
	$\hbar$	$1.054\,572\,66 \times 10^{-34}$ J·s
Proton charge	e	$1.602\,177\,33 \times 10^{-19}$ C
Proton magnetogyric ratio	γ_p	$2.675\,221\,28 \times 10^{8}$ s^{-1}·T^{-1}
Proton rest mass	m_p	$1.672\,6231 \times 10^{-27}$ kg
Rydberg constant (Bohr)	$R_\infty = m_e e^4/8\epsilon_0^2 h^2$	$2.179\,8736 \times 10^{-23}$ J
		$109\,737.315\,34$ cm^{-1}
Rydberg constant (exptl)	R_H	$109\,677.581$ cm^{-1}
Speed of light in vacuum	c	$299\,792\,458$ m·s^{-1} (defined)
Stefan–Boltzmann constant	$\sigma = 2\pi^5 k_B^4/15h^3c^2$	$5.670\,51 \times 10^{-8}$ J·m^{-2}·K^{-4}·s^{-1}

CONVERSION FACTORS FOR ENERGY UNITS

	joule	kJ·mol^{-1}	eV
1 joule	1	$6.022\,137 \times 10^{20}$	$6.241\,506 \times 10^{18}$
1 kJ·mol^{-1}	$1.660\,540 \times 10^{-21}$	1	$1.036\,427 \times 10^{-2}$
1 eV	$1.602\,177 \times 10^{-19}$	96.4853	1
1 *E*h	$4.359\,748 \times 10^{-18}$	2625.500	27.2114
1 cm^{-1}	$1.986\,447 \times 10^{-23}$	$1.196\,266 \times 10^{-2}$	$1.239\,842 \times 10^{-4}$
1 Hz	$6.626\,076 \times 10^{-34}$	$3.990\,313 \times 10^{-13}$	$4.135\,669 \times 10^{-15}$

SI PREFIXES

Fraction	Prefix	Symbol	Multiple	Prefix	Symbol
10^{-1}	deci	d	10	deka	da
10^{-2}	centi	c	10^{2}	hecto	h
10^{-3}	milli	m	10^{3}	kilo	k
10^{-6}	micro	μ	10^{6}	mega	M
10^{-9}	nano	n	10^{9}	giga	G
10^{-12}	pico	p	10^{12}	tera	T
10^{-15}	femto	f	10^{15}	peta	P
10^{-18}	atto	a	10^{18}	exa	E

GREEK ALPHABET

Alpha	A	α	Iota	I	ι	Rho	P	ρ
Beta	B	β	Kappa	K	κ	Sigma	Σ	σ
Gamma	Γ	γ	Lambda	Λ	λ	Tau	T	τ
Delta	Δ	δ	Mu	M	μ	Upsilon	Υ	υ
Epsilon	E	ϵ, ε	Nu	N	ν	Phi	Φ	ϕ
Zeta	Z	ζ	Xi	Ξ	ξ	Chi	X	χ
Eta	H	η	Omicron	O	o	Psi	Ψ	ψ
Theta	Θ	θ	Pi	Π	π	Omega	Ω	ω

SOME COMMONLY USED NON-SI UNITS

Unit	Quantity	Symbol	SI value
Angstrom	length	Å	10^{-10} m = 100 pm
Calorie	energy	cal	4.184 J (defined)
Debye	dipole moment	D	3.3356×10^{-30} C·m
			0.39345 au
Gauss	magnetic field strength	G	10^{-4} T

E_h	cm^{-1}	Hz
$2.293\,710 \times 10^{17}$	$5.034\,11 \times 10^{22}$	$1.509\,189 \times 10^{33}$
$3.808\,798 \times 10^{-4}$	83.5935	$2.506\,069 \times 10^{12}$
$3.674\,931 \times 10^{-2}$	8065.54	$2.417\,988 \times 10^{14}$
1	$2.194\,7463 \times 10^{5}$	$6.579\,684 \times 10^{15}$
$4.556\,355 \times 10^{-6}$	1	$2.997\,925 \times 10^{10}$
$1.519\,830 \times 10^{-16}$	$3.335\,64 \times 10^{-11}$	1

Quantum Chemistry

Second Edition

양자화학 제2판

Donald A. McQuarrie 저 | 김홍래 옮김

자유아카데미

QUANTUM CHEMISTRY

2nd Edition

Donald A. McQuarrie

All Rights Reserved.
Authorized translation of the edition published by University Science Books Sausalito, California.
No part of this book may be reproduced in any form without the written permission of University Science Books.

Copyright © 2008 by University Science Books.
Korean translation copyrights © 2010 by Freedom Academy PUB CO.

저자 서문

이 책의 초판은 1980년대 초에 발행되었다. 그 당시 분자에 대한 계산은 양자 화학자들의 전문 영역이었으나, 그 이후 엄청난 변화가 있었다. 컴퓨터 기능의 폭발적인 향상과 접근성은 20년 전에는 상상도 할 수 없었던, 분자에 대한 계산을 학부 학생들도 일상적으로 수행할 수 있도록 만들었다. 새 책은 대부분의 화학과에서 접속이 가능한 Gaussian 또는 WebMO 같은 양자화학의 프로그램에 대한 사용법과 프로그램에 대한 논의를 추가하여 학부생들이 계산을 수행할 수 있도록 하였다. 대학의 학부생들이 양자화학 계산을 수행함은 물론 North Carolina의 North Carolina High School Chemistry Server (http://chemistry.ncssm.edu)를 통하여 고등학생들이 사용할 수 있는 프로그램도 있다.

이러한 양자화학 프로그램에 더하여 이전에는 힘든 작업으로 여겼던 계산을 일상적으로 쉽게 수행할 수 있도록 하는 수학 프로그램인 MathCad 또는 Mathematica 같은 프로그램들이 다수 존재한다. 이 프로그램들은 수치 계산뿐만 아니라 대수학적인 처리들도 수행한다. 이 프로그램들은 비교적 배우고 사용하기 쉽기 때문에 진지한 과학도들이라면 이들 중 하나는 잘 사용할 수 있어야 한다. 이 프로그램들은 학생들을 수치 계산에 매달리지 않게 하여 그 안에 있는 물리적인 아이디어에 집중할 수 있도록 한다. 또한 이 프로그램들은 변수들을 변화시키며 결과를 그래프화하도록 하여 수식의 성질에 대해 알 수 있도록 한다. 이 책에는 이러한 프로그램을 사용하여야 하는 연습문제들이 다수 포함되어 있다.

컴퓨터 혁명의 또 하나의 산물은 수많은 자료들에 대한 온라인상 접근성이다. 책의 각 장들에서 여러 웹사이트들을 참고할 것인데, 그 중 특별히 유용한 하나가 National Institute of Standard and Technology (NIST)에서 관리하고 있는 Computational Chemistry Comparison and Benchmark Data Base (http://srdata.nist.gov/cccbdb)이다. 이 웹사이트에는 여러 종류의 계산 방법을 이용하여 수행된 수많은 분자들의 양자화학 계산 결과들이 수록되어 있다. 또한 이 웹사이트에는 이 책에서 다루지 않는 여러 주제에 대해 스스로 공부하여 논의할 수 있는 훌륭한 안내서가 있다. 이 책의 12장에서

ab initio 분자궤도 이론을 다루고 있는 이 웹사이트를 많이 이용할 것이다. 학생들이 이 웹사이트를 익숙하게 돌아다니고, 이 웹사이트에 있는 대부분의 자료들을 이해 또는 적어도 무엇이 있는지 정도만이라도 알 수 있다면 이 책이 성공적이라고 생각할 수 있다. 그러한 웹사이트들이 사라지는 일들이 있어서 이 책에는 단지 정부가 후원하는 사이트들을 주로 포함시켰지만 이들조차도 자주 주소가 바뀐다. 이들 웹사이트들의 주소를 책이 출판되기 직전까지 확인하였지만 주소를 찾기 힘들면 주제별로 Google을 이용하여 찾으면 될 것이다.

이 개정판의 앞부분 장들은 초판의 내용과 많이 다르지 않다. 이 장들은 양자역학의 기초를 소개하는 것으로 잘 구성되어 있다. 하나 더해진 것이 있다면 상태함수와 적분에 대한 Dirac의 브라켙 표현으로, 이 책의 나머지 장들에서 자유롭게 사용된다. 분자분광학에 대해서는 하나의 장에서 보다 5장(조화진동자와 진동분광학)과 6장(강체회전자와 회전분광학)에서 다루었다. 7장(수소원자)에서는 수소원자의 Schrödinger 방정식의 해로써 수소 원자궤도에 대해 논의하였으며, 전자스핀을 도입하기 위해 Stern-Gerlach의 실험 결과와 수소 원자 스펙트럼의 미세구조를 이용하였다. 8장과 9장(근사적 방법, 다전자 원자)은 Hartree-Fock 방법을 조금 더 강조한 것 외에는 초판과 별로 다르지 않다. 9장의 부록에서는 헬륨 원자에 대한 실제 Hartree-Fock 계산을 단계적으로 수행하였다. 10장(화학결합: 일전자 그리고 이전자 분자)에서는 H_2^+와 H_2 분자의 화학결합에 대해 상당히 자세히 다루었으며, 현대 분자 계산을 수행하는 많은 기법을 도입하는 데 이 간단한 계들을 이용하였다. 이 장의 마지막 절에서는 H_2에 대해 최소 기저세트 Hartree-Fock-Roothaan 계산을 단계적으로 수행하였다. 이전자계에서 이 계산을 수행하고 나면 큰 분자에 대한 계산에는 개념적으로 어려움이 없게 된다. 11장은 정성적인 분자궤도 이론, 분자 항기호 그리고 π-전자 분자궤도 이론에 대한 논의이다. 마지막 장(Hartree-Fock-Roothaan 방법)에서는 현대 분자 계산에서 가우스 함수로 이루어진 기저세트와 Gaussian이나 WebMO 같은 계산 화학의 프로그램을 소개하였다. 이 장의 목표 그리고 이에 대한 책의 목표의 하나는 학생들로 하여금 주어진 기저세트를 가지고 Hartree-Fock 계산을 편안히 수행할 수 있도록 하는 데 있다. 12장의 많은 부분은 앞에서도 언급한 NIST Computational Chemistry Comparison and Benchmark Data Base 웹사이트에서 얻은 자료로 구성되어 있다.

초판과 마찬가지로 학생들에게 필요한 수학적 배경은 미분방정식의 지식이 필요 없는 1년 정도의 미적분이다. 모든 필요한 수학은 수학 장이라고 부른 책의 짤막한 절에서 모두 다루었다. 이 절들은 학생들로 하여금 다음 장들에서 다루는 수학적 방법들에 대해 능력과 자신감을 갖게 하는 것들로 이루어져 있다. 이 절들은 필요한 수학이 나오기 전에 먼저 다루어 학생들이 수학보다 물리적인 원리에 더 집중할 수 있게 한다. 이 수학 장들은 복소수, 확률과 통계, 벡터, 급수와 극한, 구형좌표계, 행렬식과 행렬에 관한 것들이다. 현재 대부분의 계산 화학은 행렬로 공식화되어 있어서 특별히 이 책의 끝에 가까워오면서 여러 부분에서 행렬형 표기를 사용하였다.

많은 연습문제를 풀지 않고는 아무도 이 책(또는 자연과학)을 공부할 수 없다. 이러한 이유로 각 장마다 50여 개의 연습문제를 제공하였다. 이 문제들은 각 장에서 다루고 있는 주제들 사이의 간격을 메우는 것부터 주제들을 확장하는 것들이다. 이 책에는 총 600개가 넘는 문제들이 있다. 책의 뒤에 상당히 많은 문제들에 대해 답을 수록하였다. 또한 Amherst College의 Helen Leung과 Mark Marshall은 주어진 모든 문제들에 대해 답이 수록된 해답집을 만들었다.

이 책의 독특한 점은 각 장의 앞에 인물의 전기를 포함시킨 점이다. 이들 전기를 포함시킬 것을 권한 출판사와 이들에 대한 자료를 조사하고 각각 써준 나의 아내 Carole에게 감사한다. 각각의 전기는 다 수 페이지 분량에 해당하여 한 페이지로 줄이는 것이 매우 어려웠다.

많은 서문에서 "이 책은 많은 사람들의 도움이 없이는 출판될 수 없었다."라는 말이 등장하는데, 그것은 실제 사실이다. 특별히 이 책을 감수하고 여러 제안을 해 준 UC Davis의 Bill Fink, Wabash College의 Scott Feller, NIH의 Atilla Szabo, Hope College의 Will Polik, Amherst College의 Helen Leung과 Mark Marshall, Humbolt Stat University의 Mervin Hansen에게 감사한다. 원고를 준비하는 데 Gaussian 03 프로그램을 제공해 준 Gaussian Inc.와 WebMO를 사용할 수 있도록 해 준 Will Polik에게 감사한다. Christine Taylor와 Wilsted & Taylor Publishing Services의 직원들에게 감사하며, 특히 수많은 양의 원고를 아름다운 모양의 책으로 흠없이 만들어 준 Jennifer Uhlich, 완벽한 교정에 수고한 Jennifer McLane, 인물 전기를 만들고 사진 처리를 해 준 Jane Ellis, Mathematica를 이용한 수식 그리고 수없이 많이 고쳤음에도 불구하고 수식들을 잘 처리해 준 Mervin Hansen, 원고 정리를 도와 준 John Murdzek, 전체적인 책의 구성을 도운 Paul Anagnostopolous 그리고 최고의 출판사이며 친구가 되어준 Bruce Armbruster와 그의 아내 그리고 비서 Kathy에게 감사한다. 마지막으로 원고를 Latex로 준비하여 읽고 여러 면에서 조언을 해 준 나의 아내 Carole에게 감사한다.

이 책에는 개념적으로나 철자에 오류가 있을 수 있으며, 이들 오류에 대해 알려주어 다음 출판 때에 수정을 할 수 있도록 해 주면 감사하겠다. 또한, 이 책에 대한 비평, 수식, 제안들이 있으면 mquarrie@mcn.org에 올리거나 보완 자료들을 게시할 수 있는 University Science Books 웹사이트인 www.uscibooks.com에 올려주기를 바란다.

역자 서문

최근의 실험 장비와 기술 그리고 컴퓨터의 발달은 물질의 구조와 성질에 대해 원자 및 분자 수준의 실험 결과를 주고 있고, 따라서 원자 및 분자의 성질에 대한 이해를 요구하고 있다. 양자화학은 물질의 구조와 성질, 변화를 원자와 분자 수준에서 이해하는 데 필수적이다. 따라서 화학을 전공하는 모든 학생들이 학부 과정에서 적어도 한 번은 접하게 된다.

양자화학 자체가 보이지 않는 계를 다루고 있기 때문에 그 개념을 이해하는 것이 쉽지 않다. 그럼에도 불구하고 거의 모든 학교에서의 양자화학 강의가 원서를 교과서로 사용하는 관계로 학생들이 개념을 이해하는 것을 더욱 어렵게 하고 있다. 이와 같은 현실에서 Donald A. McQuarrie가 양자화학에 대한 책을 출간한 것을 알고, 이 책이 양자화학을 이해하는 데 학생들에게 도움을 줄 수 있을 것이라고 생각하며 즐거운 마음으로 번역을 하였다. 그리고 이번에 제2판이 출간된 것을 알고, 제2판도 번역하게 된 것이다.

본 역자가 번역한 Donald A. McQuarrie의 Quantum Chemistry는 양자론의 개념, 양자역학의 원리 및 화학에의 응용에 대해 체계적이고도 쉬운 언어로 기술하고 있어 학부 학생들이 양자화학을 이해하는 데 최적의 교과서라고 생각된다. 각 장에 있는 예제 및 연습 문제들은 양자화학을 처음 배우는 학생들의 이해를 돕는 데 매우 중요한 역할을 하고 있기 때문에, 학생들이 연습 문제를 풀어보도록 잘 유도해야 할 것으로 생각된다.

끝으로 이 책을 내는 데 도움을 주신 여러분들께 감사드린다.

2010년 2월
역자 김 홍 래

차 례

Chapter 11 화학결합에 대한 정성적 이론 565

Chapter 12 Hartree-Fock-Roothaan 방법 611

연습문제 해답 667

찾아보기 687

Max Planck was born in Kiel, Germany (then Prussia) on April 23, 1858, and died in 1948. He showed early talent in both music and science. He received his Ph.D. in theoretical physics in 1879 at the University of Munich for his dissertation on the second law of thermodynamics. He joined the faculty of the University of Kiel in 1885, and in 1888 he was appointed director of the Institute of Theoretical Physics, which was formed for him at the University of Berlin, where he remained until 1926. His application of thermodynamics to physical chemistry won him an early international reputation. Planck was president of the Kaiser Wilhelm Society, later renamed the Max Planck Society, from 1930 until 1937, when he was forced to retire by the Nazi government. Planck is known as the father of the quantum theory because of his theoretical work on blackbody radiation at the end of the 1890s, during which time he introduced a quantum hypothesis to achieve agreement between his theoretical equations, which were based solely on the second law of thermodynamics, contrary to most popular accounts, and experimental data. He maintained his interest in thermodynamics throughout his long career in physics. Planck was awarded the Nobel Prize in Physics in 1918 "in recognition of services he rendered to the advancement of physics by his discovery of energy quanta." Planck's personal life was clouded by tragedy. His two daughters died in childbirth, one son died in World War I, and another son was executed in World War II for his part in an assassination attempt on Hitler in 1944.

Chapter 01 양자론의 태동

19세기 후반에 오면서 많은 과학자들은 과학의 기본적인 발견이 모두 이루어졌으며 단지 몇 가지 사소한 문제들을 명확히 하고, 측정된 물리적 결과들의 정밀도를 높이는 실험 방법을 개선하는 일 만이 남았다고 믿게 되었다. 이러한 생각은 그때 까지 이루어진 커다란 업적으로 미루어 당연한 결과로 여겨지게 되었다. 마침내 화학자들은 넘기 어려운 문제로 보이던 원소들의 원자질량을 자체 일관성을 보이며 지정하는 데 성공하였다. 처음에는 논란의 여지가 있었던 Stanislao Cannizzaro의 분자에 관한 개념도 결국 널리 받아들이게 되었다. Dmitri Mendeleev의 위대한 일도, 비록 원소의 주기성이 자연계에서 나타나는 이유에 대해 완전히 이해하지는 못하고 있었지만 결국 원소의 주기율표로 정리되었다. Friedrich Kekule는 벤젠의 구조에 대한 논쟁을 해결하였다. Svante Arrhenius에 의해 화학반응의 기본 원리가 밝혀졌으며, 기본적으로 화학반응을 여러 가지 종류로 분류하는 것만 남은 것으로 생각되었다.

관련된 물리학의 분야에서는 Newton 역학이 Joseph-Louis Lagrange와 William Hamilton 경에 의해 확장되었다. 그 결과 이 이론들은 천체의 움직임을 설명하는 네 이용되었으며 탄성 및 수력학과 같은 분야의 복잡한 자연 현상을 성공적으로 설명하였다. Count Rumford와 James Joule은 일과 열의 동등성을 증명하였으며, Sadi Carnot의 연구는 현재 엔트로피와 열역학 제이법칙으로 공식화되었다. 이 일들은 Josiah Gibbs에 의해 열역학 분야의 완전한 발전으로 연결되었다. 사실 Gibbs의 열역학은 화학과 아주 관련이 있어서 현재 Gibbs의 원래 공식 그대로 변형 없이 가르치고 있다. 과학자들은 물리학의 법칙이 화학을 이해하는 데 관계가 있음을 발견하였다. 별로 관계가 없어 보이는 이 두 분야의 경계가 현대 물리화학의 기본을 이루고 있다.

광학과 전자기학 관련 분야도 유사한 발전을 하여왔다. 19세기에는 빛의 파동성과 입자성에 대한 논란이 지속되었다. 여러 종류의 중요한 관측들이 James Clerk Maxwell에 의해 그의 이름이 붙여진 몇 개의 간단한 방정식으로 통일되었다. 빛의 전자기적 성질에 대한 Maxwell의 예측이 광학의 분야를 전기와 자기로 통일하고, 1887년 Heinrich Herz에 의해 수행된 일련의 실험은 마침내 빛의 파동성을 증명하는 데 이르렀다. 이 분야가

화학에 미친 영향은 수 십 년 동안은 미미하였으나 현재 물리화학, 특히 분광학의 분야에서 중요한 역할을 하고 있다.

물리학의 이 분야의 업적은 현재 우리가 고전물리학의 발전이라고 부르고 있다. 이러한 성공의 시대에 살고 있던 과학자들은 물리학의 세계에서 일어나는 일들에 대한 기본적인 생각이 곧 반전될 것이라는 것을 알지 못하고 있었다. 상상할 수 없던 발견이 물리학, 화학, 생물학 및 공학에 혁명적인 변화를 이루려하고 있음은 물론 기술과 정치에까지 커다란 영향을 미치려하고 있다. 20세기 초반 상대성이론과 양자역학이 태동되었다. Albert Einstein 혼자에 의해 제안된 상대성이론은 시간과 공간에 대한 과학자들의 생각을 완전히 바꾸어 놓았으며, 이 이론은 고전적인 생각을 큰 속도와 천문학적인 거리로 확장시켰다. 한편, 고전적인 생각을 소립자, 원자, 분자의 행동으로 확장시킨 양자역학은 수 십 년에 걸친 창조적인 많은 과학자들의 노력의 결실이다. 현재 화학에 상대론적 효과는 제한적이다. 무거운 원자의 전자구조를 이해하는 데 상대론이 필수적이지만 분자구조와 화학반응의 반응성에는 중요한 역할을 하지 않기 때문에 일반적으로 물리화학의 분야에서는 가르치지 않고 있다. 그러나 양자역학은 화학의 전 분야에서 기본이 되고 있다. 현재 우리가 이해하고 있는 원자구조 및 화학결합을 양자역학의 기본 원리로 설명하고 있으며 물질의 구조에 대한 이러한 양자역학적인 배경이 없이 화학에 대한 이해는 불가능하다.

과학의 위대한 변화는 새로운 관측과 창조적인 생각에 의해 이루어진다. 이제 과학의 세계를 흔든 사건들이 무엇이지 알아보기 위해 19세기 후반부로 돌아가 보자.

1.1 흑체복사선은 고전물리학으로 설명할 수 없다.

물리학의 개념에 변혁을 가져온 일련의 실험들은 가열된 물체에서 방출되는 복사선과 관계가 있다. 예를 들어 난로의 버너가 가열될 때 이것은 희미한 붉은빛에서 온도가 상승함에 따라 점차 더 붉은빛을 띠게 된다. 이 버너를 더 가열하면 복사선은 흰색을 띠고 온도가 더 높아지면 푸른색을 띠게 된다. 따라서 물체를 가열하면 색깔이 변화하여, 온도가 높아질수록 붉은색에서 흰색을 거쳐 푸른색을 띠게 되는 것을 볼 수 있다. 진동수로 말하면, 붉은색은 낮은 진동수 영역 그리고 푸른색은 높은 진동수 영역의 빛을 나타내므로, 온도가 증가할수록 복사선은 낮은 진동수에서 높은 진동수로 변화하게 됨을 알 수 있다. 물체가 방출하는 복사선의 정확한 스펙트럼은 물체의 종류에 따라 다르나, 모든 진동수의 빛을 흡수, 방출하는 이상적인 물체를 소위 "흑체"라 하여 복사선을 방출하는 이상적인 물질로 간주한다. 흑체가 방출하는 복사선을 "흑체복사선"이라고 한다.

그림 1-1에 몇몇 온도에서 흑체복사선의 세기를 진동수의 함수로 도시하였다. 많은 이론 물리학자들이 실험적으로 얻어진 그림 1-1의 세기-진동수 곡선을 나타내는 식을 유도하려고 노력하였지만 모두 실패하였다. 실제 19세기 물리학의 방법으로 유도

된 식은

$$d\rho(\nu, T) = \rho_\nu(T)d\nu = \frac{8\pi k_B T}{c^3}\nu^2 d\nu \tag{1-1}$$

이고 이때 $\rho_\nu(T)d\nu$는 진동수 ν와 $\nu + d\nu$ 사이에서 복사선의에너지밀도를 나타내고 joules/cubic meter($J \cdot m^{-3}$)의 단위를 갖는다. 이 식에서 k_B는 기체상수 R을 Avogadro 상수(예전에는 Avogadro 수)로 나눈 Boltzmann 상수, T는 절대온도 그리고 c는 빛의 속도를 나타낸다. k_B의 단위는 $J \cdot K^{-1} \cdot particle^{-1}$인데 $particle^{-1}$은 생략한다. (또 다른 경우의 예로 6.022×10^{23} particle · mol^{-1}인 Avogadro 상수를 6.022×10^{23} mol^{-1}로 particle을 생략한다.) 식 1-1은 Rayleigh와 Jeans에 의해 유도되어 Rayleigh-Jeans의 법칙이라고 부른다. 그림 1-1의 점선은 Rayleigh-Jeans의 예측에 의한 결과를 보이고 있다. 그림에서 보듯이 Rayleigh-Jeans의 법칙은 낮은 진동수에서 실험적인 결과와 잘 일치하고 있다. 그러나 높은 진동수에서 Rayleigh-Jeans의 법칙은 ν^2에 따라 발산한다. 높은 진동수의 복사선이 자외선 영역에 들어가는 이유로 이 발산을 자외선 파국(ultraviolet catastrophe)이라고 부른다. 이것은 고전물리학의 이론으로는 설명이 불가능한, 실험적으로 발견된 첫 번째 사실로 역사적으로 매우 흥미가 있다. 흔히 Rayleigh와 Jeans이 단순한 실수를 하거나 물리학의 이론을 잘못 적용한 것이 아닌

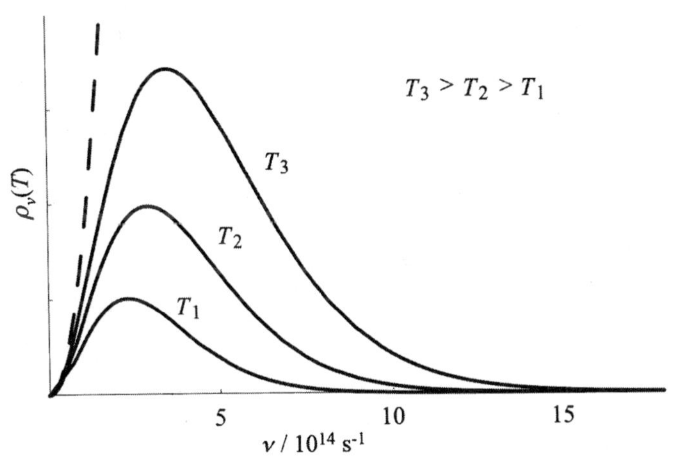

그림 1-1 여러 온도에서 진동수의 함수로 표시된 흑체복사선의 세기분포. 세기의 단위는 임의의 단위이다. 점선은 고전물리학의 예측이다. 온도가 상승함에 따라 최대 진동수가 높은 진동수로 이동하고 총 복사에너지(각 곡선 아래의 면적)가 증가한다. 가로 축이 $\nu/10^{14}s^{-1}$로 되어 있음을 유의하여라. 이 표시는 가로 축의 무 단위 양이 진동수를 $10^{14}s^{-1}$로 나눈 값임을 의미한다. 즉, 예를 들어 $\nu/(10^{14}s^{-1}) = 2.00$은 $\nu = 2.00 \times 10^{14}s^{-1}$이다. 이러한 표기법은 편의상 이 책에서 표와 그림의 축에 주로 사용되었다.

가라고 생각할 수도 있으나, 많은 사람들이 Rayleigh-Jeans의 식과 동일한 식을 얻었고, 당시의 물리학으로는 이 식이 유도될 수밖에 없었다. 이 결과는 사람들을 당황하게 하여 많은 사람들이 흑체복사선에 대한 이론적인 해석에 매달리게 되었다.

1.2 Planck는 흑체복사 법칙을 유도하기 위해 양자가설을 이용하였다.

흑체복사선을 성공적으로 설명한 첫 번째 사람은 1900년 독일의 물리학자 Max Planck이다. 이전의 Rayleigh와 Jeans처럼 Planck도, 물체에서 방출되는 복사선은 물체를 구성하고 있는 입자의 전자들이 진동하는 것에서 기인한다고 가정하였다. 이 전자들은 안테나 끝에서 진동하는 전자들이 라디오파를 방출하는 것과 같이 원자 내에서 진동하는 것으로 볼 수 있다. 그러나 이 원자안테나의 경우에는 전자가 높은 진동수를 가지고 진동하여, 스펙트럼 영역에서 라디오파보다 적외선, 가시광선 그리고 자외선의 빛을 방출하게 된다. Rayleigh와 Jeans의 경우에는 복사선의 방출을 야기하는 전자진동자의 에너지가 어떠한 값도 가질 수 있다고 가정하였다. 사실 이러한 가정은 고전물리학의 기본 가정으로, 주로 물리적으로 관측 가능한 변수(예를 들어, 위치, 운동량, 에너지 등)들은 연속적인 값을 가질 수 있다는 것이다. Planck는 그림 1-1의 실험 결과를 설명하기 위해서는 이러한 생각에서 벗어나야한다는 것을 알았다. 따라서 Planck는 혁신적인 가정을 하였는데, 진동자의 에너지가 불연속적인 값을 가지며 진동수의 정수배에 비례하여야 한다, 즉 식으로 나타내면 $E = nh\nu$로 이때 E는 진동자의 에너지, n은 정수, ν는 진동수 그리고 h는 비례상수가 되어야 한다는 것이다. 에너지의 양자화 그리고 통계열역학의 방법을 적용하여 Planck는 다음의 식을 얻을 수 있었다.

$$d\rho(\nu, T) = \rho_\nu(T)d\nu = \frac{8\pi h}{c^3}\frac{\nu^3 d\nu}{e^{h\nu/k_BT} - 1} \tag{1-2}$$

이 식에서 h를 제외한 모든 것은 식 1-1에서와 같은 의미를 갖는다. 식 1-2에서 변화 가능한 단 하나의 변수는 h이다. Planck는 h가 6.626×10^{-34} joule · seconds(J · s)이면 이 식이 모든 온도 그리고 진동수 영역에서 흑체복사선에 관한 실험적인 결과를 잘 설명할 수 있다는 것을 보일 수 있었다. 이 상수가 물리학에서 가장 유명하고 기본적인 상수인 Planck 상수이다. 식 1-2는 흑체복사선에 관한 Planck의 분포법칙으로 알려져 있다. 낮은 진동수에서 식 1-1과 1-2는 같아지나 (연습문제 1-4) Planck의 분포는 높은 진동수에서 발산하지 않으며 실제 그림 1-1의 곡선의 모양을 보인다.

예제 1-1 식 1-1과 1-2의 $\rho_\nu(T)d\nu$가 모두 단위부피 당의 에너지, $J \cdot m^{-3}$의 단위를 가짐을 보여라.

풀이 T의 단위는 K, k_B는 $J \cdot K^{-1}$, ν와 $d\nu$는 s^{-1} 그리고 c의 단위가 $m \cdot s^{-1}$이므로 Rayleigh-Jeans의 법칙(식 1-1)

$$d\rho(\nu, T) = \rho_\nu(T)d\nu = \frac{8\pi k_B T}{c^3}\nu^2 d\nu$$
$$\sim \frac{(\mathrm{J \cdot K^{-1}})(\mathrm{K})}{(\mathrm{m \cdot s^{-1}})^3}(\mathrm{s^{-1}})^2(\mathrm{s^{-1}}) = \mathrm{J \cdot m^{-3}}$$

Planck의 법칙(식 1-2)

$$d\rho(\nu, T) = \rho_\nu(T)d\nu = \frac{8\pi h}{c^3}\frac{\nu^3 d\nu}{e^{h\nu/k_B T} - 1}$$
$$\sim \frac{(\mathrm{J \cdot s})(\mathrm{s^{-1}})^3}{(\mathrm{m \cdot s^{-1}})^3}(\mathrm{s^{-1}}) = \mathrm{J \cdot m^{-3}}$$

이다. 따라서 복사선의 에너지밀도 $\rho_\nu(T)d\nu$는 $J \cdot m^{-3}$의 단위를 갖는다.

식 1-2는 Planck의 분포법칙을 진동수로 나타내고 있다. 파장(λ)과 진동수(ν)가 $\lambda\nu = c$의 관계에 있고, $d\nu = -c d\lambda/\lambda^2$이므로 Planck의 분포 법칙을 진동수 대신 파장으로 나타내면

$$d\rho(\lambda, T) = \rho_\lambda(T)d\lambda = \frac{8\pi hc}{\lambda^5}\frac{d\lambda}{e^{hc/\lambda k_B T} - 1} \tag{1-3}$$

을 얻을 수 있다(연습문제 1-12). $\rho_\lambda(T)d\lambda$는 λ와 $\lambda + d\lambda$ 사이의 에너지밀도이다. 몇몇 온도에 대해 식 1-3을 그림 1-2에 도시하였다.

식 1-3을 이용하면 실험적으로 알려진 Wien의 변위법칙을 유도할 수 있다. 실험적인 Wien의 변위법칙은, λ_{max}가 $\rho_\lambda(T)$의 최대치를 갖는 파장일 때

$$\lambda_{max} T = 2.90 \times 10^{-3}\,\mathrm{m \cdot K} \tag{1-4}$$

임을 보이고 있다. 식 1-3의 $\rho_\lambda(T)$를 λ에 대해 미분하면(연습문제 1-5)

$$\lambda_{max} T = \frac{hc}{4.965 k_B} \tag{1-5}$$

임을 보일 수 있다. 현재 사용되고 있는 h, c, k_B값을 이용하여 식 1-5의 오른편의 값을 구하면 2.898×10^{-3} m · K으로 1-4 식의 실험적인 값과 잘 일치함을 알 수 있다.

흑체복사 이론은 천문학에서 별들의 표면온도를 예측하는데 보편적으로 사용되고 있

다. 그림 1-3은 지구 대기층의 상부에서 측정한 태양의 전자기복사선의 스펙트럼이다. 그림 1-3을 그림 1-2와 비교해 보면, 태양 스펙트럼은 약 6000 K의 흑체복사선의 스펙트럼에 해당한다는 것을 알 수 있다. 그림 1-3에서 λ_{max}를 약 500 nm로 본다면 Wien의 변위법칙(식 1-4)에서 태양 표면의 온도가

$$T = \frac{2.90 \times 10^{-3}\text{m} \cdot \text{K}}{500 \times 10^{-9}\text{m}} = 5800\text{K}$$

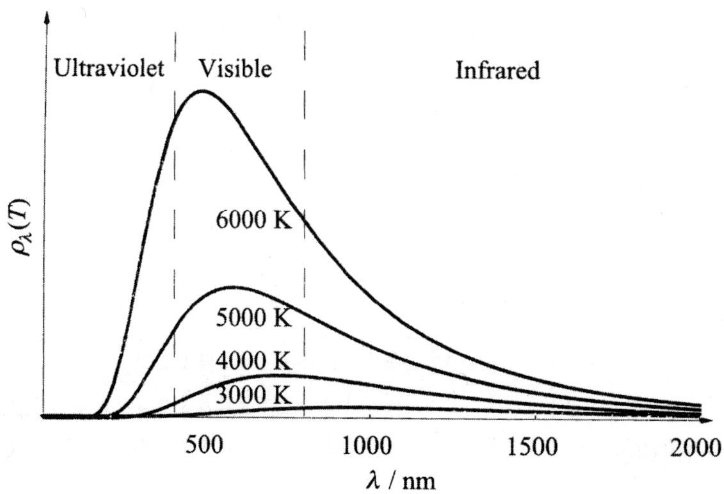

그림 1-2 여러 온도에서 파장의 함수로 표시된 흑체 복사선의 세기 분포 · 온도가 증가할수록 총 복사선(곡선 아래 면적)이 증가한다.

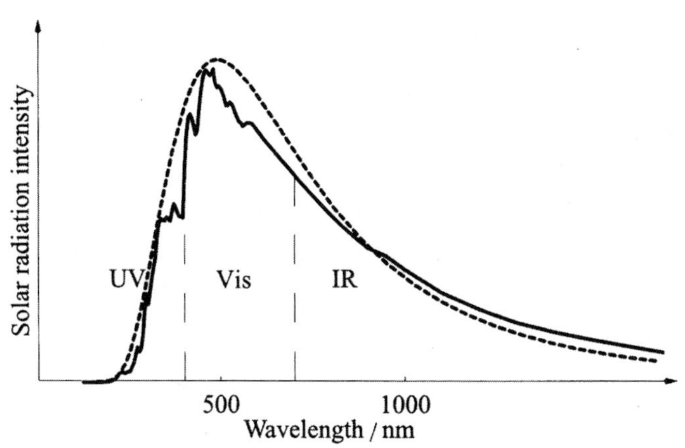

그림 1-3 지구 대기권의 상층부에서 측정된 태양의 전자기복사 스펙트럼. 그림 1-2와 비교하여 태양표면은 약 6000 K의 흑체에 해당되는 복사선을 방출한다는 것을 알 수 있다.(점선)

임을 알 수 있다. 푸른색으로 보이는 별 Sirius는 표면온도가 약 11,000 K이다.(연습문제 1-7)

당시 알려져 있던 또 하나의 다른 법칙을 식 1-2로부터 유도할 수 있다. 열역학적으로 유도된 단위시간, 단위면적 당 흑체에서 방출되는 총 에너지는

$$R = \frac{c}{4}E_V = \sigma T^4 \tag{1-6}$$

으로 되고, 이때 E_V는 복사선의 총 에너지밀도를 나타낸다. 식 1-6은 Stefan-Boltzmann 법칙으로 알려져 있고 σ는 Stefan-Boltzmann 상수이다. σ의 실험적인 값은 5.6697×10^{-8} J · m^{-2} · K^{-1} · s^{-1}인데 이 상수의 단위가 식 1-6에서 얻어지는 단위와 같음을 주목하여라.

예제 1-2 Planck의 분포법칙은 ν와 $\nu + d\nu$ 사이에서 흑체복사선의 에너지밀도를 준다. Planck 분포를 모든 진동수에서 적분하여 그 결과를 식 1-6과 비교하여 보아라.

풀이 모든 진동수에서 식 1-2의 적분은

$$E_V = \int_0^\infty \rho(\nu, T)d\nu = \frac{8\pi h}{c^3}\int_0^\infty \frac{\nu^3 d\nu}{e^{h\nu/kT} - 1} \tag{1-7}$$

이고

$$\int_0^\infty \frac{x^3 dx}{e^x - 1} = \frac{\pi^4}{15}$$

을 이용하면

$$E_V = \frac{8\pi h}{c^3}\left(\frac{kT}{h}\right)^4 \int_0^\infty \frac{x^3 dx}{e^x - 1} = \frac{8\pi^5 k^4 T^4}{15h^3c^3} \tag{1-8}$$

을 얻을 수 있다. 이 식을 Stefan-Boltzmann 법칙(식 1-6)과 비교하면

$$\sigma = \frac{2\pi^5 k^4}{15h^3c^2} \tag{1-9}$$

임을 알 수 있다.

---

k_B, h, c 값을 이용하여 식 1-9의 σ를 계산하면 5.670×10^{-8} J · m^{-2} · K^{-4} · s^{-1}로 실험적인 값과 잘 일치함을 볼 수 있다. 흑체복사에 관한 Planck의 법칙은 확실히 인상적이

다. 그럼에도 불구하고 식을 유도하는 과정 그리고 진동자의 에너지가 $h\nu$의 정수배라는 가정은 당시 물리학자들에게 받아들여지지 않았고, 단순히 특별한 경우라고 생각되었다. 따라서 만족할 만한 고전적인 설명이 곧 발견될 것이라고 생각하였다. 어떻게 보면 Planck의 유도는 단순한 호기심의 수준을 약간 넘어선 정도라고 할 수 있다. 그러나 바로 몇 년 후 1905년 Einstein은 광전효과를 설명하는 데 정확히 같은 개념을 사용하였다.

1.3 Einstein은 양자가설을 이용하여 광전효과를 설명하였다.

1886년과 1887년, 빛에 관한 Maxwell의 전자기복사 이론을 검증하기 위한 실험을 수행하던 중 독일의 물리학자 Heinrich Herz는 자외선이 금속의 표면에서 전자를 방출하게 한다는 사실을 발견하였다. 빛에 의해 금속의 표면에서 전자가 방출되는 것을 광전효과라고 한다. 광전효과에 대한 두 가지의 실험적인 관측이 빛에 관한 고전적인 파동설에 위배된다. 고전물리학에 의하면 전자기복사선은 진행방향에 수직으로 진동하는 전장이고 복사선의 세기는 전장의 진폭의 제곱에 비례한다. 복사선의 세기가 증가하면 진동하는 전장의 진폭이 증가하게 된다. 금속표면에 있는 전자는 이 전장에 의해 진동하며 따라서 세기(진폭)가 증가하면 전자는 더욱 세게 진동하고 결국 표면을 이탈하는데, 이때 이탈된 전자의 운동에너지는 전장의 진폭, 즉 빛의 세기에 의존하게 될 것이다. 이러한 고전적인 설명은 실험적인 관측과 완전히 불일치한다. 실험적인 사실은 방출된 전자의 운동에너지가 조사된 빛의 세기에 무관하다는 것이다. 특히, 이러한 고전적인 해석은 빛의 세기가 충분히 세기만 하다면 어떠한 진동수의 빛에 의해서도 광전효과가 일어날 수 있음을 예측하게 한다. 그러나 두 번째 실험적인 사실은 아무리 센 빛을 조사해도 특정한 진동수 이하에서는 전자가 방출되지 않는, 즉 금속의 종류에 따라 고유한 문턱진동수 ν_0가 존재함을 보여주고 있다. 또한, ν_0 이상에서는 방출된 전자의 운동에너지가 ν에 비례하여 고전적인 이론에 위배되고 있다.

Albert Einstein은 이 결과를 설명하기 위하여 Planck의 가설을 의미 있게 확장시켰다. Planck가 양자화된 에너지 개념 $E = nh\nu$ 또는 $\Delta\varepsilon = h\nu$를 원자의 전자진동자들에서 빛의 흡수, 방출 과정에 적용하였다는 것을 상기하여라. Planck는 일단 방출된 빛은 고전적인 파동의 성질을 갖는다고 믿었다. 반면 Einstein은 복사선 자체가 $E = h\nu$를 갖는 입자들의 작은 묶음으로 이루어져 있다고 제안하였는데, 이것이 "광자"라고 알려져 있다. Einstein은 간단한 에너지보존 법칙을 적용하여, 방출된 전자의 운동에너지(KE)가 조사된 빛의 에너지($h\nu$)와 특정한 금속의 표면에서 전자를 방출시키는 데 필요한 최소에너지(Φ)와의 차와 같음을 보였다.

$$KE = \frac{1}{2}mv^2 = h\nu - \Phi \tag{1-10}$$

이때 Φ를 금속의 일함수라고 부르며 이것은 고립된 원자의 이온화에너지와 유사하다. 식 1-10의 좌변은 음수가 될 수 없으며 따라서 식 1-10에서 $h\nu \geq \Phi$이다. 전자를 방출시키기 위한 최소 진동수는 단지 금속의 일함수를 극복할 수 있는 진동수이고 따라서 문턱진동수 ν_0는

$$h\nu_0 = \Phi \tag{1-11}$$

로 주어진다. 따라서 식 1-10과 1-11을 이용하면 다음과 같이 된다.

$$KE = h\nu - h\nu_0 \qquad \nu \geq \nu_0 \tag{1-12}$$

이 식은, KE를 ν에 대해 도시하면 직선이 됨을 보여주며, 직선의 기울기가 h가 되어 그림 1-4의 결과와 잘 일치한다.

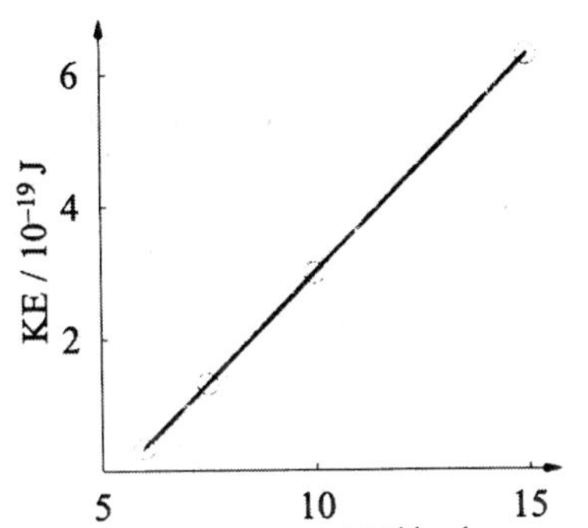

그림 1-4 소듐금속의 표면에서 자외선에 의해 방출되는 전자의 운동에너지를 조사한 빛의 진동수의 함수로 도시한 그림. 문턱진동수는 5.51×10^{14} Hz(s^{-1})이다.

식 1-12에 대한 수치적인 논의를 하기 전에 단위에 대해 먼저 살펴보자. 일함수 Φ는 보통 전자볼트(eV)의 에너지 단위로 표시된다. 일 전자볼트는 한 개의 전자(또는 양성자)와 같은 양의 전하를 갖는 입자가 일 볼트의 전위차에서 낙하할 때 갖는 에너지에 해당된다. (1 coulomb) × (1 volt) = 1 joule이고 양성자의 전하량이 1.602×10^{-19} C이므로

$$1 \text{ eV} = (1.602 \times 10^{-19} \text{ C})(1 \text{ V}) = 1.602 \times 10^{-19} \text{ J}$$

이다.

예제 1-3 소듐금속의 일함수가 2.28 eV일때 소듐의 문턱진동수 ν_0는 얼마인가?

풀이 일함수 Φ의 eV를 joule로 환산하면

$$\Phi = 2.28\text{eV} = (2.28\text{eV})\left(\frac{1.602\times10^{19}\text{J}}{\text{eV}}\right) = 3.65\times10^{-19}\text{J}$$

이고 식 1-11을 이용하면

$$\nu_0 = \frac{3.65\times10^{-19}\text{J}}{6.626\times10^{-34}\text{J}\cdot\text{s}} = 5.51\times10^{14}\text{Hz}$$

이다.

예제 1-4 리튬에 빛을 조사했을 때 방출되는 전자의 운동에너지가 $\lambda = 300\,\text{nm}$ 에서 2.935×10^{-19} J 그리고 $\lambda = 400\text{nm}$ 에서 1.280×10^{-19} J이다. 이 결과로부터 (a) Planck 상수, 리튬의 (b) 문턱진동수, (c) 일함수를 계산하여라.

풀이 (a) 식 1-12에서

$$(KE)_1 - (KE)_2 = h(\nu_1 - \nu_2) = hc\left(\frac{1}{\lambda_1} - \frac{1}{\lambda_2}\right)$$

$$1.655\times10^{-19}\text{J} = \text{h}(2.998\times10^{8}\text{m}\cdot\text{s}^{-1})\left(\frac{1}{300.0\times10^{-9}\text{m}} - \frac{1}{400.0\times10^{-9}\text{m}}\right)$$

에서

$$\text{h} = \frac{1.655\times10^{-19}\text{J}}{2.498\times10^{14}\text{s}^{-1}} = 6.625\times10^{-34}\text{J}\cdot\text{s}$$

이다.

(b) $\lambda = 300\text{nm}$ 결과를 이용하여

$$2.935\times10^{-19}\text{J} = \frac{hc}{300.0\times10^{-9}\text{m}} - h\nu_0$$

에서

$$\nu_0 = 5.564\times10^{14}\text{Hz}$$

이다.

(c) 1-11 식에서

$\Phi = h\nu_0 = 3.687\times10^{-19}\text{J} = 2.301\text{eV}$ 이다.

Einstein은 Planck가 흑체복사 이론에서 얻은 Planck 상수의 값을 매우 유사하게 얻을 수 있었다. 이 결과는 에너지의 양자화가 아직 모호하고 과학계에서 받아들여지지 않고 있던 당시 매우 인상적이라 할 수 있다. 그렇지만 이 두 가지 매우 다른 실험, 즉 흑체복사와 광전효과에서 같은 양자화상수 h가 매우 자연스럽게 등장하고 있다. 마침내 과학자들은 이러한 양자화의 개념에 무엇인가 있을 것이라는 생각을 하게 되었다. Einstein은 1921년 노벨 물리학상을 수상하였는데 많은 사람들이 생각하는 대로 상대성 원리에 대한 업적이 아니라 광전효과에 대한 업적을 인정받은 결과이다.

1.4 결정 내 원자의 진동이 양자화 되어 있다.

광전효과를 설명한 바로 2년 후, 1907년 Einstein은 에너지의 양자화 개념에 대한 또 하나의 업적을 더하였다. 일반화학에서 우리는 Dulong–Petit의 법칙에 관하여 배웠다. 이 법칙에 의하면 원자성 고체의 비열과 질량의 곱은 약 25 J 이다. Dulong–Petit의 법칙과 유사하나 더 기본적인 법칙에 의하면, 일정부피 하 원자성 고체의 몰 당 비열 C_V는 $3R$과 같고 이때 R은 기체상수로 8.314 J · K^{-1} · mol^{-1}이다. 이것은 평형격자 위치에서 진동하고 있는 1 몰 원자의 열용량에 대한 고전적인 결과이다. 그러나 실험적으로 얻어진 몰 당 열용량은 그림 1–5의 곡선의 모양을 보인다. 높은 온도에서는 고전적인 결과를 주는 것으로 보이나 온도가 낮아짐에 따라 C_V가 감소하여 영으로 된다. 이 낮은 온도에서의 열용량은 고전적인 이론에 위배된다. Einstein은 평형 격자위치에서 원자들

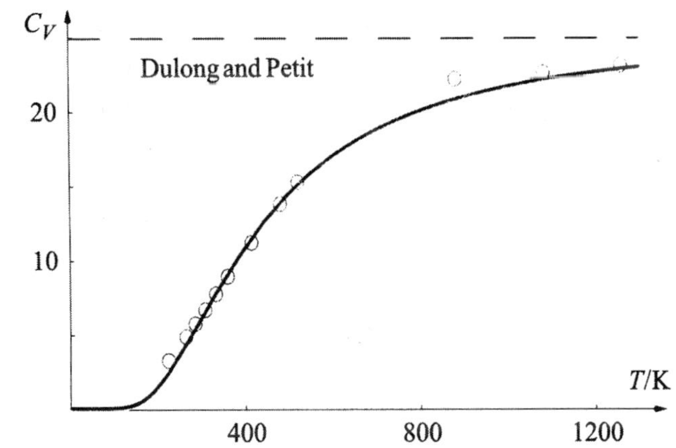

그림 1–5 온도의 함수로 나타낸 다이아몬드의 일정 부피 하에서의 몰 당 열용량. 실선은 이론적인 결과이고 점선을 실험결과이다. 고전물리학은 이 곡선의 모양을 예측하지 못하고 모든 온도에서 C_V를 25 J · K^{-1} · mol^{-1}로 상수를 준다. 온도가 감소함에 따라 C_V가 감소하는 것은 양자론적인 설명을 필요로 한다.

의 진동이 $\varepsilon = nh\nu$ 또는 $\Delta\varepsilon = h\nu$로 양자화 되어 있다고 가정하였다. 이러한 가정을 하여 Einstein은 단지 진동수 ν만을 변수로 조절하여 그림 1-5의 곡선을 유도할 수 있었다. 이제 다시 $\Delta\varepsilon = h\nu$ 식이 나타나게 되었다. 그러나 이 경우에는 원자들의 역학적인 진동이 양자화 되어 있다는 것에 주의하여야 한다. 이전에는 원자 내 전자의 진동 또는 복사선 에너지의 양자화에 대한 개념이라 이해하는 것이 어려웠으나, 결정 내 원자의 진동은 질량과 용수철로 표시할 수 있어 이러한 진동을 양자화 하였다는 것은 상당히 의미 있는 일이었다.

1.5 수소원자의 스펙트럼은 일련의 선들로 나타난다.

과학자들은 각각의 원자들이 전기방전이나 고온에서 특정한 진동수의 복사선을 방출하거나 또는 특정한 방출 스펙트럼을 보이는 것으로 알고 있었다. 즉, 각각의 원자들은 고유의 방출 스펙트럼을 보인다. 원자의 방출 스펙트럼이 단지 특정한 진동수만을 보이고 있기 때문에 이 스펙트럼을 선 스펙트럼이라고 부른다. 가장 가볍고 간단한 수소원자는 가장 간단한 스펙트럼을 보여준다. 그림 1-6에 가시광선 그리고 자외선 영역에서 수소의 선 스펙트럼의 일부를 나타내었다.

그림 1-6 방출 스펙트럼이 선스펙트럼임을 보여주는 가시광선 그리고 근자외선 영역에서 수소원자의 방출 스펙트럼.

각 원자에 따라 원자의 스펙트럼이 특성을 갖기 때문에 이 스펙트럼이 원자 내 전자분포에 의존한다고 생각하는 것은 합리적이다. 결국 수소원자의 스펙트럼을 자세히 분석하는 것이 원자의 전자구조를 규명하는 데 결정적인 역할을 하였다. 수 년 동안 과학자들은 수소원자의 스펙트럼에서 선들이 나타내는 파장 또는 진동수의 규칙성을 찾는 노력을 해왔는데, 마침내 1885년 스위스의 과학자 Johann Balmer는 선들의 진동수를 $1/n^2$ (n

= 3, 4, 5, ⋯)에 대해 도시하면 그림 1-7에서처럼 직선이 얻어지는 것을 보였다.

특히 Balmer는 가시광선 영역의 방출 선들의 진동수가

$$\nu = 8.2202 \times 10^{14}\left(1 - \frac{4}{n^2}\right)\text{Hz}$$

가됨을 보였는데, 이때 n = 3, 4, 5, ⋯ 이다.

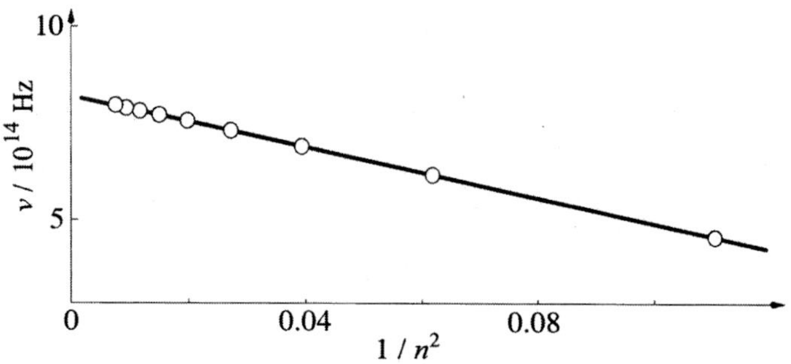

그림 1-7 가시광선 그리고 근자외선 영역의 수소원자 방출 스펙트럼에서 얻어진 선들의 진동수를 $1/n^2$ ($n = 3,4,5,\cdots$)에 대해 도시한 그림. 실제 스펙트럼은 그림 1-6에 있다. 이 그림이 직선인 것은 바로 식 1-13을 의미한다.

오늘날에는 주로 이 식을 ν 대신 $1/\lambda$로 나타낸다. 파장의 역수는 $\bar{\nu}$로 표시하며 분광학에서 사용하는 "파수" $\bar{\nu}$의 표준단위는 cm^{-1}이다. 파수의 단위는 SI 단위는 아니지만 분광학에서 널리 사용되고 있어 이 책에서는 파수를 자주 사용할 것이다. 따라서 위식을 c로 나누고 괄호 속의 항을 4로 나누면

$$\bar{\nu} = \frac{\nu}{c} = \frac{1}{\lambda} = 109{,}680\left(\frac{1}{2^2} - \frac{1}{n^2}\right)\text{cm}^{-1} \qquad n = 3,4,\cdots \tag{1-13}$$

이 된다. 이 식을 Balmer 식이라고 부른다.

예제 1-5 수소원자의 스펙트럼에서 가시광선 영역의 몇몇 선들의 파장을 Balmer 식을 이용하여 계산하여 그림 1-6의 실험적인 값들과 비교하여 보아라.

풀이 처음 선은 n = 3에서

$$\bar{\nu} = 109{,}680\left(\frac{1}{2^2} - \frac{1}{3^2}\right)\text{cm}^{-1} = 1.523 \times 10^4\text{cm}^{-1}$$

$$\lambda = 6.565 \times 10^{-5}\text{cm} = 656.5\text{nm}$$

이고 다음 선은 $n = 4$에서

$$\bar{\nu} = 109,680\left(\frac{1}{2^2} - \frac{1}{4^2}\right)\text{cm}^{-1} = 2.056 \times 10^4\text{cm}^{-1}$$

$$\lambda = 4.863 \times 10^{-5}\text{cm} = 486.3\text{nm}$$

으로 이 값들이 그림 1-6의 실험적인 값들과 잘 일치함을 볼 수 있다.

식 1-13은 n이 3, 4, 5, ⋯의 값들을 가짐에 따라 나타나는 일련의 선들을 예측하고 있음을 주의하여라. 이 일련의 선들, 즉 수소원자의 스펙트럼에서 가시광선 그리고 근자외선의 영역에서 나타나는 이 선들은 Balmer에 의해 예측되어 Balmer 계열이라고 부르고 그림 1-6에 나타나 있다. 식 1-9는 또한 n이 증가함에 따라 수소원자의 스펙트럼에서 또 다른 무리가 나타남을 예측하게 한다. n이 증가함에 따라 $1/n^2$은 감소하고 결국 이 항은 1/4에 비해 무시할 수 있을 정도로 작게 된다. 따라서 $n \to \infty$ 에서

$$\bar{\nu} \to 109,680\left(\frac{1}{4}\right)\text{cm}^{-1} = 2.742 \times 10^4\text{cm}^{-1}$$

또는 $\lambda = 364.7\text{nm}$ 이 되어 그림 1-6의 결과와 잘 일치한다. 이것이 Balmer 계열의 마지막 선이 되고 계열한계라고 부른다.

Balmer 계열은 가시광선 그리고 근자외선의 영역에서 나타난다. 수소원자의 스펙트럼에서는 그러나 다른 영역에서도 선들이 발견된다. 실제로 이 선들은 Balmer 계열과 모양이 유사하고 자외선 그리고 적외선의 영역에서 발견된다.(그림 1-8)

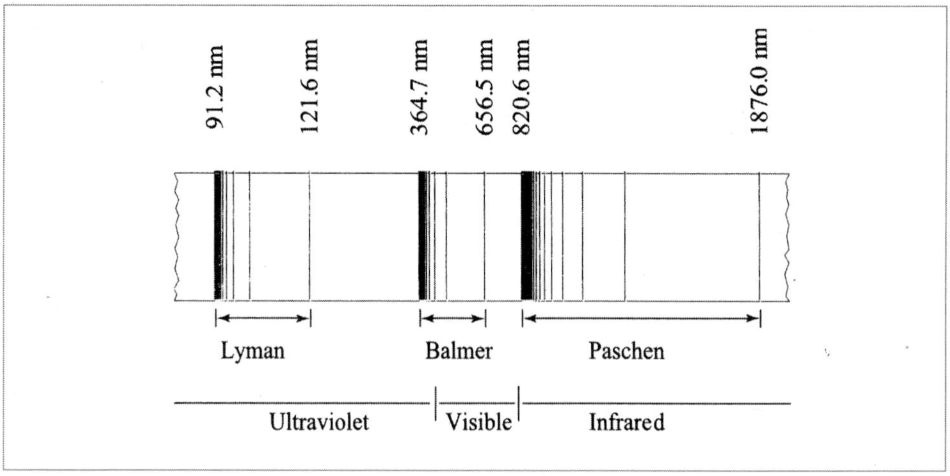

그림 1-8 수소원자 스펙트럼의 여러 계열들을 도식적으로 나타낸 그림. Lyman 계열은 자외선 영역, Balmer 계열은 가시광선 영역, 그리고 다른 계열들은 적외선 영역에 나타난다.(표 1-1)

표 1-1 수소원자의 스펙트럼을 구성하고 있는 처음 네 개의 계열 선들. 근적외선 영역은 가시광선과 가까운 영역을 나타낸다.

Series name	n_1	n_2	Region of spectrum
Lyman	1	2, 3, 4, . . .	Ultraviolet
Balmer	2	3, 4, 5, . . .	Visible
Paschen	3	4, 5, 6, . . .	Near infrared [a]
Brackett	4	5, 6, 7, . . .	Infrared

1.6 Rydberg 식은 수소원자의 모든 선들을 설명한다.

스위스의 분광학자 Johannes Rydberg는 Balmer 식을 일반화하여 수소원자 방출 스펙트럼의 모든 선들을 설명하였다.

$$\bar{\nu} = \frac{1}{\lambda} = 109{,}680\left(\frac{1}{n_1^2} - \frac{1}{n_2^2}\right)\text{cm}^{-1} \qquad (n_2 > n_1) \tag{1-14}$$

이때 n_1과 n_2는 정수이고 n_2가 n_1 보다 항상 크다. 식 1-14를 Rydberg 식이라고 부른다. 이 식은 n_1 = 2일 때 Balmer 식이 됨을 유의하여라. 다른 계열들은 n_1 = 1, 3, 4, …에서 얻어진다. 이렇게 얻어지는 계열들의 이름이 표 1-1과 그림 1-8에 있다. 식 1-14의 상수를 Rydberg 상수라 부르고 1-14식은 흔히 다음과 같이 쓰여 진다.

$$\bar{\nu} = R_H\left(\frac{1}{n_1^2} - \frac{1}{n_2^2}\right) \tag{1-15}$$

이때 R_H가 Rydberg 상수이다. 이 값은 109,677.57 cm^{-1}로, 정확히 알려진 물리상수들 중의 하나이다.

예제 1-6 Paschen 계열에서 두 번째 선의 파장을 계산하고 이 선이 근적외선, 즉 가시광선에 가까운 적외선의 영역에 있음을 보여라.

풀이 표 1-1에 의하면 Paschen 계열은 n_1 = 3, n_2 = 4, 5, 6, …이고 따라서 두 번째 선은 식 1-15에서 n_1 = 3, n_2 = 5이다.

$$\bar{\nu} = 109{,}680.57\left(\frac{1}{3^2} - \frac{1}{5^2}\right)\text{cm}^{-1} = 7.799 \times 10^3\,\text{cm}^{-1}$$

$$\lambda = 1.282 \times 10^{-1}\text{cm} = 1{,}282\text{nm}$$

실제 수소원자의 방출 스펙트럼을 설명하는 식이 두 개의 정수로 나타난다는 사실은 참으로 놀랍다. 왜 수소원자가 정수와 관계가 있는가? 우리는 곧 정수가 양자론에서 중요한 역할을 하고 있다는 것을 알게 될 것이다.

다른 원자들의 스펙트럼도 일련의 선들로 이루어져 있으며 1890 년대 Rydberg는 이들 스펙트럼에 대해서도 실험적인 식을 고안하였다. 다른 원자들에 대한 실험적인 식은 식 1–15보다 약간 복잡하나 흥미 있는 점은, 모든 관측된 선들이 식 1–15처럼 표시된 항들의 차로 나타난다는 것이다. 이것을 Ritz combination 법칙이라고 부르며 우리는 곧 이것이 현대적인 원자구조의 관점에서 설명되어질 수 있다는 것을 알게 될 것이다. 그러나 이 시점에서는 이 식들이 이론적인 설명을 필요로 하는 실험식이라고 하자.

1.7 각운동량은 회전운동 계의 기본 성질이다.

수소원자의 스펙트럼에 대한 이론적인 설명은 Niels Bohr에 의해 이루어졌다. 1911 년 뉴질랜드의 물리학자 Ernest Rutherford는 그의 동료인 Hans Geiger와 Ernest Marsden의 α–입자 산란실험 결과를 바탕으로 원자의 핵모델을 제안하였다. 당시 Bohr는 Rutherford의 실험실에서 일하였는데, Planck의 양자화 개념과 원자모델에 대한 그의 생각을 접목하여 수소원자에 대한 이론을 성립시켰다. 그러나 이것을 논의하기에 앞서 우리는 Bohr의 수소원자 모델이 고전적인 회전운동을 다루고 있기 때문에 고전역학적인 회전운동에 대해 먼저 생각해 보기로 하자.

선형운동량은 mv로 주어지고 흔히 p로 표시한다. 이제 그림 1–9와 같이 평면상에서 한 점을 중심으로 회전하고 있는 입자에 대해 고려해 보자.

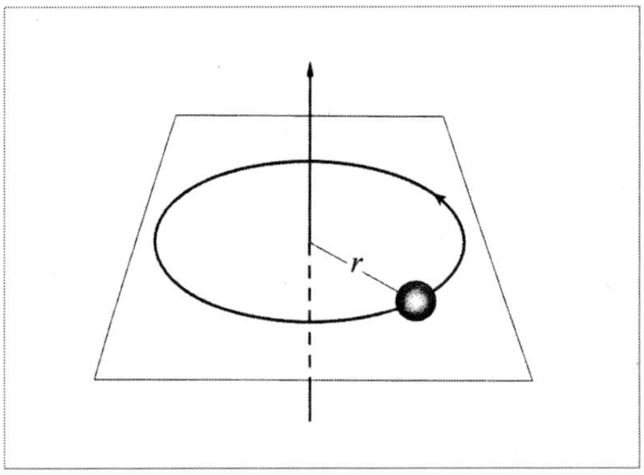

그림 1–9 고정된 점을 중심으로 회전하고 있는 입자

ν_{rot}를 회전진동수라고 하자(cycles/sec). 입자의 운동속도는 $v = 2\pi r\nu_{rot} = r\omega_{rot}$이고 $\omega_{rot} = 2\pi\nu_{rot}$는 radian/sec의 단위로 표시되는 각속도이다. 회전하고 있는 입자의 운동에너지(운동에너지를 T로 표시한다.)는

$$T = \frac{1}{2}mv^2 = \frac{1}{2}mr^2\omega^2 = \frac{1}{2}I\omega^2 \tag{1-16}$$

이고 $I = mr^2$은 관성모멘트이다. 운동에너지를 나타내는 1-16 식의 첫 번째 항과 마지막 항에서 각운동에 관계된 ω와 I에 대해 선형운동과 $\omega - v$ 그리고 $I - m$의 대응관계를 만들 수 있다. 이러한 대응관계에 따라 선형운동량 mv에 대응하는 양 $I\omega$가 존재한다. 실제 이 양은 다음으로 정의되어

$$l = I\omega = mr^2\frac{v}{r} = mvr \tag{1-17}$$

각운동량이라고 부르고 선형운동량이 선형운동 계의 기본 성질이 되듯이 회전운동 계의 기본 성질이 된다.

운동에너지는 운동량으로 표시할 수 있다. 운동에너지는 선형운동 계에서

$$T = \frac{mv^2}{2} = \frac{(mv)^2}{2m} = \frac{p^2}{2m} \tag{1-18}$$

이고 회전운동 계에서는

$$T = \frac{I\omega^2}{2} = \frac{(I\omega)^2}{2I} = \frac{l^2}{2I} \tag{1-19}$$

이 된다. 선형운동 계와 회전운동계의 대응관계를 표 1-2에 요약하였다.

표 1-2 선형운동 계와 회전운동 계의 대응관계

선형 운동	회전 운동
Mass (m)	Moment of inertia (I)
Speed (v)	Angular speed (ω)
Momentum ($p = mv$)	Angular momentum ($l = I\omega$)
Kinetic energy $\left(T = \frac{mv^2}{2} = \frac{p^2}{2m}\right)$	Rotational kinetic energy $\left(T = \frac{I\omega^2}{2} = \frac{l^2}{2I}\right)$

일반물리에서 배웠듯이 그림 1-9에서처럼 고정된 한 점을 중심으로 회전하고 있는 입자는 바깥쪽으로 가속도를 느끼며 궤도상을 계속 회전하기 위해 구심력을 필요로 한다.

$$f = \frac{mv^2}{r} \tag{1-20}$$

(1-20 식은 연습문제 1-52에서 유도한다.) 끈에 의해 중심점에 묶여있는 질량에 대해

이 힘은 끈의 장력으로 공급된다.

1.8 Bohr는 수소원자에서 전자의 각운동량이 양자화 되어있다고 가정하였다.

원자의 핵모델에 따르면 수소원자는 질량이 무거운 핵이 중심에 있고 주위에 한 개의 전자가 있는 것으로 볼 수 있다. 핵이 전자에 비해 질량이 훨씬 크므로 그림 1-9에서처럼 핵이 고정되어 있고 전자가 그 주위를 회전하는 것으로 생각할 수 있다. 원형궤도에 전자를 가둘 수 있는 힘은 양성자와 전자 사이의 인력인 쿨롬힘이다. 쿨롬의 법칙에서의 힘($e^2/4\pi\varepsilon_0 r^2$)과 식 1-20을 같다고 놓으면

$$\frac{e^2}{4\pi\varepsilon_0 r^2} = \frac{m_e v^2}{r} \tag{1-21}$$

이고 이때 ε_0는 진공 중에서의 유전율로 $8.85419 \times 10^{-12}\ \mathrm{C^2 \cdot N^{-1} \cdot m^{-2}}$의 값을 갖는다. 쿨롬의 법칙에서 $4\pi\varepsilon_0$가 나타나는 것은 SI 단위를 사용한 결과이다.

여기에서 우리는 전자가 고정된 핵을 중심으로 반경 r인 원형궤도 상을 회전한다고 가정하였다. 그러나 고전적으로는 식 1-20에 의해 전자가 계속적으로 가속되므로 전자는 안테나에서 가속되는 것과 같이 복사선을 방출하고 에너지를 잃어버려야 한다. 따라서 고전물리학에서 핵 주위를 회전하는 전자는 에너지를 잃고 핵을 향해 나선형으로 접근해가야 하므로 전자의 안정한 궤도라는 것이 금지되어 있다. 여기에 Bohr는 두 개의 비고전적인 가정을 하여 큰 공헌을 하였다. 첫 번째, 전자의 정류상태 궤도를 가정하여 고전물리에 도전하였다. 그 다음 이 궤도에 양자화 조건을 도입하였다. 이 경우 전자의 각운동량이 다음과 같이 양자화 된다고 가정하였다.

$$l = m_e vr = n\hbar \qquad n = 1, 2, \cdots \tag{1-22}$$

이때 h-bar로 불리우는 $\hbar$는 $\dfrac{h}{2\pi}$로 양자역학에서 자주 쓰이는 양이다. 이 식을 v에 대해 풀어 식 1-21에 대입하면

$$r = \frac{4\pi\varepsilon_0 \hbar^2 n^2}{m_e e^2} \qquad n = 1, 2, \cdots \tag{1-23}$$

를 얻는다. 따라서 허락된 궤도의 반경 또는 Bohr 반경이 양자화 됨을 알 수 있다. 이 모델에 의하면 핵 주위를 회전하는 전자는 단지 식 1-23에 의해 주어지는 원형궤도 상만을 회전할 수 있다. 가장 작은 반경을 갖는 궤도는 $n = 1$인 경우이다.

$$r = \frac{4\pi(8.85419\times10^{-12}C^2\cdot N^{-1}\cdot m^{-2})(1.055\times10^{-34}J\cdot s)^2}{(9.110\times10^{-31}kg)(1.602\times10^{-19}C)^2}$$

$$= 5.29\times10^{-11}m = 52.9pm = 0.529\ \text{Å} \tag{1-24}$$

첫 번째 Bohr 궤도의 반경을 흔히 a_0로 표시한다.

전자의 총 에너지는 운동에너지와 위치에너지의 합으로 구해진다. 양성자에서 거리 r에 있는 전자의 위치에너지는

$$V(r) = -\frac{e^2}{4\pi\varepsilon_0 r} \tag{1-25}$$

이다. 여기에서 음의 부호는 양성자와 전자가 서로 잡아당기는 인력을 나타낸다. 따라서 에너지는 무한대로 떨어져 있을 때보다 작아진다. [$V(\infty) = 0$] 수소원자에 있는 전자의 총 에너지는

$$E = \frac{1}{2}m_e v^2 - \frac{e^2}{4\pi\varepsilon_0 r} \tag{1-26}$$

이다. 운동에너지에서 $m_e v^2$ 항을 없애기 위해 1-21 식을 사용하면 1-26 식은

$$E = \frac{1}{2}\left(\frac{e^2}{4\pi\varepsilon_0 r}\right) - \frac{e^2}{4\pi\varepsilon_0 r} = -\frac{e^2}{8\pi\varepsilon_0 r}$$

이 된다. r에 대해 허락된 값은 식 1-23에서 주어지므로 식 1-23을 위 식에 대입하면 허락된 에너지를 구할 수 있다.

$$E_n = -\frac{m_e e^4}{8\varepsilon_0^2 h^2}\frac{1}{n^2} \qquad n = 1, 2, \cdots \tag{1-27}$$

이 식에서 음의 부호는 전자상태가 속박상태임을 나타낸다. 식 1-27의 에너지는 전자와 양성자가 무한대로 멀리 떨어져 있는 경우보다 작다. 식 1-27의 n = 1은 최저 에너지 상태이다. 이 에너지를 바닥상태 에너지라고 부른다. 상온에서 수소원자 그리고 대부분의 원자와 분자들은 바닥 전자상태에 존재한다. 높은 에너지를 갖는 상태를 들뜬상태라고 부르고 일반적으로 바닥상태보다 불안정하다. 들뜬상태에 있는 원자나 분자는 바닥상태로 이완되고 이때 에너지를 전자기복사선의 형태로 방출한다.(그림 1-10)

식 1-27의 에너지를 그림 1-10과 같은 에너지준위 도표로 나타낼 수 있다. 에너지준위가 $n\rightarrow\infty$에 따라 수렴하는 것을 주의하여 보아라. Bohr는 수소원자에서 관측된 스펙트럼이 한 개의 허락된 에너지준위에서 다른 낮은 준위로의 전이에 기인한다고 가정하였다. 따라서 $n_2 > n_1$이고

$$\Delta E = \frac{m_e e^4}{8\varepsilon_0^2 h^2}\left(\frac{1}{n_1^2} - \frac{1}{n_2^2}\right) = h\nu \tag{1-28}$$

이다. $\Delta E = h\nu$를 Bohr 진동수 조건이라 부르며, 전자가 한 준위에서 다른 준위로 이동할 때 에너지의 차이가 $E = h\nu$로 주어지는 광자의 에너지가 된다는 기본 가정을 하였다. 그림 1-10은 전자가 이완되는 마지막 상태별로 전이를 그룹지어 놓았다. 따라서 Bohr 모델로부터 여러 가지 관측된 전이가 계열별로 된다는 것을 알 수 있다. 즉, Lyman 계열에서는 각 상태로 들뜬 전자가 n = 1 상태로, Balmer 계열에서는 n = 2로 … 전이가 일어남을 알 수 있다.

이론적으로 얻어진 식 1-28을 $h\nu = hc\bar{\nu}$를 이용하여 실험적인 Rydberg 식으로 표시하면

$$\bar{\nu} = \frac{m_e e^4}{8\varepsilon_0^2 ch^3}\left(\frac{1}{n_1^2} - \frac{1}{n_2^2}\right) \tag{1-29}$$

이 된다. 따라서 식 1-16과 1-29를 비교하여 다음을 얻을 수 있다.

$$R_H = \frac{m_e e^4}{8\varepsilon_0^2 ch^3} \tag{1-30}$$

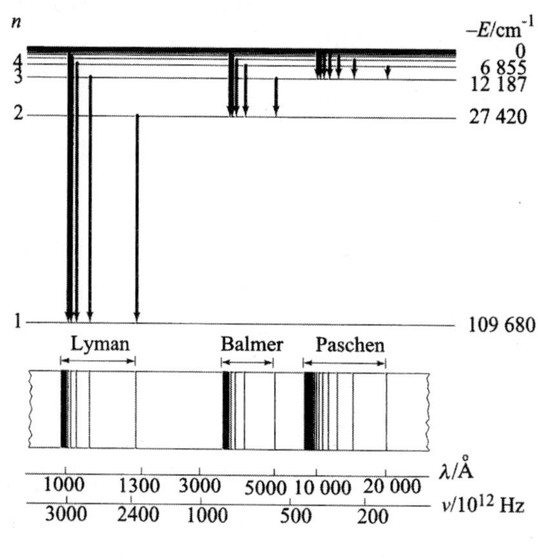

그림 1-10 수소원자에서 높은 상태에서 특정한 상태로의 전이가 어떻게 관측된 스펙트럼을 주는가를 보이는 에너지준위 도표.

예제 1-7 물리상수들을 이용하여 R_H를 구하고 실험적인 값 109,677.6 cm^{-1}와 비교하여 보아라.

풀이 $$R_H = \frac{(9.1093897 \times 10^{-31}\text{kg})(1.602177 \times 10^{-19}\text{C})^4}{8(8.854187 \times 10^{-12}\text{C}^2 \cdot \text{N}^{-1} \cdot \text{m}^{-2})(2.99792458 \times 10^8\text{m} \cdot \text{s}^{-1})(6.626076 \times 10^{-34}\text{J} \cdot \text{s})^3}$$

$$= 1.09737 \times 10^7\text{m}^{-1} = 109{,}737\text{cm}^{-1}$$

이 값은 실험치 109,677.6 cm^{-1}의 0.5% 오차 범위 내에 들어가는 값으로 매우 잘 일치함을 알 수 있다.

예제 1-8 수소원자의 이온화에너지를 계산하여라.

풀이 이온화에너지, IE는 전자를 바닥상태에서 첫 번째 비속박 상태로 들뜨게 하는 데 필요한 에너지이므로 식 1-29에서 $n_2 = \infty$ 인 경우에 해당된다.

$$IE = R_H\left(\frac{1}{1^2} - \frac{1}{\infty^2}\right) \quad \text{or}$$

$$IE = R_H = 109{,}677.6\text{cm}^{-1} = 2.179 \times 10^{-18}\text{J} = 13.6\text{eV}$$

여기에서 에너지의 단위를 cm^{-1}로 나타내었음을 유의하여라. 이 단위는 엄격히 말해 에너지의 단위는 아니지만, 파수와 에너지가 다음과 같이 $\varepsilon = hc\bar{\nu}$의 간단한 관계를 가져 흔히 에너지의 단위처럼 사용된다.

1.9 Bohr 이론에서 전자질량은 환산질량으로 대치되어야 한다.

식 1-23과 1-27을 유도할 때 핵이 전자에 비해 매우 무거워, 양성자를 주위에 전자가 회전하고 있는 고정된 중심으로 보아도 좋다고 가정하였다. 그러나 이러한 가정은 꼭 필요한 것은 아니다. 그림 1-11처럼 두 개의 입자가 상대적으로 서로 회전하고 있다고 생각해 보자. 이 계의 무게중심은 고정되고, 두 입자는 무게중심을 중심으로 회전하게 된다. 무게중심은 두 질량의 중심을 잇는 선 위에 존재하고 r_1과 r_2가 그림 1-11로 정의될 때 다음의 조건을 만족하며 정의된다.

$$m_1 r_1 = m_2 r_2 \tag{1-31}$$

입자들 사이의 거리는

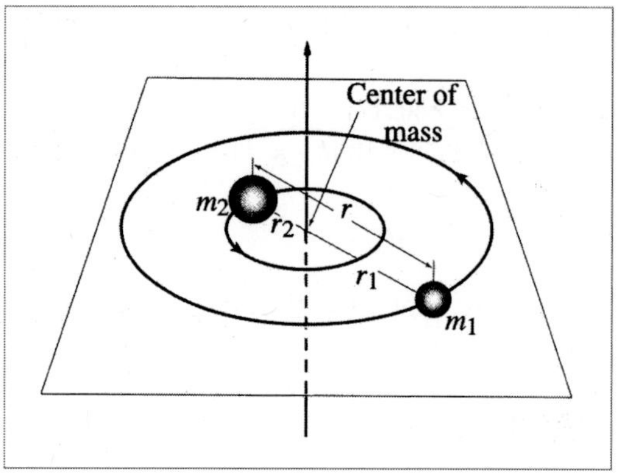

그림 1-11 무게중심에 대해 회전하고 있는 두 입자. 무게중심은 두 입자를 연결하는 선상에 있고, 무게중심에서 m_1 까지의 거리와 m_2 까지의 거리를 각각 r_1, r_2라 할 때 $m_1r_1 = m_2r_2$의 조건을 만족시켜야 한다.

$$r = r_1 + r_2 \tag{1-32}$$

이므로 1-31 식과 1-32 식에서

$$r_1 = \frac{m_2}{m_1 + m_2}r \qquad r_2 = \frac{m_1}{m_1 + m_2}r \tag{1-33}$$

이 된다. 총 운동에너지는

$$T = \frac{1}{2}m_1v_1^2 + \frac{1}{2}m_2v_2^2 \tag{1-34}$$

이다. 고정된 무게중심에 대해 회전하는 두 입자의 각속도를 ω라고 하면

$$v_1 = r_1\omega \qquad v_2 = r_2\omega \tag{1-35}$$

이다. 1-35 식을 1-34 식에 대입하면 다음과 같이 된다.

$$T = \frac{1}{2}m_1r_1^2\omega^2 + \frac{1}{2}m_2r_2^2\omega^2 = \frac{1}{2}(m_1r_1^2 + m_2r_2^2)\omega^2 = \frac{1}{2}I\omega^2 \tag{1-36}$$

이 때

$$I = m_1r_1^2 + m_2r_2^2 \tag{1-37}$$

이고 I를 계의 관성모멘트라고 부른다. 식 1-33을 1-37 식에 대입하면

$$I = \left(\frac{m_1m_2}{m_1 + m_2}\right)r^2 \tag{1-38}$$

이다. $m_1m_2/(m_1 + m_2)$는 질량의 단위를 가지며 무게중심을 따라 상호작용하는 두 입

자들이 관계되는 문제에 자주 등장한다. 이 양을 환산질량 μ라고 부른다.

$$\mu = \frac{m_1 m_2}{m_1 + m_2} \tag{1-39}$$

1-39 식을 이용하면 1-38 식은 다음과 같이 된다.

$$I = \mu r^2 \tag{1-40}$$

식 1-34의 두 입자는 그림 1-11과 같이 계의 무게중심에 대해 회전하고 있다. 그림 1-9에서처럼 한 개의 입자가 고정된 중심에 대해 회전하고 있을 때

$$I = mr^2 \tag{1-41}$$

이었음을 상기하여라.

식 1-40과 1-41을 비교하여 보면 앞으로 이 책에서 자주 사용하게 될 환산질량의 의미에 대해 유용한 해석을 얻을 수 있다. 식 1-40은 질량 m_1, m_2인 두 입자가 서로 회전하고 있는 계를, 질량 μ인 하나의 입자가 고정된 위치에 있는 무한대의 질량을 갖는 입자의 주위를 회전하는 것으로 생각할 수 있다는 것을 의미한다. 이 사실은 두 입자 계에서 매우 유용하고 중요하다. 즉, 두 입자의 문제를 환산질량 $\mu = m_1 m_2/(m_1 + m_2)$를 갖는 한 개의 입자의 문제로 줄일 수 있다는 것을 의미한다.

이 결과를 수소원자에 적용하여 보자. 전자의 실제 질량 대신 양성자-전자 계의 환산질량을 이용하면 양성자를 고정된 중심에 놓았을 때와 같이 간단한 결과를 얻을 수 있다.

$$\mu = \frac{m_p m_e}{m_p + m_e} \tag{1-42}$$

여기에서 m_p와 m_e는 각각 양성자와 전자의 질량이다. $m_p \gg m_e$이므로 분모는 m_p와 거의 같아 $\mu \approx m_e$이다. 이것은 양성자를 고정된 중심에 놓는 가정이 매우 좋은 근사임을 말해준다. 환산질량은

$$\begin{aligned} \mu &= \frac{(9.1094 \times 10^{-31}\,\mathrm{kg})(1.67262 \times 10^{-27}\,\mathrm{kg})}{(9.1094 \times 10^{-31} + 1.67262 \times 10^{-27})\,\mathrm{kg}} \\ &= 9.1048 \times 10^{-31}\,\mathrm{kg} = 0.9995 m_e \end{aligned} \tag{1-43}$$

이다. 따라서 1-30식의 Rydberg 상수는

$$R_H = \frac{\mu e^4}{8\varepsilon_0^2 c h^3} \tag{1-44}$$

가 되고 계산된 R_H의 값은 109,737 cm^{-1} 대신 109,676 cm^{-1}이 된다.(연습문제1-29) 실험적으로 얻어진 값이 109,677.6 cm^{-1} 임을 상기하여라.

Bohr 이론은 수학적으로 매우 간단함에도 불구하고 수소원자에 대해 잘 이해할 수 있게 한다. 이 이론은 예를 들어, He^{+}, Li^{2+} 같이 핵 주위에 한 개의 전자가 존재하는 모든 수소원자 꼴의 원자에 적용될 수 있다. 이 결과를 위와 같은 이온에 적용하는 것은 쉬운 일이다. 1-21 식에서 핵의 전하가 e 대신 Ze이므로

$$\frac{Ze^2}{4\pi\varepsilon_0 r^2} = \frac{\mu v^2}{r} \qquad (1\text{-}45)$$

이고 결국(연습문제 1-32)

$$\bar{\nu} = \frac{Z^2 e^4 \mu}{8\varepsilon_0^2 ch^3}\left(\frac{1}{n_1^2} - \frac{1}{n_2^2}\right) \qquad (1\text{-}46)$$

또는

$$\bar{\nu} = Z^2 \overline{\nu_H} \qquad (1\text{-}47)$$

을 얻을 수 있다.

예제 1-9 He^{+}의 첫 번째 Bohr 반경을 계산하여라.

풀이 식 1-22와 1-45에서 v를 소거하면

$$r = \frac{4\pi\varepsilon_0 \hbar^2 n^2}{Z\mu e^2} = \frac{\varepsilon_0 h^2 n^2}{Z\pi\mu e^2}$$

이다. 이 식은 Z = 1일 때 식 1-23이 된다. Z = 2, n = 1에서

$$r = \frac{(8.854\times10^{-12}\text{C}^2\cdot\text{J}^{-1}\cdot\text{m}^{-1})(6.626\times10^{-34}\text{J}\cdot\text{s})^2}{2(3.1416)(9.110\times10^{-31}\text{kg})(1.602\times10^{-19}\text{C})^2}$$
$$= 2.65\times10^{-11}\text{m} = 26.5\text{pm} = 0.265\ \text{Å}$$

이다.

Bohr 이론을 이용하여 태양의 스펙트럼 중 He^{+}에 의한 선들을 성공적으로 확인하였다. 이전에는 이 선들이 수소원자에 기인한 것이라 했을 때 Rydberg 식에 맞지 않아 비정상적이라고 생각되었었다.(연습문제 1-33) 이 이론은 매우 간단하고 여러 가지 면에

서 성공적임에도 불구하고 헬륨같이 간단한 두 전자계에조차 적용될 수 없었다. 더욱이 수소원자와 같이 간단한 경우에도 자장을 걸어주었을 때 얻어지는 스펙트럼 또는 그 세기분포 등에 대한 설명이 불가능하다. Bohr와 당시 물리학자들은 천재적인 노력에도 불구하고 이러한 현상을 설명하기 위해 그들의 이론을 확장시키지 못하였다.

1.10 Louis de Broglie는 물질이 파동성을 갖는다는 가설을 제안하였다.

원자의 전자구조에 대해 부분적으로 알게 되었음에도 불구하고 여전히 무엇인가가 결여되어 있다. 이것을 더 논의하기에 앞서 빛의 성질에 대해 좀 더 알아보기로 하자.

빛의 성질을 기술하는데 과학자들은 늘 어려움을 느껴왔다. 많은 실험 결과들은 빛이 파동의 성질을 갖는다는 것을 확실히 보여준다. 그러나 또 다른 많은 실험 결과들은 빛이 광자의 흐름인 것처럼 보이게 한다. 백색광이 프리즘을 통해 분산 되어 스펙트럼으로 나누어지는 것은 전자의 경우의 좋은 예이고, 광전효과 같은 것은 후자의 좋은 예이다. 어떤 경우에는 빛이 파동같이 보이고 또 다른 경우에는 입자같이 보이기 때문에 이것을 빛의 파동–입자 이중성이라고 부른다. 1924 년 프랑스의 젊은 과학자 Louis de Broglie는 빛이 이렇게 입자–파동의 이중성을 보인다면 입자인 물질도 어떤 조건하에서는 파동의 성질을 보일지도 모른다고 생각하였다. 어떻게 보면 이것은 매우 이상한 제안이라고 할지 모르지만 이것은 자연계의 대칭성에 대한 좋은 예라고 할 수 있다. 빛이 종종 입자의 성질을 보인다면 물질이 파동의 성질을 갖지 않을 이유가 있는가?

De Broglie는 그의 생각을 다음과 같이 정량화하였다. Einstein은 그의 상대론에서 광자의 운동량이 다음과 같음을 보였다.

$$p = \frac{h}{\lambda} \tag{1-48}$$

따라서 de Broglie는 빛과 물질 모두가 같은 식을 따라야 한다고 제안하였다. 입자의 운동량이 mv이므로 이 식은 v의 속도로 운동하는 질량 m의 입자가 $\lambda = h/mv$로 표시되는 de Broglie 파장을 갖는다는 것을 예측할 수 있게 한다.

예제 1-10 90 mph로 운동하는 야구공(5.0 온스)의 de Broglie 파장을 계산하여 보아라.

풀이 5 온스는

$$m = (5.0\text{oz})\left(\frac{1\text{lb}}{16\text{oz}}\right)\left(\frac{0.454\text{kg}}{1\text{lb}}\right) = 0.14\text{kg}$$

90 mph는

$$v=\left(\frac{90\text{mi}}{1\text{hr}}\right)\left(\frac{1610\text{m}}{1\text{mi}}\right)\left(\frac{1\text{hr}}{3600\text{s}}\right)=40\text{m}\cdot\text{s}^{-1}$$

이다. 따라서 운동량은

$$p=mv=(0.14\text{kg})(40\text{m}\cdot\text{s}^{-1})=5.6\text{kg}\cdot\text{m}\cdot\text{s}^{-1}$$

이고 de Broglie 파장은

$$\lambda=\frac{h}{p}=\frac{6.626\times10^{-34}\text{J}\cdot\text{s}}{5.6\text{kg}\cdot\text{m}\cdot\text{s}^{-1}}=1.2\times10^{-34}\text{m}$$

이다. 이 값은 비상식적으로 매우 작다.

예제 1-10에서 야구공의 de Broglie 파장은 너무 짧기 때문에 감지가 불가능하여 실제로 아무 의미가 없는 것을 알 수 있다. 이 이유는 m의 크기가 크기 때문이다. 야구공 대신 전자의 de Broglie 파장을 계산하면 어떤 결과를 주겠는가?

예제 1-11 빛의 속도의 1.00%로 운동하는 전자의 de Broglie 파장을 계산하여 보아라.

풀이 전자의 질량은 9.109×10^{-31} kg이다. 빛의 속도의 1%는

$$v=(0.0100)(2.998\times10^{8}\text{m}\cdot\text{s}^{-1})=2.998\times10^{6}\text{m}\cdot\text{s}^{-1}$$

이므로 전자의 운동량은

$$p=m_e v=(9.109\times10^{-31}\text{kg})(2.998\times10^{6}\text{m}\cdot\text{s}^{-1})=2.73\times10^{-24}\text{kg}\cdot\text{m}\cdot\text{s}^{-1}$$

이다. 따라서 전자의 de Broglie 파장은

$$\lambda=\frac{h}{p}=\frac{6.626\times10^{-34}\text{J}\cdot\text{s}}{2.73\times10^{-24}\text{kg}\cdot\text{m}\cdot\text{s}^{-1}}=2.43\times10^{-10}\text{m}$$
$$=243\text{pm}$$

이다. 이 파장은 원자차원의 크기에 해당된다.

예제 1-11에서 전자의 파장은 X-선의 파장에 해당한다. 따라서 1-48 식이 야구공 같은 큰 물체에 대해서는 의미를 갖지 못하지만 전자가 X-선처럼 행동할 것을 예측하게 한다. 운동하고 있는 몇 가지 다른 물체의 파장에 대해 표 1-3에 정리하였다.

표 1-3 여러 가지 운동하고 있는 물체의 de Broglie 파장

Particle	Mass/kg	Speed/m·s^{-1}	Wavelength/pm
Electron accelerated through 100 V	9.11×10^{-31}	5.9×10^{6}	120
Electron accelerated through 10 000 V	9.29×10^{-31}	5.9×10^{7}	12
α particle ejected from radium	6.68×10^{-27}	1.5×10^{7}	6.6×10^{-3}
22-caliber rifle bullet	1.9×10^{-3}	3.2×10^{2}	1.1×10^{-21}
Golf ball	0.045	30	4.9×10^{-22}

1.11 de Broglie 식은 Bohr의 첫 번째 가정에 대한 또 다른 해석을 준다.

de Broglie의 가설은 전자현미경에 대한 응용을 가능하게 함은 물론(1-12절) 원자구조에 대한 이해에 중요한 열쇄가 된다. 이 가설은 양자화 된 Bohr 궤도에 대한 간단하고도 물리적인 논의에 이용될 수 있다. 전자가 양성자의 주위를 회전하므로 그에 따른 파장 λ가 존재하게 된다. 이것을 그림 1-12에 나타내었다. 안정한 궤도를 형성하기 위해 이 파동은 전자가 한 바퀴 회전할 때 위상이 같아야 한다. 그렇지 않으면 회전할 때마다 진폭의 상쇄가 나타나 파동이 소멸될 것이다.(그림 1-12)

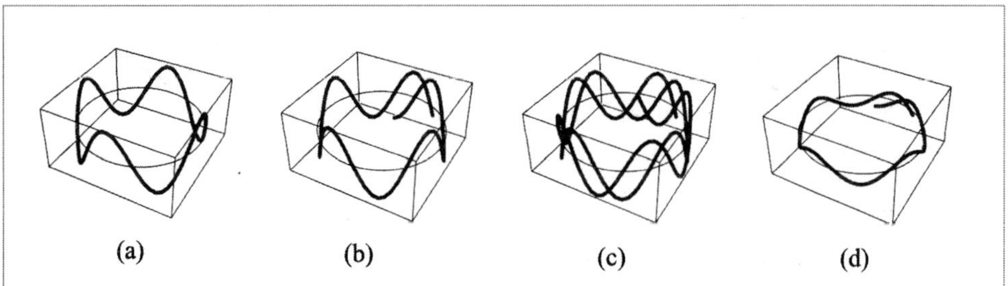

그림 1-12 Bohr 궤도에서 움직이는 de Broglie 파의 조화 및 비조화성을 보여주는 그림. de Broglie 파의 파장의 정수배가 원주와 같아지면 한 바퀴 회전했을 때 조화된다.(a) 한 바퀴 회전했을 때 조화되지 않으면(b) 파동이 상쇄된다. 두 바퀴(c)가 지났을 때 진폭의 합(d)을 나타내는 그림. 파동은 점차 소멸된다.

이 파동이 궤도상에서 안정되기 위하여 파장의 정수배가 궤도의 원주와 같아야 한다는 조건을 얻을 수 있다. 원주가 $2\pi r$이므로 다음의 양자조건을 얻는다.

$$2\pi r = n\lambda \qquad n = 1, 2, 3, \cdots \tag{1-49}$$

식 1-49에 de Broglie 관계식 (식 1-48)을 대입하면 Bohr 양자조건

$$mvr = n\hbar \tag{1-50}$$

을 얻는다. 1-50식을 이용하면 Bohr 궤도에서 움직이는 전자의 속도를 계산할 수 있다.

예제 1-12 1-50 식을 이용하여 첫 번째 Bohr 궤도에 있는 전자의 운동속도를 계산하여라.

풀이 식 1-50을 v에 대해 풀면

$$v = \frac{n\hbar}{mr}$$

이고 첫 번째 Bohr 반경, $n=1$에 대해 1-24 식의 반경으로부터

$$v = \frac{1.055 \times 10^{-34}\text{J} \cdot \text{s}}{(9.11 \times 10^{-31}\text{kg})(5.29 \times 10^{-11}\text{m})} = 2.19 \times 10^{6}\text{m} \cdot \text{s}^{-1}$$

이다. 이것은 거의 빛의 속도의 1%에 해당되는 매우 큰 값이다.

1.12 de Broglie 파는 실험적으로 관측된다.

결정화된 물질에 X-선이 조사되면 물질의 원자구조에 따라 특정한 모양을 보이며 산란된다. 이 현상을 X-선 회절이라고 부르고 이것은 결정 내의 원자간 거리가 X-선의 파장과 거의 유사하기 때문에 일어난다. 알루미늄 박막의 X-선 회절 모양을 그림 1-13(a)에 나타내었다. 박막에 의한 X-선 회절 무늬는 직경이 다른 원들로 나타난다. 원 사이의 간격은 금속 박막의 원자 간격에 의해 결정된다. 그림 1-13(b)에 알루미늄 박막에 전자빔을 조사했을 때 일어나는 전자 회절의 모양을 나타내었다. 이 두 모양이 비슷한 것은 두 실험에서 정말로 X-선과 전자빔의 행동이 유사함을 보여준다.

전자의 파동성은 전자현미경에 이용된다. 전자의 파장은 가해주는 전압을 변화시켜 조절할 수 있으며 얻어지는 작은 de Broglie 파장은 보통의 현미경보다 더 정밀한 관찰을 가능하게 한다. 또한 비슷한 파장의 전자기복사선(X-선 또는 자외선)에 비해 전자빔은 전장과 자장을 이용하여 집광하는 것이 용이하여 분해능이 더 좋은 사진을 얻을 수 있게 한다. 전자현미경은 오늘날 화학, 생물의 분야에서 원자, 분자의 구조를 관찰하는데 일상적으로 쓰이고 있다.

물질의 입자-파동의 이중성에 대해 재미있는 사실은, 1895년 처음으로 전자가 원자 구성 입자임을 발견한 사람이 J.J.Thompson인 반면 1926년 전자가 파동의 성질을 갖는다는 것을 실험적으로 증명한 사람이 J.P.Thompson이라는 사실이다. 이 두 사람은 부

자 관계에 있다. 아버지는 전자가 입자임을 보이는 것으로 1906년 노벨상을 수상하였고 아들은 전자가 파동임을 보이는 것으로 1937년 노벨상을 수상하였다.

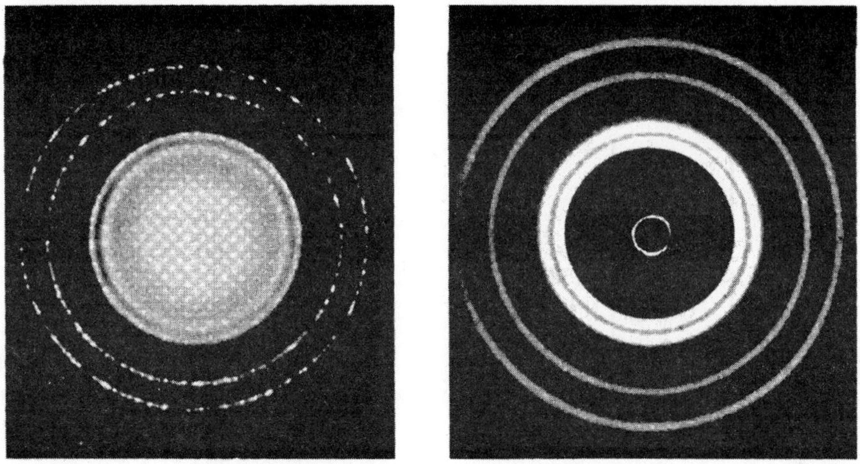

(a) (b)

그림 1-13 (a) 알루미늄 박막의 X-선 회절 모양 (b) 알루미늄 박막의 전자 회절 모양. 두 모양의 유사성은 전자가 X-선과 유사하게 행동하여 파동의 성질을 가질 수 있음을 보여주고 있다. [PSCC Physics film, "Matter Waves," Education Development Center, Inc., Newton, Mass.]

1.13 두-슬릿 실험은 입자-파동 이중성을 보여준다.

빛의 파동성을 보여주는 중요한 실험들 중의 하나는 두 빛의 간섭이다. 빛의 간섭에 관한 첫 번째 실험은 1800년 경 영국의 과학자 Thomas Young에 의해 수행되었다.

그림 1-14와 같이 불투명한 스크린에 있는 작은 슬릿에 비춰지는 빛에 대해 생각해 보자. 빛이 슬릿을 통과함에 따라 각각의 슬릿은 새로운 광원으로 작용한다(이것을 Huygens의 원리라고 한다.). 첫 번째 스크린에서 l 만큼 떨어진 두 번째 스크린에서 P에 도달하는 빛은 그림 1-15에 보인 것처럼 S_1P와 S_2P로 서로 움직인 거리가 다르다. 간단히 l이 두 슬릿 사이의 간격보다 매우 커서 두 빛이 평행하게 움직인다고 가정해 보자.

각각의 빛이 움직인 거리의 차이는 그림 1-15에서 보인 θ에 대해 $x = d\cos(90^o - \theta) = d\sin\theta$이다. 이 차이가 파장의 정수배와 같을 때, 즉 $d\sin\theta = n\lambda$일 때 두 빛의 위상은 같아지고 보강 간섭이 일어난다. 이 차이가 반정수의 홀수 배와 같으면 두 빛은 위상이 반대가 되고 소멸 간섭이 일어난다. 따라서 θ가 변함에 따라 $d\sin\theta = n\lambda$ 조건은 그림 1-16에 보인 것처럼 두 번째 스크린에 밝고 어두운 띠가 번갈아 나타나는 간섭무늬를 만들게 된다.

이전의 두 절에서 논의한 것처럼 전자 혹은 원자나 원자 구성 입자들이 간섭무늬를 보일 것이라는 것은 놀라운 일이 아니다. 전자와 중성자에 대해 실험적으로 간섭무늬가 관찰되었고 그림 1-17에는 독일의 물리학자 O. Carnal과 J. Mlynek의 논문 "oung's Double Slit Experiment with Atoms"에서 발췌한 헬륨 원자에서 얻어진 결과를 나타내었다.

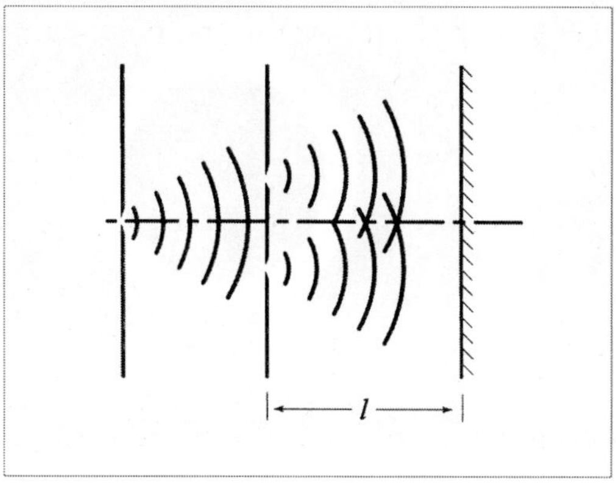

그림 1-14 한 개의 광원에서 두 개의 작은 슬릿이 있는 불투명한 스크린에 비춰진 빛의 파형에 대한 그림. 광학에서 Huygens 원리에 의하면 각각의 슬릿이 새로운 광원으로 작용한다.

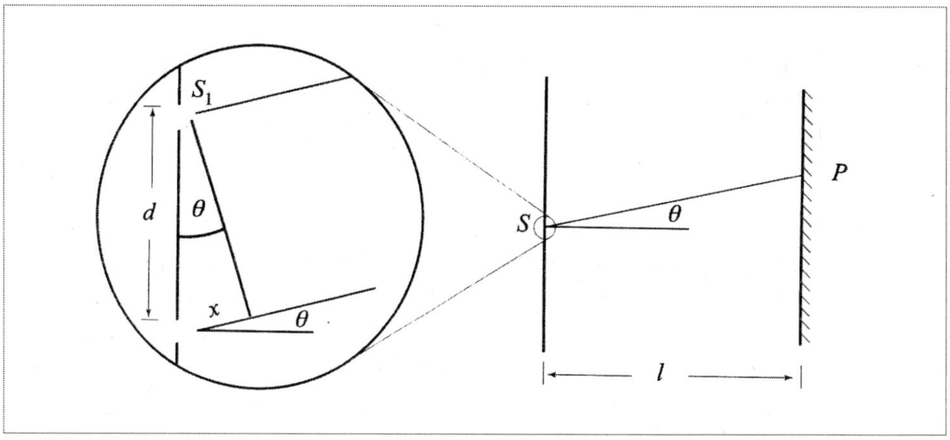

그림 1-15 두-슬릿 간섭 실험의 모식도(오른편). 거리 l은 두 슬릿 사이의 간격 d에 비해 매우 커 두 빛은 평행하게 진행한다. θ는 두 스크린을 연결하는 선과 빛의 진행 방향과의 각이다. 왼편의 그림은 오른편 그림에서 원으로 표시한 부분을 확대한 그림이다.

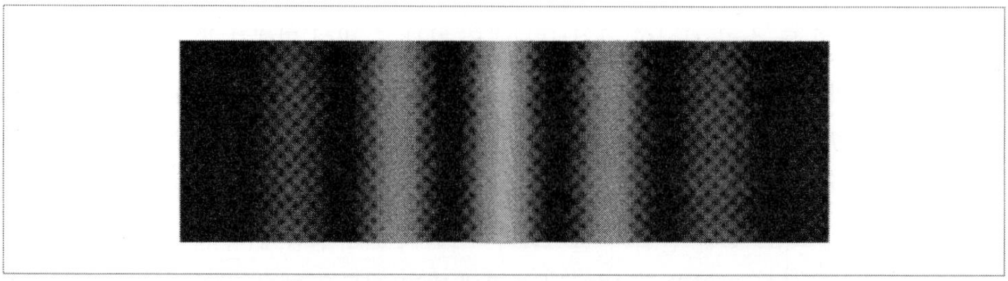

그림 1-16 두-슬릿 실험에서 얻어지는 간섭무늬

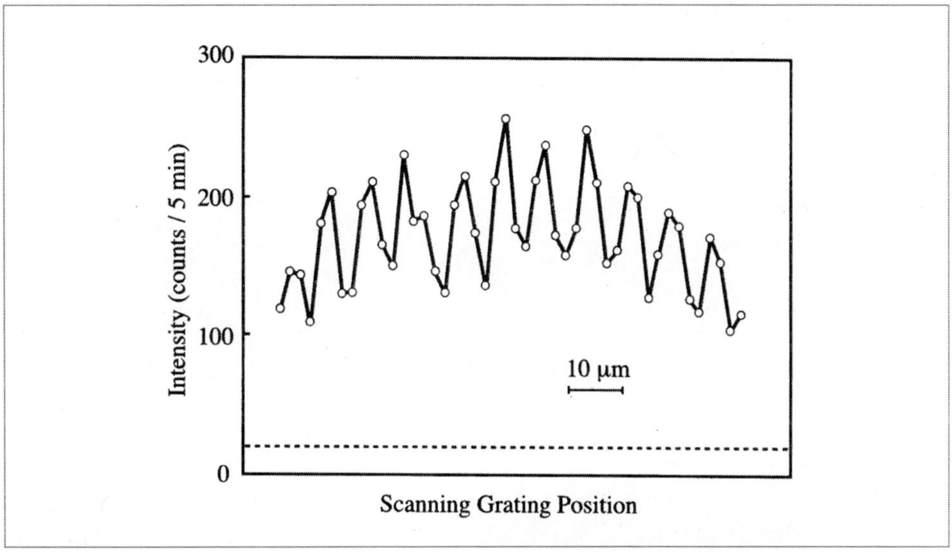

그림 1-17 8 μm grating을 이용하여 얻어진 헬륨의 간섭 현상에 대한 자료. 그림은 스크린에서 거리에 따라 5 분 간격으로 기록된 원자의 수이다. 점선은 검출기 바탕 신호이며 실선은 신호를 확실히 구별할 수 있게 한다. (Carnal, O. and Mlynek, J., Young's Double Slit Experiment with Atoms: A Simple Atom Interferometer, *Phys. Rev. Lett.* **66**, 2689 (1991))

이러한 두-슬릿 실험은 한 번에 한 개씩의 입자를 슬릿에 통과시켜 두 번째 스크린에 입자가 도달하는 것을, 입자가 스크린을 때릴 때 형광 물질이 입혀진 스크린에서 형광을 검출하는 것으로 수행할 수 있다. 위치를 감지할 수 있는 적당한 검출기를 이용하여 각각의 입자가 도달되는 것을 기록할 수 있다.(그림 1-18) 노출이 작을 때에는 형광이 비교적 무작위로 필름에 나타나지만 노출 시간을 길게 하면 무늬가 나타나게 된다. 그림에서 왼편의 두 번째 사진에는 특정한 영역에서 신호가 보이지만 세 번째 사진에서는 간섭무늬가 명확하게 보인다. 전자와 중성자 그리고 헬륨과 소듐원자에 대해서도 이러한 실험이 수행되었다.

간섭 현상이 나타나기 위해서 입자는 두 슬릿을 모두 통과해야 한다. 그러나 한 개의 입자가 어떻게 두 슬릿을 동시에 통과할 수 있는가? 이제 같은 실험을 반복하는 데 둘 중 한 개의 슬릿을 막았다고 생각해 보자. 그러면 두 번째 스크린에서 나타나는 신호를 그림 1-18의 오른편에서 보이는 결과와 같이 예상할 수 있을 것이다. 여기에는 간섭무늬가 나타나지 않는다. 이제 두 슬릿을 모두 열고 한 개의 슬릿 바로 뒤에 입자를 검출할 수 있는 검출기를 장착하여 그 슬릿을 통과하는 모든 입자가 검출되도록 하는 것으로 입자가 어느 슬릿을 통과하는 지 알 수 있도록 해보자. 이렇게 하면 입자가 두 슬릿을 동시에 통과한다는 가정이 필요 없이 어느 슬릿을 통과하는지를 알 수 있다. 입자가 어느 슬릿을 통과했는지 알 수 있지만 형광 스크린을 보면 간섭무늬가 나타나지 않는다. 즉, 형광 스크린에서 얻어지는 형상은 어느 한 슬릿을 막았을 때 얻어지는 모양 바로 그것이 된다. 이제 검출기를 끄면 형광 스크린에는 간섭무늬가 나타난다. 이것은 마치 각각의 입자들이 입자로 행동하는 것을 관측하려고 하지만 않는다면, 슬릿을 만났을 때 파동으로 행동하는 것처럼 보인다는 것을 의미한다.

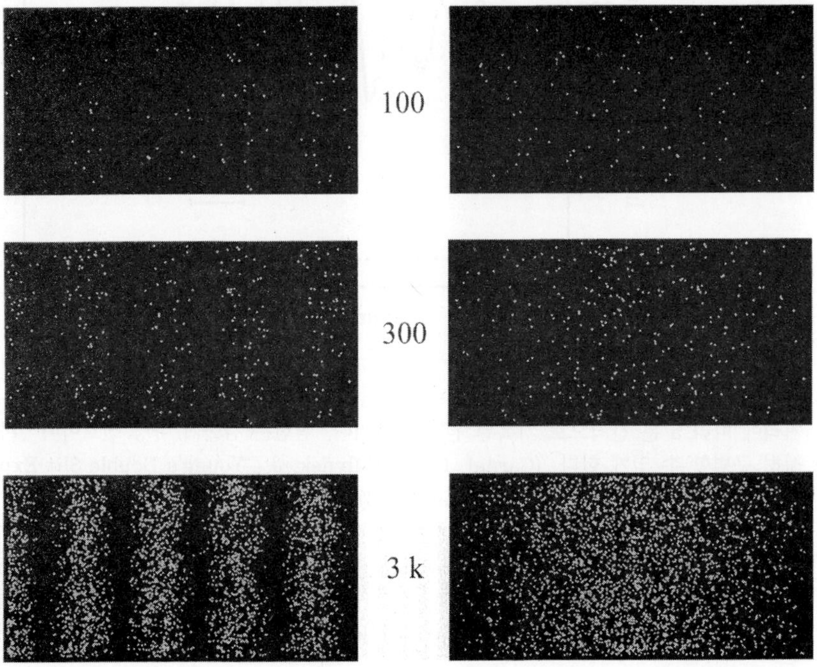

그림 1-18 한 개의 입자가 그림 1-14의 두-슬릿 스크린을 통과했을 때 두 번째 스크린에 도달되는 것이 점으로 기록된다. 스크린에 더 많은 입자들이 도달될수록 간섭무늬가 서서히 나타난다. 왼편의 세 사진은 100, 300, 3000개의 입자가 도달된 것을 보여준다. 오른편의 세 사진은 각각 왼편과 같은 수의 입자가 스크린에 도달된 경우를 보여 주는 데 이 경우에는 두 슬릿 중 한 개를 막았을 때이며 간섭무늬가 보이지 않는다. 이 그림은 A. Tomomura와 동료들의 실제 실험(*Am. J. Phys.* 57, 117 (1980))을 컴퓨터로 모사한 결과이다.

이것이 원자 크기의 세계가 실제 거시적인 세계와 얼마나 이상하게 다른지 확신할 수 없다면 마지막으로 이렇게 생각해 보자. 이제 검출기를 설치하고 입자가 슬릿을 통과한 후에 검출기를 켠다고 생각해 보자. 최근의 초고속 전자기술을 이용하면 입자가 슬릿을 통과한 후 그러나 검출기에 도달하기 전에 그 슬릿을 통과한 입자를 검출할 수 있도록 한 개의 슬릿에 충분히 가깝게 검출기를 설치할 수 있다. 그래도 틀림없이 입자는 두 개의 슬릿 중 단지 한 개의 슬릿만을 통과한 입자의 성질을 보이기에는 너무 늦게 된다. 이러한, 문헌에서 지연된 선택이라고 부르는 실험이 광자에 대해 수행되어 간섭무늬가 사라지는 것이 발견되었다.

이제 우리는 양자역학이 간섭무늬에서 봉우리의 위치와 두께를 예측할 수 있다는 점에서 상당히 정밀하게 이러한 실험을 기술할 수 있다는 것을 알게 될 것이다. 그러나 이 결과에 대한 물리적인 해석은 또 다른 문제이다. 어떻게 한 개의 입자가 두 개의 슬릿을 동시에 통과할 수 있는가? 한 번에 한 개의 입자가 슬릿을 통과하는 실험에서 각각의 입자들은 그들 서로 간섭하여 간섭무늬를 만드는가? 이러한 문제에 대한 해답을 구하려는 시도는 양자역학을 철학적으로 해석하려는 사람들 사이에서 이론의 여지가 있는 문제를 제기하여 아직 해결되지 않은 문제로 남아 있다. 그러나 계산 방법으로서의 양자역학은 이제까지 공식화된 가장 성공적인 과학적인 이론일 것이다.

1.14 Heisenberg 불확실성 원리는 입자의 위치와 운동량이 무한대로 정밀하게, 동시에 결정될 수 없다고 말한다.

이제 빛이 파동의 성질 그리고 동시에 입자의 성질을 갖는다는 것을 고려해야함을 알았다. 이제 전자의 위치를 측정한다고 생각해 보자. 전자의 위치를 Δx 이내로 측정하려면 적어도 Δx 보다 분해능이 좋은 측정 기구를 사용해야 한다. 이러한 분해능을 가질 수 있는 한 방법은 파장이 $\lambda \approx \Delta x$ 인 빛을 이용하는 것이다. 전자가 보이려면 광자가 전자와 충돌 또는 상호작용을 일으켜야 한다. 그렇지 않으면 광자가 그냥 옆으로 지나쳐버리기 때문에 전자는 투명한 것으로 보일 것이다. 광자는 $p = h/\lambda$의 운동량을 가지고 있으므로 충돌의 과정에서 운동량의 일부를 전자에게 전달할 것이다. 따라서 전자의 위치를 정하는 일 그 자체는 전자의 운동량을 변하게 한다. 전자의 위치를 더 정확하게 알려면 더 짧은 파장의 빛을 사용하여야 한다. 그러나 광자의 운동량이 $p = h/\lambda$이므로 더욱 커지게 된다. 전자의 위치를 알기위해 광자의 운동량의 일부가 전자에 전달되어야 하므로 전자의 운동량 변화는 더 커지게 된다. 이 과정에 대한 자세한 분석은 1920 년대 중반 독일의 물리학자 Werner Heisenberg에 의해 이루어졌는데, 그는 전자에 얼만 큼의 운동량이 전달되었는지를 정확히 결정하는 것이 불가능하다는 것을 보였다. 이것은 전자의 위치를 Δx 이내로 결정지으려면 전자의 운동량에 불확실성이 생기게 된다는 것을 의미한다. Heisenberg는 전자의 운동량에 대한 불확실성이 Δp라면

$$\Delta x \Delta p \geq h \tag{1-51}$$

가됨을 보였다.

1–51 식을 Heisenberg의 불확실성의 원리라고 부르며 이것은 자연의 기본원리이다. 불확실성의 원리는 입자의 위치를 Δx 이내로 결정하려면 입자의 운동량에 식 1–51로 주어지는 불확실성이 자동적으로 주어져야 한다는 것을 말해준다. 이 불확실성은 측정의 오차이거나 측정방법이 나빠서 생기는 것이 아니고, 측정이라는 행동 자체의 기본적인 성질에서 오는 것임을 알아야 한다. 다음 두 예는 불확실성의 원리에 대한 수치적인 결과이다.

예제 1-13 90 mph로 던져진 야구공의 위치를 속도에 대해 백만분의 1%로 측정할 때 불확실성을 계산하여 보아라.

풀이 예제 1-10에 의하면 운동량은 $5.6\,\mathrm{kg\cdot m\cdot s^{-1}}$이다. 이의 백만분의 1%는 따라서 $5.6\times10^{-8}\,\mathrm{kg\cdot m\cdot s^{-1}}$이고

$$\Delta p = 5.6\times10^{-8}\,\mathrm{kg\cdot m\cdot s^{-1}}$$

이다. 따라서 위치에 대해 최소한의 불확실성은

$$\Delta x = \frac{h}{\Delta p} = \frac{6.626\times10^{-34}\,\mathrm{J\cdot s}}{5.6\times10^{-8}\,\mathrm{kg\cdot m\cdot s^{-1}}} = 1.2\times10^{-26}\,\mathrm{m}$$

이다. 이것은 당연히 무시할 수 있는 거리이다.

예제 1-14 원자 내 전자의 위치를 결정하는 데 Δx를 약 50 pm로 하면 운동량의 불확실성은 얼마인가?

풀이 $$\Delta p = \frac{h}{\Delta x} = \frac{6.626\times10^{-34}\,\mathrm{J\cdot s}}{50\times10^{-12}\,\mathrm{m}} = 1.3\times10^{-23}\,\mathrm{kg\cdot m\cdot s^{-1}}$$

$p = mv$이고 전자의 질량이 9.11×10^{-31} kg이므로 Δp에 해당하는

$$\Delta v = \frac{\Delta p}{m_e} = \frac{1.3\times10^{-23}\,\mathrm{kg\cdot m\cdot s^{-1}}}{9.11\times10^{-31}\,\mathrm{kg}} = 1.4\times10^{7}\,\mathrm{m\cdot s^{-1}}$$

이 되어 속도에 매우 큰 불확실성이 있게 된다.

이 두 예는 Heisenberg의 불확실성 원리가 일상생활에서의 거시적인 물체에 대해서는 고려하지 않아도 되나 원자 또는 원자 구성 입자들을 다룰 때에는 중대한 영향을 준다는 것을 보여준다. 이것은 파장과 운동량에 대한 de Broglie의 관계식에서와 유사한 결론을 준다. 불확실성 원리는 이상한 결과를 준다. Bohr 이론은 불확실성의 원리에 위배된다. 다행히도 이때쯤 불확실성 원리에 위배되지 않는 더욱 일반화된 양자론이 제안되었다. 이 새로운 이론은 모든 원자와 분자에 적용될 수 있고, 이것이 원자 및 분자구조를 이해하는 기본이 됨을 알게 될 것이다. 이 이론은 오스트리아의 물리학자 Erwin Schrödinger에 의해 만들어 졌으며 이것을 3장에서 논의하였다. 이 논의를 준비하기 위해 다음 장에서 Schrödinger 방정식의 배경이 되는 고전적인 파동방정식에 대해 논의하였다.

연습문제

1-1. 전자기복사선의 스펙트럼에서 자외선 영역의 복사선은 흔히 파장 λ로 기술되고 nanometers (10^{-9} m) 단위로 주어진다. λ = 200 nm의 자외선에 대해 ν, $\bar{\nu}$ 그리고 E를 계산하여라. 그 결과를 그림 1-19와 비교하여 보아라.

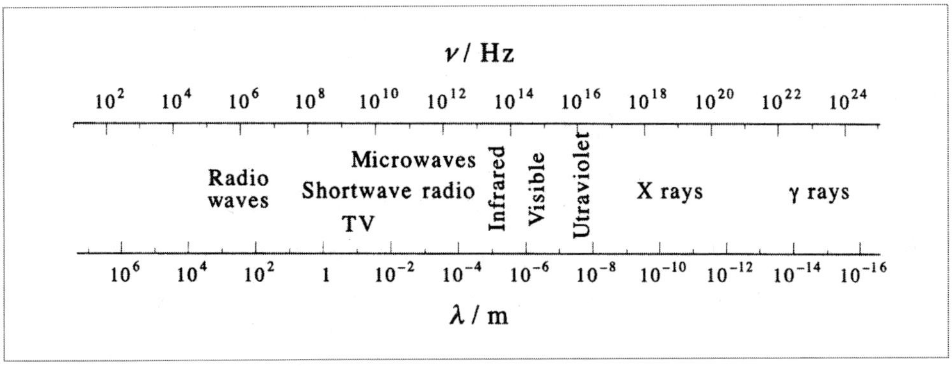

그림 1-19 전자기복사선의 스펙트럼 영역

1-2. 적외선 영역의 복사선은 흔히 파수의 단위로 주어진다. $\bar{\nu}= 1/\lambda$인 이 영역의 전형적인 값은 $\bar{\nu}$ = 10^3 cm^{-1}이다. $\bar{\nu}$ = 10^3 cm^{-1}의 복사선에 대해 ν, λ 그리고 E를 계산하고 그림 1-19와 비교하여 보아라.

1-3. 적외선 영역을 지나 낮은 에너지 영역은 마이크로파 영역이다. 이 영역에서 복사선은 주로 megahertz(MHz), Hz는 cycles/second의 단위를 갖는 진동수를 갖는다. 전형적인 마이크로파의 진동수는 2.0 × 10^4 Hz이다. 이 복사선의 $\bar{\nu}$, λ, E를 계산하고 그림 1-19와 비교하여 보아라.

1-4. Planck의 기본적인 가정은 전자진동자의 에너지가 $E = nh\nu$ 그리고 $\Delta E = h\nu$의 값만을 가질 수 있다는 것이다. $\nu \to 0$이면 $\Delta E \to 0$이 되어 E가 연속이 된다. 따라서 우리는 Planck의 비고전적인 분포가 $\Delta E \to 0$인 낮은 진동수 영역에서 고전적인 Rayleigh-Jeans의 분포가 됨을 알 수 있다. 식 1-2가 $\nu \to 0$에서 식 1-1로 됨을 보여라. ($e^x = 1 + x + (x^2/2!) + \cdots$ 또는 x가 작을 때 $e^x \approx 1 + x$를 이용하여라).

1-5. 흑체복사에 대한 Planck의 이론이 나오기 전 Wien은 실험적으로(식 1-4)

$$\lambda_{max} T = 2.90 \times 10^{-3} \text{ m} \cdot \text{K}$$

임을 보였다. 이때 λ_{max}는 특정온도 T에서 흑체복사선의 스펙트럼이 최대세기를 갖는 파장이다. 이 식을 Wien 변위 법칙이라 부른다. 이것을 식 1-3의 Planck의 이론적인 분포를 λ에 대해 미분하여 유도하여 보아라. **힌트** $hc/\lambda_{max} k_B T = x$로 놓고 중간결과 $e^{-x} + (x/5) = 1$을 유도하여라. 이 식은 해석적으로는 풀 수 없고 수치해석의 방법으로 풀 수 있다. 계산기를 이용하여 이 식을 풀어 x = 4.965가 해임을 보여라.

1-6. (a) T = 300 K (b) T = 3000 K (c) T = 10,000 K일 때 흑체복사선의 에너지밀도 분포 곡선이 최대치를 갖는 파장은 각각 얼마인가?

1-7. 온도가 높은 별들의 하나인 Sirius는 약 λ_{max} = 260 nm의 흑체복사 스펙트럼을 보여준다. Sirius의 표면온도를 예측하여 보아라.

1-8. 열 핵폭발 시 불덩어리의 온도는 약 10^7 K에 달한다. 이것은 λ_{max}의 어떤 값에 해당하는가? 스펙트럼의 어느 영역에 속하는가(그림 1-19)?

1-9. 흑체에서 발생되는 빛의 총 에너지밀도를 온도의 함수로 주는 Stefan-Boltzmann 법칙을 Planck 분포를 이용하여 유도할 수 있다. Planck 분포를 모든 진동수에 대해 적분하여 Stefan-Boltzmann 법칙을 유도하여라. **힌트** 다음 적분이 필요할 것이다.

$$\int_0^{\infty} dx x^3/(e^x - 1) = \pi^4/15$$

1-10. 연습문제 1-19의 결과에서 온도의존성을 적분 결과를 이용하지 않고 유도할 수 있는가?

1-11. 파장 100 pm (약 한 개의 원자직경)의 광자의 에너지를 계산하여라.

1-12. Planck 복사 법칙을 $\lambda\nu = c$의 관계를 이용하여 λ ($d\lambda$)로 표현하여라.

1-13. (a) 1.06 μm (b) 537 nm (c) 266 nm 펄스 형 빛 2.00 mJ의 광자의 수를 계산하여라.

1-14. 지구표면의 평균온도는 288 K이다. 지구 흑체복사선의 최대 파장은 얼마인가? 이 파장은 스펙트럼의 어느 영역에 해당하는가?

1-15. 헬륨–네온 레이저의 파장은 632.8 nm이다. 이 빛의 진동수를 계산하여라. 이 레이저에서 발생하는 빛의 에너지는 얼마인가?

1-16. 레이저의 출력은 watt (W) (1 watt = 1 joule per second)의 단위로 측정된다. 1.00 mW 질소 레이저에서 초당 발생되는 광자의 수는 몇 개인가? 질소 레이저의 파장은 337 nm이다.

1-17. 가정용 전구는 흑체로 가정할 수 있다. 많은 전구가 전류를 흘려 가열하는 텅스텐 필라멘트를 사용한다. $\lambda_{max} = 550$ nm가 되기 위한 온도는 얼마인가?

1-18. 포타슘금속의 문턱 파장은 564 nm이다. 일함수는 무엇인가? 410 nm의 빛을 조사했을 때 방출되는 전자의 운동에너지는 얼마인가?

1-19. 크롬의 일함수는 4.40 eV이다. 파장 200 nm의 자외선을 조사했을 때 크롬금속의 표면에서 방출되는 전자의 운동에너지는 얼마인가?

1-20. 230 nm의 빛을 깨끗한 은 표면에 조사했을 때 방출되는 전자의 운동에너지가 0.805 eV이다. 은의 일함수와 문턱진동수를 계산하여라.

1-21. 소듐금속의 광전효과에 대해 방출된 전자의 운동에너지가 조사된 빛의 파장의 함수로 다음과 같이 얻어졌다.

λ/nm	100	200	300	400	500
KE/eV	10.1	3.94	1.88	0.842	0.222

이 결과를 도시하여 직선을 얻고 직선의 기울기로부터 h 그리고 횡축과의 접선으로부터 일함수를 계산하여라.

1-22. Planck 상수가 운동량의 단위를 가짐을 보여라.

1-23. 1 rydberg (1 rydberg는 109,680 cm^{-1}이다.)의 에너지를 갖는 전자기복사선의 파장은 무엇인가? 1 rydberg를 electron volts와 $kJ \cdot mol^{-1}$의 단위로 환산하여라.

1-24. Lyman 계열의 처음 세 선의 파장을 Rydberg 식(식 1.14)을 이용하여 계산하여라.

1-25. 수소원자에서 Lyman 계열의 선의 파장이 1.03×10^{-7} m이다. 전자의 원래 에너지준위

를 찾아보아라.

1-26. 바닥상태에 있는 수소원자가 97.2 nm 파장의 광자를 흡수한다. 그 후 486 nm 파장의 빛을 방출한다. 수소원자의 나중상태는 무엇인가?

1-27. Lyman 계열의 선들이 91.2 nm와 121.6 nm 사이에서, Balmer 계열의 선들이 364. 7 nm와 656.3 nm 사이에서 그리고 Paschen 계열의 선들이 821.0 nm와 1,876 nm 사이에서 발견됨을 보여라. 이들 파장의 스펙트럼 영역을 확인하여라.

1-28. Lyman 계열의 계열한계에 해당되는 광자의 에너지와 파장을 계산하여라.

1-29. 수소원자의 환산질량으로 나타냈을 때 Rydberg 상수가 109,676 cm^{-1}가 됨을 보여라.

1-30. 질소원자의 원자질량을 14.00으로 했을 때 질소분자의 환산질량을 계산하여라. 같은 계산을 염소원자의 원자질량을 34.97로 했을 때 염화수소에 대해 수행하여라. 수소원자의 원자질량은 1.008이다.

1-31. 이종 이원자분자가 마이크로파 영역의 빛을 흡수하여 스펙트럼을 준다. 이로부터 다음과 같이 정의되는 소위 회전상수를 결정할 수 있는데

$$B = \frac{h}{8\pi^2 I}$$

이때 I는 분자의 관성모멘트이다. HCl^{35}의 회전상수 B = 3.13 × 10^5 MHz에서 원자간 거리를 계산하여 보아라. H와 Cl^{35}의 원자량은 각각 1.008과 34.97이다.

1-32. 핵의 원자번호 Z일 때 Bohr 식을 $\bar{\nu}$에 대해 유도하여라.

1-33. He^+의 스펙트럼에서 전자가 높은 준위에서 n = 4로 이완되는 전이에 해당하는 선들을 Pickering 계열이라고 부르는데 천문학에서 매우 중요하다. 이 계열의 관측된 선들의 파장을 나타내는 식을 유도하여라. 스펙트럼의 어느 영역에 속하는가?

1-34. Bohr 이론을 이용하여 He의 일차 이온화에너지를 eV 그리고 $kJ \cdot mol^{-1}$의 단위로 계산하여라.

1-35. n 번째 Bohr 궤도에 있는 전자의 속력이 $v = e^2/2\varepsilon_0 nh$ 임을 보여라. 처음 몇 Bohr 궤도에 대해 v를 계산하여라.

1-36. 바닥 전자상태에 있는 수소원자를 이온화하는데 2.179×10^{-18} J의 에너지가 필요하다. 태양 표면의 온도는 약 6,000 K이며 부분적으로 수소원자로 이루어져 있다. 이 때 수소원자는 H(g)로 존재하는가 혹은 H^+(g)로 존재하는가? 흑체복사선의 최대 파장이 수소원자를 이온화하려면 온도는 얼마가 되어야 하는가? 이 파장은 스펙트럼의 어느 영역에 해당하는가?

1-37. 음전하를 띤 μ meson(뮤온)은 양성자와 함께 mesonic atom이라고 부르는 수명이 짧은 종을 만든다. 뮤온의 전하량은 전자와 같고 질량은 $207m_e$ 이다. Bohr 이론이 적용될 수 있다고 가정하여 바닥상태 에너지, 첫 번째 Bohr 궤도의 반경, 그리고 n = 1에서 n = 2 로의 전이에너지를 계산하여라.

1-38. (a) 100 eV의 운동에너지를 갖는 전자 (b) 100 eV의 운동에너지를 갖는 양성자 (c) 수소원자의 첫 번째 Bohr 궤도에 있는 전자의 de Broglie 파장을 계산하여 보아라.

1-39. (a) 100 V의 전압으로 가속되는 전자빔에서 전자의 운동에너지와 (b) 200 pm(1 picometer = 10^{-12} m)의 de Broglie 파장을 갖는 전자의 운동에너지를 계산하여라.

1-40. 정지해 있는 양성자가 de Broglie 파장 1.0×10^{-10} m를 가지려면 얼마의 전위차에서 낙하해야 하는가?

1-41. 전위차 4.0 V에서 낙하하는 α 입자의 에너지와 파장을 계산하여라. α 입자의 질량은 6.64×10^{-27} kg이다.

1-42. 현재 구조 연구의 강력한 방법의 하나는 중성자 회절이다. 이 방법은 고에너지 중성자원에서 생성되는 특정 온도의 중성자 빔을 사용하며 세계적으로 몇몇 가속기 시설에서 만들어지고 있다. m을 중성자의 질량이라고 할 때 중성자의 속력이 $v = (3k_BT/m)^{1/2}$로 주어진다면 중성자가 de Broglie 파장 50 pm를 갖기 위한 온도는 얼마인가?

1-43. 핵전하 Z를 갖는 수소꼴-원자 이온에서 n 번째 Bohr 궤도에 있는 전자의 속력이 $v = Ze^2/2\varepsilon_o nh$ 임을 보여라. Z = 10과 Z = 50에서 처음 몇 Bohr 궤도에 있는 전자의 v를 계산하여라.

1-44. 0.10 mm 간격을 갖는 두 슬릿에 600 nm 파장의 빛이 조사되었다. 간섭무늬의 첫 번째 최대 세기를 보이는 위치를 정하는 각은 얼마인가? 검출기가 슬릿에서 2.00 m 떨어져 있다면 중심과 첫 번째 최대 세기까지의 거리는 얼마인가?

1-45. 694.3 nm 파장의 빨간색 레이저의 빛을 좁은 간격의 두 슬릿에 조사했을 때 슬릿에서 3.00 m 떨어진 스크린에 등 간격의 밝은 띠들이 나타났다. 이 띠들의 간격이 1.50 cm라면 두 슬릿의 간격은 얼마인가?

1-46. 전자의 위치를 20 pm 이내로 결정하면 속력의 불확실성은 얼마인가?

1-47. 10 pm 간격으로 전자의 위치를 정하면 운동량의 불확성은 얼마인가? 이 값을 첫 번째 Bohr 궤도에 있는 전자의 운동량과 비교해 보아라.

1-48. 에너지와 시간에 대해 다음 불확실성의 원리가 존재한다.

$$\Delta E \Delta t \geqq h$$

양변이 같은 단위로 표현됨을 보여라.

1-49. 연습문제 1-48의 관계식은 질량 $m(E=mc^2)$의 입자가 $\Delta t \leqq h/mc^2$의 시간에서는 존재하지 않다가 물질화 될 수 있다는 것을 의미하는 것으로 해석할 수 있다. Δt 또는 그 이상의 시간에서 존재하는 입자를 실제입자라고 부르는 반면 Δt 보다 짧은 시간에 존재하는 입자를 가상입자라고 부른다. 원자보다 작은 입자인 전하를 띤 입자 파이온(pion)의 질량은 2.5×10^{-28} kg이다. 파이온이 실제입자가 되는 최소 수명은 얼마인가?

1-50. 1-48번 문제의 관계식은 원자 또는 분자의 수명과 들뜬상태 에너지에 적용된다. 들뜬상태의 수명이 10^{-9} s라면 이 상태 에너지의 불확실성은 얼마인가?

1-51. 들뜬상태 핵은 이완되면서 γ 선을 방출한다. 핵의 들뜬상태에서의 수명이 10^{-12} s라면 방출되는 γ 선의 에너지 불확실성은 얼마인가?(연습문제 1-48)

1-52. 이 문제에서는 고정된 중심에 대해 회전하고 있는 입자의 구심력이 $f=mv^2/r$이 됨을 보이려고 한다. 이를 위해 회전하고 있는 입자의 속도와 가속도에 대해 살펴보자. 그림 1-15에 따라 $\Delta\theta$가 충분히 작아 호 Δs와 두 벡터 차의 크기 $|\Delta \mathbf{r}| = |\mathbf{r}_2 - \mathbf{r}_1|$가 같다면

$$|\Delta \mathbf{r}| \approx \Delta s = r\Delta\theta \qquad (1\text{–}52)$$

이다. 이 경우

$$v = \lim_{\Delta t \to 0} \frac{\Delta s}{\Delta t} = r \lim_{\Delta t \to 0} \frac{\Delta \theta}{\Delta t} = r\omega \qquad (1\text{–}53)$$

이고 이제 ω와 r이 상수이면 $v = r\omega$는 상수가 된다. 가속도가 $\lim_{t \to 0} \frac{\Delta v}{\Delta t}$이므로 가속도가 존재하는가에 의문이 생기게 된다. 그 대답은 물론 속도가 벡터양이고 r의 방향을 따라 속도의 방향 v가 계속 변하기 때문에 "가속도가 존재 한다"이다. 이 가속도를 계산하려면 1-15와 같은 그림을 그려야 하나 r 대신 v로 나타내야 한다. 그림에서

$$\Delta v = |\Delta \mathbf{v}| = v\Delta\theta \tag{1-54}$$

가 식 1-62와 같은 방법으로 얻어지는 것과, 입자가 다음으로 주어지는 가속도를 갖는 것을 보여라.

$$a = \lim_{\Delta t \to 0} \frac{\Delta v}{\Delta t} = v \lim_{\Delta t \to 0} \frac{\Delta \theta}{\Delta t} = v\omega \tag{1-55}$$

따라서 입자가 가속도를 가지며 원형궤도 상을 회전하기 위해 $ma = mr\omega = mv^2/r$의 구심력을 필요로 한다.

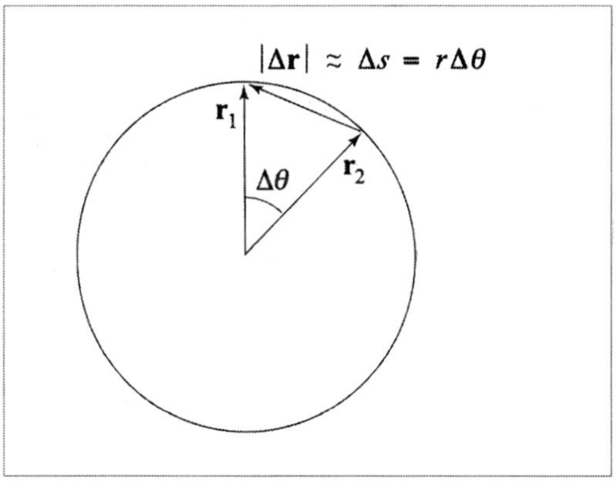

그림 1-20 각속도를 정의하는 그림

1-53. 이 문제에서는 광자의 운동량이 $p = h/\lambda$ 임을 유도하려고 한다. 광자의 질량이 영이므로 운동량이 영일 것으로 생각할 수 있으나, 광자가 빛의 속도로 운동하고 있어 상대론을 고려해야 한다는 것을 기억해야 한다. 이 식을 유도하기 위해서는 특수 상대성이론의 식을 인정해야 한다. 입자의 질량은 속도에 따라 다음과 같이 변하는데

$$m = \frac{m_0}{[1 - (v^2/c^2)]^{1/2}} \tag{1-56}$$

$v \to 0$에서의 질량 m_0를 입자의 "정지질량"이라고 한다. 입자가 x 축 방향으로 움직인다면 운동량은 mv_x이고 따라서

$$p_x = \frac{m_0 v_x}{[1-(v_x^2/c^2)]^{1/2}} \tag{1-57}$$

이다. 광자가 $m_0 = 0$ 임에도 불구하고 $v_x = c$ 따라서 $p_x \approx \frac{0}{0}$ 즉, 부정형이 되어 운동량이 영일 필요가 없게 된다. 힘 F는 시간에 대한 운동량의 변화로 주어지며

$$F = \frac{dp}{dt} \tag{1-58}$$

이것은 단지 Newton의 제 이 법칙에 불과하다. 운동에너지는 정지해 있는 입자를 최종 속도 v가 될 때까지 가속하는 데 필요한 일로 정의할 수 있다. 일이 힘과 거리의 곱을 적분한 것이므로 운동에너지는 다음과 같이 쓸 수 있다.

$$T = \int_{v=0}^{v=v} F dx \tag{1-59}$$

이때 방향을 나타내는 하첨자 $_x$는 편의상 생략하였다. 1–56 식은 다음과 같이 된다.

$$\begin{aligned} T &= \int_{v=0}^{v=v} F dx = \int_{v=0}^{v=v} \frac{dp}{dt}\frac{dx}{dt} dt = \int_{v=0}^{v=v} v\frac{dp}{dt} dt \\ &= \int_{v=0}^{v=v} v\frac{d(mv)}{dt} dt = \int_0^v v d(mv) \end{aligned} \tag{1-60}$$

이때 마지막 두 적분에서 질량 m은 상수가 아니고 식 1–56에서 주어진 속도 v의 함수임을 주의하여라. 비상대성(고전)역학에서 m이 상수이면 $T = 1/2mv^2$이 되는 것에 유의하여라. 식 1–56을 1–60 식에 대입하면

$$T = m_0 c^2 \left\{ \frac{1}{[1-(v^2/c^2)]^{1/2}} - 1 \right\} \tag{1-61}$$

을 얻는다. 이 결과를 얻기 위해서는 다음의 적분이 필요하다.

$$\int \frac{x dx}{(ax^2+b)^{3/2}} = -\frac{1}{a(ax^2+b)^{1/2}}$$

1–61 식이 $v/c \to 0$에서 고전적인 결과가 됨을 보여라. 1–56 식과 1–61 식에서 T가

$$T = (m - m_0)c^2 \tag{1-62}$$

가됨을 보여라. 이 식은 mc^2이 입자의 총 에너지이고 m_0c^2은 정지해 있는 입자의 에너지로 해석할 수 있어

$$E = T + m_0c^2$$

로 쓸 수 있다. 이제 1–57 식과 1–61 식을 이용하여 v를 소거하고 p에 대해 정리하면

$$(T + m_0c^2)^2 = (pc)^2 + (m_0c^2)^2$$

이고 1–62 식을 이용하면

$$E = [(pc)^2 + (m_0c^2)^2]^{1/2} \tag{1–63}$$

으로 되어 이것이 특수 상대성이론의 기본적인 식이 된다. 광자의 경우 $m_0 = 0$, $E = pc$이다. 그러나 양자론에 의하면 $E = h\nu$이므로 $pc = h\nu$에서 $p = h/\lambda$를 얻게 된다.

1-54. 이 문제에서는 두–슬릿 실험에서 얻어지는 간섭무늬를 유도하려고 한다. 먼저 $y(z) = A\cos[2\pi z/\lambda]$가 진폭 A 파장 λ인 파동을 나타냄을 보여라. 이제 $y(z,t) = A\cos[2\pi(z-vt)/\lambda]$가 오른편으로 vt 만큼 움직인 유사한 파동임에 대해 논하여라. $y(z,t) = A\cos[2\pi(z-vt)/\lambda]$는 속도 v로 오른편으로 움직이는 파동(진행파)의 모양을 나타낸다고 말한다. 예를 들어, 이 파동이 전자기복사파라면, $y(z,t)$는 한 점 (z,t)에서 전장이며 $E(z,t) = E_0\cos[2\pi(z-vt)/\lambda]$로 쓴다. z_0를 그림 1–15에서 거리 S_1P라고 하면, 점 P에서 전장은 두 슬릿에서부터 오는 파의 중첩으로 쓸 수 있다.

$$E(\theta) = E_0\cos\left[\frac{2\pi}{\lambda}(z_0 - vt)\right] + E_0\cos\left[\frac{2\pi}{\lambda}(z_0 + d\sin\theta - vt)\right]$$

이때 $E(\theta)$는 전장의 θ 의존도를 강조하기 위해 표기하였다. 이제 다음 삼각함수 관계식을 사용하면

$$\cos\alpha + \cos\beta = 2\cos\left(\frac{\alpha+\beta}{2}\right)\cos\left(\frac{\alpha-\beta}{2}\right)$$

$E(\theta)$를 다음과 같이 쓸 수 있다.

$$E(\theta) = 2E_0\cos\left(\frac{\pi d\sin\theta}{\lambda}\right)\cos\left[\frac{2\pi}{\lambda}\left(z_0 - vt + \frac{d\sin\theta}{2}\right)\right]$$

파동의 세기는 진폭의 제곱(연습문제 2–18)으로 주어지므로

$$I(\theta) = 4E_0^2\cos^2\left(\frac{\pi d\sin\theta}{\lambda}\right)\cos^2\left[\frac{2\pi}{\lambda}\left(z_0 - vt + \frac{d\sin\theta}{2}\right)\right]$$

이다. 그림 1-15의 스크린 기록은 파동의 여러 주기에 대해 긴 시간동안의 평균값이 된다. $\cos^2\alpha = 1/2(1+\cos 2\alpha)$를 이용하여 $I(\theta)$에서 $\cos^2[2\pi(z_0 - vt + d\sin\theta/2)/\lambda]$ 항의 평균이 1/2이 됨을 보이고

$$I(\theta) = 2E_0^2\cos^2\left(\frac{\pi d\sin\theta}{\lambda}\right)$$

를 원하는 결과로 얻어라.(2-6절에서는 같은 결과를 복소수를 이용하여 더 쉽게 유도할 것이다.) $I(\theta)/E_0^2$을 두-슬릿 간섭 실험에서 흔히 사용하는 값 d = 0.010 mm, $\lambda = 600$ nm을 이용하여 θ에 대해 도시하고 그림 2-10과 비교하여 보아라.

참 고 문 헌

Resnick, R., Halliday, D. *Basic Concepts in Relativity and Early Quantum Theory*, 2nd ed. Macmillan Publishing: New York, 1992.

Al-Khalili, J. *Quantum: A Guide for the Perplexed*. Weidenfeld & Nicolson: London, 2004.

Greenstein, G., Zajonic, A. *The Quantum Challenge*, 2nd ed. Jones and Bartlett Publishers: Sudbury MA, 2005.

Halliday, D., Resnick, R., Walker, J. *Fundamentals of Physics*, 7th ed. Wiley & Sons: New York, 2004.

Segré, E. *From X-rays to Quarks: Modern Physicists and Their Discoveries*. W. H. Freeman: New York, 1980.

Gamow, G. *Thirty Years That Shook Physics: The Story of Quantum Theory*. Dover Publications: Mineola, NY, 1985.

수학 A

복소수

화학에서 흔히 복소수를 사용한다. 이 수학 장에서는 복소수의 일반적인 몇몇 성질에 대해 복습하려고 한다. 복소수가 다음과 같이 −1의 제곱근으로 정의되는 허수 단위 i를 포함하고 있음을 기억하여라.

$$i = \sqrt{-1} \tag{A-1}$$

$$i^2 = 1 \tag{A-2}$$

복소수는 어떤 이차방정식을 풀 때 자연적으로 나타난다. 예를 들어,

$$z^2 - 2z + 5 = 0$$

의 두 근은

$$z = 1 \pm \sqrt{-4} \quad \text{혹은} \quad z = 1 \pm 2i$$

이다. 이때 1을 복소수 z의 실수부분 그리고 ±2를 허수부분이라고 말한다. 일반적으로 복소수는

$$z = x + iy \tag{A-3}$$

이때

$$x = \mathrm{Re}\,(z) \qquad y = \mathrm{Im}\,(z) \tag{A-4}$$

로 표기한다.

복소수의 덧셈과 뺄셈은 실수부분과 허수부분을 각각 독립적으로 더하거나 빼는 것으로 수행한다. 예를 들어, $z_1 = 2 + 3i$, $z_2 = 1 - 4i$라면

$$z_1 - z_2 = (2-1) + [3-(-4)]i = 1 + 7i$$
$$2z_1 + 3z_2 = 2(2+3i) + 3(1-4i) = 4 + 6i + 3 - 12i = 7 - 6i$$

이다.

복소수를 곱하려면 두 양을 단순히 이항전개하고 $i^2 = -1$을 이용한다. 예를 들어,

$$(2-i)(-3+2i) = -6+3i+4i-2i^2 = -4+7i$$

이다.

복소수를 나누려면 i를 $-i$로 치환하여 얻는 z^* 즉, 켤레복소수를 도입하는 것이 편리하다. 예를 들어, $z = x+iy$이면 $z^* = x-iy$이다. 복소수에 켤레복소수를 곱하면 실수가 됨을 유의하여라.

$$zz^* = (x+iy)(x-iy) = x^2 - i^2y^2 = x^2 + y^2 \tag{A-5}$$

zz^*의 제곱근을 크기 혹은 z의 절대치라고 부르고 $|z|$로 표기한다.

이제 두 복소수의 나눗셈에 대해 생각해 보자.

$$z = \frac{2+i}{1+2i}$$

이 값은 분모의 켤레복소수 $1-2i$를 분모, 분자 양변에 곱하면 $x+iy$ 형으로 쓸 수 있다.

$$z = \frac{2+i}{1+2i}\left(\frac{1-2i}{1-2i}\right) = \frac{4-3i}{5} = \frac{4}{5} - \frac{3}{5}i$$

예제 A-1 $$z^{-1} = \frac{x}{x^2+y^2} - \frac{iy}{x^2+y^2}$$

을 보여라.

풀이 $$z^{-1} = \frac{1}{z} = \frac{1}{x+iy} = \frac{1}{x+iy}\left(\frac{x-iy}{x-iy}\right) = \frac{x-iy}{x^2+y^2} = \frac{x}{x^2+y^2} - \frac{iy}{x^2+y^2}$$

■

복소수가 실수부분, 허수부분의 두 부분으로 되어있기 때문에 그림 A-1과 같이 횡축(x)에 실수부분 그리고 종축(y)에 허수부분을 도시하는 것으로 이차원 평면좌표계의 한 점으로 나타낼 수 있다. 이러한 평면을 복소수평면이라고 부른다. 이 평면의 원점에서 $z = (x, y)$인 한 점으로 벡터 $\mathbf{r}$을 그리면 이 벡터의 길이 $r = (x^2+y^2)^{1/2}$이 복소수 z의 크기 혹은 복소수 z의 절대치가 된다. 벡터 $\mathbf{r}$과 x 축 사이의 각 θ는 z의 위상각이 된다.

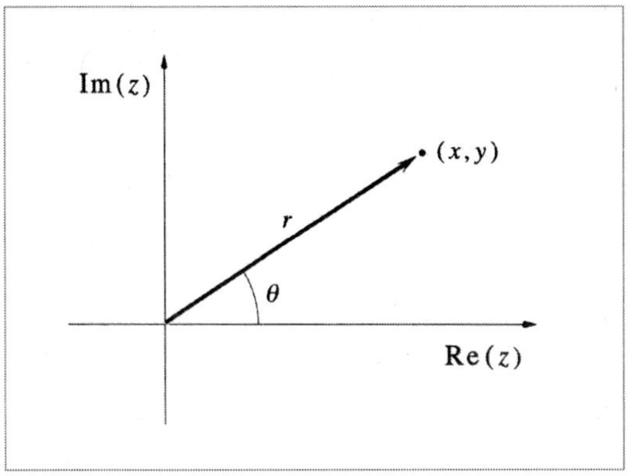

그림 A-1 이차원 좌표계의 한 점으로 표시된 복소수 $z = x + iy$. 이 그림의 평면을 복소수평면이고 부른다.

예제 A-2 복소수 $z = 1 + i$에 대해 크기 $|z|$와 위상각 θ를 구하여라.

풀이 z의 크기는 $zz^* = (1+i)(1-i) = 2$의 제곱근 혹은 $|z| = \sqrt{2}$이다. 그림 A-1에 의하면 위상각의 탄젠트는

$$\tan\theta = \frac{y}{x} = 1$$

이므로 $\theta = 45^o$ 혹은 $\pi/4$ 라디안이다. (1 라디안 = $180°/\pi$, $1° = \pi/180$ 라디안)

$z = x + iy$는 연습문제 A-10에서 유도한 것과 같이 Euler 식을 이용하여 r과 θ로 표시할 수 있다.

$$e^{i\theta} = \cos\theta + i\sin\theta \tag{A-6}$$

그림 A-1에 따라

$$x = r\cos\theta \qquad y = r\sin\theta$$

이므로

$$z = x + iy = r\cos\theta + ir\sin\theta = r(\cos\theta + i\sin\theta) = re^{i\theta} \tag{A-7}$$

이고 이 때

$$r = (x^2 + y^2)^{1/2} \tag{A-8}$$

$$\tan\theta = \frac{y}{x} \tag{A-9}$$

이다. 극좌표로 표시된 A-7 식이 직교좌표계로 표시된 A-3 식보다 z를 표시하는 데 더 편리한 경우가 많다.

이제

$$z^* = re^{-i\theta} \tag{A-10}$$

$$zz^* = (re^{i\theta})(re^{-i\theta}) = r^2 \tag{A-11}$$

혹은 $r = (zz^*)^{1/2}$가 됨을 주의 하여라. 또한, $r^2 = (e^{i\theta})(e^{-i\theta}) = 1$ 이어서 $z = e^{i\theta}$가 복소수평면에서 단위벡터가 됨도 주의하여라. 다음 예제에서는 이것을 다른 방법으로 증명하였다.

예제 A-3 $e^{-i\theta} = \cos\theta - i\sin\theta$ 임을 보이고 이 결과와 z를 극좌표계를 사용하여 표시하는 것으로 $|e^{i\theta}| = 1$이 됨을 보여라.

풀이 $e^{-i\theta} = \cos\theta - i\sin\theta$을 증명하기 위해 A-6 식과 $\cos\theta$가 θ에 대해 우함수[$\cos(-\theta) = \cos\theta$], $\sin\theta$는 기함수[$\sin(-\theta) = -\sin\theta$]인 사실을 이용해야 한다. 따라서,

$$e^{-i\theta} = \cos\theta + i\sin(-\theta) = \cos\theta - i\sin\theta$$
$$|e^{i\theta}| = [(\cos\theta + i\sin\theta)(\cos\theta - i\sin\theta)]^{1/2} = (\cos^2\theta + \sin^2\theta)^{1/2} = 1$$

이다.

연습문제

A-1. 다음 복소수의 실수부분과 허수부분을 확인하여라.

(a) $(2-i)^3$ (b) $e^{\pi i/2}$ (c) $e^{-2+i\pi/2}$ (d) $(\sqrt{2}+2i)2^{-i\pi/2}$

A-2. $z = x + 2iy$일 때 다음은 무엇인가?

(a) $\mathrm{Re}(z^*)$ (b) $\mathrm{Re}(z^2)$ (c) $\mathrm{Im}(z^2)$ (d) $\mathrm{Re}(zz^*)$ (e) $\mathrm{Im}(zz^*)$

A-3. 다음 복소수를 $re^{i\theta}$ 형으로 표시하여라.

(a) $6i$ (b) $4-\sqrt{2}\,i$ (c) $-1-2i$ (d) $\pi+ei$

A-4. 다음 복소수를 $x+iy$ 형으로 표시하여라.

(a) $e^{\pi/4i}$ (b) $6e^{2\pi i/3}$ (c) $e^{-(\pi/4)i+\ln 2}$ (d) $e^{-2\pi i}+e^{4\pi i}$

A-5. $e^{i\pi}=-1$을 증명하여라. 이 식에서 숫자들의 의미에 대해 설명하여라.

A-6.

$$\cos\theta=\frac{e^{i\theta}+e^{-i\theta}}{2}\qquad \sin\theta=\frac{e^{i\theta}-e^{-i\theta}}{2i}$$

임을 보여라.

A-7. A−6 식을 이용하여

$$z^n=r^n(\cos\theta+i\sin\theta)^n=r^n(\cos n\theta+i\sin n\theta)$$

임을 보이고 이 결과를 이용하여 다음 de Moivre 관계식을 유도하여라.

$$(\cos\theta+i\sin\theta)^n=\cos n\theta+i\sin n\theta$$

A-8. A−7의 de Moivre 식을 이용하여 다음 삼각함수 관계식을 유도하여라.

$$\cos 2\theta=\cos^2\theta-\sin^2\theta$$
$$\sin 2\theta=2\sin\theta\cos\theta$$
$$\cos 3\theta=\cos^3\theta-3\cos\theta\sin^2\theta=4\cos^3\theta-3\cos\theta$$
$$\sin 3\theta=3\cos^2\theta\sin\theta-\sin^3\theta=3\sin\theta-4\sin^3\theta$$

A-9. 다음 함수들을 사용하여

$$\Phi_m(\theta)=\frac{1}{\sqrt{2\pi}}e^{im\phi}\qquad m=0,\pm1,\pm2,\cdots\qquad 0\leq\phi\leq 2\pi$$

$$\int_0^{2\pi}d\phi\Phi_m(\phi)=\begin{cases}0 & m\neq 0\\ \sqrt{2\pi} & m=0\end{cases}$$ 임을 먼저 보이고

$$\int_0^{2\pi}d\phi\Phi_m^*(\phi)\Phi_n(\phi)=\begin{cases}0 & m\neq n\\ 1 & m=n\end{cases}$$

이 됨을 보여라.

A-10. 이 문제에서는 Euler 식을 유도한다.

$$f(\theta) = \ln(\cos\theta + i\sin\theta) \tag{1}$$

에서 출발하여

$$\frac{df}{d\theta} = i \tag{2}$$

임을 보여라. c를 적분상수로 하고 (2) 식의 양변을 적분하여

$$f(\theta) = \ln(\cos\theta + i\sin\theta) = i\theta + c \tag{3}$$

을 얻어라. 이제 $c = 0$ 임을 보이고 (3) 식의 지수를 취하여 Euler 식을 얻어라.

A-11. Euler 식을 이용하고 x가 실수임을 가정하여 $\cos ix$와 $-i\sin ix$가 실수 x를 변수로 하는 실수 함수와 동등함을 보여라. 이 함수들은 각각 hyperbolic cosine과 hyperbolic sine, $\cosh x$, $\sinh x$로 정의된다. 이 함수들을 그려보아라. 이 함수들이 $\cos x$ 또는 $\sin x$ 함수처럼 진동하는가?

A-12. $\sinh ix = i\sin x$, $\cosh ix = \cos x$ 임을 보여라.

A-13. i^i의 값을 구하여라.

A-14. $x^2 = 1$은 두 개의 근 $x = \pm 1$을 갖는다. $x^N = 1$은 N roots of unity라고 부르는 N 개의 근을 갖는다. 이제 이 근 중 몇 개가 복소수임을 알게 될 것이므로 방정식을 $z^N = 1$로 써보자. $z = e^{i\theta}$로 하여 $e^{iN\theta} = 1$을 얻어 보아라. 이것이 $e^{iN\theta} = 1$ 혹은

$$\cos N\theta + i\sin N\theta = 1$$

과 동등함을 보여라. 이제 n이 서로 다른 N 개의 값, $0, 1, 2, \cdots, N-1$일 때 $N\theta = 2\pi n$이 되는 것과 N 개의 근이

$$z = e^{2\pi in/N} \qquad n = 0, 1, 2, \cdots, N-1$$

이 되는 것에 대해 논하여라. $N = 1$과 $N = 2$에 대해 각각 $z = 1$, 그리고 $z = \pm 1$이 됨을 보여라. 이제 $N = 3$에 대해

$$z = 1, -1 + i\frac{\sqrt{3}}{2}, -\frac{1}{2} - i\frac{\sqrt{3}}{2}$$

가 됨을 보여라. 이 근 들이 각각 크기가 1 임을 보여라. 이 세 근을 복소수평면에 도시하여라. $N=4$에 대해 각각 $z=1, i, -1, -i$ 그리고 $N=6$에 대해

$$z=1, -1, \frac{1}{2} \pm i\frac{\sqrt{3}}{2}, -\frac{1}{2} \pm i\frac{\sqrt{3}}{2}$$

가 됨을 보여라. 복소수평면에 $N=4$의 네 근 그리고 $N=6$인 경우 여섯 개의 근을 도시하여라. 어떤 규칙성이 보이는가?

A-15. A-14의 결과를 이용하여 $x^3=8$의 근을 구하여라.

A-16. Schwartz 부등식은 $z_1=x_1+iy_1$, $z_2=x_2+iy_2$일 때 $x_1x_2+y_1y_2 \leqq |z_1| \cdot |z_2|$이다.

$$(x_1x_2+y_1y_2)^2 \leqq |z_1|^2|z_2|^2=(x_1^2+x_2^2)(y_1^2+y_2^2)$$

에서 출발하고 $(x_1y_2-x_2y_1)^2 \geqq 0$을 이용하여 이 부등식을 증명하여라.

A-17. triangle 부등식은 복소수 z_1, z_2에 대해 $|z_1+z_2| \leqq |z_1|+|z_2|$ 이다. 이 부등식은

$$|z_1+z_2|^2=(x_1+x_2)^2+(y_1+y_2)^2=x_1^2+y_1^2+x_2^2+y_2^2+2x_1x_2+2y_1y_2$$

에서 출발하여 Schwartz 부등식을 이용하여 증명할 수 있다. 왜 이 부등식을 triangle 부등식이라고 부르는가?

Louis de Broglie was born on August 15, 1892 in Dieppe, France, into an aristocratic family and died in 1987. He studied history as an undergraduate, but his interest turned to science as a result of his working with his older brother, Maurice, who had built his own private laboratory for X-ray research. De Broglie took up his formal studies in physics after World War I, receiving his D.Sc. from the University of Paris in 1924. His dissertation was on the wavelike properties of matter, a highly controversial and original proposal at that time. Using the special theory of relativity, de Broglie postulated that material particles should exhibit wavelike properties under certain conditions, just as radiation was known to exhibit particle-like properties. After receiving his D.Sc., he remained as a free lecturer at the Sorbonne and later was appointed professor of theoretical physics at the new Henri Poincaré Institute. He was professor of theoretical physics at the University of Paris from 1937 until his retirement in 1962. The wavelike properties he postulated were later demonstrated experimentally and are now exploited as a basis of the electron microscope. De Broglie spent the latter part of his career trying to obtain a causal interpretation of the wave mechanics to replace the probabilistic theories. He was awarded the Nobel Prize in Physics in 1929 "for his discovery of the wave nature of electrons."

Chapter 02

고전적인 파동방정식

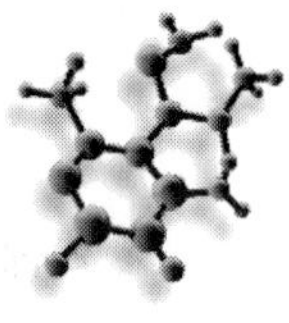

1925년 Erwin Schrödinger와 Werner Heisenberg는 각각 양자론을 공식화하였다. Heisenberg의 방법은 행렬식을 이용하고 Schrödinger의 방법은 편미분방정식을 이용하고 있어서 어떻게 보면 이 두 방법이 서로 다른 것처럼 보인다. 그러나 바로 일 년 후 Schrödinger는 이 두 방법이 수학적으로 동일하다는 것을 보일 수 있었다. 물리화학을 배우는 대부분의 학생들에게는 행렬식이 익숙하지 않아 Schrödinger 방정식이라는, 편미분방정식이 중심으로 되어 있는 Schrödinger의 방법을 이용하여 양자론을 기술하는 것이 보편화되어 있다. 편미분방정식도 행렬식과 마찬가지로 어렵게 보일지 모르나 이 책의 문제들을 다루는 데에는 단지 간단한 미적분만을 필요로 한다. 제 1 장에서 물질이 파동처럼 행동할 수 있다는 것을 배웠기 때문에 Schrödinger 방정식(가끔 Schrödinger 파동방정식이라고 부른다.)이 파동의 성질을 기술한다는 것은 놀라운 일이 아니다. 고전물리학에서 파동방정식은 진동하는 현, 북의 진동, 바다의 파도, 소리의 파동 등 여러 가지 파동 현상들을 기술하고 있다. 고전적인 파동방정식은 Schrödinger 방정식의 물리적인 배경이 되고 있을 뿐만 아니라, 고전적인 파동방정식의 해를 구하는 수학적인 방법은 양자역학을 논의하는 데에도 중심 역할을 하고 있다. 물리화학을 배우는 대부분의 학생들이 고전적인 파동방정식을 대해본 경험이 적기 때문에 이 장에서는 이 부분에 대해 다루려고 한다. 특히 진동하는 현에 대한 방정식을 풀어보려고 하는데 그 이유는 이 방법이 Schrödinger 방정식을 푸는 방법과 유사하고, 이것이 파동방정식의 수학적인 해와 물리적인 해석을 연관 짓는 아주 좋은 예가 되기 때문이다. 이장의 끝에 있는 연습문제들은 물리적인 문제들과 이 장에서 논의한 수학적인 방법들과를 연결 짓는 예들이다.

2.1 일차원 파동방정식은 진동하는 현의 운동을 기술한다.

그림 2-1에 보인, 두 점간에 팽팽히 연결된 현에 대해 생각해 보자. 평형에 있는 현의

수평 위치에서부터의 최대 변위를 진폭이라고 부른다. $u(x,t)$를 현의 변위라고 하면 $u(x,t)$는 다음의 식을 만족시킨다.

$$\frac{\partial^2 u}{\partial x^2} = \frac{1}{v^2}\frac{\partial^2 u}{\partial t^2} \tag{2-1}$$

이때 v는 파동이 현을 따라 이동하는 속도이며, 이 식 2-1이 고전적인 파동방정식이다. 식 2-1은 편미분방정식인데 미지수에, 이 경우 $u(x,t)$의 편미분이 나타나기 때문이다. 변수 x, t는 독립변수이고 x, t에 의존하는 $u(x,t)$는 종속변수이다. 식 2-1은 $u(x,t)$와 그의 미분이 일차식으로만 주어지고 교차 항이 나타나지 않기 때문에 선형 편미분방정식이다.

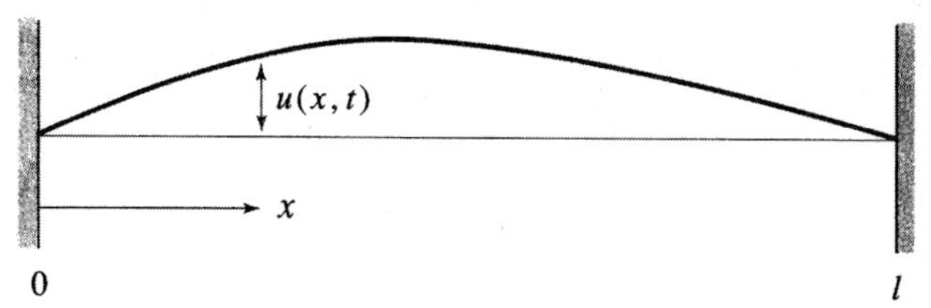

그림 2-1 0과 ℓ에 끝이 고정된 진동하는 현. 시간 t와 위치 x에서 변위는 $u(x,t)$이다.

변위 $u(x,t)$는 식 2-1을 만족해야 하는 것은 물론 다음의 물리적인 조건을 만족시켜야 한다. 현의 끝이 고정되어 있으므로 이 두 점에서 변위는 항상 영이 되어야 한다. 따라서

$$u(0,t) = 0 \qquad u(l,t) = 0 \quad (\text{모든 } t\text{에 대해}) \tag{2-2}$$

이다. 이 두 조건을, $u(x,t)$가 경계에서 정해지기 때문에 경계조건이라고 한다. 일반적으로 편미분방정식은 특정한 경계조건에 대해 풀어야 하며, 이 조건은 물리적인 배경에서 명확하게 나타난다.

2.2 파동방정식의 해는 변수분리의 방법으로 얻어진다.

Schrödinger 방정식과 고전적인 파동방정식 그리고 물리화학에서 다루는 많은 편미분방정식들은 변수분리의 방법으로 쉽게 해가 구해진다. 이 방법을 설명하는 데 진동하는 현의 문제를 예로 들어 보자.

변수분리 방법의 주된 과정은 $u(x,t)$를 x의 함수 $X(x)$와 t의 함수 $T(t)$의 곱으로

분리할 수 있다고 가정하는 것이다.

$$u(x,t) = X(x)T(t) \tag{2-3}$$

2-3 식을 2-1 식에 대입하면

$$T(t)\frac{d^2X(x)}{dx^2} = \frac{1}{v^2}X(x)\frac{d^2T(t)}{dt^2} \tag{2-4}$$

가 얻어진다. 2-4 식의 양변을 $u(x,t) = X(x)T(t)$로 나누면

$$\frac{1}{X(x)}\frac{d^2X(x)}{dx^2} = \frac{1}{v^2T(t)}\frac{d^2T(t)}{dt^2} \tag{2-5}$$

가 된다. 2-5 식의 좌변은 x만의 함수이고 우변은 t만의 함수이다. x와 t가 독립변수이므로 식 2-5의 각 변은 독립적으로 변한다. x와 t가 변할 때 이 식의 등호가 성립되는 단 하나의 방법은 각 변이 같은 상수 값을 갖는 것이다. 이 상수를 K라고 하면

$$\frac{1}{X(x)}\frac{d^2X(x)}{dx^2} = K \tag{2-6}$$

$$\frac{1}{v^2T(t)}\frac{d^2T(t)}{dt^2} = K \tag{2-7}$$

가 되고 K를 분리상수라고 부르는 데 나중에 결정할 것이다.

식 2-6과 2-7은 다시

$$\frac{d^2X(x)}{dx^2} - KX(x) = 0 \tag{2-8}$$

$$\frac{d^2T(t)}{dt^2} - Kv^2T(t) = 0 \tag{2-9}$$

로 쓸 수 있다. 이 경우 식 2-8과 2-9는 미지수가 $X(x)$, $T(t)$의 보통미분이기 때문에 보통의 미분방정식이다(편미분방정식에 반해). 이 두 미분방정식은 미지수와 미분이 일차식으로 나타나고 교차항이 없으므로 선형이다. 더욱이 각 미지수의 계수들이 식 2-8에서는 1과 $-K$, 식 2-9에서는 1과 $-Kv^2$으로 상수이다. 이러한 식들을 상수계수 선형 미분방정식이라고 부르고 다음에 보듯이 쉽게 해가 구해진다.

식 2-8과 2-9의 K 값은 아직 정해지지 않았다. 우리는 현재 K가 양수, 음수, 또는 영인지조차도 알 수 없다. 우선 $K=0$이라고 가정해 보자. 이 경우 식 2-8과 2-9는 바로 적분이 되어

$$X(x) = a_1x + b_1 \tag{2-10}$$

$$T(t) = a_2 t + b_2 \tag{2-11}$$

이고 a와 b는 각각 식 2-2의 경계조건에서 구해지는 적분상수이다. $X(x)$와 $T(t)$에 대한 경계조건은

$$u(0,t) = X(0)T(t) = 0 \qquad u(l,t) = X(l)T(t) = 0$$

이고 $T(t)$는 모든 t에 대해 영이 아니므로 $X(x)$에 대한 경계조건이

$$X(0) = 0 \qquad X(l) = 0 \tag{2-12}$$

이다. 식 2-10에서 보면 식 2-12를 만족하는 단 하나의 방법은 $a_1 = b_1 = 0$이고 이것은 $X(x) = 0$ 그리고 모든 x에 대해 $u(x,t) = 0$을 의미한다. 이것을 식 2-1의 의미없는 해라고 하고 물리적으로 아무 의미가 없다.(수학적인 해를 버리는 데 아무런 문제가 없어야 한다. 물리에서 알 수 있는 것은 물리적으로 받아들일 수 있는 모든 해는 식 2-1을 만족시켜야 하며 또한 모든 물리적인 해가 다 받아들일 수 있는 해는 아니라는 점이다.)

이제 식 2-8에서 $K > 0$이라고 하자. 이렇게 하기 위해 k가 실수일 때 K를 k^2으로 써보자. 이렇게 하면 K가 실수의 제곱이기 때문에 확실히 양수라고 할 수 있다. 이 경우 식 2-8은 다음과 같이 된다.

$$\frac{d^2X(x)}{dx^2} - k^2 X(x) = 0 \tag{2-13}$$

우변이 영인 상수계수 선형 미분방정식의 해는 $X(x) = e^{\alpha x}$의 형태를 갖는다는 것을 경험적으로 알고 있으며 이 때 α는 결정해야하는 상수이다.

예제 2-1 다음 방정식의 해를 구하여라.

$$\frac{d^2y}{dx^2} - 3\frac{dy}{dx} + 2y = 0$$

풀이 이 미분방정식에 $y(x) = e^{\alpha x}$를 대입하면

$$\alpha^2 y - 3\alpha y + 2y = 0$$
$$\alpha^2 - 3\alpha + 2 = 0$$
$$(\alpha - 2)(\alpha - 1) = 0$$

이고 따라서 $\alpha = 2$ 또는 1이다. 두 해는 $y(x) = e^x$ 그리고 $y(x) = e^{2x}$이다. 또한

$$y(x) = c_1 e^x + c_2 e^{2x}$$

도 해가됨을 알 수 있다. 이 식을 원래의 방정식에 대입하여 해가됨을 증명해 보아라.

이제 2-13 식의 해를, $X(x)=e^{\alpha x}$로 하는 것으로 하여

$$(\alpha^2-k^2)X(x)=0$$

따라서 (α^2-k^2) 혹은 $X(x)$가 영이 되는 것에서 구할 수 있다. $X(x)=0$은 의미없는 해이므로 (α^2-k^2)이 영이어야 한다. 따라서

$$\alpha=\pm k$$

이다. 이렇게 하여 두 개의 해 $X(x)=e^{kx}$, e^{-kx}가 얻어진다. c_1, c_2가 상수일 때

$$X(x)=c_1e^{kx}+c_2e^{-kx} \tag{2-14}$$

도 이 방정식의 해가 된다는 것은 쉽게 증명할 수 있다. 이것이 2-13 식의 형태를 갖는 모든 미분방정식의 일반해이다. 두 해 e^{kx}, e^{-kx}의 합도 역시 해가 된다는 것은 식 2-13의 미분방정식이 선형이라는 사실에 기인한다.(연습문제 2-9) 2-13 식의 방정식에서 가장 높은 차수의 미분이 이차인 것은 해를 구할 때 두 번 적분해야한다는 것을 의미한다. 두 번 적분하면 두 개의 적분상수가 도입된다. 구해진 해가 두 개의 상수 c_1, c_2를 포함하고 있다는 것은 이 해가 가장 일반적인 해임을 시사하고 있다.

2-12 식의 경계조건을 2-14 식에 적용하면

$$c_1+c_2=0 \qquad c_1e^{kl}+c_2e^{-kl}=0$$

이고 이 조건을 만족시키는 단 하나의 방법은 $c_1=c_2=0$이며 이것 또한 의미없는 해이다.

이제까지 $K=0$과 $K>0$에서 식 2-1의 의미없는 해가 얻어졌다.

2.3 어떤 미분방정식은 진동하는 해를 준다.

이제 K를 음수로 할 때 흥미 있는 결과를 준다고 기대해 보자. β가 실수이면 $K=-\beta^2$에서 K를 음수로 할 수 있다. 이 경우 식 2-8은

$$\frac{d^2X(x)}{dx^2}+\beta^2X(x)=0 \tag{2-15}$$

으로 된다. $X(x)=e^{\alpha x}$ 에서

$$(\alpha^2+\beta^2)X(x)=0 \qquad \alpha=\pm i\beta$$

를 얻는다.(수학 A) 2–15 식의 일반해는 따라서

$$X(x)=c_1e^{i\beta x}+c_2e^{-i\beta x} \tag{2–16}$$

이다. 2–16 식을 2–15 식에 대입하여 이것이 해임을 쉽게 증명할 수 있다.

2–16 식의 $e^{i\beta x}$, $e^{-i\beta x}$는 다음 Euler 식을 이용하여 다시 쓰는 것이 편리할 때가 많다.(식 A–6)

$$e^{\pm i\theta}=\cos\theta\pm i\sin\theta$$

Euler 식을 2–16 식에 대입하면

$$\begin{aligned}X(x)&=c_1(\cos\beta x+i\sin\beta x)+c_2(\cos\beta x-i\sin\beta x)\\&=(c_1+c_2)\cos\beta x+(ic_1-ic_2)\sin\beta x\end{aligned}$$

를 얻는다. 그러나 c_1+c_2, ic_1-ic_2 역시 상수에 불과하므로 이들을 각각 c_3, c_4라고 하면 2–16 식 대신

$$X(x)=c_3\cos\beta x+c_4\sin\beta x$$

를 얻게 되고 이 두 해는 동등하다.

예제 2–2 $y(x)=A\cos x+B\sin x$

가 다음 미분방정식의 해가 됨을 증명하여라.

$$\frac{d^2y}{dx^2}+y(x)=0$$

풀이 $y(x)$의 첫 번째 그리고 두 번째 미분은

$$\frac{dy}{dx}=-A\sin x+B\cos x$$

$$\frac{d^2y}{dx^2}=-A\cos x-B\sin x$$

이다. 따라서

$$\frac{d^2y}{dx^2} + y(x) = 0$$

이고 $y(x) = A\cos x + B\sin x$는 위 미분방정식의 해가 된다.

다음의 예제는 매우 중요하여 그 해에 대해 잘 알아두어야 한다.

예제 2-3 다음 방정식을 $t=0$에서 $x(0)=A$, $dx/dt=0$에 대해 풀어라.

$$\frac{d^2x}{dt^2} + \omega^2 x(t) = 0$$

풀이 이 경우 $\alpha = \pm i\omega$이고 따라서

$$x(t) = c_1 e^{i\omega t} + c_2 e^{-i\omega t}$$

또는

$$x(t) = c_3 \cos\omega t + c_4 \sin\omega t$$

이다.

$$x(0) = c_3 = A, \quad \left(\frac{dx}{dt}\right)_{t=0} = \omega c_4 = 0$$

이므로 $c_4 = 0$이고 해는

$$x(t) = A\cos\omega t$$

이다. 이 해를 그림 2-2에 도시하였다. 이 해는 진폭 A, 다음에 주어지는 진동수 ν를 가지며 시간에 대해 코사인의 함수로 진동하는 것에 주의하여라.(연습문제 2-3)

$$\nu = \frac{\omega}{2\pi}$$

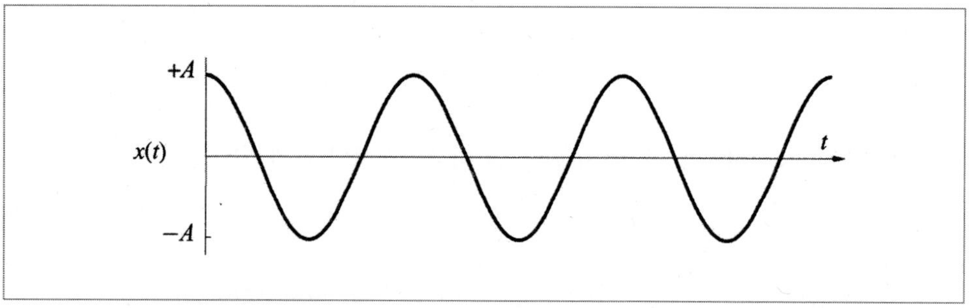

그림 2-2 예제 2-3의 해 $x(t) = A\cos\omega t$의 그림. 진폭 A, 파장은 $2\pi\nu/\omega$ 그리고 진동수는 $\omega/2\pi$이다.

예제 2-2에 따라 2-15 식의 일반해를 다음과 같이 쓸 수 있다.

$$X(x) = A\cos\beta x + B\sin\beta x \tag{2-17}$$

이제 경계조건 $X(0) = 0$에서 $A = 0$이다. $x = l$에서의 경계조건에서는

$$X(\ell) = B\sin\beta l = 0 \tag{2-18}$$

을 얻는다. 2-18 식을 만족하는 두 가지 방법이 있다. 하나는 $B = 0$ 인데 $A = 0$와 함께 의미없는 해를 준다. 다른 하나는 $\sin\beta l = 0$이다. $\theta = 0, \pi, 2\pi, 3\pi, \cdots$에서 $\sin\theta = 0$이므로 2-18 식은

$$\beta l = n\pi \qquad n = 1, 2, 3, \cdots \tag{2-19}$$

을 의미한다. 여기에서 $n = 0$을 생략한 것은 $\beta = 0$이 되어 다시 의미없는 해를 주기 때문이다. 2-19 식에서 변수 β를 결정할 수 있으며 따라서 분리상수 $K = -\beta^2$이 결정된다. 이제까지

$$X(x) = B\sin\frac{n\pi x}{l} \tag{2-20}$$

을 얻었다.

2.4 파동방정식의 일반해는 기준모드의 중첩이다.

이제 우리는 2-9 식의 해도 구해야 한다. $K = -\beta^2$이므로 식 2-9는 이미 결정된 2-19 식의 $\beta = n\pi/l$을 포함하여

$$\frac{d^2 T(t)}{dt^2} + \beta^2 v^2 T(t) = 0 \qquad (2-21)$$

으로 된다. 다시 예제 2-2를 이용하여 2-21 식의 일반해를 구하면

$$T(t) = D\ \cos\omega_n t + E\ \sin\omega_n t \qquad (2-22)$$

이고 여기에서 $\omega_n = \beta v = n\pi v/l$이다. D와 E에 대해 아무 조건이 없으므로 진폭 $u(x,t)$ (2-3식)는

$$\begin{aligned} u(x,t) &= X(x)T(t) \\ &= (B\ \sin\frac{n\pi x}{\ell})(D\ \cos\omega_n t + E\ \sin\omega_n t) \\ &= (F\ \cos\omega_n t + G\ \sin\omega_n t)\sin\frac{n\pi x}{l} \qquad n = 1, 2, \cdots \end{aligned}$$

이고 이때 $F = DB$, $G = EB$이다. 각 정수 n에 대해 $u(x,t)$가 존재하고 F, G가 n에 의존할 수 있으므로 $u(x,t)$는 다음과 같이 되어야한다.

$$u_n(x,t) = (F_n \cos\omega_n t + G_n \sin\omega_n t)\sin\frac{n\pi x}{\ell} \qquad n = 1, 2, \cdots \qquad (2-23)$$

예제 2-4 2-23 식이 2-1 식의 해가됨을 보여라.

풀이 $u_n(x,t)$의 이차미분은

$$\frac{\partial^2 u_n(x,t)}{\partial x^2} = -\frac{n^2\pi^2}{l^2}(F_n\cos\omega_n t + G_n\sin\omega_n t)\sin\frac{n\pi x}{l} = -\frac{n^2\pi^2}{l^2}u_n(x,t)$$

$$\frac{\partial^2 u_n(x,t)}{\partial t^2} = -\omega_n^2 u_n(x,t)$$

이다. $\omega_n = n\pi v/l$이므로 $\omega_n^2 = v^2(n^2\pi^2/l^2)$을 이용하여 2-1 식을 만족함을 보일 수 있다.

2-23 식 각각의 $u_n(x,t)$는 선형 미분방정식의 해이므로 그들의 합도 역시 2-1 식의 해가 되고 실제 일반해는 그들의 합이 된다. 따라서 일반해는 다음과 같이 된다.

$$u(x,t) = \sum_{n=1}^{\infty}(F_n \cos\omega_n t + G_n \sin\omega_n t)\sin\frac{n\pi x}{l} \qquad n = 1, 2, \cdots \qquad (2-24)$$

초기에 현이 어떠한 형태로 놓여 있더라도 진동은 식 2-24의 모양을 보이게 된다. 2-24 식이 2-1 식의 해가되는 것을 보이는 것은 2-24 식을 2-1 식에 대입하여 증명할 수 있다. 연습문제 2-5는 $F\cos\omega t + G\sin\omega t$가 $A\cos(\omega t+\phi)$로 표현될 수 있고 이때 A와 ϕ는 상수로써 F와 G로 표시될 수 있다는 것을 보여준다. A는 이 파의 진폭이고 ϕ를 위상이라고 부른다. 이 관계를 이용하여 2-24식을 다시 나타내면

$$u(x,t)=\sum_{n=1}^{\infty}A_n\cos(\omega_n t+\phi_n)\sin\frac{n\pi x}{l}=\sum_{n=1}^{\infty}u_n(x,t) \tag{2-25}$$

이 된다.

식 2-25는 좋은 물리적인 해석을 준다. 각각의 $u_n(x,t)$를 기준모드라고 부르고 각 모드의 시간의존도는 다음의 진동수를 갖는 조화운동을 나타낸다.

$$\nu_n=\frac{\omega_n}{2\pi}=\frac{vn}{2l} \tag{2-26}$$

여기에서 2-19 식의 $\omega_n=\beta v=n\pi v/\ell$을 이용하였다. 2-25 식의 처음 몇 항의 공간의존도를 그림 2-3에 나타내었다.

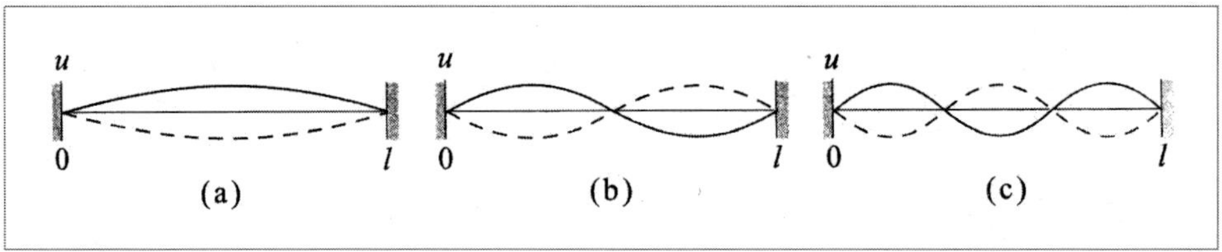

그림 2-3 진동하는 현의 처음 세 기준모드. 각 기준모드는 정류파이며 n 번째 조화진동은 $n-1$ 개의 마디를 갖는다.

첫 번째 항 $u_1(x,t)$를 기본진동 또는 첫 번째 조화진동이라고 부르고 그림 2-3(a)의 시간의존 진동수 $v/2l$로 진동하는 코싸인파의 형태로 나타난다. 두 번째 조화진동 또는 첫 번째 배진동인 $u_2(x,t)$는 진동수 v/l로 조화적인 진동을 하며 그림 2-3(b)의 운동모습을 보인다. 모든 t에 대해 이 진동의 중간점이 영에 고정되어 있음을 주목하여라. 이 점을 마디라고 부르고 이러한 개념은 양자역학에서도 생겨난다. $u(0)$와 $u(l)$도 영임을 주목하여라. 또한 두 번째 조화진동의 진동수는 첫 번째 진동의 진동수의 두 배임을 주목하여라. 그림 2-3(c)에는 세 번째 조화진동 또는 두 번째 배진동이 두 개의 마디를 갖는 것을 보여주고 있다. 계속해서 마디의 수가 $n-1$이 됨을 보이는 것은 쉬운 일이다. (연습문제 2-11) 그림 2-3에 보인 파들은 마디의 위치가 시간에 대해 고정되어 있어 정류파라고 부른다. 마디들의 사이에서 파는 상하로 진동한다.

$u(x,t)$가 다음과 같이 처음 두 조화진동으로만 이루어진 간단한 경우를 생각해 보자.

(식 2-25)

$$u(x,t) = \cos\omega_1 t \sin\frac{\pi x}{l} + \frac{1}{2}\cos\left(\omega_2 t + \frac{\pi}{2}\right)\sin\frac{2\pi x}{l} \qquad (2\text{-}27)$$

식 2-27을 그림 2-4에 나타내었다. 그림 2-4의 왼편에는 각각의 모드들의 시간의존도를 보여주고 있다. 주어진 시간 동안 $u_1(x,t)$가 반 주기의 진동을 보여주는 데 반해 $u_2(x,t)$가 완전한 한 주기의 진동을 보여주고 있어 $\omega_2 = 2\omega_1$ 임을 잘 보여주고 있다. 그림 2-4의 오른편에는 시간의 함수로 진동하는 두 모드의 합, 즉 실제 현의 진동 모습을 보여주고 있다. 그림에서 보면 왼편에 보인 정류파들의 중첩이 어떻게 오른편에 보인대로 진행파가 되는 지 알 수 있다. 파동이 어떠한 복잡한 모습을 갖더라도, 일반적인 파동이 기준모드들의 합 또는 중첩으로 표시될 수 있다는 것이 진동운동의 기본적인 성질이며, 이것은 파동방정식이 선형이라는 사실에서 비롯된다.

파동방정식의 해를 구하는 과정에서 미분방정식의 해를 구하는 방법을 배워야함으로 오랜 시간이 걸렸다. 전체 과정은 아주 단순하며 이것을 보이기 위해 2.5 절에서 진동하는 막, 즉 이차원의 문제를 다루었다.

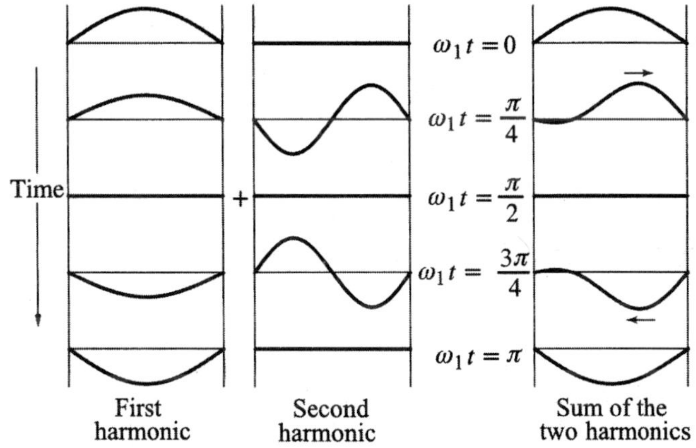

그림 2-4 두 개의 정류파가 어떻게 진행파를 만드는가를 설명하는 그림. 두 그림에서 시간은 아래로 갈수록 증가한다. 왼편은 처음 두 조화진동의 독립적인 운동 모습을 보여준다. 두 조화진동은 모두 정류파이다. 첫 번째 조화진동은 주어진 시간에서 반 주기를 움직이며 두 번째 진동은 완전히 한 주기를 움직인다. 오른편은 이 두 조화진동의 합을 보여준다. 그림에 보인대로 합은 정류파가 아니며 고정된 끝점 사이를 오가는 진행파이다. 이 진행파는 주어진 시간에서 반 주기를 움직인다.

2.5 막의 진동은 이차원 파동방정식으로 표현된다.

식 2-1을 이차원으로 일반화 하면

$$\frac{\partial^2 u}{\partial x^2}+\frac{\partial^2 u}{\partial y^2}=\frac{1}{v^2}\frac{\partial^2 u}{\partial t^2} \tag{2-28}$$

이며 이때 $u=u(x,y,t)$이고 x, y, t가 독립변수이다. 이 식을 각 변들이 고정된 직사각형의 막에 적용하여 보자. 그림 2-5의 구조에서 각 변들이 고정되어 있으므로 모든 t에 대해 다음의 경계조건을 만족해야 한다.

$$\begin{aligned} u(0,y)=u(a,y)=0 \\ u(x,0)=u(x,b)=0 \end{aligned} \quad (\text{모든 } t\text{에 대해}) \tag{2-29}$$

2-28 식에 변수분리 방법을 이용하고 $u(x,y,t)$를 시간의 함수와 공간의 함수의 곱으로 쓸 수 있다고 가정하면

$$u(x,y,t)=F(x,y)\,T(t) \tag{2-30}$$

이고 2-30 식을 2-28 식에 대입하여

$$\frac{1}{v^2 T(t)}\frac{d^2 T}{dt^2}=\frac{1}{F(x,y)}\left(\frac{\partial^2 F}{\partial x^2}+\frac{\partial^2 F}{\partial y^2}\right) \tag{2-31}$$

을 얻을 수 있다. 2-31 식의 우변은 x, y의 함수이고 좌변은 t만의 함수이다. 이 등식은 양변이 상수일 때에만 성립된다. 앞 절에서처럼 분리상수는 음수가 됨을 알 수 있고 이 상수를 $-\beta^2$으로 놓으면 다음의 두 식을 얻을 수 있다.

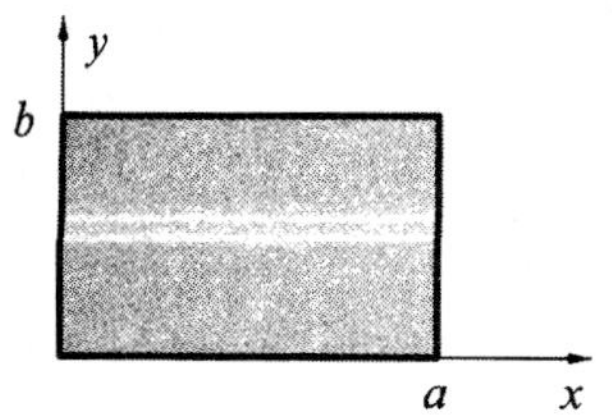

그림 2-5 변들이 고정된 직사각형의 막

$$\frac{dT^2}{dt^2}+v^2\beta^2\,T(t)=0 \tag{2-32}$$

$$\frac{\partial^2 F}{\partial x^2}+\frac{\partial^2 F}{\partial y^2}+\beta^2 F(x,y)=0 \tag{2-33}$$

식 2-33은 아직도 편미분방정식이다. 이것을 풀기 위해 다시 변수분리의 방법을 사용한다. $F(x,y)=X(x)Y(y)$를 2-33 식에 대입하고 $X(x)Y(y)$로 양변을 나누면

$$\frac{1}{X(x)}\frac{d^2X}{dx^2}+\frac{1}{Y(y)}\frac{d^2Y}{dy^2}+\beta^2=0 \tag{2-34}$$

이 된다. x, y가 독립변수이므로 이 식이 성립할 수 있으려면

$$\frac{1}{X(x)}\frac{d^2X}{dx^2}=-p^2 \tag{2-35}$$

$$\frac{1}{Y(y)}\frac{d^2Y}{dy^2}=-q^2 \tag{2-36}$$

이고 p^2과 q^2은 분리상수로 2-34 식에서 다음과 같은 식을 만족시키는 것을 알 수 있다.

$$p^2+q^2=\beta^2 \tag{2-37}$$

2-35과 2-36 식은 다음과 같이 다시 쓸 수 있다.

$$\frac{d^2X}{dx^2}+p^2X(x)=0 \tag{2-38}$$

$$\frac{d^2Y}{dy^2}+q^2Y(y)=0 \tag{2-39}$$

세 개의 독립변수로 되어 있는 편미분방정식 2-28 식은 세 개의 보통 미분방정식으로 된다.(식 2-32, 2-38, 2-39) 각각의 방정식은 예제 2-2와 정확히 같은 형태를 갖는다. 따라서 2-38 식과 2-39 식의 해는

$$X(x)=A\cos px+B\sin px \tag{2-40}$$

$$Y(y)=C\cos qy+D\sin qy \tag{2-41}$$

이다. 2-29 식의 경계조건을 $X(x)$와 $Y(y)$로 나타내면

$$X(0)Y(y)=X(a)Y(y)=0$$
$$X(x)Y(0)=X(x)Y(b)=0$$

이고 이것은 간단히

$$X(0)=X(a)=0$$

$$Y(0) = Y(b) = 0 \tag{2-42}$$

이다. 2-42 식을 2-40 식에 적용하면 $A = 0$, $pa = n\pi$이므로

$$X(x) = B\sin\frac{n\pi x}{a} \qquad n = 1,2,\cdots \tag{2-43}$$

이다. 같은 방법으로 $C = 0$, $qb = m\pi$, $m = 1,2,\cdots$ 임을 알 수 있고 따라서

$$Y(y) = D\sin\frac{m\pi y}{b} \qquad m = 1,2,\cdots \tag{2-44}$$

이다. $p^2 + q^2 = \beta^2$이므로

$$\beta_{nm} = \pi\left(\frac{n^2}{a^2} + \frac{m^2}{b^2}\right)^{1/2} \qquad n = 1,2,3,\cdots \qquad m = 1,2,3,\cdots \tag{2-45}$$

이다. β_{nm}의 n,m 하첨자는 이것이 n,m의 함수임을 보여준다.

시간의존도를 알기 위해 식 2-32의 해를 구하여 보자. 2-32 식의 해는

$$T_{nm}(t) = E_{nm}\cos\omega_{nm}t + F_{nm}\sin\omega_{nm}t \tag{2-46}$$

$$\omega_{nm} = v\beta_{nm} = v\pi\left(\frac{n^2}{a^2} + \frac{m^2}{b^2}\right)^{1/2} \tag{2-47}$$

이다. 연습문제 2-5에 따라 식 2-46은 다음과 같이 쓸 수 있다.

$$T_{nm}(t) = G_{nm}\cos(\omega_{nm}t + \phi_{nm}) \tag{2-48}$$

2-28 식의 한 해는 $u_{nm}(x,y,t) = X_n(x)Y_m(y)T_{nm}(t)$이고 따라서 일반해는 다음과 같이 된다.

$$\begin{aligned} u(x,y,t) &= \sum_{n=1}^{\infty}\sum_{m=1}^{\infty} u_{nm}(x,y,t) \\ &= \sum_{n=1}^{\infty}\sum_{m=1}^{\infty} A_{nm}\cos(\omega_{nm}t + \phi_{nm})\sin\frac{n\pi x}{a}\sin\frac{m\pi y}{b} \end{aligned} \tag{2-49}$$

진동하는 현의 일차원 경우에서와 같이 직사각형 막의 일반적인 진동운동은 기준모드 $u_{nm}(x,y,t)$ 들의 중첩으로 나타난다. 몇몇 모드들을 그림 2-6에 나타내었다. 이 이차원 문제에서 마디선이 보임을 주의하여라. 일차원에서 마디가 점으로 나타나는 것과 달리 이차원의 문제에서는 마디가 선으로 나타난다.

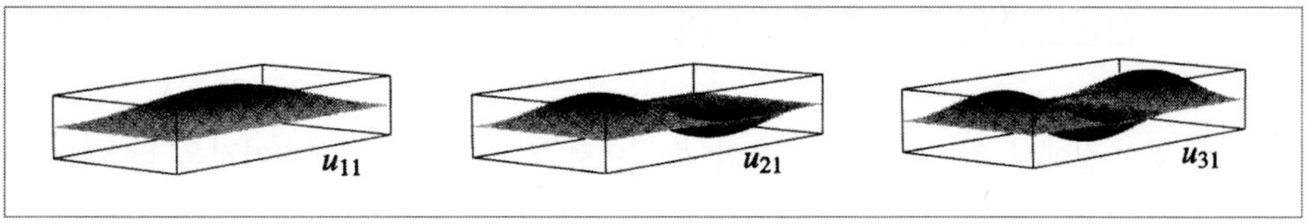

그림 2-6 직사각형 막에서 처음 몇 기준모드. u의 양의 값은 오렌지색으로 음의 값은 회색으로 나타내었다.

그림 2-6은 $a \neq b$의 경우 기준모드들을 나타내고 있다. $a = b$의 경우를 살펴보는 것은 흥미로운 일이다. 이 기준모드들의 진동수는 식 2-47로 주어진다. 2-47 식에서 $a = b$이면 다음을 얻을 수 있다.

$$\omega_{nm} = \frac{v\pi}{a}(n^2 + m^2)^{1/2} \tag{2-50}$$

이 경우 2-50 식에서 $\omega_{12} = \omega_{21} = \sqrt{5}\, v\pi/a$ 임을 알 수 있다. 그러나 그림 2-7에서 보듯이 기준모드 $u_{12}(x,y,t)$와 $u_{21}(x,y,t)$가 다름을 볼 수 있다. 여기에 들은 예가 소위 축퇴된 진동에 대한 것으로, 진동수 $\omega_{12} = \omega_{21}$을 갖는 모드가 이중으로 축퇴되어 있다, 또는 two-fold 축퇴 되어있다 라고 말한다. 이 축퇴도는 $a = b$의 대칭성을 부여함으로 나타난다는 것을 주목하여라. 이것은 단순히 그림 2-7의 $u_{12,}$ u_{21} 모드를 비교하는 것으로부터 알 수 있다. 식 2-50에서 $m \neq n$의 경우 $n^2 + m^2 = m^2 + n^2$이므로 최소한 이중으로 축퇴될 것이라는 것을 알 수 있다. 우리는 축퇴의 개념이 양자역학에서 나타난다는 것을 보게 될 것이다.

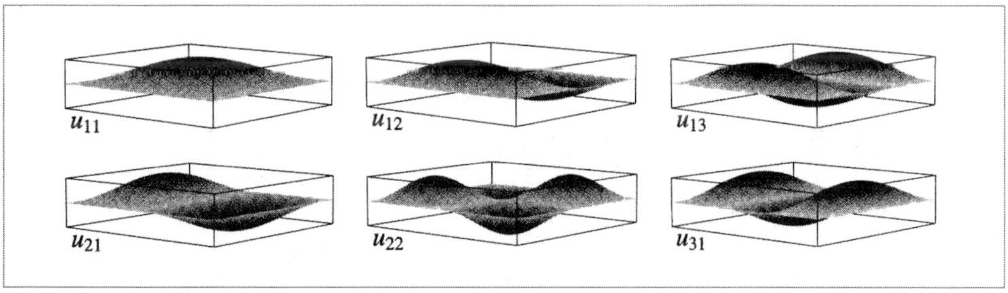

그림 2-7 계에 축퇴도가 나타나는 정사각형 막의 기준모드. 기준모드 u_{12}와 u_{21}은 식 2-50의 같은 진동수를 갖지만 서로 다른 모양을 보이고 있다. 그림 2-6에서처럼 u의 양의 값은 오렌지색으로 음의 값은 회색으로 나타내었다. u_{12}에서 마디선이 x 축에 평행한 반면 u_{21}의 마디선은 y 축에 평행하다. u_{13}와 u_{31}에서도 같은 결과가 얻어진다.

2.6 간섭은 파동의 독특한 성질이다.

2.4 절에서 진행파가 정류파의 중첩으로 표시됨을 보였다. 이것을 더 명백히 보이기 위해 2-27 식의 첫 항에서부터 출발해보자.

$$u(x,t) = \cos\omega_1 t \sin\frac{\pi x}{l}$$

이때 $\omega_1 = \pi v/\ell$ 이다. 이제 삼각함수 관계식

$$\sin\alpha\cos\beta = \frac{1}{2}\sin(\alpha+\beta) + \frac{1}{2}\sin(\alpha-\beta)$$

를 이용하면 $u(x,t)$를 다음과 같이 쓸 수 있다.

$$u(x,t) = \frac{1}{2}\sin\left[\frac{\pi}{l}(x+vt)\right] + \frac{1}{2}\sin\left[\frac{\pi}{l}(x-vt)\right] \qquad (2\text{–}51)$$

이 식의 두 번째 항을 살펴보자. 그림 2-8은 t가 증가함에 따라 $\sin[\pi(x-vt)/l]$을 x에 대해 도시한 것이다. 이 그림에서 시간에 따라 모양이 변하지 않음, 즉 곡선이 같은 모양을 유지하며 단지 오른쪽으로 이동하고 있음을 주의하여 보아라. 실제 운동속도는 v이며, 이것은 $\pi(x-vt)/l =$ 상수로 놓고 이 식을 t에 대해 미분하여 $dx/dt = v$를 얻는다. 2-51 식의 첫째 항은 운동속도 v로 왼쪽으로 움직이는 파의 모양을 나타낸다.

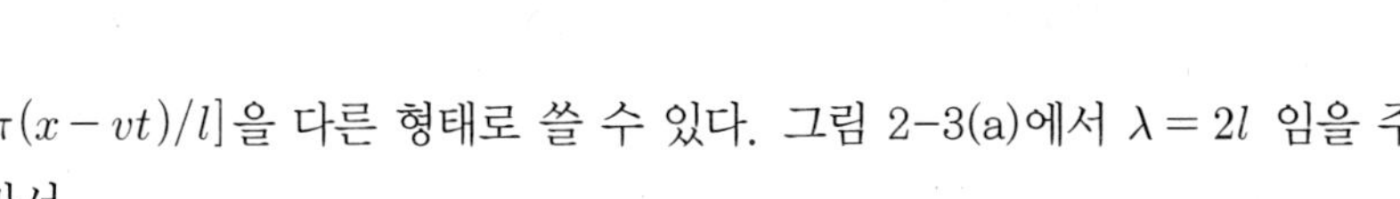

그림 2-8 $\sin[\pi(x-vt)/l]$이 t가 증가함에 따라 오른쪽으로 움직이는 파의 모양을 나타낸다는 것을 보여주는 그림. 점선으로 표시한 그림의 시간 t_2가 실선으로 표시한 그림의 시간 t_1 보다 크다.

$\sin[\pi(x-vt)/l]$을 다른 형태로 쓸 수 있다. 그림 2-3(a)에서 $\lambda = 2l$ 임을 주의하여라. 따라서

$$f(x,t) = \sin\left[\frac{\pi}{l}(x-vt)\right] = \sin\left[\frac{2\pi}{\lambda}(x-vt)\right] \qquad (2\text{–}52)$$

이다. 이제 ν를 cycles/second (s^{-1})로 표시되는 진동수라 할 때 $\lambda\nu = v$이므로 2-52 식은

$$f(x,t) = \sin\left[\frac{2\pi}{\lambda}(x - \lambda vt)\right]$$

가 되고 각속도 $\omega = 2\pi\nu$ (radian/second)와 $k = 2\pi/\lambda$를 도입하면

$$f(x,t) = \sin(kx - \omega t) \tag{2-53}$$

이다. 식 2-53이 진행파를 표시하는 일반적인 방법으로 여기에서 $\boldsymbol{k}$를 파동벡터 (wave vector)라고 부른다. 일차원에서 $\boldsymbol{k}$는 스칼라 양이지만 이차원 또는 삼차원에서는 파의 진행 방향을 알려주는 벡터가 된다. $\boldsymbol{k}$의 크기는 $k = |\boldsymbol{k}|$이고 $2\pi/\lambda$와 같다.

식 2-53은 파동벡터 $\boldsymbol{k}$, 진동수 ω인 파가 속도 $\omega/k = 2\pi\nu/(2\pi/\lambda) = \lambda\nu = v$로 x 축의 양의 방향으로 움직이는 것을 나타낸다. 이 파는 $\sin(kx - \omega t)$ 대신 $\cos(kx - \omega t)$로 나타낼 수도 있다. 진행파를 다룰 때 종종 $f(x,t)$를 다음 복소수 지수함수로 표시하여

$$f(x,t) = e^{i(kx - \omega t)} \tag{2-54}$$

이 식의 실수 또는 허수부분을 취하는 것이 더 편리할 때도 있다. 2-54 식으로 표시되는 파를 이 파가 $y-z$ 평면에서 균일하기 때문에 평면파(plane wave)라고 부른다.

예를 들어, 이 파를 전자기파라고 하면 $f(x,t)$는 한 점 (x,y)에서 전장을 나타내며

$$E(x,t) = E_0 e^{i(kx - \omega t)} \tag{2-55}$$

이때 E_0는 파의 진폭이다. 이 식에서 실수부분은 $\cos(kx - \omega t)$이고 허수부분은 $\sin(kx - \omega t)$가 된다. $\sin(kx - \omega t)$이나 $\cos(kx - \omega t)$ 함수 보다 복소수 지수함수를 사용하는 것이 더 편리한 이유 중의 하나는 2-54 식의 미분이 $f(x,t)$에다 상수를 곱한 것으로 얻어지는 반면 2-53 식에서는 짝수의 미분들을 구해야 하기 때문이다.

예제 2-5 2-54 식의 $f(x,t)$가 2-1 식의 해가됨을 보여라.

풀이 $f(x,t)$의 이차미분은

$$\frac{\partial^2 f}{\partial x^2} = -k^2 f(x,t) \qquad \frac{1}{v^2}\frac{\partial^2 f}{\partial t^2} = -\frac{\omega^2}{v^2} f(x,t)$$

이다. $k = 2\pi/\lambda$, $\omega = 2\pi\nu = 2\pi v/\lambda$이므로 $k^2 = \omega^2/v^2$이고 따라서 2-1 식을 만족한다.

이제 1.13 절에서 논의한 두-슬릿 실험에서 간섭무늬를 유도해 보자. 그림 2-9는 그림 1-15를 다시 나타낸 것으로 이 실험의 기하학적인 모형을 보여주고 있다. 그림 2-9

에서 x_0를 거리 S_1P라고 하면 2-55 식을 이용하여 한 점 P에서의 전장을

$$E(\theta) = E_0 e^{i(kx_0 - \omega t)} + E_0 e^{i[(x_0 + d\sin\theta) - \omega t]} = E_0 e^{i(kx_0 - \omega t)}(1 + e^{ikd\sin\theta})$$
$$= E_0(1 + e^{ikd\sin\theta})e^{i(kx_0 - \omega t)} = A(\theta)e^{i(kx_0 - \omega t)} \tag{2-56}$$

로 쓸 수 있으며 이때 $A(\theta)$는 $e^{i(kx_0 - \omega t)}$의 진폭이다. 여기에서 $A(\theta)$와 $E(\theta)$는 A와 E의 각 의존도를 강조하기 위해 사용하였다. 연습문제 2-18은 파의 세기가 진폭의 제곱이 되는 것을 보여주기 위함이며, 파를 복소수로 표시하는 경우 이것은 A^*A가 된다. 2-56 식으로 표시되는 복사선의 세기는

$$I(\theta) = A^*(\theta)A(\theta) \tag{2-57}$$

이고 2-56 식에서 다음과 같이 된다.

$$I(\theta) = E_0^2(1 + e^{-ikd\sin\theta})(1 + e^{ikd\sin\theta}) = E_0^2(2 + e^{ikdsin\theta} + e^{-ikd\sin\theta})$$
$$= 2E_0^2[1 + \cos(kd\sin\theta)]$$

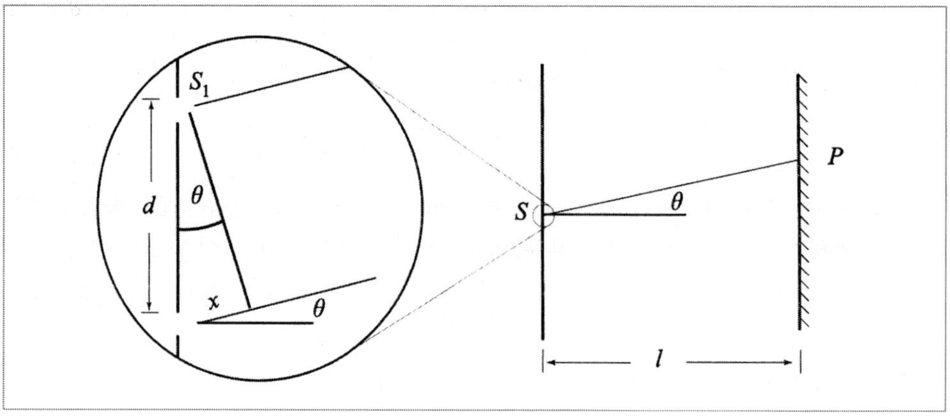

그림 2-9 두-슬릿 실험의 모식도(오른편). 거리 l은 두 슬릿 사이의 거리 d 보다 매우 커서 두 빛은 평행하다. 각 θ는 빔이 두 스크린을 연결하는 선과의 각이다. 왼편의 그림은 오른편 그림에서 원으로 표시된 부분을 확대한 그림이다.

$k = 2\pi/\lambda$를 사용하면

$$I(\theta) = 2E_0^2\left(1 + \cos\frac{2\pi d\sin\theta}{\lambda}\right)$$

이다. 이제 삼각함수 관계식 $\cos 2\alpha = 2\cos^2\alpha - 1$을 이용하면

$$I(\theta) = 4E_0^2 \cos^2 \frac{\pi d \sin\theta}{\lambda} \tag{2-58}$$

로 쓸 수 있다. 그림 2-10은 $d = 0.01\text{mm}$, $\lambda = 600\text{nm}$ 에서 $I(\theta)$를 θ에 대해 도시한 그림이다. $I(\theta)$가 $\cos^2(\pi d \sin\theta/\lambda) = 1$ 혹은

$$\frac{\pi d \sin\theta}{\lambda} = n\pi \qquad n = 0, \pm 1, \pm 2, \cdots$$

일 때 최대값을 가짐을 주목하여라. 또한, 이것이 1.13 절에서 유도한 결과 $(d\sin\theta = n\lambda)$와 같음을 주목하여라.

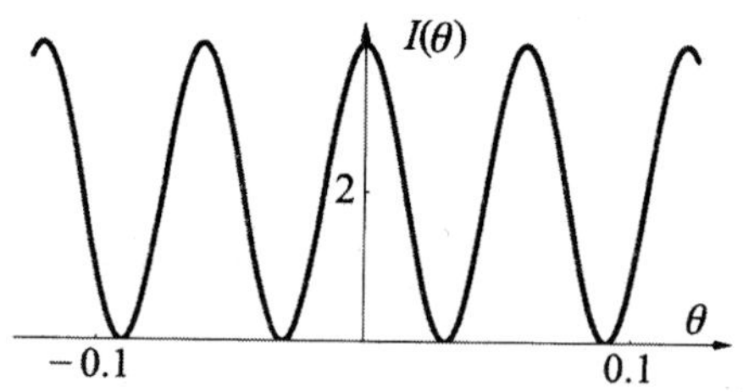

그림 2-10 전형적인 실험값 $d = 0.010\text{mm}$, $\lambda = 600\text{nm}$ 에서 θ의 함수로 도시된 2-58 식의 $I(\theta)$

예제 2-6 두 번째 스크린이 슬릿으로부터 $l = 1.0\ \text{m}$ 떨어져 있다고 하자. 스크린을 따라 인접한 최대값을 보이는 간격은 얼마인가? $d = 0.010\ \text{mm}$, $\lambda = 600\ \text{nm}$ 로 한다.

풀이 스크린을 따라 두 슬릿의 중앙에서 두 번째 스크린까지를 연결하는 선에서부터의 거리 z는 $z = l\sin\theta$ (그림 2-9)이다. 따라서 다음 최대값 까지의 거리는

$$\begin{aligned}\Delta z &= l\left[(n+1)\frac{\lambda}{d} - n\frac{\lambda}{d}\right] \\ &= \frac{(1.0\ \text{m})(6.0\times 10^{-7}\text{m})}{1.0\times 10^{-5}\text{m}} = 60\ \text{mm}\end{aligned}$$

이다.

연습문제 2-19에서는 2-58 식을 N 개의 슬릿에 대해 일반화하였다. 이 문제는 2-53 식 대신 2-54 식을 사용하는 것이 편리함을 잘 보여주고 있다.

이 장에서는 파동방정식과 그 해에 대해 논의하였다. 3 장에서는 이 장에서 논의한 수

학적인 방법을 사용할 것이므로 이 장의 끝에 주어져 있는 연습문제에 대해 잘 공부할 것을 권한다. 몇몇 물리적인 계를 다루는 문제들은 고전역학의 문제들을 복습하는 데 도움이 될 것이다.

연 습 문 제

2-1. 다음 미분방정식의 일반해를 구하여라.

(a) $\dfrac{d^2y}{dx^2} - 4\dfrac{dy}{dx} + 3y = 0$ (b) $\dfrac{d^2y}{dx^2} + 6\dfrac{dy}{dx} = 0$

(c) $\dfrac{dy}{dx} + 3y = 0$ (d) $\dfrac{d^2y}{dx^2} + 2\dfrac{dy}{dx} - y = 0$

(e) $\dfrac{d^2y}{dx^2} - 3\dfrac{dy}{dx} + 2y = 0$

2-2. 다음 미분방정식의 해를 구하여라.

(a) $\dfrac{d^2y}{dx^2} - 4y = 0 \quad y(0) = 2,\ \dfrac{dy}{dx}(at \quad x = 0) = 4$

(b) $\dfrac{d^2y}{dx^2} - 5\dfrac{dy}{dx} + 6y = 0 \quad y(0) = -1,\ \dfrac{dy}{dx}(at \quad x = 0) = 0$

(c) $\dfrac{dy}{dx} - 2y = 0 \quad y(0) = -2$

2-3. $x(t) = \cos\omega t$가 진동수 $\nu = \omega/2\pi$로 진동하는 것을 증명하여라. $x(t) = A\ \cos\omega t + B\ \sin\omega t$ 도 같은 진동수 $\omega/2\pi$를 갖는 것을 증명하여라.

2-4. 다음 미분방정식의 해를 구하여라.

(a) $\dfrac{d^2x}{dt^2} + \omega^2 x(t) = 0 \quad x(0) = 0;\quad \dfrac{dx}{dt}(at \quad t = 0) = v_0$

(b) $\dfrac{d^2x}{dt^2} + \omega^2 x(t) = 0 \quad x(0) = A;\quad \dfrac{dx}{dt}(at \quad t = 0) = v_0$

두 경우 모두 $x(t)$가 진동수 $\omega/2\pi$를 가짐을 증명하여라.

2-5. 다음 미분방정식

$$\frac{d^2x}{dt^2} + \omega^2 x(t) = 0$$

의 일반해는

$$x(t) = c_1 \cos \omega t + c_2 \sin \omega t$$

이다. 이 해는 동등한 다음 형태로 쓰는 것이 편리하다.

$$x(t) = A \sin(\omega t + \phi)$$

또는

$$x(t) = B \cos(\omega t + \Psi)$$

$x(t)$에 대한 이 세 가지 표현이 모두 동등함을 보여라. A와 ϕ 그리고 B와 Ψ를 c_1과 c_2로 표시하는 식을 유도하여라. 이 세 개의 식 모두 $x(t)$가 $\omega/2\pi$의 진동수를 가짐을 보여라. **힌트** 다음의 삼각함수를 이용하여라.

$$\sin(\alpha + \beta) = \sin \alpha \cos \beta + \cos \alpha \sin \beta \qquad \cos(\alpha + \beta) = \cos \alpha \cos \beta - \sin \alpha \sin \beta$$

2-6. 지금까지 논의한 모든 미분방정식에서 결정한 지수인자 α는 실수 또는 순전한 허수였다. 이제 α가 복소수일 때를 생각해보자. 다음의 방정식에서

$$\frac{d^2y}{dx^2} + 2\frac{dy}{dx} + 10y = 0$$

$y(x) = e^{\alpha x}$를 이 식에 대입하면 $\alpha^2 + 2\alpha + 10 = 0$이 얻어진다. 여기에서 $\alpha = -1 \pm 3i$이고 일반해가 다음과 같이 주어진다.

$$y(x) = c_1 e^{(-1+3i)x} + c_2 e^{(-1-3i)x} = c_1 e^{-x} e^{3ix} + c_2 e^{-x} e^{-3ix}$$

$y(x)$가 동등한 다음의 형태로 됨을 보여라.

$$y(x) = e^{-x}(c_3 \cos 3x + c_4 \sin 3x)$$

따라서 복소수 α는 지수인자로 변조된 삼각함수의 해를 준다는 것을 알 수 있다. 다음의 방정식을 풀어라.

(a) $\frac{d^2y}{dx^2}+2\frac{dy}{dx}+2y=0$

(b) $\frac{d^2y}{dx^2}-6\frac{dy}{dx}+25y=$

(c) $\frac{d^2y}{dx^2}+2\beta\frac{dy}{dx}+(\beta^2+\omega^2)y=0$

(d) $\frac{d^2y}{dx^2}+4\frac{dy}{dx}+5y=0 \quad y(0)=1; \quad \frac{dy}{dx}(at\ x=0)=-3$

2-7. 이 문제는 고전적인 조화진동자에 대해 이해할 수 있게 한다. 그림 2-11과 같이 용수철에 매달린 질량 m의 물체에 대해 고려해 보자. 이 질량 m의 물체에 중력이 작용하지 않아, 작용하는 힘이 단지 용수철에 의한 힘 만이라고 가정하자. 용수철의 원래 길이를 x_0라 하자. Hook의 법칙에 의하면 질량 m에 작용하는 힘은 $f=-k(x-x_0)$이다. k는 용수철 고유의 상수로 힘상수라고 부른다. 마이너스 부호가 왼쪽으로 작용하는 힘의 방향을 나타낸다는 것에 유의하여라. 힘이 $x>x_0$이면(늘어나면) 오른쪽 방향으로 작용하고 $x<x_0$ (줄어들면)이면 왼쪽 방향으로 작용함을 나타낸다.

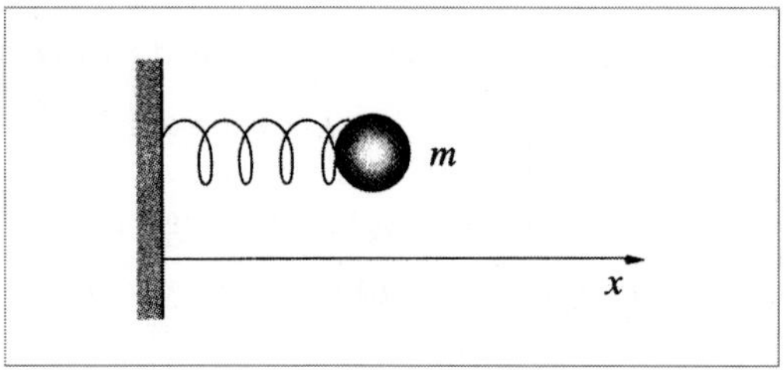

그림 2-11 용수철에 의해 벽에 연결된 질량 m의 물체

이 물체의 운동량은

$$p=m\frac{dx}{dt}=m\frac{d(x-x_0)}{dt}$$

이고 Newton의 제 이 법칙은 운동량의 시간에 대한 변화를 힘이라고 말하고 있다.

$$\frac{dp}{dt}=f$$

$f(x)$를 Hook의 법칙에 따라 치환하면

$$m\frac{d^2x}{dt^2}=-k(x-x_0)$$

이다. $\xi = x - x_0$ 즉, ξ를 용수철의 원래 위치에서의 변위라고 하면

$$m\frac{d^2\xi}{dt^2} + k\xi = 0$$

가 얻어진다. 이 입자가 초기속도 v_0로 $\xi = 0$에서부터 움직이기 시작한다고 했을 때 변위가 다음의 식으로 주어지는 것을 보여라.

$$\xi(t) = v_0\left(\frac{m}{k}\right)^{1/2} \sin\left[\left(\frac{\mathrm{m}}{\mathrm{k}}\right)^{1/2} \mathrm{t}\right]$$

이 해에 대해 해석하여 보아라. 이 운동은 어떤 모양이겠는가? 진동수는 얼마인가? 진폭은 얼마인가?

2-8. 문제 2-7에서의 물체가 점성을 갖는 액체 속에서, 점성에 의한 힘이 속도에 비례하고 방향이 반대로 작용할 경우에 대해 식을 변형시켜 보아라. 운동방정식이 다음과 같이 됨을 보여라.

$$m\frac{d^2\xi}{dt^2} + \gamma\frac{d\xi}{dt} + k\xi^2 = 0$$

이때 γ는 점성계수이다. 이 방정식의 해를 구하고 여러 가지 상대적인 m, k, γ 값에 따른 $\xi(t)$의 행동에 대해 논의하여라. 이러한 계를 damped harmonic oscillator라고 부른다.

2-9. 다음 선형 이차 미분방정식에 대해 고려해 보자.

$$\frac{d^2y}{dx^2} + a_1(x)\frac{dy}{dx} + a_0(x)y(x) = 0$$

이 식은 y와 그의 미분이 일차이고 교차 항이 나타나지 않으므로 선형이다. 그러나 이 식은 상수계수를 갖지 않고 따라서 상수계수인 경우와는 달리 일반적인 해를 구하는 간단한 방법이 없다. 실제 이러한 형태의 방정식은 각각 달리 취급되어야 한다. 그렇지만 이 식이 선형이므로 $y_1(x)$와 $y_2(x)$가 이 식의 해라면 상수 c_1, c_2에 대해 선형결합 $y(x) = c_1y_1(x) + c_2y_2(x)$ 또한 이 방정식의 해가 되어야 한다. 이것을 증명하여라.

2-10. 제 3 장에서 0과 a 사이의 선을 따라 자유롭게 움직이는 질량 m의 입자의 운동에 대한 Schrödinger 방정식이 다음과 같음을 보일 것이다.

$$\frac{d^2\psi}{dx^2} + \left(\frac{8\pi^2 mE}{h^2}\right)\psi(x) = 0$$

경계조건은 $\psi(0) = \psi(a) = 0$이다. 이 식에서 E는 입자의 에너지이고 $\psi(x)$는 파동함수이다. 경계조건을 적용해서 이 미분방정식을 풀고 에너지가 단지 다음의 값만을 가짐을 보여 양자화 됨을 보여라.

$$E_n = \frac{n^2 h^2}{8ma^2} \qquad n = 1,2,3,\cdots$$

2-11. 양 끝이 고정되어 있는 진동하는 현이 n 번째 조화진동에서 $n-1$ 개의 마디를 갖는 것을 증명하여라.

2-12.

$$y(x,t) = A\ \sin\left[\frac{2\pi}{\lambda}(x - vt)\right]$$

가 파장 λ, 진동수 $\nu = v/\lambda$, 속도 v로 오른쪽으로 움직이는 파를 나타내는 것을 보여라.

2-13. 진동하는 직사각형 막의 기준진동 모드를 그려보아라. 이것이 그림 2-6의 그림과 유사함을 보여라.

2-14. 이 문제는 2-10번 문제를 이차원으로 확장한 것이다. 이 경우 입자는 각 변이 a와 b인 직사각형의 평면에서 자유롭게 움직인다. 이 문제의 Schrödinger 방정식은

$$\frac{\partial^2\psi}{\partial x^2} + \frac{\partial^2\psi}{\partial y^2} + \left(\frac{8\pi^2 mE}{h^2}\right)\psi(x,y) = 0$$

이고 경계조건은 다음과 같다.

$$\begin{aligned} \psi(0,y) = \psi(a,y) = 0 \quad & \text{for all } y, \quad 0 \leq y \leq b \\ \psi(x,0) = \psi(x,b) = 0 \quad & \text{for all } x, \quad 0 \leq x \leq a \end{aligned}$$

경계조건을 적용하여 $\psi(x,y)$를 구하고 에너지가 다음과 같이 양자화 됨을 보여라.

$$E_{n_x,n_y} = \frac{n_x^2 h^2}{8ma^2} + \frac{n_y^2 h^2}{8mb^2} \qquad n_x = 1,2,3,\cdots \quad n_y = 1,2,3,\cdots$$

2-15. 변의 길이가 a,b,c인 상자 속을 입자가 자유롭게 움직이는 삼차원의 문제로 문제 2-10

과 2-14를 확장하여라. 이 계에 대한 Schrödinger 방정식은

$$\frac{\partial^2\psi}{dx^2}+\frac{\partial^2\psi}{dy^2}+\frac{\partial^2\psi}{dz^2}+\left(\frac{8\pi^2 mE}{h^2}\right)\psi(x,y,z)=0$$

이고 경계조건은 상자의 표면에서 $\psi(x,y,z)$가 영이 된다는 것이다.

2-16. 2-46 식과 2-48식이 동등함을 보여라. 2-48식의 G_{nm}과 ϕ_{nm}이 2-46식의 양과 어떤 관계에 있는가?

2-17. 진동하는 현의 n 번째 기준진동 모드 (2-23식) $u_n(x,t)$가 서로 반대 방향으로 움직이는 유사한 파의 중첩으로 표시되는 것을 증명하여라. 2-25식에서 $\phi_n=0$으로 하여라.

2-18. 이 문제는 파동의 세기가 진폭의 제곱에 비례함을 보여주는 문제이다. 그림 2-12에 진동하는 현의 모양을 나타내었다. 현의 한 점에서 속도가 $\partial u/\partial t$이므로 ρ를 현의 선형 질량 밀도라고 할 때 전체 현의 운동에너지 T는

$$T=\int_0^l \frac{1}{2}\rho\left(\frac{\partial u}{\partial t}\right)^2 dx$$

이다. 위치에너지는 그림 2-12에서 길이 ds인 작은 호 PQ의 길이가 증가하는 것을 고려하여 얻는다. 호를 따라 현의 선분은 ds에서 dx로 증가한다. 따라서 이러한 증가에 따른 위치에너지는

$$V=\int_0^l \tau(ds-dx)$$

이고 이때 τ은 현의 장력이다. $(ds)^2=(dx)^2+(du)^2$을 이용하여 다음을 보여라.

$$V=\int_0^l \tau\left\{\left[1+\left(\frac{\partial u}{\partial x}\right)^2\right]^{1/2}-1\right\}dx$$

작은 x에 대해 $(1+x)^{1/2}\approx 1+(x/2)$를 이용하여 작은 변위에 대해 다음을 보여라.

$$V=\frac{1}{2}\tau\int_0^\ell \left(\frac{\partial u}{\partial x}\right)^2 dx$$

진동하는 현의 총 에너지는 T와 V의 합이므로

$$E = \frac{\rho}{2}\int_0^l \left(\frac{\partial u}{\partial t}\right)^2 dx + \frac{\tau}{2}\int_0^l \left(\frac{\partial u}{\partial x}\right)^2 dx$$

이다. 식 2-25에 의하면 n 번째 기준 모드는 $\omega_n = vn\pi/l$일 때

$$u_n(x,t) = D_n \cos(\omega_n t + \phi_n)\sin\frac{n\pi x}{l}$$

이다. 이 식을 이용하여

$$T_n = \frac{\pi^2 v^2 n^2 \rho}{4l} D_n^2 \sin^2(\omega_n t + \phi_n)$$
$$V_n = \frac{\pi^2 n^2 \tau}{4l} D_n^2 \cos^2(\omega_n t + \phi_n)$$

을 보여라. $v = (\tau/\rho)^{1/2}$를 이용하여 다음을 보여라.

$$E_n = \frac{\pi^2 n^2 v^2 \rho}{4l} D_n^2$$

이제 총 에너지, 세기가 진폭의 제곱에 비례함을 주목하여라. 이러한 비례 관계를 진동하는 현에 대해 보였지만 이 결과는 일반적으로 파동의 세기가 진폭의 제곱에 비례한다는 것을 보여준다. 삼각함수를 이용하는 대신 복소수를 이용하면 E_n이 D_n^2에 비례하는 대신 $|D_n|^2$에 비례하는 것을 알 수 있다.

일반적으로 동시에 많은 수의 기준 모드가 존재하고 완전한 해는

$$u(x,t) = \sum_{n=1}^{\infty} D_n \cos(\omega_n t + \phi_n)\sin\frac{n\pi x}{l}$$

이다. 다음(연습문제 3-23)을 이용하여

$$\int_0^l \sin\frac{n\pi x}{l}\sin\frac{m\pi x}{l}dx = 0 \quad \text{if } m \neq n$$
$$E_n = \frac{\pi^2 v^2 \rho}{4l}\sum_{n=1}^{\infty} n^2 D_n^2$$

을 보여라.

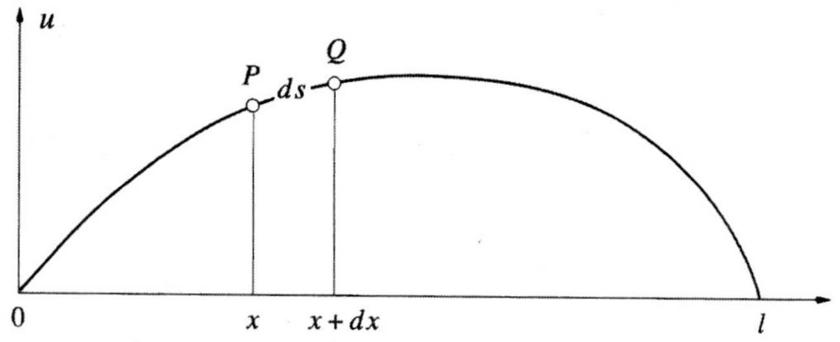

그림 2-12 진동하는 현.

2-19. 이 문제에서는 2-58식을 N 개의 슬릿의 경우로 일반화한다. 그림 2-13은 이 과정을 보여주는 그림이다. 모든 빔은 한 점 P에 조사되어 그림 2-9에서처럼 모두 평행함을 기억하여라. 점 P에서 전장은 2-56식을 일반화한 다음 식으로 주어진다.

$$E(\theta) = E_0 e^{i(k\rho_1 - \omega t)} + E_0 e^{i(k\rho_2 - \omega t)} + \cdots + E_0 e^{i(k\rho_N - \omega t)}$$
$$= E_0 e^{-i\omega t} \sum_{n=1}^{N} e^{ik\rho_n}$$

어느 두 인접한 광원으로부터 빛의 진행 경로가

$$\delta = \rho_{n+1} - \rho_n \qquad n = 1, 2, \cdots, N-1$$

이어서 $\delta = d\sin\theta$일 때 $\rho_{n+1} - \rho_1 = n\delta$ 임을 논하여라. 이제

$$E(\theta) = E_0 e^{i(k\rho_1 - \omega t)} \sum_{n=0}^{N-1} e^{ikn\delta}$$

임을 보여라. 다음(이 증명은 수학 장 D에 있다.)

$$\sum_{n=0}^{N-1} x^n = \frac{1 - x^N}{1 - x}$$

을 이용하여 $E(\theta)$가 다음과 같이 됨을 보여라.

$$E(\theta) = E_0 e^{i(k\rho_1 - \omega t)} \left(\frac{1 - e^{ikN\delta}}{1 - e^{ik\delta}} \right)$$

분자에서 $e^{ikN\delta/2}$ 분모에서 $e^{ik\delta/2}$를 나누어

$$E(\theta) = E_0 e^{i(k\rho_1 - \omega t + kN\delta/2 - k\delta/2)}\left(\frac{e^{ikN\delta/2} + e^{-ikN\delta/2}}{e^{ik\delta/2} - e^{ik\delta/2}}\right)$$

를 얻어라. 마지막으로 $(e^{ix} - e^{-ix})/2i = \sin x$, $k = 2\pi/\lambda$를 이용하여 점 P에서 빛의 세기가 다음과 같음을 보여라.

$$I(\theta) = A^*(\theta)A(\theta) = E_0^2\left(\frac{\sin[(\pi Nd/\lambda)\sin\theta]}{\sin[(\pi d/\lambda)\sin\theta]}\right)^2 \qquad (2\text{-}59)$$

$d = 0.010$ mm, $\lambda = 600\,\text{nm}$에서 $I(\theta)$를 θ에 대해 도시하고 그림 2-10과 같은 결과를 주는 것을 보여라.

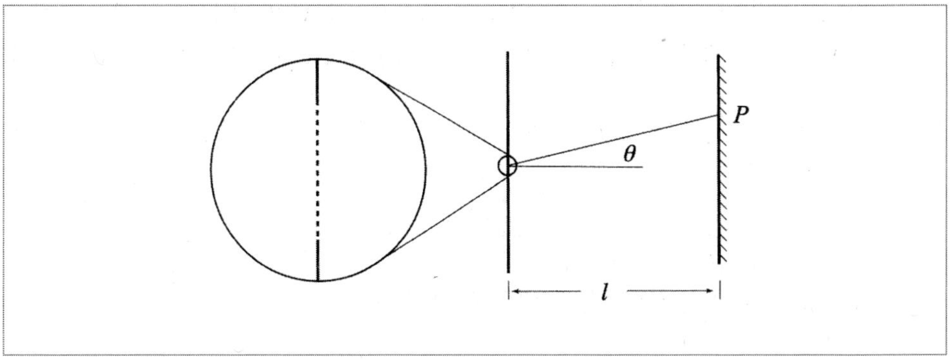

그림 2-13 연습문제 2-19의 N 개의 슬릿에 대해 간섭무늬를 유도하는 그림.

2-20. 이전 문제의 2-59식이 $N = 2$일 때 2-58식으로 됨을 보여라.

2-21. $N = 3$일 때 2-59식을 도시하여라.

2-22. $N = 1$일 때 2-59식을 도시하여라. 무슨 일이 벌어지고 있는가?

2-23. 2-59식을 여러 N에 대해 도시하면 큰 최대값(principal maxima)들 사이에 $N-1$ 개의 최소값을 갖는 것을 볼 수 있다. 이것을 증명할 수 있겠는가?

■ **문제 2-24부터 2-29 까지는 몇몇 미분방정식을 고전역학의 문제에 응용한 것이다.**

고전역학의 많은 문제들은 상수를 계수로 갖는 미분방정식의 문제들로 간편하게 된다. (연습문제 2-7) 가장 기본적인 출발점은 Newton의 제 이 법칙인데 운동량의 시간에 대한 변화가 물체에 작용하는 힘과 같다는 것이다. 운동량 p는 mv와 같고 따라서 질량이 일정하다면 일차원에서

$$\frac{dp}{dt} = m\frac{dv}{dt} = m\frac{d^2x}{dt^2} = f$$

이다. 힘이 x의 함수로 주어지면 이 식은 $x(t)$에 대한 미분방정식이고 이것을 입자의 궤적이라고 부른다. 연습문제 2-7의 간단한 조화진동자로 돌아가서, x를 평형 위치에서의 변위라고 하면 Hook의 법칙은 $f(x) =- kx$임을 주고 따라서 Newton의 제 이 법칙에 해당되는 미분방정식은 다음으로 되어

$$\frac{d^2x}{dt^2} + kx(t) = 0$$

즉, 여러 번 접해본 미분방정식이 된다.

2-24. 그림 2-14와 같이 x_0에서 자유낙하 하는 입자를 고려해 보자. 공기저항이나 점성을 무시하면 작용하는 힘은 단지 중력 mg이다. 그림 2-14(a)의 좌표를 이용하여 mg가 x와 같은 방향으로 작용한다면 Newton의 제 이 법칙에 해당하는 미분방정식은 다음으로 된다.

$$m\frac{d^2x}{dt^2} = mg$$

x_0와 v_0를 초기위치와 속도라 할 때 다음을 보여라.

$$x(t) = \frac{1}{2}gt^2 + v_0 t + x_0$$

그림 2 14(a)에 의하면 $x_0 - 0$이고 따라서

$$x(t) = \frac{1}{2}gt^2 + v_0 t$$

이며 입자가 바로 낙하하기 시작했다면 $v_0 = 0$이므로

$$x(t) = \frac{1}{2}gt^2$$

이 된다. 이 결과에 대해 논의하여라.

같은 문제를 그림 2-14(b)의 좌표, 즉 주어진 값들을 그림에 정의한 대로 사용하여서 풀어보아라. 만들어지는 식이 다르게 보임에도 불구하고 x, v_0 그리고 mg의 방향이 입자의 운동에 영향을 미치지 않아 같은 결과를 준다는 것을 보여라.

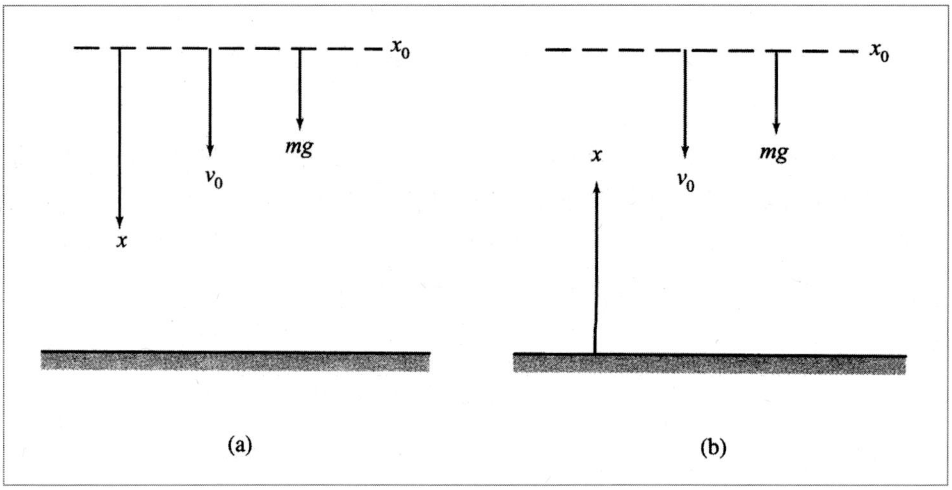

그림 2-14 (a) x_0 높이에서 낙하하는 물체에 대한 좌표 (b) x_0에서 낙하하는 물체에 대한 또 다른 좌표

2-25. v_0의 속도로 쏘아올린 물체가 도달하는 최대 높이를 구하는 식을 유도하여라. 그림 2-14(b)을 참고하여라. 그러나 이 경우 v_0가 위로 향하고 있음을 기억하여라. 바닥으로 되돌아오는 데 얼마의 시간이 걸리는가?

2-26. 그림 2-15의 간단한 진동추를 고려해보자. 추의 길이를 l이라 하고 그림 2-15에 보인 것처럼 추의 질량이 끝에 집중되어 있다고 가정하자. 물리적인 예로는 줄에 매달린 입자를 예로 들 수 있을 것이다. 이 운동에 대한 식은 추가 평면에서 진동하므로 평면 극좌표계의 문제로 세울 수 있다. 그림에서 호를 따르는 거리가 추의 운동을 기술하므로 운동량은 $m\ ds/dt = ml\ d\theta/dt$ 따라서 시간에 대한 운동량의 변화는 $ml\ d\theta^2/dt^2$이 된다. 운동방향을 따르는 힘의 성분이 $-mg\ \sin\theta$임을 보여라. 이때 마이너스 부호는 힘의 방향이 θ의 방향에 대해 반대 방향이기 때문이다. 운동방정식이 다음과 같이 됨을 보여라.

$$ml\frac{d^2\theta}{dt^2} = -mg\ \sin\theta$$

이제 운동이 매우 작은 각에서만 일어난다고 가정하여 운동이 단순한 조화진동과 같게 됨을 보여라. 이 조화진동자의 자연 진동수는 얼마인가? **힌트** 작은 θ에 대해 $\sin\theta \approx \theta$이다.

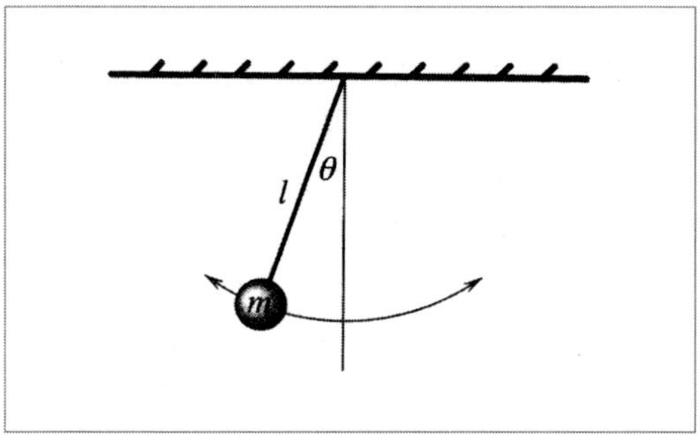

그림 2-15 진동하는 추를 나타내는 좌표

2-27. 문제 2-26의 진동추가 점성이 있는 매질에서 운동하는 것을 고려해 보자. 점성에 의한 힘이 속도에 비례하고 방향이 반대라면, 즉

$$f_{viscous} = -\lambda\frac{ds}{dt} = -\lambda l\frac{d\theta}{dt}$$

이고 λ는 점성계수이다. 작은 각도에 대해 Newton의 방정식이 다음과 같음을 보여라.

$$ml\frac{d^2\theta}{dt^2} + \lambda l\frac{d\theta}{dt} + mg\theta = 0$$

또한

$$\lambda^2 > \frac{4m^2g}{l}$$

이면 조화운동을 하지 않음을 보여라. 매질의 점도가 매우 커서 추가 조화운동을 하지 않는 것을 물리적으로 납득할 수 있는가?

2-28. 길이와 질량이 같은 두 진동추가 그림 2-16과 같이 조화용수철, 즉 Hook의 법칙(문제 2-7)에 따르는 용수철에 의해 연결되어 있는 계에 대해 고려해 보자. 운동이 평면상에서 일어나고 진동추 각각의 각도 변위가 수평에서 조금만 변한다고 가정하면 운동방정식이 다음과 같이 된다.

$$m\frac{d^2x}{dt^2} = -m\omega_0^2x - k(x-y)$$

$$m\frac{d^2y}{dt^2} = -m\omega_0^2y - k(y-x)$$

ω_0는 각각의 추의 진동수[$\omega_0 = (g/l)^{1/2}$]이고 k는 연결된 용수철의 힘상수이다. 이 두 개의 연립 미분방정식을 풀기 위하여 두 추가 조화적으로 흔들리고 있다고 가정하자.

이제

$$x(t) = Ae^{i\omega t} \qquad y(t) = Be^{i\omega t}$$

를 해로 시도해 보자. 이것을 원래의 두 방정식에 대입하여

$$\left(\omega^2 - \omega_0^2 - \frac{k}{m}\right)A = -\frac{k}{m}B$$
$$\left(\omega^2 - \omega_0^2 - \frac{k}{m}\right)B = -\frac{k}{m}A$$

를 얻어 보아라. 이제 두 진폭 A, B에 대한 연립방정식이 얻어졌다. 수학 E 장에서 이 방정식이 의미 있는 해를 갖기 위해서는 계수들의 행렬식이 영이 되어야 한다는 것을 배울 것이다. 이 조건으로부터

$$\left(\omega^2 - \omega_0^2 - \frac{k}{m}\right)^2 = \left(\frac{k}{m}\right)^2$$

가 됨을 보여라. 이제 이 계가 다음 두 진동수를 갖는다는 것을 보여라.

$$\omega_1^2 = \omega_0^2 \qquad \text{그리고} \qquad \omega_2^2 = \omega_0^2 + \frac{2k}{m}$$

ω_1^2과 ω_2^2을 A, B 대신 원래의 식에 대입하여 이 진동수에 대한 운동을 해석하여 보아라. A, B 값에 연관된 운동을 기준모드라고 부르고 이 계의 어떠한 복잡한 운동도 이들 기준모드들의 선형결합으로 기술할 수 있다. 이 문제에는 두 개의 좌표 (x, y)가 있고 두 개의 기준모드가 있음을 주목하여라. 제 5 장에서 분자의 복잡한 진동운동이 기준모드의 선형결합으로 표현됨을 보일 것이다.

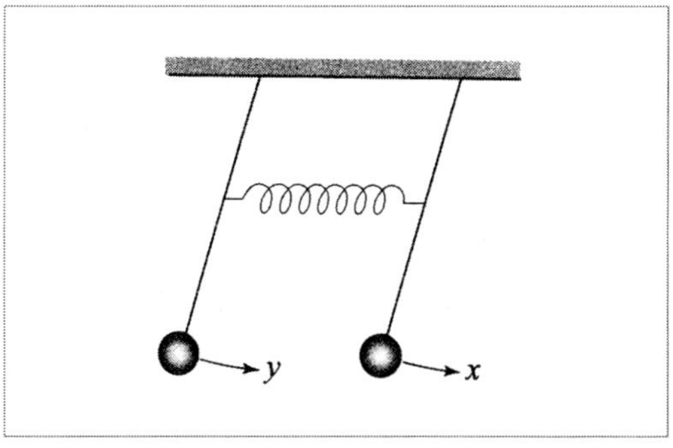

그림 2-16 Hook의 법칙에 따르는 용수철에 의해 연결된 두 개의 진동추

2-29. 문제 2-28은 무게중심과 상대 좌표계를 이용하면 풀 수 있다.(5-3 절) $x(t)$와 $y(t)$의 미분방정식을 더하고 뺀 다음 새로운 변수

$$\eta = x + y \qquad \zeta = x - y$$

를 도입하여 η와 ζ의 미분방정식이 서로 독립적임을 보여라. 각각의 방정식을 풀어, 결과를 문제 2-28과 비교하여 보아라.

2-30. 식 2-51은 $\sin[2\pi(x+vt)/\lambda]$와 $\sin[2\pi(x-vt)/\lambda]$가 파동방정식의 해임을 보이고 있다. ϕ와 ψ가 well-behaved 그러나 임의의 함수일 때

$$u(x,t) = \phi(x+vt) + \psi(x-vt)$$

또한 해가 됨을 증명하여라. 이 해가 파동방정식의 D'Alembert의 해로 알려져 있다. $\phi(x+vt)$와 $\psi(x-vt)$에 물리적인 해석을 가하여라. D'Alembert의 해는 파동방정식의 독립변수를 치환하여 얻을 수 있다. 새로운 변수

$$\eta = x + vt \qquad \zeta = x - vt$$

를 식 2-1에 도입하여 파동방정식이 다음과 같이 됨을 보여라.

$$\frac{\partial^2 u}{\partial\eta\partial\zeta} = 0$$

이러한 형태의 미분방정식은 적분을 연속 두 번 하여 풀 수 있다. 첫 번째 적분은

$$\frac{\partial u}{\partial\eta} = f(\eta)$$

을 주고 임의의 함수 $f(\eta)$은 η만의 함수이다. 두 번째 적분이

$$u(\eta,\zeta) = \int f(\eta)d\eta + \psi(\zeta) = \phi(\eta) + \psi(\zeta)$$

또는

$$u(x,t) = \phi(x+vt) + \psi(x-vt)$$

가 됨을 보여라.

참고문헌

Barrante, J. *Applied Mathematics for Physical Chemistry,* 3rd ed. Prentice Hall: Upper Saddle River, NJ, 2003.

Mortimer, R. G. *Mathematics for Physical Chemistry,* 2nd ed. Academic Press: San Diego, CA, 1999.

Steiner, E. *The Chemistry Maths Book*. Oxford University Press: New York, 1996.

Edwards, C. H., Penney, D. E. *Elementary Differential Equations with Boundary Value Problems,* 5th ed. Prentice Hall: Upper Saddle River, NJ, 2004.

Farlow, S. J. *Partial Differential Equations for Scientists and Engineers*. Dover Publications: Mineola, MN, 1993.

Stephenson, G. *Partial Differential Equations for Scientists and Engineers*. Longman, Inc.: New York, 1985.

McQuarrie, D. A. *Mathematical Methods for Scientists and Engineers*. University Science Books: Sausalito, CA, 2003.

수학 B

확률과 통계

다음 장들에서 확률분포, 평균값 및 표준편차에 대해 다루게 될 것이다. 따라서 여기에서 확률에 대한 기본적인 아이디어에 대해 논의하고 평균값을 구하는 일반적인 방법에 대해 알아보고자 한다.

동전 또는 주사위를 던지는 실험에 대해 생각해 보자. 실험 결과는 각각 확률 p_j, $j=1,2,\cdots,n$을 갖는 n 개의 가능한 결과를 준다. 이 실험을 무한히 반복하여 N을 반복 실험횟수, N_j를 사건 j가 일어난 횟수라고 할 때

$$p_j = \lim_{N\to\infty}\frac{N_j}{N} \qquad j=1,2,\cdots,n \tag{B-1}$$

이 됨을 직관적으로 기대할 수 있다. $0 \leqq N_j \leqq N$이므로 p_j는 다음의 조건을 만족하여야 한다.

$$0 \leqq p_j \leqq 1 \tag{B-2}$$

$p_j = 1$이면 사건 j가 언제나 일어나고 $p_j = 0$이면 사건이 일어나는 것이 불가능하다고 말할 수 있다. 또한

$$\sum_{j=1}^{n} N_j = N$$

이므로 정규화조건

$$\sum_{j=1}^{n} p_j = 1 \tag{B-3}$$

을 얻게 된다. 이 결과는 어떤 사건이 일어날 확률이 필연적임을 의미한다.

이제 결과 j에 해당하는 수 x_j를 가정해 보자. 이 경우 평균값 또는 기대치 x는

$$< x >= \sum_{j=1}^{n} x_j p_j = \sum_{j=1}^{n} x_j \, p(x_j) \qquad \text{(B-4)}$$

로 정의하고 되고 이때 $p(x_j)$는 x_j가 나타날 확률이다. 이제 평균값은 괄호 안에 넣는 것으로 표기하기로 한다.

예제 B-1 다음의 결과를 가정할 때 x의 평균값을 계산하여라.

x	$f(x)$
1	0.20
3	0.25
4	0.55

풀이 B-4 식에서

$$< x >= (1)(0.20) + (3)(0.25) + (4)(0.55) = 3.15$$

p_j와 같은 확률분포를 x 축 상을 움직이는 단위질량을 갖는 입자의 불연속적인 분포로 해석하면 p_j는 x_j에 존재하는 질량의 분율 또는 양으로 생각할 수 있다.(그림 B-1) 이러한 해석에 따르면 x의 평균값은 이 계의 무게중심이 된다. 중요한 또 하나의 다른 양은

$$< x^2 >= \sum_{j=1}^{n} x_j^2 p_j \qquad \text{(B-5)}$$

이다. 이 양을 분포 $\{p_j\}$의 이차모멘트라고 부르는데 관성모멘트와 유사한 값이다.

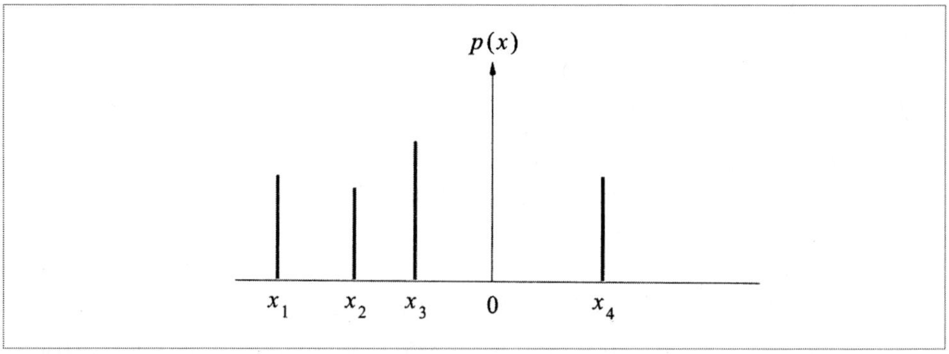

그림 B-1 불연속적인 확률빈도함수 또는 확률밀도, $p(x)$

예제 B-2 예제 B-1의 결과로부터 이차모멘트를 계산하여라.

풀이 $< x^2 > = (1)^2(0.20) + (3)^2(0.25) + (4)^2(0.55) = 11.25$

예제 B-1과 B-2로부터 $< x^2 > \neq < x >^2$임을 주목하여라. 이것은 일반적인 결과이며 이제 증명할 것이다.

$< x^2 >$ 보다 물리적으로 더 흥미 있는 양은 이차중심모멘트 또는 다음으로 정의되는 가변도(variance)이다.

$$\sigma_x^2 = < (x - < x >)^2 > = \sum_{j=1}^{n} (x_j - < x >)^2 p_j \tag{B-6}$$

B-6 식의 표기에서 보듯이 이 양의 제곱근을 σ_x로 나타내었는데 표준편차라고 부른다. B-6 식의 합을 생각해 보면 x_j가 $< x >$와 다를수록 σ_x^2은 클 것이 예상되고 이것은 $(x_j - < x >)$ 따라서 $(x_j - < x >)^2$이 해당되는 p_j 값에 대해 크게 되기 때문이다. 한편 σ_x^2은 x_j가 $< x >$와 다르지 않을 때, 즉 x_j가 $< x >$의 주위에 가깝게 분포하여 해당되는 p_j에 대해 $(x_j - < x >)^2$이 작을 때 작을 것이 예상된다. 따라서 가변도 또는 표준편차가 평균치를 중심으로 한 분포의 산란정도를 나타낸다는 것을 알 수 있다.

식 B-6는 σ_x^2이 양수의 항들의 합, 따라서 $\sigma_x^2 \geqq 0$임을 보여주고 있다. 또한

$$\begin{aligned}\sigma_x^2 &= \sum_{j=1}^{n} (x_j - < x >)^2 p_j = \sum_{j=1}^{n} (x_j^2 - 2 < x > x_j + < x >^2) p_j \\ &= \sum_{j=1}^{n} x_j^2 p_j - 2 \sum_{j=1}^{n} < x > x_j p_j + \sum_{j=1}^{n} < x >^2 p_j\end{aligned} \tag{B-7}$$

이다. 첫 번째 항은 $< x^2 >$이다.(식 B-5) 두 번째 항과 세 번째 항에서 x_j의 평균치 $< x >$가 상수이므로 합의 연산자 밖으로 분리할 수 있어 두 번째 항은 $x_j p_j$ 그리고 세 번째 항은 p_j만의 합이 연산자에 남게 된다. 이들은 각각 정의에 따라 평균값 $< x >$, 그리고 p_j가 정규화 되어 있으므로 일이 된다.(식 B-3) 따라서 다시 정리하면

$$\begin{aligned}\sigma_x^2 &= < x^2 > - 2 < x >^2 + < x >^2 \\ &= < x^2 > - < x >^2 \geqq 0\end{aligned} \tag{B-8}$$

이다. $\sigma_x^2 \geqq 0$이므로 $< x^2 > \geqq < x >^2$임을 알 수 있다. 식 B-6에 의하면 $\sigma_x^2 = 0$ 또는 $< x^2 > = < x >^2$은 $x_j = < x >$일 확률이 일일 때, 즉 사건 j가 매번 일어나는 것을 의미하기 때문에 확률이라고 할 수 없다.

지금까지는 불연속적인 분포에 대해서만 논의하였다. 그러나 양자역학에서는 연속적인 분포 역시 중요하다. 편의상 다시 단위질량의 문제를 사용하기로 하자. 이 단위질량이 x축 상 또는 x축의 어떤 영역에서 연속으로 분포한다고 하자. 선형 질량밀도 $\rho(x)$를

$$dm = \rho(x)dx$$

로 정의하면 이때 dm은 x와 $x+dx$ 사이에 존재하는 질량의 분율이 된다. 상자 속의 입자의 위치 x와 같이 x와 $x+dx$ 사이에 존재하는 양 x에 대한 확률은

$$\text{Prob}\{x, x+dx\} = p(x)dx \tag{B-9}$$

그리고

$$\text{Prob}\{a \leqq x \leqq b\} = \int_a^b p(x)dx \tag{B-10}$$

이 된다. 이 경우 $\text{Prob}\{a \leqq x \leqq b\}$는 $a \leqq x \leqq b$에 존재하는 질량의 분율이다. 이때 정규화 조건은

$$\int_a^b p(x)dx = 1 \tag{B-11}$$

이다. B-4 식부터 B-6 식을 이용하여

$$< x > = \int_a^b x \; p(x)dx \tag{B-12}$$

$$< x^2 > = \int_a^b x^2 p(x)dx \tag{B-13}$$

$$\sigma_x^2 = \int_a^b (x - < x >)^2 p(x)dx \tag{B-14}$$

을 정의할 수 있다.

예제 B-3 아마도 가장 간단한 연속분포는 소위 다음과 같은 균일분포일 것이다.

$$\begin{aligned} p(x) &= \text{constant} = A \qquad & a \leqq x \leqq b \\ &= 0 & \text{otherwse} \end{aligned}$$

이때 A가 $1/(b-a)$와 같음을 보여라. 이 분포에서 $< x >$, $< x^2 >$, σ_x^2 그리고 σ_x를 계산하여라.

풀이 $p(x)$가 정규화 되어야하므로

$$\int_a^b p(x)dx = 1 = A\int_a^b dx = A(b-a)$$

따라서 $A = 1/(b-a)$이다.

$$\begin{aligned} p(x) &= \frac{1}{b-a} \qquad && a \leqq x \leqq b \\ &= 0 && \text{otherwise} \end{aligned}$$

$$< x >= \int_a^b xp(x)dx = \frac{1}{b-a}\int_a^b xdx = \frac{b^2-a^2}{2(b-a)} = \frac{b+a}{2}$$

$$< x^2 >= \int_a^b x^2 p(x)dx = \frac{1}{b-a}\int_a^b x^2 dx = \frac{b^3-a^3}{3(b-a)} = \frac{b^2+ab+a^2}{3}$$

B-6 식으로부터 가변도와 표준편차는 다음과 같이 된다.

$$\sigma_x^2 = < x^2 > - < x >^2 = \frac{(b-a)^2}{12}$$

$$\sigma_x = \frac{b-a}{\sqrt{12}}$$

예제 B-4 가장 흔하게 사용되는 연속 확률분포는 다음과 같은 Gaussian 또는 정규분포이다.

$$p(x)dx = ce^{-x^2/2a^2}dx \qquad -\infty \leqq x \leqq \infty$$

c, $< x >$, σ^2, σ를 계산하여라.

풀이 상수 c는 정규화 조건에서 구할 수 있다.

$$\int_{-\infty}^{\infty} p(x)dx = 1 = c\int_{-\infty}^{\infty} e^{-x^2/2a^2}dx \qquad \text{(B-15)}$$

적분표(예: *The CRC Standard Mathematical Tables* or *The CRC Handbook of Chemistry and Physics;* CRC Press: Boca Raton, FL)에서는 위 적분값을 찾을 수 없지만 다음 적분을 찾을 수는 있다.(연습문제 B-6)

$$\int_0^{\infty} e^{-\alpha x^2} dx = \left(\frac{\pi}{4\alpha}\right)^{1/2} \tag{B-16}$$

적분한계 $(-\infty, \infty)$에서 위 적분을 찾을 수 없는 이유를 $e^{-\alpha x^2}$을 x에 대해 도시한 그림 B-2a에 설명하였다. 그림이 세로축에 대해 대칭이어서 이 축의 양쪽에서 도형의 넓이가 같음에 주의하여라. 수학적으로 $f(x) = -f(x)$의 성질을 갖는 이러한 함수를 우함수라고 부른다. 우함수에 대해

$$\int_{-A}^{A} f_{even}(x) dx = 2\int_0^{A} f_{even}(x) dx \tag{B-17}$$

이다. $p(x) = e^{-ax^2}$이 우함수임을 감안하고 B-16 식을 이용하면

$$\begin{aligned} c\int_{-\infty}^{\infty} e^{-x^2/2a^2} dx &= 2c\int_0^{\infty} e^{-x^2/2a^2} dx \\ &= 2c\left(\frac{\pi a^2}{2}\right)^{1/2} = 1 \end{aligned}$$

이고 따라서 $c = 1/(2\pi a^2)^{1/2}$이다. x의 평균은

$$< x >= \int_{-\infty}^{\infty} xp(x) dx = (2\pi a^2)^{1/2} \int_{-\infty}^{\infty} xe^{-x^2/2a^2} dx \tag{B-18}$$

로 주어진다. 식 B-18의 피적분함수를 그림 B-2b에 도시하였다. 이 함수가 세로축에 대해 반대칭이며 한쪽의 면적이 다른 한쪽의 면적과 같고 부호가 반대로 되어 상쇄됨을 주목하여라. 수학적으로 $f(-x) = -f(x)$의 성질을 갖는 이러한 함수를 기함수라고 부른다. 기함수에 대해

$$\int_{-A}^{A} f_{odd}(x) dx = 0 \tag{B-19}$$

이다. 함수 $xe^{-x^2/2a^2}$이 우함수이므로

$$< x >= \int_{-\infty}^{\infty} xe^{-x^2/2a^2} dx = 0$$

이다.

x의 이차모멘트는

$$< x^2 >= (2\pi a^2)^{-1/2}\int_{-\infty}^{\infty} x^2 e^{-x^2/2a^2}dx$$

로 주어지며 $f(x) = x^2 e^{-x^2/2a^2} = f(-x)$ 이어서 피적분함수가 우함수이므로

$$< x^2 >= 2(2\pi a^2)^{-1/2}\int_{0}^{\infty} x^2 e^{-x^2/2a^2}dx$$

이 된다. 적분표에서 다음 적분을 이용하면

$$\int_0^{\infty} x^2 e^{-\alpha\pi^2}dx = \frac{1}{4\alpha}\left(\frac{\pi}{\alpha}\right)^{1/2} \qquad \text{(B-20)}$$

$$< x^2 >= \frac{2}{(2\pi a^2)^{1/2}}\frac{(2\pi a^2)^{1/2}a^2}{2} = a^2$$

이다. $< x >= 0$, $\sigma_x^2 =< x^2 >$ 이므로

$$\sigma_x = a$$

이다. 정규분포에서 표준편차는 지수에 변수로 나타난다. 정규화 된 가우스 분포함수는 따라서 다음과 같이 표시된다.

$$p(x)dx = (2\pi\sigma_x^2)^{-1/2}e^{-x^2/2\sigma_x^2}dx \qquad \text{(B-21)}$$

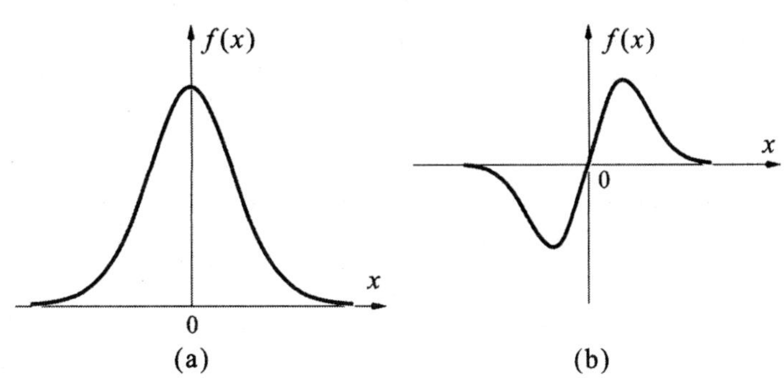

그림 B-2 (a) $f(x) = e^{-x^2}$ 함수는 $f(x) = f(-x)$ 인 우함수이다. (b) $f(x) = xe^{-x^2}$ 함수는 $f(x) =- f(x)$ 인 기함수이다.

그림 B-3에는 여러 가지 σ_x 에 대해 B-21 식을 도시하였다. σ_x 값이 작아질수록 곡선의 폭이 좁아지고 높이가 높아지는 것을 볼 수 있다.

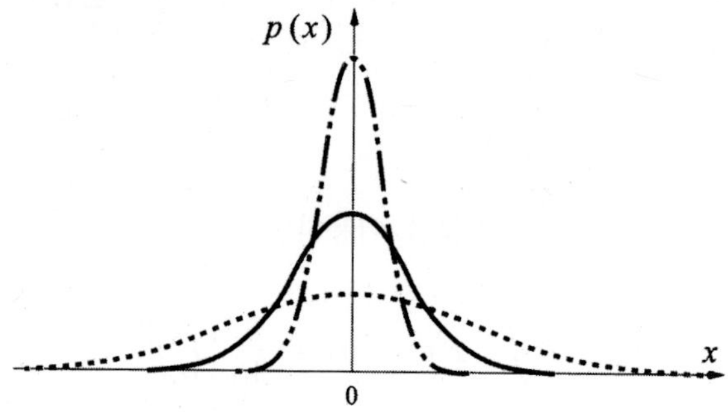

그림 B-3 세 개의 σ_x 값에 대해 도시한 가우스 함수 $p(x)$.(식 B-21) 점선은 $\sigma_x = 2$, 실선은 $\sigma_x = 1$, 그리고 점-실선이 $\sigma_x = 0.5$인 경우이다.

가우스 함수의 더 일반적인 표현은

$$p(x)dx = (2\pi\sigma_x^2)^{-1/2} e^{-(x-<x>)^2/2\sigma_x^2} dx \tag{B-22}$$

이다. 이 경우 그림 B-3와 모양이 같으나 곡선의 중심이 $x = 0$에 있지 않고 $x = <x>$에 있다. 이 가우스 분포가 과학에서 가장 중요하고 널리 사용되는 분포이다.

연 습 문 제

B-1. 다음 자료들에서 $<x>$와 $<x^2>$을 계산하고 $\sigma_x^2 > 0$임을 보여라.

x	$f(x)$
−6	0.05
−2	0.15
0	0.50
1	0.10
3	0.05
4	0.10
5	0.05

B-2. 통계에서 자주 사용되는 불연속적인 분포로 다음 Poisson 분포가 있다.

$$f_n = \frac{\lambda^n}{n!} e^{-\lambda} \quad n = 0, 1, 2, \cdots$$

여기에서 λ는 양의 상수이다. f_n이 정규화 되어 있음을 증명하여라.

$$e^x = \sum_{n=0}^{\infty} \frac{x^n}{n!}$$

임을 상기하여 $< n >$과 $< n^2 >$을 구하고 $\sigma^2 > 0$임을 보여라.

B-3. 중요한 연속분포의 하나는 다음 지수분포이다.

$$p(x)dx = ce^{-\lambda x} dx \quad 0 \leqq x < \infty$$

c, $< x >$, σ^2을 구하고 $x \geqq a$일 확률을 구하여라.

B-4. 다음

$$\int_{-\infty}^{\infty} e^{-\alpha x^2} dx = 2 \int_{0}^{\infty} e^{-\alpha x^2} dx$$

을 $-\infty$부터 0 그리고 0부터 ∞까지 두 적분으로 분리하여 증명하여라. 첫 번째 적분에서 $z = -x$로 그리고 두 번째 적분에서는 $z = x$로 치환하여 증명하여라.

B-5. 문제 B-4와 같은 방법으로

$$\int_{-\infty}^{\infty} x e^{-\alpha x^2} dx = 0$$

을 증명하여라.

B-6. 다음과 같은 형의 적분은 여러 가지 응용문제에서 자주 나타난다.

$$I_n(\alpha) = \int_{-\infty}^{\infty} x^{2n} e^{-\alpha x^2} dx \quad n = 0, 1, 2, \cdots$$

이 적분은 단순히 적분표를 찾아볼 수 도 있고 아니면 다음과 같이 수행할 수 도 있다. 먼저

$$I_n(\alpha) = 2\int_0^\infty x^{2n} e^{-\alpha x^2} dx$$

임을 보여라. $n=0$인 경우 다음과 같은 트릭을 사용할 수 있다. $I_0(\alpha)$의 제곱이

$$I_0^2(\alpha) = 4\int_0^\infty \int_0^\infty dxdye^{-\alpha(x^2+y^2)}$$

의 형태로 됨을 보여라. 이제

$$r^2 = x^2 + y^2 \qquad dxdy = rdrd\theta$$

임을 이용하여 평면 극좌표로 바꾸면 적분한계가 $0 \leqq r \leqq \infty$, $0 \leqq \theta \leqq \pi/2$이고

$$I_0^2(\alpha) = 4\int_0^{\pi/2} d\theta \int_0^\infty drre^{-\alpha r^2}$$

이 됨을 보이고 이 적분이

$$I_0^2(\alpha) = 4\frac{\pi}{2}\frac{1}{2\alpha} = \frac{\pi}{\alpha}$$

가 되어

$$I_0(\alpha) = \left(\frac{\pi}{\alpha}\right)^{1/2}$$

가 됨을 보여라. 이제 $I_n(\alpha)$가 $I_0(\alpha)$를 α에 대해 미분하여 얻어지는 것을 증명하고 특히

$$\frac{d^n I_0(\alpha)}{d\alpha^n} = (-1)^n I_n(\alpha)$$

가 됨을 보여라. 이 결과와 $I_0(\alpha) = (\pi/\alpha)^{1/2}$를 이용하여 $I_1(\alpha)$, $I_2(\alpha)$ 등을 구하여라.

B-7. 적분표를 이용하지 않고 가우스 분포의 모든 홀수모멘트가 영이 됨을 보여라. 문제 B-6의 결과를 이용하여 가우스 분포의 $< x^4 >$를 구하여라.

B-8. 0과 a 사이 일차원 선분 위에 제한되어 있는 입자에 대해 생각해 보자. 다음 장에서 이 입자가 x와 $x+dx$ 사이에서 발견될 확률이

$$p(x)dx = \frac{2}{a}\sin^2\frac{n\pi x}{a}dx \qquad n = 1,2,3,\cdots$$

가 됨을 배울 것이다. 먼저 $p(x)$가 정규화 되어 있음을 보여라. 이 선분 위에서 입자가 발견될 확률의 평균이 $a/2$가 됨을 보여라. 이 결과가 물리적으로 합리적인가? 필요한 적분은 다음과 같다.

$$\int \sin^2 \alpha x dx = \frac{\alpha}{2} - \sin\frac{2\alpha x}{4\alpha}$$

$$\int x\sin^2 \alpha x dx = \frac{x^2}{4} - \frac{x\sin 2\alpha x}{4\alpha} - \frac{\cos 2\alpha x}{8\alpha^2}$$

B-9. 문제 B-8의 확률분포에서 $< x >^2 = a^2/4$ 그리고 가변도가 $\left(\frac{a}{2\pi n}\right)^2\left(\frac{\pi^2 n^2}{3} - 2\right)$임을 보여라. 다음 적분을 이용하여라.

$$\int x^2 \sin^2 \alpha x dx = \frac{x^3}{6} - \left(\frac{x^2}{4\alpha} - \frac{1}{8\alpha^3}\right)\sin 2\alpha x - \frac{x\cos 2\alpha x}{4\alpha^2}$$

B-10. 모든 n 값에 대해 길이가 a보다 작은 상자 속 입자에서

$$\sigma_x = (< x^2 > - < x >^2)^{1/2}$$

임을 보여라. σ_x가 입자의 위치에 대한 불확실성이라면 σ_x가 a보다 클 수 있겠는가?

B-11. 문제 B-8과 B-9에서 사용한 모든 정적분은

$$I(\beta) = \int_0^a e^{\beta x} \sin^2 \frac{n\pi x}{a} dx$$

로부터 구할 수 있다. 위 적분이 $I(0)$, $I'(0)$, $I''(0)$로 구해짐을 보여라. 이때 $'$은 β에 대한 미분임을 의미한다. 적분표를 이용하여 $I(\beta)$를 구하고 위 세 적분을 β에 대해 미분하여 구하여라.

B-12. 문제 B-8의 확률분포를 이용하여 입자가 0과 $a/2$ 사이에 있을 확률을 구하여라. 필요한 적분은 문제 B-8에 주어져 있다.

Erwin Schrödinger was born in Vienna, Austria, on August 12, 1887, and died there in 1961. He received his Ph.D. in theoretical physics in 1910 from the University of Vienna. He then held a number of positions in Germany and in 1927 succeeded Max Planck at the University of Berlin at Planck's request. Schrödinger left Berlin in 1933 because of his opposition to Hitler and Nazi policies and eventually moved to the University of Graz in Austria in 1936. After the invasion of Austria by Germany, he was forcibly removed from his professorship in 1936. He then moved to the Institute of Advanced Studies, which was created for him, at the University College, Dublin, Ireland. He remained there for 17 years and then retired to his native Austria. Schrödinger shared the Nobel Prize in Physics with Paul Dirac in 1933 for the "discovery of new productive forms of atomic theory." Schrödinger rejected the probabilistic interpretation of the wave equation, which led to serious disagreement with Max Born, but they remained warm friends in spite of their scientific disagreement. Schrödinger preferred to work alone, and so no school developed around him, as it did for several other developers of quantum mechanics. His influential book, *What is Life?,* caused a number of physicists to become interested in biology. His personal life, which was rather unconventional, has been engagingly related by Walter Moore in his book *Schrödinger: Life and Thought* (Cambridge University Press: Cambridge, UK, 1989).

Chapter 03

Schrödinger 방정식과 상자속 입자

Schrödinger 방정식은 양자역학의 기본 방정식이다. Schrödinger 방정식의 해를 파동함수라고 부른다. 우리는 이 파동함수가 계를 양자역학적으로 완전히 기술한다는 것을 알게 될 것이다. 이 장에서는 시간을 변수로 포함하지 않는 Schrödinger 방정식을 제시하고 이에 대해 논의할 것이다. 시간에 의존하지 않는 방정식의 해를 시간에 무관하기 때문에 정류상태 파동함수라고 부른다. 화학자들이 관심을 갖고 있는 많은 문제들이 단지 이 정류상태 파동함수를 이용하여 다루어진다.

이 장에서는 시간에 의존하지 않는 Schrödinger 방정식을 도입하여 길이 a인 일차원 상에서 자유롭게 움직이는 질량 m의 입자에 적용한다. 이 계를 상자 속의 입자라고 부르며, 그의 성질에 대한 문제는 양자역학을 소개하는 전형적인 문제이다. 상자속 입자의 문제는 간단하지만 아주 교육적이다. 이 문제를 논의하는 과정에서 파동함수의 확률적인 해석을 도입할 것이다. 이 해석은 상자속 입자에 불확실성의 원리를 적용하는데 이용된다.

3.1 Schrödinger 방정식은 입자의 파동함수에 대한 식이다.

Schrödinger 방정식은 Newton의 법칙, 그 중에서도 제 이 법칙 $f = ma$와 같이 유도할 수 있는 식이 아니다. 따라서 Newton의 법칙이 고전역학의 기본적인 가설인 것같이 Schrödinger 방정식을 양자역학의 기본적인 가설로 받아들일 것이다. Schrödinger 방정식을 유도할 수 없음에도 불구하고 적어도 이것이 합리적이라는 것을 보일 수 있고, 아마도 양자역학에 대한 Schrödinger의 생각을 유추할 수는 있을 것이다. 우리는 제 1 장에서 입자가 입자의 성질은 물론 파동의 성질도 가질 수 있다는 물질파에 대한 논의를 하였다. 물질파에 대한 새로운 개념에 대한 논의를 하는 자리에서 혹자는, 입자가 정말로 파동의 성질을 갖고 있다면 이것을 지배하는 어떤 종류의 파동방정식이 존재할 것이라고 제안할 수 있을 것이다.

편의상 고전적인 일차원 파동방정식에서 출발해 보자.

$$\frac{\partial^2 u}{\partial x^2}=\frac{1}{v^2}\frac{\partial^2 u}{\partial t^2} \tag{3-1}$$

제 2 장에서 식 3-1은 변수분리의 방법에 의해 해가 구해지는 것을 보였고, $u(x,t)$는 x의 함수와 시간에 대해 주기적 또는 조화적으로 변하는 싸인 함수의 곱으로 됨을 보였다. 시간의 함수를 $\cos\omega t$(식 2-22)로 하면 $u(x,t)$는

$$u(x,t)=\psi(x)\cos\omega t \tag{3-2}$$

가 된다. $\psi(x)$가 진폭 $u(x,t)$의 공간성분이기 때문에 $\psi(x)$를 파동의 공간진폭이라고 부를 것이다. 3-2 식을 3-1 식에 대입하면 공간진폭 $\psi(x)$에 대한 방정식을 얻을 수 있다.

$$\frac{d^2\psi}{dx^2}+\frac{\omega^2}{v^2}\psi(x)=0 \tag{3-3}$$

$\omega=2\pi\nu$, $\nu\lambda=v$이므로 3-3 식은 다음과 같이 된다.

$$\frac{d^2\psi}{dx^2}+\frac{4\pi^2}{\lambda^2}\psi(x)=0 \tag{3-4}$$

이제 식 3-4에 de Broglie의 물질파 개념을 도입한다. 입자의 총 에너지는 위치에너지와 운동에너지의 합

$$E=\frac{p^2}{2m}+V(x) \tag{3-5}$$

이고 여기에서 입자의 운동량 $p=mv$, $V(x)$는 위치에너지를 나타낸다. 3-5 식에서 운동량 p를 구하면

$$p=\{2m[E-V(x)]\}^{1/2} \tag{3-6}$$

이다. de Broglie 식

$$\lambda=\frac{h}{p}=\frac{h}{\{2m[E-V(x)]\}^{1/2}}$$

을 3-4 식에 대입하면

$$\frac{d^2\psi}{dx^2}+\frac{2m}{\hbar^2}[E-V(x)]\psi(x)=0 \tag{3-7}$$

을 얻고 여기에서 $\hbar$(hbar)$= h/2\pi$이다.

3-7 식이 그의 해 $\psi(x)$가 $V(x)$로 표시되는 위치에너지 장에서 움직이는 질량 m의 입자를 기술하는 미분방정식인 Schrödinger 방정식이다. 이 시점에서 $\psi(x)$의 정확한 성질은 아직 모호하나 이것이 물질파의 진폭을 나타낸다고 볼 수 있으며, 입자의 파동함수라고 부른다. 식 3-7은 시간을 포함하고 있지 않아 시간 비의존 Schrödinger 방정식이라고 부른다. 3-7 식으로부터 얻어지는 파동함수를 정류상태 파동함수라고 부른다. 시간의존도를 포함하는 더 일반적인 Schrödinger 방정식이 존재하지만(4-9 절) 화학적으로 관심이 있는 수많은 문제들이 정류상태 파동함수에 의해 기술될 수 있다는 것을 알게 될 것이다.

식 3-7은 다음의 형태로 쓸 수 있다.

$$-\frac{\hbar^2}{2m}\frac{d^2\psi}{dx^2}+V(x)\psi(x)=E\psi(x) \tag{3-8}$$

이 식은 다음 절에서 연산자의 개념을 도입할 때 특별히 유용한 형태의 Schrödinger 방정식이다.

3.2 고전역학적인 양은 양자역학적인 선형연산자로 표시된다.

연산자는 기호 뒤에 오는 함수에 대해 연산을 하라는 기호이다. 예를 들어 dy/dx는 함수 $y(x)$에 대해 d/dx라는 연산을 하라는 기호로 생각할 수 있다. 다른 예로는 SQR (이 후에 오는 것의 제곱을 구함), $\int_0^1 dx$ (0과 1 사이에서 피적분 함수를 적분함), 3(3을 곱함), 그리고 $\partial/\partial y$ 등을 들 수 있다. 우리는 연산자를 " ^ "가 있는 대문자로 표시할 것이다. 따라서

$$\hat{A}\ f(x)=g(x)$$

는 연산자 $\hat{A}$를 함수 $f(x)$에 연산한 결과 새로운 함수 $g(x)$가 되는 것을 나타낸다.

예제 3-1 다음 연산을 수행하여라.

(a) $\hat{A}(2x)$ $\quad \hat{A}=\frac{d^2}{dx^2}$

(b) $\hat{A}(x^2)$ $\quad \hat{A}=\frac{d^2}{dx^2}+2\frac{d}{dx}+3$

(c) $\hat{A}(xy^3)$ $\quad \hat{A}=\frac{\partial}{\partial y}$

(d) $\hat{A}(e^{ikx}), \quad \hat{A} = -i\hbar\frac{d}{dx}$

풀이 (a) $\hat{A}(2x) = \frac{d^2}{dx^2}(2x) = 0$

(b) $\hat{A}(x^2) = \frac{d^2}{dx^2}x^2 + 2\frac{d}{dx}x^2 + 3(x^2) = 2 + 4x + 3x^2$

(c) $\hat{A}(xy^3) = \frac{\partial}{\partial y}xy^3 = 3xy^2$

(d) $\hat{A}(e^{ikx}) = -i\hbar\frac{d}{dx}e^{ikx} = k\hbar e^{ikx}$

양자역학에서는 단지 선형연산자만을 다룬다. 연산자는 다음의 경우

$$\hat{A}[c_1f_1(x) + c_2f_2(x)] = c_1\hat{A}f_1(x) + c_2\hat{A}f_2(x) \tag{3-9}$$

c_1, c_2가 상수(복소수도 가능)일 때 선형이라고 말한다. "미분"과 "적분" 연산자는 명백히 선형이다.

$$\frac{d}{dx}[c_1f_1(x) + c_2f_2(x)] = c_1\frac{df_1}{dx} + c_2\frac{df_2}{dx}$$
$$\int[c_1f_1(x) + c_2f_2(x)]dx = c_1\int f_1(x)dx + c_2\int f_2(x)dx$$

한편 "제곱" 연산자, SQR은 비선형이다. 이것은

$$\begin{aligned}\mathrm{SQR}[c_1f_1(x) + c_2f_2(x)] &= c_1^2f_1^2(x) + c_2^2f_2^2(x) + 2c_1c_2f_1(x)f_2(x) \\ &\neq c_1f_1^2(x) + c_2f_2^2(x)\end{aligned}$$

이며 따라서 3-9 식의 정의를 만족하지 않기 때문이다.

예제 3-2 다음 연산자들이 선형인지 비선형인지 결정하여라.

(a) $\hat{A}f(x) =$ SQRT $f(x)$ (제곱근을 취함)

(b) $\hat{A}f(x) = x^2f(x)$

풀이 (a) $\hat{A}[c_1f_1(x) + c_2f_2(x)] = [c_1f_1(x) + c_2f_2(x)]^{1/2} \neq c_1f_1^{1/2}(x) + c_2f_2^{1/2}(x)$

따라서 SQRT는 비선형이다.

(b) $\hat{A}[c_1f_1(x) + c_2f_2(x)] = x^2[c_1f_1(x) + c_2f_2(x)] = c_1x^2f_1(x) + c_2x^2f_2(x)$
$= c_1\hat{A}f_1(x) + c_2\hat{A}f_2(x)$

따라서 x^2 (x^2을 곱함)연산자는 선형이다.

3.3 Schrödinger 방정식은 고유치 방정식이다.

우리는 물리화학에서 다음과 같이 $\hat{A}$가 주어졌을 때 다음을 만족하는 상수 a와 $\phi(x)$를 구하는 문제에 자주 접하게 된다.

$$\hat{A}\phi(x) = a\phi(x) \tag{3-10}$$

$\hat{A}$를 $\phi(x)$에 연산했을 때의 결과가 단지 상수 a가 곱해진 $\phi(x)$를 다시 준다는 것에 주목하여라. 이 경우 $\hat{A}$와 $\phi(x)$가 서로 특별한 관계에 있음이 명백하다. 이때 $\phi(x)$를 연산자 $\hat{A}$의 고유함수라고 부르고 상수 a를 고유치라고 부른다. 주어진 $\hat{A}$에 대해 상수 a와 $\phi(x)$를 구하는 문제를 고유치문제라고 부른다.

예제 3-3 $e^{\alpha x}$가 연산자 d^n/dx^n의 고유함수임을 보여라. 고유치는 무엇인가?

풀이 $e^{\alpha x}$를 n 번 미분하면

$$\frac{d^n}{dx^n}e^{\alpha x} = \alpha^n e^{\alpha x}$$

따라서 고유치는 α^n이다.

연산자는 허수 또는 복소수가 될 수도 있다. 양자역학에서 운동량의 x 성분은 연산자 형으로 다음과 같이 됨을 알게 될 것이다.

$$\widehat{P}_x = -i\hbar\frac{\partial}{\partial x} \tag{3-11}$$

예제 3-4 e^{ikx}가 운동량 연산자 $\widehat{P}_x = -i\hbar\,\partial/\partial x$의 고유함수임을 보여라. 고유치는 무엇인가?

풀이

$$\widehat{P}_x e^{ikx} = -i\hbar\frac{\partial}{\partial x}e^{ikx} = \hbar k e^{ikx}$$

따라서 e^{ikx}는 운동량연산자 $\widehat{P}_x$의 고유함수이고 고유치는 $k\hbar$이다.

이제 식 3-8로 돌아가 보자. 3-8 식은 다음과 같이 쓸 수 있다.

$$\left[-\frac{\hbar^2}{2m}\frac{d^2}{dx^2}+V(x)\right]\psi(x)=E\psi(x) \tag{3-12}$$

괄호속의 연산자를 $\hat{H}$로 하면 3-12 식은

$$\hat{H}\psi(x)=E\psi(x) \tag{3-13}$$

이다. 이제 우리는 Schrödinger 방정식을 고유치문제로 공식화하였다. 연산자 $\hat{H}$

$$\hat{H}=-\frac{\hbar^2}{2m}\frac{d^2}{dx^2}+V(x) \tag{3-14}$$

를 Hamiltonian 연산자라고 부른다. 파동함수는 Hamiltonian 연산자의 고유함수이고 에너지는 고유치이다. 이것은 Hamiltonian 연산자와 에너지와의 대응관계를 알려준다. 우리는 이러한 연산자와 고전역학적인 변수들과의 대응관계가 양자역학을 공식화하는 데 기본이 됨을 알게 될 것이다.

식 3-14에서 $V(x)=0$이면 계의 에너지는 모두 운동에너지가 되고 운동에너지 연산자를 다음과 같이 정의할 수 있다.

$$\hat{T}_x=-\frac{\hbar^2}{2m}\frac{d^2}{dx^2} \tag{3-15}$$

(엄격히 말해 이 미분은 편미분이 되어야 하지만 당분간 일차원 만을 고려하기로 하자.) 또한 고전적으로 $T=p^2/2m$이므로 다음을 얻을 수 있다.

$$\hat{P}_x^2=-\hbar^2\frac{d^2}{dx^2} \tag{3-16}$$

$\hat{P}_x^2$ 연산자는 $\hat{A}\hat{B}f(x)$에서와 같이 두 연산자를 연속적으로 두 번 연산하는 것으로 생각할 수 있다. 이 경우 각 연산자를 오른쪽에서부터 왼쪽으로 연산한다. 따라서 $h(x)=\hat{B}f(x)$이면

$$\hat{A}\hat{B}f(x)=\hat{A}[\hat{B}f(x)]=\hat{A}h(x)$$

이다. 주어진 연산자들은 호환성이 있어야 한다. $\hat{A}=\hat{B}$이면 $\hat{A}\hat{A}f(x)$이고 $\hat{A}^2f(x)$로 표시한다. 임의의 함수 $f(x)$에 대해 $\hat{A}^2f(x)\neq[\hat{A}f(x)]^2$ 임을 유의하여라.

예제 3-5 $\hat{A}=d/dx$, $\hat{B}=x^2$(x^2을 곱함)가 주어졌을 때 임의의 $f(x)$에 대해
(a) $\hat{A}^2 f(x) \neq [\hat{A}f(x)]^2$ (b) $\hat{A}\hat{B}f(x) \neq \hat{B}\hat{A}f(x)$ 임을 보여라.

풀이 임의의 $f(x)$에 대해

(a) $\hat{A}^2 f(x) = \dfrac{d}{dx}\left(\dfrac{df}{dx}\right) = \dfrac{d^2 f}{dx^2}$

$[\hat{A}f(x)]^2 = \left(\dfrac{df}{dx}\right)^2 \neq \dfrac{d^2 f}{dx^2}$

(b) $\hat{A}\hat{B}f(x) = \dfrac{d}{dx}[x^2 f(x)] = 2xf(x) + x^2\dfrac{df}{dx}$

$\hat{B}\hat{A}f(x) = x^2\dfrac{df}{dx} \neq \hat{A}\hat{B}f(x)$

이다. 위의 경우에서 보인 것같이 연산자의 연산순서가 반드시 명시되어야 한다. 이때 $\hat{A}$와 $\hat{B}$가 임의의 함수 $f(x)$에 대해

$$\hat{A}\hat{B}f(x) = \hat{B}\hat{A}f(x)$$

이면 두 연산자가 교환된다(commute)고 말한다. 그러나 이 예제의 두 연산자는 교환되지 않는다.

$\hat{P}_x^2$ 연산자가 $\hat{P}_x$ 연산을 연속해서 두 번 연산하는 연산자를 의미하기 때문에 식 3-16의 연산자 $\hat{P}_x^2$은 다음과 같이 두 성분으로 분리할 수 있다.

$$\hat{P}_x^2 = -\hbar^2\frac{d^2}{dx^2} = \left(-i\hbar\frac{d}{dx}\right)\left(-i\hbar\frac{d}{dx}\right)$$

이 식에서 $-i\hbar d/dx$가 운동량 연산자와 같으며 이 정의가 3-11 식과 같음을 주목하여라.

3.4 파동함수는 확률로 해석될 수 있다.

이 절에서는 $x=0$과 $x=a$의 일차원 x 축 상에 갇혀있는 질량 m의 자유입자에 대해 알아보려고 한다. 이것을 일차원 상자 속의 자유입자에 대한 문제라고 부른다.(그림 3-1) 이 문제는 수학적으로 간단해서 그 해에 대해 매우 자세하게 연구할 수 있으며, 물리적인 의미를 찾아내어 복잡한 문제들과 연관 지을 수 있게 한다. 또한 이 간단한 모델이 선형으로 비편재화 된 탄화수소의 π 전자에 잘 적용될 수 있다는 것을 보일 것이다.

자유입자란 용어는 위치에너지를 경험하지 않는 입자 또는 $V(x)=0$을 의미한다. 식

3-7에서 $V(x)=0$으로 하면 일차원 상자 속의 자유입자에 대한 Schrödinger 방정식이

$$\frac{d^2\psi}{dx^2}+\frac{2mE}{\hbar^2}\psi(x)=0 \qquad 0 \leqq x \leqq a \tag{3-17}$$

으로 된다. 이 입자는 $0 \leqq x \leqq a$에 갇혀 있으므로 이 보다 바깥 영역에서는 발견되지 않는다.(그림 3-1) 입자가 $0 \leqq x \leqq a$에 갇혀 있다는 조건을 만족시키기 위해서는 파동함수 $\psi(x)$에 적당한 해석을 가하여야 한다. 파동함수 $\psi(x)$는 어떤 의미에서 입자의 진폭을 나타낸다고 할 수 있다. 파의 세기가 진폭의 제곱에 비례하므로(연습문제 2-18) 별표시를 켤레복소수라고 할 때(수학 A에서 $\psi^*(x)\psi(x)$가 실수가 됨을 보였다.) 입자의 세기가 $\psi^*(x)\psi(x)$에 비례한다고 할 수 있다. 문제는 세기의 의미에 있다. 원래 Schrödinger는 세기를 다음과 같이 해석하였다. 입자를 전자라고 해보자. Schrödinger는 $e\psi^*(x)\psi(x)$를 전하밀도 또는 $e\psi^*(x)\psi(x)dx$를 x와 $x+dx$ 사이의 전하량이라고 생각하였다. 따라서 전자가 전 영역에 걸쳐 퍼져있다고 생각하였다. 그러나 몇 년 후 산란이론에 대해 연구하고 있던 독일의 물리학자 Max Born은 이러한 해석이 논리적이지 못함을 발견하였고 따라서 $\psi^*(x)\psi(x)dx$에 대한 Schrödinger의 해석을 x와 $x+dx$ 사이에 입자가 있을 확률로 다시 해석하여, 오늘날에는 이러한 Born의 해석이 널리 받아들여지고 있다.

입자가 $0 \leqq x \leqq a$에 갇혀 있으므로 이 영역 밖에서 입자가 발견될 확률은 영이다. 따라서 $0 \leqq x \leqq a$ 영역 밖에서 파동함수는 $\psi(x)=0$이 되어야 한다. 이것이 수학적으로 입자를 주어진 영역에 제한시키는 조건이 된다. 또한 $\psi(x)$는 입자의 위치를 나타내는 함수이기 때문에 연속이어야 한다. $0 \leqq x \leqq a$의 밖에서 $\psi(x)=0$이고 연속이면

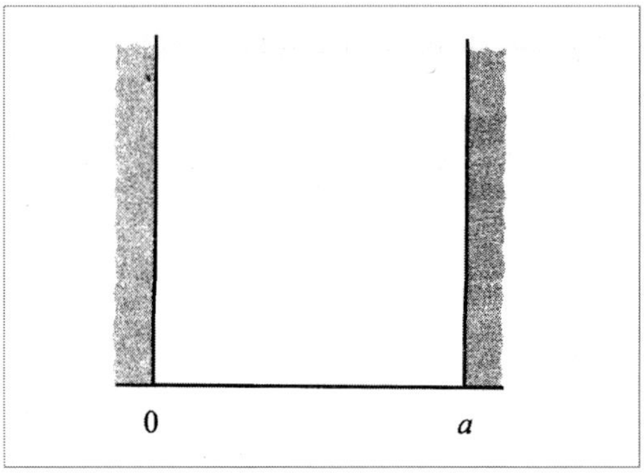

그림 3-1 일차원 상자속 입자 문제에 대한 그림

$$\psi(0)=\psi(a)=0$$

이고 이것이 이 문제의 경계조건이 된다.

3.5 상자속 입자의 에너지는 양자화 되어있다.

식 3-17의 일반해는(연습문제 2-1)

$$\psi(x) = A\ \cos kx + B\ \sin kx \tag{3-18}$$

$$k = \frac{(2mE)^{1/2}}{\hbar}$$

이다. 첫 번째 경계조건은 $\psi(0) = 0$이고 여기에서 $\cos(0) = 1$ 그리고 $\sin(0) = 0$이므로 $A = 0$ 임을 바로 알 수 있다. 두 번째 경계조건으로부터

$$\psi(a) = B\ \sin ka = 0 \tag{3-19}$$

이고 의미 없는 해, 즉 모든 x에 대해 $\psi(x) = 0$을 주는 $B = 0$을 버리면

$$ka = n\pi \qquad n = 1, 2, \cdots \tag{3-20}$$

을 얻을 수 있다.(2-18부터 2-20 식들) 3-18 식의 k를 이용하면

$$E_n = \frac{h^2 n^2}{8ma^2} \qquad n = 1, 2, \cdots \tag{3-21}$$

이다. 따라서 에너지는 3-21 식에 주어지는 불연속적인 값들만을 가질 수 있다. 이것을 "입자의 에너지가 양자화 되어있다"라고 말하고 정수 n을 양자수라고 부른다. 양자화가 경계조건으로부터 자연적으로 나타남을 주목하여라. 이제 우리는 Planck와 Bohr가 양자수를 무작정 도입했던 것보다 훨씬 진보된 상태에 도달하였다. Schrödinger 방정식에서 양자수가 자연적으로 나타나는 것은 매우 흥미 있는 일이고, 1926 년 발표된 유명한 Schrödinger의 네 편의 논문 중 첫 편의 서문에서 그는 다음과 같이 말하고 있다.

> In this communication I wish to show that the usual rules of quantization can be replaced by another postulate(the Schroedinger equation) in which there occurs no mention of whole numbers. Instead, the introduction of integers arises in the same natural way as, for example, in a vibrating string, for which the number of nodes is integral. The new conception can be generalized, and I believe that it penetrates deeply into the true nature of the quantum rules.[*Ann. Phys.* 79, 361 (1926)]

E_n에 해당하는 파동함수는

$$\psi_n(x) = B\ \sin kx = B\ \sin\frac{n\pi x}{a} \qquad n = 1,2,\cdots \tag{3-22}$$

이고 이제 곧 상수 B를 결정할 것이다. 이 파동함수들을 그림 3-2에 도시하였다.

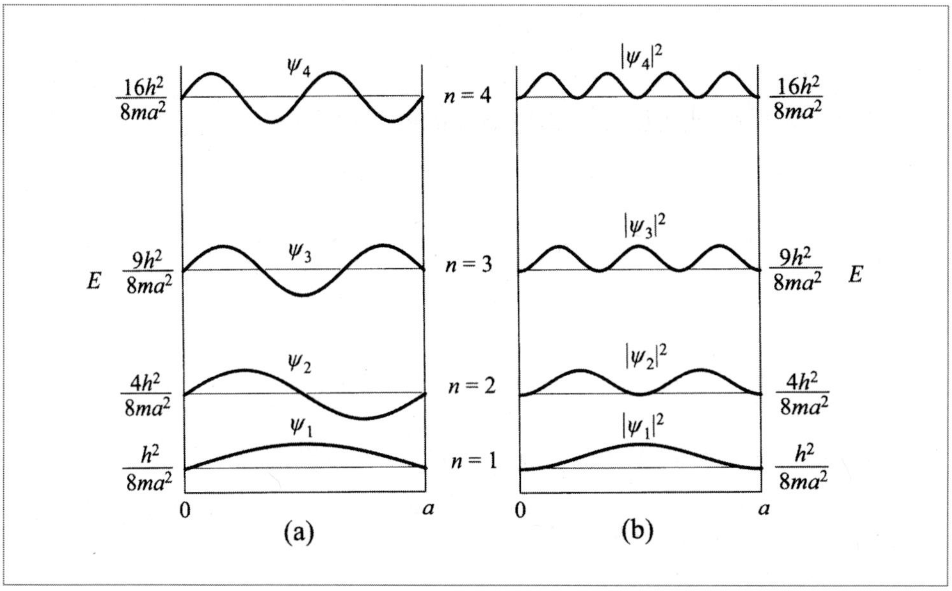

그림 3-2 상자속 입자의 에너지준위와 파동함수 (a) 그리고 확률밀도 (b)

이들은 진동하는 현의 정류파와 모양이 같다.(그림 2-3) 마디의 수가 증가할수록 에너지는 증가한다.

일차원 상자속 입자의 모델은 비편재화된 선형 탄화수소의 π 전자에 적용된다. 네 개의 π 전자를 갖고 있는 부타디엔 $H_2C= CH- CH= CH_2$을 생각해 보자. 부타디엔이 다른 유사한 polyene과 같이 선형은 아니더라도 편의상 부타디엔의 π 전자들이 두 개의 $C= C$ 결합 (2 × 135 pm)과 한 개의 $C- C$ 결합 (154 pm), 또 양 끝에 있는 탄소원자의 반경(2 × 77.0 pm = 154 pm)의 합인 578 pm의 길이를 갖는 직선상을 움직인다고 가정하자. 식 3-21에 따르면 π 전자의 허락된 에너지는

$$E_n = \frac{h^2 n^2}{8m_e a^2} \qquad n = 1,2,\cdots$$

로 주어진다. 그러나 Pauli의 배타원리(후에 논의하겠지만 일반화학에서 배워 알고 있다고 가정하면)에 의하면 각 상태는 단지 두 개의 전자만을 가질 수 있고(반대 스핀) 따라서 네 개의 π 전자들은 그림 3-3의 처음 두 준위를 채우게 된다. 네 개의 π 전자가 있는 이 계의 첫 번째 들뜬상태는 $n = 2$ 준위에서 $n = 3$ 준위로 한 개의 전자가 들뜬상태

(그림 3-3)이고 $n = 2$에서 $n = 3$ 상태로 전이가 일어나는 데 필요한 에너지는

$$\Delta E = \frac{h^2}{8m_e a^2}(3^2 - 2^2)$$

이다. m_e는 전자의 질량(9.109×10^{-31} kg)이고 이 상자의 길이가 578 pm 즉, 578×10^{-12} m이므로

$$\Delta E = \frac{(6.626 \times 10^{-34} \text{J} \cdot \text{s})^2 \times 5}{8(9.109 \times 10^{-31} \text{kg})(578 \times 10^{-12} \text{m})^2} = 9.02 \times 10^{-19} \text{J}$$

이고 이 에너지는 빛의 영역에서

$$\bar{\nu} = 4.54 \times 10^4 \ \text{cm}^{-1}$$

의 파수에 해당된다. 실제 부타디엔은 4.61×10^4 cm^{-1}의 파수를 갖는 빛의 흡수를 보여 자유전자 모델이라 부르는 이 간단한 모델이 매우 성공적임을 볼 수 있다.(연습문제 3-9)

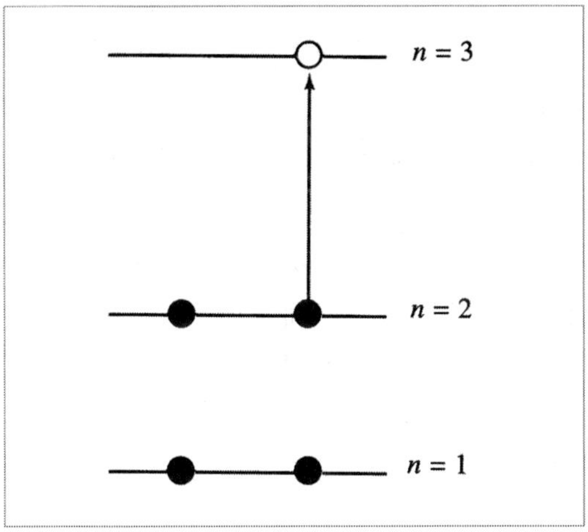

그림 3-3 부타디엔의 자유전자 모델에 따른 에너지준위

3.6 파동함수는 정규화 되어야 한다.

Born의 해석에 따르면

$$\psi_n^*(x)\psi_n(x)dx = B^* B \sin^2 \frac{n\pi x}{a} dx \tag{3-23}$$

는 입자가 x와 $x + dx$ 사이에 있을 확률이다. 입자가 $0 \leq x \leq a$에 제한되어 있으므로

입자는 확실히 이 영역 안에서 발견되고 따라서 입자가 0과 a 사이에 있을 확률은 일이 되어야 한다.(식 B-11) 따라서

$$\int_0^a \psi_n^*(x)\psi_n(x)dx = 1 \tag{3-24}$$

이고 식 3-23을 3-24 식에 대입하면 다음을 얻을 수 있다.

$$|B|^2 \int_0^a \sin^2 \frac{n\pi x}{a} dx = 1 \tag{3-25}$$

식 3-25에서 $n\pi x/a$를 z로 치환하면

$$\int_0^a \sin^2 \frac{n\pi x}{a} dx = \frac{a}{n\pi}\int_0^{n\pi} \sin^2 z dz = \frac{a}{n\pi}\left(\frac{n\pi}{2}\right) = \frac{a}{2} \tag{3-26}$$

을 얻을 수 있다. 따라서 $B^2(a/2) = 1$, $B = (2/a)^{1/2}$과

$$\psi_n(x) = \left(\frac{2}{a}\right)^{1/2} \sin \frac{n\pi x}{a} \qquad 0 \leq x \leq a \qquad n = 1, 2, 3, \cdots \tag{3-27}$$

을 얻게 된다.

3-24 식을 만족하는 파동함수, 특히 3-27 식과 같은 파동함수는 정규화 되어있다 라고 말한다. 파동함수에 곱해지는 상수는 그것이 3-24 식을 만족시킬 때 정규화상수라고 부른다. Hamiltonian 연산자가 선형이기 때문에 ψ가 $\hat{H}\psi = E\psi$의 해이면 상수 A를 곱한 ψ도 또한 해가 되고 A는 언제나 Schrödinger 방정식 $\hat{H}\psi = E\psi$의 정규화 된 해를 줄 수 있도록 선택될 수 있다.(연습문제 3-10)

$\psi^*(x)\psi(x)dx$가 x와 $x+dx$ 사이에서 입자가 발견될 확률을 나타내기 때문에 입자가 구간 $x_1 \leq x \leq x_2$에서 발견될 확률은 다음으로 주어진다.

$$\text{Prob}(x_1 \leq x \leq x_2) = \int_{x_1}^{x_2} \psi^*(x)\psi(x)dx \tag{3-28}$$

예제 3-6 길이 a인 일차원 상자속 입자의 0과 $a/2$ 사이에서 입자를 발견할 확률을 계산하여라.

풀이

$$\text{Prob}(0 \leq x \leq a/2) = \int_0^{a/2} \psi^*(x)\psi(x)dx = \frac{2}{a}\int_0^{a/2} \sin^2 \frac{n\pi x}{a} dx$$

$n\pi x/a = z$로 치환하면

$$\text{Prob}(0 \leqq x \leqq a/2) = \frac{2}{n\pi}\int_0^{n\pi/2}\sin^2 z dz = \frac{2}{n\pi}\left[\frac{z}{2} - \frac{\sin 2z}{4}\right]_0^{n\pi/2}$$
$$= \frac{2}{n\pi}\left(\frac{n\pi}{4} - \frac{\sin n\pi}{4}\right) = \frac{1}{2} \qquad (\text{for all } n)$$

이 된다. 따라서 $0 \leqq x \leqq a$의 절반의 영역에서 입자가 발견될 확률은 1/2이다. 이 결과가 물리적으로 합리적이라고 생각되는가?

그림 3-2와 예제 3-6을 약간 변형하여 적용하면 양자역학의 기본 원리에 대해 설명할 수 있다. 그림 3-2에서 보면 $n = 1$의 경우 입자는 상자의 중앙에서 주로 발견되어지는 것으로 보이지만 n이 증가함에 따라 확률밀도는 균일하게 분포하게 됨을 알 수 있다. 그림 3-4는 $n = 20$일 때 확률밀도 $\psi_n{}^*(x)\psi(x) = (2/a)\sin^2 n\pi x/a$가 0과 a 사이에서 균일하게 분포됨을 보여준다.

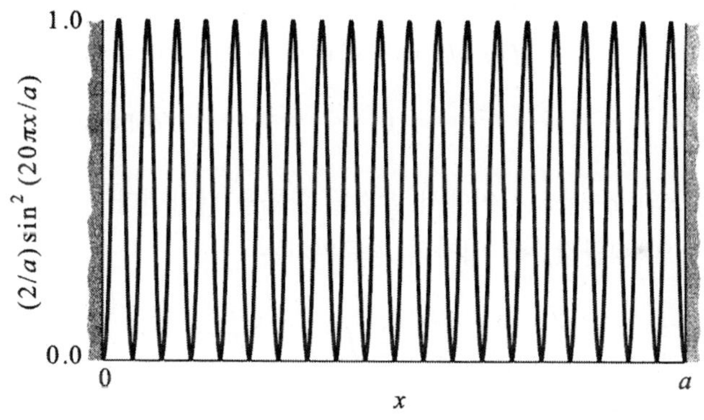

그림 3-4 큰 n에서 입자가 고전적인 행동을 보인다고 말하는 대응원리를 설명하는 $n = 20$일 때 확률밀도 $\psi_n{}^*(x)\psi(x) = (2/a)\sin^2 n\pi x/a$

실제로 예제 3-6을 변형(연습문제 3-12)하면

$$\text{Prob}(0 \leqq x \leqq a/4) = \text{Prob}(3a/4 \leqq x \leqq a) = \begin{cases} \dfrac{1}{4} & n \ even \\ \dfrac{1}{4} - \dfrac{(-1)^{\frac{n-1}{2}}}{2\pi n} & n \ odd \end{cases}$$

$$\text{Prob}(a/4 \leqq x \leqq a/2) = \text{Prob}(a/2 \leqq x \leqq 3a/4) = \begin{cases} \dfrac{1}{4} & n\ even \\ \dfrac{1}{4} + \dfrac{(-1)^{\frac{n-1}{2}}}{2\pi n} & n\ odd \end{cases}$$

을 준다. 이 두 경우 모두 n이 점점 커지면 확률은 1/4에 가까워진다. 구간이 동등하면 언제나 같은 결과가 얻어진다. 다시 말해서, n이 클 때 확률밀도가 균일해지는 것은 0과 a 사이에서 선호도를 보이지 않는 고전적인 입자의 행동으로 예상할 수 있다.

이 결과는 양자수가 큰 한계에서 양자역학의 결과가 고전역학의 결과와 같아진다는 대응원리를 설명하고 있다. 큰 양자수 한계를 흔히 고전한계(classical limit)라고 부른다.

3.7 상자속 입자의 평균 운동량은 영이다.

확률분포 $\psi^*(x)\psi(x)dx$를 이용하여 운동량, 위치 등 여러 가지 물리적인 양들의 평균값과 가변도(수학 B)를 계산할 수 있다. 예를 들어 상자속 입자에 대해

$$\begin{aligned} f(x)dx &= \frac{2}{a}\sin^2\frac{n\pi x}{a}dx \qquad 0 \leqq x \leqq a \\ &= 0 \qquad \text{otherwise} \end{aligned} \tag{3-29}$$

는 입자가 x와 $x+dx$ 사이에서 발견될 확률을 나타낸다. 이 확률이 그림 3-2b에 나타나 있다. x의 평균값, 즉 입자의 평균위치는

$$< x > = \frac{2}{a}\int_0^a x\sin^2\frac{n\pi x}{a}dx \tag{3-30}$$

이다. 3-30 식의 적분값은 $a^2/4$이다.(문제 B-8) 따라서

$$< x > = \frac{2}{a}\cdot\frac{a^2}{4} = \frac{a}{2} \qquad (\text{모든 } n\text{에 대해}) \tag{3-31}$$

이다. 이것은 물리적으로 기대했던 결과인데, 입자가 $x=0$과 $x=a$에서 벽에 부딪치는 일 외에 아무 제약 조건이 없기 때문에 따라서 대칭성을 이용하면 $< x >$는 $a/2$가 되어야 한다.

σ_x^2을 계산하여 x가 $< x >$의 주위에 산란되는 정도를 계산할 수 있다. 먼저 $< x^2 >$을 계산하면(문제 B-9)

$$< x^2 > = \frac{2}{a}\int_0^a x^2\sin^2\frac{n\pi x}{a}dx = \left(\frac{a}{2\pi n}\right)^2\left(\frac{4\pi^2n^2}{3} - 2\right)$$

$$= \frac{a^2}{3} - \frac{a^2}{2n^2\pi^2} \tag{3-32}$$

이고 x의 가변도는

$$\sigma_x^2 = < x^2 > - < x >^2 = \frac{a^2}{12} - \frac{a^2}{2n^2\pi^2} = \left(\frac{a}{2\pi n}\right)^2\left(\frac{\pi^2 n^2}{3} - 2\right)$$

이므로 표준편차는

$$\sigma_x = \frac{a}{2\pi n}\left(\frac{\pi^2 n^2}{3} - 2\right)^{1/2} \tag{3-33}$$

이 된다. 앞으로 이 σ_x가 Heisenberg의 불확실성의 원리에 바로 적용됨을 알게 될 것이다. 연습문제 3-18은 $n \to \infty$에서 $< x >$, $< x^2 >$ 그리고 σ_x가 고전한계에 이르는 것을 보여줄 것이다.

평균 에너지 또는 운동량을 계산하고자 할 때에는 이것들이 미분연산자들로 나타나기 때문에 문제가 발생하게 된다. 에너지와 운동량 연산자가 다음과 같이 나타남을 상기해 보자.

$$\hat{H} = -\frac{\hbar^2}{2m}\frac{d^2}{dx^2} + V(x)$$

$$\widehat{P_x} = -i\hbar\frac{d}{dx}$$

문제는 연산자를 $\psi^*(x)\psi(x)dx$에 연산할 것인가 또는 $\psi^*(x)$ 혹은 $\psi(x)$ 에만 연산할 것인가 하는 것이다. 이것을 결정하기 위해 연산자 형으로 나타낸 Schrödinger 방정식으로 돌아가 보자.

$$\hat{H}\psi_n(x) = E_n\psi_n(x) \tag{3-34}$$

이 식에서 양변의 왼쪽에 $\psi_n^*(x)$를 곱하고(연습문제 3-25) x에 대해 적분하면 E_n이 상수이고 $\psi_n(x)$가 정규화 되어 있으므로

$$\int \psi_n^*(x)\hat{H}\psi_n(x)dx = \int \psi_n^*(x)E_n\psi_n(x)dx = E_n\int \psi_n^*(x)\psi_n(x)dx = E_n \tag{3-35}$$

이 된다. 식 3-35는 해당되는 연산자에 대해 물리량의 평균값을 계산하기 위해 연산자를 ψ^*와 ψ 사이에 끼워 넣어야함을 시사하고 있다. 우리는 이것을 제 4 장에서 가설로 세울 것이나 우선 다음과 같이 가정 한다

$$< s >= \int \psi_n{}^*(x)\hat{S}\psi_n(x)dx \tag{3-36}$$

$\hat{S}$가 물리적인 양 s에 해당하는 양자역학적 연산자일 때 파동함수 ψ로 나타나는 상태에서 s의 평균치 $< s >$는 3-36 식으로 얻어진다. 예를 들어 $\psi_n(x)$로 표시되는 상태에 있는 상자속 입자의 평균 운동량은

$$< p >= \int_0^a \left[\left(\frac{2}{a}\right)^{1/2} \sin\frac{n\pi x}{a}\right]\left(-i\hbar\frac{d}{dx}\right)\left[\left(\frac{2}{a}\right)^{1/2} \sin\frac{n\pi x}{a}\right]dx \tag{3-37}$$

이다. $\psi_n(x)$가 실수인 이러한 경우는 특별하지만 일반적으로 연산자는 ψ_n^*와 ψ_n 사이에 위치하여 단지 연산자의 오른쪽에 있는 ψ_n 에만 연산된다. 위에서 $< x >$를 계산할 때에는 $\hat{X}$가 단지 x를 곱하는 연산자이므로 3-36 식의 피적분함수의 어디에 있어도 관계가 없어 주의하지 않아도 되었다.

식 3-37을 간단히 하면

$$< p >=- i\hbar\frac{2\pi n}{a^2}\int_0^a \sin\frac{n\pi x}{a}\cos\frac{n\pi x}{a}dx$$

가 된다. 적분표를 이용하거나, 연습문제 3-19에서 이 적분이 영이 됨을 알 수 있다. 따라서

$$< p >= 0 \tag{3-38}$$

이고 따라서 상자속 입자는 양 방향 모두 같은 확률로 움직인다.

3.8 불확실성의 원리는 $\sigma_p\sigma_x > \hbar/2$라고 말한다.

이제 상자속 입자의 운동량의 가변도 $\sigma_p^2 =< p^2 > - < p >^2$을 계산하여 보자. $< p^2 >$을 계산하기 위해

$$< p^2 >= \int_0^a \psi_n^*(x)\hat{P}_x^2\psi_n(x)dx \tag{3-39}$$

를 이용하고 이때 $\hat{P}_x^2$ 연산자는 $\hat{P}_x$를 차례로 두 번 연산하는 것임을 기억하여라. 3-16 식에서

$$
\begin{aligned}
<p^2> &= \int_0^a \left[\left(\frac{2}{a}\right)^{1/2} \sin\frac{n\pi x}{a}\right]\left(-\hbar^2\frac{d^2}{dx^2}\right)\left[\left(\frac{2}{a}\right)^{1/2} \sin\frac{n\pi x}{a}\right]dx \\
&= \frac{2n^2\pi^2\hbar^2}{a^3}\int_0^a \sin\frac{n\pi x}{a}\sin\frac{n\pi x}{a}dx \qquad (3\text{–}40) \\
&= \frac{n^2\pi^2\hbar^2}{a^2}
\end{aligned}
$$

이고 $< p^2 >$의 제곱근을 근 평균 운동량이라 부른다. 3–40 식이 다음 식과 같음을 주목하여라.

$$
< E > = \left\langle \frac{p^2}{2m} \right\rangle = \frac{< p^2 >}{2m} = \frac{n^2h^2}{8ma^2}
$$

3–40 식과 3–38 식을 이용하면 다음을 구할 수 있다.

$$
\sigma_p^2 = \frac{n^2\pi^2\hbar^2}{a^2}
$$

$$
\sigma_p = \frac{n\pi\hbar}{a} \qquad (3\text{–}41)
$$

가변도 σ^2 따라서 σ가 평균값을 중심으로 분포의 분산 정도를 나타내므로 σ를 측정의 불확실성의 정도로 해석할 수 있다. 상자속 입자의 경우 3–33 식과 3–41 식에서 σ_p와 σ_x의 값을 구할 수 있었다. 우리는 이 양들을 각각 입자의 운동량과 위치를 측정하는 데 따르는 불확실성이라고 해석하였다. 입자의 위치가 3–29 식을 따르는 확률분포를 보이기 때문에 측정된 값에서 분포를 얻게 될 것이 예상된다.

3–41 식은 p의 측정에서 불확실성이 a에 반비례하는 것을 보여준다. 따라서 입자의 위치를 정확히 할수록 운동량의 불확실성이 더 커지게 된다. 입자의 위치에 대한 불확실성은 a에 비례한다.(3–33 식) 이것은 단순히 입자가 발견될 수 있는 영역을 크게 할수록 불확실성이 커지는 것을 의미한다. 모든 $x(-\infty < x < \infty)$에서 발견되는 입자를 자유입자라고 부른다. 자유입자의 경우 3–41 식의 $a\to\infty$이고 이때 운동량의 불확실성이 존재하지 않는다. 자유입자의 운동량은 유한한 값을 갖는다.(연습문제 3–35) 그러나 위치에 대한 불확실성은 무한대가 된다. 따라서 운동량과 위치의 불확실성 간에 반비례의 관계가 있음을 알 수 있다. σ_x와 σ_p를 곱하면 다음과 같이 된다.

$$
\sigma_x\sigma_p = \frac{\hbar}{2}\left(\frac{n^2\pi^2}{3} - 2\right)^{1/2} \qquad (3\text{–}42)
$$

제곱근으로 나타난 항은 모든 n에 대해 일보다 작을 수 없으므로

$$\sigma_x \sigma_p > \frac{\hbar}{2} \tag{3-43}$$

을 얻게 된다. 식 3-43이 Heisenberg의 불확실성의 원리의 한 예이다. 이제 우리는 상자 속 입자에 대한 수학적 처리가 간단하여 3-43 식을 명백하게 유도할 수 있었다.

불확실성의 원리에 대해 배운 것을 요약하여 보자. 자유입자는 정해진 운동량을 가지지만 위치는 완전히 불확실하다. 입자를 a 영역에 제한하려면 입자는 더 이상 정해진 운동량을 갖지 않고, 운동량의 분산 정도는 식 3-41로 주어진다. 길이 a를 영으로 입자의 위치를 정확히 정하여 입자의 위치에 대한 불확실성이 없게 하려면 식 3-41은 운동량에 무한대의 불확실성이 존재하게 됨을 보여준다. 불확실성의 원리는 이 두 불확실성의 곱이 Planck 상수 정도의 크기를 갖는다고 말하고 있다.

3.9 삼차원 상자속 입자의 문제는 일차원 문제의 단순한 확장이다.

가장 간단한 삼차원 계는 삼차원으로 표시되는 상자속 입자이다. 이 경우 입자는 길이가 각각 a, b, c인 직사각형의 평행육면체 내에 제한되어 있다.(그림 3-5)

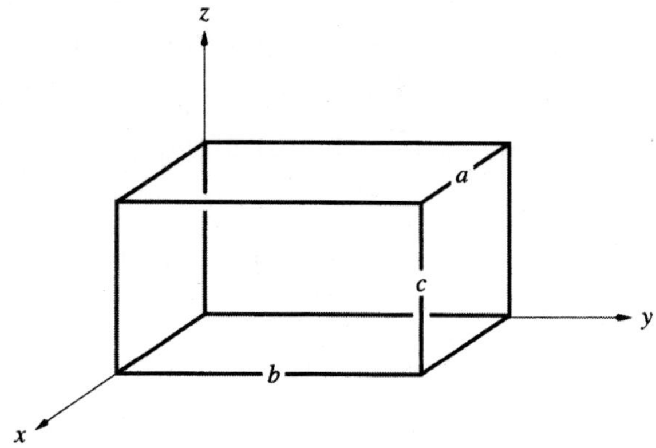

그림 3-5 길이가 각각 a, b, c인 직사각형의 평행육면체. 삼차원 상자속 입자의 문제에서 입자는 그림의 영역 내에 있도록 제한되어 있다.

이 계의 Schrödinger 방정식은 3-17 식의 삼차원 확장으로

$$-\frac{\hbar^2}{2m}\left(\frac{\partial^2}{\partial x^2}+\frac{\partial^2}{\partial y^2}+\frac{\partial^2}{\partial z^2}\right)\psi(x,y,z) = E\psi(x,y,z) \qquad \begin{cases} 0 \leq x \leq a \\ 0 \leq y \leq b \\ 0 \leq z \leq c \end{cases} \tag{3-44}$$

이 된다. 식 3-44는 흔히 다음과 같이 쓰기도 하는 데

$$-\frac{\hbar}{2m}\nabla^2\psi = E\psi$$

여기에서 연산자 ∇^2(del squared)은 다음으로 표시되는 Laplacian 연산자이다.

$$\nabla^2 = \frac{\partial^2}{\partial x^2} + \frac{\partial^2}{\partial y^2} + \frac{\partial^2}{\partial z^2} \tag{3-45}$$

Laplacian 연산자는 물리의 문제에 자주 나타난다.

파동함수 $\psi(x,y,z)$는 상자의 벽에서 영이 되어야 한다는 경계조건을 만족하여야 하므로

$$\begin{aligned} \psi(0,y,z) &= \psi(a,y,z) = 0 \qquad \text{for all } y \text{ and } z \\ \psi(x,0,z) &= \psi(x,b,z) = 0 \qquad \text{for all } x \text{ and } z \\ \psi(x,y,0) &= \psi(x,y,c) = 0 \qquad \text{for all } x \text{ and } y \end{aligned} \tag{3-46}$$

이다. 식 3-46을 풀기위해 변수분리의 방법을 사용한다.

$$\psi(x,y,z) = X(x)Y(y)Z(z) \tag{3-47}$$

3-47 식을 3-44 식에 대입하고 양변을 $\psi(x,y,z) = X(x)Y(y)Z(z)$로 나누어 다음을 얻는다.

$$-\frac{\hbar^2}{2m}\frac{1}{X(x)}\frac{d^2X}{dx^2} - \frac{\hbar^2}{2m}\frac{1}{Y(y)}\frac{d^2Y}{dy^2} - \frac{\hbar^2}{2m}\frac{1}{Z(z)}\frac{d^2Z}{dz^2} = E \tag{3-48}$$

3-48 식의 좌변에서 각 항은 각각 x, y, z만의 함수이다. x, y, z는 각각 독립변수이기 때문에 각각의 항은 독립적으로 변할 수 있고 따라서 3-48 식이 모든 x, y, z 값에 대해 성립하려면 각 항은 상수가 되어야 한다. 따라서 3-48 식을 다음과 같이 쓸 수 있고

$$\begin{aligned} -\frac{\hbar^2}{2m}\frac{1}{X(x)}\frac{d^2X}{dx^2} &= E_x \\ -\frac{\hbar^2}{2m}\frac{1}{Y(y)}\frac{d^2Y}{dy^2} &= E_y \\ -\frac{\hbar^2}{2m}\frac{1}{Z(z)}\frac{d^2Z}{dz^2} &= E_z \end{aligned} \tag{3-49}$$

이때 E_x, E_y, E_z는 다음으로 주어지는 상수이다.

$$E_x + E_y + E_z = E \tag{3-50}$$

3-46 식으로부터 3-47 식의 경계조건을 구하면

$$
\begin{aligned}
X(0) &= X(a) = 0 \\
Y(0) &= Y(b) = 0 \\
Z(0) &= Z(c) = 0
\end{aligned}
\qquad (3\text{-}51)
$$

이 된다. 따라서 3-50과 3-51 식은 일차원 상자속 입자의 문제와 같아짐을 알 수 있다. 3-5 절에서와 같은 방법을 사용하면 다음을 얻을 수 있다.

$$
\begin{aligned}
X(x) &= A_x \sin\frac{n_x \pi x}{a} & n_x &= 1,2,3,\cdots \\
Y(y) &= A_y \sin\frac{n_y \pi y}{b} & n_y &= 1,2,3,\cdots \\
Z(z) &= A_z \sin\frac{n_z \pi z}{c} & n_z &= 1,2,3,\cdots
\end{aligned}
\qquad (3\text{-}52)
$$

3-47 식에 의하면 3-44 방정식의 해는

$$
\psi(x,y,z) = A_x A_y A_z \sin\frac{n_x \pi x}{a} \sin\frac{n_y \pi y}{b} \sin\frac{n_z \pi z}{c} \qquad (3\text{-}53)
$$

가 되고 n_x, n_y, n_z는 각각 독립적으로 $1,2,3\cdots$의 값을 갖는다. 정규화상수 $A_x A_y A_z$는 다음 식으로부터 구할 수 있다.

$$
\int_0^a dx \int_0^b dy \int_0^c dz\, \psi^*(x,y,z)\psi(x,y,z) = 1 \qquad (3\text{-}54)
$$

연습문제 3-30에서 위의 적분을 수행하여 정규화상수를 구하면

$$
A_x A_y A_z = \left(\frac{8}{abc}\right)^{1/2} \qquad (3\text{-}55)
$$

이다. 따라서 삼차원 상자속 입자의 정규화 된 파동함수는

$$
\psi(x,y,z) = \left(\frac{8}{abc}\right)^{1/2} \sin\frac{n_x \pi x}{a} \sin\frac{n_y \pi y}{b} \sin\frac{n_z \pi z}{c} \quad
\begin{cases}
n_x = 1,2,3,\cdots \\
n_y = 1,2,3,\cdots \\
n_z = 1,2,3,\cdots
\end{cases}
\qquad (3\text{-}56)
$$

이 된다. 3-56 식을 3-44 식에 대입하여 얻은

$$
E_{n_x n_y n_z} = \frac{h^2}{8m}\left(\frac{n_x^2}{a^2} + \frac{n_y^2}{b^2} + \frac{n_z^2}{c^2}\right) \quad
\begin{cases}
n_x = 1,2,3,\cdots \\
n_y = 1,2,3,\cdots \\
n_z = 1,2,3,\cdots
\end{cases}
\qquad (3\text{-}57)
$$

3-57 식은 3-21 식을 삼차원으로 확장한 식이다.

삼차원 상자속 입자의 평균 위치가 상자의 중심이 될 것은 대칭성에 의해 예측할 수 있으나 직접 계산할 수도 있다.

예제 3-7 그림 3-5에 제한되어 있는 입자의 평균 위치가 $(\frac{a}{2}, \frac{b}{2}, \frac{c}{2})$가 되는 것을 보여라.

풀이 삼차원 위치 연산자는(수학 C를 보아라.)

$$\hat{R} = \hat{X}\boldsymbol{i} + \hat{Y}\boldsymbol{j} + \hat{Z}\boldsymbol{k}$$

이고 평균 위치는 다음으로 주어진다.

$$< r > = \int_0^a dx \int_0^b dy \int_0^c dz\, \psi^*(x,y,z)\, \widehat{R}\, \psi(x,y,z) = < x > \boldsymbol{i} + < y > \boldsymbol{j} + < z > \boldsymbol{k}$$

$< x >$를 먼저 구해보자. 3-56 식에서부터

$$< x > = \left[\frac{2}{a}\int_0^a x\ \sin^2\frac{n_x \pi x}{a} dx\right]\left[\frac{2}{b}\int_0^b \sin^2\frac{n_y \pi y}{b} dy\right]\left[\frac{2}{c}\int_0^c \sin^2 n_z\frac{\pi z}{c} dz\right]$$

가 되고 두 번째와 세 번째 적분은 일차원 상자속 입자의 정규화조건에 따라 일이 됨을 알 수 있다.(3-27 식) 첫 번째 적분은 단지 일차원 상자속 입자의 $< x >$이다. 3-31 식에 의하면 $< x > = a/2$이다. $< y >$와 $< z >$의 계산 결과는 같고 따라서 다음의 결과를 얻을 수 있다.

$$< r > = \frac{a}{2}\boldsymbol{i} + \frac{b}{2}\boldsymbol{j} + \frac{c}{2}\boldsymbol{k}$$

따라서 입자의 평균 위치는 상자의 중심이 된다.

이와 유사한 방법으로 일차원 상자속 입자와 같이 삼차원 상자속 입자의 평균 운동량도 영이 됨을 알 수 있다. 삼차원 계의 운동량 연산자는

$$\hat{P} = -i\hbar\left(\boldsymbol{i}\frac{\partial}{\partial x} + \boldsymbol{j}\frac{\partial}{\partial y} + \boldsymbol{k}\frac{\partial}{\partial z}\right) \tag{3-58}$$

이고 따라서

$$< p > = \int_0^a dx \int_0^b dy \int_0^c dz\, \psi^*(x,y,z)\, \widehat{P}\, \psi(x,y,z)$$

이다. 여기에서 $<p>=0$를 보이는 것은 매우 쉬운 일이다.(연습문제 3-31)

삼차원 상자속 입자에서 흥미 있는 현상은 상자의 길이가 모두 같을 때 나타난다. 이 경우 $a=b=c$이면 3-57 식에서

$$E_{n_x,n_y,n_z}=\frac{h^2}{8ma^2}\left(n_x^2+n_y^2+n_z^2\right) \qquad n_x,\ n_y,\ n_z=1,2,3,\cdots \tag{3-60}$$

가 된다. 가장 낮은 에너지, E_{111}은 축퇴되어 있지 않으나 세 개의 n_x, n_y, n_z의 세트로 얻어지는 두 번째 준위는 삼중으로 축퇴되어 있다.

$$E_{211}=E_{121}=E_{112}=\frac{6h^2}{8ma^2}$$

그림 3-6에 정육면체 속에 들어있는 입자의 처음 몇 에너지준위들을 나타내었다. 일반적인 상자에 대칭성을 부여하여 정육면체가 되었을 때 축퇴도가 도입되고 이 축퇴도는 상자의 길이를 다르게 하여 대칭성을 제거하면 사라지는 것에 주목하여라. 축퇴도가 대칭성에 의해 생기고 대칭성이 제거되면 사라진다는 것은 양자역학의 일반적인 원리이다.

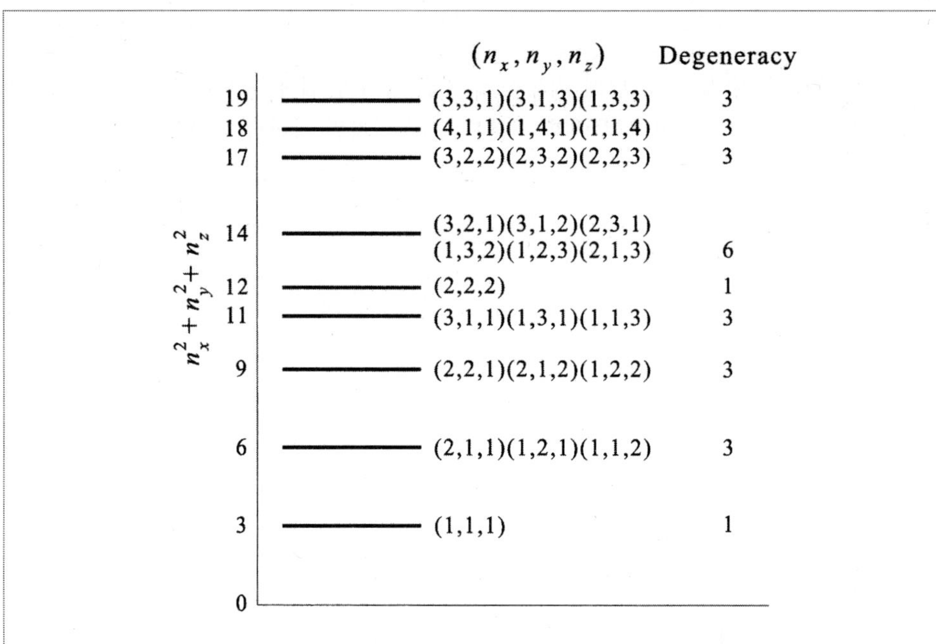

그림 3-6 축퇴도를 보이는 정육면체인 상자속 입자의 에너지 준위

3-53 식에 따르면 삼차원 상자속 입자의 파동함수는 일차원 상자속 입자 파동함수들로 나누어진다. 또한, 3-57 식은 에너지의 고유치가 x, y, z 방향의 값들의 합임을 보이고 있다. 다시 말해서, 삼차원 상자속 입자의 문제는 세 개의 일차원 문제로 됨을 알

수 있다. 이것은 우연한 일이 아니다. 이것은 삼차원 상자속 입자의 Hamiltonian 연산자가 세 개의 독립적인 항들의 합이라는 사실에 기인한다.

$$\widehat{H} = \widehat{H}_x + \widehat{H}_y + \widehat{H}_z$$

여기에서

$$\widehat{H}_x = -\frac{\hbar^2}{2m}\frac{\partial^2}{\partial x^2}$$

등이다. 이러한 경우 Hamiltonian 연산자가 "분리가능" 하다고 말한다.

따라서, $\widehat{H}$가 분리가능하면, 즉 $\widehat{H}$가 독립적인 좌표의 함수를 갖는 항들의 합이면

$$\widehat{H} = \widehat{H}_1(s) + \widehat{H}_2(\omega) \tag{3-61}$$

s와 ω가 서로 독립적인 좌표라고 할 때, $\widehat{H}$의 고유함수는 $\widehat{H}_1$과 $\widehat{H}_2$의 고유함수들의 곱으로 주어진다. 즉,

$$\psi_{nm}(s, \omega) = \phi_n(s)\phi_m(\omega) \tag{3-62}$$

이고 이때

$$\widehat{H}_1(s)\phi_n(s) = E_n\phi_n(s) \tag{3-63}$$
$$\widehat{H}_2(\omega)\phi_m(\omega) = E_m\phi_m(\omega)$$

이다. 한편, $\widehat{H}$의 고유치는 $\widehat{H}_1$과 $\widehat{H}_2$의 고유치들의 합이 된다.

$$E_{nm} = E_n + E_m \tag{3-64}$$

이 결과는 매우 중요한데 원래의 문제를 몇 개의 간단한 문제들로 줄여 문제를 상당히 간소화할 수 있기 때문이다.

이 장에서는 간단한 상자속 입자의 경우를 예로 들어 양자역학의 일반적인 원리와 결과들을 설명하였다. 제 4 장에서는 이 책의 나머지 장에서 사용할 가설들을 제시하고 이에 대해 논의할 것이다.

연 습 문 제

3-1. 다음 $\hat{A}$와 f에 대해 $g=\hat{A}f$를 구하여라.

	$\hat{A}$	f
(a)	SQRT	x^4
(b)	$\dfrac{d^3}{dx^3}+x^3$	$e^{-\alpha x}$
(c)	$\displaystyle\int_0^1 dx$	x^3-2x+3
(d)	$\dfrac{\partial^2}{\partial x^2}+\dfrac{\partial^2}{\partial y^2}+\dfrac{\partial^2}{\partial z^2}$	$x^3y^2z^4$

3-2. 다음 연산자들이 선형인지 비선형인지를 결정하여라.

(a) $\hat{A}f(x)=SQR\ f(x)$ [$f(x)$를 제곱함]

(b) $\hat{A}f(x)=f^*(x)$ [$f(x)$의 켤레복소수 함수를 취함]

(c) $\hat{A}f(x)=0$ [$f(x)$에 영을 곱함]

(d) $\hat{A}f(x)=[f(x)]^{-1}$ [$f(x)$의 역수를 취함]

(e) $\hat{A}f(x)=f(0)$ [$x=0$에서 $f(x)$의 값을 구함]

(f) $\hat{A}f(x)=\ln f(x)$ [$f(x)$의 로그를 취함]

3-3. 다음 각 경우에 대해 $f(x)$가 주어진 연산자의 고유함수임을 보이고 고유치를 구하여라.

	$\hat{A}$	$f(x)$
(a)	$\dfrac{d^2}{dx^2}$	$\cos\omega x$
(b)	$\dfrac{d}{dt}$	$e^{i\omega t}$
(c)	$\dfrac{d^2}{dx}+2\dfrac{d}{dx}+3$	$e^{\alpha x}$
(d)	$\dfrac{\partial}{\partial y}$	x^2e^{6y}

3-4. $(\cos ax)(\cos by)(\cos cz)$가 다음 Laplacian 연산자의 고유함수임을 보여라.

$$\nabla^2 = \frac{\partial^2}{\partial x^2} + \frac{\partial^2}{\partial y^2} + \frac{\partial^2}{\partial z^2}$$

3-5. 다음 $\hat{A}$ 연산자에 대해 $\hat{A}^2$ 연산자를 구하여라.

(a) $\dfrac{d^2}{dx^2}$ (b) $\dfrac{d}{dx} + x$ (c) $\dfrac{d^2}{dx^2} - 2x\dfrac{d}{dx} + 1$

힌트 연산을 하기 전 $f(x)$를 포함하는 것을 기억하여야 한다.

3-6. 다음 연산자 쌍이 교환되는지를 결정하여라.

	$\hat{A}$	$\hat{B}$
(a)	$\dfrac{d}{dx}$	$\dfrac{d^2}{dx^2} + 2\dfrac{d}{dx}$
(b)	x	$\dfrac{d}{dx}$
(c)	SQR	SQRT
(d)	$\dfrac{\partial}{\partial x}$	$\dfrac{\partial}{\partial y}$

3-7. 보통의 대수에서 $(P+Q)(P-Q) = P^2 - Q^2$이다. 연산자에 대해 $(\hat{P}+\hat{Q})(\hat{P}-\hat{Q})$를 전개하여라. 어떤 조건에서 보통의 대수에서와 같은 결과를 얻겠는가?

3-8. 3-11 식의 운동량 연산자를 상자속 입자의 파동함수에(3-27 식) 연산하면 다음을 얻는다.

$$\hat{P}B\sin\frac{n\pi x}{a} = -i\hbar B\frac{d}{dx}\left(\sin\frac{n\pi x}{a}\right) = -\frac{i\hbar n\pi}{a}B\cos\frac{n\pi x}{a}$$

이것이 고유치방정식이 아님을 주목하여라. 따라서 상자속 입자의 운동량은 정해진 값을 갖지 않는다. 입자가 정해진 운동량을 갖지는 않지만 유효 운동량을 정의하기 위해 고전적인 식 $E = p^2/2m$을 사용할 수는 있다. E에 대한 3-21 식을 이용하여 $p = nh/2a$ 임을 보이고 이 운동량에 해당하는 de Broglie 파장이 $\lambda = h/p = 2a/n$ 임을 보여라. 이 마지막 식이 반파장의 정수배가 상자에 들어갈 수 있음을 보이는 식임을 보이고 그림 3-2의 파가 de Broglie 정류파 또는 물질파가 됨을 보여라.

3-9. 3-5 절에서 상자속 입자의 식을 부타디엔의 π 전자에 적용하였다. 이 간단한 모델을 자유전자 모델이라고 부른다. 같은 방법으로 헥사트리엔의 길이가 약 867 pm 가됨을 보여

라. 첫 번째 전자전이의 에너지가 $2.8 \times 10^4\ \mathrm{cm}^{-1}$로 예측됨을 보여라.(헥사트리엔에는 여섯 개의 π 전자가 있다.)

3-10. $\psi(x)$가 Schrödinger 방정식의 해라면 상수를 곱한 $\psi(x)$도 해가 됨을 증명하여라.

3-11. 이 문제에서는 Schrödinger 방정식의 모양이 파동함수의 일차미분이 연속이 되어야 한다는 조건을 포함하고 있음을 증명한다. Schrödinger 방정식은

$$\frac{d^2\psi}{dx^2}+\frac{2m}{\hbar^2}[E-V(x)]\psi(x)=0$$

이다. a를 임의의 x, ϵ을 무한대로 작을 값이라고 할 때 $a-\epsilon$ 부터 $a+\epsilon$ 까지 양변을 적분하면 다음을 얻는다.

$$\left.\frac{d\psi}{dx}\right|_{x=a+\epsilon}-\left.\frac{d\psi}{dx}\right|_{x=a-\epsilon}=\frac{2m}{\hbar^2}\int_{a-\epsilon}^{a+\epsilon}[V(x)-E]\psi(x)dx$$

$V(x)$가 연속이면 $\psi(x)$도 연속임을 보여라. $V(x)$가 그림에서처럼 $x=a$에서 불연속이면

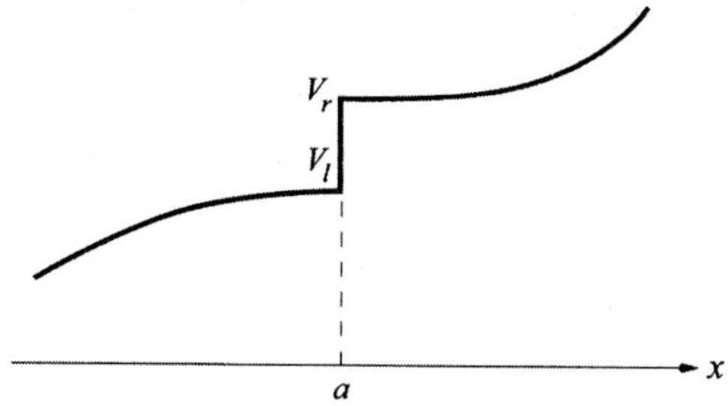

$$\left.\frac{d\psi}{dx}\right|_{x=a+\epsilon}-\left.\frac{d\psi}{dx}\right|_{x=a-\epsilon}=\frac{2m}{\hbar^2}(V_l-V_r-2E)\psi(a)\epsilon$$

임을 보여서 $V(x)$가 한정적으로 불연속인 경우에도 $\psi(x)$가 연속이 됨을 보여라. 상자속 입자의 경우처럼 $V(x)$가 무한대의 불연속성을 가지면 어떻게 되겠는가? 상자의 경계에서 파동함수의 일차미분이 연속이겠는가?

3-12. 길이 a인 일차원 상자속 입자에서 ψ_n으로 표시되는 상태의 입자가 발견될 확률이 다음 관계를 따른다는 것을 보여라.

$$\text{Prob}(0 \leqq x \leqq a/4) = \text{Prob}(3a/4 \leqq x \leqq a) = \begin{cases} \dfrac{1}{4} & n \text{ even} \\ \dfrac{1}{4} - \dfrac{(-1)^{\frac{n-1}{2}}}{2\pi n} & n \text{ odd} \end{cases}$$

$$\text{Prob}(a/4 \leqq x \leqq a/2) = \text{Prob}(a/2 \leqq x \leqq 3a/4) = \begin{cases} \dfrac{1}{4} & n \text{ even} \\ \dfrac{1}{4} + \dfrac{(-1)^{\frac{n-1}{2}}}{2\pi n} & n \text{ odd} \end{cases}$$

3-13. 일차원 상자속 입자의 파동함수의 단위가 있다면 무엇인가?

3-14. 적분표를 이용하여 다음을 보여라.

$$\int_0^a \sin^2 \frac{n\pi x}{a} dx = \frac{a}{2}$$

$$\int_0^a x \sin^2 \frac{n\pi x}{a} dx = \frac{a^2}{4}$$

$$\int_0^a x^2 \sin^2 \frac{n\pi x}{a} dx = \left(\frac{a}{2\pi n}\right)^3 \left(\frac{4\pi^3 n^3}{3} - 2n\pi\right)$$

위의 모든 적분은 다음으로부터 구해질 수 있다.

$$I(\beta) = \int_0^a e^{\beta x} \sin^2 \frac{n\pi x}{a} dx$$

위의 적분들이 $I(0)$, $I'(0)$, $I''(0)$로 각각 주어지는 것을 보여라. 이때 미분은 각각 β에 대한 일차, 이차미분이다. 적분표를 이용하여 $I(\beta)$를 구하고 위의 세 적분을 이들 미분을 이용하여 구하라.

3-15. 상자속 입자의 모든 상태에 대해 $<x> = a/2$ 임을 보여라. 이 결과가 물리적으로 합리적인가?

3-16. 길이 a인 일차원 상자속 입자의 모든 상태에 대해 $<p> = 0$ 임을 보여라.

3-17. 어떤 n에 대해서도 상자의 길이가 a 보다 작을 때 상자속 입자에 대해

$$\sigma_x = (< x^2 > - < x >)^{1/2}$$

임을 보여라. σ_x가 입자의 위치에 대한 불확실성이라면 σ_x가 a 보다 커질 수 있겠는가?

3-18. 고전적인 상자속 입자는 $0 \leqq x \leqq a$의 영역에서 같은 확률로 발견된다. 따라서 확률분포는

$$p(x)dx = \frac{dx}{a} \qquad 0 \leqq x \leqq a$$

이다. $< x > = a/2$ 그리고 $< x^2 > = a^2/3$ 임을 보여라. 양자역학적인 상자속 입자의 $< x^2 >$(3–32 식)과 σ_x(3–33 식)가 $n \to \infty$ 에서 고전적인 값을 갖는다는 것을 보여라. 이 결과가 대응원리의 한 예이다.

3-19. 다음 삼각함수를 이용하여

$$\sin 2\theta = 2\sin\theta\cos\theta$$

$$\int_0^a \sin\frac{n\pi x}{a}\cos\frac{n\pi x}{a}dx = 0$$

이 됨을 보여라.

3-20. 다음을 증명하여라.

$$\int_0^a e^{\pm i2n\pi x/a}dx = 0 \qquad n \neq 0$$

3-21. 다음 삼각함수를 이용하여

$$\sin\alpha\sin\beta = \frac{1}{2}\cos(\alpha-\beta) - \frac{1}{2}\cos(\alpha+\beta)$$

상자속 입자의 파동함수들이(3–27 식) 다음 관계를 만족시킴을 보여라.

$$\int_0^a \psi_n{}^*(x)\psi_m(x)dx = 0 \qquad m \neq n$$

(이 경우 별 표시는 함수가 실수이기 때문에 의미가 없다.) 파동함수들이 위의 관계를 만족시킬 때 두 파동함수는 직교(orthogonal)한다고 말하고 특히 $\psi_m(x)$가 $\psi_n(x)$와 직

교한다고 말한다. 또한 함수들이 정규화 되어 있다면 이 함수들은 직교정규화(orthonormal) 되어 있다고 말한다.

3-22. 다음 파동함수들이 $0 \leq x \leq a$에서 직교정규화(연습문제 3-21) 되어 있음을 보여라.

$$\psi_n(x) = a^{-1/2} e^{in\pi x/a} \qquad n = 0, \ \pm 1, \ \pm 2, \cdots$$

$\psi_n(x)$의 직교정규성을 간단히 나타내는 방법은 다음과 같다.

$$\int_0^a \psi_n{}^*(x)\psi_m(x)dx = \delta_{mn}$$

기호 δ_{mn}을 Kroenecker delta라고 부르고 다음과 같이 정의되어 있다.

$$\delta_{mn} = \begin{cases} 1 & m = n \\ 0 & m \neq n \end{cases}$$

3-23. 상자속 입자의 문제를 다루는 과정에서 다음과 같은 적분을 구하는 것이 필요하다.

$$\int_0^a \sin\frac{n\pi x}{a}\sin\frac{m\pi x}{a}dx \quad \text{또는} \quad \int_0^a \cos\frac{n\pi x}{a}\cos\frac{m\pi x}{a}dx$$

이러한 종류의 적분은 다음의 관계를 이용하여 삼각함수를 지수함수로 변환하고(수학 A)

$$\cos\theta = \frac{e^{i\theta} + e^{i\theta}}{2}, \qquad \sin\theta = \frac{e^{i\theta} - e^{i\theta}}{2i}$$

다음 파동함수들이 $0 \leq x \leq a$에서 직교정규화 되어 있다는 사실을 이용하면 쉽게 구할 수 있다.(연습문제 3-22)

$$\psi_n(x) = a^{-1/2} e^{in\pi x/a} \qquad n = 0, \ \pm 1, \ \pm 2, \cdots$$

$$\int_0^a \sin\frac{n\pi x}{a}\sin\frac{m\pi x}{a}dx = \int_0^a \cos\frac{n\pi x}{a}\cos\frac{m\pi x}{a}dx = \frac{a}{2}\delta_{nm}$$

임을 보여라. 또한

$$\int_0^a \cos\frac{n\pi x}{a}\sin\frac{m\pi x}{a}dx = 0$$

임을 보여라.

3-24. 다음 함수들이 직교정규화 되어 있음을 보여라.(연습문제 3−21)

$$\phi_n(\theta) = (2\pi)^{-1/2} e^{in\theta} \qquad 0 \leqq \theta \leqq 2\pi$$

3-25. 3−34 식에서 3−35 식을 얻을 때 3−34 식의 왼편에 $\psi^*(x)$를 곱하고 모든 x에 대해 적분하였다. 함수를 곱할 때 왼편에 곱하는 것과 오른편에 곱하는 것에 차이가 있겠는가?

3-26. 길이 a인 일차원 상자속 입자에서 $n = 2$일 때 $< x >$와 $< x^2 >$을 구하고

$$\sigma_x = \frac{a}{4\pi}\left(\frac{4\pi^2}{3} - 2\right)^{1/2}$$

가됨을 보여라.

3-27. 길이 a인 일차원 상자속 입자에서 $n = 2$일 때 $< p >$와 $< p^2 >$을 구하고

$$\sigma_p = \frac{h}{a}$$

가 됨을 보여라.

3-28. 길이 a인 일차원 상자의 질량 m의 입자에 대해 생각해 보자. 평균 에너지가

$$< E > = \frac{1}{2m} < p^2 >$$

으로 주어진다. σ_p를 운동량에 대한 불확실성이라고 부를 때 $< p > = 0$이므로 $< p^2 > = \sigma_p^2$이다. x의 불확실성 σ_x가 a 보다 클 수 없으므로 불확실성의 원리를 이용하여 이 에너지가 적어도 $h^2/8ma^2$ 보다 크지 않음을 보여라.

3-29. $a \neq b \neq c$일 때 일차원 상자속 입자의 처음 몇 에너지준위의 축퇴도에 대해 논하여라.

3-30. 길이가 각각 a, b, c인 삼차원 상자속 입자의 정규화 된 파동함수가 다음과 같음을 보여라.

$$\psi(x,y,z) = \left(\frac{8}{abc}\right)^{1/2} \sin\frac{n_x \pi x}{a} \sin\frac{n_y \pi y}{b} \sin\frac{n_z \pi z}{c}$$

3-31. 길이가 각각 a, b, c인 삼차원 상자속 입자의 바닥상태에서 $< p > = 0$ 임을 보여라.

3-32. $a = b = 1.5c$인 삼차원 상자속 입자의 처음 네 에너지준위의 축퇴도는 무엇인가?

3-33. 반경 a인 원주 위를 움직이는 질량 m의 입자에 대한 Schrödinger 방정식은

$$-\frac{\hbar^2}{2I}\frac{d^2\psi}{d\theta^2} = E\psi(\theta) \qquad 0 \leq \theta \leq 2\pi$$

이고 $I = ma^2$은 관성모멘트, θ는 원주 상에서 입자의 위치를 나타낸다. 이 방정식의 해가 $n = (2IE)^{1/2}/\hbar$일 때

$$\psi(\theta) = Ae^{in\theta}$$

임을 보여라. 경계조건이 $\psi(\theta) = \psi(\theta + 2\pi)$가 됨을 논하고 이것을 이용하여

$$E = \frac{n^2\hbar^2}{2I} \qquad n = 0, \ \pm 1, \ \pm 2, \ \cdots$$

임을 보여라. 정규화상수 $A = (2\pi)^{-1/2}$를 구하라. 이 결과를 벤젠의 자유전자 모델에 어떻게 적용할 수 있는지 논하여라.

3-34. 장벽이 $-a$와 a에 있는 상자속 입자에 대한 Schrödinger 방정식을 세워 보아라. 에너지가 0과 $2a$에 장벽이 있는 경우와 같게 됨을 보여라.(이 결과는 본문의 유도 과정에서 a를 $2a$로 치환하는 것으로 간단히 얻을 수 있다.) 그러나 파동함수는 같지 않고 다음과 같이 주어지는 것을 보여라.

$$\begin{aligned}\psi_n(x) &= \frac{1}{a^{1/2}}\sin\frac{n\pi x}{a} \qquad \text{짝수 n} \\ &= \frac{1}{a^{1/2}}\cos\frac{n\pi x}{a} \qquad \text{홀수 n}\end{aligned}$$

장벽의 위치 $\pm a$ 또는 0과 $2a$에 있는 것에 파동함수가 의존하는 것이 마음에 걸리는가? 입자는 움직일 수 있는 거리가 $2a$인 것만을 확실하게 알 것이고 파동함수의 원점을 어디로 하는가 에는 영향을 받을 수 없다. 이것은 무엇을 의미하는가? 물리적인 관측이 x축 상에서 어디를 원점으로 하는가에 의존할 것이라고 생각하는가? 3-8 절에서 얻은 것 같이 $\sigma_x\sigma_p > \hbar/2$가 정확히 얻어짐을 보여라.

3-35. 상자속 입자의 양자화 된 에너지는 경계조건 또는 입자가 유한한 영역에 제한되어 있다는 사실로부터 얻어진다. 이 문제에서는 자유입자, 즉 유한한 영역에 제한되어 있지 않은 입자의 양자역학적 문제를 살펴보기로 한다. 위치에너지 $V(x)$는 영이고 Schrödinger

방정식은 다음과 같다.

$$\frac{d^2\psi}{dx^2}+\frac{2mE}{\hbar^2}\psi(x)=0 \qquad -\infty < x < \infty$$

이 문제에서 입자는 x 축 상 어디에도 존재함을 주목하여라. 이 방정식의 두 해가 다음과 같음을 보여라.

$$\psi_1(x)=A_1 e^{i(2mE)^{1/2}x/\hbar}=A_1 e^{ikx}$$
$$\psi_2(x)=A_2 e^{-i(2mE)^{1/2}x/\hbar}=A_1 e^{-ikx}$$
$$k=\frac{(2mE)^{1/2}}{\hbar}$$

E가 음수 값을 가지면 큰 x에서 파동함수가 속박되지 않는 것을 보여라. 따라서 에너지 E는 양수 값을 갖는다.

$\psi_1(x)$와 $\psi_2(x)$가 나타내는 상태에 대한 물리적인 해석을 하기 위하여 운동량 연산자 $\hat{P}$를 두 상태의 파동함수에 연산하여(3-11 식) 다음과 같이 됨을 보여라.

$$\hat{P}\psi_1=-i\hbar\frac{d\psi_1}{dx}=\hbar k\psi_1$$
$$\hat{P}\psi_2=-i\hbar\frac{d\psi_2}{dx}=-\hbar k\psi_2$$

이 식들이 고유치방정식임을 유의하여라. 이 식을 해석하면 $\psi_1(x)$는 정해진 운동량 $\hbar k$를 갖는 자유입자, $\psi_2(x)$는 정해진 운동량 $-\hbar k$를 갖는 자유입자를 기술한다고 할 수 있다. 따라서 $\psi_1(x)$는 정해진 운동량을 갖고 오른쪽으로 움직이는 입자 그리고 $\psi_2(x)$는 왼쪽으로 움직이는 입자의 상태를 나타낸다. 또한 k 값에 제한이 없어 입자는 어떤 값이든 운동량으로 가질 수 있음을 유의하여라. 이제 다음을 보여라.

$$E=\frac{\hbar^2 k^2}{2m}$$

에너지가 양자화 되지 않음을 주의하여라. 이 경우에는 이 문제에 경계가 없기 때문에 입자의 에너지가 양수의 어떤 값이라도 될 수 있다.

$\psi_1{}^*(x)\psi_1(x)=A_1{}^*A_1=|A_1|^2=$ 상수, 그리고 $\psi_2{}^*(x)\psi_2(x)=A_2{}^*A_2=|A_2|^2=$ 상수가 됨을 보여라. 이 결과를 $\psi^*\psi$에 대한 확률적 해석으로 논의하여라. 이 문제에 불확실성의 원리를 적용하는 것에 대해 논의하여라. σ_x와 σ_p는 무엇인가?

3-36. 입자가 상자속에서 de Broglie 정류파라는 가정을 하여 일차원 상자속 입자의 허락된 에

너지를 구하는 식을 유도하여라.

3-37. 제 4 장에서 Ψ가 위치와 시간의 함수인 다음 시간-의존 Schrödinger 방정식에 대해 배울 것이다.

$$\hat{H}\Psi(x,t) = i\hbar\frac{\partial\Psi(x,t)}{\partial t}$$

Hamiltonian 연산자가 시간에 의존하지 않을 때[$\hat{H} = \hat{H}(x)$] $\Psi(x,t) = \psi(x)f(t)$로 하여 이 편미분방정식이 두 개의 보통 미분방정식으로 되는 것을 보여라. 이 문제에서 분리상수는 무엇인가? 이 문제를 삼차원으로 일반화하여라. 함수 $f(t)$는 무엇인가?

3-38. 문제 3-37의 결과를 이용하여 길이 a인 일차원 상자속 입자의 시간-의존 파동함수를 구하여라. 이 파동함수를 이용하여 x의 평균값을 구하여라.

3-39. 연습문제 3-34의 파동함수를 이용하여 파동함수의 기본적인 대칭성에 대해 설명할 수 있다. $x=0$에 대해 반사하는 $x \rightarrow -x$ 조작에 대해 파동함수가 번갈아 대칭, 반대칭 또는 짝수, 홀수함수가 됨을 보여라. 파동함수에 대한 이 대칭성은 이제부터 보일 Hamiltonian 연산자의 대칭성에 대한 결과이다. Schrödinger 방정식은 다음과 같이 쓸 수 있다.

$$\hat{H}(x)\psi_n(x) = E_n\psi_n(x)$$

$x=0$에 대해 반사하면 $x \rightarrow -x$이다. 따라서

$$\hat{H}(-x)\psi_n(-x) = E_n\psi(-x)$$

이다. $\hat{H}(x) = \hat{H}(-x)$ 임을 보이고($\hat{H}$가 대칭) 따라서 다음을 보여라.

$$\hat{H}(x)\psi_n(-x) = E_n\psi(-x)$$

따라서 $\psi_n(-x)$ 도 같은 고유치 E_n을 갖는 $\hat{H}$의 고유함수이다. 이제 각 고유치에 대해 단 한 개의 고유함수만을 갖는다면(비축퇴된 경우라고 부른다) $\psi_n(x)$와 $\psi(-x)$가 단지 상수를 곱한 것만큼만 다르다는 것을 보여라. [즉, $\psi_n(-x) = c\psi_n(x)$] 이 식에 다시 반사조작을 하여 $c = \pm 1$ 임을 보이고 Hamiltonian 연산자가 대칭이어서 파동함수가 $x=0$에 대한 반사에 대해 짝수 또는 홀수함수가 됨을 보여라. 이렇게 하여 Hamiltonian 연산자의 대칭성이 파동함수의 대칭성을 결정한다는 것을 알 수 있다.

참 고 문 헌

Moore, W. J. *Schrödinger: Life and Thought*. Cambridge University Press: New York, 1992.

Greenspan, N. *The End of the Certain World: The Life and Science of Max Born*. Basic Books: New York, 2005.

수학 C

벡터

벡터는 방향과 크기를 갖는 양이다. 벡터의 예로 위치, 힘, 속도 그리고 운동량을 들 수 있다. 예를 들어, 위치를 정할 경우 한 점에서의 거리와 그 점에서부터 방향이 주어져야 한다. 흔히 벡터를 화살표로 표시하는 데 화살표의 길이를 벡터의 크기 그리고 화살표의 방향을 벡터의 방향으로 한다.

두 벡터의 합은 새로운 벡터가 된다. 그림 C-1의 두 벡터 u와 v (벡터를 bold face로 표시할 것이다.)에 대해 생각해 보자. $w=u+v$를 구하기 위해 v의 머리에 u의 꼬리를 위치시키고 그림에서처럼 w를 v의 꼬리에서부터 u의 머리로 그린다. 또한, u의 꼬리를 원점에 놓고 v의 꼬리를 u의 머리에 위치시킨 후 w를 u의 꼬리에서부터 v의 머리로 그릴 수도 있다. 그림 C-1에서 보듯이 이 두 결과는 같고, 따라서

$$w=u+v=v+u \tag{C-1}$$

임을 알 수 있다. 벡터합은 교환된다.

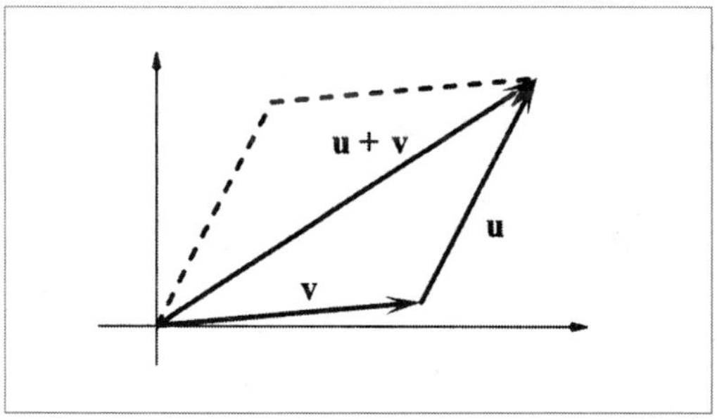

그림 C-1 두 벡터의 합 $w=u+v=v+u$에 대한 그림

벡터를 뺄 때는 한 벡터의 방향을 반대로 한 후 합한다. 벡터의 방향을 반대로 하는 것은 $-v$ 벡터와 같다. 따라서 수학적으로는

$$t=u-v=u+(-v) \tag{C-2}$$

이다.

일반적으로 벡터에 a를 곱하면 $\boldsymbol{u}$에 평행하고 $\boldsymbol{u}$의 길이에 a를 곱한 새로운 벡터가 된다. a가 양수이면 $a\boldsymbol{u}$는 $\boldsymbol{u}$와 같은 방향이 되지만 a가 음수이면 $a\boldsymbol{u}$는 $\boldsymbol{u}$와 반대 방향이 된다.

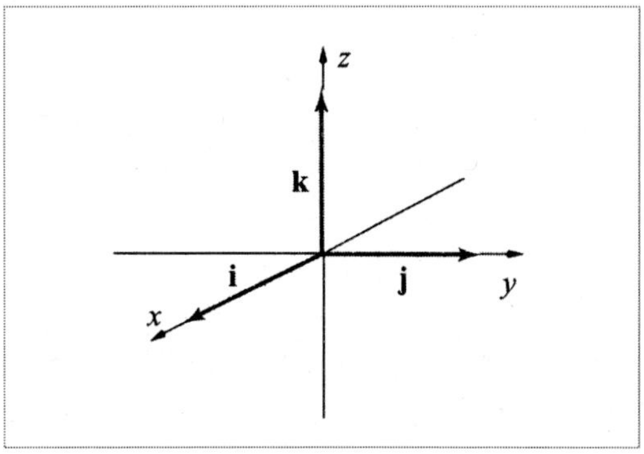

그림 C-2 직교좌표계에서 기본 단위벡터 $\boldsymbol{i}$, $\boldsymbol{j}$, $\boldsymbol{k}$

유용한 한 세트의 벡터는 직교좌표계에서 길이가 일이고 방향이 각각 x, y, z 축의 양의 방향을 가리키는 벡터들이다. 각각 $\boldsymbol{i}$, $\boldsymbol{j}$, $\boldsymbol{k}$로 표시되는 단위벡터(단위길이)를 그림 C-2에 나타내었다. 우리는 직교좌표계를 늘 사용할 것인데 오른손 방향을 따르기 때문이다. 오른손 좌표계는 오른손 네 손가락을 $\boldsymbol{i}$에서 $\boldsymbol{j}$로 말아 쥐었을 때 엄지가 $\boldsymbol{k}$ 방향을 향하게 된다(그림 C-3).

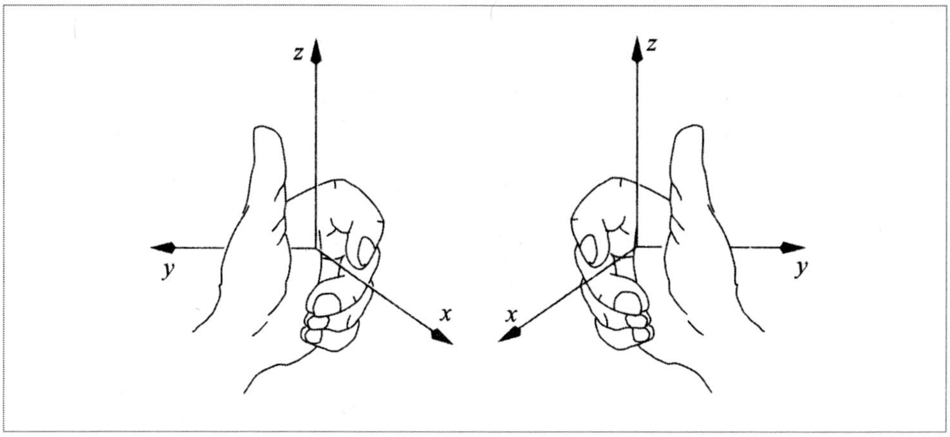

그림 C-3 오른손 직교좌표계(오른쪽)와 왼손 직교좌표계(왼쪽)의 그림

삼차원 벡터 $\boldsymbol{u}$는 세 개의 단위벡터로 나타낸다.

$$\boldsymbol{u} = u_x\boldsymbol{i} + u_y\boldsymbol{j} + u_k\boldsymbol{k} \tag{C-3}$$

여기에서 $u_x\boldsymbol{i}$는 길이가 u_x이고 방향이 $\boldsymbol{i}$인 벡터이다. 식 C-3의 u_x, u_y, u_z를 $\boldsymbol{u}$의 성

분이라고 부른다. 성분들은 각각 $\boldsymbol{u}$의 직교좌표에 대한 투영들이다.(그림 C-4) 두 벡터의 합과 차를 성분들로

$$\boldsymbol{u} \pm \boldsymbol{v} = (u_x \pm v_x)\boldsymbol{i} + (u_y \pm v_y)\boldsymbol{j} + (u_z \pm v_z)\boldsymbol{k} \tag{C-4}$$

쓸 수 있다. 그림 C-4는 $\boldsymbol{u}$의 길이가 다음으로 주어지는 것을 보여준다.

$$u = |\boldsymbol{u}| = (u_x^2 + u_y^2 + u_z^2)^{1/2} \tag{C-5}$$

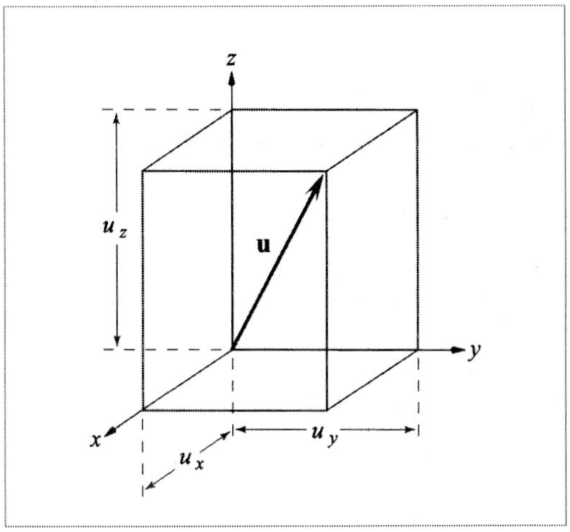

그림 C-4 벡터 $\boldsymbol{u}$의 성분이 각각 x, y, z 축에 대한 투영이고 길이가 $(u_x^2 + u_y^2 + u_z^2)^{1/2}$ 임을 보여주는 그림

예제 C-1 $\boldsymbol{u} = 2\boldsymbol{i} - \boldsymbol{j} + 3\boldsymbol{k}$이고 $\boldsymbol{v} = -\boldsymbol{i} + 2\boldsymbol{j} - \boldsymbol{k}$일 때 $\boldsymbol{u} + \boldsymbol{v}$의 길이는 얼마인가?

풀이 C-4 식을 이용하면

$$\boldsymbol{u} + \boldsymbol{v} = (2-1)\boldsymbol{i} + (-1+2)\boldsymbol{j} + (3-1)\boldsymbol{k} = \boldsymbol{i} + \boldsymbol{j} + 2\boldsymbol{k}$$

이고 C-5 식에서

$$|\boldsymbol{u} + \boldsymbol{v}| = (1^2 + 1^2 + 2^2)^{1/2} = \sqrt{6}$$

이다.

두 벡터의 곱을 구하는 두 가지 방법이 있는데 모두 물리화학에서 유용하게 사용된다. 한 방법으로는 스칼라 양(다시 말해서 단지 숫자가 됨)이 얻어지고 다른 한 방법은 벡터가 얻어진다. 당연히 첫 번째 방법의 결과를 스칼라곱이라고 부르고 두 번째 방법의 결과를 벡터곱이라고 부른다.

두 벡터 $\boldsymbol{u}$와 $\boldsymbol{v}$의 스칼라곱은

$$\boldsymbol{u} \cdot \boldsymbol{v} = |\boldsymbol{u}||\boldsymbol{v}|\cos\theta \tag{C-6}$$

로 정의되고 θ는 $\boldsymbol{u}$와 $\boldsymbol{v}$ 사이의 각이다. 이제 정의로부터

$$\boldsymbol{u} \cdot \boldsymbol{v} = \boldsymbol{v} \cdot \boldsymbol{u} \tag{C-7}$$

이다. 스칼라곱을 구하는 연산은 교환된다. $\boldsymbol{u}$와 $\boldsymbol{v}$ 사이에 점으로 표시하는 것이 표준 방법이고 $\boldsymbol{u} \cdot \boldsymbol{v}$를 $\boldsymbol{u}$와 $\boldsymbol{v}$의 "dot product"라고도 부른다. 단위벡터 $\boldsymbol{i}$, $\boldsymbol{j}$, $\boldsymbol{k}$의 스칼라곱은

$$\begin{aligned} \boldsymbol{i} \cdot \boldsymbol{i} = \boldsymbol{j} \cdot \boldsymbol{j} = \boldsymbol{k} \cdot \boldsymbol{k} = |1||1|\cos 0^0 = 1 \\ \boldsymbol{i} \cdot \boldsymbol{j} = \boldsymbol{j} \cdot \boldsymbol{i} = \boldsymbol{i} \cdot \boldsymbol{k} = \boldsymbol{k} \cdot \boldsymbol{i} = \boldsymbol{j} \cdot \boldsymbol{k} = \boldsymbol{k} \cdot \boldsymbol{j} = |1||1|\cos 90^0 = 0 \end{aligned} \tag{C-8}$$

이다. 식 C-8을 이용하여 두 벡터의 스칼라곱을 구할 수 있다.

$$\begin{aligned} \boldsymbol{u} \cdot \boldsymbol{v} &= (u_x\boldsymbol{i} + u_y\boldsymbol{j} + u_z\boldsymbol{k}) \cdot (v_x\boldsymbol{i} + v_y\boldsymbol{j} + v_z\boldsymbol{k}) \\ &= u_xv_x\boldsymbol{i} \cdot \boldsymbol{i} + u_xv_y\boldsymbol{i} \cdot \boldsymbol{j} + u_xv_z\boldsymbol{i} \cdot \boldsymbol{k} \\ &\quad + u_yv_x\boldsymbol{j} \cdot \boldsymbol{i} + u_yv_y\boldsymbol{j} \cdot \boldsymbol{j} + u_yv_z\boldsymbol{j} \cdot \boldsymbol{k} \\ &\quad + u_zv_x\boldsymbol{k} \cdot \boldsymbol{i} + u_zv_y\boldsymbol{k} \cdot \boldsymbol{j} + u_zv_z\boldsymbol{k} \cdot \boldsymbol{k} \end{aligned}$$

이므로 따라서

$$\boldsymbol{u} \cdot \boldsymbol{v} = u_xv_x + u_yv_y + u_zv_z \tag{C-9}$$

이다.

예제 C-2 벡터 $\boldsymbol{u} = 2\boldsymbol{i} - \boldsymbol{j} + 3\boldsymbol{k}$의 길이를 구하여라.

풀이 식 C-9에서 $\boldsymbol{u} = \boldsymbol{v}$이면

$$\boldsymbol{u} \cdot \boldsymbol{u} = u_x^2 + u_y^2 + u_z^2 = |\boldsymbol{u}|^2$$

이므로

$$|\boldsymbol{u}| = (\boldsymbol{u} \cdot \boldsymbol{u})^{1/2} = (4 + 1 + 9)^{1/2} = \sqrt{14}$$

이다.

예제 C-3 다음 두 벡터 $\boldsymbol{u}=\boldsymbol{i}+3\boldsymbol{j}-\boldsymbol{k}$, $\boldsymbol{v}=\boldsymbol{j}-\boldsymbol{k}$ 사이의 각을 구하여라.

풀이 식 C-6를 이용하기에 앞서

$$|\boldsymbol{u}|=(\boldsymbol{u}\cdot\boldsymbol{u})^{1/2}=(1+9+1)^{1/2}=\sqrt{11}$$
$$|\boldsymbol{v}|=(\boldsymbol{v}\cdot\boldsymbol{v})^{1/2}=(0+1+1)^{1/2}=\sqrt{2}$$

이고 $\boldsymbol{u}\cdot\boldsymbol{v}=0+3+1=4$이다. 따라서

$$\cos\theta=\frac{\boldsymbol{u}\cdot\boldsymbol{v}}{|\boldsymbol{u}||\boldsymbol{v}|}=\frac{4}{\sqrt{22}}=0.8528$$

이고 $\theta=31.48^0$이다.

$\cos 90^0=0$이므로 서로 수직인 두 벡터의 스칼라곱은 영이다. 예를 들어, 식 C-8에서 보듯이 직교좌표계의 단위벡터 $\boldsymbol{i}$, $\boldsymbol{j}$, $\boldsymbol{k}$의 스칼라곱은 영이다.

예제 C-4 다음 세 벡터 $\boldsymbol{v}_1=\frac{1}{\sqrt{3}}\boldsymbol{i}+\frac{1}{\sqrt{3}}\boldsymbol{j}+\frac{1}{\sqrt{3}}\boldsymbol{k}$, $\boldsymbol{v}_2=\frac{1}{\sqrt{6}}\boldsymbol{i}-\frac{2}{\sqrt{6}}\boldsymbol{j}+\frac{1}{\sqrt{6}}\boldsymbol{k}$, $\boldsymbol{v}_3=-\frac{1}{\sqrt{2}}\boldsymbol{i}+\frac{1}{\sqrt{2}}\boldsymbol{k}$는 길이가 일이고 서로 직교함을 보여라.

풀이 길이는

$$(\boldsymbol{v}_1\cdot\boldsymbol{v}_1)^{1/2}=\left(\frac{1}{3}+\frac{1}{3}+\frac{1}{3}\right)^{1/2}=1$$
$$(\boldsymbol{v}_2\cdot\boldsymbol{v}_2)^{1/2}=\left(\frac{1}{6}+\frac{4}{6}+\frac{1}{6}\right)^{1/2}=1$$
$$(\boldsymbol{v}_3\cdot\boldsymbol{v}_3)^{1/2}=\left(\frac{1}{2}+0+\frac{1}{2}\right)^{1/2}=1$$

이고 이 벡터들의 스칼라곱은

$$\boldsymbol{v}_1\cdot\boldsymbol{v}_2=\frac{1}{\sqrt{18}}-\frac{2}{\sqrt{18}}+\frac{1}{\sqrt{18}}=0$$
$$\boldsymbol{v}_1\cdot\boldsymbol{v}_3=-1\frac{1}{\sqrt{6}}-0+\frac{1}{\sqrt{6}}=0$$
$$\boldsymbol{v}_2\cdot\boldsymbol{v}_3=-\frac{1}{\sqrt{12}}-0+\frac{1}{\sqrt{12}}=0$$

이어서 벡터들은 서로 직교함을 알 수 있다.

지금까지 벡터 연산을 이차원 내지는 삼차원에 국한하였다. 식 C-9는 쉽게 N 차원으로 일반화되어

$$\boldsymbol{u}\cdot\boldsymbol{v}=\sum_{j=1}^{N}u_jv_j \qquad \text{(C-10)}$$

으로 쓸 수 있다. N 차원 벡터의 길이는

$$l=(\boldsymbol{u}\cdot\boldsymbol{u})^{1/2}=\left(\sum_{j=1}^{N}u_j^2\right)^{1/2} \qquad \text{(C-11)}$$

로 주어진다.

두 개의 N 차원 벡터의 스칼라곱이 영이면 두 벡터가 직교(orthogonal)한다고 말한다. 따라서 직교라는 말은 수직의 일반화된 용어이다. 또한, 벡터의 길이가 일이면 이 벡터가 정규화(normalized)되어 있다 라고 말한다. 서로 직교하고 정규화된 벡터들을 정규직교화(orthonormal)된 벡터라고 말한다. N 차원 벡터를 성분들만을 괄호 속에 표현하는 것이 일반적인 표현법이다. 연습문제 C-7은 $(1/\sqrt{3},1/\sqrt{3},0,1/\sqrt{3})$, $(1/\sqrt{3},-1/\sqrt{3},1/\sqrt{3},0)$, $(0,1/\sqrt{3},1/\sqrt{3},-1/\sqrt{3})$, $(1/\sqrt{3},0,-1/\sqrt{3},-1/\sqrt{3})$ 벡터들이 서로 직교정규화 된 벡터들의 세트임을 보이고 있다.

스칼라곱의 하나의 예는 일에 대한 정의에 나타난다. 일이 힘과 거리의 곱으로 정의되는 것을 기억하여라. 여기에서 힘은 힘의 변위와 같은 방향의 성분이다. $\boldsymbol{F}$를 힘, $\boldsymbol{d}$를 변위라고 하면 힘은 다음과 같이 정의된다.

$$\text{work}=\boldsymbol{F}\cdot\boldsymbol{d} \qquad \text{(C-12)}$$

C-12 식을 $(F\cos\theta)(d)$라고 쓰면 $F\cos\theta$가 $\boldsymbol{d}$ 방향에 대한 $\boldsymbol{F}$의 성분을 강조한 것이 된다.(그림 C-5)

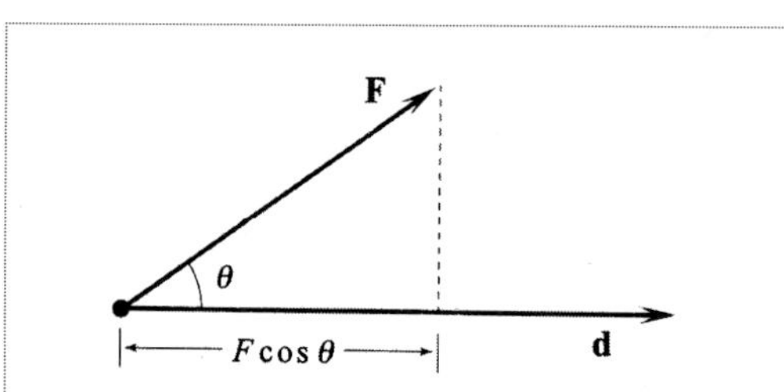

그림 C-5 일은 $F\cos\theta$가 $\boldsymbol{F}$의 $\boldsymbol{d}$ 방향의 성분일 때 $w=\boldsymbol{F}\cdot\boldsymbol{d}$ 또는 $(F\cos\theta)d$이다.

스칼라곱에 대한 다른 하나의 중요한 응용은 전장과 쌍극자모멘트와의 상호작용에서 나나탄다. 아마도 유기화학에서 분자 내에 서로 반대의 전하분포의 분리가 쌍극자모멘트를 생성하고 흔히 음의 전하에서 양의 방향으로 화살표로 표시한다는 것을 배웠다. 예를

들어, 염소원자가 수소원자보다 더 전기음성도가 커서 HCl 분자가 쌍극자모멘트를 갖고 이것을 $\overrightarrow{\text{ClH}}$ 로 표시한다. 엄격히 말해서 쌍극자모멘트는 양전하와 음전하 사이의 거리와 양전하와의 곱의 크기를 갖고 음전하로부터 양전하로의 방향을 갖는 벡터양이다. 따라서 그림 C-6에서와 같이 분리된 두 전하에 대해 쌍극자모멘트 μ는

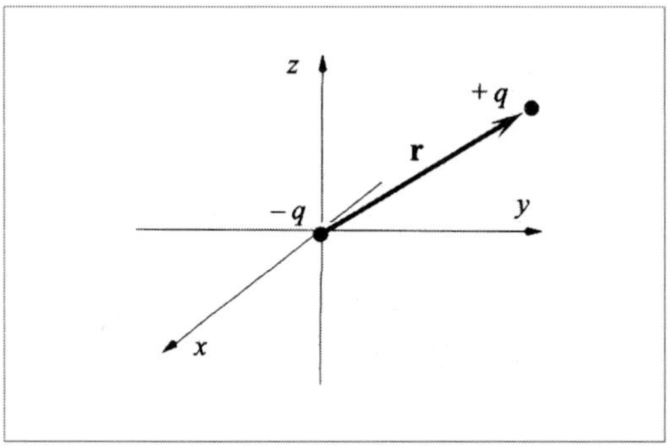

그림 C-6

$$\mu = q\boldsymbol{r}$$

이다. 이제 이 쌍극자모멘트에 전장 $\boldsymbol{E}$를 걸어주면 상호작용의 위치에너지는

$$V = -\mu \cdot \boldsymbol{E} \tag{C-13}$$

이 된다.

두 벡터의 벡터곱은 다음으로 정의된다.

$$\boldsymbol{u} \times \boldsymbol{v} = |\boldsymbol{u}||\boldsymbol{v}|\boldsymbol{c}\sin\theta \tag{C-14}$$

여기에서 θ는 $\boldsymbol{u}$와 $\boldsymbol{v}$ 사이의 각이며 $\boldsymbol{c}$는 $\boldsymbol{u}$와 $\boldsymbol{v}$가 만드는 평면에 수직 방향의 단위벡터이다. $\boldsymbol{c}$의 방향은 오른손 법칙에 따른다. 즉, 오른손 네 손가락을 $\boldsymbol{u}$에서 $\boldsymbol{v}$ 방향으로 말아 쥐면 $\boldsymbol{c}$가 엄지 방향이 된다.(그림 C-3) 식 C-14의 표현은 벡터곱을 흔히 cross product라고 부르게 한다. $\boldsymbol{c}$의 방향이 오른손 법칙에 따라 주어지므로 벡터곱은 교환되는 연산이 아니다. 특히,

$$\boldsymbol{u} \times \boldsymbol{v} = -\boldsymbol{v} \times \boldsymbol{u} \tag{C-15}$$

이다.

직교좌표계의 단위벡터들의 벡터곱은

$$\begin{aligned} \boldsymbol{i} \times \boldsymbol{i} &= \boldsymbol{j} \times \boldsymbol{j} = \boldsymbol{k} \times \boldsymbol{k} = |1||1|\boldsymbol{c}\sin 0^0 = 0 \\ \boldsymbol{i} \times \boldsymbol{j} &= -\boldsymbol{j} \times \boldsymbol{i} = |1||1|\boldsymbol{k}\sin 90^0 = \boldsymbol{k} \\ \boldsymbol{j} \times \boldsymbol{k} &= -\boldsymbol{k} \times \boldsymbol{j} = \boldsymbol{i} \\ \boldsymbol{k} \times \boldsymbol{i} &= -\boldsymbol{i} \times \boldsymbol{k} = \boldsymbol{j} \end{aligned} \tag{C-16}$$

이다. $\boldsymbol{u}$와 $\boldsymbol{v}$의 성분으로 표시하면(연습문제 C-10)

$$\boldsymbol{u}\times\boldsymbol{v}=(u_y v_z-u_z v_y)\boldsymbol{i}+(u_z v_x-u_x v_z)\boldsymbol{j}+(u_x v_y-u_y v_x)\boldsymbol{k} \tag{C-17}$$

이 된다. C-17 식은 흔히 행렬식으로 표시한다.(수학 E)

$$\boldsymbol{u}\times\boldsymbol{v}=\begin{vmatrix}\boldsymbol{i} & \boldsymbol{j} & \boldsymbol{k}\\ u_x & u_y & u_z\\ v_x & v_y & v_z\end{vmatrix} \tag{C-18}$$

식 C-17과 C-18은 동등하다.

예제 C-5 주어진 $\boldsymbol{u}=-2\boldsymbol{i}+\boldsymbol{j}+\boldsymbol{k}$와 $\boldsymbol{v}=3\boldsymbol{i}-\boldsymbol{j}+\boldsymbol{k}$에서 $\boldsymbol{w}=\boldsymbol{u}\times\boldsymbol{v}$를 구하여라.

풀이 C-17 식을 이용하면

$$\boldsymbol{w}=[(1)(1)-(1)(-1)]\boldsymbol{i}+[(1)(3)-(-2)(1)]\boldsymbol{j}+[(-2)(-1)-(1)(3)]\boldsymbol{k}=2\boldsymbol{i}+5\boldsymbol{j}-\boldsymbol{k}$$

이다.

벡터곱의 중요한 응용의 하나는 각운동량의 정의에서 나타난다. 고정된 한 점에서 위치 $\boldsymbol{r}$에 있는 입자의 운동량을 $\boldsymbol{p}=m\boldsymbol{v}$라고 하면(그림 C-7) 각운동량은

$$\boldsymbol{l}=\boldsymbol{r}\times\boldsymbol{p} \tag{C-19}$$

로 정의된다. 각운동량이 $\boldsymbol{r}$과 $\boldsymbol{p}$에 의해 정의되는 평면에 수직 방향임에 주목하여라.(그림 C-8) $\boldsymbol{l}$을 성분으로 표시하면 다음과 같다.(C-17 식)

$$\boldsymbol{l}=(yp_z-zp_y)\boldsymbol{i}+(zp_x-xp_z)\boldsymbol{j}+(xp_y-yp_x)\boldsymbol{k} \tag{C-20}$$

이제 양자역학에서 각운동량이 중요한 역할을 한다는 것을 알게 될 것이다.

벡터곱이 응용되는 다른 하나의 예는 자기장 $\boldsymbol{B}$에서 $\boldsymbol{v}$의 속도로 움직이는 전하 q에 가해지는 힘 $\boldsymbol{F}$에 관한 식이다.

$$\boldsymbol{F}=q(\boldsymbol{v}\times\boldsymbol{B})$$

힘이 $\boldsymbol{v}$에 대해 수직 방향이며 따라서 $\boldsymbol{B}$는 입자의 운동을 더 빠르게 혹은 더 느리게 하는 것이 아니라 굽게 만드는 효과를 가져 온다.

벡터의 미분을 구할 수 있다. 예를 들어 운동량 $\boldsymbol{p}$의 성분들이 시간에 의존한다고 하자. 그러면

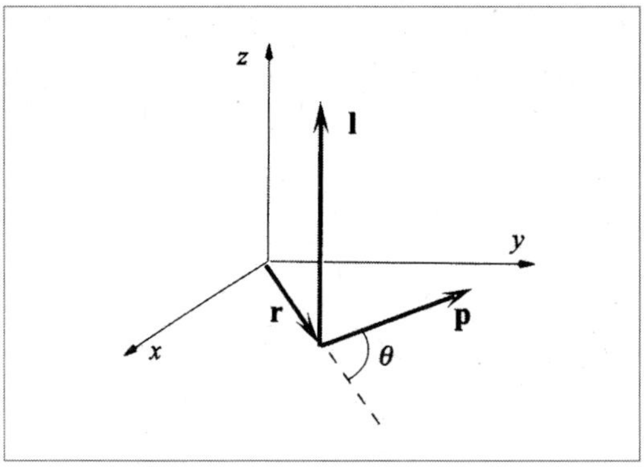

그림 C-7 고정된 중심에서 $\boldsymbol{r}$ 위치에 있는 운동량 $\boldsymbol{p}$인 입자의 각운동량은 $\boldsymbol{r}$과 $\boldsymbol{p}$에 의해 정의되는 평면에 수직인 $\boldsymbol{r}\times\boldsymbol{p}$ 방향의 벡터이다.

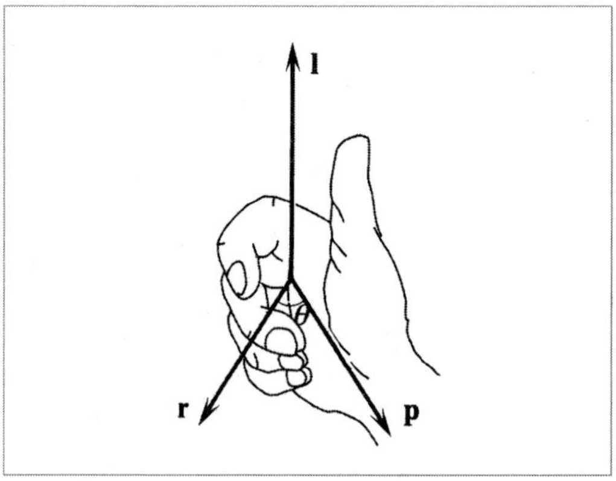

그림 C-8 각운동량은 $\boldsymbol{r}$과 $\boldsymbol{p}$에 의해 정의되는 평면에 수직 방향으로 $\boldsymbol{r}$, $\boldsymbol{p}$, $\boldsymbol{l}$이 오른손 좌표계를 따르는 벡터이다.

$$\frac{d\boldsymbol{p}(t)}{dt}=\frac{dp_x(t)}{dt}\boldsymbol{i}+\frac{dp_y(t)}{dt}\boldsymbol{j}+\frac{dp_z(t)}{dt}\boldsymbol{k} \tag{C-21}$$

이다. ($\boldsymbol{i}$, $\boldsymbol{j}$, $\boldsymbol{k}$에 대해서는 이들이 공간에 고정되어 있으므로 미분이 없다.) Newton의 운동법칙은

$$\frac{d\boldsymbol{p}}{dt}=\boldsymbol{F} \tag{C-22}$$

이다. 이 법칙은 실제로는 세 개의 분리된 식으로 각 성분들 마다 한 개씩이다. $\boldsymbol{p}=m\boldsymbol{v}$이므로 m이 상수이면 Newton의 법칙을 다음과 같이 쓸 수 있다.

$$m\frac{d\boldsymbol{v}}{dt}=\boldsymbol{F}$$

다시 $\boldsymbol{v}=d\boldsymbol{r}/dt$이므로 Newton의 법칙을 다음과 같이 쓸 수도 있다.

$$m\frac{d^2\boldsymbol{r}}{dt^2}=\boldsymbol{F} \tag{C-23}$$

이제 C-23 식은 세 개의 식, 즉 각 성분에 대해 한 세트의 식을 나타낸다.

물리, 화학의 문제에서 흔히 미분 벡터연산자들이 나타난다. 그 하나가 다음으로 정의되는 gradient이다.

$$\nabla f(x,y,z) = gradf(x,y,z) = \boldsymbol{i}\frac{\partial f}{\partial x} + \boldsymbol{j}\frac{\partial f}{\partial y} + \boldsymbol{k}\frac{\partial f}{\partial z} \tag{C-24}$$

gradient 연산자 ∇ 이 스칼라 함수에 연산되는 것에 주목하여라. ∇f는 $f(x,y,z)$의 gradient 벡터라고 부른다. 지형도의 등고선들, 기상도의 등온선 또는 등압선들 또는 위치에너지 그림에서 등에너지 선들에 대해 생각해 보자. 이러한 선들을 level curves라고 부른다. 표면이 $z = f(x,y)$로 표시된다면 이 level curves는 $z =$상수 (그림 C-9)로 주어진다. 그림 C-9에서 ∇f는 각각의 level curve들에 수직 방향의 경로로 곡선을 교차하여 경사가 가장 큰 방향을 따라간다. 예를 들어 등에너지 곡선들의 경우 ∇f는 전하를 띤 입자가 움직이는 경로를 보여주는 전장들을 표현하게 된다.(그림 C-10)

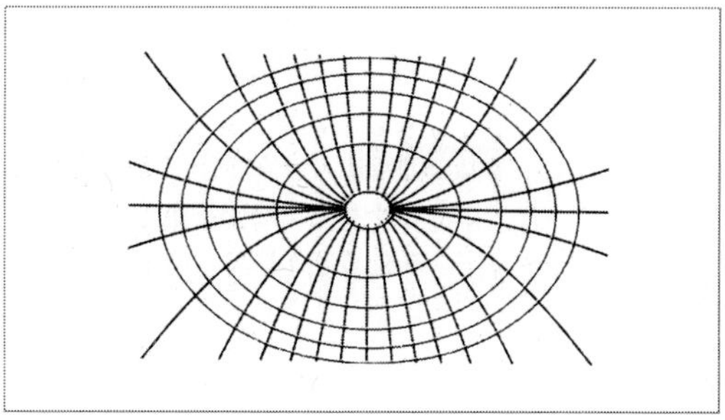

그림 C-9 표면 $z = f(x,y)$에서 level curves(오렌지색)와 가장 급경사를 따르는 경로(검은색)

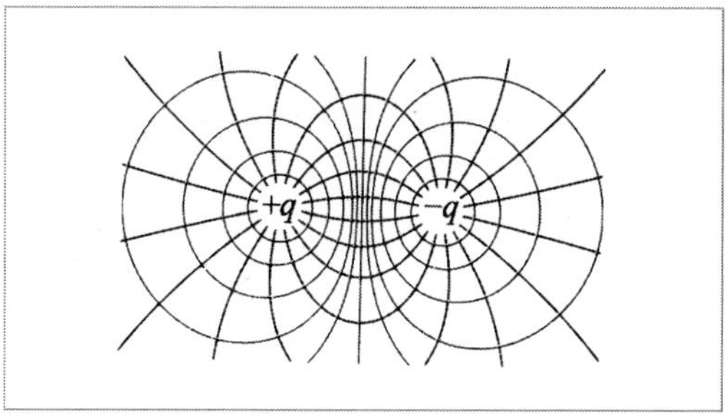

그림 C-10 등에너지(오렌지색)선들과 같은 그리고 반대전하에 의해 만들어진 전기 쌍극자의 전장(검은색)

많은 물리의 법칙들이 gradient 벡터로 표현되어진다. 예를 들어, 확산에 대한 Fick의 법칙은 용질의 flux가 농도의 gradient에 비례한다고 말하고 있다. 즉, $c(x,y,z,t)$를 한 점 (x,y,z)에서 시간 t일 때 용질의 농도라고 하면

$$\text{용질의 flux} = -D\nabla c(x,y,z,t)$$

이고 여기에서 D는 확산계수이다. 이와 유사하게 열흐름에 관한 Fourier의 법칙도 T를 온도, λ를 열전도도라고 할 때 열의 flux를 다음으로 표시한다.

$$열의\ \mathrm{flux} = -\lambda\nabla T(x,y,z,t)$$

$V(x,y,z)$를 물체가 경험하는 역학적 위치에너지라고 할 때 물체에 가해지는 힘은

$$\boldsymbol{F} = -\nabla V(x,y,z) \qquad \text{(C-25)}$$

이다. 또한, $\phi(x,y,z)$를 정전기적 위치에너지라고 할 때 전장은

$$\boldsymbol{E} = -\nabla\phi(x,y,z) \qquad \text{(C-26)}$$

로 주어진다.

예제 C-6 입자가 다음 위치에너지를 경험한다고 하자.

$$V(x,y,z) = \frac{k_x x^2}{2} + \frac{k_y y^2}{2} + \frac{k_z z^2}{2}$$

k들이 상수일 때 이 입자에 가해지는 힘을 구하여라.

풀이 C-25 식에 따라

$$\begin{aligned}\boldsymbol{F}(x,y,z) &= -\boldsymbol{i}\frac{\partial V}{\partial x} - \boldsymbol{j}\frac{\partial V}{\partial y} - \boldsymbol{k}\frac{\partial V}{\partial z} \\ &= -\boldsymbol{i}k_x x - \boldsymbol{j}k_y y - \boldsymbol{k}k_z z\end{aligned}$$

이다.

연 습 문 제

C-1. 벡터 $\boldsymbol{v} = 2\boldsymbol{i} - \boldsymbol{j} + 3\boldsymbol{k}$의 길이를 구하여라.

C-2. 벡터 $\boldsymbol{r} = x\boldsymbol{i} + y\boldsymbol{j}$와 $\boldsymbol{r} = x\boldsymbol{i} + y\boldsymbol{j} + z\boldsymbol{k}$의 길이를 구하여라.

C-3. $\boldsymbol{u}$와 $\boldsymbol{v}$가 서로 수직일 때 $\boldsymbol{u}\cdot\boldsymbol{v} = 0$ 임을 증명하여라. 두 벡터가 서로 수직일 때 직교한다고 말한다.

C-4. 두 벡터 $\boldsymbol{u}=2\boldsymbol{i}-4\boldsymbol{j}-2\boldsymbol{k}$와 $\boldsymbol{v}=3\boldsymbol{i}+4\boldsymbol{j}-5\boldsymbol{k}$가 직교함을 보여라.

C-5. 벡터 $\boldsymbol{r}=2\boldsymbol{i}-3\boldsymbol{k}$가 y 축에 수직인 평면에 존재함을 보여라.

C-6. 두 벡터 $\boldsymbol{u}=-\boldsymbol{i}+2\boldsymbol{j}+\boldsymbol{k}$, $\boldsymbol{v}=3\boldsymbol{i}-\boldsymbol{j}+2\boldsymbol{k}$ 사이의 각을 구하여라.

C-7. 다음 벡터들이 직교함을 보여라. $(1/\sqrt{3},1/\sqrt{3},0,1/\sqrt{3})$, $(1/\sqrt{3},-1/\sqrt{3},1/\sqrt{3},0)$, $(0,1/\sqrt{3},1/\sqrt{3},-1/\sqrt{3})$, $(1/\sqrt{3},0,-1/\sqrt{3},-1/\sqrt{3})$

C-8. $\boldsymbol{u}=-\boldsymbol{i}+2\boldsymbol{j}+\boldsymbol{k}$, $\boldsymbol{v}=3\boldsymbol{i}-\boldsymbol{j}+2\boldsymbol{k}$일 때 $\boldsymbol{w}=\boldsymbol{u}\times\boldsymbol{v}$를 구하여라. $\boldsymbol{v}\times\boldsymbol{u}$는 무엇인가?

C-9. $\boldsymbol{u}\times\boldsymbol{u}=0$ 임을 보여라.

C-10. C−16 식을 이용하여 $\boldsymbol{u}\times\boldsymbol{v}$가 C−17 식으로 됨을 증명하여라.

C-11. 원운동에 대해 $l=|\boldsymbol{l}|=mvr$ 임을 보여라.

C-12. 다음을 보여라.

$$\frac{d}{dt}(\boldsymbol{u}\cdot\boldsymbol{v})=\frac{d\boldsymbol{u}}{dt}\cdot\boldsymbol{v}+\boldsymbol{u}\cdot\frac{d\boldsymbol{v}}{dt}$$

$$\frac{d}{dt}(\boldsymbol{u}\times\boldsymbol{v})=\frac{d\boldsymbol{u}}{dt}\times\boldsymbol{v}+\boldsymbol{u}\times\frac{d\boldsymbol{v}}{dt}$$

C-13. 문제 C−12의 결과를 이용하여

$$\boldsymbol{u}\times\frac{d^2\boldsymbol{u}}{dt^2}=\frac{d}{dt}\left(\boldsymbol{u}\times\frac{d\boldsymbol{u}}{dt}\right)$$

를 증명하여라.

C-14. 한 개의 입자에 대한 Newton 방정식이 벡터 표현으로

$$m\frac{d^2\boldsymbol{r}}{dt^2}=\boldsymbol{F}(x,y,z)$$

이다. 식의 왼편에서부터 $\boldsymbol{r}\times$를 연산하고 문제 C−13의 결과를 이용하여

$$m\frac{d}{dt}\left(\boldsymbol{r}\times\frac{d\boldsymbol{r}}{dt}\right)=\boldsymbol{r}\times\boldsymbol{F}$$

임을 보여라. 운동량이 $\boldsymbol{p}=m\boldsymbol{v}=md\boldsymbol{r}/dt$로 정의되므로 위 식은

$$\frac{d}{dt}(\boldsymbol{r}\times\boldsymbol{p})=\boldsymbol{r}\times\boldsymbol{F}$$

이다. 그러나 $\boldsymbol{r}\times\boldsymbol{p}=\boldsymbol{l}$이므로 각운동량에 대해

$$\frac{d\boldsymbol{l}}{dt}=\boldsymbol{r}\times\boldsymbol{F}$$

이다. 이 식이 회전운동계에 대한 Newton의 운동방정식이다. $\boldsymbol{r}\times\boldsymbol{F}=0$이면 $d\boldsymbol{l}/dt=0$ 혹은 각운동량이 보존되는 것에 주목하여라. $\boldsymbol{r}\times\boldsymbol{F}$는 무엇인가?

C-15. 한 점 $(1,1,1)$에서 $f(x,y,z)=x^2-yz+xz^2$의 gradient를 구하여라.

C-16. 원점에서 x 축을 따라 놓여있는 쌍극자모멘트 μ에 의해 생성되는 정전기적 위치에너지는

$$\phi(x,y,z)=\frac{\mu x}{(x^2+y^2+z^2)^{3/2}}\qquad(x,y,z\neq 0)$$

이다. 전장을 유도하여라.

C-17. 연습문제 A-16에서 복소수에 대한 Schwartz 부등식을 증명하였다. 벡터에 대해 이 Schwartz 부등식은 다음으로 표시된다.

$$(\boldsymbol{u}\cdot\boldsymbol{v})^2\leqq|\boldsymbol{u}|^2|\boldsymbol{v}|^2$$

왜 이렇게 된다고 생각하는가? 복소수의 경우와 이차원 벡터가 유사한 경우가 됨을 알 수 있겠는가?

C-18. 연습문제 A-17에서 복소수에 대해 삼각부등식을 증명하였다. 벡터에 대해 삼각부등식은 다음으로 표현된다.

$$|\boldsymbol{u}+\boldsymbol{v}|\leqq|\boldsymbol{u}|+|\boldsymbol{v}|$$

$|\boldsymbol{u}+\boldsymbol{v}|^2=|\boldsymbol{u}|^2+|\boldsymbol{v}|^2+2\boldsymbol{u}\cdot\boldsymbol{v}$에서 출발하고 위 문제의 Schwartz 부등식을 이용하여 삼각부등식을 증명하여라. 왜 이것을 삼각부등식이라고 부르는가?

Niels Bohr was born in Copenhagen, Denmark, on October 7, 1885, and died there in 1962. In 1911, Bohr received his Ph.D. in physics from the University of Copenhagen. He then spent a year with J. J. Thompson and Ernest Rutherford in England, where he formulated his theory of the hydrogen atom and its atomic spectrum. In 1913, he returned to the University of Copenhagen, where he remained for the rest of his life. In 1920, he was named director of the Institute of Theoretical Physics, which was supported largely by the Carlsberg Brewery and was an international center for theoretical physics during the 1920s and '30s, when quantum mechanics was being developed. After World War II, Bohr worked energetically for peaceful uses of atomic energy. He organized the first Atoms for Peace Conference in 1955 and received the first Atoms for Peace Prize in 1957. Bohr was awarded the Nobel Prize in Physics in 1922 "for his investigation of the structure of atoms and of the radiation emanating from them."

Werner Heisenberg was born on December 5, 1901, in Duisberg, Germany, grew up in Munich, and died in 1976. In 1923, Heisenberg received his Ph.D. in physics from the University of Munich. He then spent a year working with Max Born at the University of Göttingen and three years with Niels Bohr in Copenhagen. He was chair of theoretical physics at the University of Leipzig from 1927 to 1941, the youngest to have received such an appointment. Because of a deep loyalty to Germany, Heisenberg opted to stay in Germany when the Nazis came to power. After World War II, he was named director of the Max Planck Institute for Physics, where he strove to rebuild German science. Heisenberg developed one of the first formulations of quantum mechanics, which was based on matrix algebra. Heisenberg was awarded the 1932 Nobel Prize in Physics "for the creation of quantum mechanics." His role in Nazi Germany is somewhat clouded, prompting one author (David Cassidy) to title his biography of Heisenberg *Uncertainty* (W. H. Freeman: New York, 1993).

Chapter 04

양자역학의 가설과 일반 원리

지금까지 양자역학을 공식화하는 데 관계된 여러 가지 논의를 하였다. 예를 들어, 고전역학에서의 변수들이 양자역학적으로는 연산자에 의해 표현될 수 있다는 것들이다. 이 연산자들을 파동함수에 연산하여 3-13 식에 따라 평균값 또는 측정에 있어서의 기대값을 얻는다. 이 장에서는 3 장에서 논의한 여러 가지 사항들을 몇 개의 가설들로 공식화하고 이 가설들로부터 얻어지는 몇 가지 일반적인 정리들에 대해 논의하고자 한다. 이것은 기하학에서 공리들을 세우고 이로부터 논리적으로 얻어지는 사실들을 다루는 것과 유사하다. 이 공리 또는 가설들이 합리적인지를 시험하는 궁극적인 방법은 예측된 결과를 실험 결과와 비교해 보는 것이다. 이 분야에 경험과 이해가 늘어감에 따라 더 추상적이고 경제적인 가설을 제안할 수 있을 것이나 여기에서는 화학적으로 관심이 있고, 이 책에서 논의하려고 하는 계를 설명하기에 충분한 아주 기초적인 몇 개의 가설을 제시하려고 한다.

4.1 계의 상태는 파동함수로 완전히 기술된다.

고전역학은 예를 들어 위치, 운동량, 각운동량, 에너지 같은 동역학적 변수라고 부르는 양들을 다루고 있다. 측정 가능한 동역학적 변수들을 가관측량(observables)이라고 부른다. 단일 물체계의 특정한 시간에서의 상태는 세 개의 위치 좌표 (x, y, z)와 주어진 시간에서 세 개의 운동량 또는 속도 (v_x, v_y, v_z)에 의해 완전히 정해진다. 이 계의 시간에 따른 변화는 Newton 방정식에 의해 지배된다.

$$m\frac{d^2x}{dt^2} = F_x \qquad m\frac{d^2y}{dt^2} = F_y \qquad m\frac{d^2z}{dt^2} = F_z \tag{4-1}$$

이 때 F_x, F_y, F_z는 각각 힘 $\boldsymbol{F}(x, y, z)$의 성분들이다. 각 힘의 성분들은 x, y, z에 의존함을 알 수 있다. 이것을 강조하기 위해 다음과 같이 쓴다.

$$m\frac{d^2x}{dt^2}=F_x(x,y,z) \quad m\frac{d^2y}{dt^2}=F_y(x,y,z) \quad m\frac{d^2z}{dt^2}=F_z(x,y,z) \tag{4-2}$$

각 식이 이차 미분방정식임을 주목하고 따라서 각각 두 개의 적분상수가 존재함을 알 수 있다. 적분상수로 초기 위치와 속도, x_0, y_0, z_0, v_{x0}, v_{y0}, v_{z0}를 선택할 수 있다. 4-2 식의 해는 $x(t)$, $y(t)$, $z(t)$로 입자의 위치를 시간의 함수로 나타내게 된다. 입자의 위치는 시간은 물론 초기 조건에 의존하게 된다. 이것을 강조하기 위해 4-2 식의 해를 다음과 같이 쓸 수 있다.

$$\begin{aligned} x(t) &= x(t;\ x_0,\ y_0,\ z_0,\ v_{x0},\ v_{y0},\ v_{z0}) \\ y(t) &= y(t;\ x_0,\ y_0,\ z_0,\ v_{x0},\ v_{y0},\ v_{z0}) \\ z(t) &= z(t;\ x_0,\ y_0,\ z_0,\ v_{x0},\ v_{y0},\ v_{z0}) \end{aligned}$$

이 세 개의 식은 벡터 형으로 다음과 같이 쓸 수 있다.

$$\boldsymbol{r}(t)=\boldsymbol{r}(t:\ \boldsymbol{r}_0,\ \boldsymbol{v}_0)$$

벡터 $\boldsymbol{r}(t)$는 입자의 위치를 시간의 함수로 기술하고 있다. $\boldsymbol{r}(t)$를 입자의 궤적이라고 부른다. 고전역학은 입자에 작용하는 힘을 가지고 식 4-2의 Newton 방정식을 이용하여 입자의 궤적을 계산할 수 있게 한다.

계에 N 개의 입자가 존재하면 계의 상태를 정하는데 $3N$ 개의 좌표와 $3N$ 개의 초기 속도가 필요하게 된다. 따라서 $3N$ 개의 미분방정식과 $3N$ 개의 초기 위치, $3N$ 개의 초기 속도가 필요하게 된다. 계의 궤적은 계에 존재하는 N 개의 입자들의 위치를 시간과 초기 조건의 함수로 나타낸 것이다. N-물체 계는 단일 물체계보다 수학적으로 더 복잡할지 모르나 새로운 개념을 더 도입할 필요는 없다.

고전역학에서는 계의 상태를 기술하는데 $3N$ 개의 위치와 $3N$ 개의 속도 또는 운동량이 필요하다는 것을 알았다. 그러나 입자의 위치와 운동량을 무한대의 정밀도로 동시에 결정할 수 없다는 불확실성의 원리 때문에 양자역학에서는 상황이 다를 것이라는 것을 바로 알 수 있다. 거시적인 계에서 불확실성의 원리는 실제로 중요하지 않으므로 거시적인 계를 기술하는데 고전역학은 완전히 적절하다. 그러나 전자, 원자, 분자와 같은 미시적인 계에 대해서는 불확실성의 원리를 절대 무시할 수 없고 따라서 고전역학적인 기술은 더 이상 맞지 않는다. 여기에서 양자역학의 첫 번째 가설이 나오게 된다.

가설 1 양자역학적인 계의 상태는 시간과 입자의 좌표에 의존하는 함수 $\Psi(\boldsymbol{r},t)$에 의해 완전히 정해질 수 있다. 파동함수 또는 상태함수라고 부르는 이 함수는 $\Psi^*(\boldsymbol{r},t)\Psi(\boldsymbol{r},t)dxdydz$가 시간 t에서 $\boldsymbol{r}$에 위치한 부피요소 $dxdydz$에 입자가 존재할 확률을 나타내는 중요한 성질을 갖는다.

계에 한 개 이상의 입자가 존재하면, 예를 들어 두 개라면 시간 t에서 입자 1이 $\boldsymbol{r}_1$에 있는 부피요소 $dx_1dy_1dz_1$에 존재하고 입자 2가 $\boldsymbol{r}_2$의 부피요소 $dx_2dy_2dz_2$에 존재할 확률을

$$\Psi^*(\boldsymbol{r}_1,\boldsymbol{r}_2,t)\Psi^*(\boldsymbol{r}_1,\boldsymbol{r}_2,t)dx_1dy_1dz_1dx_2dy_2dz_2$$

로 나타낼 수 있다. 가설 1은 양자역학적인 계의 상태, 예를 들어 두 전자계의 상태가 이 함수에 의해 완전히 기술되고 다른 아무것도 필요하지 않다고 말하고 있다.

파동함수의 제곱이 확률적인 의미를 갖고 있기 때문에 이것은 특정한 물리적인 조건을 만족시켜야 한다. 예를 들어, 파동함수는 반드시 정규화 되어야 하고 따라서 단일 입자의 경우 모든 시간에 대해 다음과 같이 된다.

$$\int\int\int_{all\ space} \Psi^*(\boldsymbol{r},t)\Psi(\boldsymbol{r},t)dxdydz = 1 \tag{4-3}$$

여기에서 “all space”는 모든 가능한 x, y, z 값에 대한 적분을 나타낸다.

식 4-3은 $dxdydz = d\tau$를 이용하여 간략하게 쓰면 편리하다.

$$\int_{-\infty}^{\infty} \Psi^*(\boldsymbol{r},t)\Psi(\boldsymbol{r},t)d\tau = 1 \tag{4-4}$$

실제 이 적분은 모든 가능한 x, y, z 값에 대한 삼중적분이다. 삼차원 상자속 입자에 대해 적분 한계는 $(0,\ a)$, $(0,\ b)$, $(0,\ c)$이다.

예제 4-1 길이 a, b인 직사각형 안에 있는 입자의 파동함수(이차원 상자속 입자)는

$$\psi_{n_xn_y} = \left(\frac{4}{ab}\right)^{1/2}\sin\frac{n_x\pi x}{a}\sin\frac{n_y\pi y}{b} \quad n_x,n_y = 1,2,\cdots \begin{cases}0 \leqq x \leqq a \\ 0 \leqq y \leqq b\end{cases}$$

이다. 이 파동함수가 정규화 되어 있음을 보여라.

풀이

$$\int_0^a\int_0^b dxdy\psi^*(x,y)\psi(x,y) = \left(\frac{4}{ab}\right)\int_0^a\int_0^b dxdy\sin^2\frac{n_x\pi x}{a}\sin^2\frac{n_y\pi y}{b} = 1$$

을 보여야 한다. 이중적분은 실제 다음 두 개의 적분의 곱으로 된다.

$$\left(\frac{4}{ab}\right)\int_0^a dx\sin^2\frac{n_x\pi x}{a}\int_0^b dy\sin^2\frac{n_y\pi y}{b}$$

3-26 식은 앞의 적분이 $a/2$ 뒤의 적분이 $b/2$ 임을 보이고 있고 따라서

$$\left(\frac{4}{ab}\right)\frac{a}{2}\cdot\frac{b}{2}=1$$

이므로 이 파동함수는 정규화 되어 있다.

4-4 식 보다 약간 완화된 조건으로 파동함수들이 정규화 될 수 있어야 한다는 조건이 있다. 이 조건을 만족시키기 위해서는 4-3 식의 적분이 유한해야 한다. 이렇게 되는 경우 우리는 $\Psi(\boldsymbol{r},t)$가 이차적분 가능(qudratically integrable) 또는 제곱적분 가능(square integrable) 하다고 말한다.(연습문제 4-1) 식 4-4의 적분이 1이 아니고 상수 c인 경우 $\Psi(\boldsymbol{r},t)$를 $c^{1/2}$로 나누어 정규화 할 수 있다. $\Psi^*(\boldsymbol{r},t)\Psi(\boldsymbol{r},t)d\tau$가 확률을 나타내기 때문에 정규화 또는 정규화가 가능해야 함과 함께 $\Psi(\boldsymbol{r},t)$와 그의 일차미분이 일가함수, 연속이고 유한해야 한다.(연습문제 4-4) 이러한 조건들을 요약하여 $\Psi(\boldsymbol{r},t)$가 well-behaved 함수여야 한다고 말한다.

예제 4-2 다음의 함수들이 주어진 구간에서 상태함수로 적당한지 부적당한지를 결정하여라.

(a) e^{-x} $(0,\infty)$

(b) e^{-x} $(-\infty,\infty)$

(c) $\sin^{-1}x$ $(-1,1)$

(d) $\dfrac{\sin x}{x}$ $(0,\infty)$

(e) $e^{-|x|}$ $(-\infty,\infty)$

풀이 (a) 적당하다; 구간 $(0,\infty)$에서 함수 e^{-x}는 일가함수이고, 연속, 유한, 제곱적분 가능하다.

(b) 부적당하다; e^{-x}는 $x\to-\infty$에서 발산하므로 구간 $(-\infty,\infty)$에서 정규화 할 수 없다.

(c) 부적당하다; $\sin^{-1}x$는 다가함수이다. 예를 들어,

$$\sin^{-1}x=\frac{\pi}{2},\ \frac{\pi}{2}+2\pi,\ \frac{\pi}{2}+4\pi,\ etc$$

(d) 적당하다; $x=0$에서 $(\sin x)/x$는 유한한 것에 주목하여라.

(e) 부적당하다; $e^{-|x|}$의 일차미분은 $x=0$에서 불연속이다.

4.2 양자역학적인 연산자는 고전역학적인 변수를 나타낸다.

제 3 장에서 고전역학적인 양들이 양자역학에서 선형 연산자로 표현됨을 보였다. 이 결과를 다음 가설에서 공식화 하였다.

가설 2 모든 고전역학적인 가관측량에는 양자역학적인 선형 연산자가 대응된다.

제 3 장에서 가관측량과 연산자들의 대응에 대해 이미 살펴본 바 있다. 이러한 대응관계를 표 4-1에 정리하였다. 표 4-1에서 새로운 것은 단지 각운동량으로서 약간의 설명을 요한다.

1.8 절에서 회전운동에 대해 자세히 다루었다. 이 경우 각운동량 l은 $l = mvr$로 주어진다. 그러나 선형 운동량과 마찬가지로 각운동량은 실제 벡터양이다. $\mathbf{r}$ 위치에 있는 입자가 운동량 $\mathbf{p}$를 갖고 있을 때 각운동량은 $\mathbf{l} = \mathbf{r} \times \mathbf{p}$로 정의 된다. 수학 C 장에서 보였듯이 이러한 벡터곱은 θ가 $\mathbf{r}$과 $\mathbf{p}$ 사이의 각을 나타낼 때 크기가 $|\mathbf{r}||\mathbf{p}|\sin\theta$이고 방향이 $\mathbf{r}$과 $\mathbf{p}$에 의해 형성되는 평면에 수직인 벡터이다. $\mathbf{l}$의 성분은 다음과 같이 주어진다.(식 C-20)

$$\begin{aligned} l_x &= yp_z - zp_y \\ l_y &= zp_x - xp_z \\ l_z &= xp_y - yp_x \end{aligned} \qquad (4\text{-}5)$$

표 4-1의 연산자들은 4-5 식에서의 운동량 p_x, p_y, p_z를 대응되는 연산자로 표시하여 얻어진다는 것에 주목하여라.

가설 2에 따르면 모든 양자역학적인 연산자들은 선형이다. 선형 연산자들은 이제까지는 논의하지 않았던 중요한 성질을 갖는다. 이중으로 축퇴된 고유치문제에 대해 생각해 보자. 즉, 다음 두 방정식에 대해 고려해 보자.

$$\hat{A}\psi_1 = a\psi_1 \qquad \hat{A}\psi_2 = a\psi_2$$

ψ_1과 ψ_2 모두 같은 고유치 a를 갖고 있다. 이 경우 예를 들어 $c_1\psi_1 + c_2\psi_2$와 같은 ψ_1과 ψ_2의 어떠한 선형결합도 고유치 a인 $\hat{A}$의 고유함수이다. 이 사실에 대한 증명은 $\hat{A}$가 선형이라는 성질에 기인한다.(3.2 절)

$$\begin{aligned} \hat{A}(c_1\psi_1 + c_2\psi_2) &= c_1\hat{A}\psi_1 + c_2\hat{A}\psi_2 \\ &= c_1 a\psi_1 + c_2 a\psi_2 = a(c_1\psi_1 + c_2\psi_2) \end{aligned}$$

표 4-1 고전역학적인 가관측량과 대응되는 양자역학적인 연산자

Observable		Operator	
Name	Symbol	Symbol	Operation
Position	x	$\hat{X}$	Multiply by x
	$\mathbf{r}$	$\hat{\mathbf{R}}$	Multiply by $\mathbf{r}$
Momentum	p_x	$\hat{P}_x$	$-i\hbar\frac{\partial}{\partial x}$
	$\mathbf{p}$	$\hat{\mathbf{P}}$	$-i\hbar(\mathbf{i}\frac{\partial}{\partial x}+\mathbf{j}\frac{\partial}{\partial y}+\mathbf{k}\frac{\partial}{\partial z})$
Kinetic energy	T_x	$\hat{T}_x$	$-\frac{\hbar^2}{2m}\frac{\partial^2}{\partial x^2}$
	T	$\hat{T}$	$-\frac{\hbar^2}{2m}(\frac{\partial^2}{\partial x^2}+\frac{\partial^2}{\partial y^2}+\frac{\partial^2}{\partial z^2})$ $=-\frac{\hbar^2}{2m}\nabla^2$
Potential energy	$V(x)$	$\hat{V}(\hat{x})$	Multiply by $V(x)$
	$V(x, y, z)$	$\hat{V}(\hat{x}, \hat{y}, \hat{z})$	Multiply by $V(x, y, z)$
Total energy	E	$\hat{H}$	$-\frac{\hbar^2}{2m}(\frac{\partial^2}{\partial x^2}+\frac{\partial^2}{\partial y^2}+\frac{\partial^2}{\partial z^2})$ $+V(x, y, z)$ $=-\frac{\hbar^2}{2m}\nabla^2+V(x, y, z)$
Angular momentum	$l_x = yp_z - zp_y$	$\hat{l}_x$	$-i\hbar(y\frac{\partial}{\partial z}-z\frac{\partial}{\partial y})$
	$l_y = zp_x - xp_z$	$\hat{l}_y$	$-i\hbar(z\frac{\partial}{\partial x}-x\frac{\partial}{\partial z})$
	$l_z = xp_y - yp_x$	$\hat{l}_z$	$-i\hbar(x\frac{\partial}{\partial y}-y\frac{\partial}{\partial x})$

예제 4-3 m이 실수(허수 또는 복소수가 아님)일 때 다음 고유치문제에 대해 생각해 보자.

$$\frac{d^2\Phi(\theta)}{d\phi^2}=-m^2\Phi(\theta)$$

$\hat{A}$의 두 고유함수는 $\Phi_m(\phi)=e^{im\phi}$ 그리고 $\Phi_{-m}(\phi)=e^{-im\phi}$이다. 이 고유함수들의 고유치가 $-m^2$임을 보이는 것은 쉽다. $\Phi_m(\phi)$와 $\Phi_{-m}(\phi)$의 어느 선형결합도 $\hat{A}=d^2/d\phi^2$의 고유함수가 됨을 보여라.

풀이 $$\frac{d^2}{d\phi^2}(c_1e^{im\phi}+c_2e^{-im\phi}) = c_1\frac{d^2e^{im\phi}}{d\phi^2}+c_2\frac{d^2e^{-im\phi}}{d\phi^2}$$
$$=-c_1m^2e^{im\phi}-c_2m^2e^{-im\phi}=-m^2(c_1e^{im\phi}+c_2e^{-im\phi})$$

예제 4-3은 이 결과가 양자역학적인 연산자가 선형이기 때문에 얻어짐을 직접 보여준다. 여기에서는 이 결과를 이중으로 축퇴된 경우에 대해 보였지만 일반적인 결과임이 자명하다. 이 선형 연산자의 성질을 7 장에서 수소원자에 대해 논의할 때 이용할 것이다.

4.3 가관측량은 양자역학적인 연산자의 고유치이어야 한다.

세 번째 가설은 다음과 같다.

가설 3

연산자 $\hat{A}$에 해당하는 어떠한 가관측량의 측정에 있어서도 관측되는 단 하나의 값은 다음 고유치 방정식을 만족시키는 고유치 a 밖에 없다.

$$\hat{A}\Psi_a = a\Psi_a \tag{4-6}$$

일반적으로 연산자는 고유함수와 고유치들의 세트를 갖게 된다. 이것을 다음과 같이 나타내었다.

$$\hat{A}\Psi_n = a_n\Psi_n \tag{4-7}$$

따라서 $\hat{A}$에 해당하는 가관측량을 측정하려는 어떠한 실험에서도 측정되는 값들은 $a_1, a_2, a_3, \cdots$ 이다. 연산자 $\hat{A}$에 대한 고유치들 $\{a_n\}$을 $\hat{A}$의 스펙트럼이라고 부른다.

특별한 예로 에너지를 측정하는 경우를 생각해 보자. 에너지에 대응하는 연산자는 Hamiltonian 연산자이고 고유치방정식은 다음과 같다.

$$\hat{H}\Psi_n = E_n\Psi_n \tag{4-8}$$

이것이 바로 Schrödinger 방정식이다. 이 식의 해는 Ψ_n과 E_n을 준다. 상자속 입자의 경우 $E_n = n^2h^2/8ma^2$이다. 가설 3은 상자속 입자의 에너지를 측정하면 이 에너지들 중의 하나를 측정하게 되고 다른 값은 측정되지 않는다는 것을 알려준다.

가능한 연산자 마다 고유치방정식이 있을 수 있으므로 Schrödinger 방정식이 여러 가지 고유치방정식들 중의 하나에 지나지 않는다는 사실에 주목하여라. 그러나 4-8 식이 가장 유명하고 중요한 방정식이다. 계의 에너지 스펙트럼이 계의 가장 중요한 성질들 중의 하나이기 때문이다. $\Delta E = h\nu$이기 때문에 실험적으로 얻어지는 스펙트럼이 수학적인 스펙트럼과 밀접한 관계가 있음을 알 수 있다. 이것이 연산자의 고유치 세트를 스펙트럼이라고 부르는 동기가 되었고 Schrödinger 방정식이 특별한 고유치방정식인 것을 알려준다.

상자속 입자는 속박된 계이고 속박된 계의 스펙트럼은 불연속이다. 속박되지 않은 계의 스펙트럼은 연속이다.(연습문제 3-35) 유한한 벽이 있는 상자속 입자와 같은 계에서는 (그림 4-1) 스펙트럼이 연속 그리고 불연속인 부분이 모두 나타난다. 그림 4-1의 V_0보다 낮은 에너지에서는 불연속이고 $E > V_0$에서는 연속이다. V_0가 증가함에 따라 큰 값의 V_0는 입자를 0과 a 사이의 우물에 가두게 되고 따라서 이 계는 상자속 입자의 계가 된다.

계가 $\hat{A}$의 고유함수 Ψ_n으로 기술되는 상태에 있으면 $\hat{A}$에 해당하는 측정된 가관측량은 a_n이고 단지 a_n이다. 그러나 $\{\Psi_n\}$은 매우 특별한 함수들이어서 계가 이 중 어느 한 상태에만 있지 않을 수도 있다는 사실을 아는 것이 매우 중요하다. 가설 1은 계가 반드시 고유함수로 기술되는 상태에 있어야 한다고 말하고 있지는 않다. 어떠한 적당한 well-behaved 함수도 파동함수 또는 상태함수가 될 수 있다. 그러면 $\hat{H}$의 고유함수가 아닌 Ψ에 의해 기술되는 상태에서 계의 에너지가 측정된다면 어떤 값이 얻어지겠는가? 측정된 값들은 E_n 중의 하나가 될 것이나 어느 것도 확실하게 예측될 수는 없다. Ψ로 기술되는 상태에 있는 유사한 계들에서 각각 에너지를 측정하면 에너지의 분포를 관측하게 될 것이다. 그러나 이 분포의 각각은 E_n 중의 하나가 된다. 이로부터 네 번째 가설이 나오게 된다.

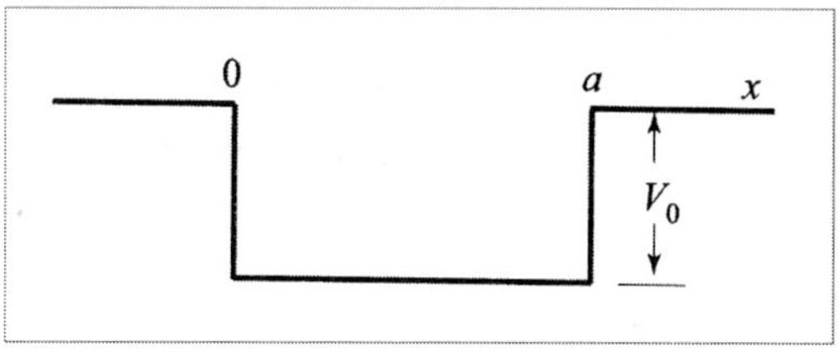

그림 4-1 유한한 크기를 갖는 포텐셜 우물. 이 그림에서 계를 기술하는 위치에너지 $V(x)$는 다음과 같다.

$$V(x) = 0 \qquad 0 < x < a$$
$$= V_0 \qquad x < 0 \ \text{and} \ x > a$$

가설 4

계가 정규화 된 파동함수 Ψ로 기술되는 상태에 있으면 $\hat{A}$에 해당하는 가관측량의 평균값은 다음과 같다.

$$\langle a \rangle = \int_{-\infty}^{\infty} \Psi^* \hat{A} \Psi d\tau \qquad (4\text{-}9)$$

가설 4에 따라 각각 Ψ로 기술되는 유사한 계의 집합에서 각각의 에너지를 측정하면 관측된 값들의 평균값은 $\hat{A}=\hat{H}$일 때 4-9 식으로 주어진다.

■ 예제 4-4 상자속 입자가 다음 정규화 된 함수로 표현되는 상태에 있다고 가정하자.

$$\Psi(x)=\left(\frac{30}{a^5}\right)^{1/2} x(a-x) \qquad 0 \leqq x \leqq a$$
$$=0 \qquad \text{otherwise}$$

평균 에너지를 구하여라.

풀이 $\Psi(x)$의 정규화 적분은 간단하다.

$$\frac{30}{a^5}\int_0^a x^2(a-x)^2 dx=1$$

4-9 식에 따라 평균 에너지를 구하면 다음과 같다.

$$\begin{aligned} <E> &= \int_0^a \Psi^*(x)\hat{H}\Psi(x)dx=\int_0^a \Psi^*(x)\left(-\frac{\hbar^2}{2m}\frac{d^2}{dx^2}\right)\Psi(x)dx \\ &= -\frac{15\hbar^2}{ma^5}\int_0^a x(a-x)\left(\frac{d^2}{dx^2}x(a-x)\right)dx \\ &= \frac{30\hbar^2}{ma^5}\int_0^a x(a-x)dx=\frac{5\hbar^2}{ma^2}=\frac{5h^2}{4\pi^2 ma^2} \end{aligned}$$

이 값이 상자속 입자의 에너지의 고유치 중의 하나가 아님을 주의하여라.(3-21 식) 이 값이 어느 것과 가까운가? 어느 고유함수 (3-27 식)가 $\Psi(x)$와 유사한가? 이 결과가 이해가 되는가?

Ψ가 $\hat{A}$의 고유함수라고 하자. 즉, $\Psi=\psi_n$이 다음을 만족한다면

$$\hat{A}\psi_n=a_n\psi_n$$
$$<a>=\int_{-\infty}^{\infty}\psi_n{}^*\hat{A}\psi_n d\tau=\int_{-\infty}^{\infty}\psi_n{}^*a_n\psi_n d\tau=a_n\int_{-\infty}^{\infty}\psi_n{}^*\psi_n d\tau=a_n \qquad (4\text{-}10)$$

그리고 $\hat{A}\psi_n=a_n\psi_n$ 이면

$$\hat{A}^2\psi_n=\hat{A}(\hat{A}\psi_n)=\hat{A}(a_n\psi_n)=a_n(\hat{A}\psi_n)=a_n^2\psi_n$$

이고 따라서

$$< a^2 > = \int_{-\infty}^{\infty} \psi_n{}^* \hat{A}^2 \psi_n d\tau = a_n^2 \qquad (4-11)$$

이다. 4-10 식과 4-11 식에서 측정치의 가변도(수학 B)는 다음과 같이 된다.

$$\sigma_n^2 = < a^2 > - < a >^2 = a_n^2 - a_n^2 = 0 \qquad (4-12)$$

따라서 가설 3에서 말하듯이 측정되는 단 하나의 값은 a_n이다. 그러나 흔히 계는 고유함수로 기술되는 상태에 있지 않고 가설 4로 주어지는 평균값을 갖는 분포를 측정하게 된다.

예제 4-5 다음으로 표시되는 상자속 입자에 대해

$$\psi_n(x) = \left(\frac{2}{a}\right)^{1/2} \sin\frac{n\pi x}{a} \qquad 0 \leqq x \leqq a$$

$\sigma_E^2 = < E^2 > - < E >^2 = 0$ 임을 직접 계산을 통해 보여라. 즉, 측정되는 에너지가 단지 고유치 $E_n = n^2h^2/8ma^2$ (3-21 식) 임을 보여라.

풀이 에너지 E에 대응되는 연산자는 Hamiltonian 연산자이고 $V(x) = 0$인 상자속 입자에 대해 다음과 같다.

$$\hat{H} = -\frac{\hbar^2}{2m}\frac{d^2}{dx^2}$$

평균 에너지는

$$\begin{aligned} < E > &= \int_0^a \psi_n{}^*(x) \hat{H} \psi_n(x) dx \\ &= \frac{2}{a}\int_0^a \sin\frac{n\pi x}{a}\left(-\frac{\hbar^2}{2m}\frac{d^2}{dx^2}\right)\sin\frac{n\pi x}{a} dx \\ &= \frac{\hbar^2}{2m}\frac{2}{a}\left(\frac{n\pi}{a}\right)^2 \int_0^a \sin^2\frac{n\pi x}{a} dx = \frac{n^2h^2}{8ma^2} = E_n \end{aligned}$$

이다. 유사한 방법으로 다음을 얻을 수 있다.

$$\begin{aligned} < E^2 > &= \int_0^a \psi_n{}^*(x) \hat{H}^2 \psi_n(x) dx = \int_0^a \psi_n{}^*(x) \hat{H}[\hat{H}\psi_n(x)] dx \\ &= \frac{2}{a}\int_0^a \sin\frac{n\pi x}{a}\left(-\frac{\hbar^2}{2m}\frac{d^2}{dx^2}\right)\left(-\frac{\hbar^2}{2m}\frac{d^2}{dx^2}\right)\sin\frac{n\pi x}{a} dx \end{aligned}$$

$$= \frac{\hbar^4}{4m^2}\frac{2}{a}\int_0^a \sin\frac{n\pi x}{a}\left(\frac{d^4}{dx^4}\right)\sin\frac{n\pi x}{a}dx$$

$$= \frac{\hbar^4}{4m^2}\frac{2}{a}\left(\frac{n\pi}{a}\right)^4\int_0^a \sin^2\frac{n\pi x}{a}dx$$

$$= \frac{n^4h^4}{64m^2a^4} = \left(\frac{n^2h^2}{8ma^2}\right)^2 = E_n^2 = < E >^2$$

따라서 $\sigma_E^2 = < E^2 > - < E >^2 = 0$이고 $\psi_n(x)$로 기술되는 상태의 상자속 입자의 에너지는 단지 $E_1, E_2, \cdots$만이 관측될 수 있다.

4.4 두 연산자의 교환자는 불확실성의 원리에서 중심역할을 한다.

두 연산자가 $\hat{A}\hat{B}f(x)$와 같이 차례로 함수에 연산될 때에는 차례로 오른쪽에서부터 왼쪽으로 연산한다. $h(x) = \hat{B}f(x)$이면

$$\hat{A}\hat{B}f(x) = \hat{A}\{\hat{B}f(x)\} = \hat{A}h(x)$$

이다. 연산자와 보통의 대수학적인 양과의 중요한 차이는 연산자들이 교환될 필요가 없다는 것이다. 임의의 함수 $f(x)$에 대해

$$\hat{A}\hat{B}f(x) = \hat{B}\hat{A}f(x) \quad \text{(교환)} \tag{4-13}$$

이면 $\hat{A}$와 $\hat{B}$가 "교환된다"라고 말하고

$$\hat{A}\hat{B}f(x) \neq \hat{B}\hat{A}f(x) \quad \text{(비교환)} \tag{4-14}$$

이면 "교환되지 않는다"라고 말한다. 예를 들어, $\hat{A} = d/dx$이고 $\hat{B} = x$ (x를 곱함)일 때

$$\hat{A}\hat{B}f(x) = \frac{d}{dx}\{xf(x)\} = f(x) + x\frac{df}{dx}$$

이고

$$\hat{B}\hat{A}f(x) = x\frac{d}{dx}f(x) = x\frac{df}{dx}$$

가 되어 $\hat{A}\hat{B}f(x) \neq \hat{B}\hat{A}f(x)$이므로 $\hat{A}$와 $\hat{B}$는 교환되지 않는다. 이 특수한 경우 $f(x)$에 1을 곱하는 동등연산자 $\hat{I}$를 도입하여 다음과 같이 쓸 수 있다.

$$\hat{A}\hat{B}f(x) - \hat{B}\hat{A}f(x) = f(x) \tag{4-15}$$

또는

$$(\hat{A}\hat{B} - \hat{B}\hat{A})f(x) = \hat{I}f(x)$$

$f(x)$가 임의의 함수이므로 4-15 식의 양변에서 $f(x)$를 제외하고 다음과 같은 연산자 방정식으로 나타낼 수 있다.

$$\hat{A}\hat{B} - \hat{B}\hat{A} = \hat{I} \tag{4-16}$$

이러한 연산자 등식은 모든 $f(x)$에 대해 참일 때에만 성립하는 것에 주의하여야 한다. 4-16 식과 같은 $\hat{A}$, $\hat{B}$의 조합은 흔히 나타나는 것으로 $\hat{A}$와 $\hat{B}$의 교환자(commutator) $[\hat{A}, \hat{B}]$라고 부른다.

$$[\hat{A}, \hat{B}] = \hat{A}\hat{B} - \hat{B}\hat{A} \tag{4-17}$$

연산자가 작용하는 모든 $f(x)$에 대해 $[\hat{A}, \hat{B}]f(x) = 0$이면 $[\hat{A}, \hat{B}] = 0$으로 쓰고 $\hat{A}$, $\hat{B}$는 교환된다 라고 말한다.

예제 4-6 $\hat{A} = d/dx$ 그리고 $\hat{B} = x^2$으로 하자. 교환자 $[\hat{A}, \hat{B}]$를 구하여라.

풀이 $\hat{A}$, $\hat{B}$를 차례로 임의의 함수 $f(x)$에 연산하자.

$$\hat{A}\hat{B}f(x) = \frac{d}{dx}\{x^2 f(x)\} = 2xf(x) + x^2\frac{df}{dx}$$

$$\hat{B}\hat{A}f(x) = x^2\frac{d}{dx}f(x) = x^2\frac{df}{dx}$$

따라서

$$(\hat{A}\hat{B} - \hat{B}\hat{A})f(x) = 2xf(x)$$

이고 $f(x)$가 임의의 함수이므로

$$\hat{A}\hat{B} - \hat{B}\hat{A} = 2x\hat{I}$$

이다. 교환자를 구할 때에는 위와 같이 $f(x)$를 포함시키는 것이 필수적이다. 그렇지 않으면 이상한 결과를 얻게 된다. $f(x)$를 포함시키지 않으면

$$[\hat{A}, \hat{B}] = \hat{A}\hat{B} - \hat{B}\hat{A} = \frac{d}{dx}x^2 - x^2\frac{d}{dx} \neq 2x - x^2\frac{d}{dx}$$

와 같이 된다. 임의의 함수 $f(x)$를 포함시키면 위와 같은 실수를 범하지 않게 된다.

예제 4-7 일차원 계에서 운동량 연산자(3-11 식)는

$$\hat{P}_x = -i\hbar\frac{d}{dx}$$

이고 위치 연산자는 다음과 같다.

$$\hat{X} = x \quad (x\text{를 곱함})$$

$[\hat{P}_x, \hat{X}]$를 구하여라.

풀이 $[\hat{P}_x, \hat{X}]$를 임의의 함수 $f(x)$에 대해 적용하면:

$$[\hat{P}_x, \hat{X}]f(x) = \hat{P}_x\hat{X}f(x) - \hat{X}\hat{P}_x f(x) = -i\hbar\frac{d}{dx}\{xf(x)\} + xi\hbar\frac{d}{dx}f(x)$$
$$= -i\hbar f(x) - i\hbar x\frac{df}{dx} + i\hbar x\frac{df}{dx} = -i\hbar f(x)$$

$f(x)$가 임의의 함수이므로

$$[\hat{P}_x, \hat{X}] = -i\hbar\hat{I} \tag{4-18}$$

이다.

연산자들이 교환되지 않으면 그들에 상응하는 가관측량들은 동시에 정의될 수 없고 실제로 다음을 만족하게 된다.

$$\sigma_A^2\sigma_B^2 \geq -\frac{1}{4}\left(\int \psi^*[\hat{A}, \hat{B}]\psi dx\right)^2 \tag{4-19}$$

이때 σ_A^2과 σ_B^2은

$$\sigma_A^2 = \int \psi^*(\hat{A} - < a >)^2\psi dx \tag{4-20}$$

$$\sigma_B^2 = \int \psi^*(\hat{B} - < b >)^2\psi dx \tag{4-21}$$

이고 ψ는 적당한 well-behaved 함수이다. 4-19 식의 증명은 연습문제에서 다루기로 한다. (연습문제 4-47)

$\hat{A}$와 $\hat{B}$가 각각 운동량 그리고 위치 연산자일 때 어떻게 쓰이는가를 보기로 하자. 이 경우(4-18 식)

$$[\hat{A}, \hat{B}] = [\hat{P}_x, \hat{X}] = -i\hbar\hat{I} \tag{4-22}$$

이다. 이것을 4-19 식에 대입하면 다음을 얻을 수 있다.

$$\sigma_p^2\sigma_x^2 \geqq -\frac{1}{4}\left\{\int \psi^*(-i\hbar)\psi dx\right\}^2$$

또는

$$\sigma_p^2\sigma_x^2 \geqq -\frac{1}{4}(-i\hbar)^2 = \frac{\hbar^2}{4}$$

이다. 양변의 제곱근을 취하면

$$\sigma_p\sigma_x \geqq \frac{\hbar}{2} \tag{4-23}$$

이고 이것이 운동량과 위치에 대한 Heisenberg의 불확실성의 원리이다.

4.5 양자역학적 연산자는 에르미트 연산자이어야 한다.

많이 쓰이는 양자역학적인 연산자를 표 4-1에 나타내었다. 이미 우리는 이 연산자들이 특별한 성질을 가져야한다고 하였다. 이 연산자들은 모두 선형임을 알 수 있고, 이것은 하나의 필요조건이다. 연산자 $\hat{A}$에 대한 가관측량을 측정함에 있어 측정치는 $\hat{A}$의 고유치들 만이라는 가설 3을 고려하면 더 세부적인 필요조건이 얻어진다. 그러나 파동함수와 연산자들이 일반적으로 복소수인 데 반해 실제 측정치가 실험적으로 얻어진 값이라면 고유치들이 실수여야 함을 알 수 있다. 따라서 식

$$\hat{A}\psi = a\psi \tag{4-24}$$

에서 ψ와 $\hat{A}$가 허수가 될 수 있음에도 a는 반드시 실수여야 한다. 따라서 양자역학적인 연산자는 실수의 고유치를 가져야 한다. 이 조건은 연산자 $\hat{A}$에 명백한 제약을 가하게 된다.

이 제약조건을 알기 위해 4-24 식에 왼편에서부터 ψ^*를 곱하고 적분하면

$$\int \psi^*\hat{A}\psi dx = a\int \psi^*\psi dx = a \tag{4-25}$$

이다. 4-24 식의 켤레복소수를 취하면

$$\hat{A}^* \psi^* = a^* \psi^* = a\psi^* \tag{4-26}$$

이고 이때 a가 실수이므로 $a^* = a$이다. 4-26 식의 왼편에 ψ를 곱하고 적분하면

$$\int \psi \hat{A}^* \psi^* dx = a \int \psi\psi^* dx = a \tag{4-27}$$

이다. 4-25 식과 4-27 식의 우변이 같으므로

$$\int \psi^* \hat{A} \psi dx = \int \psi \hat{A}^* \psi^* dx \tag{4-28}$$

이다. 고유치를 실수로 갖기 위해 양자역학적인 연산자는 반드시 4-28 식을 만족시켜야 한다. 어떠한 well-behaved 함수에 대해서도 4-28 식을 만족시키는 연산자를 에르미트 연산자(Hermitian operator)라고 부른다. 따라서 에르미트 연산자를 다음의 관계를 만족시키는 연산자로 정의할 수 있다.

$$\int_{-\infty}^{\infty} f^* \hat{A} f dx = \int_{-\infty}^{\infty} f \hat{A}^* f^* dx \tag{4-29}$$

여기에서 $f(x)$는 well-behaved 함수이다. 에르미트 연산자는 실수의 고유치를 갖는다. 따라서 가설 2는 다음과 같이 보완되어야 한다.

가설 2' 고전역학적인 모든 가관측량에 대해 양자역학적인 선형, 에르미트 연산자가 대응한다.

표 4-1의 모든 연산자는 에르미트 연산자이다. 연산자가 에르미트 연산자인지를 어떻게 결정할 것인가? 연산자 $\hat{A} = d/dx$에 대해 고려해보자. $\hat{A}$가 식 4-29를 만족하는가? $\hat{A} = d/dx$를 4-29 식에 대입하고 부분적분 해보자.

$$\int_{-\infty}^{\infty} f^* \frac{d}{dx} f dx = \int_{-\infty}^{\infty} f^* \frac{df}{dx} dx = |f^* f|_{-\infty}^{\infty} - \int_{-\infty}^{\infty} f \frac{df^*}{dx} dx$$

파동함수가 정규화 되기 위해서는 x가 무한대일 때 영이 되어야 하고 따라서 우변의 첫째항이 영이다. 그러므로

$$\int_{-\infty}^{\infty} f^* \frac{d}{dx} f dx = - \int_{-\infty}^{\infty} f \frac{d}{dx} f^* dx$$

이다. 임의의 함수 $f(x)$에 대해 d/dx는 4-29 식을 만족하지 않으며 따라서 에르미트

연산자가 아니다.

이제 운동량 연산자 $\hat{P}=-i\hbar d/dx$에 대해 고려해보자. 4-29 식에 대입하고 부분적분하면

$$\int_{-\infty}^{\infty} f^*\left(-i\hbar\frac{d}{dx}\right)f\,dx = -i\hbar\int_{-\infty}^{\infty} f^*\frac{df}{dx}dx = i\hbar\int_{-\infty}^{\infty} f\frac{df^*}{dx}dx$$

그리고

$$\int_{-\infty}^{\infty} f\hat{P}^*f^*\,dx = \int_{-\infty}^{\infty} f\left(-i\hbar\frac{d}{dx}\right)^*f^*\,dx = i\hbar\int_{-\infty}^{\infty} f\frac{df^*}{dx}dx$$

이다. 따라서 $\hat{P}$는 실제 4-29 식을 만족함을 알 수 있다. 그러므로 운동량 연산자는 에르미트 연산자이다.

예제 4-8 운동에너지 연산자가 에르미트 연산자임을 증명하여라.

$$\hat{T}=-\frac{\hbar^2}{2m}\frac{d^2}{dx^2}$$

풀이 f가 무한대에서 영이 된다고 가정하자. 따라서 부분적분을 두 번하면

$$\begin{aligned}-\frac{\hbar^2}{2m}\int_{-\infty}^{\infty} f^*\frac{d^2f}{dx^2}dx &= -\frac{\hbar^2}{2m}\left|f^*\frac{df}{dx}\right|_{-\infty}^{\infty} + \frac{\hbar^2}{2m}\int_{-\infty}^{\infty}\frac{df^*}{dx}\frac{df}{dx}dx \\ &= \frac{\hbar^2}{2m}\left|\frac{df^*}{dx}f\right|_{-\infty}^{\infty} - \frac{\hbar^2}{2m}\int_{-\infty}^{\infty}\frac{d^2f^*}{dx^2}f\,dx\end{aligned}$$

이고 따라서

$$\int_{-\infty}^{\infty} f^*\left(-\frac{\hbar^2}{2m}\frac{d^2}{dx^2}\right)f\,dx = \int_{-\infty}^{\infty} f\left(-\frac{\hbar^2}{2m}\frac{d^2}{dx^2}\right)f^*\,dx =$$

$$\int_{-\infty}^{\infty} f\left(-\frac{\hbar^2}{2m}\frac{d^2}{dx^2}\right)^* f^*\,dx$$

가 되어 4-29 식을 만족시키므로 운동에너지 연산자는 에르미트 연산자이다.

4-29 식으로 주어지는 에르미트 연산자의 정의는 가장 일반적인 정의는 아니다. 에르미트 연산자의 더 일반적인 정의는

$$\int_{-\infty}^{\infty} dx f_m^*(x)\hat{A} f_n(x) = \int_{-\infty}^{\infty} dx f_n(x)\hat{A}^* f_m^*(x) \tag{4-30}$$

이고 이때 $f_n(x)$와 $f_m(x)$는 두 개의 well-behaved 함수이다. 우리는 이 정의를 자주 사용하게 될 것이다. 4-30 식이 4-29 식에서부터 증명이 가능하기 때문에 4-29 식을 알면 충분하다. 연습문제 4-20에서 이것을 증명하게 될 것이다.

이제 아주 흔히 사용되고 있는 표현에 대해 논의할 때가 되었다. 정수 n으로 구별되는 well-behaved 함수들의 세트를 $\{f_n(x)\}$로 하자. 이 함수들은 꼭 필요한 것은 아니지만 연산자 $\hat{O}$의 고유함수일 수 있다. 이 새로운 표현법에서는 $f_n(x)$를 $|n>$으로 표시한다. $f_n(x)$의 켤레 복소수함수를 $|n>^*$로 표시하는 대신 $<n|$로 표시한다. 이 표현법에서 $f_n^*(x) f_n(x)$의 적분은 $<n|n>$ 또는

$$\int_{-\infty}^{\infty} dx f_n^*(x) f_n(x) = <n|n>$$

이다. 정규화는 따라서 $<n|n> = 1$로 표시된다. 더 일반적으로

$$\int_{-\infty}^{\infty} dx f_m^*(x) f_n(x) = <m|n> \tag{4-31}$$

이다. 4-31 식의 양변에 켤레복소수를 취하면 $<m|n>^* = <n|m>$임을 알 수 있다. 다시 연산자 $\hat{A}$에 대해

$$\int_{-\infty}^{\infty} dx f_m^*(x)\hat{A} f_n(x) = <m|\hat{A}|n> \tag{4-32}$$

로 쓴다. $\hat{A}$를 두 수직선 사이에 놓음을 주목하여라. 이 식은 $<m|\hat{A}n>$으로 표시하여도 틀리지는 않지만 단지 그렇게 사용하지 않는다. 이 표현법에서 4-30 식의 양변은

$$\int_{-\infty}^{\infty} dx f_m^*(x)\hat{A} f_n(x) = <m|\hat{A}|n>$$

그리고

$$\int_{-\infty}^{\infty} dx f_n(x)\hat{A}^* f_m^*(x) = \left[\int_{-\infty}^{\infty} dx f_n^*(x)\hat{A} f_m(x)\right]^* = <n|\hat{A}|m>^*$$

이고 따라서

$$<m|\hat{A}|n> = <n|\hat{A}|m>^* \tag{4-33}$$

이면 $\hat{A}$가 에르미트 연산자이다. 4-33 식이 새로운 표현법에서 에르미트 연산자(4-30 식)의 정의이다.

이 표현법은 영국의 물리학자 Paul Dirac에 따른 것이다. $|n>$을 켓(kets)이라고 부르고 $<m|$을 브라(bras)라고 부른다. 이 용어들은 4-32 식의 적분이 bra c kets, $< m|\hat{A}|n >$로 표시된다는 사실로부터 유래하였다. 이러한 표현법을 "Dirac 표현법" 또는 "braket 표현법"이라고 부른다. 이 표현법이 생소할지 모르지만 매우 경제적이어서 점차 자주 이용할 것이다. 연습문제 4-27과 4-28에서 이 braket 표현법에 대한 연습을 할 수 있을 것이다.

4.6 에르미트 연산자의 고유함수들은 직교한다.

양자역학적인 연산자의 고유치가 실수여야 한다는 것으로부터 에르미트 연산자의 정의가 자연스럽게 유도되었다. 에르미트 연산자의 고유치가 실수임은 물론 고유함수도 특별한 조건을 만족시켜야 한다. 다음 두 고유치방정식을 고려해 보자.

$$\hat{A}\psi_n = a_n\psi_n \qquad \hat{A}\psi_m = a_m\psi_m \tag{4-34}$$

4-34의 첫 번째 식에 ψ_m^*을 곱하여 적분하고, 두 번째 식의 켤레복소수를 취한 후 ψ_n을 곱하여 적분하면

$$\begin{aligned}
\int_{-\infty}^{\infty} \psi_m^* \hat{A}\psi_n dx &= a_n \int_{-\infty}^{\infty} \psi_m^* \psi_n dx \\
\int_{-\infty}^{\infty} \psi_n \hat{A}^* \psi_m^* dx &= \left[\int_{-\infty}^{\infty} \psi_n^* \hat{A}\psi_m dx\right]^* = a_m{}^* \int_{-\infty}^{\infty} \psi_n \psi_m^* dx \\
&= a_m{}^* \int_{-\infty}^{\infty} \psi_m^* \psi_n dx
\end{aligned} \tag{4-35}$$

또는 braket 표현법으로

$$< m|\hat{A}|n > = a_n < m|n > \qquad < n|\hat{A}|m >^* = a_m^* < m|n > \tag{4-36}$$

을 얻는다. 4-35 또는 4-36의 두 식을 빼면 다음과 같이 된다.

$$\int_{-\infty}^{\infty} \psi_m^* \hat{A}\psi_n dx - \int_{-\infty}^{\infty} \psi_n \hat{A}^* \psi_m^* dx = (a_n - a_m{}^*) \int_{-\infty}^{\infty} \psi_m^* \psi_n dx \tag{4-37}$$

$$< m|\hat{A}|n > - < n|\hat{A}|m >^* = (a_n - a_m^*) < m|n > \tag{4-38}$$

$\hat{A}$가 에르미트연산자이므로 4-30 또는 4-33 식에 따라 좌변은 영이 되고 따라서

$$(a_n - a_m^*)\int_{-\infty}^{\infty} \psi_m^* \psi_n dx = (a_n - a_m^*) < m|n >= 0 \qquad (4\text{-}39)$$

이다. 4-39 식을 만족시키는 두 가지 방법이 있는데 $n = m$ 그리고 $n \neq m$이다. $n = m$이면 적분은 정규화에 의해 영이 되고 따라서

$$a_n = a_n^* \qquad (4\text{-}40)$$

이다. 이것은 고유치가 실수임을 보이는 또 다른 예이다.

$n \neq m$이면

$$(a_n - a_m^*)\int_{-\infty}^{\infty} \psi_m^* \psi_n dx = (a_n - a_m^*) < m|n >= 0 \qquad n \neq m \qquad (4\text{-}41)$$

이다. 계가 축퇴되어 있지 않으면 $a_n \neq a_m$이고 따라서

$$\int_{-\infty}^{\infty} \psi_m^* \psi_n dx = 0 \qquad n \neq m \qquad (4\text{-}42)$$

이다.

4-42 식의 조건을 만족시키는 고유함수의 세트를 직교한다고 말한다. 에르미트 연산자의 고유함수들이 적어도 축퇴되지 않은 계에서 직교함을 증명하였다. 상자속 입자는 축퇴되지 않은 계이다. 이 계의 파동함수들은(3-27 식)

$$\psi_n(x) = \left(\frac{2}{a}\right)^{1/2} \sin\frac{n\pi x}{a} \qquad n = 1, 2, \cdots \qquad (4\text{-}43)$$

이다. 다음의 삼각함수를 이용하여 이 함수들이 직교함을 보이는 것은 쉬운 일이다.

$$\sin\alpha\sin\beta = \frac{1}{2}\cos(\alpha-\beta) - \frac{1}{2}\cos(\alpha+\beta) \qquad (4\text{-}44)$$

$$\frac{2}{a}\int_0^a \sin\frac{n\pi x}{a}\sin\frac{m\pi x}{a}dx = \frac{1}{a}\int_0^a \cos\frac{(n-m)\pi x}{a}dx - \frac{1}{a}\int_0^a \cos\frac{(n+m)\pi x}{a}dx \qquad (4\text{-}45)$$

n, m이 정수이므로 우변의 두 적분에서 피적분 함수는 모두 N이 정수일 때 $\cos N\pi x/a$의 형이다. $n \neq m$일 때 두 적분은 코사인의 한 주기를 적분하게 되어 영이 되고

$$\frac{2}{a}\int_0^a \sin\frac{n\pi x}{a}\sin\frac{m\pi x}{a}dx = 0 \qquad m \neq n \tag{4-46}$$

따라서 상자속 입자의 파동함수들은 서로 직교한다는 것을 알 수 있다.(그림 4-2)

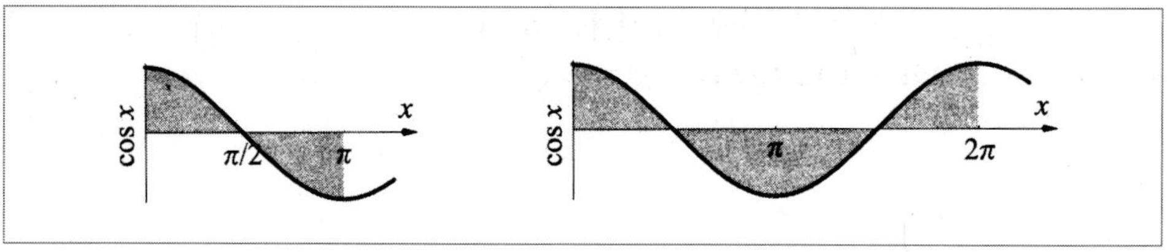

그림 4-2 영에서부터 $\cos x$의 반주기 또는 한 주기를 적분하면 $\cos N\pi x/a$의 적분이 영이 되는 것을 보여주는 그림

식 4-45에서 $m = n$일 때 우변의 첫 번째 적분의 피적분 함수는 $\cos 0 = 1$이므로 일이 된다. 4-38 식의 우변 두 번째 적분은 영이 되고 따라서

$$\frac{2}{a}\int_0^a \sin^2\frac{n\pi x}{a}dx = 1 \tag{4-47}$$

이고 상자속 입자의 파동함수들이 정규화 되어 있다는 것을 보인다. 정규화 되어 있고 직교하는 파동함수들의 세트들을 직교정규화(orthonormal) 세트라고 부른다. 직교정규화 조건을 다음과 같이 쓸 수 있다.

$$\int_{-\infty}^{\infty} \psi_m^* \psi_n dx = < m|n > = \delta_{mn} \tag{4-48}$$

$$\delta_{mn} = \begin{cases} 1 & m = n \\ 0 & m \neq n \end{cases} \tag{4-49}$$

δ_{mn}는 자주 쓰이는 기호로 Kroenecker delta(연습문제 4-26)라고 부른다.

예제 4-9 연습문제 3-33에서 반경 a인 원주 상에서 움직이는 입자의 고유함수가

$$\psi_m(\theta) = (2\pi)^{-1/2} e^{im\phi} \qquad m = 0,\ \pm 1,\ \pm 2, \cdots$$

임을 보였다. 이때 θ는 $0 \leqq \theta \leqq 2\pi$로 원주 상에서 입자의 위치를 나타내는 각이다. 이 고유함수들이 직교정규화 된 세트임을 보여라.

풀이 함수들이 직교정규화 세트임을 증명하기 위해서는 4-48 식을 만족하는 것을 보여야 한다.

$$\int_0^{2\pi}\psi_m{}^*(\theta)\psi_n(\theta)d\theta = \frac{1}{2\pi}\int_0^{2\pi}e^{-im\theta}e^{in\theta}d\theta = \frac{1}{2\pi}\int_0^{2\pi}e^{i(n-m)\theta}d\theta$$
$$= \frac{1}{2\pi}\int_0^{2\pi}\cos(n-m)\theta d\theta + \frac{i}{2\pi}\int_0^{2\pi}\sin(n-m)\theta d\theta$$

$n \neq m$이면 나중 두 적분은 싸인과 코사인의 한 주기를 적분하게 됨으로 영이 된다. $n = m$이면 $\sin 0 = 0$이므로 마지막 적분이 영이 되고 $\cos 0 = 1$이므로 그 앞의 적분은 2π이다. 따라서

$$\int_0^{2\pi}\psi_m^*(\theta)\psi_n(\theta)d\theta = \delta_{mn}$$

이 되어 $\psi_m(\theta)$는 직교정규화 세트를 형성한다.

에르미트 연산자의 고유함수가 직교함을 증명할 때 계가 축퇴되지 않았음을 가정하였다. 편의상 두 상태 ψ_1, ψ_2가 같은 고유치 a_1을 가진다고 생각해 보자. 4-41 식에 의해 $a_1 = a_2$이므로 ψ_1과 ψ_2가 직교하지 않음을 알 수 있다. 두 고유치방정식은

$$\hat{A}\psi_1 = a_1\psi_1 \qquad \hat{A}\psi_2 = a_1\psi_2$$

이다. 이제 ψ_1과 ψ_2의 선형결합 예를 들어, $\phi = c_1\psi_1 + c_2\psi_2$를 고려해보자. 그러면

$$\hat{A}\phi = \hat{A}(c_1\psi_1 + c_2\psi_2) = c_1\hat{A}\psi_1 + c_2\hat{A}\psi_2 = a_1c_1\psi_1 + a_1c_2\psi_2$$
$$= a_1(c_1\psi_1 + c_2\psi_2) = a_1\phi$$

이다. ψ_1과 ψ_2가 고유치 a_1을 갖는 이중으로 축퇴된 상태를 각각 기술한다면 ψ_1, ψ_2의 어떠한 선형결합에 의해 생기는 함수도 고유치 a_1을 갖는 고유함수가 된다는 것을 알 수 있다. ψ_1, ψ_2의 두 선형결합을 ϕ_1, ϕ_2가 다음과 같이 되도록 할 수 있다.

$$\int_{-\infty}^{\infty}\phi_1^*\phi_2 dx = 0$$

실제 이것이 어떻게 얻어지는가를 보이기 위해

$$\phi_1 = \psi_1 \quad \text{그리고} \quad \phi_2 = \psi_2 + c\psi_1$$

을 취하고, 이때 ψ_1, ψ_2는 각각 정규화 되어 있고 c는 구해야 하는 상수이다. c는 ϕ_1과 ϕ_2가 직교정규화 되어야 하므로 다음에서 구할 수 있다.

$$\int_{-\infty}^{\infty} \phi_1^* \phi_2 d\phi = <\phi_1|\phi_2> = \int_{-\infty}^{\infty} \psi_1^* (\psi_2 + c\psi_1) d\phi$$

$$= \int_{-\infty}^{\infty} \psi_1^* \psi_2 dx + c\int_{-\infty}^{\infty} \psi_1^* \psi_1 dx = <\psi_1|\psi_1> + c = 0$$

따라서 다음과 같이 c를 취하면

$$c = -\int_{-\infty}^{\infty} \psi_1^* \psi_2 dx = -<\psi_1|\psi_2>$$

ϕ_1과 ϕ_2는 직교한다. 따라서 ϕ_2를 $<\phi_2|\phi_2> = 1$의 조건을 이용하여 정규화 할 수 있다. [이 과정은 n 개의 함수에 대해 일반화 할 수 있으며 이것을 Schmidt 직교정규화 과정이라고 부른다.] 따라서 축퇴된 경우에도 에르미트 연산자의 고유함수를 직교하도록 형성할 수 있으며 이때 함수들이 직교정규화 세트(4-48 식)를 형성한다고 말한다.

4.7 두 연산자가 교환되면 같은 세트의 고유함수를 갖는다.

두 연산자 $\hat{A}$, $\hat{B}$가 같은 세트의 고유함수를 갖는다고 가정하면

$$\hat{A}\phi_n = a_n \phi_n \qquad \hat{B}\phi_n = b_n \phi_n \tag{4-50}$$

로 쓸 수 있다. 4-50 식은 $\hat{A}$, $\hat{B}$ 두 연산자에 대응하는 양이 동시에 정의될 수 있다는 것을 의미한다. 4-50 식에 따르면 관측되는 두 양은 a_n과 b_n이다. 이제 두 연산자가 같은 세트의 고유함수를 가지면 그 둘이 교환되어야 한다는 것을 증명할 것이다. 이것을 증명하기 위해서는 임의의 함수 $f(x)$에 대해 다음과 같이 됨을 보여야 한다.

$$[\hat{A}, \hat{B}] f(x) = 0 \tag{4-51}$$

$f(x)$는 $\hat{A}$, $\hat{B}$의 고유함수의 완전한 세트로 전개할 수 있다.(4-56 식)

$$f(x) = \sum_n c_n \phi_n(x)$$

이다. 이 전개를 4-51 식에 대입하면 다음을 얻는다.

$$[\hat{A}, \hat{B}] f(x) = \sum_n c_n [\hat{A}, \hat{B}] \phi_n(x) = \sum_n c_n (a_n b_n - b_n a_n) \phi_n(x) = 0 \tag{4-52}$$

$f(x)$가 임의의 함수이므로 $[\hat{A}, \hat{B}] = 0$이다. 따라서 $\hat{A}$, $\hat{B}$는 같은 세트의 고유함수를 가

지기 때문에 교환된다.

그 역도 역시 성립한다. $\hat{A}$, $\hat{B}$가 교환되면 $\hat{A}$, $\hat{B}$는 같은 세트의 고유함수를 갖는다. $\hat{A}$와 $\hat{B}$의 고유치방정식을 다음과 같다고 하자.

$$\hat{A}\phi_a = a\phi_a \qquad \hat{B}\phi_b = b\phi_b \tag{4-53}$$

$\hat{A}$, $\hat{B}$가 교환되므로

$$[\hat{A},\hat{B}]\phi_a = 0 = \hat{A}\hat{B}\phi_a - \hat{B}\hat{A}\phi_a = \hat{A}(\hat{B}\phi_a) - a(\hat{B}\phi_a) = 0$$

이고 따라서

$$\hat{A}(\hat{B}\phi_a) = a(\hat{B}\phi_a) \tag{4-54}$$

이다. 4-54 식은 $\hat{B}\phi_a$가 $\hat{A}$의 고유함수임을 의미한다. 계가 축퇴되어 있지 않으면 각 고유치 a에 대해 단지 한 개의 고유함수 ϕ_a만이 존재하고 따라서 4-54 식은 다음과 같다.

$$\hat{B}\phi_a = (\text{상수})\phi_a \tag{4-55}$$

그러나 4-54 식은 ϕ_a가 $\hat{B}$의 고유함수임은 물론 $\hat{A}$의 고유함수이기도 하다는 것을 말해주고 있다. 계가 축퇴되어 있지 않으면 고유치 b에 대해 $\hat{B}$에 한 개만의 고유함수가 존재해야 하므로 4-54 식은 ϕ_a와 ϕ_b가 같다(상수만이 곱해진 차이가 나는)는 것을 알려준다. 따라서 $\hat{A}$와 $\hat{B}$가 교환되면 이들은 같은 세트의 고유함수를 갖는다. 같은 세트의 고유함수를 가지므로 $\hat{A}$, $\hat{B}$에 해당하는 가관측량은 동시에 정확히 결정된다. 이것을 비축퇴된 계에 대해 증명하였으나 축퇴된 계에 대해서도 같은 결론이 얻어지는 것을 증명할 수 있다.

4.8 Fourier 계수는 가관측량의 측정값이 얻어질 확률을 나타낸다.

임의의 함수 $f(x)$를 생각해보자. $\{\psi_n(x)\}$를 $f(x)$와 같은 영역에서 정의된 직교정규화 세트로 가정하고 $f(x)$와 같은 경계조건을 만족시킨다면 $f(x)$를 다음과 같이 쓸 수 있다.

$$f(x) = \sum_{n=1}^{\infty} c_n\psi_n(x) \tag{4-56}$$

식 4-56이 적당한 임의의 함수 $f(x)$에 대해 성립하면 $\psi_n(x)$의 세트 같은 함수의 세트가 완전하다(complete)고 말한다. 이러한 완전성을 일반적으로 증명하는 것은 어려운 일이며 실제로는 에르미트 연산자에 대한 직교정규화 세트가 완전하다는 것을 가정한다. 식 4-56의 양변에 $\psi_m^*(x)$를 곱하고 적분하면

$$\int_{-\infty}^{\infty} \psi_m^*(x) f(x) dx = \sum_{n=1}^{\infty} c_n \int_{-\infty}^{\infty} \psi_m^*(x) \psi_n(x) dx = \sum_{n=1}^{\infty} c_n \delta_{mn} = c_m \tag{4-57}$$

을 얻는다. 합의 모든 항은 $n = m$의 한 항을 제외하고는 모두 영이다. 4-57 식의 마지막 등식은 합의 각 항이 $m = n$일 때 $\delta_{mn} = 1$ 항을 제외하고는 모두 $\delta_{mn} = 0$이라는 사실에서 얻어진다.(연습문제 4-26) 4-57 식은 4-56 식의 전개에서 계수를 얻는 간단한 식을 얻게 한다.

$$c_n = \int_{-\infty}^{\infty} \psi_n^*(x) f(x) dx \tag{4-58}$$

함수를 4-56 식에서와 같은 직교정규화 세트로 전개하는 것은 매우 중요하며, 물리와 화학의 여러 분야에서 유용한 기술이다. 상자속 입자를 예로 들어보자. 예제 4-4에서 이 상태가 파동함수 $(30/a^5)^{1/2} x(a-x)$로 기술될 때 평균 에너지를 계산하였다. 이 함수를 상자속 입자의 고유함수의 완전한 직교정규화 세트로 전개해 보자. 3-27 식의 $\psi_n(x)$를 4-56 식에 대입하면

$$f(x) = \left(\frac{2}{a}\right)^{1/2} \sum_{n=1}^{\infty} c_n \sin\frac{n\pi x}{a} \qquad 0 \leqq x \leqq a \tag{4-59}$$

을 얻는다. 4-58 식에 의하면

$$c_n = \left(\frac{2}{a}\right)^{1/2} \int_0^a f(x) \sin\frac{n\pi x}{a} dx \tag{4-60}$$

이고 이 경우

$$f(x) = \left(\frac{30}{a^5}\right)^{1/2} x(a-x) \qquad 0 \leqq x \leqq a \tag{4-61}$$

이므로 4-61 식을 4-60 식에 대입하면

$$\begin{aligned} c_n &= \left(\frac{60}{a^6}\right)^{1/2} \int_0^a x(a-x) \sin\frac{n\pi x}{a} dx \\ &= \left(\frac{60}{a^6}\right)^{1/2} \left\{ 2\left(\frac{a}{n\pi}\right)^3 (1 - \cos n\pi) \right\} = \frac{4(15)^{1/2}}{\pi^3 n^3} \{1 - (-1)^n\} \end{aligned}$$

을 얻는다. 따라서

$$c_n = \begin{cases} \dfrac{8(15)^{1/2}}{\pi^3 n^3} & odd \quad n \\ 0 & even \quad n \end{cases} \tag{4-62}$$

을 얻는다. 연습문제 4-48에서는 왜 짝수 n에 대해 $c_n = 0$이 되는지를 설명하고 있다. 이제 4-61 식의 파동함수로 기술되는 상자속 입자의 에너지를 측정했을 때 c_n^2이 측정된 에너지가 $E_n = n^2h^2/8ma^2$이 될 확률임을 보일 것이다. 함수를 직교정규화 세트로 전개하는 것을 Fourier 전개 또는 Fourier 급수라고 부른다. 4-59 식은 단지 싸인 함수만을 포함하므로 특별히 이것을 Fourier 싸인 급수라고 부른다. 이 전개에서 c_n을 Fourier 계수라고 부른다.

가설 3은 $\hat{A}$에 해당하는 가관측량을 측정함에 있어 얻어지는 값들은 $\hat{A}$의 고유치들뿐이라고 말하고 있다. 가설 4는 여러 측정치의 평균값을 구하는 방법에 대해 말하고 있다.

$$< a > = \int_{-\infty}^{\infty} \Psi^*(x)\hat{A}\Psi(x)dx \tag{4-63}$$

$\Psi(x)$가 $\hat{A}$의 고유상태라면 a 한 값만이 관측되어진다. 그러나 일반적인 경우 여러 번 측정을 수행했을 때 가능한 결과 $\{a_n\}$의 분포를 관측하게 되고 그 평균이 4-63 식으로 주어진다. 계가 $\Psi(x)$로 기술되는 상태에 있을 때 한 번의 측정으로 얻어지는 특정한 값 a_n을 얻을 확률이 얼마가 되겠는가? 이 문제에 답하기 위해 에너지의 측정에 대해 생각해보자. 즉, $\hat{A} = \hat{H}$ 그리고 4-63 식에서 $< a > = < E >$이다. $\Psi(x)$에 대해 4-56 식을 이용하면 다음을 얻는다.

$$\begin{aligned} < E > &= \int_{-\infty}^{\infty} \Psi^*(x)\hat{H}\Psi(x)dx \\ &= \int_{-\infty}^{\infty} \left\{\sum_n c_n^*\psi_n^*(x)e^{iE_nt/\hbar}\right\}\hat{H}\left\{\sum_m c_m\psi_m(x)e^{-iE_mt/\hbar}\right\}dx \\ &= \sum_n\sum_m c_n^*c_m \exp\left\{\frac{i(E_n - E_m)t}{\hbar}\right\}\int_{-\infty}^{\infty} \psi_n^*(x)\hat{H}\psi_m(x)dx \end{aligned} \tag{4-64}$$

$\hat{H}\psi_m(x) = E_m\psi_m(x)$이므로 4-64 식은

$$< E > = \sum_n\sum_m c_n^*c_mE_m \exp\left\{\frac{i(E_n - E_m)t}{\hbar}\right\}\int_{-\infty}^{\infty} \psi_n^*(x)\psi_m(x)dx \tag{4-65}$$

가 된다. 이 식에서 적분은 Kroenecker delta, δ_{nm}이므로 4-65 식은

$$< E >= \sum_n \sum_m c_n^* c_m E_m \exp\left\{\frac{i(E_n - E_m)t}{\hbar}\right\}\delta_{nm}$$

또는

$$< E >= \sum_n c_n^* c_n E_n = \sum_n |c_n|^2 E_n \tag{4-66}$$

이 된다. 에너지의 평균치가 다음과 같이 정의됨을 상기하면

$$< E >= \sum_n p_n E_n \tag{4-67}$$

이고 p_n은 E_n이 관측될 확률을 나타내므로 4-66 식과 4-67 식을 비교하면 $|c_n|^2$을 계의 에너지를 측정할 때 E_n이 관측될 확률로 해석할 수 있다.

$$E_n\text{이 관측될 확률} = |c_n|^2 \tag{4-68}$$

계가 $\hat{H}\psi_1(x) = E_1\psi_1(x)$인 에너지 고유상태 $\psi_1(x)$에 있다고 가정하자. 그러면 c_1을 제외한 모든 c_n은 영이고 c_1은 일이 된다. 4-68 식에 따르면 E_1을 관측할 확률이 일이 되고 이것은 가설 3과 잘 일치한다. 예제 4-10은 계가 에너지 고유상태에 있지 않은 경우를 설명하고 있다.

예제 4-10 예제 4-4의 계를 생각해보자. 다음의 정규화 된 파동함수로 기술되는 상자속 입자에 대해

$$f(x) = \left(\frac{30}{a^5}\right)^{1/2} x(a-x) \qquad 0 \leq x \leq a$$

입자의 에너지를 측정할 때 $E_n = n^2h^2/8ma^2$이 관측될 확률을 구하여라. 이 확률의 합이 일이 됨을 보여라. 이 확률들을 이용하여 $< E >$를 계산하고 예제 4-4에서 얻은 값과 비교하여 보아라.

풀이 해를 구하기 위해 다음 두 급수의 값이 필요하다.

$$\sum_{j=0}^{\infty} \frac{1}{(2j+1)^4} \qquad \sum_{j=0}^{\infty} \frac{1}{(2j+1)^6}$$

이 급수는 예를 들어 CRC Standard Mathematical Tables and Formulas 같은 참고서의 sums of reciprocal power 부분에 수록되어 있다.

$$\sum_{j=0}^{\infty}\frac{1}{(2j+1)^4}=\frac{\pi^4}{96} \qquad \sum_{j=0}^{\infty}\frac{1}{(2j+1)^6}=\frac{\pi^6}{960}$$

상자속 입자의 고유함수는 $(2/a)^{1/2}\sin(n\pi x/a)$이다. 4-68 식에 따라 다음 전개의 Fourier 계수 $\{c_n\}$을 구하여야 한다.

$$f(x)=\left(\frac{2}{a}\right)^{1/2}\sum_{n=1}^{\infty}c_n\sin\frac{n\pi x}{a}$$

4-8 절에서 다음을 보였다.(4-62 식)

$$c_n=\begin{cases}\dfrac{8(15)^{1/2}}{\pi^3 n^3} & odd \quad n\\ 0 & even \quad n\end{cases}$$

에너지 $n^2h^2/8ma^2$이 측정될 확률은 따라서

$$E_n\text{이 관측될 화률} = |c_n|^2=\begin{cases}\dfrac{960}{n^6\pi^6} & odd \quad n\\ 0 & even \quad n\end{cases}$$

이다. 이 확률들의 합이 일이 되는 것을 보이기 위해 다음을 보여야 한다.

$$\sum_{n=1}^{\infty}c_n^2=\frac{960}{\pi^6}\sum_{odd\ n}\frac{1}{n^6}=\frac{960}{\pi^6}\sum_{j=0}^{\infty}\frac{1}{(2j+1)^6}\overset{?}{=}1$$

이 합은 $\pi^6/960$으로 실제 $\sum_{j=1}^{\infty}c_n^2$이 일이 됨을 알 수 있다.

평균 에너지는 4-66 식으로 주어진다.

$$<E>=\sum_{n=1}^{\infty}c_n^2E_n=\sum_{odd\ n}\left(\frac{960}{\pi^6n^6}\right)\left(\frac{n^2h^2}{8ma^2}\right)=\frac{120h^2}{m\pi^6a^2}\sum_{odd\ n}\frac{1}{n^4}=\frac{120h^2}{m\pi^6a^2}\sum_{j=0}^{\infty}\frac{1}{(2j+1)^4}$$

이 식에서 합은 $\pi^4/96$이고 따라서

$$<E>=\frac{5h^2}{4\pi^2ma^2}$$

을 얻는다. 이 값은 예제 4-4에서 얻은 값과 정확히 같다.

4.9 파동함수의 시간 의존도는 시간의존 Schrödinger 방정식에 따른다.

이제 우리는 가설이 한 개 더 필요하다. 가설 1의 파동함수는 명백하게 시간을 포함하고 있다. 이것은 이제까지 고려하지 않았던 것이다. 이 점만 제외하고는 모든 가설을 제 3 장에서 이미 사용하였다. 따라서 지금까지의 논의에 대해서는 상당히 익숙하여야 한다. 이제 파동함수의 시간 의존도에 대해 살펴보아야 한다. 파동함수의 시간 의존도는 시간 의존 Schrödinger 방정식에 의해 지배된다. 시간의존 Schrödinger 방정식은 시간 비의존 Schrödinger 방정식을 유도했던 것과는 달리 유도할 수 없다. 시간의존 Schrödinger 방정식의 형태에 대한 적합성을 논의하는 것은 이 책의 수준에서 벗어나므로 단지 그 형태를 가설로 하고 이것이 시간 비의존 Schrödinger 방정식과 함께 일관성이 있는 것을 보이려고 한다.

가설 5

계의 상태함수 또는 파동함수는 시간에 따라 다음 시간의존 Schrödinger 방정식에 따라 변화한다.

$$\hat{H}\Psi(x,t) = i\hbar\frac{\partial\Psi}{\partial t} \tag{4-69}$$

가설 5는 새로운 것으로 이 장에서 제시한 가설들 중 3 장에서 사용하지 않은 것이다. 이 책에서 다루는 대부분의 계에서 $\hat{H}$는 시간을 명백히 포함하고 있지 않다. 이 경우 변수분리의 방법을 사용하여 다음과 같이 쓸 수 있다.

$$\Psi(x,t) = \psi(x)f(t)$$

이것을 4–69 식에 대입하고 양변을 $\psi(x)f(t)$로 나누면

$$\frac{1}{\psi(x)}\hat{H}\psi(x) = \frac{i\hbar}{f(t)}\frac{df}{dt} \tag{4-70}$$

을 얻는다. $\hat{H}$가 시간을 포함하고 있지 않다면 4–70 식의 좌변은 x만의 함수이고 우변은 t만의 함수가 되어 양변은 상수가 되어야 한다. 분리 상수를 E로 하면 4–70 식은

$$\hat{H}\psi(x) = E\psi(x) \tag{4-71}$$

$$\frac{df}{dt} = -\frac{i}{\hbar}Ef(t) \tag{4-72}$$

이 된다. 이 두 식의 첫 번째가 소위 Schrödinger 방정식이라고 불러온 것이다. 4–72 식에 비해 흔히 4–71 식을 시간 비의존 Schrödinger 방정식이라고 부른다.

4-72 식은 적분하여 바로

$$f(t) = e^{-iEt/\hbar}$$

가 되므로 $\Psi(x,t)$는 다음과 같이 된다.

$$\Psi(x,t) = \psi(x)e^{-iEt/\hbar} \tag{4-73}$$

$E = h\nu = \hbar\omega$를 이용하면 4-73 식을 다음과 같이 쓸 수 있다.

$$\Psi(x,t) = \psi(x)e^{-i\omega t} \tag{4-74}$$

4-74 식이 시간에 대해 조화적으로 진동하고 있고 이것이 파동운동의 특성을 나타낸다는 것은 매우 흥미로운 사실이다. 그러나 시간 의존 Schrödinger 방정식은 고전적인 파동방정식과 같은 형태를 갖고 있지 않다. Schrödinger 방정식이 시간의 일차미분 항을 포함하고 있는데 반해 고전적인 파동방정식은 시간의 이차미분 항을 갖고 있다.(2-1 식) 그럼에도 불구하고 Schrödinger 방정식은 파동운동을 나타내는 해를 가지며 이것이 흔히 양자역학을 파동역학이라 부르는 이유이다.

식 4-71은 한 세트의 해를 갖는다. 따라서 4-73 식은 다음과 같이 된다.

$$\Psi_n(x,t) = \psi_n(x)e^{-iE_nt/\hbar} \tag{4-75}$$

계가 4-75 식으로 표현되는 상태 중의 한 고유상태에 있게 되면

$$\Psi_n^*(x,t)\Psi_n^*(x,t)dx = \psi_n^*(x)\psi_n^*(x)dx \tag{4-76}$$

이 되어 확률밀도와 4-75 식으로부터 계산되어지는 평균값들은 시간에 의존하지 않게 된다. 따라서 $\psi(x)$를 정류상태 파동함수라고 부른다. 정류상태는 화학에서 중심적인 역할을 한다. 예를 들어, 이 후의 장들에서 원자와 분자들은 정류상태 에너지의 세트로 나타내고 계의 분광학적 성질들을 한 정류상태에서 다른 정류상태로의 전이로 기술할 것이다. 수소원자에 대한 Bohr 모델은 이러한 간단한 생각의 한 예이다.

일반적으로 계는 4-75 식의 파동함수로 기술되는 상태에 있지 않음을 아는 것이 중요하다. 4-69 식의 일반해는 4-75 식의 중첩으로 주어진다.

$$\Psi(x,t) = \sum_n c_n\psi_n(x)e^{-iE_nt/\hbar} \tag{4-77}$$

편의상 $\Psi(x,t)$가 두 항의 합으로 표시되는 경우를 고려해 보자.

$$\Psi(x,t) = c_1\psi_1(x)e^{-iE_1t/\hbar} + c_2\psi_2(x)e^{-iE_2t/\hbar}$$

이 경우 확률밀도는

$$\begin{aligned}\Psi^*(x,t)\Psi(x,t) &= \left\{c_1^*\psi_1^*(x)e^{iE_1t/\hbar} + c_2^*\psi_2^*(x)e^{iE_2t/\hbar}\right\} \\ &\quad \times \left\{c_1\psi_1(x)e^{-iE_1t/\hbar} + c_2\psi_2(x)e^{-iE_2t/\hbar}\right\} \\ &= |c_1|^2\psi_1^*(x)\psi_1(x) + |c_2|^2\psi_2^*(x)\psi_2(x) \\ &\quad + c_1^*c_2\psi_1^*(x)\psi_2(x)\exp\left[\frac{i(E_1-E_2)t}{\hbar}\right] \\ &\quad + c_2^*c_1\psi_2^*(x)\psi_1(x)\exp\left[\frac{i(E_2-E_1)t}{\hbar}\right]\end{aligned}$$

가 되고 세 번째 그리고 네 번째 항이 명백히 시간을 포함하고 있어 $\Psi^*(x,t)\Psi(x,t)$가 시간에 의존하게 된다. 이 경우는 정류상태가 아니다.

예를 들어, $\Psi(x,t)$가 상자속 입자의 처음 두 고유상태의 선형결합이라고 해보자. 에너지는 $E_n = n^2h^2/8ma^2$이다.

$$\Psi(x,t) = c_1\left(\frac{2}{a}\right)^{1/2} e^{-iE_1t/\hbar}\sin\frac{\pi x}{a} + c_2\left(\frac{2}{a}\right)^{1/2} e^{-iE_2t/\hbar}\sin\frac{2\pi x}{a}$$

또한 이 두 상태가 같은 확률로 나타나 $c_1 = c_2$이고 간단히 $c_1 = c_2 =$ 실수로 가정하자. $\Psi(x,t)$를 정규화 하는 것으로 c_1과 c_2를 구할 수 있다.

$$\begin{aligned}\int_0^a dx\Psi^*(x,t)\Psi(x,t) &= \frac{2c_1^2}{a}\int_0^a dx\left(e^{iE_1t/\hbar}\sin\frac{\pi x}{a} + e^{iE_2t/\hbar}\sin\frac{2\pi x}{a}\right) \\ &\quad \times\left(e^{-iE_1t/\hbar}\sin\frac{\pi x}{a} + e^{-iE_2t/\hbar}\sin\frac{2\pi x}{a}\right) \\ &= \frac{2c_1^2}{a}\left[\int_0^a dx\sin^2\frac{\pi x}{a} + \int_0^a dx\sin^2\frac{2\pi x}{a}\right. \\ &\quad \left. + 2\cos\frac{(E_2-E_1)t}{\hbar}\int_0^a dx\sin\frac{\pi x}{a}\sin\frac{2\pi x}{a}\right] \\ &= \frac{2c_1^2}{a}\left(\frac{a}{2} + \frac{a}{2} + 0\right) = 2c_1^2 = 1\end{aligned}$$

또는 $c_1 = (1/2)^{1/2}$이다. 두 번째 행에서 세 번째로 가는데

$$e^{i(E_2-E_1)t/\hbar} + e^{-i(E_2-E_1)t/\hbar} = 2\cos\frac{(E_2-E_1)t}{\hbar}$$

을 사용하였고 세 번째에서 마지막으로 되는데 $\sin(\pi x/a)$와 $\sin(2\pi x/a)$가 $0 \leqq x \leqq a$에서 직교함을 이용하였다.

따라서 정규화 된 시간 의존 상태함수는 (연습문제 4-33)

$$\Psi(x,t) = \left(\frac{1}{a}\right)^{1/2} e^{-iE_1t/\hbar} \sin\frac{\pi x}{a} + \left(\frac{1}{a}\right)^{1/2} e^{-iE_2t/\hbar} \sin\frac{2\pi x}{a} \tag{4-78}$$

이다. 상자속 입자의 평균 위치 $< x >$를 $\Psi(x,t)$를 이용하여 계산하여 보자.

$$\begin{aligned} < x > &= \int_0^a dx \Psi^*(x,t) x \Psi(x,t) \\ &= \frac{1}{a}\int_0^a dx\, x \sin^2\frac{\pi x}{a} + \frac{1}{a}\int_0^a dx\, x\sin^2\frac{2\pi x}{a} + \frac{2\cos\omega_{12}t}{a}\int_0^a dx\ \ x\sin\frac{\pi}{a}\sin\frac{2\pi x}{a} \\ &= \frac{a}{2} - \frac{16a}{9\pi^2}\cos\omega_{12}t \end{aligned} \tag{4-79}$$

가 되고 이때 $\omega_{12} = (E_2 - E_1)/\hbar$ (연습문제 4-34)이다. 그림 4-3에 $< x > /a$를 t에 대해 도시하였다. 입자의 평균 위치가 우물의 중간점을 중심으로 진동수 ω_{12}로 진동함을 주목하여라. 연습문제 4-39와 4-40에서 이 계산을 다른 상태들의 선형결합의 경우에 대해 수행하도록 하였다.

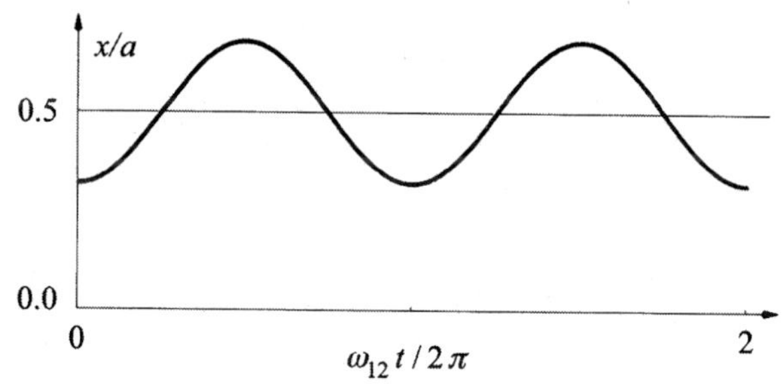

그림 4-3 식 4-79로 주어지는 함수로 표시되는 상자속 입자의 평균 위치의 시간 의존도. 입자는 $x/a = 0.32$에서 $x/a = 0.68$ 까지 우물의 중심으로부터 ω_{12}의 진동수로 진동한다.

4-78 식의 확률밀도를 $\Psi(x,t)$에 대해 도시할 수도 있다. 확률밀도는

$$\begin{aligned} \text{확률밀도} &= \Psi^*(x,t)\Psi(x,t) \\ &= \frac{1}{a}\sin^2\frac{\pi x}{a} + \frac{1}{a}\sin^2\frac{2\pi x}{a} + \frac{1}{a}\sin\frac{\pi x}{a}\sin\frac{2\pi x}{a}\cos\omega_{12}t \end{aligned} \tag{4-80}$$

으로 주어진다. 그림 4-4에 몇몇 t에서 4-80 식을 x에 대해 도시하였다. 시간에 대해 확률밀도가 상자의 한 쪽에서 다른 쪽으로 주기적으로 움직이는 것을 주목하여라.

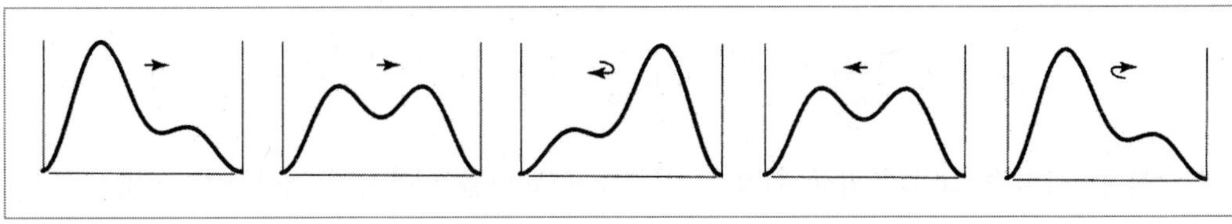

그림 4-4 $t=0,\ \pi/2\omega,\ \pi/\omega,\ 3\pi/2\omega,\ 2\pi/\omega$일 때 x에 대해 도시한 4-80 식의 확률밀도

시간 의존 Schrödinger 방정식을 연산자의 평균값에 대한 시간 의존도를 계산하는 데 사용할 수 있다.

$$< A > = \int d\tau \Psi^*(x,t) \hat{A} \Psi(x,t) \tag{4-81}$$

에서부터 출발하자. t에 대해 미분하면

$$\frac{d < A >}{dt} = \int d\tau \frac{\partial \Psi^*}{\partial t} \hat{A} \Psi + \int d\tau \Psi^* \frac{\partial \hat{A}}{\partial t} \Psi + \int d\tau \Psi^* \hat{A} \frac{\partial \Psi}{\partial t} \tag{4-82}$$

이다. $\partial \Psi^* / \partial t$와 $\partial \Psi / \partial t$에 대해 4-69 식을 이용하여 4-82 식을 쓰면

$$\frac{d < A >}{dt} = \int d\tau \left(\frac{i \hat{H} \Psi^*}{\hbar} \right) \hat{A} \Psi + \left\langle \frac{\partial \hat{A}}{\partial t} \right\rangle + \int d\tau \Psi^* \hat{A} \left(\frac{-i \hat{H} \Psi}{\hbar} \right) \tag{4-83}$$

이 된다. $\hat{H}$가 에르미트 연산자라는 사실을 이용하면 4-83식을 다음과 같이 쓸 수 있다.

$$\begin{aligned} \frac{d < A >}{dt} &= \frac{i}{\hbar} \int d\tau \Psi^* \hat{H} \hat{A} \Psi - i\hbar \int d\tau \Psi^* \hat{A} \hat{H} \Psi + \left\langle \frac{\partial \hat{A}}{\partial t} \right\rangle \\ &= \frac{i}{\hbar} < \Psi | \hat{H} \hat{A} - \hat{A} \hat{H} | \Psi > + \left\langle \frac{\partial \hat{A}}{\partial t} \right\rangle \\ &= \frac{i}{\hbar} < \Psi | [\hat{H}, \hat{A}] | \Psi > + \left\langle \frac{\partial \hat{A}}{\partial t} \right\rangle \end{aligned} \tag{4-84}$$

식 4-84가 연산자 $\hat{A}$의 평균값에 대한 양자역학적인 운동방정식이다. 실제 4-84 식의 적분을 제외하면 연산자 $\hat{A}$ 자체의 양자역학적인 운동방정식이 된다.

$$\frac{d\hat{A}}{dt} = \frac{i}{\hbar} [\hat{H}, \hat{A}] + \frac{\partial \hat{A}}{\partial t} \tag{4-85}$$

4-84 식으로부터 $\hat{A}$가 $\hat{H}$와 교환되고 시간의 함수가 아니면 $d < \hat{A} > / dt = 0$ 임을 주목하여라. 이 경우 $< \hat{A} >$가 상수가 되고 보존된다는 것을 의미한다.

예제 4-11 Hamiltonian 연산자가 시간에 의존하지 않을 때 에너지가 보존됨을 보여라.

풀이 $\hat{H}$는 그 자신과 교환된다. 따라서 4-84 식에 의하면 $\hat{H}$가 시간에 의존하지 않으면 $d<\hat{H}>/dt = dE/dt = 0$이고 에너지는 보존된다.

4.10 양자역학은 두 슬릿 실험을 기술할 수 있다.

어떤 계에서 한 세트의 $\{\psi_n(x)\}$와 $\{E_n\}$이

$$\hat{H}\psi_n(x) = E_n\psi_n(x)$$

를 만족한다고 하자. 이제 다음으로 기술되는 어떤 중첩된 상태 또는 혼합된 상태에 대해

$$\Psi(x,t) = \sum_n c_n\psi_n(x)e^{-iE_nt/\hbar} \tag{4-86}$$

에너지를 측정하면 관측되는 에너지가 $|c_n|^2$의 확률로 E_n이 됨을 확실히 알 수 있다. 시간 t_0에서 측정된 에너지가 E_3라고 하자. 이제 시간 t_0 직후, 즉 ϵ이 무한대로 작을 때 $t_0+\epsilon$에서 에너지를 측정할 수 있다고 가정해 보자. 에너지의 측정치는 무엇이 될까? 이 값은 E_3가 될 것이다. 즉, 계의 상태를 무한대로 빨리 변화시킬 의도가 없다면(물론 없다.) 다시 E_3가 측정될 수밖에 없을 것이다. 이것은 더 이상 계의 상태를 4-86 식으로 기술할 수 없고 단순히

$$\Psi(x,t) \rightarrow c_3\psi_3(x)e^{-iE_3t/\hbar} \tag{4-87}$$

로 기술됨을 의미한다. 이때 파동함수는 4-86 식의 중첩에서 4-87 식으로 표시되는 하나의 상태로 "collapsed" 된다고 말한다. 고전적인 계에서는 계의 성질을 측정하는 것이 계를 변화시키지 않지만 양자역학적인 계에서는 측정하는 것 자체가 계에 큰 영향을 미친다. 연습문제 4-42에서는 입자의 에너지를 측정하고 다시 위치를 측정할 때 측정의 영향에 대해 다루고 있다.

여기에 예를 든 측정 과정에 대한 해석은 주로 Bohr와 Heisenberg에 따른 것으로 코펜하겐 해석이라고 부른다. 1920 년대와 1930 년대의 양자역학의 문헌에서 양자역학의 해석에 대해 심각한 이견이 발견된다. 예를 들어, Einstein과 Schrödinger는 양자역학의 확률적인 해석과 코펜하겐 학설을 절대로 받아들이지 않았다. 특히 Einstein은 항상 공식화에 무언가 결함이 있고 양자역학이 불완전하다고 생각하였다. 양자역학의 초기에는 "입자의 성질 예를 들어, 운동량 같은 것이 측정하기 전에도 과연 존재한다고 할 수

있는가?"라는 질문이 많은 논쟁의 대상이 되었으나 결국 코펜하겐 학설이 다른 많은 과학자들의 생각을 압도하게 되었고, 이것은 아마 Bohr나 Heisenberg의 강렬한 개성 때문이었을 것이다. 코펜하겐 해석이 수 십 년 동안 널리 사용되었음에도 불구하고 1980년대에 들어서부터는 다른 해석들이 조심스럽게 제기되어 왔다. 이 문제에 대해 흥미 있는 문헌들이 매우 많이 있는 데 몇 개를 이장의 끝에 소개하였다. 제목이 "In Search of Schrödinger's Cat"인 책에서는 Schrödinger가 제안한 상상 실험을 바탕으로, 죽은 고양이와 살아있는 고양이의 중첩으로 표시되는 고양이의 상태가 실제 무엇을 의미하고 있는 지에 대해 다루고 있다.

그러나 양자역학의 결과에 대한 확실성에 대해 아무런 문제가 없다는 것을 강조하고자 한다. 실제 과학의 역사상 양자역학만큼 성공적인 계산 방법은 없을 것이다. 문제가 되는 것은 단순히 공식의 해석에 있는 것이다. 이 책에서는 코펜하겐의 해석을 받아들이는 것으로 문제를 쉽게 하려고 한다. 1.13 절에서 논의하였던 두 슬릿 실험을 기술하는 데 이 방법이 어떻게 적용되는 지 살펴보자. 에너지 E인 자유입자의 Schrödinger 방정식에서부터 출발해 보자. 자유입자의 의미는 경계가 없고 어느 위치에서도 위치에너지가 영인 경우이다.

$$-\frac{\hbar^2}{2m}\frac{\partial^2\Psi}{\partial x^2}=i\hbar\frac{\partial\Psi}{\partial t} \tag{4-88}$$

4-9 절에 따라

$$\Psi(x,t)=A\psi(x)e^{-iEt/\hbar}$$

이고 이때 $\psi(x)$는

$$-\frac{\hbar^2}{2m}\frac{d^2\psi}{dx^2}=E\psi(x)$$

를 만족한다. 이 식의 해는 $k=(2mE/\hbar^2)^{1/2}$일 때 $\psi(x)=e^{\pm ikx}$이다. 위치에너지가 없으므로 E는 단순히 운동에너지 $p^2/2m$이다. $\hbar k=p$이므로

$$\Psi(x,t)=Ae^{ikx}e^{-i\omega t} \tag{4-89}$$

이고 $\omega=E/\hbar$, $\hbar k=p$ 그리고 A는 진폭으로 간단히 실수로 하자. wave vector라고 부르는 k는 de Broglie 조건 $p=h/\lambda$을 $p=\hbar k$에 대입하면 $2\pi/\lambda$가 된다.

4-89 식은 2-54 식과 같다. $k>0$ $(k<0)$이면 파장 λ, 진동수 ω로 $\omega/k=\nu\lambda$의 속도를 가지고 오른쪽(왼쪽)으로 진행하는 조화 파를 나타낸다. 이 경우 경계조건이 없으므로 에너지 또는 운동량에 제약이 없고 연속적인 값을 가짐을 주목하여라. 4-89 식은 자유입자를 기술한다.

이제 다시 1.13 절의 두-슬릿 실험으로 돌아가 보자. 그림 4-5에 이 논의를 위한 실험을 나타내었다. $\psi_1(x_1)$을 슬릿 1을 통과하는 입자의 파동함수, $\psi_2(x_2)$를 슬릿 2를 통과하는 입자의 파동함수라고 하자. 입자가 어느 슬릿을 통과했는지 알 수 없으므로 슬릿을 지난 다음 파동함수는 두 상태의 중첩으로 표시된다.

$$\begin{aligned}\Psi(x_1,x_2,t) &= \Psi_1(x_1,t)+\Psi_2(x_2,t)\\ &= A_1e^{i(kx_1-\omega t)}+A_2e^{i(kx_2-\omega t)}\end{aligned} \tag{4-90}$$

여기에서 x_1은 슬릿 1에서부터의 거리 그리고 x_2는 슬릿 2에서부터의 거리이다. 4-90 식이 양자역학적인 기본 식이다. 한 점에서 입자가 발견될 확률밀도는 $\Psi^*(x_1,x_2,t)\Psi(x_1,x_2,t)$로 주어지고 논의를 간단히 하기 위해 A를 실수라고 가정하면

$$\begin{aligned}\text{확률밀도} &= (A_1e^{-ikx_1}+A_1e^{-ikx_2})(A_2e^{ikx_1}+A_2e^{ikx_2})\\ &= A_1^2+A_2^2+2A_1A_2\cos k(x_2-x_1)\end{aligned} \tag{4-91}$$

이 된다. 이 결과는 관측된 간섭무늬를 보여 준다. $|x_2-x_1|$이 λ의 정수배가 되면 $\cos k(x_2-x_1)=\cos(2\pi|x_2-x_1|/\lambda)=\cos(2\pi n)=1$이 되어 보강간섭이 일어난다. $|x_2-x_1|$이 $\lambda/2$의 홀수의 정수배가 되면 $\cos k(x_2-x_1)=n\pi$가 되고 이것은 $n=1,3,\cdots$일 때 −1이 되어 소멸간섭이 일어난다.

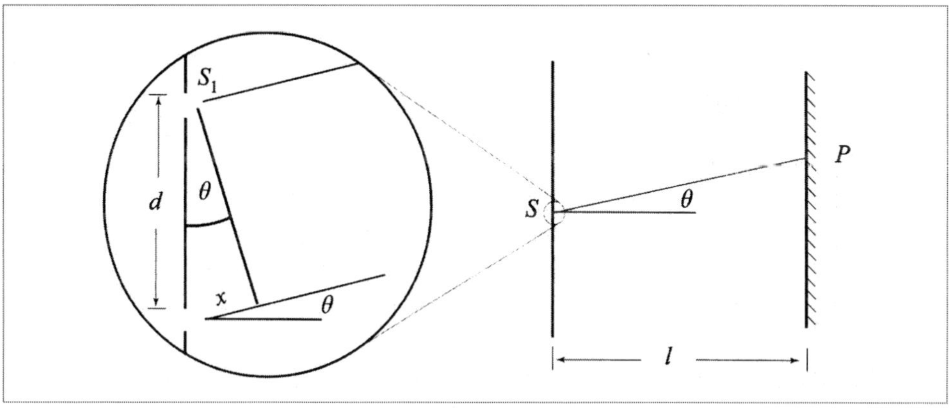

그림 4-5 두 슬릿 실험을 나타내는 그림

이제 검출기를 사용하여 실제로 슬릿 1을 통과한 입자를 찾아보자. 이 경우, 4-90 식의 $\Psi(x_1,x_2,t)$는 $\Psi_1(x_1,t)$로 collapse 된다. 따라서

$$\begin{aligned}\text{확률밀도} &= A_1e^{-i(kx_1-\omega t)}A_1e^{i(kx_1-\omega t)}\\ &= A_1^2\end{aligned} \tag{4-92}$$

이다. 이것은 슬릿 2를 닫았을 경우 얻어질 결과이다. 따라서 입자가 통과한 슬릿을 측정하는 것은 중첩된 파동함수를 주어진 슬릿에 대한 성분으로 collapse되게 한다. 적어도 이것이 코펜하겐의 해석에 따른 것이다.

위의 논의는 입자의 파동함수를 일차원으로 상당히 간소화한 것이지만 이 과정에 대해 중요한 점을 담고 있다. 그림 4-6은 두 슬릿 스크린에 조사하여 통과한 입자에 대해 더 진전된 계산 결과를 보여주고 있다. 이 과정에 대한 Schrödinger 방정식의 해는 입자가 두 슬릿 스크린을 향할 때에는 구형 파임을 그리고 스크린을 통과하고 난 후에는 더 복잡한 파가 됨을 보여주고 있다. 이 파동함수가 두 번째 스크린에 간섭무늬를 만든다.

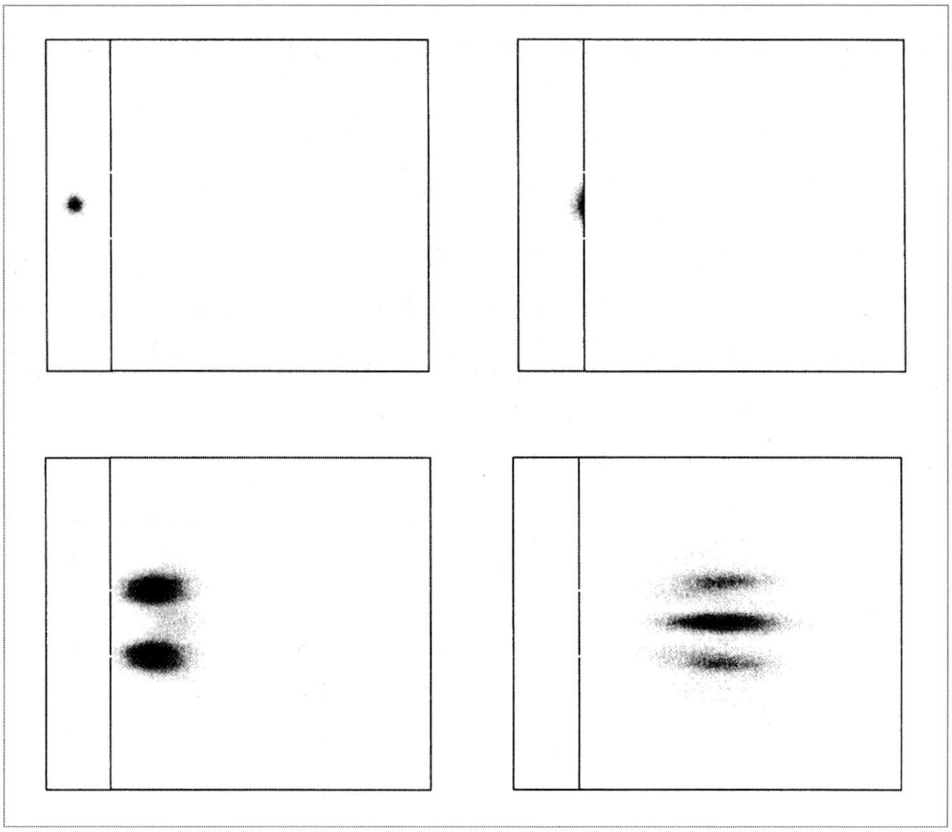

그림 4-6 두 개의 좁은 슬릿이 있는 불투명한 스크린에 접근한 후 슬릿을 통과하여 두 번째 스크린에 간섭 무늬를 만드는 양자역학적 자유입자의 파동함수.

이 장을 마치기 전에 가설에 대해 요약하였다.

가설 1

양자역학적인 계의 상태는 시간과 입자의 좌표에 의존하는 함수 $\Psi(r,t)$에 의해 완전히 정해질 수 있다. 파동함수 또는 상태함수라고 부르는 이 함수는 $\Psi^*(r,t)\Psi(r,t)dxdydz$가 시간 t에서 r에 위치한 부피요소 $dxdydz$에 입자가 존재할 확률을 나타내는 중요한 성질을 갖는다.

가설 2

고전역학적인 모든 가관측량에 대해 양자역학적인 선형, 에르미트 연산자가 대응한다.

가설 3

연산자 $\hat{A}$에 해당하는 어떠한 가관측량의 측정에 있어서도 관측되는 단 하나의 값은 다음 고유치 방정식을 만족시키는 고유치 a 밖에 없다.

$$\hat{A}\Psi_a = a\Psi_a$$

가설 4

계가 정규화 된 파동함수 Ψ로 기술되는 상태에 있으면 $\hat{A}$에 해당하는 가관측량의 평균값은 다음과 같다.

$$< a >= \int_{-\infty}^{\infty} \Psi^* \hat{A}\Psi d\tau$$

가설 5

계의 상태함수 또는 파동함수는 시간에 따라 다음 시간의존 Schrödinger 방정식에 따라 변화한다.

$$\hat{H}\Psi(x,t) = i\hbar\frac{\partial\Psi}{\partial t}$$

연 습 문 제

4-1. 주어진 구간에서 어느 파동함수가 정규화가 가능한가?

(a) $e^{-x^2/2}$ $(-\infty,\infty)$ (b) e^{-x} $(-\infty,\infty)$ (c) $e^{i\theta}$ $(0,2\pi)$

(d) $\cosh x$ $(0,\infty)$ (e) xe^{-x} $(0,\infty)$

가능한 함수들을 정규화 하여라. 다른 함수들이 파동함수로 적합한가?

4-2. 다음 이차원 구간에서 함수들이 정규화 되었는가?

(a) $e^{-(x^2+y^2)/2}$ $0 \leqq x < \infty$ $0 \leqq y < \infty$

(b) $e^{-(x+y)}$ $0 \leqq x < \infty$ $0 \leqq y < \infty$

(c) $\left(\dfrac{4}{ab}\right)^{1/2}\sin\dfrac{\pi x}{a}\sin\dfrac{\pi y}{b}$ $0 \leqq x \leqq a$ $0 \leqq y \leqq b$

정규화 되지 않은 함수들을 정규화 하여라.

4-3. 모든 구간에서 $\psi^*\psi$가 실수, 양수이며 유한하고 정해진 값을 가져야하는 이유는 무엇인가?

4-4. 이 문제에서는 Schrödinger 방정식의 모양이 파동함수의 일차미분이 연속이어야 한다는 조건을 포함하고 있는지 증명한다. Schrödinger 방정식은

$$\frac{d^2\psi}{dx^2}+\frac{2m}{\hbar^2}[E-V(x)]\psi(x)=0$$

이다. a를 임의의 x 그리고 ϵ을 무한대로 작은 값이라고 할 때 양변을 $a-\epsilon$에서부터 $a+\epsilon$ 까지 적분하면

$$\left.\frac{d\psi}{dx}\right|_{x=a+\epsilon}-\left.\frac{d\psi}{dx}\right|_{x=a-\epsilon}=\frac{2m}{\hbar^2}\int_{a-\epsilon}^{a+\epsilon}[V(x)-E]\psi(x)dx$$

이다. 이제 $V(x)$가 연속이면 $d\psi/dx$가 연속임을 보여라.

다음 그림과 같이 $x=a$에서 $V(x)$가 불연속이면

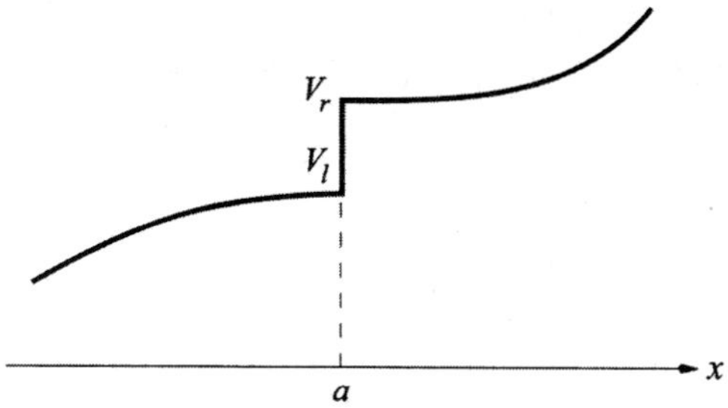

$$\left.\frac{d\psi}{dx}\right|_{x=a+\epsilon} - \left.\frac{d\psi}{dx}\right|_{x=a-\epsilon} = \frac{2m}{\hbar^2}[V_l + V_r - 2E]\psi(a)\epsilon$$

이어서 $V(x)$가 유한한 불연속성을 보여도 $d\psi/dx$가 연속이 됨을 보여라. 상자속 입자와 같이 $V(x)$가 무한히 불연속이면 어떻겠는가? 상자의 경계에서 파동함수의 일차미분이 연속이겠는가?

4-5. 주어진 구간에서 다음 함수들이 상태함수로 적합한가?

(a) $\dfrac{1}{x}$ $(0,\infty)$ (b) $e^{-2x}\sinh x$ $(0,\infty)$ (c) $e^{-x}\cos x$ $(0,\infty)$

(d) e^{x} $(-\infty,\infty)$ (e) $e^{-x}\sinh x$ $(0,\infty)$

4-6. 다음 선형 미분방정식

$$a(x)y''(x) + b(x)y'(x) + c(x)y(x) = 0$$

에서 $y''(x)$와 $y'(x)$는 각각 d^2y/dx^2 그리고 dy/dx를 의미한다. $y_1(x)$와 $y_2(x)$가 위 미분방정식의 해라면 c_1, c_2가 상수일 때 $y(x) = c_1y_1(x) + c_2y_2(x)$ 도 해가 됨을 보여라.

4-7. 다음 상태로 표시되는 상자속 입자에 대해 $\sigma_E^2 = \langle E^2 \rangle - \langle E \rangle^2$을 구하여라.

$$\psi(x) = \left(\frac{630}{a^9}\right)^{1/2} x^2(a-x)^2 \qquad a \leqq x \leqq a$$

4-8. $0 \leqq x \leqq a$, $0 \leqq y \leqq b$ 직사각형 영역에서 움직이는 자유입자에 대해 고려해 보자. 이 계의 에너지의 고유함수는

$$\psi_{n_x,n_y}(x,y) = \left(\frac{4}{ab}\right)^{1/2} \sin\frac{n_x\pi x}{a}\sin\frac{n_y\pi y}{b} \qquad \begin{cases} n_x = 1,2,3,\cdots \\ n_y = 1,2,3,\cdots \end{cases}$$

이다. 이 계의 Hamiltonian 연산자가

$$\hat{H} = -\frac{\hbar^2}{2m}\left(\frac{\partial^2}{\partial x^2} + \frac{\partial^2}{\partial y^2}\right)$$

이고 이 계가 어느 한 고유상태에 있으면

$$\sigma_E^2 = \langle E^2 \rangle - \langle E \rangle^2 = 0$$

이 됨을 보여라.

4-9. 이차원 운동량 연산자는 다음과 같다.

$$\hat{P} = -i\hbar\left(i\frac{\partial}{\partial x} + j\frac{\partial}{\partial y}\right)$$

연습문제 4-8의 파동함수를 이용하여 $\langle p \rangle$를 계산하고

$$\sigma_p^2 = \langle p^2 \rangle - \langle p \rangle^2$$

을 구하여라. 이 결과를 일차원에서 구한 σ_p^2과 비교하여 보아라.

4-10. 이차원 상자속 입자가(연습문제 4-8) 다음 상태에 있다고 하자.

$$\psi(x,y) = \frac{30}{(a^5b^5)^{1/2}}x(a-x)y(b-y)$$

$\psi(x,y)$가 정규화 되어 있음을 보이고 $\langle E \rangle$를 계산하여라.

4-11. 다음 $\hat{A}$, $\hat{B}$에 대해 교환자 $[\hat{A},\hat{B}]$를 구하여라.

	$\hat{A}$	$\hat{B}$
(a)	$\frac{d^2}{dx^2}$	x
(b)	$\frac{d}{dx} - x$	$\frac{d}{dx} + x$
(c)	$\int_0^x dx$	$\frac{d}{dx}$
(d)	$\frac{d^2}{dx^2} - x$	$\frac{d^2}{dx^2} + x^2$

4-12. 표 4-1의 각운동량 연산자의 형을 참조하여 다음을 보여라.

$$[\hat{L}_x, \hat{L}_y] = i\hbar\hat{L}_z$$
$$[\hat{L}_y, \hat{L}_z] = i\hbar\hat{L}_x$$
$$[\hat{L}_z, \hat{L}_x] = i\hbar\hat{L}_y$$

(이들의 교환 성질을 기억하기 위한 어떤 유형이 보이는가?) 각운동량의 성분들을 동시에 측정할 수 있는가에 대해 이 결과가 무엇을 말해주고 있는가?

4-13. 다음으로 정의되는 $\hat{L}^2$이

$$\hat{L}^2 = \hat{L}_x^2 + \hat{L}_y^2 + \hat{L}_z^2$$

각 성분들과 각각 교환되는 것을 보여라. 이 결과는 각운동량의 제곱과 각각의 성분들을 동시에 측정할 수 있는지에 대해 무엇을 말해주고 있는가?

4-14. 연산자

$$\hat{L}_+ = \hat{L}_x + i\hat{L}_y \qquad \hat{L}_- = \hat{L}_x - i\hat{L}_y$$

는 각운동량의 양자역학적인 이론에서 중심 역할을 하고 있다.(제 5 장의 부록을 보아라.) 이제 다음을 보여라.

$$\hat{L}_+\hat{L}_- = \hat{L}^2 - \hat{L}_z^2 + \hbar\hat{L}_z$$
$$[\hat{L}_z, \hat{L}_+] = \hbar\hat{L}_+$$
$$[\hat{L}_z, \hat{L}_-] = -\hbar\hat{L}_-$$

4-15. 이차원 상자속 입자에 대해 $[\hat{X}, \hat{P}_y]$, $[\hat{X}, \hat{P}_x]$, $[\hat{Y}, \hat{P}_y]$, $[\hat{Y}, \hat{P}_x]$를 구하여라.

4-16. 임의의 정밀도를 가지고 전자의 위치와 운동에너지가 동시에 측정될 수 있는가? (연습문제 4-42)

4-17. 연습문제 4-15의 결과를 이용하여 불확실성 관계 $\Delta x \Delta p_x$ 그리고 $\Delta y \Delta p_y$를 구하여라.

4-18. 다음 중 어느 연산자가 에르미트 연산자인가? d/dx, id/dx, d^2/dx^2, id^2/dx^2, xd/dx, x. 이 연산자들이 연산하는 함수가 무한대에서 적당한 well-bahaved 함수임을 가정하

여라.

4-19. $\hat{A}$가 에르미트 연산자이면 $\hat{A}-<a>$ 도 에르미트 연산자임을 보여라. 두 에르미트 연산자의 합이 에르미트 연산자임을 보여라.

4-20. 4−29 식에서 4−30 식을 증명하기 위해 먼저 4−30 식을 f와 g로 쓴다.

$$\int f^*\hat{A}fdx = \int f\hat{A}^*f^*dx \qquad \int g^*\hat{A}gdx = \int g\hat{A}^*g^*dx$$

c_1, c_2를 임의의 복소수 상수라고 할 때 $\psi = c_1f + c_2g$로 하자.

$$\int (c_1^*f^* + c_2{}^*g^*)\hat{A}(c_1f + c_2g)dx = \int (c_1f + c_2g)\hat{A}^*(c_1{}^*f^* + c_2{}^*g^*)dx$$

양변을 전개하여 처음 두 식을 사용하면

$$c_1^*c_2\int f^*\hat{A}gdx + c_2^*c_1\int g^*\hat{A}fdx = c_1c_2^*\int f\hat{A}^*g^*dx + c_1^*c_2\int g\hat{A}^*f^*dx$$

이다. 이것을 정리하면 다음과 같이 된다.

$$c_1^*c_2\int (f^*\hat{A}g - g\hat{A}^*f^*)dx = c_1c_2^*\int (f\hat{A}^*g^* - g^*\hat{A}f)dx$$

이 식의 양변이 서로 켤레복소수임을 주목하여라. $z = x + iy$이고 $z = z^*$이면 z가 실수임을 의미한다는 것을 보여라. 따라서 이 식의 양변은 실수이다. 그러나 c_1, c_2가 임의의 복소수 상수이므로 양변이 실수가 되기 위해서는 적분이 영이 되어야 한다. 이것이 4−30 식을 의미한다는 것을 보여라.

4-21. $\hat{A}$가 에르미트 연산자이면

$$\int \hat{A}^*\psi^*\hat{B}\psi dx = \int \psi^*\hat{A}\hat{B}\psi dx$$

임을 보여라. (**힌트** 4−30 식)

4-22. 다음 함수들이 $-\infty < x < \infty$에서 직교함을 보여라.

$$\psi_0(x) = \pi^{-1/4}e^{-x^2/2}$$

$$\psi_1(x) = (4/\pi)^{1/4}xe^{-x^2/2}$$

$$\psi_2(x) = (4\pi)^{-1/4}(2x^2-1)e^{-x^2/2}$$

4-23. 다음 다항식이

$$P_0(x) = 1, \quad P_1(x) = x, \quad P_2(x) = \frac{1}{2}(3x^2 - 1), \quad P_3(x) = \frac{1}{2}(5x^3 - 3x)$$

다음 직교성 관계식을 만족함을 보여라.

$$\int_{-1}^{1} P_l(x) P_n(x) dx = \frac{2\delta_{nl}}{2l+1} \qquad l = 0, 1, 2, 3, \cdots$$

4-24. $0 \leq x \leq a$에서 $\{(2/a)^{1/2} \cos(n\pi x/a)\}, n = 0, 1, 2, \cdots$ 세트의 함수들이 직교함을 보여라.

4-25. $f_0(x) = 1$, $f_1(x) = x$, $f_2(x) = x^2$에서 시작하여 구간 $-1 \leq x \leq 1$에서 직교하는 다항식의 세트 $\{\phi_j(x), j = 1, 2, 3, \cdots\}$를 생성하여라. 마지막 결과를 정규화 하는 대신 $\phi_j(1) = 1$과 같은 곱하기 상수를 정하여라. 이 다항식을 연습문제 4-23과 비교하여 보아라.

4-26. 다음 kronecker delta, δ_{nm}에 대해

$$\delta_{nm} = \begin{cases} 1 & n = m \\ 0 & n \neq m \end{cases}$$

$$\sum_{n=1}^{\infty} c_n \delta_{nm} = c_m \qquad \sum_n \sum_m a_n b_m \delta_{nm} = \sum_n a_n b_n$$

을 증명하여라. 이 결과는 자주 이용하게 될 것이다.

4-27. Dirac 표기법을 사용하여 함수의 세트 $\{\psi_n(x)\}$에 대한 직교정규성을 나타내어라. 또한 고유함수의 전개 $\phi(x) = \sum_n c_n \psi_n(x)$와 계수 c_n을 Dirac 표기법으로 나타내어라.

4-28. 켓 벡터 $|\phi>$로 표현된 일반적인 상태함수는 고유치 $a_1, a_2, \cdots$인 연산자 $\hat{A}$의 고유상태 $|1>, |2>, \cdots$의 중첩으로 나타낼 수 있다.(즉, $\hat{A}|n> = a_n|n>$이다.)

$$|\phi> = a_1|1> + a_2|2> + \cdots = \sum_n a_n|n>$$

$c_n = <n|\phi>$임을 보여라. 이 값은 $|\phi>$ 상태에 있는 계의 $\hat{A}$를 측정할 때 a_n이 측정될

진폭이라고 부른다. a_n이 얻어질 확률은 $c_n^* c_n$이다. $|\phi>$가 다음과 같이 됨을 보여라.

$$|\phi>=\sum_n |n><n|\phi>$$

$|\phi>$에 상응하는 브라 벡터도 $|n>$의 브라 벡터로 다음과 같이 나타낼 수 있다.

$$<\phi| = \sum_n c_n^* <n|$$

$c_n^* =<\phi|n>$임을 보여라. $<\phi|$가 다음으로 됨을 보여라.

$$<\phi| = \sum_n <\phi|n><n|$$

이제 $<\phi|$이 정규화 되어 있다면

$$<\phi|\phi>=1=<\phi|n><n|\phi>$$

임을 보여라. 이 결과를 이용하여

$$\sum_n |n><n|=1$$

이 단위 연산자인 것에 대해 논하여라.

4-29. 다음 세 다항식이 주어졌을 때, $f_0(x)=a_0$, $f_1(x)=a_1+b_1x$, $f_2(x)=a_2+b_2x+c_2x^2$, 구간 $0 \leqq x \leqq 1$에서 이 함수들이 직교정규화 세트가 되도록 상수들을 구하여라.

4-30. $0 \leqq x \leqq a$에서 $\sin(n\pi x/a)$의 직교성을 이용하여

$$f(x)=\sum_{n=1}^{\infty} b_n \sin\frac{n\pi x}{a}$$

라면

$$b_n=\frac{2}{a}\int_0^a f(x)\sin\frac{n\pi x}{a}dx$$

임을 보여라. 이 결과를 이용하여 $0 \leqq x \leqq a$에서 $f(x)=x$의 Fourier 전개가 다음과 같이 됨을 보여라.

$$x = \frac{2a}{\pi} \sum_{n=1}^{\infty} \frac{(-1)^{n+1}}{n} \sin \frac{n\pi x}{a}$$

4-31. Maclaurin 급수를 이용하여(수학 D) 연산자들의 함수를 정의할 수 있다. 예를 들어, 연산자 $e^{\hat{S}}$를 다음과 같이 정의할 수 있다.

$$e^{\hat{S}} = \sum_{n=0}^{\infty} \frac{(\hat{S})^n}{n!}$$

어떤 조건에서 $e^{\hat{A}+\hat{B}} = e^{\hat{A}} e^{\hat{B}}$가 성립 되겠는가?

4-32. 이 장에서 ψ_n이 시간 비의존 Schrödinger 방정식의 고유함수라면

$$\Psi_n(x,t) = \psi_n(x) e^{-iE_n t/\hbar}$$

임을 배웠다. $\psi_m(x)$와 $\psi_n(x)$가 $\hat{H}$의 정류상태라면

$$\Psi(x,t) = c_m \psi_m(x) e^{-iE_m t/\hbar} + c_n \psi_n(x) e^{-iE_n t/\hbar}$$

가 시간 의존 Schrödinger 방정식을 만족하는 것을 보여라.

4-33. 4–78 식에 주어진 $\Psi(x,t)$가 정규화 되어 있음을 보여라.

4-34. 4–79 식을 증명하여라.

4-35. $\psi(x)$가 정규화 되어 있다면 $\Psi(x,t) = \sum_{n=1}^{N} \psi_n(x) e^{-iE_n t/\hbar}$의 정규화상수는 무엇인가?

4-36. $< x >$의 행동을 그림 4–3과 같은 주기로 움직이는 고전적인 입자에 겹쳐 보아라.

4-37. 4–78 식으로 기술되는 입자의 평균 에너지가 상수임을 보여라.

4-38. 두 개의 상태 대신 세 개의 상태의 중첩으로 하면 4–78 식의 $\Psi(x,t)$는 어떤 형태로 되겠는가?

4-39. 다음 상태로 표시되는 상자속 입자의 평균 위치를 구하여라.

$$\Psi(x,t)=\left(\frac{1}{a}\right)^{1/2}e^{-iE_2t/\hbar}\sin\frac{2\pi x}{a}+\left(\frac{1}{a}\right)^{1/2}e^{-iE_3t/\hbar}\sin\frac{3\pi x}{a}$$

입자는 상자의 중간에서 얼마의 진동수를 가지고 진동하겠는가?

4-40. 다음 상태에 있는 진동하는 상자속 입자의 진폭을 구하여라.

$$\Psi(x,t)=\left(\frac{1}{a}\right)^{1/2}e^{-iE_1t/\hbar}\sin\frac{\pi x}{a}+\left(\frac{1}{a}\right)^{1/2}e^{-iE_4t/\hbar}\sin\frac{4\pi x}{a}$$

진동수는 얼마인가? 4–29 번의 문제와 진폭을 비교하여 보아라.

4-41. 4–40번 문제의 상자속 입자에 대해 확률밀도의 시간 의존성을 Mathcad 또는 Mathematica 같은 프로그램을 이용하여 도시하여 보아라. 한 주기를 그려보아라.

4-42. 이 문제에서는 상자속 입자의 위치를 측정한 결과에 대해 유도한다. 입자를 $a/2-\epsilon/2$와 $a/2+\epsilon/2$ 사이에 위치시키면 이상적인 파동함수는 다음으로 표시된다.

$$\phi_\epsilon=\begin{cases}0 & x<a/2-\epsilon/2\\ 1/\sqrt{\epsilon} & a/2-\epsilon/2<x<a/2+\epsilon/2\\ 0 & x>a/2+\epsilon/2\end{cases}$$

ϕ_ϵ을 도시하고 정규화 되어 있음을 보여라. 이때 변수 ϵ은 측정의 정확도를 나타내는 척도로 ϵ가 작을수록 측정이 더 정확하다고 할 수 있다. 이제 입자의 에너지를 측정한다고 하자. E_n을 관측할 확률은 $\psi_n(x)=(2/a)^{1/2}\sin n\pi x/a$, $E_n=n^2h^2/8am^2$일 때 다음 전개에서 $|c_n|^2$으로 주어진다.

$$\phi_\epsilon(x)=\sum_{n=1}^{\infty}c_n\psi_n(x)e^{-iE_nt/\hbar}$$

다음을 얻기 위해 양변에 $\psi_m(x)$를 곱하고 0에서부터 a 까지 x에 대해 적분하여라.

$$c_m=e^{iE_mt/\hbar}\int_0^a\phi_\epsilon(x)\psi_m(x)dx=\frac{2^{3/2}a^{1/2}e^{E_mt/\hbar}}{\epsilon^{1/2}m\pi}\sin\frac{m\pi}{2}\sin\frac{m\pi\epsilon}{2a}$$

이제 E_n이 측정될 확률이 다음과 같이 됨을 보여라.

$$p(E_n)=\begin{cases}0 & even\quad n\\ \dfrac{8a}{\epsilon}\left(\dfrac{1}{n\pi}\right)^2\sin^2\dfrac{n\pi\epsilon}{2a} & odd\quad n\end{cases}$$

$\epsilon/a=0.10,\ 0.050,\ 0.010$일 때 $P(E_n)$을 n에 대해 도시하여라. 이 결과를 불확실성의 원리에 따라 해석하여라.

4-43. $< x >= \int \Psi^*(x,t)x\Psi(x,t)dx$

과 시간 의존 Schrödinger 방정식에서부터 시작하여

$$\frac{d< x >}{dt} = \int \Psi^* \frac{i}{\hbar}[\hat{H},x]\Psi dx = < \hat{P}_x >$$

임을 보이고 결과를 해석하여라.

4-44. 4-84 식을 이용하여

$$\frac{d< \hat{P}_x >}{dt} = \left\langle -\frac{d\hat{V}}{dx}\right\rangle$$

임을 보여라. Ehrenfest의 정리라고 부르는 이 결과를 해석하여라.

4-45. 이 문제에서는 다음 Schwartz 부등식을 증명한다. 즉, f와 g가 적당한 well-behaved 함수이면

$$\left(\int |f|^2 dx\right)\left(\int |g|^2 dx\right) \geq \left|\int f^* g dx\right|^2$$

이다. Schwartz 부등식을 증명하기 위해 λ를 임의의 복소수라고 할 때

$$\int (f+\lambda g)^*(f+\lambda g)dx \geq 0$$

에서부터 시작한다. 이 식을 전개하여

$$|\lambda|^2 \int g^* g dx + \lambda \int f^* g dx + \lambda^* \int g^* f dx + \int f^* f dx \geq 0$$

을 얻어라. 이 부등식은 어느 복소수 λ에 대해서도 참이며 특히

$$\lambda = -\frac{\int g^* f dx}{\int g^* g dx} = -\frac{\left(\int g f^* dx\right)^*}{\int g g^* dx}$$

를 선택하여라. 이렇게 λ를 선택했을 때 Schwartz 부등식을 만족하는 것을 보여라. 이때 등호는 어느 경우인가?

4-46. 이 문제에서는 $f(x)$와 $g(x)$가 적당한 well-behaved 함수일 때 다음을 증명한다.

$$\left[\int f^*(x)f(x)dx\right]\left[\int g^*(x)g(x)dx\right] \geq \frac{1}{4}\left[\int (f^*(x)g(x)+f(x)g^*(x))dx\right]^2$$

이 부등식은 다음 문제에서 4-19 식을 유도하는 데 사용할 것이다. 먼저

$$A = \int f^*(x)f(x)dx, \quad B = \int f^*(x)g(x)dx, \quad C = \int g^*(x)g(x)dx$$

로 하자. 이제

$$\int [\lambda f^*(x)+g^*(x)]\,[\lambda f(x)+g(x)]\,dx = A\lambda^2+(B+B^*)\lambda+C$$

가 실수 λ에 대해 영보다 같거나 크게 됨을 논하여라. $A>0$, $C>0$ 그리고 $B+B^* \geq 0$임을 보이고 $A\lambda^2+(B+B^*)\lambda+C$의 제곱근이 실수가 될 수 없음에 대해 논하여라. 이제 이 결과가 단지

$$AC \geq \frac{1}{4}(B+B^*)^2$$

임을 의미하는 것을 보여라. 이 식이 위 부등식이다.

4-47. 이 문제에서는 4-19 식을 유도한다. 이를 위해 연습문제 4-46에서 유도한 부등식이 필요하다. 위 문제를 참조하여 $\psi(x)$를 well-behaved 함수라 할 때

$$f(x) = (\hat{A}-<a>)\psi(x), \qquad g(x) = i(\hat{B}-<b>)\psi(x)$$

로 하자. 이전 문제 부등식의 왼편에 이것을 대입하고

$$\sigma_A^2\sigma_B^2 \geq \frac{1}{4}\left[i\int dx(\hat{A}-<a>)^*\psi^*(x)(\hat{B}-<b>)\psi(x)\right.$$
$$\left.-i\int dx(\hat{B}-<b>)^*\psi^*(x)(\hat{A}-<a>)\psi(x)\right]^2$$

로 쓰기 위해 $\hat{A}-< a >$와 $\hat{B}-< b >$가 에르미트 연산자(연습문제 4-19)라는 사실을 이용하여라. 다시 $\hat{A}-< a >$와 $\hat{B}-< b >$가 에르미트 연산자라는 사실을 이용하여 오른편을 다음과 같이 써보아라.

$$-\frac{1}{4}\left\{\int dx\psi^*(x)[\hat{A}\hat{B}-<a>\hat{B}-\hat{A}<b>+<a><b>\right.$$
$$\left.-\hat{B}\hat{A}+<b>\hat{A}+\hat{B}<a>-<a><b>]\psi(x)\right\}^2$$

이제 $<a>$, $<b>$가 실수라는 사실로부터 4-19 식

$$\sigma_A^2\sigma_B^2 \geq -\frac{1}{4}\left\{\int dx\psi^*(x)[\hat{A},\hat{B}]\psi(x)\right\}^2$$

을 얻어 보아라.

4-48. $\sin(n\pi x/a)$가 n이 홀수일 때 $x=a/2$에 대해 우함수, n이 짝수일 때 기함수임을 보여라. 이 결과를 이용하여 n이 짝수일 때 4-60 식의 c_n이 영이 됨을 보여라.

연습문제 4-49에서 4-54 까지는 부분적으로 위치에너지가 상수인 계에 대해 다룬다.

4-49. 다음 위치에너지를 갖는 입자에 대해 생각해 보자.

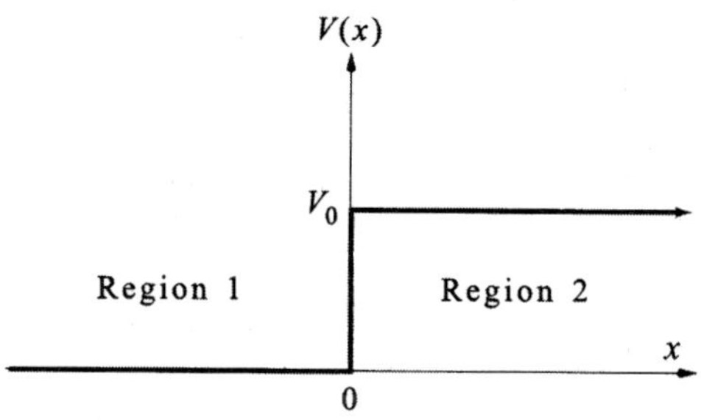

이 위치에너지는 수학적으로는 V_0가 상수일 때 다음과 같다.

$$V(x)=\begin{cases}0 & x<0\\ V_0 & x>0\end{cases}$$

$E>V_0$이면 두 영역 (1, 2)에서 Schrödinger 방정식의 해가(연습문제 3-35)

$$k_1=\left(\frac{2mE}{\hbar^2}\right)^{1/2}\qquad k_2=\left[\frac{2m(E-V_0)}{\hbar^2}\right]^{1/2}$$

일때

$$\psi_1(x)=Ae^{ik_1x}+Be^{-ik_1x}\qquad x<0 \tag{1}$$

$$\psi_2(x)=Ce^{ik_2x}+De^{-ik_2x}\qquad x>0 \tag{2}$$

이 됨을 보여라. 연습문제 3-35에서 배웠듯이 e^{ikx}는 오른쪽으로 움직이는 입자 그리고 e^{-ikx}는 왼쪽으로 움직이는 입자를 나타낸다. 풀려고 하는 물리적인 문제는 에너지 E를 가지고 오른쪽으로 움직이는 입자를 장벽 V_0에 조사한 경우이다. 영역 2에서 왼쪽으로

움직이는 입자의 경우를 제외하려면 (2) 식에서 $D=0$으로 하면 된다. (1), (2) 식에서 계수의 제곱은 주어진 영역에서 입자가 주어진 방향으로 움직일 확률을 나타낸다. 예를 들어, $|A|^2$은 입자가 $x<0$에서 운동량 $+\hbar k_1$으로 움직일 확률이다. 한 개의 입자 대신 여러 개의 입자 N_0에 대해 생각한다면 $|A|^2N_0$는 $x<0$에서 운동량 $+\hbar k_1$으로 움직이는 입자의 수로 해석할 수 있다. 단위시간 당 주어진 위치를 통과하는 입자의 수는, v를 입자의 속도 $\hbar k_1/m$라고 할 때 $v|A|^2N_0$로 주어진다.

$$A+B=C \qquad k_1(A-B)=k_2C$$

를 얻기 위해 $x=0$에서 $\psi(x)$와 $d\psi/dx$가 연속이어야 함을 적용하여라.(연습문제 4-4) 이제

$$r=\frac{\hbar k_1|B|^2N_0/m}{\hbar k_1|A|^2N_0/m}=\frac{|B|^2}{|A|^2}$$

을 정의하고 다음을 보여라.

$$r=\left(\frac{k_1-k_2}{k_1+k_2}\right)^2$$

같은 방법으로

$$t=\frac{\hbar k_2|C|^2N_0/m}{\hbar k_1|A|^2N_0/m}=\frac{k_2|C|^2}{k_1|A|^2}$$

을 정의하고

$$t=\frac{4k_1k_2}{(k_1+k_2)^2}$$

가 됨을 보여라.

r과 t는 각각 반사계수 그리고 투과계수를 나타낸다. 이들의 물리적인 해석에 대해 논하여라. $r+t=1$을 보여라. 입자의 에너지 E가 장벽 V_0 보다 큰 경우에도 입자가 반사될 것을 기대할 수 있겠는가? $V_0\to 0$이면 $r\to 0$ 그리고 $t\to 1$이 됨을 보여라.

4-50. 연습문제 4-19에 기술된 계에서 $E<V_0$이면 $r=1$ 임을 보여라. 이 결과의 물리적인 해석에 대해 논하여라.

4-51. 이 문제에서는 핵의 α 붕괴, 전자전달 반응, 수소결합 등 여러 문제에서 중요한 역할을

하는 양자역학적인 터널링에 대한 아이디어를 도입하려고 한다. 다음과 같은 위치에너지 영역에서 움직이는 입자에 대해 생각해 보자.

$$V(x) = \begin{cases} 0 & x < 0 \\ V_0 & 0 < x < a \\ 0 & x > a \end{cases}$$

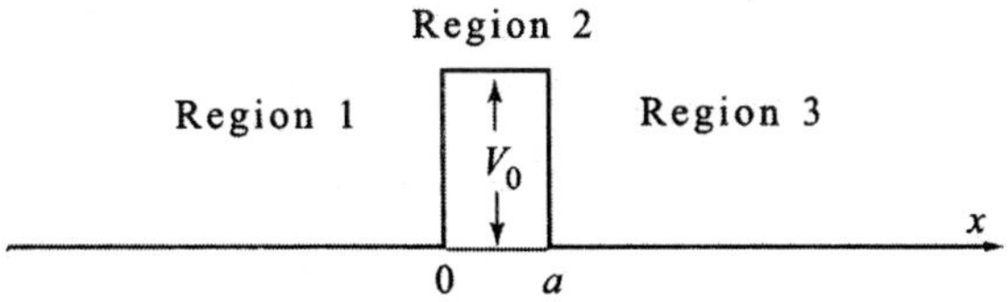

$E < V_0$이면 각 영역에서 Schrödinger 방정식의 해가 다음으로 주어짐을 보여라.

$$\psi_1(x) = Ae^{ik_1x} + Be^{-ik_1x} \qquad x < 0 \tag{1}$$

$$\psi_2(x) = Ce^{k_2x} + De^{-k_2x} \qquad 0 < x < a \tag{2}$$

$$\psi_3(x) = Ee^{ik_1x} + Fe^{-ik_1x} \qquad x > a \tag{3}$$

$$k_1 = \left(\frac{2mE}{\hbar^2}\right)^{1/2} \qquad k_2 = \left[\frac{2m(V_0 - E)}{\hbar^2}\right]^{1/2} \tag{4}$$

입자가 매우 큰 x에서 왼쪽으로 움직이는 경우를 제외하면 (3) 식에서 $F = 0$이다. 연습문제 4-49에 따라 투과계수, 즉 입자가 장벽을 통과할 확률이

$$t = \frac{|E|^2}{|A|^2} \tag{5}$$

이 되는 것에 대해 논하여라. 이제 $x = 0$와 $x = a$에서 $\psi(x)$와 $d\psi/dx$가 연속이라는 사실로부터

$$A + B = C + D \qquad ik_1(A - B) = k_2(C - D) \tag{6}$$

$$Ce^{k_2a} + De^{-k_2a} = Ee^{ik_1a} \qquad k_2Ce^{k_2a} - k_2De^{-k_2a} = ik_1Ee^{ik_1a} \tag{7}$$

를 얻어 보아라. A를 C와 D로 얻기 위하여 (6) 식에서 B를 소거하여라. 또한 C와 D를 E로 얻기 위하여 (7) 식을 풀어라. 이제 이 결과를 C와 D로 표시된 A에 대입하여 다음 중간 결과를 얻어라.

$$2ik_1A = \left[(k_1^2 - k_2^2 + 2k_1k_2)e^{k_2a} + (k_2^2 - k_1^2 + 2k_1k_2)e^{-k_2a}\right]\frac{Ee^{ik_1a}}{2k_2}$$

이제 $\sinh x = (e^{x} - e^{-x})/2$, $\cosh x = (e^{x} + e^{-x})/2$ (연습문제 A-11)를 이용하여 다음을 얻어라.

$$\frac{E}{A} = \frac{4ik_1k_2e^{-ik_1a}}{2(k_1^2 - k_2^2)\sinh k_2a + 4ik_1k_2\cosh k_2a}$$

오른편에 켤레복소수를 곱하고 $\cosh^2 x = 1 + \sinh^2 x$를 이용하여

$$t = \left|\frac{E}{A}\right|^2 = \frac{4}{4 + \dfrac{(k_1^2 + k_2^2)^2}{k_1^2k_2^2}\sinh^2 k_2a}$$

를 얻어라. 마지막으로 k_1, k_2의 정의(4 식)를 이용하여 입자가 장벽을 투과할 확률 (에너지가 장벽의 높이보다 작은 경우에도)이 다음으로 얻어짐을 보여라.

$$t = \frac{1}{1 + \dfrac{v_0^2}{4\varepsilon(v_0 - \varepsilon)}\sinh^2(v_0 - \varepsilon)^{1/2}} \tag{8}$$

또는

$$t = \frac{1}{1 + \dfrac{\sinh^2[v_0^{1/2}(1-\alpha)^{1/2}]}{4\alpha(1-\alpha)}} \tag{9}$$

여기에서 $v_0 = 2ma^2V_0/\hbar^2$, $\varepsilon = 2ma^2E/\hbar^2$ 그리고 $\alpha = E/V_0 = \varepsilon/v_0$이다. 그림 4-7에는 $v_0 = 10$인 경우 t를 α에 대해 도시하였다. $\alpha > 1$의 경우 t를 α에 대해 도시하기 위해 $\sinh ix = i\sin x$ (연습문제 A-12)를 이용하였다. 고전적인 결과는 무엇이겠는가?

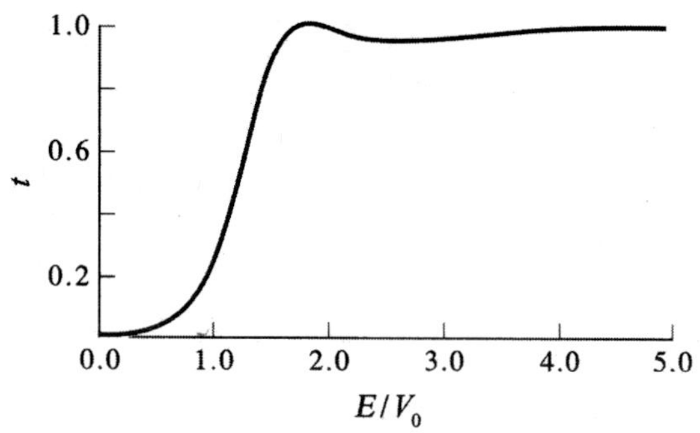

그림 4-7 E/V_0에 대해 도시한 에너지 E인 입자가 높이 V_0인 장벽을 투과할 확률(연습문제 4-51의 9 식, $v_0 = 10$)

4-52. 연습문제 4-51의 결과를 이용하여 운동에너지 8.0×10^{-21} J인 전자가 $V_0 = 12.0 \times 10^{-21}$ J, 두께 1.0 nm인 위치에너지 장벽을 투과할 확률을 계산하여라.

4-53. 연습문제 4-51은 에너지 E/V_0인 입자가 높이 V_0, 두께 a인 위치에너지 장벽을 투과할 확률이 다음과 같음을 보여준다.

$$t = \cfrac{1}{1 + \cfrac{\sinh^2[v_0^{1/2}(1-\alpha)^{1/2}]}{4\alpha(1-\alpha)}}$$

여기에서 $v_0 = 2ma^2 V_0/\hbar^2$, $\alpha = E/V_0$이다. $\alpha \to 1$일때 t의 수렴값은 무엇인가? $v_0 = 1/2$, 1, 2에서 t를 α에 대해 도시하여라. 이 결과를 해석하여라.

4-54. 이 문제에서는 수학적으로 다음과 같이 표현되는 유한한 위치에너지 우물에 있는 입자에 대해 생각해 보자.

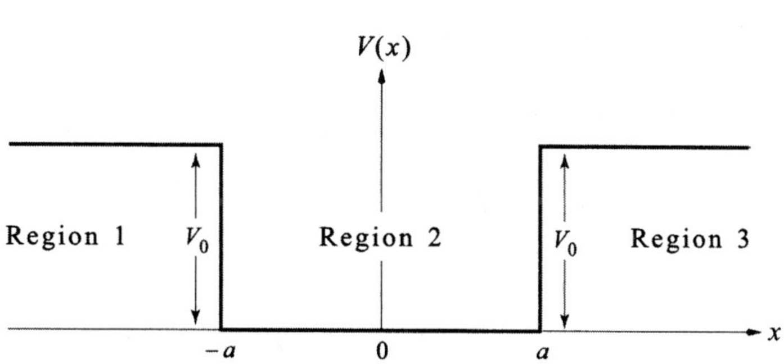

$$V(x) = \begin{cases} V_0 & x < -a \\ 0 & -a < x < a \\ V_0 & x > a \end{cases} \tag{1}$$

이 위치에너지가 $V_0 \to \infty$ 인 경우 소위 "상자속 입자"를 나타내고 있음을 주목하여라. $0 < E < V_0$이면 각 영역에서 Schrödinger 방정식의 해가 다음과 같음을 보여라.

$$\begin{aligned} &\psi_1(x) = Ae^{k_1 x} \qquad x < -a \\ &\psi_2(x) = B\sin\alpha x + C\cos\alpha x \qquad -a < x < a \\ &\psi_3(x) = De^{-k_1 x} \qquad x > a \end{aligned} \tag{2}$$

$$k_1 = \left[\frac{2m(V_0 - E)}{\hbar^2}\right]^{1/2} \qquad \alpha = \left(\frac{2mE}{\hbar^2}\right)^{1/2} \tag{3}$$

$x = -a$와 $x = a$에서 $\psi(x)$와 $d\psi/dx$가 연속이라는 조건을 적용하여

$$Ae^{-k_1 a} = -B\sin\alpha a + C\cos\alpha a \tag{4}$$

$$De^{-k_1 a} = B\sin\alpha a + C\cos\alpha a \tag{5}$$

$$k_1 Ae^{-k_1 a} = \alpha B\cos\alpha a + \alpha C\sin\alpha a \tag{6}$$

$$-k_1 De^{-k_1 a} = \alpha B\cos\alpha a - \alpha C\sin\alpha a \tag{7}$$

을 얻어 보아라. (4), (5)를 더하거나 빼고, (6), (7)을 더하거나 빼서

$$2C\cos\alpha a = (A + D)e^{-k_1 a} \tag{8}$$

$$2B\sin\alpha a = (D - A)e^{-k_1 a} \tag{9}$$

$$2\alpha C\sin\alpha a = k_1(A + D)e^{-k_1 a} \tag{10}$$

$$2\alpha B\cos\alpha a = -k_1(D - A)e^{-k_1 a} \tag{11}$$

을 얻어라. (10)을 (8)로 나누어

$$\frac{\alpha\sin\alpha a}{\cos\alpha a} = \alpha\tan\alpha a = k_1 \qquad (D \neq -A, \quad C = 0) \tag{12}$$

를 얻고 (11)을 (9)로 나누어 다음을 얻어라.

$$\frac{\alpha\cos\alpha a}{\sin\alpha a} = \alpha\cot\alpha a = -k_1 \qquad (D \neq A, \quad B = 0) \tag{13}$$

(3) 식으로 돌아가 보면 (12), (13)은 허락된 E 값을 V_0로 주는 것을 알 수 있다. 이 두

식은 동시에 풀 수 없고 따라서 두 세트의 방정식을 준다.

$$\alpha \tan \alpha a = k_1 \tag{14}$$

$$\alpha \cot \alpha a = - k_1 \tag{15}$$

(14) 식을 먼저 생각해 보자. 양 변에 a를 곱하고 α와 k_1의 정의를 사용하여

$$\left(\frac{2ma^2E}{\hbar^2}\right)^{1/2} \tan\left(\frac{2ma^2E}{\hbar^2}\right)^{1/2} = \left[\frac{2ma^2}{\hbar^2}(V_0 - E)\right]^{1/2}$$

을 얻고 이 식이 $\varepsilon = 2ma^2E/\hbar^2$, $v_0 = 2ma^2V_0/\hbar^2$일 때 다음과 같이 간단히 되는 것을 보여라.

$$\varepsilon^{1/2}\tan\varepsilon^{1/2} = (v_0 - \varepsilon)^{1/2} \tag{17}$$

따라서 v_0를 고정하면 (실제 $2ma^2V_0/\hbar^2$) (17) 식을 허락된 ε 값 (실제 $2ma^2E/\hbar^2$)에 대해 풀 수 있다. (17) 식은 해석적으로는 풀 수 없지만 같은 그래프에 ε에 대해 $\varepsilon^{1/2}\tan\varepsilon^{1/2}$ 그리고 $(v_0 - \varepsilon)^{1/2}$를 동시에 도시하면 이 두 곡선이 만나는 점으로부터 해를 구할 수 있다. 그림 4-8a에 $v_0 = 12$에 대해 이러한 그림을 나타내었다.

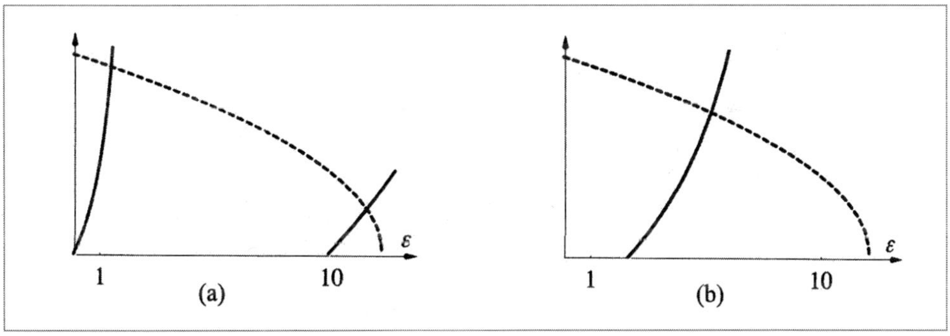

그림 4-8 (a) ε에 대해 $\varepsilon^{1/2}\tan\varepsilon^{1/2}$(실선)과 $(v_0 - \varepsilon)^{1/2}$(점선)를 도시한 그림. 두 곡선의 교차점이 깊이 $V_0 = 12\hbar^2/2ma^2$인 일차원 위치에너지 우물에서 허락된 ε 값이다. (b) ε에 대해 $-\varepsilon^{1/2}\cot\varepsilon^{1/2}$(실선)과 $(12 - \varepsilon)^{1/2}$(점선)를 도시한 그림. 두 곡선의 교차점이 깊이 $V_0 = 12\hbar^2/2ma^2$인 일차원 위치에너지 우물에서 허락된 ε 값이다.

교차점이 $\varepsilon = 2ma^2E/\hbar^2 = 1.47$ 그리고 11.37에서 나타난다. 다른 ε 값들은 (15) 식의 해, 즉 ε에 대해 $-\varepsilon^{1/2}\cot\varepsilon^{1/2}$과 $(12 - \varepsilon)^{1/2}$을 도시한 그림에서 교차점으로 나타난다. 이것을 그림 4-48b에 $v_0 = 12$ 그리고 $\varepsilon = 2ma^2E/\hbar^2 = 5.68$에 대해 나타내었다. 따라서 깊이 $V_0 = 12\hbar^2/2ma^2$인 우물에서 단지 세 개의 속박된 상태만이 존재함을 알

수 있다. 여기에서 중요한 점은 E 값이 아니라 단지 유한한 갯수의 속박상태가 존재한다는 사실이다. $v_0 = 2ma^2 V_0/\hbar^2 = 4$에서는 단지 두 개의 속박된 상태가 존재함을 보여라.

참 고 문 헌

Cassidy, D. *Uncertainty: The Life and Science of Werner Heisenberg*. W. H. Freeman: New York, 1993.

Whitaker, A. *Einstein, Bohr, and the Quantum Dilemma*. Cambridge University Press: Cambridge, UK, 1996.

Al-Khalili, J. *Quantum: A Guide for the Perplexed*. Weidenfeld & Nicolson: London, 2004.

Herbert, N. *Quantum Reality Beyond the New Physics*. Anchor/Doubleday: New York, 1987.

Gribbin, J. *In Search of Schrödinger's Cat: Quantum Physics and Reality*. Bantam Books: New York, 1984.

Davies, P. C. W., Brown, J. R., editors. *The Ghost in the Atom: A Discussion of the Mysteries of Quantum Physics*. Cambridge University Press: New York, 1993.

Greenstein, G., Zajone, A. *The Quantum Challenge,* 2nd ed. Jones and Bartett Publishers: Sudbury, MA, 2005.

Kahn, P. A., Hansen, E. H. The Dirac (Bracket) Notation in the Undergraduate Physical Curriculum: A Pictorial Introduction. *Chem. Educator,* **5**, 113 (2000).

수학 D

급수와 극한

흔히 방정식의 한 변수의 작은 값 또는 큰 값에 대해 방정식의 행동을 조사하는 것이 필요할 때가 있다. 예를 들어, 제 1 장에서 작은 진동수 영역에서 Planck의 분포 법칙을 유도하였다.(1–2 식)

$$\rho_\nu(T)dT = \frac{8\pi h}{c^3}\frac{\nu^3 d\nu}{e^{\beta h\nu}-1} \tag{D-1}$$

여기에서 e^x를 무한급수(무한대로 많은 수의 항)를 이용하여 쓸 수 있다는 사실을 이용하여

$$e^x = \sum_{n=0}^{\infty}\frac{x^n}{n!} = 1 + x + \frac{x^2}{2!} + \frac{x^3}{3!} + \cdots \tag{D-2}$$

x가 작으면 $x^2, x^3, \cdots$는 더 작게 된다는 사실을 이용하였다. 이 결과는

$$e^x = 1 + x + O(x^2)$$

로 쓸 수 있고 이 때 $O(x^2)$은 x에서 x^2 또는 더 높은 차수의 항들이 생략되었다는 것을 상기할 수 있도록 하는 항이다. 이것을 식 D–1에 적용하면

$$\begin{aligned}\rho_\nu(T)d\nu &= \frac{8\pi h}{c^3}\frac{\nu^3 d\nu}{1+\beta h\nu + O[(\beta h\nu)^2]-1} \\ &= \frac{8\pi h}{c^3}\frac{\nu^3 d\nu}{\beta h\nu} = \frac{8\pi k_B T}{c^3}\nu^2 d\nu\end{aligned}$$

가 된다. 따라서 작은 ν에 대해 $\rho_\nu(T)$는 ν^2의 함수로 된다는 것을 알 수 있다. 이 수학 장에서는 유용한 급수들에 대해 복습하고 물리의 문제들에 적용해 본다.

유용한 하나의 급수는 기하급수(geometric series)이다.

$$\frac{1}{1-x} = \sum_{n=0}^{\infty}x^n = 1 + x + x^2 + x^3 + \cdots \qquad |x| < 1 \tag{D-3}$$

이 결과는 1을 $1-x$로 대수학적으로 나누든지 또는 다음 방법을 이용하여 유도할 수 있다.

$$S_N = 1 + x + x^2 + \cdots + x^N$$

S_N에 x를 곱하면

$$xS_N = x + x^2 + x^3 + \cdots + x^{N+1}$$

이 되고

$$S_N - xS_N = 1 - x^{N+1}$$

또는

$$S_N = \frac{1 - x^{N+1}}{1 - x} \tag{D-4}$$

에서 $|x| < 1$이면 $N \to \infty$일 때 $x^{N+1} \to 0$이므로 D-3 식이 된다.

D-2 식에서 D-3 식을 얻는 과정에서 D-3 식이 $|x| < 1$에서 성립한다는 무한급수에 대해 중요한 성질을 얻게 된다. $|x| \geq 1$이면 이 식이 아무 의미가 없게 되고 이것을 "무한급수 D-3는 $|x| < 1$에서 수렴한다"라고 말한다. 주어진 무한급수가 수렴하는지 또는 발산하는지 어떻게 알 수 있는가? 무한급수가 수렴하는지에 대한 테스트가 많이 있지만 유용한 한 가지가 ratio test이다. ratio test를 적용하기 위해 $n+1$ 번 째 항, u_{n+1}과 n 번 째 항, u_n의 비를 구하고 n을 매우 크게 한다.

$$r = \lim_{n \to \infty} \left| \frac{u_{n+1}}{u_n} \right| \tag{D-5}$$

$r < 1$이면 급수는 수렴, $r > 1$이면 발산한고 $r = 1$이면 이 테스트는 결과를 결정하지 못한다. 기하급수에 이 테스트를 적용해 보자.(D-3 식)

$$r = \lim_{n \to \infty} \left| \frac{u_{n+1}}{u_n} \right| = |x|$$

따라서 $|x| < 1$이면 이 급수는 수렴하고 $|x| \geq 1$이면 발산한다. 실제 $x = 1$이면 급수가 발산하지만 ratio test는 이것을 알려주지 못하므로 $x = 1$일 때는 더 정교한 테스트가 필요하다.

지수급수 (exponential series)(D-2 식)에 대해 다음을 얻을 수 있다.

$$r = \lim_{n \to \infty} \left| \frac{x^{n+1}/(n+1)!}{x^n/n!} \right| = \lim_{n \to \infty} \left| \frac{x}{x+1} \right|$$

따라서 모든 x에 대해 지수급수는 수렴한다.

제 5 장에서 ν가 이원자 분자의 진동수이고 다른 기호들이 늘 사용하는 변수일 때 다음 합이 나타난다.

$$S = \sum_{n=0}^{\infty} e^{-nh\nu/k_BT} \tag{D-6}$$

이 합은

$$x = e^{-h\nu/k_BT}$$

로 하면

$$S = \sum_{n=0}^{\infty} x^n \qquad |x| < 1$$

로 되어 D-3 식에 따라 $S = 1/(1-x)$ 또는

$$S = \frac{1}{1 - e^{-h\nu/k_BT}} \tag{D-7}$$

이 된다. D-6 식에서 무한대의 항이 필요한데 반하여 D-7에서는 유한한 수의 항만이 필요하므로 이것을 S가 닫힌 형태로 얻어졌다고 말한다.

주어진 함수에 상응하는 무한급수를 어떻게 찾을 수 있는가하는 실제적인 문제에 부딪치게 된다. 예를 들어, D-2 식을 어떻게 유도할 수 있는가? 먼저 $f(x)$를 멱급수로 표현할 수 있다고 가정한다.(x의 차수로 된 급수)

$$f(x) = c_0 + c_1x + c_2x^2 + c_3x^3 + \cdots$$

이 때 c_j는 결정해야하는 계수이다. $x = 0$ 그리고 $c_0 = f(0)$로 하자. 이제 x에 대해 미분하면

$$\frac{df}{dx} = c_1 + 2c_2x + 3c_3x^2 + \cdots$$

이다. 이제 $x = 0$로 하면 $c_1 = (df/dx)_{x=0}$이다. 다시 미분하여

$$\frac{d^2f}{dx^2} = 2c_2 + 3 \cdot 2c_3x + \cdots$$

$x = 0$로 하면 $c_2 = (d^2f/dx^2)_{x=0}/2$이다. 다시 미분하여

$$\frac{d^3f}{dx^3} = 3 \cdot 2c_3x + 4 \cdot 3 \cdot 2x + \cdots$$

$x = 0$로 하면 $c_3 = (d^3f/dx^3)_{x=0}/3!$이다. 이 결과는 일반적으로

$$c_n = \frac{1}{n!}\left(\frac{d^nf}{dx^n}\right)_{x=0} \tag{D-8}$$

로 쓸 수 있고 따라서 다음과 같이 된다.

$$f(x) = f(0) + \left(\frac{df}{dx}\right)_{x=0} x + \frac{1}{2!}\left(\frac{d^2f}{dx^2}\right)_{x=0} x^2 + \frac{1}{3!}\left(\frac{d^3x}{dx^3}\right)_{x=0} x^3 + \cdots \tag{D-9}$$

D-9 식을 $f(x)$에 대한 Maclaurin 급수라고 부른다. $f(x) = e^x$에 대해 D-9 식을 적용하면

$$\left(\frac{d^ne^x}{dx^n}\right)_{x=0} = 1$$

이므로

$$e^x = 1 + x + \frac{1}{2!}x^2 + \frac{1}{3!}x^3 + \cdots$$

가 된다.

D-9 식을 적용하여 얻는 몇몇 중요한 Maclaurin 급수는 다음과 같다.

$$\sin x = x - \frac{x^3}{3!} + \frac{x^5}{5!} - \frac{x^7}{7!} + \cdots \tag{D-10}$$

$$\cos x = 1 - \frac{x^2}{2!} + \frac{x^4}{4!} - \frac{x^6}{6!} + \cdots \tag{D-11}$$

$$\ln(1+x) = x - \frac{x^2}{2!} + \frac{x^3}{3!} - \frac{x^4}{4!} + \cdots \qquad -1 < x \le 1 \tag{D-12}$$

$$(1+x)^n = 1 + nx + \frac{n(n-1)}{2!}x^2 + \frac{n(n-1)(n-2)}{3!}x^3 + \cdots \quad x^2 < 1 \tag{D-13}$$

D-10과 D-11의 급수는 모든 x에 대해 수렴하지만 표시한 대로 D-12는 $-1 < x \le 1$에 대해 D-13은 $x^2 < 1$에서만 수렴한다. D-13의 급수에서 n이 양의 정수이면 급수는 끊어진다. 예를 들어, $n = 2$ 또는 3이면

$$(1+x)^2 = 1 + 2x + x^2$$

$$(1+x)^3 = 1+3x+3x^2+x^3$$

이다. 양의 정수 n에 대해 D-13의 급수를 이항전개라고 부른다. n이 양의 정수가 아니면 급수는 계속 되고 D-13의 급수를 이항급수라고 부른다. 예를 들어,

$$(1+x)^{1/2} = 1+\frac{x}{2}-\frac{1}{8}x^2+O(x^3) \tag{D-14}$$

$$(1+x)^{-1/2} = 1-\frac{x}{2}+\frac{3}{8}x^2+O(x^3) \tag{D-15}$$

이다. 수학 handbook에는 많은 함수들에 대해 Maclaurin 급수가 수록되어 있으며 연습문제 D-20에서는 Maclaurin 급수의 확장인 Taylor 급수에 대해 논의하고 있다.

이 책에서 다루는 많은 결과들은 여기에 소개된 급수들을 이용하여 유도할 수 있다. 예를 들어, 다음 극한이 자주 나오는데

$$\lim_{x\to 0}\frac{\sin x}{x}$$

이 극한은 0/0을 주기 때문에 다음 l'Hôpital의 규칙을 이용하여 구할 수 있다.

$$\lim_{x\to 0}\frac{\sin x}{x} = \lim_{x\to 0}\frac{d\dfrac{\sin x}{dx}}{\dfrac{dx}{dx}} = \lim_{x\to 0}\cos x = 1$$

같은 결과를 D-10식을 x에 대해 나누고 $x\to 0$으로 하여 유도할 수 있다. (이 두 방법은 실제로 동등하다. 연습문제 D-21)

급수와 극한에 대해 마지막 예를 들어 보자. 결정의 몰 당 열용량의 온도 의존도에 대한 Einstein의 이론은

$$\overline{C}_V = 3R\left(\frac{\Theta_E}{T}\right)^2\frac{e^{-\Theta_E/T}}{(1-e^{-\Theta_E/T})^2} \tag{D-16}$$

이고 이 때 R은 기체상수, Θ는 고체의 특성을 나타내는 Einstein 상수라고 부르는 상수이다.(1.4 절) 이제 높은 온도에서 이 식이 Dulong-Petit 한계 ($\overline{C}_V \to 3R$)로 되는 것을 보일 것이다. 먼저 D-16 식에서 $x = \Theta/T$로 하면

$$\overline{C}_V = 3Rx^2\frac{e^{-x}}{(1-e^{-x})^2} \tag{D-17}$$

을 얻는다. T가 크면 x는 작아지고 따라서

$$e^{-x} = 1 - x + O(x^2)$$

을 사용하면 D-17 식은 $x \to 0$ $(T \to \infty)$에 대해 다음과 같이 된다.

$$\overline{C}_V = 3Rx^2 \frac{1 - x + O(x^2)}{(x + O(x^2))^2} \quad \to 3R$$

이것이 고온에서 단원자 결정의 몰 당 열용량이 $3R = 24.9\ \mathrm{J \cdot K^{-1} \cdot mol^{-1}}$이 된다는 Dulong-Petit의 법칙이다. 여기에서 고온의 의미는 실제 $T \gg \Theta$로 많은 물질들에 대해 약 1,000 K 이하이다.

연 습 문 제

D-1. $x = 0.0050, 0.0100, 0.0150, \cdots, 0.1000$에 대해 e^x와 $1 + x$의 퍼센트 차이를 계산하여 보아라.

D-2. $x = 0.0050, 0.0100, 0.0150, \cdots, 0.1000$에 대해 $\ln(1 + x)$와 x의 퍼센트 차이를 계산하여 보아라.

D-3. $(1 + x)^{1/2}$를 4 차 항까지 전개하여 보아라.

D-4. $(1 + x)^{-1/2}$를 4 차 항까지 전개하여 보아라.

D-5. 다음을 보여라.

$$\frac{1}{(1 - x)^2} = 1 + 2x + 3x^2 + 4x^3 + \cdots$$

D-6. 다음 급수의 값을 구하여라.

$$S = \frac{1}{2} + \frac{1}{4} + \frac{1}{8} + \frac{1}{16} + \cdots$$

D-7. 다음 급수의 값을 구하여라.

$$S=\sum_{n=0}^{\infty}\frac{1}{3^n}$$

D-8. 다음 급수의 값을 구하여라.

$$S=\sum_{n=1}^{\infty}\frac{(-1)^{n+1}}{2^n}$$

D-9. 소수점 이하 숫자들이 반복적으로 나타나는 수는 rational numbers이다. 즉, 이 수들은 두 수의 비로 나타낼 수 있다.(분수) 0.272 727… = 27/99 임을 보여라.

D-10. 0.142 857 142 857 … = 1/7 임을 보여라.

D-11. 다음 형태의 급수

$$S(x)=\sum_{n=0}^{\infty}nx^n$$

은 물리의 문제에서 자주 나타난다. $S(x)$를 닫힌 형으로 얻기 위해

$$\frac{1}{1-x}=\sum_{n=0}^{\infty}x^n$$

에서 출발한다. $S(x)$가

$$x\frac{d}{dx}\sum_{n=0}^{\infty}x^n=\sum_{n=0}^{\infty}nx^n$$

임을 주목하여 $S(x)=x/(1-x)^2$ 임을 보여라.

D-12. 이 전 문제에서의 방법을 사용하여 다음을 보여라.

$$S(x)=\sum_{n=0}^{\infty}n^2x^n=\frac{x(1+x)}{(1-x)^3}$$

D-13. D−9 식을 이용하여 D−10, D−11 식을 유도하여라.

D-14. D−2, D−10, D−11 식이 $e^{ix}=\cos x+i\sin x$ 관계와 일관됨을 보여라.

D-15. D–2 식과 다음 정의

$$\sinh x = \frac{e^{x} - e^{-x}}{2} \qquad \cosh x = \frac{e^{x} + e^{x}}{2}$$

를 이용하여 다음을 보여라.

$$\sinh x = x + \frac{x^3}{3!} + \frac{x^5}{5!} + \cdots$$

$$\cosh x = 1 + \frac{x^2}{2!} + \frac{x^4}{4!} + \cdots$$

D-16. D–10, D–11 식 그리고 이 전 문제의 결과가 다음 관계들과 일관됨을 보여라.

$$\sin ix = i\sinh x \qquad \cos ix = \cosh x$$

$$\sinh ix = i\sin x \qquad \cosh ix = \cos x$$

D-17. $x \to 0$에서 다음 극한을 구하여라.

$$f(x) = \frac{e^{-x}\sin^2 x}{x^2}$$

D-18. I을 a의 4 차 항까지 전개하여 작은 a에 대해 다음 적분을 구하여라.

$$I = \int_0^a x^2 e^{-x} \cos^2 x\, dx$$

D-19. $\sin x$의 급수가 모든 x에 대해 수렴함을 증명하여라.

D-20. Maclaurin 급수는 $x = 0$에서의 전개이다. 다음 급수는

$$f(x) = c_0 + c_1(x - x_0) + c_2(x - x_0)^2 + \cdots$$

$x = x_0$에서의 전개이고 이것을 Taylor 급수라고 한다. 먼저 $c_0 = f(x_0)$ 임을 보이고 양변을 x에 대해 미분하고 $x = x_0$로 하여 $c_1 = (df/dx)_{x = x_0}$ 임을 보여라. 이제

$$c_n = \frac{1}{n!}\left(\frac{d^n f}{dx^n}\right)_{x = x_0}$$

임을 보이고 따라서

$$f(x)=f(x_0)+\left(\frac{df}{dx}\right)_{x=x_0}(x-x_0)+\frac{1}{2!}\left(\frac{d^2f}{dx^2}\right)_{x=x_0}(x-x_0)^2+\cdots$$

임을 보여라.

D-21. l'Hôpital의 규칙이 분모, 분자 모두에 대해 Taylor 전개한 결과와 같게 되는 것을 보여라. 다음 극한을 두 방법 모두를 사용하여 구하여라.

$$\lim_{x\to 0}\frac{\ln(1+x)-x}{x^2}$$

D-22. 다음에서 시작하여

$$\frac{1}{1-x}=1+x+x^2+\cdots$$

$x=1/x$로 하면

$$\frac{1}{1-\frac{1}{x}}=\frac{x}{1-x}=1+\frac{1}{x}+\frac{1}{x^2}+\cdots$$

가 된다. 두 식을 더하여

$$1=\cdots+\frac{1}{x^2}+\frac{1}{x}+2+x+x^2+\cdots$$

를 얻는다. 이해가 되는가? 무엇이 살못 되었는가?

D-23. h를 Planck 상수, ν를 진동자의 기본 진동수라고 할 때 양자역학적인 조화진동자의 에너지가 $\varepsilon_n=(n+1/2)h\nu$, $n=0,1,2,\cdots$로 주어진다. 이상기체에서 조화진동자의 평균 에너지가 T를 켈빈온도, k_B를 Boltzmann 상수라고 했을 때

$$\varepsilon_{vib}=(1-e^{-h\nu/k_BT})\sum_{n=0}^{\infty}\varepsilon_n e^{-nh\nu/k_BT}$$

로 주어진다. 다음과 같이 됨을 보여라.

$$\varepsilon_{vib}=\frac{h\nu}{2}+\frac{h\nu e^{-h\nu/k_BT}}{1-e^{-h\nu/k_BT}}$$

E. Bright Wilson, Jr. was born on December 18, 1908, in Gallatin, Tennessee, and died in 1992. Wilson received his Ph.D. in 1933 from the California Institute of Technology, where he studied with Linus Pauling. In 1934, he went to Harvard University as a junior fellow and became a full professor just three years later. He was the Theodore Richards Professor of Chemistry from 1948 until his formal retirement in 1979. Wilson's experimental and theoretical work in microwave spectroscopy contributed to the understanding of the structure and dynamics of molecules. During World War II, he directed underwater explosives research at Woods Hole, Massachusetts. In the early 1950s, he spent a year at the Pentagon as a research director of the Weapons System Evaluation Group. In later years, he served on and chaired committees of the National Research Council, seeking solutions to various environmental problems. Wilson wrote three books, all of which became classics. His book *Introduction to Quantum Mechanics*, written with Linus Pauling in 1935, was used by almost all physical chemistry graduate students for 20 years, and *Molecular Vibrations: The Theory of Infrared and Raman Vibrational Spectra*, written with J. C. Decius and Paul Cross, was a standard reference for most of a generation of physical chemists. His *An Introduction to Scientific Research* is a model for both substance and clarity. One of his sons, Kenneth, was awarded the Nobel Prize in Physics in 1982.

Chapter 05

조화진동자와 진동분광학

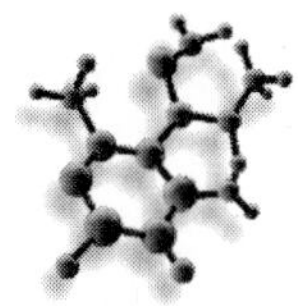

이원자 분자의 진동은 조화진동자로 기술될 수 있다. 이 장에서는 먼저 고전적인 조화진동자에 대해 공부한 후 양자역학적인 조화진동자를 기술하고 에너지와 이에 상응하는 파동함수에 대해 논의한다. 양자역학적으로 구해진 에너지를 이용하여 이원자 분자의 적외선 스펙트럼을 기술하고 어떻게 분자의 힘상수를 결정하는지에 대해 배운다. 그리고 조화진동자의 선택규칙에 대해 논의한 후 마지막으로 다원자 분자의 진동을 기술하는 기준좌표에 대해 논의한다.

5.1 조화진동자는 Hook의 법칙을 따른다.

그림 5-1과 같이 용수철에 의해 벽에 연결된 질량 m의 입자에 대해 고려해보자. 또한 m에는 중력에 의한 힘이 없어 용수철에 의한 힘만이 작용한다고 가정하자. l_0를 용수철의 평형길이 또는 변형되기 전 원래의 길이라고 하면, 힘은 용수철의 평형길이에서부터의 변위의 함수가 되어야 한다. l을 용수철의 길이라고 할 때 이 변위를 x라고 하면 $x = l - l_0$이다. m에 작용하는, 변위의 함수로 나타나는 힘에 대한 가장 간단한 가정은 힘이 변위에 직접 비례한다는 것으로써 다음과 같이 쓸 수 있다.

$$f = -k(l - l_0) = -kx \tag{5-1}$$

이 식에서 음의 부호는 용수철이 수축되면 $(l < l_0)$ 힘이 그림 5-1의 오른편으로 작용하고 용수철이 늘어나면 $(l > l_0)$ 왼편으로 작용하는 것을 나타낸다. 식 5-1을 Hook의 법칙이라고 부르고 비례상수(양수) k를 용수철의 힘상수라고 부른다. 작은 k 값은 용수철이 약하거나 느슨한 것을 그리고 큰 k 값은 단단한 용수철을 의미한다.

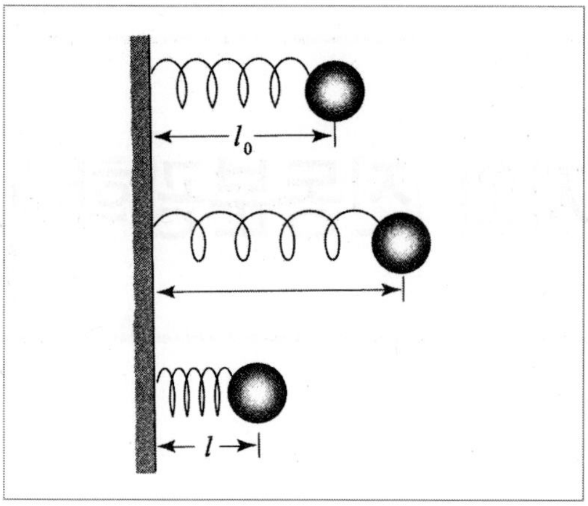

그림 5-1 용수철에 의해 벽에 연결된 입자. 입자에 작용하는 힘이 용수철의 원래 길이에서부터의 변위에 직접 비례하면 힘 법칙은 Hook의 법칙이다.

Hook의 법칙에 대한 Newton 방정식은

$$m\frac{d^2 l}{dt^2} = -k(l - l_0) \tag{5-2}$$

이고 $x = l - l_0$로 하면 $d^2 l/dt^2 = d^2 x/dt^2$이 되어

$$m\frac{d^2 x}{dt^2} + kx = 0 \tag{5-3}$$

이다. 2.3 절에 따라 이 식의 일반해는 (연습문제 5-2) 다음과 같이 된다.

$$x(t) = c_1 \sin\omega t + c_2 \cos\omega t \tag{5-4}$$

$$\omega = \left(\frac{k}{m}\right)^{1/2} \tag{5-5}$$

예제 5-1 식 5-4가 다음의 형으로 되는 것을 보여라.

$$x(t) = A\ \sin(\omega t + \phi) \tag{5-6}$$

풀이 이것을 보이는 가장 간단한 방법은

$$\sin(\omega t + \phi) = \sin\omega t \cos\phi + \cos\omega t \sin\phi$$

에서 이것을 5-6 식에 대입하여 다음과 같이 됨을 보이는 것이다.

$$\begin{aligned} x(t) &= A\ \cos\phi \sin\omega t + A\ \sin\phi \cos\omega t \\ &= c_1 \sin\omega t + c_2 \cos\omega t \end{aligned}$$

$$c_1 = A \cos\phi \qquad c_2 = A \sin\phi$$

식 5-6은 변위가 싸인파의 모양 또는 진동수 $\omega = (k/m)^{1/2}$로 조화 진동하는 것을 보이고 있다. 식 5-6에서 최대 변위를 나타내는 A는 진동의 진폭이고 ϕ는 위상을 나타낸다.

처음 용수철을 잡아당겨 변위가 A가 되게 한 다음 놓았다고 가정하자. 이 경우 초기 속도는 영이고 따라서 5-4 식으로부터

$$x(0) = c_2 = A$$

$$\left(\frac{dx}{dt}\right)_{t=0} = 0 = c_1\omega$$

이다. 이 두 식은 식 5-4에서 $c_1 = 0$, $c_2 = A$가 됨을 의미하고 따라서

$$x(t) = A\cos\omega t \tag{5-7}$$

가 된다. 그림 5-2에 변위를 시간의 함수로 도시하였다. 이 그림은 입자가 ω radians/sec 또는 $\nu = \omega/2\pi$ cycles/sec의 진동수를 갖고 A와 $-A$ 사이에서 전후로 진동하는 것을 보여주고 있다. A를 이 진동의 진폭이라고 부른다.

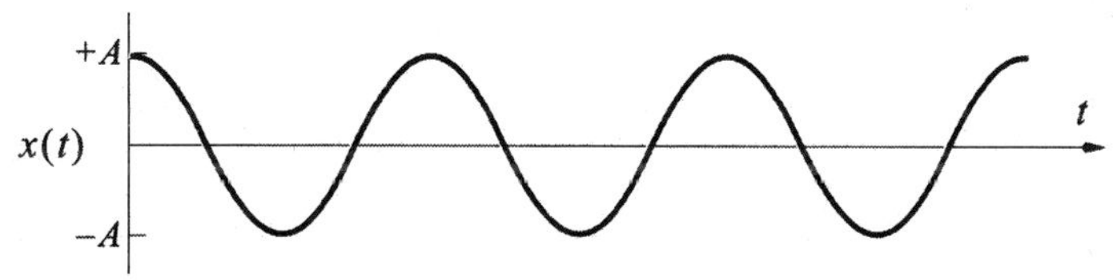

그림 5-2 조화진동자에서 변위의 시간에 대한 변화

5.2 조화진동자의 에너지는 보존된다.

조화진동자의 총 에너지를 살펴보자. 힘은 5-1 식으로 주어진다. 힘이 위치에너지의 미분으로 주어진다는 사실을 상기하면

$$f(x) = -\frac{dV}{dx} \tag{5-8}$$

이고 따라서 위치에너지는 다음과 같이 된다.

$$V(x) = -\int f(x)dx + \text{ 상수} \tag{5-9}$$

5-1 식의 $f(x)$를 사용하면

$$V(x) = \frac{1}{2}kx^2 + \text{ 상수} \tag{5-10}$$

이다. 여기에서 상수는 임의의 상수이고 영점에너지를 정하는 데 사용될 수 있다. 계의 위치에너지를 용수철이 평형위치에 있을 때 $(x=0)$ 영으로 하면 조화진동자의 위치에너지를 다음과 같이 간단히 얻을 수 있다.

$$V(x) = \frac{1}{2}kx^2 \tag{5-11}$$

운동에너지는

$$T = \frac{1}{2}m\left(\frac{dl}{dt}\right)^2 = \frac{1}{2}m\left(\frac{dx}{dt}\right)^2 \tag{5-12}$$

이고 $x(t)$에 대해 5-7 식을 이용하면

$$T = \frac{1}{2}m\omega^2 A^2 \sin^2\omega t \tag{5-13}$$

$$V = \frac{1}{2}kA^2 \cos^2\omega t \tag{5-14}$$

를 얻을 수 있다. 그림 5-3에 T와 V를 도시하였다. 따라서 계의 총 에너지는

$$\begin{aligned} E &= T + V \\ &= \frac{1}{2}m\omega^2 A^2 \sin^2\omega t + \frac{1}{2}kA^2\cos^2\omega t \end{aligned}$$

가 된다. $\omega = (k/m)^{1/2}$이므로 첫째 항의 계수가 $kA^2/2$이 되어 총 에너지는

$$E = \frac{1}{2}kA^2(\sin^2\omega t + \cos^2\omega t) = \frac{1}{2}kA^2 \tag{5-15}$$

이 된다. 따라서 총 에너지는 상수가 되고 특히 운동에너지가 영이 되는 최대 변위에서의 위치에너지와 같게 됨을 알 수 있다. 그림 5-3에는 총 에너지가 어떻게 위치에너지와 운동에너지로 분포되는가를 나타내었다. 각 에너지는 $+A$와 $-A$ 사이에서 시간에 따라 진동하나 두 에너지의 합이 항상 상수가 되도록 된다. 따라서 총 에너지는 보존되고 이러한 계를 보존되는 계(conservative system)라고 부른다.

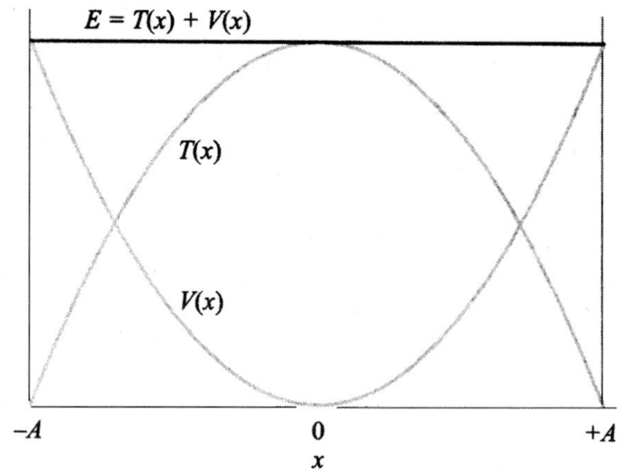

그림 5-3 시간의 함수로 나타낸 조화진동자의 운동에너지, $T(x)$와 위치에너지 $V(x)$. 용수철은 $-A$에서 완전히 수축, $+A$에서 완전히 늘어나고 $x=0$에서 평형길이가 된다. 총 에너지는 E로 표시된 수평선이며 이 값은 $T(x)$와 $V(x)$의 합으로 주어진다.

예제 5-2 $x(t) = C\sin(\omega t+\phi)$를 이용하여 조화진동자의 총 에너지가 다음과 같음을 증명하여라.

$$E=\frac{k}{2}C^2$$

풀이 $E= T+ V=\dfrac{1}{2}m\left(\dfrac{dx}{dt}\right)^2+\dfrac{1}{2}kx^2=\dfrac{m}{2}\omega^2 C^2\cos^2(\omega t+\phi)+\dfrac{k}{2}C^2\sin^2(\omega t+\phi)$

$\omega^2 = k/m$이므로

$$E=\frac{k}{2}C^2\{\cos^2(\omega t+\phi)+\sin^2(\omega t+\phi)\}=\frac{k}{2}C^2$$

이다. 따라서 에너지는 보존된다.

보존되는 계에 대한 개념은 매우 중요하여 더 자세히 살펴볼 가치가 있다. 계가 보존되기 위해서는 힘이, 계를 기술하는 공간 좌표의 함수로 나타나는 위치에너지 함수에서부터 유도될 수 있어야 한다. 간단한 조화진동자의 경우 $V(x,y,z)$가 5-11 식으로 주어지고 힘은 5-8 식으로 주어진다. 삼차원 단일 입자에 대해서는 $V= V(x,y,z)$에서부터

$$f_x(x,y,z)=-\frac{\partial V}{\partial x}$$

$$f_y(x,y,z) = -\frac{\partial V}{\partial y}$$

$$f_z(x,y,z) = -\frac{\partial V}{\partial z}$$

이고 벡터 표기를 사용하면

$$\boldsymbol{f}(x,y,z) = -\nabla V(x,y,z) \tag{5-16}$$

으로 쓸 수 있다. 이때 ∇은 다음으로 정의되는 그레디언트 연산자이다.

$$\nabla = \boldsymbol{i}\frac{\partial}{\partial x} + \boldsymbol{j}\frac{\partial}{\partial y} + \boldsymbol{k}\frac{\partial}{\partial z} \tag{5-17}$$

5-16 식이 계가 보존된다는 것을 의미한다는 것을 증명하기 위해 편의상 일차원 계를 고려해보자. 이 경우 Newton 방정식은

$$m\frac{d^2x}{dt^2} = -\frac{dV}{dx} \tag{5-18}$$

이고 이 식의 양변을 적분하면 우변은

$$\int -\frac{dV}{dx}dx = -V(x) + \text{ 상수} \tag{5-19}$$

좌변은 다음과 같이 된다.

$$\int m\frac{d^2x}{dt^2}dx = m\int \frac{d^2x}{dt^2}\frac{dx}{dt}dt = \frac{m}{2}\int \frac{d}{dt}\left(\frac{dx}{dt}\right)^2 dt = \frac{m}{2}\left(\frac{dx}{dt}\right)^2 + \text{ 상수} \tag{5-20}$$

5-19 식과 5-20 식으로부터

$$\frac{m}{2}\left(\frac{dx}{dt}\right)^2 + V(x) = \text{ 상수} \tag{5-21}$$

또는 총 에너지가 보존된다는 것을 보일 수 있다. 따라서 힘이 공간 좌표만의 함수로 표시되는 위치에너지 함수의 미분으로 주어지면 계가 보존된다.

5.3 이원자 분자의 조화진동자 모델을 나타내는 식은 환산질량을 포함한다.

진동하는 이원자 분자를 기술하는데 간단한 조화진동자가 좋은 모델이 된다. 그러나 이원자 분자는 그림 5-1에 보인 계와는 같지 않고 그림 5-4에서처럼 두 질량이 용수철

에 의해 연결된 것으로 생각할 수 있다. 이 경우 각각의 질량에 대한 두 개의 운동방정식이 필요하다.

$$m_1 \frac{d^2 x_1}{dt^2} = k(x_2 - x_1 - l_0) \tag{5-22}$$

$$m_2 \frac{d^2 x_2}{dt^2} = -k(x_2 - x_1 - l_0) \tag{5-23}$$

여기에서 l_0는 변형되지 않은 용수철의 길이이다. $x_2 - x_1 > l_0$이면 용수철이 늘어나고 따라서 질량 m_1에 작용하는 힘은 오른편을 향하고, 질량 m_2에 작용하는 힘은 왼편을 향하는 것에 주의하여라. 이것이 5-22 식의 힘이 양수의 값을 갖고 5-23 식의 우변이 음수 값을 갖는 이유이다. 또한 Newton의 작용–반작용의 법칙에 따라 질량 m_1에 작용하는 힘은 m_2에 작용하는 힘과 크기가 같고 방향이 반대가 된다.

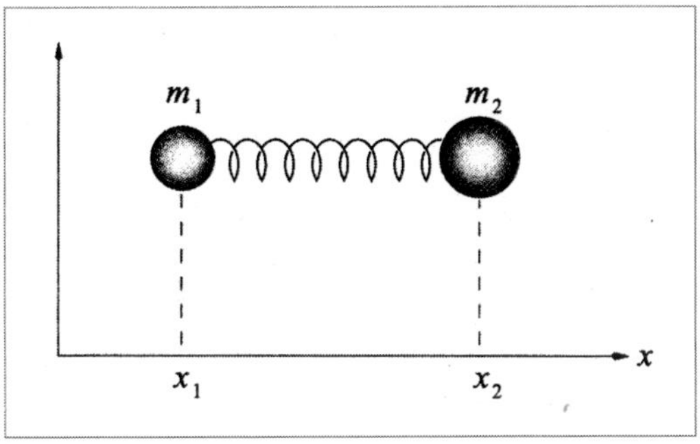

그림 5-4 이원자 분자의 진동을 나타내는 모델로 사용되는 용수철로 연결된 두 질량.

5-22 식과 5-23 식을 더하면

$$m_1 \frac{d^2 x_1}{dt^2} + m_2 \frac{d^2 x_2}{dt^2} = 0$$

또는

$$\frac{d^2}{dt^2}(m_1 x_1 + m_2 x_2) = 0 \tag{5-24}$$

을 얻는다. 5-24 식은 $M = m_1 + m_2$인 다음 질량중심 좌표계를 도입하면

$$X = \frac{m_1 x_1 + m_2 x_2}{M} \tag{5-25}$$

다음과 같이 된다.

$$M\frac{d^2X}{dt^2} = 0 \tag{5-26}$$

이 식에는 힘을 나타내는 항이 없고 따라서 5-26 식은 질량중심이 시간에 따라 일정한 운동량을 가지고 균일하게 움직이는 것을 나타낸다.(연습문제 5-1)

그림 5-4에 보인 두 질량 또는 두 물체 계의 운동은 두 질량의 상대적인 거리 또는 상대좌표 x만에 의존해야 한다.

$$x = x_2 - x_1 - l_0 \tag{5-27}$$

5-22 식을 m_1으로 나누고 5-23 식을 m_2로 나눈 다음 5-23 식에서 5-22 식을 빼면

$$\frac{d^2x_2}{dt^2} - \frac{d^2x_1}{dt^2} = -\frac{k}{m_2}(x_2 - x_1 - l_0) - \frac{k}{m_1}(x_2 - x_1 - l_0)$$

또는

$$\frac{d^2}{dt^2}(x_2 - x_1) = -k\left(\frac{1}{m_1} + \frac{1}{m_2}\right)(x_2 - x_1 - l_0)$$

을 얻는다.

$$\frac{1}{m_1} + \frac{1}{m_2} = \frac{m_1 + m_2}{m_1 m_2} = \frac{1}{\mu}$$

그리고 $x = x_2 - x_1 - l_0$로 놓으면

$$\mu\frac{d^2x}{dt^2} + kx = 0 \tag{5-28}$$

을 얻게 된다. 여기에서 정의된 μ를 환산질량이라고 부른다.

5-28 식은 매우 중요하고 또한 물리적으로 의미 있는 식이다. 5-28 식을 5-3 식과 비교하여 보면 5-28 식은 환산질량 μ를 제외하면 5-3 식과 같다. 따라서 그림 5-4의 두 입자 계는 환산질량을 사용하면 그림 5-1의 단일 입자로 쉽게 취급할 수 있다. 특히 계의 운동은 5-6 식에 의해 지배되고 이때 $\omega = (k/\mu)^{1/2}$이다. 일반적으로 위치에너지가 두 입자의 상대적인 거리 만에 의존하면 $x_2 - x_1$과 같은 상대좌표를 이용하여 두 입자 계의 문제를 단일 입자 계의 문제로 줄일 수 있다. 고전역학의 중요하고도 유용한 정리들을 연습문제 5-6과 5-7에서 논의하였다.

5.4 조화진동자 근사는 핵 간 위치에너지 함수를 최소치 부근에서 전개한 결과이다.

조화진동자에 대한 양자역학적인 논의를 하기에 앞서 조화진동자가 진동하는 이원자 분자의 모델로 얼마나 좋은 근사인지에 대해 살펴보아야 한다. 그림 5-5에 이원자 분자의 핵 간 위치에너지를 실선으로 나타내었다. 이 곡선이 상당히 비대칭임을 주목하여라. 곡선이 최소점의 왼쪽에서 매우 가파르게 증가하여 두 핵을 가깝게 하는 것이 매우 어려움을 보여주고 있다. 평형거리의 오른쪽에서 곡선은 처음에는 증가하나 결국 평평하게 된다. 무한대의 핵 간 거리에서의 위치에너지가 곧 분자의 결합에너지이다. 점선은 Hook의 법칙으로 표시되는 위치에너지 $1/2k(l-l_0)^2$을 나타낸다.

조화진동자의 위치에너지가 실험적인 곡선에 비해 매우 좋지 않은 근사임에도 불구하고 이 근사가 최소점 근처에서 잘 맞는 것을 볼 수 있다. 이 영역은 상온에 있는 많은 분자들에 대해 물리적으로 중요한 영역이다. 조화진동자가 변위를 비현실적인 값, $-\infty$ 부터 ∞ 까지의 값을 가질 수 있음에도 불구하고 이러한 매우 큰 변위는 실제로 얻어지지 않는 매우 큰 위치에너지를 생성한다. 따라서 조화진동자 근사는 작은 진폭을 갖는 진동에 대해 매우 좋은 근사이다.

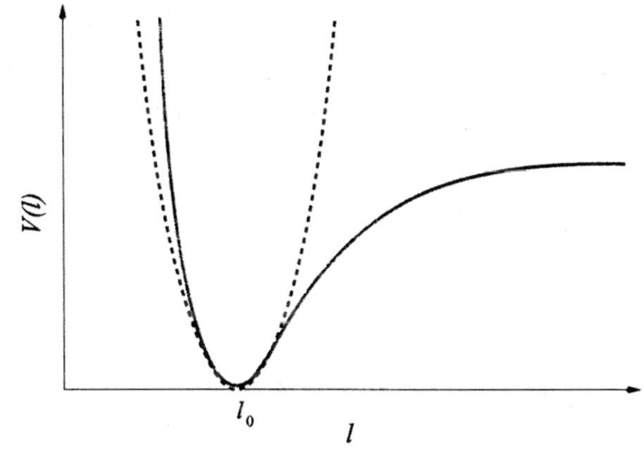

그림 5-5 이원자 분자의 실제 핵 간 위치에너지(실선)와 조화진동자 위치에너지($kl^2/2$, 점선)를 비교한 그림. 조화진동자 위치에너지는 l_0에서부터의 작은 변위에 대해 만족할 만한 근사이다.

위치에너지 $V(l)$을 평형거리 $l=l_0$ 부근에서 Taylor 전개 하는 것으로 위의 논의를 수학적으로 다룰 수 있다.(수학 D) 이 전개의 처음 몇 항은 다음과 같다.

$$V(l) = V(l_0) + \left(\frac{dV}{dl}\right)_{l=l_0}(l-l_0) + \frac{1}{2!}\left(\frac{d^2V}{dl^2}\right)_{l=l_0}(l-l_0)^2$$

$$+\frac{1}{3!}\left(\frac{d^3V}{dl^3}\right)_{l=l_0}(l-l_0)^3+\cdots \tag{5-29}$$

5-29 식에서 첫 번째 항은 상수이고 에너지의 영점을 어디로 하는가에 달려있다. $V(l_0)$를 영으로 하고 $V(l)$을 이에 대해 표시하는 것이 편리하다. 5-29 식의 우변의 둘째 항은 $(dV/dl)_{l=l_0}$를 포함하고 있다. $l=l_0$가 위치에너지 곡선의 최소점이기 때문에 dV/dl은 영이 되고 5-29 식에 선형으로 나타나는 항이 없다. dV/dl이 기본적으로 두 핵 사이에 작용하는 힘을 나타내므로 $l=l_0$에서 dV/dl이 영이 됨은 이 점에서 핵 간에 작용하는 힘이 영이 됨을 의미한다. 이것이 $l=l_0$를 평형 결합길이라고 부르는 이유이다.

$l-l_0=x$, $(d^2V/dl^2)_{l=l_0}$를 k로 표시하고 $(d^3V/dl^3)_{l=l_0}$를 γ_3로 표시하면 5-29 식은

$$\begin{aligned}V(x)&=\frac{1}{2}k(l-l_0)^2+\frac{1}{6}\gamma_3(l-l_0)^3+\cdots\\&=\frac{1}{2}kx^2+\frac{1}{6}\gamma_3x^3+\cdots\end{aligned} \tag{5-30}$$

이 된다. 작은 변위만을 고려한다면 x는 매우 작을 것이므로 5-30 식의 이차항보다 차수가 높은 항을 무시할 수 있고, 결국 위치에너지 함수 $V(l)$은 조화진동자의 위치에너지로 근사될 수 있다. 힘상수가 최소점에서 $V(l)$의 곡률과 같게 됨을 주목하여라. 5-30 식의 높은 차수의 항을 고려하는 것으로 조화진동자 근사를 수정 또는 확장할 수 있다. 이 항들을 비조화항이라 부르며 5.7 절에서 고려해 보기로 한다.

예제 5-3 핵 간 위치에너지를 근사하는 해석적인 함수로 Morse 위치에너지 곡선이 있다.

$$V(l)=D_e(1-e^{-\beta(l-l_0)})^2$$

$x=l-l_0$로 하면 D_e와 β를 분자에 따른 변수라고 할 때

$$V(x)=D_e(1-e^{-\beta x})^2$$

로 쓸 수 있다. D_e는 $V(l)$의 최소점에서부터 측정되는 분자의 해리에너지이고 β는 최소점에서의 곡률이다. 그림 5-6은 H_2에 대해 $V(l)$을 l에 대해 도시한 그림이다. 힘상수와 변수 D_e, β 와의 관계를 유도하여라.

풀이 $V(0)=0 \quad \left(\frac{dV}{dx}\right)_{x=0}=[2D_e\beta(e^{-\beta x}-e^{-2\beta x})]_{x=0}=0$

$$\left(\frac{d^2V}{dx^2}\right)_{x=0}=[-2D_e\beta(\beta e^{-\beta x}-2\beta e^{-2\beta x})]_{x=0}=2D_2\beta^2$$

을 이용하여 $V(x)$를 $x=0$에서 전개한다.(5-30 식) 따라서

$$V(x) = D_e\beta^2x^2 + \cdots$$

이고 이것을 5-11 식과 비교하면

$$k = 2D_e\beta^2$$

이다.

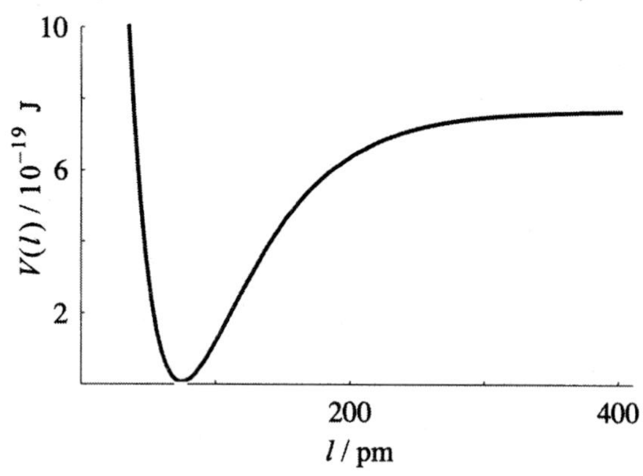

그림 5-6 H_2의 핵 간 변위 l에 대해 도시한 Morse 위치에너지 곡선 $V(l) = D_e[1-e^{\beta(l-l_0)}]^2$. H_2에 대해 변수 $D_e = 7.61 \times 10^{-19}$ J, $\beta = 0.0193\,\text{pm}^{-1}$, 그리고 $l_0 = 74.1$ pm 이다.

5.5 양자역학적인 조화진동자의 에너지 준위는 $E_n = \hbar\omega\left(n+\frac{1}{2}\right)$ $n = 0, 1, 2, \cdots$ 이다.

일차원 조화진동자의 Schrödinger 방정식은

$$-\frac{\hbar^2}{2\mu}\frac{d^2\psi}{dx^2} + V(x)\psi(x) = E\psi(x)$$

이고 이때 $V(x) = 1/2kx^2$이다. 따라서 다음의 이차 미분방정식을 풀어야 한다.

$$\frac{d^2\psi}{dx^2} + \frac{2\mu}{\hbar^2}\left(E - \frac{1}{2}kx^2\right)\psi(x) = 0 \qquad -\infty < x < \infty \tag{5-31}$$

그러나 이 이차 미분방정식은 상수 계수를 갖지 않으므로 2.2 절에 소개한 방법을 이용

할 수 없다. 실제 미분방정식이 상수 계수를 갖지 않는 경우에는 간단하게 일반적인 해를 구하는 방법이 없고, 각각의 경우에 대해 각각 처리되어야 한다. 그러나 비록 시간이 걸리기는 하지만 한 가지 흔히 쓰이는 방법은 미분방정식에 멱급수를 대입하여 급수의 계수들을 차례로 구하는 것이다. 이 방법을 멱급수 방법이라고 부르며 미분방정식 책에서 다루고 있다. 5-31 식을 풀기 위한 다른 방법인 연산자 방법에 대해 이장의 끝에 있는 부록에 소개하였다. 이 방법은 미분방정식에 대한 지식을 필요로 하지 않으며 단지 연산자를 대수학적으로 다루는 것만을 필요로 한다.

5-32 식의 방정식을 풀 때 well-behaved, 유한한 해는 에너지가 단지 다음의 양자화된 값만을 가질 때 얻어진다는 것을 알게 된다.

$$E_v = h\nu\left(v + \frac{1}{2}\right) \quad v = 0, 1, 2, \cdots \tag{5-32}$$

$$\nu = \frac{1}{2\pi}\left(\frac{k}{\mu}\right)^{1/2} \tag{5-33}$$

에너지를 그림 5-7에 도시하였다. 에너지준위가 $h\nu$의 등 간격으로 됨을 주목하여라. 이것은 이차함수로 표시되는 위치에너지를 갖는 조화진동자의 특별한 성질이다. 고전적인 바닥 에너지가 영인데 반해 바닥상태 에너지, $v = 0$인 상태의 에너지가 $1/2h\nu$, 즉 영이 아님을 주의하여라. 이것을 조화진동자의 영점에너지라고 부르며 이것은 불확실성의 원리의 직접적인 결과이다. 조화진동자의 에너지는 $(p^2/2\mu) + (kx^2/2)$으로 쓸 수 있고 영의 값을 갖는 에너지는 p와 x가 모두 영일 때 얻어진다. 더 정확하게는 $\hat{P}^2$과 $\hat{X}^2$의 기대치가 동시에 영이 되어야하므로 이것은 불확실성의 원리에 위배되기 때문이다.

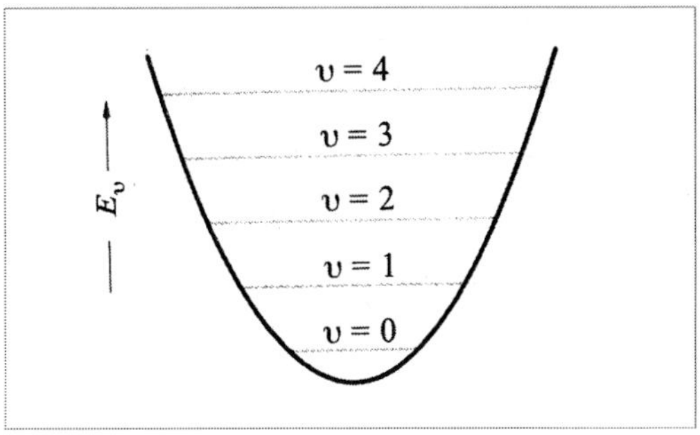

그림 5-7 양자역학적인 조화진동자의 에너지준위. 곡선은 위치에너지 $V(x) = kx^2/2$인 포물선이다.

5.6 조화진동자는 이원자 분자의 적외선 스펙트럼을 설명한다.

이제 조화진동자의 분광학적 예측에 대해 논의하려고 한다. 이원자 분자의 위치에너지함수를 조화진동자로 모델하면 5-32 식에 따라 이원자 분자의 진동에너지 준위는 다음과 같이 주어진다.

$$E_v = h\nu\left(v + \frac{1}{2}\right) \qquad v = 0, 1, 2, \cdots \tag{5-34}$$

이원자 분자는 관측된 진동수가 다음의 Bohr 진동수 조건을 만족시키는 전자기복사선을 흡수하거나 방출할 때 한 진동에너지 상태에서 다른 진동에너지 상태로 전이를 일으킨다.

$$\Delta E = h\nu_{obs} \tag{5-35}$$

제 8 장에서 조화진동자 모델의 경우 바로 인접한 에너지 상태로의 전이만이 허락됨을 증명할 것이다. 따라서 $\Delta v = \pm 1$의 조건이 얻어지고 이것을 선택규칙이라고 한다.

흡수가 일어나기 위해서는 $\Delta v = +1$이고 따라서

$$\Delta E = E_{n+1} - E_n = h\nu \tag{5-36}$$

이다. 따라서 흡수된 복사선의 진동수는

$$\nu_{obs} = \frac{1}{2\pi}\left(\frac{k}{\mu}\right)^{1/2} \quad \text{(Hz)} \tag{5-37}$$

이다. 조화진동자에서 인접한 에너지준위와의 에너지 차가 항상 같으므로 허락된 전이에서 ΔE는 같고 따라서 이 모델은 스펙트럼이 5-37 식으로 주어지는 진동수 하나인 선으로 됨을 예측하게 한다. 이 예측은 실험결과와 잘 일치하며 이 선을 기본진동수라고 한다. 이원자 분자에서 이 선들은 10^{14} Hz 부근에서 나타나며 적외선 영역에 해당된다.

진동분광학에서는 흔히 5-37 식을 다음과 같은 형태로 표현한다.

$$G(v) = \overline{\omega}\left(v + \frac{1}{2}\right) \tag{5-38}$$

이때 $G(v) = E_v/hc$이고

$$\overline{\omega} = \frac{1}{2\pi c}\left(\frac{k}{\mu}\right)^{1/2} \quad (\text{cm}^{-1}) \tag{5-39}$$

이다. 진동항이라고 부르는 $G(v)$ 그리고 $\overline{\omega}$ 모두 파수라고 부르는 cm^{-1} 단위를 갖는다. 위에 붙인 - 기호는 $\overline{\omega}$가 파수의 단위를 갖는 것을 강조하기 위한 것이다.

5-39 식은 기본진동수를 알면 힘상수를 결정할 수 있게 한다. 예를 들어, $H^{35}Cl$의 $\overline{\omega}$는 $2.886 \times 10^3\ \text{cm}^{-1}$이다. 따라서 5-39 식에 따라 힘상수를 구하면

$$k = (2\pi c\overline{\omega})^2\mu$$

$$= \{2\pi(2.998\times10^8\text{m}\cdot\text{s}^{-1})(2.886\times10^3\text{cm}^{-1})(100\text{cm}\cdot\text{m}^{-1}\}^2$$
$$\times\frac{(35.0\ \text{amu})(1.00\ \text{amu})}{(35.0+1.00)\text{amu}}(1.661\times10^{-27}\text{kg}\cdot\text{amu}^{-1})$$
$$= 4.78\times10^2\,\text{kg}\cdot\text{s}^{-1} = 4.78\times10^2\,\text{N}\cdot\text{m}^{-1}$$

를 얻을 수 있다.

예제 5-4 ^{75}Br^{19}F의 적외선 스펙트럼은 380 cm^{-1}에서 센 흡수선을 보이고 있다. ^{75}Br^{19}F의 힘상수를 계산하여 보아라.

풀이 힘상수는 $k=(2\pi c\overline{\omega})^2\mu$로 주어진다.
환산질량 μ는

$$\mu=\frac{(75.0\ \text{amu})(19.0\ \text{amu})}{(75.0+19.0)\text{amu}}(1.661\times10^{-27}\text{kg}\cdot\text{amu}^{-1}) = 2.52\times10^{-26}\text{kg}$$

이고 따라서

$$k=\{2\pi(2.998\times10^8\text{m}\cdot\text{s}^{-1})(380\text{cm}^{-1})(100\text{cm}\cdot\text{m}^{-1})\}^2(2.52\times10^{-26}\text{kg})$$
$$= 129\text{kg}\cdot\text{s}^{-1} = 129\text{N}\cdot\text{m}^{-1}$$

이다.

이원자 분자의 힘상수는 10^2에서 10^3 N · m^{-1}의 값을 갖는다. 표 5-1에 몇몇 이원자 분자들의 진동분광학적인 상수들을 수록하였다. 5.12 절에서는 분자가 적외선의 빛을 흡수하기 위해 조화진동자 모델에서 $\Delta v=\pm1$은 물론 분자가 진동함에 따라 쌍극자모멘트도 변화해야 한다는 것을 보일 것이다. 따라서 조화진동자 모델은 HCl이 적외선을 흡수하는 반면 N_2가 흡수하지 않는 것을 예측하게 한다. 이것이 실험적인 사실과 잘 일치하는 것을 보게 될 것이다. 실제로는 이원자 분자가 조화진동자 모델에서 벗어나지만 다음 절에서는 벗어나는 정도가 매우 작고, 체계적으로 이것을 수정 보완할 수 있음을 보일 것이다.

표 5-1 이원자 분자들의 진동분광학적 상수

Molecule	$\tilde{\omega}_e/\text{cm}^{-1}$	$\tilde{x}_e\tilde{\omega}_e/\text{cm}^{-1}$ [b]	$k/\text{N}\cdot\text{m}^{-1}$	$\bar{l}(v=0)/\text{pm}$ [a]	$D_0/\text{kJ}\cdot\text{mol}^{-1}$ [b]
H_2	4403.56	123.86	510	74.14	432.1
D_2	3116.33	62.51	527	74.15	439.6
$H^{19}F$	4138.32	89.88	920	91.68	566.2
$H^{35}Cl$	2990.94	52.819	478	127.46	427.8
$H^{79}Br$	2648.97	45.218	381	141.44	362.6
$H^{127}I$	2309.01	39.644	291	160.92	294.7
$^{12}C^{16}O$	2169.81	13.288	1857	112.83	1070.2
$^{14}N^{16}O$	1904.20	14.075	1550	115.08	626.8
$^{14}N^{14}N$	2358.57	14.324	2243	109.77	941.6
$^{16}O^{16}O$	1580.19	11.98	1142	120.75	493.6
$^{19}F^{19}F$	916.64	11.236	454	141.19	154.6
$^{35}Cl^{35}Cl$	559.72	2.675	319	198.79	239.2
$^{79}Br^{79}Br$	325.321	1.0774	240	228.11	190.1
$^{127}I^{127}I$	214.502	0.6147	170	266.63	148.8
$^{23}Na^{23}Na$	159.125	0.7255	17	307.89	69.5
$^{39}K^{39}K$	92.021	0.2829	9.7	390.51	49.6

a. The quantity $\bar{l}(v=0)$ is the average internuclear separation in the $v=0$ state.
b. The meanings of $\tilde{x}_e\tilde{\omega}_e$, and D_0 are explained in Section 5.7.

5.7 진동 스펙트럼에서 배진동이 관측된다.

이제까지 이원자 분자의 진동을 조화진동자 모델을 이용하여 기술하였다. 그러나 5.4절에서는 핵 간 위치에너지가 단순한 포물선으로 나타나지 않고 그림 5-5의 모양으로 되는 것을 보였고, 이 그림에서 점선은 조화진동자를 표시한다. 5-29 식에서 위치에너지 $V(l)$이 l_0, 즉 $V(l)$의 최소치를 나타내는 l 값 부근에서 Taylor 전개할 수 있어, x를 평형 핵 간 거리에서부터의 변위, k를 힘상수 그리고 $\gamma_j \equiv (d^j V/dl^j)_{l=l_0}$라고 할 때

$$V(l) - V(l_0) = \frac{1}{2!}\left(\frac{d^2V}{dl^2}\right)_{l=l_0}(l-l_0)^2 + \frac{1}{3!}\left(\frac{d^3V}{dl^3}\right)_{l=l_0}(l-l_0)^3 + \cdots$$

$$= \frac{k}{2}x^2 + \frac{\gamma_3}{6}x^3 + \frac{\gamma_4}{24}x^4 + \cdots \qquad (5\text{–}40)$$

로 되는 것을 보였다. 조화진동자 근사는 5–40 식에서 이차 항 만을 사용한 것이며 이원자 분자의 진동 스펙트럼에서 단지 한 개의 선이 나타나는 것을 예측할 수 있게 한다. 실제 실험 결과 한 개의 주된 전이가 발견되나 (기본진동이라 부름) 이와 함께 기본진동수

의 거의 정수배의 진동수를 갖는 약한 전이들 또한 관측된다. 이 선들을 배진동(overtones)이라고 부른다.(표 5-2) 이원자 분자의 진동 운동에 대한 Hamiltonian 연산자에 5-40 식의 비조화항을 추가하고 섭동론이라는 방법을 이용하여(제 8 장) Schrödinger 방정식을 풀면

$$G(v) = \overline{\omega}_e\left(v + \frac{1}{2}\right) - \overline{\chi}_e\overline{\omega}_e\left(v + \frac{1}{2}\right)^2 + \cdots \qquad v = 0, 1, 2, \cdots \tag{5-41}$$

을 얻을 수 있고 이때 $\overline{\chi}_e$를 비조화상수라고 부른다. 5-41 식에서 비조화항에 대한 보정은 $\overline{\chi}_e \ll 1$ 이어서 조화항에 비해 매우 작다.(표 5-2)

표 5-2 $H^{35}Cl$의 진동 스펙트럼

Transition	$\tilde{\omega}_{obs}/cm^{-1}$	$\tilde{\omega}_{obs}/cm^{-1}$: Harmonic oscillator $\tilde{\omega} = 2885.90v$	$\tilde{\omega}_{obs}/cm^{-1}$: Anharmonic oscillator $\tilde{\omega} = 2988.90v - 51.60v(v+1)$	$\tilde{\omega}(0 \to v)/v\tilde{\omega}(0 \to 1)$
0 → 1 (fundamental)	2885.9	2885.9	2885.7	1.000
0 → 2 (first overtone)	5668.0	5771.8	5668.2	0.982
0 → 3 (second overtone)	8347.0	8657.7	8347.5	0.964
0 → 4 (third overtone)	10 923.1	11 543.6	10 923.6	0.946
0 → 5 (fourth overtone)	13 396.5	14 429.5	13 396.5	0.928

그림 5-8과 5-9에 5-41 식의 에너지준위를 나타내었다. 조화진동자와는 달리 에너지 준위의 간격이 일정하지 않고 실제로는 v가 증가함에 따라 간격이 감소하는 것에 주목하여라. 이것은 표 5-2의 마지막 열의 결과들을 반영한 것이다. 실험결과로부터 구한 $\overline{\omega}_e$와 $\overline{\omega}_e\overline{\chi}_e$의 값이 표 5-1의 값에서 약간 벗어남은 높은 차수의 항들의 영향 때문이다. 그림 5-9 로부터 조화진동자 근사가 상온에서 가장 중요한 작은 v에서 잘 맞는 것에 주목하여라.(연습문제 5-40)

그림 5-8은 두 개의 양 D_e와 D_0를 보여준다. 위치에너지 우물의 최소점과 해리한계의 에너지 차이가 D_e이며 영점에너지와 해리한계의 에너지 차이가 D_0이다. 이 둘은

$$D_0 = D_e - \frac{1}{2}h\nu \tag{5-42}$$

의 관계가 있으며 실험적으로 측정되는 값은 D_0이다.

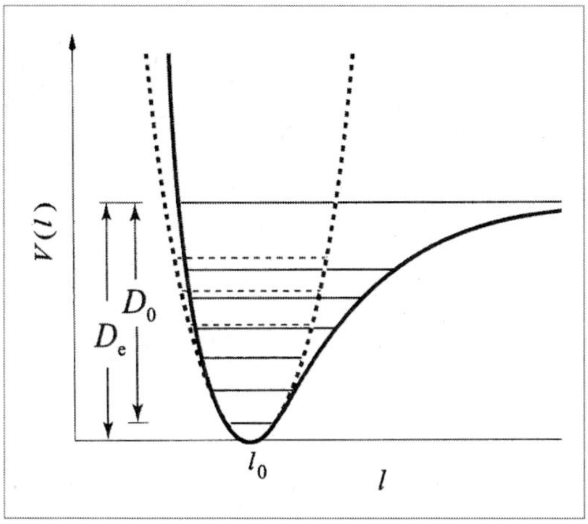

그림 5-8 조화진동자의 위치에너지 곡선(점선)과 핵 간 거리에 대한 실제 위치에너지 곡선(실선)을 겹쳐서 나타낸 조화진동자(점선)와 비조화진동자(실선)의 에너지준위

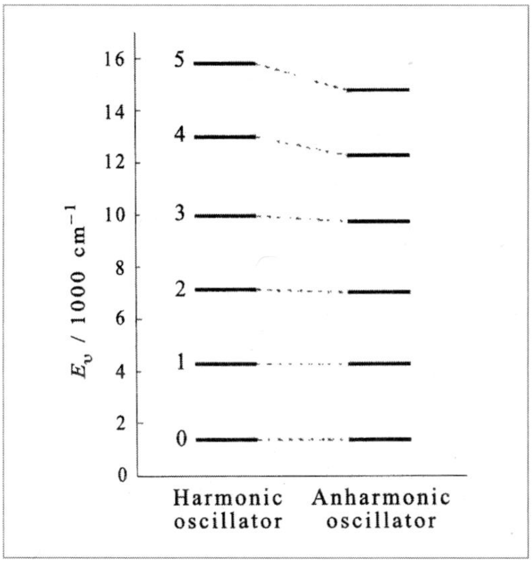

그림 5-9 조화진동자와 비조화진동자로 보정된 근사를 이용하여 계산된 $H^{35}Cl(g)$의 진동에너지 준위

비조화진동자의 선택규칙은, 비록 $\Delta v = \pm 1$ 전이에 비해 $\Delta v = \pm 2, \pm 3, \cdots$ 전이의 세기가 매우 작지만 Δv를 어느 값이라도 가질 수 있다는 것이다. 대부분의 이원자 분자들이 상온에서 바닥 진동상태에 있다는 것을 감안하면(연습문제 5-40) 관측되는 $0 \to v$ 전이의 파수는

$$\overline{\omega}_{obs} = G(v) - G(0) = \overline{\omega}_e v - \overline{\chi_e \omega}_e v(v+1) \qquad v = 1, 2, \cdots \tag{5-43}$$

로 얻어진다. $H^{35}Cl$의 스펙트럼에 5-43 식을 적용한 것을 표 5-2에 나타내었다. 표로부터 이 결과가 조화진동자 근사에 비해 매우 개선되었음을 볼 수 있다.

예제 5-5

$^{23}Na^{19}F(g)$에 대해 $\overline{\omega}_e$ = 536.10 cm^{-1}, $\overline{\chi_e \omega}_e$ = 3.4 cm^{-1}으로 주어져 있다. 첫 번째 그리고 두 번째 배진동의 파수를 계산하여라.

풀이 5-43 식을 이용하면

$$\overline{\omega}_{obs} = \overline{\omega}_e v - \overline{\chi}_e \overline{\omega}_e v(v+1) \qquad v = 1,2,\cdots$$

기본진동은 $v=1$로 계산되고 처음 두 배진동은 $v=2,3$으로 계산할 수 있다.

기본진동: $\overline{\omega}_{obs} = \overline{\omega}_e - 2\overline{\chi}_e\overline{\omega}_e$ = 529.3 cm^{-1}

첫 번째 배진동: $\overline{\omega}_{obs} = 2\overline{\omega}_e - 6\overline{\chi}_e\overline{\omega}_e$ = 1,051.8 cm^{-1}

두 번째 배진동: $\overline{\omega}_{obs} = 3\overline{\omega}_e - 12\overline{\chi}_e\overline{\omega}_e$ = 1,567.5 cm^{-1}

배진동의 파수가 기본진동의 정확히 정수배가 아니며 기본진동수도 순수한 조화진동의 진동수보다 작음을 주목하여라.

5.8 조화진동자 파동함수는 Hermite 다항식을 포함한다.

조화진동자의 E_v에 해당하는 파동함수는 축퇴되어 있지 않으며 다음과 같이 주어지고

$$\psi_v(x) = |v> = N_v H_v(\alpha^{1/2}x)e^{-\alpha x^2/2} \qquad (5-44)$$

$$\alpha = \left(\frac{k\mu}{\hbar^2}\right)^{1/2} \qquad (5-45)$$

5-44 식의 가운데 항은 $\psi_v(x)$의 브라켓 표기이다. 정규화상수 N_v는

$$N_v = \frac{1}{(2^v v!)^{1/2}}\left(\frac{\alpha}{\pi}\right)^{1/4} \qquad (5-46)$$

이고 $H_v(\alpha^{1/2}x)$는 Hermite 다항식이라고 부르는 급수이다. 처음 몇 Hermite 다항식을 표 5-3에 나타내었다. $H_v(\xi)$가 ξ의 v-차 급수임을 주목하여라. 조화진동자의 처음 몇 파동함수를 표 5-4에 수록하였으며 그림 5-10에 도시하였다.

표 5-3 처음 몇 Hermite 다항식

$H_0(\xi) = 1$	$H_1(\xi) = 2\xi$
$H_2(\xi) = 4\xi^2 - 2$	$H_3(\xi) = 8\xi^3 - 12\xi$
$H_4(\xi) = 16\xi^4 - 48\xi^2 + 12$	$H_5(\xi) = 32\xi^5 - 160\xi^3 + 120\xi$

a. The variable ξ is equal to $\alpha^{1/2}x$, where $\alpha = (k\mu)^{1/2}/\hbar$.

표 5-4 처음 몇 조화진동자 파동함수 (5-44 식)

$\psi_0(x) = \|0\rangle = \left(\frac{\alpha}{\pi}\right)^{1/4} e^{-\alpha x^2/2}$	$\psi_2(x) = \|2\rangle = \left(\frac{\alpha}{4\pi}\right)^{1/4} (2\alpha x^2 - 1)e^{-\alpha x^2/2}$
$\psi_1(x) = \|1\rangle = \left(\frac{4\alpha^3}{\pi}\right)^{1/4} xe^{-\alpha x^2/2}$	$\psi_3(x) = \|3\rangle = \left(\frac{\alpha^3}{9\pi}\right)^{1/4} (2\alpha x^3 - 3x)e^{-\alpha x^2/2}$

a. The parameter $\alpha = (k\mu)^{1/2}/\hbar$.

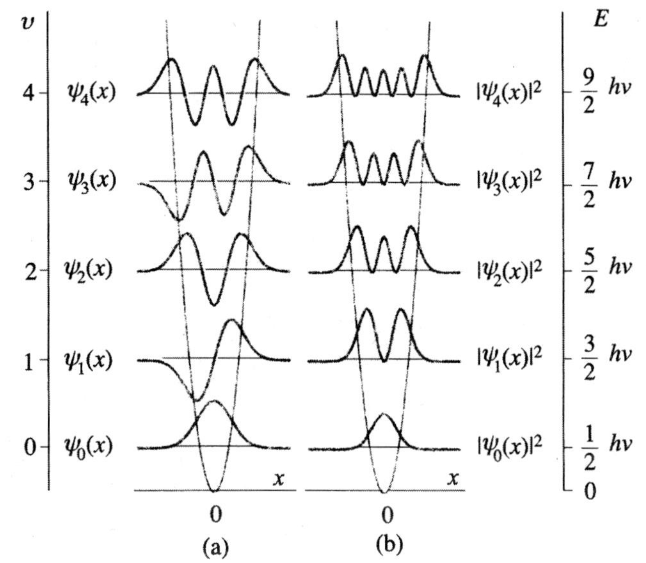

그림 5-10 (a) 정규화된 조화진동자 파동함수 (b) 조화진동자의 확률밀도. 그림 5-7에서처럼 위치에너지가 포물선으로 그려져 있다.

조화진동자에 대한 Schrödinger 방정식을 실제로 풀지 않아도(5-31 식) 5-44 식에 주어진 함수들이 해가 되는 것을 보일 수는 있다. 예를 들어, $\psi_0(x)$를 고려해보자. 표 5-4에 의해

$$\psi_0(x) = |0> = \left(\frac{\alpha}{\pi}\right)^{1/4} e^{-\alpha x^2/2}$$

이다. 이것을 5-31 식에 대입하고 $E_0 = 1/2\hbar\omega$을 이용하면

$$\frac{d^2\psi}{dx^2} + \frac{2\mu}{\hbar^2}\left(E_0 - \frac{1}{2}kx^2\right)\psi_0(x) = 0$$

$$\left(\frac{\alpha}{\pi}\right)^{1/4}(\alpha^2 x^2 e^{-\alpha x^2/2} - \alpha e^{-\alpha x^2/2}) + \frac{2\mu}{\hbar^2}\left(\frac{\hbar\omega}{2} - \frac{kx^2}{2}\right)\left(\frac{\alpha}{\pi}\right)^{1/4} e^{-\alpha x^2/2} = 0$$

$$(\alpha^2x^2-\alpha)+\left(\frac{\hbar\omega}{2}-\frac{\mu k}{\hbar^2}x^2\right)=0$$

이 된다. $\alpha=(k\mu/\hbar^2)^{1/2}$ 그리고 $\omega=(k/\mu)^{1/2}$을 이용하면 위 식에서 왼편의 모든 항이 다 소멸되는 것을 볼 수 있다. 따라서 $\psi_0(x)$는 5-31 식의 해이다. 연습문제 5-21에서 $\psi_1(x)$와 $\psi_2(x)$가 5-31 식의 해가 되는 것을 증명하였다.

또한 $\psi_v(x)$가 정규화 되어 있고 5-46 식의 N_v가 정규화상수임을 보일 수 있다.

예제 5-6 $\psi_0(x)$와 $\psi_1(x)$가 정규화 되어 있음을 보여라.

풀이 표 5-4에서

$$\psi_0(x)=\left(\frac{\alpha}{\pi}\right)^{1/4}e^{-\alpha x^2/2} \qquad \psi_1(x)=\left(\frac{4\alpha^3}{\pi}\right)^{1/4}xe^{-\alpha x^2/2}$$

이다. 따라서

$$\int_{-\infty}^{\infty}\psi_0^2(x)dx=<0|0>=\left(\frac{\alpha}{\pi}\right)^{1/2}\int_{-\infty}^{\infty}e^{-\alpha x^2}dx=\left(\frac{\alpha}{\pi}\right)^{1/2}\left(\frac{\pi}{\alpha}\right)^{1/2}=1$$

$$\int_{-\infty}^{\infty}\psi_1^2(x)dx=<1|1>=2\alpha\left(\frac{\alpha}{\pi}\right)^{1/2}\int_{-\infty}^{\infty}x^2e^{-\alpha x^2}dx=2\alpha\left(\frac{\alpha}{\pi}\right)^{1/2}\left\{\frac{1}{2\alpha}\left(\frac{\pi}{\alpha}\right)^{1/2}\right\}=1$$

이다. 이 적분은 표에서 찾을 수 있으며 연습문제 5-23에서 구하였다.

조화진동자 파동함수들이 직교한다는 논의를 하기 위해 4 장의 일반적인 결과를 이용할 수 있다. 에너지의 고유치들이 축퇴되어 있지 않으므로

$$\int_{-\infty}^{\infty}dx\psi_v(x)\psi_{v'}(x)=<v|v'>=0 \qquad v\neq v'$$

또는

$$\int_{-\infty}^{\infty}dxH_v(\alpha^{1/2}x)H_{v'}(\alpha^{1/2}x)e^{-\alpha x^2}=\int_{-\infty}^{\infty}d\xi H_v(\xi)H_{v'}(\xi)e^{-\xi^2}=0 \qquad v\neq v'$$

이다. 함수 $e^{-\xi^2}$에 대해 Hermite 다항식이 직교한다고 말한다.

예제 5-7 조화진동자의 $\psi_0(x)$와 $\psi_1(x)$가 직교함을 보여라.

풀이
$$\psi_0(x) = \left(\frac{\alpha}{\pi}\right)^{1/4} e^{-\alpha x^2/2} \qquad \psi_1(x) = \left(\frac{4\alpha^3}{\pi}\right)^{1/4} x e^{-\alpha x^2/2}$$

이므로

$$\int_{-\infty}^{\infty} \psi_1(x)\psi_0(x)dx = <1|0> = \left(\frac{2\alpha^2}{\pi}\right)^{1/2} \int_{-\infty}^{\infty} x e^{-\alpha x^2} dx = 0$$

이다. 다음 절에서 보듯이 피적분 함수가 기함수이므로 적분은 영이 된다.(수학 B)

5.9 Hermite 다항식은 기함수 또는 우함수이다.

수학 B에서 논의한 것과 같이 우함수는 다음과 같은 함수이고

$$f(x) = f(-x) \qquad \text{우함수} \tag{5-47}$$

기함수는 다음의 조건을 만족하는 함수이다.

$$f(x) = -f(-x) \qquad \text{기함수} \tag{5-48}$$

이러한 우함수와 기함수를 그림 5-11에 나타내었다. 우함수는 y 축에 대해 대칭이고 기함수는 부호가 바뀐다. x^2, e^{-x^2}, $\cos x$, $\cosh x$와 같은 함수가 우함수이며 x^3, $\sin x$, xe^{-x^2} 같은 함수는 기함수이다. 대부분의 함수, 즉 e^x, $x+x^2$, $\ln x$, $\sin x+\cos x$ 등은 우함수도 기함수도 아니다.

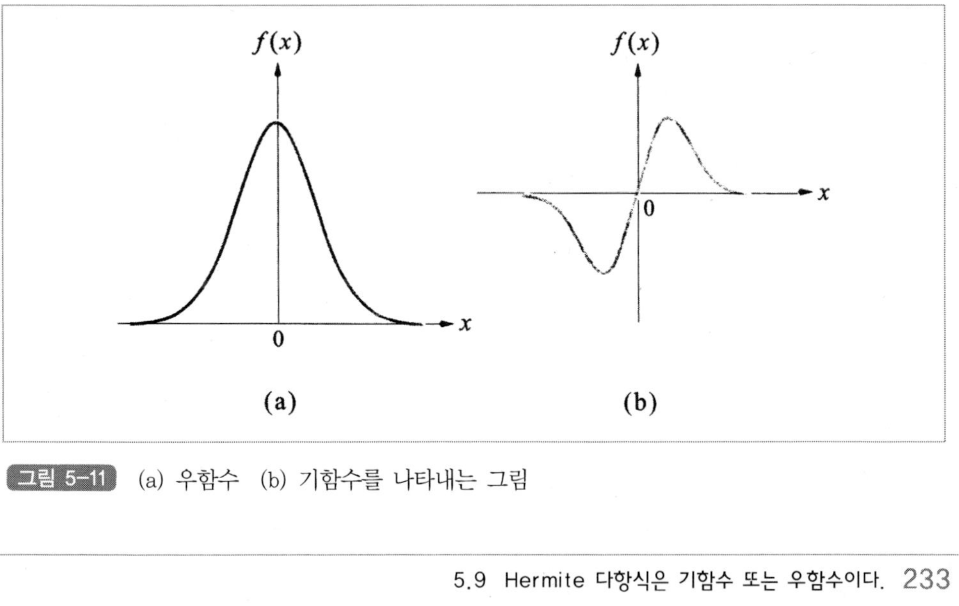

그림 5-11 (a) 우함수 (b) 기함수를 나타내는 그림

■ 예제 5-8 다음의 함수가 기함수 또는 우함수인지를 결정하여라.

(a) $x\sin x$ (b) $e^{-x^2}\cos x$

(c) $x^2\sin x$ (d) e^{ix}

풀이 (a) $(-x)\sin(-x) = (-x)(-\sin x) = x\sin x$: 우함수

(b) $e^{-(-x)^2}\cos(-x) = e^{-x^2}\cos x$: 우함수

(c) $(-x)^2\sin(-x) = x^2(-\sin x) = -x^2\sin x$: 기함수

(d) $e^{ix} = \cos x + i\sin x$

$\cos(-x) + i\sin(-x) = \cos x - i\sin x$: 우함수도 기함수도 아니다.

Hermite 다항식은 우함수 또는 기함수이다.

■ 예제 5-9 Hermite 급수 $H_v(\xi)$가 v가 짝수이면 우함수, v가 홀수이면 기함수임을 보여라.

풀이 표 5-3에서

$H_0(\xi) = 1$: 우함수

$H_1(\xi) = 2\xi : H_1(-\xi) = 2(-\xi) = -2\xi = -H_1(\xi)$: 기함수

$H_2(-\xi) = 4(-\xi)^2 - 2 = 4\xi^2 - 2$: 우함수

$H_3(-\xi) = 8(-\xi)^3 - 12(-\xi) = -8\xi^3 + 12\xi = -H_3(\xi)$: 기함수

함수의 기함수-우함수 성질은 특별한 것으로서 매우 중요한 성질이다. 그림 5-11(b)에는 $f(x)$가 기함수이면 y 축의 양쪽에 있는 곡선 아래의 면적이 서로 상쇄되어

$$\int_{-A}^{A} f(x)dx = 0 \qquad f(x):\ \text{기함수} \tag{5-49}$$

임을 보이고 있다. 이것은 매우 유용한 성질이다. 5-44 식에 따르면 조화진동자의 파동함수는

$$\psi_v(x) = N_v H_v(\alpha^{1/2}x)e^{-\alpha x^2/2}$$

이다. v가 짝수의 정수이면 $\psi_v(x)$가 우함수이고 v가 홀수의 정수이면 기함수이므로 $\psi_v^2(x)$은 정수 값 v에 대해 언제나 우함수이다. 5-49 식에 따르면 다음과 같은 적분은

$$< x > = < v|x|v > = \int_{-\infty}^{\infty} \psi_v(x) x \psi_v(x) dx = 0 \tag{5-50}$$

피적분 함수가 어느 v에 대해서도 기함수이므로 항상 영이 된다. 따라서 조화진동자의 모든 양자상태에 대해 평균변위는 영이고 평균 핵간 거리가 평형거리 l_0가 된다.

평균 운동량은

$$< p > = < v|\hat{P}_x|v > = \int_{-\infty}^{\infty} \psi_v(x)\left(-i\hbar\frac{d}{dx}\right)\psi_v(x)dx \qquad (5-51)$$

이다. 우함수(기함수)의 미분은 기함수(우함수)이고 피적분 함수가 우함수와 기함수의 곱, 즉 기함수가 되기 때문에 적분이 영이 된다. 따라서 조화진동자는 $< p > = 0$이다.

그림 5-11에 보인 것 같이 우함수는

$$\int_{-A}^{A} dxf(x) = 2\int_{0}^{A} dxf(x) \quad \text{우함수 } f(x) \qquad (5-52)$$

의 성질을 갖고 이와 같은 대칭 성질을 자주 이용할 것이다.

5.10 Hermite 다항식들 간에 유용한 관계들이 있다.

조화진동자의 바닥상태에 대해 표 5-4의 $\psi_0(x)$를 사용하고 다음 적분을 이용하여 $< x^2 >$을 구할 수 있다.

$$< x^2 > = \left(\frac{\alpha}{\pi}\right)^{1/2} \int_{-\infty}^{\infty} dx x^2 e^{-\alpha x^2}$$

$\xi = \alpha^{1/2}x$로 하고 5-52 식을 이용하면

$$< x^2 > = \frac{2}{\alpha\pi^{1/2}} \int_{0}^{\infty} d\xi \xi^2 e^{-\xi^2} = \frac{1}{2\alpha} = \frac{\hbar}{2(\mu k)^{1/2}} \qquad (5-53)$$

이다. 일반적으로 $\psi_v(x)$에 대해 5-44 식을 사용하고 마지막 단계에서 $\xi = \alpha^{1/2}x$로 하면

$$\begin{aligned} < x^2 > &= < v|x^2|v > = \int_{-\infty}^{\infty} dx\psi_v{}^*(x)x^2\psi_v(x) \\ &= N_v^2 \int_{-\infty}^{\infty} dx e^{-\alpha x^2} H_v(\alpha^{1/2}x)x^2 H_v(\alpha^{1/2}x) \qquad (5-54) \\ &= \frac{N_v^2}{\alpha^{3/2}} \int_{-\infty}^{\infty} d\xi e^{-\xi^2} H_v(\xi)\xi^2 H_v(\xi) \end{aligned}$$

를 얻을 수 있다.

Hermite 다항식들 간에는 5-54 식과 같은 적분을 수행할 수 있는 유용한 관계들이 많이 있다. 특히 유용한 것이

$$H_{v+1}(\xi) - 2\xi H_v(\xi) + 2vH_{v-1}(\xi) = 0 \tag{5-55}$$

인데 이것이 $H_v(\xi)$에 대한 회귀식이다.

예제 5-10 처음 몇 Hermite 다항식이 식 5-55의 회귀식을 만족하는 것을 보여라.

풀이 $H_0(\xi)$와 $H_1(\xi)$에서 시작하여 회귀식으로부터 Hermite 다항식을 만든다. 5-55 식에서 $v=1$로 하면

$$H_2(\xi) = 2\xi H_1(\xi) - 2H_0(\xi)$$

이다. $H_0(\xi)=1$ 그리고 $H_1(\xi)=2\xi$를 대입하면 $H_2(\xi)=4\xi^2-2$ 이다.

이제 5-55 식에서 $v=2$로 하면

$$\begin{aligned} H_3(\xi) &= 2\xi H_2(\xi) - 4H_1(\xi) \\ &= 2\xi(4\xi^2-2) - 4(2\xi) = 8\xi^3 - 12\xi \end{aligned}$$

이다. $v=3$에서

$$\begin{aligned} H_4(\xi) &= 2\xi H_3(\xi) - 6H_2(\xi) = 2\xi(8\xi^3-12\xi) - 6(4\xi^2-2) \\ &= 16\xi^4 - 48\xi^2 + 12 \end{aligned}$$

를 얻는다. 이 결과들은 표 5-3과 일치한다.

회귀식은 Hermite 다항식을 포함한 적분을 구하는 데 이용된다. 예를 들어,

$$<\xi> = \int_{-\infty}^{\infty} \psi_v(\xi)\xi\psi_v(\xi)d\xi \tag{5-56}$$

를 생각해 보자. 앞에서 $\psi_v(x)$의 우함수-기함수 성질을 이용하여 이 적분이 영이 됨을 보였지만 이것을 5-55 식을 이용하여 보여 보자. 5-54 식과 5-56 식을 이용하면

$$<\xi> = N_v^2 \int_{-\infty}^{\infty} d\xi H_v(\xi)\xi H_v(\xi)e^{-\xi^2} \tag{5-57}$$

이 된다. 5-55 식에 따르면

$$\xi H_v(\xi) = vH_{v-1}(\xi) + \frac{1}{2}H_{v+1}(\xi) \tag{5-58}$$

이고 이것을 5-57 식에 대입하면

$$<\xi>= vN_v^2\int_{-\infty}^{\infty} d\xi H_v(\xi)H_{v-1}(\xi)e^{-\xi^2} + \frac{N_v^2}{2}\int_{-\infty}^{\infty} d\xi H_v(\xi)H_{v+1}(\xi)e^{-\xi^2}$$

을 얻는다. 그러나 직교성에 의해 이 두 적분은 모두 영이 된다. $<\xi>=0$을 보이기 위해 Hermite 다항식의 모양을 알 필요가 없다는 사실에 주목하여라.

이 예는 $<\xi>$를 구하기 위해 대칭성을 이용할 수 있기 때문에 별로 새로울 것이 없다. 이제 더 어려운 다음 경우에 대해 생각해 보자.

$$<\xi^2>= N_v^2\int_{-\infty}^{\infty} d\xi H_v(\xi)\xi^2 H_v(\xi)e^{-\xi^2} \tag{5-59}$$

5-58 식의 양변에 ξ를 곱하면

$$\xi^2 H_v(\xi) = v\xi H_{v-1}(\xi) + \frac{1}{2}\xi H_{v+1}(\xi)$$

이다. 이제 우변의 두 항에 5-58 식을 적용하면

$$\begin{aligned}\xi^2 H_v(\xi) &= v\left[(v-1)H_{v-2}(\xi) + \frac{1}{2}H_v(\xi)\right] + \frac{1}{2}\left[(v+1)H_v(\xi) + \frac{1}{2}H_{v+2}(\xi)\right] \\ &= v(v-1)H_{v-2}(\xi) + \left(v+\frac{1}{2}\right)H_v(\xi) + \frac{1}{4}H_{v+2}(\xi)\end{aligned}$$

가 된다. 이것을 5-59 식에 대입하면

$$\begin{aligned}<\xi^2> &= <v|\xi^2|v> \\ &= N_v^2\int_{-\infty}^{\infty} d\xi H_v(\xi)\left[v(v-1)H_{v-2}(\xi) + \left(v+\frac{1}{2}\right)H_v(\xi) + \frac{1}{4}H_{v+2}(\xi)\right]\end{aligned}$$

이다. $H_{v-2}(\xi)$와 $H_{v+2}(\xi)$에 대한 두 적분은 직교성에 의해 영이 되고 따라서 정규화 조건에 따라

$$<\xi^2>= \left(v+\frac{1}{2}\right)N_v^2\int_{-\infty}^{\infty} d\xi H_v(\xi)H_v(\xi)e^{-\xi^2} = v+\frac{1}{2}$$

가 된다. $\xi = \alpha^{1/2}x$이므로

$$<x^2>= \frac{1}{\alpha}<\xi^2>= \frac{1}{\alpha}\left(v+\frac{1}{2}\right) = \frac{\hbar}{(\mu k)^{1/2}}\left(v+\frac{1}{2}\right) \tag{5-60}$$

이 된다. 5-60 식이 $v=0$일 때 5-53 식과 같음을 주목하여라. 이 방법을 이용하여

$< p >$와 $< p^2 >$을 구하는 것을 연습문제 5-27에서 수행한다.

5.11 다원자 분자의 진동은 기준좌표로 기술된다.

다원자 분자의 진동 스펙트럼은 조화진동자 근사를 이용하면 쉽게 이해될 수 있다. 중요한 점은 이 절에서 논의하려고 하는 기준좌표에 있다.

N 개의 핵을 가진 분자에 대해 고려해 보자. 이 분자를 공간상에서 완전히 정의하려면 $3N$ 개의 좌표, 즉 각각의 핵에 대해 세 개씩의 직교좌표가 필요하다. 이때 N-원자 분자가 총 $3N$의 자유도를 갖는다고 말한다. 이 $3N$ 개의 좌표 중 세 개는 이 분자의 질량중심을 나타내는 데 사용될 수 있다. 이 세 좌표를 따르는 운동은 이 분자의 질량중심의 병진운동에 해당되어 이 세 좌표를 병진자유도라고 부른다. 질량중심에 대한 분자의 정렬을 나타내는 데 선형분자의 경우에는 두 개의 좌표 그리고 비선형분자의 경우에는 세 개의 좌표가 필요하다. 이 좌표를 따르는 운동은 분자의 회전운동이 되기 때문에 선형분자는 두 개의 회전자유도 그리고 비선형분자는 세 개의 회전자유도를 갖고 있다고 말한다. 나머지 좌표 (선형분자의 경우 $3N-5$ 비선형분자의 경우 $3N-6$) 들은 N 개 핵의 상대적인 위치를 나타내게 된다. 이 좌표를 따르는 운동은 진동운동에 해당되어 선형분자의 경우 $3N-5$의 진동자유도 그리고 비선형분자의 경우 $3N-6$의 진동자유도를 갖게 된다. 이 결과를 표 5-5에 정리하였다.

표 5-5 N 개의 원자를 포함하고 있는 다원자 분자에서 여러 가지 자유도의 수

	Linear	Nonlinear
Translational degrees of freedom	3	3
Rotational degrees of freedom	2	3
Vibrational degrees of freedom	$3N-5$	$3N-6$

예제 5-11 HCl, CO_2, H_2O, NH_3, CH_4에서 각각의 자유도를 결정하여라.

풀이

	총	병진	회전	진동
HCl	6	3	2	1
CO_2(선형)	9	3	2	4
H_2O	9	3	3	3
NH_3	12	3	3	6
CH_4	15	3	3	9

외부 장이 없는 경우 분자의 에너지는 질량중심의 위치 또는 방향에 무관하다. 다원자 분자의 위치에너지는 따라서 $3N-5$ 또는 $3N-6$ 개의 진동좌표의 함수가 된다. N_{vib}이 진동자유도의 수라고 할 때 이 좌표들의 평형 값으로부터의 변위를 $x_1, x_2, \cdots, x_{N_{vib}}$로 표시한다면, 위치에너지는 일차원으로 주어진 5-29 식을 다차원으로 일반화해

$$\begin{aligned} \Delta V \equiv V(x_1, x_2, \cdots, x_{N_{vib}}) - V(0,0,\cdots,0) &= \frac{1}{2}\sum_{i=1}^{N_{vib}}\sum_{j=1}^{N_{vib}}\left(\frac{\partial^2 V}{\partial x_i \partial x_j}\right)x_i x_j + \cdots \\ &= \frac{1}{2}\sum_{i=1}^{N_{vib}}\sum_{j=1}^{N_{vib}} f_{ij} x_i x_j + \cdots \end{aligned} \tag{5-61}$$

로 쓸 수 있다. 일반적으로 x_i의 교차항을 포함하는 항이 있으나 여기에서는 이들 비조화항들을 생략하였다. 5-61 식의 교차항 때문에 해당되는 Schrödinger 방정식의 해를 얻는 것이 매우 어렵게 된다. 그러나 고전역학에 하나의 정리가 있는 데 이를 이용하면 5-61 식의 모든 교차항을 제거할 수 있다. 이 정리가 너무 전문적이어서 여기에서 자세히 설명하기는 어렵지만 다음과 같은 새로운 좌표의 세트$\{Q_j\}$를 얻을 수 있는 행렬방정식을 이용하는 것은 그다지 어려운 일은 아니다.

$$\Delta V = \frac{1}{2}\sum_{j=1}^{N_{vib}} F_j Q_j^2 \tag{5-62}$$

이 식에서는 교차항이 나타나지 않는 것에 주목하여라. 이 새로운 좌표를 기준좌표 또는 기준모드라고 부른다. 기준좌표를 사용하면 진동 Hamiltonian 연산자는

$$\hat{H}_{vib} = -\sum_{j=1}^{N_{vib}} \frac{\hbar^2}{2\mu_j}\frac{d^2}{dQ_j^2} + \frac{1}{2}\sum_{j=1}^{N_{vib}} F_j Q_j^2 \tag{5-63}$$

이 된다.

3.9 절에서 Hamiltonian 연산자가 각각 독립된 항들의 합으로 나타나면 파동함수는 곱으로, 에너지는 합으로 된다는 것을 보였다. 이 사실을 5-63 식에 적용하면

$$\hat{H}_{vib} = \sum_{j=1}^{N_{vib}} \hat{H}_{vib,j} = \sum_{j=1}^{N_{vib}}\left(-\frac{\hbar^2}{2\mu_j}\frac{d^2}{dQ_j^2} + \frac{1}{2}F_j Q_j^2\right) \tag{5-64}$$

$$\psi_{vib}(Q_1, Q_2, \cdots, Q_{N_{vib}}) = \psi_{vib,1}(Q_1)\psi_{vib,2}(Q_2)\cdots\psi_{vib,N_{vib}}(Q_{N_{vib}})$$

$$E_{vib} = \sum_{j=1}^{N_{vib}} h\nu_j\left(v_j + \frac{1}{2}\right) \qquad v_j = 0,1,2,\cdots \tag{5-65}$$

이 된다.

5-64 식과 5-65 식은 실제 조화진동자를 가정하면 다원자 분자의 진동이 N_{vib} 개의 독립적인 조화진동자로 표현된다는 것을 의미한다. 이때 축퇴도가 없는 경우 각각의 진동자는 특정 기본진동수 ν_j를 갖는다. 그림 5-12는 두 분자의 기준모드들을 보여주고 있다.

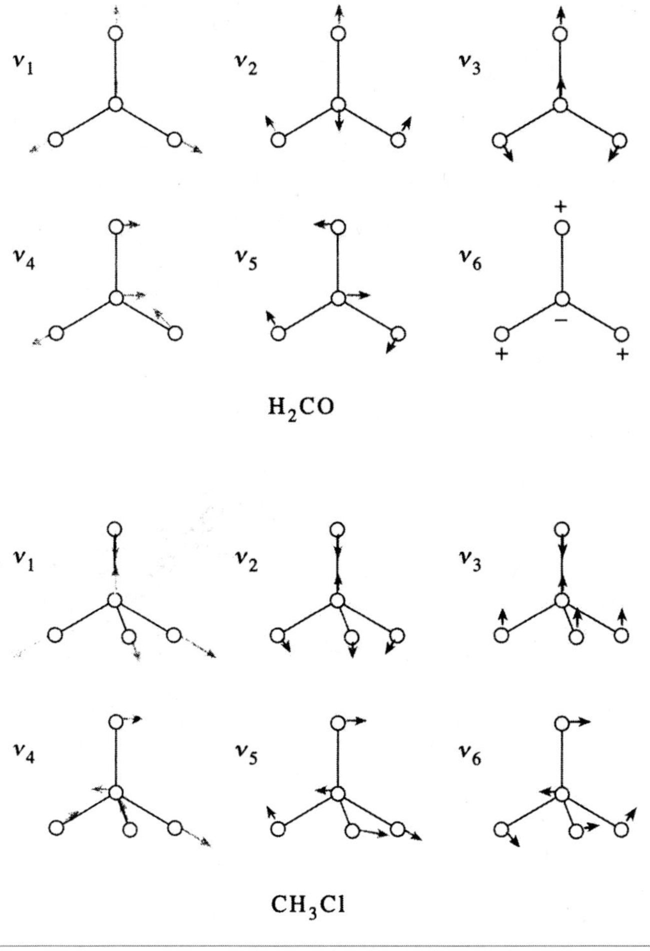

그림 5-12 포름 알데히드(H_2CO)와 클로로메탄(CH_3Cl) 분자의 기준모드들. 주어진 기준모드에서 화살표는 원자가 어떻게 움직이는가를 나타낸다. 각각의 원자는 같은 진동수와 위상으로 평형위치에서 진동하지만 서로 다른 원자들은 진동의 진폭이 다르다. 분자가 주어졌지만 기준모드는 분자의 대칭성에 대해 특정지워지므로 더 일반적이다. CH_3Cl 분자에서 ν_4, ν_5, ν_6는 이중으로 축퇴되어 있어서 총 기준모드의 수는 9이다.

5.12 조화진동자 선택규칙은 $\Delta v = \pm 1$이다.

5.6 절에서 조화진동자는 인접한 두 상태에서의 전이만이 가능하다고 하였다. 이 절에서 논의 할 이 조건을 선택규칙이라고 부른다. 8.6 절에서는 조화진동자에 z 축 방향으로 진행하는 전자기복사선을 조사하면 이 진동자가 v에서 v' 상태로 전이될 확률이, μ_z를 쌍극자모멘트의 z 축 성분이라고 할 때 다음 적분의 제곱에 비례하게 됨을 보일 것이다.

$$< v|\mu_z|v' > = \int_{-\infty}^{\infty} dx \psi_v(x) \mu_z(x) \psi_{v'}(x) \tag{5-66}$$

이러한 형태의 적분은 분광학에서 자주 등장하는 데 전이 쌍극자모멘트라고 부른다.

이제 μ_z를 평형 핵간거리에 대해 전개하면 μ_0를 평형 결합길이에서의 쌍극자모멘트, x를 평형 값에서부터의 변위라고 할 때

$$\mu_z(x) = \mu_0 + \left(\frac{d\mu}{dx}\right)_0 x + \cdots \tag{5-67}$$

로 쓸 수 있다. 따라서 $x = 0$에서 $\mu_z = \mu_0$이다. 5-67 식을 5-66 식에 대입하면 다음 두 항을 얻는다.

$$< v|\mu_z|v' > = \mu_0 \int_{-\infty}^{\infty} dx \psi_v(x) \psi_{v'}(x) + \left(\frac{d\mu}{dx}\right)_0 \int_{-\infty}^{\infty} dx \psi_v(x) x \psi_{v'}(x) \tag{5-68}$$

첫 번째 적분은 $v \neq v'$이면 조화진동자 파동함수의 직교성에 의해 영이 된다. 두 번째 적분은 5-58 식에 따라 일반적으로 구해진다.

$$\xi H_v(\xi) = v H_{v-1}(\xi) + \frac{1}{2} H_{v+1}(\xi) \tag{5-69}$$

5-69 식을 5-68 식에 대입하고 $\alpha^{1/2} x = \xi$로 하면

$$< v|\mu_z|v' > = \frac{N_v N_{v'}}{\alpha} \left(\frac{d\mu}{d\xi}\right)_0 \int_{-\infty}^{\infty} H_{v'}(\xi) \left[v H_{v-1}(\xi) + \frac{1}{2} H_{v+1}(\xi) \right] e^{-\xi^2} d\xi \tag{5-70}$$

을 얻는다. 이제 Hermite 다항식의 직교성을 이용하면 $< v|\mu_z|v' >$이 $v' = v \pm 1$이 아니면 영이 됨을 알 수 있다. 따라서 조화진동자 근사에서 진동전이의 선택규칙은 $\Delta v = \pm 1$이다. 또한 전이모멘트 적분의 $(d\mu/d\xi)_0$ 인자는 분자가 진동함에 따라 쌍극자모멘트의 변화가 영이 아님, 즉 변화가 없으면(5-67 식) 진동전이가 일어나지 않음을 알게 한다.

예제 5-12 표 5-3에 주어진 Hermite 다항식을 이용하여 0→1 진동전이가 허락되는 반면 0→2 전이가 금지되는 것을 보여라.

풀이 표 5-3에서 $\xi = \alpha^{1/2}x$로 하면

$$\psi_0(\xi) = \left(\frac{\alpha}{\pi}\right)^{1/4} e^{-\xi^2/2}$$

$$\psi_1(\xi) = \sqrt{2}\left(\frac{\alpha}{\pi}\right)^{1/4} \xi e^{-\xi^2/2}$$

$$\psi_2(\xi) = \frac{1}{\sqrt{2}}\left(\frac{\alpha}{\pi}\right)^{1/4} (2\xi^2 - 1)e^{-\xi^2/2}$$

이다. 전이 쌍극자모멘트는 다음의 적분으로 주어지고

$$I_{0\rightarrow v} \propto \int_{-\infty}^{\infty} \psi_v(\xi)\xi\psi_0(\xi)d\xi$$

$I_{0\rightarrow v} \neq 0$이면 전이가 허락되고 $I_{0\rightarrow v} = 0$이면 금지된다. $v = 1$에 대해 피적분 함수가 우함수이므로

$$I_{0\rightarrow 1} \propto \left(\frac{2\alpha}{\pi}\right)^{1/2} \int_{-\infty}^{\infty} \xi^2 e^{-\xi^2} d\xi \neq 0$$

이다. $v = 2$에 대해서는 피적분함수가 $-\infty$에서 ∞에서 기함수이므로

$$I_{0\rightarrow 2} \propto \left(\frac{\alpha}{2\pi}\right)^{1/2} \int_{-\infty}^{\infty} (2\xi^3 - \xi)e^{-\xi^2} d\xi = 0$$

이다.

진동 흡수분광학에서의 선택규칙은 기준모드의 운동 중 분자의 쌍극자모멘트가 변화해야 한다는 것이다. 이럴 때 이 기준모드가 적외선에서 활성이라고 말한다. 그렇지 않을 때 적외선 비활성이다. H_2O의 기준모드는 다음과 같다.

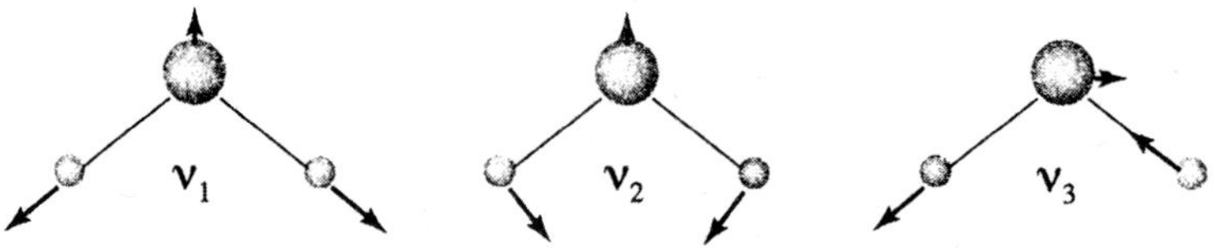

세 가지 기준모드 모두에서 운동에 대해 쌍극자모멘트가 변화하고 따라서 H_2O의 세 기준모드는 모두 적외선 활성이다. 그러므로 적외선 스펙트럼에서 H_2O는 세 개의 띠를 갖

는다. CO_2는 네 개의 기준모드가 있다.$(3N-5)$ CO_2의 대칭 신축진동 모드(ν_1)는 쌍극자모멘트의 변화가 없고 따라서 적외선 비활성이다. 다른 모드들은 다 적외선에서 활성이지만 굽힘모드(ν_2)는 이중으로 축퇴되어 있어서 한 개의 적외선 띠로 나타난다.

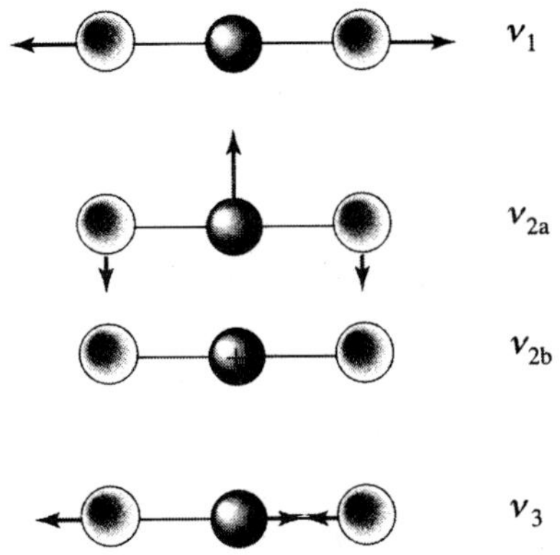

부록 연산자 방법에 의한 조화진동자 Schrödinger 방정식의 해

조화진동자의 Schrödinger 방정식은

$$-\frac{\hbar}{2\mu}\frac{d^2\psi}{dx^2}+\frac{1}{2}kx^2\psi=E\psi \tag{1}$$

이다. 이 방정식은 5.5 절에서 논의한 대로 $\psi(x)$에 대한 선형 미분방정식이지만 상수계수를 갖지 않는다. 이러한 방정식의 해를 구하는 표준 방법은 $\psi(x)$를 다음과 같이 x의 멱급수로 전개하는 것이다.

$$\psi(x)=\sum_{n=0}^{\infty}a_n x^n$$

이 급수를 미분방정식에 대입하면 a_n에 대한 한 세트의 방정식을 얻게 된다. 이 방법을 급수 방법이라고 부르며 지루한 방법이 된다.

(1) 식을 풀기 위한 다른 방법이 있는 데 이것은 연산자 방법이다. 이 방법은 급수 방법보다 매우 쉬우며 또한 세련된 방법이다. 이 부록에서는 조화진동자의 고유함수와 고유치를 결정하기 위해 연산자 방법을 이용한다. 연산자 방법은 양자역학에서 자주 사용되며 따라서 이해해 둘 가치가 있다.

조화진동자의 Hamiltonian 연산자는

$$\hat{H} = -\frac{\hbar^2}{2\mu}\frac{d^2}{dx^2} + \frac{1}{2}kx^2 = \frac{\hat{P}^2}{2\mu} + \frac{k}{2}\hat{X}^2$$

이고 이때 $k = \mu\omega^2$은 힘상수 그리고 $\hat{P}$와 $\hat{X}$는 각각 운동량 연산자, 위치 연산자이다. 이제 새로운 연산자

$$\hat{p} = (\mu\hbar\omega)^{-1/2}\hat{P} \quad \text{그리고} \quad \hat{x} = (\mu\omega/\hbar)^{1/2}\hat{X} \tag{2}$$

를 도입하면 Hamiltonian 연산자는 다음과 같이 된다.

$$\hat{H} = \frac{\hat{P}^2}{2\mu} + \frac{k}{2}\hat{X}^2 = \frac{\hbar\omega}{2}(\hat{p}^2 + \hat{x}^2) \tag{3}$$

$[\hat{P}, \hat{X}] = -i\hbar$라는 사실을 이용하면

$$[\hat{p}, \hat{x}] = \hat{p}\hat{x} - \hat{x}\hat{p} = \frac{1}{\hbar}(\hat{P}\hat{X} - \hat{X}\hat{P}) = \frac{1}{\hbar}(-i\hbar) = -i \tag{4}$$

이다.

이제 다음 연산자 $\hat{a}_+$와 $\hat{a}_-$(에르미티안일 필요는 없다.)를 정의한다.

$$\hat{a}_+ = \frac{1}{\sqrt{2}}(\hat{x} - i\hat{p}) \qquad \hat{a}_- = \frac{1}{\sqrt{2}}(\hat{x} + i\hat{p}) \tag{5}$$

이 정의를 이용하면

$$\begin{aligned} \hat{a}_-\hat{a}_+ &= \frac{1}{2}(\hat{x} + i\hat{p})(\hat{x} - i\hat{p}) = \frac{1}{2}[\hat{x}^2 + i(\hat{p}\hat{x} - \hat{x}\hat{p}) + \hat{p}^2] \\ &= \frac{1}{2}(\hat{x}^2 + \hat{p}^2 + 1) \end{aligned} \tag{6}$$

을 얻는다. 같은 방법으로

$$\hat{a}_+\hat{a}_- = \frac{1}{2}(\hat{p}^2 + \hat{x}^2 - 1) \tag{7}$$

을 얻고 (6) 식과 (7) 식으로부터

$$\hat{a}_+\hat{a}_- - \hat{a}_-\hat{a}_+ = [\hat{a}_+, \hat{a}_-] = -1 \tag{8}$$

이다.

Hamiltonian 연산자 (3) 식을 다음과 쓸 수 있음에 주목하여라.

$$\hat{H} = \hbar\omega\left(\hat{a}_+\hat{a}_- + \frac{1}{2}\right) \tag{9}$$

(9) 식을 명확히 하기 위해 연산자 $\hat{a}_+\hat{a}_-$를 $\hat{v}$로 쓰면 (9) 식은

$$\hat{H} = \hbar\omega\left(\hat{v} + \frac{1}{2}\right) \tag{10}$$

로 쓸 수 있다. (10)이 조화진동자의 고유치 $E_v = \hbar\omega(v + 1/2)$의 연산자 형이다. 이제 $\hat{v}$의 고유치가 $0, 1, 2, \cdots$ 라고 예상할 수 있으나 아직 알 수 없다고 하자.

이제까지 $\hat{H}$를 새로운 방법으로 기술하였다.[(10) 식의 형태는 고유치를 $\hbar\omega(v + 1/2)$ 라고 예상할 수 있게는 한다.] 이제 $\hat{a}_+$와 $\hat{a}_-$의 성질에 대해 더 알아보자. 다음 형태로 쓴 Schrödinger 방정식에서부터 시작하여

$$\hat{H}|v> = \hbar\omega\left(\hat{a}_+\hat{a}_- + \frac{1}{2}\right)|v> = E_v|v> \tag{11}$$

왼편에서부터 $\hat{a}_-$를 곱하면

$$\hbar\omega\left(\hat{a}_-\hat{a}_+\hat{a}_- + \frac{\hat{a}_-}{2}\right)|v> = \hbar\omega\left(\hat{a}_-\hat{a}_+ + \frac{1}{2}\right)\hat{a}_-|v> = E_v\hat{a}_-|v>$$

를 얻는다. 이제 (6) 식으로부터

$$\frac{\hbar\omega}{2}(\hat{p}^2 + \hat{x}^2 + 2)|\hat{a}_-v> = E_v|\hat{a}_-v>$$

또는 (3) 식으로부터

$$\hat{H}|\hat{a}_-v> = (E_v - \hbar\omega)|\hat{a}_-v> \tag{12}$$

를 얻는다.

(12) 식은 중요한 의미를 갖는다. 즉, 함수 $\hat{a}_-|v>$는 $|v>$ 보다 에너지 고유치를 한 단위($\hbar\omega$) 덜 갖는 고유함수가 된다. 이 결과를 다음과 같이 표현한다.

$$|\hat{a}_-v> \propto |v-1> \tag{13}$$

이와 유사하게 (11) 식 대신

$$\hat{H}|v> = \hbar\omega\left(\hat{a}_-\hat{a}_+ - \frac{1}{2}\right)|v> = E_v|v>$$

에서부터 시작하여 왼편으로부터 $\hat{a}_+$를 곱하면

$$\hbar\omega\left(\hat{a}_+\hat{a}_- - \frac{1}{2}\right)|\hat{a}_+ v> = E_v|\hat{a}_+ v>$$

을 얻고 $\hat{a}_+\hat{a}_-$에 대해 (7) 식을 사용하면

$$\hat{H}+ |\hat{a}_+v> = (E_v + \hbar\omega)|\hat{a}_+v>$$

또는

$$|\hat{a}_+v> \propto |v+1> \tag{14}$$

를 얻는다. 따라서 ψ_v에 $\hat{a}_+$를 연산하면 ψ_{v+1}을 얻고 (적어도 상수 배 이내에서) $\hat{a}_-\psi_v$는 ψ_{v-1}을 (적어도 상수 배 이내에서) 준다. 연산자 $\hat{a}_+$ 그리고 $\hat{a}_-$를 각각 올림(raising) 연산자와 내림(lowering) 연산자 또는 한꺼번에 사다리(ladder) 연산자라고 부른다. 사다리의 계단을 각 양자상태라고 생각하면 어느 한 계단의 파동함수를 알면 연산자 $\hat{a}_+$와 $\hat{a}_-$는 사다리를 오르내릴 수 있게 한다.

$\hat{a}_+$와 $\hat{a}_-$ 연산자가 올림 그리고 내림 연산자인 것을 알지만 v가 어떤 값을 갖는지는 알지 못한다. 따라서 연산자 $\hat{v} = \hat{a}_+\hat{a}_-$에 대해 알아보자. $\hat{v}$의 고유치를 v라고 하면

$$\hat{v}|v> = v|v> \tag{15}$$

이다. 표현법에 대해 혼동하지 말자. 즉, $\hat{v}$는 연산자, $|v>$는 고유함수 그리고 v는 고유치이다. 이 표현법으로 (10) 식은

$$\hat{H}|v> = \hbar\omega\left(v + \frac{1}{2}\right)|v>$$

이다. 그러나 아직도 v가 어떤 값을 갖는지는 알지 못하고 있다.

수치 연산자 $\hat{v}$의 고유치 v가 영 보다 크거나 같아야 한다는 것은 쉽게 보일 수 있다. 이것을 증명하기 위해 (15) 식의 왼편으로부터 $<v|$를 곱하면

$$v = <v|\hat{v}|v> = <v|\hat{a}_+\hat{a}_-|v> = <v|\frac{1}{\sqrt{2}}(\hat{x} - i\hat{p})\hat{a}_-|v>$$

를 얻는다. $\hat{x}$와 $\hat{p}$가 에르미티안이라는 사실을 이용하면

$$v = <v|\frac{1}{\sqrt{2}}(\hat{x} - i\hat{p})\hat{a}_-|v> = <\frac{1}{\sqrt{2}}(\hat{x} + i\hat{p})v|\hat{a}_-v> = <\hat{a}_-v|\hat{a}_-v> \geqq 0$$

이고 이것은 마지막 항이 $\hat{a}_-|v>$의 제곱의 적분이기 때문이다. 따라서

$$v \geqq 0 \tag{16}$$

이다.

이제 $\hat{a}_-|v> \propto |v-1>$이고 $v \geqq 0$이므로 v에 최소값이 존재해야 한다. 이 값을 $v_{\min}$이라고 하자. 정의에 따라

$$\hat{a}_-|v_{\min}>=0$$

이고 왼편으로부터 $\hat{a}_+$를 곱하면

$$\hat{a}_+\hat{a}_-|v_{\min}>=\hat{v}|v_{\min}>=v_{\min}|v_{\min}>=0$$

이 되어 $v_{\min}=0$이 된다. 또한 올림 연산자 $\hat{a}_+$를 반복 연산하면 $v=0,1,2,\cdots$가 되어 조화진동자의 에너지 고유치가 $\hbar\omega(v+1/2)$ $v=0,1,2,\cdots$가 된다.

허락된 에너지를 구하였으므로 파동함수를 구할 수 있다.

$$\hat{a}_-|0>=\hat{a}_-\psi_0=0 \tag{17}$$

에서부터 시작하여 $\hat{a}_-$의 정의를 사용하면

$$\frac{1}{\sqrt{2}}(\hat{x}+i\hat{p})\psi_0=0$$

를 얻고 이것은 (2) 식에 의해

$$\frac{1}{\sqrt{2}}\left[\left(\frac{\mu\omega}{\hbar}\right)^{1/2}x+\left(\frac{\hbar}{\mu\omega}\right)^{1/2}\frac{d}{dx}\right]\psi_0=0$$

또는

$$\frac{d\psi_0}{dx}=-\frac{\mu\omega}{\hbar}x\psi_0 \tag{18}$$

가 된다. 이 식을 적분하면

$$\psi_0(x)=|0>=ce^{-\mu\omega x^2/2\hbar}$$

가 되고 이때 c는 정규화상수이다. 이 결과는 $k=\mu\omega^2$일 때 표 5-4의 결과와 같다. 다른 모든 고유함수들은 $\psi_0(x)$에 올림 연산자 $\hat{a}_+$를 반복 적용하면 얻을 수 있다.(연습문제 5-45)

연 습 문 제

5-1. 방정식 $Md^2X/dt^2 = 0$ (5-26 식) 이 균일운동을 의미한다는 것을 보여라.

5-2. $x(t) = A\sin\omega t + B\cos\omega t \quad [\omega = (k/m)^{1/2}]$가 조화진동자 Newton 방정식의 해임을 증명하여라.

5-3. $x(t) = C\sin(\omega t + \phi)$가 조화진동자 Newton 방정식의 해임을 증명하여라.

5-4. 고전적인 조화진동자의 일반해는 $x(t) = C\sin(\omega t + \phi)$이다. 변위가 $+C$와 $-C$ 사이에서 진동수 ω radians/s 또는 $\nu = \omega/2\pi$ cycles/s로 진동하는 것을 보여라. 진동의 주기는 무엇인가. 즉, 한번 진동하는 데 시간이 얼마나 걸리는가?

5-5. 문제 5-4에서 조화진동의 주기가 $\tau = 1/\nu$ 임을 알았다. 한번 진동하는 동안 평균 운동에너지는 다음과 같이 주어진다.

$$< T > = \frac{1}{\tau}\int_0^{\tau} \frac{m\omega^2 C^2}{2} \cos^2(\omega t + \phi) dt$$

E가 총 에너지일 때 $< T > = E/2$ 임을 보여라. 순간적인 위치에너지가 다음으로 표시될 때

$$V = \frac{kC^2}{2}\sin^2(\omega t + \phi)$$

$< V > = E/2$가 됨을 보여라. $< T > = < V >$에 대해 설명하여라.

5-6. 일차원 상의 두 질량 m_1, m_2가 상대적인 거리 $x_1 - x_2$ 에만 의존하는 위치에너지 $V(x_1, x_2) = V(x_1 - x_2)$에 따라 상호작용하고 있는 계를 고려해 보자. j 번째 입자에 작용하는 힘이 $f_j = -(\partial V/\partial x_j)$로 주어질 때 $f_1 = -f_2$ 임을 보여라. 이것은 무엇을 의미하는가?

m_1, m_2에 대한 Newton 방정식은

$$m_1\frac{d^2x_1}{dt^2} = -\frac{\partial V}{\partial x_1} \qquad m_2\frac{d^2x_2}{dt^2} = -\frac{\partial V}{\partial x_2}$$

이다. 이제 다음의 질량중심 그리고 상대좌표를 도입하여

$$X = \frac{m_1 x_1 + m_2 x_2}{M} \qquad x = x_1 - x_2$$

$M = m_1 + m_2$에서 x_1과 x_2를 구하면

$$x_1 = X + \frac{m_2}{M}x \qquad x_2 = X - \frac{m_1}{M}x$$

이다. 이 좌표계를 이용하면 Newton 방정식이 다음과 같이 됨을 보여라.

$$m_1 \frac{d^2X}{dt^2} + \frac{m_1 m_2}{M}\frac{d^2x}{dt^2} = -\frac{\partial V}{\partial x}$$
$$m_2 \frac{d^2X}{dt^2} - \frac{m_1 m_2}{M}\frac{d^2x}{dt^2} = +\frac{\partial V}{\partial x}$$

이 두 개의 식을 더하여 다음을 구하여라.

$$M\frac{d^2X}{dt^2} = 0$$

이 결과를 해석하여라. 첫 번째 식을 m_1으로 나누고 두 번째 식을 m_2로 나눈 다음 빼서 다음을 구하여라.

$$\frac{d^2x}{dt^2} = -\left(\frac{1}{m_1} + \frac{1}{m_2}\right)\frac{\partial V}{\partial x}$$

또는 $\mu = m_1 m_2/(m_1 + m_2)$를 환산질량이라고 할 때

$$\mu\frac{d^2x}{dt^2} = -\frac{\partial V}{\partial x}$$

를 얻어 보아라. 이 결과를 해석하고 어떻게 원래의 두 입자 문제가 두 개의 단일 입자 문제로 되는지를 논의하여라.

5-7. 문제 5-6의 결과를 삼차원으로 확장하여라. 삼차원 계에서 상대적인 거리는 다음으로 주어진다.

$$r_{12} = \left\{(x_1 - x_2)^2 + (y_1 - y_2)^2 + (z_1 - z_2)^2\right\}^{1/2}$$

5-8. 질량 m이 같은 두 입자의 환산질량이 $m/2$ 임을 보여라.

5-9. 예제 5-3에서 Morse 위치에너지 함수를 Maclaurin 전개하면 다음과 같이 됨을 보였다.

$$V(x) = D\beta^2 x^2 + \cdots$$

HCl에 대하여 D = 7.31 × 10^{-19} J/molecule, β = 1.82 × 10^{10} m^{-1}으로 주어질 때 HCl의 힘상수를 계산하여라. HCl의 Morse 함수와 상응하는 조화진동자의 위치에너지 함수(그림 5-5)를 같은 그래프에 도시하여 보아라.

5-10. 예제 5-3의 결과와 5-39 식을 이용하여

$$\beta = 2\pi c\overline{\omega}_{obs}\left(\frac{\mu}{2D}\right)^{1/2}$$

을 보여라. $H^{35}Cl$에 대해 $\overline{\omega}_{obs} = 2{,}886\ cm^{-1}$, D = 440.2 kJ · mol^{-1}이다. β를 계산하여라. 이 결과를 문제 5-9와 비교하여라.

5-11. 문제 5-3의 Morse 함수의 Maclaurin 전개를 x^4 항 까지 써보아라. 5-30 식의 γ_3를 D와 β로 표시하여라.

5-12. Morse 위치에너지에 대한 Schrödinger 방정식의 해가

$$G(v) = \overline{\omega}_e\left(v + \frac{1}{2}\right) - \overline{\omega}_e\overline{\chi}_e\left(v + \frac{1}{2}\right)^2$$

으로 주어지고 이때

$$\overline{\chi}_e = \frac{hc\overline{\omega}_e}{4D}$$

이다. $H^{35}Cl$에 대해 $\overline{\omega}_{obs} = 2{,}886\ cm^{-1}$, D = 440.2 kJ · mol^{-1}이다. $\overline{\chi}_e$와 $\overline{\omega}_e\overline{\chi}_e$를 계산하여라.

5-13. $H^{127}I$의 적외선 스펙트럼에는 2,309 cm^{-1}에서 강한 선이 나타난다. $H^{127}I$의 힘상수와 진동의 주기를 계산하여라.

5-14. $^{35}Cl^{35}Cl$의 힘상수는 319 N · m^{-1}이다. 기본진동수와 영점에너지를 계산하여라.

5-15. ${}^{12}C^{16}O$의 적외선 스펙트럼에서 기본진동이 2,143.0 cm^{-1}에서 그리고 첫 번째 배진동이 4,260.0 cm^{-1}에서 나타난다. $\overline{\omega}_e$와 $\overline{\omega}_e\overline{\chi}_e$를 계산하여라.

5-16. 표 5-1의 변수들을 사용하여 $H^{79}Br$의 기본진동 그리고 처음 세 개의 배진동을 계산하여라.

5-17. 비조화진동자 근사에서 진동전이의 진동수가 5-43 식으로 주어진다. $\overline{\omega}_e/v$를 $v+1$에 대해 도시함으로 $\overline{\omega}_e$와 $\overline{\omega}_e\overline{\chi}_e$를 구할 수 있음을 보여라. 이 방법과 표 5-1의 자료를 이용하여 $H^{35}Cl$에 대해 $\overline{\omega}_e$와 $\overline{\omega}_e\overline{\chi}_e$를 구하여라.

5-18. 다음 자료들이 ${}^{127}I^{35}Cl$의 적외선 스펙트럼으로부터 얻어졌다. 문제 5-17의 방법을 이용하여 $\overline{\omega}_e$와 $\overline{\omega}_e\overline{\chi}_e$를 구하여라.

전이	진동수/cm^{-1}
0 → 1	381.20
0 → 2	759.60
0 → 3	1,135.00
0 → 4	1,507.40
0 → 5	1,877.00

5-19. 이원자 분자의 진동 항값은 v를 진동양자수라고 할 때 다음 근사로 주어진다.

$$G(v) = \overline{\omega}_e\left(v+\frac{1}{2}\right) - \overline{\omega}_e\overline{\chi}_e\left(v+\frac{1}{2}\right)^2$$

인접한 준위들 간의 간격 ΔG가

$$\Delta G = G(v+1) - G(v) = \overline{\omega}_e\{1-2\overline{\chi}_e(v+1)\} \tag{1}$$

로 주어짐을 보여라. 이원자 분자는 $\Delta G \to 0$ 극한에서 분해된다. 최대 진동양자수 v_{max} 가

$$v_{max} = \frac{1}{2\overline{\chi}_e} - 1$$

임을 보여라. 이 결과를 이용하여 이원자 분자의 해리에너지 D_e가 다음으로 됨을 보여라.

$$D_e = \frac{\overline{\omega}_e(1-\overline{\chi}_e^2)}{4\overline{\chi}_e} \approx \frac{\overline{\omega}_e}{4\overline{\chi}_e} \tag{2}$$

(1) 식을 이용하여, $\overline{\omega}_e$와 $\overline{\chi}_e$가 ΔG를 $v+1$에 대해 도시하여 얻어지는 것에 대해 설명하여라. 이것을 Birge-Sponer plot이라고 부른다. $\overline{\omega}_e$와 $\overline{\chi}_e$가 얻어지면 식 (2)에 의해 분자의 해리에너지가 얻어진다. H_2에 대한 다음 실험결과를 이용하여 D_e를 구하여라.

v	$G(v)/\text{cm}^{-1}$	v	$G(v)/\text{cm}^{-1}$
0	4,161.12	7	26,830.97
1	8,087.11	8	29,123.93
2	11,782.35	9	31,150.19
3	15,250.36	10	32,886.85
4	18,497.92	11	34,301.84
5	21,505.65	12	35,351.01
6	24,287.83	13	35,972.97

큰 v에 대해 Birge-Sponer plot이 비선형이 되는 것에 대해 설명하여라. 이렇게 구한 D_e와 실험적으로 얻어진 값 38,269.48 cm^{-1}과 비교하여라.

5-20. 등핵 이원자 분자 C_2의 전자 바닥상태의 진동 스펙트럼으로부터 $\overline{\omega}_e$= 1,854.71 cm^{-1}, $\overline{\omega}_e\overline{\chi}_e$= 13.34 cm^{-1}가 얻어졌다. 이러한 분광학적 자료를 얻을 수 있는 실험 방법을 제안하여 보아라. 문제 5-19에서 유도한 결과를 이용하여 바닥 전자상태에서 C_2의 진동에너지 준위들을 결정하여라.

5-21. 표 5-4의 $\psi_1(x)$와 $\psi_2(x)$가 조화진동자의 Schrödinger 방정식을 만족하는 것을 증명하여라.

5-22. $\psi_0(x)$가 $\psi_1(x)$, $\psi_2(x)$, $\psi_3(x)$와 직교하고 $\psi_1(x)$가 $\psi_2(x)$, $\psi_3(x)$와 직교하는 것을 수식으로 보여라.(표 5-4)

5-23. 조화진동자의 파동함수를 정규화하고 여러 가지 기대치를 구하기 위해 다음과 같은 형태의 적분을 수행하여야 한다.

$$I_v(a) = \int_{-\infty}^{\infty} x^{2v} e^{-ax^2} dx \qquad v = 0, 1, 2, \cdots$$

단순히 적분 표를 찾아볼 수도 있고 또는 이 문제를 계속 풀어갈 수도 있다. 먼저 다음을 보여라.

$$I_v(a) = 2\int_0^\infty x^{2v}e^{-ax^2}dx$$

$v=0$ 일 경우에는 다음과 같이 할 수 있다. $I_0(a)$의 제곱이 다음과 같이 됨을 보여라.

$$I_0^2(a) = 4\int_0^\infty \int_0^\infty dxdye^{-a(x^2+y^2)}$$

이 적분을 다음의 평면 극좌표로 고치고 적분 한계를 $0 \leqq r \leqq \infty$, $0 \leqq \theta \leqq \pi/2$로 한다.

$$r^2 = x^2 + y^2 \qquad dxdy = rdrd\theta$$

이 변환이 다음의 식을 주는 것을 보여라.

$$I_0^2(a) = 4\int_0^{\pi/2} d\theta \int_0^\infty drre^{-ar^2}$$

이 적분은 기본적인 것으로

$$I_0^2(a) = 4 \cdot \frac{\pi}{2} \cdot \frac{1}{2a} = \frac{\pi}{a}$$

또는

$$I_0^2(a) = \left(\frac{\pi}{a}\right)^{1/2}$$

를 준다. 이제 $I_v(a)$는 $I_0(a)$를 a에 대해 반복하여 미분하는 것으로 얻어지고 특히

$$\frac{d^v I_0(a)}{da^v} = (-1)^v I_v(a)$$

가 되는 것을 보여라. 이 결과와 $I_0(a) = (\pi/a)^{1/2}$ 임을 이용하여 $I_1(a)$, $I_2(a)$ 등을 구하여 보아라.

5-24. 두 우함수의 곱이 우함수, 두 기함수의 곱이 우함수, 우함수와 기함수의 곱이 기함수가 되는 것을 증명하여라.

5-25. 우함수(기함수)의 미분이 기함수(우함수)가 되는 것을 증명하여라.

5-26. 조화진동자에서

$$< x^2 >= \int_{-\infty}^{\infty} \psi_2(x) x^2 \psi_2(x) dx = \frac{5}{2} \frac{\hbar}{(\mu k)^{1/2}}$$

임을 보여라. $< x^2 >^{1/2}$이 진동자의 변위의 제곱의 평균의 제곱근(root-mean-square displacement)임을 주의하여라.

5-27. 조화진동자에서 $< p >= 0$ 그리고

$$< p^2 >= \int_{-\infty}^{\infty} \psi_2(x) \hat{P}^2 \psi_2(x) dx = \frac{5}{2} \hbar (\mu k)^{1/2}$$

임을 보여라.

5-28. 이전 두 문제의 결과를 이용하여 $E_2 = 5h\nu/2$ 임을 보여라.

5-29. 일차원 조화진동자의 $v = 0$와 $v = 1$에 대해

$$< T >=< V(x) >= \frac{E_v}{2}$$

를 증명하여라.

5-30. 위치에너지가 다음으로 주어지는 삼차원 조화진동자의 고유함수와 고유치가 다음과 같음을 보여라.

$$V(x,y,z) = \frac{1}{2}k_x x^2 + \frac{1}{2}k_y y^2 + \frac{1}{2}k_z z^2$$

$$\psi_{v_x, v_y, v_z}(x,y,z) = \psi_{v_x}(x)\psi_{v_y}(y)\psi_{v_z}(z)$$

$$\psi_{v_u}(u) = \left\{ \frac{(\alpha_u/\pi)^{1/2}}{2^{v_u} v_u!} \right\}^{1/2} H_{v_u}(\sqrt{\alpha_u}\, u) e^{-\alpha_u u^2/2} \qquad (u = x,\ y,\ \text{or}\ z)$$

$$\alpha_u^2 = \frac{\mu k_u}{\hbar^2}$$

$$E_{v_x, v_y, v_z} = h\nu_x\left(v_x + \frac{1}{2}\right) + h\nu_y\left(v_y + \frac{1}{2}\right) + h\nu_z\left(v_z + \frac{1}{2}\right)$$

$$\nu_u = \frac{1}{2\pi}\sqrt{\frac{k_u}{\mu}}$$

진동자가 등방성을 가질 때, 즉 $k_x = k_y = k_z$ 일 때 이 계의 축퇴도에 대해 설명하여라. 그림 3-6과 같은 그림을 그려보아라.

5-31. Hermite 다항식과 그 미분들 간에 많은 관계식들이 있다. 그 중 몇몇은 다음과 같다.

$$\frac{dH_n(\xi)}{d\xi} = 2\xi H_n(\xi) - H_{n+1}(\xi)$$

$$H_{n+1}(\xi) - 2\xi H_n(\xi) + 2nH_{n-1}(\xi) = 0$$

$$\frac{dH_n(\xi)}{d\xi} = 2nH_{n-1}(\xi)$$

이러한 관계식을 회귀식이라고 부른다. 표 5-3에 주어진 처음 몇 개의 Hermite 다항식을 이용하여 이 식들을 수식으로 증명하여라.

5-32. Hermite 다항식의 회귀식을 이용하여 $< p > = 0$와 $< p^2 > = \hbar(\mu k)^{1/2}(n + 1/2)$을 보여라. 운동량 연산자가 ξ에 대한 미분이 아니고 x에 대한 미분임을 기억하여라.

5-33. 조화진동자에 대해 일반적으로

$$< x^2 > = \frac{1}{\alpha}\left(v + \frac{1}{2}\right) = \frac{\hbar}{(\mu k)^{1/2}}\left(v + \frac{1}{2}\right)$$

$$< x^4 > = \frac{3}{4\alpha^2}(2v^2 + 2v + 1) = \frac{3\hbar^2}{4\mu k}(2v^2 + 2v + 1)$$

을 증명할 수 있다. 조화진동자의 처음 두 상태에 대해 이 식들이 적용되는 지 증명하여라.

5-34. 이 문제는 3-39 번과 유사하다. 조화진동자 파동함수가 x에 대해 번갈아 우함수, 기함수라는 사실은 Hamiltonian 연산자가 $\hat{H}(x) = \hat{H}(-x)$ 임에 기인하는 것을 보여라.

반사 연산자(reflection operator) $\hat{R}$을 다음으로 정의한다.

$$\hat{R}u(x) = u(-x)$$

$\hat{R}$이 선형이고 $\hat{H}(x)$와 교환되는 것을 보여라. 또한 $\hat{R}$의 고유치가 ± 1 임을 보여라. 고유함수는 무엇인가? 조화진동자의 고유함수가 $\hat{R}$의 고유함수가 됨을 보여라. 이들이 $\hat{R}$과 $\hat{H}$의 고유함수임에 주의하여라. 이것은 $\hat{R}$과 $\hat{H}$에 대해 무엇을 말해주는가?

5-35. Ehrenfest의 정리(문제 4-44)를 이용하여 일차원 조화진동자에서 $< p_x >$가 시간에 의존하지 않음을 보여라.

5-36. 그림 5-13은 $\psi_{10}(\xi)$의 확률분포와 고전적인 분포를 비교한 것이다.(문제 3-18) 이 문제는 고전적인 분포가 무엇을 의미하는 지 알려주고 있다. $x(t) = A\sin(\omega t + \phi)$를 다음과 같이 쓸 수 있음을 고려해 보자.

$$\omega t = \sin^{-1}\left(\frac{x}{A}\right) - \phi$$

따라서

$$dt = \frac{\omega^{-1}dx}{\sqrt{A^2 - x^2}} \tag{1}$$

이다. 이 식은 진동자가 x와 $x+dx$ 사이에 있을 시간을 준다. (1) 식은 진동자가 $-A$에서 A 까지 움직이는 데 걸리는 시간으로 나누어 주면 x에 대한 확률분포로 바꿀 수 있다. 이 시간이 π/ω 임을 보이고 x에 대한 확률분포가

$$p(x)dx = \frac{dx}{\pi\sqrt{A^2 - x^2}} \tag{2}$$

임을 보여라. $-A \leqq x \leqq A$에서 $p(x)$가 정규화 됨을 보여라. 왜 $p(x)$가 $x = \pm A$에서 최대값을 갖는가? $\xi = \alpha^{1/2}x$, $\alpha = (k\mu/\hbar^2)^{1/2}$를 이용하여

$$p(\xi)d\xi = \frac{d\xi}{\pi\sqrt{\alpha A^2 - \xi^2}} \tag{3}$$

을 보여라. ξ의 한계가 $\pm(\alpha A^2)^{1/2} = (\pm 21)^{1/2}$ 임을 보이고 그림 5-13의 수직선과 비교하여라. $kA^2/2 = E_{10}(n = 10)$이 필요하다. 이제 (3)을 도시하여 그림 5-13의 곡선과 비교하여 보아라.

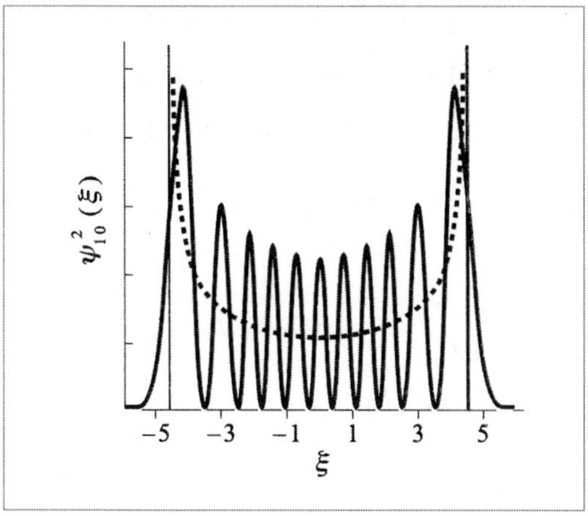

그림 5-13 $v=10$ 상태에 있는 조화진동자의 확률분포 함수. 점선은 같은 에너지의 고전적인 조화진동자의 확률분포 함수이다. $\xi=\pm 4.6$의 수직선은 고전적인 진동자의 한계를 나타낸다.

5-37. 조화진동자의 파동함수를 이용하여 엄격히 양자역학적인 성질인 터널링에 대해 설명할 수 있다. 바닥상태에 있는 조화진동자의 변위가 x와 $x+dx$ 사이에 있을 확률은 다음과 같이 주어진다.

$$P(x)dx = \psi_0^2(x)dx = \left(\frac{\alpha}{\pi}\right)^{1/2} e^{-\alpha x^2}dx \tag{1}$$

바닥상태에 있는 조화진동자의 에너지는 $(\hbar/2)(k/\mu)^{1/2}$이다. 이 조화진동자가 고전적으로 가질 수 있는 최대 변위가 다음 진폭

$$A = \left\{\frac{\hbar}{(\mu k)^{1/2}}\right\}^{1/2} = \frac{1}{\alpha^{1/2}} \tag{2}$$

이 됨을 보여라. 그러나 (1) 식에 의하면 진동자의 변위가 이 고전적인 값을 초과할 확률이 영이 아니고 고전적으로 금지된 영역으로 뚫고 들어간다. 이 확률이

$$\int_{-\infty}^{-\alpha^{-1/2}} P(x)dx + \int_{\alpha^{-1/2}}^{\infty} P(x)dx = \frac{2}{\pi^{1/2}}\int_1^{\infty} e^{-z^2}dz \tag{3}$$

임을 보여라. 이 적분은 닫힌 형태로 얻어지지 않으나 여러 분야에서 흔히 나타나는 것으로(예를 들어 기체 운동론 또는 통계학) 다음으로 정의되는 complementary error function, $erfc(x)$이라는 이름으로 표에 주어져 있다.

$$erfc(x) = \frac{2}{\pi^{1/2}}\int_x^{\infty} e^{-z^2}dz \tag{4}$$

표를 참조하면 진동자의 변위가 고전적인 진폭을 초과할 확률이 0.16이다.

5-38. 문제 5-37에서 고전적인 조화진동자가 고정된 진폭을 갖는데 반해 양자역학적인 진동자는 그렇지 않다는 것을 보였다. 그러나 진폭의 제곱의 측정치로 $< x^2 >$, 특히 진폭의 측정치로 x의 제곱근평균, $A_{rms} \equiv x_{rms} = < x^2 >^{1/2}$을 사용할 수 있다. 바닥상태에 있는 조화진동자에 대해

$$A_{rms} = x_{rms} = \left(\frac{\hbar}{2(\mu k)^{1/2}}\right)^{1/2} = \left(\frac{\hbar}{4\pi c\overline{\omega}_{obs}\mu}\right)^{1/2}$$

를 보여라. 따라서 $< x^2 >^{1/2}$을 $\overline{\omega}_{obs}$ 로부터 구할 수 있다. $H^{35}Cl$에서 $A_{rms} = 7.58$ pm 임을 보여라. HCl의 결합길이는 127 pm이고 따라서 진폭의 제곱근평균이 결합 길이의 5% 밖에 되지 않는다는 것을 알 수 있다. 이것이 이원자 분자에서 보여 지는 전형적인 값이다.

5-39. $H^{79}Br$의 기본진동수는 2.63×10^{-3} cm^{-1}이고 $\bar{l}$ = 141 pm이다. 바닥상태에서 변위의 제곱근 평균을 구하고 $\bar{l}$와 비교하여 보아라.

5-40. 이 문제에서는 조화진동자 근사를 사용하여 온도 T에서 특정 진동상태에 있는 이원자 분자의 분율을 구하고자 한다. 물리화학의 기본 식인 Boltzmann 분포는, T를 켈빈온도, k_B를 Boltzmann 상수로 할 때 E_j의 에너지를 갖고 있는 분자가 e^{-E_j/k_BT}에 비례한다고 말하고 있다. 따라서

$$N_j \propto e^{-E_j/k_BT}$$

이다. $\sum_j N_j = N$을 이용하여 에너지 E_j를 갖는 분자의 분율이

$$f_j = \frac{e^{-E_j/k_BT}}{\sum_j e^{-E_j/k_BT}} = \frac{e^{-E_j/k_BT}}{Q(T)}$$

임을 보여라. 분모 $Q(T)$를 분배함수라고 부른다. 조화진동자$[E_j = (j+1/2)h\nu]$의 분배함수가 다음과 같음을 보여라.

$$Q(T) = e^{-h\nu/2k_BT}(1 - e^{-h\nu/k_BT})^{-1}$$

$|x| \leqq 1$에서 다음 기하급수 $\sum_j^{\infty} x^j = (1-x)^{-1}$를 이용하여야 한다. 이제

$$f_j = (1 - e^{-h\nu/k_BT})e^{-jh\nu/k_BT}$$

임을 보이고 특히

$$f_0 = 1 - e^{-h\nu/k_BT}$$

임을 보여라. 이제 $\overline{\omega}_e = 1,000\ \text{cm}^{-1}$인 전형적인 분자에서 300 K일때 $f_0 \approx 1$이 됨을 보여라. $T=300$ K에서 j 번째 진동 준위에 있는 분자의 분율을 도시하여라.

5-41. 300 K와 2,000 K에서 바닥 진동상태에 있는 HBr 분자의 분율을 계산하여라. $\overline{\omega}_e = 2,650\ \text{cm}^{-1}$으로 하여라.

5-42. 다음 분자들에서 병진, 회전, 진동자유도의 수를 구하여라.

(a) CH_3Cl (b) OCS (c) C_6H_6 (d) H_2CO

5-43. 이 문제에서는 양자역학적인 비리알 정리를 증명하고자 한다. 먼저

$$\hat{H}\psi = E\psi$$

$$\hat{H} = -\frac{\hbar^2}{2m}\nabla^2 + V(x,y,z)$$

에서 시작하여 $\hat{H}$가 에르미트 연산자임을 이용하여 임의의 선형 연산자 $\hat{A}$에 대해 다음을 보여라.

$$\int \psi^*[\hat{H},\ \hat{A}]\psi d\tau = 0 \tag{1}$$

$\hat{A}$를 다음과 같이 선택하여

$$\hat{A} = -i\hbar\left(x\frac{\partial}{\partial x} + y\frac{\partial}{\partial y} + z\frac{\partial}{\partial z}\right) \tag{2}$$

$$\begin{aligned}[\hat{H},\ \hat{A}] &= i\hbar\left(x\frac{\partial V}{\partial x} + y\frac{\partial V}{\partial y} + z\frac{\partial V}{\partial z}\right) - \frac{i\hbar}{m}(\hat{P}_x^2 + \hat{P}_y^2 + \hat{P}_z^2)\\ &= i\hbar\left(x\frac{\partial V}{\partial x} + y\frac{\partial V}{\partial y} + z\frac{\partial V}{\partial z}\right) - 2i\hbar\hat{T}\end{aligned}$$

임을 보여라. $\hat{T}$는 운동에너지 연산자이다. (1) 식을 이용하여 다음을 보여라.

$$\left\langle x\frac{\partial V}{\partial x} + y\frac{\partial V}{\partial y} + z\frac{\partial V}{\partial z}\right\rangle = 2 < \hat{T} > \tag{3}$$

식 (3)이 양자역학적인 비리알 정리이다.

5-44. 비리알 정리를 이용하여 (문제 5-43) 조화진동자에 대해 $\langle\hat{T}\rangle=\langle V\rangle=E/2$를 증명하여라.

5-45. $\psi_0(x)=(\alpha/\pi)^{1/4}e^{-\alpha x^2/2}$ 와

$$\hat{a}_+\psi_v=\frac{1}{\sqrt{2}}\left[\left(\frac{\mu\omega}{\hbar}\right)^{1/2}\hat{x}-\left(\frac{\hbar}{\mu\omega}\right)^{1/2}\hat{p}\right]\psi_v\approx\psi_{v+1}$$

을 이용하여 $\psi_1(x)$와 $\psi_2(x)$를 구하여라.

참 고 문 헌

Barrow, G. *Molecular Spectroscopy*. McGraw-Hill: New York, 1962.

Brown, J. M. *Molecular Spectroscopy*. Oxford University Press: New York, 1998.

Wilson, E. B., Decius, J. C., Cross, P. C. *Molecular Vibrations*. Dover Publications: Mineola, NY, 1955.

Banwell, C. N., McCash, E. M. *Fundamentals of Molecular Spectroscopy,* 4th ed. McGraw-Hill: New York, 1944.

Hollas, J. Michael. *Molecular Spectroscopy,* 4th ed. Wiley & Sons: New York, 2004.

Hollas, J. M. *Basic Atomic and Molecular Spectroscopy*. Wiley & Sons: New York, 2002.

Herzberg, G. *Molecular Spectra and Molecular Structure: Spectra of Diatomic Molecules,* 2nd ed. Krieger Publishing: Malabar, FL, 1989.

Harris, D. C., Bertolucci, M. D. *Symmetry and Spectroscopy: An Introduction to Vibrational and Electronic Spectroscopy*. Dover Publications: Mineola, NY, 1989.

수학 E

구형극좌표

직교좌표(x, y, z)가 많은 문제들을 다루는 데 적절함에도 불구하고 많은 다른 문제들에서는 그렇지 않다는 것이 증명되었다. 특별히 부딪치는 문제는 원자에서 핵(무거운)과 같이 자연적인 중심을 갖는 계를 기술하는 경우이다. 원자는 물론 다른 많은 경우에도 계를 기술하는 데 구형극좌표를 이용하면 매우 편리하다.(그림 E-1)

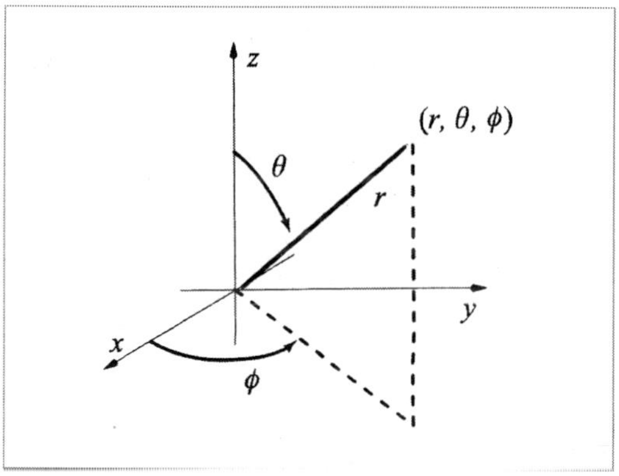

그림 E-1 구형극좌표계. 한 점의 위치는 구형극좌표 r, θ, ϕ로 표현된다.

공간상에서 한 점의 위치를 직교좌표의 x, y, z로 나타내는 대신 같은 점을 구형극좌표 r, θ, ϕ로 나타낸다. 그림 E-1 로부터 두 좌표 사이에 다음 관계가 있음을 쉽게 알 수 있다.

$$\begin{aligned} x &= r\sin\theta\cos\phi \\ y &= r\sin\theta\sin\phi \\ z &= r\cos\theta \end{aligned} \tag{E-1}$$

이 좌표계를 $r = c =$상수의 그림이 원점에서 반경 c인 구를 나타내기 때문에 구형극좌표 계라고 부른다.

가끔 r, θ, ϕ를 x, y, z로 표현하는 것이 필요하고 이 관계는 다음과 같다.(연습문제 E-1)

$$r = (x^2 + y^2 + z^2)^{1/2}$$

$$\cos\theta = \frac{z}{(x^2 + y^2 + z^2)^{1/2}} \tag{E-2}$$

$$\tan\phi = \frac{y}{x}$$

단위 반경을 갖는 구의 표면에서의 한 점은 θ와 ϕ 로만 나타내어진다. 각 θ는 북극에서부터의 기울어짐을 나타내는 것이므로 $0 \leqq \theta \leqq \pi$이다. ϕ는 적도에서의 각이므로 $0 \leqq \phi \leqq 2\pi$이다. θ가 자연적인 영의 값 (북극을 향하여)을 갖는 것에 반해 ϕ에는 그것이 없다. 편의상 ϕ는 그림 E-1에 보인대로 x 축에서부터 측정한다. 원점에서부터의 거리 r은 자연히 양수 값을 갖고 수학적으로 $0 \leqq r < \infty$ 이다.

제 6 장에서 구형극좌표로 표현된 적분을 만나게 될 것이다. 직교좌표계에서 미분 부피요소는 $dxdydz$ 이지만 구형극좌표 계에서는 그렇게 간단하지가 않다. 그림 E-2에 구형극좌표 계에서 다음으로 표현되는 미분 부피요소를 나타내었다.

$$dV = (r\sin\theta d\phi)(rd\theta)dr = r^2\sin\theta drd\theta d\phi \tag{E-3}$$

식 E-3을 이용하여 반경 a인 구의 부피를 구하여 보자. 이 경우, $0 \leqq r \leqq a$, $0 \leqq \theta \leqq \pi$, $0 \leqq \phi \leqq 2\pi$이므로

$$V = \int_0^a r^2 dr \int_0^\pi \sin\theta d\theta \int_0^{2\pi} d\phi = \left(\frac{a^3}{3}\right)(2)(2\pi) = \frac{4\pi a^3}{3}$$

이다. 이와 유사하게 θ와 ϕ에 대해서만 적분하면

$$dV = r^2 dr \int_0^\pi \sin\theta d\theta \int_0^{2\pi} d\phi = 4\pi r^2 dr \tag{E-4}$$

이 된다. 이 양은 반경 r 그리고 두께 dr인 구의 껍질의 부피이다.(그림 E-3) 즉, $4\pi r^2$은 구의 껍질의 표면적이고 dr은 두께를 나타낸다.

결국

$$dA = r^2\sin\theta d\theta d\phi \tag{E-5}$$

는 반경 r인 구의 표면에 대한 미분 면적이 된다.(그림 E-2) E-5 식을 모든 θ와 ϕ에 대해 적분하면 반경 r인 구의 표면적 $A = 4\pi r^2$이 된다.

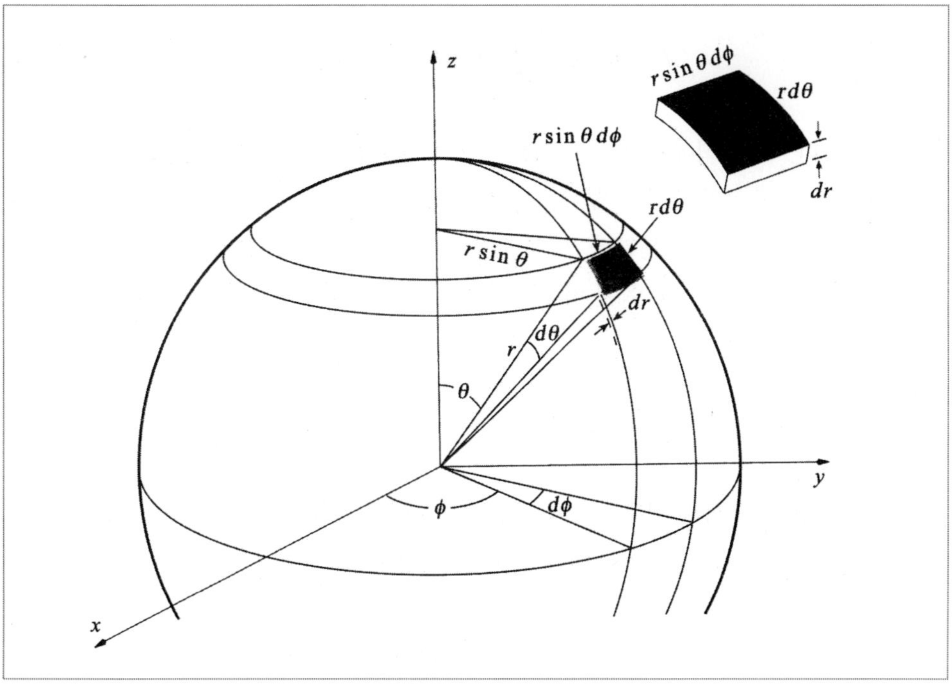

그림 E-2 구형극좌표에서 미분 부피요소에 대한 기하학적 도시.

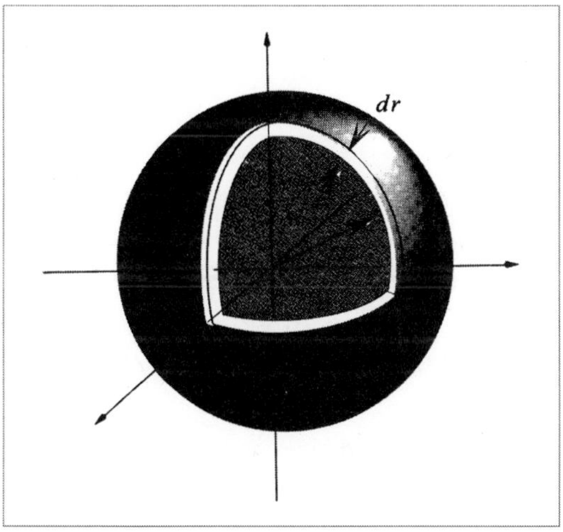

그림 E-3 반경 r, 두께 dr인 구의 껍질. 이 껍질의 부피는 표면적($4\pi r^2$)과 두께(dr)의 곱 $4\pi r^2 dr$이다.

구해야 하는 적분은 흔히 다음 형태를 갖는다.

$$I = \int_0^{\infty}\int_0^{\pi}\int_0^{2\pi} F(r,\theta,\phi) r^2 \sin\theta\, dr d\theta d\phi \tag{E-6}$$

다중 적분을 쓸 때 편의상 적분을 연산자처럼 표시한다. 즉, E-6 식의 삼중적분을

$$I=\int_{0}^{\infty}drr^2\int_{0}^{\pi}d\theta\sin\theta\int_{0}^{2\pi}d\phi F(r,\theta,\phi) \qquad \text{(E-7)}$$

로 쓴다. E-7 식에서 각각의 적분은 기호 오른쪽의 함수에 적용한다. 다시 말해서 먼저 $F(r,\theta,\phi)$를 ϕ에 대해 0 부터 2π 까지 적분하고 그 결과에 $\sin\theta$를 곱한 후 θ에 대해 0에서부터 π 까지 적분한다. 마지막으로 이 결과에 r^2을 곱한 후 r에 대해 0에서부터 ∞ 까지 적분한다. E-7 식의 표현에서는 적분 변수와 그의 한계가 명확하다는 장점이 있다. 예를 들어,

$$F(r,\theta,\phi)=\frac{1}{32\pi}r^2e^{-r}\sin^2\theta\cos^2\phi$$

에 대해 E-7 식의 적분을 구하여 보자.(제 7 장에서 이 함수가 수소원자의 $2p_z$ 궤도함수의 제곱임을 알게 될 것이다.) $F(r,\theta,\phi)$를 E-7 식에 대입하면

$$I=\frac{1}{32\pi}\int_{0}^{\infty}drr^2\int_{0}^{\pi}d\theta\sin\theta\int_{0}^{2\pi}d\phi r^2e^{-r}\sin^2\theta\cos^2\phi$$

를 얻는다. ϕ에 대한 적분은

$$\int_{0}^{2\pi}d\phi\cos^2\phi=\pi$$

이므로

$$I=\frac{1}{32}\int_{0}^{\infty}drr^2\int_{0}^{\pi}d\theta\sin\theta r^2e^{-r}\sin^2\theta \qquad \text{(E-8)}$$

이 된다. θ에 대한 적분 I_θ는

$$I_\theta=\int_{0}^{\pi}d\theta\sin^3\theta$$

이다.

θ가 포함된 적분에서 변수를 변환하는 것이 편리하다. 즉 $x=\cos\theta$로 하면 $\sin\theta d\theta=-dx$가 되고 적분한계는 +1에서 −1로 된다. 이 경우 따라서

$$I_\theta=\int_{0}^{\infty}d\theta\sin^3\theta=-\int_{1}^{-1}dx(1-x^2)=\int_{-1}^{1}dx(1-x^2)=2-\frac{2}{3}=\frac{4}{3}$$

이다. E-8 식의 결과를 이용하면

$$I = \frac{1}{24}\int_0^\infty drr^4 e^{-r} = \frac{1}{24}(4!) = 1$$

이고 이때

$$\int_0^\infty x^n e^{-x} dx = n!$$

을 이용하였다. 이 마지막 결과는 수소원자의 $2p_z$ 궤도함수에 대한 표현이 정규화 되어 있다는 것을 보여준다.

흔히 E-7 식의 피적분 함수가 r만의 함수인 경우가 있는 데 이때 피적분 함수를 구형 대칭이라고 말한다. $F(r,\theta,\phi) = f(r)$인 경우 E-7 식은

$$I = \int_0^\infty drr^2 \int_0^\pi d\theta \sin\theta \int_0^{2\pi} d\phi f(r) \tag{E-9}$$

이 된다. $f(r)$이 θ와 ϕ에 무관하므로 ϕ에 대한 적분 2π, 그리고 θ에 대해 적분하여 2를 얻는다.

$$\int_0^\pi \sin\theta d\theta = \int_{-1}^1 dx = 2$$

따라서 E-9 식은

$$I = \int_0^\infty f(r) 4\pi r^2 dr \tag{E-10}$$

이 된다. $F(r,\theta,\phi) = f(r)$이면 E-7 식은 실질적으로 피적분함수에 $4\pi r^2 dr$이 곱해진 일차원 적분이 된다. $4\pi r^2 dr$은 반경 r, 두께 dr인 구 껍질의 부피이다.

예제 E-1 제 7 장에서 수소원자의 $1s$ 궤도함수가 다음으로 주어짐을 알 수 있다.

$$f(r) = \frac{1}{(\pi a_0^3)^{1/2}} e^{-r/a_0}$$

이 함수의 제곱이 정규화 되어 있음을 보여라.

풀이 x, y, z에 대해 $r = (x^2 + y^2 + z^2)^{1/2}$에서 $f(r)$이 구형대칭임을 기억하면 E-10 식에 따라.

$$I = \int_0^\infty f^2(r) 4\pi r^2 dr = \frac{4\pi}{\pi a_0^3} \int_0^\infty r^2 e^{-2r/a_0} dr$$

$$= \frac{4}{a_0^3} \frac{2}{(2/a_0)^3} = 1$$

이다.

단위 반경을 갖는 구의 표면에 대해 E-5 식의 각 부분은 미분 표면적을 준다.

$$dA = \sin\theta d\theta d\phi \tag{E-11}$$

이것을 구의 전체 표면에 대해 적분하면 ($0 \leqq \theta \leqq \pi$, $0 \leqq \phi \leqq 2\pi$)

$$A = \int_0^{\pi} \sin\theta d\theta \int_0^{2\pi} d\phi = 4\pi \tag{E-12}$$

이 되어 단위 반경을 갖는 구의 표면적이 된다.

그림 E-12에 보인 것 같이 원점과 면적 dA를 연결하는 표면으로 둘러싸인 입체를 입체각(solid angle)이라고 부른다. 원의 총 각이 2π인 것과 같이 E-12 식에 따라 총 입체각은 4π이다. 가끔 입체각을 $d\Omega$로 표현하고

$$d\Omega = \sin\theta d\theta d\phi \tag{E-13}$$

으로 쓴다. 따라서 E-12 식은

$$\int_{sphere} d\Omega = 4\pi$$

가 된다.

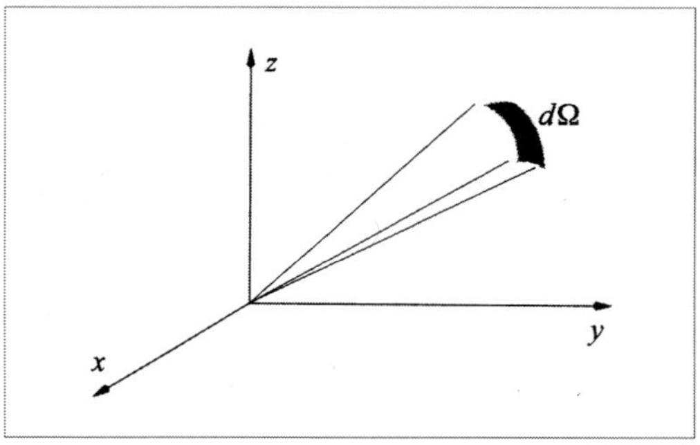

그림 E-4 미분 면적요소 $dA = \sin\theta d\theta d\phi$에 해당하는 입체각 $d\Omega$

제 7 장에서 논의할 수소원자의 양자론에서 다음 형태의 적분을 자주 접하게 된다.

$$I = \int_0^{\pi} d\theta \sin\theta \int_0^{2\pi} d\phi F(\theta,\phi) \tag{E-15}$$

$F(\theta,\phi)$에 대한 이 적분이 구의 표면에 대한 적분임을 주목하여라. 예를 들어, 다음 적분의 결과는

$$\begin{aligned} I &= \frac{15}{8\pi}\int_0^{2\pi} d\phi \int_0^{\pi} d\theta(\sin^2\theta\cos^2\theta)\sin\theta \\ &= \left(\frac{15}{8\pi}\right)\int_0^{\pi} d\theta\sin^2\theta\cos^2\theta\sin\theta\int_0^{2\pi} d\phi \\ &= \frac{15}{4}\int_{-1}^{1}(1-x^2)x^2dx = \frac{15}{4}\left[\frac{2}{3}-\frac{2}{5}\right] = 1 \end{aligned}$$

이다.

■ 예제 E-2

$$Y_1^1(\theta,\phi) = -\left(\frac{3}{8\pi}\right)^{1/2} e^{i\phi}\sin\theta \qquad Y_1^{-1}(\theta,\phi) = \left(\frac{3}{8\pi}\right)^{1/2} e^{-i\phi}\sin\theta$$

일때

$$I = \int_0^{\pi} d\theta\sin\theta\int_0^{2\pi} d\phi\, Y_1^1(\theta,\phi)^*\, Y_1^{-1}(\theta,\phi) = 0$$

임을 보여라.

풀이 $I = -\dfrac{3}{8\pi}\displaystyle\int_0^{\pi} d\theta\sin^3\theta\int_0^{2\pi} d\phi e^{-2i\phi}$

ϕ에 대한 적분은 $\sin 2\phi$와 $\cos 2\phi$의 한 주기를 적분하는 것이므로 $I=0$이다. 이때 $Y_1^1(\theta,\phi)$와 $Y_1^{-1}(\theta,\phi)$는 단위 반경을 갖는 구의 표면에서 서로 직교한다고 말한다.

구형극좌표에서 마지막으로 한 가지 논의해야할 것이 있다. 연산자

$$\left(\frac{\partial}{\partial x^2}+\frac{\partial}{\partial y^2}+\frac{\partial}{\partial z^2}\right)f = \frac{\partial^2 f}{\partial x^2}+\frac{\partial^2 f}{\partial z^2}+\frac{\partial^2 f}{\partial z^2}$$

는 물리의 문제에서 자주 접한다. 연산자

$$\nabla^2 = \frac{\partial}{\partial x^2}+\frac{\partial}{\partial y^2}+\frac{\partial}{\partial z^2} \tag{E-16}$$

은 Laplacian 연산자라고 부른다. 구형대칭인 계를 포함하고 있는 문제를 다룰 때 직교좌표 대신 구형극좌표를 이용하므로 ∇^2를 구형극좌표로 표시하는 것이 필요하다. 직교

좌표로 표시된 ∇^2를 구형극좌표로 변환하기 위해 E-1 식에서부터 시작하면 되지만 편미분을 포함하여 길고 지루한 과정이어서 한번 쯤 연습이 필요하나 다시 해 볼 필요는 없다. 그 결과는 (연습문제 E-13, E-14) 다음과 같다.

$$\nabla^2 = \frac{1}{r^2}\frac{\partial}{\partial r}\left(r^2\frac{\partial}{\partial r}\right) + \frac{1}{r^2\sin\theta}\frac{\partial}{\partial\theta}\left(\sin\theta\frac{\partial}{\partial\theta}\right) + \frac{1}{r^2\sin^2\theta}\frac{\partial^2}{\partial\phi^2} \qquad \text{(E-17)}$$

예제 E-3 $u(r,\theta,\phi) = 1/r$이 $\nabla^2 u = 0$ (이 방정식을 Laplace 방정식이라고 부른다)의 해 임을 보여라.

풀이 u가 r만의 함수이므로 $\nabla^2 u$는

$$\nabla^2 u = \frac{1}{r^2}\frac{\partial}{\partial r}\left(r^2\frac{\partial u}{\partial r}\right)$$

가 된다. $u = 1/r$을 대입하면 $r^2 du/dr = -1$이므로 $\nabla^2 u = 0$이다.

예제 E-4 예제 E-2의 $Y_1^1(\theta,\phi) = u(\theta,\phi)$가 c가 상수일 때 $\nabla^2 u = \frac{c}{r^2}u$를 만족하는 것을 보여라. c는 무엇인가?

풀이 $u(\theta,\phi)$가 r에 무관하므로

$$\nabla^2 u = \frac{1}{r^2\sin\theta}\frac{\partial}{\partial\theta}\left(\sin\theta\frac{\partial u}{\partial\theta}\right) + \frac{1}{r^2\sin^2\theta}\frac{\partial^2 u}{\partial\phi^2}$$

이다.

$u(\theta,\phi) = -\left(\frac{3}{8\pi}\right)^{1/2} e^{i\phi}\sin\theta$를 대입하면

$$\begin{aligned}\nabla^2 u &= -\left(\frac{3}{8\pi}\right)^{1/2}\left[\frac{e^{i\phi}}{r^2\sin\theta}(\cos^2\theta - \sin^2\theta) - \frac{\sin\theta}{r^2\sin^2\theta}e^{i\phi}\right] \\ &= -\left(\frac{3}{8\pi}\right)^{1/2}\frac{e^{i\phi}}{r^2}\left(\frac{1-2\sin^2\theta}{\sin\theta} - \frac{1}{\sin\theta}\right) \\ &= 2\left(\frac{3}{8\pi}\right)^{1/2}\frac{e^{i\phi}\sin\theta}{r^2}\end{aligned}$$

그리고 $c = -2$이다.

연 습 문 제

E-1. E−1으로부터 식 E−2를 유도하여라.

E-2. 직교좌표 (x, y, z)로 주어진 다음 점들의 위치를 구형극좌표로 나타내어라.

(1, 0, 0)　　(0, 1, 0)　　(0, 0, 1)　　(0, 0, −1)

E-3. 다음 식들의 그래프를 기술하여라.

(a) $r = 5$　　(b) $\theta = \pi/4$　　(c) $\phi = \pi/2$

E-4. E−3 식을 이용하여 반경 a인 반구의 부피를 결정하여라.

E-5. E−5 식을 이용하여 반경 a인 반구의 표면적을 결정하여라.

E-6. $x = \cos\theta$로 하여 다음 적분 값을 구하여라.

$$I = \int_0^{\pi} \cos^2\theta \sin^3\theta d\theta$$

E-7. 제 7 장에서 수소원자의 $2p_y$ 궤도함수가

$$\psi_{2p_y} = \frac{1}{4\sqrt{2\pi}} r e^{-r/2} \sin\theta \sin\phi$$

임을 알게 될 것이다. 이 궤도가 정규화 되어 있음을 보여라. (먼저 ψ_{2p_y}를 제곱하는 것을 기억하여라.)

E-8. 제 7 장에서 수소원자의 $2s$ 궤도함수가

$$\psi_{2s} = \frac{1}{4\sqrt{2\pi}} (2 - r) e^{-r/2}$$

임을 알게 될 것이다. 이 궤도가 정규화 되어 있음을 보여라.

E-9. 구의 표면에 대해

$$Y_1^0(\theta,\phi)=\left(\frac{3}{4\pi}\right)^{1/2}\cos\theta \qquad Y_1^1(\theta,\phi)=-\left(\frac{3}{8\pi}\right)^{1/2}e^{i\phi}\sin\theta$$

$$Y_1^{-1}(\theta,\phi)=\left(\frac{3}{8\pi}\right)^{1/2}e^{-i\phi}\sin\theta$$

함수들이 서로 직교함을 보여라.

E-10. 구의 표면에서 $\cos\theta$와 $\cos^2\theta$의 평균값을 구하여라.

E-11. 구형극좌표에서 부피요소는 $d\boldsymbol{r}$로 나타낸다. 모든 공간에 대해 (즉 모든 r,θ,ϕ에 대해) 다음 적분을 구하여라.

$$I=\int d\boldsymbol{r}e^{-r}\cos^2\theta$$

E-12. 다음 두 함수가 모든 공간에서 저로 직교함을 보여라.

$$f_1(r)=e^{-r}\cos\theta \qquad f_2(r)=(2-r)e^{-r/2}\cos\theta$$

E-13. 직교좌표를 평면극좌표로 변환하는 것에 대해 생각해 보자.

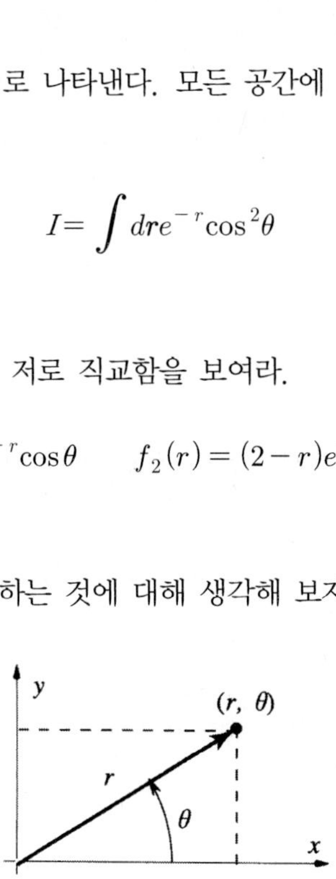

$$x=r\cos\theta \qquad r=(x^2+y^2)^{1/2} \tag{1}$$

$$y=r\sin\theta \qquad \theta=\tan^{-1}\left(\frac{y}{x}\right)$$

$f(r,\theta)$가 극좌표 r,θ에 의존하면 편미분의 연쇄법칙(chain rule)에 따라

$$\left(\frac{\partial f}{\partial x}\right)_y=\left(\frac{\partial f}{\partial r}\right)_\theta\left(\frac{\partial r}{\partial x}\right)_y+\left(\frac{\partial f}{\partial \theta}\right)_r\left(\frac{\partial \theta}{\partial x}\right)_y \tag{2}$$

$$\left(\frac{\partial f}{\partial y}\right)_x=\left(\frac{\partial f}{\partial r}\right)_\theta\left(\frac{\partial r}{\partial y}\right)_x+\left(\frac{\partial f}{\partial \theta}\right)_r\left(\frac{\partial \theta}{\partial y}\right)_x \tag{3}$$

이다. 논의를 단순화하기 위해 r을 상수 l로 하면 r에 대한 미분을 무시할 수 있다. 다시 말해서 원주 상을 움직이는 입자에 대해 생각해볼 수 있다. 이러한 계를 가끔 고리상 입자(a particle on a ring)라고 부른다. (1), (2) 식을 이용하여

$$\left(\frac{\partial f}{\partial x}\right)_y = -\frac{\sin\theta}{l}\left(\frac{\partial f}{\partial \theta}\right)_r \qquad \left(\frac{\partial f}{\partial y}\right)_x = \frac{\cos\theta}{l}\left(\frac{\partial f}{\partial \theta}\right)_r \tag{4}$$

을 보여라. 다시 (2) 식을 적용하여

$$\begin{aligned}\left(\frac{\partial^2 f}{\partial x^2}\right)_y &= \left[\frac{\partial}{\partial x}\left(\frac{\partial f}{\partial x}\right)_y\right] = \left[\frac{\partial}{\partial \theta}\left(\frac{\partial f}{\partial x}\right)_y\right]_l\left(\frac{\partial \theta}{\partial x}\right)_y \\ &= \left\{\frac{\partial}{\partial \theta}\left[-\frac{\sin\theta}{l}\left(\frac{\partial f}{\partial \theta}\right)_r\right]\right\}_l\left(-\frac{\sin\theta}{l}\right) \\ &= \frac{\sin\theta\cos\theta}{l^2}\left(\frac{\partial f}{\partial \theta}\right) + \frac{\sin^2\theta}{l^2}\left(\frac{\partial^2 f}{\partial \theta^2}\right)\end{aligned}$$

을 보이고 같은 방법으로 다음을 보여라.

$$\left(\frac{\partial^2 f}{\partial y^2}\right)_x = -\frac{\sin\theta\cos\theta}{l^2}\left(\frac{\partial f}{\partial \theta}\right) + \frac{\cos^2\theta}{l^2}\left(\frac{\partial^2 f}{\partial \theta^2}\right)$$

이제

$$\nabla^2 f = \frac{\partial^2 f}{\partial x^2} + \frac{\partial^2 f}{\partial y^2} \to \frac{1}{l^2}\left(\frac{\partial^2 f}{\partial \theta^2}\right)$$

을 보여라.

E-14. 문제 E-13의 결과를 중심 힘(central force)이 작용하는 평면을 움직이는 입자, 즉

$$\nabla^2 = \frac{\partial^2}{\partial x^2} + \frac{\partial^2}{\partial y^2}$$

를 r을 상수로 가정하지 않고 평면극좌표로 변환시켜 보아라. 변수분리의 방법을 이용하여 이 문제의 방정식을 분리하여 보아라. 각 방향에 대한 방정식을 풀어 보아라.

E-15. $u(r,\theta,\phi) = r\sin\theta\cos\phi$가 Laplace 방정식 $\nabla^2 u = 0$를 만족하는 것을 보여라.

E-16. $u(r,\theta,\phi) = r\sin^2\theta\cos 2\phi$가 Laplace 방정식 $\nabla^2 u = 0$를 만족하는 것을 보여라.

Pieter Zeeman was born on May 25, 1865, in a small village on the isle of Schouwen, Zeeland, the Netherlands, and died in Amsterdam in 1943. Although he showed early signs of excellence in science, he had to leave his small village and move to Delft to study Greek and Latin, which were required for acceptance to the University of Leyden. In 1885, he became a student at Leyden, where he became an assistant to the prominent physicist, Hendrik Lorentz. After obtaining his doctorate in 1893, he remained at Leyden except for a brief period of time to study in Strasbourg. In 1896, he announced his discovery of the magnetic splitting of spectral lines, and the following year he received a position at the University of Amsterdam. He received many offers of prestigous chairs in other countries but chose to remain at Amsterdam, where he remained until he reached the mandatory retirement age in 1935. In 1923, the university had a new laboratory specially built for his work, which is now called the Zeeman Laboratory. Zeeman was an excellent teacher, remembered fondly by his many students. Outside of science, he was interested in literature and drama and he enjoyed entertaining his collaborators and students at his home. He shared the Nobel Prize in Physics in 1902 (the second one awarded) with Lorentz for "their researches into the influence of magnetism upon radiation phenomena."

Chapter 06 강체회전자와 회전분광학

이원자 분자의 회전은 회전하는 덤벨과 같은 강체회전자로 기술할 수 있다. 이 회전자는 환산질량을 이용하면 고정된 중심의 주위를 회전하는 질량 μ의 물체로 기술할 수 있다. 이 문제는 자연히 구형극좌표의 문제가 되며 파동함수는 구형극좌표의 두 각인 θ와 ϕ의 함수가 된다.(수학 E) 이 파동함수를 구면조화함수라고 부르며 고정된 중심을 갖는 문제에 자주 등장한다. 실제로 다음 장에서 수소원자의 s, p, d 궤도함수가 구면조화함수로 표시됨을 볼 것이다.

강체회전자의 Schrödinger 방정식을 푸는 일은 상당히 긴 과정이어서 이 장에서는 주로 에너지 그리고 상응하는 파동함수를 기술하고 이에 대해 논의할 것이다. 이원자 분자의 마이크로파 스펙트럼을 기술하기 위해 허락된 에너지를 이용하고 화학결합의 길이를 결정하는 방법에 대해 배울 것이다.

6.1 강체회전자의 에너지는 $E = \hbar^2 l(l+1)/2I$이다.

이 절에서는 회전하는 이원자 분자를 나타내는 간단한 모델에 대해 논의한다. 이 모델은 질량중심에서 각각 l_1, l_2의 고정된 거리에 있는 두 점 질량으로 이루어져 있다.(그림 6-1) 두 질량 사이의 거리가 고정되어 있기 때문에 이 모델을 강체회전자 모델이라고 부른다. 회전하고 있는 이원자 분자가 진동하고 있음에도 불구하고 진동의 진폭은 결합길이에 비해 매우 작아 결합길이가 일정하다고 가정하는 것은 좋은 근사가 됨을 알 수 있다.(연습문제 5-38)

분자가 질량중심을 중심으로 진동수 ν_{rot} cycles per second로 회전하고 있다고 하자. 두 질량의 운동 속도는 각각 $v_1 = 2\pi l_1 \nu_{rot}$ 그리고 $v_2 = 2\pi l_2 \nu_{rot}$이므로, ω (radians per second) $= 2\pi\nu_{rot}$를 각속도라고 할 때 $v_1 = l_1\omega$, $v_2 = l_2\omega$로 쓸 수 있다.(1.7 절) 강체회전자의 운동에너지는

$$T = \frac{1}{2}m_1v_1^2 + \frac{1}{2}m_2v_2^2 = \frac{1}{2}(m_1l_1^2 + m_2l_2^2)\omega^2$$
$$= \frac{1}{2}I\omega^2 \qquad (6\text{-}1)$$

이고 이때 관성모멘트 I는

$$I = m_1l_1^2 + m_2l_2^2 \qquad (6\text{-}2)$$

로 주어진다. 질량중심에 대해 $m_1l_1 = m_2l_2$이므로 관성모멘트는 다시(연습문제 6-1)

$$I = \mu l^2 \qquad (6\text{-}3)$$

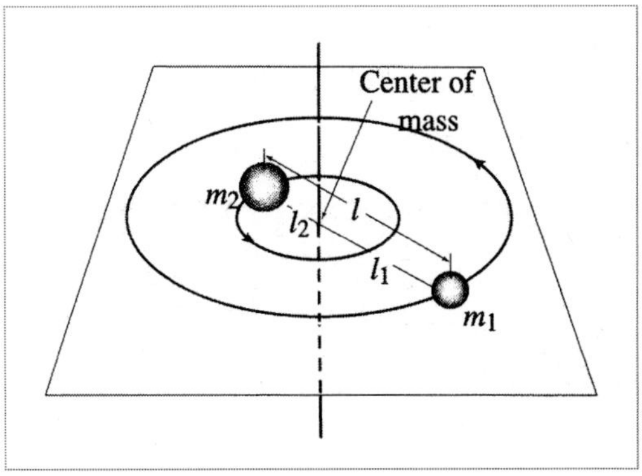

그림 6-1 질량중심을 중심으로 회전하는 두 질량 m_1, m_2

으로 쓸 수 있고 이때 $l = l_1 + l_2$ (고정된 두 질량의 거리) 그리고 μ는 환산질량이다.(5.3 절) 1.7 절에서 고정된 중심에서부터 l 거리에서 회전하는 질량 m의 물체에 대해 논의하였다. 이 경우, 관성모멘트는 ml^2 이었다. 이것을 6-3 식과 비교하여 보면 6-3 식은 질량 μ의 물체가 고정된 중심에서부터 l 거리에서 회전할 때 관성모멘트라고 생각할 수 있다. 따라서 두 물체의 문제를 5.3 절의 조화진동자처럼 하나의 물체에 대한 문제로 변환하였다고 할 수 있다

1-17 식과 1-19 식에 따라 각운동량 L은

$$L = I\omega \qquad (6\text{-}4)$$

이고 운동에너지는

$$T = \frac{L^2}{2I} \qquad (6\text{-}5)$$

이다. 중심을 향한 힘(전기적 또는 자기적인 힘)이 없는 경우 에너지는 공간상의 위치에

무관하므로 위치에너지 항이 없다. 따라서 강체회전자의 Hamiltonian 연산자는 운동에너지 연산자이다. 표 4-1의 연산자 $\hat{T}$와 표 1-2의 선형운동계와 대응되는 회전운동계의 관계를 이용하면 강체회전자의 Hamiltonian 연산자를 다음과 같이 쓸 수 있다.

$$\hat{H} = \hat{T} = -\frac{\hbar^2}{2\mu}\nabla^2 \quad (\text{상수 } r) \tag{6-6}$$

직교좌표로 주어진 3.9 절의 Laplacian 연산자 ∇^2은 한 개의 입자가 원점을 중심으로 회전하고 있는 계인 구형대칭인 계에서는 구형극좌표(수학 E)를 이용하는 것이 더 편리하다. 따라서 직교좌표로 표현된 ∇^2를 구형극좌표로 변환하는 것이 필요하다. 이 변환은 편미분의 연쇄법칙을 적용해야 하는 매우 지루한 일이어서 연습문제로(연습문제 6-2, 6-3) 남겨두었으며 변환의 결과는

$$\nabla^2 = \frac{1}{r^2}\frac{\partial}{\partial r}\left(r^2\frac{\partial}{\partial r}\right)_{\theta,\phi} + \frac{1}{r^2\sin\theta}\frac{\partial}{\partial\theta}\left(\sin\theta\frac{\partial}{\partial\theta}\right)_{r,\phi} + \frac{1}{r^2\sin^2\theta}\left(\frac{\partial^2}{\partial^2\phi}\right)_{r,\theta} \tag{6-7}$$

이다. 강체회전자는 r이 상수 l인 특별한 경우로 6-7 식은

$$\nabla^2 = \frac{1}{l^2}\frac{1}{\sin\theta}\frac{\partial}{\partial\theta}\left(\sin\theta\frac{\partial}{\partial\theta}\right) + \frac{1}{l^2}\frac{1}{\sin^2\theta}\frac{\partial^2}{\partial\phi^2} \quad (\text{상수 } r) \tag{6-8}$$

이 된다. 6-6 식의 결과를 이용하면

$$\hat{H} = -\frac{\hbar^2}{2I}\left[\frac{1}{\sin\theta}\frac{\partial}{\partial\theta}\left(\sin\theta\frac{\partial}{\partial\theta}\right) + \frac{1}{\sin^2\theta}\left(\frac{\partial^2}{\partial\phi^2}\right)\right] \tag{6-9}$$

이고 $\hat{H} = \hat{L}^2/2I$이므로

$$\hat{L}^2 = -\hbar^2\left[\frac{1}{\sin\theta}\frac{\partial}{\partial\theta}\left(\sin\theta\frac{\partial}{\partial\theta}\right) + \frac{1}{\sin^2\theta}\left(\frac{\partial^2}{\partial\phi^2}\right)\right] \tag{6-10}$$

을 얻게 된다. 각운동량의 제곱이 양자역학에서 자연스럽게 얻어지는 연산자임을 주목하여라. θ와 ϕ 모두 단위가 없으므로 6-10 식은 원자 및 분자 계에서 각운동량 l의 자연적인 단위가 $\hbar$ 임을 보여준다. 이 사실은 다음에 이용할 것이다.

강체회전자의 위치는 두 개의 각 θ와 ϕ에 의해 완전히 정해지고, 따라서 강체회전자의 파동함수는 이 두 변수만의 함수가 된다. 강체회전자의 파동함수는 보통 $Y(\theta,\phi)$로 표시하고 따라서 Schrödinger 방정식은 다음으로 된다.

$$\hat{H}Y(\theta,\phi) = EY(\theta,\phi)$$

$$-\frac{\hbar^2}{2I}\left\{\frac{1}{\sin\theta}\frac{\partial}{\partial\theta}\left(\sin\theta\frac{\partial}{\partial\theta}\right)+\frac{1}{\sin^2\theta}\left(\frac{\partial^2}{\partial\phi^2}\right)\right\}Y(\theta,\phi)=EY(\theta,\phi) \tag{6-11}$$

이제 6-11 식의 양변에 $\sin^2\theta$를 곱하고

$$\beta=\frac{2IE}{\hbar^2} \tag{6-12}$$

로 놓으면 다음의 편미분 방정식을 얻는다.

$$\sin\theta\frac{\partial}{\partial\theta}\left(\sin\theta\frac{\partial Y}{\partial\theta}\right)+\frac{\partial^2 Y}{\partial\phi^2}+(\beta\ \sin^2\theta)Y=0 \tag{6-13}$$

이 편미분 방정식을 풀기 위해 변수분리의 방법을 사용한다.

$$Y(\theta,\phi)=\Theta(\theta)\Phi(\phi) \tag{6-14}$$

6-14 식을 6-13 식에 대입하고 다시 $Y(\theta,\phi)=\Theta(\theta)\Phi(\phi)$로 나누어 다음을 얻는다.

$$\frac{\sin\theta}{\Theta(\theta)}\frac{d}{d\theta}\left(\sin\theta\frac{d\Theta}{d\theta}\right)+\beta\sin^2\theta+\frac{1}{\Phi(\phi)}\frac{d^2\Phi}{d\phi^2}=0 \tag{6-15}$$

θ와 ϕ는 독립변수이므로

$$\frac{\sin\theta}{\Theta(\theta)}\frac{d}{d\theta}\left(\sin\theta\frac{d\Theta}{d\theta}\right)+\beta\sin^2\theta=m^2 \tag{6-16}$$

$$\frac{1}{\Phi(\phi)}\frac{d^2\Phi}{d\phi^2}=-m^2 \tag{6-17}$$

이어야 한다. 이때 m^2은 상수이다. m^2은 이 후의 식들에서 제곱으로 사용되는 분리상수이다.

6-17 식은 단지 상수만을 포함하므로 비교적 쉽게 해가 구해진다. 그 해는

$$\Phi(\phi)=A_m e^{im\phi},\qquad \Phi(\phi)=A_{-m}e^{-im\phi} \tag{6-18}$$

이고 $\Phi(\phi)$가 ϕ에 대한 일가함수이어야 하므로

$$\Phi(\phi+2\pi)=\Phi(\phi) \tag{6-19}$$

에서 6-18 식을 6-19 식에 대입하면

$$A_m e^{im(\phi+2\pi)}=A_m e^{im\phi} \tag{6-20}$$

이고

$$A_{-m}e^{-im(\phi+2\pi)} = A_{-m}e^{-im\phi} \tag{6-21}$$

이어야 한다. 6-20 식과 6-21 식은 합하여

$$e^{\pm i2\pi m} = 1 \tag{6-22}$$

을 의미하며 6-22 식을 삼각함수로 표시하면(식 A-6)

$$\cos(2\pi m) \pm \sin(2\pi m) = 1$$

이 되어 $m = 0, \pm 1, \pm 2, \cdots$ 일 때 $\cos(2\pi m) = 1$이고 $\sin(2\pi m) = 0$이므로, 따라서 6-18 식은 한 개의 식으로 다음과 같이 나타낼 수 있다.

$$\Phi_m(\phi) = A_m e^{im\phi} \qquad m = 0,\ \pm 1,\ \pm 2, \cdots \tag{6-23}$$

여기에서 A_m은 $\Phi_m(\phi)$이 정규화 되어야 한다는 조건에서 얻을 수 있다.

예제 6-1 6-23 식의 A_m을 결정하여라.

풀이 6-23 식의 A_m은 파동함수 $\Phi_m(\phi)$를 정규화 하여 구해진다. 정규화조건은

$$\int_0^{2\pi} d\phi\ \Phi_m^*(\phi)\Phi_m(\phi) = 1$$

이다. 6-58 식을 이용하면

$$|A_m|^2 \int_0^{2\pi} d\phi = 1$$

또는

$$|A_m|^2 2\pi = 1 \text{에서} \quad A_m = (2\pi)^{-1/2}$$

이다. 따라서 6-58 식의 정규화 된 파동함수는 다음과 같다.

$$\Phi_m(\phi) = \frac{1}{(2\pi)^{1/2}} e^{im\phi} \qquad m = 0,\ \pm 1,\ \pm 2, \cdots \tag{6-24}$$

6-16 식을 풀면 6-12 식으로 주어진 β가 자연적으로 다음의 조건을 따른다는 것을

알 수 있다.

$$\beta = J(J+1) \qquad J = 0, 1, 2, \cdots$$

이 결과를 6-12 식에 대입하면

$$E_J = \frac{\hbar^2}{2I} J(J+1) = BJ(J+1) \qquad J = 0, 1, 2, \cdots \tag{6-25}$$

를 얻고 여기에서 $B = \hbar^2/2I$를 분자의 회전상수라고 부른다. 다시 불연속의 에너지준위를 얻었다. 6-25 식에 주어진 허락된 에너지와 함께 각 에너지준위는 다음에 주어진 축퇴도 g_J를 갖는다.

$$g_J = 2J+1 \tag{6-26}$$

이 후 이 축퇴도가 J가 $-m$ 부터 m 까지 값을 갖기 때문이라는 것을 알게 될 것이다.

6-16 식을 풀어 $\beta = J(J+1) \quad J = 0, 1, 2, \cdots$를 얻는 데 5.5 절의 조화진동자에서 언급한 급수 방법을 이용하는 것이 표준방법이다. 당시 고유치와 고유함수를 얻는 더 우아한 방법으로 연산자 방법을 이용할 수 있다고 했는데 강체회전자의 경우에도 마찬가지이다. 이 장의 끝이 있는 부록에 강체회전자에 대해 연산자 방법을 소개하였다.

6.2 강체회전자는 회전하는 이원자 분자의 모델이 된다.

6-25 식은 강체회전자에서 허락된 에너지들을 준다. 6.7 절에서 강체회전자의 허락된 전이가 바로 인접한 에너지 준위 사이에서만 일어나는 선택규칙을 보일 것이다. 즉

$$\Delta J = \pm 1 \tag{6-27}$$

$\Delta J = \pm 1$ 그리고 전자기복사선의 흡수를 위해 분자는 영구 쌍극자모멘트를 가지고 있어야 한다. 따라서 HCl은 순수한 회전 스펙트럼을 보이나 N_2는 그렇지 않다. 전자기복사선을 흡수하는 경우 분자는 양자수 J로 표시되는 상태에서 $J+1$로 표시되는 상태로 된다. 따라서 에너지 차이는

$$\begin{aligned}\Delta E = E_{J+1} - E_J &= \frac{\hbar^2}{2I}\{(J+1)(J+2) - J(J+1)\} = \frac{\hbar^2}{I}(J+1) \\ &= \frac{h^2}{4\pi^2 I} J(J+1) \qquad J = 0, 1, 2, \cdots\end{aligned} \tag{6-28}$$

이 된다. 에너지준위와 흡수 스펙트럼을 그림 6-2에 나타내었다.

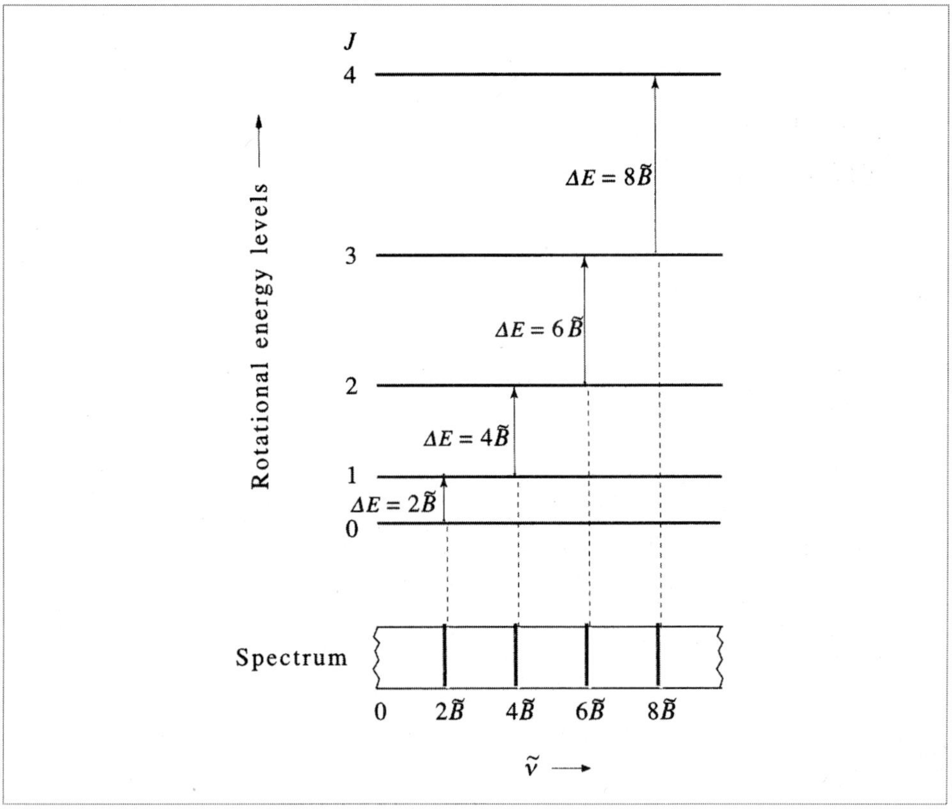

그림 6-2 강체회전자의 에너지준위와 흡수 스펙트럼. 흡수 전이는 인접한 준위들 간에 일어나고 따라서 에너지준위 아래에 나타낸 흡수 스펙트럼은 등간격의 선들로 이루어져 있다. 그림에서 $\overline{B}$는 $h/(8\pi^2 cI)$ (6-33 식)이다.

Bohr 진동수 조건 $\Delta E = h\nu_{obs}$를 이용하면, 흡수 전이가 일어나는 진동수는

$$\nu_{obs} = \frac{h}{4\pi^2 I}(J+1) \qquad J = 0, 1, 2, \cdots \tag{6-29}$$

이다.

이원자 분자의 전형적인 환산질량 값은 약 10^{-25} ~ 10^{-26} kg이고 결합길이는 약 10^{-10} m (100 pm)이므로 이원자 분자의 관성모멘트는 약 10^{-45} ~ 10^{-46} kg·m^{2}이 된다. I = 5 × 10^{-46} kg · m^{2}을 6-29 식에 대입하면 흡수진동수 2 × 10^{10} ~ 10^{11} Hz (연습문제 6-4)가 얻어진다. 연습문제 1-1의 그림 1-11을 보면 이 진동수가 마이크로파 영역에 속하는 것을 알 수 있다. 따라서 이원자 분자의 회전전이는 마이크로파 영역에서 일어나고 분자의 회전전이에 대한 연구를 마이크로파 분광학에서 다루게 된다.

마이크로파 분광학에서는 6-29 식을 보통 다음과 같이 쓰고

$$\nu_{obs} = 2B(J+1) \qquad J = 0, 1, 2, \cdots \tag{6-30}$$

$$B = \frac{h}{8\pi^2 I} \quad \text{(Hz)} \tag{6-31}$$

이때 회전상수는 Hz 단위로 나타내어진다. 또한 흔히 6–29 식의 전이진동수를 진동수 (Hz) 대신 파수 (cm^{-1})로 나타낸다. $\overline{\omega} = \nu/c$를 이용하면 6–30 식은 다음과 같이 된다.

$$\overline{\omega}_{obs} = 2\overline{B}(J+1) \qquad J = 0, 1, 2, \cdots \tag{6-32}$$

$$\overline{B} = \frac{h}{8\pi^2 cI} \quad (cm^{-1}) \tag{6-33}$$

이때 $\overline{B}$는 파수로 표시된 회전상수이다. 식 6–30이나 6–32 식으로부터 강체회전자 모델은 이원자 분자의 마이크로파 스펙트럼이 그림 6–2에 보이는 간격 $2B$ Hz 또는 $2\overline{B}$ cm^{-1}의 등간격의 선들로 이루어져 있다는 것을 예측하게 한다. 흡수 진동수의 간격으로부터 회전상수를 결정할 수 있고 따라서 분자의 관성모멘트를 결정할 수 있다. $I = \mu l^2$이므로 마이크로파 스펙트럼으로부터 결국 핵간거리 또는 결합길이 r을 결정할 수 있다. 이 과정을 예제 6–2에 보였다.

예제 6–2 근사적으로 $H^{35}Cl$의 마이크로파 스펙트럼은 6.26×10^{11} Hz의 등간격을 보이는 선들로 이루어져 있다. $H^{35}Cl$의 결합길이를 구하여라.

풀이 6–30 식에 따르면 $H^{35}Cl$의 마이크로파 스펙트럼에서 선들의 간격이

$$2B = \frac{h}{4\pi^2 I} = 6.26 \times 10^{11} \text{ Hz}$$

이다. 따라서 이 식으로부터 I를 구하면

$$I = \frac{(6.626 \times 10^{-34} \text{J} \cdot \text{s})}{4\pi^2 (6.26 \times 10^{11} \text{s}^{-1})} = 2.68 \times 10^{-47} \text{kg} \cdot \text{m}^2$$

이다. $H^{35}Cl$의 환산질량이

$$\mu = \frac{(1.00\text{amu})(35.0\text{amu})}{(36.0\text{amu})}(1.661 \times 10^{-27} \text{kg} \cdot \text{amu}^{-1}) = 1.66 \times 10^{-27} \text{kg}$$

이므로 $I = \mu l^2$을 이용하여 다음을 얻을 수 있다.

$$l = \left(\frac{2.68 \times 10^{-47} \text{kg} \cdot \text{m}^2}{1.661 \times 10^{-27} \text{kg}} \right)^{1/2} = 1.29 \times 10^{-10} \text{m} = 129 \text{ pm}$$

연습문제 6–5에서 6–8은 마이크로파 자료들로부터 결합길이를 구하는 다른 예들이다.

6.3 회전전이가 진동전이에 수반된다.

이 전 장에서 이원자 분자의 진동운동이 조화진동자로 잘 근사됨을 보였고 이 장에서는 이원자 분자의 회전운동이 강체회전자로 잘 기술될 수 있음을 보였다. 이 생각을 조합하면 이원자 분자의 회전-진동운동은 조화진동자-강체회전자 모델로 잘 근사될 수 있다고 말할 수 있다.

조화진동자-강체회전자 근사에서 이원자 분자의 회전-진동 에너지는 5-32 식과 6-25 식의 합으로 주어진다.

$$E_{v,J} = \left(v + \frac{1}{2}\right)h\nu + BJ(J+1) \tag{6-34}$$

이식을 hc로 나누어 $E_{v,J}$를 파수 (cm^{-1})로 표시하면

$$\overline{E}_{v,J} = \left(v + \frac{1}{2}\right)\overline{\omega} + \overline{B}J(J+1) \quad v = 0,1,2,\cdots \quad J = 0,1,2,\cdots \tag{6-35}$$

를 얻고 이때

$$\overline{\omega} = \frac{1}{2\pi c}\left(\frac{k}{\mu}\right)^{1/2} \qquad \overline{B} = \frac{h}{8\pi^2 cI} \tag{6-36}$$

이다. 전형적인 $\overline{\omega}$와 $\overline{B}$값은 각각 $10^3\ \text{cm}^{-1}$ 그리고 $1\ \text{cm}^{-1}$ 정도의 크기를 가지므로 진동에너지 준위들 사이의 간격은 회전에너지 준위들 사이의 간격보다 약 100에서 1000 배 정도 크다. 이 결과를 그림 6-3에 도식적으로 나타내었다.

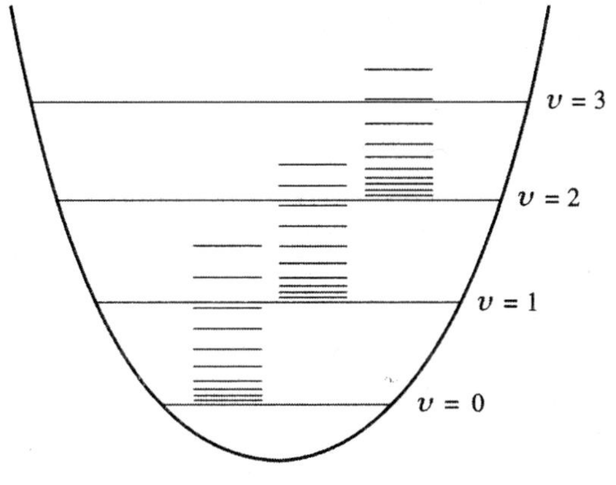

그림 6-3 이원자 분자에서 각각의 진동상태에 대해 회전에너지 준위를 표시한 에너지 도표

분자가 적외선의 빛을 흡수할 때 진동전이에 회전전이가 수반된다. 강체회전자-조화진동자 근사에서 적외선 흡수의 선택규칙은

$$\Delta v = 1 \quad (\text{흡수})$$
$$\Delta J = \pm 1 \tag{6-37}$$

이다. $\Delta J = +1$에 대해 6-37 식은

$$\begin{aligned}\bar{\nu}_{obs}(\Delta J=+1) &= \bar{E}_{v+1,J+1} - \bar{E}_{v,J} \\ &= \left(v+\frac{3}{2}\right)\bar{\omega} + \bar{B}(J+1)(J+2) - \left(v+\frac{1}{2}\right)\bar{\omega} - \bar{B}J(J+1) \\ &= \bar{\omega} + 2\bar{B}(J+1) \qquad J=0,1,2,\cdots\end{aligned} \tag{6-38}$$

이 된다. 또한 $\Delta J = -1$에 대해

$$\bar{\nu}_{obs}(\Delta J=-1) = \bar{E}_{v+1,J-1} - \bar{E}_{v,J} = \bar{\omega} - 2\bar{B}J \qquad J=1,2,\cdots \tag{6-39}$$

가 된다.

6-38 식과 6-39 식에서 J는 전이가 시작되는 에너지준위의 회전양자수이다. 전형적인 값, $\bar{\omega} \approx 10^3\ \text{cm}^{-1}$, $\bar{B} \approx 1\ \text{cm}^{-1}$이므로 6-38 식과 6-39 식에 의해 예측되는 스펙트럼은 $10^3\ \text{cm}^{-1} \pm \approx 1\ \text{cm}^{-1}$의 정수배의 위치에 선들을 포함한다. $\Delta J = 0$ 전이가 금지되어 있으므로 $\bar{\omega}$ 위치에 선이 나타나지 않음을 주목하여라. HBr(g)의 회전-진동 스펙트럼을 그림 6-4에 나타내었다.

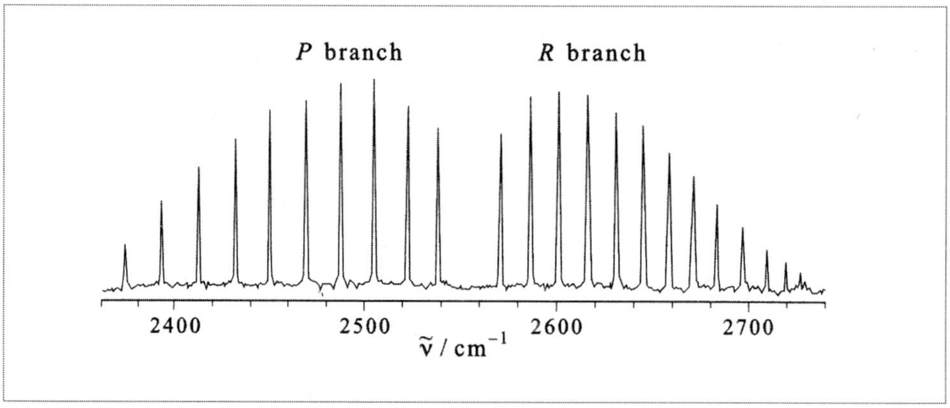

그림 6-4 HBr(g)의 0→1 회전-진동 스펙트럼. R-가지 그리고 P-가지가 그림에 표시되어 있다.(Barrow, G. Introduction to Molecular Spectroscopy, McGraw-Hill: New York, 1962)

2,560 cm^{-1} 부근에 보이는 빈 공간은 $\bar{\omega}$에 해당된다. 공간의 양 편에 간격이 약 10 cm^{-1}인 선들이 나타난다. 높은 진동수 영역으로 향하는 선들을 R-가지라고 부르며

$\Delta J=+1$ 회전전이에 기인한다. 낮은 진동수 영역의 선들은 P-가지라고 부르며 $\Delta J=-1$ 회전전이에 기인한다.

예제 6-3 $^{12}C^{14}N$의 결합길이는 117 pm이며 힘상수가 1630 N · m^{-1}이다. 회전-진동 스펙트럼을 예측하여 보아라.

풀이 먼저 기본진동수 $\bar{\omega}$와 회전상수 $\bar{B}$를 계산하여야 한다.(6-36 식) 두 양 모두 환산질량

$$\mu=\frac{(12.0\text{amu})(14.0\text{amu})}{(12.0+14.0)\text{amu}}(1.661\times10^{-27}\text{kg}\cdot\text{amu}^{-1})=1.07\times10^{-26}\text{kg}$$

을 필요로 한다. 6-36 식으로부터

$$\bar{\omega}=\frac{1}{2\pi c}\left(\frac{k}{\mu}\right)^{1/2}=\frac{1}{2\pi(2.998\times10^{8}\text{m}\cdot\text{s}^{-1})}\left(\frac{1630\text{N}\cdot\text{m}^{-1}}{1.07\times10^{-26}\text{kg}}\right)^{1/2}$$
$$=2.07\times10^{5}\text{m}^{-1}=2.07\times10^{3}\text{cm}^{-1}$$

$$\bar{B}=\frac{h}{8\pi^2cI}=\frac{h}{8\pi^2c\mu l^2}$$
$$=\frac{6.626\times10^{-34}J\cdot s}{8\pi^2(2.998\times10^{8}\text{m}\cdot\text{s}^{-1})(1.07\times10^{-26}\text{kg})(117\times10^{-12}\text{m})^2}$$
$$=191\text{m}^{-1}=1.91\text{cm}^{-1}$$

이다. 회전-진동 스펙트럼은 $\bar{\omega}=\pm2\bar{B}J \quad J=1,2,\cdots$의 선들로 이루어진다. $\bar{\omega}$에는 선이 없다. P-가지 그리고 R-가지 선들의 간격은 $2\bar{B}=3.82\,\text{cm}^{-1}$이다.(HBr의 그림 6-4와 비교하여 보아라.)

예제 6-3과 실험 결과를 비교하여 보거나 그림 6-4를 자세히 보면 몇 가지 설명하지 못한 것들이 있다. 자세히 보면 R-가지 선들은 진동수가 증가함에 따라 선들의 간격이 좁아지며 P-가지 선들은 진동수가 감소함에 따라 간격이 커짐을 알 수 있다. P-가지와 R-가지 선들의 간격에 대해 다음 절에 논의하였다.

6.4 회전-진동 상호작용은 회전-진동 스펙트럼에서 R-가지 그리고 P-가지 선들의 간격이 같지 않음을 설명한다.

강체회전자-조화진동자의 에너지는(6-35 식)

$$\bar{E}_{v,J}=\bar{\omega}\left(v+\frac{1}{2}\right)+\bar{B}J(J+1)$$

이다. 여기에서 $\overline{B}= h/8\pi^2 cI= h/8\pi^2 c\mu l^2$ 이다. 진동상태에 따라 진동의 진폭이 증가하므로(그림 6-3) v에 따라 l이 약간 증가하며 따라서 v가 증가함에 따라 $\overline{B}$가 작아진다. $\overline{B}$ 대신 $\overline{B}$가 v에 의존하는 것을 $\overline{B}_v$로 표시하면

$$\overline{E}_{v,J} = \overline{\omega}\left(v+\frac{1}{2}\right)+\overline{B}_v J(J+1) \tag{6-40}$$

로 쓸 수 있다.

$\overline{B}$의 v 의존도를 회전-진동 상호작용이라고 부른다. $v=0\to 1$ 전이를 고려하면 P-가지와 R-가지 전이의 진동수는

$$\begin{aligned}\overline{\nu}_R(\Delta J=+1) &= \overline{E}_{1,J+1}-\overline{E}_{0,J}\\ &= \frac{3}{2}\overline{\omega}+\overline{B}_1(J+1)(J+2)-\frac{1}{2}\overline{\omega}-\overline{B}_0 J(J+1) \qquad (6\text{-}41)\\ &= \overline{\omega}+2\overline{B}_1+(3\overline{B}_1-\overline{B}_0)J+(\overline{B}_1-\overline{B}_0)J^2 \qquad J=0,1,2,\cdots\end{aligned}$$

$$\begin{aligned}\overline{\nu}_P(\Delta J=-1) &= \overline{B}_{1,J-1}-\overline{B}_{0,J}\\ &= \overline{\omega}-(\overline{B}_1+\overline{B}_0)J+(\overline{B}_1-\overline{B}_0)J^2 \qquad J=1,2,\cdots \qquad (6\text{-}42)\end{aligned}$$

가 된다. 두 경우 모두 J는 초기 회전양자수이다. 6-41 식과 6-42 식은 각각 $\overline{B}_1=\overline{B}_0$ 일때 6-38 식과 6-39 식이 됨을 주목하여라. 결합길이는 v가 증가할수록 길어지므로 $\overline{B}_1<\overline{B}_0$이고 따라서 J가 증가함에 따라 R-가지 선들의 간격은 감소하고 P-가지 선들의 간격은 증가한다. 이 결과가 그림 6-4에 나타나 있다.

예제 6-4 R-가지와 P-가지의 선들은 통상 전이가 일어나는 초기 회전양자수로 표시한다. 6-41 식의 전이의 선들은 R(0), R(1), · · · 그리고 6-42 식으로 표시되는 선들은 P(1), P(2), · · · 로 표시한다. $^{1}H^{127}I$의 다음 자료들로부터 $\overline{B}_0$, $\overline{B}_1$ 그리고 $l(v=0)$과 $l(v=1)$을 계산하여라.

선	진동수/cm^{-1}
R(0)	2,242.087
R(1)	2,254.257
P(1)	2,216.723
P(2)	2,203.541

이 분자의 환산질량은 1.660×10^{-27} kg이다.

풀이 6-41 식에서 $J=0$와 $J=1$ 그리고 6-42 식에서 $J=1$, $J=2$를 이용하면

$$2242.087 \text{ cm}^{-1} = \overline{\omega}_0 + 2\overline{B}_1$$
$$2254.257 \text{ cm}^{-1} = \overline{\omega}_0 + 6\overline{B}_1 - 2\overline{B}_0 \qquad \text{R-가지}$$

그리고

$$2,216.723 \text{ cm}^{-1} = \overline{\omega}_0 - 2\overline{B}_0$$
$$2,203.541 \text{ cm}^{-1} = \overline{\omega}_0 + 2\overline{B}_1 - 6\overline{B}_0 \qquad \text{P-가지}$$

를 얻는다. P-가지 첫 번째 선에서 R-가지 두 번째 선을 빼면

$$37,534 \text{ cm}^{-1} = 6\overline{B}_1$$

따라서 $\overline{B}_1 = 6.256 \text{ cm}^{-1}$이다. P-가지 두 번째 선에서 R-가지 첫 번째 선을 빼면

$$38,546 \text{ cm}^{-1} = 6\overline{B}_0$$

따라서 $\overline{B}_0 = 6.424 \text{ cm}^{-1}$이다. $\overline{B}_v = h/8\pi^2 c\mu l^2(v)$에서 $l(v=0) = 163.0 \text{ pm}$ 그리고 $l(v=1) = 164.1 \text{ pm}$이다.

$\overline{B}_v$의 v 의존도를

$$\overline{B}_v = \overline{B}_e - \overline{\alpha}_e\left(v + \frac{1}{2}\right) \tag{6-43}$$

로 표시한다. 위 예에서 $\overline{B}_0$와 $\overline{B}_1$을 이용하면 $\overline{B}_e = 6.508 \text{ cm}^{-1}$ 그리고 $\overline{\alpha}_e = 0.168$ cm^{-1}을 얻는다. 표 6-1에 $\overline{B}_e$와 $\overline{\alpha}_e$ 그리고 다른 분광학적 상수들을 수록하였다.

표 6-1 바닥 전자상태에 있는 몇몇 이원자 분자들의 회전 분광학적 상수들

Molecule	$\tilde{B}_e/\text{cm}^{-1}$	$\tilde{\alpha}_e/\text{cm}^{-1}$	$\tilde{D}/\text{cm}^{-1}$	$\bar{l}(v=0)/\text{pm}$	$D_0/\text{kJ}\cdot\text{mol}^{-1}$
H_2	60.8530	3.0622	4.71×10^{-2}	74.14	432.1
$H^{19}F$	20.9557	0.798	2.15×10^{-3}	91.68	566.2
$H^{35}Cl$	10.5934	0.3072	5.319×10^{-4}	127.46	427.8
$H^{79}Br$	8.4649	0.2333	3.458×10^{-4}	141.44	362.6
$H^{127}I$	6.510	0.1689	2.069×10^{-4}	160.92	294.7
$^{12}C^{16}O$	1.9313	0.0175	6.122×10^{-6}	112.83	1070.2
$^{14}N^{16}O$	1.6719	0.0171	5.4×10^{-6}	115.08	626.8
$^{14}N^{14}N$	1.9982	0.0173	5.76×10^{-6}	109.77	941.6
$^{16}O^{16}O$	1.4456	0.0159	4.84×10^{-6}	120.75	493.6
$^{19}F^{19}F$	0.8902	0.1385	3.3×10^{-6}	141.19	154.6
$^{35}Cl^{35}Cl$	0.2440	0.00149	1.86×10^{-7}	198.79	239.2
$^{79}Br^{79}Br$	0.0821	0.00319	2.09×10^{-8}	228.11	190.1
$^{127}I^{127}I$	0.03737	0.00011	4.25×10^{-9}	266.63	148.8
$^{35}Cl^{19}F$	0.5165	0.00437	8.77×10^{-7}	162.83	252.5
$^{23}Na^{23}Na$	0.1547	0.00087	5.81×10^{-7}	307.89	69.5
$^{39}K^{39}K$	0.05674	0.000165	8.63×10^{-8}	390.51	49.6

6.5 순수한 회전 스펙트럼 선들의 간격은 같지 않다.

표 6-2에 $H^{35}Cl$의 순수한 회전 스펙트럼(진동전이가 아님)의 선들을 수록하였다. 세 번째 열에 나타낸 진동수의 차이는 선들의 간격이 강체회전자 근사에서 예측한 등간격이 아님을 명확히 보여주고 있다. 이 차이는 실제 화학결합이 단단하지 않다는 것으로 해결될 수 있다. 분자가 더 큰 에너지를 가지고 회전함에 따라(J의 증가) 원심력은 결합을 약간 늘어나게 한다.(연습문제 6-26) 이 작은 효과는 섭동론(제 8 장)으로 다룰 수 있으며 그 결과 에너지가

$$E_J = \overline{B}J(J+1) - \overline{D}J^2(J+1)^2 \tag{6-44}$$

로 표시되고 이때 $\overline{D}$를 원심 일그러짐 상수라고 부른다. 그림 6-5에 강체 그리고 비강체회전자의 에너지준위를 나타내었다.

표 6-2 $H^{35}Cl$의 순수한 회전 흡수 스펙트럼

Transition	$\tilde{\omega}_{obs}/cm^{-1}$	$\Delta\tilde{\omega}_{obs}/cm^{-1}$	$\tilde{\omega}_{calc} = 2\tilde{B}(J+1)$ $\tilde{B} = 10.340\ cm^{-1}$	$\tilde{\omega}_{calc} = 2\tilde{B}(J+1) - 4\tilde{D}(J+1)^3$ $\tilde{B} = 10.395\ cm^{-1}$ $\tilde{D} = 0.0004\ cm^{-1}$
$3 \to 4$	83.03		82.72	83.06
		21.07		
$4 \to 5$	104.10		103.40	103.75
		20.20		
$5 \to 6$	124.30		124.08	124.39
		20.73		
$6 \to 7$	145.03		144.76	144.98
		20.48		
$7 \to 8$	165.51		165.44	165.50
		20.35		
$8 \to 9$	185.86		186.12	185.94
		20.52		
$9 \to 10$	206.38		206.80	206.30
		20.12		
$10 \to 11$	226.50		227.48	226.56

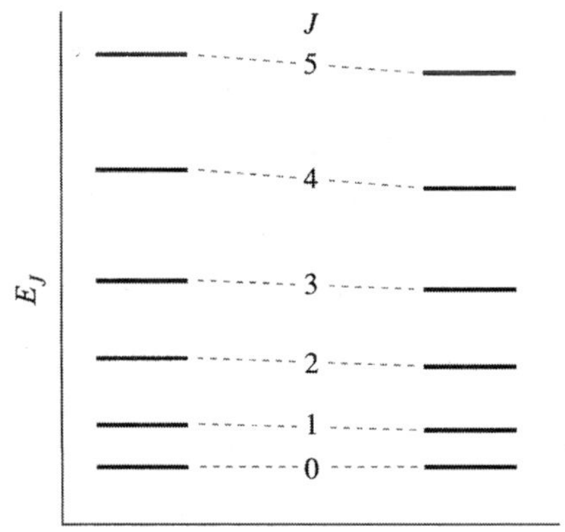

그림 6-5 강체회전자(왼편)와 비강체회전자(오른편)의 회전에너지 준위

$J \to J+1$ 전이에 따른 흡수 진동수는

$$\overline{\omega} = E_{J+1} - E_J = 2\overline{B}(J+1) - 4\overline{D}(J+1)^3 \qquad J = 0, 1, 2, \cdots \tag{6-45}$$

이다. 이 식에 의한 예측이 표 6-2에 주어져 있으며 6-45 식을 실험 결과에 적용하여

$H^{35}Cl$에 대해 $\overline{B} = 10.395\ \text{cm}^{-1}$과 $\overline{D} = 0.0004\ \text{cm}^{-1}$을 얻었다. 이 값은 표 6-1의 값과 약간 다른데 그 이유는 높은 차수의 항들에 의한 효과 때문이다. 원심 일그러짐을 포함하면 얻어진 $\overline{B}$ 값이 달라진다.(연습문제 6-22, 6-23)

6.6 강체회전자의 파동함수를 구면조화함수라고 부른다.

강체회전자의 파동함수는 6-11 식의 해로 주어진다. 6-11 식을 풀기 위해서는 변수분리를 가정하여 $Y(\theta,\phi) = \Theta(\theta)\Phi(\phi)$ (6-14 식)로 쓴다. 그 결과 $\Phi(\phi)$에 대한 미분방정식은 (6-17 식) 비교적 쉽게 해가 구해지고 다음과 같이 됨을 보였다.

$$\Phi_m(\phi) = \frac{1}{(2\pi)^{1/2}} e^{im\phi} \qquad m = 0,\ \pm 1,\ \pm 2, \cdots \tag{6-46}$$

그러나 $\Theta(\theta)$에 대한 미분방정식(6-16 식)은 상수 계수를 갖지 않으므로 쉽게 해가 구해지지 않는다. 식 6-16에서 $x = \cos\theta$, $\Theta(\theta) = P(x)$로 하면 편리하다.(이 x가 직교좌표의 x가 아님을 혼동하지 않아야 한다.) $0 \leqq \theta \leqq \pi$이므로 $-1 \leqq x \leqq +1$이다. 변수를 치환함에 따라 6-16 식은 다음과 같이 된다.(연습문제 6-27)

$$(1-x^2)\frac{d^2P}{dx^2} - 2x\frac{dP}{dx} + \left\{\beta - \frac{m^2}{1-x^2}\right\}P(x) = 0 \tag{6-47}$$

$m = 0, \pm 1, \pm 2, \cdots$ 이다. $P(x)$에 대한 6-47 식을 Legendre 방정식이라고 부르고 이것은 고전물리학에서 잘 알려진 식이다. 이 식은 구형극좌표로 표시된 계의 여러 가지 문제에서 나타난다. 6-47 식을 풀면 유한한 해를 갖기 위해 β가 $J(J+1)$ $J = 0,1,2,\cdots$ 그리고 $|m| \leqq J$ 임을 알게 된다. 여기에서 $|m|$은 m의 크기이다. 따라서 6-47 식은

$$(1-x^2)\frac{d^2P}{dx^2} - 2x\frac{dP}{dx} + \left\{J(J+1) - \frac{m^2}{1-x^2}\right\}P(x) = 0 \tag{6-48}$$

이 되고 $J = 0,1,2,\cdots$, $m = 0, \pm 1, \pm 2, \cdots, \pm J$ 이다.

6-48 식의 해는 $m = 0$의 경우 가장 쉽게 논의할 수 있다. $m = 0$인 경우 6-48 식의 해를 Legendre 다항식이라 부르고 $P_J(x)$로 표시한다. Legendre 다항식은 많은 물리학의 문제에 나타난다. 처음 몇몇 Legendre 다항식을 표 6-3에 나타내었다.

표 6-3 처음 몇 Legendre 다항식. Legendre 다항식은 $m=0$인 경우 6-48 식의 해이다. Legendre 다항식의 아래첨자는 6-48 식의 J 값이다.

$$P_0(x)=1$$
$$P_1(x)=x$$
$$P_2(x)=\tfrac{1}{2}(3x^2-1)$$
$$P_3(x)=\tfrac{1}{2}(5x^3-3x)$$
$$P_4(x)=\tfrac{1}{8}(35x^4-30x^2+3)$$

예제 6-5 처음 몇 Legendre 다항식이 $m=0$인 경우 6-48 식을 만족하는 것을 보여라.

풀이 $m=0$인 경우 6-48 식은

$$(1-x^2)\frac{d^2P}{dx^2}-2x\frac{dP}{dx}+J(J+1)P(x)=0 \tag{1}$$

이다. 첫 번째 Legendre 다항식 $P_0(x)=1$ $J=0$에서 (1) 식을 만족한다. $J=1$에서 $P_1(x)=x$를 (1) 식에 대입하면

$$-2x+1(2)x=0$$

이며 따라서 $P_1(x)=x$는 해가 된다. $P_2(x)$에 대해 (1) 식은

$$(1-x^2)(3)-2x(3x)+2(3)[1/2(3x^2-1)]=(3-3x^2)-6x^2+(9x^2-3)=0$$

이므로 해이다.

표 6-3에서 J가 짝수이면 $P_J(x)$가 x에 대해 우함수이고 J가 홀수이면 $P_J(x)$가 기함수임을 주목하여라. $P_J(x)$ 앞의 인자는 $P_J(1)=1$이 되도록 선택되었다. 또한 비록 다 증명하지는 않겠지만 표 6-3의 $P_J(x)$는 일반적으로 서로 직교함을 보일 수 있다.

$$\int_{-1}^{1}P_J(x)P_{J'}(x)dx=<J|J'>=0 \qquad J\neq J' \tag{6-49}$$

여기에서 x의 적분한계가 $x=\cos\theta$이므로 구형극좌표에서 물리적인 θ의 한계(0에서 π)와 같음을 주의하여라. Legendre 다항식은 간단히 일반적인 관계를 이용하여 정규화된다.

$$\int_{-1}^{1}[P_J(x)]^2 dx = <J|J> = \frac{2}{2J+1} \tag{6-50}$$

6-50 식은 $P_J(x)$의 정규화상수가 $[(2J+1)/2]^{1/2}$ 임을 보여준다.

Legendre 다항식이 $m=0$의 경우에 대해 구해졌지만 associated Legendre 함수라 부르는 $m \neq 0$의 경우의 해가 보통의 Legendre 함수로부터 얻어지므로 잘 연구되어 있다. 이 associated Legendre 함수를 $P_J^{|m|}(x)$로 표기하면 정의된 관계식은

$$P_J^{|m|}(x) = (1-x^2)^{|m|/2}\frac{d^m}{dx^m}P_J(x) \tag{6-51}$$

이다. 이 식에서는 정의된 관계식 6-48 식이 m^2 에만 의존하므로 단지 m의 크기만이 중요하다. $P_J(x)$에서 주된 항이 x^J 항이기 때문에 (표 6-3) 6-51 식은 $m > J$의 경우 $P_J^{|m|}(x) = 0$ 임을 보여 준다. 처음 몇몇 associated Legendre 함수를 표 6-4에 나타내었다.(연습문제 6-31)

associated Legendre 다항식의 성질을 논의하기에 앞서 물리적으로 흥미가 있는 변수가 x가 아니고 θ 임을 확실히 하자. 표 6-4 에는 associated Legendre 다항식을 $\cos\theta$와 $\sin\theta$의 함수로도 나타내었다. 표 6-4의 $(1-x^2)^{1/2}$ 인자가 associated Legendre 함수를 변수 θ로 나타내면 $\sin\theta$가 됨을 주목하여라. $x=\cos\theta$, $dx=-\sin\theta$ 이므로 6-49 식과 6-50 식은

$$\int_{-1}^{1}P_J(x)P_{J'}(x)dx = \int_0^{\pi}d\theta\sin\theta P_J(\cos\theta)P_{J'}(\cos\theta) = \frac{2\delta_{JJ'}}{2J+1} \tag{6-52}$$

표 6-4 처음 몇 associated Legendre 함수 $P_J^{|m|}(x)$

$P_0^0(x) = 1$

$P_1^0(x) = x = \cos\theta$

$P_1^1(x) = (1-x^2)^{1/2} = \sin\theta$

$P_2^0(x) = \frac{1}{2}(3x^2-1) = \frac{1}{2}(3\cos^2\theta - 1)$

$P_2^1(x) = 3x(1-x^2)^{1/2} = 3\cos\theta\sin\theta$

$P_2^2(x) = 3(1-x^2) = 3\sin^2\theta$

$P_3^0(x) = \frac{1}{2}(5x^3-3x) = \frac{1}{2}(5\cos^3\theta - 3\cos\theta)$

$P_3^1(x) = \frac{3}{2}(5x^2-1)(1-x^2)^{1/2} = \frac{3}{2}(5\cos^2\theta - 1)\sin\theta$

$P_3^2(x) = 15x(1-x^2) = 15\cos\theta\sin^2\theta$

$P_3^3(x) = 15(1-x^2)^{3/2} = 15\sin^3\theta$

가 된다.

구형극좌표 계의 미분 부피요소는 $d\tau = r^2\sin\theta dr d\theta d\phi$이므로 6-52 식의 $\sin\theta d\theta$ 인자는 구형극좌표 $d\tau$의 θ-성분임을 알 수 있다.

associated Legendre 함수는 다음 관계를 만족시킨다.

$$\int_{-1}^{1} P_J^{|m|}(x)P_{J'}^{|m|}(x)dx = \int_0^{\pi} d\theta \sin\theta P_J^{|m|}(\cos\theta)P_{J'}^{|m|}(\cos\theta)$$

$$= \frac{2}{2J+1}\frac{(J+|m|)!}{(J-|m|)!}\delta_{JJ'} \tag{6-53}$$

[0! = 1(연습문제 6-47) 임을 기억하여라.] 6-53 식을 이용하면 associates Legendre 함수의 정규화상수가 다음과 같음을 보일 수 있다.

$$N_{Jm} = \left\{\frac{(2J+1)(J-|m|)!}{2(J+|m|)!}\right\}^{1/2} \tag{6-54}$$

따라서 6-14 식에서 정규화 된 $\Theta(\theta)$는

$$\Theta_J^m(\theta) = \left[\frac{2J+1}{2}\frac{(J-|m|)!}{(J+|m|)!}\right]^{1/2} P_J^{|m|}(\cos\theta) \tag{6-55}$$

이다.

예제 6-6 6-53 식의 변수 x와 θ 그리고 표 6-4를 이용하여 $P_1^1(x)$과 $P_2^1(x)$가 직교함을 증명하여라.

풀이 6-53 식에 따라 다음을 증명하여야 한다.

$$\int_{-1}^{1} dx P_1^1(x)P_2^1(x) = 0$$

표 6-4 로부터

$$\int_{-1}^{1} dx[(1-x^2)^{1/2}][3x(1-x^2)] = 3\int_{-1}^{1} dx \; x(1-x^2) = 0$$

θ의 함수로 보면 6-53 식과 표 6-4 로부터

$$\int_0^{\pi} d\theta \sin\theta(\sin\theta)(3\cos\theta\sin\theta) = 3\int_0^{\pi} d\theta \sin^3\theta\cos\theta = 0$$

이다.

이제 원래의 문제로 돌아가면 강체회전자의 파동함수이며 또한 수소원자 궤도함수의 각 성분이기도 한 6-11 식의 해는 $\Theta_J^m(\theta)\Phi_m(\phi)$ (6-14 식)이다. 6-55 식과 6-46 식에 따라 정규화 된 다음 함수

$$Y_J^m(\theta,\phi) = i^{m+|m|}\left[\frac{(2J+1)(J-|m|)!}{4\pi(J+|m|)!}\right]^{1/2} P_J^{|m|}(\cos\theta)e^{im\phi} \tag{6-56}$$

$J=0,1,2,\cdots$, $m=0,\pm1,\pm2,\cdots,\pm J$은 6-11 식의 해 임을 알 수 있다. 6-56 식에서 특이한 형태인 $i^{m+|m|}$은 단순히 많은 사람들이 사용하는 표기에 불과하다. 이 값이 m이 음의 홀수일 때 1이고 m이 양의 홀수일 때 -1 임을 주목하여라.(연습문제 6-34) 또한 표 6-5의 구면조화함수가 이렇게 정한 표기를 보여주고 있음도 주목하여라. $Y_J^m(\theta,\phi)$는 직교정규화 된 세트를 형성한다. 즉

$$\int_0^\pi d\theta\sin\theta\int_0^{2\pi} d\phi\, Y_J^m(\theta,\phi)^*\, Y_{J'}^k(\theta,\phi) = \delta_{JJ'}\delta_{mk} \tag{6-57}$$

이다.

$Y_J^m(\theta,\phi)$가 $d\theta d\phi$에 대해서가 아니라 $\sin\theta d\theta d\phi$에 대해 직교정규화 되어 있음을 주목하여라. 수학 E는 $\sin\theta d\theta d\phi$에 대해 간단한 물리적인 해석을 주고 있다. 구형극좌표계에서 미분 부피요소는 $r^2\sin\theta dr d\theta d\phi$이다. 강체회전자의 경우처럼 r이 상수일 때 r을 편의상 일로 놓으면 구형극좌표 계의 부피요소는 표면요소 $dA=\sin\theta d\theta d\phi$가 된다. 이 표면요소를 θ와 ϕ에 대해 적분하면 단위반경을 갖는 구의 표면적 4π를 얻는다.(연습문제 6-35) 따라서 $\sin\theta d\theta d\phi$는 단위반경을 갖는 구의 표면요소이다. 6-56 식에 따르면 구의 표면에서 $Y_J^m(\theta,\phi)$는 직교정규화 되어 있고 따라서 구면조화함수라고 부른다.

표 6-5 처음 몇몇 구면조화함수, $Y_J^m(\theta,\phi)$

$Y_0^0 = \dfrac{1}{(4\pi)^{1/2}}$	$Y_1^0 = \left(\dfrac{3}{4\pi}\right)^{1/2}\cos\theta$
$Y_1^1 = -\left(\dfrac{3}{8\pi}\right)^{1/2}\sin\theta e^{i\phi}$	$Y_1^{-1} = \left(\dfrac{3}{8\pi}\right)^{1/2}\sin\theta e^{-i\phi}$
$Y_2^0 = \left(\dfrac{5}{16\pi}\right)^{1/2}(3\cos^2\theta - 1)$	$Y_2^1 = -\left(\dfrac{15}{8\pi}\right)^{1/2}\sin\theta\cos\theta e^{i\phi}$
$Y_2^{-1} = \left(\dfrac{15}{8\pi}\right)^{1/2}\sin\theta\cos\theta e^{-i\phi}$	$Y_2^2 = \left(\dfrac{15}{32\pi}\right)^{1/2}\sin^2\theta e^{2i\phi}$
$Y_2^{-2} = \left(\dfrac{15}{32\pi}\right)^{1/2}\sin^2\theta e^{-2i\phi}$	

예제 6-7 $Y_1^{-1}(\theta,\phi)$가 정규화 되어 있고 $Y_2^1(\theta,\phi)$와 직교함을 보여라.

풀이 표 6-5의 $Y_1^{-1}(\theta,\phi)$을 이용하면 정규화 조건은

$$\int_0^\pi d\theta \sin\theta \int_0^{2\pi} d\phi\, Y_1^{-1}(\theta,\phi)^* \, Y_1^{-1}(\theta,\phi) = \frac{3}{8\pi}\int_0^\pi d\theta \sin\theta \sin^2\theta \int_0^{2\pi} d\phi$$

이다. $x = \cos\theta$로 하면 이 적분은

$$\frac{3}{8\pi} 2\pi \int_{-1}^{1} (1-x^2)dx = \frac{3}{4}\left(2-\frac{2}{3}\right) = 1$$

이다. 직교 조건은

$$\begin{aligned}
&\int_0^\pi d\theta \sin\theta \int_0^{2\pi} d\phi\, Y_2^1(\theta,\phi)^* \, Y_1^{-1}(\theta,\phi) \\
&\quad = -\left(\frac{15}{8\pi}\right)^{1/2}\left(\frac{3}{8\pi}\right)^{1/2} \int_0^\pi d\theta \sin\theta \int_0^{2\pi} d\phi (e^{-i\phi}\sin\theta\cos\theta)(e^{-i\phi}\sin\theta) \\
&\quad = -\left(\frac{45}{64\pi^2}\right)^{1/2} \int_0^\pi d\theta \sin^3\theta\cos\theta \int_0^{2\pi} d\phi e^{-2i\phi}
\end{aligned}$$

이다. ϕ에 대한 적분은 $\cos 2\phi$와 $\sin 2\phi$의 한 주기 적분이므로 영이 된다. 따라서 $Y_1^{-1}(\theta,\phi)$와 $Y_2^1(\theta,\phi)$는 직교한다.

요약하면, 강체회전자의 Schrödinger 방정식은

$$\hat{H} Y_J^m(\theta,\phi) = \frac{\hbar^2 J(J+1)}{2I} Y_J^m(\theta,\phi) \qquad J = 0,1,2,\cdots \tag{6-58}$$

이고 이때 $\hat{H}$는 6-9 식으로 주어진다. $\hat{H} = \hat{L}^2/2I$, $\hat{L}^2$ 이

$$\hat{L}^2 = -\hbar^2\left[\frac{1}{\sin\theta}\frac{\partial}{\partial\theta}\left(\sin\theta\frac{\partial}{\partial\theta}\right) + \frac{1}{\sin^2\theta}\frac{\partial^2}{\partial\phi^2}\right] \tag{6-59}$$

이므로 $\hat{L}^2$에 대한 고유치 방정식은

$$\hat{L}^2 Y_J^m(\theta,\phi) = \hbar^2 J(J+1) Y_J^m(\theta,\phi) \tag{6-60}$$

이다. 따라서 구면조화함수는 $\hat{L}^2$의 고유함수가 되고 각운동량의 제곱은 다음의 값만을 갖는 것을 알 수 있다.

$$L^2 = \hbar^2 J(J+1) \qquad J = 0, 1, 2, \cdots \tag{6-61}$$

예제 6-8 $Y_1^1(\theta,\phi)$이 $\hat{L}^2$의 고유함수이고 고유치가 $L^2 = 2\hbar^2$ 임을 보여라.(6-60 식)

풀이 표 6-5 로부터

$$Y_1^1(\theta,\phi) = \left(\frac{3}{8\pi}\right)^{1/2} \sin\theta e^{i\phi}$$

이다. 6-59 식의 연산자에서 θ에 대한 연산의 결과는 $e^{i\phi}(\cos^2\theta - \sin^2\theta)/\sin\theta$이고 ϕ에 대한 연산의 결과는 $-e^{i\phi}/\sin\theta$이다. 이 두 항들을 더하면

$$\frac{(\cos^2\theta - \sin^2\theta - 1)e^{i\phi}}{\sin\theta} = -\frac{2e^{i\phi}\sin^2\theta}{\sin}\theta = -2e^{i\phi}\sin\theta$$

이고 따라서

$$\hat{L}^2 Y_1^1(\theta,\phi) = 2\hbar^2 Y_1^1(\theta,\phi)$$

이다. 이 결과는 $J=1$일 때 6-60 식과 같다.

각운동량은 고전역학에서는 물론 양자역학에서도 중요한 역할을 하고 있는 것으로 밝혀졌으며 따라서 6-8 절에서는 이 각운동량에 대해 다루려고 한다.

6.7 강체회전자 근사에서 선택규칙은 $\Delta J = \pm 1$이다.

5.12 절에서 조화진동자의 선택규칙을 논의할 때 z 축 방향의 전자기복사선을 분자가 흡수하여 한 진동상태에서 다른 진동상태로 전이가 일어날 확률이 다음 적분의 제곱으로 주어진다는 것을 보였다.

$$< v'|\mu_z|v > = \int_{-\infty}^{\infty} dx \psi_{v'}(x)\mu_z\psi_v(x)$$

이 적분을 전이 쌍극자모멘트라고 부른다. 강체회전자의 경우 전이 쌍극자모멘트 적분은 다음 형으로 주어진다.(이 결과는 8.6 절에서 유도할 것이다.)

$$< J',m'|\mu_z|J,m> = \int_0^{2\pi}\int_0^{\pi} Y_{J'}^{m'}(\theta,\phi)^* \mu_z Y_J^m(\theta,\phi)\sin\theta d\theta d\phi$$

$\mu_z = \mu_0 \cos\theta$를 이용하면

$$< J',m'|\mu_z|J,m> = \mu_0\int_0^{2\pi}\int_0^{\pi} Y_{J'}^{m'}(\theta,\phi)^* Y_J^m(\theta,\phi)\cos\theta\sin\theta d\theta d\phi \qquad (6-62)$$

가 된다. 전이모멘트가 영이 아니기 위해서 μ가 영이 아니어야 함을 주목하여라. 따라서 적어도 강체회전자 근사에서 분자는 순수한 회전 스펙트럼을 갖기 위해 영구 쌍극자모멘트를 가져야함을 알 수 있다. 이제 $\Delta J = \pm 1$을 증명해 보자. 6-56 식에 따라 N_{Jm}이 정규화상수일 때 (6-54 식)

$$Y_J^m(\theta,\phi) = i^{m+|m|} N_{Jm} P_J^{|m|}(\cos\theta) e^{im\phi} \qquad (6-63)$$

임을 상기하여라. 6-63 식을 6-62 식에 대입하고 $x = \cos\theta$로 치환하면

$$< J',m'|\mu_z|J,m> = \mu_0 N_{J'm'} N_{Jm} \int_0^{2\pi} d\phi e^{i(m-m')\phi} \int_{-1}^{1} dx x P_{J'}^{|m'|}(x) P_J^{|m|}(x) \qquad (6-64)$$

을 얻는다. $m = m'$이 아니면 ϕ에 대한 적분이 영이 되어 $\Delta m = 0$가 강체회전자 선택규칙의 일부가 된다. $m = m'$일 때 ϕ에 대한 적분은 2π 이어서

$$< J',m|\mu_z|J,m> = 2\pi\mu_0 N_{J'm} N_{Jm} \int_{-1}^{1} dx x P_{J'}^{|m|}(x) P_J^{|m|}(x) \qquad (6-65)$$

을 얻는다. 이 적분은 일반적으로 다음 회귀식을 이용하면 구할 수 있다.(연습문제 6-63)

$$(2J+1) x P_J^{|m|}(x) = (J-|m|+1) P_{J+1}^{|m|}(x) + (J+|m|) P_{J-1}^{|m|}(x) \qquad (6-66)$$

이제 6-65 식의 관계를 이용하여 다음을 구할 수 있다.

$$< J',m|\mu_z|J,m> = 2\pi\mu_0 N_{J'm} N_{Jm} \int_{-1}^{1} dx P_{J'}^{|m|}(x) \times \left\{ \frac{(J-|m|+1)}{2J+1} P_{J+1}^{|m|}(x) + \frac{(J+|m|)}{2J+1} P_{J-1}^{|m|}(x) \right\}$$

$P_J^m(x)$의 직교성을 이용하면 (6-53 식) 위의 적분은 $J' = J+1$ 또는 $J' = J-1$인 경우를 제외하고 모두 영이 되는 것을 알 수 있다. 이것이 선택규칙 $J' = J\pm 1$ 또는 $\Delta J = \pm 1$이다. 따라서 강체회전자 근사를 사용한 순수한 회전 스펙트럼의 선택규칙은

분자가 영구 쌍극자모멘트를 가져야 하고, $\Delta J = \pm 1$ 그리고 $\Delta m = 0$이다.

예제 6-9 표 6-3의 구면조화함수의 식을 사용하여 마이크로파 분광학에서 강체회전자 근사를 사용했을 때 $J=0 \rightarrow J=1$ 회전전이가 허락되는 반면 $J=0 \rightarrow J=2$ 회전전이가 금지되는 것을 보여라.

풀이 6-62 식을 이용하면 다음의 적분이 영이 아니고

$$I_{0\rightarrow 1} = \int_0^{2\pi} d\phi \int_0^{\pi} d\theta \sin\theta \cos\theta \, Y_1^m(\theta,\phi)^* \, Y_0^0(\theta,\phi)$$

다음의 적분은 항상 영이 됨을 보여야 함을 알 수 있다.

$$I_{0\rightarrow 2} = \int_0^{2\pi} d\phi \int_0^{\pi} d\theta \sin\theta \cos\theta \, Y_2^m(\theta,\phi)^* \, Y_0^0(\theta,\phi)$$

어떠한 경우에도 $m=0$이 아니면 ϕ에 대한 적분은 영이 되고 따라서 θ의 적분만 고려하면 된다는 것을 아는 것은 쉬운 일이다. $I_{0\rightarrow 1}$에 대해

$$I_{0\rightarrow 1} = 2\pi \int_0^{\pi} d\theta \sin\theta \cos\theta \left(\frac{3}{4\pi}\right)^{1/2} \cos\theta \left(\frac{1}{4\pi}\right)^{1/2} = \frac{\sqrt{3}}{2} \int_{-1}^{1} dx x^2 = \frac{1}{\sqrt{3}} \neq 0$$

이고 $I_{0\rightarrow 2}$에 대해 피적분함수가 x의 기함수이므로

$$I_{0\rightarrow 2} = 2\pi \int_0^{\pi} d\theta \sin\theta \cos\theta \left(\frac{5}{16\pi}\right)^{1/2} (3\cos^2\theta - 1) \left(\frac{1}{4\pi}\right)^{1/2} = \frac{\sqrt{5}}{4} \int_{-1}^{1} dx \,(3x^3 - x) = 0$$

이다.

6.8 각운동량의 세 성분 값은 동시에 정확히 결정될 수 없다.

이 절에서는 각운동량의 양자역학적인 성질에 대해 조사해 보고자 한다. 각운동량은 강체회전자 이론은 물론 수소원자 이론에서도 중요한 역할을 한다. 실제로 다음 장에서는 구면조화함수가 수소원자의 각 방향 파동함수임은 물론 강체회전자의 파동함수임을 보일 것이다. 이것을 일반적으로 보이기 위해 l을 각운동량, m을 각운동량의 z 축 성분으로 사용할 것이다.

각운동량이 벡터 양 임을 상기하여라. 각운동량의 세 성분에 대한 양자역학적인 연산자가 표 4-1에 주어져 있다. 이 연산자들은 모멘트에 대한 고전적인 표현(C-20 식)을

양자역학적인 연산자로 대체한 것으로

$$\hat{L}_x = y\hat{P}_z - z\hat{P}_y = -i\hbar\left(y\frac{\partial}{\partial z} - z\frac{\partial}{\partial y}\right)$$
$$\hat{L}_y = z\hat{P}_x - x\hat{P}_z = -i\hbar\left(z\frac{\partial}{\partial x} - x\frac{\partial}{\partial z}\right)$$
$$\hat{L}_z = x\hat{P}_y - y\hat{P}_x = -i\hbar\left(x\frac{\partial}{\partial y} - y\frac{\partial}{\partial x}\right)$$

이다. 지루하기는 하나 단순한 편미분을 수행하면 이 세 식을 다음 구형극좌표로 바꿀 수 있다.(연습문제 6-38, 6-39)

$$\begin{aligned}\hat{L}_x &= -i\hbar\left(-\sin\phi\frac{\partial}{\partial\theta} - \cot\theta\cos\phi\frac{\partial}{\partial\phi}\right)\\ \hat{L}_y &= -i\hbar\left(\cos\phi\frac{\partial}{\partial\theta} - \cot\theta\sin\phi\frac{\partial}{\partial\phi}\right)\\ \hat{L}_z &= -i\hbar\frac{\partial}{\partial\phi}\end{aligned} \tag{6-67}$$

구면조화함수의 정의를 이용하면(6-56 식), 구면조화함수에서 ϕ 의존도는 $\Phi_m(\phi)$의 $e^{im\phi}$ 부분에만 나타나므로 구면조화함수는 $\hat{L}_z$의 고유함수가 된다.

$$\begin{aligned}\hat{L}_z Y_l^m(\theta,\phi) &= N_{lm}\hat{L}_z P_l^{|m|}(\cos\theta)e^{im\phi}\\ &= N_{lm}P_l^{|m|}(\cos\theta)\hat{L}_z e^{im\phi}\\ &= \hbar m Y_l^m(\theta,\phi)\end{aligned} \tag{6-68}$$

6-68 식은 L_z의 측정치가 $\hbar$의 정수배가 됨을 보여주고 있다. $\hbar$는 양자역학적인 계에서 각운동량의 기본단위가 됨을 주목하여라.

그러나 구면조화함수는 다음 예에서 보듯이 $\hat{L}_x$나 $\hat{L}_y$의 고유함수가 아니다.

예제 6-10 6-67 식을 이용하여 $Y_1^{-1}(\theta,\phi)$가 $\hat{L}_x$의 고유함수가 아님을 보여라.

풀이 표 6-5에서 $Y_1^{-1}(\theta,\phi) = (3/8\pi)^{1/2}\sin\theta e^{-i\phi}$이다. 6-67의 첫 번째 식에서

$$\begin{aligned}\hat{L}_x Y_1^{-1}(\theta,\phi) &= -i\hbar\left(\frac{3}{8\pi}\right)^{1/2}(-\sin\phi\cos\theta e^{-i\phi} + i\cot\theta\cos\phi\sin\theta e^{-i\phi})\\ &= -i\hbar\left(\frac{3}{8\pi}\right)^{1/2}\cos\theta(-\sin\phi + i\cos\phi)^{-i\phi}\end{aligned}$$

괄호 안의 항은

$$-\sin\phi + i\cos\phi = -\frac{(e^{i\phi}-e^{-i\phi})}{2i} + i\frac{(e^{i\phi}+e^{-i\phi})}{2}$$

$$= \frac{i}{2}(e^{i\phi}-e^{-i\phi}) + \frac{i}{2}(e^{i\phi}+e^{-i\phi}) = ie^{i\phi}$$

이므로

$$\hat{L}_z Y_1^{-1}(\theta,\phi) = \hbar\left(\frac{3}{8\pi}\right)^{1/2}\cos\theta = \frac{\hbar}{2^{1/2}} Y_1^0(\theta,\phi)$$

이다. $Y_1^{-1}(\theta,\phi)$과 $Y_1^0(\theta,\phi)$가 서로 직교하므로

$$<\hat{L}_z> = \int_0^\pi d\theta\sin\theta\int_0^{2\pi} d\phi\, Y_1^{-1}(\theta,\phi)^* \hat{L}_z Y_1^{-1}(\theta,\phi)$$

$$= \frac{\hbar}{2^{1/2}}\int_0^{2\pi} d\phi\int_0^\pi d\theta\sin\theta\, Y_1^{-1}(\theta,\phi)^* Y_1^0(\theta,\phi) = 0$$

임을 주목하여라.

이 절에서 사용한 표현에 의하면 6-60 식은

$$\hat{L}^2 Y_l^m(\theta,\phi) = \hbar^2 l(l+1) Y_l^m(\theta,\phi) \tag{6-69}$$

이다. 구면조화함수가 동시에 $\hat{L}_z$와 $\hat{L}^2$의 고유함수가 되므로 L_z와 L^2을 동시에 정확히 결정할 수 있고(4.4 절) 따라서 연산자 $\hat{L}_z$와 $\hat{L}^2$는 교환된다.

예제 6-11 연산자 $\hat{L}_z$와 $\hat{L}^2$가 교환됨을 증명하여라.

풀이 6-59 식의 $\hat{L}^2$과 6-67 식의 $\hat{L}_z$를 이용하면

$$\hat{L}^2\hat{L}_z f = -\hbar^2\left\{\frac{1}{\sin\theta}\frac{\partial}{\partial\theta}\left(\sin\theta\frac{\partial}{\partial\theta}\right) + \frac{1}{\sin^2\theta}\frac{\partial^2}{\partial\phi^2}\right\}\left(-i\hbar\frac{\partial f}{\partial\phi}\right)$$

$$= i\hbar^3\left\{\frac{1}{\sin\theta}\frac{\partial}{\partial\theta}\left(\sin\theta\frac{\partial^2 f}{\partial\theta\partial\phi}\right) + \frac{1}{\sin^2\theta}\frac{\partial^3 f}{\partial\phi^3}\right\}$$

$$\hat{L}_z\hat{L}^2 f = \left(-i\hbar\frac{\partial}{\partial\phi}\right)\left[-\hbar^2\left\{\frac{1}{\sin\theta}\frac{\partial}{\partial\theta}\left(\sin\theta\frac{\partial f}{\partial\theta}\right) + \frac{1}{\sin^2\theta}\frac{\partial^2 f}{\partial\phi^2}\right\}\right]$$

$$= i\hbar^3\left\{\frac{1}{\sin\theta}\frac{\partial}{\partial\theta}\left(\sin\theta\frac{\partial^2 f}{\partial\theta\partial\phi}\right)+\frac{1}{\sin^2\theta}\frac{\partial^3 f}{\partial\phi^3}\right\}$$

마지막 식은 $(\partial/\partial\phi)$가 θ에는 무관하다는 사실로부터 온다. 파동함수가 되기 위해 well behaved인 어떤 함수도

$$\frac{\partial^2 f}{\partial\theta\partial\phi}=\frac{\partial^2 f}{\partial\phi\partial\theta}$$

이므로 $\hat{L}^2\hat{L}_z f=\hat{L}_z\hat{L}^2 f$ 가됨을 알 수 있다. f가 임의의 함수이므로

$$[\hat{L}^2,\hat{L}_z]=0$$

이다.

6-60 식과 6-68 식을 $|m|\leq l$ 또는 $m=0,\pm 1,\pm 2,\cdots,\pm l$을 증명하는데 이용할 수 있다. 6-68 식에 따르면

$$\hat{L}_z^2 Y_l^m(\theta,\phi)=m^2\hbar^2 Y_l^m(\theta,\phi) \tag{6-70}$$

이다. 6-60 식에서 6-70 식을 빼면

$$(\hat{L}^2-\hat{L}_z^2)Y_l^m(\theta,\phi)=\hbar^2[l(l+1)-m^2]Y_l^m(\theta,\phi)$$

이며 $\hat{L}^2=\hat{L}_x^2+\hat{L}_y^2+\hat{L}_z^2$이므로

$$(\hat{L}^2-\hat{L}_z^2)Y_l^m(\theta,\phi)=(\hat{L}_x^2+\hat{L}_y^2)Y_l^m(\theta,\phi)=\hbar^2[l(l+1)-m^2]Y_l^m(\theta,\phi) \tag{6-71}$$

이 된다. 따라서 $L_x^2+L_y^2$의 관측치는 $[l(l+1)-m^2]\hbar^2$이 된다. 그러나 $L_x^2+L_y^2$는 제곱한 두 양의 합이므로 음수가 될 수 없고 따라서

$$[l(l+1)-m^2]\hbar^2\geq 0$$

또는

$$l(l+1)\geq m^2 \tag{6-72}$$

이다. l과 m이 정수이므로 6-72 식은

$$|m|\leq l$$

임을 보여주고 가능한 정수 m은

$$m = 0, \pm 1, \pm 2, \cdots, \pm l \tag{6-73}$$

이 된다. 이 결과는 수소원자의 자기양자수 조건으로 알려져 있다.

6-73 식은 각각의 l 값에 따라 $2l+1$의 가능한 m 값이 존재하는 것을 보여주고 있다. $l=1$, 즉 $l(l+1)=2$인 경우를 생각해보자. $l=1$이므로 m은 0, ± 1 값만을 가질 수 있다. 다음 식을 이용하면

$$\hat{L}^2 Y_1^m(\theta,\phi) = 1(1+1)\hbar^2 Y_1^m(\theta,\phi) = 2\hbar^2 Y_1^m(\theta,\phi) \qquad m = 0, \pm 1$$
$$\hat{L}_z Y_1^m(\theta,\phi) = m\hbar Y_1^m(\theta,\phi) \qquad m = 0, \pm 1$$

이므로 $|\boldsymbol{L}|$을 각운동량 벡터의 크기라고 할 때

$$|\boldsymbol{L}| = (L^2)^{1/2} = \sqrt{2}\,\hbar$$
$$L_z = -\hbar,\ 0,\ \hbar$$

이다. L_z의 최대치가 $|\boldsymbol{L}|$ 보다 작음을 주목하여라. 즉, 이것은 L_z가 $\boldsymbol{L}$과 같은 방향을 가리킬 수 없음을 의미한다. 이것을 그림 6-6에 L_z가 $+\hbar$의 값 그리고 $|\boldsymbol{L}| = \sqrt{2}\,\hbar$의 경우에 대해 나타내었다.

이제 L_x와 L_y를 정해보자. 연습문제 6-41에서 $\hat{L}_x$, $\hat{L}_y$, $\hat{L}_z$가 각각 $\hat{L}^2$과 교환되는 것을 증명하게 하였다:

$$[\hat{L}^2,\ \hat{L}_x] = [\hat{L}^2,\ \hat{L}_y] = [\hat{L}^2,\ \hat{L}_z] = 0 \tag{6-74}$$

그러나 각각은 서로 교환하지 않고 특히 다음과 같이 된다.

$$\begin{aligned} [\hat{L}_x,\ \hat{L}_y] &= i\hbar\hat{L}_z \\ [\hat{L}_y,\ \hat{L}_z] &= i\hbar\hat{L}_x \\ [\hat{L}_z,\ \hat{L}_x] &= i\hbar\hat{L}_y \end{aligned} \tag{6-75}$$

(이 식들에서 순환되는 패턴을 볼 수 있는가?) 6-74 식과 6-75 식은 L^2과 L_z가 비록 동시에 정확히 측정되더라도 L_x와 L_y는 연산자들이 교환되지 않기 때문에 동시에 정확히 측정하는 것이 불가능함을 보여주고 있다. 물론 L_x와 L_y가 정확히 측정되지 않더라도 평균값을 구할 수는 있고 연습문제 6-42는 그 값이 $\langle L_x \rangle = \langle L_y \rangle = 0$ 임을 보여주고 있다. 그림 6-6에 L_z가 $+\hbar$의 값 그리고 $|\boldsymbol{L}|$이 $\sqrt{2}\,\hbar$의 값을 갖는 경우에 대해 나타내었다. 이 결과에 대한 좋은 고전적인 해석은 다음과 같다. 즉, L이 z 축을 중심으로 세차운동을 하여 그림에 보인 원뿔의 표면을 그려내는 것이다. 따라서 L_x와 L_y의 평균

값이 영이 된다. 이 그림은 불확실성의 원리를 잘 설명하고 있다. 즉, L_z를 정확히 정해주면 L_z에 연관된 각 ϕ가 완전히 불확실해진다.

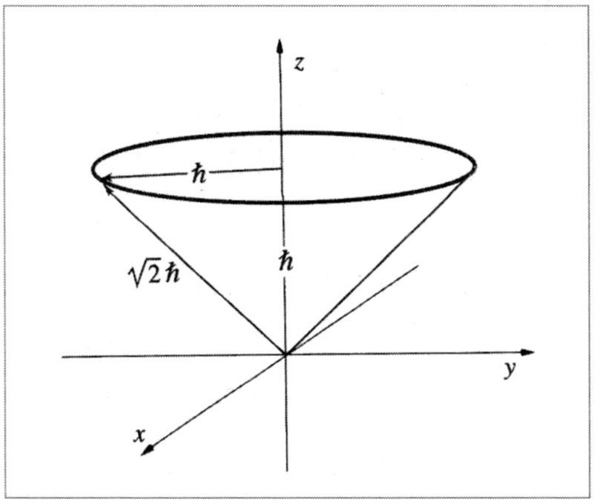

그림 6-6 각운동량 상태 $l=1$의 $m=+1$ 성분. 각운동량은 x와 y가 정해지지 않기 때문에 원뿔을 나타낸다. 이 운동의 $x-y$ 평면에 대한 투영은 원점에서 반경 $\hbar$인 원이 된다.(예제 6-12)

예제 6-12 $L^2=2\hbar^2$, $L_z=\hbar$인 각운동량 벡터의 운동에서 $x-y$ 평면에 대한 투영이 반경 $\hbar$인 원이 됨을 보여라.

풀이 그림 6-6의 원뿔로부터 $x-y$ 평면에 대한 투영이 원이 됨을 알 수 있다. 이 원의 반경 r을 정하기 위해 x, z 단면을 생각해 보자.

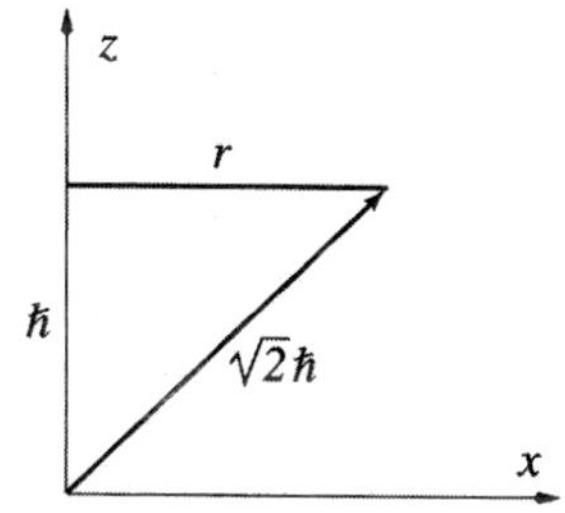

그림의 직각삼각형에서 $r^2+\hbar^2=2\hbar^2$이므로 $r=\hbar$이다. 따라서 각운동량의 크기와 z축 성분을 알고 있더라도 벡터 $L_x i + L_y j$가 가리키는 방향은 알 수 없다.

이 절을 끝내기 전에 다음과 같은 질문을 할 수 있다. z 방향은 왜 특별한가? 그 답은 "z 방향은 특별하지 않다"이다. x와 y 방향을 특별히 잡더라도 위 결과들은 z 대신 x 또는 y가 바뀌는 것만 제외하고 다 같다. 예를 들어, L^2과 L_x를 동시에 정확히 알고 있는 경우 L_y와 L_z가 정확한 값을 갖지 못한다. z 방향을 특별히 선택하는 이유는 L_x나 L_y에 비해 L_z의 모양이 구형극좌표 계에서 더 간단하기 때문이다.(6-67 식) 회전하고 있는 계는 확실히 x, y 또는 z 방향을 구별하지 못하고 이것이 $2l+1$의 축퇴도를 보이는 이유가 된다.

부록 연산자 방법을 이용한 $\hat{L}^2$과 $\hat{L}_z$의 고유치 결정

제 5 장의 부록에서는 연산자 방법을 이용하여 조화진동자의 파동함수와 에너지를 결정하였다. 이 경우 중요한 단계는 Hamiltonian 연산자를 올림 연산자와 내림 연산자로 표시하고 교환자 조건 $[\hat{P}_x, \hat{X}] = -i\hbar$를 사용하는 것이었다. 이 부록에서는 $\hat{L}^2$과 $\hat{L}_z$의 고유함수와 고유치를 유사한 방법으로 구하려고 한다. 이 과정은 각운동량에 대한 일반적인 논의에 자주 사용된다.

이 장에서 $\hat{L}^2$ 연산자의 고유치가 $\hbar^2 l(l+1)$ $l = 0,1,2,\cdots$ 그리고 $\hat{L}_z$ 연산자의 고유치는 $m\hbar$ $m = 0,\pm 1,\pm 2,\cdots,\pm l$ 임을 알았다. 또한 $\hat{L}^2$과 $\hat{L}_z$가 교환되므로 비록 여기에서는 알 필요가 없지만 구면조화함수 $Y_l^m(\theta,\phi)$가 동시에 이 두 연산자의 고유함수가 된다. 단지 알아야하는 것은 $\hat{L}^2$과 $\hat{L}_z$가 교환되어서 같은 고유함수를 갖는다는 사실이다. 이 점을 강조하기 위해 $\psi_{\alpha\beta}$를 다음과 같이 $\hat{L}^2$과 $\hat{L}_z$의 정규화 된 고유함수라고 하자.

$$\hat{L}^2\psi_{\alpha\beta} = \hbar^2\beta^2\psi_{\alpha\beta} \qquad \hat{L}_z\psi_{\alpha\beta} = \hbar\alpha\psi_{\alpha\beta} \tag{1}$$

또는 braket 표현으로

$$\hat{L}^2|\beta\alpha> = \hbar^2\beta^2|\beta\alpha> \tag{2a}$$

$$\hat{L}_z|\beta\alpha> = \hbar\alpha|\beta\alpha> \tag{2b}$$

라고 하자. 식 (2b)에 $\hat{L}_z$를 연산하고 그 결과를 식 (2a)에서 빼면

$$(\hat{L}^2 - \hat{L}_z^2)|\beta\alpha> = \hbar^2(\beta^2 - \alpha^2)|\beta\alpha>$$

가 된다. $\hat{L}^2 - \hat{L}_z^2 = \hat{L}_x^2 + \hat{L}_y^2$이므로 이에 상응하는 양은 음수가 될 수 없고 따라서

$$\begin{aligned} <\beta\alpha|\hat{L}_x^2 + \hat{L}_y^2|\beta\alpha> &= <\beta\alpha|\hat{L}^2 - \hat{L}_z^2|\beta\alpha> \\ &= \hbar^2(\beta^2 - \alpha^2) <\beta\alpha|\beta\alpha> \\ &= \hbar^2(\beta^2 - \alpha^2) \geqq 0 \end{aligned}$$

또는

$$-\beta \leqq \alpha \leqq \beta \tag{3}$$

을 얻는다. β가 고정되어 있으므로 가능한 α는 유한한 수를 갖는다.

가능한 α를 결정하기 위해 다음 6-74 식과 6-75 식으로부터 시작한다.

$$[\hat{L}^2,\ \hat{L}_x] = [\hat{L}^2,\ \hat{L}_y] = [\hat{L}^2,\ \hat{L}_z] = 0 \tag{4}$$

$$[\hat{L}_x,\ \hat{L}_y] = i\hbar\hat{L}_z \tag{5a}$$

$$[\hat{L}_y,\ \hat{L}_z] = i\hbar\hat{L}_x \tag{5b}$$

$$[\hat{L}_z,\ \hat{L}_x] = i\hbar\hat{L}_y \tag{5c}$$

여기에서 $\hat{L}^2 = \hat{L}_x^2 + \hat{L}_y^2 + \hat{L}_z^2$이다. 이제 꼭 에르미티안 일 필요는 없지만 다음 연산자를 도입하자.

$$\hat{L}_+ = \hat{L}_x + i\hat{L}_y \tag{6}$$

$$\hat{L}_- = \hat{L}_x - i\hat{L}_y \tag{7}$$

식 (4)와 (5)를 이용하면

$$[\hat{L}^2, \hat{L}_+] = [\hat{L}^2, \hat{L}_-] = 0 \tag{8}$$

$$[\hat{L}_z, \hat{L}_+] = \hbar\hat{L}_+ \tag{9}$$

$$[\hat{L}_z, \hat{L}_-] = \hbar\hat{L}_- \tag{10}$$

임을 보이는 것은 쉬운 일이다. 즉,

$$\begin{aligned}[\hat{L}_z, \hat{L}_+] &= \hat{L}_z(\hat{L}_x + i\hat{L}_y) - (\hat{L}_x + i\hat{L}_y)\hat{L}_z \\ &= \hat{L}_z\hat{L}_x - \hat{L}_x\hat{L}_z + i(\hat{L}_z\hat{L}_y - \hat{L}_y\hat{L}_z) \\ &= i\hbar\hat{L}_y + i(-i\hbar\hat{L}_x) = \hbar(\hat{L}_x + i\hat{L}_y) = \hbar\hat{L}_+\end{aligned}$$

이다. 이제

$$\psi_{\beta\alpha}^{+1} = \hat{L}_+\psi_{\beta\alpha} \tag{11}$$

로 하자. (11) 식의 양변에 $\hat{L}_z$를 연산하고 (9) 식을 이용하면

$$\begin{aligned}\hat{L}_z\psi_{\beta\alpha}^{+1} &= \hat{L}_z\hat{L}_+\psi_{\beta\alpha} \\ &= (\hbar\hat{L}_+ + \hat{L}_+\hat{L}_z)\psi_{\beta\alpha} \\ &= \hbar\hat{L}_+\psi_{\beta\alpha} + \hbar\alpha\hat{L}_+\psi_{\beta\alpha} \\ &= \hbar(\alpha+1)\hat{L}_+\psi_{\beta\alpha} \\ &= \hbar(\alpha+1)\psi_{\beta\alpha}^{+1}\end{aligned} \tag{12}$$

을 얻는다.

(11) 식의 양변에 $\hat{L}^2$을 연산하고 $\hat{L}^2$이 $\hat{L}_z$와 교환된다는 사실을 이용하면(식 (4))

$$\hat{L}^2\hat{L}_+\psi_{\beta\alpha} = \hat{L}_+\hat{L}^2\psi_{\beta\alpha} = \hbar^2\beta^2\hat{L}_+\psi_{\beta\alpha} = \hbar^2\beta^2\psi_{\beta\alpha}^{+1} \qquad (13)$$

을 얻는다. 따라서 $\psi_{\beta\alpha}$에 $\hat{L}_+$를 연산하면 $\psi_{\beta\alpha}$ 로부터 $\psi_{\beta\alpha+1}$을 얻게 되고 braket 표현을 사용하면

$$\hat{L}_+|\beta\alpha> = c_+|\beta\alpha+1> \qquad (14)$$

가 되고 c_+는 정규화상수이다. 연산자 $\hat{L}_+$는 올림 연산자이다. $|\beta\alpha>$에 $\hat{L}_+$를 반복해서 연산하면, 그 결과가 영이 아니기만 하면 $\hat{L}_z$의 고유함수들 $|\beta\alpha>, |\beta\alpha+1>, |\beta\alpha+2>, \cdots$을 얻을 수 있다.

이와 유사한 방법으로 $\hat{L}_-$가 다음과 같이 내림 연산자임을 보일 수 있다.

$$\hat{L}_-|\beta\alpha> = c_-|\beta\alpha-1> \qquad (15)$$

$|\beta\alpha>$에 $\hat{L}_-$를 반복해서 연산하면, 그 결과가 영이 아니기만 하면 $\hat{L}_z$의 고유함수들 $|\beta\alpha>, |\beta\alpha-1>, |\beta\alpha-2>, \cdots$을 얻을 수 있다. $|\beta\alpha>$에 $\hat{L}_+$와 $\hat{L}_-$를 반복해서 연산하면, 그 결과가 영이 아니기만 하면 $\hat{L}_z$의 고유함수들 $|\beta\alpha>, |\beta\alpha\pm1>, |\beta\alpha\pm2>, \cdots$을 얻을 수 있음을 주목하여라. 고유함수의 α는 한 단계씩 증가하거나 감소하여 고유치의 사다리를 만든다. 이 이유로 $\hat{L}_+$와 $\hat{L}_-$를 사다리 연산자라고 한다.

(3) 식에 의하면 $-\beta \leqq \alpha \leqq \beta$이다. $\alpha_{\max}$를 가능한 α의 최대치라고 하자. 정의에 따라

$$\hat{L}_+|\beta\alpha_{\max}> = 0 \qquad (16)$$

(16) 식에 $\hat{L}_-$를 연산하면

$$\hat{L}_-\hat{L}_+|\beta\alpha_{\max}> = 0 \qquad (17)$$

이다. $\hat{L}_-$, $\hat{L}_+$를 $\hat{L}^2$과 $\hat{L}_z$로 표시하면

$$\begin{aligned}\hat{L}_-\hat{L}_+ &= (\hat{L}_x - i\hat{L}_y)(\hat{L}_x + i\hat{L}_y)\\ &= \hat{L}_x^2 + \hat{L}_y^2 + i(\hat{L}_x\hat{L}_y - \hat{L}_y\hat{L}_x)\\ &= \hat{L}^2 - \hat{L}_z^2 - \hbar\hat{L}_z\end{aligned}$$

이다. 이 결과를 (17) 식에 대입하면

$$\hat{L}_-\hat{L}_+|\beta\alpha_{max}>=(\hat{L}^2-\hat{L}_z^2-\hbar\hat{L}_z)|\beta\alpha_{max}>$$
$$=\hbar^2(\beta^2-\alpha_{max}^2-\alpha_{max})|\beta\alpha_{max}>=0$$

이 되고 이로부터

$$\beta^2=\alpha_{max}^2+\alpha_{max} \tag{18}$$

을 얻는다.

이와 유사하게

$$\hat{L}_-|\beta\alpha_{min}>=0$$

에서 시작하여 $\hat{L}_+$를 연산하는 것으로

$$\beta^2=\alpha_{min}^2-\alpha_{min} \tag{19}$$

를 얻을 수 있다. (18)과 (19) 식으로부터 α_{max}와 α_{min} 과의 관계식

$$\alpha_{max}^2+\alpha_{max}=\alpha_{min}^2-\alpha_{min}$$

에서 α_{max}에 대해 풀면

$$\alpha_{max}=-\frac{1}{2}\pm\frac{1}{2}(1-4\alpha_{min}+4\alpha_{min}^2)^{1/2}$$
$$=-\frac{1}{2}\pm\frac{1}{2}(1-2\alpha_{min})$$
$$=\alpha_{min}-1 \quad \text{또는} \quad -\alpha_{min}$$

을 얻는다. 정의에 따라 α_{max}는 $\alpha_{min}-1$이 될 수 없고 따라서 α_{max}는 $-\alpha_{min}$이 된다. 또한 위에서 살펴본 대로 $\hat{L}_z$의 고유치가 한 계단씩 변하므로 $\hat{L}_z$의 고유치는 $-\alpha_{min}$ 부터 α_{max} 까지 한 계단씩 증가한다. 이것은 α_{max} 자신이 정수(혹은 반정수)일 때만 가능하다. 따라서 $\alpha_{max}=l=$ 정수이면

$$\alpha=0,\pm1,\pm2,\cdots,\pm l \tag{20}$$

이다. (18) 식에 $\alpha_{max}=l$을 대입하면

$$\beta^2=l(l+1) \qquad l=0,1,2,\cdots \tag{21}$$

이고 이 장에서 소개하였다.

연산자 방법을 이용하여 고유함수를 구할 수도 있다. 이것을 5 장의 조화진동자의 경우에 대해 수행하였지만 여기에서는 이 장의 끝에 있는 Townsend의 참고문헌을 참고하도록 하였다.

연 습 문 제

6-1. 강체회전자의 관성모멘트가 $l = l_1 + l_2$ (고정된 두 질량 사이의 거리), μ를 환산질량이라고 할 때 $I = \mu l^2$ 임을 보여라.

6-2. 직교좌표를 다음 평면극좌표로 변환하는 것에 대해 생각해 보자.

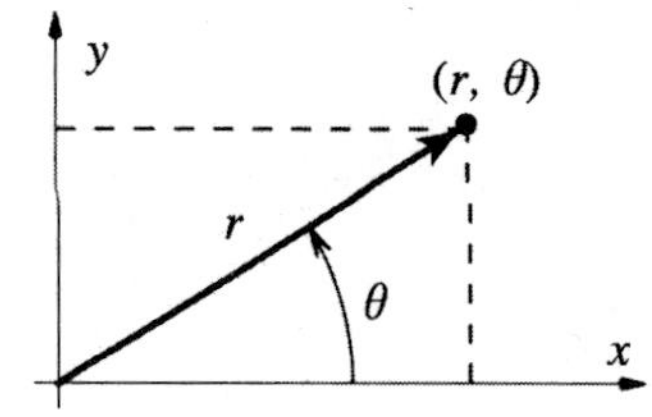

$$x = r\cos\theta \qquad r = (x^2 + y^2)^{1/2} \tag{1}$$
$$y = r\sin\theta \qquad \theta = \tan^{-1}\left(\frac{y}{x}\right)$$

함수 $f(r,\theta)$가 극좌표 r, θ에 의존하면 편미분의 연쇄법칙에 의해

$$\left(\frac{\partial f}{\partial x}\right)_y = \left(\frac{\partial f}{dr}\right)_\theta \left(\frac{\partial r}{\partial x}\right)_y + \left(\frac{\partial f}{\partial \theta}\right)_r \left(\frac{\partial \theta}{\partial x}\right)_y \tag{2}$$

$$\left(\frac{\partial f}{\partial y}\right)_x = \left(\frac{\partial f}{dr}\right)_\theta \left(\frac{\partial r}{\partial y}\right)_x + \left(\frac{\partial f}{\partial \theta}\right)_r \left(\frac{\partial \theta}{\partial y}\right)_x \tag{3}$$

이다. 논의를 간단히 하기 위해 r을 상수 l로 하여 r에 대한 미분을 무시하도록 한다. 다시 말해서 입자가 원주상에서 움직이고 있다고 생각한다. 이러한 계를 가끔 원주상 입자(particle on a ring)라고 부른다. 식 (1)과 (2)를 이용하여 다음을 보여라.

$$\left(\frac{\partial f}{\partial x}\right)_y = -\frac{\sin\theta}{l}\left(\frac{\partial f}{\partial \theta}\right)_r \qquad \left(\frac{\partial f}{\partial y}\right)_x = \frac{\cos\theta}{l}\left(\frac{\partial f}{\partial \theta}\right)_r \tag{4}$$

다시 (2) 식을 사용하여 다음을 보여라.

$$\left(\frac{\partial^2 f}{\partial x^2}\right)_y = \left[\frac{\partial}{\partial x}\left(\frac{\partial f}{\partial x}\right)_y\right] = \left[\frac{\partial}{\partial \theta}\left(\frac{\partial f}{\partial x}\right)_y\right]_l \left(\frac{\partial \theta}{\partial x}\right)_y$$

$$= \left\{\frac{\partial}{\partial \theta}\left[-\frac{\sin\theta}{l}\left(\frac{\partial f}{\partial \theta}\right)_r\right]\right\}_l \left(-\frac{\sin\theta}{l}\right)$$

$$= \frac{\sin\theta\cos\theta}{l^2}\left(\frac{\partial f}{\partial \theta}\right) + \frac{\sin^2\theta}{l^2}\left(\frac{\partial^2 f}{\partial \theta^2}\right)$$

유사한 방법으로

$$\left(\frac{\partial^2 f}{\partial y^2}\right)_x = -\frac{\sin\theta\cos\theta}{l^2}\left(\frac{\partial f}{\partial \theta}\right) + \frac{\cos^2\theta}{l^2}\left(\frac{\partial^2 f}{\partial \theta^2}\right)$$

그리고

$$\nabla^2 f = \frac{\partial^2 f}{\partial x^2} + \frac{\partial^2 f}{\partial y^2} \rightarrow \frac{1}{l^2}\left(\frac{\partial^2 f}{\partial \theta^2}\right)$$

임을 보여라. 이제 질량 m의 입자가 반경 r인 원주상을 움직이는 입자의 Schrödinger 방정식이

$$-\frac{\hbar^2}{2I}\frac{\partial^2 \psi(\theta)}{\partial \theta^2} = E\psi(\theta) \qquad 0 \leqq \theta \leqq 2\pi$$

이고 이때 $I = ml^2$은 관성모멘트이다. 이 방정식을 풀어 허락된 E를 구하여라.

6-3. 연습문제 6-2를 일반화하여 구심력이 작용하는 평면에서 움직이는 입자, 즉 다시 말해서

$$\nabla^2 = \frac{\partial^2}{\partial x^2} + \frac{\partial^2}{\partial y^2}$$

을 r을 상수로 하지 않고 평면극좌표로 변환하여라. 이 문제에 대해 변수분리의 방법을 이용하여 방정식을 분리하여라. 각에 대한 방정식을 풀어 보아라.

6-4. 이원자 분자의 회전 스펙트럼이 마이크로파 또는 원적외선의 영역에서 나타남을 보여라.

6-5. $H^{79}Br$의 원적외선 스펙트럼에서 16.72 cm^{-1}의 간격을 갖는 선들이 나타난다. $H^{79}Br$의 관성모멘트와 핵간거리를 계산하여라.

6-6. $^{12}C^{16}O$의 $J=0$에서 $J=1$ 로의 전이는 1.153×10^5 MHz에서 나타난다. CO의 결합길이를 계산하여라.

6-7. $H^{35}Cl$의 마이크로파 스펙트럼에서 선들의 간격이 6.350×10^{11} Hz로 얻어졌다. $H^{35}Cl$의 결합길이를 구하여라.

6-8. $^{39}K^{127}I$의 마이크로파 스펙트럼은 간격이 거의 3,634 MHz인 일정한 선들로 이루어져 있다. $^{39}K^{127}I$의 결합길이를 구하여라.

6-9. $H^{127}I$의 평형 결합길이는 160.4 pm이다. B를 파수와 MHz의 단위로 계산하여라.

6-10. $J=10$ 상태에 있는 이원자 분자의 회전을 고전역학으로 근사할 수 있다고 가정하고 $J=10$에 있는 $^{23}Na^{35}Cl$이 초당 몇 번 회전하는지 계산하여라. $^{23}Na^{35}Cl$의 회전상수는 6,500 MHz이다.

6-11. 강체회전자에서 유도한 결과들은 이원자 분자는 물론 선형 다원자 분자에도 적용할 수 있다. $H^{12}C^{14}N$의 관성모멘트 I가 1.89×10^{-46} kg · m^2으로 주어졌을 때 (연습문제 6-12) $H^{12}C^{14}N$의 마이크로파 스펙트럼을 예측하여 보아라.

6-12. 이 문제는 $H^{12}C^{14}N$과 같은 선형 삼원자 분자의 관성모멘트를 계산하는 문제이다. 점질량들을 포함하는 분자들의 관성모멘트는

$$I=\sum_j m_j l_j^2$$

으로 주어지고 l_j는 무게중심에서 j 번째 질량까지의 거리이다. 따라서 $H^{12}C^{14}N$의 관성모멘트는

$$I=m_H l_H^2+m_C l_C^2+m_N l_N^2 \tag{1}$$

이다. 식 (1)이 다음과 같이 됨을 보여라.

$$I=\frac{m_H m_C r_{HC}^2+m_H m_N r_{HN}^2+m_C m_N r_{CN}^2}{m_H+m_C+m_N}$$

여기에서 r은 핵간거리이다. r_{HC} = 106.8 pm, r_{CN} = 115.6 pm로 주어졌을 때 I를 계산하고 문제 6-11의 결과와 비교하여 보아라.

6-13. 다음은 60 cm^{-1}와 90 cm^{-1} 사이에서 측정된 $H^{127}I$와 $D^{127}I$의 마이크로파 스펙트럼의 선들이다.

	$\bar{\nu}_{obs}/cm^{-1}$			
$H^{127}I$	64.275	77.120	89.985	
$D^{127}I$	65.070	71.577	78.094	84.591

강체회전자 근사를 이용하여 각 분자에 대해 $\bar{B}$, I, $l(v=0)$을 계산하여라. ^{127}I와 D의 질량을 각각 126.904 amu 그리고 2.013 amu로 하여라.

6-14. CO에 대해 B = 56,000 MHz, $\bar{\omega}$ = 2,143.0 cm^{-1}로 주어졌을 때 CO의 진동-회전 스펙트럼에서 처음 몇몇 P-가지와 R-가지 선들의 진동수를 계산하여라.

6-15. ^{6}LiF에 대해 l = 156 pm, k = 250 N · m^{-1}로 주어졌을 때 $v=0$과 $v=1$ 진동상태에서 처음 다섯 회전에너지 준위를 강체회전자-조화진동자 근사를 사용하여 계산하여라. 흡수 실험에서 허락된 전이를 표시하고 ^{6}LiF의 회전-진동 스펙트럼에서 처음 몇몇 P-가지와 R-가지 선들의 진동수를 계산하여라.

6-16. 표 5-1과 6-1에 주어진 $\bar{\omega}_e$, $\bar{\chi}_e\bar{\omega}_e$, $\bar{B}_e$, $\bar{\alpha}_e$를 이용하여 $H^{35}Cl$의 $v=0$과 $v=1$ 진동상태에서 처음 다섯 회전에너지 준위를 계산하여라. 흡수 실험에서 허락된 전이를 표시하고 처음 몇몇 P-가지와 R-가지 선들의 진동수를 계산하여라.

6-17. 다음은 $H^{127}I$의 회전-진동 스펙트럼에서 얻어진 자료이다. $\bar{B}_0$, $\bar{B}_1$, $\bar{B}_e$, $\bar{\alpha}_e$를 결정하여라.

선	진동수/cm^{-1}
R(0)	2,242.6
R(1)	2,254.8
P(1)	2,217.1
P(2)	2,203.8

6-18. 다음은 순수한 $^{74}Ge^{32}S$와 $^{72}Ge^{32}S$에서 얻어진 분광학적 자료이다.

분자	B_e/MHz	α_e/MHz	D/kHz	$l(v=0)$/pm
$^{74}Ge^{32}S$	5,593.08	22.44	2.349	0.20120
$^{72}Ge^{32}S$	5,640.06	22.74	2.388	0.20120

이들 분자의 바닥 전자상태에서 $J=0$에서 $J=1$ 로의 전이 진동수를 결정하여라. 마이크로파 스펙트럼에서 흡수 선폭은 약 1 kHz이다. 마이크로파 분광학의 방법으로 $^{74}Ge^{32}S$와 $^{72}Ge^{32}S$의 50/50 혼합물에서 $^{74}Ge^{32}S$를 구별할 수 있겠는가?

6-19. $^{12}C^{32}S$의 회전 스펙트럼에서 다음 자료들을 얻었다.

v	$\overline{B}_v/\text{cm}^{-1}$
0	0.81708
1	0.81116
2	0.80524
3	0.79932

이 자료들로부터 $\overline{B}_e$와 $\overline{\alpha}_e$를 결정하여라.

6-20. NH_3, CO_2, CH_4, C_2H_6에 진동자유도는 각각 몇 개인가?

6-21. 다음은 $H^{79}Br$의 회전-진동 스펙트럼에서 얻어진 자료이다. $\overline{B}_0$, $\overline{B}_1$, $\overline{B}_e$, $\overline{\alpha}_e$를 결정하여라.

선	진동수/cm^{-1}
R(0)	2,642.60
R(1)	2,658.36
P(1)	2,609.67
P(2)	2,592.51

6-22. 비 강체회전자 근사에서 회전전이의 진동수가 6-45 식으로 주어진다. $\overline{B}$와 $\overline{D}$가 모두 $\overline{\nu}/(J+1)$를 $(J+1)^2$에 대해 도시함으로 얻어짐을 보여라. 이 방법과 표 6-2를 이용하여 $H^{35}Cl$의 $\overline{B}$와 $\overline{D}$를 결정하여라.

6-23. 다음은 $^{12}C^{16}O$의 마이크로파 스펙트럼에서 얻은 자료이다. 문제 6-22의 방법을 이용하여 $\overline{B}$와 $\overline{D}$를 결정하여라.

전이	진동수/cm^{-1}
0 → 1	3.84540
1 → 2	7.69060
2 → 3	11.53550
3 → 4	15.37990
4 → 5	19.22380
5 → 6	23.06685

6-24. 표 6-1의 자료를 이용하여 비 강체회전자 근사에서 바닥 진동상태에 있는 $H^{35}Cl$의 0 → 1, 1 → 2, 2 → 3, 3 → 4 회전전이의 진동수(cm^{-1})를 계산하여라.

6-25. 표 6-1의 자료를 이용하여 $J=10$ 상태에 있는 $H^{35}Cl$과 $^{35}Cl^{35}Cl$ 분자에서 원심 일그러짐 에너지와 총 에너지와의 비를 계산하여라.

6-26. 이 문제에서는 6-45 식을 준 고전역학적인 방법으로 유도한다. 이전과 마찬가지로 한 원자를 원점에 고정시키고 나머지 원자들은 환산질량 μ로 회전하는 것으로 한다. 분자가 강체가 아니므로 분자가 더 빨리 회전함에 따라 (J의 증가) 원심력은 결합을 늘어나게 한다. 결합이 증가하는 정도는 Hook의 법칙에 따른 힘 $[k(l-l_0)]$과 원심력 ($\mu v^2/l = \mu l\omega^2$, 1-20 식)이 같다고 놓음으로 얻어진다.

$$k(l-l_0) = \mu l\omega^2 \tag{1}$$

식 (1)에서 l_0는 회전이 없을 때 결합길이이다.($J=0$) 회전자의 총 에너지는 위치에너지와 운동에너지로 되며 따라서

$$E = \frac{1}{2}I\omega^2 + \frac{1}{2}k(l-l_0)^2 \tag{2}$$

이다. (1)을 (2)에 대입하여 다음과 같이 됨을 보여라.

$$E = \frac{L^2}{2\mu l^2} + \frac{L^4}{2\mu^2 k l^6} \tag{3}$$

여기에서 $L = I\omega$ 이다. 이제 양자조건 $L^2 = \hbar^2 J(J+1)$을 이용하여 다음을 얻어라.

$$E_J = \frac{\hbar^2}{2\mu l^2}J(J+1) + \frac{\hbar^4 J^2(J+1)^2}{2\mu^2 k l^6} \tag{4}$$

(1) 식을 $1/l^2$에 대해 풀고 $\omega = L/I = L/\mu l^2$에서 ω를 소거하여

$$\frac{1}{l^2} = \frac{1}{l_0}\left(1 - \frac{2L^2}{\mu k l^4} + \frac{L^4}{\mu^2 k^2 l^8}\right)$$

을 얻어라. 이제 이 결과를 (4) 식에 대입하여 다음을 얻어라.

$$E_J = \frac{\hbar^2}{2\mu l_0^2} J(J+1) - \frac{\hbar^4}{2\mu^2 k l_0^6} J^2(J+1)^2$$

6-27. θ를 변수로 할 때 Legendre 방정식은 다음으로 된다.

$$\sin\theta \frac{d}{d\theta}\left(\sin\theta \frac{d\Theta(\theta)}{d\theta}\right) + (\beta \sin^2\theta - m^2)\Theta(\theta) = 0$$

$x = \cos\theta$, $P(x) = \Theta(\theta)$로 하면 다음으로 되는 것을 보여라.

$$(1-x^2)\frac{d^2P(x)}{dx^2} - 2x\frac{dP(x)}{dx} + \left(\beta - \frac{m^2}{1-x^2}\right)P(x) = 0$$

6-28. 표 6-3의 Legendre 다항식이 $m=0$일 때 식 6-48을 만족하는 것을 보여라.

6-29. Legendre 다항식의 직교성을 보이는 적분, 6-49 식이 다음과 동등함을 보여라.

$$\int_0^{\pi} P_l(\cos\theta) P_n(\cos\theta) \sin\theta d\theta = 0 \qquad l \neq n$$

6-30. 표 6-3의 Legendre 다항식이 6-49 식과 6-50 식의 직교정규화 조건을 만족시키는 것을 보여라.

6-31. 6-51 식을 이용하여 표 6-4의 associated Legendre 함수를 구하여라.

6-32. 표 6-4의 처음 몇몇 associated Legendre 함수가 6-48 식의 해임을 보이고 직교정규화 조건을 만족시키는 것을 보여라.(6-53 식)

6-33. associated Legendre 함수에 대해 많은 회귀식이 존재한다. 표 6-4의 몇몇 associated Legendre 함수가 회귀식을 만족하는 것을 보여라.(6-66 식)

$$(2l+1)xP_l^{|m|}(x) = (l-|m|+1)P_{l+1}^{|m|}(x) + (1+|m|)P_{l-1}^{|m|}(x)$$

6-34. m이 음의 홀수일 때 $i^{m+|m|}=1$이고 m이 양의 홀수일 때 −1이 됨을 보여라.

6-35. $\sin\theta d\theta d\phi$를 구의 표면을 따라 적분한 값이 4π 임을 보여라.

6-36. 표 6−5의 처음 몇몇 구면조화함수가 직교정규화 조건을 만족하는 것을 보여라.(6−77 식)

6-37. $Y_l^m(\theta,\phi)$를 이용하여 다음을 보여라.

$$|Y_1^1(\theta,\phi)|^2+|Y_1^0(\theta,\phi)|^2+|Y_1^{-1}(\theta,\phi)|^2 = \text{상수}$$

이것은 Unsoeld의 정리라 부르는 다음 일반적인 정리의 특별한 경우에 해당된다.

$$\sum_{m=-1}^{1}|Y_1^m(\theta,\phi)|^2 = \text{상수}$$

이 결과의 물리적인 중요성은 무엇인가?

6-38. 직교좌표계에서

$$\hat{L}_z=-i\hbar\left(x\frac{\partial}{\partial y}-y\frac{\partial}{\partial x}\right)$$

이다. 이것을 구형극좌표로 변환하여 다음과 같이 됨을 보여라.

$$\hat{L}_z=-i\hbar\frac{\partial}{\partial\phi}$$

6-39. $\hat{L}_x$와 $\hat{L}_y$를 직교좌표에서 구형극좌표로 변환하여라.

6-40. 다음 함수에 대해 $\hat{L}^2 Y(\theta,\phi)$를 구하여라.

(a) $1/(4\pi)^{1/2}$ (b) $(3/4\pi)^{1/2}\cos\theta$ (c) $(3/8\pi)^{1/2}\sin\theta e^{i\phi}$ (d) $(3/8\pi)^{1/2}\sin\theta e^{-i\phi}$

6-41. $\hat{L}^2$이 $\hat{L}_x$, $\hat{L}_y$, $\hat{L}_z$와는 교환되나

$$[\hat{L}_x,\hat{L}_y]=i\hbar\hat{L}_z \quad [\hat{L}_y,\hat{L}_z]=i\hbar\hat{L}_x \quad [\hat{L}_z,\hat{L}_x]=i\hbar\hat{L}_y$$

임을 보여라. (**힌트** 직교좌표를 이용하여라.) 이 식들에서 어떤 패턴이 보이는가?

6-42. $< L_x > = < L_y > = 0$을 일반적으로 증명하는 것은 약간 어려운 문제이나 적어도 표 6-5에 주어진 몇몇 l과 m 상태의 구면조화함수에 대해 이들이 영이 되는 것을 증명할 수는 있다. 이것을 증명하여라.

6-43. 강체회전자 근사에서 0→1 전이와 1→2 전이의 전이 쌍극자모멘트의 비를 구하여라.

6-44. 이 문제에서는 강체회전자 근사를 이용하여 온도 T에서 특정한 회전에너지 준위에 있는 이원자 분자의 분율을 계산한다. 물리화학의 기본 방정식의 하나인 Boltzmann 분포는 k_B를 Boltzmann 상수, T를 온도라고 할 때 에너지 E_J인 분자의 수가 e^{-E_J/k_BT}에 비례한다고 말한다. 또한, J 번째 에너지준위의 축퇴도가 $2J+1$이므로

$$N_J \propto (2J+1)e^{-E_J/k_BT} = (2J+1)e^{-BJ(J+1)/k_BT}$$

혹은

$$N_J = c(2J+1)e^{-BJ(J+1)/k_BT}$$

이고 여기에서 c는 비례상수이다. 300 K, $H^{35}Cl(\overline{B}$ = 10.60 cm^{-1})과 $^{127}I^{35}Cl(\overline{B}$ = 0.114 cm^{-1})에 대해 N_J/N_0를 J에 대해 도시하여라. J를 연속인 변수라고 가정하면 최대 확률을 갖는 J가 다음에 가장 가까운 정수가 됨을 보여라.

$$J_{\max} = \frac{1}{2}\left[\left(\frac{2k_BT}{\overline{B}}\right)^{1/2} - 1\right]$$

300 K, $H^{35}Cl(\overline{B}$ = 10.60 cm^{-1})과 $^{127}I^{35}Cl(\overline{B}$ = 0.114 cm^{-1})에 대해 $J_{\max}$를 구하여라.

6-45. 회전 Boltzmann 분포(이전 문제)의 합은 합을 적분으로 변환하여 근사적으로 구해진다. 다음을 보여라.

$$\sum_{J=0}^{\infty}(2J+1)\exp\left[\frac{-\overline{B}J(J+1)}{k_BT}\right] \approx \int_0^{\infty}\exp\left[\frac{-\overline{B}J(J+1)}{k_BT}\right]d[J(J+1)]$$
$$= \frac{k_BT}{\overline{B}} = \frac{8\pi^2 cIk_BT}{h}$$

이 결과는 $\overline{B}/k_BT$가 0.05 정도 보다 작은 경우 매우 좋은 근사이다. 이 결과를 이용하여 25 ℃, J 번째 회전 준위에 있는 $^{127}I^{35}Cl(\overline{B}$ = 0.114 cm^{-1}) 분자의 분율을 계산하고 J에 대해 도시하여라.

6-46. 이 결과를 이용하여 그림 6-4의 회전-진동 스펙트럼에서 P-가지 그리고 R-가지 선들의 세기분포를 설명할 수 있겠는가?

6-47. 많은 학생들이 0! = 1을 보며 의아해 한다. 표준 공식 $n! = n(n-1)(n-2)\cdots 1$은 단지 $n = 1, 2, \cdots$ 에 대해서만 적용된다. Euler는 이러한 계승을 다른 수로 확장할 수 있음을 다음 정적분을 이용하여 보였다.

$$I_n = \int_0^\infty x^n e^{-x} dx$$

부분적분을 반복하여 $n = 1, 2, \cdots$ 일 때 $I_n = n(n-1)(n-2)\cdots 1$ 임을 보여 이 경우 I_n 이 알고 있는 표준 공식을 준다는 것을 보여라. 그러나 이 적분에서 n이 위에 주어진 수에 만 국한될 이유가 없다. 따라서 다른 수의 $n!$을 정의하는 데 사용할 수 있다. 이 확장된 정의를 사용하여 0! = 1을 보여라. (1/2)!은 어떠한가? (−1/2)! 은? 일반적인 n에 대해 $n!$에 대한 더 완전한 논의에 대해서는 응용수학 책의 gamma function을 참고하여라.

참 고 문 헌

Gordy, G., Cook, R. L. *Techniques of Chemistry: Microwave Molecular Spectra,* 3rd ed. Wiley & Sons: New York, 1984.

Barrow, G. *Molecular Spectroscopy*. McGraw-Hill: New York, 1962.

Brown, J. M. *Molecular Spectroscopy*. Oxford University Press: New York, 1998.

Banwell, C. N., McCash, E. M. *Fundamentals of Molecular Spectroscopy,* 4th ed. McGraw-Hill: New York, 1944.

Hollas, J. Michael. *Molecular Spectroscopy,* 4th ed. Wiley & Sons: New York, 2004.

Hollas, J. M. *Basic Atomic and Molecular Spectroscopy*. Wiley & Sons: New York, 2002.

Herzberg, G. *Molecular Spectra and Molecular Structure: Spectra of Diatomic Molecules,* 2nd ed. Krieger Publishing: Malabar, FL, 1989.

Harris, D. C., Bertolucci, M. D. *Symmetry and Spectroscopy: An Introduction to Vibrational and Electronic Spectroscopy*. Dover Publications: Mineola, NY, 1989.

Townsend, J. S. *A Modern Approach to Quantum Mechanics*. University Science Books: Sausalito, CA, 2000.

수학 F

행렬식

다음 장에서는 n 개의 미지수를 포함하는 n 개의 선형 방정식이 나타난다. 이 방정식은 이 수학 장에서 논의할 행렬식의 방법으로 풀 수 있다. 다음 선형 연립방정식을 생각해 보자.

$$a_{11}x + a_{12}y = d_1 \qquad \text{(F-1)}$$
$$a_{21}x + a_{22}y = d_2$$

첫 번째 방정식에 a_{22}를 곱하고 두 번째 방정식에 a_{12}를 곱한 후 빼면

$$(a_{11}a_{22} - a_{12}a_{21})x = d_1a_{22} - d_2a_{12}$$
$$x = \frac{a_{22}d_1 - a_{12}d_2}{a_{11}a_{22} - a_{12}a_{21}} \qquad \text{(F-2)}$$

를 얻는다. 유사한 방법으로 첫 번째 방정식에 a_{21}를 곱하고 두 번째 방정식에 a_{11}를 곱한 후 빼면

$$y = \frac{a_{11}d_2 - a_{21}d_1}{a_{11}a_{22} - a_{12}a_{21}} \qquad \text{(F-3)}$$

를 얻는다. (F-2)와 (F-1)의 분모가 같음을 주목하여라. $a_{11}a_{22} - a_{12}a_{21}$을 같은 값을 갖는 $\begin{vmatrix} a_{11} & a_{12} \\ a_{21} & a_{22} \end{vmatrix}$로 쓰고 이것을 2×2 행렬식이라고 부른다. 이러한 표현법을 도입하는 이유는 이 방법이 쉽게 n 개의 미지수를 포함하는 n 개의 선형 방정식을 다룰 수 있기 때문이다. 일반적으로 n×n 행렬식은 n^2 개의 요소가 n 개의 열과 n 개의 행에 정렬된 직각 배열이다. 3×3 행렬식은

$$\begin{vmatrix} a_{11} & a_{12} & a_{13} \\ a_{21} & a_{22} & a_{23} \\ a_{31} & a_{32} & a_{33} \end{vmatrix} = a_{11}a_{22}a_{33} + a_{21}a_{32}a_{13} + a_{12}a_{23}a_{31}$$

$$- a_{31}a_{22}a_{13} - a_{21}a_{12}a_{33} - a_{11}a_{23}a_{32} \qquad \text{(F-4)}$$

로 주어진다. (이 결과는 곧 증명할 것이다.) 요소 a_{ij}가 i 번째 행과 j 번째 열이 만나는 데에서 나타남을 주의하여라.

식 F-4와 더 높은 차수의 행렬식을 푼 결과는 체계적으로 얻어질 수 있다. 먼저 cofactor를 정의한다. 요소 a_{ij}의 cofactor A_{ij}는 i 번째 행과 j 번째 열을 제외하고 $(-1)^{i+j}$가 곱해진 (n−1)×(n−1) 행렬식이다. 예를 들어, 행렬식

$$D = \begin{vmatrix} a_{11} & a_{12} & a_{13} \\ a_{21} & a_{22} & a_{23} \\ a_{31} & a_{32} & a_{33} \end{vmatrix}$$

의 요소 a_{12}의 cofactor A_{12}는

$$A_{12} = (-1)^{1+2} \begin{vmatrix} a_{21} & a_{23} \\ a_{31} & a_{33} \end{vmatrix}$$

이다.

예제 F-1

$$D = \begin{vmatrix} 2 & -1 & 1 \\ 0 & 3 & -1 \\ 2 & -2 & 1 \end{vmatrix}$$

에서 첫 번째 행 요소들의 cofactor를 구하여라.

풀이 a_{11}의 cofactor는

$$A_{11} = (-1)^{1+1} \begin{vmatrix} 3 & -1 \\ -2 & 1 \end{vmatrix} = 3 - 2 = 1$$

a_{12}의 cofactor는

$$A_{12} = (-1)^{1+2} \begin{vmatrix} 0 & -1 \\ 2 & 1 \end{vmatrix} = -2$$

a_{13}의 cofactor는

$$A_{13} = (-1)^{1+3} \begin{vmatrix} 0 & 3 \\ 2 & -2 \end{vmatrix} = -6$$

이다.

행렬식을 푸는 데 cofactor를 이용한다. 식 F-4의 3×3 행렬식은 다음 식으로부터 구한다.

$$\begin{vmatrix} a_{11} & a_{12} & a_{13} \\ a_{21} & a_{22} & a_{23} \\ a_{31} & a_{32} & a_{33} \end{vmatrix} = a_{11}A_{11} + a_{12}A_{12} + a_{13}A_{13} \tag{F-5}$$

예제 F-1의 D 값은

$$D = (2)(1) + (-1)(-2) + (1)(-6) = -2$$

이다.

예제 F-2 예제 F-1의 D를 첫 번째 행 대신 첫 번째 열을 전개하여 구하여라.

풀이 다음 식을 이용한다.

$$D = a_{11}A_{11} + a_{21}A_{21} + a_{31}A_{31}$$

필요한 cofactor 들은

$$A_{11} = (-1)^2 \begin{vmatrix} 3 & -1 \\ -2 & 1 \end{vmatrix} = 1$$

$$A_{21} = (-1)^3 \begin{vmatrix} -1 & 1 \\ -2 & 1 \end{vmatrix} = -1$$

$$A_{31} = (-1)^4 \begin{vmatrix} -1 & 1 \\ 3 & -1 \end{vmatrix} = -2$$

이다. 따라서

$$D = (2)(1) + (0)(-1) + (2)(-2) = -2$$

이다.

예제 F-1의 D와 같은 결과가 얻어짐을 주목하여라. 이 결과는 행렬식이 어느 열이나 행의 cofactor들로 전개해서도 얻어진다는 일반적인 사실을 보여주고 있다. 즉, 두 번째 행을 전개하여 D를 구하여도

$$D = (0)(-1)^3 \begin{vmatrix} -1 & 1 \\ -2 & 1 \end{vmatrix} + (3)(-1)^4 \begin{vmatrix} 2 & 1 \\ 2 & 1 \end{vmatrix} + (-1)(-1)^5 \begin{vmatrix} 2 & -1 \\ 2 & -2 \end{vmatrix} = -2$$

이다. 3×3 행렬식에 대해 논의하였지만 어느 차수의 행렬식에도 바로 확장할 수 있다.

예제 F-3 제 11 장에서 행렬형 방정식을 만나게 된다.

$$\begin{vmatrix} x & 1 & 0 & 0 \\ 1 & x & 1 & 0 \\ 0 & 1 & x & 1 \\ 0 & 0 & 1 & x \end{vmatrix} = 0$$

이 방정식을 x의 4 차 방정식으로 전개하여라.

풀이 첫 번째 행의 요소들로 전개하면

$$x\begin{vmatrix} x & 1 & 0 \\ 1 & x & 1 \\ 0 & 1 & x \end{vmatrix} - \begin{vmatrix} 1 & 1 & 0 \\ 0 & x & 1 \\ 0 & 1 & x \end{vmatrix} = 0$$

이다. 이제 각각의 3×3 행렬식에서 첫 번째 행의 요소들로 다시 전개하면

$$(x)(x)\begin{vmatrix} x & 1 \\ 1 & x \end{vmatrix} - (x)(1)\begin{vmatrix} 1 & 0 \\ 1 & x \end{vmatrix} - (1)\begin{vmatrix} x & 1 \\ 1 & x \end{vmatrix} = 0$$

가 되고

$$x^2(x^2-1) - x(x) - (1)(x^2-1) = 0$$
$$x^4 - 3x^2 + 1 = 0$$

가 된다. 어느 열이나 행에 대해 전개하여도 행렬식을 구할 수 있기 때문에 영이 가장 많은 열이나 행에 대해 전개하는 것이 가장 쉬울 것이다.

알아두면 편리한 행렬식의 성질들은 다음과 같다.

1. 행을 열로 순서대로 바꾸어도 행렬식의 값은 변하지 않는다. 다시 말해서 첫 번째 행이 첫 번째 열로, 두 번째 행이 두 번째 열로 등으로 바뀌는 경우이다. 예를 들면,

$$\begin{vmatrix} 1 & 2 & 5 \\ -1 & 0 & -1 \\ 3 & 1 & 2 \end{vmatrix} = \begin{vmatrix} 1 & -1 & 3 \\ 2 & 0 & 1 \\ 5 & -1 & 2 \end{vmatrix}$$

이다.

2. 어느 두 행이나 어느 두 열이 같으면 행렬식은 영이 된다. 예를 들어,

$$\begin{vmatrix} 4 & 2 & 4 \\ -1 & 0 & -1 \\ 3 & 1 & 3 \end{vmatrix} = 0$$

이다.

3. 어느 두 열이나 두 행을 서로 교환하면 행렬식의 부호가 바뀐다. 예를 들어,

$$\begin{vmatrix} 3 & 1 & -1 \\ -6 & 4 & 5 \\ 1 & 2 & 2 \end{vmatrix} = -\begin{vmatrix} 1 & 3 & -1 \\ 4 & -6 & 5 \\ 2 & 1 & 2 \end{vmatrix}$$

이다.

4. 어느 한 행이나 열의 요소들 각각에 k를 곱하면 행렬식에 k를 곱한 것과 같게 된다. 예를 들어,

$$\begin{vmatrix} 6 & 8 \\ -1 & 2 \end{vmatrix} = 2\begin{vmatrix} 3 & 4 \\ -1 & 2 \end{vmatrix}$$

이다.

5. 어느 행이나 열이 두 개 이상의 항의 합이나 차로 이루어져 있으면 행렬식은 다음과 같이 두 개 이상의 행렬식의 합이나 차로 나타난다.

$$\begin{vmatrix} a_{11} \pm a'_{11} & a_{12} & a_{13} \\ a_{21} \pm a'_{21} & a_{22} & a_{23} \\ a_{31} \pm a'_{31} & a_{32} & a_{33} \end{vmatrix} = \begin{vmatrix} a_{11} & a_{12} & a_{13} \\ a_{21} & a_{22} & a_{23} \\ a_{31} & a_{32} & a_{33} \end{vmatrix} \pm \begin{vmatrix} a'_{11} & a_{12} & a_{13} \\ a'_{21} & a_{22} & a_{23} \\ a'_{31} & a_{32} & a_{33} \end{vmatrix}$$

예를 들어

$$\begin{vmatrix} 3 & 3 \\ 2 & 6 \end{vmatrix} = \begin{vmatrix} 2+1 & 3 \\ -2+4 & 6 \end{vmatrix} = \begin{vmatrix} 2 & 3 \\ -2 & 6 \end{vmatrix} + \begin{vmatrix} 1 & 3 \\ 4 & 6 \end{vmatrix}$$

이다.

6. 다음과 같이 어느 한 행이나 열을 서로 더하거나 빼도 행렬식의 값은 변하지 않는다.

$$\begin{vmatrix} a_{11} & a_{12} & a_{13} \\ a_{21} & a_{22} & a_{23} \\ a_{31} & a_{32} & a_{33} \end{vmatrix} = \begin{vmatrix} a_{11} + a_{12} & a_{12} & a_{13} \\ a_{21} + a_{22} & a_{22} & a_{23} \\ a_{31} + a_{32} & a_{32} & a_{33} \end{vmatrix}$$

예를 들어

$$\begin{vmatrix} 1 & -1 & 3 \\ 4 & 0 & 2 \\ 1 & 2 & 1 \end{vmatrix} = \begin{vmatrix} 0 & -1 & 3 \\ 4 & 0 & 2 \\ 3 & 2 & 1 \end{vmatrix} = \begin{vmatrix} 0 & -1 & 3 \\ 4 & 0 & 2 \\ 7 & 2 & 3 \end{vmatrix}$$

이다. 첫 번째 경우는 1 열과 2 열을 더했으며 두 번째 경우는 2 행과 3 행을 더한 경우이다. 이 과정을 n 번 반복하면

$$\begin{vmatrix} a_{11} & a_{12} & a_{13} \\ a_{21} & a_{22} & a_{23} \\ a_{31} & a_{32} & a_{33} \end{vmatrix} = \begin{vmatrix} a_{11} + na_{12} & a_{12} & a_{13} \\ a_{21} + na_{22} & a_{22} & a_{23} \\ a_{31} + na_{32} & a_{32} & a_{33} \end{vmatrix}$$

를 얻게 된다. 이 결과는 첫 번째 줄을 쓰기 위해 법칙 5를 이용하면 쉽게 증명할 수 있다. 즉,

$$\begin{vmatrix} a_{11}+na_{12} & a_{12} & a_{13} \\ a_{21}+na_{22} & a_{22} & a_{23} \\ a_{31}+na_{32} & a_{32} & a_{33} \end{vmatrix} = \begin{vmatrix} a_{11} & a_{12} & a_{13} \\ a_{21} & a_{22} & a_{23} \\ a_{31} & a_{32} & a_{33} \end{vmatrix} + n \begin{vmatrix} a_{12} & a_{12} & a_{13} \\ a_{22} & a_{22} & a_{23} \\ a_{32} & a_{32} & a_{33} \end{vmatrix}$$

$$= \begin{vmatrix} a_{11} & a_{12} & a_{13} \\ a_{21} & a_{22} & a_{23} \\ a_{31} & a_{32} & a_{33} \end{vmatrix} + 0$$

여기에서 두 번째 행렬식은 두 열이 같으므로 영이다.

이 법칙들은 선형 연립방정식을 행렬식을 이용하여 풀 수 있기 때문에 제공하였다. 간단히 하기 위해 두 개로 된 연립방정식에 대해 생각해 보겠지만 이 결과는 쉽게 일반화될 수 있다. 다음 연립방정식을 생각해 보자.

$$\begin{aligned} a_{11}x + a_{12}y &= d_1 \\ a_{21}x + a_{22}y &= d_2 \end{aligned} \tag{F-7}$$

$d_1 = d_2 = 0$이면 이 방정식을 균일 아니면 불균일하다고 말한다. 먼저 불균일한 방정식에 대해 생각해 보자. x와 y의 계수에 대한 행렬식은

$$D = \begin{vmatrix} a_{11} & a_{12} \\ a_{21} & a_{22} \end{vmatrix}$$

이다. 법칙 4에 따르면

$$\begin{vmatrix} a_{11}x & a_{12} \\ a_{21}x & a_{22} \end{vmatrix} = xD$$

이다. 또한 법칙 6에 따르면

$$\begin{vmatrix} a_{11}x + a_{12}y & a_{12} \\ a_{21}x + a_{22}y & a_{22} \end{vmatrix} = xD \tag{F-8}$$

이다. F-7 식을 F-8 식에 대입하면

$$\begin{vmatrix} d_1 & a_{12} \\ d_2 & a_{22} \end{vmatrix} = xD$$

이다. 이 식을 x에 대해 풀면

$$x = \frac{\begin{vmatrix} d_1 & a_{12} \\ d_2 & a_{22} \end{vmatrix}}{\begin{vmatrix} a_{11} & a_{12} \\ a_{21} & a_{22} \end{vmatrix}} \tag{F-9}$$

유사한 방법으로

$$y = \frac{\begin{vmatrix} a_{11} & d_1 \\ a_{21} & d_2 \end{vmatrix}}{\begin{vmatrix} a_{11} & a_{12} \\ a_{21} & a_{22} \end{vmatrix}} \tag{F-10}$$

을 얻는다.

식 F-9와 F-10이 식 F-2, F-3과 같음을 주목하여라. x와 y에 대해 행렬식으로 표시된 해를 Cramer의 법칙이라고 부른다. 분자의 행렬식이 행렬식 D에서 해당된 미지수의 계수들로 이루어진 열을 식 F-7의 오른편 항의 값들로 바꾸어 만들어진다는 것을 주목하여라. 이 결과는 더 많은 수의 방정식의 경우로 쉽게 확장되어질 수 있다.

예제 F-4 다음 연립방정식을 풀어라.

$$x + y + z = 2$$
$$2x - y - z = 1$$
$$x + 2y - z = -3$$

풀이 F-9, F-10 식을 확장하면

$$x = \frac{\begin{vmatrix} 2 & 1 & 1 \\ 1 & -1 & -1 \\ -3 & 2 & -1 \end{vmatrix}}{\begin{vmatrix} 1 & 1 & 1 \\ 2 & -1 & -1 \\ 1 & 2 & -1 \end{vmatrix}} = \frac{9}{9} = 1 \qquad y = \frac{\begin{vmatrix} 1 & 2 & 1 \\ 2 & 1 & -1 \\ 1 & -3 & -1 \end{vmatrix}}{\begin{vmatrix} 1 & 1 & 1 \\ 2 & -1 & -1 \\ 1 & 2 & -1 \end{vmatrix}} = \frac{-9}{9} = -1$$

$$z = \frac{\begin{vmatrix} 1 & 1 & 1 \\ 2 & -1 & 1 \\ 1 & 2 & -3 \end{vmatrix}}{\begin{vmatrix} 1 & 1 & 1 \\ 2 & -1 & -1 \\ 1 & 2 & -1 \end{vmatrix}} = \frac{18}{9} = 2$$

이다.

F−7 식에서 $d_1 = d_2 = 0$이면 무슨 일이 일어나겠는가? 이 경우 $x = y = 0$이 될 것이 자명하며 이것을 의미 없는 해(trivial solution)라고 부른다. 균일한 방정식의 의미 있는 해가 얻어지는 경우는 F−9, F−10 식에서 분모의 행렬식이 영이 아닌 경우 얻어진다.

$$D = \begin{vmatrix} a_{11} & a_{12} \\ a_{21} & a_{22} \end{vmatrix} = 0 \qquad \text{(F−11)}$$

제 8 장에서 다음과 같은 방정식

$$c_1(H_{11} - ES_{11}) + c_2(H_{12} - ES_{12}) = 0$$
$$c_1(H_{12} - ES_{12}) + c_2(H_{22} - ES_{22}) = 0$$

이 나오는데 H_{ij}, S_{ij}는 아는 값이고 c_1, c_2, E가 결정해야 하는 값이다. 이 방정식에서 의미있는 해, 즉 영이 아닌 c_1, c_2가 얻어질 조건으로 F−11을 적용해야 한다.

$$\begin{vmatrix} H_{11} - ES_{11} & H_{12} - ES_{12} \\ H_{12} - ES_{12} & H_{22} - ES_{22} \end{vmatrix} = 0 \qquad \text{(F−12)}$$

이 행렬식을 전개하면 E에 대한 이차방정식이 얻어지고 이로부터 두 개의 값이 얻어진다. F−12의 행렬식을 영년행렬식이라고 부르며 F−12 행렬식을 이루는 방정식을 영년방정식이라고 부른다.

예제 F−5 다음 행렬형 방정식의 근을 구하여라.

$$\begin{vmatrix} 2-\lambda & 3 \\ 3 & 4-\lambda \end{vmatrix} = 0$$

풀이 행렬식을 전개하면 $(2-\lambda)(4-\lambda) - 9 = 0$, $\lambda^2 - 6\lambda - 1 = 0$을 얻고 근은

$$\lambda = \frac{6}{2} \pm \frac{\sqrt{40}}{2} = 3 \pm \sqrt{10}$$

이다.

F−11 식은 두 개의 미지수를 갖는 연립방정식에 대해 적용되지만 다른 차수의 방정식의 경우로 쉽게 확장될 수 있다. 이 결과를 제 8 장에서 이용할 것이다.

연습문제

F-1. 다음 행렬식의 값을 구하여라.

$$D=\begin{vmatrix} 2 & 1 & 1 \\ -1 & 3 & 2 \\ 2 & 0 & 1 \end{vmatrix}$$

2 열을 1 열에 더하여

$$\begin{vmatrix} 3 & 1 & 1 \\ 2 & 3 & 2 \\ 2 & 0 & 1 \end{vmatrix}$$

을 얻고 그 값을 구하여라. 결과를 D와 비교하여 보아라. 행 2를 행 1에 더하여

$$\begin{vmatrix} 1 & 4 & 3 \\ -1 & 3 & 2 \\ 2 & 0 & 1 \end{vmatrix}$$

을 얻고 그 값을 구하여라. 결과를 D와 비교하여 보아라.

F-2. F−1 문제의 D에서 1 열과 3 열을 교환하고 그 값을 구하여라. 결과를 D와 비교하여 보아라. 행 1과 행 2를 교환하고 그 값을 구하여라. 결과를 D와 비교하여 보아라.

F-3. 다음 행렬식의 값을 구하여라.

$$D=\begin{vmatrix} 1 & 6 & 1 \\ -2 & 4 & -2 \\ 1 & -3 & 1 \end{vmatrix}$$

이 값을 단지 살펴보는 것만으로 결정할 수 있겠는가? 다음 행렬식에 대해서는 어떠한가?

$$D=\begin{vmatrix} 2 & 6 & 1 \\ -4 & 4 & -2 \\ 2 & -3 & 1 \end{vmatrix}$$

F-4. 다음 영년방정식을 만족하는 x를 구하여라.

$$\begin{vmatrix} x & 1 & 1 & 1 \\ 1 & x & 0 & 0 \\ 1 & 0 & x & 0 \\ 1 & 0 & 0 & x \end{vmatrix}=0$$

F-5. 다음 영년방정식을 만족하는 x를 구하여라.

$$\begin{vmatrix} x & 1 & 0 & 1 \\ 1 & x & 1 & 0 \\ 0 & 1 & x & 1 \\ 1 & 0 & 1 & x \end{vmatrix} = 0$$

F-6. 다음을 보여라.

$$\begin{vmatrix} \cos\theta & -\sin\theta & 0 \\ \sin\theta & \cos\theta & 0 \\ 0 & 0 & 1 \end{vmatrix} = 1$$

F-7. 다음 방정식의 세 근을 구하여라.

$$\begin{vmatrix} 1-\lambda & 1 & 0 \\ 1 & 1-\lambda & 1 \\ 0 & 1 & 1-\lambda \end{vmatrix} = 0$$

F-8. Cramer 법칙을 이용하여 다음 방정식을 풀어라.

$$x + y = 2$$
$$3x - 2y = 5$$

F-9. Cramer 법칙을 이용하여 다음 방정식을 풀어라.

$$x + 2y + 3z = -5$$
$$-x - 3y + z = -14$$
$$2x + y + z = 1$$

F-10. 다음 방정식이 의미 있는 해를 가질 x를 구하여라.

$$xc_1 + c_2 + c_4 = 0$$
$$c_1 + xc_2 + c_3 = 0$$
$$c_2 + xc_3 + c_4 = 0$$
$$c_1 + c_3 + xc_4 = 0$$

George Uhlenbeck (at left) was born on December 6, 1900, in Batavia, Java (now Jakarta, Indonesia), and died in 1988 in Boulder, Colorado. When he was six years old, his family moved to The Hague, the Netherlands. After graduating from the University of Leiden in 1920, Uhlenbeck began his graduate studies there with Paul Ehrenfest. While an assistant to Ehrenfest in 1925, Uhlenbeck, working with a fellow graduate student, Samuel Goudsmit, made his most important discovery—electron spin. He eventually wrote his dissertation in Copenhagen in 1927, and then received a position at the University of Michigan. He returned to the Netherlands in 1935, but left shortly before World War II for the United States, where he taught at the University of Michigan and later at Rockefeller University. Uhlenbeck was an inspiring teacher with organized and extremely clear lectures.

Samuel Goudsmit (at right) was born on July 11, 1902, in The Hague, the Netherlands, and died in 1978 in Reno, Nevada. In 1919, he entered the University of Leiden, and later did experimental work from 1923 to 1926 at the University of Amsterdam with Pieter Zeeman. He received his Ph.D. from the University of Leiden in 1927, and then immigrated to the United States with Uhlenbeck to accept a position at the University of Michigan. During World War II, he served with the Alsos Mission in Europe, where he traveled with the U.S. Army through newly occupied territory to assess the progress of the German atomic bomb project. Goudsmit wrote an account of this mission in a book titled *Alsos*. He served as the editor-in-chief of the American Physical Society for over twenty years, founding *Physical Review Letters* in 1958.

In spite of the importance of their discovery of electron spin, Uhlenbeck and Goudsmit never received the Nobel Prize.

Chapter

07 수소원자

이제 수소원자에 대한 논의를 할 준비가 되었다. 수소원자는 더 복잡한 원자의 전형적인 모델이 되고 따라서 분자의 모델이 되기 때문에 화학자들에게 흥미가 있다. 또한 화학을 전공하는 학생들은 일반화학의 과정에서 수소원자의 양자역학적 결과들에 대해 틀림없이 배웠을 것이다. 이 장에서는 Schrödinger 방정식의 해로부터 얻어지는 익숙한 수소원자의 궤도와 성질에 대해 알아볼 것이다.

처음 세 절에서는 수소원자에 있는 전자의 파동함수 혹은 원자 궤도에 대해 정성적으로 논의한다. 궤도의 식을 이용하여 수소원자의 여러 가지 성질에 대해 계산한다. 그 다음 7.4 절에서 외부 자기장이 존재할 때 수소원자의 스펙트럼을 기술하는 Zeeman 효과에 대해 논의한다. Zeeman 효과 자체는 그가 1902 년 노벨상을 수상하였음에도 불구하고 화학자들에게 직접 관심이 있는 것은 아니지만, 7.4 절의 논의는 화학자들이 관심을 갖고 있는 전자스핀을 도입하도록 하게 한다. 양자역학을 공식화 하는데 전자스핀을 포함시킨 후 수소원자의 전자상태가 전자의 스핀과 궤도 각운동량의 상호작용에 의존하는 항기호로 기술될 수 있음을 보일 것이다. 마지막 절에서 Zeeman 효과에 대한 논의를 완결하고 이것이 어떻게 전자스핀에 의존하는 지를 보일 것이다.

7.1 수소원자의 Schrödinger 방정식은 정확히 풀린다.

수소원자의 전자와 양성자는 쿨롬 위치에너지를 통해 상호작용하고 있다.

$$V(r) = -\frac{e^2}{4\pi\varepsilon_0 r} \tag{7-1}$$

7-1 식에서 e는 양성자의 전하량, ε_0는 진공 중에서의 유전율, r은 양성자와 전자 사이의 거리이다. $4\pi\varepsilon_0$는 SI 단위를 사용한 결과이다. 이 모델의 구형 대칭성은 양성자를 원

점에 놓는 구형극좌표 계를 사용해야 한다는 것을 시사하고 있다. 수소원자의 Hamiltonian 연산자는

$$\hat{H} = -\frac{\hbar^2}{2m_e}\nabla^2 - \frac{e^2}{4\pi\varepsilon_0 r} \tag{7-2}$$

이고 여기에서 m_e는 전자의 질량이다. 따라서 Schrödinger 방정식은

$$-\frac{\hbar^2}{2m_e}\nabla^2\psi(r,\theta,\phi) + V(r)\psi(r,\theta,\phi) = E\psi(r,\theta,\phi) \tag{7-3}$$

이 되고, ∇^2는 구형극좌표의 Laplacian 연산자(6-7 식)

$$\nabla^2 = \frac{1}{r^2}\frac{\partial}{\partial r}\left(r^2\frac{\partial}{\partial r}\right) + \frac{1}{r^2\sin\theta}\frac{\partial}{\partial\theta}\left(\sin\theta\frac{\partial}{\partial\theta}\right) + \frac{1}{r^2\sin^2\theta}\frac{\partial^2}{\partial\phi^2} \tag{7-4}$$

이다. 7-4 식을 7-3 식에 대입하면

$$\begin{aligned} -\frac{\hbar^2}{2m_e}\left[\frac{1}{r^2}\frac{\partial}{\partial r}\left(r^2\frac{\partial\psi}{\partial r}\right) + \frac{1}{r^2\sin\theta}\frac{\partial}{\partial\theta}\left(\sin\theta\frac{\partial\psi}{\partial\theta}\right) + \frac{1}{r^2\sin^2\theta}\left(\frac{\partial^2\psi}{\partial\phi^2}\right)\right] \\ + V(r)\psi(r,\theta,\phi) = E\psi(r,\theta,\phi) \end{aligned} \tag{7-5}$$

을 얻는다. 얼른 보기에 이 편미분 방정식은 매우 복잡하게 보인다. 7-5 식을 다루기 쉬운 식으로 만들기 위해 양변에 $2m_e r^2$을 곱하면 다음과 같이 된다.

$$\begin{aligned} -\hbar^2\frac{\partial}{\partial r}\left(r^2\frac{\partial\psi}{\partial r}\right) - \hbar^2\left[\frac{1}{\sin\theta}\frac{\partial}{\partial\theta}\left(\sin\theta\frac{\partial\psi}{\partial\theta}\right) + \frac{1}{\sin^2\theta}\frac{\partial^2\psi}{\partial\phi^2}\right] \\ + 2m_e r^2[V(r) - E]\psi(r,\theta,\phi) = 0 \end{aligned} \tag{7-6}$$

여기에서 이 식의 둘째 항, θ와 ϕ에 의존하는 항은 6-59 식의 $\hat{L}^2\psi$에 불과하다. 따라서 Schrödinger 방정식을 다음의 형태로 쓸 수 있다.

$$-\hbar^2\frac{\partial}{\partial r}\left(r^2\frac{\partial\psi}{\partial r}\right) + \hat{L}^2\psi + 2m_e r^2[V(r) - E]\psi(r,\theta,\phi) = 0 \tag{7-7}$$

이제 7-7 식의 좌변 전체를 $\psi(r,\theta,\phi)$에 작용하는 연산자라고 생각하면 이 연산자는 r만에 의존하는 부분(첫 번째, 세 번째 항)과 θ, ϕ만에 의존하는 (두 번째 항) 두 부분으로 이루어져 있다는 것을 알 수 있다. 3.9 절에 따라 $\psi(r,\theta,\phi)$를 r만에 의존하는 함수와 θ, ϕ에 의존하는 함수와의 곱으로 나눌 수 있다. 또한 θ, ϕ에 의존하는 함수는 $\hat{L}^2$ 연산자의 고유함수로 6-60 식에 따라 이것이 구면조화함수 $Y_l^m(\theta,\phi)$ 임을 알고 있다.(6.6

절)

$$\hat{L}^2 Y_l^{m_l}(\theta,\phi) = \hbar^2 l(l+1) Y_l^{m_l}(\theta,\phi) \qquad l = 0,1,2,\cdots \quad -l \leqq m_l \leqq +l \tag{7-8}$$

7-7 식을 수소원자에 적용할 때에는 통상 J, m 대신 l, m_l로 쓴다. 처음 몇 구면조화함수를 표 6-5에 나타내었지만 편의상 표 7-1에 다시 수록하였다.

따라서

$$\psi(r,\theta,\phi) = R(r) Y_l^{m_l}(\theta,\phi) \tag{7-9}$$

로 하고 7-8 식을 이용하면 7-7 식은 다음과 같이 된다.(연습문제 7-2)

표 7-1 처음 몇 구면조화함수

$Y_0^0 = \dfrac{1}{(4\pi)^{1/2}}$	$Y_1^0 = \left(\dfrac{3}{4\pi}\right)^{1/2} \cos\theta$
$Y_1^1 = -\left(\dfrac{3}{8\pi}\right)^{1/2} \sin\theta e^{i\phi}$	$Y_1^{-1} = \left(\dfrac{3}{8\pi}\right)^{1/2} \sin\theta e^{-i\phi}$
$Y_2^0 = \left(\dfrac{5}{16\pi}\right)^{1/2} (3\cos^2\theta - 1)$	$Y_2^1 = -\left(\dfrac{15}{8\pi}\right)^{1/2} \sin\theta\cos\theta e^{i\phi}$
$Y_2^{-1} = \left(\dfrac{15}{8\pi}\right)^{1/2} \sin\theta\cos\theta e^{-i\phi}$	$Y_2^2 = \left(\dfrac{15}{32\pi}\right)^{1/2} \sin^2\theta e^{2i\phi}$
$Y_2^{-2} = \left(\dfrac{15}{32\pi}\right)^{1/2} \sin^2\theta e^{-2i\phi}$	

$$-\frac{\hbar^2}{2m_e r^2}\frac{d}{dr}\left(r^2\frac{dR}{dr}\right) + \left[\frac{\hbar^2 l(l+1)}{2m_e r^2} + V(r) - E\right]R(r) = 0 \tag{7-10}$$

7-10 식을 수소원자의 방사방향 방정식이라 부르고 수소원자의 완전한 해를 구하기 위해 풀어야 하는 새로운 방정식이다.

각운동량의 제곱이 양자화 되어 있고 이것이 고전적으로 보존되듯이 중심 장에서 보존된다는 것을 주목하여라. 7-10 식은 총 E가 방사방향 운동에너지, 각운동에 대한 운동에너지 그리고 위치에너지의 합이 된다는 물리적인 의미를 갖고 있다. 7-10 식은 r에 대한 보통의 미분방정식이다. 이 식을 푸는 일은 약간 지루하나 일단 해가 구해지면 파동함수로 적합하기 위해 에너지가 다음과 같이 양자화 된다는 것을 알 수 있다.

$$E_n = -\frac{m_e e^4}{8\varepsilon_0^2 h^2 n^2} = -\frac{m_e e^4}{32\pi^2 \varepsilon_0^2 \hbar^2 n^2} \qquad n = 1,2,\cdots \tag{7-11}$$

1.8 절의 Bohr 반경 $a_0 = \varepsilon_0 h^2/\pi m_e e^2 = 4\pi\varepsilon_0 \hbar^2/m_e e^2$을 도입하면 7-11 식은

$$E_n = -\frac{e^2}{8\pi\varepsilon_0 a_0 n^2} \qquad n = 1,2,\cdots \tag{7-12}$$

이 된다. 이 에너지가 Bohr의 수소원자 모델에서 얻은 에너지와 같다는 것은 놀랄만하다. 물론 이 경우 전자는 더 이상 Bohr에 의해 정확히 정의된 궤도에 있지 않고 파동함수 $\psi(r,\theta,\phi)$로 기술된다.

7-10 식의 해를 구하는 과정에서 정수 n이 자연적으로 나타나는 것은 물론 n이 $n \geqq l+1$을 만족하여야한다는 것을 발견할 수 있고 이것은 보통 다음과 같이 쓰여 진다.

$$0 \leqq l \leqq n-1 \qquad n = 1,2,\cdots \tag{7-13}$$

그 이유는 가장 작은 가능한 l이 영이기 때문이다. (7-13 식도 일반화학에서 나오는 익숙한 식이다.) 7-10 식의 해를 방사방향 파동함수라고 부르며 두 양자수 n과 l에 의존하고 다음으로 주어진다.

$$R_{nl}(r) = -\left[\frac{(n-l-1)!}{2n\{(n+1)!\}^3}\right]^{1/2}\left(\frac{2}{na_0}\right)^{l+3/2} r^l e^{-\frac{r}{na_0}} L_{n+l}^{2l+1}\left(\frac{2r}{na_0}\right) \tag{7-14}$$

여기에서 L_{n+l}^{2l+1}는 associated Laguerre 함수라고 부르는 다항식이다. 처음 몇 방사방향 파동함수가 표 7-2에 주어져 있다.

표 7-2 $n = 1,2,3$일 때 수소꼴 원자의 방사방향 파동함수, $R_{nl}(r)$ $\rho = Zr/a$.

$$R_{10}(r) = 2\left(\frac{Z}{a_0}\right)^{3/2} e^{-\rho}$$

$$R_{20}(r) = \left(\frac{Z}{2a_0}\right)^{3/2} (2-\rho)e^{-\rho/2}$$

$$R_{21}(r) = \frac{1}{\sqrt{3}}\left(\frac{Z}{2a_0}\right)^{3/2} \rho e^{-\rho/2}$$

$$R_{30}(r) = \frac{2}{27}\left(\frac{Z}{3a_0}\right)^{3/2} (27-18\rho+2\rho^2)e^{-\rho/3}$$

$$R_{31}(r) = \frac{1}{27}\left(\frac{2Z}{3a_0}\right)^{3/2} \rho(6-\rho)e^{-\rho/3}$$

$$R_{32}(r) = \frac{4}{27\sqrt{10}}\left(\frac{Z}{3a_0}\right)^{3/2} \rho^2 e^{-\rho/3}$$

7-14 식의 방사방향 파동함수는 복잡하게 보일 지도 모른다. 그러나 각각이 지수함수

가 곱해진 다항식임을 주목하여라. 앞의 조합된 상수는 $R_{nl}(r)$이 r에 대한 적분에 대해 정규화 되도록 되어 있어 $R_{nl}(r)$은 다음을 만족시킨다.

$$\int_0^\infty drr^2 R_{nl}^*(r) R_{nl}(r) = 1 \tag{7-15}$$

이 적분의 부피요소가 구형극좌표 계의 부피요소 $r^2\sin\theta drd\theta d\phi$ 중 r-부분인 r^2dr인 것에 주의하여라. 연습문제 7-3은 표 7-2의 방사방향 파동함수가 정규화 되어 있음을 보여준다.

수소원자의 완전한 파동함수는 다음과 같이 된다.

$$\psi_{nlm_l}(r,\theta,\phi) = R_{nl}(r)\, Y_l^{m_l}(\theta,\phi) \tag{7-16}$$

처음 몇몇 수소원자의 파동함수를 표 7-3에 나타내었다. 수소원자 파동함수의 정규화조건은

표 7-3 $n = 1,2,3$일 때 수소꼴 원자의 완전한 파동함수

$$\psi_{100} = \frac{1}{\sqrt{\pi}}\left(\frac{Z}{a_0}\right)^{3/2} e^{-\rho}$$

$$\psi_{200} = \frac{1}{4\sqrt{2\pi}}\left(\frac{Z}{a_0}\right)^{3/2} (2-\rho)e^{-\rho/2}$$

$$\psi_{210} = \frac{1}{4\sqrt{2\pi}}\left(\frac{Z}{a_0}\right)^{3/2} \rho e^{-\rho/2}\cos\theta$$

$$\psi_{21\pm1} = \frac{1}{8\sqrt{\pi}}\left(\frac{Z}{a_0}\right)^{3/2} \rho e^{-\rho/2}\sin\theta e^{\pm i\phi}$$

$$\psi_{300} = \frac{1}{81\sqrt{3\pi}}\left(\frac{Z}{a_0}\right)^{3/2} (27-18\rho+2\rho^2)e^{-\rho/3}$$

$$\psi_{310} = \frac{\sqrt{2}}{81\sqrt{\pi}}\left(\frac{Z}{a_0}\right)^{3/2} \rho(6-\rho)e^{-\rho/3}\cos\theta$$

$$\psi_{31\pm1} = \frac{1}{81\sqrt{\pi}}\left(\frac{Z}{a_0}\right)^{3/2} \rho(6-\rho)e^{-\rho/3}\sin\theta e^{\pm i\phi}$$

$$\psi_{320} = \frac{1}{81\sqrt{6\pi}}\left(\frac{Z}{a_0}\right)^{3/2} \rho^2 e^{-\rho/3}(3\cos^2\theta - 1)$$

$$\psi_{32\pm1} = \frac{1}{81\sqrt{\pi}}\left(\frac{Z}{a_0}\right)^{3/2} \rho^2 e^{-\rho/3}\sin\theta\cos\theta e^{\pm i\phi}$$

$$\psi_{32\pm2} = \frac{1}{162\sqrt{\pi}}\left(\frac{Z}{a_0}\right)^{3/2} \rho^2 e^{-\rho/3}\sin^2\theta e^{\pm 2i\phi}$$

$$\int_0^{2\pi} d\phi \int_0^{\pi} d\theta \sin\theta \int_0^{\infty} dr r^2 \psi^*_{nlm_l}(r,\theta,\phi)\psi_{nlm_l}(r,\theta,\phi) = 1$$

이다. $\hat{H}$가 에르미티안이므로(4.5 절) ψ_{nlm_l}은 직교하여야 한다. 직교 정규화조건은 따라서 다음과 같이 된다.

$$\int_0^{2\pi} d\phi \int_0^{\pi} d\theta \sin\theta \int_0^{\infty} dr r^2 \psi^*_{nlm_l}(r,\theta,\phi)\psi_{n'l'm_l'}(r,\theta,\phi) = \delta_{nn'}\delta_{ll'}\delta_{m_lm_l'} \tag{7-17}$$

여기에서 δ 들은 Kronecker delta, 즉 $i \neq j$이면 $\delta_{ij} = 0$, $i = j$이면 1이다.

7-17 식을 braket으로 표현하면

$$< nlm_l | n'l'm_l' > = \delta_{nn'}\delta_{ll'}\delta_{m_lm_l'} \tag{7-18}$$

이다. $\psi_{nlm_l}(r,\theta,\phi) = |nlm_l>$이 세 개의 양자수에 의존함을 주목하여라. 이 함수들은 동시에 다음과 같이 서로 교환되는 $\hat{H}$, $\hat{L}^2$, $\hat{L}_z$의 고유함수가 된다.

$$[\hat{H}, \hat{L}^2] = [\hat{H}, \hat{L}_z] = [\hat{L}^2, \hat{L}_z] = 0$$

서로 교환되는 세 연산자는 세 개의 양자수에 의존하는 고유함수를 동시에 존재하게 한다. 이것이 수소원자의 파동함수 $\psi_{nlm_l}(r,\theta,\phi)$가 세 개의 양자수 n, l, m_l에 의존하는 이유이다. 즉, n은 Hamiltonian 연산자 (에너지), l은 $\hat{L}^2$ 연산자 (궤도 각운동량) 그리고 m_l은 이들과 교환되는 $\hat{L}_z$ 연산자(궤도 각운동량의 z 축 성분)로부터 나타난다.

$\hat{H}$, $\hat{L}^2$, $\hat{L}_z$ 연산자가 $\hat{H}$와 교환되기 때문에 상응하는 물리적 가관측량들(에너지, 각운동량, 각운동량의 z 축 성분)은 보존된다.(4-85 식) 대응되는 정해진 양자수들, n, l, m_l은 따라서 파동함수를 규정하는 데 사용될 수 있고 이들을 좋은 양자수(good quantum numbers)라고 부른다. 좋은 양자수는 보존되는 양을 기술하는 양자수이다.

예제 7-1 표 7-3의 수소원자 꼴의 파동함수 ψ_{210}가 정규화 되어 있고 ψ_{200}와 직교함을 보여라.

풀이 직교정규화 조건은 7-18 식에 주어져 있다. 표 7-3의 ψ_{210}을 이용하면

$$< 210|210 > = \int_0^{2\pi} d\phi \int_0^{\pi} d\theta \sin\theta \int_0^{\infty} dr r^2 \left\{ \frac{1}{(32\pi)^{1/2}} \left(\frac{Z}{a_0}\right)^{3/2} \rho e^{-\rho/2} \cos\theta \right\}^2$$

$$= \left(\frac{1}{32\pi}\right)\left(\frac{Z}{a_0}\right)^5 \int_0^{2\pi} d\phi \int_0^{\pi} d\theta \sin\theta \cos^2\theta \int_0^{\infty} dr r^4 e^{-Zr/2a_0}$$

$$= \frac{1}{32\pi}\left(\frac{Z}{a_0}\right)^5 (2\pi)\frac{2}{3}\left\{\left(\frac{a_0}{Z}\right)^5 24\right\} = 1$$

따라서 ψ_{210}은 정규화 되어 있다. 이 함수가 ψ_{200}과 직교하는 것을 보이기 위해 다음을 보여야 한다.

$$< 210|200 > = \int_0^{2\pi} d\phi \int_0^{\pi} d\theta \sin\theta \int_0^{\infty} dr r^2 \left\{\frac{1}{(32\pi)^{1/2}}\left(\frac{Z}{a_0}\right)^{3/2}\left(\frac{Zr}{a_0}\right)e^{-Zr/2a_0}\cos\theta\right\}$$

$$\times\left\{\frac{1}{(32\pi)^{1/2}}\left(\frac{Z}{a_0}\right)^{3/2}\left(2-\frac{Zr}{a_0}\right)e^{-\frac{Zr}{2a_0}}\right\}$$

$$= \left(\frac{1}{32\pi}\right)\left(\frac{Z}{a_0}\right)^4 \int_0^{2\pi} d\phi \int_0^{\pi} d\theta \sin\theta\cos\theta \int_0^{\infty} dr r^3 \left(2-\frac{Zr}{2a_0}\right)e^{-Zr/2a_0}$$

여기에서 θ에 대한 적분이 영이 되어 이 적분은 영이 된다. 따라서 ψ_{210}와 ψ_{200}는 직교한다.

7.2 s 궤도는 구형 대칭이다.

수소원자의 파동함수는 세 개의 양자수 n, l, m_l에 의존한다. n 양자수를 주양자수라고 부르고 1,2,3,⋯ 값을 갖는다. 수소원자의 에너지는 $E_n = -e^2/8\pi\varepsilon_0 a_0 n^2$에 따라 주양자수에만 의존한다. l 양자수는 각운동량 양자수라고 부르고 $0,1,2,\cdots,n-1$의 값을 갖는다. 양성자의 주위에 있는 전자의 각운동량은 $|\boldsymbol{L}| = \hbar\{l(l+1)\}^{1/2}$에 따라 l에 의해 완전히 결정된다. 방사방향 파동함수가 n과 l에만 의존하는 것에 주목하여라. 통상 l 값을 문자로 표기하여 $l=0$을 s로 $l=1$을 p, $l=2$를 d, $l=3$을 f 그리고 더 큰 l 값은 f 이후 영어의 알파벳 순서로 표기한다. s, p, d, f의 표기는 역사적으로 소듐원자의 관측된 스펙트럼선들을 나타내는 이름에서 온 것이다.(문자 s, p, d, f는 각각 sharp, principal, diffuse 그리고 fundamental을 의미한다.) $n=1$, $l=0$인 파동함수를 1s 파동함수, $n=2$, $l=0$인 파동함수를 2s 파동함수 등으로 부른다.

세 번째 양자수 m_l은 자기양자수라고 부르고 $m_l = 0, \pm1, \pm2, \cdots, \pm l$의 $2l+1$ 개의 값을 갖는다. 각운동량의 z 축 성분은 $L_z = m\hbar$에 따라 m에 의해 완전히 결정된다. 양자수 m_l은 수소원자가 자장 속에 있을 때 에너지가 m_l에 의존하게 되기 때문에 자기양자수라고 부른다. 자장이 없을 때 $2l+1$의 축퇴도는 자장 속에서 $2l+1$ 개의 서로 다른 에너지로 분할되고 이 분할은 $2l+1$의 서로 다른 m_l 값에 의존한다. 그림 7-1에 나타낸 이 분할을 Zeeman 효과라고 부르며 7.4 절에서 자세히 논의하였다. 이 경우 E는 양자수 n과 m_l 모두의 함수가 된다.

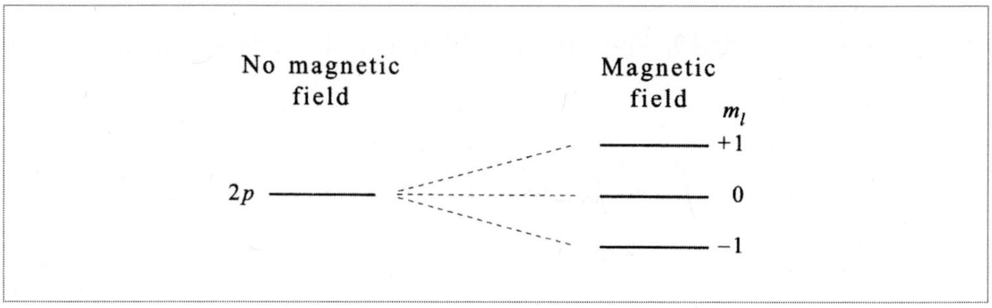

그림 7-1 자장 속에서 세 개로 분할된 수소원자의 $2p$ 상태

수소원자의 완전한 파동함수는 세 개의 변수에 의존하므로 그래프로 도시하여 보이는 것이 어렵다. 따라서 흔히 방사방향과 각에 의존하는 부분을 따로 고려한다. 수소원자의 최저 에너지 상태는 $1s$ 상태이다. $1s$ 상태에 해당하는 방사방향 함수는(표 7-2)

$$R_{1s}(r) = \frac{2}{a_0^{3/2}} e^{-r/a_0}$$

이다. 위에서 언급한 대로 방사방향 파동함수는 r에 대한 적분으로 정규화 되어 있고 따라서

$$\int_0^\infty dr r^2 \{R_{1s}(r)\}^2 = \frac{4}{a_0^3} \int_0^\infty dr r^2 e^{-2r/a_0} = 1 \tag{7-19}$$

이다. 7-19 식으로부터 전자가 r과 $r+dr$ 사이에서 발견될 확률이 $r^2\{R_{nl}(r)\}^2 dr$ 임을 알 수 있고 그림 7-2에 $Z=1$에 대해 $r^2\{R_{nl}(r)\}^2$을 도시하였다. 그림 7-2에서 볼 수 있는 중요한 점은 방사방향 함수의 마디수가 $n-l-1$ 개라는 점이다.($r=0$는 마디로 간주하지 않는다.)

$1s$ 상태에서 전자가 r과 $r+dr$ 사이에서 발견될 확률은 다음과 같다.

$$확률 = \frac{4}{a_0^3} r^2 e^{-2r/a_0} dr \tag{7-20}$$

이 결과는 전자가 잘 정의된 고정된 궤도에 제한되어 있는 Bohr 모델과 배치된다. 그림 7-3에는 $1s$, $2s$, $3s$ 상태 수소원자의 파동함수, $\psi(r)$과 확률밀도, $\psi^2(r)$에 대한 이차원 표면 도시가 주어져 있다. 각각의 경우 핵은 수평면의 중심에 놓여 있다.

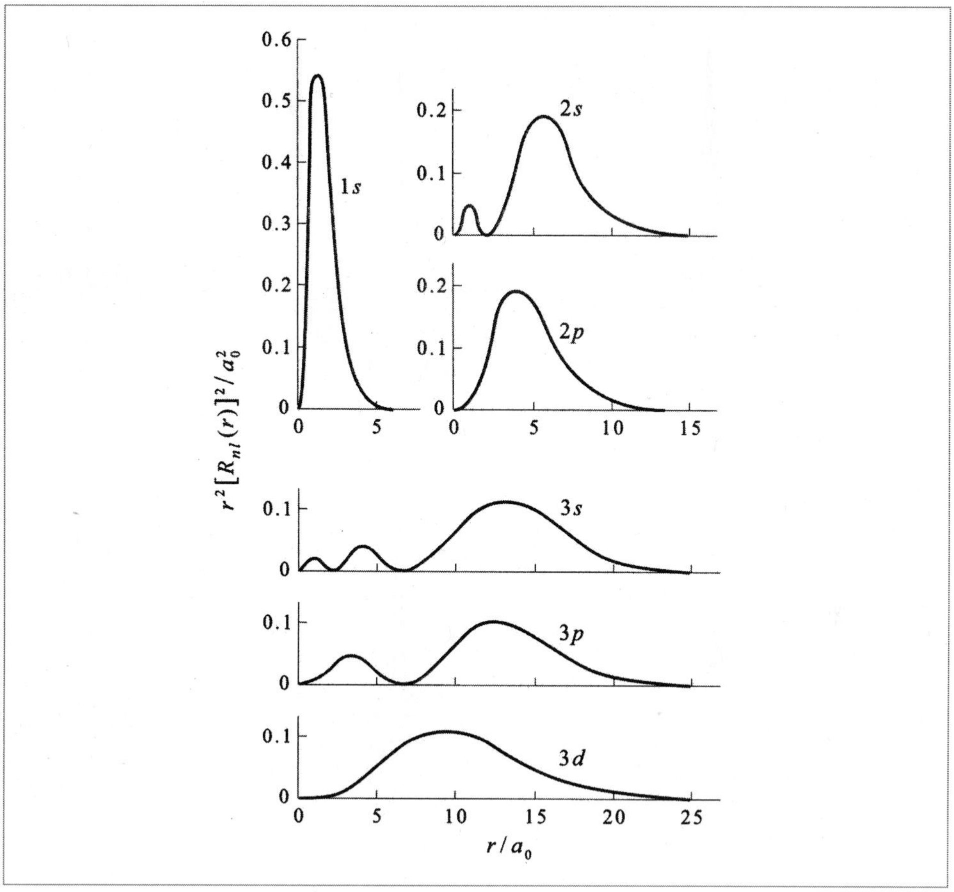

그림 7-2 수소원자 파동함수의 방사방향 성분에서 확률밀도 $r^2\{R_{nl}(r)\}^2$.

예제 7-2 수소원자의 1s 파동함수로 기술되는 전자가 핵 주위의 1 Bohr 반경 내에서 발견될 확률을 계산하여라.

풀이 핵 주위 1 Bohr 반경 내에서 전자가 발견될 확률은 7-20 식을 0에서 a_0 까지 적분하여 얻는다.

$$\text{확률}(0 \leqq r \leqq a_0) = \int_0^{a_0} \frac{4}{a_0^3} r^2 e^{-2r/a_0} dr = 4\int_0^1 dx x^2 e^{-2x} = 1 - 5e^2 = 0.323$$

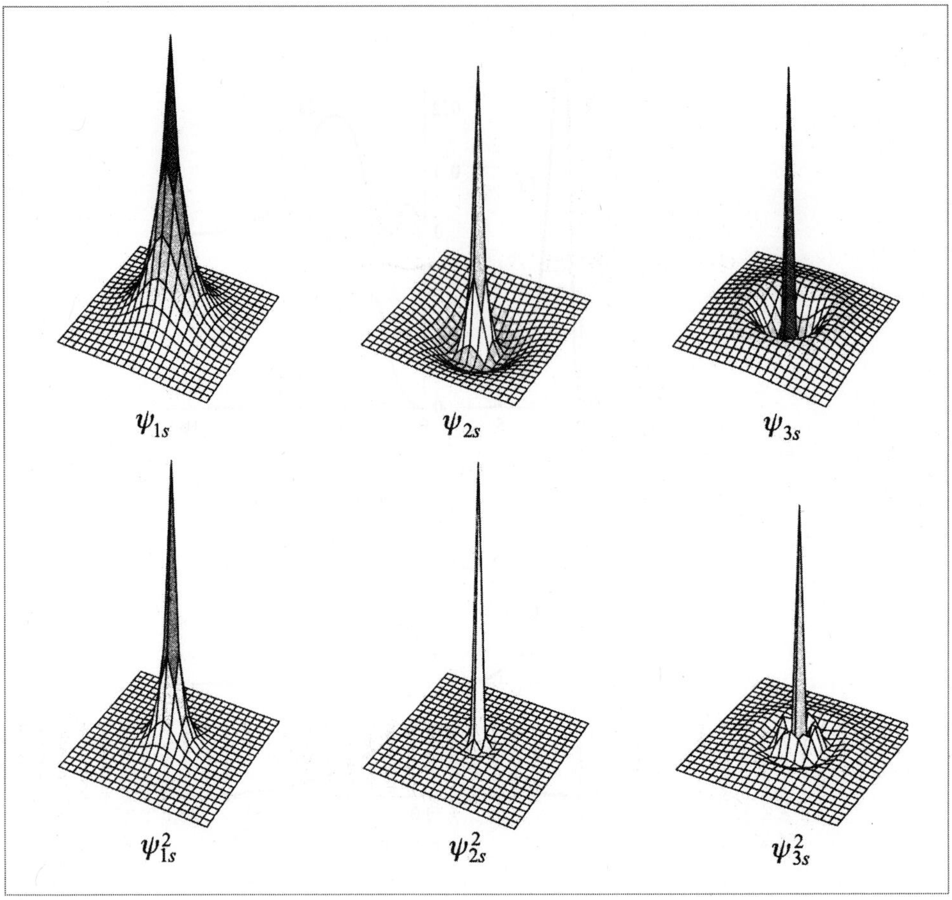

그림 7-3 $1s$, $2s$, $3s$ 상태 수소원자의 $\psi(r)$과 $\psi^2(r)$에 대한 이차원 표면 도시. 각각의 경우 핵은 수평면의 중심에 놓여 있다.

여기에서는 수소원자의 전체 파동함수 중 방사방향 성분만 다루었음을 기억하여야 한다. 방사방향 성분은 r만의 함수이므로 도시하기가 용이하다. 각 성분은 θ와 ϕ의 함수이기 때문에 도시하기가 다소 어렵다. 그러나 $l=0$의 경우는 비교적 쉽다. $l=0$일 때 $m_l=0$이므로 $Y_0^0(\theta,\phi)$는 표 7-1에 따라

$$Y_0^0(\theta,\phi)=\frac{1}{\sqrt{4\pi}}$$

이다. $Y_0^0(\theta,\phi)$는 구의 표면을 따르는 적분에 대해 정규화 되어 있다.

$$\int_0^{2\pi} d\phi \int_0^{\pi} d\theta \sin\theta \, Y_0^0(\theta,\phi)^* \, Y_0^0(\theta,\phi)=\frac{1}{4\pi}\int_0^{2\pi} d\phi \int_0^{\pi} d\theta \sin\theta = 1$$

이런 특별한 경우 각 의존도가 사라지고 따라서 파동함수는 구형 대칭이 된다. 다시 말

해서 모든 (θ,ϕ)에 대해 같은 값을 갖는다. 수소원자의 완전한 $1s$ 파동함수는

$$\psi_{1s}(r,\theta,\phi) = \psi_{100}(r,\theta,\phi) = R_{10}(r)Y_0^0(\theta,\phi) = \left(\frac{1}{\pi a_0^3}\right)^{1/2} e^{-r/a_0} \tag{7-21}$$

가 된다. 7-21 식의 좌변에 r,θ,ϕ의 의존도를 표시하였는데 파동함수가 비록 θ,ϕ에 무관하더라도 $\psi_{1s}(r,\theta,\phi)$가 전체 파동함수를 나타낸다는 것을 강조하기 위해서이다. 예를 들어, 정규화조건은 다음과 같다.

$$\int_0^{2\pi} d\phi \int_0^{\pi} d\theta \sin\theta \int_0^{\infty} dr r^2 \psi_{1s}^*(r,\theta,\phi)\psi_{1s}(r,\theta,\phi) = < 100|100 > = 1$$

수소원자의 파동함수를 궤도라고 부르고 특히 식 7-21은 $1s$ 궤도를 기술한다. 또한 $1s$ 상태에 있는 전자를 $1s$ 전자라고 부른다.

$1s$ 전자가 핵에서부터 r과 $r+dr$ 사이에 있을 확률은 $\psi_{1s}^*(r,\theta,\phi)\psi_{1s}(r,\theta,\phi)$를 모든 θ와 ϕ에 대해 적분하여 얻어진다.

$$\text{확률}(1s) = \int_0^{2\pi} d\phi \int_0^{\pi} d\theta \sin\theta \psi_{1s}^*(r,\theta,\phi)\psi_{1s}(r,\theta,\phi) r^2 dr = \frac{4r^2}{a_0^3} e^{-2r/a_0} dr \tag{7-22}$$

7-22 식이 7-20 식과 같음을 주목하여라.

7-22 식을 이용하여 r의 평균치를 구할 수 있다. 예를 들어,

$$< r >_{1s} = < 100|r|100 > = \frac{4}{a_0^3}\int_0^{\infty} r^3 e^{-2r/a_0} dr = \frac{3}{2}a_0 \tag{7-23}$$

7-22 식은 $1s$ 전자가 핵에서부터 발견될 최대 확률을 보이는 거리를 구하는 데 이용될 수 있다.

예제 7-3 $1s$에서 r의 최대 확률값 $r(r_{mp})$이 a_0 임을 보여라.

풀이 r의 최대 확률값을 구하기 위해 다음 확률밀도가 최대가 되는 r을 구하여야 한다.

$$f(r) = \frac{4r^2}{a_0^3} e^{-2r/a_0}$$

$f(r)$을 미분하여 그 결과를 영으로 하면 r_{mp}가 Bohr 반경 a_0 가됨을 알 수 있다.

$1s$ 상태의 평균 위치에너지는

$$< V(r) >_{1s} = < 100|V|100 > = \int_0^{2\pi} d\phi \int_0^{\pi} d\theta \sin\theta \int_0^{\infty} dr r^2 \psi_{1s}^* \left(-\frac{e^2}{4\pi\varepsilon_0 r}\right)\psi_{1s}$$

$$= -\frac{e^2}{\pi\varepsilon_0 a_0^3}\int_0^{\infty} dr r e^{-2r/a_0} = -\frac{e^2}{4\pi\varepsilon_0 a_0} \tag{7-24}$$

이다. $< V(r) > = 2 < E >$가 됨은 매우 흥미롭다. $< T >$를 평균 운동에너지라고 할 때 $< T > + < V > = < E >$이므로 $< V > = -2 < T >$이고 따라서 이 경우

$$\frac{< V >}{< T >} = -2 \tag{7-25}$$

이다. 7-25 식을 수소원자의 $1s$ 상태의 경우에 대해 유도하였지만 위치에너지가 쿨롬형일 때 일반적으로 모든 계에 대해 성립한다. 7-25 식을 비리알 정리라고 부르고 모든 원자와 분자에 대해 성립한다. 이 책에서는 비리알 정리를 여러 번 인용할 것이다. 이 비리알 정리를 연습문제 5-43에서 증명하였다.

다음으로 간단한 궤도는 $2s$ 궤도이다. $2s$ 궤도는 다음으로 주어지며 역시 구형 대칭이다.

$$\psi_{2s}(r,\theta,\phi) = \psi_{200}(r,\theta,\phi) = R_{20}(r)Y_0^0(\theta,\phi) \tag{7-26}$$

실제로 모든 s 궤도는 모두 각 성분 $Y_0^0(\theta,\phi)$ 인자를 가지고 있어서 구형 대칭이다. 표 7-3을 이용하면

$$\psi_{2s}(r,\theta,\phi) = \frac{1}{\sqrt{32\pi}}\left(\frac{1}{a_0}\right)^{3/2}\left(2-\frac{r}{a_0}\right)e^{-r/2a_0} \tag{7-27}$$

이다. ψ_{2s} 도 r,θ,ϕ에 대한 적분에 대해 정규화 되어 있음을 기억하여라. $2s$ 상태에 있는 수소원자의 평균 r은(연습문제 7-12)

$$< r >_{2s} = < 200|r|200 >$$

$$= \int_0^{2\pi} d\phi \int_0^{\pi} d\theta \sin\theta \int_0^{\infty} dr r^2 \psi_{2s}^*(r,\theta,\phi)\psi_{2s}(r,\theta,\phi) = 6a_0 \tag{7-28}$$

이다. 이 식은 $2s$ 전자가 평균적으로 $1s$ 전자보다 핵에서 멀리 있음을 보여주고 있다. 실제로 방사방향 파동함수의 일반적인 성질을 이용하면 ns 전자에 대해 $< r > = 2/3\ a_0 n^2$ 이 되는 것을 보일 수 있다.

예제 7-4 $2s$ 상태 수소원자에 대해 비리알 정리가 성립함을 보여라.

풀이 7-25 식으로부터 비리알 정리가 $< V > / < T >=-2$ 또는 $< V(r) >= 2 < E >$ 임을 상기하면

$$\begin{aligned}< V(r) >_{2s} &= \int_0^{2\pi} d\phi \int_0^{\pi} d\theta \sin\theta \int_0^{\infty} dr r^2 \psi_{2s}^* \left(-\frac{e^2}{4\pi\varepsilon_0 r}\right)\psi_{2s} \\ &= \int_0^{\infty} dr r^2 R_{2s}^*(r)\left(-\frac{e^2}{4\pi\varepsilon_0 r}\right)R_{2s}(R) \\ &=-\frac{e^2}{32\pi\varepsilon_0}\left(\frac{1}{a_0}\right)^3 \int_0^{\infty} dr r\left(2-\frac{r}{a_0}\right)^2 e^{-r/a_0}\end{aligned}$$

$x = r/a_0$로 하면

$$\begin{aligned}< V(r) >_{2s} &=-\frac{e^2}{32\pi\varepsilon_0}\frac{1}{a_0}\int_0^{\infty} dx\,(4x-4x^2+x^3)e^{-x} \\ &=-\frac{e^2}{16\pi\varepsilon_0 a_0} = 2E_2\end{aligned}$$

또는 $< V >_{2s} / < T >_{2s} =-2$이다.

표 7-4에 $k = 2, 1, -1, -2, -3$에 대해 $< r^k >_{nlm_l} =< nlm_l|r^k|nlm_l >$ 값을 수록하였다.

표 7-4 핵전하 Z인 수소꼴 원자와 이온에 대해 $k = 2, 1, -1, -2, -3$인 경우 $< r^k >_{nlm_l} =< nlm_l|r^k|nlm_l >$ 값

$$\langle r^2\rangle_{n\,l\,m_l} = \langle n\,l\,m_l\,|\,r^2\,|\,n\,l\,m_l\rangle = \frac{a_0^2 n^4}{Z^2}\left\{1+\frac{3}{2}\left[1-\frac{l(l+1)-\frac{1}{3}}{n^2}\right]\right\}$$

$$\langle r\rangle_{n\,l\,m_l} = \langle n\,l\,m_l\,|\,r\,|\,n\,l\,m_l\rangle = \frac{a_0 n^2}{Z}\left\{1+\frac{1}{2}\left[1-\frac{l(l+1)}{n^2}\right]\right\}$$

$$\left\langle\frac{1}{r}\right\rangle_{n\,l\,m_l} = \left\langle n\,l\,m_l\,\middle|\,\frac{1}{r}\,\middle|\,n\,l\,m_l\right\rangle = \frac{Z}{a_0 n^2}$$

$$\left\langle\frac{1}{r^2}\right\rangle_{n\,l\,m_l} = \left\langle n\,l\,m_l\,\middle|\,\frac{1}{r^2}\,\middle|\,n\,l\,m_l\right\rangle = \frac{Z^2}{a_0^2 n^3 (l+\frac{1}{2})}$$

$$\left\langle\frac{1}{r^3}\right\rangle_{n\,l\,m_l} = \left\langle n\,l\,m_l\,\middle|\,\frac{1}{r^3}\,\middle|\,n\,l\,m_l\right\rangle = \frac{Z^3}{a_0^3 n^3 l(l+\frac{1}{2})(l+1)}$$

7.3 주양자수 각각의 $n(n \geq 2)$에 대해 세 개의 p 궤도가 존재한다.

수소원자의 파동함수는 $l \neq 0$일 때 구형 대칭이 아니다. 즉, 파동함수는 θ와 ϕ에 의존한다. 이 절에서는 수소원자 파동함수의 각 성분에 대해 집중적으로 다루려고 한다. 먼저 $l = 1$인 상태 또는 p 궤도에 대해 고려해 보자. $l = 1$일 때 $m_l = 0, \pm 1$이므로 각각의 n에 대해 세 개의 p 궤도가 존재하게 된다. p 궤도의 각 성분은 세 개의 구면조화함수 $Y_1^0(\theta,\phi)$, $Y_1^{\pm 1}(\theta,\phi)$로 주어진다. 이 중 가장 간단한 구면조화함수는

$$Y_1^0(\theta,\phi) = \left(\frac{3}{4\pi}\right)^{1/2} \cos\theta \qquad (7\text{–}29)$$

이다. 이 함수는 정규화 되어 있음을 바로 보일 수 있다.

$$\frac{3}{4\pi}\int_0^{2\pi} d\phi \int_0^{\pi} d\theta \sin\theta \cos^2\theta = \frac{3}{2}\int_0^{\pi} \sin\theta \cos^2\theta d\theta = \frac{3}{2}\int_{-1}^{1} x^2 dx = 1$$

마지막 과정에서 $\cos\theta = x$의 치환을 이용하였다.

각 성분 함수들을 표시하는 일반적인 방법은 삼차원 그림이다. 그림 7–4는 일반화학 교재에서 익숙한 p 궤도의 tangent sphere 그림이다. 이 tangent sphere 그림이 p 궤도의 각 성분의 모양을 나타내지만 방사방향 함수를 생략했으므로 이것이 p 궤도의 모양을 나타내는 정직한 표현은 아니다.

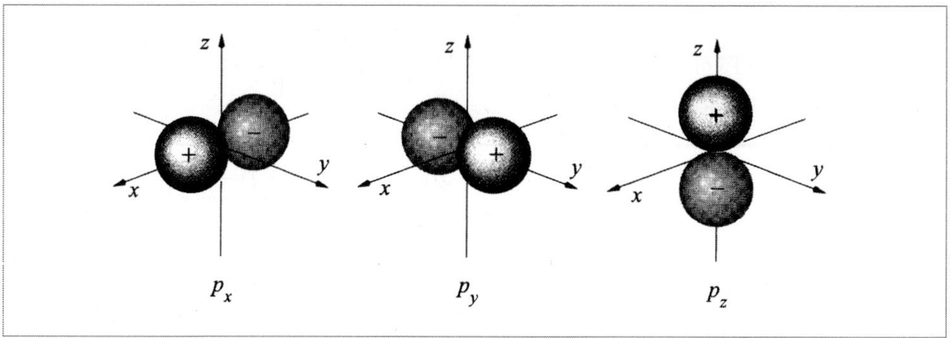

그림 7–4 수소원자 $l = 1$의 파동함수에서 각 성분의 실제 모양을 나타낸 삼차원 그림.(7–31 식)

그림 7–5는 수소원자에서 ψ_{2p_z}와 $\psi_{2p_z}^2$의 표면 도시이다. 그림 7–4에서 ψ_{2p_z}의 양과 음의 방향의 lobe가 그림 7–5에서는 산과 골로 나타남을 주목하여라.

완전한 파동함수는 일반적으로 세 개의 좌표에 의존하므로 파동함수를 명확하게 보이는 것이 매우 어렵다. 그러나 하나의 유용하고 교육적인 방법은 다음과 같다. $\psi^* \psi d\tau$는 부피요소 $d\tau$ 내에 전자가 존재할 확률을 나타낸다. 따라서 공간을 작은 부피요소들로 나

누고 각각의 부피요소에 대해 $\psi^*\psi$의 평균치 또는 대표치를 계산한 다음 그림에 $\psi^*\psi$ 값들을 점들의 밀도로 나타낸다. 그림 7-6에 몇몇 궤도들을 이러한 방법을 이용하여 나타내었다.

완전한 파동함수를 표현하는 또 하나의 방법은 등고도로 나타내는 방법이다. 그림 7-7(a)에 $1s$ 궤도의 등고도를 나타내었다. 각각의 경우 그림의 아홉 개의 등고선은 각각의 등고선 내에서 전자가 발견될 확률이 10%, 20%, ⋯, 90%이다. 이러한 등고도는 그림 7-5에 나타낸 그림의 단면으로 나타나는 것에 주목하여라.

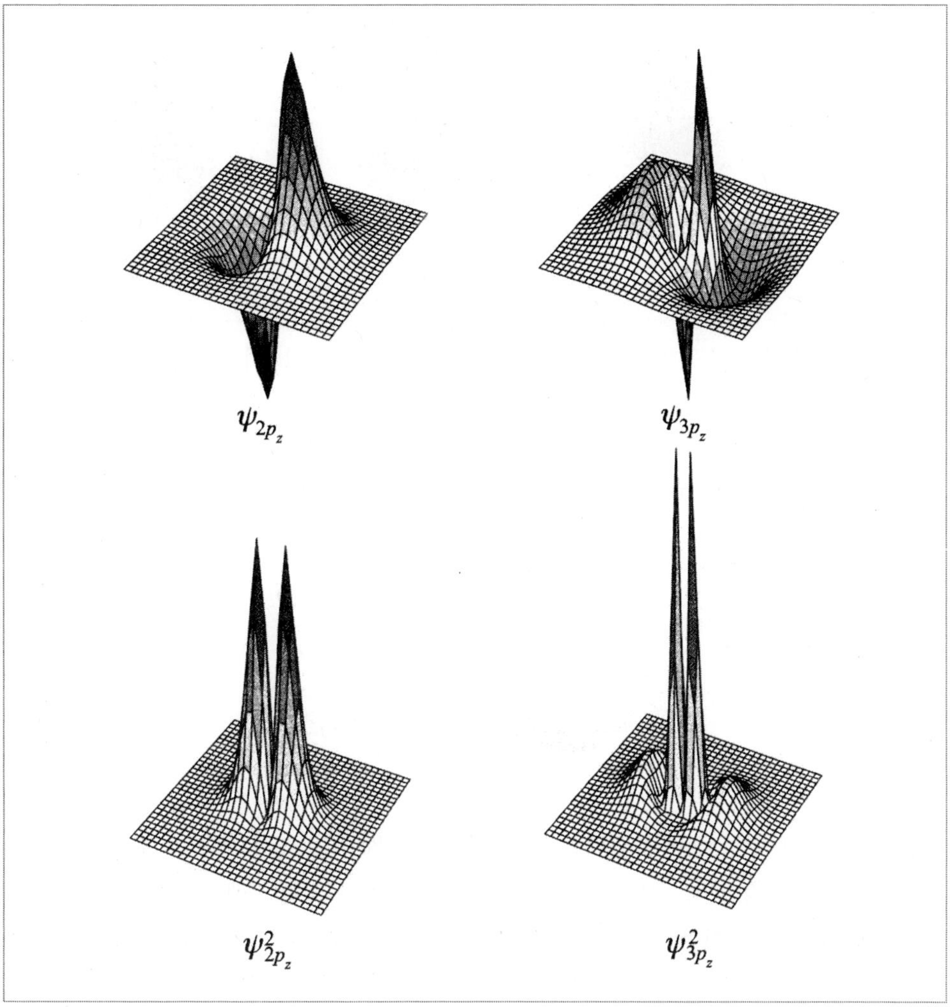

그림 7-5 수소원자에서 ψ_{2p_z}와 $\psi^2_{2p_z}$의 표면 도시. 각각의 경우 핵은 수평면의 중심에 놓여 있다.

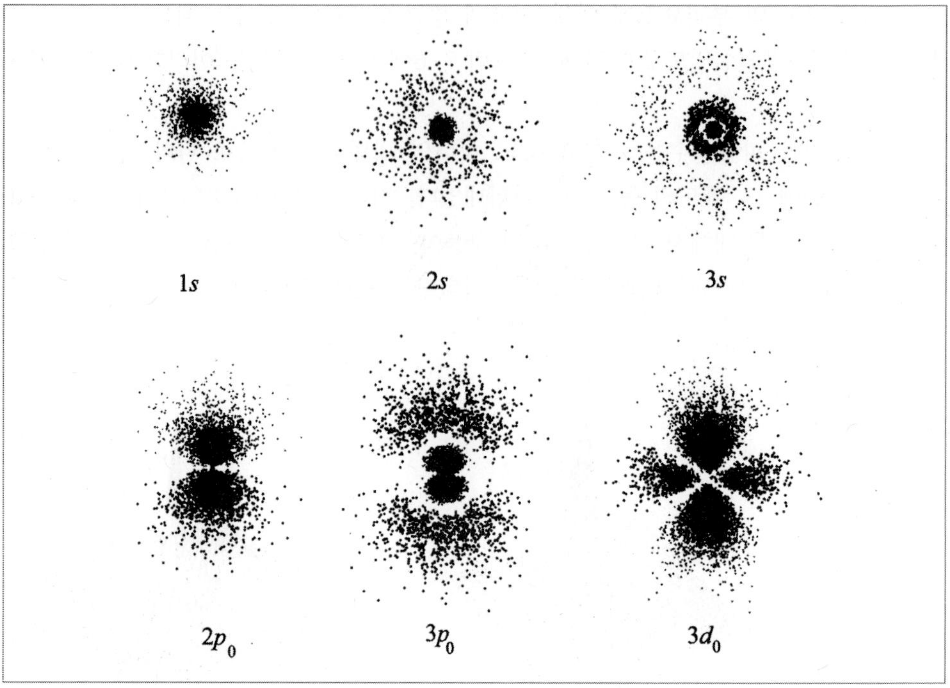

그림 7-6 수소원자 궤도의 확률밀도 단면 그림. 점들의 밀도가 주어진 영역에서 전자를 발견할 확률을 나타낸다.

그림 7-4와 그림 7-7의 $2p_0$와 $3p_0$ 궤도의 그림을 비교해 보는 것은 매우 흥미롭다. 이 궤도들은 각각

$$\psi_{2p_0}(r,\theta,\phi) = R_{21}(r)\,Y_1^0(\theta,\phi)$$

그리고

$$\psi_{3p_0}(r,\theta,\phi) = R_{31}(r)\,Y_1^0(\theta,\phi)$$

이다. 두 궤도 모두 그림 7-4에 보인 같은 각 성분을 갖고 있다. 그러나 방사방향 파동함수는 $n-l-1$ 개의 마디를 갖고 있기 때문에 $R_{21}(r)$은 마디가 없고 $R_{31}(r)$은 한 개의 마디를 갖는다. 그림 7-4와 그림 7-7에서 $2p_0$와 $3p_0$ 궤도의 차이는 $R_{31}(r)$의 마디에 기인한다. 이 예는 p 궤도에 대한 tangent sphere 그림의 부적합성을 보여준다.

$m_l \neq 0$인 경우 각 성분 함수를 그림으로 나타내는 것은 이 함수가 θ는 물론 ϕ에도 의존하고 또한 매우 복잡하기 때문에 어렵다. 특히 $l=1$, $m_l \neq 0$의 경우

$$Y_1^1(\theta,\phi) = \sqrt{\frac{3}{8\pi}}\,\sin\theta e^{i\phi} \tag{7-30}$$

$$Y_1^{-1}(\theta,\phi) = \sqrt{\frac{3}{8\pi}}\,\sin\theta e^{-i\phi}$$

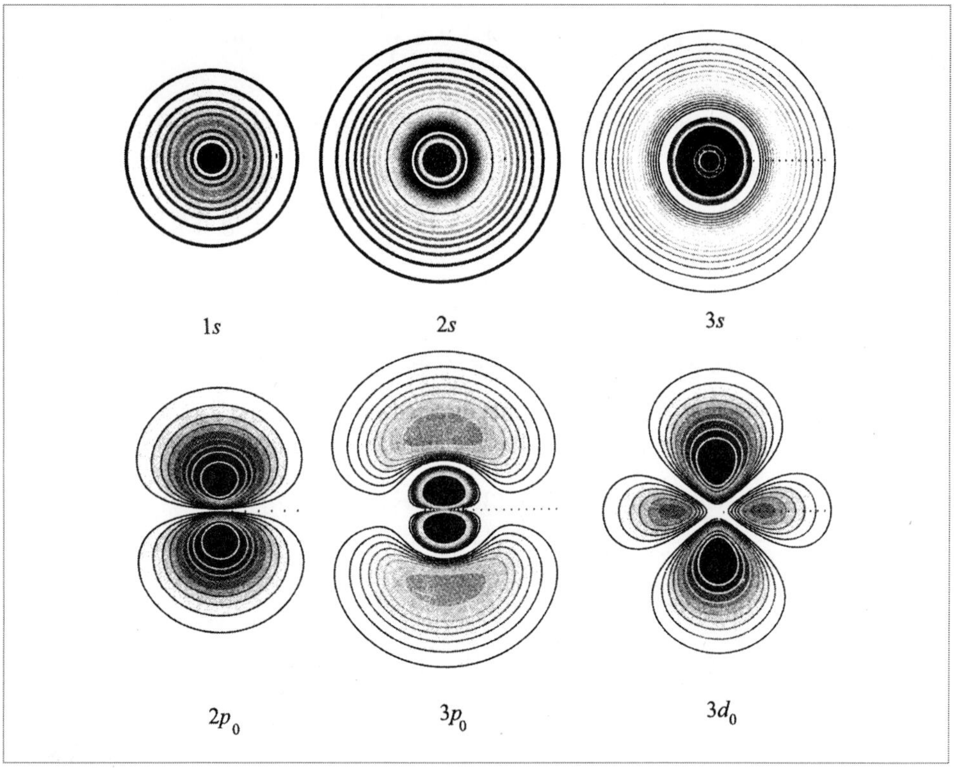

그림 7-7 수소원자 궤도의 확률 등고도. 각 경우 보이는 아홉 개의 등고선은 각 등고선 내에서 전자가 발견될 확률 10%, 20%, ..., 90%를 나타낸다. 그림의 크기는 눈금으로 표시되어 있는 데 한 눈금이 1 Bohr 반경 a_0이다. 다른 궤도가 서로 다른 크기로 되어 있는 것에 주의하여라. 각 경우 어두운 부분은 최대 확률밀도 40%를 나타낸다. [G. Gerhold et. al. Am. J. Phys. 40, 998 (1972)]

이다.

$$|Y_1^1(\theta,\phi)|^2 = \frac{3}{8\pi}\sin^2\theta$$

$$|Y_1^{-1}(\theta,\phi)|^2 = \frac{3}{8\pi}\sin^2\theta$$

이므로 $Y_1^1(\theta,\phi)$와 $Y_1^{-1}(\theta,\phi)$에 해당하는 확률밀도는 같다. $Y_1^1(\theta,\phi)$와 $Y_1^{-1}(\theta,\phi)$가 같은 에너지 상태에서 주어지므로 4.2 절에서 보인 것처럼 $Y_1^1(\theta,\phi)$와 $Y_1^{-1}(\theta,\phi)$의 어떤 선형결합도 같은 에너지를 갖는 고유함수가 된다. 흔히 다음과 같은 선형결합을 이용한다.

$$p_x = \frac{1}{\sqrt{2}}(Y_1^1 + Y_1^{-1}) = \sqrt{\frac{3}{4\pi}}\sin\theta\cos\phi \tag{7-31}$$

$$p_y = \frac{i}{\sqrt{2}}(Y_1^1 - Y_1^{-1}) = \sqrt{\frac{3}{4\pi}}\sin\theta\sin\phi$$

p_x와 p_y의 tangent sphere 그림을 그림 7-4에 도시하였다. 이들은 x, y 축 방향이라는 점을 제외하면 p_z와 모양이 같다. 세 함수 p_x, p_y, p_z는 수소원자 파동함수의 각 성분 함수로 흔히 사용되는 데 그 이유는 이들이 실수이고 방향성을 보여주기 쉽기 때문이다.

$l = 2$의 경우 $m_l = 0, \pm 1, \pm 2$이다. 따라서 다섯 개의 d 궤도가 존재한다. $m_l = \pm 1, \pm 2$에 대해 p 함수와 마찬가지로 선형결합을 이용한다. 흔히 사용하는 선형결합은 다음과 같다.(연습문제 7-23)

$$\begin{aligned}
d_{z^2} &= Y_2^0 = \sqrt{\frac{5}{16\pi}}(3\cos^2\theta - 1) \\
d_{xz} &= \frac{1}{\sqrt{2}}(Y_2^1 + Y_2^{-1}) = \sqrt{\frac{15}{4\pi}}\sin\theta\cos\theta\cos\phi \\
d_{yz} &= \frac{i}{\sqrt{2}}(Y_2^1 - Y_2^{-1}) = \sqrt{\frac{15}{4\pi}}\sin\theta\cos\theta\sin\phi \\
d_{x^2-y^2} &= \frac{1}{\sqrt{2}}(Y_2^2 + Y_2^{-2}) = \sqrt{\frac{15}{16\pi}}\sin^2\theta\cos 2\phi \\
d_{xz} &= \frac{1}{\sqrt{2i}}(Y_2^2 - Y_2^{-2}) = \sqrt{\frac{15}{16\pi}}\sin^2\theta\sin 2\phi
\end{aligned} \tag{7-32}$$

다섯 개의 d 궤도의 각 성분을 그림 7-8에 나타내었다. 7-32 식의 마지막 네 개의 궤도는 배향만이 다름을 주목하여라. 그림 7-8은 d 궤도 이름의 합리성에 대해 말해주고 있다. d_{z^2}는 z 축을 따라 존재하며, $d_{x^2-y^2}$은 x 축과 y 축을 따라 존재하고, d_{xy}는 $x-y$ 평면에 d_{xz}는 $x-z$ 평면에, 그리고 d_{yz}는 $y-z$ 평면에 존재한다. 그림 7-4와 그림 7-8은 자기양자수 m_l에 대한 좋은 도식적인 예를 보여준다. m_l의 크기 $|m_l|$은 그림 7-4와 그림 7-8에서 z 축을 포함한 마디면의 수와 같다. 예를 들어, $m_l = 0$인 p_z는 z 축을 포함한 마디면이 없으며 $|m_l| = 1$인 p_x와 p_y는 마디면이 한 개 있다. 유사하게 $m_l = 0$인 d_{z^2}은 마디면이 없으나 $|m_l| = 1$인 d_{xz}와 d_{yz}는 한 개, $|m_l| = 2$인 d_{xy}와 $d_{x^2-y^2}$은 마디면이 두 개 있다.

각 성분이 실수인 구면조화함수의 선형결합을 사용하는 근본적인 이유는 없으나 대부분의 화학자들은 d 궤도로 구면조화함수 대신 7-32 식을 주로 사용한다. 7-32 식의 함수들이 실수이고 또한 방향성을 잘 보여주고 있기 때문이다. 수소원자의 실제 파동함수를 표 7-5에 나타내었다. 표 7-5에 있는 함수들은 표 7-3에 있는 복소수 함수들의 선형결합이다. 다음 장들에서는 어떻게 원자궤도로부터 분자의 파동함수들을 얻는지에 대해 살펴볼 것이다. 원자궤도가 정해진 방향성을 갖고 있으면 분자궤도를 기술하는 데 어느 원자궤도가 더 중요한지를 결정하는 것이 직관적으로 가능하다.

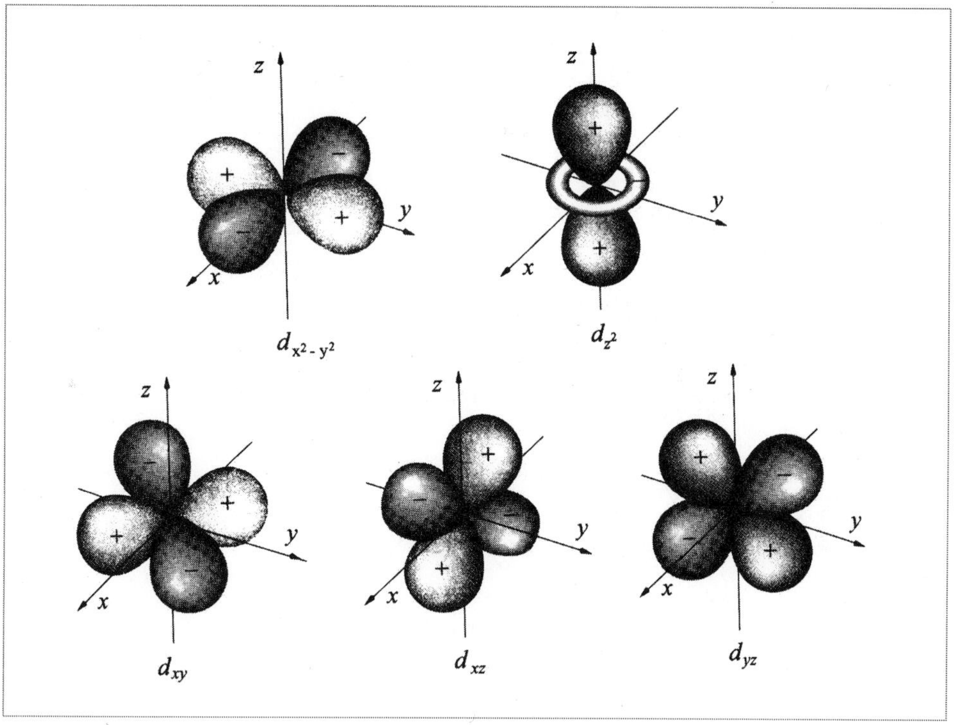

그림 7-8 실수로 나타낸 $l=2$인 수소원자 파동함수의 각 성분들의 삼차원 도시. 이 그림은 궤도들의 방향성을 나타내고 있으나 방사방향 파동함수가 포함되어 있지 않으므로 정확한 궤도의 모양을 나타내는 데는 좋지 않다.

7.4 수소원자의 에너지준위는 자장 속에서 분할된다.

이 절에서는 수소원자에 외부에서 자장을 걸어주는 경우에 대해 논의할 것이다. 자장은 에너지준위를 준 준위들로 분할하며 이들 준위들에 의해 수소원자의 스펙트럼선들이 분할되는 것을 보게 될 것이다. 이 분할을 Zeeman 효과라고 부른다. 그러나 Zeeman 효과를 논하기 전에 자기쌍극자와 자장에 대한 일반적인 사실과 공식들을 복습해 보자.

닫힌 고리 상에서 움직이고 있는 전하의 운동은 자기쌍극자 m을 생성하고 그 크기가

$$m = iA \tag{7-33}$$

로 주어진다. 이때 i는 암페어(coulombs/second)로 주어지는 전류이고 A는 m^2으로 주어지는 고리의 면적이다. 간단히 원형 고리를 고려하면

표 7-5 $n = 1,2,3$에 대해 실수로 표현된 수소꼴 원자의 완전한 파동함수

$$\psi_{1s} = \frac{1}{\sqrt{\pi}}\left(\frac{Z}{a_0}\right)^{3/2} e^{-\rho}$$

$$\psi_{2s} = \frac{1}{4\sqrt{2\pi}}\left(\frac{Z}{a_0}\right)^{3/2} (2-\rho)e^{-\rho/2}$$

$$\psi_{2p_z} = \frac{1}{4\sqrt{2\pi}}\left(\frac{Z}{a_0}\right)^{3/2} \rho e^{-\rho/2}\cos\theta$$

$$\psi_{2p_x} = \frac{1}{4\sqrt{2\pi}}\left(\frac{Z}{a_0}\right)^{3/2} \rho e^{-\rho/2}\sin\theta\cos\phi$$

$$\psi_{2p_y} = \frac{1}{4\sqrt{2\pi}}\left(\frac{Z}{a_0}\right)^{3/2} \rho e^{-\rho/2}\sin\theta\sin\phi$$

$$\psi_{3s} = \frac{1}{81\sqrt{3\pi}}\left(\frac{Z}{a_0}\right)^{3/2} (27-18\rho+2\rho^2)e^{-\rho/3}$$

$$\psi_{3p_z} = \frac{\sqrt{2}}{81\sqrt{\pi}}\left(\frac{Z}{a_0}\right)^{3/2} \rho(6-\rho)e^{-\rho/3}\cos\theta$$

$$\psi_{3p_x} = \frac{\sqrt{2}}{81\sqrt{\pi}}\left(\frac{Z}{a_0}\right)^{3/2} \rho(6-\rho)e^{-\rho/3}\sin\theta\cos\phi$$

$$\psi_{3p_y} = \frac{\sqrt{2}}{81\sqrt{\pi}}\left(\frac{Z}{a_0}\right)^{3/2} \rho(6-\rho)e^{-\rho/3}\sin\theta\sin\phi$$

$$\psi_{3d_{z^2}} = \frac{1}{81\sqrt{6\pi}}\left(\frac{Z}{a_0}\right)^{3/2} \rho^2 e^{-\rho/3}(3\cos^2\theta-1)$$

$$\psi_{3d_{xz}} = \frac{\sqrt{2}}{81\sqrt{\pi}}\left(\frac{Z}{a_0}\right)^{3/2} \rho^2 e^{-\rho/3}\sin\theta\cos\theta\cos\phi$$

$$\psi_{3d_{yz}} = \frac{\sqrt{2}}{81\sqrt{\pi}}\left(\frac{Z}{a_0}\right)^{3/2} \rho^2 e^{-\rho/3}\sin\theta\cos\theta\sin\phi$$

$$\psi_{3d_{x^2-y^2}} = \frac{1}{81\sqrt{2\pi}}\left(\frac{Z}{a_0}\right)^{3/2} \rho^2 e^{-\rho/3}\sin^2\theta\cos 2\phi$$

$$\psi_{3d_{xy}} = \frac{1}{81\sqrt{2\pi}}\left(\frac{Z}{a_0}\right)^{3/2} \rho^2 e^{-\rho/3}\sin^2\theta\sin 2\phi$$

$$i = \frac{qv}{2\pi r} \tag{7-34}$$

이고 v는 전하 q가 움직이는 속도 그리고 r은 고리의 반경이다. 7-34 식과 $A = \pi r^2$을 7-33 식에 대입하면

$$m = \frac{qrv}{2} \tag{7-35}$$

이 얻어진다. 더 일반적으로 궤도가 원형이 아니라면 7-35 식은

$$\boldsymbol{m} = \frac{q(\boldsymbol{r} \times \boldsymbol{v})}{2} \tag{7-36}$$

가 된다. 7-36 식이 원형 궤도의 경우 7-35 식으로 되는 것에 주목하여라.(연습문제 7-32) $\boldsymbol{L} = \boldsymbol{r} \times \boldsymbol{p}$와 $\boldsymbol{p} = m\boldsymbol{v}$를 이용하면 $\boldsymbol{m}$을 각운동량으로 표시할 수 있다. 따라서 7-36 식은

$$\boldsymbol{m} = \frac{q}{2m}\boldsymbol{L} \tag{7-37}$$

이 된다. $\boldsymbol{m}$과 $\boldsymbol{L}$이 회전 평면에 수직방향임을 주의하여라. 전자의 경우 $q = -|e|$이므로 7-37 식은 m_e를 전자의 질량이라 할 때 다음으로 된다.

$$\boldsymbol{m} = -\frac{|e|}{2m_e}\boldsymbol{L} \tag{7-38}$$

자기쌍극자는 자장과 상호작용을 하고 자장 속에 있는 자기쌍극자의 위치에너지는

$$V = -\boldsymbol{m} \cdot \boldsymbol{B} \tag{7-39}$$

이며 $\boldsymbol{B}$는 외부에서 걸어주는 자장이다. $\boldsymbol{B}$는 다음의 식으로 정의되며

$$\boldsymbol{F} = q(\boldsymbol{v} \times \boldsymbol{B}) \tag{7-40}$$

이때 $\boldsymbol{F}$는 세기가 $\boldsymbol{B}$인 자장 속을 속도 $\boldsymbol{v}$로 전하 q의 입자가 움직일 때 받는 힘이다. 자장의 세기는 SI 단위로 tesla(T)를 사용한다. 7-40 식으로부터 1 tesla가 $1\ \mathrm{N \cdot A^{-1} \cdot m^{-1}}$임을 알 수 있다. 자장의 방향을 z 축 방향으로 하면 7-39 식은

$$V = -m_z B_z \tag{7-41}$$

가 된다. m_z에 대해 7-38 식을 이용하면

$$V = \frac{|e|B_z}{2m_e}L_z \tag{7-42}$$

를 얻을 수 있다. L_z를 상응하는 연산자 $\hat{L}_z$로 바꾸면 7-42 식은 외부 자장의 영향을 설명할 수 있는 수소원자의 Hamiltonian의 일부가 된다. 따라서 외부 자장 속에 있는 수소원자의 Hamiltonian은

$$\hat{H} = \hat{H}_0 + \frac{|e|B_z}{2m_e}\hat{L}_z \tag{7-43}$$

이 된다. 이때 $\hat{H}_0$는 자장이 없을 때의 Hamiltonian이다. 따라서 Schrödinger 방정식은

$$\hat{H}_0\psi + \frac{|e|B_z}{2m_e}\hat{L}_z\psi = E\psi \tag{7-44}$$

이 된다. 수소원자의 파동함수는 $\hat{H}_0$와 $\hat{L}_z$ 연산자 모두의 고유함수이고 따라서 7-43 식의 $\hat{H}$의 고유함수이다. 특히

$$\hat{H}_0\psi_{nlm_l}(r,\theta,\phi) = -\frac{m_e e^4}{8\varepsilon_0^2 h^2 n^2}\psi_{nlm_l}(r,\theta,\phi)$$

$$\hat{L}_z\psi_{nlm_l}(r,\theta,\phi) = m_l\hbar\psi_{nl}(r,\theta,\phi)$$

이다. 그러므로 자장 속에 있는 수소원자의 에너지준위는 다음으로 된다.

$$E = -\frac{m_e e^4}{8\varepsilon_0^2 h^2 n^2} + \beta_B m_l B_z \qquad n = 1,2,3,\cdots \qquad m_l = 0,\ \pm 1,\ \pm 2,\cdots \pm l \tag{7-45}$$

이때 β_B는 다음으로 정의되는 Bohr Magneton이라고 부르고

$$\beta_B = \frac{|e|\hbar}{2m_e} \tag{7-46}$$

다음의 값을 갖는다.

$$\beta_B = 9.2740 \times 10^{-24}\ \mathrm{J \cdot T^{-1}} \tag{7-47}$$

7-45 식에 따르면 주어진 n, l 값을 갖는 상태가 외부자장에 의해 $2l+1$ 준위로 분할되는 것을 보여준다. 예를 들어, 그림 7-9는 수소원자의 $1s$ 그리고 $2p$ 상태의 경우를 보여주고 있다. $1s$ 상태는 분할되지 않으나 $(2l+1=1)$, $2p$ 상태는 세 개의 준위로 분할된다.$(2l+1=3)$ 또한 그림 7-9는 수소원자의 $2p$ 상태에서 $1s$ 상태로의 전이가 자장 속에서 한 개가 아니라 세 개의 다른 전이로 되는 것을 보여주고 있다.

예제 7-5 자장 1.00 T에 있는 $2p$ 상태 수소원자 에너지준위 분할의 크기를 계산하고 $1s$와 $2p$ 에너지 차이와 비교하여 보아라.

풀이 7-45 식에 의하면 분할은

$$\Delta E = \beta_B m_l B_z = (9.2740 \times 10^{-24}\,\mathrm{J \cdot T^{-1}})(1.00\,T)m_l$$
$$= (9.2740 \times 10^{-24}\,\mathrm{J})m_l \qquad m_l = 0,\ \pm 1$$

이다. 변하지 않은 $1s$와 $2p$ 준위의 에너지 차이는

$$E_{2p} - E_{1s} = -\frac{m_e e^4}{8\varepsilon_0^2 h^2}\left(\frac{1}{4} - \frac{1}{1}\right) = 1.635 \times 10^{-18}\,\text{J}$$

로 이 분할이 $1s$와 $2p$의 에너지 차이보다 매우 작음을 보여주고 있다.

예제 7-5의 결과는 그림 7-9에 보이는 세 개의 서로 다른 전이들은 간격이 매우 작게 나타나고(연습문제 7-35) 이것을 외부 자장이 있을 때 수소원자의 $2p \rightarrow 1s$ 전이가 삼중항(triplet)으로 된다고 말한다.

이 결과는 그러나 틀린 것으로 밝혀졌다. 외부 자장 속에서 $n = 2$에서 $n = 1$ 로의 전이는 세 개가 아니라 열 개로 분할된다. 언급하지는 않았지만 실제 자장이 없을 때 $n = 2$에서 $n = 1$ 로의 전이는 인접한 두 개의 선들로 분할된다. 이 두 선들의 전이 파수는 82,258.921 cm^{-1} 그리고 82,259.287 cm^{-1}로 차이가 0.366 cm^{-1} 밖에 되지 않지만 실험 오차 범위에 들어 있다. 무엇인가가 결여되어 있는 것으로 보인다. 이 결여된 무엇이 이제부터 논의할 전자스핀이다.

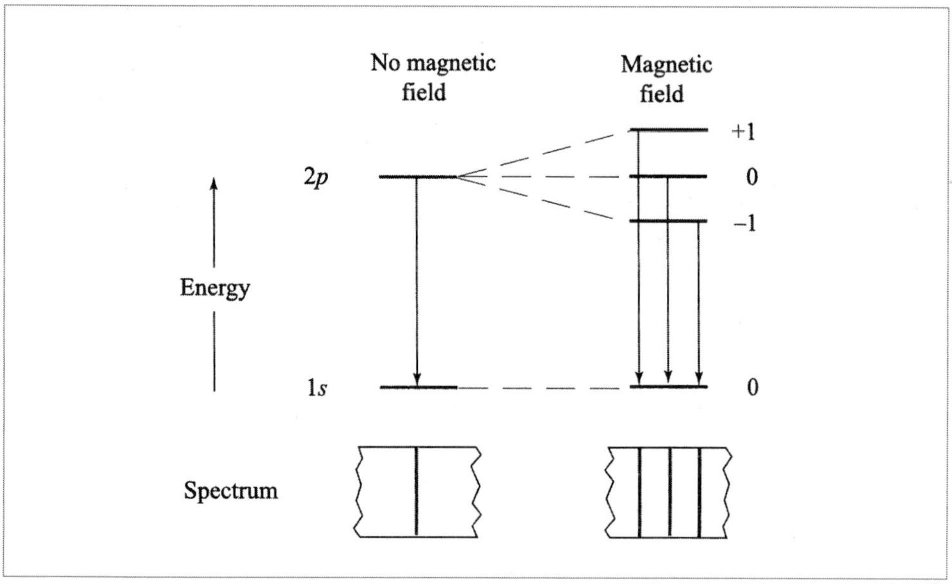

그림 7-9 자장 속에서 수소원자 $2p$ 상태의 분할. $2p$ 상태는 간격이 작은 세 개의 준위로 분할된다. 외부 자장 속에서 $2p-1s$ 전이는 세 개의 독특한 진동수를 갖는 전이로 나타난다.

7.5 전자는 고유의 스핀 각운동량을 갖고 있다.

결정 표면에서 X-선의 산란에 대해 연구하던 미국의 물리학자 Arthur H. Compton은 1921 년 초 다음과 같은 결론에 도달하였다. 즉, 자체가 작은 자이로스코우프와 같이 스핀 하는 전자는 명백히 가장 궁극적인 자성을 가진 입자이다. 1922 년 독일의 두 물리학자 Otto Stern과 Walter Gerlach는 은원자의 빔을 불균일한 자장을 통과시켜 공간 양자화 된 $2l+1$ 성분으로 분리하려는 실험을 하였다.(일반화학에서 배운 은원자는 최외각 전자배치가 $4d^{10}5s^1$ 이어서 한 개의 외각 전자를 갖는다는 것을 상기하여라.)(그림 7-10) 균일한 자장은 자기쌍극자들을 정렬시킬 것이나 병진운동에 힘을 미치지는 않는다. 그러나 불균일한 자장은 병진운동에 힘을 미쳐 (연습문제 7-36) 서로 다르게 정렬된 자기쌍극자들을 공간에서 분리되게 한다. 고전적으로 보면 자기쌍극자들의 빔은 연속적인 각을 가지며 정렬될 것이고 따라서 연속적으로 공간에 분포될 것이다. 그러나 양자역학적으로는 주어진 l 값을 갖는 상태는 $2l+1$의 불연속적인 방향으로만 존재하고 따라서 이러한 계는 불균일한 자장에 의해 $2l+1$의 성분으로 분할될 것이다. 그러나 Stern과 Gerlach는 은 원자의 빔이 둘로만 분할되는 매우 이상한 결과를 주는 것을 발견하였다.(그림 7-22)

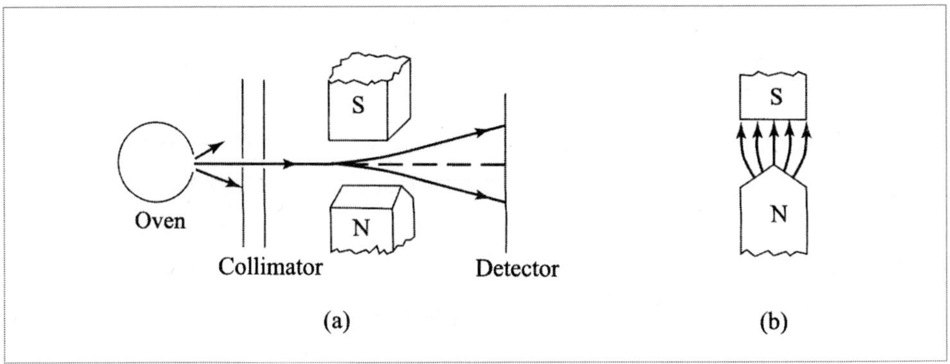

그림 7-10 (a) Stern-Gerlach 실험의 모식도. (b) 불균일한 자장을 생성하는 자석의 자극을 보여주는 단면도

이것은 $2l+1=2$ 또는 $l=1/2$인 결과를 준다는 것에 주목하여라. 그러나 이제까지는 l이 정수 값만을 갖는다고 하였다.

유사한 또 하나의 관측은 원자의 스펙트럼에서 난타난다. 예를 들어, 수소원자의 $n=2$에서 $n=1$ 상태로의 전이가 고분해능 스펙트럼에서 이중선(doublet)이라고 부르는 인접한 두 개의 선들로 분할되어짐을 발견하였다. 이러한 관측들은 이제까지 우리가 유도하고 사용한 생각들을 가지고는 설명될 수 없다. 비록 이러한 모든 관측된 사실들을 설명할 수 있는 천재적인 이론들이 있음에도 불구하고 이 후 수많은 사람들에 의해 이 설명들을 더욱 받아들일 수 없게 하는 사실들이 발견되었다. 바닥상태에 있는 원자의 전자들이 왜 에너지가 가장 낮은, 가장 안쪽의 껍질에 모두 다 존재하지 않는 지에 대해 이해할 수 없었다. Niels Bohr가 원소들의 주기성에 대해 많은 일을 하였지만 이 물음에 대한 답은 언제나 문제가 되었다.

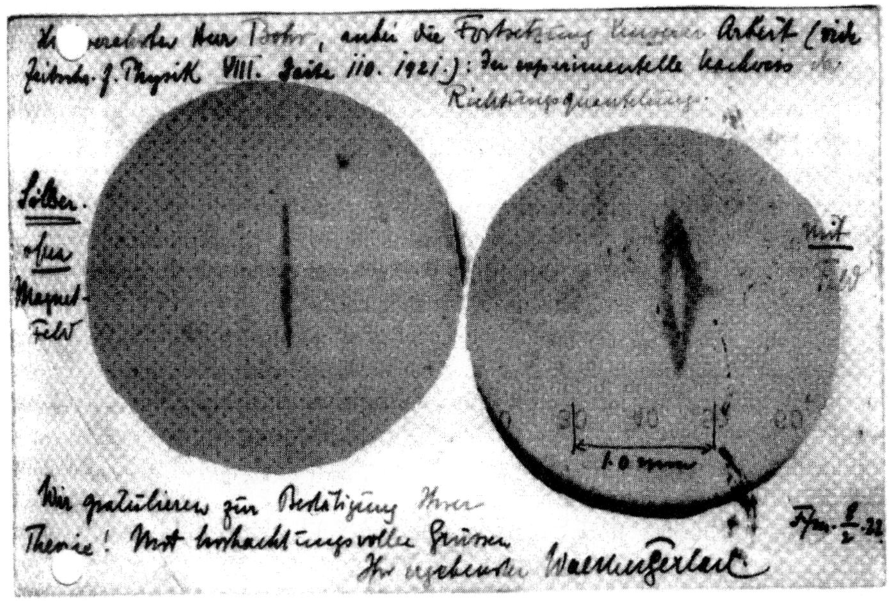

그림 7-11 1922년 2월 8일 Walter Gerlach가 Niels Bohr에게 보낸 우편엽서. 왼편은 자장이 없을 때 은원자 빔의 모양 그리고 오른편은 불균일한 자장이 있을 때의 모양을 보여주고 있다.(Niels Bohr Archive, Copenhagen, Denmark)

1925 년 Wolfgang Pauli는 이 모든 관측들이 전자가 두 개의 서로 다른 상태에 있을 수 있다는 가설로 설명될 수 있다는 것을 보였다. Pauli는 네 번째 양자수를 직관적으로 도입하였다. 이 네 번째 양자수는 현재 스핀양자수 m_s로 불리는데 1/2과 −1/2의 값으로 제한되어 있다. Pauli가 이 네 번째 양자수에 대해 아무런 해석을 가하지 않았다는 것은 매우 흥미로운 일이다. 네 번째 양자수의 존재는 약간 모호하다. 왜냐하면 전자에 대한 세 개의 공간 좌표로 n, l, m_l이 설명되어지기 때문이다. 그렇다면 이 네 번째 양자수는 어디에서 기인하는 것일까?

네델란드의 두 물리학자 George Uhlenbeck과 Samuel Goudsmit는 마침내 1925 년 전자의 두 다른 상태가 두 개의 다른 각운동량 또는 스핀상태로 확인될 수 있다는 것을 보였다. 이미 우리는 전자의 궤도운동이 자기모멘트를 갖게 한다는 것을 보았다.

우리는 이 스핀의 개념을 단순히 양자론과 이전에 전개하였던 가설에 접목할 것이다. 이것은 약간 불완전하게 보일지 모르나 이 책의 목적을 만족시키는데 문제가 없다. 1930

년대 초반 영국의 물리학자 Paul Dirac은 양자역학을 상대론적으로 확장 하였는데 이 이론의 커다란 성공의 하나가 스핀이 자연적으로 도입된다는 것이다. 그러나 여기에서는 스핀을 직관적으로 도입하기로 한다.

Stern–Gerlach의 실험에서 은원자의 빔이 두 성분으로 분할되고 이것이 한 개의 외각 전자의 자기모멘트와 해당되는 각운동량이 각운동량 양자수 $l=1/2$로 기술된다는 것을 보였다. $\hat{L}^2$과 $\hat{L}_z$의 고유치방정식

$$\hat{L}^2 Y_l^{m_l}(\theta,\phi) = \hbar^2 l(l+1) Y_l^{m_l}(\theta,\phi) \tag{7-48}$$

$$\hat{L}_z Y_l^{m_l}(\theta,\phi) = m_l \hbar Y_l^{m_l}(\theta,\phi) \tag{7-49}$$

와 같이 스핀연산자 $\hat{S}^2$과 $\hat{S}_z$ 그리고 그들의 고유함수 α, β를 다음의 식으로 정의한다.

$$\begin{aligned} &\hat{S}^2\alpha = \hbar^2 s(s+1)\alpha \qquad \hat{S}^2\beta = \hbar^2 s(s+1)\beta \qquad s=\frac{1}{2} \\ &\hat{S}_z\alpha = \frac{1}{2}\hbar\alpha \qquad\qquad\quad \hat{S}_z\beta = -\frac{1}{2}\hbar\beta \end{aligned} \tag{7-50}$$

어떻게 보면 $\alpha = Y_{1/2}^{1/2}$ 그리고 $\beta = Y_{1/2}^{-1/2}$로 볼 수도 있지만 이것은 엄격히 형식적인 관계에 불과하고 α와 β 또는 $\hat{S}^2$과 $\hat{S}_z$의 모양은 더 이상 확인할 필요가 없다.

수소원자에서 전자의 궤도 각운동량을

$$L = \hbar\sqrt{l(l+1)} \tag{7-51}$$

로 쓸 수 있듯이 전자의 스핀 각운동량도

$$S = \hbar\sqrt{s(s+1)} \tag{7-52}$$

로 쓸 수 있다. 0 부터 ∞ 까지 변할 수 있는 l 과는 달리 s는 단지 $s=1/2$ 값만을 가질 수 있다. s가 큰 값을 가질 수 없기 때문에 스핀 각운동량에 대해서는 고전적인 행동을 가정할 수 없다는 것에 주목하여라. 스핀은 엄격히 비고전적인 개념이다. 7–50 식의 함수 α와 β를 스핀 고유함수라고 부른다. α와 β는 직교정규화 되어 있다고 가정하여 스핀변수 σ에 대해 형식적으로 다음과 같이 쓴다.

$$\begin{aligned} &\int \alpha^* \alpha d\sigma = \int \beta^* \beta d\sigma = 1 \\ &\int \alpha^* \beta d\sigma = \int \alpha\beta^* d\sigma = 0 \end{aligned} \tag{7-53}$$

스핀변수에 대한 고전적인 유사한 변수는 없다. 7–53 식이 형식적인 식임을 강조하였다. 스핀변수 σ는 연속적인 변수가 아니고 단지 두 개의 z 축 성분 $\pm\hbar/2$만을 갖는다.

어떤 사람들은 7−53 식을 $\sigma = \pm 1/2$에 대해 합으로 쓰기도 하지만 이들은 braket 표현법으로 쓰는 것이 더 좋다.

$$< \alpha|\alpha > = < \beta|\beta > = 1 \qquad (7\text{−}54)$$
$$< \alpha|\beta > = < \beta|\alpha > = 0$$

각운동량(스핀) 성질을 강조하기 위해 α와 β에 대해 다른 표현법을 쓸 수도 있다. 궤도 각운동량에 대해

$$Y_l^{m_l}(\theta,\phi) = |lm_l >$$

로 쓰므로 7−48 식과 7−49 식은

$$\hat{L}^2|lm_l > = \hbar^2 l(l+1)|lm_l > \qquad l = 0,1,2,\cdots \qquad (7\text{−}55)$$
$$\hat{L}_z|lm_l > = \hbar m_l|lm_l > \qquad m_l = 0,\pm 1,\pm 2,\cdots,\pm l \qquad (7\text{−}56)$$

이 된다. 스핀 상태에 대해 $l \rightarrow s = 1/2 \quad m_l \rightarrow m_s = \pm 1/2$이므로 다음과 같은 대응 관계를 만들 수 있다.

$$\alpha = \left|\frac{1}{2}\,\frac{1}{2}\right\rangle \qquad \beta = \left|\frac{1}{2} - \frac{1}{2}\right\rangle \qquad (7\text{−}57)$$

이 방법을 이용하면 7−50 식은

$$\hat{S}^2|sm_s > = \hbar^2 s(s+1)|sm_s > \qquad s = \frac{1}{2} \qquad (7\text{−}58)$$
$$\hat{S}_z|sm_s > = \hbar m_s|sm_s > \qquad m_s = \pm\frac{1}{2} \qquad (7\text{−}59)$$

가 되고 7−54 식은 kronecker delta $\delta_{m_s m_s'}$에 대해

$$< sm_s|sm_s' > = \delta_{m_s m_s'} \qquad (7\text{−}60)$$

이 된다.

이제 공간 함수에 스핀 함수 α와 β를 포함시켜야 한다. 첫 번째 근사로 파동함수의 공간 성분과 스핀 성분이 서로 독립적이라고 하면

$$\Psi_{n,l,m_l,m_s}(r,\theta,\phi,\sigma) = \psi_{n,l,m_l}(r,\theta,\phi)\alpha(\sigma) \quad \text{혹은} \quad \psi_{n,l,m_l}(r,\theta,\phi)\beta(\sigma) \qquad (7\text{−}61)$$

이고 braket 표현법으로는 $|nlm_l m_s >$이다. 따라서 수소원자에서 전자의 상태를 기술하는 데 네 개의 양자수가 필요하다.

완전한 일전자 파동함수 $|nlm_l m_s>$를 스핀궤도라고 부른다. 수소원자의 처음 두 스핀궤도는

$$\Psi_{100\frac{1}{2}}(r,\sigma) = \left|100\frac{1}{2}\right\rangle = \left(\frac{Z^3}{\pi a_0^3}\right)^{1/2} e^{-Zr/a_0}\alpha$$

$$\Psi_{100-\frac{1}{2}}(r,\sigma) = \left|100-\frac{1}{2}\right\rangle = \left(\frac{Z^3}{\pi a_0^3}\right)^{1/2} e^{-Zr/a_0}\beta$$

이며 여기에서 $r = (r,\theta,\phi)$, $dr = r^2\sin\theta drd\theta d\phi$이다. 각각의 스핀궤도는

$$\int \Psi^*_{100\frac{1}{2}}(r,\sigma)\Psi_{100\frac{1}{2}}(r,\sigma)drd\sigma = \left\langle 100\frac{1}{2}|100\frac{1}{2}\right\rangle$$

$$= \frac{Z^3}{\pi a_0^3}\int_0^\infty e^{-2Zr/a_0}4\pi r^2 dr < \alpha|\alpha > = 1$$

이므로 정규화 되어 있다.

■ 예제 7-6 다음 두 스핀궤도 $\Psi_{100\frac{1}{2}}(r,\sigma)$, $\Psi_{100-\frac{1}{2}}(r,\sigma)$가 직교함을 보여라.

풀이 $< \alpha|\beta > = 0$이므로

$$\int \Psi^*_{100\frac{1}{2}}(r,\sigma)\Psi_{100-\frac{1}{2}}(r,\sigma)drd\sigma = \frac{Z^3}{\pi a_0^3}\int_0^\infty e^{-2Zr/a_0}4\pi r^2 dr < \alpha|\beta > = 0$$

이다. $\Psi_{100\frac{1}{2}}(r,\sigma)$, $\Psi_{100-\frac{1}{2}}(r,\sigma)$의 직교성을

$$< 100m_s|100m_s' > = \delta_{m_s m_s'}$$

으로 쓸 수 있다. 이 함수들에서 "100" 부분이 정규화 되어 있음에도 불구하고 스핀 성분 때문에 이 두 파동함수들이 직교한다는 것에 주의하여라.

7-2 식에 주어진 Hamiltonian 연산자는 스핀을 포함하지 않고(엄격히 정전기적임) 있으므로 대응하는 에너지가 스핀에 의존하지 않는다. 따라서 7-22 식을 Hamiltonian 연산자로 사용하는 경우 두 파동함수 $|nlm_l 1/2>$와 $|nlm_l - 1/2>$는 같은 에너지를 갖는다.

7.6 스핀-궤도 상호작용은 수소원자의 에너지에 영향을 준다.

7.4 절에서 전자는 궤도 각운동량에 비례하는 자기모멘트

$$\boldsymbol{m}_L = -\frac{|e|}{2m_e}\boldsymbol{L} \tag{7-62}$$

를 갖는다는 것을 알았다. $\boldsymbol{m}$의 하첨자 L은 이 자기모멘트가 전자의 궤도 각운동량에 기인한다는 것을 강조하기 위해 사용하였다. $\hat{L}^2$의 고유치가 $\hbar^2 l(l+1)$이므로 $\boldsymbol{m}_L$의 크기는

$$m_L = -\frac{|e|\hbar}{2m_e}[l(l+1)]^{1/2} = -\beta_B[l(l+1)]^{1/2} \tag{7-63}$$

이고 여기에서 β_B는 Bohr magneton이다. 전자의 스핀에서 기인하는 자기모멘트 또한 존재한다. 이것은 7-62 식과 유한한 식으로 표시되지만 얻어진 여러 가지 실험 결과와 일치시키기 위해 7-62 식에 g-인자를 도입하여

$$\boldsymbol{m}_S = -\frac{g|e|}{2m_e}\boldsymbol{S} \tag{7-64}$$

$$m_S = -g\beta_B[s(s+1)]^{1/2} \tag{7-65}$$

로 쓴다. 여기에서 $g=2$이며 오랫동안 이것은 "비정상적인" 스핀인자라고 불리어 왔지만 Dirac에 의해 양자역학을 상대론적으로 확장시켜 공식화한 결과 자연적으로 나타난다.

7-64 식에 따라

$$m_{S_z} = -\frac{g|e|S_z}{2m_e} = -\frac{g|e|\hbar m_s}{2m_e}$$
$$= -g\beta_B m_s = \pm\beta_B \tag{7-66}$$

을 얻는다. Stern-Gerlach 실험에서 은원자 빔의 두 투영은 7-66 식에서 예측한 대로 자기모멘트 $\pm\beta_B$에 해당하는 위치에서 나타난다.

위에서 지적한 대로 7-2 식의 Hamiltonian 연산자는 엄격히 정전기적이며 스핀을 포함하고 있지 않다. 이 Hamiltonian 연산자는 수소원자의 스펙트럼을 잘 기술하는 에너지 $E_n = -m_e e^4/8\varepsilon_0^2 \hbar^2 n^2$를 주지만 실험 결과와 약간의 불일치한 점을 준다. 예를 들어, $n=2$에서 $n=1$ 로의 전이를 자세히 살펴보면 이 전이가 이중선으로 되어 있으며, 이것이 Uhlenbeck과 Goudsmit가 양자역학에 전자스핀을 도입하게 된 여러 관측들 중 하나가 된다. 곧바로 궤도 각운동량에 따른 자기모멘트와 스핀 각운동량에 기인한 자기모멘트가 상호작용한다는 사실을 고려해야한다는 것을 알게 되었고, 따라서 Hamiltonian

연산자에 이러한 상호작용의 에너지가 포함되어야 한다. 이렇게 하면 7-2 식은

$$\hat{H} = -\frac{\hbar^2}{2m_e}\nabla^2 - \frac{e^2}{4\pi\varepsilon_0 r} + \xi(r)\hat{\boldsymbol{L}}\cdot\hat{\boldsymbol{S}} \tag{7-67}$$

이 되고 $\xi(r)$은 임의의 함수로 여기에서 그 형태가 필요하지는 않다.(연습문제 7-43) 추가된 항을 스핀-궤도 상호작용 항이라고 부른다.

수소원자에서 스핀-궤도 상호작용은 효과가 작으며 그 결과 에너지는 정전기적 에너지 $E_n = -m_e e^4/8\varepsilon_0^2\hbar^2 n^2$에 비해 아주 작은 차이를 준다는 것을 알아야 한다. 스핀-궤도 상호작용 항을 포함한 Schrödinger 방정식을 정확히 푸는 것은 불가능하지만 이 항의 효과가 작으므로 에너지가 $E_n = -m_e e^4/8\varepsilon_0^2\hbar^2 n^2$에 비해 매우 작은 변화를 줄 것이라고 기대할 수 있다. 정전기적 에너지가 얼만 큼 변화(섭동)할 지를 섭동론의 방법으로 계산할 수 있다. 여기에서 이 방법이 필요하지는 않으나 제 8 장에서 섭동 효과를 계산하는 방법을 배우게 될 것이다.

여기에서 스핀-궤도 상호작용의 한 가지 결과에 대해 논의해야 한다. 스핀-궤도 상호작용을 고려하면 $\hat{L}^2$과 $\hat{S}^2$은 더 이상 $\hat{H}$와 교환되지 않고 따라서 $\boldsymbol{L}$과 $\boldsymbol{S}$는 보존되지 않고 총 각운동량

$$\boldsymbol{J} = \boldsymbol{L} + \boldsymbol{S} \tag{7-68}$$

만이 보존된다. 따라서 7-55 식, 7-56 식과 같이 (7-58 식과 7-59 식)

$$\hat{J}^2|jm_j> = \hbar^2 j(j+1)|jm_j> \qquad \hat{J}_z|jm_j> = \hbar m_j|jm_j> \tag{7-69}$$

를 얻는다.

스핀-궤도 상호작용을 고려하면 수소원자의 에너지는 n과 j에 의존하게 된다. l의 허락된 값이 $0,1,2,\cdots$이고 허락된 s 값이 1/2 임을 알고 있으나 허락된 j 값은 무엇일까? 이러한 종류의 질문은 양자역학에서 자주 등장한다. 즉, 두 개의 알고 있는 각운동량의 합에 대한 허락된 값을 결정하는 문제이다. 이러한 일반적인 문제를 각운동량의 덧셈이라고 부른다. 각운동량의 덧셈에 대한 일반적인 이론은 좀 복잡하지만 이 경우 허락된 j 값을 구하는 것은 $s = 1/2$ 그리고 m_s가 단지 $\pm 1/2$의 두 값만을 갖기 때문에 상당히 쉬운 일이다.

정해진 l 값에 대해 $2l+1$의 가능한 궤도 각운동량 상태가 존재하고 가능한 스핀 각운동량 상태가 $2s+1=2$이므로 $2(2l+1)$의 총 각운동량 상태가 존재한다. 먼저 $l=0$ 경우에 대해 생각해 보자. $m_j = m_l + m_s = 0 \pm 1/2 = \pm 1/2$에 해당하는 단지 두 개의 상태가 존재한다. $m_j = \pm 1/2$이므로 $j = 1/2$이다.(표 7-6)

이제 $l=1$인 경우에 대해 생각해 보자. 이 경우 총 $2(2\times 1+1) = 6$ 개의 상태가 존

재한다. 최대 $m_j = m_l + m_s$ 값은 $m_j = 1 + 1/2 = 3/2$이고 이 경우

$$m_j = \frac{3}{2}, \frac{1}{2}, -\frac{1}{2}, -\frac{3}{2} \quad \left(j = \frac{3}{2}\right)$$

에서 $j = 3/2$이다. 이것이 총 여섯 개의 상태 중 넷이다. $m_j = 3/2$을 얻는 방법은 단지 한 가지 밖에 없으나 $m_j = 1/2$을 얻는 방법은 다음 두 가지가 있다. 즉, $m_j = 0 + 1/2$과 $m_j = 1 - 1/2$이 있다. 이 중 한 가지는 $j = 3/2$ 상태를 얻는 데 이용되었으나 한 가지가 남아 있다. $m_j = 1/2$인 남은 한 상태는 $j = 1/2$ 상태에 속해야 한다. $j = 1/2$인 상태는 두 개의 m_j 값($\pm 1/2$)을 가져야 하므로

$$m_j = \frac{1}{2}, -\frac{1}{2} \quad \left(j = \frac{1}{2}\right)$$

이다. 이들이 총 여섯 개의 상태이다. 따라서 $j = l + s = l + 1/2$ 그리고 $l - 1/2$이다. (표 7-6)

체계적인 모양을 보기 위해 l 값을 한 개 더 생각해 보자. $l = 2$이면 총 $2(2 \times 2 + 1) = 10$ 개의 상태가 있다. 최대 m_j는 $m_j = 2 + 1/2 = 5/2$이다. 따라서

$$m_j = \frac{5}{2}, \frac{3}{2}, \frac{1}{2}, -\frac{1}{2}, -\frac{3}{2}, -\frac{5}{2} \quad \left(j = \frac{5}{2}\right)$$

의 $j = 5/2$이다. 이것이 열 개 중 여섯 개의 상태이다. $m_j = 5/2$를 얻는 방법은 단지 한 가지 밖에 없으나 $m_j = 3/2$을 얻는 방법은 다음 두 가지가 있다. 즉, $m_j = 1 + 1/2$과 $m_j = 2 - 1/2$이 있다. 이 중 한 개는 $j = 5/2$를 얻는 데 사용되었으나 다른 하나는 $j = 3/2$ 상태에 속해야 한다.

$$m_j = \frac{3}{2}, \frac{1}{2}, -\frac{1}{2}, -\frac{3}{2} \quad \left(j = \frac{3}{2}\right)$$

이제 총 열 개의 상태가 다 얻어졌고 따라서 $j = l + s = 5/2$ 그리고 $j = l + s - 1 = 3/2$이다.(표 7-6)

표 7-6 한 개의 전자에 대해 궤도 각운동량 l과 스핀 각운동량 $s=1/2$을 더할 때 여러 가지 l에 대해 허락된 총 각운동량 j 값.

$l=0$	2 states	
	$m_j=\frac{1}{2}, -\frac{1}{2}$	$j=\frac{1}{2}$
$l=1$	6 states	
	$m_j=\frac{3}{2}, \frac{1}{2}, -\frac{1}{2}, -\frac{3}{2}$	$j=\frac{3}{2}$
	$m_j=\frac{1}{2}, -\frac{1}{2}$	$j=\frac{1}{2}$
$l=2$	10 states	
	$m_j=\frac{5}{2}, \frac{3}{2}, \frac{1}{2}, -\frac{1}{2}, -\frac{3}{2}, -\frac{5}{2}$	$j=\frac{5}{2}$
	$m_j=\frac{3}{2}, \frac{1}{2}, -\frac{1}{2}, -\frac{3}{2}$	$j=\frac{3}{2}$
$l=3$	14 states	
	$m_j=\frac{7}{2}, \frac{5}{2}, \frac{3}{2}, \frac{1}{2}, -\frac{1}{2}, -\frac{3}{2}, -\frac{5}{2}, -\frac{7}{2}$	$j=\frac{7}{2}$
	$m_j=\frac{5}{2}, \frac{3}{2}, \frac{1}{2}, -\frac{1}{2}, -\frac{3}{2}, -\frac{5}{2}$	$j=\frac{5}{2}$

예제 7-7 위의 논의를 $l=3$에 대해 반복하여라.

풀이 이 경우 총 $2(2\times3+1)=14$ 개의 상태가 있다. 최대 m_j는 $m_j=3+1/2=7/2$이고 따라서

$$m_j=\frac{7}{2},\frac{5}{2},\frac{3}{2},\frac{1}{2},-\frac{1}{2},-\frac{3}{2},-\frac{5}{2},-\frac{7}{2}\quad\left(j=\frac{7}{2}\right)$$

에서 14 개 중 $j=7/2$의 8 개의 상태가 있다. $m_j=7/2$을 얻는 방법은 단지 한 가지밖에 없으나 $m_j=5/2$을 얻는 방법은 다음 두 가지가 있다. 즉, $m_j=2+1/2$과 $m_j=3-1/2$이 있다. 이 중 한 개는 $j=7/2$을 얻는 데 사용되었으나 다른 하나는 $j=5/2$ 상태에 속해야 한다.

$$m_j=\frac{5}{2},\frac{3}{2},\frac{1}{2},-\frac{1}{2},-\frac{3}{2},-\frac{5}{2}\quad\left(j=\frac{5}{2}\right)$$

이 두 가능한 j 값이 14 개의 상태를 갖게 된다.

표 7-6에 이 결과들을 정리하였다. $j=l+s$만을 주는 $l=0$인 경우를 제외하면 $j=l+s$와 $l-s$를 얻게 되는 것에 주목하여라. 이 모든 것을 한 개의 식으로 요약하면

$$j = l + s \quad \text{그리고} \quad |l - s| \tag{7-70}$$

이 된다. $l = 0$이면 $j = 1/2$, $l = 1$이면 $j = 3/2$, $1/2$ 그리고 $l = 2$이면 $j = 5/2$, $3/2$ 등등이다.

7.7 수소원자의 전자 에너지준위는 항기호로 기술된다.

수소원자의 에너지는 스핀-궤도 상호작용을 고려하지 않으면 주양자수 n 에만 의존하지만 스핀-궤도 상호작용을 고려하면 n과 j에 의존한다. 수소원자의 전자상태는 채워진 궤도와 이어서 ^2l_j로 표시한 원자 항기호로 나타낸다. 왼편의 위첨자는 $2s+1=2$인 스핀다중도(축퇴도)를 표시한다. 수소원자의 항기호를 다음과 같이 쓴다.

$$\begin{aligned} l &= 0 \quad 1 \quad 2 \quad 3 \quad 4 \\ &= S \quad P \quad D \quad F \quad G \end{aligned}$$

따라서 $l = 0$, $j = 1/2$인 바닥 전자상태는 $1s\ ^2S_{1/2}$로 나타낸다.

표 7-7 에는 수소원자의 처음 몇 전자상태의 에너지와 항기호를 수록하였다. 미세한 양자 전자기동역학 효과에 기인하는 여러 가지 $^2S_{1/2}$ 상태와 $^2P_{1/2}$ 상태와의 작은 차이를 제외하면 각각의 n 값에 따른 에너지는 스핀-궤도 상호작용에 기인한 j에 의존한다. 표 7-7은 기본적으로 모든 원자와 그의 이온들의 에너지를 수록한 웹사이트(http://physics.nist.gov/PhysRefData/ACS/levels_form.html)(National Institutes of Standards and Technology)의 자료를 실제 사진 찍은 결과의 일부이다. 이 경우 HI는 중성 수소원자이다. 제 9 장에서 다른 원자들에 대해 논의할 때 이 웹사이트를 또 방문할 것인데 다전자 원자들도 $^{2S+1}L_J$로 표시되는 원자 항기호로 나타내어짐을 알게 될 것으로 여기에서 S는 총 스핀 각운동량, L은 총 궤도 각운동량 그리고 J는 총 각운동량이다. 수소원자의 경우, $S = 1/2$, $L = l$, $J = j = l \pm 1/2$이다.

수소원자의 스펙트럼을 자세히 살펴보기 위해 표 7-7을 이용해 보자. 특히, $n \geq 2$에서 $n = 1$ 상태로의 전이에 의해 나타나는 Lyman 계열에 대해 살펴보자.(그림 1-10) 제 1 장에서 논의했던 것처럼 Lyman 계열의 선들에 대한 진동수를 계산하는데 Rydberg 식을 사용할 수 있다.

$$\bar{\nu} = 109{,}677.58\left(1 - \frac{1}{n^2}\right)\ \text{cm}^{-1} \qquad n = 2, 3, \cdots \tag{7-71}$$

이 결과를 파수로 나타내면 다음을 얻는다.

표 7-7 수소원자의 처음 몇 전자상태에 대한 자료를 보여주는 사진

H I 167 Levels Found (Page 1 of 10)

Data on Landé factors and level compositions are not available for this ion

Configuration	Term	J	Level (cm^{-1})
1s	^2S	1/2	0
2p	$^2P^o$	1/2	*82 258.9206*
		3/2	*82 259.2865*
2s	^2S	1/2	82 258.9559
3p	$^2P^o$	1/2	*97 492.2130*
		3/2	*97 492.3214*
3s	^2S	1/2	97 492.2235
3d	^2D	3/2	97 492.3212
		5/2	97 492.3574
4p	$^2P^o$	1/2	*102 823.8505*
		3/2	*102 823.8962*
4s	^2S	1/2	102 823.8549
4d	^2D	3/2	102 823.8961
		5/2	102 823.9114
4f	$^2F^o$	5/2	*102 823.9113*
		7/2	*102 823.9190*
5p	$^2P^o$	1/2	*105 291.6306*
		3/2	*105 291.6540*

전이	진동수/cm^{-1}
2 → 1	82,258.19
3 → 1	97,491.18
4 → 1	102,822.73
5 → 1	105,290.48

표 7-7에 의하면 $n=2$일 때 세 개의 상태가 존재한다. 선택규칙에 따르면 이 세 개의 상태 모두가 바닥상태로 전이가 가능하지는 않다. 선택규칙이 한 상태에서 다른 상태로의 전이를 가능하게 또는 허락되게 하는 것을 지배한다는 것을 상기하여라. 원자의 스펙트럼에서 선택규칙은 $J=0$인 상태에서 다른 $J=0$인 상태로의 전이가 금지되어 있다는 것을 제외하면

$$\begin{aligned} \Delta L &= \pm 1 \\ \Delta S &= 0 \\ \Delta J &= 0, \pm 1 \end{aligned} \tag{7-72}$$

이다. 7-72 식의 선택규칙은 실험적으로 또한 이론적으로 유도되어 있다.(연습문제 7-46) (광자가 스핀 각운동량 $\hbar$를 갖고 있기 때문에 $\Delta L=\pm 1$ 선택규칙은 각운동량 보존의 원리에 기인한다.)

7-22 식의 선택규칙은 ${}^2P \rightarrow {}^2S$ 전이는 허락되지만, $\Delta L=0$이므로 ${}^2S \rightarrow {}^2S$ 전이가 금지되고 ${}^2S \rightarrow {}^2D$, ${}^2F \rightarrow {}^2P$ 전이는 $\Delta L=\pm 2$ 이기 때문에 금지된다고 말해준다. 따라서 수소원자에서 Lyman 계열을 자세히 살펴보면 바닥상태로의 허락된 전이가 다음으로 됨을 알 수 있다.

$$np\ {}^2P_{1/2} \rightarrow 1s\ {}^2S_{1/2} \quad \begin{pmatrix} \Delta L = 1 \\ \Delta S = 0 \\ \Delta J = 0 \end{pmatrix}$$

$$np\ {}^2P_{3/2} \rightarrow 1s\ {}^2S_{1/2} \quad \begin{pmatrix} \Delta L = 1 \\ \Delta S = 0 \\ \Delta J = -1 \end{pmatrix}$$

다른 상태에서부터 $1s\ {}^2S_{1/2}$ 바닥상태로의 전이는 모두 금지되어 있다. 원자 항기호는 가끔 원사 스펙트럼의 선들이 항기호로 표시되는 상태들 간의 전이로 확인되기 때문에 분광학적 항기호라고 부르기도 한다.

2→1 전이에 수반되는 진동수는 표 7-7로부터 계산할 수 있으며 그 값들은 각각

$$\begin{aligned} \bar{\nu} &= (82{,}258.9206 - 0.00)\ \text{cm}^{-1} = 82{,}258.9206\ \text{cm}^{-1} \\ \bar{\nu} &= (82{,}259.2865 - 0.00)\ \text{cm}^{-1} = 82{,}259.2865\ \text{cm}^{-1} \end{aligned} \tag{7-73}$$

이다. 스핀-궤도 상호작용을 무시하면 $n=2$에서 $n=1$ 로의 전이는 $\bar{\nu}=82{,}258.19$ cm^{-1}에서 나타나지만 스핀-궤도 상호작용을 포함하면 진동수가 7-73 식으로 주어지는 인접한 두 개의 선들로 이루어지게 된다. 이 인접한 두 선들을 이중선(doublet)이라고 부르며 따라서 고분해능으로 얻어지는 Lyman 계열의 첫 번째 선은 이중선이다. 표 7-7에 의하면 Lyman 계열의 모든 선들은 이중선이며 이 이중선들의 간격은 n이 증가할수록 감소한다. 스핀-궤도 상호작용에 기인한 스펙트럼선들의 복잡성을 미세구조라고 부른다.

예제 7-8 수소원자의 $3d \to 2p$ 전이에 의한 선들의 진동수를 계산하여라.

풀이 수소원자의 $2p\ ^2P$에 $2p\ ^2P_{1/2}$, $2p\ ^2P_{3/2}$ 두 개의 상태가 존재한다. $3d\ ^2D$ 상태에서 허락된 전이는

$$3d\ ^2D_{3/2} \rightarrow 2p\ ^2P_{1/2}$$

$$\bar{\nu} = (97,492.3212 - 82,258.9206)\ \text{cm}^{-1} = 15,233.4006\ \text{cm}^{-1}$$

$$3d\ ^2D_{3/2} \rightarrow 2p\ ^2P_{3/2}$$

$$\bar{\nu} = (97,492.3212 - 82,259.2865)\ \text{cm}^{-1} = 15,233.0347\ \text{cm}^{-1}$$

$$3d\ ^2D_{5/2} \rightarrow 2p\ ^2P_{3/2}$$

$$\bar{\nu} = (97,492.3574 - 82,259.2865)\ \text{cm}^{-1} = 15,233.0709\ \text{cm}^{-1}$$

이다. 이 세 전이를 그림 7-12에 설명하였다. $3d\ ^2D_{5/2} \rightarrow 2p\ ^2P_{1/2}$ 전이는 $\Delta J = 2$ 이기 때문에 금지되는 것을 주의하여라.

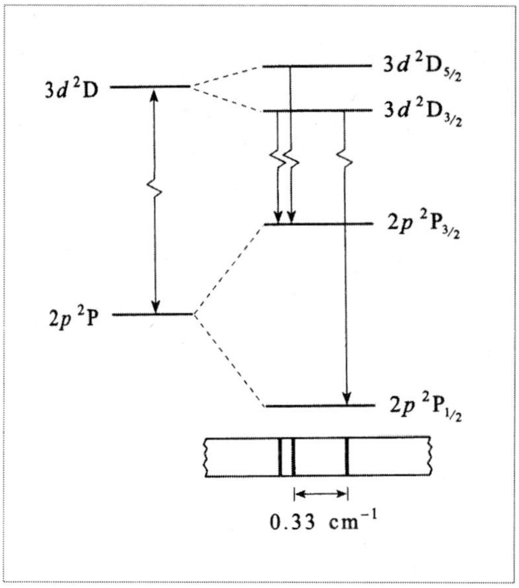

그림 7-12 수소원자의 $3d\ ^2D \rightarrow 2p\ ^2P$ 전이에서 얻어지는 스펙트럼의 미세구조

7.8 외부자장 하에 있는 수소원자의 스펙트럼은 Zeeman 효과로 설명된다.

7.4 절에서 수소원자의 에너지준위가 외부자장에 의해 분할되는 것을 보였다.(그림 7-9) 당시 $2p \rightarrow 1s$ 전이가 셋으로 분할될 것을 예측 하였는데 이는 실험 결과와 일치

하지 않는다. 실제로는 열 개의 선들이 관측된다. 이러한 불일치가 전자의 스핀에 기인한다고 하였는데 여기에서 이제 이 열 개의 선들이 어떻게 나타나는지 알아보자.

7-62 식과 7-64 식은 궤도 각운동량과 스핀 각운동량에 따른 자기모멘트가 각각 다음과 같이 주어짐을 보인다.

$$\boldsymbol{m}_L = -\frac{|e|}{2m_e}\boldsymbol{L} \qquad \boldsymbol{m}_S = -\frac{g|e|}{2m_e}\boldsymbol{S}$$

총 자기모멘트 $\boldsymbol{m}_L + \boldsymbol{m}_S$와 외부자장과($z$ 축 방향으로 정함)의 상호작용에 의한 에너지는

$$V = \frac{|e|B_z}{2m_e}(L_z + gS_z) \tag{7-74}$$

이다. L_z와 S_z를 상응하는 연산자로 치환하면 7-74 식은 Hamiltonian 연산자에서 외부자장의 영향을 설명하는 부분이 된다. 전형적인 자장의 크기에 대해 7-74 식의 V 효과는 매우 작아 섭동론으로 다룰 수 있다. 그 결과 표 7-6에 주어진 상태들이 다음과 같이 분할되며

$$\Delta E_{mag} = g(j,l)\beta_B m_j B_z \tag{7-75}$$

여기에서 $m_j = -j, -j+1, \cdots, 0, 1, \cdots, +j$이고

$$g(j,l) = \begin{cases} 2\left(\dfrac{l+1}{2l+1}\right) & j = l + \dfrac{1}{2} \\ \dfrac{2l}{2l+1} & j = l - \dfrac{1}{2} \end{cases}$$

이다. 이 값 $g(j,l)$가 Lande's g factor라고 알려져 있다. $1s\ ^2S_{1/2}$ 상태에 대해 $g = 2$, $2p\ ^2P_{1/2}$ 상태에 대해 $g = 2/3$ 그리고 $2p\ ^2P_{3/2}$ 상태에 대해 4/3 임을 주목하여라.

그림 7-13은 외부자장 하에서 $1s\ ^2S_{1/2}$, $2p\ ^2P_{1/2}$, $2p\ ^2P_{3/2}$ 상태의 분할에 대해 보여주고 있다. 그림에는 허락된 전이($\Delta m_j = 0, \pm 1$)가 예상되는 스펙트럼과 함께 표시되어 있다. $2p \rightarrow 1s$ 전이가 열 개의 선으로 이루어짐에 주목하여라.

예제 7-9 표 7-7의 자료를 이용하여 외부자장 1.00 Tesla일때 그림 7-13에서 가장 오른쪽에 나타난 전이의 진동수(cm^{-1})를 계산하여라.

풀이 위 상태 ($2p\ ^2P_{3/2}$)의 l, j, m_j 값은 각각 1, 3/2, 1/2이다. 따라서 7-75 식에서 g = 4/3이고

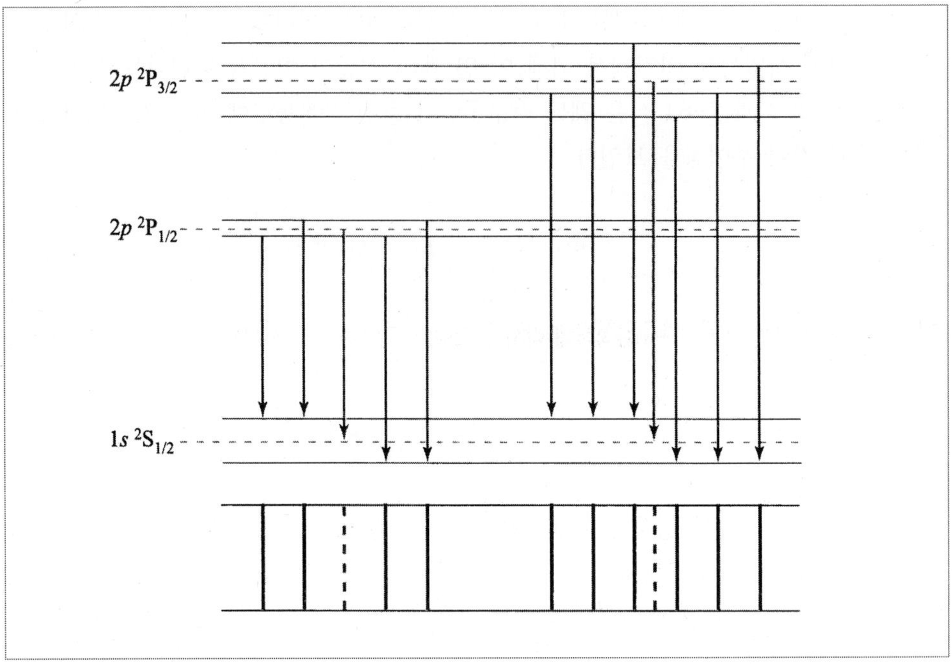

그림 7-13 약한 외부 자장속에 있는 수소 원자의 $1s, 2p$ 준위의 Zeeman 효과에 의해 허락된 전이. 얻어지는 스펙트럼을 아래에 도식적으로 나타내었다. 점선은 외부 자장이 없을 때 나타나는 미세구조이다.

$$\begin{aligned}\Delta E_{upper} &= \frac{4}{3}\beta_B\left(\frac{1}{2}\right)(1.00\ \mathrm{T}) = \frac{2(9.274\times 10^{-24}\mathrm{J})}{3} \\ &= \left(\frac{2}{3}\right)(9.2740\times 10^{-24}\mathrm{J})(5.0341\times 10^{22}\mathrm{cm}^{-1}\mathrm{J}^{-1}) \\ &= 0.3112\ \mathrm{cm}^{-1}\end{aligned}$$

이다. 표 7-7을 이용하면 위 상태의 에너지는

$$E_{upper} = (82259.2865 + 0.3112)\mathrm{cm}^{-1} = 82,260.5977\ \mathrm{cm}^{-1}$$

이다. 아래 상태 ($1s\ ^2S_{1/2}$)의 l, j, m_j 값은 각각 0, 1/2, −1/2이다. 따라서 7-75 식에서 g = 2이고

$$E_{lower} = 0\ cm^{-1} - 2\beta_B\left(\frac{1}{2}\right)(1.00\ \mathrm{T}) = -0.4669\ \mathrm{cm}^{-1}$$

이므로 전이의 진동수는

$$\Delta E = E_{upper} - E_{lower} = 82,261.0646\ \mathrm{cm}^{-1}$$

이다. 순수한 정전기적 Hamiltonian 연산자를 이용하여 계산하면 이 전이의 진동수는

$$\Delta E = (109677.58\ \text{cm}^{-1})\left(1 - \frac{1}{4}\right) = 82,258.19\,\text{cm}^{-1}$$

이다.

7.9 헬륨원자의 Schrödinger 방정식은 정확히 풀리지 않는다.

다음 연구 대상은 헬륨원자이고 Schrödinger 방정식이 다음으로 주어진다.

$$\left(-\frac{\hbar^2}{2M}\nabla^2 - \frac{\hbar^2}{2m_e}\nabla_1^2 - \frac{\hbar^2}{2m_e}\nabla_2^2\right)\psi(\boldsymbol{R},\boldsymbol{r}_1,\boldsymbol{r}_2)$$
$$+\left(-\frac{2e^2}{4\pi\varepsilon_0|\boldsymbol{R}-\boldsymbol{r}_1|} - \frac{2e^2}{4\pi\varepsilon_0|\boldsymbol{R}-\boldsymbol{r}_2|} - \frac{e^2}{4\pi\varepsilon_0|\boldsymbol{r}_1-\boldsymbol{r}_2|}\right)\psi(\boldsymbol{R},\boldsymbol{r}_1,\boldsymbol{r}_2) = E\psi(\boldsymbol{R},\boldsymbol{r}_1,\boldsymbol{r}_2) \quad (7\text{-}76)$$

이 식에서 $\boldsymbol{R}$은 헬륨 핵의 위치이고 $\boldsymbol{r}_1$, $\boldsymbol{r}_2$는 두 전자의 위치이다. 또한 M은 핵의 질량, m_e는 전자의 질량이고, ∇^2은 핵의 위치에 대한 Laplacian, ∇_1^2, ∇_2^2은 전자들의 좌표에 대한 Laplacian 연산자이다. 이것은 두 입자의 문제가 아니고 세 개의 입자의 문제임을 잘 인식하여라. 따라서 수소의 경우보다 질량중심과 상대좌표로의 분리가 더 복잡하다. 그러나 $M > m_e$이므로 핵이 전자의 운동에 대해 고정되어 있다는 가정은 아직도 좋은 근사가 될 수 있다. 이러한 근사를 하면 핵을 구형극좌표 계의 원점에 고정시킬 수 있고 Schrödinger 방정식을 다음과 같이 쓸 수 있다.

$$-\frac{\hbar^2}{2m_e}(\nabla_1^2 + \nabla_2^2)\psi(\boldsymbol{r}_1,\boldsymbol{r}_2) - \frac{Ze^2}{4\pi\varepsilon_0}\left(\frac{1}{r_1} + \frac{1}{r_2}\right)\psi(\boldsymbol{r}_1,\boldsymbol{r}_2)$$
$$+\frac{e^2}{4\pi\varepsilon_0|\boldsymbol{r}_1 - \boldsymbol{r}_2|}\psi(\boldsymbol{r}_1,\boldsymbol{r}_2) = E\psi(\boldsymbol{r}_1,\boldsymbol{r}_2) \quad (7\text{-}77)$$

이렇게 간단하게 된 식 조차도 정확하게 풀리지 않는다.

$e^2/4\pi\varepsilon_0|\boldsymbol{r}_1 - \boldsymbol{r}_2|$ 항을 전자 간 반발 항이라고 부르고 이것이 7-77 식을 푸는 데 직접적인 어려움을 준다. 이 항이 없다면 7-77 식의 Hamiltonian은 두 수소원자의 Hamiltonian 연산자의 합과 같다. 3-61 식에서 3-64 식에 따르면 총 에너지는 두 수소원자의 에너지의 합과 같고 파동함수는 두 수소원자의 궤도의 곱으로 될 것이다.

7-77 식을 정확히 풀 수 없기 때문에 근사적인 방법을 사용하여야 한다. 다행히도 두 가지의 다른 근사법이 좋은 결과를 주는 데 양자역학에서 널리 사용되고 있다. 그 방법을 섭동론 그리고 변분법이라고 부르고 다음 장에 소개하였다.

연 습 문 제

7-1. $\hbar^2\nabla^2/2m_e$와 $e^2/4\pi\varepsilon_0 r$ 모두 에너지의 단위(joules)를 가짐을 보여라.

7-2. 7-7 식에 $R(r)Y_l^{m_l}(\theta,\phi)$을 치환하면 7-10 식이 됨을 보여라.

7-3. 표 7-2의 방사방향 함수가 정규화 되어 있음을 보여라.

7-4. 표 7-2를 참고하여 $R_{10}(r)$과 $R_{20}(r)$이 직교함을 보여라.

7-5. 표 7-3을 참고하여 수소원자의 처음 몇 파동함수가 직교정규화 되어 있음을 보여라.

7-6. 수소원자의 바닥상태에 대해

$$\hat{H}\psi = -\frac{m_e e^4}{8\varepsilon_0^2 h^2}\psi$$

임을 보여라.

7-7. 수소원자의 $2p_0$ 상태에 대해

$$\hat{H}\psi = -\frac{m_e e^4}{32\varepsilon_0^2 h^2}\psi$$

임을 보여라.

7-8. 바닥상태 수소원자에 대해 다음을 보여라.

$$E_0 = -\frac{\hbar^2}{2m_e a_0^2} = -\frac{e^2}{8\pi\varepsilon_0 a_0} = -\frac{m_e e^4}{32\pi^2\varepsilon_0^2\hbar^2} = -\frac{m_e e^4}{8\varepsilon_0^2 h^2}$$

7-9. 수소원자의 $1s$ 전자가 핵에서 $2a_0$의 거리 이내에서 발견될 확률을 계산하여라.

7-10. 수소원자의 $1s$ 전자가 발견될 확률이 50%가 되는 구의 반경을 계산하여라. 이 계산을

90% 확률에 대해 반복하여라.

7-11. 수소원자에서 평균치를 구하는 계산은 다음과 같은 적분을 많이 이용하게 된다.

$$I_n = \int_0^\infty r^n e^{-\beta r} dr$$

이 적분은 다음과 같은 기본적인 적분에서 쉽게 유도된다.

$$I_0(\beta) = \int_0^\infty e^{-\beta r} dr = \frac{1}{\beta}$$

$I(\beta)$의 적분이 다음과 같이 되는 것을 보여라.

$$\frac{dI_0}{d\beta} = -\int_0^\infty r e^{-\beta r} dr$$

$$\frac{d^2 I_0}{d\beta^2} = \int_0^\infty r^2 e^{-\beta r} dr$$

$I_0(\beta) = 1/\beta$ 를 이용하여 이 두 적분이 각각 $-1/\beta^2$, $2/\beta^3$ 임을 보여라. 일반적으로

$$\frac{d^n I_0}{d\beta^n} = (-1)^n \int_0^\infty r^n e^{-\beta r} dr = (-1)^n \frac{n!}{\beta^{n+1}}$$

$$I_n = \frac{n!}{\beta^{n+1}}$$

이 됨을 보여라.

7-12. 수소꼴 원자에서 $1s$와 $2s$ 상태의 r의 평균치가 각각 $3a_0/2Z$, $6a_0/Z$ 임을 증명하여라. (이 결과를 표 7-4와 비교하여 보아라.)

7-13. $2p_0$ 전자에 대해 $< V > = 2 < E >$ 따라서 $< V > / < T > = -2$ 임을 증명하여라.

7-14. 적당한 적분을 이용하여 수소원자의 $2s$, $2p$, $3s$ 상태의 $< r >$을 계산 하여라. 그 결과를 표 7-4 그리고 다음 일반적인 식과 비교하여라.

$$< r_{nl} > = \frac{a_0}{2Z}\{3n^2 - l(l+1)\}$$

7-15. 적당한 적분을 이용하여 수소원자의 $2s$, $2p$, $3s$ 상태의 $< 1/r >$을 계산 하여라. 그 결과를 표 7-4 그리고 다음 일반적인 식과 비교하여라.

$$\left\langle \frac{1}{r} \right\rangle_{nl} = \frac{Z}{a_0 n^2}$$

7-16. 표 7-4의 결과를 이용하여 $1/ < r > \neq < 1/r >$ 임을 보여라.

7-17. $r^2 R_{20}^2(r)$의 r에 대한 도시에서 두 개의 최대치가 $(3 \pm \sqrt{5})a_0$에서 나타남을 보여라.(그림 7-2)

7-18. 수소원자의 $n = 2$, $l = 1$ 상태와 $n = 2$, $l = 0$ 상태에 대해 $< r >$을 계산하여라. 이 결과가 놀라운가? 결과를 설명하여 보아라.

7-19. 수소꼴 원자의 평균 r은 일반적으로 다음으로 주어진다.

$$< r >_{nl} = \frac{n^2 a_0}{Z} \left\{ 1 + \frac{1}{2} \left[1 - \frac{l(l+1)}{n^2} \right] \right\}$$

ψ_{211} 궤도에 대해 이것을 증명하여라.

7-20. 수소꼴 원자의 평균 r^2이 표 7-4에 주어져 있다. ψ_{210} 궤도에 대해 이것을 증명하여라.

7-21. 표 7-4에 $1/r$, $1/r^2$, $1/r^3$의 평균값이 주어져 있다. ψ_{210} 궤도에 대해 이것을 증명하여라.

7-22. 제 4 장에서 ψ_1과 ψ_2가 같은 에너지 E_n을 주는 Schrödinger 방정식의 해이면 $c_1\psi_1 + c_2\psi_2$ 도 같은 에너지를 갖는 해가 됨을 배웠다. $\psi_1 = \psi_{210}$, $\psi_2 = \psi_{211}$으로 하자.(표 7-3) $c_1^2 + c_2^2 = 1$일 때 $\psi = c_1\psi_1 + c_2\psi_2$에 해당하는 에너지는 무엇인가? 이 결과가 세 개의 p 궤도 p_x, p_y, p_z의 특이성에 대해 무엇을 말해주는가?

7-23. 7-32 식에 주어진 선형결합을 증명하여라.

7-24. $\sum_{m_l=-1}^{1} \psi_{21m_l}^2$ 값을 구하여 $2p$ 궤도의 총 확률밀도가 구형 대칭임을 보여라.(표 7-3의 파동함수를 이용하여라.)

7-25. $\sum_{m_l=-2}^{2} \psi_{32m_l}^2$ 값을 구하여 $3d$ 궤도의 총 확률밀도가 구형 대칭임을 보여라.(표 7-3의 파동함수를 이용하여라.)

7-26. 수소원자의 $n=3$ 상태의 확률밀도의 합이 구형 대칭임을 보여라. 모든 n에 대해 이것이 사실이라고 생각하는가? 설명하여 보아라.

7-27. d 궤도를 지칭하는 것이 다음과 같은 합리적인 방법으로 이루어졌다. 7-32 식은 d_{xz}가 $\sin\theta\cos\theta\cos\phi$로 되어 있음을 보이고 있다. 직교좌표와 구형극좌표와의 관계를 이용하여 $\sin\theta\cos\theta\cos\phi$가 xz에 비례함을 보여라. 이와 유사하게 $\sin\theta\cos\theta\sin\phi(d_{yz})$가 yz에, $\sin^2\theta\cos 2\phi(d_{x^2-y^2})$이 x^2-y^2에 그리고 $\sin^2\theta\sin 2\phi(d_{xy})$가 xy에 비례함을 보여라.

7-28. 수소원자에서 각각의 에너지준위의 축퇴도는 무엇인가? (스핀-궤도 상호작용은 무시한다.)

7-29. 전자가 원자번호 Z의 핵과 상호작용하고 있는 계의 Hamiltonian을 써 보아라. 이러한 가장 간단한 계는 $Z=2$인 헬륨이온이다. 이러한 계를 수소꼴 원자 계라고 부를 것이다. 이 Hamiltonian과 수소원자의 Hamiltonian과의 차이는 수소의 e^2 항이 수소꼴 원자에서는 Ze^2으로 되는 것뿐임을 확인하여라. 따라서 에너지가 다음으로 되는 것을 보여라 (7-11 식)

$$E=-\frac{\mu Z^2 e^4}{8\varepsilon_0^2 h^2 n^2} \qquad n=1,2,\cdots$$

또한 7-10 식의 방사방향 방정식의 해가 다음으로 되는 것을 보여라.

$$R_{nl}(r)=-\left[\frac{(n-l-1)!}{2n\{(n+1)!\}^3}\right]^{1/2}\left(\frac{2Z}{na_0}\right)^{l+3/2} r^l e^{-Zr/na_0} L_{n+l}^{2l+1}\left(\frac{2Zr}{na_0}\right)$$

이 계의 $1s$ 궤도가 다음으로 되는 것을 보이고 정규화 되어 있음을 보여라.

$$\psi_{1s}=\frac{1}{\sqrt{\pi}}\left(\frac{Z}{a_0}\right)^{3/2} e^{-Zr/a_0}$$

이 파동함수를 이용하여 다음을 보여라.

$$< r >= \frac{3a_0}{2Z} \qquad r_{mp} = \frac{a_0}{Z}$$

마지막으로 수소원자와 헬륨이온의 이온화에너지를 계산하여라. 그 결과를 kJ · mol^{-1}의 단위로 나타내어라.

7-30. 바닥상태에 있는 수소원자와 중수소원자의 에너지의 비는 얼마인가?

7-31. 연습문제 5-43에서 비리알 정리를 일반적으로 증명하였다. $V(x,y,z)$가 쿨롬 위치에너지

$$V(x,y,z) = \frac{Ze^2}{4\pi\varepsilon_0(x^2+y^2+z^2)^{1/2}}$$

라면 $< E >=< \hat{T}>+< V >$일 때

$$< V >=-2 < \hat{T}>= 2 < E > \qquad (1)$$

이다. 이 결과가 옳음을 $1s$ 전자에 대해 7.2 절에서 그리고 $2s$ 전자에 대해서는 예제 7-4에서 증명하였다. (1) 식을 한 개의 전자가 한 개의 핵에 의해 만들어진 장에 있는 경우에 대해 증명하였지만 (1) 식은 다전자 원자와 분자에도 해당된다. 이에 대한 증명은 이 문제에서의 증명에 대한 단순 확장이다.

7-32. 원형 궤도의 경우 7-36 식이 7-35 식으로 됨을 보여라.

7-33. 7-42 식의 V가 에너지의 단위를 가짐을 보여라.

7-34. 7-47 식의 Bohr magneton 값을 증명하여라.

7-35. 초전도 자석은 자장 약 15 T의 세기를 갖는다. 15 T 자장에서 그림 7-9의 분할의 크기를 계산하여 보아라. 이 결과를 섭동이 되지 않은 $1s$와 $2p$ 준위의 차이와 비교하여 보아라. 그림 7-9의 세 전이가 매우 인접해 있음을 보여라.

7-36. 자장 B_z 속에 있는 자기모멘트에 미치는 힘이 z 축을 따라 $F_z = m_z \partial B_z / \partial z$로 변함을 보여라.

7-37. 스핀함수 α와 β가 Dirac 표현에서 왜 $\left|\frac{1}{2}\frac{1}{2}\right\rangle$ 그리고 $\left|\frac{1}{2}-\frac{1}{2}\right\rangle$로 표시되는지 설명하여라.

7-38. 스핀-궤도 상호작용에 의해 수소원자의 에너지준위가 이동하는 것에 대해 Townsend(참고문헌, 연습문제 7-43)는 다음의 식을 제안하였다.

$$\Delta E_{SO} = \frac{m_e c^2 Z^4 \alpha^4}{4n^3(l+1/2)l(l+1)} \times \begin{cases} l & j = l+1/2 \\ -(l+1) & j = l-1/2 \end{cases}$$

이 식에서 새로운 변수는 α 인데 미세구조상수라고 부르며 $e^2/4\pi\varepsilon_0\hbar c$이다. 이 식을 이용하여 같은 n, l을 갖는 두 상태의 에너지 차이가

$$\text{diff} = \frac{m_e c^2 Z^4 \alpha^4}{2n^3 l(l+1)} = \frac{5.8437 Z^4 \text{cm}^{-1}}{n^3 l(l+1)}$$

가 됨을 보여라. 수소원자의 $2p\ {}^2P_{1/2}$, $2p\ {}^2P_{3/2}$ 상태 에너지 차를 계산하고 그 결과를 표 7-7 로부터 얻은 결과와 비교하여 보아라. 같은 계산을 $3p\ {}^2P_{1/2}$, $3p\ {}^2P_{1/2}$ 상태에 대해 그리고 $4p\ {}^2P_{1/2}$, $4p\ {}^2P_{1/2}$ 상태에 대해 수행하여라.

7-39. 위 문제의 식을 이용하여 수소원자의 $3d\ {}^2D_{3/2}$, $3d\ {}^2D_{5/2}$ 상태에 대해 그리고 $4d\ {}^2D_{3/2}$, $4d\ {}^2D_{5/2}$ 상태 에너지 차이를 계산하여라. $4f\ {}^2F_{5/2}$, $4f\ {}^2F_{7/2}$ 상태에 대해서는 어떻겠는가?

7-40. 문제 7-38의 식을 이용하여 미세구조상수를 결정하여라. 이 결과의 역수를 취하여라.

7-41. 헬륨이온에 대해 7-38 문제의 계산을 반복하여라. He^+의 에너지 준위를 http://physics.nist.gov/PhysRefData.ASD/levels_form.html에서 찾아 계산 결과를 실험치와 비교하여 보아라.

7-42. 헬륨이온에 대해 7-39 문제의 계산을 반복하여라. He^+의 에너지 준위를 http://physics.nist.gov/PhysRefData.ASD/levels_form.html에서 찾아 계산 결과를 실험치와 비교하여 보아라.

7-43. 이 문제는 수소원자에서 스핀-궤도 상호작용에 의한 에너지 준위의 이동 ΔE_{SO}를 유도하는 문제이다.(연습문제 7-38에서 첫 번째 식) 스핀-궤도 상호작용을 나타내는 Hamiltonian

연산자에서 출발한다.(Townsend의 참고문헌)

$$\hat{H}_{SO} = \frac{Ze^2}{2m_e^2c^2\kappa_0 r^3}\hat{L}\cdot\hat{S}$$

이제 이 양의 평균값을 구하고자 한다. $\hat{H}_{SO}$가

$$\hat{H}_{SO} = \frac{Ze^2}{4m_e^2c^2r^3}(\hat{J}^2 - \hat{L}^2 - \hat{S}^2)$$

이 됨을 보여라.($\boldsymbol{J}=\boldsymbol{L}+\boldsymbol{S}$ 임을 상기하여라.) $\hat{H}_{SO}$를 수소원자 Hamiltonian 연산자에 포함시키면 파동함수를 변화시키지만, $\hat{H}_{SO}$ 효과가 작다면(가정한대로) 수소원자의 파동함수를 좋은 근사로 사용할 수 있다. 수소원자의 파동함수는 $\hat{L}^2$, $\hat{L}_z$, $\hat{S}^2$, $\hat{S}_z$의 고유함수이지만 이들을 $\hat{J}^2$, $\hat{J}_z$, $\hat{L}^2$, $\hat{S}^2$의 고유함수가 되도록 선형결합 할 수 있다. ($|n,J,M_J,L,S>$로 표시한다.) 이 경우 J, M_J, L, S는 좋은 양자수이다. 이 파동함수를 이용하여

$$\begin{aligned}&< n,J,M_J,L,S,|\hat{H}_{SO}|n,J,M_J,L,S>\\&= \frac{Ze^2}{4m_e^2c^2\kappa_0}\left\langle\frac{1}{r^3}\right\rangle_{nl} < J,M_J,L,S|\hat{J}^2 - \hat{L}^2 - \hat{S}^2|J,M_J,L,S>\end{aligned}$$

가 되는 것에 대해 논하여라. 다음 사실을 이용하여(표 7-4)

$$\left\langle\frac{1}{r^3}\right\rangle_{nl} = \frac{Z^3}{a_0^3n^3l(l+1)(l+1/2)}$$

$$(\hat{J}^2 - \hat{L}^2 - \hat{S}^2)|J,M_J,L,S> = \hbar^2[J(J+1) - L(L+1) - S(S+1)]|J,M_J,L,S>$$

$$\Delta E_{SO} = \frac{Z^4e^2\hbar^2[J(J+1) - L(L+1) - S(S+1)]}{4m_ec^2\kappa_0a_0^3n^3l(l+1)(l+1/2)}$$

을 얻어라. 마지막으로 이 결과가 다음으로 되는 것을 보여라.

$$\Delta E_{SO} = \frac{m_ec^2Z^4\alpha^4}{4n^3(l+1/2)l(l+1)}\times\begin{cases} l & j=l+1/2 \\ -(l+1) & j=l-1/2\end{cases}$$

7-44. 표 7-6을 $l=4$인 경우로 확장하여라. 몇 개의 상태가 존재하는가?

7-45. 표 7−6의 각 l에 대해 총 몇 개의 상태가 존재하는 지에 대한 일반식을 알아낼 수 있겠는가?

7-46. 8.6 절에서 수소원자에서 전자전이에 대한 선택규칙이 다음 적분

$$I = < nlm_l|\mathbf{r}|n'l'm_l' >$$

이 영인지 아닌지에 의해 결정됨을 보일 것이다. $I = 0$이면 전이가 금지되며 아니면 전이가 일어날 수 있다. $\Delta l = \pm 1$, $\Delta m_l = 0$이 아니면 $I = 0$임을 보여라. Δn에 대한 제약을 찾을 수 있는가?

7-47. 표 7−7의 자료를 이용하여 외부자장 1.00 T 하에 있을 때 그림 7−3의 가장 왼 편의 전이의 진동수를(cm^{-1}) 계산하여라. 스핀−궤도 상호작용을 무시하고 얻은 결과와 비교하여 보아라.

7-48. 표 7−7의 자료를 이용하여 외부자장 1.00 T 하에 있을 때 그림 7−3의 가장 오른 편에서 두 번째 전이의 진동수를(cm^{-1}) 계산하여라. 스핀−궤도 상호작용을 무시하고 얻은 결과와 비교하여 보아라.

참 고 문 헌

Pauling, L., Wilson, E. B., Jr. *Introduction to Quantum Mechanics*. Dover Publications: Mineola, NY, 1985.

Pilar, F. *Elementary Quantum Chemistry*, 2nd ed. Dover Publications: Mineola, NY, 2001.

Eisenberg, R., Resnick, R. *Quantum Physics of Atoms, Molecules, Solids, Nuclei, and Particles*. Wiley & Sons: New York, 1974.

Cox, P. A. *Introduction to Quantum Theory and Atomic Structure*. Oxford University Press: New York, 1996.

Slater, J. C. *Quantum Theory of Atomic Structure*. McGraw-Hill: New York, 1960.

Woodgate, G. K. *Elementary Atomic Structure*, 2nd ed. Oxford University Press: New York, 1983.

Townsend, J. S. *A Modern Approach to Quantum Mechanics*. University Science Books: Sausalito, CA, 2000.

수학 G

행렬

확대, 회전, 평면에 대한 반사 등 많은 물리적 조작이 수학적으로 소위 행렬이라고 부르는 양으로 표현된다. 행렬은 행렬대수라고 부르는 정해진 규칙에 따르는 이차원 정렬이다. 행렬이 완전히 새로운 것임에도 불구하고 매우 편리해서 간단한 성질들에 대해 배우는 것은 가치가 있다. 또한 양자역학과 현대 양자화학의 많은 부분이 행렬대수를 자주 사용하고 있다.

그림 G-1에 나타낸 아래 두 벡터에 대해 생각해 보자. 벡터의 x, y 성분은 r을 $\boldsymbol{r}_1$의 길이라고 할 때 $x_1 = r\cos\alpha$, $y_1 = r\sin\alpha$로 주어진다. 이제 이 벡터를 반시계 방향으로 θ 만큼 회전하여 $x_2 = r\cos(\alpha+\theta)$, $y_2 = r\sin(\alpha+\theta)$가 되게 하자.(그림 G-1) 삼각함수의 관계를 이용하면

$$x_2 = r\cos(\alpha+\theta) = r\cos\alpha\cos\theta - r\sin\alpha\sin\theta$$
$$y_2 = r\sin(\alpha+\theta) = r\cos\alpha\sin\theta + r\sin\alpha\cos\theta$$

또는

$$x_2 = x_1\cos\theta - y_1\sin\theta \qquad \text{(G-1)}$$
$$y_2 = x_1\sin\theta + y_1\cos\theta$$

로 쓸 수 있다. 여기에서 계수들을 다음과 같이 쓸 수 있다.

$$\mathsf{R} = \begin{pmatrix} \cos\theta & -\sin\theta \\ \sin\theta & \cos\theta \end{pmatrix} \qquad \text{(G-2)}$$

R을 행렬대수의 규칙을 따르는 숫자들(혹은 이 경우 함수)의 정렬인 행렬의 형태로 나타내었다. 이 책에서는 행렬을 san scrif 기호(A, B, 등)로 표시할 것이다. 행렬식(수학 F)과는 달리 행렬은 직각배열일 필요가 없다. 더구나 행렬식과는 달리 행렬은 한 개의 숫자로 될 수 없다. G-2 식의 행렬 R은 각 θ 만큼의 회전을 나타낸다.

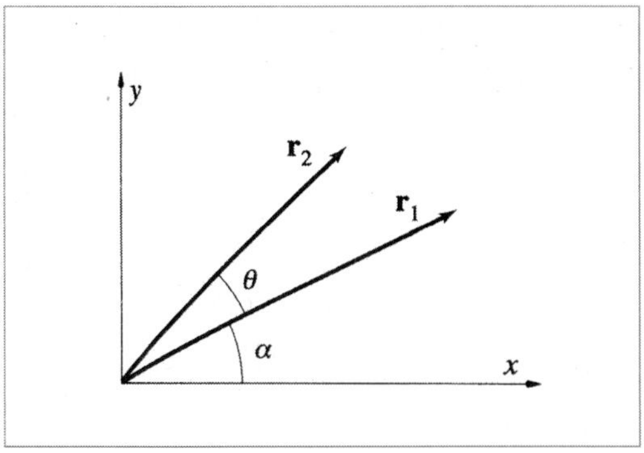

그림 G-1 벡터 r을 각 θ 만큼 회전하는 그림

행렬 A에 들어 있는 양들을 행렬요소라고 부르고 a_{ij}로 표시한다. 여기에서 i와 j는 행렬식에서처럼 행과 열을 각각 표시한다. 두 행렬 A와 B는 차수가 같고 모든 i와 j에 대해 단지 $a_{ij} = b_{ij}$일 때 동등하다. 다시 말해서 동등한 행렬은 일치한다. 행렬들은 같은 수의 행과 열을 가질 때 더하거나 뺄 수 있고 그 결과 얻어지는 행렬의 행렬요소는 $a_{ij} \pm b_{ij}$로 주어진다. 즉,

$$\mathrm{A} = \begin{pmatrix} -3 & 6 & 4 \\ 1 & 0 & 2 \end{pmatrix} \qquad \mathrm{B} = \begin{pmatrix} 2 & 1 & 1 \\ -6 & 4 & 3 \end{pmatrix}$$

이면

$$\mathrm{C} = \mathrm{A} + \mathrm{B} = \begin{pmatrix} -1 & 7 & 5 \\ -5 & 4 & 5 \end{pmatrix}$$

이다. 또한

$$\mathrm{A} + \mathrm{A} = 2\mathrm{A} = \begin{pmatrix} -6 & 12 & 8 \\ 2 & 0 & 4 \end{pmatrix}$$

이므로 행렬의 스칼라 곱은 각 행렬요소에 스칼라 양을 곱하는 것을 의미한다. 따라서

$$c\mathrm{M} = \begin{pmatrix} cM_{11} & cM_{12} \\ cM_{21} & cM_{22} \end{pmatrix} \tag{G-3}$$

이다.

예제 G-1 위 A, B 행렬을 이용하여 D = 3A − 2B를 구하여라.

풀이 $$\mathrm{D} = 3\begin{pmatrix} -3 & 6 & 4 \\ 1 & 0 & 2 \end{pmatrix} - 2\begin{pmatrix} 2 & 1 & 1 \\ -6 & 4 & 3 \end{pmatrix}$$

$$= \begin{pmatrix} -9 & 18 & 12 \\ 3 & 0 & 6 \end{pmatrix} - \begin{pmatrix} 4 & 2 & 2 \\ -12 & 8 & 6 \end{pmatrix} = \begin{pmatrix} -13 & 16 & 10 \\ 15 & -8 & 0 \end{pmatrix}$$

행렬의 중요한 성질들 중의 하나는 행렬 곱이다. 먼저 간단히 직각행렬의 곱에 대해 논해 보자. (x_1, y_1)을 (x_2, y_2)로 선형 변환하는 것에 대해 생각해 보자.

$$x_2 = a_{11}x_1 + a_{12}y_1 \qquad \text{(G-4)}$$
$$y_2 = a_{21}x_1 + a_{22}y_1$$

은 다음 행렬로 표현된다.

$$\mathsf{A} = \begin{pmatrix} a_{11} & a_{12} \\ a_{21} & a_{22} \end{pmatrix} \qquad \text{(G-5)}$$

이제 (x_2, y_2)를 (x_3, y_3)로 변환하는

$$x_3 = b_{11}x_2 + b_{12}y_2 \qquad \text{(G-6)}$$
$$y_3 = b_{21}x_2 + b_{22}y_2$$

행렬은 다음으로 표시된다.

$$\mathsf{B} = \begin{pmatrix} b_{11} & b_{12} \\ b_{21} & b_{22} \end{pmatrix} \qquad \text{(G-7)}$$

(x_1, y_1)을 (x_3, y_3)로 직접 변환하는

$$x_3 = c_{11}x_1 + c_{12}y_1 \qquad \text{(G-8)}$$
$$y_3 = c_{21}x_1 + c_{22}y_1$$

행렬을

$$\mathsf{C} = \begin{pmatrix} c_{11} & c_{12} \\ c_{21} & c_{22} \end{pmatrix} \qquad \text{(G-9)}$$

로 하면 C는 A를 이용하여 (x_1, y_1)을 (x_2, y_2)로 변환한 다음 B를 이용하여 (x_2, y_2)를 (x_3, y_3)로 변환한 결과이기 때문에 다음과 같이 쓸 수 있다.

$$\mathsf{C} = \mathsf{BA}$$

이제 C의 요소와 A, B의 요소들 사이의 관계에 대해 알아보자. 식 G-4를 G-6 식에 대입하면

$$x_3 = b_{11}(a_{11}x_1 + a_{12}y_1) + b_{12}(a_{21}x_1 + a_{22}y_1) \qquad \text{(G-10)}$$
$$y_3 = b_{21}(a_{11}x_1 + a_{12}y_1) + b_{22}(a_{21}x_1 + a_{22}y_1)$$

또는

$$x_3 = (b_{11}a_{11} + b_{12}a_{21})x_1 + (b_{11}a_{12} + b_{12}a_{22})y_1$$
$$y_3 = (b_{21}a_{11} + b_{22}a_{21})x_1 + (b_{21}a_{12} + b_{22}a_{22})y_1$$

이 된다. 따라서 다음과 같이 됨을 알 수 있다.

$$\mathrm{C} = \mathrm{BA} = \begin{pmatrix} a_{11} & a_{12} \\ a_{21} & a_{22} \end{pmatrix}\begin{pmatrix} b_{11} & b_{12} \\ b_{21} & b_{22} \end{pmatrix} = \begin{pmatrix} b_{11}a_{11} + b_{12}a_{21} & b_{11}a_{12} + b_{12}a_{22} \\ b_{21}a_{11} + b_{22}a_{21} & b_{21}a_{12} + b_{22}a_{22} \end{pmatrix} \qquad \text{(G-11)}$$

이 결과는 약간 복잡해 보일 지도 모르지만 다음 두 가지로 해석할 수 있는 좋은 유형을 보이고 있다. 수학적으로 C의 ij 번 째 요소는 다음 식으로 주어진다.

$$c_{ij} = \sum_k b_{ik}a_{kj} \qquad \text{(G-12)}$$

여기에서 가운데 첨자에 대해 합하는 것을 주목하여라. 예를 들어, G-11 식에 있는 대로

$$c_{11} = \sum_k b_{1k}a_{k1} = b_{11}a_{11} + b_{12}a_{21}$$

이다. 그림으로 나타내면, C의 행과 열이 만나는 지점의 요소는 B의 한 행의 행렬요소들에 A의 같은 열의 요소들을 곱하여 더한 값이 된다. 벡터로 나타내면 B의 행과 A의 열의 스칼라 곱을 행과 열이 만나는 지점의 요소로 하면 된다. 예를 들어, c_{11}은 B의 1 번 행과 A의 1 번 열을 곱하여 더한 것이 된다. 그림으로 표시하면

$$\begin{matrix} & & \downarrow & \\ \rightarrow & \begin{pmatrix} b_{11} & b_{12} \\ b_{21} & b_{22} \end{pmatrix} & \begin{pmatrix} a_{11} & a_{12} \\ a_{21} & a_{22} \end{pmatrix} & = \begin{pmatrix} b_{11}a_{11} + b_{12}a_{21} & . \\ . & . \end{pmatrix} \end{matrix}$$

이고 c_{12}는 다음과 같다.

$$\begin{matrix} & & \quad\downarrow & \\ \rightarrow & \begin{pmatrix} b_{11} & b_{12} \\ b_{21} & b_{22} \end{pmatrix} & \begin{pmatrix} a_{11} & a_{12} \\ a_{21} & a_{22} \end{pmatrix} & = \begin{pmatrix} . & b_{11}a_{12} + b_{12}a_{22} \\ . & . \end{pmatrix} \end{matrix}$$

예제 G-2

$$\mathrm{B} = \begin{pmatrix} 1 & 2 & 1 \\ 3 & 0 & -1 \\ -1 & -1 & 2 \end{pmatrix} \qquad \mathrm{A} = \begin{pmatrix} -3 & 0 & -1 \\ 1 & 4 & 0 \\ 1 & 1 & 1 \end{pmatrix}$$

일 때 C = BA를 구하여라.

풀이 $\mathrm{C} = \begin{pmatrix} 1 & 2 & 1 \\ 3 & 0 & -1 \\ -1 & -1 & 2 \end{pmatrix}\begin{pmatrix} -3 & 0 & -1 \\ 1 & 4 & 0 \\ 1 & 1 & 1 \end{pmatrix}$

$$= \begin{pmatrix} -3+2+1 & 0+8+1 & -1+0+1 \\ -9+0-1 & 0+0-1 & -3+0-1 \\ 3-1+2 & 0-4+2 & 1+0+2 \end{pmatrix}$$

$$= \begin{pmatrix} 0 & 9 & 0 \\ -10 & -1 & -4 \\ 4 & -2 & 3 \end{pmatrix}$$

■

예제 G-3 G-2 식의 행렬 R은 각 θ 만큼의 회전을 나타낸다. R^2이 2θ 만큼의 회전을 나타내는 것을 보여라. 다시 말해서 R^2이 R을 두 번 연속적으로 적용하는 것임을 보여라.

풀이

$$R^2 = \begin{pmatrix} \cos\theta & -\sin\theta \\ \sin\theta & \cos\theta \end{pmatrix}\begin{pmatrix} \cos\theta & -\sin\theta \\ \sin\theta & \cos\theta \end{pmatrix}$$

$$= \begin{pmatrix} \cos^2\theta - \sin^2\theta & -2\sin\theta\cos\theta \\ 2\sin\theta\cos\theta & \cos^2\theta - \sin^2\theta \end{pmatrix}$$

삼각함수의 성질을 이용하면

$$R^2 = \begin{pmatrix} \cos 2\theta & -\sin 2\theta \\ \sin 2\theta & \cos 2\theta \end{pmatrix}$$

가 되어 2θ 만큼의 회전을 나타낸다.

■

행렬을 곱하기 위해 이것들이 직각일 필요는 없지만 G-11 식 또는 그림에서 보인 대로 B의 열의 수는 A의 행의 수와 같아야 한다. 이러할 때 A와 B는 서로 모순되지 않는다라고 말한다. 예를 들어, G-4 식은 행렬형으로 다음과 같이 쓸 수 있다.

$$\begin{pmatrix} x_2 \\ y_2 \end{pmatrix} = \begin{pmatrix} a_{11} & a_{12} \\ a_{21} & a_{22} \end{pmatrix}\begin{pmatrix} x_1 \\ y_1 \end{pmatrix} \tag{G-13}$$

행렬 곱의 중요한 성질의 하나는 BA가 AB와 같을 필요가 없다는 점이다. 예를 들어,

$$A = \begin{pmatrix} 0 & 2 \\ 1 & 0 \end{pmatrix} \qquad B = \begin{pmatrix} 3 & 0 \\ 0 & -1 \end{pmatrix}$$

일 때

$$AB = \begin{pmatrix} 0 & 2 \\ 1 & 0 \end{pmatrix}\begin{pmatrix} 3 & 0 \\ 0 & -1 \end{pmatrix} = \begin{pmatrix} 0 & -2 \\ 3 & 0 \end{pmatrix}$$

$$BA = \begin{pmatrix} 3 & 0 \\ 0 & -1 \end{pmatrix}\begin{pmatrix} 0 & 2 \\ 1 & 0 \end{pmatrix} = \begin{pmatrix} 0 & 6 \\ -1 & 0 \end{pmatrix}$$

이어서 AB $\neq$ BA이다. AB = BA이면 이때 A와 B는 교환된다라고 말한다.

■ 예제 G-4

$$A = \begin{pmatrix} 2 & 1 \\ 0 & 1 \end{pmatrix} \quad B = \begin{pmatrix} 1 & 1 \\ 0 & 1 \end{pmatrix}$$

이면 행렬 A, B가 교환되는가?

풀이

$$AB = \begin{pmatrix} 2 & 3 \\ 0 & 1 \end{pmatrix} \quad BA = \begin{pmatrix} 2 & 2 \\ 0 & 1 \end{pmatrix}$$

이므로 교환되지 않는다.

행렬 곱이 보통의 곱과 다른 또 하나의 성질은 O가 영 행렬(모든 요소가 다 영인 행렬)일 때

$$AB = O$$

가 A, B 중 어느 하나가 영 행렬이어야 함을 의미하지는 않는다는 것이다. 예를 들어,

$$\begin{pmatrix} 1 & 1 \\ 2 & 2 \end{pmatrix}\begin{pmatrix} -1 & 1 \\ 1 & -1 \end{pmatrix} = \begin{pmatrix} 0 & 0 \\ 0 & 0 \end{pmatrix}$$

이다.

(x_1, y_1)을 변하지 않게 하는 선형변환을 동일변환(identity transformation)이라고 부르며 이러한 행렬을 동일행렬(identity matrix) 또는 단위행렬(unit matrix)이라고 부른다. 단위행렬의 모든 요소는 대각선 요소가 1이고 이 외의 요소는 0이다.

$$I = \begin{pmatrix} 1 & 0 & 0 & \cdots & 0 \\ 0 & 1 & 0 & \cdots & 0 \\ 0 & 0 & 1 & \cdots & 0 \\ \cdot & \cdot & \cdot & \cdots & \cdot \\ \cdot & \cdot & \cdot & \cdots & \cdot \\ \cdot & \cdot & \cdot & \cdots & \cdot \\ 0 & 0 & 0 & \cdots & 1 \end{pmatrix}$$

I의 요소는 δ_{ij}, Kronecker delta, 즉 $i = j$이면 1, $i \neq j$이면 0이다. 단위행렬은

$$IA = AI \qquad (G-14)$$

의 성질을 갖는다. 단위행렬은 대각행렬(diagonal matrix)의 한 예이다. 대각행렬에서 영이 아닌 요소는 대각선을 따라서만 있고 나머지는 영이다. 대각행렬은 따라서 직각행렬(square matrix)이어야 한다.

BA = AB = I이면 B를 A의 역행렬(inverse)라고 부르고 A^{-1}로 표기한다. 따라서 A^{-1}은 다음 성질을 갖는다.

$$AA^{-1} = A^{-1}A = I \tag{G-15}$$

A가 어떤 변환을 나타낸다면 A^{-1}은 이 변환의 반대 변환을 의미하며 원래의 상태로 복원한다. 행렬의 역행렬을 찾는 방법이 있으나 여기에서는 필요치 않다.(연습문제 G-9) 그렇지만 G-2 식에 있는 R의 역행렬이 다음과 같이 될 것은 물리적으로 보면 자명하다.

$$R^{-1} = R(-\theta) = \begin{pmatrix} \cos\theta & \sin\theta \\ -\sin\theta & \cos\theta \end{pmatrix} \tag{G-16}$$

이 경우 R의 θ를 $-\theta$로 치환하여 얻는다. 다시 말해서 $R(\theta)$가 각 θ 만큼의 회전이라면 $R^{-1} = R(-\theta)$는 반대 방향으로의 회전을 나타낸다. R과 R^{-1}이 G-15 식을 만족함을 보이는 것은 쉬운 일이다. 식 G-2와 G-16 식을 이용하면

$$\begin{aligned} RR^{-1} &= \begin{pmatrix} \cos\theta & -\sin\theta \\ \sin\theta & \cos\theta \end{pmatrix}\begin{pmatrix} \cos\theta & \sin\theta \\ -\sin\theta & \cos\theta \end{pmatrix} \\ &= \begin{pmatrix} \cos^2\theta + \sin^2\theta & 0 \\ 0 & \cos^2\theta + \sin^2\theta \end{pmatrix} = \begin{pmatrix} 1 & 0 \\ 0 & 1 \end{pmatrix} \end{aligned}$$

이며

$$\begin{aligned} R^{-1}R &= \begin{pmatrix} \cos\theta & \sin\theta \\ -\sin\theta & \cos\theta \end{pmatrix}\begin{pmatrix} \cos\theta & -\sin\theta \\ \sin\theta & \cos\theta \end{pmatrix} \\ &= \begin{pmatrix} \cos^2\theta + \sin^2\theta & 0 \\ 0 & \cos^2\theta + \sin^2\theta \end{pmatrix}\begin{pmatrix} 1 & 0 \\ 0 & 1 \end{pmatrix} \end{aligned}$$

이다.

양자역학에서 나타나는 대부분의 행렬들은 직교행렬(orthogonal matrix)이다. 직교행렬의 특징적인 성질은 행과 열이 직교하는 벡터에 기인한다. 예를 들어,

$$A = \frac{1}{9}\begin{pmatrix} 1 & 8 & -4 \\ 4 & -4 & -7 \\ 8 & 1 & 4 \end{pmatrix} \tag{G-17}$$

은 직교행렬이다. 예를 들어, 행을 형성하고 있는 벡터는 정규화 되어 있고

$$\frac{1}{81}[1^2 + 8^2 + (-4)^2] = 1$$

$$\frac{1}{81}[4^2 + (-4)^2 + (-7)^2] = 1$$

$$\frac{1}{81}[8^1 + 1^1 + 4^2] = 1$$

행들의 스칼라 곱은

$$1\times4+8\times(-4)+(-4)(-7)=0$$
$$1\times8+8\times1+(-4)(4)=0$$
$$4\times8+(-4)(1)+(-7)(4)=0$$

이다. 이 사실은 열에 대해서도 같다.

직교행렬의 역행렬을 찾는 것은 쉬운 일이다. 먼저, A의 이항행렬(transpose) A^T는 행렬 A에서 열과 행을 바꾸어 만들어지는 행렬이다. G-17 식의 이항행렬은

$$A^T = \begin{pmatrix} 1 & 4 & 8 \\ 8 & -4 & 1 \\ -4 & -7 & 4 \end{pmatrix}$$

이다. A로부터 A^T는 단순히 대각선에 대해 요소들을 교환하는 것으로 얻어진다. A의 요소들로 표현하면 $a_{ij}^T = a_{ji}$이다. $A^T = A$이면 이 행렬은 대칭행렬(symmetric matrix)이라고 말한다. A의 요소들로 표현하면 $a_{ij} = a_{ji}$이다. 양자역학에서 나타나는 대부분의 행렬들은 대칭행렬이다. 직교행렬의 역행렬은 이항행렬이 된다.

$$A^{-1} = A^T \quad (\text{직교행렬}) \qquad \text{(G-19)}$$

예제 G-5 G-18 식의 A^T가 A^{-1}과 같음을 보여라.

풀이 $$A^TA = \frac{1}{81}\begin{pmatrix} 1 & 4 & 8 \\ 8 & -4 & 1 \\ -4 & -7 & 4 \end{pmatrix}\begin{pmatrix} 1 & 8 & -4 \\ 4 & -4 & -7 \\ 8 & 1 & 4 \end{pmatrix} = \begin{pmatrix} 1 & 0 & 0 \\ 0 & 1 & 0 \\ 0 & 0 & 1 \end{pmatrix}$$

A^T의 행과 A의 열의 곱은 원래 정의한 직교행렬의 곱과 정확히 같음을 주목하여라. 따라서 A의 행과 열이 한 세트의 직교하는 벡터들을 형성하기 때문에 $A^T = A^{-1}$이다. 직교행렬은 공간상에서 회전에 해당된다. 직교행렬 A를 벡터 v에 조작하면 단순히 이 벡터를 회전시킨다.

직각행렬의 행렬식은

$$\det A = |A| = \begin{vmatrix} a_{11} & a_{12} & \cdots & a_{1n} \\ a_{21} & a_{22} & \cdots & a_{2n} \\ \cdot & \cdot & \cdots & \cdot \\ \cdot & \cdot & \cdots & \cdot \\ a_{n1} & a_{n2} & \cdots & a_{nn} \end{vmatrix}$$

로 주어진다. 따라서 R의 행렬식은

$$\begin{vmatrix} \cos\theta & -\sin\theta \\ \sin\theta & \cos\theta \end{vmatrix} = \cos^2\theta + \sin^2\theta = 1$$

이고 또한 det R^{-1} = 1이 된다. det A = 0이면 A는 단수행렬(singular matrix)이라고 부른다. 단수행렬에 대해서는 역행렬이 존재하지 않는다.

군론에서 자주 등장하는 양은 행렬의 대각선 요소들의 합이다. 이것을 행렬의 트레이스(trace)라고 부른다. 다음 행렬의 트레이스는

$$B = \begin{pmatrix} 1/2 & 0 & 1 \\ 0 & 2 & 1 \\ 1 & 1 & 1/2 \end{pmatrix}$$

는 3이다. 이것을 Tr B = 3이라고 쓴다.(연습문제 G-15)

연 습 문 제

G-1. 다음 두 행렬에 대해

$$A = \begin{pmatrix} 1 & 0 & -1 \\ -1 & 2 & 0 \\ 0 & 1 & 1 \end{pmatrix} \quad B = \begin{pmatrix} -1 & 1 & 0 \\ 3 & 0 & 2 \\ 1 & 1 & 1 \end{pmatrix}$$

C = 2A − 3B 그리고 D = 6B − A를 구하여라.

G-2. 다음 세 개의 행렬에 대해

$$A = \frac{1}{2}\begin{pmatrix} 0 & 1 \\ 1 & 0 \end{pmatrix} \quad B = \frac{1}{2}\begin{pmatrix} 0 & -i \\ i & 0 \end{pmatrix} \quad C = \frac{1}{2}\begin{pmatrix} 1 & 0 \\ 0 & -1 \end{pmatrix}$$

$A^2 + B^2 + C^2 = 3/4\ I$ 임을 보여라. 여기에서 I는 단위행렬이다. 또한 다음을 보여라.

$$AB - BA = iC$$
$$BC - CB = iA$$
$$CA - AC = iB$$

G-3. 주어진 행렬에 대해 다음을 보여라.

$$A = \frac{1}{\sqrt{2}}\begin{pmatrix}0 & 1 & 0\\ 1 & 0 & 1\\ 0 & 1 & 0\end{pmatrix} \quad B = \frac{1}{\sqrt{2}}\begin{pmatrix}0 & -i & 0\\ i & 0 & -i\\ 0 & i & 0\end{pmatrix} \quad C = \frac{1}{\sqrt{2}}\begin{pmatrix}1 & 0 & 0\\ 0 & 0 & 0\\ 0 & 0 & -1\end{pmatrix}$$

$$AB - BA = iC$$
$$BC - CB = iA$$
$$CA - AC = iB$$

$$A^2 + B^2 + C^2 = 2\,I$$

G-4. 문제 G-2와 G-3의 결과와 각운동량의 성분들을 포함하는 교환 관계 사이에 유사점이 보이는가?

G-5. z 축을 중심으로 하는 회전은 다음 행렬로 나타내어진다.

$$R = \begin{pmatrix}\cos\theta & -\sin\theta & 0\\ \sin\theta & \cos\theta & 0\\ 0 & 0 & 1\end{pmatrix}$$

$$\det R = |R| = 1$$

임을 보이고 또한 다음을 보여라.

$$R^{-1} = R(-\theta) = \begin{pmatrix}\cos\theta & \sin\theta & 0\\ -\sin\theta & \cos\theta & 0\\ 0 & 0 & 1\end{pmatrix}$$

G-6. G-5의 행렬 R이 직교행렬임을 보여라.

G-7. 다음 행렬들에 대해

$$C_3 = \begin{pmatrix}-1/2 & -\sqrt{3}/2\\ \sqrt{3}/2 & -1/2\end{pmatrix} \qquad \sigma_V = \begin{pmatrix}1 & 0\\ 0 & -1\end{pmatrix}$$

$$\sigma_V{}' = \begin{pmatrix}-1/2 & \sqrt{3}/2\\ \sqrt{3}/2 & 1/2\end{pmatrix} \qquad \sigma_V{}'' = \begin{pmatrix}-1/2 & -\sqrt{3}/2\\ -\sqrt{3}/2 & 1/2\end{pmatrix}$$

$$\sigma_V C_3 = \sigma_V{}'' \quad C_3\sigma_V = \sigma_V{}' \quad \sigma_V{}'\sigma_V{}'' = C_3 \quad C_3\sigma_V{}'' = \sigma_V$$

임을 보여라. 각각의 행렬에 대해 행렬식을 구하여라. 각 행렬의 트레이스를 구하여라.

G-8. 문제 G-7의 행렬 중 직교행렬은 무엇인가?

G-9. A의 역행렬은 다음 과정으로 얻어진다.

1. A의 각 요소들을 해당되는 행렬식의 cofactor로 치환한다.(수학 F: cofactor의 정의)
2. 1에서 얻어진 행렬의 이항행렬을 구한다.
3. 2에서 얻어진 행렬의 각 요소를 A의 행렬식으로 나눈다.

예를 들어, 행렬

$$\mathsf{A} = \begin{pmatrix} 1 & 2 \\ 3 & 4 \end{pmatrix}$$

에 대해 det A = −2이고

$$\mathsf{A}^{-1} = -\frac{1}{2}\begin{pmatrix} 4 & -2 \\ -3 & 1 \end{pmatrix}$$

이다. $\mathsf{AA}^{-1} = \mathsf{A}^{-1}\mathsf{A} = \mathsf{I}$ 임을 보여라. 위 과정을 통해 다음 행렬의 역행렬을 구하여라.

$$\mathsf{A} = \begin{pmatrix} 1/2 & 1/\sqrt{2} \\ 1/\sqrt{2} & 0 \end{pmatrix} \qquad \mathsf{B} = \begin{pmatrix} 0 & 2 & 3 \\ 1 & 1 & 1 \\ 2 & 0 & 1 \end{pmatrix}$$

G-10. 단수행렬이 행렬식이 영인 행렬임을 상기하자. 문제 G-9의 과정을 참고하면 단수행렬에 역행렬이 존재하지 않는 이유를 알겠는가?

G-11. 행렬 A와 S에 대해 생각해 보자.

$$\mathsf{A} = \begin{pmatrix} 1 & 0 & 1 \\ 0 & 1 & 0 \\ 1 & 0 & 1 \end{pmatrix} \qquad \mathsf{S} = \begin{pmatrix} 1/\sqrt{2} & 0 & 1/\sqrt{2} \\ 0 & 1 & 0 \\ 1/\sqrt{2} & 0 & -1/\sqrt{2} \end{pmatrix}$$

먼저 S가 직각행렬임을 보여라. $\mathsf{D} = \mathsf{S}^{-1}\mathsf{AS} = \mathsf{S}^{\mathrm{T}}\mathsf{AS}$를 구하여라. D가 어떤 형태를 보이는가?

G-12. 요소들이 $a_{ij} = a_{ji}^*$ 관계를 보이는 행렬을 에르미티안이라고 부른다. 복소수 공간에서 에르미티안 행렬은 대칭행렬이라고 생각할 수 있다. 에르미티안 행렬의 고유치가 실수임을 보여라.(에르미티안 연산자와 에르미티안 행렬의 유사함에 대해 주목하여라.) **힌트** $\mathsf{H}\boldsymbol{x}_i = \lambda_i \boldsymbol{x}_i$와 $\mathsf{H}^* \boldsymbol{x}_i^* = \lambda_i^* \boldsymbol{x}_i^*$에서 시작하여 첫 번째 식에 왼편에서부터 $\boldsymbol{x}_j$를 곱하고 두 번째 식에 외편에서부터 $\boldsymbol{x}_j^*$를 곱한 다음 H의 에르미티안 성질을 이용한다.

G-13. $(\mathsf{AB})^{\mathrm{T}} = \mathsf{B}^{\mathrm{T}}\mathsf{A}^{\mathrm{T}}$ 임을 보여라.

G-14. $(\mathsf{AB})^{-1} = \mathsf{B}^{-1}\mathsf{A}^{-1}$ 임을 보여라.

G-15. $\mathrm{Tr}\ \mathsf{AB} = \mathrm{Tr}\ \mathsf{BA}$ 임을 보여라.

G-16. 다음 연립방정식을 생각해 보자.

$$x + y = 3$$
$$4x - 3y = 5$$

이 방정식이 행렬형으로 다음과 같이 됨을 보여라.

$$\mathsf{A}\mathbf{x} = \mathbf{c} \tag{1}$$

$$\mathbf{x} = \begin{pmatrix} x \\ y \end{pmatrix} \quad \mathbf{c} = \begin{pmatrix} 3 \\ 5 \end{pmatrix} \quad \mathsf{A} = \begin{pmatrix} 1 & 1 \\ 4 & -3 \end{pmatrix}$$

이제 (1) 식에 왼편으로부터 A^{-1}을 곱하여

$$\mathbf{x} = \mathsf{A}^{-1}\mathbf{c}$$

을 얻고

$$\mathsf{A}^{-1} = -\frac{1}{7}\begin{pmatrix} -3 & -1 \\ -4 & 1 \end{pmatrix}$$

그리고

$$\mathbf{x} = -\frac{1}{7}\begin{pmatrix} -3 & -1 \\ -4 & 1 \end{pmatrix}\begin{pmatrix} 3 \\ 5 \end{pmatrix} = \begin{pmatrix} 2 \\ 1 \end{pmatrix}$$

또는 $x = 2,\ y = 1$ 임을 보여라. 다차원 연립방정식으로 일반화할 수 있겠는가?

G-17. 문제 G-16에서 보인 역행렬 방법으로 다음 연립방정식을 풀어라.

$$x + y - z = 1$$
$$2x - 2y + z = 6$$
$$x + 3z = 0$$

먼저 다음을 보이고 $\mathbf{x} = \mathsf{A}^{-1}\mathbf{c}$를 구하여라.

$$\mathsf{A}^{-1} = \frac{1}{13}\begin{pmatrix} 6 & 3 & 1 \\ 5 & -4 & 3 \\ -2 & -1 & 4 \end{pmatrix}$$

Douglas Hartree and Vladimir Fock formulated an approximate method for calculating atomic (and molecular) properties in the 1930s that is still used today.

Douglas Hartree was born on March 27, 1897, in Cambridge, England, and died in 1958. After receiving his Ph.D. in applied mathematics from the University of Cambridge in 1926, he spent the years 1929 to 1937 as the chair of applied mathematics and 1937 to 1946 as professor of theoretical physics at the University of Manchester. From 1946 until his death, he was Plummer Professor of Mathematical Physics at the University of Cambridge. Hartree pioneered the use of computers in research in the United Kingdom. He developed powerful methods of numerical analysis, which he applied to problems in atomic structure, ballistics, atmospheric physics, and hydrodynamics. Hartree was also an accomplished pianist and drummer.

Vladimir Fock (also Fok) was born on December 22, 1898, in Petrograd (later Leningrad and now St. Petersburg), Russia, and died there in 1974. After graduating from Petrograd University in 1922, he spent the years 1924 to 1936 at the Leningrad Institute of Physics and Technology. From 1936 to 1953 he was at the Institute of Physics, USSR Academy of Science; then he returned to Leningrad University, where he remained until his death. Fock generalized the equations of Hartree to include the fact that electronic wave functions must be antisymmetric under the interchange of any two electrons (the Pauli exclusion principle). Fock's research was in quantum electrodynamics, general relativity, and solid-state physics. He was almost completely deaf as an adult.

Chapter 08 근사적 방법

이 전 장의 끝에서 수소원자보다 복잡한 어떠한 원자나 분자의 Schrödinger 방정식도 정확히 풀리지 않는다고 이야기하였다. 언뜻 생각하기에 이 사실은 양자역학이 화학자들의 흥미를 끌지 못할 것이라고 생각하게 한다. 그러나 다행히도 거의 원하는 모든 수준의 정확도를 가지고 Schrödinger 방정식을 풀 수 있는 근사적인 방법이 있다. 이 장에서는 널리 쓰이는 두 근사적인 방법, 섭동론과 변분법에 대해 소개한다. 먼저 섭동론과 변분법에 대한 기본적인 식을 제시하고 이것을 여러 가지 간단한 문제에 적용할 것이다.

8.1 변분법은 계의 바닥상태 에너지의 상한 값을 준다.

먼저 변분법에 대해 설명하기 위해 바닥상태에 있는 임의의 계를 생각해보자. 바닥상태 파동함수 ψ_0와 에너지 E_0는 다음의 Schrödinger 방정식을 만족시킨다.

$$\hat{H}\psi_0 = E_0\psi_0 \tag{8-1}$$

8-1 식에 왼편으로부터 $\psi_0{}^*$를 곱하고 공간적분하면 다음을 얻는다.

$$E_0 = \frac{\int \psi_0{}^* \hat{H}\psi_0 d\tau}{\int \psi_0{}^* \psi_0 d\tau} = \frac{< \psi_0 | \hat{H} | \psi_0 >}{< \psi_0 | \psi_0 >} \tag{8-2}$$

여기에서 $d\tau$는 적당한 공간요소이다. ψ_0가 정규화 되어 있지 않은 경우를 대비하여 우선 8-2 식의 분모를 일로 하지 않았다. 8-2 식의 ψ_0에 어떠한 다른 함수 ϕ를 치환하여

$$E_\phi = \frac{\int \phi^* \hat{H} \phi d\tau}{\int \phi^* \phi d\tau} = \frac{<\phi|\hat{H}|\phi>}{<\phi|\phi>} \tag{8-3}$$

를 구하면 E_ϕ는 바닥상태 에너지 E_0보다 크다는 훌륭한 정리가 있다. 따라서 변분원리를 다음 식으로 쓸 수 있다.

$$E_\phi \geqq E_0 \tag{8-4}$$

여기에서 등호는 $\phi = \psi_0$ 즉, 정확한 파동함수일 때 성립한다.

변분원리는 임의의 시도함수를 이용하여 E_0의 상한 값을 계산할 수 있다고 말한다. 즉, 시도함수 ϕ가 ψ_0에 가까울수록 E_ϕ는 E_0에 가까워진다. ϕ는 변분변수라고 부르는 임의의 변수 α, β, γ, $\cdots$의 함수로 선택될 수 있다. 에너지 또한 이 변분변수들의 함수가 되어 8-4 식은

$$E_\phi(\alpha, \beta, \gamma, \cdots) \geqq E_0 \tag{8-5}$$

가 된다. 이제 E_ϕ를 이 각 변분변수들에 대해 최소화하면 이 에너지는 정확한 바닥상태 에너지 E_0에 다가가게 된다.

수소원자의 바닥상태를 하나의 예로 들어보자. 7 장에서 이 문제를 정확히 풀 수 있다는 것을 알고 있지만 이 문제를 풀 수 없다고 가정하고 변분법을 사용해 보자. 변분법을 사용한 결과를 정확한 결과와 비교해볼 것이다. 바닥상태에서 $l=0$이므로 Hamiltonian 연산자는(7-10 식)

$$\hat{H} = -\frac{\hbar^2}{2m_e r^2}\frac{d}{dr}\left(r^2\frac{d}{dr}\right) - \frac{e^2}{4\pi\varepsilon_0 r} \tag{8-6}$$

이다. 정확한 해를 알지는 못하지만 파동함수가 r이 커짐에 따라 영으로 수렴해야 함을 예상할 수 있다. 따라서 시도함수로 $\phi(r) = e^{-\alpha r^2}$의 가우스 함수를 사용해 보자. 여기에서 α는 변분변수이다. 단순한 계산을 통해(연습문제 8-2)

$$4\pi \int_0^\infty \phi^*(r) \hat{H} \phi(r) r^2 dr = \frac{3\hbar^2 \pi^{3/2}}{4\sqrt{2}\, m_e \sqrt{\alpha}} - \frac{e^2}{4\varepsilon_0 \alpha}$$

또한

$$4\pi \int_0^\infty \phi^*(r) \phi(r) r^2 dr = \left(\frac{\pi}{2\alpha}\right)^{3/2}$$

을 보일 수 있다. 따라서 8-3 식으로부터

$$E(\alpha)=\frac{3\hbar^2\alpha}{2m_e}-\frac{e^2\sqrt{\alpha}}{\sqrt{2}\,\varepsilon_0\pi^{3/2}} \tag{8-7}$$

을 얻는다. 이제 $E(\alpha)$를 α에 대해 미분하여 그 결과를 영으로 하면

$$\frac{dE(\alpha)}{d\alpha}=\frac{3\hbar^2}{2m_e}-\frac{e^2}{(2\pi)^{3/2}\varepsilon_0\alpha^{1/2}}=0$$

에서

$$\alpha=\frac{m_e^2e^4}{18\pi^3\varepsilon_0^2\hbar^4} \tag{8-8}$$

로 $E(\alpha)$를 최소로 하는 α를 얻을 수 있다. 다시 8-8 식을 8-7 식에 대입하면

$$E_{\min}=-\frac{4}{3\pi}\left(\frac{m_e^2e^4}{16\pi^2\varepsilon_0^2h^2}\right)=-0.424\left(\frac{m_e^2e^4}{16\pi^2\varepsilon_0^2h^2}\right) \tag{8-9}$$

를 얻고 정확한 값과 비교하면

$$E_0=-\frac{1}{2}\left(\frac{m_e^2e^4}{16\pi^2\varepsilon_0^2h^2}\right)=-0.500\left(\frac{m_e^2e^4}{16\pi^2\varepsilon_0^2h^2}\right) \tag{8-10}$$

이다. 변분원리에서 가정한 대로 $E_{\min}>E_0$ 임을 알 수 있다.

정규화 된 시도함수는 8-8 식의 α를 이용하여 $\phi(r)=(2\alpha/\pi)^{3/4}e^{-\alpha r^2}$로 주어지며 정확한 바닥상태 파동함수(수소원자의 $1s$ 궤도)는 $(\pi a_0^3)^{-1/2}e^{-r/a_0}$이고 이 때 $a_0=4\pi\varepsilon_0\hbar^2/m_ee^2$은 Bohr 반경이다. 먼저 α를 a_0로 표시하는 것으로 이 두 함수를 비교해 볼 수 있다.

$$\alpha=\frac{m_e^2e^4}{18\pi^3\varepsilon_0^2\hbar^4}=\frac{16}{18\pi}\frac{m_e^2e^4}{16\pi^2\varepsilon_0^2\hbar^4}=\frac{8}{9\pi}\frac{1}{a_0^2}$$

따라서 시도함수를 다음과 같이 쓸 수 있고

$$\phi(r)=\frac{8}{3^{3/2}\pi}\left(\frac{1}{\pi a_0^3}\right)^{1/2}e^{-(8/9\pi)r^2/a_0^2}$$

이 결과를 그림 8-1에 ψ_{1s}와 비교하였다.

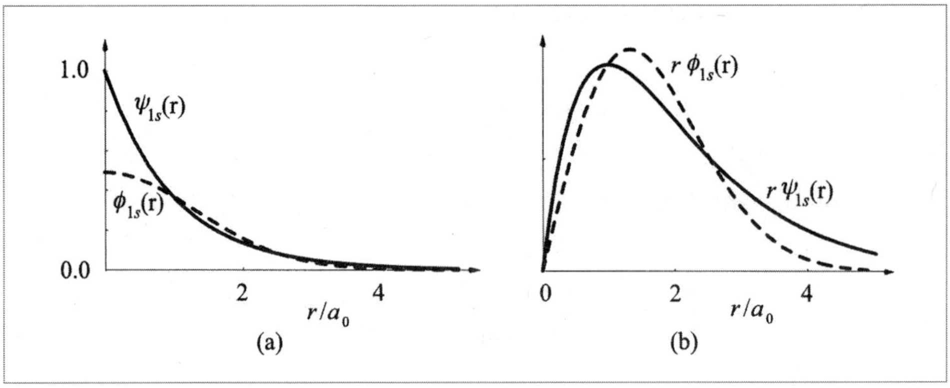

그림 8-1 (a) 8-8 식의 α로 표시한, 정규화 된 가우스 시도함수 $\phi_{1s}(r) = (2\alpha/\pi)^{3/4} e^{-\alpha r^2}$(점선) 그리고 수소원자의 정확한 바닥상태 파동함수 $\psi_{1s}(r) = (1/\pi a_0^3)^{1/2} e^{-r/a_0}$ (실선). 여기에서 $a_0 = 4\pi\varepsilon_0 \hbar^2/m_e e^2$은 Bohr 반경이다. 두 함수 모두 환산거리 r/a_0에 대해 도시하였으며 세로축은 $1/(\pi a_0^3)^{1/2}$의 단위로 표시하였다. (b) $r\phi_{1s}(r)$과 $r\psi_{1s}(r)$에 대한 그림.

바닥상태 수소원자의 에너지에 대한 변분법 계산은 정확한 값의 80% 이내의 결과를 준다. 이 결과는 한 개의 변분변수를 포함한 시도함수를 사용한 결과이다. 더 많은 변수를 포함한 더 유연한 함수를 사용하면 점점 더 좋은 결과를 얻을 수 있다. 실제 8.3 절에서 정확한 에너지에 근접해 가는 이러한 예를 볼 수 있다.(표 8-1)

예제 8-1 조화진동자의 바닥상태에 대해 생각해 보자. 이 문제를 정확히 풀지는 않았지만 위치에너지가 대칭이므로 바닥상태 파동함수가 $x=0$에 대칭인 것을 기대할 수는 있다. 시도함수로 λ를 변분변수로 하는 다음 함수를 이용하여라.

$$\phi = \cos\lambda x \qquad -\frac{\pi}{2\lambda} < x < \frac{\pi}{2\lambda}$$

그림 8-2에 나타낸 이 함수를 이용하여 조화진동자의 바닥상태 에너지를 계산하여라.

풀이 조화진동자의 Hamiltonian 연산자는

$$\hat{H} = -\frac{\hbar^2}{2\mu}\frac{d^2}{dx^2} + \frac{k}{2}x^2$$

이고 따라서 8-3 식의 분자는

$$\text{분자} = \int_{-\pi/2\lambda}^{\pi/2\lambda} \cos\lambda x \left(-\frac{\hbar^2}{2\mu}\frac{d^2}{dx^2} + \frac{k}{2}x^2\right)\cos\lambda x\, dx = \frac{\pi\hbar^2\lambda}{4\mu} + \left(\frac{\pi^3}{48} - \frac{\pi}{8}\right)\frac{k}{\lambda^3}$$

이고 8-3 식의 분모는

$$\text{분모} = \int_{-\pi/2\lambda}^{\pi/2\lambda} \cos^2 \lambda x dx = \frac{\pi}{2\lambda}$$

가 된다. 따라서 8-3 식은

$$E(\lambda) = \frac{\hbar^2 \lambda^2}{2\mu} + \left(\frac{\pi^2}{24} - \frac{1}{4}\right)\frac{k}{\lambda^2}$$

이 된다. 이제 $E(\lambda)$를 λ에 대해 최소화하기 위해

$$\lambda = \left[\left(\frac{\pi^2}{12} - \frac{1}{2}\right)\frac{k\mu}{\hbar^2}\right]^{1/4}$$

가 얻어지고 이것을 다시 $E(\lambda)$에 대입하면

$$E_{\min} = \left(\frac{\pi^2}{3} - 2\right)^{1/2} \frac{1}{2}\hbar\left(\frac{k}{\mu}\right)^{1/2} = (1.14)\frac{1}{2}\hbar\omega$$

이고 정확한 값과 비교하면

$$E_0 = \frac{1}{2}\hbar\omega$$

이다. 시도함수가 간단한 것을 감안한다면 이 결과는 매우 좋은 결과임을 알 수 있다. 그림 8-2에는 이 경우 정확한 파동함수와 변분 파동함수를 비교하였다.

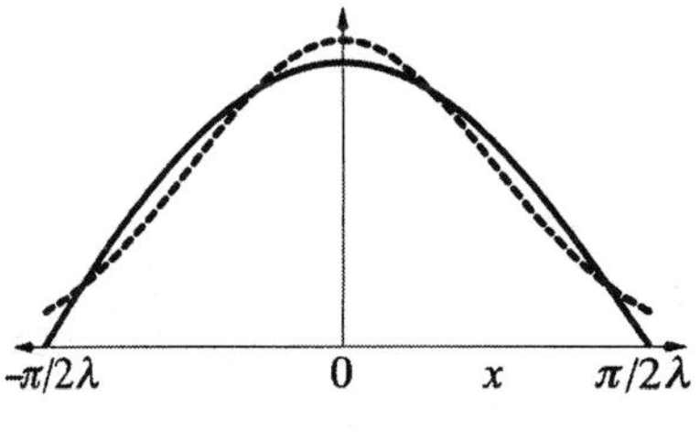

그림 8-2 바닥상태 조화진동자의 정확한 파동함수(점선)와 예제 8-1에서 사용된 $-\pi/2\lambda < x < \pi/2\lambda$에서 변분변수 λ를 갖는 시도함수 $\phi = \cos\lambda x$ (실선).

마지막 예로 바닥상태 헬륨원자의 에너지를 예측하는데 변분법을 사용해 보자. 7 장의 마지막에서 헬륨원자의 Hamiltonian 연산자가

$$\hat{H} = -\frac{\hbar^2}{2m_e}(\nabla_1^2 + \nabla_2^2) - \frac{2e^2}{4\pi\varepsilon_0}\left(\frac{1}{r_1} + \frac{1}{r_2}\right) + \frac{e^2}{4\pi\varepsilon_0}\frac{1}{r_{12}} \quad (8\text{-}11)$$

임을 알았다. r_{12} 항 때문에 이 계의 schrödinger 방정식은 정확히 풀리지 않는다. 8-11 식은 다음과 같이

$$\hat{H}= \hat{H}_H(1) + \hat{H}_H(2) + \frac{e^2}{4\pi\varepsilon_0}\frac{1}{r_{12}} \tag{8-12}$$

로 쓸 수 있고 여기에서

$$\hat{H}_H(j) = -\frac{\hbar^2}{2m_e}\nabla_j^2 - \frac{2e^2}{4\pi\varepsilon_0}\frac{1}{r_j} \qquad j = 1,2 \tag{8-13}$$

은 헬륨 핵 주위에 있는 한 개의 전자에 대한 Hamiltonian 연산자이다. 따라서 $\hat{H}_H(1)$과 $\hat{H}_H(2)$는 $Z = 2$인 수소꼴 원자의 파동함수 $\psi_H(r_j, \theta_j, \phi_j)$에 대해 다음 식을 만족하고

$$\hat{H}_H(j)\psi_H(r_j, \theta_j, \phi_j) = E_j\psi_H(r_j, \theta_j, \phi_j) \qquad j = 1,2 \tag{8-14}$$

이때

$$E_j = -\frac{Z^2 m_e e^4}{32\pi^2\varepsilon_0^2\hbar^2 n_j^2} \qquad j = 1,2 \tag{8-15}$$

이다.(연습문제 7-29) 전자간 반발항 $(e^2/4\pi\varepsilon_0 r_{12})$을 무시하면 Hamiltonian 연산자는 분리 가능하며 파동함수가(3.9 절)

$$\phi_0(\boldsymbol{r}_1, \boldsymbol{r}_2) = \psi_{1s}(\boldsymbol{r}_1)\psi_{1s}(\boldsymbol{r}_2) \tag{8-16}$$

로 될 것이며 이때(표 7-3)

$$\psi_{1s}(\boldsymbol{r}_j) = \left(\frac{Z^3}{\pi a_0}\right)^{1/2} e^{-Zr_j/a_0} \qquad j = 1,2 \tag{8-17}$$

그리고 $a_0 = 4\pi\varepsilon_0\hbar^2/m_e e^2$이다. 8-16 식과 8-17 식을 Z를 변분변수로 하는 시도함수로 사용할 수 있다. 따라서 8-12 식에 주어진 $\hat{H}$에 대해 다음

$$E(Z) = \int \phi_0(\boldsymbol{r}_1, \boldsymbol{r}_2)\hat{H}\phi_0(\boldsymbol{r}_1, \boldsymbol{r}_2)d\boldsymbol{r}_1 d\boldsymbol{r}_2 \tag{8-18}$$

적분 값을 구해야 한다. 이 적분은 긴 과정이나 단순하여 연습문제 8-18에서 단계 별로 수행하였다. 그 결과

$$E(Z)=\frac{m_e e^4}{16\pi^2\varepsilon^2\hbar^2}\left(Z^2-\frac{27}{8}Z\right) \tag{8-19}$$

를 얻는다. 8-19 식은 에너지 E를 $m_e e^4/16\pi^2\varepsilon_0^2\hbar^2$의 단위로 표시하면 편리할 것임을 예측하게 하고 따라서

$$E(Z)=Z^2-\frac{27}{8}Z \tag{8-10}$$

로 쓸 수 있다. Z에 대해 $E(Z)$를 최소화 하면 $Z_{\min}=27/16$ 임을 알 수 있고 이것을 8-10 식에 대입하여

$$E_{\min}=-\left(\frac{27}{16}\right)^2=-2.8477 \tag{8-11}$$

을 얻는다. 계산에 의해 얻어진 가장 정확한 값은 $m_e e^4/16\pi^2\varepsilon_0^2\hbar^2$의 단위로 -2.9037이며 실험 결과 얻어진 -2.9033과 상당히 잘 일치하는 것을 볼 수 있다.(연습문제 8-19) 따라서 상당히 간단한 시도함수를 사용한 것에 비해 좋은 결과를 얻었다고 할 수 있다.

E를 최소로 하는 Z는 유효 핵전하라고 해석할 수 있다. Z가 2 보다 작은 값으로 얻어진다는 사실은 각각의 전자가 서로 부분적으로 핵을 가리고 있다는 것을 의미하며 따라서 알짜 유효 핵전하가 2에서 27/16으로 작아진다.

8.2 변분변수에 대해 선형인 시도함수는 영년행렬식을 준다.

일차원 상자 속 입자를 변분법의 또 하나의 예로 들어보자. 정확한 바닥상태 파동함수에 대한 정보가 없더라도 파동함수가 $x=a/2$에 대해 대칭이고 상자의 벽에서 영이 되어야 한다는 것은 예측할 수 있다. 이러한 대칭성을 갖는 가장 간단한 함수 중의 하나는 n이 정수일 때 $x^n(x-a)^n$이다. 따라서 다음 시도함수에서

$$\phi=c_1x(a-x)+c_2x^2(a-x)^2 \tag{8-22}$$

c_1, c_2를 변분변수로 사용하여 E_0를 예측할 수 있다. 8-22 식의 ϕ를 시도함수로 이용하면 상당히 긴 그러나 쉬운 계산을 통해

$$E_{\min}=0.125002\frac{h^2}{ma^2} \tag{8-23}$$

을 얻을 수 있고 정확한 값과 비교해 볼 수 있다.

$$E_{exact} = \frac{h^2}{8ma^2} = 0.125000\frac{h^2}{ma^2}$$

따라서 두 개 이상의 변수를 가진 시도함수를 이용하면 매우 좋은 결과를 얻을 수 있다는 것을 알 수 있다. 이 경우 쉽지만 긴 계산을 하여야 한다. 그러나 8–22 식의 시도함수를 다루는 체계적인 방법이 있다. 8–22 식에 주어진 시도함수가 함수들의 선형결합임을 주목하여라. 이러한 시도함수는 일반적으로 다음과 같이 쓸 수 있고

$$\phi = \sum_{n=1}^{N} c_n f_n \tag{8–24}$$

이때 c_n은 변분변수, f_n은 알려진 임의의 함수(적어도 경계조건을 만족하는 함수)이다. 이러한 시도함수를 다음 장들에서 자주 이용할 것이다. 간단히 8–22 식의 시도함수에서 $N=2$이고 c_n과 f_n이 실수인 경우를 가정해보자. 이러한 제약을 연습문제 8–24에서 완화하였다. 즉

$$\phi = c_1 f_1 + c_2 f_2$$

을 생각해보자.

$$\begin{aligned}\int \phi^* \hat{H}\phi d\tau &= \int (c_1 f_1 + c_2 f_2)^* \hat{H}(c_1 f_1 + c_2 f_2) d\tau \\ &= c_1^2 \int f_1{}^* \hat{H} f_1 d\tau + c_1 c_2 \int f_1{}^* \hat{H} f_2 d\tau + c_1 c_2 \int f_2{}^* \hat{H} f_1 d\tau + c_2^2 \int f_2{}^* \hat{H} f_1 d\tau \\ &= c_1^2 H_{11} + c_1 c_2 H_{12} + c_1 c_2 H_{21} + c_2^2 H_{22}\end{aligned} \tag{8–25}$$

$$H_{ij} = \int f_i{}^* \hat{H} f_j d\tau = < i|\hat{H}|j > \tag{8–26}$$

이다. $\hat{H}$가 에르미티안이므로 H_{ij}는 대칭, 즉 $H_{ij} = H_{ji}$이고 따라서 8–25 식은 다음으로 된다.

$$\int \phi^* \hat{H}\phi d\tau = c_1^2 H_{11} + 2c_1 c_2 H_{12} + c_2^2 H_{22} \tag{8–27}$$

유사한 방법으로

$$\int \phi^* \phi d\tau = c_1^2 S_{11} + 2c_1 c_2 S_{12} + c_2^2 S_{22} \tag{8–28}$$

$$S_{ij} = S_{ji} = \int f_i f_j d\tau = < i|j > \tag{8–29}$$

이 된다. 8-26 식과 8-29 식의 H_{ij}와 S_{ij}를 행렬요소(matrix element)라고 부른다. 8-27 식과 8-28 식을 8-3 식에 대입하면

$$E(c_1, c_2) = \frac{c_1^2 H_{11} + 2c_1 c_2 H_{12} + c_2^2 H_{22}}{c_1^2 S_{11} + 2c_1 c_2 S_{12} + c_2^2 S_{22}} \tag{8-30}$$

을 얻고 이때 E가 변분변수 c_1, c_2의 함수인 것을 강조하였다.

8-30 식의 $E(c_1, c_2)$를 c_1과 c_2에 대해 미분하기 전에 이 식을 다음과 같이 쓰는 것이 편리하다.

$$E(c_1, c_2)(c_1^2 S_{11} + 2c_1 c_2 S_{12} + c_2^2 S_{22}) = c_1^2 H_{11} + 2c_1 c_2 H_{12} + c_2^2 H_{22} \tag{8-31}$$

8-31 식을 c_1에 대해 미분하면

$$(2c_1 S_{11} + 2c_2 S_{12})E + \frac{\partial E}{\partial c_1}(c_1^2 S_{11} + 2c_1 c_2 S_{12} + c_2^2 S_{22}) = 2c_1 H_{11} + 2c_2 H_{12} \tag{8-32}$$

이고 E를 c_1에 대해 최소로 해야 하므로 $\partial E / \partial c_1 = 0$이고 따라서 8-32 식은 다음으로 된다.

$$c_1(H_{11} - ES_{11}) + c_2(H_{12} - ES_{12}) = 0 \tag{8-33}$$

같은 방법으로 $E(c_1, c_2)$를 c_2에 대해 미분하여 다음 식을 얻는다.

$$c_1(H_{12} - ES_{12}) + c_2(H_{22} - ES_{22}) = 0 \tag{8-34}$$

8-33 식과 8-34 식은 선형 연립방정식이다. 연립방정식 이론에 의하면 계수들의 행렬식이 영이 되는 경우에만 의미 있는 해 (수학 F) 즉, $c_1 = c_2 = 0$이 아닌 해를 가진다.

$$\begin{vmatrix} H_{11} - ES_{11} & H_{12} - ES_{12} \\ H_{12} - ES_{12} & H_{22} - ES_{22} \end{vmatrix} = 0 \tag{8-35}$$

이 행렬식을 영년행렬식(secular determinant)이라고 부른다.(수학 F) 이 이차 영년방정식은 두 개의 E를 근으로 주고 이 중 작은 값을 바닥상태 에너지의 변분법적 근사치로 한다.

8-35 식을 설명하기 위해 일차원 상자속 입자의 문제를 8-22 식을 시도함수로 하여 변분법적으로 풀어보기로 하자. 편의상 $a = 1$로 하면

$$f_1 = x(1-x) \qquad f_2 = x^2(1-x^2) \tag{8-36}$$

이고 행렬요소는 (8-26과 8-29 식) (연습문제 8-20) 다음과 같다.

$$
\begin{aligned}
H_{11} &= \frac{\hbar^2}{6m} & S_{11} &= \frac{1}{30} \\
H_{12} = H_{21} &= \frac{\hbar^2}{30m} & S_{12} = S_{21} &= \frac{1}{140} \\
H_{22} &= \frac{\hbar^2}{105m} & S_{22} &= \frac{1}{630}
\end{aligned} \tag{8-37}
$$

예제 8-2 8-37 식에서 $H_{12} = H_{21}$ 임을 보여라.

풀이 상자속 입자의 Hamiltonian 연산자를 사용하여

$$
\begin{aligned}
H_{12} &= \int_0^1 f_1 \hat{H} f_2 dx = < 1|\hat{H}|2 > \\
&= \int_0^1 x(1-x)\left[-\frac{\hbar^2}{2m}\frac{d^2}{dx^2}x^2(1-x)^2\right]dx \\
&= -\frac{\hbar^2}{2m}\int_0^1 x(1-x)(2-12x+12x^2)dx = -\frac{\hbar^2}{2m}\left(-\frac{1}{15}\right) = \frac{\hbar^2}{30m}
\end{aligned}
$$

$$
\begin{aligned}
H_{21} &= \int_0^1 f_2 \hat{H} f_1 dx = < 2|\hat{H}|1 > \\
&= \int_0^1 x^2(1-x)^2\left[-\frac{\hbar^2}{2m}\frac{d^2}{dx^2}x(1-x)\right]dx \\
&= -\frac{\hbar^2}{2m}\int_0^1 x^2(1-x)^2(-2)dx = -\frac{\hbar^2}{2m}\left(-\frac{1}{15}\right) = \frac{\hbar^2}{30m}
\end{aligned}
$$

8-37 식의 행렬요소 H_{ij}와 S_{ij}를 영년행렬식(8-35 식)에 대입하면

$$
\begin{vmatrix}
\frac{1}{6} - \frac{\epsilon}{30} & \frac{1}{30} - \frac{\epsilon}{140} \\
\frac{1}{30} - \frac{\epsilon}{140} & \frac{1}{105} - \frac{\epsilon}{630}
\end{vmatrix} = 0
$$

이고 여기에서 $\epsilon = Em/\hbar^2$이다. 따라서 영년방정식은

$$3\epsilon^2 - 168\epsilon + 756 = 0$$

이고 근은

$$\epsilon = \frac{168 \pm \sqrt{19,152}}{6} = 51.065, \quad 4.93487$$

이다. 이 중 작은 값을 취하면 $\epsilon = 4.93487$이고 $(a=1)$ 정확한 값과 비교하면 다음과 같다.

$$E_{\min} = 4.93487\frac{\hbar^2}{m} = 0.125002\frac{h^2}{m} \qquad E_0 = \frac{h^2}{8m} = 0.125000\frac{h^2}{m}$$

이렇게 간단한 시도함수를 이용하여도 기대했던 것보다 더 좋은 결과를 얻을 수 있다. $E_{\min} > E_{\text{exact}}$인 것을 주목하여라.

예제 8-3 정규화 된 상자속 입자의 변분법적 시도함수를 구하여라.

풀이 정규화 된 시도함수를 구하기 위해 8-22 식의 c_1, c_2를 결정해야 한다. 이 값들은 8-33 식과 8-34 식에 주어져 있는데 영년행렬식을 주는 두 개의 방정식을 이루고 있다.(8-35 식) 이 두 방정식은 서로 독립적이지 않으므로 먼저 c_2/c_1를 계산한다.

$$\frac{c_2}{c_1} = -\frac{H_{11} - ES_{11}}{H_{12} - ES_{12}} = -\frac{\frac{\hbar^2}{6m} - \left(4.93487\frac{\hbar^2}{m}\right)\frac{1}{30}}{\frac{\hbar^2}{30m} - \left(4.93487\frac{\hbar^2}{m}\right)\frac{1}{140}} = 1.13342$$

또는 $c_2 = 1.13342c_1$이다. 따라서 이제까지

$$\phi(x) = c_1[x(1-x) + 1.13342x^2(1-x)^2]$$

을 얻었다. 이제 $\phi(x)$가 정규화 되어야 한다는 조건으로부터 c_1을 결정한다.

$$\int_0^1 \phi^2(x)dx = c_1^2\int_0^1 [x^2(1-x)^2 + 2.26684x^3(1-x)^3 + 1.28464x^4(1-x)^4]dx = 1$$

이 적분의 피적분함수를 전개하는 대신(CRC Standard Mathematical Tables and Formulae)

$$\int_0^1 x^m(1-x)^n dx = \frac{m!n!}{(m+n+1)!}$$

을 이용하는 것이 편리하다. 이 경우

$$\int_0^1 \phi^2(x)dx = c_1^2\left(\frac{2!2!}{5!} + 2.26684\frac{3!3!}{7!} + 1.28464\frac{4!4!}{9!}\right) = 0.0515642c_1^2 = 1$$

에서 $c_1 = 4.40378$을 얻는다. 따라서 정규화 된 시도함수는

$$\phi(x) = 4.40378x(1-x) + 4.99133x^2(1-x)^2$$

이다. 그림 8-3에 이 시도함수와 상자속 입자의 정확한 바닥상태 파동함수($a=1$) $\psi_1(x) = 2^{1/2}\sin\pi x$를 비교하였다.

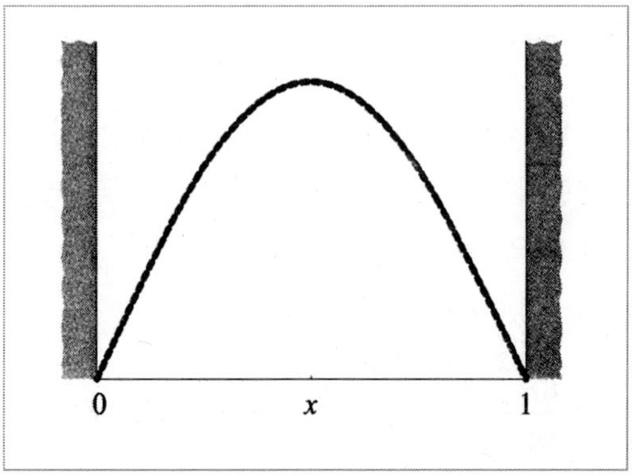

그림 8-3 예제 8-3에서 구해진 정규화 된 시도함수(흑색 점선)와 상자속 입자의 정확한 바닥상태 파동함수($a=1$) $\psi_1(x) = 2^{1/2}\sin\pi x$(실선). 두 곡선은 같다.

8-35 식에서 구해진 다른 한 근의 물리적 의미에 대해 생각해 보자. 이 에너지는 상자속 입자의 첫 번째 들뜬상태 에너지의 상한 값이 된다. 위에서 계산된 값은 $1.2935h^2/m$이며 정확한 값은 $4h^2/8ma^2$ 혹은 $0.5000h^2/m$이다. 따라서 이근이 E_2의 상한 값임을 알 수 있으나 이 값은 매우 부정확하다. 들뜬상태 에너지의 상한 값을 구하는 더 좋은 방법이 있지만 여기에서는 바닥상태 에너지를 구하는 것으로 논의를 제한하기로 한다.

이제까지 한 것처럼 두 개의 함수를 사용하지 않고 8-24 식에서처럼 N 개의 함수를 선형결합 하면 c_j들에 대한 N 개의 선형 연립방정식을 얻게 된다.

$$\begin{aligned}
c_1(H_{11} - ES_{11}) + c_2(H_{12} - ES_{12}) + \cdots + c_N(H_{1N} - ES_{1N}) &= 0 \\
c_1(H_{12} - ES_{12}) + c_2(H_{22} - ES_{22}) + \cdots + c_N(H_{2N} - ES_{2N}) &= 0 \\
\vdots \qquad\qquad\qquad\qquad & \vdots \\
c_1(H_{1N} - ES_{1N}) + c_2(H_{2N} - ES_{2N}) + \cdots + c_N(H_{NN} - ES_{NN}) &= 0
\end{aligned}$$

이 식은 행렬형으로 압축하여 쓰면

$$\mathbf{Hc} = E\mathbf{Sc} \tag{8-38}$$

로 되며 여기에서 **H**는 행열요소 H_{ij}를 갖는 $N\times N$ 행렬, **S**는 행렬요소 S_{ij}를 갖는 $N\times N$ 행렬 그리고 **c**는 행열요소 c_j인 $N\times 1$ 열 행렬이다. 이 연립방정식이 의미 있는 해를 가지려면

$$\begin{vmatrix} H_{11}-ES_{11} & H_{12}-ES_{12} & \cdots & H_{N1}-ES_{N1} \\ H_{12}-ES_{12} & H_{22}-ES_{22} & & H_{N2}-ES_{N2} \\ \vdots & \vdots & & \vdots \\ H_{1N}-ES_{1N} & H_{2N}-ES_{2N} & \cdots & H_{NN}-ES_{NN} \end{vmatrix} = 0$$

또는

$$|\mathbf{H} - E\mathbf{S}| = 0 \tag{8-39}$$

이어야 한다. 이 식을 쓰는데 $\hat{H}$가 에르미티안, 즉 $H_{ij} = H_{ji}$인 사실을 이용하였다. 이 영년행렬식으로부터 얻어지는 영년방정식은 E에 대해 N 차 다항식이 된다. 이 N 차 영년방정식의 해 중에서 최소치를 바닥상태 에너지의 근사치로 한다. N이 2 보다 클 때 근의 최소치를 구하는 것은 주로 수치 해석적으로 결정한다. 이것은 실제 수치해석의 표준 문제이고 이에 대한 컴퓨터 프로그램이 많이 존재한다.

8-39 식에서 최소값을 갖는 근이 구해지면 c_j 들을 구하기 위해 이근을 8-38 식에 다시 대입한다. 예제 8-3에서처럼 $N-1$ 개의 방정식만이 독립적이므로 따라서 다음 비, c_2/c_1, c_3/c_1, $\cdots$, c_N/c_1가 구해진다. 이제 예제 8-31에서처럼 시도함수 ϕ가 정규화 되어야 한다는 사실을 이용하여 c_1을 구한다.

예제 8-4 다음 위치에너지를 갖는 상자속 입자의 바닥상태 에너지를 변분법적으로 구하여라.

$$V(x) = \begin{cases} \infty & x < 0 \\ \dfrac{V_0 x}{a} & 0 < x < a \\ \infty & x > a \end{cases}$$

중력에 위한 위치에너지가 $V(x) = mgx$이고 x가 지구 표면에서부터의 높이를 의미하므로 이 문제를 흔히 중력 우물안 입자의 문제라고 부른다. 경계조건은 상자속 입자 $\phi(0) = \phi(a) = 0$와 같다. 이 사실은 시도함수로 상자속 입자의 두 파동함수의 선형결합을 사용할 수 있음을 시사한다.

풀이 간단히 다음 시도함수를 사용한다.

$$\phi(x) = c_1\left(\frac{2}{a}\right)^{1/2}\sin\frac{\pi x}{a} + c_2\left(\frac{2}{a}\right)^{1/2}\sin\frac{2\pi x}{a}$$

행렬요소는

$$H_{11} = \langle \psi_1^{(0)}|\hat{H}^{(0)}|\psi_1^{(0)}\rangle$$

$$= \frac{h^2}{8ma^2} + \frac{2V_0}{a^2}\int_0^a dx x \sin^2\frac{\pi x}{a} = \frac{h^2}{8ma^2} + \frac{V_0}{2}$$

$$H_{22} = \frac{4h^2}{8ma^2} + \frac{2V_0}{a^2}\int_0^a dx x \sin^2\frac{2\pi x}{a} = \frac{4h^2}{8ma^2} + \frac{V_0}{2}$$

$$H_{12} = H_{21} = \frac{2V_0}{a^2}\int_0^a dx x \sin\frac{\pi x}{a}\sin\frac{2\pi x}{a} = -\frac{16V_0}{9\pi^2}$$

$$S_{11} = S_{22} = 1 \qquad S_{12} = 0$$

이다. 따라서 영년행렬식은

$$\begin{vmatrix} \frac{h^2}{8ma^2} + \frac{V_0}{2} - E & -\frac{16V_0}{9\pi^2} \\ -\frac{16V_0}{9\pi^2} & \frac{4h^2}{8ma^2} + \frac{V_0}{2} - E \end{vmatrix} = 0$$

이다. $\epsilon = 8ma^2/h^2$ 그리고 $v_0 = 8ma^2V_0/h^2$ 으로 하면

$$\begin{vmatrix} 1 - \frac{v_0}{2} - \epsilon & -\frac{16v_0}{9\pi^2} \\ -\frac{16v_0}{9\pi^2} & 4 + \frac{v_0}{2} - \epsilon \end{vmatrix} = 0$$

에서

$$\epsilon^2 - (5 + v_0)\epsilon + \left(1 + \frac{v_0}{2}\right)\left(4 + \frac{v_0}{2}\right) - \frac{256v_0^2}{81\pi^4} = 0$$

$$\epsilon = \frac{5 + v_0}{2} \pm \frac{1}{2}\left[9 + \left(\frac{32v_0}{9\pi^2}\right)\right]^{1/2}$$

이다. 여기에서 음의 부호가 ϵ의 작은 값이다.

이 문제는 실제 Bessel function을 이용하여 정확히 해가 구해진다.[Langhoff, P. W.

Schrödinger particle in a gravitational well, Am. J. Phys. 39, 954 (1971)] 그림 8-4에 변분법적 에너지 ϵ와 정확한 에너지 ϵ를 v_0에 대해 도시하였다. 예상한대로 변분법적 에너지가 정확한 에너지보다 큼을 주목하여라. 연습문제 8-25에서 $v_0 = 10$에 대해 변분법적 파동함수를 구하고 그림 8-5에서 이 파동함수를 정확한 파동함수와 비교하였다.

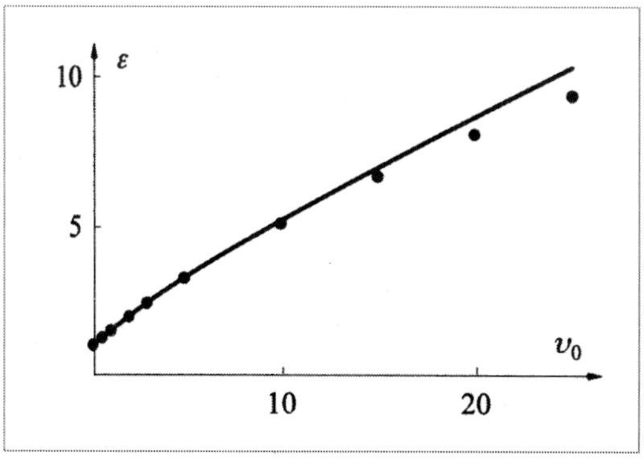

그림 8-4 중력 우물안 입자에 대해 $x = a$에서의 위치에너지 v_0에 대해 도시한 변분법적 에너지(실선)(예제 8-4)와 정확한 에너지(점)

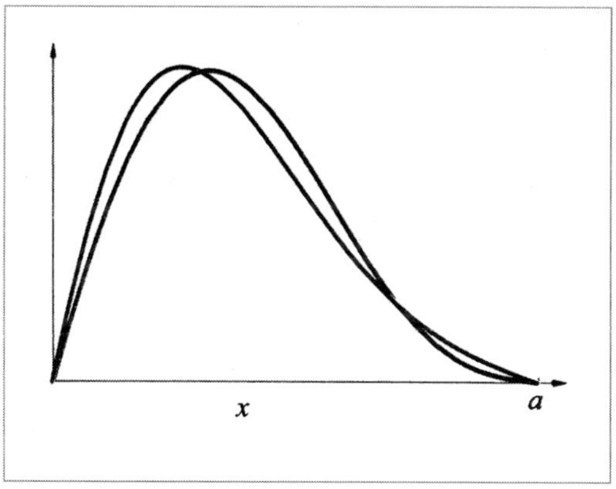

그림 8-5 $v_0 = 10$일 때 x에 대해 도시한 예제 8-4의 변분법적 파동함수(오렌지색)와 정확한 파동함수(흑색)

연습문제 8-26, 8-27, 8-29는 이 문제를 다른 시도함수를 이용하여 푸는 문제이다.

8.3 시도함수는 변분변수를 포함한 함수들의 선형결합으로 될 수도 있다.

다음과 같은 형태의 시도함수는 실제 상당히 많이 사용된다.

$$\phi = \sum_{j=1}^{N} c_j f_j$$

이때 f_j 자신들은 변분변수를 포함하고 있다. 수소원자에 대한 이러한 시도함수의 예로

$$\phi = \sum_{j=1}^{N} c_j e^{-\alpha_j r^2}$$

을 들 수 있다. 여기에서는 c_j와 α_j를 변분변수로 취급한다. 8.1 절에서 한 개의 항을 사용했을 때 에너지가 정확한 값 $-0.500(m_e e^4/16\pi^2\varepsilon_0^2\hbar^2)$에 비해 $-0.424(m_e e^4/16\pi^2\varepsilon_0^2\hbar^2)$가 되는 것을 보았다. 항을 더 사용하였을 때 구해지는 에너지를 표 8-1에 수록하였다. N이 증가함에 따라 정확한 값에 더 가까워지는 것을 볼 수 있다. 그러나 이 경우 ϕ가 c_j에 대해서만 선형이고 α_j에 대해서는 선형이 아니므로 영년방정식이 복잡하게 된다는 것을 알아야 한다. E를 c_j와 α_j에 대해 최소화하는 것은 $2N$ 개의 변수가 있어 상당히 복잡하다. 따라서 수치해석의 방법을 이용해야만 한다. 다행하게도 이것을 수행할 수 있는 많은 알고리즘들이 존재한다.(연습문제 8-30)

표 8-1 다음 시도함수를 이용해 얻어진 수소원자의 바닥상태 에너지 $\psi = \sum_{j=1}^{N} c_j e^{-\alpha_j r^2}$. 여기에서 c_j와 α_j는 변분변수이다.

N	$E_{\min}/(m_e e^4/16\pi^2\epsilon_0^2\hbar^2)$
1	−0.424 413
2	−0.485 813
3	−0.496 967
4	−0.499 276
5	−0.499 76
6	−0.499 88
8	−0.499 92
16	−0.499 98

8.4 섭동론은 해가 알려져 있는 다른 계를 이용하여 계를 기술한다.

어떤 특별한 계에 대해 풀려고 하는 Schrödinger 방정식

$$\hat{H}\psi = E\psi$$

가 있으나 이 전에 푼 조화진동자, 강체회전자, 수소원자와 같은 정확한 해를 찾을 수 없다고 하자. 실제로 대부분의 계가 정확히 풀리지 않는 것으로 밝혀졌으며 몇 가지 예가 헬륨원자, 비조화진동자 그리고 비강체회전자의 경우이다.

제 7 장의 끝부분에서 헬륨원자의 Hamiltonian 연산자가 다음과 같음을 알았다.

$$\hat{H}=-\frac{\hbar^2}{2m_e}(\nabla_1^2+\nabla_2^2)-\frac{2e^2}{4\pi\varepsilon_0}\left(\frac{1}{r_1}+\frac{1}{r_2}\right)+\frac{e^2}{4\pi\varepsilon_0}\frac{1}{r_{12}} \qquad (8\text{-}40)$$

8-40 식은 다음의 형태로 쓸 수 있고

$$\hat{H}=\hat{H}_H(1)+\hat{H}_H(2)+\frac{e^2}{4\pi\varepsilon_0}\frac{1}{r_{12}} \qquad (8\text{-}41)$$

이때

$$\hat{H}_H(j)=-\frac{\hbar^2}{2m_e}\nabla_j^2-\frac{2e^2}{4\pi\varepsilon_0}\frac{1}{r_j} \qquad j=1,2 \qquad (8\text{-}42)$$

는 헬륨 핵의 주위에 있는 전자에 대한 Hamiltonian 연산자이다. 따라서 $\hat{H}_H(1)$과 $\hat{H}_H(2)$는 다음 식을 만족시킨다.

$$\hat{H}_H(j)\psi_H(r_j,\theta_j,\phi_j)=E_j\psi_H(r_j,\theta_j,\phi_j) \qquad j=1,2 \qquad (8\text{-}43)$$

$\psi_H(r_j,\theta_j,\phi_j)$는 $Z=2$인 수소꼴 원자의 파동함수이고 (표 7-5) E_j는 다음으로 주어진다.(연습문제 7-29)

$$E_j=-\frac{Z^2m_ee^4}{8\varepsilon_0^2h^2n_j^2} \qquad j=1,2 \qquad (8\text{-}44)$$

8-41 식에서 전자 간 반발항 $e^2/4\pi\varepsilon_0r_{12}$가 없으면 헬륨원자의 Hamiltonian 연산자는 분리가능하고, 헬륨원자의 파동함수는 수소꼴 원자 파동함수의 곱이 됨을 주목하여라.(3.9 절)

Hamiltonian 연산자에 추가되는 항이 없다면 바로 풀릴 수 있는 문제의 또 하나의 예는 비조화진동자이다. 조화진동자의 위치에너지가 일반적인 위치에너지 함수를 평형거리 부근에서 Taylor 전개했을 때 첫 번째 항에서 자연적으로 나타나는 것을 상기하여라. 위치에너지가 다음으로 주어지는 비조화진동자를 생각해 보자.

$$V(x)=\frac{1}{2}kx^2+\frac{1}{6}\gamma_3x^3+\frac{1}{24}\gamma_4x^4 \qquad (8\text{-}45)$$

따라서 Hamiltonian 연산자는

$$\hat{H}=-\frac{\hbar^2}{2\mu}\frac{d^2}{dx^2}+\frac{1}{2}kx^2+\frac{1}{6}\gamma_3x^3+\frac{1}{24}\gamma_4x^4 \qquad (8\text{-}46)$$

이 된다. $\gamma_3 = \gamma_4 = 0$ 이면 8–46 식은 5 장에서 논의한 조화진동자의 Hamiltonian 연산자가 된다.

Hamiltonian 연산자가 8–40 식과 8–46 식으로 주어지는 이 두 예는 섭동론에 대한 기본적인 생각을 도입하도록 한다. 이 두 경우 모두 전체 Hamiltonian 연산자가 한 부분은 Schrödinger 방정식이 정확히 풀리고, 추가되는 부분 때문에 방정식이 정확히 풀리지 않는 두 부분으로 이루어져 있다. 첫 번째 부분을 비섭동 Hamiltonian 연산자 그리고 추가되는 부분을 섭동(perturbation)이라고 부른다. 비섭동 Hamiltonian을 $\hat{H}^{(0)}$ 그리고 섭동을 $\hat{H}^{(1)}$ 으로 표기하여 다음과 같이 쓴다.

$$\hat{H} = \hat{H}^{(0)} + \hat{H}^{(1)} \tag{8-47}$$

$\hat{H}^{(0)}$ 에 대해서는 Schrödinger 방정식을 정확히 풀 수 있고 따라서

$$\hat{H}^{(0)}\psi^{(0)} = E^{(0)}\psi^{(0)} \tag{8-48}$$

이고 $E^{(0)}$ 와 $\psi^{(0)}$ 는 $\hat{H}^{(0)}$ 에 대해 알려져 있는 고유치와 고유함수이다. 식 8–48은 섭동되지 않은 계를 기술한다. 헬륨원자의 경우

$$\begin{aligned}
\hat{H}^{(0)} &= \hat{H}_H(1) + \hat{H}_H(2) \\
\psi^{(0)} &= \psi_H(r_1, \theta_1, \phi_1)\psi_H(r_2, \theta_2, \phi_2) \\
E^{(0)} &= -\frac{4m_e e^4}{8\varepsilon_0^2 h^2 n_1^2} - \frac{4m_e e^4}{8\varepsilon_0^2 h^2 n_2^2} \\
\hat{H}^{(1)} &= \frac{e^2}{4\pi\varepsilon_0 r_{12}}
\end{aligned} \tag{8-49}$$

이다. 또한 비조화진동자의 경우에는

$$\begin{aligned}
\hat{H}^{(0)} &= -\frac{\hbar^2}{2\mu}\frac{d^2}{dx^2} + \frac{1}{2}kx^2 \\
\psi_v^{(0)} &= \frac{(\alpha/\pi)^{1/4}}{(2^v v!)^{1/2}} e^{-\alpha x^2/2} H_v(\sqrt{\alpha}\, x) \\
E_v^{(0)} &= \left(v + \frac{1}{2}\right)h\nu \\
\hat{H}^{(1)} &= \frac{1}{6}\gamma_3 x^3 + \frac{1}{24}\gamma_4 x^4
\end{aligned} \tag{8-50}$$

이 된다.

섭동항이 크지 않으면 섭동을 포함한 완전한 해가 비섭동된 문제의 해와 가까울 것이라는 것을 직관적으로 기대할 수 있다. 간단한 예가 비조화항 $\gamma_3 x^3/6$과 $\gamma_4 x^4/24$가 작은 경우이다. 따라서 비섭동된 계는 섭동으로 추가되는 항에 의해 많이 변하는 것이 아니라 단지 약간만 변화된다고 기대할 수 있다.

8.5 섭동론은 비섭동 계에 연속적인 보정을 가하는 것으로 이루어져 있다.

이 절에서는 에너지의 일차 보정에 대한 식을 유도하려고 한다. 풀려고 하는 문제는

$$\hat{H}\psi_n = E_n \psi_n \tag{8-51}$$

$$\hat{H} = \hat{H}^{(0)} + \hat{H}^{(1)} \tag{8-52}$$

이다. 이때

$$\hat{H}^{(0)}\psi_n^{(0)} = E_n^{(0)}\psi_n^{(0)} \tag{8-53}$$

는 정확히 풀려져 있으므로 $\psi_n^{(0)}$와 $E_n^{(0)}$가 알려져 있다. 섭동 전개의 차수를 알기 위해 Hamiltonian 연산자에 변수 λ를 도입하는 것이 편리하다.

$$\hat{H} = \hat{H}^{(0)} + \lambda\hat{H}^{(1)} \tag{8-54}$$

변수 λ는 단순히 섭동론에서 얻어지는 결과의 차수를 알아보기 위한 변수이다. 이제 λ에 대해 선형인 항이 일차 보정이라고 부르는 값, λ^2 항이 이차 보정 그리고 더 높은 차수의 보정을 준다는 것을 알게 될 것이다. 원하는 만큼의 차수의 보정을 가한 후 마지막에 $\lambda = 1$로 하게 된다.

8-51 식의 $\hat{H}$가 $\hat{H}^{(0)} + \lambda\hat{H}^{(1)}$의 형태를 갖는다는 것은 ψ_n과 E_n이 λ에 의존하게 된다는 것을 의미한다. 8-51 식의 ψ_n과 E_n이 λ의 급수로 표현된다고 가정하면

$$\psi_n = \psi_n^{(0)} + \lambda\psi_n^{(1)} + \lambda^2\psi_n^{(2)} + \cdots \tag{8-55}$$

$$E_n = E_n^{(0)} + \lambda E_n^{(1)} + \lambda^2 E_n^{(2)} + \cdots \tag{8-56}$$

이다. 8-55 식과 8-56 식이 유용하려면 급수에서 연이어 나타나는 항들이 점차로 덜 중요하여서 처음 몇 개의 항으로 ψ_n과 E_n이 잘 근사되어야 한다.

8-55 식과 8-56 식을 8-51 식에 대입하면

$$(\hat{H}^{(0)}+\lambda\hat{H}^{(1)})(\psi_n^{(0)}+\lambda\psi_n^{(1)}+\lambda^2\psi_n^{(2)}+\cdots)=(E_n^{(0)}+\lambda E_n^{(1)}+\lambda^2 E_n^{(2)}+\cdots)$$
$$\times(\psi_n^{(0)}+\lambda\psi_n^{(1)}+\lambda^2\psi_n^{(2)}+\cdots)$$

이 된다. 이 식의 왼편과 오른편을 전개하여 λ에 대해 정리하면

$$(\hat{H}^{(0)}\psi_n^{(0)}-E_n^{(0)}\psi_n^{(0)})+(\hat{H}^{(0)}\psi_n^{(1)}+\hat{H}^{(1)}\psi_n^{(0)}-E_n^{(0)}\psi_n^{(1)}-E_n^{(1)}\psi_n^{(0)})\lambda$$
$$+(\hat{H}^{(0)}\psi_n^{(2)}+\hat{H}^{(1)}\psi_n^{(1)}-E_n^{(0)}\psi_n^{(2)}-E_n^{(1)}\psi_n^{(1)}-E_n^{(2)}\psi_n^{(0)})\lambda^2+O(\lambda^3)=0 \quad (8\text{-}57)$$

이 되고 이때 $O(\lambda^3)$은 λ에 대해 삼차 항 이상을 의미한다. 첫 번째 괄호 안의 두 항의 계수는 λ^0, 즉 영차이고, 두 번째 괄호 안의 네 항의 계수는 λ^1, 일차, 등임을 주목하여라.

λ가 임의의 변수이므로 8–57 식이 성립하려면 각 λ 항의 계수가 각각 영이 되어야 한다. 첫 번째 괄호 안의 항들, 즉 λ^0 항은 8–53 식에 따라 상쇄된다. 이제 λ^1 항을 살펴보자.

$$\hat{H}^{(0)}\psi_n^{(1)}+\hat{H}^{(1)}\psi_n^{(0)}=E_n^{(0)}\psi_n^{(1)}+E_n^{(1)}\psi_n^{(0)} \quad (8\text{-}58)$$

8–58 식은 왼편에서부터 $\psi_n^{(0)}*$를 곱하여 공간 적분하면 매우 간단해진다. 적분하여 정리하면 다음과 같이 된다.

$$\int\psi_n^{(0)}*(\hat{H}^{(0)}-E_n^{(0)})\psi_n^{(1)}d\tau+\int\psi_n^{(0)}*\hat{H}^{(1)}\psi_n^{(0)}d\tau=E_n^{(1)}\int\psi_n^{(0)}*\psi_n^{(0)}d\tau \quad (8\text{-}59)$$

이제 8–59 식을 braket으로 표현하는 것은 매우 편리하고 경제적이다.

$$<\psi_n^{(0)}|\hat{H}^{(0)}-E_n^{(0)}|\psi_n^{(1)}>+<\psi_n^{(0)}|\hat{H}^{(1)}|\psi_n^{(0)}>=E_n^{(1)}<\psi_n^{(0)}|\psi_n^{(0)}> \quad (8\text{-}60)$$

8–60 식의 마지막 적분은 $\psi_n^{(0)}$가 정규화 되어야 하므로 일이다. 더 중요한 것은 왼편의 첫 번째 적분이 영이라는 것이다. 이것을 알기 위해 $\hat{H}^{(0)}-E_n^{(0)}$가 에르미티안이라는 것을 기억하면 8–53 식에 따라

$$<\psi_n^{(0)}|\hat{H}^{(0)}-E_n^{(0)}|\psi_n^{(1)}>=<(\hat{H}^{(0)}-E_n^{(0)})\psi_n^{(0)}|\psi_n^{(1)}>=0$$

이 된다. 따라서 8–60 식은

$$E_n^{(1)}=<\psi_n^{(0)}|\hat{H}^{(1)}|\psi_n^{(0)}>=\int d\tau\psi_n^{(0)}*\hat{H}^{(1)}\psi_n^{(0)} \quad (8\text{-}61)$$

이 된다. 8–61 식이 $E_n^{(0)}$에 일차 보정 $E_n^{(1)}$을 준다. 일차 보정을 통해 에너지는

$$E_n = E_n^{(0)} + E_n^{(1)} = E_n^{(0)} + < \psi_n^{(0)} | \hat{H}^{(1)} | \psi_n^{(0)} > \quad (\text{일차}) \qquad (8\text{–}62)$$

가 된다.

8–62 식을 이용하여 다음 위치에너지를 갖는 입자의 일차 보정된 에너지를 구하여 보자.

$$V(x) = \begin{cases} \infty & x < 0 \\ \dfrac{V_0 x}{a} & 0 < x < a \\ \infty & x > a \end{cases}$$

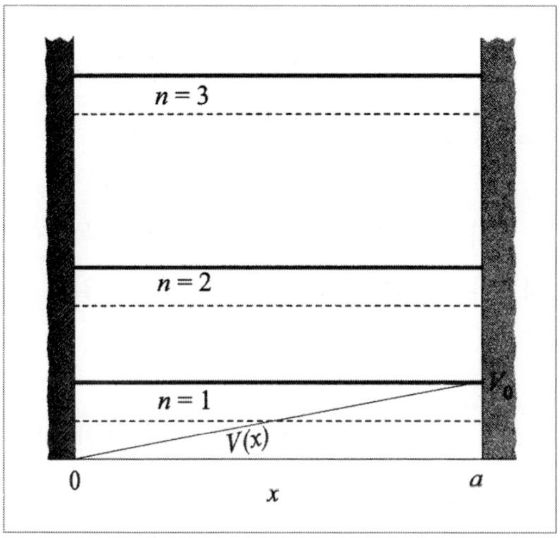

그림 8–6 중력 우물안에 있는 입자의 위치에너지. 섭동되지 않은 에너지(실선)와 일차 보정된 에너지(점선)가 표시되어 있다. 중력에 의한 위치에너지 $V_0 x/a$가 섭동 위치에너지이다.

이 위치에너지가 중력 우물안에 있는 입자(그림 8–6)를 나타낸다. 이 계는 예제 8–4에서 변분법적으로 다루었다. 이 문제를 섭동론을 이용하여 풀기 위해 가장 먼저 해야 할 중요한 일은 문제를 비섭동된 부분과 섭동의 두 부분으로 공식화하는 일, 즉 다시 말해서 비섭동된 계의 문제가 무엇인지 아는 일이다. 이 경우 비섭동된 계는 상자속 입자의 문제이고 따라서

$$\psi_n^{(0)}(x) = \left(\frac{2}{a}\right)^{1/2} \sin\frac{n\pi x}{a} \qquad n = 1, 2, \cdots \qquad (8\text{–}64)$$

$$E_n^{(0)} = \frac{n^2 h^2}{8ma^2} \qquad n = 1, 2 \cdots$$

이며

$$\hat{H}^{(1)} = \frac{V_0 x}{a} \qquad 0 < x < a \qquad (8\text{–}65)$$

이다. 8-61 식을 이용하면

$$E_n^{(1)} = \left\langle \psi_n^{(0)} \left| \frac{V_0 x}{a} \right| \psi_n^{(0)} \right\rangle = \frac{2V_0}{a^2} \int dx\, x \sin^2 \frac{n\pi x}{a}$$

$$= \frac{V_0}{2} \qquad n = 1, 2, \cdots \tag{8-66}$$

을 얻는다. 일차 보정된 바닥상태 에너지는

$$E_1 = E_1^{(0)} + E_1^{(1)} = \frac{h^2}{8ma^2} + \frac{V_0}{2} \tag{8-67}$$

이다. $\epsilon = 8mEa^2/h^2$, $v_0 = 8mV_0a^2/h^2$으로 하면 8-67 식은 다음과 같이 편리하게 쓸 수 있다.

$$\epsilon_1 = 1 + \frac{v_0}{2} \tag{8-68}$$

8-68 식은 예제 8-4에서 v_0에 대해 일차 까지 얻어진 결과와 같음을 주목하여라.(연습문제 8-34) 그림 8-6은 위치에너지 우물, 비섭동 에너지 그리고 그의 일차 보정을 보여주고 있다.

예제 8-5 위치에너지가 다음으로 주어지는 비조화진동자의 바닥상태 에너지에 대한 일차 보정을 계산하여라.

$$V(x) = \frac{1}{2}kx^2 + \frac{1}{6}\gamma_3 x^3 + \frac{1}{24}\gamma_4 x^4$$

풀이 이 경우 비섭동 계는 조화진동자이고 섭동은

$$\hat{H}^{(1)} = \frac{1}{6}\gamma_3 x^3 + \frac{1}{24}\gamma_4 x^4$$

이다. 조화진동자의 바닥상태 파동함수는

$$\psi_0(x) = \left(\frac{\alpha}{\pi}\right)^{1/4} e^{-\alpha x^2/2}$$

$\alpha = (k\mu/\hbar^2)^{1/2}$이므로 바닥상태 에너지에 대한 일차 보정은 다음과 같다.

$$E_0^{(1)} = \left(\frac{\alpha}{\pi}\right)^{1/2} \int_{-\infty}^{\infty} \left(\frac{1}{6}\gamma_3 x^3 + \frac{1}{24}\gamma_4 x^4\right) e^{-\alpha x^2} dx$$

$\gamma_3 x^3/6$이 포함된 적분은 피적분 함수가 기함수이므로 적분이 영이 되고 남는 것은

$$E_0^{(1)} = \left\langle 0 \left| \frac{1}{24}\gamma_4 x^4 \right| 0 \right\rangle = \frac{\gamma_4}{12}\left(\frac{\alpha}{\pi}\right)^{1/2} \int_{-\infty}^{\infty} x^4 e^{-\alpha x^2} dx$$

이다. 이 적분은 표에서 찾을 수 있고(연습문제 5-23) $3\pi^{1/2}/8\alpha^{5/2}$이다. 따라서

$$E_n^{(1)} = \frac{\gamma_4}{32\alpha^2} = \frac{\hbar^2 \gamma_4}{32k\mu}$$

이다. 바닥상태 에너지는 다음과 같이 된다.

$$E_0 = \frac{h\nu}{2} + \frac{\hbar^2\gamma_4}{32k\mu} + \text{높은 차수의 항들}$$

연습문제 8-35에서는 $n = 1$에 대해 $E_n^{(1)}$을 계산하도록 하였다.

Hamiltonian 연산자가 8-41 식과 8-42 식으로 주어지는 헬륨원자에 대해 섭동론을 적용할 수 있다. 바닥상태 에너지에 대해서만 생각해 보자. 전자간 반발항 $e^2/4\pi\varepsilon_0 r_{12}$을 섭동으로 간주하면 비섭동된 파동함수와 에너지는 수소꼴 원자의 그것으로 주어진다.

$$\begin{aligned} \hat{H}^{(0)} &= \hat{H}_H(1) + \hat{H}_H(2) \\ \psi^{(0)} &= \psi_{1s}(r_1, \theta_1, \phi_1)\psi_{1s}(r_2, \theta_2, \phi_2) \\ E^{(0)} &= -\frac{Z^2 m_e e^4}{32\pi^2\varepsilon_0^2\hbar^2 n_1^2} - \frac{Z^2 m_e e^4}{32\pi^2\varepsilon_0^2\hbar^2 n_2^2} \\ \hat{H}^{(1)} &= \frac{e^2}{4\pi\varepsilon_0 r_{12}} \end{aligned} \tag{8-69}$$

에서 $Z = 2$이다. 8-61 식을 이용하면

$$E^{(1)} = \int\int d\boldsymbol{r}_1 d\boldsymbol{r}_2 \psi_{1s}(\boldsymbol{r}_1)\psi_{1s}(\boldsymbol{r}_2)\frac{e^2}{4\pi\varepsilon_0 r_{12}}\psi_{1s}(\boldsymbol{r}_1)\psi_{1s}(\boldsymbol{r}_2) \tag{8-70}$$

$$\psi_{1s}(\boldsymbol{r}_j) = \left(\frac{Z^3}{\pi a_0}\right)^{1/2} e^{-Zr_j/a_0} \qquad j = 1, 2 \tag{8-71}$$

이다. 8-71 식의 적분은 긴 과정이지만 연습문제 8-39(연습문제 8-40)에서 단계적으로 수행하였다. 그 결과는

$$E^{(1)} = \frac{5Z}{8}\left(\frac{m_e e^4}{16\pi^2\varepsilon_0^2\hbar^2}\right) \tag{8-72}$$

또는 $m_e e^4/16\pi^2\varepsilon_0^2\hbar^2$의 단위로 $E^{(1)} = 5Z/8$이다. 이것을 $E^{(0)}$에 더하면 $n_1 = n_2 = 1$일 때 $m_e e^4/16\pi^2\varepsilon_0^2\hbar^2$의 단위로

$$E = E^{(0)} + E^{(1)} = -\frac{1}{2}Z^2 - \frac{1}{2}Z^2 + \frac{5}{8}Z = -Z^2 + \frac{5}{8}Z \tag{8-73}$$

이 된다. $Z = 2$로 하면 −2.750이며 8-21 식에 주어진 간단한 변분법적 결과(−2.8477)와 실험치 −2.9033와 비교할 수 있다. 따라서 섭동론의 일차 보정 결과는 5% 정도의 오차를 줌을 알 수 있다. 이차 보정의 결과는 −2.910이며 더 높은 차수의 보정을 하면 −2.9037을 주는 것으로 나타난다. 따라서 충분히 계산을 수행하면 변분법과 섭동론 모두 좋은 결과를 줌을 알 수 있다.

8.6 시간의존 섭동론으로부터 선택규칙이 유도된다.

분광학적 선택규칙은 한 상태에서 다른 상태로의 전이가 가능한 지를 결정한다. 전이 자체가 시간의존적인 현상이기 때문에 시간의존 Schrödinger 방정식을 사용해야 한다.(4-69 식).

$$\hat{H}\Psi = i\hbar\frac{\partial\Psi}{\partial t} \tag{8-74}$$

4.9 절에서 $\hat{H}$가 시간에 의존하지 않으면

$$\Psi_n(\boldsymbol{r},t) = \psi_n(\boldsymbol{r})e^{-iE_nt/\hbar}$$

이고 이때 $\psi_n(\boldsymbol{r})$은 시간 비의존 Schrödinger 방정식

$$\hat{H}\psi_n(\boldsymbol{r}) = E_n\psi_n(\boldsymbol{r})$$

을 만족한다.

이제 전자기복사선과 상호작용하는 분자에 대해 고려해 보자. 전자기장은 근사적으로 다음과 같이 쓸 수 있고

$$\boldsymbol{E} = \boldsymbol{E}_0\cos 2\pi\nu t \tag{8-75}$$

이때 ν는 복사선의 진동수이고 $\boldsymbol{E}_0$는 전장 벡터이다. $\boldsymbol{\mu}$를 분자의 쌍극자모멘트라고 하면 전장과 분자의 상호작용에 대한 Hamiltonian 연산자(연습문제 8-41)는

$$\hat{H}^{(1)} = -\boldsymbol{\mu} \cdot \boldsymbol{E} = -\boldsymbol{\mu} \cdot \boldsymbol{E}_0 \cos 2\pi\nu t \tag{8-76}$$

이 된다. 따라서 다음 식을 풀어야 하고

$$\hat{H}\Psi = i\hbar \frac{\partial \Psi}{\partial t} \tag{8-77}$$

$$\hat{H} = \hat{H}^{(0)} + \hat{H}^{(1)} = \hat{H}^{(0)} - \boldsymbol{\mu} \cdot \boldsymbol{E}_0 \cos 2\pi\nu t \tag{8-78}$$

$\hat{H}^{(0)}$는 고립된 분자의 Hamiltonian이다. 이제 아래에서 시간의존 항, $\hat{H}^{(1)}$이 한 정류상태에서 다른 상태로 전이를 일으킬 수 있게 한다는 것을 보일 것이다.

8-77 식을 풀기 위해 시간의존 항 $\hat{H}^{(1)}$을 작은 섭동으로 취급한다. 이 과정을 시간의존 섭동론이라고 부른다. 고립된 분자는 일반적으로 무한히 많은 정류상태를 갖지만 논의를 간단히 하기 위해 두 상태만을 갖는 계에 대해 고려해 보기로 하자. 그렇지만 그 결과는 대단히 일반적이다. 이러한 계에 대해 시간의존 섭동이 없을 때

$$\hat{H}^{(0)}\Psi = i\hbar \frac{\partial \Psi}{\partial t} \tag{8-79}$$

이고 파동함수는 다음과 같이 ψ_1, ψ_2 두 정류상태로 표현된다.

$$\Psi_1(t) = \psi_1 e^{-iE_1 t/\hbar} \qquad \Psi_2 = \psi_2 e^{-iE_2 t/\hbar} \tag{8-80}$$

예제 8-6 위에 주어진 Ψ_1과 Ψ_2가 8-79 식을 만족하는 것을 보여라.

풀이 $\Psi_1(t) = \psi_1 e^{-iE_1 t/\hbar}$를 8-79 식에 대입하면

$$\hat{H}^{(0)}\Psi_1 = \hat{H}^{(0)}\psi_1 e^{-iE_1 t/\hbar} = e^{-iE_1 t/\hbar}\hat{H}^{(0)}\psi_1 = E_1\psi_1 e^{-iE_1 t/\hbar}$$

$$i\hbar\frac{\partial \Psi_1}{\partial t} = i\hbar\psi_1 \frac{d}{dt} e^{-iE_1 t/\hbar} = E_1\psi_1 e^{-iE_1 t/\hbar}$$

이다. 여기에서 $\hat{H}^{(0)}$가 시간에 의존하지 않으며 ψ_1이 정류상태 또는 $\hat{H}^{(0)}\psi_1 = E_1\psi_1$을 이용하였다. 같은 방법으로 Ψ_2에 대해서도 보일 수 있다.

이제 초기에 계가 상태 1에 있다고 가정하자. 또한 섭동이 $t=0$에서 시작되고, $\Psi(t)$가 시간에 의존하는 계수들을 포함하는 $\Psi_1(t)$와 $\Psi_2(t)$의 선형결합으로 됨을 가정하자.

$$\Psi(t)=a_1(t)\Psi_1(t)+a_2(t)\Psi_2(t) \tag{8-81}$$

이제 위 식의 $a_1(t)$와 $a_2(t)$를 결정할 것이다. 제 4 장에서 이러한 선형결합을 하면 $a_j{}^*a_j$가 분자가 j 상태에 있을 확률이라고 한 것을 상기하여라. 8-81 식을 8-77 식에 대입하면 다음과 같이 된다.

$$\begin{aligned}&a_1(t)\hat{H}^{(0)}\Psi_1+a_2(t)\hat{H}^{(0)}\Psi_2+a_1(t)\hat{H}^{(1)}\Psi_1+a_2(t)\hat{H}^{(1)}\Psi_2\\&=i\hbar a_1(t)\frac{\partial\Psi_1}{\partial t}+i\hbar a_2(t)\frac{\partial\Psi_2}{\partial t}+i\hbar\Psi_1\frac{da_1}{dt}+i\hbar\Psi_2\frac{da_2}{dt}\end{aligned} \tag{8-82}$$

예제 8-6의 결과에 따라 8-82 식의 좌 우변의 두 항들은 소거된다. 따라서

$$a_1(t)\hat{H}^{(1)}\Psi_1+a_2(t)\hat{H}^{(1)}\Psi_2=i\hbar\Psi_1\frac{da_1}{dt}+i\hbar\Psi_2\frac{da_2}{dt} \tag{8-83}$$

이 된다. 이제 8-83 식의 양변에 $\psi_2{}^*$를 곱하고 공간 적분하면 다음을 얻는다.

$$\begin{aligned}&a_1(t)\int\psi_2{}^*\hat{H}^{(1)}\Psi_1d\tau+a_2(t)\int\psi_2{}^*\hat{H}^{(1)}\Psi_2d\tau\\&=i\hbar\frac{da_1}{dt}\int\psi_2{}^*\Psi_1d\tau+i\hbar\frac{da_2}{dt}\int\psi_2{}^*\Psi_2d\tau\end{aligned} \tag{8-84}$$

오른편의 첫 번째 적분은 $\Psi_1=\psi_1e^{-iE_1t/\hbar}$ (8-80 식) 그리고 ψ_2와 ψ_1이 직교하기 때문에 영이 된다. 오른편의 두 번째 적분은 $\Psi_2=\psi_2e^{-iE_2t/\hbar}$이고 ψ_2가 정규화 되어 있으므로 $i\hbar e^{-iE_2t/\hbar}da_2/dt$가 되어 8-84 식에서 $i\hbar da_2/dt$를 구하면

$$i\hbar\frac{da_2}{dt}=a_1(t)e^{iE_2t/\hbar}\int\psi_2{}^*\hat{H}^{(1)}\Psi_1d\tau+a_2(t)e^{iE_2t/\hbar}\int\psi_2{}^*\hat{H}^{(1)}\Psi_2d\tau$$

이 된다. 이제 $\Psi_1(t)$와 $\Psi_2(t)$에 대해 8-80 식을 사용하면

$$i\hbar\frac{da_2}{dt}=a_1(t)\exp\left[\frac{-i(E_1-E_2)t}{\hbar}\right]\int\psi_2{}^*\hat{H}^{(1)}\psi_1d\tau+a_2(t)\int\psi_2{}^*\hat{H}^{(1)}\psi_2d\tau \tag{8-85}$$

가 된다.

초기에 계는 1 상태에 있으므로

$$a_1(0)=1,\ a_2(0)=0 \tag{8-86}$$

이다. $\hat{H}^{(1)}$이 작은 섭동이기 때문에 상태 1에서의 전이가 충분히 작게 일어나 a_1과 a_2는 초기 값에서 그리 달라지지 않는다. 따라서 8-85 식의 우변에서 $a_1(t)$와 $a_2(t)$의 값을 근사적으로 초기 값[$a_1(0)=1$, $a_2(0)=0$]과 같다고 할 수 있고 따라서

$$i\hbar\frac{da_2}{dt}=\exp\left[\frac{-i(E_1-E_2)t}{\hbar}\right]\int\psi_2{}^*\hat{H}^{(1)}\psi_1 d\tau \tag{8-87}$$

로 쓸 수 있다. 편의상 전장의 방향을 z 축 방향으로 하면

$$\hat{H}^{(1)}=-\mu_z E_{0z}\cos 2\pi\nu t=-\mu_z E_{0z}\cos\omega t=-\frac{\mu_z E_{0z}}{2}(e^{i\omega t}+e^{-i\omega t}) \tag{8-88}$$

가 되고 여기에서 μ_z는 분자의 쌍극자모멘트의 z 축 성분 그리고 E_{0z}는 z 축을 따르는 전장 벡터이다. 이 식을 8-87에 대입하여 다음을 얻는다.

$$\frac{da_2}{dt}=\frac{(\mu_z)_{12}E_{0z}}{2i\hbar}\left\{\exp\left[\frac{i(E_2-E_1+\hbar\omega)t}{\hbar}\right]+\exp\left[\frac{i(E_2-E_1-\hbar\omega)t}{\hbar}\right]\right\} \tag{8-89}$$

$$(\mu_z)_{12}=\int\psi_2{}^*\mu_z\psi_1 d\tau \tag{8-90}$$

$(\mu_z)_{12}$는 상태 1과 상태 2 사이의 전이 쌍극자모멘트(dipole transition moment)의 z 축 성분이다. $(\mu_z)_{12}=0$이면 $da_2/dt=0$이 되어 상태 1에서 2 로의 전이가 일어나지 않음을 알 수 있다. 바로 이 전이 쌍극자모멘트로부터 여러 가지 선택규칙이 정해진다. 이 결과를 5.12 절과 6.7 절에서 이용하였다. 전이모멘트가 영이 아닌 상태 사이에서만 전이가 일어난다.

논의를 마치기 전에 8-89 식을 0과 t 사이에서 적분하면 다음을 얻을 수 있다.

$$a_2(t)=\frac{(\mu_z)_{12}E_{0z}}{2}\left[\frac{1-\exp\{i(E_2-E_1+\hbar\omega)t/\hbar\}}{E_2-E_1+\hbar\omega}+\frac{1-\exp\{i(E_2-E_1-\hbar\omega)t/\hbar\}}{E_2-E_1-\hbar\omega}\right] \tag{8-91}$$

$E_2>E_1$이므로 소위 8-91 식의 공명분모(resonance denominators) 항이 이 식의 두 번째 항을 첫 번째 항 보다 매우 크게 만들어 두 번째 항이 Bohr 진동수조건인

$$E_2-E_1\approx\hbar\omega=h\nu \tag{8-92}$$

일 때 $a_2(t)$를 결정하는 주된 요인이 된다. 계가 한 상태에서 다른 상태로 전이가 일어날 때 계는 두 상태의 에너지 차이에 해당하는 에너지를 갖는 광자를 흡수(방출) 한다.

흡수 확률 또는 흡수의 세기는 분자가 상태 2에서 발견될 확률, $a_2{}^*(t)a_2(t)$에 비례한다. 8-91 식의 두 번째 항만을 이용하여 다음을 얻을 수 있다.(연습문제 8-43)

$$P_{1\to 2}(\omega,t) = a_2{}^*(t)a_2(t) = \frac{(\mu_z)_{12}^2 E_{0z}^2 \sin^2[(E_2 - E_1 - \hbar\omega)t/2\hbar]}{(E_2 - E_1 - \hbar\omega)^2} \tag{8-93}$$

8-93 식을 그림 8-7에 도시하였다. 이 그림이 $\hbar\omega = h\nu \approx E_2 - E_1$에서 강한 흡수를 보이는 것에 주목하여라.

8-93 식은 조사되는 빛이 적어도 진동수의 밴드를 이루고 있기 때문에 보통의 조건에서는 적용할 수 없다. 따라서 8-93 식을 이 밴드에 대해 평균해야 한다. $g(\omega)$를 조사되는 빛의 진동수 분포라고 할 때 $P_{1\to 2}(\omega,t)$는 다음과 같이 된다.

$$P_{1\to 2}(\omega,t) = (\mu_z)_{12}^2 E_{0z}^2 \int_{band} \frac{\sin^2[(E_2 - E_1 - \hbar\omega)t/2\hbar]}{(E_2 - E_1 - \hbar\omega)^2} g(\omega)d\omega \tag{8-94}$$

그림 8-7은 $\sin^2[(E_2 - E_1 - \hbar\omega)t/2\hbar]/(E_2 - E_1 - \hbar\omega)^2$이 $\omega_{12} = (E_2 - E_1)/\hbar$에서 강한 피이크를 가짐을 보이며 따라서 $g(\omega)$가 ω_{12} 주위에서 많이 변하지 않으면 8-94 식에서 $g(\omega_{12})$를 적분 밖으로 내는 것이 좋은 근사가 된다.

따라서 8-94 식은

$$P_{1\to 2}(\omega,t) = (\mu_z)_{12}^2 E_{0z}^2 g(\omega_{12}) \int_{band} \frac{\sin^2[(E_2 - E_1 - \hbar\omega)t/2\hbar]}{(E_2 - E_1 - \hbar\omega)^2} d\omega \tag{8-95}$$

로 쓸 수 있다. 여기에다 피적분 함수가 $\omega = \omega_{12}$에서 피이크를 가지므로 적분의 한계를 $-\infty$에서 ∞로 쓸 수 있어

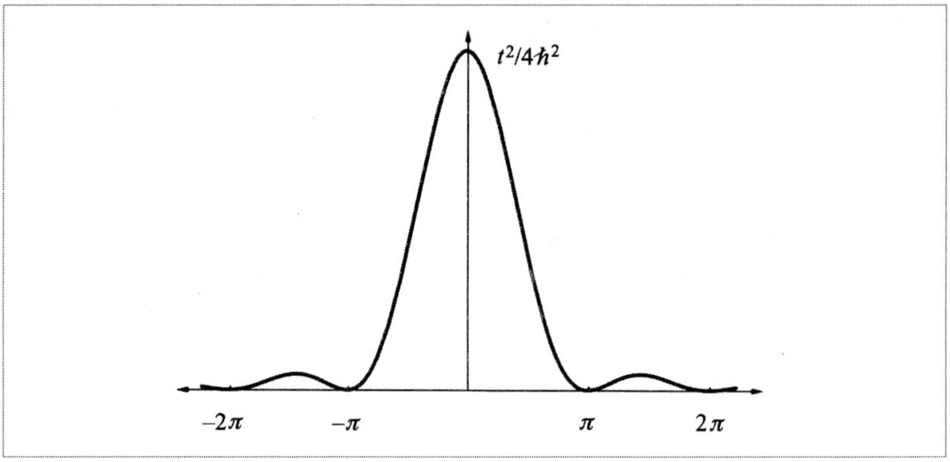

그림 8-7 시간 0과 t 사이 그리고 진동수 ω에서 1→2 전이의 확률을 나타내는 함수 $F(\omega) = \sin^2[(E_2 - E_1 - \hbar\omega)t/2\hbar]/(E_2 - E_1 - \hbar\omega)^2$를 $t = 1$에서 $(E_2 - E_1 - \hbar\omega)t/2\hbar$에 대해 도시한 그림. 이 함수가 $E_2 - E_1 = \hbar\omega = hv$에서 최대치를 가짐을 주목하여라.

$$P_{1\to 2}(\omega,t) = (\mu_z)_{12}^2 E_{0z}^2 g(\omega_{12}) \int_{-\infty}^{\infty} \frac{\sin^2[(E_2 - E_1 - \hbar\omega)t/2\hbar]}{(E_2 - E_1 - \hbar\omega)^2} d\omega \tag{8-96}$$

이 된다.

$$\int_{-\infty}^{\infty} \frac{\sin^2 x}{x^2} dx = \pi$$

이므로 8-96 식은

$$P_{1\to 2}(t) = \frac{\pi}{2}\left[\frac{(\mu_z)_{12}E_{0z}}{\hbar}\right]^2 t g(\omega_{12}) \tag{8-97}$$

이 된다. 분광학적 흡수계수는 전이가 일어나는 속도이며 8-97 식의 시간에 대한 미분과 같다.

$$W_{1\to 2}(t) = \frac{\pi}{2}\left[\frac{(\mu_z)_{12}E_{0z}}{\hbar}\right]^2 g(\omega_{12}) \tag{8-98}$$

이 식은 단순히 전이가 일어나기 위해 진동수 $\omega_{12} = (E_2 - E_1)/\hbar$인 빛이 있어야 한다고 말하고 있으며 이것이 Bohr 진동수 조건이다. 8-98 식이 소위 Fermi golden rule이라고 부르는 것이다.

이 장을 끝내기 전에 8-93 식으로 돌아가 보자. 위에서 8-93 식은 보통의 조건에서 사용할 수 없다고 하였다. 이것은 조사되는 빛이 단색광이 아니기 때문임은 물론 충돌이 흡수의 과정에서 일어나기 때문이다. 그러나 $P_{1\to 2}(\omega,t)$를 직접 측정할 수 있는 실험 방법이 있다. 이와 같은 실험의 예를 다음에 소개하였다. 아주 짧은 펄스의 적외선을 기체에 조사하여 분자를 특정한 들뜬 회전상태(상태 1)에 있게 한다. 그 동안 기체에 마이크로파 빛을 조사하여 상태 1에서 다른 회전상태(상태 2)로 전이시킨다. 상태 1에 있는 분자와 마이크로파 빛과의 상호작용은 8-88 식의 시간의존 섭동으로 작용한다. 짧은 시간 t가 지난 후(nano 초 단위) 가시광선의 펄스를 이용하여 상태 2에 있는 분자를 분해시키고 분해 생성물을 형광을 이용하여 검출한다. 형광의 세기는 상태 2에 있는 분자의 수에 직접 비례하여 8-93 식의 $|a_2(t)|^2$에 비례하게 된다. 8-93 식의 시간 t는 두 레이저 펄스 사이의 시간이며 $E_2 - E_1$은 두 회전상태(1과 2)의 에너지 차 그리고 ω는 마이크로파의 진동수가 된다. 그림 8-8은 이 실험의 결과를 보여주고 있다. 이 그림에서 실선은 실험 결과 그리고 점선은 실험 조건에 맞춰 변형된 8-93 식의 계산 결과이다.

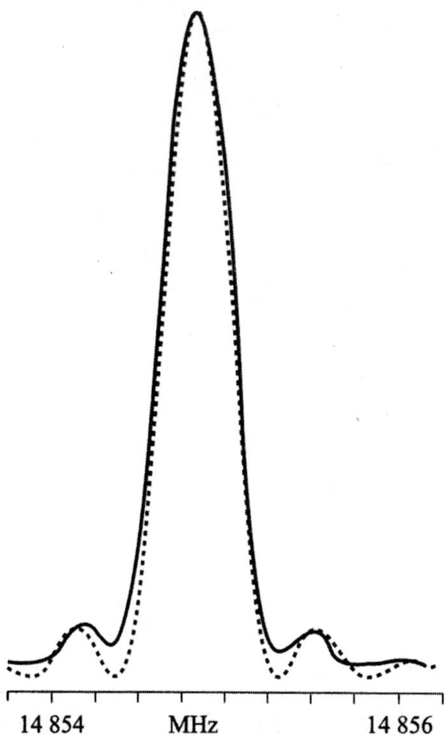

그림 8-8 8-93 식의 진동수 의존도. 분광학적 실험: J. S. Muenter, J. Rebstein, A. Callegari, T. R. Rizzo, Photodissociation detection of microwave transitions in highly excited vibrational states, J. Chem. Phys. 111, 3488 (1999) 실선은 실험 결과이며 점선은 이 논문에 기술된 대로 계산한 결과이다.

연 습 문 제

8-1. 이 문제는 변분원리의 증명에 관한 문제이다.(8-4 식) $\hat{H}\psi_n = E_n\psi_n$을 풀어야 하는 문제라고 하고 ϕ를 ψ_0의 근사로 하자. ψ_n을 알지 못하더라도 ϕ를 다음과 같이 전개할 수 있다는 것은 알고 있다.

$$\phi = \sum_n c_n\psi_n$$

여기에서 c_n은 상수이다. ψ_n이 직교정규화 되어있는 것을 이용하여

$$c_n = \int \psi_n{}^*\phi d\tau$$

임을 보여라. ϕ를 위 식에 대입하여

$$E_\phi = \frac{\int \phi^* \hat{H} \phi d\tau}{\int \phi^* \phi d\tau}$$

$$E_\phi = \frac{\sum_n c_n{}^* c_n E_n}{\sum_n c_n{}^* c_n}$$

를 얻어 보아라. 좌변에서 E_0를 빼고 우변에서

$$\frac{E_0 \sum_n c_n{}^* c_n}{\sum_n c_n{}^* c_n}$$

을 빼서 다음을 얻어라.

$$E_\phi - E_0 = \frac{\sum_n c_n{}^* c_n (E_n - E_0)}{\sum_n c_n{}^* c_n}$$

이제 우변의 모든 항이 영보다 같거나 큰 이유에 대해 설명하고 $E_n - E_0 \geqq 0$를 증명하여라.

8-2. 수소원자의 시도함수 $e^{-\alpha r^2}$에서 $\alpha = 8/9\pi a_0^2$ 임을 보여라. 여기에서 a_0는 Bohr 반경이다.

8-3. 시도함수 $e^{-\alpha r}$을 이용하여 수소원자의 바닥상태를 계산하여라. 이 결과가 매우 좋게 나타나는 이유는 무엇인가?

8-4. 시도함수 $\phi = 1/(1+\beta x^2)$을 이용하여 조화진동자의 바닥상태 에너지를 계산하여라. 필요한 적분은 다음과 같다.

$$\int_{-\infty}^{\infty} \frac{dx}{(1+\beta x^2)^2} = \frac{\pi}{2\beta^{1/2}}$$

$$\int_{-\infty}^{\infty} \frac{dx}{(1+\beta x^2)^n} = \frac{(2n-3)(2n-5)(2n-7)\cdots(1)}{(2n-2)(2n-4)(2n-6)\cdots(2)} \frac{\pi}{\beta^{1/2}} \qquad n \geq 2$$

$$\int_{-\infty}^{\infty} \frac{x^2 dx}{(1+\beta x^2)^n} = \frac{(2n-5)(2n-7)\cdots(1)}{(2n-2)(2n-4)\cdots(2)} \frac{\pi}{\beta^{3/2}} \qquad n \geq 3$$

8-5. 시도함수 $\phi = 1/(1+\beta x^2)^2$을 이용하여 조화진동자의 바닥상태 에너지를 계산하여라. 필요한 적분은 위 문제에 주어져 있다.

8-6. 다음 시도함수 $\phi(x) = (1+c\alpha x^2)e^{-\alpha x^2/2}$를 이용하여 조화진동자의 바닥상태 에너지를 계산하면 $\alpha = (k\mu/\hbar^2)^{1/2}$일 때 변분변수 c는 어떤 값으로 얻어질 것으로 생각되는가? 왜 그렇게 생각하는가?

8-7. 변분변수를 α로 한 시도함수 $\phi(r) = re^{-\alpha r}$을 이용하여 수소원자의 바닥상태 에너지를 계산하여라.

8-8. 변분법적으로 수소원자의 바닥상태 에너지를 계산하는 데 다음과 같은 시도함수를 사용하려고 한다. $\phi = c_1 e^{-\alpha r} + c_2 e^{-\beta r^2}$ 계산을 수행하지 않고 c_1, c_2, α, $E_{\min}$이 어떻게 될 것인지 예측할 수 있는가? 다음과 같은 시도함수는 어떠한가?

$$\phi = \sum_{k=1}^{5} c_k e^{-\alpha_k r - \beta_k r^2}$$

8-9. 조화진동자의 바닥상태 에너지를 β를 변분변수로 하는 함수, $e^{-\beta x^2}$을 시도함수로 사용하여 계산하여라. 이 결과를 정확한 값 $h\nu/2$와 비교하여라. 왜 이 결과가 잘 일치하는가?

8-10. 다음 위치에너지를 갖는 구형 대칭, 삼차원 등방 조화진동자를 고려해보자. $U(r) = kr^2/2$. α를 변분변수로 하는 시도함수, $e^{-\alpha r^2}$을 이용하여 바닥상태 에너지를 구해 보아라. $e^{-\alpha r}$을 이용하여 같은 계산을 하여 보아라. Hamiltonian 연산자는

$$\hat{H} = -\frac{\hbar^2}{2\mu r^2}\frac{d}{dr}\left(r^2\frac{d}{dr}\right) + \frac{k}{2}r^2$$

이다. 이 두 결과를 정확한 값 $E = h\nu/2$와 비교하여 보아라. 왜 둘 중 하나가 훨씬 더 좋은 값을 주는가?

8-11. 위치에너지가 $V(x) = cx^4$으로 주어지는 사차원 진동자의 바닥상태 에너지를 시도함수 $e^{-\alpha x^2/2}$을 이용하여 계산하여라.

8-12. 위치에너지가 다음으로 주어지는 $0 \leqq x \leqq a$에서 움직이는 입자의 바닥상태 에너지를 변분법적으로 계산하여라.

$$V(x) = \begin{cases} V_0 x & 0 \leqq x \leqq \dfrac{a}{2} \\ V_0(a-x) & \dfrac{a}{2} \leqq x \leqq a \end{cases}$$

시도함수로 상자속 입자의 두 파동함수의 선형결합을 이용하여라.

$$\phi(x) = c_1\left(\frac{2}{a}\right)^{1/2} \sin\frac{\pi x}{a} + c_2\left(\frac{2}{a}\right)^{1/2} \sin\frac{2\pi x}{a}$$

8-13. 다음 위치에너지에서 움직이는 질량 m의 입자를 생각해 보자.

$$V(x) = \begin{cases} V_0 & x < -a \\ 0 & -a < x < a \\ V_0 & x > a \end{cases}$$

(연습문제 4-55의 그림) 이 문제는 유한한 우물에서 움직이는 입자를 기술하고 있다. $V_0 \to \infty$ 이면 상자속 입자의 문제가 된다. l을 변분변수로 하는 $\phi(x) = l^2 - x^2$, $-l < x < l$ 그 밖의 l에서 $\phi(x) = 0$인 함수를 시도함수를 사용하여 $\alpha = 2mV_0^2/\hbar^2 = 4$와 12인 계의 바닥상태 에너지를 계산하여라. 정확한 바닥상태 에너지는 각각 $0.530\hbar^2/ma^2$과 $0.736\hbar^2/ma^2$이다.

8-14. 위 문제의 계산을 λ를 변분변수로 하는 $\phi(x) = \cos\lambda x$, $-\pi/2\lambda < x < \pi/2\lambda$ 그 밖의 λ에서 $\phi(x) = 0$인 함수를 시도함수를 사용하여 반복하여라.

8-15. 반경 a인 구에 갇혀 있는 입자에 대해 생각해 보자. 이 계의 Hamiltonian 연산자는 (7-10 식)

$$\hat{H} = -\frac{\hbar^2}{2mr^2}\frac{d}{dr}\left(r^2\frac{d}{dr}\right) + \frac{\hbar^2 l(l+1)}{2mr^2} \qquad 0 < r \leqq a$$

이다. 바닥상태에서 $l = 0$이므로

$$\hat{H} = -\frac{\hbar^2}{2mr^2}\frac{d}{dr}\left(r^2\frac{d}{dr}\right) \qquad 0 < r \leqq a$$

이다. 직사각형 상자속 입자의 경우처럼 $\phi(a) = 0$이다. 이 계의 바닥상태 에너지의 상한 값을 시도함수 $\phi(r) = a - r$을 이용하여 계산하여라. 이 경우 변분변수가 없지만 계산되는 에너지는 바닥상태 에너지의 상한 값이다. 정확한 에너지는 $\pi^2\hbar^2/2ma^2$이다.(연습문제 8-17)

8-16. 문제 8-15의 계산을 시도함수 $\phi(r) = (a - r)^2$을 사용하여 반복하여라. 이 결과를 이전 문제의 결과와 비교하여 보아라. 정확한 정규화 된 파동함수를 다음 문제에서 구하였다. $1 - r$, $(1 - r)^2$ 그리고 정확한 파동함수를 도시하고 비교하여 보아라.

8-17. 이 문제에서는 반경 a인 구에 갇혀 있는 입자의 Schrödinger 방정식을 풀어 바닥상태 파동함수와 에너지를 구한다. Schrödinger 방정식은 $l = 0$(바닥상태)에 대해 7-10 식에 주어져 있다. $e^2/4\pi\varepsilon_0 r$ 항이 없을 때

$$-\frac{\hbar^2}{2mr^2}\frac{d}{dr}\left(r^2\frac{d\psi}{dr}\right) = E\psi$$

이다. 이 식에서 $u = r\psi$를 치환하여

$$\frac{d^2u}{dr^2} + \frac{2mE}{\hbar^2}u = 0$$

을 얻어라. 이 방정식의 일반해는

$$u(r) = A\cos\alpha r + B\sin\alpha r$$

$$\psi(r) = \frac{A\cos\alpha r}{r} + \frac{B\sin\alpha r}{r}$$

이고 $\alpha = (2mE/\hbar^2)^{1/2}$이다. $r = 0$에서 어느 항이 유한한가? $\psi(0) = 0$을 이용하여 바닥상태에 대해

$$\alpha a = \pi$$

그리고 바닥상태 에너지

$$E = \frac{\pi^2\hbar^2}{2ma^2}$$

을 증명하여라. 정규화 된 바닥상태 파동함수가

$$\psi(r) = (2\pi a)^{1/2}\frac{\sin\pi r/a}{r}$$

임을 보여라.

8-18. 이 문제는 헬륨원자의 변분법적 계산에 관한 문제이다. 시도함수로

$$\phi(\boldsymbol{r}_1,\boldsymbol{r}_2) = \frac{Z^3}{a_0^3\pi}e^{-Z(r_1+r_2)/a_0}$$

Z를 변분변수로 사용한다. 헬륨원자의 Hamiltonian 연산자는

$$\hat{H} = -\frac{\hbar^2}{2m_e}\nabla_1^2 - \frac{\hbar^2}{2m_e}\nabla_2^2 - \frac{2e^2}{4\pi\varepsilon_0 r_1} - \frac{2e^2}{4\pi\varepsilon_0 r_2} + \frac{e^2}{4\pi\varepsilon_0 r_{12}}$$

이고 다음 적분 값을 구하려고 한다.

$$E(Z) = \int d\boldsymbol{r}_1 d\boldsymbol{r}_2 \phi^* \hat{H}\phi$$

이 적분은

$$\psi(r_j) = (Z^3/a_0^3\pi)^{1/2}e^{-Zr_j/a_0}$$

이 핵전하 Z인 수소꼴 Hamiltonian 연산자의 고유함수임을 상기하면 매우 간단해질 수 있다. 헬륨원자의 Hamiltonian 연산자가 다음과 같이 됨을 보여라.

$$\hat{H} = -\frac{\hbar^2}{2m_e}\nabla_1^2 - \frac{Ze^2}{4\pi\varepsilon_0 r_1} - \frac{\hbar^2}{2m_e}\nabla_2^2 - \frac{Ze^2}{4\pi\varepsilon_0 r_2} + \frac{(Z-2)e^2}{4\pi\varepsilon_0 r_1} + \frac{(Z-2)e^2}{4\pi\varepsilon_0 r_2} + \frac{e^2}{4\pi\varepsilon_0 r_{12}}$$

$$\left(-\frac{\hbar^2}{2m_e}\nabla^2 - \frac{Ze^2}{4\pi\varepsilon_0 r}\right)\left(\frac{Z^3}{a_0^3\pi}\right)^{1/2}e^{-Zr/a_0} = -\frac{Z^2e^2}{8\pi\varepsilon_0 a_0}\left(\frac{Z^3}{\pi a_0}\right)^{1/2}e^{-Zr/a_0}$$

이제 다음을 보여라.

$$E(Z) = \frac{Z^6}{a_0^6\pi^2}\int\int dr_1 dr_2 e^{-Z(r_1+r_2)/a_0}\left[-\frac{Z^2e^2}{8\pi\varepsilon_0 a_0} - \frac{Z^2e^2}{8\pi\varepsilon_0 a_0} + \frac{(Z-2)e^2}{8\pi\varepsilon_0 r_1} + \frac{(Z-2)e^2}{8\pi\varepsilon_0 r_2} + \frac{e^2}{8\pi\varepsilon_0 r_{12}}\right]e^{-Z(r_1+r_2)/a_0}$$

마지막 적분은 연습문제 8-39와 8-40에서 수행하고 다른 적분들은 기초적인 문제이다.

$E(Z)$가 $(m_e e^4/16\pi^2\varepsilon_0^2\hbar^2)$의 단위로

$$E(Z) = -Z^2 + 2(Z-2)\frac{Z^3}{\pi}\int dr \frac{e^{-2Zr}}{r} + \frac{5}{8}Z$$
$$= -Z^2 + 2(Z-2)Z + \frac{5}{8}Z$$
$$= Z^2 - \frac{27}{8}Z$$

가 됨을 보여라. 이제 E를 Z에 대해 최소화 하여 $(m_e e^4/16\pi^2\varepsilon_0^2\hbar^2)$의 단위로

$$E = -\left(\frac{16}{27}\right)^2 = -2.8477$$

일을 보여라. E를 최소화 하는 Z를 해석하여라.

8-19. http://physics.nist.gov/PhysRefData/ASD/levels_form.html에서 He와 He^+의 분광학적 자료들을 찾아 헬륨원자의 바닥상태 에너지를 결정하여라.

8-20. 8-37 식의 모든 행렬요소들을 확인하여라.

8-21. 다음 위치에너지를 갖는 계에 대해

$$V(x) = \frac{k}{2}x^2 + \frac{\gamma_3}{6}x^3 + \frac{\gamma_4}{24}x^4$$

다음 시도함수를 사용하여 바닥상태 에너지를 계산하여라.

$$\phi = c_1\psi_0(x) + c_2\psi_2(x)$$

$\psi_0(x)$와 $\psi_2(x)$는 조화진동자 파동함수이다. $\psi_1(x)$를 포함하지 않은 이유는 무엇인가?

8-22. 다음 형태의 시도함수는 매우 자주 사용한다.

$$\phi = c_1\phi_1 + c_2\phi_2 + \cdots + c_n\phi_n$$

변분변수와 ϕ_n은 복소수 함수일 수 있다. 간단하고 특별한 경우

$$\phi = c_1\phi_1 + c_2\phi_2$$

에 대해 $\hat{H}$가 에르미티안이므로 변분법이 다음과 같은 결과를 주는 것을 보여라.

$$E_\phi = \frac{c_1{}^* c_1 H_{11} + c_1{}^* c_2 H_{12} + c_1 c_2{}^* H_{21} + c_2 c_2{}^* H_{22}}{c_1{}^* c_1 S_{11} + c_1{}^* c_2 S_{12} + c_1 c_2{}^* S_{21} + c_2 c_2{}^* S_{22}}$$

$$H_{ij} = \int \phi_i{}^* \hat{\mathrm{H}} \phi_j \, d\tau = H_{ji}{}^*$$

$$S_{ij} = \int \phi_i{}^* \phi_j \, d\tau = S_{ji}{}^*$$

위 식은 E_ϕ에 대해 쓰면

$$\begin{aligned} &c_1{}^* c_1 H_{11} + c_1{}^* c_2 H_{12} + c_1 c_2{}^* H_{21} + c_2 c_2{}^* H_{22} \\ &= E_\phi (c_1{}^* c_1 S_{11} + c_1{}^* c_2 S_{12} + c_1 c_2{}^* S_{21} + c_2 c_2{}^* S_{22}) \end{aligned}$$

이고

$$\frac{\partial E_\phi}{\partial c_1{}^*} = 0 \quad \text{그리고} \quad \frac{\partial E_\phi}{\partial c_2{}^*} = 0$$

에서 다음을 얻을 수 있음을 보여라.

$$\begin{aligned} (H_{11} - E_\phi S_{11}) c_1 + (H_{12} - E_\phi S_{12}) c_2 = 0 \\ (H_{21} - E_\phi S_{21}) c_1 + (H_{22} - E_\phi S_{22}) c_2 = 0 \end{aligned}$$

이 방정식이 의미 있는 해를 가지려면

$$\begin{vmatrix} H_{11} - E_\phi S_{11} & H_{12} - E_\phi S_{12} \\ H_{21} - E_\phi S_{21} & H_{22} - E_\phi S_{22} \end{vmatrix} = 0$$

이 되어야 하고 이 식은 E_ϕ에 대해 이차방정식이 된다. 이때 바닥상태 에너지로 이 방정식의 두 근 중 작은 근을 선택하게 된다.

8-23. 예제 8-4에서 이미 영년행렬식의 대각선 요소만이 E를 포함하고 있음을 알고 있다. 그 이유를 알겠는가? 아니면 다음 문제를 살펴보아라.

8-24. 8-24 식의 ϕ를 직교정규화 된 함수들의 세트로 전개하면 8-39 식의 영년행렬식은 어떤 모양을 갖겠는가?

8-25. 예제 8-4에서 $v_0 = 10$에 해당하는 에너지를 갖는 파동함수를 결정하여라. (그림 8-5)

8-26. 예제 8-4의 계산을 다음 시도함수를 이용하여 반복하여라.

$$\phi(x) = c_1\left(\frac{2}{a}\right)^{1/2}\sin\frac{\pi x}{a} + c_2\left(\frac{2}{a}\right)^{1/2}\sin\frac{3\pi x}{a}$$

결과가 무엇이겠는가? $\sin\pi x/a$에 $\sin 5\pi x/a$를 더하면 어떻겠는가?

8-27. 예제 8-4의 계산을 다음 시도함수를 이용하여 반복하여라.

$$\phi(x) = c_1\left(\frac{2}{a}\right)^{1/2}\sin\frac{\pi x}{a} + c_2\left(\frac{2}{a}\right)^{1/2}\sin\frac{4\pi x}{a}$$

예제 8-4에서 $v_0 = 10$에 해당하는 에너지와 비교하여 보아라. $\sin 4\pi x/a$ 대신 $\sin 6\pi x/a$를 사용하면 어떻게 될 것 같은가? 무슨 일이 일어나는지 다음 문제를 살펴 보아라.

8-28. 이 문제에서는 시도함수에 사용되는 항들이 더 높은 에너지에 해당되면 바닥상태 에너지에 점차 덜 기여하는 것을 보여주고 있다. 수학적으로 간단히 하기 위해 Hamiltonian 연산자가 다음과 같이 쓰여 진다고 가정하자.

$$\hat{H} = \hat{H}^{(0)} + \hat{H}^{(1)}$$

그리고 다음 시도함수를 선택하자.

$$\phi = c_1\psi_1 + c_2\psi_2$$
$$\hat{H}^{(0)}\psi_j = E_j^{(0)}\psi_j \qquad j = 1,2$$

이 시도함수로부터 다음 영년행렬식이 얻어지는 것을 보여라.

$$\begin{vmatrix} H_{11} - E & H_{12} \\ H_{12} & H_{22} - E \end{vmatrix} = \begin{vmatrix} E_1^{(0)} + E_1^{(1)} - E & H_{12} \\ H_{12} & E_2^{(0)} + E_2^{(1)} - E \end{vmatrix} = 0 \qquad (1)$$

$$E_j^{(1)} = \int \phi_j{}^* \hat{H}^{(1)} \phi_j d\tau \qquad H_{12} = \int \psi_1{}^* \hat{H}^{(1)} \psi_2 d\tau$$

(1)을 풀어 다음을 보여라.

$$E = \frac{E_1^{(0)} + E_1^{(1)} + E_2^{(0)} + E_2^{(1)}}{2} \pm \frac{1}{2}\left\{[E_1^{(0)} + E_1^{(1)} - E_2^{(0)} - E_2^{(1)}]^2 + 4H_{12}^2\right\}^{1/2} \qquad (2)$$

임의로 $E_1^{(0)} + E_1^{(1)} < E_2^{(0)} + E_2^{(1)}$을 가정하면 (2) 식의 양의 부호를 취하여

$$E = \frac{E_1^{(0)} + E_1^{(1)} + E_2^{(0)} + E_2^{(1)}}{2} + \frac{E_1^{(0)} + E_1^{(1)} - E_2^{(0)} - E_2^{(1)}}{2}$$

$$\times \left\{ 1 + \frac{4H_{12}^2}{[E_1^{(0)} + E_1^{(1)} - E_2^{(0)} - E_2^{(1)}]^2} \right\}^{1/2}$$

로 쓸 수 있다. $(1+x)^{1/2} = 1 + x/2 + \cdots$ 을 이용하여

$$E = E_1^{(0)} + E_1^{(1)} + \frac{H_{12}^2}{E_1^{(0)} + E_1^{(1)} - E_2^{(0)} - E_2^{(1)}} + \cdots \tag{3}$$

가 됨을 보여라. $E_1^{(0)} + E_1^{(1)}$ 이 $E_2^{(0)} + E_2^{(1)}$ 에서 많이 떨어져 있으면 (3) 식에서 H_{12}^2 을 포함하고 있는 항이 매우 작아짐을 주목하여라. 따라서 에너지는 ψ_1 을 이용하여 계산된 값과 같고 시도함수의 ψ_2 부분은 총 에너지에 거의 기여하지 않는다. 일반적인 결과는 높은 에너지에 해당하는 시도함수일수록 바닥상태 에너지에 거의 기여하지 않는다는 것이다.

8-29. 다음 시도함수를 이용하여 예제 8-4의 문제를 $v_0 = 10$ 에 대해 Mathcad 또는 Mathematica 같은 프로그램을 사용하여 계산하여라.

$$\phi(x) = c_1 \sin\frac{\pi x}{a} + c_2 \sin\frac{2\pi x}{a} + c_3 \sin\frac{4\pi x}{a}$$

예제 8-4의 결과 $\epsilon = 5.15595$ 그리고 정확한 값 $\epsilon_{\text{exact}} = 5.0660$ 과 비교하여 보아라.

8-30. Mathcad 또는 Mathematica 같은 프로그램을 사용하여 표 8-1의 몇 항에 대해 증명하여라.

8-31. 이 문제에서는 변분법을 이용하여 수소원자의 편극률을 계산한다. 원자의 편극률은 외부 전장 하에 있는 원자에서 전자분포가 변형되는 정도를 나타낸다. 원자에 외부에서 전장을 걸어주면 전장은 원자 내에 쌍극자모멘트를 발생시킨다. 유도 쌍극자모멘트의 크기가 전장의 세기에 비례한다는 것은 매우 좋은 근사이다. 이것을 수식으로 표시하면

$$\mu = \alpha \varepsilon \tag{1}$$

이고 μ 는 유도 쌍극자모멘트의 크기, ε 은 전장의 세기 그리고 α 는 편극률이라고 부르는 비례상수이고 α 값은 원자마다 다르다.

쌍극자모멘트를 발생시키는 데 필요한 에너지는 다음으로 주어진다.

$$E = -\int_0^{\varepsilon} \mu d\varepsilon' = -\int_0^{\varepsilon} \alpha\varepsilon' d\varepsilon' = -\frac{\alpha\varepsilon^2}{2} \tag{2}$$

식 (2)가 전장 속에 있는 원자의 편극에 필요한 에너지가 된다.

간단히 수소원자에 대해 고려해 보자. 수소원자에는 전자에서부터 핵을 향하여 순간 쌍극자모멘트가 존재한다. 이 순간 쌍극자모멘트는 $-e\boldsymbol{r}$로 주어지고 다음과 같이 외부 전장과 상호작용을 일으킨다.

$$E = -\boldsymbol{\mu} \cdot \boldsymbol{\varepsilon} = e\boldsymbol{r} \cdot \boldsymbol{\varepsilon} \tag{3}$$

$\boldsymbol{\varepsilon}$를 z 축 방향으로 하면 (3) 식은 수소원자의 Hamiltonian에 다음과 같은 형태를 갖는 섭동항으로 나타난다.

$$\hat{H}^{(1)} = e\varepsilon_z r\cos\theta$$

따라서 완전한 Hamiltonian 연산자는

$$\hat{H} = \hat{H}^{(0)} + e\varepsilon_z r\cos\theta \tag{4}$$

이 된다. 섭동론을 이용하여 이 문제를 풀 수도 있으나 여기에서는 외부 자장 속에 있는 수소원자의 바닥상태 에너지를 변분법을 이용하여 계산해 보기로 하자.

연습문제 8-24는 시도함수로 직교정규화 된 함수들의 선형결합을 이용하는 것이 편리함을 보여주고 있다. 특히 이 경우에는 직교정규화 된 함수로 섭동되지 않은 계의 고유함수를 선택하는 것이 편리하다. 걸어준 전장이 z 축 방향으로 유도 쌍극자를 생성하므로 시도함수로

$$\phi = c_1\psi_{1s} + c_2\psi_{2p_z} \tag{5}$$

를 이용해보자. 표 7-5의 수소원자의 파동함수를 이용하여

$$\begin{aligned} H_{11} &= -\frac{e^2}{2\kappa_0 a_0} \\ H_{22} &= -\frac{e^2}{8\kappa_0 a_0} \\ H_{12} &= \frac{8}{\sqrt{2}}\left(\frac{2}{3}\right)^5 e\varepsilon_z a_0 \end{aligned} \tag{6}$$

을 보여라. (4) 식에서 $\kappa_0 = 4\pi\varepsilon_0$로 하였다. 얻어지는 영년방정식의 두 근이

$$E = -\frac{5e^2}{16\kappa_0 a_0} \pm \frac{3e^2}{16\kappa_0 a_0}\left(1 + \frac{2^{23}}{3^{12}}\frac{\varepsilon_z^2 \kappa_0^2 a_0^4}{e^2}\right)^{1/2} \tag{7}$$

임을 보여라. 이제 $(1+x)^{1/2}$에 대해 D-14 식의 전개를 이용하여

$$E = -\frac{e^2}{2\kappa_0 a_0} - 2.96\kappa_0 a_0^3 \frac{\varepsilon_z^2}{2} + \cdots \tag{8}$$

을 얻어라. 이 식을 거시적인 계에서 얻어진 식 (2)와 비교하여 수소원자의 편극률이

$$\alpha = 2.96\kappa_0 a_0^3 \tag{9}$$

임을 보여라. 수소원자에 대한 정확한 값은 $9\kappa_0 a_0^3/2$이다. 얻어진 값의 오차가 비록 35% 가 될지라도 편극률이 a_0^3에 비례한다거나 또는 원자의 부피에 비례하는 것을 보일 수 있다. 이것은 일반적으로 편극률을 예측하는 데 이용될 수 있다. 위 식의 E에 왜 ε에 대한 선형 항이 존재하지 않는가? $1s$ 상태에 대해 일차섭동 계산의 결과는 무엇이겠는가?

8-32. 다음의 시도함수를 이용하여 수소원자의 편극률을 다시 계산해보는 것은 이러한 계산의 좋을 본보기가 될 것이다.

$$\phi = c_1\psi_{1s} + c_2\psi_{3p_z}$$

이 시도함수는 (5) 식의 함수와 같은 대칭성을 가지나 ψ_{2p_z} 대신 ψ_{3p_z}를 포함하고 있다. 이 경우

$$E = -\frac{5e^2}{18\kappa_0 a_0} \pm \frac{1}{2}\left(\frac{16}{81}\frac{e^4}{\kappa_0^2 a_0^2} + \frac{3^6}{2^{11}} e^2 \varepsilon_z^2 a_0^2\right)^{1/2}$$

또는

$$E = -\frac{e^2}{2\kappa_0 a_0} - 0.400\kappa_0 a_0^3 \frac{\varepsilon_z^2}{2}$$

가 되어 편극률이 $\alpha = 0.400\kappa_0 a_0^3$이 되는 것을 보여라. 이 경우 앞 문제의 (8) 식의 경우보다 에너지가 상당히 높게 얻어지지만 실제 $1s$의 에너지 $-e^2/2\kappa_0 a_0$ 보다 그렇게 높지는 않다. 이 결과는 $3p_z$ 궤도가 시도함수에서 특히 $1s$와 $2p_z$를 포함하는 시도함수와 비교하여 볼 때 별 역할을 하지 않음을 시사하고 있다. 수소원자의 편극률에 대한 이 두 계산은 연습문제 8-28에서 논의한 일반적인 원리를 설명하고 있다.

8-33. 8–57 식의 전개를 증명하여라.

8-34. 예제 8–4의 변분법 결과가 $(1+x)^{1/2}$에 대해 D–14 식의 전개를 이용하면 다음과 같이 됨을 보여라.

$$\epsilon = 1 + \frac{v_0}{2} - \frac{256}{243\pi^4}v_0^2 + O(v_0^3)$$

8-35. 예제 8–5의 위치에너지를 갖는 비조화진동자의 첫 번째 들뜬상태 에너지에 일차 보정을 가하여라.

8-36. $0 \leqq x \leqq a$에서 다음 위치에너지를 갖고 움직이는 입자의 에너지에 일차 보정을 계산하여라. 이때 V_0는 상수이다.

$$\begin{aligned} V(x) &= V_0 x & 0 \leqq x \leqq \frac{a}{2} \\ &= V_0(a-x) & \frac{a}{2} \leqq x \leqq a \end{aligned}$$

8-37. 위치에너지가 다음과 같은 진동자에서 일차 섭동론을 이용하여 바닥상태 에너지의 일차 보정을 계산하여라.

$$V(x) = cx^4$$

이 경우 조화진동자를 비섭동 계로 이용하여라. 섭동 위치에너지는 무엇인가?

8-38. 예제 5–2에서 이원자 분자의 핵간 위치에너지를 기술하기 위해 Morse potential

$$V(x) = D(1 - e^{-\beta x})^2$$

을 도입하였다. 먼저 Morse potential을 x의 급수로 전개하여라. (**힌트** $e^x = 1 + x + x^2/2 + x^3/6 + \cdots$를 이용하여라.) Morse potential에 대한 Hamiltonian 연산자는 무엇인가? Hamiltonian 연산자가 다음으로 됨을 보여라.

$$\hat{H} = -\frac{\hbar^2}{2\mu}\frac{d^2}{dx^2} + ax^2 + bx^3 + cx^4 + \cdots \tag{1}$$

상수 a, b, c는 상수 D, β와 어떤 관계에 있는가? Hamiltonian 연산자 중 어떤 부분

을 $\hat{H}^{(0)}$로 하며 $\psi_n^{(0)}$와 $E_n^{(0)}$는 무엇인가? 처음 세 개의 상태에 대해 삼차, 사차 항에 기인하는 에너지의 일차 보정을 섭동론을 이용하여 가하여라.

8-39. 헬륨원자에 일차 섭동론을 적용할 때 다음 적분 값을 구해야 한다.(8–70 식)

$$E^{(1)} = \frac{e^2}{4\pi\varepsilon_0}\int\int d\boldsymbol{r}_1 d\boldsymbol{r}_2 \psi_{1s}{}^*(\boldsymbol{r}_1)\psi_{1s}{}^*(\boldsymbol{r}_2)\frac{1}{r_{12}}\psi_{1s}(\boldsymbol{r}_1)\psi_{1s}(\boldsymbol{r}_2)$$

이때

$$\psi_{1s}(\boldsymbol{r}_j) = \left(\frac{Z^3}{a_0^3\pi}\right)^{1/2} e^{-Zr_j/a_0}$$

이고 헬륨원자는 $Z=2$이다. 헬륨원자를 변분법적으로 처리할 때 같은 적분이 나타나는데 그 경우 Z를 임의의 변수로 하게 된다. 이 문제는

$$E^{(1)} = \frac{5}{8}Z\left(\frac{m_e e^4}{16\pi^2\varepsilon_0^2\hbar^2}\right)$$

가 됨을 증명한다. $\boldsymbol{r}_1$과 $\boldsymbol{r}_2$를 각각 전자 1과 2의 반경벡터라고 하고 θ를 이 두 벡터 사이의 각이라고 하자. 이것은 일반적인 구형극좌표 계의 θ와는 다르나 두 반경벡터 중 하나를 예를 들어 z 축으로 하면 이제 두 θ가 같게 된다. 코싸인 법칙을 이용하면

$$r_{12} = (r_1^2 + r_2^2 - 2r_1 r_2 \cos\theta)^{1/2}$$

이고 $E^{(1)}$이 다음과 같이 됨을 보여라.

$$E^{(1)} = \frac{e^2}{4\pi\varepsilon_0}\frac{Z^6}{a_0^6\pi^2}\int_0^\infty e^{-Zr_1/a_0}4\pi r_1^2 dr_1 \int_0^\infty e^{-Zr_2/a_0}4\pi r_2^2 dr_2$$
$$\times \int_0^{2\pi} d\phi \int_0^\pi \frac{\sin\theta d\theta}{(r_1^2 + r_2^2 - 2r_1 r_2\cos\theta)^{1/2}}$$

$x=\cos\theta$로 하면 θ에 대한 적분이 다음과 같이 됨을 보여라.

$$\int_0^\pi \frac{\sin\theta d\theta}{(r_1^2 + r_2^2 - 2r_1 r_2\cos\theta)^{1/2}} = \int_{-1}^1 \frac{dx}{(r_1^2 + r_2^2 - 2r_1 r_2 x)}$$
$$= \frac{2}{r_1} \quad r_1 > r_2$$
$$= \frac{2}{r_2} \quad r_1 < r_2$$

이 결과를 $E^{(1)}$에 대입하여 다음을 보여라.

$$E^{(1)} = \frac{e^2}{4\pi\varepsilon_0}\frac{16Z^6}{a_0^6}\int_0^\infty e^{-2Zr_1/a_0}r_1^2dr_1\left\{\frac{1}{r_1}\int_0^{r_1}e^{-2Zr_2/a_0}r_2^2dr_2 + \int_{r_1}^\infty e^{-2Zr_2/a_0}r_2dr_2\right\}$$

$$= \frac{e^2}{4\pi\varepsilon_0}\frac{4Z^3}{a_0^3}\int e^{-2Zr_1/a_0}r_1^2dr_1\left\{\frac{1}{r_1} - e^{-2Zr_1/a_0}\left(\frac{Z}{a_0}+\frac{1}{r_1}\right)\right\}$$

$$= \frac{5}{8}Z\left(\frac{e^2}{4\pi\varepsilon_0 a_0}\right) = \frac{5}{8}Z\left(\frac{m_e e^4}{16\pi^2\varepsilon_0^2\hbar^2}\right)$$

따라서 헬륨원자에서 일차 보정된 에너지가

$$E^{(0)} + E^{(1)} = \left(-Z^2+\frac{5}{8}Z\right)\left(\frac{m_e e^4}{16\pi^2\varepsilon_0^2\hbar^2}\right) = -\frac{11}{4}\left(\frac{m_e e^4}{16\pi^2\varepsilon_0^2\hbar^2}\right) = -2.75\left(\frac{m_e e^4}{16\pi^2\varepsilon_0^2\hbar^2}\right)$$

임을 보이고 정확한 결과 $E_{\text{exact}} = -2.9037\left(\frac{m_e e^4}{16\pi^2\varepsilon_0^2\hbar^2}\right)$와 비교하여 보아라.

8-40. 위 문제에서 헬륨원자의 일차 섭동론에서 얻어지는 적분을 구하였다.(8–70 식) 이 문제에서는 이 적분을 다른 방법으로 구할 것이다. 이 방법은 여러 다른 방법에 응용될 수 있는 $1/r_{12}$을 전개하는 방법을 사용한다. $1/r_{12}$는 다음과 같이 구면조화함수로 전개하는 것이 가능하다.

$$\frac{1}{r_{12}} = \frac{1}{|\boldsymbol{r}_1 - \boldsymbol{r}_2|} = \sum_{l=0}^\infty\sum_{m=-l}^{+l}\frac{4\pi}{l+1}\frac{r_<^l}{r_>^{l+1}}Y_l^m(\theta_1,\phi_1)Y_l^{m*}(\theta_2,\phi_2)$$

이때 θ_i, ϕ_i는 구형극좌표 계에서 r_i의 각을 나타내고 $r_<$과 $r_>$는 각각 r_1과 r_2에서 작은 값과 큰 값을 나타낸다. 다시 말해서 $r_1 < r_2$이면 $r_< = r_1$ 그리고 $r_> = r_2$이다. $\psi_{1s}(r_i) = (Z^3/\pi)^{1/2}e^{-Zr_i}$를 치환하고 $1/r_{12}$에 대한 위의 식을 8–70 식에 대입한 후 각에 대해 적분하여 $l=0$과 $m=0$ 항을 제외한 모든 항이 영이 되는 것을 보여라.

$$E^{(1)} = \frac{e^2}{4\pi\varepsilon_0}\frac{16Z^6}{a_0^6}\int_0^\infty dr_1 r_1^2 e^{-2Zr_1/a_0}\int_0^\infty dr_2 r_2^2\frac{e^{-2Zr_2/a_0}}{r_>}$$

을 보여라. 이제 연습문제 8–39에서와 같이 다음을 보여라.

$$E^{(1)} = \frac{e^2}{4\pi\varepsilon_0}\frac{16Z^6}{a_0^6}\int_0^\infty dr_1 r_1 e^{-2Zr_1/a_0}\int_0^{r_1}dr_2 r_2^2 e^{-2Zr_2/a_0}$$

$$+\frac{e^2}{4\pi\varepsilon_0}\frac{16Z^6}{a_0^6}\int_0^\infty dr_1 r_1^2 e^{-2Zr_1/a_0}\int_{r_1}^\infty dr_2 r_2 e^{-2Zr_2/a_0}$$

$$=-\frac{e^2}{4\pi\varepsilon_0}\frac{4Z^6}{a_0^6}\int_0^\infty dr_1 r_1 e^{-2Zr_1/a_0}\left\{e^{-2Zr_1/a_0}\left(\frac{2Z^2r_1^2}{a_0}+\frac{2Zr_1}{a_0}+1\right)-1\right\}$$

$$+\frac{e^2}{4\pi\varepsilon_0}\frac{4Z^6}{a_0^6}\int_0^\infty dr_1 r_1^2 e^{-2Zr_1/a_0}\left\{e^{-2Zr_1/a_0}\left(\frac{2Zr_1}{a_0}+1\right)\right\}$$

$$=-\frac{e^2}{4\pi\varepsilon_0}\frac{4Z^6}{a_0^6}\int_0^\infty dr_1 e^{-4Zr_1/a_0}\left(\frac{r_1^2a_0^2}{Z^2}+\frac{r_1a_0^3}{Z^3}\right)+\frac{e^2}{4\pi\varepsilon_0}\frac{4Z^3}{a_0^3}\int_0^\infty dr_1 r_1 e^{-2Zr_1/a_0}$$

$$=\frac{5}{8}Z\left(\frac{e^2}{4\pi\varepsilon_0 a_0}\right)$$

8-41. 전장 $\boldsymbol{E}$에 있는 쌍극자모멘트 $\boldsymbol{\mu}$인 분자에 대해 생각해보자. 편의상 전장의 방향을 z 축 방향으로 하자. 쌍극자모멘트는 양의 전하 q와 음의 전하 q가 벡터 $\boldsymbol{\ell}$ 만큼 떨어져 있는 것으로 생각할 수 있다. 전장 E_z는 쌍극자를 E_z와 평행한 방향으로 회전시킨다. 그러므로 E_z와 θ의 각에 있는 쌍극자를 회전시키기 위해 일을 필요로 한다. 분자를 회전시키는 힘은 실제로는 토크(토크는 각운동의 원인이 되는 힘이다)로써 $\boldsymbol{\ell}$의 양끝에서 $\boldsymbol{\ell}$과 수직인 힘에 $\ell/2$을 곱한 값으로 주어진다. 토크가 $\mu E_z\sin\theta$가 됨을 보여라. 임의의 각 θ_0에서 θ 까지 쌍극자를 회전시키는 데 필요한 에너지는

$$V=\int_{\theta_0}^{\theta}\mu E_z\sin\theta' d\theta'$$

이다. 보통 사용하는 θ_0 값 $\pi/2$를 사용하여 다음을 보여라.

$$V=-\mu E_z\cos\theta=-\boldsymbol{\mu}\cdot\boldsymbol{E}$$

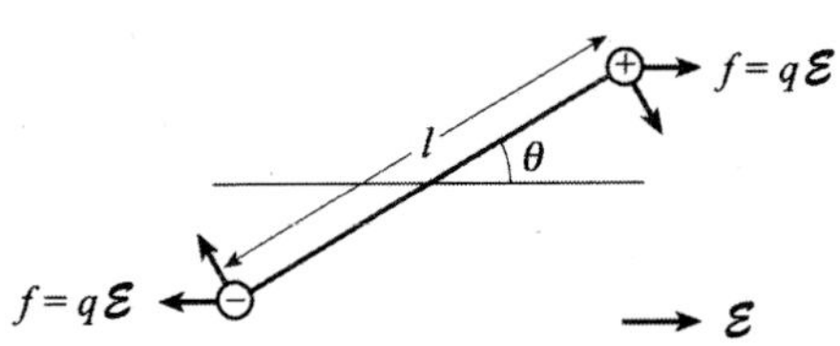

8-42. 8−91 식의 두 번째 항을 이용하여 8−93 식을 유도하여라.(연습문제 A−6)

8-43. 이 문제에서는 섭동론에서 이차 섭동에 대한 식을 유도할 것이다. 먼저 모르는 양이 단지 $\psi_n^{(1)}$만 포함된 식을 얻기 위해 8−61 식을 8−58 식에 대입한다. $\psi_n^{(1)}$을 얻는 표준 방

법은 미지수 $\psi_n^{(1)}$을 섭동되지 않은 계의 파동함수로 전개하는 것이다.

$$\psi_n^{(1)} = \sum_j a_{nj} \psi_j^{(0)} \tag{1}$$

로 쓰고 이 $\psi_n^{(1)}$을 8-58 식에 대입한 후 양변에 $\psi_k^{(1)*}$를 곱하여 적분하면

$$\sum_j a_{nj} < \psi_k^{(0)} | \hat{H}^{(0)} - E_n^{(0)} | \psi_j^{(0)} > = E_n^{(1)} < \psi_k^{(0)} | \psi_n^{(0)} > - < \psi_k^{(0)} | \hat{H}^{(1)} | \psi_n^{(0)} > \tag{2}$$

가 됨을 보여라. 이 경우 고려해야 되는 두 가지가 있다. $k = n$일 때에는 8-61 식을 다시 얻게 되고 $k \neq n$일 때에는

$$a_{nk} = \frac{< \psi_k^{(0)} | \hat{H}^{(1)} | \psi_n^{(0)} >}{E_n^{(0)} - E_k^{(0)}} = \frac{H_{kn}^{(1)}}{E_n^{(0)} - E_k^{(0)}} \tag{3}$$

$$H_{kn}^{(1)} = < \psi_k^{(0)} | \hat{H}^{(1)} | \psi_n^{(0)} > = \int \psi_k^{(0)*} \hat{H}^{(1)} \psi_n^{(0)} d\tau \tag{4}$$

가 됨을 보여라.

따라서 a_{nn}을 제외한 (1) 식의 모든 a를 결정하였다. a_{nn}은 8-55 식의 ψ_n에서 일차항까지 또는 λ에 대해 선형인 항까지 정규화 하는 것으로부터 구할 수 있다. 이 조건이 $\psi_n^{(0)}$가 $\psi_n^{(1)}$에 대해 직교한다는 것과 같음을 보이고 $a_{nn} = 0$을 보여라. 따라서 완전한 일차 보정된 파동함수는

$$\psi_n = \psi_n^{(0)} + \lambda \sum_{j \neq n} \frac{H_{jn}^{(1)}}{E_n^{(0)} - E_j^{(0)}} \psi_j^{(0)} = \psi_n^{(0)} + \lambda \psi_n^{(1)} \tag{5}$$

이고 $\psi_n^{(1)}$을 정의한다. 이제 $\psi_n^{(1)}$을 구하였으므로 8-57 식의 λ^2 항을 영으로 놓아 이차 섭동 에너지를 구할 수 있다.

$$\hat{H}^{(0)} \psi_n^{(2)} + \hat{H}^{(1)} \psi_n^{(1)} - E_n^{(0)} \psi_n^{(2)} - E_n^{(1)} \psi_n^{(1)} - E_n^{(2)} \psi_n^{(0)} = 0 \tag{6}$$

$\psi_n^{(1)}$의 경우처럼

$$\psi_n^{(2)} = \sum_s b_{ns} \psi_s^{(0)} \tag{7}$$

으로 하고 이 식을 (6) 식에 대입한 후 왼편으로부터 $\psi_m^{(0)*}$를 곱하고 적분하여

$$b_{nm} E_m^{(0)} + \sum_{j \neq n} a_{nj} H_{mj}^{(1)} = b_{nm} E_n^{(0)} + a_{nm} E_n^{(1)} + \delta_{nm} E_n^{(2)} \tag{8}$$

를 얻어 보아라. $n=m$으로 하여($a_{nn}=0$ 임을 기억하여라.)

$$E_n^{(2)}=\sum_{j\neq n}\frac{H_{nj}^{(1)}H_{jn}^{(1)}}{E_n^{(0)}-E_j^{(0)}}=\sum_{j\neq n}\frac{|H_{nj}^{(1)}|^2}{E_n^{(0)}-E_j^{(0)}} \tag{9}$$

가 됨을 보여라. 따라서 이차 보정된 에너지는

$$E_n=E_n^{(0)}+E_n^{(1)}+E_n^{(2)}$$

가 되고 이때 $E_n^{(1)}$은 식 8-61에 그리고 $E_n^{(2)}$는 (9) 식으로 주어진다.

8-44. 다음에서 시작하여

$$E=\frac{<\psi_n|\hat{H}|\psi_n>}{<\psi_n|\psi_n>}$$

E_n을 이차 항 까지 유도하여라.

8-45. 연습문제 8-43은 $\psi_n^{(1)}=\sum_{j\neq n}a_{nj}\psi_j^{(0)}$ 임을 보여주고 있다. $\psi_n^{(2)}$가 유사한 형태, $\psi_n^{(2)}=\sum_{j\neq n}b_{nj}\psi_j^{(0)}$로 주어질 때 일차 보정까지 알려진 파동함수로부터 삼차 보정 에너지를 구할 수 있음을 보여라.

8-46. 이 문제에서는 8-43 문제의 결과를 이용하여 이차 보정된 중력 우물안 입자(예제 8-4, 8-68 식)의 바닥상태 에너지를 구한다. 8-43 번 문제의 (9) 식에 의하면 바닥상태 ($n=1$) 에너지의 이차 보정은 다음과 같다.

$$E_n^{(2)}=\sum_{j\neq 1}\frac{|H_{1j}^{(1)}|^2}{E_1^{(0)}-E_j^{(0)}}$$

$$H_{1j}^{(1)}=\left\langle \psi_1^{(0)}\left|\frac{V_0x}{a}\right|\psi_j^{(0)}\right\rangle$$

그리고 $\psi_k^{(0)}=(2/a)^{1/2}\sin k\pi x/a$ 이다. $j\geqq 2$에 대해 다음을 보여라.

$$H_{ij}^{(1)}=\frac{2V_0}{a^2}\int_0^a dx\,x\sin\frac{\pi x}{a}\sin\frac{j\pi x}{a}=\begin{cases}-\dfrac{8jV_0}{\pi^2(1-j^2)^2} & j\ \ even\\ 0 & j\ \ odd\end{cases}$$

이제 $v_0 = 8mV_0a^2/h^2$이면

$$E_1^{(2)} = \frac{64V_0^2}{\pi^4}\frac{8ma^2}{h^2}\sum_{j\geq 2,even}^{\infty}\frac{j^2}{(j^2-1)^5}$$
$$= \frac{64v_0^2}{\pi^4}\frac{h^2}{8ma^2}\sum_{j\geq 2,even}^{\infty}\frac{j^2}{(j^2-1)^5}$$

임을 보이고 이차 보정된 에너지가 다음과 같이 됨을 보여라.

$$\epsilon = \epsilon_1^{(0)} + \epsilon_1^{(1)} + \epsilon_1^{(2)} = 1 + \frac{v_0}{2} + v_0^2\left[\frac{64}{\pi^4}\sum_{j\geq 2,even}^{\infty}\frac{j^2}{(j^2-1)^5}\right]$$

여기에서 $\epsilon = 8mEa^2/h^2$이다.

이 합은 매우 빨리 수렴하여 두 항의 합이 유효숫자 네 자리까지 정확한 0.01648을 준다. 따라서

$$\epsilon = 1 + \frac{v_0}{2} + 0.01083v_0^2 + O(v_0^3)$$

이 된다. 이 결과를 문제 8-34의 결과와 비교하여 보아라. 아래 그림은 이 결과를 v_0의 함수로 정확한 에너지와 비교한 결과이다. v_0가 작을 때는 두 결과가 잘 일치하지만 v_0가 커질수록 잘 맞지 않는 것을 볼 수 있다.

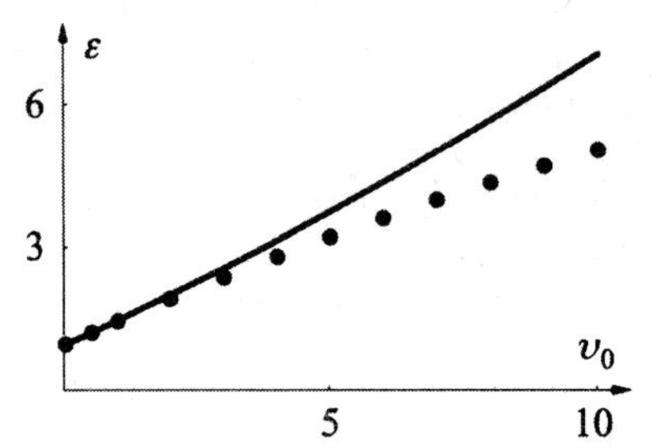

참 고 문 헌

Pauling, L., Wilson, E. B., Jr. *Introduction to Quantum Mechanics*. Dover Publications: Mineola, NY, 1985.

Eyring, H., Walter, J., Kimball, G. E. *Quantum Chemistry*. Wiley & Sons: New York, 1944.

Shankar, R. *Principles of Quantum Mechanics*. Springer: New York, 2005.

Townsend, J. S. *A Modern Approach to Quantum Mechanics*. University Science Books: Sausalito, CA, 2000.

행렬 고유치방정식

Schrödinger 방정식

$$\hat{H}\psi = E\psi \tag{H-1}$$

은 고유치방정식이며 ψ는 고유함수 그리고 E는 이에 해당되는 고유치이다. 수학 G에서 연산자가 행렬로 나타내어진다는 것을 보았으며 H-1과 유사한 다음과 같은

$$\mathbf{Ac} = \lambda\mathbf{c} \tag{H-2}$$

행렬방정식을 행렬 고유치방정식이라고 부른다. 여기에서 **c**는 행렬 **A**의 고유벡터(eigenvector) λ는 이에 해당되는 고유치이다. H-1 식과 H-2 식은 Schrödinger 방정식과 행렬 고유치방정식이 밀접한 관계가 있음을 시사하고 있다. 이 관계를 8 장에서 본적이 있지만 더 이상 진전시키지는 않았다. 사실, 양자역학은 이 책에서처럼 미분방정식을 이용하여 기술할 수 있지만 완전히 행렬을 이용하여 전개할 수도 있다. 화학을 공부하는 학생들이 행렬보다는 미분방정식에 더 친숙하거나 더 편안해 하기 때문에 전통적으로 양자화학을 미분방정식을 이용하여 기술하고 있다. 그러나 실제로는 행렬대수학이 미분방정식 보다 더 쉽기 때문에 거의 모든 분자 양자역학의 연구는 행렬과 행렬 고유치방정식을 이용하도록 하고 있다.

Schrödinger 방정식과 행렬 고유치방정식의 관계를 확연히 보기 위해 H-1의 고유함수(미지의 함수) ψ를 어떤 편리한 함수의 세트(실수이며 정규화 된) ϕ_i로 전개한다.

$$\psi = \sum_{i=1}^{N} c_i\phi_i \tag{H-3}$$

ϕ_i를 잘 선택하면 N이 커짐에 따라 H-3은 점점 더 정확해질 것으로 기대할 수 있다. 미지의 함수는 이제 미지의 계수들의 세트 $\{c_i\}$로 나타나게 된다. H-3 식을 H-1 식에 대입하고 $\phi_j{}^*$를 곱한 후 모든 좌표에 대해 적분하면 다음과 같은 연립방정식을 얻게 된다.

$$H_{11}c_1 + H_{12}c_2 + \cdots + H_{1N}c_N = E(c_1 + c_2S_{12} + \cdots + c_NS_{1N})$$

$$
\begin{aligned}
H_{21}c_1 + H_{22}c_2 + \cdots + H_{1N}c_N &= E(c_1S_{21} + c_2 + \cdots + c_NS_{2N}) \\
\vdots \qquad\qquad &= \qquad\qquad \vdots \\
H_{N1}c_1 + H_{N2}c_2 + \cdots + H_{NN}c_N &= E(c_1S_{N1} + c_2S_{N2} + \cdots + c_N)
\end{aligned} \tag{H-4}
$$

여기에서

$$
H_{ij} = \int d\tau \phi_i \hat{H} \phi_j \qquad S_{ij} = \int d\tau \phi_i \phi_j \tag{H-5}
$$

이고 행렬요소라고 부른다. H-4 식에서 ϕ_i가 정규화 되어 있다($S_{ii} = 1$)는 사실을 이용하였다. H-4 식은 행렬 고유치방정식으로 쓸 수 있다.

$$
\mathbf{Hc} = E\mathbf{Sc} \tag{H-6}
$$

H-6 식은 8-38 식과 동등한 식이다. 이러한 형태의 방정식은 양자화학에서 자주 등장하고 특히 다음 장들에서 반복적으로 나타날 것이다. H-6 식은 왼편으로부터 $\mathbf{S}^{-1}$을 곱하면 H-2 식과 같게 된다.($\mathbf{A} = \mathbf{S}^{-1}\mathbf{H}$로 하면) 따라서 Schrödinger 방정식은 행렬 고유치방정식으로 표시될 수 있다.

H-2 식을 더 자세히 살펴보자. H-2 식은 균일 연립방정식이다.

$$
\begin{aligned}
&(a_{11} - \lambda)c_1 + a_{12}c_2 + \cdots + a_{1N}c_N = 0 \\
&a_{21}c_1 + (a_{22} - \lambda)c_2 + \cdots + a_{2N}c_N = 0 \\
&\qquad\qquad\qquad \vdots \\
&a_{N1}c_1 + a_{N2}c_2 + \cdots + (a_{NN} - \lambda)c_N = 0
\end{aligned} \tag{H-7}
$$

이전에 여러 번 보았듯이 의미 있는 해, 즉 모든 c_j가 영인 해를 갖지 않으려면 c_j의 계수들의 행렬식이 영이어야 한다. 따라서

$$
\det(\mathbf{A} - \lambda \mathbf{I}) = 0 \tag{H-8}
$$

이고 이 식은 λ에 대해 N 차 다항식인 영년방정식을 주게 된다. 이 방정식의 해가 H-2 식의 N 개의 고유치이다. 각각의 고유치는 고유벡터를 준다. 각각의 고유벡터는 λ의 한 값을 H-4 식에 대입하고 c_j에 대해 풀어서 얻는다. 이러한 일을 8 장에서 반복적으로 수행하였다.

예제 H-1 a가 상수일 때

$$
\mathbf{A} = \begin{pmatrix} a & 1 \\ 1 & a \end{pmatrix}
$$

의 고유벡터와 고유치를 구하여라.

풀이 A−λI의 행렬식이

$$\det(\mathrm{A}-\lambda\mathrm{I}) = \begin{vmatrix} a-\lambda & 1 \\ 1 & a-\lambda \end{vmatrix} = (a-\lambda)^2 - 1 = 0$$

로 주어지므로 고유치는 $(a-\lambda)^2-1=0$ 또는 $\lambda = a \pm 1$이다. 고유벡터를 구하는 식은 (H-7 식)

$$(a-\lambda)c_1 + c_2 = 0$$
$$c_1 + (a-\lambda)c_2 = 0$$

이다. 이 식에 $\lambda = a+1$을 대입하면

$$-c_1 + c_2 = 0 \qquad c_1 - c_2 = 0$$

에서 $c_1 = c_2$가 된다. 따라서 임의의 상수 c_1에 대해 고유벡터는 (c_1, c_1)이다. 고유벡터가 정규화 되어야 하므로

$$\mathbf{c}_1 = \begin{pmatrix} 1/\sqrt{2} \\ 1/\sqrt{2} \end{pmatrix}$$

이다. 정규화 된 또 하나의 고유벡터는

$$\mathbf{c}_2 = \begin{pmatrix} 1/\sqrt{2} \\ -1/\sqrt{2} \end{pmatrix}$$

이다. $\mathbf{Ac}_1 = \lambda_1 \mathbf{c}_1$, $\mathbf{Ac}_2 = \lambda_2 \mathbf{c}_2$를 증명하는 것은 쉬운 일이다.

예제 H-1에서 2×2 고유치 문제를 풀었다. 이 경우 두 개의 고유치를 구하기 위해 이차방정식을 풀었기 때문에 대수가 간단하다. 그러나 이차원 이상이 되면 대수가 매우 복잡해진다. 3×3 계에서 조차 풀기가 지루한 λ에 대한 삼차방정식을 풀어야 하기 때문이며 이러한 지루함은 행렬의 크기가 커질수록 더해진다. 최근 매우 큰 행렬을 다루는 사용하기 편리한 수학적인 컴퓨터 프로그램이 다수 존재하는데 대수학적 계산은 물론 수치해석적인 계산을 수행하는 프로그램인 Mathcad, Maple, Mathematica가 그 중 세 개이다. 적어도 한 개가 대부분의 화학과에서 사용되고 있으며 사용법을 배워야 한다. 어느 프로그램을 사용하여도 상당한 크기의 행렬의 고유치와 고유벡터를 수 초안에 구할 수 있다.

예제 H-1의 두 고유벡터가

$$\mathbf{c}_1 \cdot \mathbf{c}_1 = \left(\frac{1}{\sqrt{2}}\frac{1}{\sqrt{2}} + \frac{1}{\sqrt{2}}\frac{1}{\sqrt{2}}\right) = 1$$

$$\mathbf{c}_2 \cdot \mathbf{c}_2 = \left[\frac{1}{\sqrt{2}}\frac{1}{\sqrt{2}} + \left(-\frac{1}{\sqrt{2}}\right)\left(-\frac{1}{\sqrt{2}}\right)\right] = 1$$

그리고

$$\mathbf{c}_1 \cdot \mathbf{c}_2 = \left[\frac{1}{\sqrt{2}}\frac{1}{\sqrt{2}} + \frac{1}{\sqrt{2}}\left(-\frac{1}{\sqrt{2}}\right)\right] = 0$$

이므로 직교정규화 되어 있다. 이것은 대칭행렬의 고유치에 대한 고유벡터가 갖는 일반적인 성질이다. 다시 말해서 $\mathbf{A} = \mathbf{A}^{\mathrm{T}}$인 경우에 해당한다. 이 결과는 에르미트 연산자의 비축퇴된 고유함수들이 직교정규화 되는 것과 완전히 유사하다.(4.6 절) 에르미트 연산자 $\hat{A}$에 대해

$$\int d\tau \psi_i{}^* \hat{A} \psi_j = \int d\tau (\hat{A}\psi_i)^* \psi_j \qquad \text{(H-9)}$$

임을 상기하자. $A_{ij} = \int d\tau \psi_i{}^* \hat{A} \psi_j$로 하면 H-9은

$$A_{ij} = A_{ji}{}^* \ \text{(에르미트 행렬)} \qquad \text{(H-10)}$$

이 됨을 말해준다. 대칭행렬은 $A_{ij} = A_{ji}$이다. H-10은 대칭행렬의 정의를 행렬요소에 복소수를 포함한 복소수 공간으로 확장한 것이다. $\mathbf{A}$가 H-10을 만족하면 에르미트 행렬이라고 말한다. 에르미트 연산자의 고유치가 실수인 것과 같이 에르미트 행렬의 고유치가 실수이기 때문에 양자역학에서 다루는 모든 행렬은 에르미트 행렬이어야 한다.(4.6 절)

예제 H-2 에르미트 행렬의 고유벡터가 실수이고 각각의 고유치에 대한 고유벡터들이 직교함을 보여라.

풀이 $\mathbf{A}\mathbf{c}_j = \lambda_j \mathbf{c}_j$에서 시작하여 왼편에서부터 $\mathbf{c}_i^*$를 곱하여 $\mathbf{c}_i^* \mathbf{A} \mathbf{c}_j = \lambda_j \mathbf{c}_i^* \mathbf{c}_j$ 그리고

$$A_{ij} = \lambda_j \mathbf{c}_i^* \mathbf{c}_j \qquad \text{(H-11)}$$

로 한다. 이제 $\mathbf{A}^* \mathbf{c}_i^* = \lambda_i^* \mathbf{c}_i^*$에 왼편에서부터 $\mathbf{c}_j$를 곱하여 $\mathbf{c}_j \mathbf{A}^* \mathbf{c}_i^* = \lambda_i^* \mathbf{c}_j \mathbf{c}_i^*$ 그리고

$$A_{ji}^* = \lambda_i^* \mathbf{c}_j \mathbf{c}_i^* \qquad \text{(H-12)}$$

를 얻는다. $\mathbf{A}$가 에르미트 행렬이므로 $A_{ij} = A_{ji}^*$이다. 또한 두 벡터의 스칼라 곱이 교환되므로 $\mathbf{c}_j \mathbf{c}_i^* = \mathbf{c}_i^* \mathbf{c}_j$이다. 따라서 H-11 식과 H-12 식으로부터

$$(\lambda_i^* - \lambda_j)\mathbf{c}_i^* \mathbf{c}_j = 0 \qquad \text{(H-13)}$$

이다. $i=j$이면 $\mathbf{c}_i^*\mathbf{c}_j \geq 0$이고 따라서 $\lambda_j = \lambda_j^*$, 즉 고유치가 실수이다. $i \neq j$이면 $\lambda_i \neq \lambda_j$이고 축퇴도가 없으면 $\mathbf{c}_i^*\mathbf{c}_j = 0$, 즉 $\mathbf{c}_i$, $\mathbf{c}_j$는 직교한다.

이제 다시 H-2 식으로 돌아가서 다음과 같이 써보자.

$$\mathbf{A}\mathbf{c}_k = \lambda_k \mathbf{c}_k \qquad k = 1,2,\cdots,N \tag{H-14}$$

여기에는 N 개의 고유치 λ_k와 N 개의 고유벡터 $\mathbf{c}_k$가 있게 된다. 이제 $\mathbf{c}_k$를 정규화 하여 행렬을 만들어 보자.

$$\mathbf{S} = (\mathbf{c}_1,\ \mathbf{c}_2,\ \cdots,\ \mathbf{c}_N) \tag{H-15}$$

이 식은 S의 열들이 A의 정규화 된 고유벡터임을 의미한다. S의 열들이 A의 정규화 된 고유벡터로 되어 있고 일반적으로 그렇듯이 A가 대칭이면 이 고유벡터들이 직교정규화 되어 있기 때문에 S는 직교정규화 행렬이다. 다시 말해서 $\mathbf{S}^{-1} = \mathbf{S}^{\mathrm{T}}$이다. 또한 행렬 S는 S에 A를 연산했을 때 다음과 같은 특별한 성질을 갖고 있다.

$$\begin{aligned}\mathbf{AS} &= (\mathbf{A}\mathbf{c}_1,\ \mathbf{A}\mathbf{c}_2,\ \cdots,\ \mathbf{A}\mathbf{c}_N)\\ &= (\lambda_1\mathbf{c}_1,\ \lambda_2\mathbf{c}_2,\ \cdots,\ \lambda_N\mathbf{c}_N)\\ &= \mathbf{SD}\end{aligned} \tag{H-16}$$

여기에서

$$\mathbf{D} = \begin{pmatrix} \lambda_1 & 0 & 0 & \cdots & 0 \\ 0 & \lambda_2 & 0 & \cdots & 0 \\ \cdot & \cdot & \cdot & \cdots & \cdot \\ \cdot & \cdot & \cdot & \cdots & \cdot \\ 0 & 0 & 0 & \cdots & \lambda_N \end{pmatrix} \tag{H-17}$$

는 행렬요소가 A의 고유치로 되어 있는 대각행렬이다.

H-16 식에 왼편으로부터 $\mathbf{S}^{-1}$을 곱하면 S가 직교정규화 행렬이므로

$$\mathbf{D} = \mathbf{S}^{-1}\mathbf{AS} = \mathbf{S}^{\mathrm{T}}\mathbf{AS} \tag{H-18}$$

을 얻는다. H-18 식을 유사변환(similarity transformation)이라고 부른다. 이 경우 H-18 식의 유사변환을 통해 행렬 A가 대각화 되었다라고 말한다. 행렬 A를 대각화하는 것은 H-2의 고유치 문제를 푸는 것과 완전히 동등하다. H-1과 H-2가 동등하므로 Hamitonian 행렬을 대각화 하는 것은 Schrödinger 방정식을 푸는 것과 완전히 동등하

다. 물리적으로 A와 D는 예를 들어, 회전, 평면에 대한 반사와 같이 같은 조작이다. 두 행렬의 차이는 D가 자연적인, 최적화된 좌표로 표현되었다는 사실에 기인한다. 양자역학에서 행렬 대각화가 매우 중요하기 때문에 많은 수의 효과적인 행렬 대각화 알고리즘이 수치해석의 문헌에 나타난다.

■ 예제 H-3 H−1의 행렬 A를 대각화 하여라.

풀이 행렬 S는

$$S = \begin{pmatrix} \frac{1}{\sqrt{2}} & \frac{1}{\sqrt{2}} \\ \frac{1}{\sqrt{2}} & -\frac{1}{\sqrt{2}} \end{pmatrix}$$

이고 S의 역행렬은 다음과 같다.

$$S^{-1} = \begin{pmatrix} \frac{1}{\sqrt{2}} & \frac{1}{\sqrt{2}} \\ \frac{1}{\sqrt{2}} & -\frac{1}{\sqrt{2}} \end{pmatrix}$$

H−18 식을 이용하면

$$S^{-1}AS = \begin{pmatrix} \frac{1}{\sqrt{2}} & \frac{1}{\sqrt{2}} \\ \frac{1}{\sqrt{2}} & -\frac{1}{\sqrt{2}} \end{pmatrix}\begin{pmatrix} a & 1 \\ 1 & a \end{pmatrix}\begin{pmatrix} \frac{1}{\sqrt{2}} & \frac{1}{\sqrt{2}} \\ \frac{1}{\sqrt{2}} & -\frac{1}{\sqrt{2}} \end{pmatrix} = \begin{pmatrix} a+1 & 0 \\ 0 & a-1 \end{pmatrix} = D$$

이다. D의 요소들이 A의 고유치임을 주목하여라. 또한 A의 trace와 D의 trace가 $\lambda_1 + \lambda_2$로 같음도 주목하여라.(연습문제 H−12)

연 습 문 제

H-1. $A = \begin{pmatrix} 1 & 1 \\ 1 & 1 \end{pmatrix}$의 고유치와 고유벡터를 구하여라.

H-2. $A = \begin{pmatrix} 1 & -2 \\ -2 & 1 \end{pmatrix}$의 고유치와 고유벡터를 구하여라.

H-3. $A = \begin{pmatrix} 1 & 0 & 1 \\ 0 & 1 & 0 \\ 1 & 0 & 0 \end{pmatrix}$의 고유치와 고유벡터를 구하여라.

H-4. $A = \begin{pmatrix} 1 & 0 & -1 \\ 0 & 1 & 0 \\ -1 & 0 & 1 \end{pmatrix}$의 고유치와 고유벡터를 구하여라.

H-5. $A = \begin{pmatrix} 1 & 1 & 1-i \\ -i & 0 & -1+i \\ 1+i & -1-i & 3 \end{pmatrix}$이 에르미트 행렬임을 보여라.

H-6. H−16 식에서 $(\lambda_1 \mathbf{c}_1,\ \lambda_2 \mathbf{c}_2,\ \cdots,\ \lambda_N \mathbf{c}_N) = \mathbf{SD}$를 증명하여라.

H-7. 연습문제 H−4에서 A의 세 고유치는 임의의 c_1, c_2, c_3에 대해 $c_1(-1,0,1)$, $c_2(0,1,0)$, $c_3(1,0,1)$이다. 세 개의 고유벡터가 정규화 되도록 c_1, c_2, c_3를 선택하여라. 이제 이 세 개의 정규화 된 벡터가 열들이 되도록 행렬 S를 만들어 보아라. $\mathbf{S}^{-1}$을 구하고 $\mathbf{S}^{-1} = \mathbf{S}^{T}$ 임을 보여라. 즉, S가 직교행렬임을 보여라.

H-8. 연습문제 H−1의 행렬을 대각화 하여라.

H-9. 연습문제 H−2의 행렬을 대각화 하여라.

H-10. 연습문제 H−3의 행렬을 대각화 하여라.

H-11. 연습문제 H−4의 행렬을 대각화 하여라.

H-12. $\mathrm{Tr}\mathbf{D} = \mathrm{Tr}\mathbf{S}^{-1}\mathbf{AS}$ 임을 보여라.

H-13. Mathcad나 Mathematica 같은 프로그램은 크기가 큰 행렬의 고유치와 고유벡터를 수 초 만에 구한다. 이런 프로그램을 사용하여 다음 행렬의 고유치와 고유벡터를 구하여라.

$$A = \begin{pmatrix} a & 1 & 0 & 0 & 0 & 1 \\ 1 & a & 1 & 0 & 0 & 0 \\ 0 & 1 & a & 1 & 0 & 0 \\ 0 & 0 & 1 & a & 1 & 0 \\ 0 & 0 & 0 & 1 & a & 1 \\ 1 & 0 & 0 & 0 & 1 & a \end{pmatrix}$$

Charlotte E. Moore was born in Ercildoun, Pennsylvania, on September 24, 1898, and died in 1990. After graduating from Swarthmore College in 1920, she worked at the Princeton University Observatory and the Mt. Wilson Observatory on stellar spectra and the determination of the sun's chemical composition. She earned a Ph.D. in astronomy in 1931 from the University of California at Berkeley on a Lick Fellowship. After receiving her Ph.D., she returned to Princeton, and in 1945 joined the spectroscopy section at the National Bureau of Standards (now the National Institute of Standards and Technology) until her retirement in 1968. Moore was placed in charge of an Atomic Energy Level Program, a program whose mission was to produce a current and more complete compilation of spectral data and atomic energy levels. She not only compiled published data but critically analyzed the data for each spectrum. When the data were insufficient or of dubious quality, she persuaded competent spectroscopists to carry out new observations and analysis. The result of her effort, *Atomic Energy Levels* (1949–1958), is a classic work that provides data for 485 atomic species in a uniform, clear format with standardized notation. In 1949, Moore was elected as an Associate of the Royal Astronomical Society, the first woman to receive this honor, breaking a 129-year tradition. In 1937, she married a fellow astronomer, Bancroft Sitterly, but always published under her maiden name.

Chapter 09

다전자원자

제 7 장에서는 헬륨원자를 소개하는 것으로 끝을 맺었었다. 핵이 원점에 고정되어 있다면 헬륨원자의 Schrödinger 방정식이 다음과 같이 된다는 것을 보였다.

$$\left\{\hat{H}_H(1)+\hat{H}_H(2)+\frac{e^2}{4\pi\varepsilon_0 r_{12}}\right\}\psi(\boldsymbol{r}_1,\boldsymbol{r}_2)=E\psi(\boldsymbol{r}_1,\boldsymbol{r}_2) \qquad (9\text{-}1)$$

여기에서 $\hat{H}_H(j)$는 j 번째 전자의 수소꼴 원자의 Hamiltonian 연산자이다.(7-77 식) 9-1 식은 전자 간 반발 항이 없다면 해가 바로 구해질 수 있다. 즉, 고유함수는 수소꼴 원자 파동함수들의 곱으로 될 것이며 고유치는 두 전자에 대한 수소꼴 원자의 에너지의 합으로 주어진다.(3.9 절) 화학자에게 헬륨원자는 별로 흥미 있는 원자는 아니지만 첫 번째로 접하는 다전자 계이며 따라서 이 장에서는, 헬륨원자에 대한 해를 구하는 방법이 더 복잡한 원자를 다루는 기본 기술에 대해 알려주므로 헬륨원자에 대해 자세히 다루려고 한다. 그 다음 전자스핀과 Pauli의 배타원리를 소개하고 다전자 원자에 대한 Hartree-Fock 이론에 대해 논의할 것이다. 마지막으로 원자와 이온의 항기호 및 이것이 어떻게 원자의 전자상태를 정하는데 사용되는지에 대해 논의할 것이다. 이 장에서는 양자역학이 원자에서 전자의 성질을 해석하는데 얼마나 강력한 방법이 되는지 알게 될 것이다.

9.1 원자 및 분자에 대한 계산은 원자단위로 수행한다.

헬륨원자에 대해 섭동론과 변분법을 사용할 것이나 이 계산을 수행하기 전에 먼저 식을 간단히 하기 위해, 원자 및 분자의 계산에 널리 사용되는 원자단위라고 부르는 단위에 대해 소개하려고 한다. 원자나 분자 크기에서 질량과 전하에 대한 자연 단위는 전자의 질량과 전자의 전하량(양성자의 전하량)이다. 식 1-22는 원자나 분자 크기에서 각운동량의 자연 단위가 $\hbar$ 임을 시사하고 있다. 원자 수준에서 길이의 자연 단위는 Bohr 반경이며(식 1-24)

$$a_0 = \frac{4\pi\varepsilon_0\hbar^2}{m_e e^4} \tag{9-2}$$

7 장에서 반복해서 보았듯이 에너지의 자연 단위는

$$E = \frac{m_e e^4}{16\pi^2\varepsilon_0^2\hbar^2} \tag{9-3}$$

이다. 원자나 분자 수준의 계산에서는 이러한 자연 단위를 사용하는 것이 편리하다. 원자나 분자 수준의 계산에서 사용되는 자연 단위를 표 9-1에 정리하였다. 이러한 세트의 단위를 원자단위(atomic units)라고 부른다. 에너지의 원자단위는 hartree라고 부르며 E_h로 표시한다. 원자단위로 바닥상태 수소원자의 에너지가 $-1/2E_h$ 임을 주목하여라.(7-11 식)

표 9-1 원자단위와 SI 단위

Property	Atomic unit	SI equivalent
Mass	Mass of an electron, m_e	9.1094×10^{-31} kg
Charge	Charge on a proton, e	1.6022×10^{-19} C
Angular momentum	Planck constant divided by 2π, $\hbar$	1.0546×10^{-34} J·s
Length	Bohr radius, $a_0 = \dfrac{4\pi\epsilon_0\hbar^2}{m_e e^2}$	5.2918×10^{-11} m
Energy	$\dfrac{m_e e^4}{16\pi^2\epsilon_0^2\hbar^2} = \dfrac{e^2}{4\pi\epsilon_0 a_0} = E_h$	4.3597×10^{-18} J
Permittivity	$\kappa_0 = 4\pi\epsilon_0$	1.1127×10^{-10} $C^2 \cdot J^{-1} \cdot m^{-1}$

예제 9-1 에너지의 원자단위는

$$1E_h = \frac{m_e e^4}{16\pi^2\varepsilon_0^2\hbar^2}$$

이다. $1E_h$를 주울(J), kJ · mol^{-1}, 파수(cm^{-1}), 전자볼트(eV)의 단위로 나타내어라.

풀이 $1E_h$를 J로 표시하기 위해 위 식에 SI 단위로 표시되는 m_e, e, $\hbar$, $4\pi\varepsilon_0$를 대입한다. 표 9-1의 값들을 대입하면

$$1E_h = \frac{(9.1094\times10^{-31}\text{kg})(1.6022\times10^{-19}\text{C})^4}{(1.1127\times10^{-10}\text{C}^2\text{J}^{-1}\text{m}^{-1})^2(1.0546\times10^{-34}\text{Js})} = 4.3597\times10^{-18}\text{J}$$

이다. 이 결과에 아보가드로수를 곱하면

$$1E_h = 2{,}625.5\ \text{kJ}\cdot\text{mol}^{-1}$$

이다. $1E_h$를 파수로 표시하려면 위의 결과와 다음 식을 이용하여

$$\bar{\nu} = \frac{1}{\lambda} = \frac{h\nu}{hc} = \frac{E}{ch} = \frac{(4.3597\times10^{-18}\text{J})}{(2.9979\times10^8\text{ms}^{-1})(6.6261\times10^{-34}\text{Js})} = 2.1947\times10^7\text{m}^{-1}$$
$$= 2.1947\times10^5\ \text{cm}^{-1}$$

이다. 따라서

$$1E_h = 2.1947\times10^5\ \text{cm}^{-1}$$

을 얻을 수 있다. 마지막으로 $1E_h$를 eV로 나타내려면 다음의 변환 값을 이용하고

$$1\ \text{eV} = 1.6022\times10^{-19}\ \text{J}$$

$1E_h$를 J로 구한 값을 이용하면

$$1E_h = (4.3597\times10^{-18}\text{J})\left(\frac{1\text{eV}}{1.6022\times10^{-19}\text{J}}\right) = 27.211\text{eV}$$

이다.

원자단위를 사용하면 원자 및 분자 계산에서 이용하는 식들을 매우 간단히 할 수 있다. 예를 들어, 헬륨원자의 Hamiltonian 연산자는 원자단위로는

$$\hat{H} = -\frac{\hbar^2}{2m}\nabla_1^2 - \frac{\hbar^2}{2m}\nabla_2^2 - \frac{2e^2}{4\pi\varepsilon_0 r_1} - \frac{2e^2}{4\pi\varepsilon_0 r_2} + \frac{e^2}{4\pi\varepsilon_0 r_{12}} \tag{9-4}$$

$$\hat{H} = -\frac{1}{2}\nabla_1^2 - \frac{1}{2}\nabla_2^2 - \frac{2}{r_1} - \frac{2}{r_2} + \frac{1}{r_{12}} \tag{9-5}$$

로 간단하게 된다.(연습문제 9-6) 원자나 분자 수준의 계산에서 원자단위를 사용하는 중요한 이유는 계산된 에너지가 전자 질량, Planck 상수 등 물리상수들에 무관하게 되기 때문이다. 실험적인 측정 방법이 개선됨에 따라 물리상수들의 값이 더 정확해 지더라

도 원자단위로 계산된 에너지는 영향을 받지 않는다. 예를 들어, 다음 절에서 보일 헬륨 원자의 가장 정확한 바닥상태 에너지는 $-2.093\ 724\ 375E_h$(표 9-2) 인데 이 값은 계산 당시 컴퓨터 시간 수 개 월이 걸려 얻은 값이다. 이 값은 원자단위를 사용한 값이기 때문에 더 이상 개선할 필요가 없다.

9.2 섭동론과 변분법은 헬륨원자에 대해 좋은 결과를 준다.

8.5 절에서 헬륨원자에 대해 일차 섭동론을 적용하여 일차 보정 에너지 $5Z/8E_h$를 구하고 헬륨원자의 일차 보정된 에너지가

$$E = -Z^2 + \frac{5}{8}Z = -\frac{11}{4}E_h = -2.750E_h \tag{9-6}$$

또는 $-7,219\ \mathrm{kJ \cdot mol^{-1}}$ 임을 보였다. 실험치는 $-2.9033E_h$, $-7,621\ \mathrm{kJ \cdot mol^{-1}}$ 이어서 일차 보정된 에너지가 5% 이내 오차로 얻어짐을 보였다. Scheer와 Knight는 여러 차수 섭동론을 이용하여 다음 에너지를 계산하였다.(표 9-2)

$$E = -Z^2 + \frac{5}{8}Z - 0.15766 + \frac{0.00870}{Z} + \frac{0.000889}{Z^2} + \cdots \tag{9-7}$$

9-7 식은 $-2.9037E_h$로 실험치 $-2.9033E_h$과 매우 잘 일치한다.

8.1 절에서 바닥상태 헬륨원자의 에너지를 계산하기 위해 변분원리를 사용하였다. 이를 위해 정규화 된 다음 형의 시도함수 $\psi(\boldsymbol{r}_1, \boldsymbol{r}_2) = \psi_{1s}(\boldsymbol{r}_1)\psi_{1s}(\boldsymbol{r}_2)$, $\psi_{1s}(\boldsymbol{r}) = (\zeta^3/\pi)e^{-\zeta r}$을 사용하였으며 여기에서 ζ를 변분변수로 하였다. 다시 말해서

$$\psi(\boldsymbol{r}_1, \boldsymbol{r}_2) = \frac{\zeta^3}{\pi}e^{-\zeta(r_1 + r_2)} \tag{9-8}$$

을 사용하였다. 따라서 다음

$$E = \int\int d\boldsymbol{r}_1 d\boldsymbol{r}_2 \psi(\boldsymbol{r}_1, \boldsymbol{r}_2)\hat{H}\psi(\boldsymbol{r}_1, \boldsymbol{r}_2) \tag{9-9}$$

적분을 구해야 하였다. 8.1 절에서 E가 다음과 같이 얻어짐을 알았다.

$$E(\xi) = \zeta^2 - \frac{27}{8}\zeta \tag{9-10}$$

ζ에 대해 E를 최소화 하여 $\zeta_{\min} = 27/16$을 얻었고 따라서

$$E_{\min} = -\left(\frac{27}{16}\right)^2 E_h = -2.84766 E_h \tag{9-11}$$

이다. 이 결과를 섭동 일차 보정 에너지 $-2.7500E_h$ 그리고 높은 차수의 보정을 가한 에너지 $-2.9037E_h$와 비교하였다. [연습문제 9-7부터 9-10에서는 왜 9-10 식이 ζ에 대해 일차 그리고 이차항으로 이루어지는 지에 대해 설명하고 ζ 대해 $E(\zeta)$를 최소화 하는 것과 비리알 정리와의 관계에 대해 논의하였다.]

일차 섭동론과 변분법에 의해 구해진 에너지가 실험치와 잘 맞으나 이러한 일치를 좀 더 살펴보기로 하자. 헬륨의 이온화에너지(IE)는 다음으로 주어진다.

$$\text{IE} = E(\text{He}^+) - E(\text{He})$$

표 9-2 헬륨원자의 바닥상태 에너지

Method	Energy/E_h	Ionization energy/E_h	Ionization energy/kJ·mol^{-1}
Perturbation calculations			
Complete neglect of the interelectronic repulsion term	−4.0000	2.000	5250
First-order perturbation theory	−2.7500	0.7500	1969
Second-order perturbation theory	−2.9077	0.9077	2383
Thirteenth-order perturbation theory [b]	−2.903 724 33	0.903 724 33	2373
Variational calculations			
$(1s)^2$ with $\zeta = 1.6875$	−2.8477	0.8477	2226
Eckart, Equation 9.13 [c]	−2.8757	0.8757	2299
Hartree–Fock [d]	−2.861 68	0.8617	2262
Hylleraas, [e] 10 parameters	−2.903 63	0.903 63	2372
Pekeris, [f] 1078 parameters	−2.903 724 375	0.903 724 375	2373
Experimental value	−2.9033	0.9033	2373

a. These are nonrelativistic, fixed-nucleus approximation energies. Corrections for nuclear motion and relativistic corrections can be estimated to be $10^{-4}E_h$.
b. Scheer, C. W., Knight, R. E. Two-Electron Atoms III. A Sixth-Order Perturbation Study of the 1^1S Ground State. *Rev. Mod. Phys.*, **35**, 426 (1963).
c. Eckart, C. E. The Theory and Calculation of Screening Constants. *Phys. Rev.*, **36**, 878 (1930).
d. Clementi, E., Roetti, C. Roothaan–Hartree–Fock atomic wavefunctions: Basis functions and their coefficients for ground and certain excited states of neutral and ionized atoms, $Z \leq 54$. *At. Data Nucl. Data Tables*, **14 (3–4)**, 177 (1974).
e. Hylleraas, E. A. Neue Berechnung der Energie des Heliums in Grundzustande, sowie des tiefsten Terms von Ortho-Helium. *Z. Physik*, **54**, 347 (1929).
f. Pekeris, C. L. 1^1S and 2^3S States of Helium. *Phys. Rev.*, **115**, 1216 (1959).

He^+의 에너지는 $-2E_h$ (연습문제 9-2)이므로

$$\mathrm{IE} = -2 + \frac{11}{4} = 0.7500E_h = 1{,}968 \text{ kJ} \cdot \text{mol}^{-1} \qquad (\text{일차 섭동론})$$

또는

$$\mathrm{IE} = -2 + \left(\frac{27}{16}\right)^2 = 0.8477E_h = 2226 \text{ kJ} \cdot \text{mol}^{-1} \qquad (\text{변분법})$$

이고 실험적으로 얻어진 이온화에너지는 $0.9033E_h$ 또는 2373 kJ · mol^{-1}이다. 변분법으로 구한 에너지가 실험치와 6%의 오차 이내로 잘 맞으나 $0.0056E_h$가 거의 화학결합의 세기에 맞먹는 150 kJ · mol^{-1}이나 되는 것을 감안할 때 그리 만족스럽지 못하다.

예제 9-2에는 사용한 시도함수가 부족한 예를 하나 더 들었다.

예제 9-2 연습문제 9-11에서 9-10 식을 헬륨꼴 두 전자 원자와 핵전하 Z인 이온에 대해 일반화 하였다.

$$E(\zeta) = -\zeta^2 + 2\zeta(\zeta - Z) + \frac{5}{8}\zeta \tag{9-12}$$

($Z = 2$이면 9-12 식이 9-11 식으로 되는 것을 주목하여라.) 이 결과를 이용하여 하이드라이드 이온의 이온화에너지를 구하고 결과를 해석하여라.

풀이 하이드라이드 이온의 이온화에너지를 구하기 위해 9-12 식에서 $Z = 1$로 하면

$$E(\zeta) = \zeta^2 - \frac{11}{8}\zeta$$

가 되고 ζ에 대해 최소화 하여 $\zeta_{\min} = 11/16$ 그리고 $E_{\min} = -(11/16)^2E_h = -0.47266E_h$를 얻는다. 이온화에너지는

$$\mathrm{IE} = E_H - E_{H^-} = -\frac{1}{2} + \left(\frac{11}{16}\right)^2 = -0.0273E_h$$

이다. 음수의 IE는 하이드라이드 이온이 수소원자와 전자로 분리되어 존재하는 것 보다 불안정함을 의미한다. 다시 말해서 하이드라이드 이온은 자연적으로 이온화 된다. 이것은 실험 결과와 다르며 실제 하이드라이드 이온의 이온화에너지는 $0.0275E_h$이다. 따라서 더 좋은 결과를 얻을 수 있어야 한다.

다음과 같은 방법을 시도해 보자. 9-8 식의 시도함수는 두 전자 모두 같은 유효 핵전

하를 갖는다고 가정하였다. 이것은 평균의 의미에서 볼 때 어느 정도 타당하다고 할 수 있지만 어느 순간 한 전자는 핵에서 멀리 다른 전자는 핵 가까이 있어서 유효 핵전하가 다를 수 있기 때문에 모든 시간에 대해 맞는 가정은 아니다. 이것을 9-8 식에 두 개의 변분변수 ζ_1, ζ_2를 사용하는 것으로 고려할 수 있으며 한 번 곱해진 시도함수에서 전자 둘을 서로 구별하기 위해 1, 2로 표시할 수 있다.(9.4 절에서 이에 대해 더 논의하기로 한다.) 두 전자를 동등하게 다루기 위해 시도함수 $\psi(\boldsymbol{r}_1,\boldsymbol{r}_2)$를

$$\psi(\boldsymbol{r}_1,\boldsymbol{r}_2)=N(e^{-\zeta_1 r_1}e^{-\zeta_2 r_2}+e^{-\zeta_2 r_1}e^{-\zeta_1 r_2}) \tag{9-13}$$

으로 쓰고 이때 N은 정규화상수이다.

9-13 식을 이용하여 9-9 식의 $E(\zeta_1,\zeta_2)$를 계산할 때 적분은 9-8 식과 유사하나 다만 좀 더 복잡할 뿐이다. 그렇지만 $E(\zeta_1,\zeta_2)$를 ζ_1과 ζ_2에 대해 최소화 하면 $E=-2.87566E_h$ (연습문제 9-12)를 얻어 단순한 변분변수를 사용 하였을 때보다 매우 개선된 결과를 얻을 수 있다. 이온화에너지는 $0.8757E_h$로 9-8 식의 $0.8477E_h$과 비교할 수 있다.(받아들여지고 있는 값 $0.9037E_h$) 또한 아직도 받아들여지고 있는 값과는 약 두 배 작지만 H^-의 이온화에너지도 $+0.0133E_h$로 양의 값을 보인다.

9-8 식의 시도함수보다 9-13 식의 시도함수가 개선된 결과를 줌에도 불구하고 더 낳은 결과를 얻을 수 있다. 편리한 어느 함수도 적당한 시도함수로 사용할 수 있기 때문에 (경계조건만 만족하면) 지금까지 사용한 수소꼴 원자의 $1s$ 궤도에 국한할 필요가 없다. 예를 들어, $1s$ 궤도와 $2s$ 궤도의 선형결합을 사용하면

$$\psi(\boldsymbol{r}_1,\boldsymbol{r}_2)=\phi(\boldsymbol{r}_1)\phi(\boldsymbol{r}_2) \tag{9-14}$$

에서 $\phi(r)=N[c_1e^{-\zeta r}+c_2(2-r)e^{-\zeta r/2}]$ 그리고 이때 N은 정규화상수이다. 이 시도함수는 세 개의 변분변수를 사용하며 $1s$ 궤도만을 사용했을 때보다 더 좋은 에너지를 준다. 계속 이어 수소꼴 원자의 궤도를 더 많이 포함시키지 않을 이유가 없다.(계산상의 문제를 제외하면) 이러한 과정은 잘 진행되어 수년 간 사용되어 왔지만 아주 중요한 변형이 있다. 수소꼴 원자의 궤도를 사용하는 대신 1950 년 대 미국의 물리학자 John Slater에 의해 도입된 함수를 사용하는 것이 보편화 되었다. Slater 궤도라고 부르는 이 함수들은

$$S_{nlm_l}(r,\theta,\phi)=N_{nl}r^{n-1}e^{-\zeta r}Y_l^{m_l}(\theta,\phi) \tag{9-15}$$

의 함수로 $N_{nl}=(2\zeta)^{n+1/2}/[(2n)!]^{1/2}$은 정규화상수(연습문제 9-13)이고 $Y_l^{m_l}(\theta,\phi)$는 구면조화함수(6.6 절, 표 6-5)이다. 변수 ζ는 임의로 하여 수소꼴 원자에서처럼 Z/n 일 필요가 없다. Slater 궤도의 방사방향 함수에는 수소원자의 궤도와는 달리 마디가 없는

것에 주목하여라.(연습문제 9-14)

예제 9-3 $S_{nlm_l}(r,\theta,\phi)$가 $S_{n'lm_l}(r,\theta,\phi)$과 직교하지 않음을 보여라.

풀이 다음을 보여야 한다.

$$I=\int_0^{\infty} drr^2 \int_0^{\pi} d\theta \sin\theta \int_0^{2\pi} d\phi S^*_{nlm_l}(r,\theta,\phi) S_{n'lm_l}(r,\theta,\phi)$$

$$\propto \int_0^{\infty} drr^{n+n'} e^{-2\zeta r} \int_0^{\pi} d\theta \sin\theta \int_0^{2\pi} d\phi Y_l^{m_l}(\theta,\phi)^* Y_l^{m_l}(\theta,\phi) \neq 0$$

θ와 ϕ에 대한 적분은 구면조화함수의 직교정규 조건에서 일이 되고 따라서

$$I=\int_0^{\infty} drr^{n+n'} e^{-2\zeta r}$$

이다. 이 적분은 피적분 함수가 항상 양이므로 영이 될 수 없다.

9-14 식 형태의 시도함수를 Slater 궤도의 선형결합으로 사용하는 것이 양자화학에서 표준방법이 되었다. Slater 궤도를 더 많이 포함시키면 실제 그리고 이론적으로 한계에 도달한다. 이 한계에서 $E=-2.8617E_h$ 이며 이온화에너지는 $0.8617E_h$로 변분법적으로 얻은 가장 좋은 값 $-2.9037E_h$ 그리고 $0.9037E_h$과 각각 비교된다. 이 한계 값이 일전자 파동함수의 곱으로 시도함수를 사용하여 얻을 수 있는 가장 좋은 에너지 값이다.(9-14 식) 이 한계를 Hartree-Fock 한계라고 부르며 다음 절에서 더 논의할 것이다. 9-14 식의 시도함수가 일전자 파동함수 또는 궤도의 곱을 나타내기 때문에 Hartree-Fock 근사에서는 전자 궤도의 개념이 남아있다. 예를 들어, 다음 절에서는 헬륨원자의 $1s$ 궤도가 다음 두 항으로 잘 근사된다는 것을 보일 것이다.(연습문제 9-15)

$$\phi_{1s}(r)=0.843785S_{1s}(\zeta=1.45363)+0.180687S_{1s}(\zeta=2.91093) \qquad (9\text{-}16)$$

여기에서 $S_{1s}(\zeta)$는 Slater $1s$ 궤도이다.(이 경우 수소원자의 $1s$ 궤도와 우연히 일치한다.) 9-16 식이 서로 다른 ζ 값을 갖는 두 항의 합으로 되어 있기 때문에 9-16 식에 주어진 $\phi_{1s}(r)$을 이중제타 궤도(double zeta orbital)라고 부른다. 그림 9-1에 9-16 식과 변수가 한 개인 간단한 시도함수, $(\zeta^3/\pi)^{1/2}e^{-\zeta r}$, $\zeta=27/16$를 비교하였다. 9-14 식과 9-16 식에 해당하는 에너지는 $-2.8617E_h$ 이며 이것이 9-14 식의 형태를 갖는 시도함수(즉, 궤도)를 이용하여 얻을 수 있는 가장 좋은 값이다.

일전자 궤도의 곱으로 시도함수를 제한하지 않으면 더 계산을 수행하여 근본적으로

정확한 에너지에 도달할 수 있다. 시도함수에 전자간 거리 r_{12}를 포함시키는 것이 효과적이라는 것이 알려졌다. 이것은 1930 년 처음으로 Hylleraas에 의해 시도되었는데 시도함수로 다음 정규화 되지 않은 함수

$$\psi(r_1, r_2, r_{12}) = e^{-\zeta r_1} e^{-\zeta r_2}(1 + cr_{12}) \tag{9-17}$$

를 사용하였다. ζ와 c를 변분변수로 사용하여 Hylleraas는 정확한 값보다 0.5% 작은 $E = -2.8913 E_h$를 얻었다. Hylleraas는 이 고전적인 계산을 수행하기 위해 기계적인 계산기를 사용하였지만, 현재에는 기본적으로 정확한 값을 얻을 수 있는 많은 항을 다루는 계산을 컴퓨터를 이용하여 수행할 수 있다. 가장 큰 계산은 1959 년 Pekeris에 의해 수행되어, 1078 개의 변수를 갖는 시도함수를 이용하여 $E = -2.903\ 724\ 375 E_h$를 얻었다.

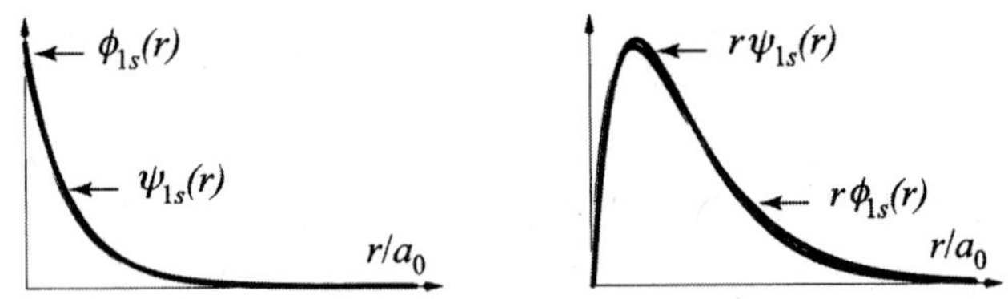

그림 9-1 간단한 변분 계산으로부터[$\psi_{1s}(\zeta = 27/16)$] 얻은 궤도와 9-16 식의 Hartree-Fock 궤도

이 계산들이 r_{12}가 시도함수에 포함된 변분법적인 방법을 이용하여 정확한 에너지를 구할 수 있다는 것을 보여 주고 있지만, 계산 자체가 매우 어려우며 큰 원자나 분자의 경우로 확장하는 것이 용이하지 않다. 또한 궤도의 개념을 한꺼번에 포기하였다. 궤도의 개념은 화학자들에게는 매우 유용하며 따라서 현재에는 Hartree-Fock 궤도를 찾고 섭동론 등과 같은 방법을 이용하여 보정하는 방법을 사용하고 있다. 헬륨원자에 대해 Hartre-Fock 과정을 소개하는 것은 이렇게 두 전자의 경우, 식이 상당히 간단하고 좋은 물리적인 해석을 가할 수 있기 때문에 다음 절에서 다루었다.

9.3 Hartree-Fock 방정식은 자체일관성 과정으로 푼다.

헬륨원자에 대한 Hartree-Fock 방법의 시작은 9-14 식과 같이 두 전자 파동함수를 궤도의 곱으로 쓰는 것이다.

$$\Psi(\boldsymbol{r}_1, \boldsymbol{r}_2) = \psi(\boldsymbol{r}_1)\psi(\boldsymbol{r}_2) \tag{9-18}$$

Pauli의 배타원리에 따라 두 전자가 같은 궤도에 있다고 가정했기 때문에 9-18 식의 우변에 있는 두 함수는 같다. 9-18 식에 따르면 전자 2의 확률분포는 $\psi(\boldsymbol{r}_2)^*\psi(\boldsymbol{r}_2)d\boldsymbol{r}_2$이다. 이 확률분포는 고전적으로 해석하면 전하밀도라고 할 수 있으며 따라서 $\boldsymbol{r}_1$에 있는 전자 1이 전자 2에 의해 경험하는 위치에너지는

$$V_1^{\mathrm{eff}}(\boldsymbol{r}_1) = \int d\boldsymbol{r}_2 \psi^*(\boldsymbol{r}_2)\frac{1}{r_{12}}\psi(\boldsymbol{r}_2) \tag{9-19}$$

이고 상첨자 eff는 V_1^{eff}이 유효 또는 평균 위치에너지가 됨을 강조하기 위해 사용하였다. $r_{12} = |\boldsymbol{r}_2 - \boldsymbol{r}_1|$이고 9-19 식의 적분이 $\boldsymbol{r}_2$에 대해 수행되어 $\boldsymbol{r}_1$이 남기 때문에 V_1^{eff}는 $\boldsymbol{r}_1$의 함수가 된다. 이제 다음과 같이 유효 일전자 Hamiltonian 연산자를 정의하자.

$$\hat{H}_1^{eff}(\boldsymbol{r}_1) = -\frac{1}{2}\nabla_1^2 - \frac{2}{r_1} + V_1^{eff}(\boldsymbol{r}_1) \tag{9-20}$$

9-20 식의 첫째 항은 전자의 운동에너지, 둘째 항은 전자와 핵 간의 상호작용에 기인한 위치에너지 그리고 셋째 항은 전자와 전자 간의 상호작용에 기인한 위치에너지를 나타낸다. 이 유효 Hamiltonian에 대한 Schrödinger 방정식은

$$\hat{H}_1^{eff}(\boldsymbol{r}_1)\psi(\boldsymbol{r}_1) = \varepsilon_1\psi(\boldsymbol{r}_1) \tag{9-21}$$

이다. $\psi(\boldsymbol{r}_2)$에 대해 유사한 방정식이 존재하지만 $\psi(\boldsymbol{r}_1)$과 $\psi(\boldsymbol{r}_2)$가 같은 함수 형태를 갖기 때문에 여기에서는 9-21 식과 같은 한 개의 식만 고려하면 된다. 9-21 식이 헬륨원자에 대한 Hartree-Fock 방정식이며, 이 식의 해가 헬륨원자에 대해 가장 좋은 궤도 파동함수를 준다.

물리적인 논의에 의해 9-21 식을 유도하였지만 궤도 근사에 따른 헬륨원자의 에너지에 대해 변분원리를 사용해서 9-21 식을 유도할 수도 있다.

$$E = \int\int d\boldsymbol{r}_1 d\boldsymbol{r}_2 \psi^*(\boldsymbol{r}_1)\psi^*(\boldsymbol{r}_2)\hat{H}\psi(\boldsymbol{r}_1)\psi(\boldsymbol{r}_2) \tag{9-22}$$

여기에서 정규화 된 ψ들을 가정하였다. 9-5 식의 $\hat{H}$를 9-22 식에 대입하면 (연습문제 9-17)

$$E = I_1 + I_2 + J_{11} \tag{9-23}$$

$$I_j = \int d\boldsymbol{r}_j \psi^*(\boldsymbol{r}_j)\left(-\frac{1}{2}\nabla_j^2 - \frac{Z}{r_j}\right)\psi(\boldsymbol{r}_j) \tag{9-24}$$

$$J_{11} = \int\int d\boldsymbol{r}_1 d\boldsymbol{r}_2 \psi^*(\boldsymbol{r}_1)\psi^*(\boldsymbol{r}_1)\frac{1}{r_{12}}\psi(\boldsymbol{r}_2)\psi(\boldsymbol{r}_2) \tag{9-25}$$

를 얻을 수 있다. 적분 J_{11}을 두 전하 분포 간의 상호작용이라는 고전적인 해석을 가할 수 있기 때문에 쿨롬적분이라고 부른다.(연습문제 9-18) 9-25 식은 E를 ψ에 대해 최소화하여 얻는다.

9-21 식은 풀기에 어려움이 없는 고유치 방정식인 것처럼 보인다. 그러나 한 가지 문제점이 있다. $V_1^{\mathrm{eff}}(\boldsymbol{r}_1)$이 $\psi(\boldsymbol{r}_2)$에 의존하는 것을 상기하여라(9-19 식). 따라서 $\hat{H}_1^{\mathrm{eff}}$을 알기 전에 9-21 식의 해를 먼저 알아야 한다. 9-21 식과 같은 방정식을 푸는 방법을 자체일관성 장(self-consistent field: SCF) 방법이라고 부른다. 먼저 $\psi(r)$을 가정한다. 다음 이 $\psi(r)$을 이용하여 9-19 식에 의해 $V_1^{\mathrm{eff}}(\boldsymbol{r}_1)$을 구하고 9-21 식을 풀어 새로운 $\psi(r_1)$을 구한다. 보통 이러한 계산을 한 번 하고 나면 처음 도입한 $\psi(r)$과 얻어진 $\psi(r_1)$은 다르게 된다. 이제 이렇게 구한 새로운 $\psi(r_1)$을 이용하여 $V_1^{\mathrm{eff}}(\boldsymbol{r}_1)$을 다시 계산하고 9-21 식을 풀면 또 새로운 $\psi(r_1)$이 구해진다. 이 계산을 반복하여 $V_1^{\mathrm{eff}}(\boldsymbol{r}_1)$을 계산하기 위해 사용된 $\psi(r)$과 9-21 식을 풀어 얻어진 $\psi(r)$이 충분히 가까워질 때까지, 즉, 자체일관성이 생길 때까지 계속 수행한다. 이렇게 해서 얻어지는 궤도가 Hartree-Fock 궤도이다.

식 9-21의 고유치 ε_1은 다음과 같은 물리적인 의미를 갖는다. 9-21 식에 왼편으로부터 $\psi^*(\boldsymbol{r}_1)$을 곱하고 적분하면

$$\int d\boldsymbol{r}_1 \psi^*(\boldsymbol{r}_1)\hat{H}_1^{eff}(\boldsymbol{r}_1)\psi(\boldsymbol{r}_1) = \varepsilon_1 \tag{9-26}$$

을 얻는다. $\hat{H}_1^{\mathrm{eff}}$에 대해 9-20 식을 이용하고 9-24 식과 9-25 식의 정의를 이용하면

$$\varepsilon_1 = I_1 + J_{11} \tag{9-27}$$

을 얻는다. 먼저 헬륨원자의 총 에너지가 궤도에너지들의 합과 같지 않음을 알 수 있다. 그 이유는

$$\varepsilon_1 + \varepsilon_2 = (I_1 + J_{11}) + (I_2 + J_{11}) \neq E \tag{9-28}$$

(9-23 식) 이기 때문이다. 그러나 9-27 식과 9-23 식을 비교하여 보면

$$\varepsilon_1 = E - I_2 \tag{9-29}$$

임을 알 수 있다. 그러나 9-24 식에 의하면 I_2는 헬륨원자의 Hartree-Fock 궤도 $\phi(r)$을 이용해 계산된 헬륨이온의 에너지이다. 따라서 9-29 식은 궤도에너지 ε_1이 헬륨원자

의 이온화에너지로 근사된다는 것을 시사한다.

$$\text{IE} \approx -\varepsilon_1 \tag{9-30}$$

이 9-30 식은 Koopmans의 근사라고 알려져 있다. Hartree-Fock 근사 안에서 Koopmans의 근사는, 같은 궤도가 중성원자의 에너지와 이온의 에너지를 계산하는 데 동시에 사용될 수 있다고 가정하고 있다. $-\varepsilon_1$ (표 9-8)은 $0.917935E_h$ 이고 실험치는 $0.904E_h$ 이다.

이제 자체일관성 장 에너지와 정확한 에너지와의 차이를 살펴보는 것은 흥미롭다. $\Psi(\boldsymbol{r}_1, \boldsymbol{r}_2) = \psi(\boldsymbol{r}_1)\psi(\boldsymbol{r}_2)$ 이므로 두 전자는 서로 평균적으로 또는 유효 위치에너지에 따라서만 상호작용 한다. 이때 전자는 서로 상관관계가 없다고 말하고 상관에너지(correlation energy: E_{corr})를 다음과 같이 정의한다.

$$\text{상관에너지} = E_{\text{corr}} = E_{\text{exact}} - E_{\text{HF}} \tag{9-31}$$

따라서 헬륨원자의 상관에너지는(표 9-2)

$$E_{\text{corr}} = (-2.9037 + 2.8617)E_h = -0.0420E_h = -110 \text{ kJ} \cdot \text{mol}^{-1}$$

이다. 이 경우 Hartree-Fock 에너지가 정확한 값의 거의 99%를 주지만 그 차이는 110 kJ · mol^{-1}이다. 이 값은 거의 화학결합의 세기의 크기와 같은 값이기 때문에 받아들여지기 어렵다. 이 차이에 대해 9.8 절 그리고 제 12 장에서 더 언급할 것이다.

실제 Hartree-Fock 계산을 수행할 때에는 Slater 궤도 $\psi(r)$의 선형결합을 이용하며 각각의 Slater 궤도의 계수들을 수렴 값이 얻어질 때까지 변화시킨다. 이장의 끝에 있는 부록에서 헬륨원자를 예로 자체일관성 장(SCF) 계산을 어떻게 수행하는 지 보여주고 있다. 9-18 식에 주어진 시도함수를 이용하며 $\psi(r_1)$과 $\psi(r_2)$는

$$\psi(r) = c_1\phi_1(r) + c_2\phi_2(r) \tag{9-32}$$

그리고 ϕ_i은 다음으로 주어진 Slater 궤도이다.

$$\phi_i(r) = S_{1s}(\zeta_i) = \left(\frac{\zeta_i^3}{\pi}\right)^{1/2} e^{-\zeta_i r} \qquad i = 1, 2 \tag{9-33}$$

간단히 하기 위해 Slater 궤도의 ζ_1과 ζ_2를 각각 $\zeta_1 = 1.45363$ 그리고 $\zeta_2 = 2.91093$으로 하고 c_1, c_2를 자체일관성 방법으로 구하였다. 이 계산은 실제 몇몇 화학과의 실험 물리화학과정에서 수행되었으며 현대 분자 계산에서 많이 사용하는 것과 매우 유사하다.

부록에서 수행한 계산의 마지막 결과는 9-16 식의 궤도와 에너지 $-2.86167E_h$ 이다. (표 9-2) 이 Hartree-Fock 파동함수를 이용하여 9-20 식의 유효 위치에너지를 계산할 수 있다. 이 결과를 그림 9-2에 $1/r$ 함수와 함께 나타내었다.(연습문제 9-20) r이

커짐에 따라 $V^{\mathrm{eff}}(r)$이 $1/r$ 함수에 가까워지는 것을 볼 수 있다. 즉, r이 크면 헬륨 핵의 전자는 다른 전자에 의해 완전히 가려진다.

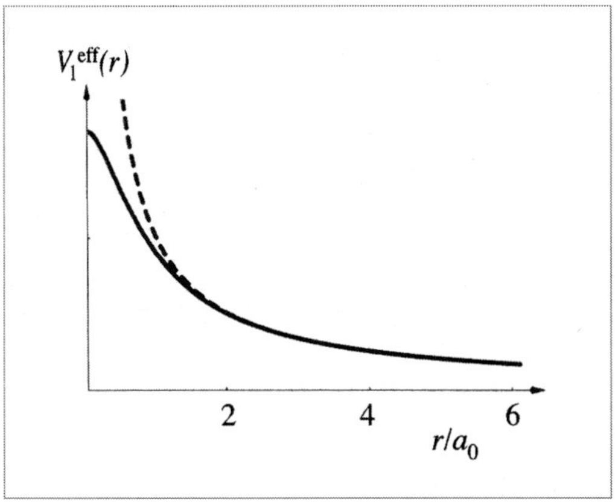

그림 9-2 9-20 식에 사용된 유효 Hartree-Fock 위치에너지 $V_1^{\mathrm{eff}}(r)$(실선)와 $1/r$ 쿨롬 위치에너지(점선)

9.4 파동함수는 두 전자의 교환에 대해 반대칭이어야 한다.

수소원자에 대해 논의한 제 7 장에서 스핀과 스핀함수 α, β를 도입하였던 것을 상기하여라. 이 장에서는 아직 어느 계산에서도 스핀을 포함시키지 않았지만 이제 스핀을 고려해야만 한다. 제 7 장에서처럼 공간궤도에 $s_z = +\hbar/2$에 대해 α 그리고 $s_z = -\hbar/2$에 대해 β를 곱하여 스핀을 포함시킨다. 따라서

$$\Psi(x,y,z,\sigma) = \psi(x,y,z)\alpha(\sigma) \quad \text{또는} \quad \psi(x,y,z)\beta(\sigma) \tag{9-34}$$

이다.

완전한 일전자 파동함수 Ψ를 스핀궤도라고 부른다. 수소꼴 원자를 예로 들면 수소꼴 원자의 처음 두 스핀궤도는 다음과 같다.

$$\Psi_{100\frac{1}{2}} = \psi_{1s}(r)\alpha = \left(\frac{Z^3}{\pi}\right)^{1/2} e^{-Zr}\alpha \tag{9-35}$$

$$\Psi_{100-\frac{1}{2}} = \psi_{1s}(r)\beta = \left(\frac{Z^3}{\pi}\right)^{1/2} e^{-Zr}\beta$$

7.5 절에서는 $\Psi_{100\frac{1}{2}}$와 $\Psi_{100-\frac{1}{2}}$가, 공간 성분이 정규화 되어 있고 $<\alpha|\alpha> = <\beta|\beta> = 1$ 그리고 $<\alpha|\beta> = <\beta|\alpha> = 0$이기 때문에 다음과 같이 직교정규화 되어 있음을 보였다.

$$<\Psi_{100\frac{1}{2}}|\Psi_{100\frac{1}{2}}> = <\psi_{1s}|\psi_{1s}><\alpha|\alpha> = 1$$

$$<\Psi_{100-\frac{1}{2}}|\Psi_{100-\frac{1}{2}}> = <\psi_{1s}|\psi_{1s}><\beta|\beta> = 1$$

$$<\Psi_{100\frac{1}{2}}|\Psi_{100-\frac{1}{2}}> = <\psi_{1s}|\psi_{1s}><\alpha|\beta> = 0$$

일반화학에서 원자의 두 전자가 같은 네 개의 양자수 n, l, m_l, m_s 값을 가질 수 없다고 한 것을 기억할 것이다. 이것을 Pauli의 배타원리라고 부른다. 다전자 원자의 파동함수의 모양을 제한하는 이 배타원리에 대한 더 근본적인 또 하나의 설명이 있다. Pauli의 배타원리를 양자역학의 또 하나의 가설로 제시할 것이지만 그 이전에 반대칭 파동함수에 대한 개념을 도입해야 한다. 헬륨으로 다시 돌아가서 파동함수를 써보자.

$$\psi(1,2) = 1s\alpha(1)1s\beta(2) \tag{9-36}$$

이때 $1s\alpha$와 $1s\beta$는 각각 $\Psi_{100\frac{1}{2}}$과 $\Psi_{100-\frac{1}{2}}$을 표시하는 표준 방법이며, 괄호 속의 1, 2는 전자 1, 2의 네 개의 좌표 (x,y,z,σ)를 각각 나타낸다. 9–36 식의 파동함수가 9–35 식에 주어진 두 파동함수의 곱임을 주목하여라. 알려진 어느 실험도 전자를 서로 구별할 수는 없으므로 구별할 수 없는 전자들을 실제로 표시할 수는 없고 따라서 파동함수

$$\psi(2,1) = 1s\alpha(2)1s\beta(1) \tag{9-37}$$

도 9–36 식의 파동함수와 동등하다. 수학적으로, 구별 불가능함은 모든 가능한 전자들을 표시한 함수들의 선형결합을 하여야 함을 의미한다. 두 전자 원자에 대해 9–36 식과 9–37 식을 선형결합 하면

$$\Psi_1(1,2) = \psi(1,2) + \psi(2,1) = 1s\alpha(1)1s\beta(2) + 1s\alpha(2)1s\beta(1) \tag{9-38}$$

$$\Psi_2(1,2) = \psi(1,2) - \psi(2,1) = 1s\alpha(1)1s\beta(2) - 1s\alpha(2)1s\beta(1) \tag{9-39}$$

이 된다. 두 파동함수 Ψ_1, Ψ_2 모두 구별이 안 되는 두 전자의 상태를 기술한다. 즉, 한 개의 전자는 스핀궤도 $1s\alpha$에 그리고 다른 한 개의 전자는 스핀궤도 $1s\beta$에 있다. 전자가 서로 구별되지 않으므로 어느 파동함수도 어느 전자가 어느 스핀궤도에 있는지를 지정하지 못한다.

바닥상태 헬륨원자의 파동함수로 두 파동함수 Ψ_1, Ψ_2가 모두 가능하나 실험적으로는 파동함수 Ψ_2만이 바닥상태 헬륨원자를 기술할 수 있다. Ψ_2는 전자를 교환하면 부호가 바뀌는 성질이 있음을 주목하여라.

$$\Psi_2(2,1) = \psi(2,1) - \psi(1,2) = -\Psi_2(1,2) \tag{9-40}$$

$\Psi_2(1,2)$는 두 전자의 교환에 대해 반대칭이다. Ψ_2만이 헬륨원자의 바닥상태를 기술한다는 관측은 Pauli의 배타원리에 대한 한 예에 불과하다.

가설 6 모든 전자 파동함수는 어느 두 전자의 교환에 대해 반대칭이어야 한다.

9.5 절에서는 가설 6이 더 친숙한 Pauli의 배타원리, 즉 원자의 두 전자가 같은 네 개의 양자수 n, l, m_l, m_s 값을 가질 수 없다는 의미를 내포하고 있다는 것을 보일 것이다.

예제 9-4 9-39 식의 $\Psi_2(1,2)$는 그대로는 정규화 되어 있지 않다. $1s$ 부분이 정규화 되어 있을 때 $\Psi_2(1,2)$의 정규화상수를 구하여라.

풀이 다음 식에서 c를 결정하여야 한다.

$$I = c^2 < \Psi_2(1,2)|\Psi_2(1,2) > = 1$$

먼저 $\Psi_2(1,2)$를 공간 성분과 스핀 성분으로 나누면

$$\begin{aligned}\Psi_2(1,2) &= 1s(1)1s(2)[\alpha(1)\beta(2) - \alpha(2)\beta(1)] \\ &= 1s(\boldsymbol{r}_1)1s(\boldsymbol{r}_2)[\alpha(\sigma_1)\beta(\sigma_2) - \alpha(\sigma_2)\beta(\sigma_1)]\end{aligned} \quad (9\text{-}41)$$

이고 정규화를 위한 적분은 세 적분의 곱이 된다.

$$I = c^2 < 1s(1)|1s(1) >< 1s(2)|1s(2) >< \alpha(1)\beta(2) - \alpha(2)\beta(1)|\alpha(1)\beta(2) - \alpha(2)\beta(1) >$$

공간 성분에 대한 적분은 정규화 된 $1s$ 궤도를 취하였으므로 1이다. 이제 스핀 적분에 대해 살펴보자. 피적분 함수의 두 항을 곱하면 네 개의 적분을 얻는데 그 중 하나는 다음과 같다.

$$\begin{aligned}\int\int \alpha^*(\sigma_1)\beta^*(\sigma_2)\alpha(\sigma_1)\beta(\sigma_2)d\sigma_1 d\sigma_2 &= < \alpha(1)\beta(2)|\alpha(1)\beta(2) > \\ &= < \alpha(1)|\alpha(1) >< \beta(2)|\beta(2) > = 1\end{aligned}$$

다시 말하지만 σ_1과 σ_2는 불연속적인 변수들이기 때문에 이들에 대한 적분은 단지 상징적이다. 다른 하나는

$$< \alpha(1)\beta(2)|\alpha(2)\beta(1) > = < \alpha(1)|\beta(1) >< \beta(2)|\alpha(2) > = 0$$

이다. 다른 두 적분은 하나는 0 하나는 1이므로

$$I = c^2 < \Psi_2(1,2)|\Psi_2(1,2) > = 2c^2 = 1$$

에서 $c = 1/\sqrt{2}$ 이다.

9.5 반대칭 파동함수는 Slater 행렬식으로 표시된다.

이제 스핀을 도입하고 반대칭 파동함수를 사용해야한다는 것을 알았으므로 9-2 절에서 헬륨원자를 다룰 때 왜 파동함수에서 스핀 성분을 무시할 수 있었는지를 살펴보아야 한다. 그 이유는 Ψ_2가 예제 9-4의 9-41 식처럼 스핀 성분과 공간 성분으로 나누어질 수 있기 때문이다. 9.2 절에서는 Ψ_2의 공간 성분만을 사용하였으며 공간 성분은 단지 두 Slater $1s$ 궤도의 곱이다. 헬륨원자의 바닥상태 에너지를 계산하기 위해 Ψ_2를 사용하면 다음을 얻을 수 있다.

$$E = \frac{< \Psi_2(1,2)|\hat{H}|\Psi_2(1,2) >}{< \Psi_2(1,2)|\Psi_2(1,2) >} \tag{9-42}$$

9-42 식의 분자는

$$\begin{aligned} &\int dr_1 dr_2 d\sigma_1 d\sigma_2 1s^*(r_1)1s^*(r_2)[\alpha^*(\sigma_1)\beta^*(\sigma_2) - \alpha^*(\sigma_2)\beta^*(\sigma_1)]\hat{H} \\ &\quad \times 1s(r_1)1s(r_2)[\alpha(\sigma_1)\beta(\sigma_2) - \alpha(\sigma_2)\beta(\sigma_1)] \end{aligned} \tag{9-43}$$

이다. Hamiltonian 연산자는 스핀 연산자를 포함하고 있지 않으므로 스핀함수에는 영향을 주지 않고 따라서 9-43의 적분을 다음과 같이 쓸 수 있다.

$$\begin{aligned} &\int 1s^*(r_1)1s^*(r_2)\hat{H}1s(r_1)1s(r_2)dr_1 dr_2 \\ &\times \int [\alpha^*(\sigma_1)\beta^*(\sigma_2) - \alpha^*(\sigma_2)\beta^*(\sigma_1)][\alpha(\sigma_1)\beta(\sigma_2) - \alpha(\sigma_2)\beta(\sigma_1)]d\sigma_1 d\sigma_2 \end{aligned} \tag{9-44}$$

예제 9-4에서 스핀에 대한 총 적분이 2가 됨을 보였으며 9-42 식의 분모에서 스핀에 대한 적분 역시 2이다. 따라서 9-42 식은 다음과 같이 된다.

$$E = \frac{\int \psi^*(r_1,r_2)\hat{H}\psi(r_1,r_2)dr_1 dr_2}{\int \psi^*(r_1,r_2)\psi(r_1,r_2)dr_1 dr_2} \tag{9-45}$$

이때 $\psi(r_1,r_2)$는 $\Psi(1,2)$의 공간성분이다. 9-45 식은 9-42 식과 동등한 식이다. 이제 알아야할 중요한 점은 파동함수를 공간 성분과 스핀 성분으로 나눌 수 있는 것은 일반적인 것이 아니라는 점이다.

두 전자계에서 반대칭 파동함수를 쓰는 것은 상당히 쉬운 일이나 N-전자 파동함수에 대해 N-스핀궤도의 세트를 이용해 반대칭 파동함수를 얻는 경우 어떻게 할 것인가? 1930 년대 초 Slater는 반대칭 파동함수를 얻는 방법으로 행렬식(수학 F)을 도입하였다. 9-41 식을 예로 들면 Ψ를 다음의 형태로 쓸 수 있다는 것을 알 수 있다.(하첨자 2를 생략하고)

$$\Psi(1,2)=\begin{vmatrix}1s\alpha(1) & 1s\beta(1)\\ 1s\alpha(2) & 1s\beta(2)\end{vmatrix} \tag{9-46}$$

9-41 식은 이 행렬식을 전개하여 얻어진다. 9-46 식으로 주어지는 파동함수 $\Psi(1,2)$를 행렬식형 파동함수(determinantal wave function)라고 부른다.

이 행렬식에는 두 가지 중요한 성질이 있다. 첫 번째는 이 행렬식의 어느 두 열(column)이나 행(row)을 교환하면 부호가 바뀐다는 점이다. 두 번째는 어느 두 행이나 열이 같으면 행렬식이 영이 된다는 것이다.(수학 F)

행렬식형 파동함수 $\Psi(1,2)$ (9-46 식)에서 두 전자를 교환하면 두 행을 교환하는 것과 같게 되고 따라서 $\Psi(1,2)$의 부호가 바뀐다. 또한 두 전자를 같은 스핀궤도에 있게 하면, 예를 들어, $1s\alpha$ 스핀궤도에 있게 하면 $\Psi(1,2)$는

$$\Psi(1,2)=\begin{vmatrix}1s\alpha(1) & 1s\alpha(1)\\ 1s\alpha(2) & 1s\alpha(2)\end{vmatrix}=0$$

이 된다. 이 행렬식은 두 열이 같으므로 영이 된다. 따라서 파동함수를 행렬식으로 표시하면 자동적으로 Pauli 배타원리를 만족시키는 것을 알 수 있다. 행렬식형 파동함수는 언제나 반대칭이고 어느 두 전자가 같은 네 개의 양자수를 가지면, 즉 두 전자가 같은 스핀궤도에 있으면 영이 된다.

행렬식형 파동함수에 대한 논의를 마치기 전에 한 가지 더 고려해야할 것이 있다. 예제 9-4에서 9-46 식에 주어진 $\Psi(1,2)$의 정규화상수가 $1/\sqrt{2}$ 임을 보였다. 따라서

$$\Psi(1,2)=\frac{1}{\sqrt{2}}\begin{vmatrix}1s\alpha(1) & 1s\beta(1)\\ 1s\alpha(2) & 1s\beta(2)\end{vmatrix} \tag{9-47}$$

은 정규화 된 두 전자의 행렬식형 파동함수가 된다. $1/\sqrt{2}$ 인자는 $\Psi(1,2)$가 정규화 된 것을 확실히 보여준다.

위에서 두 전자계를 예로 행렬식형 파동함수를 얻었다. 이것을 N-전자계로 일반화하기 위해 $N\times N$ 행렬식을 이용한다. 또한 이 경우 정규화상수가 $1/\sqrt{N!}$ 임을 보일 수 있고 (연습문제 9-27) 따라서 N-전자계의 행렬식형 파동함수는 다음과 같이 된다.

$$\Psi(1,2,\cdots,N)=\frac{1}{\sqrt{N!}}\begin{vmatrix} u_1(1) & u_2(1) & \cdots & u_N(1) \\ u_1(2) & u_2(2) & \cdots & u_N(2) \\ \vdots & \vdots & & \vdots \\ u_1(N) & u_2(N) & \cdots & u_N(N) \end{vmatrix} \quad (9\text{–}48)$$

이때 9–48 식의 u는 스핀궤도이다. $\Psi(1,2,\cdots,N)$은 두 전자(행)를 교환하면 부호가 바뀌고 두 전자가 같은 스핀궤도에 있으면(두 열이 같음) 영이 됨을 주목하여라.

이제 리튬원자에 대해 생각해 보자. 행렬식형 파동함수에서 두 열이 같게 되므로 세 개의 전자를 같은 1s 궤도에 있게 할 수 없다. 따라서 리튬원자의 적합한 파동함수는

$$\Psi(1,2,3)=\frac{1}{\sqrt{3!}}\begin{vmatrix} 1s\alpha(1) & 1s\beta(1) & 2s\alpha(1) \\ 1s\alpha(2) & 1s\beta(2) & 2s\alpha(2) \\ 1s\alpha(3) & 1s\beta(3) & 2s\alpha(3) \end{vmatrix}$$

으로 쓸 수 있다.

예제 9–5 베릴륨원자의 행렬식형 파동함수를 써보아라.

풀이 바닥상태 베릴륨원자의 전자배치는 $1s^2 2s^2$이므로

$$\Psi(1,2,3,4)=\frac{1}{\sqrt{4!}}\begin{vmatrix} 1s\alpha(1) & 1s\beta(1) & 2s\alpha(1) & 2s\beta(1) \\ 1s\alpha(2) & 1s\beta(2) & 2s\alpha(2) & 2s\beta(2) \\ 1s\alpha(3) & 1s\beta(3) & 2s\alpha(3) & 2s\beta(3) \\ 1s\alpha(4) & 1s\beta(4) & 2s\alpha(4) & 2s\beta(4) \end{vmatrix}$$

이다.

행렬식형 파동함수에서 최적화 된 스핀궤도의 공간 성분을 결정하는 표준 방법은 이제부터 다음 절에서 논의하고자 하는 Hartree–Fock 자체일관성 장(Self Consistent Field: SCF) 방법이다.

9.6 Hartree–Fock 방법은 반대칭 파동함수를 사용한다.

헬륨원자의 Hartree–Fock 방법에 대해 9.3 절에서 논의하였다. 이 계의 Hartree–Fock 방정식은 9–21 식으로 주어지고 여기에서 $\hat{H}_1^{eff}$는 9–20 식으로 주어진다. 헬륨원자는 특별한 경우로 Slater 행렬식이 공간 성분과 스핀 성분으로 나뉘어, 9–18 식을 헬륨원자의 파동함수로 사용할 수 있다. 전자가 두 개 이상 있는 원자에서는 이렇게 스핀 성분과 공간 성분을 분리할 수 없고 따라서 9–48 식과 같은 완전한 Slater 행렬식에서

부터 출발하여야 한다. 세 개 또는 그 이상의 전자를 갖고 있는 원자에 대해 Hartree-Fock 방법을 적용하는 것은 파동함수의 행렬식 성질 때문에 새로운 항을 추가해야 한다. 간단히 하기 위해 N 개의 공간 궤도가 이중으로 차있는 것을 나타내는 닫힌 껍질 계를 고려해 보기로 한다. 이 경우 원자의 파동함수는 한 개의 Slater 행렬식으로 주어진다.

$2N$-전자 원자의 Hamiltonian 연산자는

$$\begin{aligned}\hat{H} &= -\frac{1}{2}\sum_{j=1}^{2N}\nabla_j^2 - \sum_{j=1}^{2N}\frac{Z}{r_j} + \sum_{i=1}^{2N}\sum_{j>i}\frac{1}{r_{ij}} \\ &= \sum_{j=1}^{2N}\hat{h}_j + \sum_{j=1}^{2N}\sum_{j>i}\frac{1}{r_{ij}} \end{aligned} \tag{9-49}$$

$$\hat{h}_j = -\frac{1}{2}\nabla_j^2 - \frac{Z}{r_j} \tag{9-50}$$

이고 파동함수는 다음과 같다.

$$\Psi(1,2,\cdots,2N) = \frac{1}{\sqrt{(2N)!}}\begin{vmatrix} \psi_1\alpha(1) & \psi_1\beta(1) & \cdots & \psi_N\alpha(1) & \psi_N\beta(1) \\ \psi_1\alpha(2) & \psi_1\beta(2) & \cdots & \psi_N\alpha(2) & \psi_N\beta(2) \\ \vdots & \vdots & & \vdots & \vdots \\ \psi_1\alpha(2N) & \psi_1\beta(2N) & \cdots & \psi_N\alpha(2N) & \psi_N\beta(2N) \end{vmatrix} \tag{9-51}$$

에너지는 다음으로 주어지고

$$\begin{aligned} E &= < \Psi(1,2,\cdots,2N)|\hat{H}|\Psi(1,2,\cdots,2N) > \\ &= \int\cdots\int dr_1 d\sigma_1 \cdots dr_{2N} d\sigma_{2N} \Psi^*(1,2,\cdots,2N)\hat{H}\Psi(1,2,\cdots,2N) \end{aligned} \tag{9-52}$$

9-52 식이 다음과 같이 된다는 것을 보이는 것은 쉬운 일이며 또한 연습해 볼 만한 가치가 있다(연습문제 9-28).

$$E = 2\sum_{j=1}^{N} I_j + \sum_{i=1}^{N}\sum_{j=1}^{N}(2J_{ij} - K_{ij}) \tag{9-53}$$

$$I_j = \int dr_1 \psi_j^*(r_1)\hat{h}_j(r_1)\psi_j(r_1) \tag{9-54}$$

$$J_{ij} = \int\int dr_1 dr_2 \psi_i^*(r_1)\psi_j^*(r_2)\frac{1}{r_{12}}\psi_i(r_1)\psi_j(r_2) \tag{9-55}$$

$$K_{ij} = \int\int dr_1 dr_2 \psi_i^*(r_1)\psi_j^*(r_2)\frac{1}{r_{12}}\psi_i(r_2)\psi_j(r_1) \tag{9-56}$$

9-53 식에서 2는 N 개의 전자가 스핀함수 α 그리고 N 개의 전자가 스핀함수 β를 갖

는 $2N$ 개의 전자가 있는 닫힌 껍질 계를 고려하고 있기 때문에 도입되었다. J_{ij} 적분을 쿨롬적분이라고 부르고 K_{ij} 적분은 $i \neq j$이면 교환적분이라고 부른다. 그러나 $i = j$이면 $K_{ii} = J_{ii}$가 됨을 주목하여라.

예제 9-6 헬륨원자에 대한 9-53 식이 9-23 식과 같아지는 것을 보여라.

풀이 헬륨원자에 대해서는 9-53 식에서 $N = 1$ 임을 주목하여라. 헬륨원자에 9-53 식을 적용하면 9-53 식은 다음과 같이 된다.

$$E = 2I_1 + 2J_{11} - K_{11}$$

J_{ij}와 K_{ij}의 정의로부터 (9-55 식, 9-56 식) $J_{11} = K_{11}$이고 따라서

$$E = 2I_1 + J_{11}$$

이다. 그러나 이 식은 9-23 식과 표현 방법 만 다를 뿐 같은 식이다.

논의를 더 진행하기 전에 9-54 식에서부터 9-56 식까지의 모양에 대해 살펴보자. 먼저 9-54 식은 단지 한 개의 전자에 대한 공간 적분만을 포함하고 있다. 그 이유는 연산자 $-\nabla_j^2/2 - Z/r_j = \hat{h}_j$가 일전자 연산자이기 때문이다. 따라서 9-52 식에서 나타나는 다음 적분을 수행할 때

$$I_j = \int \cdots \int d\mathbf{r}_1 d\sigma_1 \cdots d\mathbf{r}_{2N} d\sigma_{2N} \Psi^*(1,2,\cdots,2N)\hat{h}_j \Psi(1,2,\cdots,2N) \tag{9-57}$$

$\mathbf{r}_j$를 제외한 모든 좌표에 대해(공간과 스핀) 적분할 수 있게 된다. 9-57 식의 적분에서 피적분 함수의 표시를 바꾸어도 적분의 결과는 변하지 않으므로 $\mathbf{r}_j$를 $\mathbf{r}_1$으로 하면 이제 하첨자 j가 공간궤도를 표시하는 9-54 식으로 된다.

J_{ij} 및 K_{ij} 형의 적분은 이 경우 연산자 $1/r_{ij}$가 $1/|\mathbf{r}_i - \mathbf{r}_j|$인 두 전자 연산자이기 때문에 두 전자의 공간좌표에 대한 적분을 포함하게 된다. 따라서 J_{ij} 및 K_{ij}를 구하는 적분을 수행할 때에는 $\mathbf{r}_i$와 $\mathbf{r}_j$를 제외한 모든 공간 그리고 스핀좌표에 대해 적분할 수 있다, 이제 $\mathbf{r}_i$와 $\mathbf{r}_j$를 $\mathbf{r}_1$과 $\mathbf{r}_2$로 다시 표시하면 9-54 식과 9-56 식으로 되고 지표 i와 j는 공간궤도를 표시하게 된다.

적분의 형태로부터 이제 9-49 식의 Hamiltonian 연산자가 단지 일전자 및 두 전자 연산자만을 포함하고 있기 때문에 세 개 또는 그 이상의 전자의 좌표에 대한 적분을 갖지 않는다는 것을 알 수 있다.

공간궤도 $\psi_i(\mathbf{r}_i)$는 9-52 식과 9-53 식에 변분원리를 적용하여 결정한다. 이렇게 하

면 다음과 같은 방정식을 얻는다.

$$\hat{F}(\boldsymbol{r}_1)\psi_i(\boldsymbol{r}_1) = \varepsilon_i\psi_i(\boldsymbol{r}_1) \qquad i = 1,2,\cdots N \tag{9-58}$$

9-58 식의 고유치를 Hartree-Fock 궤도에너지라고 부른다. 연산자 $\hat{F}(\boldsymbol{r}_1)$은 Fock 연산자라고 부르며

$$\hat{F}(\boldsymbol{r}_1) = \hat{h}(\boldsymbol{r}_1) + \sum_j^N [2\hat{J}_j(\boldsymbol{r}_1) - \hat{K}_j(\boldsymbol{r}_1)] \tag{9-59}$$

$$\hat{h}(\boldsymbol{r}_1) = -\frac{1}{2}\nabla_1^2 - \frac{Z}{r_1} \tag{9-60}$$

이다. 쿨롬연산자 $\hat{J}_j(\boldsymbol{r}_1)$는

$$\hat{J}_j(\boldsymbol{r}_1)\psi_i(\boldsymbol{r}_1) = \psi_i(\boldsymbol{r}_1)\int d\boldsymbol{r}_2\psi_j{}^*(\boldsymbol{r}_2)\frac{1}{r_{12}}\psi_j(\boldsymbol{r}_2) \tag{9-61}$$

이며 교환연산자 $\hat{K}_j(\boldsymbol{r}_1)$은 다음으로 주어진다.

$$\hat{K}_j(\boldsymbol{r}_1)\psi_i(\boldsymbol{r}_1) = \psi_j(\boldsymbol{r}_1)\int d\boldsymbol{r}_2\psi_j{}^*(\boldsymbol{r}_2)\frac{1}{r_{12}}\psi_i(\boldsymbol{r}_2) \tag{9-62}$$

N 개의 공간궤도가 있기 때문에 Fock 연산자 $\hat{F}(\boldsymbol{r})$의 합이 1 부터 N 까지임을 주의하여라. 또한 $\psi_i(\boldsymbol{r}_1)$에 쿨롬연산자를 연산하면 $\psi_i(\boldsymbol{r}_1)$에 $\boldsymbol{r}_1$이 곱해진 함수가 얻어지지만, 교환연산자는 다르게 연산되어 연산된 함수가 적분 기호 안으로 들어가게 된다는 것을 주의하여라.

i 번째 원자궤도의 에너지를 구하기 위해 9-58 식의 왼편으로부터 $\psi_i^*(\boldsymbol{r}_1)$을 곱하고 $\boldsymbol{r}_1$에 대해 적분하면

$$\varepsilon_i = \int d\boldsymbol{r}_1\psi_i{}^*(\boldsymbol{r}_1)\hat{F}(\boldsymbol{r}_1)\psi_i(\boldsymbol{r}_1) \tag{9-63}$$

을 얻는다. Fock 연산자에 대해 위의 정의를 사용하면 9-63 식은

$$\varepsilon_i = I_i + \sum_{j=1}^N (2J_{ij} - K_{ij}) \tag{9-64}$$

이 된다. 여기에서 I_i, J_{ij}, K_{ij}는 각각 9-54, 9-55, 9-56 식에 주어져 있다. 이 결과를 9-53 식과 비교하면

$$E = \sum_{i=1}^{N} (I_i + \varepsilon_i) \tag{9-65}$$

임을 알 수 있다. E가 단순히 Hartree-Fock 궤도에너지의 합이 아님을 주목하여라.

9-58 식에서부터 9-62 식 까지를 Hartree-Fock 방정식이라고 부른다. 이미 살펴본 대로 Hartree-Fock 방정식은 자체일관성 방법으로 풀어야만 하며, $\hat{F}(\boldsymbol{r})$을 계산하기 위해 $\psi_i(\boldsymbol{r})$을 먼저 가정하고 계산된 $\hat{F}(\boldsymbol{r})$을 이용하여 새로운 세트의 $\psi_i(\boldsymbol{r})$을 계산하는 과정을 자체일관성을 갖는 세트의 궤도가 얻어질 때까지 반복한다.

이장의 끝에 있는 부록에서 헬륨원자에 대해 $1s$ 원자궤도를 두 개의 Slater 궤도의 선형결합으로 하여 간단한 Hartree-Fock 계산을 수행하였다. 이 방법은 컴퓨터가 사용되기 시작한 1950 년대에 Chicago 대학의 Clemens Roothaan에 의해 개발되어, 원자궤도 ψ_i를 함수 $\phi_\nu(\boldsymbol{r})$, $\nu = 1, \cdots, K$의 선형결합

$$\psi = \sum_{\nu=1}^{K} c_\nu \phi_\nu \tag{9-66}$$

로 하며 이때 함수는 꼭 필요하지는 않으나 보통 Slater 궤도를 사용한다. 이 함수의 세트 $\{\phi_\nu\}$를 기저세트(basis set)라고 부르며 실제 함수들을 기저함수(basis functions)라고 부른다. 기저세트가 커짐에 따라 9-66 식의 전개는 점점 원자궤도를 정확히 기술하게 되고 결국 더 이상 궤도를 개선할 수 없는 한계에 도달하게 된다. 이 한계를 Hartree-Fock 한계라고 부르며 최고의 원자궤도를 준다. 그러나 Hartree-Fock 근사가 각각의 전자가 다른 모든 전자들의 평균 위치에너지를 경험한다는 가정을 하고 있는 한 이 최적의 원자궤도도 실제 원자궤도에 비하면 근사적이다. 다시 말해서 전자의 운동에 상관관계가 없다. 실제 파동함수는 한 개의 Slater 행렬식으로 쓸 수 없다.

9-66 식을 9-58 식에 대입하면

$$\hat{F}(\boldsymbol{r}_1)\left[\sum_{\nu=1}^{K} c_\nu \phi_\nu(\boldsymbol{r}_1)\right] = \varepsilon \sum_{\nu=1}^{K} c_\nu \phi_\nu(\boldsymbol{r}_1) \tag{9-67}$$

이 된다. 양 변에 왼편으로부터 $\phi_\mu{}^*(\boldsymbol{r}_1)$을 곱하고 $\boldsymbol{r}_1$에 대해 적분하면

$$\sum_\nu c_\nu \int d\boldsymbol{r}_1 \phi_\mu{}^*(\boldsymbol{r}_1)\hat{F}(\boldsymbol{r}_1)\phi_\nu(\boldsymbol{r}_1) = \varepsilon \sum_\nu c_\nu \int d\boldsymbol{r}_1 \phi_\mu{}^*(\boldsymbol{r}_1)\phi_\nu(\boldsymbol{r}_1)$$

이 되고 이제 겹침행렬 **S**를 다음의 요소로 정의하자.

$$S_{\mu\nu} = \int d\boldsymbol{r}_1 \phi_\mu{}^*(\boldsymbol{r}_1)\phi_\nu(\boldsymbol{r}_1) \tag{9-68}$$

또한 Fock 행렬 **F**를 다음 요소로 정의하자.

$$F_{\mu\nu} = \int dr_1 \phi_\mu{}^*(r_1)\hat{F}(r_1)\phi_\nu(r_1) \qquad (9-69)$$

이 두 행렬은 모두 $K\times K$ 에르미트 행렬이며 보통 그러 하듯이 기저세트를 실수 함수들의 세트로 취하면 실수 그리고 대칭행렬이 된다.

이 정의를 이용하면 9-58 식의 Hartree-Fock 방정식은

$$\sum_\nu F_{\mu\nu} c_\mu = \varepsilon \sum_\nu S_{\mu\nu} c_\nu \qquad \mu = 1, 2, \cdots, K \qquad (9-70)$$

이 된다. 9-70 식은 c_ν에 대한 연립방정식이고 이 식을 Hartree-Fock-Roothaan 방정식이라고 부른다. 이 식은 간단히 행렬을 이용하면

$$\mathbf{Fc} = \varepsilon \mathbf{Sc} \qquad (9-71)$$

로 쓸 수 있고 여기에서 **F**와 **S**는 $K\times K$ 행렬, **c**는 $K\times 1$ 열 벡터이다. 이 방정식은 $K\times K$ 영년행렬식을 주고 이 식을 풀면 K 개의 궤도에너지 ε 그리고 K 개의 원자궤도를 얻을 수 있는 K 개의 고유벡터 **c**를 준다. 9-71 식은 8-38 식과 유사해 보이지만 차이가 있다. 9-71 식의 행렬 **F**는 c_ν에 의존한다. 따라서 9-70 식과 9-71 식은 선형 연립방정식이 아니다. 따라서 9-71 식은 자체일관성 방법으로 풀어야 한다. 부록에서 수행된 계산은 $K=2$에 대해 구한 9-71 식의 해이다.(9-32 식)

9.7 Hartree-Fock-Roothaan 원자궤도는 온라인상에서 구할 수 있다.

Hartree-Fock-Roothaan 방법은 원자 및 분자궤도 계산에 널리 사용되고 있다. 1960 년 대 이러한 종류의 일은 특히 Chicago 대학의 Enrico Clementi와 그의 동료들에 의해 수없이 많이 수행되었다. 예를 들어, 헬륨에 대해 다음 다섯 항을 갖는 원자궤도가

$$\begin{aligned}\phi_{1s}(r) = {} & 0.76838 S_{1s}(\zeta = 1.41714) + 0.22346 S_{1s}(\zeta = 2.37682) + 0.004082 S_{1s}(\zeta = 4.39628) \\ & - 0.00994 S_{1s}(\zeta = 0.52699) + 0.00230 S_{1s}(\zeta = 7.84252)\end{aligned}$$

에너지 $-2.861680E_h$를 주는 것을 알았다. 이 계산에서 시간을 요하는(값 비싼) 과정은 비선형 최적화에 의해 구해지는 지수를 결정하는 부분이다. 이 결과의 값진 점은 단지 Hartree-Fock 원자궤도를 결정한 것뿐이 아니라 이 후 분자 계산에 사용할 수 있는 최고의 지수 세트를 제공하고 있다는 것이다. 따라서 분자 계산에서는 단지 원자궤도의 선형계수들만을 최적화 하면 된다. 이 결과 얻어지는 분자의 에너지와 해당되는 분자궤도가 얻을 수 있는 최고의 것은 아니지만(궤도에서 지수가 고정되어 있으므로) 완전한 최적화(휠씬 더 시간과 노력이 요구되는)에 의해 얻어지는 분자의 에너지 및 분자궤도와

거의 구별이 되지 않는다. 이 점에 대해서는 12 장에서 더 논의하기로 한다.

Hartree-Fock-Roothaan 방법에 의해 계산된 원자궤도는 Carlos Bunge와 그의 동료들에 의해 다시 계산되어 다음 온라인상에서 구할 수 있다. http://www.ccl.net/cca/data/atomic-RHF-wavefunctions/tables 그림 9-3은 이 웹사이트에서 헬륨원자에 대한 결과와 인용문헌에 대한 처음 몇 행을 보여주는 창이다.

```
           ROOTHAAN-HARTREE-FOCK GROUND STATE ATOMIC WAVE FUNCTIONS

       Slater-type orbital expansions and expectation values for Z=2-54

       Reference: C.F.Bunge, J.A.Barrientos and A.V.Bunge,
                  Atomic Data and Nuclear Data Tables 53,113-162(1993)

       Complementary reference:
                  C.F.Bunge, J.A.Barrientos, A.V.Bunge and J.A.Cogordan,
                  Phys. Rev. A46,3691-3696(1992).


  HELIUM, Z=2     1s(2)  1S

  TOTAL ENERGY       KINETIC ENERGY      POTENTIAL ENERGY      VIRIAL RATIO
  -2.861679993        2.861681613         -5.723361606         -1.999999434

  RHOat0 = 22.593709    Kato cusp = 1.999972

                     1s
  ORB.ENERGY     -0.917955
  <R>             0.927272
  <R**2>          1.184820
  <1/R>           1.687283
  <1/R**2>        5.995503

  1S    1.4595    1.347900
  3S    5.3244   -0.001613
  2S    2.6298   -0.100506
  2S    1.7504   -0.270779
```

그림 9-3 헬륨원자의 Hartree-Fock-Roothaan 바닥상태 원자 파동함수를 보여주는 웹사이트 http://www.ccl.net/cca/data/atomic-RHF-wavefunctions/tables 창의 처음 부분

이제 그림의 마지막 결과에 주어진 SCF 원자궤도에 대해 살펴보자. 첫 번째 열은 Slater 궤도의 종류, 두 번째 열은 Slater 궤도의 지수항 그리고 세 번째 열은 선형 계수들을 주고 있다. 따라서 헬륨원자의 SCF 궤도는

$$\psi_{1s} = 1.347900 S_{1s}(\zeta = 1.4595) - 0.001613 S_{3s}(\zeta = 5.3244) \\ - 0.100506 S_{2s}(\zeta = 2.6298) - 0.270779 S_{2s}(\zeta = 1.7504) \tag{9-72}$$

$$S_{ns}(\zeta) = \frac{(2\zeta)^{n+\frac{1}{2}}}{[4\pi(2n)!]^{1/2}} r^{n-1} e^{-\zeta r} \tag{9-73}$$

이다. 연습문제 9-32에서 ψ_{1s}가 정규화 되어 있음을 보이도록 하였다. 그림 9-4 에는 이 SCF 파동함수와 부록에서 계산된 함수와를 비교하였는데 두 파동함수가 근본적으로 구별 불가능함을 보이고 있다.

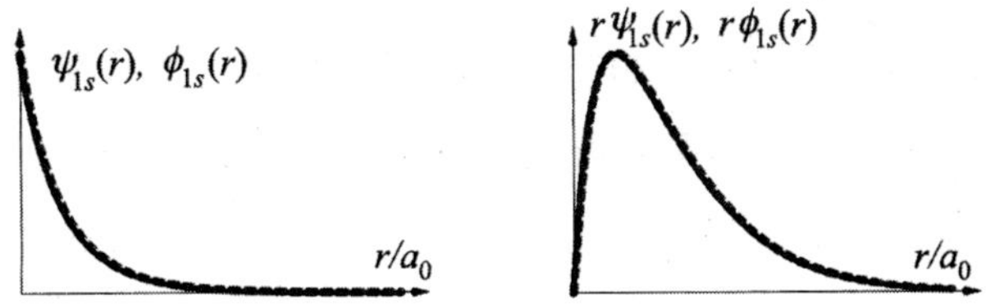

그림 9-4 헬륨원자에 대해 9-72 식의 SCF 파동함수(실선)와 부록에서 계산된 함수(점선)와의 비교

```
LITHIUM, Z=3     1s(2)2s(1)  2S

TOTAL ENERGY        KINETIC ENERGY      POTENTIAL ENERGY      VIRIAL RATIO
-7.432726924          7.432726876         -14.86545380        -2.000000007

RHOat0 = 87.852850    Kato cusp = 2.000847

                   1s          2s
ORB.ENERGY     -2.477741   -0.196323
<R>             0.573125    3.873661
<R**2>          0.446803   17.738419
<1/R>           2.685034    0.345391
<1/R**2>       14.888309    0.435420

1S    4.3069    0.141279   -0.022416
1S    2.4573    0.874231   -0.135791
3S    6.7850   -0.005201    0.000389
2S    7.4527   -0.002307   -0.000068
2S    1.8504    0.006985   -0.076544
2S    0.7667   -0.000305    0.340542
2S    0.6364    0.000760    0.715708
```

그림 9-5 웹사이트 http://www.ccl.net/cca/data/atomic-RHF-wavefunctions/tables에서 보이는 리튬원자에 대한 결과

그림 9-5는 리튬원자에 대한 SCF 결과를 보여주고 있다. 이 경우에는 고려해야 하는 궤도가 $1s$, $2s$ 두 개가 있다. 마지막 세트의 결과에서 첫 번째 열은 Slater 궤도의 종류, 두 번째 열은 Slater 궤도의 지수항, 세 번째 열은 $1s$ 궤도의 선형 계수들 그리고 네 번째 열은 $2s$ 궤도의 선형 계수들을 주고 있다. 여기에서 알아야 할 것은 $1s$ 궤도와 $2s$ 궤도가 같은 지수항을 갖는 같은 Slater 궤도를 공유한다는 점이다. 즉, $1s$ 궤도와 $2s$ 궤도를 Slater 궤도로 전개할 때 전개 항의 계수만이 다르다. 이러한 점이 분자궤도에서

전형적으로 나타남을 알게 될 것이다. 리튬원자의 1s 궤도와 2s 궤도는

$$\psi_{1s} = 0.141279S_{1s}(\zeta = 4.3069) + 0.874231S_{1s}(\zeta = 2.4573) - 0.005201S_{3s}(\zeta = 6.7850)$$
$$- 0.002307S_{2s}(\zeta = 7.4527) + 0.006985S_{2s}(\zeta = 1.8504) - 0.000305S_{2s}(\zeta = 0.7667)$$
$$+ 0.000760S_{2s}(\zeta = 0.6364)$$

$$\psi_{2s} = - 0.022416S_{1s}(\zeta = 4.3069) - 0.135791S_{1s}(\zeta = 2.4573) + 0.000389S_{3s}(\zeta = 6.7850)$$
$$- 0.000068S_{2s}(\zeta = 7.4527) - 0.076544S_{2s}(\zeta = 1.8504) + 0.340542(\zeta = 0.7667)$$
$$+ 0.715708(\zeta = 0.6364)$$

이다. 연습문제 9-33에서는 ψ_{1s}와 ψ_{2s}가 직교함을 보이도록 하였다. 리튬원자의 SCF 전자밀도는

$$\rho(r) = 2\psi_{1s}^2(r) + \psi_{2s}^2(r) \tag{9-74}$$

로 주어지며 그림 9-6에 도시하였다. 그림에서 껍질의 구조가 나타남을 주목하여라.(연습문제 9-34에서 9-74 식이 리튬원자의 전자 확률밀도가 됨을 보이도록 할 것이다.)

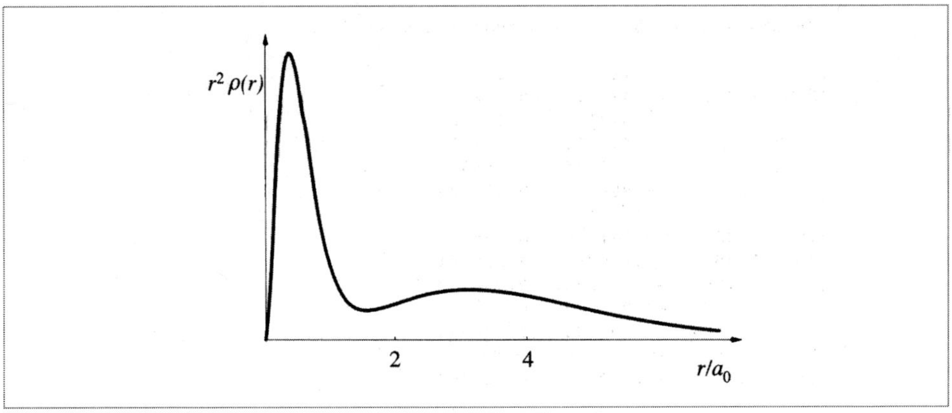

그림 9-6 9-74 식을 이용하여 계산된 리튬원자의 SCF 전자 확률밀도.

예제 9-7 웹사이트 http://www.ccl.net/cca/data/atomic-RHF-wavefunctions/tables에서 베릴륨원자의 2s 궤도를 찾아 써보아라.

풀이 웹사이트에서 찾은 궤도에 대한 자료는 다음과 같다.
따라서

$$\psi_{2s} = 0.016378S_{1s}(\zeta = 5.7531) = 0.155006S_{1s}(\zeta = 3.7156) + 0.000426S_{3s}(\zeta = 9.9670)$$
$$- 0.059234S_{3s}(\zeta = 3.7128) - 0.031925S_{2s}(\zeta = 4.4661) + 0.387968S_{2s}(\zeta = 1.2919)$$
$$+ 0.685674S_{2s}(\zeta = 0.8555)$$

이다.

```
BERYLLIUM, Z=4     1s(2)2s(2)  1S

TOTAL ENERGY        KINETIC ENERGY        POTENTIAL ENERGY        VIRIAL RATIO
-14.57302313          14.57302427           -29.14604740          -1.999999922

RHOat0 = 222.35057    Kato cusp = 2.000214

                  1s          2s
ORB.ENERGY    -4.732669   -0.309269
<R>            0.414994    2.649396
<R**2>         0.232955    8.426147
<1/R>          3.681877    0.522523
<1/R**2>      27.753395    1.055640

1S   5.7531    0.285107   -0.016378
1S   3.7156    0.474813   -0.155066
3S   9.9670   -0.001620    0.000426
3S   3.7128    0.052852   -0.059234
2S   4.4661    0.243499   -0.031925
2S   1.2919    0.000106    0.387968
2S   0.8555   -0.000032    0.685674
```

Koopmans의 근사에 따르면 9-58 식의 ε_i는 i 번째 궤도에 있는 전자의 이온화에너지이다. 표 9-3에서는 네온과 아르곤에 대해 Koopmans의 근사에 의한 이온화에너지와 중성원자와 이온의 Hartree-Fock 에너지를 빼서 구한 이온화에너지를 비교하였다. Koopmans의 근사가 직접 계산한 결과와 거의 같은 결과를 준다는 것을 볼 수 있을 것이다. 그림 9-7에는 수소에서부터 제논 까지 원자번호의 함수로 이온화에너지를 도시하였다. 그림에는 Koopmans의 근사에 의한 값과 실험값 모두를 나타내었다. 이 그림은 일반화학에서 배운 껍질 그리고 부껍질의 구조를 명백히 보여주고 있다. 그림 9-7의 계산결과에 가변 변수가 없다는 것을 감안하면 실험값과의 일치는 매우 놀랍다.

여러 부껍질의 에너지 순서가 중성원자에서 관측된 결과와 일반적으로 일치함을 주목하여라. 특히, $2s$와 $2p$ 궤도의 에너지가 수소원자의 결과와 다르다. $2s$와 $2p$ 궤도의 축퇴도 혹은 더 일반적으로 에너지가 주양자수에만 의존한다는 사실은 수소원자의 순수한 $1/r$ 쿨롬 위치에너지의 독특한 성질이다. Hartree-Fock 계산에서는 유효 위치에너지 $V_j^{\text{eff}}(\boldsymbol{r}_j)$가 $1/r$ 보다 더 복잡하고(그림 9-2) 따라서 $V_j^{\text{eff}}(\boldsymbol{r}_j)$이 수소원자에서의 축퇴도를 사라지게 하여 일반화학에서 처음 배운 익숙한 궤도에너지의 순서를 주게 된다.

표 9-3 네온과 아르곤의 중성원자의 궤도에너지(Koopmans의 근사)로부터 구한 이온화에너지와 중성원자와 양이온의 Hartree-Fock 에너지를 빼서 구한 이온화에너지

Electron removed	Resulting orbital occupancy	Ionization energies/MJ·mol^{-1} Koopmans's approximation	Direct Hartree–Fock calculation	Experimental
Neon				
1*s*	$1s2s^22p^6$	86.0	83.80	83.96
2*s*	$1s^22s2p^6$	5.07	4.76	4.68
2*p*	$1s^22s^22p^5$	2.23	1.92	2.08
Argon				
1*s*	$1s2s^22p^63s^23p^6$	311.4	308.25	309.32
2*s*	$1s^22s2p^63s^23p^6$	32.35	31.33	
2*p*	$1s^22s^22p^53s^23p^6$	25.13	24.01	23.97
3*s*	$1s^22s^22p^63s3p^6$	3.35	3.20	2.82
3*p*	$1s^22s^22p^63s^23p^5$	1.55	1.43	1.52

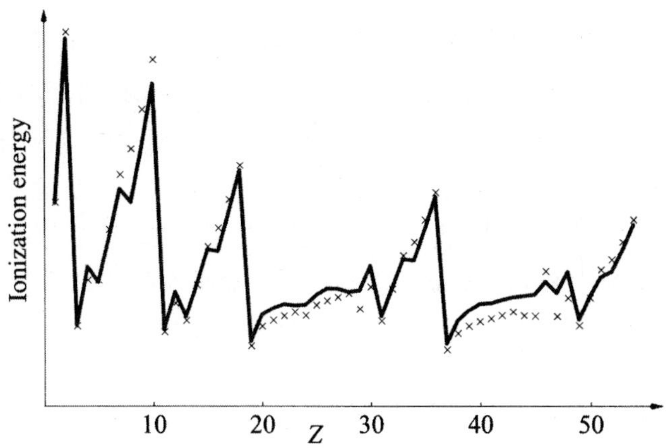

그림 9-7 수소에서부터 제논 까지 원자번호의 함수로 도시한 중성원자의 이온화에너지. 실선은 실험값이며 십자는 Koopmans 근사를 이용한 계산 값이다.
(http://www.ccl.net/cca/data/atomic-RHF-wavefunctions/table)

9.8 상관에너지는 Hartree-Fock 에너지와 정확한 에너지와의 차이다.

Hartree-Fock 근사는 스핀궤도로 이루어진 행렬식형 파동함수를 사용하여 얻을 수 있는 가장 좋은 에너지를 준다. 전자들이 유효 혹은 평균 위치에너지를 통하여 상호작용한다고 가정하고 이때 전자들이 상관관계가 없다(uncorrelated)고 말한다. 9.3 절에서

다음과 같이 상관에너지(E_{corr})를 정의하였다.

$$E_{\text{corr}} = E_{\text{exact}} - E_{\text{HF}} \tag{9-75}$$

9-75 식을 사용할 때 두 계산은 모두 같은 Hamiltonian 연산자를 사용하여야 한다. 예를 들어, 한 계산에 스핀-궤도 상호작용 항을 포함시키면 다른 계산에도 포함시켜야 한다.

9.3 절에서 헬륨원자의 상관에너지가 $-0.0420E_h$ 또는 $-110\ \text{kJ}\cdot\text{mol}^{-1}$ 임을 알았다. Hartree-Fock 에너지가 정확한 에너지의 99%에 해당하지만 그 차이는 화학결합의 세기에 맞먹는다. 전자의 수가 증가할수록 상관에너지가 커지기 때문에 전자상관을 포함시키는 것이 양자화학의 중요한 목표가 되었다.

9-13 식에 주어진 Eckart 파동함수는 약간의 상관을 포함하고 있다. 두 개의 제타 값을 사용하는 것이 두 전자가 같은 양만큼 가려지는 것이 아니라는 것을 인정하고 있는 것이다. 이때 함수가 "in-out" 상관을 포함하고 있다고 말한다. 에너지 $0.0140E_h$는 Hartree-Fock 에너지보다 나은 값이며 이것이 상관에너지의 약 삼분의 일 정도를 설명하고 있음을 알 수 있다. 9-17 식의 Hylleraas 파동함수는 상관에너지의 약 70%를 설명하고 있다.(연습문제 9-38)

이 두 파동함수 모두 상대적으로 간단함에도 불구하고 상당한 양의 상관을 포함하고 있으나 더 복잡한 원자나 분자의 경우로 편리하게 확장할 수 있는 방법이 없다. 그러나 Hartree-Fock 근사에 기초를 두고 있지만 Hartree-Fock 에너지 보다 더 좋은 에너지를 계산할 수 있는 한 가지 방법이 있다. 이 방법을 설명하기 위해 부록에서 수행한 계산의 SCF 결과를 이용해야 하는 데 이 계산에서는 두 $1s$ Slater 궤도의 선형결합을 이용하였다.(9-32 식)

$$\psi(r) = c_1 S_{1s}(\zeta = 1.45363) + c_2 S_{1s}(\zeta = 2.91093)$$

이 함수는 2×2 영년행렬식($K=2$에 대해 9-71 식)을 주고 이로부터 작은 고유치($\varepsilon = -0.917985$)와 이에 해당되는 정규화 된 궤도

$$\psi_1(r) = 0.843785 S_{1s}(\zeta = 1.45363) + 0.180687 S_{1s}(\zeta = 2.91093)$$

를 반복 과정에 의해 얻는다.(부록의 마지막 표를 보아라.) 2×2 영년행렬식은 두 번째 고유치와 이에 해당하는 정규화 된 궤도(연습문제 9-39)를 준다.

$$\psi_2(r) = 1.62404 S_{1s}(\zeta = 1.45363) - 1.82122 S_{1s}(\zeta = 2.91093)$$

이 궤도는 들뜬상태의 궤도이다.

■ 예제 9-8 $\psi_1(r)$과 $\psi_2(r)$이 직교함을 보여라.

$< S_{1s}(\zeta = 1.45363)|S_{1s}(\zeta = 2.91093) > = 0.837524$(연습문제 9-40)이다.

풀이
$$\begin{aligned}< \psi_2|\psi_1 > &= (1.62404)(0.843785) < S_{1s}(\zeta = 1.45363)|S_{1s}(\zeta = 1.45363) > \\ &\quad + [(1.62404)(0.180687) \\ &\quad - (0.843875)(1.82122)] < S_{1s}(\zeta = 1.45363)|S_{1s}(\zeta = 2.91093) > \\ &\quad - (0.180687)(1.82122) < S_{1s}(\zeta = 2.91093)|S_{1s}(\zeta = 2.91093) > \\ &= 1.37034 - 1.04127 - 0.32907 = 0\end{aligned}$$

바닥상태 헬륨원자의 전자배치는 $\psi_1(1)\psi_1(2)$이다.(이 경우는 두 전자계이기 때문에 스핀을 포함시킬 필요가 없다.) 궤도 $\psi_2(r)$는 바닥상태에서는 차있지 않고 가상궤도(virtual orbital)라고 부른다. 이제 바닥상태 궤도 ψ_1의 전자를 가상궤도 ψ_2로 들뜨게 함으로 들뜬상태를 형성할 수 있다. 예를 들어, $\psi_2(1)\psi_2(2)$는 두 개의 전자가 모두 ψ_2에 있는 전자배치이다. $\psi_1(1)\psi_1(2)$만을 사용하는 대신

$$\Psi_{CI}(1,2) = c_1\psi_1(1)\psi_1(2) + c_2\psi_2(1)\psi_2(2) \tag{9-76}$$

을 사용할 수 있고 c_1, c_2는 변분법적으로 결정하자. $\psi_1(r)$과 $\psi_2(r)$이 직교하므로

$$\begin{vmatrix} H_{11} - E & H_{12} \\ H_{12} & H_{22} - E \end{vmatrix} = 0$$

의 영년행렬식을 얻게 된다. 여기에서

$$\begin{aligned}H_{11} &= < \psi_1(1)\psi_1(2)|\hat{H}|\psi_1(1)\psi_1(2) > \\ H_{12} &= < \psi_1(1)\psi_1(2)|\hat{H}|\psi_2(1)\psi_2(2) > \\ H_{22} &= < \psi_2(1)\psi_2(2)|\hat{H}|\psi_2(1)\psi_2(2) >\end{aligned}$$

이다. H_{11}, H_{12}, H_{22}를 구하기 위한 적분은 부록의 표 9-7에 있다.(연습문제 9-41)

$$\begin{vmatrix} -2.86167 - E & 0.290023 \\ 0.290023 & 3.24737 - E \end{vmatrix} = 0$$

에서 $E = -2.87541E_h$를 작은 근으로 얻는다. 이 값과 Hartree-Fock 에너지와의 차는 $\Delta E = -2.87541E_h + 2.86167E_h = -0.01374E_h$로 상관에너지의 약 삼분의 일이다. 9-76 식의 c_1과 c_2 값은 $c_1 = 0.998864$, $c_2 = -0.047644$이므로 $\Psi_{CI}(1,2)$는

$$\Psi_{CI}(1,2) = 0.998864\psi_1(1)\psi_1(2) - 0.047644\psi_2(1)\psi_2(2)$$

가 되고 $\psi_1(1)\psi_1(2)$가 주된 공헌을 함을 보여준다. 결국 Hartree-Fock 근사가 정확한 에너지의 99%를 주게 된다.

이 방법의 장점은 모든 필요한 적분이 이미 Hartree-Fock 계산에서 계산되어 있다는 점이다. 그러나 더 중요한 점은 그 한계에서 근본적으로 정확하다는 것이다. 9-27 식에서 처럼 두 개의 궤도를 사용하는 대신 K 개의 Slater 궤도의 선형결합으로 Hartree-Fock 궤도를 사용하면

$$\psi(r) = \sum_{j=1}^{K} c_j \phi_j(r) \tag{9-77}$$

9-71 식은 $K \times K$ 영년행렬식이 되고 $\psi_1(r)$ 부터 $\psi_K(r)$ 까지 K 개의 궤도를 얻게 된다. 첫 번째 궤도(최저에너지)는 바닥상태 헬륨원자에서 이중으로 차 있으며 나머지 $K-1$ **궤도들은 가상궤도**가 된다. 이 모든 궤도들을 다전자 배치에 사용할 수 있어

$$\Psi_{CI}(1,2) = \sum_i \sum_j c_{ij} \psi_i(1) \psi_j(2) \tag{9-78}$$

로 쓸 수 있다. 9-76 식은 9-78 식의 간단한 형이다. 이제 9-78 식을 변분 함수로 사용하여 에너지와 파동함수를 구할 수 있다.

이제까지 기술한 방법을 배치 상호작용(configuration interaction: CI)이라고 부른다. 이것이 위 식의 Ψ에 CI 하첨자를 붙인 이유이다. 더 큰 기저세트를 사용하고 더 많은 배치들을 포함시키면 정확한 결과에 가까워지게 된다. 배치 상호작용은 양자화학자가 Hartree-Fock 한계를 넘기 위해 사용하는 방법(post-Hartree-Fock) 중의 하나이다. 다전자계의 경우 헬륨원자와는 달리 스핀을 분리할 수 없고 따라서 $\Psi_{CI}(1,2,\cdots,N)$에는 Slater 행렬식으로 기술되는 전자배치에 대한 합이 포함되어 있다. 분자 계산을 논의할 때 배치 상호작용에 대해 더 알아볼 것이다.

9.9 항기호는 전자배치를 더 자세히 기술한다.

7.7 절에서 수소원자의 항기호에 대해 논의하였다. 이 절에서는 다전자 원자의 항기호에 대해 논의할 것이다. 주어진 전자배치를 만족하는 여러 세트의 m_l과 m_s가 존재한다는 점에서 원자의 전자배치들은 모호하다. 예를 들어, 탄소원자의 바닥 전자배치 $1s^2 2s^2 2p^2$를 생각해 보자. 두 개의 $2p$ 전자는 세 개의 $2p$ 궤도 $(m_l = 0, \pm 1)$ 어디에도 있을 수 있고 Pauli의 배타원리에 따르는 어떠한 스핀도 가질 수 있다. 이 서로 다른 상

태들의 에너지는 서로 다르고 따라서 원자의 전자상태에 대해 더 자세한 표기가 필요하다. 여기에 소개하는 방법은 총 궤도 각운동량 L과 총 스핀 각운동량 S를 결정하고 L과 S를 벡터합을 하여 총 각운동량 J를 결정한다는 생각에 기초를 두고 있다. Russell-Saunders Coupling이라고 부르는 이러한 계산의 결과를 다음과 같은 형태의 원자 항기호로 나타낸다.

$$^{2S+1}L_J$$

항기호에서 L은 궤도 각운동량 양자수, S는 총 스핀 양자수, J는 총 각운동량 양자수를 나타낸다. 앞으로 L이 0, 1, 2, ...의 값을 갖는 것을 알게 될 것이다. 수소원자의 궤도 각운동량의 경우 l = 0, 1, 2, 3에 대해 s, p, d, f의 문자로 표시하는 것과 같이 다음과 같은 대응관계를 만든다.

$$\begin{array}{ccccccc} L = 0 & 1 & 2 & 3 & 4 & 5 & \cdots \\ S & P & D & F & G & H & \cdots \end{array}$$

또한 총 스핀 양자수 S가 0, 1/2, 1, 3/2, …의 값을 가져야 하고, 따라서 항기호의 왼쪽 상첨자 $2S+1$이 1, 2, 3, …의 값을 갖는 것을 알게 될 것이다. $2S+1$ 값을 스핀다중도 (spin multiplicity)라고 부른다. J를 무시했을 때 항기호는 다음과 같은 형태로 나타난다.

$$^3S, \quad ^2D, \quad ^1P$$

궤도 각운동량과 스핀 각운동량은 각각 다음 벡터 합

$$\boldsymbol{L} = \sum_i \boldsymbol{l}_i \tag{9-79}$$

$$\boldsymbol{S} = \sum_i \boldsymbol{s}_i \tag{9-80}$$

로 주어지고 이때 합은 원자에 있는 모든 전자에 대해 구해진다. $\boldsymbol{L}$과 $\boldsymbol{S}$의 z 성분은 다음 스칼라 합

$$L_z = \sum_i l_{z_i} = \sum_i m_{li} = M_L \tag{9-81}$$

$$S_z = \sum_i s_{z_i} = \sum_i m_{si} = M_S \tag{9-82}$$

로 주어진다. 따라서 식 9-79와 9-80에서처럼 각운동량이 벡터 합으로 구해져야함에도 불구하고 z 성분은 스칼라양의 합으로 얻어 진다.(그림 9-8)

이제 전자배치 ns^2(ns 궤도에 두 게의 전자)를 고려해 보자. 이 경우 단지 한 가지 가

능한 세트의 $m_{l1}, m_{l2}, m_{s1}, m_{s2}$ 값이 얻어진다.

m_{l1}	m_{s1}	m_{l2}	m_{s2}	M_L	M_S
0	+1/2	0	−1/2	0	0

M_L이 가질 수 있는 값이 단지 $M_L = 0$이라는 사실은 $L = 0$을 의미한다. 이와 유사하게 M_S가 가질 수 있는 값이 단지 $M_S = 0$이라는 사실도 $S = 0$을 의미한다. 이제 총 각운동량 $\boldsymbol{J}$는

$$\boldsymbol{J} = \boldsymbol{L} + \boldsymbol{S} \tag{9-83}$$

이므로 z 성분은

$$J_z = L_z + S_z = (M_L + M_S) = M_J = 0 \tag{9-84}$$

이고 이것은 $J = 0$을 의미한다. 따라서 ns^2 전자배치의 경우 $L = 0$, $S = 0$, $J = 0$이다. 항기호에서 $L = 0$은 S로 표시되고 따라서 ns^2 전자배치의 항기호는 ${}^1S_0$(singlet S zero)가 된다. 두 전자가 반대의 스핀을 갖기 때문에 총 스핀 각운동량은 영이다. 두 전자 모두 각운동량을 갖지 않은 궤도에 차 있기 때문에 총 각운동량 역시 영이고 이것을 ${}^1S_0$ 항이 나타내고 있다.

np^6 전자배치의 경우에도 항기호는 ${}^1S_0$가 된다. 이것을 알기 위해 세 개의 np 궤도에 있는 여섯 개의 전자들의 양자수들이 (n, 1, 1, ±1/2), (n, 1, 0, ±1/2), (n, 1, −1, ±1/2)이 되는 것을 기억하면 된다. 그러므로 m_{li}와 m_{si}를 다 합하면 각각 $M_L = 0$, $M_S = 0$이 얻어지고 ${}^1S_0$을 얻게 된다.

예제 9-9 nd^{10} 전자배치의 항기호가 ${}^1S_0$이 되는 것을 보여라.

풀이 열 개의 d 궤도 전자들은 양자수들 (n, 2, 2, ±1/2), (n, 2, 1, ±1/2), (n, 2, 0, ±1/2), (n, 2, −1, ±1/2), (n, 2, −2, ±1/2)을 갖는다. 따라서 ns^2나 np^6 배치와 같이$M_L = 0$, $M_S = 0$이고 항기호는 ${}^1S_0$가 된다.

완전히 채워진 부껍질의 경우 M_L과 M_S는 필연적으로 영이 된다. 그 이유는 음의 m_{li} 값을 갖는 매 전자에 대해 양의 m_{li} 값을 갖는 전자가 존재하여 상쇄되기 때문이며 이

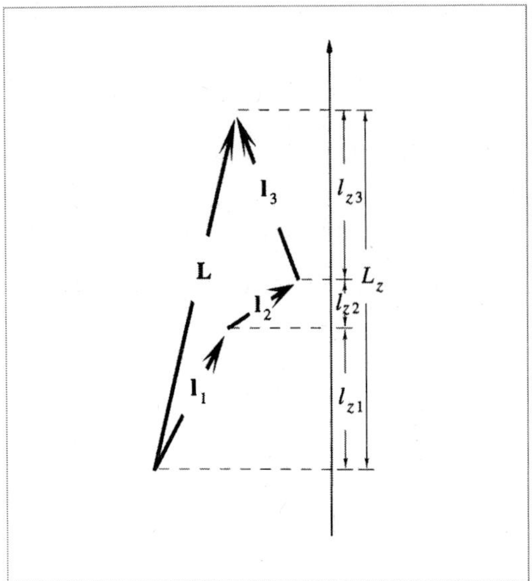

그림 9-8 각운동량 벡터를 합하는 도식적인 그림.

사실은 m_{si}의 경우에도 마찬가지이다. 따라서 다른 전자배치에 대해서도 완전히 채워진 부껍질은 무시할 수 있다. 예를 들어, 탄소원자에 대해 논의할 때 $1s^2 2s^2 2p^2$ 전자배치에서 $1s^2 2s^2$에 의한 영향을 무시할 수 있다.

$^1S_0$와 다른 항기호를 갖는 전자배치의 예로 들뜬상태 전자배치 $1s^1 2s^1$의 헬륨원자를 예로 들어 보자. 가능한 세트의 $m_{l1}, m_{l2}, m_{s1}, m_{s2}$를 결정하기 위해 다음과 같은 표를 만들어 보자. m_{l1}, m_{l2}가 최대 0의 값을 갖기 때문에 최대 M_L은 0이고(9-81 식) 0만이 가능한 값이다. 이와 유사하게 m_{s1}, m_{s2} 모두 $\pm 1/2$ 값을 가질 수 있기 때문에 M_S는 -1, 0, 1이 될 수 있다. 이제 표를 만드는데 열은 가능한 M_S를 그리고 행에는 가능한 M_L 값을 표시하고 각 M_L과 M_S에 해당하는 $m_{l1}, m_{l2}, m_{s1}, m_{s2}$의 세트를 채운다.

	M_S		
	1	0	−1
0	$0^+, 0^+$	$0^+, 0^-$; $0^-, 0^+$	$0^-, 0^-$

여기에서 $0^{\pm}$ 표기는 $m_l = 0, m_s = \pm 1/2$을 의미한다. 각각의 M_L과 M_S에 해당하는 가능한 $m_{l1}, m_{l2}, m_{s1}, m_{s2}$ 값의 세트를 미세상태(microstates)라고 부르고 주어진 M_L과 M_S에 대해 여러 개의 미세상태가 존재하면 세미콜론으로 분리하였다.

이 표에서 보면, $1s$ 궤도의 전자에 두 개의 가능한 스핀($\pm 1/2$) 그리고 $2s$ 궤도의 전자에 두 개의 가능한 스핀이 있으므로 네 개의 미세상태가 있음을 알 수 있다. 전자들이 비동등(nonequivalent) 궤도에 있기 때문에(즉, $1s$, $2s$) $0^+, 0^-$와 $0^-, 0^+$를 모두 포함시켰다. 위 표에서 가능한 모든 M_L 값이 영이어서 모두 $L = 0$에 해당한다. 또한 최대

M_S는 1이다. 따라서 S는 1 이어야 하며 $M_S = 1,0,-1$은 $L=0$와 $S=1$에 해당되며 이 경우 항기호는 ^3S이다. 따라서 ^3S 상태는 위 표의 각각의 열에서 한 미세상태 씩에서 온다. 그러나 가운데 열에는 두 개의 미세상태가 있고 어느 상태도 같은 결과를 준다. 각 열에서 한 개의 미세상태 씩을 제외하면($0^+,0^+;0^-,0^-;0^+,0^-$ 나 $0^-,0^+$ 중 하나) $M_L=0, M_S=0$인 상태만 남고($0^+,0^-$ 나 $0^-,0^+$ 중 하나) 이 경우 $L=0, S=0$ 즉, ^1S 상태가 된다. 이 두 상태 $L=0, S=1$ 그리고 $L=0, S=0$를 가능한 M_J와 함께 정리하면 다음과 같이 된다.

$L=0, S=1$	$L=0, S=0$
$M_L=0, M_S=1,0,-1$	$M_L=0, M_S=0$
$M_J=M_L+M_S=1,0,-1$	$M_J=M_L+M_S=0$

여기에서 M_J 값은 $L=0$, $S=1$의 경우 $J=1$을 의미하고 $L=0$, $S=0$의 경우에는 $J=0$을 의미한다. 따라서 $1s^12s^1$ 전자배치에 해당되는 두 항기호는

$$^3S_1 \qquad ^1S_0$$

이다. $^3S_1$ 상태를 삼중항(triplet) S 상태라고 부른다. 이 두 항기호는 서로 다른 에너지를 갖는 서로 다른 두 전자상태를 나타낸다. 이제 삼중항($^3S_1$) 상태가 단일항($^1S_0$) 상태보다 낮은 에너지를 갖는다는 것을 보일 것이다.

9.10 허락된 J 값은 $L+S, L+S-1, \cdots, |L-S|$이다.

원자의 항기호를 유도하는 마지막 예로 바닥상태 전자배치가 $1s^22s^22p^2$인 탄소원자에 대해 고려해 보자. 이전에 완전히 찬 부껍질에 대해서는 M_L과 M_S가 영이므로 고려하지 않아도 된다는 것을 보였다. 따라서 이제 전자배치 $2p^2$에 대해 초점을 두어보자. 이 결과는 $n=2,3,4,\cdots$인 np^2 모든 전자배치에서 유효하기 때문에 두 개의 동등한 np 궤도에 대해 고려할 것이다. 위의 $1s^12s^1$의 경우와 같이 가능한 $m_{l1}, m_{l2}, m_{s1}, m_{s2}$ 값들의 표를 만든다. 그러나 먼저 np^2에 대해 몇 개의 조합이 가능한 지에 대해 살펴보자. 이제 여섯 개의 가능한, $(m_l, m_s) = (1,1/2),(1,-1/2),(0,1/2),(0,-1/2),(-1,1/2),$ $(-1.-1/2)$, 스핀궤도 중 두 개의 궤도에 두 개의 전자를 넣어야 한다. 첫 번째 스핀궤도에 여섯 개의 가능한 선택이 있고 두 번째의 궤도에는 다섯 개의 선택이 있어 총 6 × 5 = 30 개의 조합이 가능하다. 그러나 전자가 구별되지 않기 때문에 두 개의 스핀 궤도를 선택하는 순서는 영향을 미치지 않는다. 따라서 30 개의 조합을 2로 나누어야 하고

두 전자를 여섯 개의 스핀 궤도에 넣는 서로 구별되는 방법의 수는 15가 된다. 일반적으로 N 개의 전자를 같은 부껍질에 속하는 G 개의 스핀궤도(equivalent orbital)에 넣는 서로 구별되는 방법의 수는

$$\frac{G\,!}{N\,!(G-N)\,!} \quad (\text{동등한 궤도}) \tag{9-85}$$

이다. $G=6$, $N=2$일 때 9-85 식은 15가 되는 것에 주목하여라.

예제 9-10 두 개의 전자를 nd 궤도에 채우는 방법은 몇 개 인가? 다시 말해서 nd^2 전자배치에서 가능한 $m_{l1}, m_{l2}, m_{s1}, m_{s2}$ 값의 세트는 몇 개인가?

풀이 5 개의 nd 궤도 또는 10 개의 nd 전자가 있을 수 있다. 따라서 nd 궤도에 두 개의 전자를 채우는 방법의 수는

$$\frac{10!}{2!8!} = 45$$

이다.

---

np^2 전자배치에 대해 가능한 15 개 $m_{l1}, m_{l2}, m_{s1}, m_{s2}$ 값의 세트를 결정하기 위해 먼저 가능한 M_L과 M_S를 결정한다. m_{l1}과 m_{l2} 모두 최대 1의 값을 가질 수 있기 때문에 최대 M_L은 2이고(8-81 식) 가능한 값은 $2, 1, 0, -1, -2$이다. m_{s1}과 m_{s2}도 최대 1/2의 값을 가지므로 최대 M_S는 1이며 가능한 값은 1, 0, −1이 된다.(9-82 식) 이 결과를 가지고 M_S 값을 열로 M_L 값을 행으로 한 표에 각각의 M_L과 M_S 값에 해당하는 미세상태를 채운다.

	M_S		
M_L	1	0	−1
2	~~$1^+, 1^+$~~	$1^+, 1^-$	~~$1^-, 1^-$~~
1	$0^+, 1^+$	$1^+, 0^-; 1^-, 0^+$	$0^-, 1^-$
0	~~$0^+, 0^+$~~; $1^+, -1^+$	$1^+, -1^-; -1^+, 1^-; 0^+, 0^-$	$1^-, -1^-$; ~~$0^-, 0^-$~~
−1	$0^+, -1^+$	$0^+, -1^-; 0^-, -1^+$	$0^-, -1^-$
−2	~~$-1^+, -1^+$~~	$-1^+, -1^-$	~~$-1^-, -1^-$~~

예를 들어, 위 표에서 1^+는 $m_l = 1, m_s = 1/2$를 -1^-는 $m_l = -1, m_s = -1/2$를 의미한다. 비동등 궤도에 대한 앞의 예와 달리 $M_S = 0, M_L = 1$ 위치에 $1^+, 0^-$와 $0^-, 1^+$를

모두 채우지 않았는데 그것은 이 경우 궤도가 동등하기 때문이다.(두 개의 np 궤도) 따라서 두 미세상태 $1^+,0^-$와 $0^-,1^+$는 구별 불가능하기 때문이다. 위 표에서 지워진 여섯 개의 미세상태는 Pauli의 배타원리에 위배된다. 이제 나머지 15 개의 미세상태가 np^2 전자상태에서 나타난다.

이제 표의 M_L과 M_S 값으로부터 가능한 L과 S를 구해야 한다. 최대 M_L은 2이고 $M_S=0$에서만 나타난다. 그러므로 $L=2$ 그리고 $S=0$인 상태(^1D)가 존재한다. $L=2$이므로 $M_L=2,1,0,-1,-2$이고 따라서 ^1D 상태는 위 표에서 가운데 열의 각 행에서 한 개씩의 미세상태를 설명한다. 한 개 이상의 미세상태가 있는 행(두 번째, 세 번째, 네 번째 행)에서는 어느 미세상태를 취하든 상관이 없다. 여기에서는 임의로 $1^+,0^-;1^+,-1^-;0^+,-1^-$ 미세상태를 선택하였다.

표에서 이 미세상태들을 제하면 다음 상태들이 남게 된다.

M_L	M_S: 1	0	−1
2			
1	$0^+, 1^+$	$1^-, 0^+$	$0^-, 1^-$
0	$1^+, -1^+$	$-1^+, 1^-; 0^+, 0^-$	$1^-, -1^-$
−1	$0^+, -1^+$	$0^-, -1^+$	$0^-, -1^-$
−2			

남은 M_L 중 최대는 $M_L=1$이며 $L=1$을 의미한다. $M_L=1,0,-1$에 대해 $M_S=1$ $(0^+,1^+;1^+,-1^+;0^+,-1^+)$, $M_S=0$ $(1^-,0^+;-1^+,1^-$ 나 $0^+,0^-;0^-,-1^+)$ 그리고 $M_S=-1$ $(0^-,1^-;1^-,-1^-;0^-,-1^-)$의 미세상태가 있게 된다. 이 아홉 개의 미세상태가 $L=1,S=1$에 해당되며 ^3P(triplet P) 상태이다. 표에서 이 아홉 개의 미세상태를 제하면 표의 중앙에 $M_L=0,M_S=0$인 미세상태 만이 남게 되고 이것이 $L=0,S=0$ (^1S)인 상태이다.

지금까지 일부만이 정해진 항기호 ^1D, ^3P 그리고 ^1S를 결정하였다. 항기호를 완전히 정하기 위해 각각의 경우에 대해 가능한 J 값을 구해야 한다. $M_J=M_L+M_S$ 임을 상기하여라. ^1D 상태의 다섯 개 미세상태는 $M_S=0$이고 따라서 M_J는 2, 1 ,0, −1, −2이고 $J=2$이다. 따라서 ^1D 상태의 완전한 항기호는 $^1D_2$이다. 이 상태의 축퇴도가 $2J+1$에서 5 임을 주목하여라. ^3P 상태에 해당되는 아홉 개의 미세상태는 2, 1, 1, 0, 0, −1, 0, −1, −2이다. 이 세트에는 명백히 $J=2$인 2, 1, 0, −1, −2 세트가 있다. 이 다섯 개의 값을 제하면 1, 0, 0, −1이 남는데 이들은 $J=1$과 $J=0$ 상태에 해당된다. 따라서 ^3P 상태는 가능한 J가 세 개 있고 완전한 항기호는 $^3P_2$, $^3P_1$, $^3P_0$가 된다. ^1S 상

태는 $^1S_0$가 되어야 한다. 정리하면 np^2 전자배치에서 나타나는 전자상태는

$$^1D_2,\ ^3P_2,\ ^3P_1,\ ^3P_0,\ ^1S_0$$

이다. 이 상태들의 축퇴도는 각각 5, 1, 3, 5, 1이며 합하면 15, 즉 미세상태의 수가 된다. 표 9-4에 여러 전자배치에서 나타나는 항기호 들을 수록하였다.

표 9-4 동등한 전자들의 여러 전자배치에서 나타나는 가능한 항기호(J는 생략하였슴.)

Electron configuration	Term symbol (excluding the J subscript)
s^1	^{2}S
p^1	^{2}P
p^2, p^4	^{1}S, ^{1}D, ^{3}P
p^3	^{2}P, ^{2}D, ^{4}S
p^1, p^5	^{2}P
d^1, d^9	^{2}D
d^2, d^8	^{1}S, ^{1}D, ^{1}G, ^{3}P, ^{3}F
d^3, d^7	^{2}P, ^{2}D (twice), ^{2}F, ^{2}G, ^{2}H, ^{4}P, ^{4}F
d^4, d^6	^{1}S (twice), ^{1}D (twice), ^{1}F, ^{1}G (twice), ^{1}I, ^{3}P (twice), ^{3}D, ^{3}F (twice), ^{3}G, ^{3}H, ^{5}D
d^5	^{2}S, ^{2}P, ^{2}D (thrice), ^{2}F (twice), ^{2}G (twice), ^{2}H, ^{2}I, ^{4}P, ^{4}D, ^{4}F, ^{4}G, ^{6}S

표 9-4의 각 항기호에서 J 값은

$$\boldsymbol{J} = \boldsymbol{L} + \boldsymbol{S}$$

임을 상기하면 L과 S로부터 결정되어질 수 있다. J가 가질 수 있는 가장 큰 값은 $\boldsymbol{L}$과 $\boldsymbol{S}$가 모두 같은 방향을 향하고 있을 때이고 $J = L + S$이다. J의 최소값은 $\boldsymbol{L}$과 $\boldsymbol{S}$가 서로 반대방향을 향하고 있을 때, 즉 $J = |L - S|$이다. $L + S$와 $|L - S|$ 사이의 J 값은 다음과 같이 얻어진다.

$$J = L + S,\ L + S - 1,\ L + S - 2,\ \cdots,\ |L - S| \tag{9-86}$$

9-86 식을 ^3P에 적용시키면

$$J = (1+1), (1+1-1), 0$$

이 되어 위에서 유도한 대로 J = 2, 1, 0을 얻게 된다.

예제 9-11 9-86 식을 이용하여 ^2S, ^3D 그리고 ^4F 상태의 J를 구하여라.

풀이 ^2S는 $L=0, S=1/2$이다. 9-86 식에 따르면 가능한 값은 단지 $J=1/2$이다. 따라서 항기호는 $^2S_{1/2}$이다. ^3D 상태는 $L=2, S=1$이므로 $J=3,2,1$이다. 따라서 항기호는 $^3D_1$, $^3D_2$, $^3D_3$이다. ^4F 상태는 $L=3, S=3/2$이므로 $J=9/2, 7/2, 5/2, 3/2$이다. 항기호는 따라서 $^4F_{9/2}$, $^4F_{7/2}$, $^4F_{5/2}$, $^4F_{3/2}$이다.

예제 9-11은 L과 S를 아는 것이 완전한 항기호를 결정하는 데 충분함을 보여준다.

주어진 전자배치에서 얻어지는 항기호와 9-85 식 사이에 일관성을 테스트하는 유용한 방법이 있다. 항기호 ^{2S+1}L 에는 가능한 m_{li}와 m_{si} 값에 대한 표에서 각 M_L 값에 대해 $2S+1$ 개의 미세상태를 갖는 것이 나타난다.(np^2 경우의 표를 보아라.) 주어진 L에 대해 $2L+1$ 개의 M_L이 있기 때문에 각 항기호에 대해 총 미세상태의 수는 $(2S+1)(2L+1)$이 된다. 이 식을 np^2의 경우에 적용하면

$$\begin{array}{ccc} ^1S & ^3P & ^1D \\ (1\times1)+ & (3\times3)+ & (1\times5)=15 \end{array}$$

가 되어 9-85 식에 의해 계산된 값과 잘 일치하고 있다.

예제 9-12 표 9-4의 nd^2에 대한 항기호와 9-85 식이 잘 일치하는 것을 보여라.

풀이 nd^2 전자배치에 대해 가능한 m_{li}와 m_{si} 값에 대한 표의 미세상태 수는

$$\frac{G!}{N!(G-N)!}=\frac{10!}{2!8!}=45$$

이고 표 8-4의 항기호에서

$$\begin{array}{ccccc} ^1S & ^1D & ^1G & ^3P & ^3F \\ (1\times1)+ & (1\times5)+ & (1\times9)+ & (3\times3)+ & (3\times7)=45 \end{array}$$

이다.

9.11 바닥 전자상태 항기호를 결정하는데 Hund의 규칙을 사용한다.

항기호로 표시된 각각의 상태들은 $\hat{L}^2$과 $\hat{S}^2$의 고유함수인 행렬식형 파동함수에 해당되고 각 상태들은 고유한 에너지를 갖는다. 각 상태에 해당되는 에너지를 계산할 수 있지만 실제 각 상태들은 독일의 분광학자 Frederick Hund의 실험적인 세 개의 법칙에 따라 에너지의 순서를 결정할 수 있다. Hund의 법칙은 다음과 같다.

1. S가 가장 큰 상태가 가장 안정하고(최소 에너지) 안정성은 S가 감소함에 따라 감소한다.
2. 같은 S를 갖는 상태는 L이 가장 큰 상태가 가장 안정하다.
3. 같은 L과 S를 갖는 상태에서서는 부껍질이 반 이하 차있는 경우 J가 가장 작은 상태가 가장 안정하고 부껍질이 반 이상 차 있는 경우에는 J가 가장 큰 상태가 가장 안정하다.

예제 9-13 Hund의 법칙을 이용하여 전자배치가 $1s^2 2s^1 3s^1$인 들뜬상태 베릴륨의 가장 낮은 에너지 상태와 바닥상태 탄소원자의 최소 에너지 항을 구하여라.

풀이 $2s^1 3s^1$ 배치에서 얻어지는 항들은 $^3S_1$과 $^1S_0$이다.(연습문제 9-42) Hund의 법칙에 따르면 더 안정한 상태는 $^1S_0$이다. 바닥상태 탄소원자의 전자배치는 p^2이다. 얻어지는 항들은(표 9-4)

$$^1D_2,\ ^3P_2, ^3P_1, ^3P_0,\ ^1S_0$$

이다. Hund의 법칙에 의하면 바닥상태는 ^3P 상태 중의 하나이다. Hund의 세 번째 법칙에 의해 가장 안정한 상태는 $^3P_0$이다.

9.12 원자 항기호는 원자의 스펙트럼을 기술한다.

원자의 스펙트럼선들이 원자 항기호로 기술되는 상태들 간의 전이로 확인되기 때문에 원자 항기호를 가끔 분광학적 항기호라고도 부른다. 많은 수의 원자와 이온들의 에너지가 미국 정부간행물에 잘 정리되어 있다. 수년 간 발행된 표준 형태의 책으로는 Charlotte E. Moore의 Atomic Energy Levels(National Bureau of Standards Circular No. 467, US Government Printing Office, 1949)이 있다. 이 표들은 흔히 "Moore's Tables"로 인용된다. 그러나 현재에는 이 자료들과 최근의 자료들이 National Institute of Standards and Technology(NIST)에서 관리하는 웹사이트 http://physics.

nist.gov/PhysRefData/ASD/에 계시되어 있다.

표 9-5는 NIST 웹사이트에 계시된 소듐원자의 에너지준위에 대한 자료의 일부이다. 바닥 전자상태 $1s^2 2s^2 2p^6 3s^1$은 항기호 $^2S_{1/2}$을 주고 이 상태는 $M_J = 1/2, -1/2$ 이중으로 축퇴 되어 있다. 첫 번째 들뜬상태는 바깥 $3s$ 궤도의 전자가 $3p$ 궤도로 들뜸으로 만들어지고 항기호 $^2P_{1/2}$ 그리고 $^2P_{3/2}$를 준다. 이 중 $^2P_{1/2}$ 상태는 이중으로 축퇴 되어 있으며($M_J = 1/2, -1/2$) $^2P_{3/2}$는 사중으로 축퇴 되어 있다.($M_J = 3/2, 1/2, -1/2, -3/2$) 표에서 같은 L, S를 갖는 상태들이 서로 분리되어 있으며 각 항에 따라 에너지가 조금씩 다름을 주목하여라. 각 항이 분리되어 있는 것은 J가 다르기 때문이며 이것은 7.6 절의 수소원자에서 논의한 스핀-궤도 상호작용에 기인한다. 이 스핀-궤도 상호작용에 대해 다음 절에서 논의할 것이다.

소듐원자의 스펙트럼은 표 9-5의 상태들 간의 전이에 기인한다. 이미 살펴본 여러 계에서처럼 모든 전이가 다 허락되는 것은 아니며 허락된 전이를 보여주는 선택규칙이 존재한다. 다전자 원자에서 Russell-Saunders 결합에 따른 선택규칙은

$$\begin{aligned} &\Delta L = 0, \pm 1 \quad (L = 0 \nleftrightarrow L = 0) \\ &\Delta S = 0 \\ &\Delta J = 0,\ \pm 1 \quad (J = 0 \nleftrightarrow J = 0) \end{aligned} \tag{9-87}$$

이다. 이 선택규칙은 실험적으로 얻어졌으며 이론적으로 확인되었다.

선택규칙은 $^2P \to {}^2S$ 전이가 허락되는 반면 $^2D \to {}^2S$ 전이는 $\Delta L = 2$ 이기 때문에 금지됨을 알려준다. 또한 $^2S \to {}^2S$ 전이도 두 상태 모두 $L = 0$이므로 금지된다. 그림 9-9는 허락된 전이를 보여주는 소듐원자의 에너지준위 그림이다. 에너지준위 자료에 NIST 웹사이트에서 제공하는 원자의 스펙트럼선에 대한 자료가 추가되어 있다.

예제 9-14 표 9-5를 이용하여 소듐원자의 $3p\ ^2\mathrm{P} \to 3s\ ^2\mathrm{S}$ 전이의 이중선의 파장을 계산하고 그림 9-9와 비교하여라.

풀이 두 전이는

$$\begin{aligned} 3p\ ^2\mathrm{P}_{1/2} &\to 3s\ ^2\mathrm{S}_{1/2} = 16{,}956.172\ \mathrm{cm}^{-1} \\ 3p\ ^2\mathrm{P}_{3/2} &\to 3s\ ^2\mathrm{S}_{1/2} = 16{,}973.368\ \mathrm{cm}^{-1} \end{aligned}$$

이고 $\lambda = 1/\bar{\nu}$로 주어지는 파장은

$$\lambda = 5{,}897.557\ \text{Å과}\ 5{,}891.583\ \text{Å}$$

이다. 이 파장을 그림 9-9와 비교하면 약간의 오차가 있음을 볼 수 있다. 이 오차는 실험적으로 얻어진 파장이 공기 중에서 얻어지는 반면 표 9-5의 파장이 진공 중에서의 값

이라는 사실에 기인한다. 이제 공기의 굴절률 (0 °C에서 1.00029)을 이용하면 두 값을 서로 비교할 수 있다.

$$\lambda_{vac} = 1.00029\ \lambda_{air}$$

위에서 얻은 파장을 1.00029로 나누면

$$\lambda_{\text{exp}} = 5{,}895.9\ \text{Å}와\ 5{,}889.9\ \text{Å}$$

를 얻고 그림 9-9와 잘 일치한다. 이 파장은 스펙트럼의 황색 영역에서 나타나고 소듐원자의 방출 스펙트럼의 특성인 sodium-D line의 강한 황색 이중선을 잘 설명하고 있다.

표 9-5 소듐원자의 처음 몇 전자상태에 대한 자료의 일부

Na I 409 Levels Found

Data on Lande factors and level compositions are not available for this ion

Configuration	Term	J	Level (cm^{-1})
$2p^63s$	^2S	1/2	0
$2p^63p$	$^2P°$	1/2	16 956.172
		3/2	16 973.368
$2p^64s$	^2S	1/2	25 739.991
$2p^63d$	^2D	5/2	29 172.839
		3/2	29 172.889
$2p^64p$	$^2P°$	1/2	30 266.99
		3/2	30 272.58
$2p^65s$	^2S	1/2	33 200.675
$2p^64d$	^2D	5/2	34 548.731
		3/2	34 548.766

a. *Source:* The NIST website *http://physics.nist.gov/PhysRefData/ASD/levels_form.html*

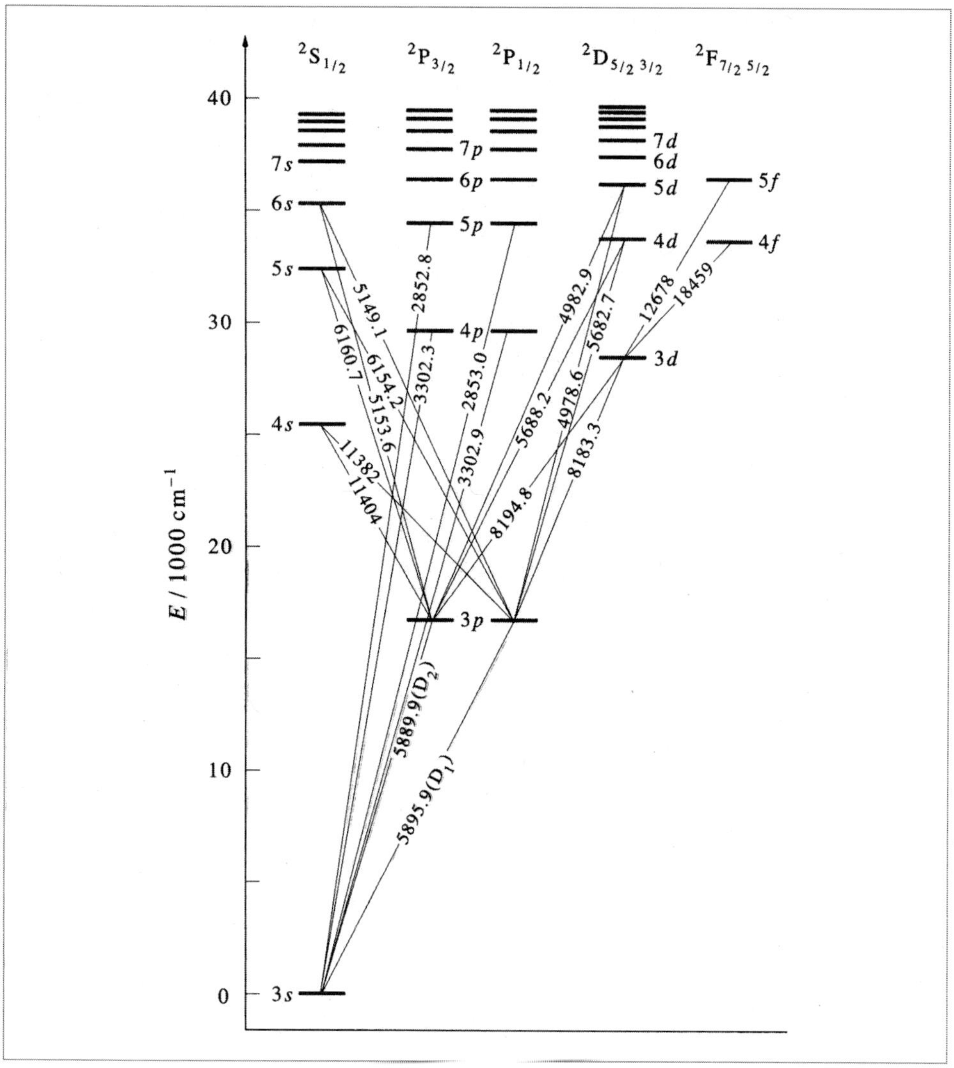

그림 9-9 소듐원자의 에너지준위 그림

그림 9-10은 스핀-궤도 분할이 잘 보이지 않는 분해능에서 헬륨의 에너지준위 그림이다. 헬륨의 에너지준위 그림에서 주된 모양은 독립된 두 세트의 전이가 나타난다는 것이다. 그림에서 한 세트의 전이는 단일항 간에 ($S=0$) 그리고 다른 한 세트의 전이는 삼중항 간에 ($S=1$) 일어난다는 것에 주목하여라. 이 두 세트들 사이에 전이가 없는 이유는 선택규칙이 $\Delta S=0$ 이기 때문이다. 따라서 같은 스핀다중도를 갖는 상태들 간의 전이만이 허락된다. 관측된 헬륨의 스펙트럼에는 두 세트의 선들이 겹쳐져 있다. 여기에 제시된 선택규칙은 스핀-궤도결합이 작은 경우에만 엄격히 유용하여 원자번호가 작은 원자들에만 적용된다는 것을 알아야 한다. 원자번호가 증가함에 따라 선택규칙이 깨어진다. 예를 들어, 수은은 헬륨과 같이 단일항, 삼중항 상태가 존재하나 수은원자의 스펙트럼에서는 많은 단일항-삼중항 전이가 관측된다. 사실, 수은원자의 스펙트럼에서 관측되

는 센 자주색 선은 단일항–삼중항 간의 전이에 기인한다.

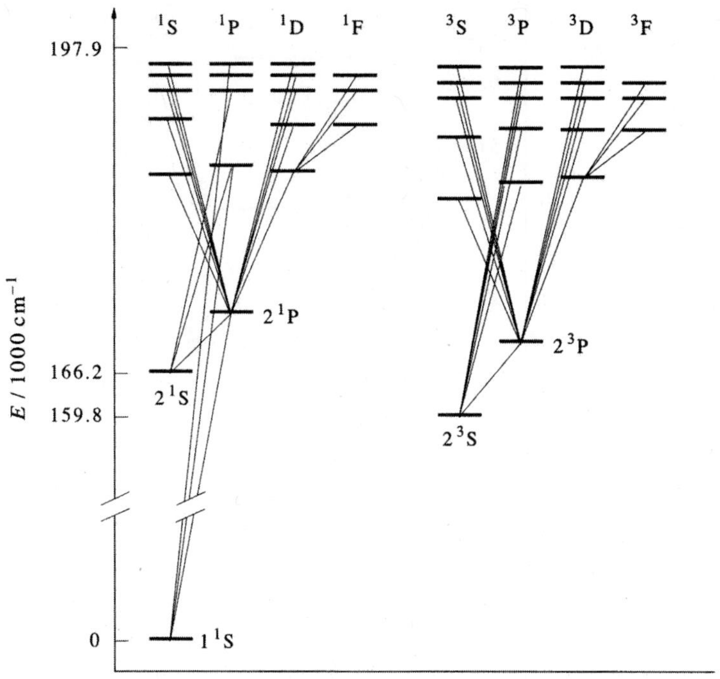

그림 9-10 독립된 두 세트의 단일항, 삼중항을 보여주는 헬륨원자의 에너지준위 그림.

9.13 Russell-Saunders 결합은 주로 가벼운 원자에서 유용하다.

이제 원자 항기호에 숨어 있는 이론에 대해 간략히 논의하는 것으로 이 장을 끝내려고 한다. 다전자 원자의 Hamiltonian 연산자에는 운동에너지와 정전기적 힘에 의한 항외에 여러 가지 자기적인 항과 스핀 항이 있다. 이 자기적인 항과 스핀 항 중에서 가장 중요한 항이 스핀–궤도 상호작용 항인 데 이 항은 전자의 스핀에 의해 발생되는 자기모멘트와 전자의 궤도운동에 의해 생성되는 자기장과의 상호작용에 의한 항이다. 이 외에 스핀–스핀 상호작용 그리고 궤도–궤도 상호작용 항들이 있으나 이들은 값의 크기로 볼 때 별로 중요하지 않다. Hamiltonian 연산자는 따라서

$$\hat{H}=-\frac{1}{2}\sum_{j}\nabla_{j}^{2}-\sum_{j}\frac{Z}{r_{j}}+\sum_{j>i}\frac{1}{r_{ij}}+\sum_{j}\xi(r_{j})\boldsymbol{l}_{j}\cdot\boldsymbol{s}_{j} \tag{9-88}$$

로 쓸 수 있고 $\boldsymbol{l}_j$와 $\boldsymbol{s}_j$는 각각 개개의 전자에 대한 궤도 각운동량과 스핀 각운동량, $\xi(r_j)$는 그 형태가 여기에서는 알 필요가 없는 r_j의 스칼라 함수이다. 9-88 식은 다음과

같이 줄여 쓸 수 있고

$$\hat{H} = \hat{H}_0 + \hat{H}_{ee} + \hat{H}_{so} \tag{9-89}$$

이때 $\hat{H}_0$는 9-88 식의 처음 두 항 (전자 간 상호작용이 없다), $\hat{H}_{ee}$는 세 번째 항 (전자 간 반발 항) 그리고 $\hat{H}_{so}$는 네 번째 항(스핀-궤도 상호작용)을 나타낸다.

그림 9-11은 헬륨원자에서 $1s^2$, $1s2s$ 그리고 $1s2p$ 전자배치의 에너지가 $\hat{H}_{ee}$ 그리고 $\hat{H}_{so}$ 항에 의해 어떻게 분할되는 지를 보여주고 있다. 전자-전자 간 반발항, $\hat{H}_{ee}$가 없다면 $1s2s$와 $1s2p$는 같은 에너지를 갖는다. $\hat{H}_{ee}$를 포함하면 $1s2s$와 $1s2p$는 그림에서 보인 대로 각각 두 개의 항으로 분할된다. 스핀-궤도 상호작용을 포함시키면 $1s2p$ 전자배치에서 얻어지는 ^3P 항은 $^3P_2$, $^3P_1$, $^3P_0$으로 더 분할된다. 그림 9-11에 주어진 에너지는 실제 크기를 보여 주지는 않고 실제 값들은 http://physics.nist.gov/PhysRefData/ASD/levels_form.html에서 찾을 수 있다. 스핀-궤도 상호작용에 의한 분할은 전자-전자 반발에 의한 것에 비해 매우 작다. 이러한 방법을 Russell-Saunders 결합이라고 부르고 보통 가벼운 원자에 대해 잘 맞는 근사이다.

스핀-궤도 상호작용에 의한 효과를 다전자 파동함수를 이용하여 표현할 수도 있다. $\hat{H}_{so}$가 가벼운 원자에서($Z < 40$) 상대적으로 $\hat{H}_{ee}$ 보다 작기 때문에 섭동으로 취급할 수 있다. 이 경우, 섭동되지 않은 계의 Hamiltonian 연산자를

$$\hat{H}^{(0)} = \hat{H}_0 + \hat{H}_{ee} \tag{9-90}$$

로 할 수 있다. 각각의 궤도 각운동량 $\boldsymbol{l}_j$와 스핀 각운동량 $\boldsymbol{s}_j$가 $\hat{H}_0$와 교환됨에도 불구하고 $\hat{H}^{(0)} = \hat{H}_0 + \hat{H}_{ee}$ 와는 교환되지 않고 따라서 영차에서도 보존되지 않는다. 그러나 총 궤도 각운동량 연산자 $\hat{L}^2$, $\boldsymbol{L} = \boldsymbol{l}_1 + \boldsymbol{l}_2 + \cdots + \boldsymbol{l}_N$과 총 스핀 각운동량 연산자 $\hat{S}^2$, $\boldsymbol{S} = \boldsymbol{s}_1 + \boldsymbol{s}_2 + \cdots + \boldsymbol{s}_N$은 $\hat{H}^{(0)}$와 교환되어 섭동론의 영차에서 보존된다. 4-84 식에 주어진 연산자 $\hat{A}$의 물리적인 가관측량의 시간에 대한 평균이

$$\begin{aligned}\frac{d < A >}{dt} &= \frac{d}{dt} < \psi(t)|\hat{A}|\psi(t) > \\ &= \frac{i}{\hbar} < \psi(t)|[\hat{H}, \hat{A}]|\psi(t) > + < \psi(t)\left|\frac{\partial \hat{A}}{\partial t}\right|\psi(t) >\end{aligned}$$

임을 상기하여라. 따라서 $\hat{A}$가 $\hat{H}$와 교환되면(시간에 의존하지 않으면) 평균값의 시간에 대한 미분이 영이 되고 $< A >$는 상수, 즉 보존된다. 따라서 양자수 L과 S는 보존 되는 양을 나타내기 때문에 영차에서 좋은 양자수가 된다. 이것이 항기호를 L과 S로 나타내는 이유이다.

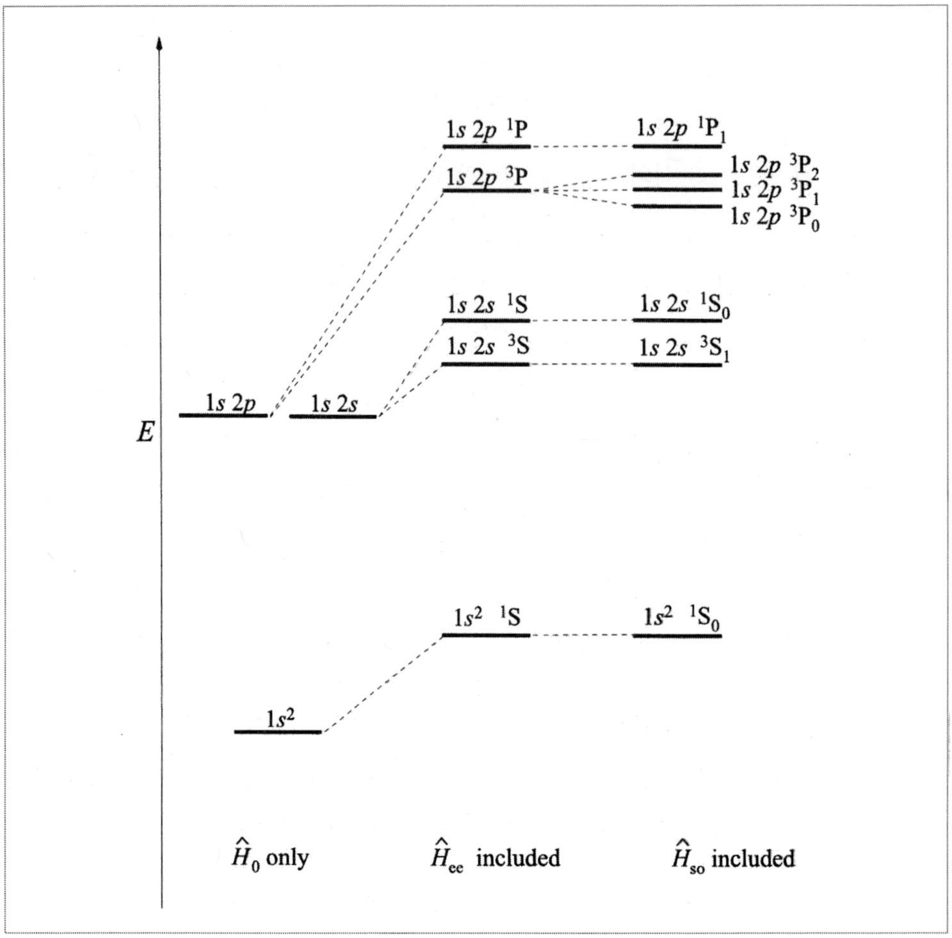

그림 9-11 헬륨원자에서 $1s^2$, $1s2s$ 그리고 $1s2p$ 전자배치의 에너지가 전자-전자 반발항 그리고 스핀-궤도 상호작용 항에 의해 분할되는 것을 보여주는 그림. 이 그림에서 에너지는 실제 크기로 주어지지 않았으며 스핀-궤도 상호작용에 의한 에너지의 분할은 전자-전자 반발에 의한 것에 비해 매우 작다.

연산자 $\hat{L}^2$과 $\hat{S}^2$은 $\hat{H}=\hat{H}_0+\hat{H}_{ee}+\hat{H}_{so}$와 교환되지는 않지만 $\hat{H}_{so}$가 매우 작기 때문에 $\hat{L}$과 $\hat{S}$는 $\hat{H}$와 거의 교환되고 따라서 L과 S는 거의 좋은 양자수이다. 스핀-궤도 상호작용이 없으면 이들은 완전히 좋은 양자수이다. 이것은 $\hat{H}^{(0)}=\hat{H}_0+\hat{H}_{ee}$ 항이 궤도 각운동량과 스핀 각운동량과의 상호작용 항을 포함하고 있지 않기 때문에 각각 독립적으로 보존된다는 물리적인 이해를 가능하게 한다. 스핀-궤도 상호작용 항을 포함시키면 어느 항도 독립적으로 보존되지 않으며 보존되는 것은 총 각운동량 $\boldsymbol{J}=\boldsymbol{L}+\boldsymbol{S}$이다. 그러나 위에서 언급 하였듯이 스핀-궤도 상호작용이 $\hat{H}^{(0)}=\hat{H}_0+\hat{H}_{ee}$ 보다 작으면 $\boldsymbol{L}$과 $\boldsymbol{S}$는 거의 보존되며 따라서 L과 S는 거의 좋은 양자수가 된다.

$\hat{L}^2$, $\hat{S}^2$, $\hat{L}_z$ 그리고 $\hat{S}_z$가 $\hat{H}^{(0)}$와 교환되기 때문에 영차 파동함수는 동시에 $\hat{H}$, $\hat{L}^2$,

$\hat{L}_z$, $\hat{S}^2$, $\hat{S}_z$ 연산자의 고유함수가 되며 따라서 L, M_L, S, M_S로 표시할 수 있다.

$$\hat{H}^{(0)}|L, M_L, S, M_S> = E^{(0)}|L, M_L, S, M_S>$$

$$\hat{L}^2|L, M_L, S, M_S> = \hbar^2 L(L+1)|L, M_L, S, M_S>$$

$$\hat{L}_z|L, M_L, S, M_S> = \hbar M_L|L, M_L, S, M_S>$$

$$\hat{S}^2|L, M_L, S, M_S> \ \hbar^2 \mathrm{S}(\mathrm{S}+1)|\mathrm{L}, \mathrm{M_L}, \mathrm{S}, \mathrm{M_S}>$$

$$\hat{S}_z|L, M_L, S, M_S> = \hbar M_S|L, M_L, S, M_S>$$

위에서 언급 하였듯이 이 방법을 Russell-Saunders 결합이라고 부른다.

원자의 원자번호가 증가할수록 스핀-궤도 항이 전자-전자 항보다 커지게 되어 $\hat{H}$의 다른 항에 비해 $\hat{H}_{ee}$ 항을 작은 섭동으로 취급하게 된다. 이 경우 L과 S는 더 이상 의미를 갖지 못하고 개개의 총 각운동량 $\boldsymbol{j}_j = \boldsymbol{l}_j + \boldsymbol{s}_j$가 근사적으로 보존 되는 양이 된다. 이제 $\boldsymbol{j}_j$ 들을 결합하여 총 각운동량을 구하게 된다. 이 방법을 jj-coupling이라고 부르며 무거운 원자에 잘 적용된다. Z가 증가하면 L-S 결합이 맞지 않음에도 불구하고 아직도 근사적으로 적용 가능하며 따라서 무거운 원자도 원자 항기호 ^{2S+1}L을 이용하여 기술한다.

부록 헬륨원자의 SCF 계산

이 부록에서는 헬륨원자를 예로 들어 SCF 계산이 어떻게 수행되는지 보일 것이다.[이 계산은 다음 문헌에 기초하였다. Snow, R. L., Bills, J. L., A simple illustration of the SCF-LCAO-MO method, *J. Chem. Educ.* **52**, 506 (1975)] 다음 $\psi(r_1)$과 $\psi(r_2)$를 9-18 식의 시도함수로 사용하며

$$\psi(r) = c_1\phi_1(r) + c_2\phi_2(r) \tag{1}$$

ϕ는 Slater 궤도이다.

$$\phi_i(r) = S_{1s}(\zeta_i) = \left(\frac{\zeta_i^3}{\pi}\right)^{1/2} e^{-\zeta_i r} \tag{2}$$

간단히 하기 위해 Slater 궤도의 ζ 값을 고정하여 $\zeta_1 = 1.45363$, $\zeta_2 = 2.91093$으로 하고 c_1과 c_2를 자체일관성 방법으로 구한다. 이 과정이 약간 복잡해 보일지 모르지만 그렇지 않다. 단계 별로 따르면 표 9-8로 끝나게 된다. 위에서 언급하였듯이 이 과정은 컴퓨터를 이용하여 수행되지만 적어도 한 번쯤 직접 따라 해보는 것이 과정을 이해하는데

매우 도움이 된다.

헬륨원자의 파동함수로 9-18 식을 이용하며

$$\Psi(\boldsymbol{r}_1, \boldsymbol{r}_2) = \psi(r_1)\psi(r_2) \tag{3}$$

여기에서 $\psi(r_i)$는 (1) 식으로 주어진다.(이 장 9-32 식) $\Psi(\boldsymbol{r}_1, \boldsymbol{r}_2)$를 $E = <\Psi|\hat{H}|\Psi>$에 대입하면

$$E = \frac{2(c_1^2 h_{11} + 2c_1c_2h_{12} + c_2^2 h_{22}) + c_1^2 g_{11} + 2c_1c_2 g_{12} + c_2^2 g_{22}}{c_1^2 + 2c_1c_2S_{12} + c_2^2} \tag{4}$$

를 얻고 이때

$$\begin{aligned} h_{ij} = h_{ji} &= \int d\boldsymbol{r}_1 \phi_i(r_1)\left(-\frac{1}{2}\nabla_1^2 - \frac{Z}{r_1}\right)\phi_j(r_1) \\ &= \int d\boldsymbol{r}_1 \phi_i(r_1)\hat{h}\boldsymbol{r}_1\phi_j(r_1) \\ &= <\phi_i(1)|\hat{h}(1)|\phi_j(1)> = <\phi_i(2)|\hat{h}(2)|\phi_j(2)> \\ &= <\phi_i|\hat{h}|\phi_j> \end{aligned} \tag{5}$$

$$\begin{aligned} g_{ij} &= g_{ji} \\ &= c_1^2\left\langle \phi_i(1)\phi_1(2)\left|\frac{1}{r_{12}}\right|\phi_j(1)\phi_1(2)\right\rangle + c_1c_2\left\langle \phi_i(1)\phi_1(2)\left|\frac{1}{r_{12}}\right|\phi_j(1)\phi_2(2)\right\rangle \\ &\quad + c_2c_1\left\langle \phi_i(1)\phi_2(2)\left|\frac{1}{r_{12}}\right|\phi_j(1)\phi_1(2)\right\rangle + c_2^2\left\langle \phi_i(1)\phi_2(2)\left|\frac{1}{r_{12}}\right|\phi_j(1)\phi_2(2)\right\rangle \end{aligned} \tag{6}$$

$$S_{ij} = S_{ji} = <\phi_i(1)|\phi_j(1)> = <\phi_i(2)|\phi_j(2)> = <\phi_i|\phi_j> \tag{7}$$

이다.

이제 차례로 각각의 행렬요소들을 살펴보자. 우선 S_{ij}가 가장 간단하다.

$$\begin{aligned} S_{ij} = <\phi_i|\phi_j> &= \int_0^\infty \phi_i(r)\phi_j(r)4\pi r^2 dr \\ &= \left(\frac{\zeta_i^3\zeta_j^3}{\pi^2}\right)^{1/2} 4\pi \int_0^\infty dr r^2 e^{-(\zeta_i+\zeta_j)r} \\ &= \frac{8(\zeta_i^3\zeta_j^3)^{1/2}}{(\zeta_i+\zeta_j)^3} \end{aligned} \tag{8}$$

여기에서 $S_{11} = S_{22} = 1$ 임을 주목하여라. h_{ij}를 구하기 위해 먼저 $\phi_i(r)$이 전하 ζ_i인 수소꼴 원자 Hamiltonian 연산자의 고유함수이며 원자단위로 고유치 $-\zeta_i^2/2$를 갖는다는

사실을 이용하면

$$\left(-\frac{1}{2}\nabla^2-\frac{\zeta_i}{r}\right)\phi_i(r)=-\frac{\zeta_1^2}{2}\phi_i(r) \tag{9}$$

이고

$$-\frac{1}{2}\nabla^2-\frac{Z_i}{r}=-\frac{1}{2}\nabla^2-\frac{\zeta_i}{r}-\frac{Z-\zeta_i}{r} \tag{10}$$

로 쓰면

$$<\phi_i|\hat{h}|\phi_j>=-\frac{\zeta_i^2}{2}<\phi_i|\phi_j>-(Z-\zeta_i)\left\langle\phi_i\left|\frac{1}{r}\right|\phi_j\right\rangle$$

를 얻는다. 처음 적분은 δ_{ij}이고 두 번째 적분은(연습문제 9-60)

$$\left\langle\phi_i\left|\frac{1}{r}\right|\phi_j\right\rangle=\int_0^\infty\phi_i(r)\phi_j(r)4\pi r dr=\frac{4(\zeta_i^3\zeta_j^3)^{1/2}}{(\zeta_i+\zeta_j)^2}$$

이다. 따라서

$$\begin{aligned}h_{ij}&=-\frac{\zeta_i^2}{2}S_{ij}-(Z-\zeta_i)\frac{4(\zeta_i^3\zeta_j^3)^{1/2}}{(\zeta_i+\zeta_j)^2}=\frac{4(\zeta_i^3\zeta_j^3)^{1/2}}{(\zeta_i+\zeta_j)^2}\left(-\frac{\zeta_j^2}{\zeta_i+\zeta_j}-Z+\zeta_j\right)\\&=\frac{4(\zeta_i^3\zeta_j^3)^{1/2}}{(\zeta_i+\zeta_j)^3}[\zeta_i\zeta_j-Z(\zeta_i+\zeta_j)]\end{aligned} \tag{11}$$

을 얻는다.

g_{ij}를 얻는 적분은 두 전자 모두의 좌표에 대한 적분이기 때문에 매우 복잡하다. i,j를 1,2로 하면 (6) 식의 적분이 여섯 개의 적분으로 된다. $i=j=1$과 $i=j=2$인 경우의 적분은 헬륨원자를 섭동론으로 다룰 때 $E^{(1)}$을 얻는 적분과 같고(8-72 식) 그 결과

$$\left\langle\phi_1(1)\phi_1(2)\left|\frac{1}{r_{12}}\right|\phi_1(1)\phi_1(2)\right\rangle=\frac{5}{8}\zeta_1 \tag{12}$$

$$\left\langle\phi_2(1)\phi_2(2)\left|\frac{1}{r_{12}}\right|\phi_2(1)\phi_2(2)\right\rangle=\frac{5}{8}\zeta_2 \tag{13}$$

해석적으로 구해진 다른 적분들을 표 9-6에 정리하였으나 이 적분은 주어진 ζ_1과 ζ_2에 대해 수치해석의 방법을 사용하면 쉽게 구해진다.(연습문제 9-6) $\zeta_1=1.45363$, $\zeta_2=2.91093$에 대해 (5) 식과 (6) 식의 E를 구하기 위해 수치해석의 방법으로 구한 적

분 값들을 표 9-7에 정리하였다. 이 값들이 헬륨원자의 SCF 계산을 위해 필요한 것들이다.

적분 $\left\langle \phi_2(1)\phi_1(2) \left| \frac{1}{r_{12}} \right| \phi_2(1)\phi_1(2) \right\rangle$ 즉, (6) 식의 첫 번 째 항에서 $i=j=2$로 하여 얻어지는 적분은 표 9-6에 나타나 있지 않다. 그 이유는 표 9-6의 적분들이 대칭 관계에 있는 것들이 많기 때문이다. 예를 들어, $\left\langle \phi_2(1)\phi_1(2) \left| \frac{1}{r_{12}} \right| \phi_2(1)\phi_1(2) \right\rangle$이 표의 세 번째 적분과 같음을 보일 수 있다. 즉, 단순히 두 전자간의 거리를 표시하는 r_{12}가 좌표에 대해 대칭이기 때문에 적분 값을 변화시키지 않고 좌표를 다시 설정할 수 있으므로 표 9-6의 세 번째 적분은

$$\begin{aligned}\left\langle \phi_1(1)\phi_2(2) \left| \frac{1}{r_{12}} \right| \phi_1(1)\phi_2(2) \right\rangle &= \left\langle \phi_1(2)\phi_2(1) \left| \frac{1}{r_{12}} \right| \phi_1(2)\phi_2(1) \right\rangle \\ &= \left\langle \phi_2(1)\phi_1(2) \left| \frac{1}{r_{12}} \right| \phi_2(1)\phi_1(2) \right\rangle\end{aligned}$$

로 쓸 수 있다. 여기에서 두 번째 등식은 단순히 $\phi_1(2)\phi_2(1)$을 $\phi_2(1)\phi_1(2)$로 쓴 것에 불과하다. 이러한 대칭 성질은 양자화학에서 흔히 사용된다.

이제 (4) 식의 모든 행렬요소를 구하였으므로 E를 c_1과 c_2에 대해 최소화 해 보자. 이러한 일은 8.2 절에서 시도함수가 변분변수에 대해 선형인 경우에 대해 수행해 보았다. 이렇게 하면 영년방정식에 해당하는 영년행렬식이 얻어지고 이로부터 얻어지는 작은 근이 바닥상태 에너지이다. (4) 식은 8-32 식과 유사해 보일지 모르지만 중요한 다른 점이 있다. (4) 식의 g_{ij}가 (6) 식에 의해 c_1과 c_2에 의존한다. c_1과 c_2에 대해 (4) 식에 주어진 E를 최소화 할 때 다음과 같은 연립방정식을 얻게 된다.

$$\begin{aligned}c_1(F_{11}-\varepsilon S_{11})+c_2(F_{12}-\varepsilon S_{12})&=0 \\ c_1(F_{21}-\varepsilon S_{21})+c_2(F_{22}-\varepsilon S_{22})&=0\end{aligned} \tag{14}$$

해당되는 영년행렬식은

$$\begin{vmatrix} F_{11}-\varepsilon S_{11} & F_{12}-\varepsilon S_{12} \\ F_{21}-\varepsilon S_{21} & F_{22}-\varepsilon S_{22} \end{vmatrix}=0 \tag{15}$$

이며 여기에서

$$F_{ij}(c_1,c_2)=h_{ij}+g_{ij} \tag{16}$$

은 Fock 행렬, $\mathsf{F}=\{F_{ij}\}$의 행렬요소라고 부른다. 표기 방법이 의미하듯이 F_{ij}는 c_1과 c_2에 의존한다. 영년행렬식의 고유치를 결정하려면 F_{ij}를 얻기 위해 c_1과 c_2를 알아야 한다. 그러나 c_1과 c_2는 작은 고유치 ε에 대해 (14) 식을 풀어야 얻어진다. 이제 (14) 식

을 푸는 방법은 이러하다.

먼저 c_1과 c_2를 예를 들어, $c_1 = c_2 = 0.50$과 같이 가정한다. 그리고 식 (5), (6), (16)을 이용하여 F_{ij}를 구한다. 표 9-7의 값을 사용하여 다음을 얻는다.

$$\begin{aligned} F_{11} &= h_{11} + g_{11} \\ &= -1.85074 + \left(\frac{1}{2}\right)^2(0.908519) + 2\left(\frac{1}{2}\right)^2(0.906058) + \left(\frac{1}{2}\right)^2(1.18485) \\ &= -0.874369 \end{aligned}$$

$$\begin{aligned} F_{12} &= h_{12} + g_{12} \\ &= -1.88347 + \left(\frac{1}{2}\right)^2(0.906058) + 2\left(\frac{1}{2}\right)^2(0.956719) + \left(\frac{1}{2}\right)^2(1.30040) \\ &= -0.183860 \end{aligned}$$

표 9-6 해석적으로 구한 (5) 식부터 (8) 식까지의 적분 값들

$$S_{ij} = \frac{8(\zeta_i^3\zeta_j^3)^{1/2}}{(\zeta_i + \zeta_j)^3}$$

$$h_{ij} = \frac{4(\zeta_i^3\zeta_j^3)^{1/2}}{(\zeta_i + \zeta_j)^3}[\zeta_i\zeta_j - Z(\zeta_i + \zeta_j)]$$

$$\left\langle \phi_1(1)\phi_1(2) \left| \frac{1}{r_{12}} \right| \phi_1(1)\phi_1(2) \right\rangle = \frac{5}{8}\zeta_1$$

$$\left\langle \phi_2(1)\phi_2(2) \left| \frac{1}{r_{12}} \right| \phi_2(1)\phi_2(2) \right\rangle = \frac{5}{8}\zeta_2$$

$$\left\langle \phi_1(1)\phi_2(2) \left| \frac{1}{r_{12}} \right| \phi_1(1)\phi_2(2) \right\rangle = \frac{\zeta_1\zeta_2}{\zeta_1 + \zeta_2} + \frac{\zeta_1^2\zeta_2^2}{(\zeta_1 + \zeta_2)^3}$$

$$\left\langle \phi_1(1)\phi_2(2) \left| \frac{1}{r_{12}} \right| \phi_2(1)\phi_1(2) \right\rangle = \frac{20(\zeta_1\zeta_2)^3}{(\zeta_1 + \zeta_2)^5}$$

$$\left\langle \phi_1(1)\phi_1(2) \left| \frac{1}{r_{12}} \right| \phi_1(1)\phi_2(2) \right\rangle = \frac{8(\zeta_1\zeta_2)^{3/2}\zeta_1(11\zeta_1^2 + 8\zeta_1\zeta_2 + \zeta_2^2)}{(\zeta_1 + \zeta_2)^2(3\zeta_1 + \zeta_2)^3}$$

$$\left\langle \phi_1(1)\phi_2(2) \left| \frac{1}{r_{12}} \right| \phi_2(1)\phi_2(2) \right\rangle = \frac{8(\zeta_1\zeta_2)^{3/2}\zeta_2(\zeta_1^2 + 8\zeta_1\zeta_2 + 11\zeta_2^2)}{(\zeta_1 + \zeta_2)^2(\zeta_1 + 3\zeta_2)^3}$$

표 9-7 $\zeta_1 = 1.45363$, $\zeta_2 = 2.91093$에 대해 수치해석의 방법으로 구한 (5) 식부터 (8) 식까지의 적분 값들

$$h_{11} = -1.850\,74 \qquad h_{22} = -1.585\,10 \qquad h_{12} = -1.883\,47$$

$$S_{11} = S_{22} = 1 \qquad S_{12} = 0.837\,524$$

$$\left\langle \phi_1(1)\phi_1(2) \left| \frac{1}{r_{12}} \right| \phi_1(1)\phi_1(2) \right\rangle = 0.908\,519$$

$$\left\langle \phi_2(1)\phi_2(2) \left| \frac{1}{r_{12}} \right| \phi_2(1)\phi_2(2) \right\rangle = 1.819\,33$$

$$\left\langle \phi_1(1)\phi_2(2) \left| \frac{1}{r_{12}} \right| \phi_1(1)\phi_2(2) \right\rangle = 1.184\,85$$

$$\left\langle \phi_1(1)\phi_2(2) \left| \frac{1}{r_{12}} \right| \phi_2(1)\phi_1(2) \right\rangle = 0.956\,719$$

$$\left\langle \phi_1(1)\phi_1(2) \left| \frac{1}{r_{12}} \right| \phi_1(1)\phi_2(2) \right\rangle = 0.906\,058$$

$$\left\langle \phi_1(1)\phi_2(2) \left| \frac{1}{r_{12}} \right| \phi_2(1)\phi_2(2) \right\rangle = 1.300\,40$$

이 값들과 표 9-7의 S_{ij}를 이용하여

$$\begin{vmatrix} -0.874379 - \varepsilon & -0.853493 - 0.837524\varepsilon \\ -0.853493 - 0.837524\varepsilon & -0.183860 - \varepsilon \end{vmatrix} = 0$$

$$0.298554\varepsilon^2 - 0.371414\varepsilon - 0.567691 = 0$$

를 얻고 이로부터 얻어지는 작은 근은 -0.890717이다.

(14) 식에 이 값을 이용하면 $c_1/c_2 = 0.107496/0.016348 = 6.57548$을 얻는다. 9-26 식의 정규화 조건에서

$$c_1^2 + 2c_1c_2S_{12} + c_2^2 = 1$$

$$(6.57548)^2c_1^2 + 2c_2(6.57548c_2)S_{12} + c_2^2 = 1$$

에서 $c_2 = 0.134530$ 그리고 $c_1 = 0.884622$를 얻는다. 마지막으로 (4) 식을 이용하여 표 9-8과 같이 E를 계산한다. 이 c_1, c_2 값을 이용하여 표 9-8의 이어지는 행에서 보듯이 결과가 안정화 될 때까지 이 계산을 반복한다. 그림 9-12는 계산이 반복됨에 따라 얻어지는 c_1, c_2를 나타내었다.

표 9-8 Hartree-Fock-Roothaan 방정식(식 14)을 반복적으로 푸는 과정에서 얻어지는 c_1, c_2, F_{11}, F_{12}, F_{22}, ε, E 값들

Iter-ation	c_1	c_2	F_{11}	F_{12}	F_{22}	ε	E
1	0.500 000	0.500 000	−0.874 370	−0.853 493	−0.183 860	−0.890 717	−2.492 00
2	0.884 622	0.134 530	−0.902 671	−0.923 175	−0.315 450	−0.934 544	−2.857 13
3	0.835 790	0.189 639	−0.886 271	−0.900 502	−0.279 784	−0.914 721	−2.861 50
4	0.845 342	0.178 940	−0.889 460	−0.904 919	−0.286 743	−0.918 563	−2.861 67
5	0.843 481	0.181 028	−0.888 838	−0.904 058	−0.285 386	−0.917 813	−2.861 67
6	0.843 844	0.180 621	−0.888 960	−0.904 226	−0.285 651	−0.917 959	−2.861 67
7	0.843 773	0.180 700	−0.888 936	−0.904 193	−0.285 599	−0.917 931	−2.861 67
8	0.843 787	0.180 685	−0.888 940	−0.904 199	−0.285 609	−0.917 936	−2.861 67
9	0.843 785	0.180 687	−0.888 940	−0.904 199	−0.285 607	−0.917 935	−2.861 67
10	0.843 785	0.180 687	−0.888 940	−0.904 199	−0.285 607	−0.917 935	−2.861 67

부록을 끝내기 전에 표 9-8의 자료들을 더 살펴보자. 총 에너지는 4 번째 계산에서 안정화 되는 반면 c_1, c_2는 보고된 정밀도의 값을 보이기 위해 그 다음 5 번의 계산까지 변화하는 것을 주목하여라. 이 결과는 Hartree-Fock 에너지가 파동함수의 일차 섭동에서 안정화 되는 반면(c_1, c_2) 파동함수는 그렇지 않다는 것을 보여준다. 이것은 파동함수로부터 에너지 외에 다른 성질을 계산할 때는 수렴 조건을 더 강화해야 한다는 것을 의미한다.

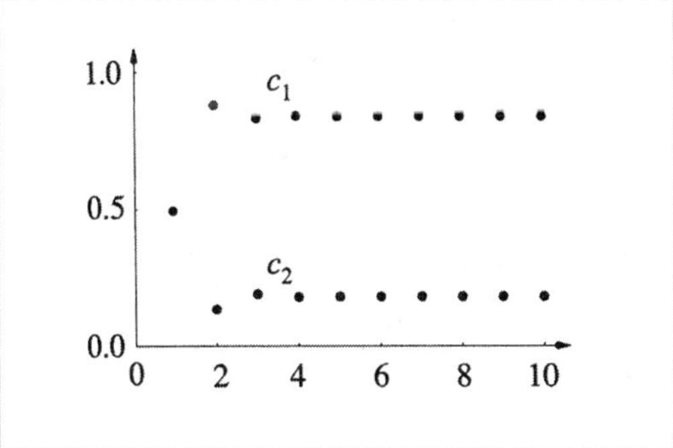

그림 9-12 그림 9-12 반복 계산의 횟수의 함수로 표시된 c_1, c_2

연 습 문 제

9-1. 원자단위의 에너지가 다음과 같음을 보여라.

$$E_h = \frac{\hbar^2}{m_e a_0^2} = \frac{e^2}{4\pi\varepsilon_0 a_0} = \frac{m_e e^4}{16\pi^2 \varepsilon_0^2 \hbar^2}$$

9-2. 헬륨원자의 에너지가 $-2E_h$ 임을 보여라.

9-3. 첫 번째 Bohr 궤도에 있는 전자의 속도가 $e^2/4\pi\varepsilon_0\hbar = 2.188\times10^6\mathrm{ms}^{-1}$ 임을 보여라. 이 속도는 원자단위의 속도이다.(표 9-1)

9-4. 빛의 속도가 원자단위로 137 임을 보여라.(**힌트** 위 문제의 결과를 이용하여라.)

9-5. 원자단위를 도입하는 다른 방법은 질량을 전자의 질량 m_e의 배수(kg 대신)로, 전하는 양성자의 전하량 e (C 대신), 각운동량은 $\hbar$ (J · s = kg · m^2 · s^{-1} 대신), 그리고 유전율을 $4\pi\varepsilon_0$의 배수(C^2 · s^2 · kg^{-1} · m^{-1} 대신)로 표현하는 것이다. 이러한 단위 변환은 모든 식에서 $m_e = e = \hbar = 4\pi\varepsilon_0 = 1$로 하면 된다. 이 방법이 이 장에서 정의한 원자단위와 같은 결과를 주는 것을 보여라.

9-6. 9–4 식에서 9–5 식을 유도하여라. ∇^2이 (거리)$^{-2}$의 단위를 가짐을 주의하여라.

9-7. 이 문제에서는 원자의 Hamiltonian 연산자의 모양 때문에 9–10 식이 ζ의 이차항과 일차항의 합으로 된다는 것을 보일 것이다. 핵 전하 Z인 N–전자 원자의 $\hat{H}$에서 시작하여 운동에너지 및 위치에너지 연산자 $\hat{T}, \hat{V}$에 대해

$$\hat{H} = -\frac{1}{2}\sum_{j=1}^{N}\nabla_j^2 - \sum_{j=1}^{N}\frac{Z}{r_j} + \sum_{i<j}^{N}\frac{1}{r_{ij}} = \hat{T} + \hat{V}$$

다음 파동함수 $\psi(x_1, y_1, \cdots, y_N, z_N)$를 이용하여 $T = <\psi|\hat{T}|\psi> / <\psi|\psi>$ 그리고 $V = <\psi|\hat{V}|\psi> / <\psi|\psi>$를 써 보아라. 이제 좌표들을 ζ 만큼 이동시킨 파동함수 $\psi(\zeta x_1, \zeta y_1, \cdots, \zeta y_N, \zeta z_N)$를 이용하여 $T(\zeta) = <\psi(\zeta)|\hat{T}|\psi(\zeta)> / <\psi(\zeta)|\psi(\zeta)>$를 써 보아라. $x_1{}' = \zeta x_1$, $y_1{}' = \zeta y_1$ $\cdots$로 하여 다음을 보여라.

$$T(\zeta) = \zeta^2 T(\zeta = 1)$$

또한 유사한 방법으로 $V(\zeta) = <\psi(\zeta)|\hat{V}\psi(\zeta)> / <\psi(\zeta)|\psi(\zeta)>$을 쓰고 다음을 보여라.

$$V(\zeta) = \zeta V(\zeta = 1)$$

9-8. 9–9 식에 9–8 식을 사용하면 평균 운동에너지와 평균 위치에너지가 각각 ζ^2과 $-27\zeta/8$이 됨을 보여라.(연습문제 8–43이나 8–44의 결과를 이용하여라.)

9-9. 9–10 식이 다음과 같음을 보여라.

$$E(\zeta) = T(\zeta) + V(\zeta) = \zeta^2 T(\zeta = 1) + \zeta V(\zeta = 1)$$

여기에서 $T(\zeta = 1)$과 $V(\zeta = 1)$은 각각 $\zeta = 1$일 때 9–8 식을 이용하여 계산된 평균 운동에너지와 평균 위치에너지이다.(연습문제 9–7)

9-10. 위 두 문제의 결과를 이용하여 9–8 식을 이용하면 $T(\zeta = 1)/V(\zeta = 1) = -8/27$이 됨을 보여라. 비리알 정리에 따르면 이 값은 무엇과 같은가? $T(\zeta)/V(\zeta)$가 비리알 정리를 만족하도록 ζ를 정하고 변분법적으로 구한 ζ와 비교하여 보아라.

9-11. 핵전하 Z인 두 전자 원자 또는 이온으로 9–10 식을 일반화 한 식이

$$E(\zeta) = -\zeta^2 + 2\zeta(\zeta - Z) + \frac{5}{8}\zeta$$

임을 보여라. $Z = 2$이면 이 식이 9–10 식으로 되는 것을 보여라.

9-12. Mathcad 또는 Mathematica 같은 프로그램을 사용하여 9–13 식의 $E(\zeta_1, \zeta_2)$를 계산하고 ζ_1, ζ_2에 대해 최소화 하여 $E = -2.87566E_h$를 구하여라.

9-13. Slater 궤도의 방사방향 성분의 정규화상수가

$$(2\zeta)^{n+\frac{1}{2}} / [(2n)!]^{1/2}$$

임을 보여라.

9-14. Slater 궤도 $S_{200}(r)$과 수소원자의 궤도 $\psi_{200}(r)$(표 7–3)을 함께 도시하여 비교하여 보

아라. 같은 방법으로 $S_{300}(r)$과 $\psi_{300}(r)$을 비교하여 보아라.

9-15. 9-16 식이 정규화 되어 있음을 보여라.

9-16. 간단한 변분 함수 $(\zeta^3/\pi)^{1/2}e^{-\zeta r}$, $\zeta = 27/16$과 9-16 식에 주어진 SCF 궤도를 함께 도시하여 비교하여 보아라.(그림 9-1)

9-17. 9-5 식의 $\hat{H}$를 다음에 대입하여

$$E = \int\int d\boldsymbol{r}_1 d\boldsymbol{r}_2 \psi^*(\boldsymbol{r}_1)\psi^*(\boldsymbol{r}_2)\hat{H}\psi(\boldsymbol{r}_1)\psi(\boldsymbol{r}_2)$$

다음을 보여라.

$$E = I_1 + I_2 + J_{11}$$

$$I_j = \int d\boldsymbol{r}_j \psi^*(\boldsymbol{r}_j)\left(-\frac{1}{2}\nabla_j^2 - \frac{Z}{r_j}\right)\psi(\boldsymbol{r}_j)$$

$$J_{11} = \int\int d\boldsymbol{r}_1 d\boldsymbol{r}_2 \psi^*(\boldsymbol{r}_1)\psi^*(\boldsymbol{r}_2)\frac{1}{r_{12}}\psi(\boldsymbol{r}_1)\psi(\boldsymbol{r}_2)$$

9-18. 9-25 식의 J_{11}을 쿨롬적분이라고 부르는 이유가 무엇이라고 생각하는가?

9-19. 제 7 장에서 구한 정규화 된 헬륨원자의 변분 함수는

$$\psi_{1s}(r) = 1.2368e^{-27r/16}$$

이다. 9-16 식에 주어진 두 항 Hartree-Fock 궤도는

$$\psi_{1s}(r) = 0.843785S_{1s}(\zeta = 1.45363) + 0.280687S_{1s}(\zeta = 2.91093)$$

그리고 9-72 식에 주어진 네 항 궤도는

$$\begin{aligned}\psi_{1s} &= 1.347900S_{1s}(\zeta = 1.4595) - 0.001613S_{3s}(\zeta = 5.3244) \\ &\quad - 0.100506S_{2s}(\zeta = 2.6298) - 0.270779S_{2s}(\zeta = 1.7504)\end{aligned}$$

이다. 같은 그래프에 이 세 궤도를 도시하여 비교하여라.

9-20. 9-16 식에 주어진 SCF 궤도를 이용하여 9-19 식의 $V_1^{eff}(r_1)$을 계산하고 그림 9-2와

결과를 비교하여라.

9-21. 공간 성분이 정규화 되어 있을 때 $\Psi(1,2) = 1s\alpha(1)1s\beta(2) - 1s\alpha(2)1s\beta(1)$라면

$$\int dr_1 dr_2 \Psi^*(1,2)\Psi(1,2) = 2$$

임을 보여라.

9-22. 헬륨원자의 두 전자가 구별 불가능한 반면 분리된 두 수소원자의 두 전자를 구별할 수 있는 이유는 무엇인가? 이원자 H_2 분자에서 전자를 구별할 수 있다고 생각하는가? 이유를 설명하여라.

9-23. Hartree-Fock 근사에서 다전자 원자 파동함수의 각 의존도와 수소원자 파동함수의 각 의존도가 같은 이유는 무엇인가?

9-24. Hartree-Fock 근사에서 다전자 원자 파동함수의 방사방향 의존도가 수소원자 파동함수의 방사방향 의존도와 다른 이유는 무엇인가?

9-25. $1s$ 궤도가 정규화 되어 있으면 원자의 행렬식형 파동함수

$$\psi = \frac{1}{\sqrt{2}}\begin{vmatrix} 1s\alpha(1) & 1s\beta(1) \\ 1s\alpha(2) & 1s\beta(2) \end{vmatrix}$$

가 정규화 되어 있음을 보여라.

9-26. 문제 9-25의 행렬식형 두 전자 파동함수가 공간 성분과 스핀 성분으로 나누어짐을 보여라.

9-27. 직교하는 $N \times N$ 행렬식형 Slater 스핀궤도의 정규화상수가 $1/\sqrt{N!}$ 인 것에 대해 논하여라.

9-28. 9-51 식의 파동함수에 대한 에너지가

$$E = 2\sum_{j=1}^{N} I_j + \sum_{i=1}^{N}\sum_{j=1}^{N}(2J_{ij} - K_{ij})$$

임을 보여라.

9-29. 9−52 식이 9−53 식부터 9−56 식을 이용하여 나타낼 수 있음을 보여라.

9-30. N−전자계의 스핀 각운동량 연산자의 총 z 축 성분은

$$\hat{S}_{z,total} = \sum_{j=1}^{N} \hat{S}_{zj}$$

이다.

$$\psi = \frac{1}{\sqrt{2}}\begin{vmatrix} 1s\alpha(1) & 1s\beta(1) \\ 1s\alpha(2) & 1s\beta(2) \end{vmatrix} \qquad \psi = \frac{1}{\sqrt{3!}}\begin{vmatrix} 1s\alpha(1) & 1s\beta(1) & 2s\alpha(1) \\ 1s\alpha(2) & 1s\beta(2) & 2s\alpha(2) \\ 1s\alpha(3) & 1s\beta(3) & 2s\alpha(3) \end{vmatrix}$$

모두 $\hat{S}_{z,total}$의 고유함수임을 보여라. 각각 고유치는 무엇인가?

9-31. 다음 행렬식형 파동함수

$$\Psi(1,2) = \frac{1}{\sqrt{2}}\begin{vmatrix} \psi_{211}\alpha(1) & \psi_{21-1}\beta(1) \\ \psi_{211}\alpha(2) & \psi_{21-1}\beta(2) \end{vmatrix}$$

에서 $\psi_{21\pm1}$은 수소꼴 원자의 파동함수이다. $\Psi(1,2)$가

$$\hat{L}_{z,total} = \hat{L}_{z1} + \hat{L}_{z2}$$
$$\hat{S}_{z,total} = \hat{S}_{z1} + \hat{S}_{z2}$$

의 고유함수임을 보여라. 고유치는 무엇인가?

9-32. Mathcad나 Mathematica 같은 프로그램을 사용하여 9−72 식이 정규화 되어 있음을 보여라.

9-33. Mathcad나 Mathematica 같은 프로그램을 사용하여 http://www.ccl.net/cca/data/atomic-RHF-wavefunctions/tables에서 구한 두 리튬원자의 파동함수 ψ_{1s}와 ψ_{2s}가 직교함을 보여라.

9-34. 이 문제에서는 9−74 식을 증명한다. N 전자계의 파동함수는 $3N$ 공간 좌표와 N 스핀 좌표의 함수 $\psi(x_1,y_1,z_1,\sigma_1,\cdots,x_N,y_N,z_N,\sigma_N)$이다. 이 함수의 정규화 조건은

$$<\psi|\psi> = \int\cdots\int \psi^*(x_1,\cdots,\sigma_N)\psi(x_1,\cdots,\sigma_N)d\tau_1 d\tau_2\cdots d\tau_N = 1$$

이며 여기에서 $d\tau_i = dx_i dy_i dz_i d\sigma_i$는 상징적으로 공간 좌표 x_i, y_i, z_i에 대한 적분과 스핀 좌표 $d\sigma_i$에 대한 합을 나타낸다. 이제 i 번째 전자가 한 점 x_i, y_i, z_i에서 부피요소 $dx_i dy_i dz_i$ 안에서 발견될 확률이 한 점 x_i, y_i, z_i을 제외한 모든 좌표(공간과 스핀)에 대한 다음 적분으로 주어진다.

$$\int \cdots \int d\tau_1 \cdots d\tau_{i-1} d\sigma_i d\tau_{i+1} \cdots d\tau_N \psi^*(x_1, \cdots, \sigma_N) \psi(x_1, \cdots, \sigma_N)$$

여기에서 변수 x_i, y_i, z_i에 대한 적분은 행하지 않고 따라서 모든 다른 좌표(공간과 스핀)에 대한 적분의 결과가 x_i, y_i, z_i의 함수가 된다. 이 함수를 $\rho(x_i, y_i, z_i)$로 표시하면

$$\rho(x_i, y_i, z_i) = \int \cdots \int d\tau_1 \cdots d\tau_{i-1} d\sigma_i d\tau_{i+1} \cdots d\tau_N \psi^*(x_1, \cdots, \sigma_N) \psi(x_1, \cdots, \sigma_N)$$

가 된다. N 전자가 구별 불가능하기 때문에 어느 전자에 대한 확률밀도가 N에 $\rho(x_i, y_i, z_i)$를 곱한 값, 즉

$$\rho(x, y, z) = N \int \cdots \int d\tau_1 \cdots d\tau_{i-1} d\sigma_i d\tau_{i+1} \cdots d\tau_N \psi^*(x_1, \cdots, \sigma_N) \psi(x_1, \cdots, \sigma_N)$$

이 됨을 보여라. 이 $\rho(x, y, z)$가 한 점 x, y, z 주위의 부피 $dxdydz$에서 전자가 발견될 확률밀도를 나타낸다.

9-47 식에 주어진 헬륨원자의 SCF 파동함수에 대해 생각해 보자.

$$\Psi(1,2) = \frac{1}{\sqrt{2}}[1s\alpha(1)1s\beta(2) - 1s\alpha(2)1s\beta(1)]$$

이제 $\Psi(1,2)$를 제곱하고 전자 1의 스핀 좌표에 대해 그리고 전자 2의 스핀과 공간 좌표에 대해 적분하여 $1s^2(1)$을 얻어 보아라. 전자가 구별 불가능하므로 헬륨원자의 바닥상태에서 확률밀도는 $21s^2(r)$이다.

이제 리튬원자의 Slater 행렬식을 살펴보자.(연습문제 9-30) $\Psi(1,2,3)$를 제곱하고 전자 1의 스핀 좌표에 대해 그리고 전자 2, 3의 모든 좌표에 대해 적분하면

$$\rho(r) = 2\psi_{1s}^2(r) + \psi_{2s}(r)$$

을 얻게 됨을 보여라. 일반적인 결과는

$$\rho(\boldsymbol{r}) = \sum n_j |\psi_j(\boldsymbol{r})|^2$$

인데 합은 모든 궤도에 대해 그리고 $n_j = 0,1$ 또는 2이며 각 궤도에 있는 전자의 수이다.

9-35. 웹사이트 http://www.ccl.net/cca/data/atomic-RHF-wavefunctions/tables에서 베릴륨원자의 $1s$ 궤도를 찾아 써 보아라. Mathcad나 Mathematica 같은 프로그램을 사용하여 이 궤도가 정규화 되어 있고 ψ_{2s}와 직교함을 보여라.(예제 9-7) 베릴륨원자의 전자 확률밀도

$$\rho(r) = 2\psi_{1s}^2(r) + 2\psi_{2s}^2(r)$$

을 이용하여 $r^2\rho(r)$을 r에 대해 도시하여라.

9-36. 네온과 아르곤 원자에 대해 Koopmans의 이온화에너지를 http://www.ccl.net/cca/data/atomic-RHF-wavefunctions/tables에서 구하고 표 9-3과 비교하여 보아라.

9-37. 웹사이트 http://www.ccl.net/cca/data/atomic-RHF-wavefunctions/tables를 이용하여 그림 9-7을 다시 그려 보아라.

9-38. 헬륨원자에 대해 표 9-2의 자료들을 이용하여 Eckart와 Hylleraas 파동함수의 상관에너지의 비율(%)을 계산하여라.

9-39. 부록에서 얻어지는 가상궤도가 다음과 같음을 증명하여라.

$$\psi_2(r) = 1.62404 S_{1s}(\zeta = 1.45363) - 1.82122 S_{1s}(\zeta = 2.91093)$$

9-40. 다음을 보여라.

$$< S_{1s(\zeta=}1.45363)|S_{1s}(\zeta = 2.91093) >= 0.837524$$

9-41. 9-76 식의 Ψ_{CI} 시도함수로부터 $-2.87541 E_h$의 에너지가 얻어짐을 보여라.

9-42. $2s^1 3s^1$ 전자배치에서 얻어지는 항기호를 결정하여라.

9-43. np^1 전자배치에서 얻어지는 항기호를 결정하여라. 이 항기호 들이 np^5에서 얻어지는 항들과 같음을 보여라.

9-44. 어느 항기호에서도 자기양자수(m_l)와 스핀양자수(m_s)의 세트들의 수가 $(2L+1)(2S+1)$ 임을 보여라. 이 결과를 9.10 절에서 논의한 np^2 경우에 적용하고 항기호 ^1S,

^3P, ^1D가 모든 가능한 자기양자수와 스핀양자수의 세트를 포함하고 있음을 보여라.

9-45. nd^8 전자배치에서 자기양자수(m_l)와 스핀양자수(m_s)의 세트의 수를 계산하여라. 다음 ^1S, ^3P, ^1D, ^3F, ^1G 항들이 가능한 모든 항기호 임을 보여라.

9-46. $nsnp$ 전자배치에서 얻어지는 항기호를 결정하여라. 어느 항이 가장 낮은 에너지 항인가?

9-47. $nsnd$ 전자배치에서 얻어지는 가능한 자기양자수(m_l)와 스핀양자수(m_s)의 세트의 수를 계산하여라. 항기호는 무엇인가? 어느 항이 가장 낮은 에너지 항인가?

9-48. nd^2 전자배치에서 얻어지는 항들은 ^1S, ^3P, ^1D, ^3F, ^1G이다. 각 항들에서 J를 계산하여라. 어느 항이 가장 낮은 에너지 항인가?

9-49. np^3 전자배치에서 얻어지는 항들은 ^2P, ^2D, ^4S이다. 각 항들에서 J를 계산하여라. 어느 항이 가장 낮은 에너지 항인가?

9-50. 바닥상태 마그네슘원자의 전자배치는 무엇인가? 바닥상태 항기호는 무엇인가?

9-51. 지르코늄원자의 전자배치 $[Kr]4d^2 5s^2$에서 Zr의 바닥상태 항기호는 무엇인가?

9-52. 팔라듐원자의 전자배치 $[Kr]4d^{10}$에서 Pd의 바닥상태 항기호는 무엇인가?

9-53. 헬륨의 $1s2p$ 전자배치에 대해 생각해 보자. 이 전자배치에 해당되는 상태(항기호)들은 무엇인가? 스핀-궤도 상호작용을 무시할 때 각 상태의 축퇴도는 무엇인가? 스핀-궤도 상호작용을 포함하면 무슨 일이 일어나겠는가?

9-54. 소듐원자에서 $4d\ ^2D_{3/2} \rightarrow 3p\ ^2P_{1/2}$ 전이에 해당되는 파장을 표 9-5를 이용하여 계산하고 그 결과를 그림 9-9와 비교하여라. $\lambda_{vac} = 1.00029\lambda_{air}$ 관계를 사용하여라.(예제 9-14).

9-55. 궤도 표기 s, p, d, f는 소듐원자의 스펙트럼을 해석하는데서 유래하였다. $ns\ ^2S \rightarrow 3p\ ^2P$ 전이에 기인하는 계열의 선들을 sharp(s) series라고 부르며, $np\ ^2P \rightarrow 3s\ ^2S$ 전이는 principal(p) series, $nd\ ^2D \rightarrow 3p\ ^2P$ 전이는 diffuse(d) series, $nf\ ^2F \rightarrow 3d\ ^2D$ 전이에 기인하는 계열의 선들을 fundamental(f) series라고 부른다. 그림 9-9의 각 계열을 확인하고 각 계열의 처음 몇 선들의 파장을 계산하여라. 이제 웹사이트 http://www.

ccl.net/cca/data/atomic-RHF-wavefunctions/tables를 이용하여 각 계열의 처음 몇 선들의 파장을 계산하고 결과를 위의 결과 그리고 그림 9-9와 비교하여 보아라. $\lambda_{vac} = 1.00029\lambda_{air}$ 관계를 사용하여라.(예제 9-14).

9-56. 웹사이트 http://www.ccl.net/cca/data/atomic-RHF-wavefunctions/tables의 Li, Li^+, 그리고 Li^{++}의 분광학적 자료들을 이용하여 리튬원자의 에너지를 계산하고 표 9-5의 Hartree-Fock 값과 비교하여 보아라.

9-57. 이 문제에서는 9-19 식의 $V^{eff}(\boldsymbol{r}_1)$을 $\phi(\boldsymbol{r}) = (Z^3/\pi)^{1/2}e^{-Zr}$을 이용하여 유도하려고 한다.(이 문제는 사실 연습문제 8-43에서 수행하였다.)

$$V^{eff}(\boldsymbol{r}_1) = \frac{Z^3}{\pi}\int d\boldsymbol{r}_2 \frac{e^{-2Zr_2}}{r_{12}}$$

에서 시작하여 연습문제 8-43에서처럼 코사인 법칙을 사용한다.

$$r_{12} = (r_1^2 + r_2^2 - 2r_1 r_2 \cos\theta)^{1/2}$$

따라서 V^{eff}는

$$V^{eff}(r_1) = \frac{Z^3}{\pi}\int_0^\infty dr_2 e^{-2Zr_2} r_2^2 \int_0^{2\pi} d\phi \int_0^\pi \frac{d\theta \sin\theta}{(r_1^2 + r_2^2 - 2r_1 r_2 \cos\theta)^{1/2}}$$

이 된다. 연습문제 8-43에서는 θ에 대한 적분이 $r_1 > r_2$이면 $2/r_1$, $r_1 < r_2$이면 $r_2/2$임을 보이도록 하였다. 따라서

$$V^{eff}(r_1) = 4Z^3\left[\frac{1}{r_1}\int_0^{r_1} e^{-Zr_2} r_2^2 dr_2 + \int_{r_1}^\infty e^{-Zr_2} r_2 dr_2\right]$$

이다. 이제 다음을 보여라.

$$V^{eff}(r_1) = \frac{1}{r_1} - e^{-2Zr_1}\left(Z + \frac{1}{r_1}\right)$$

9-58. 위 문제를 연습문제 8-44에 주어진 $1/r_{12}$의 전개를 이용하여 반복하여라.

9-59. 부록의 (4) 식을 유도하여라.

9-60. 1s Slater 궤도에 대해 $\left\langle \phi_i \left| \frac{1}{r} \right| \phi_j \right\rangle$를 구하여라.

9-61. Mathcad 또는 Mathematica 같은 프로그램을 사용하여 표 9–7의 수치적 값을 증명하여라.

참 고 문 헌

Eisberg, R., Resnick, R. *Quantum Physics of Atoms, Molecules, Solids, Nuclei, and Particles*. Wiley & Sons: New York, 1974.

Woodgate, G. K. *Elementary Atomic Structure*, 2nd ed. Oxford University Press: New York, 1983.

Slater, J. C. *Quantum Theory of Atomic Structure*. McGraw-Hill: New York, 1960.

Cox, P. A. *Introduction to Quantum Theory and Atomic Structure*. Oxford University Press: New York, 1996.

Herzberg, G. *Atomic Spectra and Atomic Structure*. Dover Publications: Mineola, NY, 1994.

Shore, B. W. *Principles of Atomic Spectra*. Wiley & Sons: New York, 1968.

Snow, R. L., Bills, J. L. A Simple Illustration of the SCF-LCAO-MO Method. *J. Chem. Educ.*, **52**, 506 (1975).

National Institute of Standards and Technology (NIST), *http://physics.nist.gov/PhysRefData/ASD*

Bunge, C. F., Barrientos, J. A., Bunge, A. V. *Atomic Data and Nuclear Data Tables*, **53**, 113 (1993). *http://www.ccl.net/cca/data/atomic-RHF-wavefunctions/tables*

Robert S. Mulliken was born in Newburyport, Massachusetts, on June 25, 1896, and died in Chicago in 1986. He received his Ph.D. in physical chemistry from the University of Chicago in 1921, where his dissertation was on the separation of mercury isotopes by fractional distillation. He then went to Harvard University to continue his study of the behavior of isotopes. Realizing the importance of the new quantum theory to the understanding of atomic and molecular structure, he then spent a year in Europe studying quantum theory. After one year as an assistant professor at Washington Square College in New York City, he spent a year with Friedrich Hund at the University of Göttingen, during which time they developed molecular orbital theory. Upon his return to the United States in 1928, Mulliken accepted a position at the University of Chicago, where he remained until his formal retirement in 1961. He continued working on molecular orbital theory at Chicago, and one of his early important contributions was the introduction of the LCAO approximation. After World War II, Mulliken and his collaborators pioneered the use of computers for calculating and elucidating molecular structure. He was known by all his associates as an unassuming and good-natured man. He was awarded the Nobel Prize in Chemistry in 1966 "for his fundamental work concerning bonds and the electronic structure of molecules by the molecular orbital method."

Chapter 10

화학결합: 일전자 그리고 이전자 분자

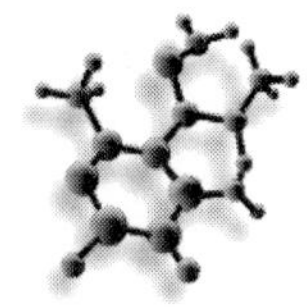

양자역학의 가장 큰 성공의 하나는 화학결합을 기술할 수 있는 능력이다. 양자역학이 발전되기 전 화학자들은 두 개의 수소원자가 가까이 다가와 안정한 결합을 이루는 이유를 이해할 수 없었다. 이 장에서는 양자역학을 이용하여 안정한 화학결합의 존재를 기술할 수 있음을 알게 될 것이다. H_2^+ 분자이온이 가장 간단한 화학결합을 하고 있기 때문에 이것에 대해 자세히 논의할 것이다. H_2^+를 이용하여 분자궤도를 도입하고 분자궤도가 어떻게 원자궤도들의 선형결합(Linear Combination of Atomic Orbitals: LCAO-MO)으로 이루어지는지 보일 것이다. 그리고 분자궤도로부터 Slater 행렬식을 형성하여 H_2의 파동함수를 만들 것이다. 분자궤도 이론을 H_2에 적용하고 Slater 행렬식을 이용하여 H_2의 전자에너지를 계산할 것이며, 분자궤도 이론이 H_2의 안정한 화학결합을 기술할 수 있다는 것을 보일 것이다. 분자궤도 이론의 부족함에 대해 논의한 후 배치 상호작용이라고 부르는 체계적인 방법을 이용하여 이 부족함을 보완할 수 있음을 보이는데, 분자 파동함수를 Slater 행렬식의 선형결합으로 하여 바닥상대와 여러 다른 상태, 즉 배치라고 부르는 상태들을 기술할 수 있음을 보일 것이다. 원자에 대해 이전의 장에서 개발했던 Hartree-Fock 자체일관성 장 이론을 기반으로 최적의 분자궤도를 결정하는 방법을 개발할 것이다. 이 방법을 이용하면 Hartree-Fock-Roothaan 방정식으로부터 자체일관성 원자궤도 선형결합(Self-consistent Field Linear Combination of Atomic Orbitals: SCF-LCAO-MO)이라고 부르는 최적화된 분자궤도를 얻게 된다. 그 결과 얻어지는 SCF-LCAO-MO는 여러 배치를 나타내는 Slater 행렬식을 만드는데 사용되며 배치 상호작용에 의해 개선된 Hartree-Fock-Roothaan 파동함수를 얻는데 이용된다. Hartree-Fock-Roothaan 파동함수를 체계적으로 개선할 수 있기 때문에 배치 상호작용을 post-Hartree-Fock 방법이라고 부른다.

논의를 간단히 하기 위해 가장 간단한 분자 H_2에 대해 고려해 보자. H_2 분자에 대한 Schrödinger 방정식은

$$\hat{H}_{mol}\psi_{mol}(\boldsymbol{r}_1,\boldsymbol{r}_2,\boldsymbol{R}_A,\boldsymbol{R}_B)=E_{mol}\psi_{mol}(\boldsymbol{r}_1,\boldsymbol{r}_2,\boldsymbol{R}_A,\boldsymbol{R}_B) \tag{10-1}$$

이며 여기에서 $\hat{H}_{mol}$은

$$\hat{H}_{mol}=-\frac{\hbar^2}{2M}(\nabla_A^2+\nabla_B^2)-\frac{\hbar^2}{2m_e}(\nabla_1^2+\nabla_2^2)-\frac{e^2}{4\pi\varepsilon_0 r_{1A}}$$
$$-\frac{e^2}{4\pi\varepsilon_0 r_{1B}}-\frac{e^2}{4\pi\varepsilon_0 r_{2A}}-\frac{e^2}{4\pi\varepsilon_0 r_{2B}}-\frac{e^2}{4\pi\varepsilon_0 r_{12}}+\frac{e^2}{4\pi\varepsilon_0 R} \tag{10-2}$$

로 주어지며 $R=|\boldsymbol{R}_A-\boldsymbol{R}_B|$이다. 10-2 식에서 M은 각 수소원자 핵의 질량, m_e는 전자의 질량, 하첨자 A,B는 각 원자 핵, 하첨자 1,2는 각각의 전자 그리고 거리들은 그림 10-1의 거리들을 나타낸다.

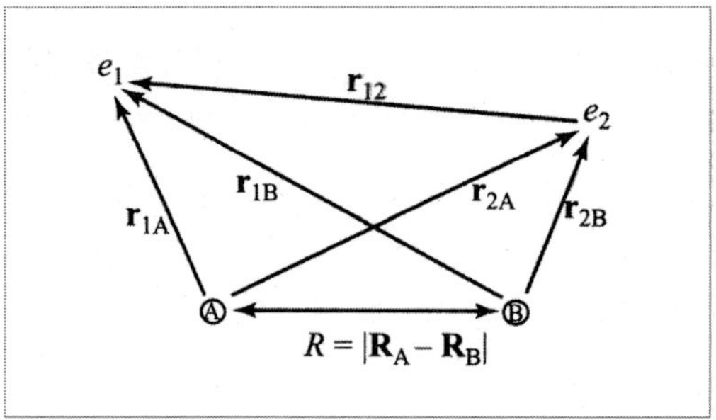

그림 10-1 수소분자의 Hmiltonian 연산자에서 전자와 핵들 간의 거리에 대한 정의.

∇_A^2과 ∇_B^2은 핵의 운동에너지, ∇_1^2과 ∇_2^2은 전자의 운동에너지, 다음 네 항은 각각의 전자와 각각의 핵들 간의 상호작용, $e^2/4\pi\varepsilon_0 r_{12}$는 두 전자 간의 반발 그리고 $e^2/4\pi\varepsilon_0 R$은 거리 R 만큼 떨어진 두 핵 간의 반발 항을 나타낸다.

핵의 질량이 전자의 질량보다 훨씬 더 크기 때문에 전자에 비해 천천히 움직이고 따라서 전자는 기본적으로 핵의 움직임에 따라 바로 위치를 잡는다. 이러한 관찰을 체계적으로 처리하면 다음과 같은 가정을 할 수 있게 된다.

$$\psi_{mol}(\boldsymbol{r}_1,\boldsymbol{r}_2,\boldsymbol{R}_A,\boldsymbol{R}_B)\approx\psi_{el}(\boldsymbol{r}_1,\boldsymbol{r}_2,R)\psi_{nucl}(\boldsymbol{R}_A,\boldsymbol{R}_B) \tag{10-3}$$

10-3 식을 10-1 식에 대입하면 m_e/M에 해당하는 항들을 무시할 수 있고 두 개의 독립된 식이 얻어진다. 이 중 한 식이 전자의 운동을 나타낸다.

$$\hat{H}_{el}\psi_{el}(\boldsymbol{r}_1,\boldsymbol{r}_2,R) = E_{el}\psi_{el}(\boldsymbol{r}_1,\boldsymbol{r}_2,R) \tag{10-4}$$

$$\begin{aligned}\hat{H}_{el} =& -\frac{\hbar^2}{2m_e}(\nabla_1^2+\nabla_2^2) - \frac{e^2}{4\pi\varepsilon_0 r_{1A}} \\ & - \frac{e^2}{4\pi\varepsilon_0 r_{1B}} - \frac{e^2}{4\pi\varepsilon_0 r_{2A}} - \frac{e^2}{4\pi\varepsilon_0 r_{2B}} - \frac{e^2}{4\pi\varepsilon_0 r_{12}} + \frac{e^2}{4\pi\varepsilon_0 R}\end{aligned} \tag{10-5}$$

핵이 고정되어 있다고 생각하므로 10-5 식의 R은 상수로 취급할 수 있으며 10-4 식의 E_{el}은 R에 의존한다. 위 식을 원자단위로 나타내면(9.1 절) 10-5 식은 다음과 같이 된다.(연습문제 10-1)

$$\hat{H}_{el} = -\frac{1}{2}(\nabla_1^2+\nabla_2^2) - \frac{1}{r_{1A}} - \frac{1}{r_{1B}} - \frac{1}{r_{2A}} - \frac{1}{r_{2B}} - \frac{1}{r_{12}} + \frac{1}{R} \tag{10-6}$$

10-3 식으로부터 얻어지는 $\psi_{mol}(\boldsymbol{R}_A,\boldsymbol{R}_B)$에 대한 다른 식은 핵의 운동을 나타내며 제 5 장과 6 장에서 논의한 진동, 회전운동에 관한 식이 된다.

10-1 식과 같은 분자의 Schrödinger 방정식을 전자의 운동(10-4 식)과 핵의 운동을 나타내는 식으로 분리하는 근사를 Born-Oppenheimer 근사라고 부른다. 10-3 식의 Born-Oppenheimer 근사의 요점은 분자의 파동함수를 핵 성분과 전자 성분으로 분리할 수 있다는 가정에 있다. Born-Oppenheimer 근사의 실질적이 결과는 분자의 Hamiltonian 연산자에서 핵의 운동에너지 항을 무시할 수 있다는 것이다. Born-Oppenheimer 근사를 H_2분자에 대해서만 적용하였지만 다른 분자로 확장하는 일은 쉬운 일이다.

10.2 수소분자 이온 H_2^+는 이원자 분자의 전형이다.

수소분자 이온 H_2^+는 평형 결합길이 105.7 pm(1.997 a_0), 위치에너지 우물의 깊이 D_e = 0.10264E_h(269.5 kJ · mol^{-1})인 안정한 분자 종이다.(연습문제 10-3) 그림 10-2는 H_2^+의 바닥상태의 전자에너지를 핵간거리 R에 대해 도시한 그림이다. H_2^+의 바닥 전자상태는 바닥상태 수소원자(전자에너지 $-1/2E_h$)와 양성자(전자에너지가 없슴.)로 분해되며 따라서 $R\to\infty$ 에서 그림 10-2의 곡선은 $-1/2E_h$로 접근한다. Carrington(참고문헌)은 H_2^+의 실험적인 성질들에 대해 논문 "가장 간단한 분자"에서 잘 설명하였다.

수소분자 이온은 원자의 계산에서 수소원자가 했던 것 같은 역할을 분자의 계산에서 한다. 수소꼴 원자궤도의 Slater 행렬식으로 다전자 원자의 원자궤도를 만든 것처럼 H_2^+꼴 분자궤도의 Slater 행렬식으로 다전자 분자의 분자궤도를 만든다. H_2^+의 전자 Schrödinger 방정식은

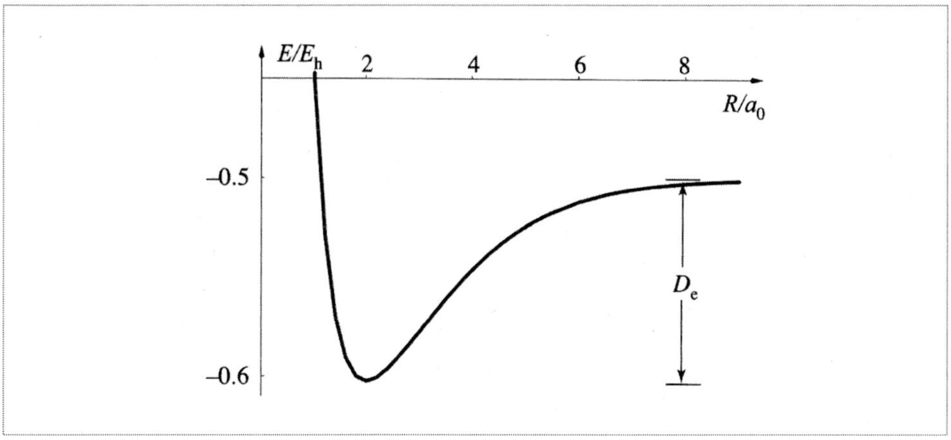

그림 10-2 H_2^+의 바닥상태의 전자에너지를 핵간거리 R에 대해 도시한 그림.

$$\hat{H}\psi_j(r_A, r_B, R) = E_j\psi_j(r_A, r_B, R) \tag{10-7}$$

이고 Hamiltonian 연산자(원자단위)는 Born–Oppenheimer 근사에 따라

$$\hat{H} = -\frac{1}{2}\nabla^2 - \frac{1}{r_A} - \frac{1}{r_B} + \frac{1}{R} \tag{10-8}$$

이다. 여기에서 r_A와 r_B는 각각 전자와 핵 A, B 사이의 거리이며 변수로 고정된(그림 10–3) R은 핵간거리이다.

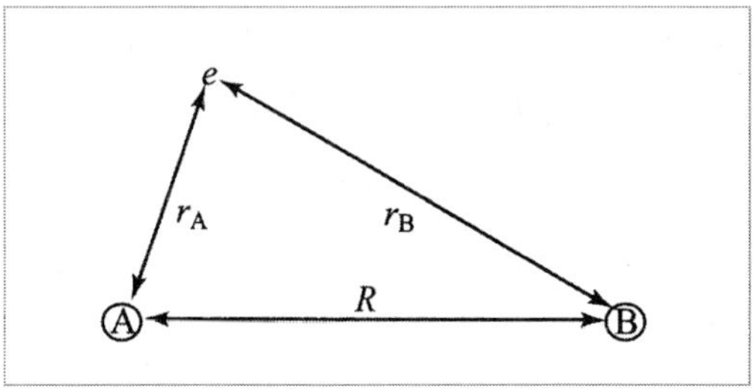

그림 10-3 H_2^+ 분자 이온에서 변수 r_A, r_B, R

분자의 파동함수가 두 핵 모두에 분포함을 볼 수 있고 따라서 한 개의 핵의 중심에만 분포하는 원자궤도에 반해 분자궤도라고 할 것이다. 수소분자 이온의 Schrödinger 방정식은 한 개의 전자가 있는 수소원자와 같이 정확히 풀 수 있다. 10–7 식은 타원좌표를 이용하면 수소원자의 Schrödinger 방정식과 같이 세 개의 보통 미분방정식으로 분리된다. 이 타원좌표 계에서의 한 점은(그림 10–4) 세 개의 좌표로 주어진다. 이 세 좌표는

$$\lambda = \frac{r_A + r_B}{R} \qquad \mu = \frac{r_A - r_B}{R} \tag{10-9}$$

그리고 ϕ는 (r_A, r_B, R) 삼각형이 핵간 축을 따라 만드는 각이다. 이 좌표의 함수로 10-7 식의 해를 표시하면

$$\psi(r_A, r_B, R) = F(\lambda)S(\mu)\Phi(\phi) \tag{10-10}$$

으로 되며 10-10 식의 각 항은 보통의 미분방정식을 만족시킨다. 그러나 불행하게도 이 방정식은 단순한 함수로 해석적으로는 풀 수 없으며 따라서 결과를 수치들의 표의 형태로 나타낼 수밖에 없다. 그림 10-5는 H_2^+의 바닥상태와 몇 개의 들뜬상태의 전자에너지를 R에 대해 도시한 것이다. 바닥상태 곡선은 최소점을 지나며 따라서 평형 핵간거리 $2.00a_0$(106 pm)인 안정한 분자 종임을 시사한다. 계산된 최저 에너지는 $-0.60264E_h$로 실험값과 잘 일치하고 있다.

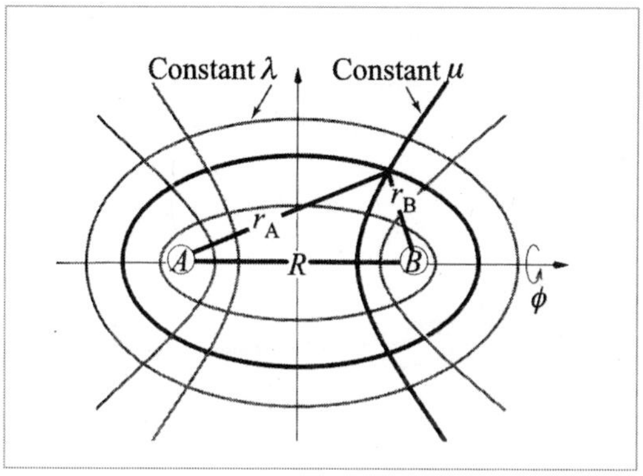

그림 10-4 타원좌표 계. 상수 $\lambda = (r_A + r_B)/R$인 선들은 평면에서 타원을 만든다. 상수 $\mu = (r_A - r_B)/R$인 선들은 쌍곡선을 만들며 ϕ는 핵간 축에 대한 평면의 각이다.

보통 에너지를 분리된 수소원자와 양성자에 대해 도시하기 때문에 에너지가 큰 R 값에 대해 영으로 접근한다. 이것을 그림 10-6에 나타내었다. 그림 10-5와 10-6의 차이는 에너지 영이 고립된 수소원자의 에너지 $-1/2E_h$ 만큼 이동한 것 밖에 없다. 그림 10-6의 최소값은 $-0.60264E_h$ 대신 $-0.10264E_h$이다.

그림 10-5와 10-6의 상태들은 다음 표기법에 따라 표시되었다. 핵간 축에 대한 각운동량 연산자 $\hat{L}_z$는 $\hat{H}$와 교환되며 따라서 총 파동함수는 $\hat{L}_z$의 고유함수이다. 6.6 절에서 $\hat{L}_z = -i\hbar\partial/\partial\phi$ 그리고 고유함수는 $\Phi(\phi) = (2\pi)^{-1/2}e^{im\phi}$, $m = 0, \pm1, \pm2, \cdots$ 임을 알고 있다. 따라서 m은 좋은 양자수이며 H_2^+의 상태를 나타내는데 사용될 수 있다. $m = 0$ 상태를 σ 상태라고 부르며 $m = \pm1$인 상태를 π 상태 그리고 $m = \pm2$인 상태를 δ 상태 등으로 부른다. 그림 10-7은 H_2^+에서 σ 상태와 π 상태를 보여주는 그림이다. σ 상태는 원통대칭 형의 파동함수이며 핵간 축에서 보면 원형의 단면을 갖는다.(원자의 s 궤도와 분자의 σ 궤도와의 상관성을 주목하여라.) π 상태의 파동함수는 원자의 p 궤도와 유사한 단면을 갖는다. σ 궤도에는 마디면이 없는 반면 π 궤도에는 핵간 축을 포함하는 마디면이 있음을 주목하여라. δ 궤도에는 핵간 축을 포함하는 마디면이 두 개 있

다. 이 결과는 수소원자의 각 성분 파동함수가 자기양자수 $|m_l|$ 개의 z 축을 포함하는 마디가 있는 것과 잘 일치한다.

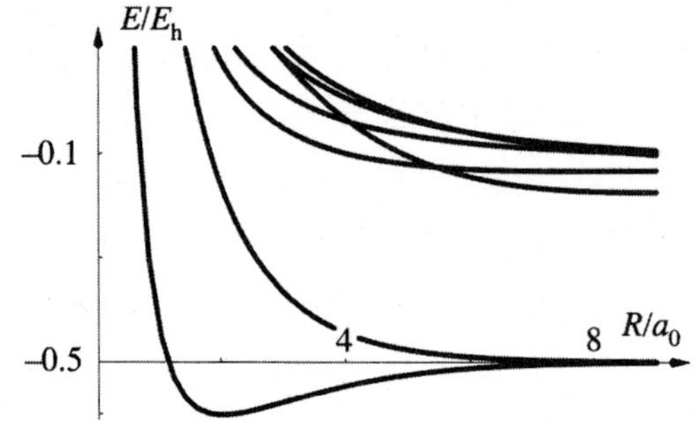

그림 10–5 H_2^+의 바닥상태와 몇 개의 들뜬상태의 전자에너지를 R에 대해 도시한 그림. 바닥상태 곡선은 최소점을 지나며 따라서 에너지가 최소점의 깊이를 갖는 안정한 분자 종임을 시사한다.

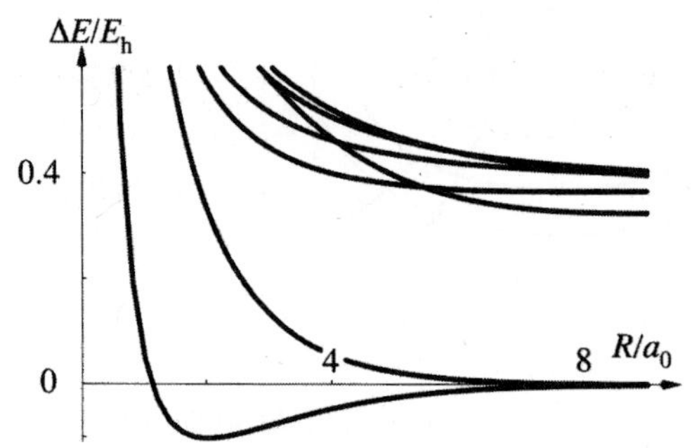

그림 10–6 분리된 수소원자와 양성자에 대해 도시한 H_2^+의 바닥상태와 몇 개의 들뜬상태의 전자에너지. 이 경우 큰 R 값에 대해 바닥상태 에너지가 영에 접근하며 최소점의 깊이는 $-0.10264E_h$이다.

분자의 상태를 표시하는데 m 값을 사용하며 또한 대칭의 중심에 대한 반전, 즉 핵들의 중간점에 대해 입자들의 위치를 반사 시켰을 때 나타나는 분자의 행동으로 상태를 표시할 수 있다. H_2^+의 대칭성 때문에 반전 연산자, $\hat{P}_{inv}$는 $\hat{H}$와 교환된다. $\hat{P}_{inv}$을 $\psi(r_A, r_B, R)$에 연산하면

$$\hat{P}_{inv}\psi(r_A, r_B, R) = c\psi(r_A, r_B, R)$$

을 준다. 한 번 더 연산하면

$$\hat{P}_{inv}^2\psi(r_A, r_B, R) = c^2\psi(r_A, r_B, R)$$

이고 이것은 동등연산(identity operation)이 되고 따라서 $c^2=1$, $c=\pm 1$이다. 그러므로 H_2^+의 파동함수는 반전에 대해 부호가 바뀌거나 바뀌지 않는다. 파동함수가 바뀌지 않으면 이 상태를 g(독일어 gerade, 영어의 even에 해당한다.)로 표시하고 부호가 바뀌면 u (ungerade, 영어의 odd)로 표시한다. 그림 10-8은 H_2^+의 바닥상태와 첫 번째 들뜬상태 파동함수의 점 도시이다. 두 파동함수 모두 원통대칭이어서 σ 상태이다. 바닥상태 파동함수는 gerade이고 첫 번째 들뜬상태 파동함수는 ungerade 임을 주목하여라. 바닥상태를 σ_g로 첫 번째 들뜬상태를 σ_u로 표시한다. 그림 10-8은 각 상태에 대해 두 가지 표시를 하였다. $1\sigma_g$는 이 상태가 첫 번째 σ_g 임을 의미하고 바닥상태의 평형 결합길이 주변에서 에너지가 증가하는 순서대로 표시한다. $\sigma_g 1s$는 이 상태가 양성자와 수소원자의 $1s$ 상태로 분해함을 의미한다.

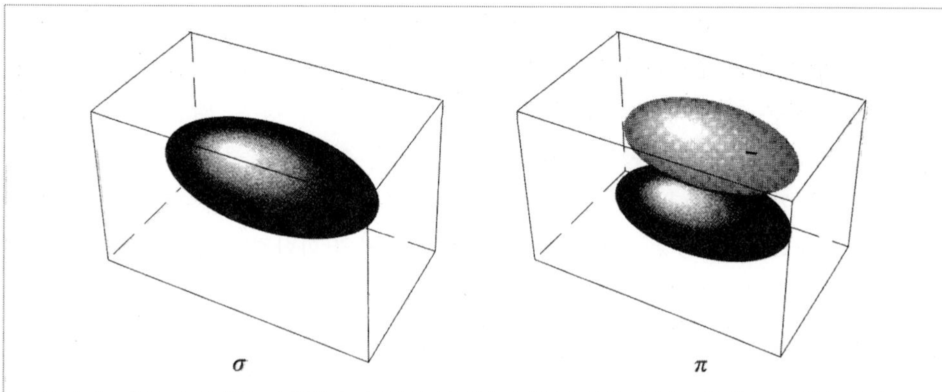

그림 10-7 σ 상태와 π 상태의 그림. σ 상태는 핵간 축을 따라서 보면 원통대칭이며 π 상태는 p 궤도와 유사한 단면을 갖는다.

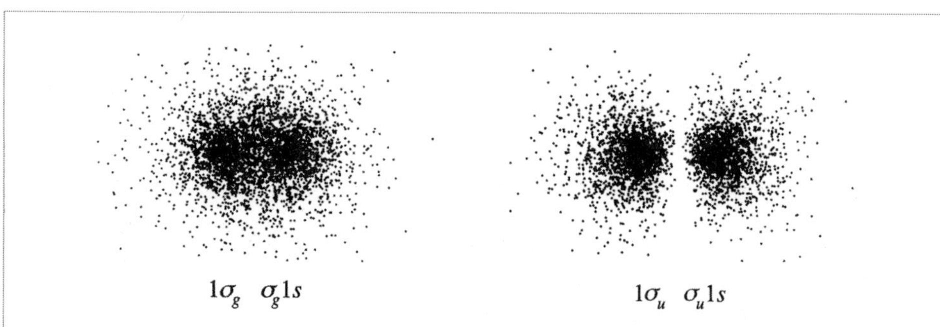

그림 10-8 H_2^+의 바닥 전자상태 그리고 첫 번째 들뜬상태 파동함수의 단면을 보여주는 그림. 바닥상태는 gerade이고 첫 번째 들뜬상태는 ungerade 임을 주목하여라. 궤도는 오렌지색 영역에서 양의 값을 가지며 검은색 부분에서 음의 값을 가진다.

H_2^+의 Schrödinger 방정식이 정확히 풀림에도 불구하고 그 해를 수치해석적으로 사용하는 것이 쉽지는 않다. 그렇지만 H_2^+는 더 복잡한 계에 사용할 수 있는 근사적인 방

법을 개발할 수 있는 매우 좋은 계이다. 그 결과를 효율성을 논의하는데 비교하고, 해의 성질로부터 물리적인 의미를 이해하게 된다. 다음 절에서는 다전자 분자의 결합을 설명하는데 가장 널리 사용되는 분자궤도 이론을 발전시키는데 H_2^+를 이용한다.

10.3 분자궤도는 원자궤도의 선형결합으로 만들어진다.

분자의 결합 성질을 기술하는데 사용하는 방법을 분자궤도 이론이라고 부른다. 분자궤도 이론은 1930년 대 초반 Friedrich Hund와 Robert Mulliken에 의해 개발되어 현재 분자의 성질에 대한 계산에 가장 널리 사용되고 있다. 분자궤도 이론에서는 분자 파동함수를 만들기 위해 제 9 장에서 원자 파동함수를 만든 것과 유사한 방법을 사용한다. 원자 파동함수는 원자궤도라고 부르는 일전자 파동함수의 행렬식으로 표시하였다. 이제 분자 파동함수를 분자궤도라고 부르는 일전자 분자 파동함수의 행렬식으로 표시한다. 당연한 질문은 어떻게 분자궤도를 만드는가이다. 이 경우 일전자 분자 이온 H_2^+의 Schrödinger 방정식을 원자궤도의 선형결합을 이용하여 근사적으로 풀고 얻어지는 궤도들을 이용하여 더 복잡한 분자들의 행렬식형 파동함수를 만든다. 이 방법이 거칠어 보이긴 해도(결국 H_2^+는 정확히 풀 수 있다.) 분자의 화학결합의 성질에 대한 물리적인 의미를 주고 설험적인 관찰과 잘 일치하는 결과를 준다. 또한, 이 방법은 원하는 만큼의 정밀도를 갖도록 체계적으로 개선할 수 있다.

H_2^+의 Hamiltonian 연산자는 Born–Oppenheimer 근사에서 10–8 식으로 주어진다. 적당한 시도함수를 사용하면 변분원리(제 8 장)가 에너지에 대해 좋은 근사값을 준다는 것을 상기하여라. $\psi(r_A, r_B, R)$의 시도함수로 다음 선형결합

$$\psi = c_A 1s_A + c_B 1s_B \tag{10–11}$$

을 사용하자. 이때 $1s_A$와 $1s_B$는 각각 핵 A와 B를 중심으로 한 수소원자의 궤도이다. 10–11 식에 주어진 분자궤도는 원자궤도의 선형결합(Linear Combination of Atomic Orbitals)으로 LCAO 분자궤도라고 부른다. 분자궤도를 만드는 $1s_A$와 $1s_B$를 기저함수(basis functions)라고 부르고 기저세트(basis set)를 형성한다. 이 경우 기저세트는 두 핵을 어우르는데 사용되는 두 개의 궤도가 최소의 수이기 때문에 최소 기저세트(minimal basis set)라고 부른다. 10–11 식은 각 수소원자에 대해 한 개의 궤도로 이루어져 있다.

10–11 식에서 얻어지는 영년방정식은

$$\begin{vmatrix} H_{AA} - E & H_{AB} - ES \\ H_{BA} - ES & H_{BB} - E \end{vmatrix} = 0 \tag{10–12}$$

이며

$$H_{AA} = \int dr 1s_A \hat{H} 1s_A = < 1s_A|\hat{H}|1s_A > = < 1s_B|\hat{H}|1s_B > = H_{BB} \tag{10-13a}$$

$$H_{AB} = \int dr 1s_A \hat{H} 1s_B = < 1s_A|\hat{H}|1s_B > = H_{BA} \tag{10-13b}$$

$$S = \int dr 1s_A 1s_{B=} < 1s_A|1s_B > \tag{10-13c}$$

이다. 10-12 식에서는 $1s$ 궤도가 정규화 되어 있다($< 1s_A|1s_A > = < 1s_B|1s_B > = 1$)는 사실을 이용하였으며 10-13a 식에서는 대칭성에 따라 $H_{AA} = H_{BB}$를 이용하였다. 10-12 식을 전개하면

$$(H_{AA} - E)^2 - (H_{AB} - ES)^2 = 0$$

$$E_{\pm} = \frac{H_{AA} \pm H_{AB}}{1 \pm S} \tag{10-14}$$

를 얻는다.

이제 10-13 식의 세 적분에 대해 차례로 살펴보자. 먼저 S에서부터 시작해 보자. S에는 핵 A에 위치한 $1s$ 궤도와 핵 B에 위치한 $1s$ 궤도의 곱이 들어있고 그림 10-9에 보인대로 두 핵은 R 만큼 떨어져 있다. 이 곱은 두 원자궤도가 많이 겹치는 영역에서만 중요하다.(연습문제 10-5) 따라서 S를 겹침적분이라고 부른다. 겹침의 정도, 즉 겹침적분의 크기는 핵간거리 R에 의존하게 된다. 큰 R에서 S는 기본적으로 영이다. R이 작아짐에 따라 S 값은 커지고 두 궤도가 완전히 겹치는 $R = 0$에서 1이 된다. 따라서 $0 \leq S(R) \leq 1$ 임을 알 수 있다. 연습문제 10-6 (연습문제 10-7)에서 $S(R)$을 구하였으며 그 결과는

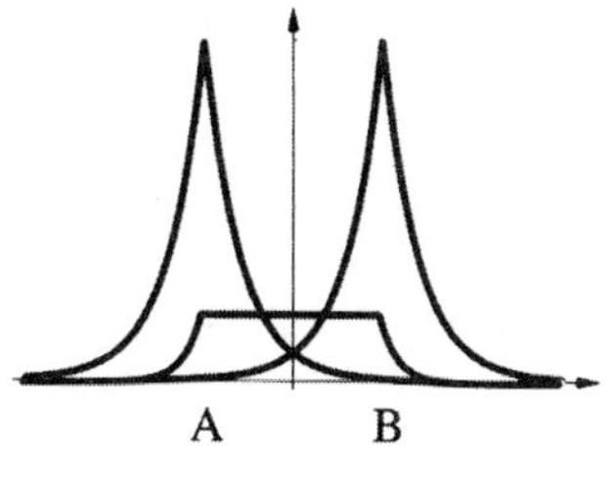

그림 10-9 R 만큼 떨어진 수소원자의 핵 A, B에 위치한 $1s$ 궤도의 겹침. 오렌지색 곡선은 두 궤도의 곱을 나타낸다.

$$S(R) = e^{-R}\left(1 + R + \frac{R^2}{3}\right) \tag{10-15}$$

이다. 그림 10-10에 10-15 식을 도시하였다.

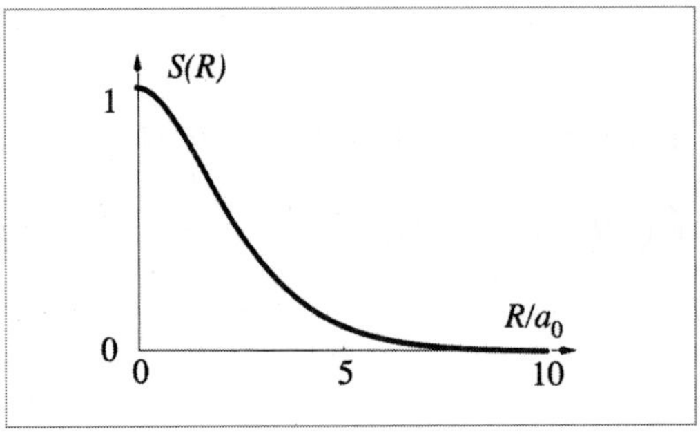

그림 10-10 원자단위로 표시된 핵간거리의 함수로 도시한 두 수소원자 $1s$ 궤도의 겹침 적분 $S(R)$

이제 H_{AA}에 대해 살펴보자.(10-13a 식)

$$\begin{aligned} H_{AA} &= \left\langle 1s_A \middle| -\frac{1}{2}\nabla^2 - \frac{1}{r_A} - \frac{1}{r_B} + \frac{1}{R} \middle| 1s_A \right\rangle \\ &= \left\langle 1s_A \middle| -\frac{1}{2}\nabla^2 \middle| 1s_A \right\rangle + \left\langle 1s_A \middle| -\frac{1}{r_A} \middle| 1s_A \right\rangle + \left\langle 1s_A \middle| -\frac{1}{r_B} \middle| 1s_A \right\rangle \\ &\quad + \left\langle 1s_A \middle| -\frac{1}{R} \middle| 1s_A \right\rangle \end{aligned} \tag{10-16}$$

H_{AA}는 전자가 한 개의 핵에 제한되어 있을 때(이 경우 핵 A)의 에너지라고 생각할 수 있기 때문에 원자의 적분이라고 말할 수 있다. 처음 두 적분은 초보적인 수준으로 각각 1/2 그리고 −1이다.(연습문제 10-8) 세 번째 적분은 위에서 $S(R)$을 구한 것과 같은 방법을 사용하며(연습문제 10-10, 10-11) 네 번째 적분은 R이 상수이고 $< 1s_A|1s_A >=$ 1이므로 $1/R$이다. 따라서

$$H_{AA} = -\frac{1}{2} + J(R) + \frac{1}{R} \tag{10-17}$$

$$J(R) = \left\langle 1s_A \middle| -\frac{1}{r_B} \middle| 1s_A \right\rangle = e^{-2R}\left(1 + \frac{1}{R}\right) - \frac{1}{R} \tag{10-18}$$

이며 같은 방법으로

$$\begin{aligned} H_{AB} &= \left\langle 1s_A \middle| -\frac{1}{2}\nabla^2 \middle| 1s_B \right\rangle + \left\langle 1s_A \middle| -\frac{1}{r_A} \middle| 1s_B \right\rangle + \left\langle 1s_A \middle| -\frac{1}{r_B} \middle| 1s_B \right\rangle \\ &\quad + \left\langle 1s_A \middle| \frac{1}{R} \middle| 1s_B \right\rangle \end{aligned} \tag{10-19}$$

를 얻는다. H_{AB}에서는 전자들이 두 핵에 걸쳐 있으므로 또는 한 핵에서 다른 핵으로 교환될 수 있으므로(전자가 한 핵에 제한되어 있는 H_{AA} 와는 달리) H_{AB}는 교환적분으로 이루어져 있다고 말한다.

예제 10-1 10-19 식의 두 번째 적분과 세 번째 적분이 같음을 보여라.

풀이 $\left\langle 1s_A \middle| -\frac{1}{r_A} \middle| 1s_B \right\rangle$에서 시작한다.

H_2^+의 대칭성에 따라 두 핵의 표시를 교환하여도 적분 값은 변하지 않아야 한다. 따라서

$$\left\langle 1s_A \middle| -\frac{1}{r_A} \middle| 1s_B \right\rangle = \left\langle 1s_B \middle| -\frac{1}{r_B} \middle| 1s_A \right\rangle$$

그러나 $-1/r_B$가 단지 스칼라 연산자이기 때문에(곱 연산자)

$$\left\langle 1s_B \middle| -\frac{1}{r_B} \middle| 1s_A \right\rangle = \left\langle 1s_A \middle| -\frac{1}{r_B} \middle| 1s_B \right\rangle$$

이다.

H_{AB}의 모든 적분은 상당히 쉽고 여러 문제들에서 그 값을 구하여 결과를 표 10-1에 수록하였다. 표 10-1의 결과를 이용하여 $\zeta = 1\,(w = R)$에 대해

$$\begin{aligned} H_{AB}(R) &= -\frac{S(R)}{2} - K(R) + 2K(R) + \frac{S(R)}{R} \\ &= -\frac{S(R)}{2} + K(R) + \frac{S(R)}{R} \end{aligned} \tag{10-20}$$

$$K(R) = -e^{-R}(1+R) \tag{10-21}$$

이며 $S(R)$은 10-15 식에 주어져 있다.

10-17 식과 10-20 식을 10-14 식에 대입하면

$$E_{\pm}(R) = -\frac{1}{2} + \frac{J(R) + \frac{1}{R}}{1 \pm S(R)} \pm \frac{K(R) + \frac{S(R)}{R}}{1 \pm S(R)} \tag{10-22}$$

을 얻는다. 독립된 바닥상태 수소원자와 양성자의 에너지가 −1/2이므로 10-22 식은

$$\Delta E_{\pm}(R) = E_{\pm} - E_{1s} = \frac{J(R) + \frac{1}{R}}{1 \pm S(R)} \pm \frac{K(R) + \frac{S(R)}{R}}{1 \pm S(R)} \tag{10-23}$$

로 쓸 수 있다. 여기에서 $\Delta E_{\pm}(R)$은 독립된 수소원자와 양성자에 대한 H_2^+의 에너지이다. $E_+(R)$이 항상 $E_-(R)$보다 항상 작으며 따라서 바닥상태를 나타낸다.

그림 10-11에는 10-23 식으로부터 계산된 H_2^+의 $\Delta E_+(R)$을 핵간거리 R의 함수로

도시하였다.(연습문제 10-12) ΔE_+을 R의 함수로 도시한 곡선은 최소점을 지나며 따라서 최소 에너지(R_{eq}에서 ΔE_+ 값) $-0.064E_h$ 그리고 결합길이 $R_{eq}=2.493a_0=132$ pm인 안정한 분자 종을 나타낸다. 이 값들의 정확한 값은 $-0.10264E_h$ 그리고 $R_{eq}=2.00a_0=106$ pm이다. 또한 비교를 위해 정확한 곡선을 함께 도시하였다.

표 10-1 H_2^+에서 $E_\pm$를 구하기 위한 적분 값들. 분자궤도는 $\psi=c_1\phi_A+c_2\phi_B$이다.

$$\langle\phi_A \mid \phi_B\rangle = S(w) = e^{-w}\left(1+w+\frac{w^2}{3}\right)$$

$$\left\langle\phi_A \left|-\frac{1}{2}\nabla^2\right|\phi_A\right\rangle = \left\langle\phi_B \left|-\frac{1}{2}\nabla^2\right|\phi_B\right\rangle = \frac{\zeta^2}{2}$$

$$\left\langle\phi_A \left|-\frac{1}{2}\nabla^2\right|\phi_B\right\rangle = \left\langle\phi_B \left|-\frac{1}{2}\nabla^2\right|\phi_A\right\rangle = \frac{1}{2}\zeta^2 e^{-w}\left(1+w-\frac{w^2}{3}\right) = -\zeta^2\left[\frac{S(w)}{2}+K(w)\right]$$

$$\left\langle\phi_A \left|-\frac{1}{r_A}\right|\phi_A\right\rangle = \left\langle\phi_B \left|-\frac{1}{r_B}\right|\phi_B\right\rangle = -\zeta$$

$$\left\langle\phi_A \left|-\frac{1}{r_B}\right|\phi_A\right\rangle = \left\langle\phi_B \left|-\frac{1}{r_A}\right|\phi_B\right\rangle = \zeta e^{-2w}\left(1+\frac{1}{w}\right) - \frac{\zeta}{w} = \zeta J(w)$$

$$\left\langle\phi_A \left|-\frac{1}{r_A}\right|\phi_B\right\rangle = \left\langle\phi_B \left|-\frac{1}{r_B}\right|\phi_A\right\rangle = -\zeta e^{-w}(1+w) = \zeta K(w)$$

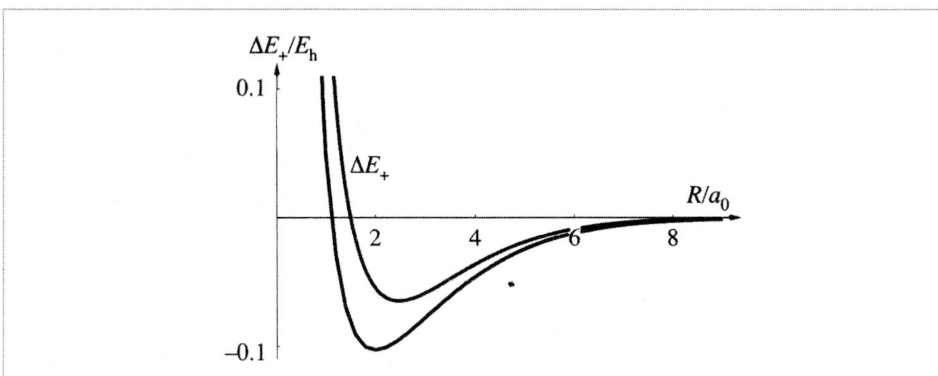

그림 10-11 H_2^+에 대해 10-23 식으로부터 계산된 $\Delta E_+(R)$을 핵간거리 R의 함수로 도시한 그림(오렌지색 곡선)과 정확한 계산에 의해 구해진 곡선(검은색 곡선).

화학결합의 안정성에 대한 물리적인 의미를 부여하기 위해 10-23 식을 사용할 수 있다. 10-23 식 첫 번째 항의 분자는 전자가 한 원자에 위치한 적분, 즉 위에서 언급한 원자의 적분을 포함하고 있다. 한편, 두 번째 항의 분자는 전자들이 두 원자에 위치한 적분, 즉 교환적분을 포함하고 있다. 교환적분은 10-11 식의 파동함수를 두 핵에 걸쳐 있는 원자궤도의 선형결합으로 하였기 때문에 나타난다. 이 과정은 엄격히 양자역학적인 과정이며 따라서 교환적분은 양자역학적인 양이라고 말할 수 있다. 그림 10-12는 원자의 적분 $J(R)+1/R$과 교환적분 $K(R)+S(R)/R$을 R에 대해 도시한 그림이다. 이 그림은 H_2^+의 결합의 안정성이 교환적분 때문이라는 것을 잘 보여주고 있으며 안정한 화학결합이 존재하는 것이 양자역학적인 효과라는 것을 알려주고 있다.

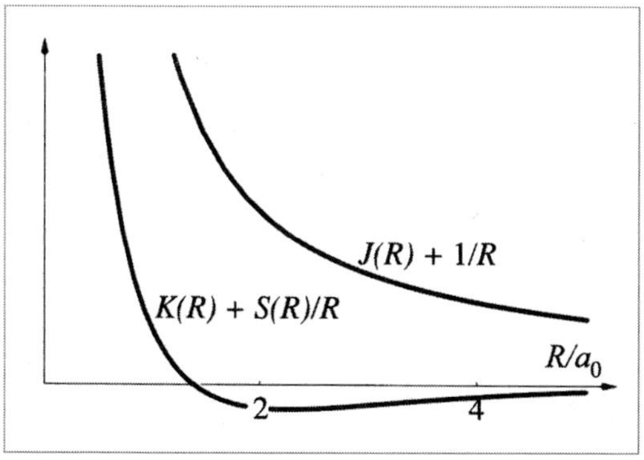

그림 10-12 원자의 적분 $J(R)+1/R$(검은색 곡선)과 교환적분 $K(R)+S(R)/R$(오렌지색 곡선)을 R에 대해 도시한 그림

10-23 식에서 에너지 $\Delta E_-(R)$은 H_2^+의 첫 번째 들뜬상태를 나타내며 그림 10-13에 도시하였다. 이 곡선에는 최소점이 없으며 따라서 이 들뜬상태는 속박상태가 아님을 보여주고 있다. 비교를 위해 정확한 에너지를 함께 도시하였는데 상당히 잘 일치함을 볼 수 있다.

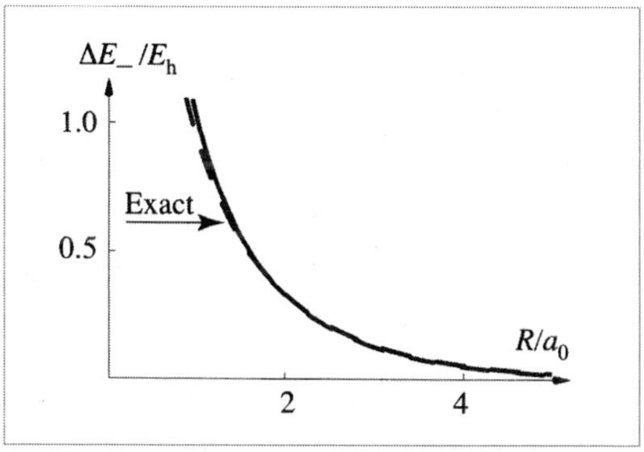

그림 10-13 H_2^+에 대해 10-23 식으로부터 계산된 $\Delta E_-(R)$과 정확한 에너지와를 비교한 그림.

10.4 H_2^+에 대해 얻은 가장 간단한 분자궤도가 결합 및 반결합 궤도를 준다.

10-22 식의 $E_\pm(R)$에 해당되는 분자궤도에 대해 살펴보자.

예제 10-2 10-12 식의 에너지 E_+와 E_-에 해당되는 분자궤도를 결정하여라.

풀이 10-11 식의 계수 c_A와 c_B를 결정하기 위해 10-12 식의 영년행렬식을 주는 연립방정식을 이용해야 한다. 이 방정식은

$$c_A(H_{AA}-E)+c_B(H_{AB}-ES)=0$$
$$c_A(H_{AB}-ES)+c_B(H_{BB}-E)=0$$

이다. 10-14 식의 E_+를 대입하면 먼저 $H_{AA}=H_{BB}$에서

$$c_A\left(H_{AA}-\frac{H_{AA}+H_{AB}}{1+S}\right)+c_B\left(H_{AB}-\frac{H_{AA}+H_{AB}}{1+S}S\right)=0$$
$$c_A\left(\frac{H_{AA}S-H_{AB}}{1+S}\right)+c_B\left(\frac{H_{AB}-H_{AA}S}{1+S}\right)=0$$

에서 $c_A=c_B$를 얻는다. 따라서 E_+에 해당하는 분자궤도는

$$\psi_+=c_A(1s_A+1s_B)$$

이다. ψ_+가 정규화 되어야 하므로 $c_A^2(1+2S+1)=1$에서 $c_A=1/\sqrt{2(1+S)}$이다.

$$\psi_+=\frac{1}{\sqrt{2(1+S)}}(1s_A+1s_B) \qquad (10\text{–}24)$$

이다. ψ_-를 얻기 위해 E_-를

$$c_A(H_{AA}-E)+c_B(H_{AB}-ES)=0$$

에 대입하면

$$c_A\left(\frac{-H_{AA}S+H_{AB}}{1-S}\right)+c_B\left(\frac{H_{AB}-H_{AA}S}{1-S}\right)=0$$

에서 $c_A=-c_B$를 얻는다. ψ_-가 정규화 되어야 하므로 $c_A^2(1-2S+1)=1$에서 $c_A=1/\sqrt{2(1-S)}$이다. 따라서

$$\psi_-=\frac{1}{\sqrt{2(1-S)}}(1s_A-1s_B) \qquad (10\text{–}25)$$

가 E_-에 해당하는 분자궤도이다. 각 경우 $c_A^2=c_B^2$이라는 사실은 H_2^+의 대칭에 따른 직접적인 결과이다. $c_A^2\neq c_B^2$이면 어느 한 핵이 다른 핵에 대해 우선한다.

10-2 식에 따르면 E_+와 E_-에 해당되는 두 분자궤도는

$$\psi_{\pm} = \frac{1}{\sqrt{2(1 \pm S)}}(1s_A \pm 1s_B) \tag{10-26}$$

이다. 두 분자궤도 ψ_+와 ψ_-는 매우 다른 상태를 기술하고 있다. ψ_+는 안정한 화학결합을 이루고 있는 상태를 기술하며 결합(bonding)궤도라고 부른다. ψ_-는 모든 핵간거리에서 두 핵 사이의 반발 상호작용을 기술하고 있으며 반결합(antibonding)궤도라고 부른다.

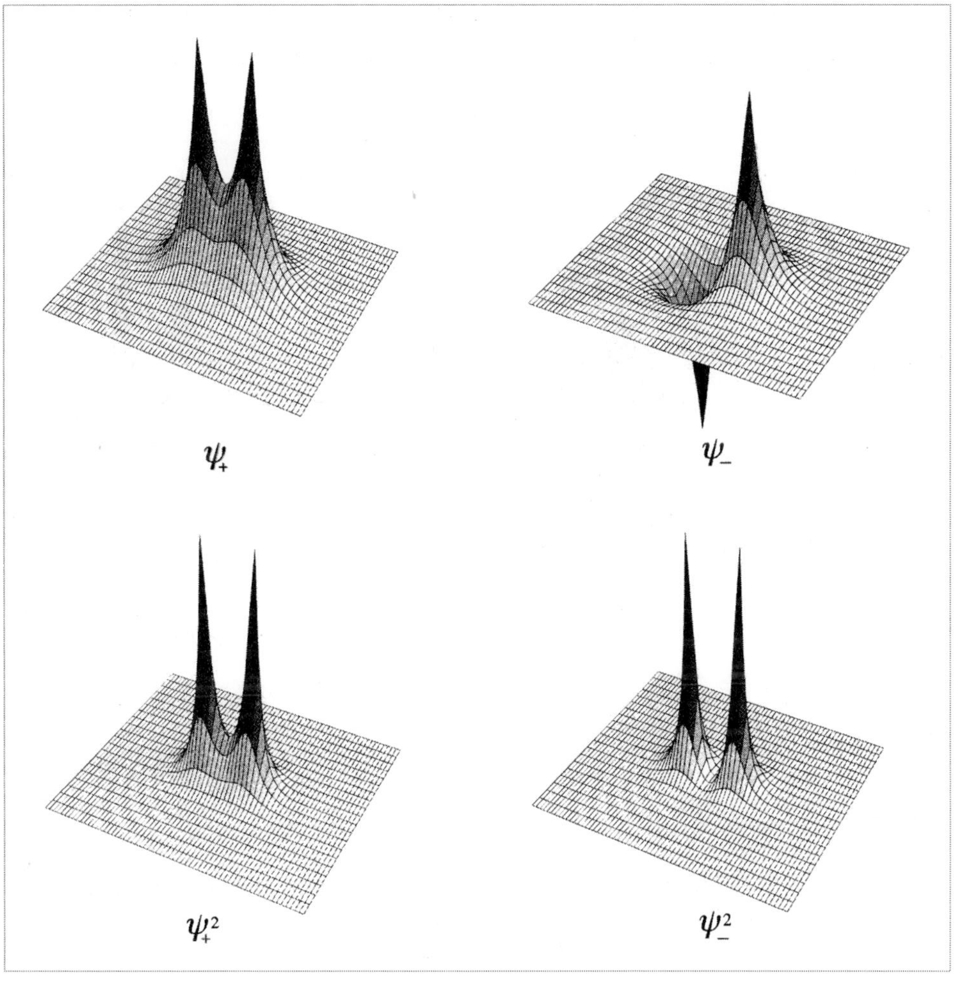

그림 10-14 분자궤도 ψ_+(결합궤도)와 ψ_-(반결합궤도) 그리고 그들의 제곱에 대한 표면도시(surface plot)

그림 10-14는 분자궤도 ψ_+와 ψ_- 그리고 그들의 제곱에 대한 표면도시(surface plot)이다. 결합궤도의 경우 전자밀도가 핵간 영역에 쌓이는 반면 반결합궤도는 중간에 마디를 갖는 것에 주목하여라. 실제로는 핵간 영역의 밖에도 약간의 전자밀도가 존재한다.

가끔 결합궤도와 반결합궤도를 각각 ψ_b와 ψ_a로 표시하기도 한다.

그림 10-15는

$$\delta_{\pm} = \psi_{\pm}^2 - \left(\frac{1}{2}1s_A^2 + \frac{1}{2}1s_B^2\right) = \pm 21s_A 1s_B$$

를 보여주며 이 양은 서로 상호작용하지 않는 두 핵에 있는 전자밀도의 반과 ψ_+ 또는 ψ_-에 해당하는 전자밀도와의 차이이다. ψ_+의 경우 두 핵 사이에 전자밀도가 쌓이는(양의 피이크) 반면 ψ_-의 경우에는 전자밀도의 감소(음의 피이크)가 있음을 주목하여라. 결합에 대한 이 모든 표현에서 두 핵 사이의 전자밀도가 핵 외의 영역에 대해 쌓임을 보이고 있다. 그림 10-14와 10-15는 이러한 모양을 잘 보이고 있다.

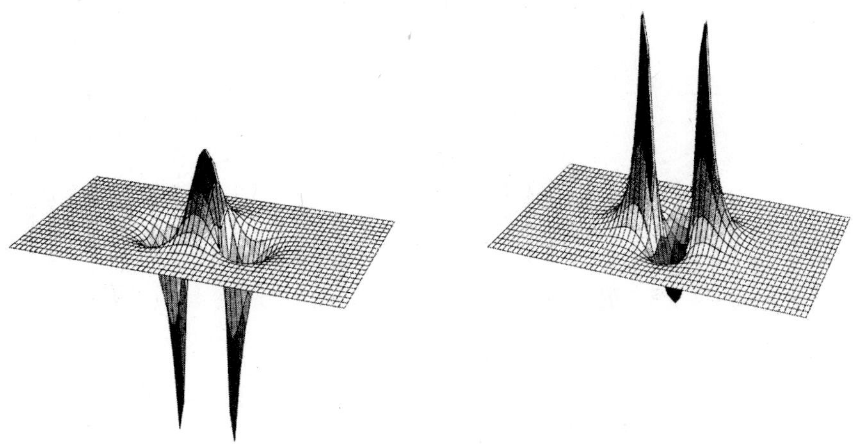

그림 10-15 전자가 두 핵에 비편재화 되어 있는 경우의 전하밀도와 전자가 어느 한 핵에 위치해 있는 경우의 전하밀도의 차, δ_+와 δ_-의 표면도시.

10.5 H_2^+ 분자궤도 $\psi = (1s_A + 1s_B)/\sqrt{2(1+S)}$는 비리알 정리를 만족하지 않는다.

이전에 여러 번 비리알 정리에 대해 언급하였다. $\langle T \rangle$를 원자나 평형 결합길이에 있는 분자의 평균 운동에너지 그리고 $\langle V \rangle$를 평균 위치에너지라고 하자. 비리알 정리에 따르면 $\langle V \rangle / \langle T \rangle = -2$이다. 예를 들어, 그림 9-3과 9-5에 총 에너지, 운동에너지, 위치에너지 그리고 비리알 비가 주어져 있다. $\langle V \rangle / \langle T \rangle$ 값은 $\langle T \rangle$와 $\langle V \rangle$를 계산하는데 사용한 파동함수의 정확도 또는 질을 나타내는 양이다.

10-24 식의 결합궤도 ψ_+를 사용하여 $\langle \hat{T} \rangle$와 $\langle \hat{V} \rangle$를 계산하여 보자. 연습문제

10-15는 이 계산의 결과

$$< \hat{T} > = \left\langle \psi_+ \middle| -\frac{1}{2}\nabla^2 \middle| \psi_+ \right\rangle = \frac{\frac{1}{2} - \frac{S(R)}{2} - K(R)}{1 + S(R)} \tag{10-27}$$

$$\begin{aligned} < \hat{V} > &= \left\langle \psi_+ \middle| -\frac{1}{r_A} \middle| \psi_+ \right\rangle + \left\langle \psi_+ \middle| -\frac{1}{r_B} \middle| \psi_+ \right\rangle + \frac{1}{R} \\ &= \frac{-1 + J(R) + 2K(R)}{1 + S(R)} + \frac{1}{R} \end{aligned} \tag{10-28}$$

를 준다.

예제 10-3 10-27 식과 10-28 식의 $< \hat{T} >$와 $< \hat{V} >$가 비리알 정리를 만족하지 않음을 보여라.

풀이 10-27 식과 10-28 식에서 $R = 2.493a_0$(예제 10-2 ψ_+의 R_{eq})로 하고 표 10-1을 이용하면

$$< \hat{T} > = 0.3827E_h \qquad < \hat{V} > = -0.9475E_h$$

이다. 따라서

$$\frac{< \hat{V} >}{< \hat{T} >} = -1.6156 \neq -2$$

이다.

따라서 10-24의 분자궤도는 비리알 정리를 만족하지 않음을 알 수 있다. 또한, 연습문제 10-17은 이것이 이원자 분자의 결합 과정에 대해 어긋난 모습을 보여줌을 알 수 있게 한다.

그러나 분자궤도가 비리알 정리를 만족하도록 하기 위해 이 간단한 분자궤도를 보완할 수 있다. $1s$ 원자궤도의 선형결합 대신 정규화 된 Slater $1s$ 궤도를 사용해 보자.

$$\phi(\zeta, r) = \left(\frac{\zeta^3}{\pi}\right)^{1/2} e^{-\zeta r} \tag{10-29}$$

여기에서 ζ는 변분변수이다. 이 식은 단순히 r을 ζ 만큼 크기를 바꾼 것임을 주목하여라. 이제 분자궤도는

$$\psi_+ = c_A\left(\frac{\zeta^3}{\pi}\right)^{1/2} e^{-\zeta r_A} + c_B\left(\frac{\zeta^3}{\pi}\right)^{1/2} e^{-\zeta r_B}$$

가 되고 이 전 절에서처럼 대칭성에 따라 $c_A^2 = c_B^2$이다.

정규화 된 분자궤도는

$$\psi_\pm(\zeta, r_A, r_B, R) = \frac{\phi(\zeta, r_A) \pm \phi(\zeta, r_B)}{\sqrt{2(1 \pm S(\zeta, R)}} \tag{10-30}$$

이며 표 10-1과 연습문제 10-18에 따라

$$S(\zeta, R) = e^{-\zeta R}\left(1 + \zeta R + \frac{1}{3}\zeta^2 R^2\right)$$

이다. $S(\zeta, R) = S(\zeta R)$ 임을 주목하여라. 이 식은 $w = \zeta R$로 할 때 표 10-1의 $S(w)$가 된다.

10-30 식으로부터 얻어지는 운동에너지와 위치에너지는 10-27 식과 10-28 식의 단순 확장에 불과하다.(연습문제 10-19)

$$<\hat{T}_+> = \frac{\frac{\zeta^2}{2} - \zeta^2\left[\frac{S(w)}{2} + K(w)\right]}{1 + S(w)} = \zeta^2 T_+(w) \tag{10-31}$$

$$<\hat{V}_+> = \frac{-\zeta + \zeta J(w) + 2\zeta K(w)}{1 + S(w)} + \frac{\zeta}{w} = \zeta V_+(w) \tag{10-32}$$

이 식이 $\zeta = 1$이면 10-27 식과 10-28 식으로 된다는 것을 주목하여라. 총 에너지는

$$E_+(\zeta, w) = \zeta^2 T_+(w) + \zeta V_+(w) \tag{10-33}$$

으로 주어지고 여기에서 $T_+(w)$와 $V_+(w)$는 10-31 식과 10-32 식으로 정의되었다. $E_+(\zeta, w)$가 $\zeta^2 T_+(w) + \zeta V_+(w)$의 형으로 된다는 사실은 Hamiltonian 연산자 모양의 직접적인 결과이다.(연습문제 10-20)

가장 간단한 H_2^+ 분자 이온에 대해 논의하고 있음에도 불구하고 10-33 식의 에너지가 ζ와 $w = \zeta R$에 대한 긴 식으로 나타나며; H_2에 대해서는 해당되는 식이 더 길어진다는 것을 알 수 있게 될 것이다. 그렇지만 Mathcad나 Mathematica 같은 프로그램은 이러한 식들을 쉽게 처리한다. 이제 이 책에서 계산을 수행하는데 이러한 프로그램을 사용해야할 것을 신중히 고려할 시점에 도달하였다. 이 프로그램들은 비교적 배우고 사용하기 쉬워서 이 장의 계산들은 물론 다른 많은 응용에 사용할 수 있다. 또한, 이 프로그램들은 많은 종류의 대수학적 계산을 수행할 수 있어 계산의 수고를 덜어주기 때문에 많은 양의

계산 자체보다 식의 내용에 집중할 수 있도록 해 줄 것이다.

10-33 식은 $w=\zeta R$ 이기 때문에 에너지를 ζ와 R의 함수로 준다. 위 프로그램 중 하나를 이용하면 $E_+(\zeta, R)$을 ζ와 R에 대해 수치해석의 방법으로 최소화 할 수 있고(연습문제 10-21)

$$E_{\min}=-0.58651E_h \qquad \zeta=1.238 \qquad R_{eq}=2.003a_0$$

를 얻는다. 이 결과는 $\zeta=1$ 분자궤도일 경우 얻어지는 $E_{\min}=-0.56483E_h$ 보다 약 $0.02E_h$ 낮으며(50 kJ · mol^{-1}) 평형 결합길이는 실험값과 매우 잘 일치한다. 따라서 최적화 된 에너지에 상당한 개선을 가져다준다. 표 10-2에는 H_2^+의 바닥상태 에너지에 대해 이 장에서 논의한 여러 가지 계산의 결과를 정리하였다.

표 10-2 H_2^+의 바닥상태 에너지에 대한 여러 가지 계산의 결과

ϕ	$E_{\min}/E_h$	R_{eq}/a_0
$1s(\zeta=1.000)$	−0.564 83	2.49
$1s(\zeta=1.238)$	−0.586 51	2.00
$1s(\zeta=1.000)+a2p_z(\zeta=1.000)$	−0.565 91	2.00
$1s(\zeta=1.247)+b2p_z(\zeta=1.247)$	−0.599 07	2.00
$1s(\zeta=1.2458)+c2p_z(\zeta=1.4224)$	−0.600 36	2.00
$1s(\zeta=1.244)+c_12p_z(\zeta=1.152)+c_23d_{z^2}(\zeta=1.333)$ [b]	−0.6020	2.00
Exact [c]	−0.602 64	2.00

a. The molecular orbitals are of the form $\psi_b=c_A\phi_A+c_B\phi_B$, where ϕ is given in the table.
b. Mulliken, R. S., Ermler, W. C. *Diatomic Molecules*. Academic Press: New York, 1977.
c. Bates, D. R., Ledsham, K., Stewart, A. L. Wave Functions of the Hydrogen Molecular Ion. *Philos. Trans. Roy. Soc. London*, Ser. A. **246**, 215 (1953).

예제 10-4 H_2^+에 대해 최적화 된 바닥상태 에너지가 비리알 정리를 만족함을 보여라.

풀이 10-31 식과 10-32 식에 $\zeta=1.238$, $w=(1.238)(2.003a_0)=2.480a_0$를 이용하면

$$\langle \hat{T}_+ \rangle = 0.5865E_h \qquad \langle \hat{V}_+ \rangle = -1.1730E_h$$

에서

$$\frac{\langle \hat{V}_+ \rangle}{\langle \hat{T}_+ \rangle} = -2.0000$$

이다.

10–33 식의 $E_+(\zeta, R)$이 $w = \zeta R$에 따라 ζ와 R의 함수이기 때문에 E_+를 최소화 하는 ζ 값은 R에 의존하게 된다. 위의 결과 $\zeta = 1.238$은 $R = 2.003a_0$에서만 맞는다. 최적화 된 에너지를 R의 함수로 결정하기 위해 R의 함수로 최적화 된 $\zeta(R)$을 결정해야 한다. 따라서 여러 R 값에 대해 $E_+(\zeta, R)$을 ζ 대해 최소화 한다.(연습문제 10–22) 이렇게 하여 그림 10–16에 도시한 것과 같은 $\zeta(R)$을 수치해석적으로 구한다. $\zeta \to 2$이면 $R \to 0$(두 핵이 전하 2인 하나의 핵으로 합쳐진 경우)이고 $\zeta \to 1$이면 $R \to \infty$(전하 1인 두 핵이 무한대로 멀어진 경우)로 되는 것을 주목하여라.

이제 $\zeta(R)$을(수치해석적으로) 알았으므로 $\Delta E_+(R)$을 R의 함수로 구하기 위해 10–33 식을 사용할 수 있다.(10–33 식에서 $w = \zeta R$ 임을 기억하여라.) 그림 10–17은 최적화된 $\Delta E_+(R)$을 R의 함수로 도시한 것이다. 최적화된 에너지가 $\zeta = 1$로 계산된 에너지 보다 상당히 개선되었음을 주목하여라.

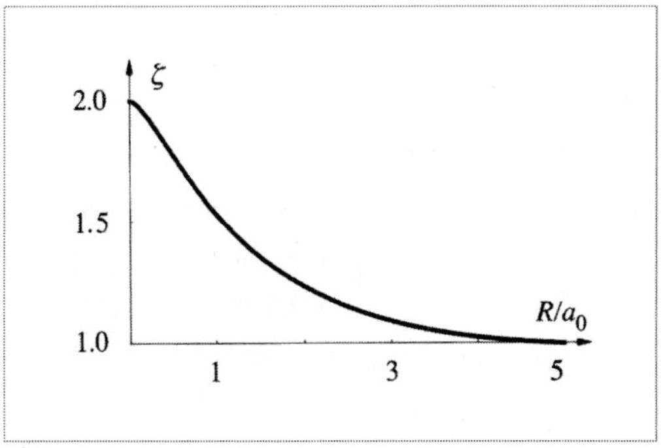

그림 10–16 R에 대해 도시한 최적화된 ζ(에너지를 최소로 하는 값). $\zeta \to 2$이면 $R \to 0$이고 $\zeta \to 1$이면 $R \to \infty$로 되는 것을 주목하여라.

$\zeta(R)$과 10–31 식, 10–32 식을 이용하여 총 에너지, 즉 운동에너지와 위치에너지를 그림 10–18에 보인 것 같이 R의 함수로 도시할 수 있다. 그림의 세로 축은 총 에너지에 1/2을 더하고, 운동에너지에서는 1/2을 빼며 위치에너지에는 1을 더하여 $R \to \infty$에서 세 곡선 모두가 영에 접근하도록 조절하였다. 두 핵이 접근함에 따라 운동에너지가 처음에는 감소하다가 평형 핵간거리에 도달하기 훨씬 전에 매우 가파르게 증가함을 볼 수 있다. 한편, 위치에너지는 처음에는 증가하다가 R이 R_{eq}가 될 때까지 단순히 감소 그리고 $R \to 0$에 따라 증가한다. 알짜 효과는 안정한 결합을 보이는 총 에너지이다. 이 행동이 결합 형성에 대한 특성으로 믿어지고 있다. 결합 형성에서 가장 중요한 인자는 $R \to \infty$에서 $\zeta \to 1$인 ζ가 $R = R_{eq}$에서 $\zeta = 1.238$로 증가함에 기인한 핵 주위의 전하밀도의 증가이다. 이 효과가 위치에너지의 감소를 가져오고 운동에너지의 증가를 가져오지만(전자가 좁은 영역에 제한되기 때문에) 알짜 효과는 총 에너지의 감소를 가져온다.(이 장의 끝에 있는 Mulliken과 Ermler의 참고문헌에서 화학결합의 형성에 대해 심도 있게 논의하였다.)

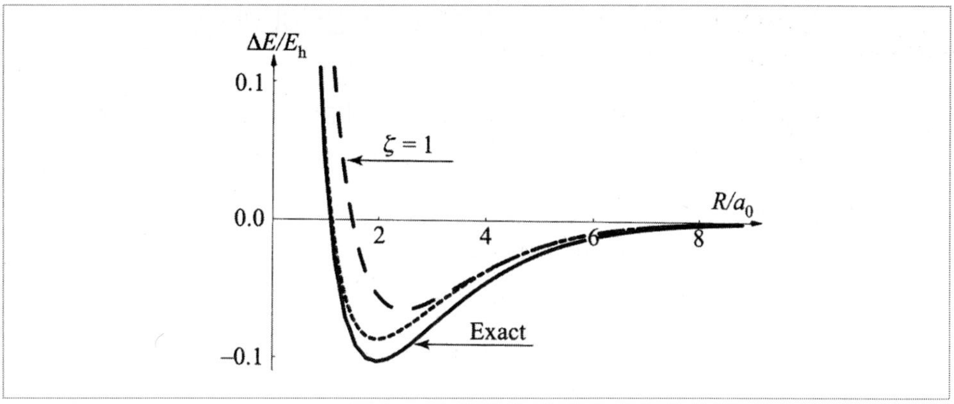

그림 10-17 R에 대해 도시한 H_2^+의 바닥상태 에너지. 대시선은 $\zeta=1$로 한 계산, 점선은 최적화된 에너지[$\zeta=\zeta(R)$] 그리고 실선은 정확한 에너지이다. 최적화된 에너지가 $\zeta=1$로 계산한 에너지에 대해 상당히 개선되었음을 주목하여라.

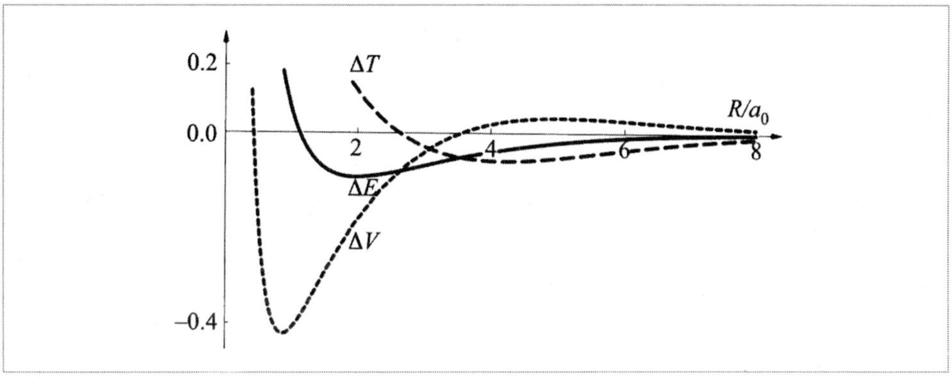

그림 10-18 H_2^+의 바닥상태 에너지에 대해, 최적화된 최소 기저세트 계산에 의해 구해진 운동에너지(대시선), 위치에너지(점선) 그리고 총 에너지(실선)을 R에 대해 도시한 그림.

바닥상태에 대한 계산에 우선 흥미가 있음에도 불구하고 그림 10-19에는 정확한 에너지와 함께 H_2^+의 $\sigma_u^* 1s$에 대해 $\zeta=1$ 그리고 최적화된 에너지를 R의 함수로 도시하였다. 이 세 결과가 상당히 잘 일치함을 볼 수 있다.

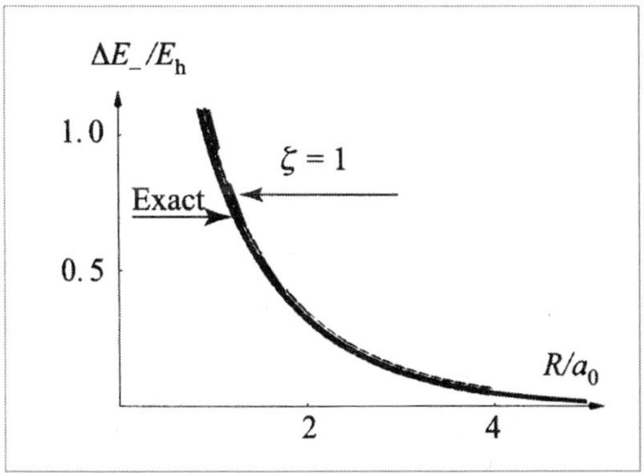

그림 10-19 H_2^+의 첫 번째 들뜬상태($\sigma_u^* 1s$)에 대해, 정확한 에너지(실선), $\zeta=1$(대시선) 그리고 최적화된 에너지(점선)를 R의 함수로 비교 도시한 그림.

10.6 기저세트에 편극성을 포함하면 에너지가 상당히 개선된다.

분자궤도를 형성하는데 당연히 두 개의 원자궤도의 선형결합을 사용하는 것으로만 제한될 수 없다. 결국 이것은 최소 기저세트라고 부른다. 예를 들어, 다음과 같은 형태의 선형결합을 사용할 수 있다.

$$\psi = c_1 1s_A + c_2 1s_B + c_3 2s_A + c_4 2s_B$$

여기에서 $1s$와 $2s$는 정규화 된 Slater 형의 궤도이다.

$$1s = \left(\frac{\zeta^3}{\pi}\right)^{1/2} e^{-\zeta r} \qquad 2s = \left(\frac{\zeta^5}{3\pi}\right)^{1/2} re^{-\zeta r}$$

이 선형결합은 $R = 2.00a_0$ 그리고 $\zeta = 1.24$에서 최소 에너지 $-0.58651E_h$를 주며 이것은 두 개의 $1s$ 궤도의 선형결합보다 더 낳은 결과를 주지 않는다.$(-0.58651E_h)$ 두 바닥상태 분자궤도는

$$\psi = 0.7071(1s_A + 1s_B) + 0.00145(2s_A + 2s_B)$$

로 $2s$ 궤도 계수의 상대적인 크기로 보아 ψ에 대한 공헌이 거의 없음을 알 수 있다. 이 예는 ψ에 항을 추가하는 것이 항상 더 낳은 결과를 주지는 않는다는 것을 보여주고 있다. 그러나 화학적 직관에 의해 궤도를 추가할 수 있다면 확실히 더 좋은 결과를 얻을 수 있다.

예를 들어, 두 핵이 접근함에 따라 수소원자의 전자분포는 명백히 구형에서 벗어난다. 고립된 수소원자의 전하분포는 구형이다. 그러나 양성자가 수소원자에 접근함에 따라 양성자는 전자를 잡아당기고 따라서 수소원자의 전자분포는 일그러지게 혹은 편극화 된다. 핵간 축을 z 축으로 하면 편극화 된 전하분포를 나타내기 위해 $1s$와 $2p_z$ 궤도를 선형결합하여 ψ를

$$\psi = c_1 1s_A + c_2 1s_B + c_3 2p_{zA} + c_4 2p_{zB}$$

로 할 수 있다. 대칭성으로부터 바닥상태 분자궤도에 대해 $c_1 = c_2$ 그리고 $c_3 = c_4$를 예상할 수 있고, 따라서

$$\psi = c_1(1s_A + a2p_{zA}) + c_1(1s_B + a2p_{zB}) \tag{10-34}$$

로 쓸 수 있고 a는 변분변수이다. (c_1은 ψ를 정규화 하는 과정에서 구할 수 있다.) 10-34 식은 두 궤도를 사용한 $\phi = 1s + a2p_z$ 선형결합임을 강조하고 있다. 그림 10-20은 10-34 식을 이용하여 변분법적 계산 결과 얻어진 a 값, $a = 0.14$를 이용하여 나타낸 ψ의 등고도이다. ϕ가 인접한 핵에 의해 편극화 된 전하분포를 나타낸다는 것에 주목하

여라. $1s$, $2p_z$ 두 원자궤도는 편극화 된 기저세트(polarized basis set)를 구성하고 있다라고 말한다.

10-34 식에서 얻어지는 영년방정식은 4×4 행렬식 형으로 컴퓨터 프로그램을 이용하여 쉽게 다룰 수 있다. $1s$와 $2p_z$ 궤도를 Slater 궤도 $S_{100}(r,\zeta)$와 $S_{210}(r,\zeta)$(9-15 식)로 하면

$$1s = \left(\frac{\zeta^3}{\pi}\right)^{1/2} e^{-\zeta_1 r} \qquad 2p_z = \left(\frac{\zeta_2^5}{\pi}\right)^{1/2} r\cos\theta e^{-\zeta_2 r}$$

이고 $\zeta_1 = \zeta_2$로 하면 $\zeta = 1.247$, $a = 0.161$에서 $R = 2.00a_0$과 $E_{\min} = -0.59907E_h$을 얻는다. ζ_1과 ζ_2 모두를 독립적으로 하면 $\zeta_1 = 1.2458$, $\zeta_2 = 1.4224$, $a = 0.1380$에서 $E_{\min} = -0.60036E_h$가 얻어진다. 편극화 된 기저세트가 매우 개선된 에너지를 주는 것을 주목하여라.

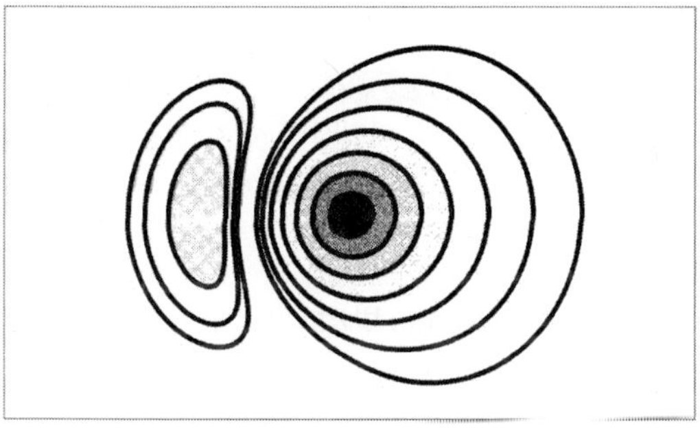

그림 10-20 $1s + 0.14\ 2p_z$ 형 궤도의 표면 도시.

10-34의 ψ에 $3d_{z^2}$ Slater 궤도를 포함시켜 d 궤도의 성질을 더하면

$$3d_{z^2} = \left(\frac{\zeta^7}{18\pi}\right)^{1/2} (3\cos^2\theta - 1)r^2 e^{-\zeta_3 r}$$

$\zeta_1 = 1.244$, $\zeta_2 = 1.152$, $\zeta_3 = 1.333$에서 $R = 2.000a_0$와 $E_{\min} = -0.6020E_h$을 얻고 $2p_z$ 궤도와 $3d_{z^2}$ 궤도의 계수로 0.2214와 0.0782를 각각 얻는다. 정확한 에너지가 $-0.60264E_h$ 임을 상기하면, 이 예는 더 큰 기저세트를 사용하면, 특히 기저세트를 현명하게 선택하면 더 좋은 계산 결과에 도달할 수 있다는 것을 보여 주고 있다.(표 10-2)

10.7 H_2의 Schrödinger 방정식을 해석적으로는 정확히 풀 수 없다.

가장 간단한 중성 분자 H_2는 두 개의 전자를 갖고 있다. 그림 10-21은 핵간거리 R의

함수로 도시한 H_2의 바닥상태 전자에너지이다. H_2의 바닥 전자상태는 전자에너지 $-1E_h$인 두 바닥상태 수소원자로 분해한다. 그림 10-21에 도시된 에너지는 $R\to\infty$ 에서 $-1E_h$로 접근하며 우물의 깊이는 $-1.1738E_h$ 이다.

H_2의 전자 Schrödinger 방정식은 Born-Oppenheimer 근사에 의하면 다음과 같다.

$$\hat{H}\psi(r_1, r_2, R) = E_{el}\psi(r_1, r_2, R)$$

$$\hat{H} = -\frac{1}{2}\nabla_1^2 - \frac{1}{2}\nabla_2^2 - \frac{1}{r_{1A}} - \frac{1}{r_{1B}} - \frac{1}{r_{2A}} - \frac{1}{r_{2B}} + \frac{1}{r_{12}} + \frac{1}{R} \tag{10-35}$$

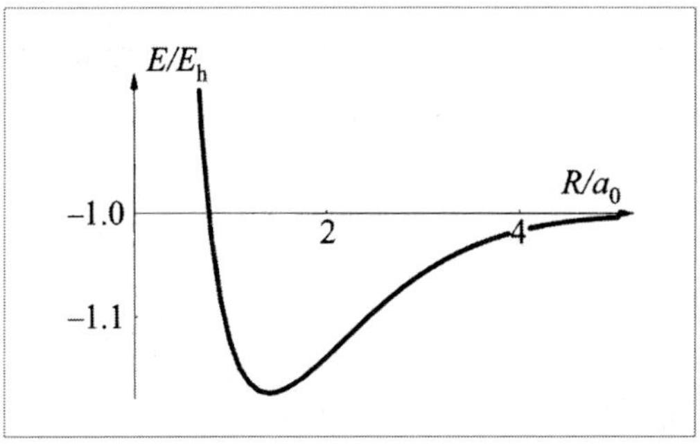

그림 10-21 핵간거리 R의 함수로 도시한 H_2의 바닥상태 전자에너지. $E(R)$의 최소값은 $R_{eq} = 1.40a_0$에서 $-1.174E_h$ 이다.

한 개의 전자가 있는 H_2^+와 달리 H_2의 Schrödinger 방정식은 정확히 풀리지 않는다. Hylleraas가 헬륨원자에 대해 시도함수에 전자간 거리 r_{12}를 포함하여 기본적으로 정확한 바닥상태 에너지를 구할 수 있었음을 제 9 장에서 보였다. H_2에 대해서도 1933 년 초 James와 Coolidge에 의해 유사한 방법이 시도되어 같은 결과를 얻었다. 13 개의 항을 갖는 시도함수를 사용하여 평형 결합길이 $1.40a_0$ 그리고 $-1.1735E_h$의 에너지를 얻었는데 이 결과는 실험치와 매우 잘 일치한다. 이 시도는 1960 년대 두 폴란드의 물리학자 Wlodzmierz Kolos와 Lutoslav Wolniewicz에 의해 확장되어 고전적인 논문들에 보고되었다. 이들은 100 개까지의 항을 갖는 시도함수를 사용하여 $R_{eq} = 1.401a_0$에서 에너지 $-1.174475E_h$를 얻었다. 이 값은 Born-Oppenheimer 근사에 대한 보정, 상대론적 효과를 포함하고 있어 정확한 값이다.

이 결과는 1968 년에 발표되었는데 당시 저자들은 계산된 H_2의 해리에너지 36,117.3 cm^{-1}가 실험값 36,113.6 cm^{-1}와 잘 맞지 않음을 지적하였다. 그러나 다음 해 Herzberg는 D_0에 대해 새로운 측정을 수행하여 D_0가 36,116.3 cm^{-1}과 36,118.3 cm^{-1} 사이에 있음을 발견하여 계산 결과와 매우 잘 일치함을 보고하였다. 표 10-3에는 H_2, D_2, HD에 대해 Herzberg의 논문으로부터 얻은 실험값과 이론값을 비교하였다. 또한 Herzberg는 H_2의 이온화에너지 $124,418.4\pm0.4$ cm^{-1}를 측정하여 계산값 124,417.3 cm^{-1}과 비교하게 하였다.

표 10-3 H_2, D_2, HD의 D_0에 대해 이론(Kolos와 Wolniewicz)과 실험(Herzberg)치의 비교.(단위 cm^{-1})

	D_0/cm^{-1}	
	Theoretical value	Experimental value
H_2	36 117.9	36 116.3–36 118.3
HD	36 405.5	36 405.8–36 406.6
D_2	36 748.2	36 748.9

이제까지 H_2의 바닥상태에 대해서만 논의하였다. Kolos와 Wolniewicz는 그림 10-22에 보인 H_2의 몇몇 들뜬상태의 전자에너지도 계산하였다. 그림에서 보듯이 이원자 분자의 전자상태는 원자의 전자상태처럼 항기호로 나타낸다. 다음과 같이 상태를 나타내는데

$$^{2S+1}\Lambda$$

$\Lambda = |m|$은 핵간 축에 대한 총 궤도 각운동량 성분의 수이다. 원자는 대칭 중심을 갖고 있으므로 전자의 각운동량이 보존된다. 따라서 총 궤도 각운동량 L은 좋은 양자수이며 (스핀-궤도 상호작용을 무시하면) 이 사실을 반영하여 원자의 항기호 ^{2S+1}L에 총 궤도 각운동량 L을 사용하였다. 이원자 분자는 핵간 축에 대해 대칭이어서 축에 대한 각운동량이 보존된다. 원자의 항기호에서 $L = 0, 1, 2, \cdots$에 대해 $S, P, D, \cdots$를 사용한 것과 같이 이원자 분자에서 $\Lambda = 0, 1, 2, \cdots$에 대해 $\Sigma, \Pi, \Delta, \cdots$를 사용한다. $\Lambda = 0$이면 궤도들은 핵간 축에 대해 대칭이고 이들은 σ 궤도이다. $\Lambda = 1$이면 궤도들은 π 궤도이며 $\Lambda = 2$이면 δ 궤도이다. Λ가 핵간 축을 포함하는 마디면의 수와 같음을 주목하여라. 또한, 등

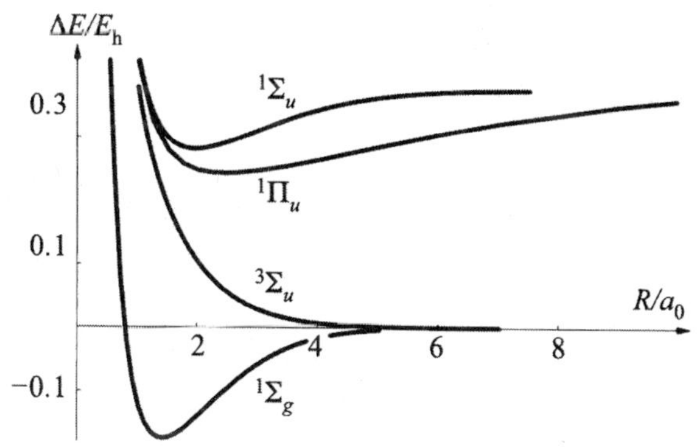

그림 10-22 Kolos와 Wolniewicz에 의해 계산된 들뜬상태 H_2의 에너지.[Potential energy curves for the $X\ ^1\Sigma_g^+$, $B\ ^3\Sigma_u^+$, $C\ ^1\Pi_u$ states of the hydrogen molecule, *J. Chem. Phys.* **43**, 2429 (1965) and Potential energy curve of the $B\ ^1\Sigma_u^+$ state of the hydrogen molecule, *J. Chem. Phys.* **45**, 509 (1966)]

핵 이원자 분자에 대해, 두 핵의 중간점에 대한 반전에서 전자 파동함수의 부호가 바뀌는지(u) 혹은 바뀌지 않는지(g)를 나타내기 위해 $^{2S+1}\Lambda$의 오른편 아래첨자로 g 또는 u를 추가한다. 앞에서 언급했듯이 H_2^+의 결합궤도는 gerade 대칭이며 반결합궤도는 ungerade 대칭 성질을 갖는다.

예제 10-5 H_2^+의 결합 및 반결합 최소 기저세트의 항기호를 결정하여라.

풀이 두 궤도 모두 σ 궤도이므로 $\Lambda = 0$ 따라서 Σ이다. 또한 총 스핀이 1/2이므로 $2S+1=2$이다. 결합궤도는 gerade이므로 항기호는 $^2\Sigma_g$(doublet sigma g)이고 반결합궤도는 $^2\Sigma_u$이다.

Kolos와 Wolniewicz가 기본적으로 시도함수에 많은 수의 항을 포함시키는 방법으로 H_2에 대한 Schrödinger 방정식을 정확히 풀었음에도 불구하고 전자가 두 개 이상인 분자에서는 시도함수에 포함된 전자간 거리 r_{12} 때문에 실용적이기 못하다. 따라서 모든 형태의 분자들에 적용할 수 있는 다른 방법이 필요하다.

10.8 H_2의 바닥상태 전자배치는 $\sigma_g 1s^2$이다.

원자의 파동함수를 일전자 궤도의 Slater 행렬식으로 만든, 원자에 대한 성공을 예로 분자의 파동함수를 일전자 분자궤도로 이루어진 Slater 행렬식으로 만든다. 일전자 분자궤도로 H_2^+의 분자궤도를 사용할 것이다. H_2^+의 가장 간단한 최소 기저세트 계산에서 두 개의 분자궤도, σ_b, 결합궤도 그리고 σ_a, 반결합궤도를 얻었다. Slater $1s$ 궤도의 합과 차인 이 궤도들은

$$\sigma_b = \frac{(\zeta^3/\pi)^{1/2}e^{-\zeta r_A} + (\zeta^3/\pi)^{1/2}e^{-\zeta r_B}}{[2\{1+S(\zeta R)\}]^{1/2}} \tag{10-36}$$

$$\sigma_a = \frac{(\zeta^3/\pi)^{1/2}e^{-\zeta r_A} - (\zeta^3/\pi)^{1/2}e^{-\zeta r_B}}{[2\{1-S(\zeta R)\}]^{1/2}} \tag{10-37}$$

이고 일반적으로 $\zeta \neq 1$이다.

σ_b가 H_2^+의 바닥상태 에너지에 해당되는 분자궤도이기 때문에 상반되는 스핀을 갖는 두 개의 전자를 σ_b 궤도에 놓는 것으로, 두 개의 전자를 $1s$ 궤도에 놓아 헬륨원자를 기술하는 것 같이 바닥상태 H_2를 기술할 수 있다. 이렇게 하는 것에 해당하는 Slater 행렬식은

$$\psi = \frac{1}{\sqrt{2!}} \begin{vmatrix} \sigma_b\alpha(1) & \sigma_b\beta(1) \\ \sigma_b\alpha(2) & \sigma_b\beta(2) \end{vmatrix}$$

$$= \sigma_b(1)\sigma_b(2)\left\{\frac{1}{\sqrt{2}}[\alpha(1)\beta(2) - \alpha(2)\beta(1)]\right\} \tag{10-38}$$

이다. 다시 이 두 전자 Slater 행렬식에서 공간 성분과 스핀 성분이 분리되는 것을 볼 수 있다.(예제 9-4) Hamiltonian 연산자를 스핀에 의존하지 않게 하였기 때문에 10-28 식의 공간 성분만으로 에너지를 계산할 수 있다. σ_b에 대해 10-36 식을 사용하면 다음 형의 분자 파동함수 ψ_{MO}를 얻고

$$\psi_{MO} = \frac{1}{2(1+S)}[1s_A(1) + 1s_B(1)][1s_A(2) + 1s_B(2)] \tag{10-39}$$

여기에서 $1s$는 Slater $1s$ 궤도, $1s = (\zeta^3/\pi)^{1/2}e^{-\zeta r}$이다. ψ_{MO}가 분자궤도의 곱이고 다시 이들 분자궤도들은 원자궤도들의 선형결합임을 주목하여라. 분자 파동함수를 만드는 이 방법이 LCAO-MO(linear combination of atomic orbitala-molecular orbitals) 방법이라고 알려져 있으며 이 방법이 이 장과 다음 장에서 논의할 여러 가지 분자들에 확장, 응용되고 있다.

에너지는

$$E_{MO} = \langle \psi_{MO}|\hat{H}|\psi_{MO} \rangle \tag{10-40}$$

이며 $\hat{H}$는 10-35 식으로 주어진다. 10-39 식을 10-40 식에 대입하면 ζ와 $w = \zeta R$에 대한 긴 식을 얻게 된다. 실제 이 식은 H_2에 대한 $T(w)$와 $V(w)$가 더 복잡한 점을 제외하면 10-33 식의 H_2^+와 유사한 형을 갖는다. 이장의 끝에 있는 부록에 이 결과들을 정리하여 H_2에 대해 이 절에서 원하면 즉시 가져올 수 있도록 하였다.

10-40 식을 다음과 같이 써 E_{MO}가 ζ와 R에 의존함을 강조하였다.

$$E_{MO}(\zeta, R) = \langle \psi_{MO}|\hat{H}|\psi_{MO} \rangle \tag{10-41}$$

그림 10-23은 $\zeta = 1$일 때 E_{MO}를 R에 대해 도시한 그림이다. 최소 에너지는 $R_{eq} = 1.603a_0$에서 $-1.0991E_h$이며 정확한 값, $R_{eq} = 1.401a_0$에서 $-1.1744E_h$와 비교된다. (표 10-4) 그러나 그림 10-23은 무언가 이상한 점, $R \to \infty$ 즉, 에너지가 고립된 두 바닥상태 수소원자의 에너지 $-1E_h$로 접근하지 않는 것을 보여주고 있다. 다시 말해서 이 분자궤도 이론 파동함수는 부정확한 해리에너지를 주고 있다. 또한 그림 10-23에 보인 것 같이 ζ를 변수로 해서 구한 최적화된 에너지도 더 나은 결과를 주지 못하고 있다. 최소 에너지($-1.1282E_h$)와 $R_{eq}(1.385a_0)$에 대해 나은 값을 주고 있지만 아직도 해리한계에 대해서는 부정확한 값을 주고 있다.

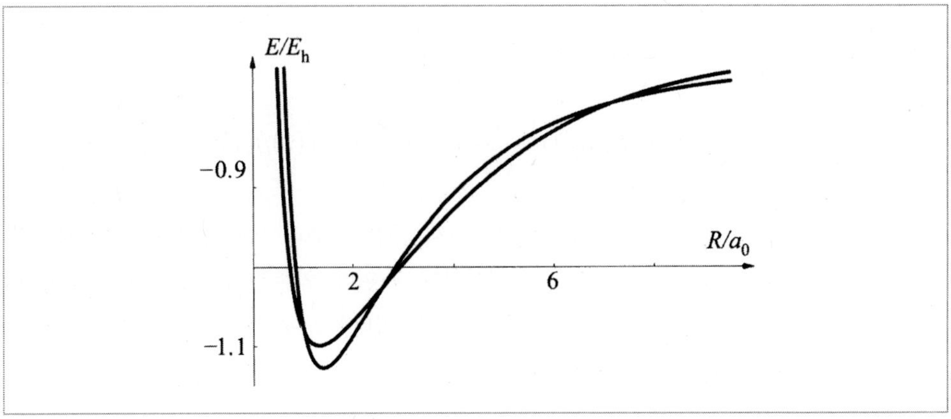

그림 10-23 10-41 식을 이용하여 계산된 최적화된(오렌지색) 에너지와 $\zeta=1$일 때 에너지(검은색). $R\to\infty$ 에서 어느 경우에도 정확한 값 $-1E_h$로 접근하지 않고 있다.

그림 10-24의 최적화된 ζ를 R에 대해 도시한 그림에서도 이러한 어려움을 또한 볼 수 있다. $R\to 0$ 이면 H_2는 헬륨원자로 되며 그림 10-24는 $\zeta = 27/16 = 1.6875$ 즉, Slater 궤도를 사용하여 헬륨원자의 최적화된 에너지가 구해질 때의 값을 갖는 것을 보이고 있다.(9-11 식) R이 크면 고립된 수소원자가 되고 $R\to\infty$ 에서 ζ는 1로 접근해야 하는데 그렇지 않다. 다행히도 이러한 명백한 실패가 잘 이해되고 있어 이제부터 보이려고 한다.

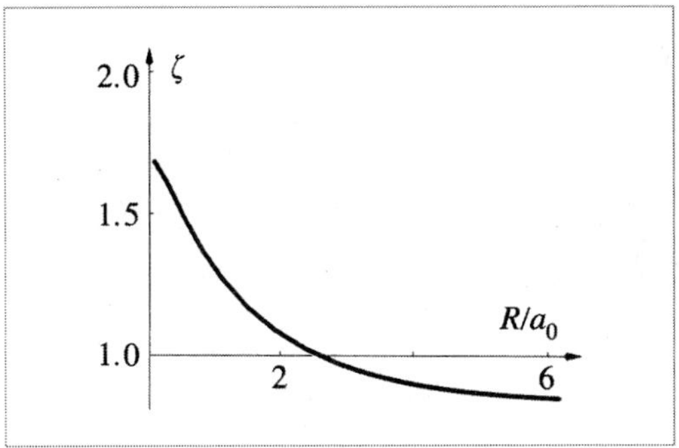

그림 10-24 식 10-36의 분자궤도에 대해 최적화된 ζ를 R에 대해 도시한 그림. $R\to\infty$ 즉, 고립된 수소원자에서 ζ는 1로 접근해야 하는데 그렇지 않다.

10-39 식의 ψ_{MO}를 전개하면

$$
\begin{aligned}
\psi_{MO} &\approx \frac{[1s_A(1)+1s_B(1)][1s_A(2)+1s_B(2)]}{2(1+S)} \qquad (10\text{-}42)\\
&= \frac{1s_A(1)1s_B(2)+1s_A(2)1s_B(1)+1s_A(1)1s_A(2)+1s_B(1)1s_B(2)}{2(1+S)}
\end{aligned}
$$

이다. 처음 두 항은 각각 한 개의 전자를 갖고 있는 두 수소원자를 나타낸다. 이것은 두 개의 항을 필요로 하는데 그 이유는 두 개의 전자가 구별 불가능하기 때문이다. 즉, $1s_A(1)1s_B(2)$와 $1s_A(2)1s_B(1)$가 똑같이 좋은 표현이기 때문이다. 이 항들은 나중에 다시 살펴보기로 하자. 마지막 두 항은 두 개의 전자 모두가 한 원자에 위치해 있는 상황을 나타낸다. 이 두 항을 전자점 방법으로 표시하면

$$\mathrm{H_A}\!:\ \mathrm{H_B} \quad \text{and} \quad \mathrm{H_A}\ \ :\!\mathrm{H_B}$$

혹은 다음과 같이 쓸 수 있다.

$$\mathrm{H_A^-}\ \mathrm{H_B^+} \quad \text{and} \quad \mathrm{H_A^+}\ \mathrm{H_B^-}$$

표 10-4 H_2의 바닥상태 에너지 계산의 여러 결과.

	Wave function	ζ	E_{min}/E_h	R_{eq}/a_0
MO	Minimal basis set	1.000	−1.0991	1.603
MO	Minimal basis set	1.193	−1.1282	1.385
	Hartree–Fock [a]		−1.1336	1.400
CI	Minimal basis set	1.000	−1.1187	1.668
CI	Minimal basis set	1.194	−1.1479	1.430
CI	Minimal basis set with polarization [b]		−1.1514	1.40
CI	Five terms [b]		−1.1672	1.40
CI	33 terms [c]		−1.1735	1.40
	Trial function with r_{12} 13 terms [d]		−1.1735	1.40
	Trial function with r_{12} with 100 terms [e]		−1.1744	1.401
	Experimental [f]		−1.174	1.401

a. Kolos, W., Roothaan, C. C. J. Accurate Electronic Wave Functions for the H_2 Molecule. *Rev Mod. Phys.*, **32**, 219 (1960).
b. McLean, A. D., Weiss, A., Yoshimine, M. Configuration Interaction in the Hydrogen Molecule. *Rev Mod. Phys.*, **32**, 211 (1960).
c. Hagstrom, S., Shull, H. The Nature of the Two-Electron Chemical Bond: III. Natural Orbitals for H_2. *Rev. Mod. Phys.*, **35**, 624 (1963).
d. James, H. M., Coolidge, A. S. The Ground State of the Hydrogen Molecule. *J. Chem. Phys.*, **1**, 825 (1963).
e. Kolos, W., Wolniewicz, L. Accurate Adiabatic Treatment of the Ground State of the Hydrogen Molecule. *J. Chem. Phys.*, **41**, 3663 (1964); Improved Theoretical Ground-State Energy of the Hydrogen Molecule. *J. Chem. Phys.*, **49**, 404 (1968).
f. Herzberg, G. The Dissociation Energy of the Hydrogen Molecule. *J. Mol. Spectroscopy*, **33**, 147 (1970).

따라서 10-40 식의 세 번째 항과 네 번째 항은 H_2의 이온 구조를 나타낸다는 것을 알 수 있다. 큰 R 값에서 10-42 식의 분자 파동함수는 H_2의 해리한계를 나타내는데 이 경우 에너지 $-1E_h$ 인 바닥상태 두 수소원자가 아니라 두 중성 수소원자와 이온쌍의 평균을 기술하고 있다. 이것이 간단한 분자궤도 이론의 잘 알려진 약점이며 이제 다음 절에서 어떻게 수정하는지 보일 것이다.

10−42 식에 주어진 ψ_{MO}가 두 중성 수소원자와 이온쌍의 평균을 기술하고 있는 해리한계를 주기 때문에 큰 R 값에서 E_{MO}와 ζ가 부정확한 값으로 접근하게 된다. 실제 $R \to \infty$ 에서 $E_{MO} \to -0.7119 E_h$ 그리고 $\zeta \to 0.84375$ 이며 예제 10−6과 10−7은 이 값들에 대해 잘 설명하고 있다.

예제 10−6 ψ_{MO}가 두 중성 수소원자와 이온쌍의 평균을 기술하고 있는 해리한계를 준다는 사실을 이용하여 $R \to \infty$ 에서 $\zeta \to 0.84375$ 임을 보여라. 예제 9−2의 결과를 이용하여라.

풀이 Slater $1s$ 궤도를 사용한 바닥상태 수소원자에서 최적화된 ζ는 1이다. 예제 9−2는 H^-에 대해 Slater $1s$ 궤도를 사용하여 최적화된 ζ가 11/16 임을 보이고 있다.(여기에서 H^-에 인접한 H^+는 전자에너지가 없으므로 무시한다.) 1과 11/16의 평균은

$$\zeta = \frac{1}{2}\left(1 + \frac{11}{16}\right) = \frac{27}{32} = 0.84375$$

로 그림 10−24의 값과 잘 일치한다. (연습문제 10−46은 이 결과를 증명하고 있다.)

예제 10−7 예제 10−6에 따르면 그림 10−24의 ζ가 $R \to \infty$ 에서 27/32이다. 이 결과를 이용하여 그림 10−23의 E_{MO}가 $R \to \infty$ 에서 $-0.7119 E_h$ 임을 보여라. 예제 9−2의 결과를 이용하여라.

풀이 표 10−1의 두 번째, 세 번째 항은 ϕ_A를 Slater $1s$ 궤도라고 할 때

$$E_{H_2}(\zeta) = \left\langle \phi_A \left| -\frac{1}{2}\nabla^2 \right| \phi_A \right\rangle + \left\langle \phi_A \left| -\frac{1}{r} \right| \phi_A \right\rangle = \frac{\zeta^2}{2} - \zeta$$

을 준다. 예제 9−2에 따라 해당되는 H^-의 에너지는

$$E_{H^-}(\zeta) = \zeta^2 + 2\zeta(\zeta - 1) + \frac{5}{8}\zeta = \zeta^2 - \frac{11}{8}\zeta$$

(예제 10−6에서처럼 H^+가 전자에너지를 갖지 않으므로 무시한다.)이다. 따라서 그림 10−24의 E_{MO}는 $2E_{H_2}(\zeta)$와 $E_{H^-}(\zeta)$의 평균으로

$$E_{MO}(\zeta) \to \frac{1}{2}[2E_{H_2}(\zeta) + E_{H^-}(\zeta)] = \frac{1}{2}\left(\zeta^2 - 2\zeta + \zeta^2 - \frac{11}{8}\zeta\right)$$
$$= \zeta^2 - \frac{27}{16}\zeta$$

이다. 그러나 10−26 식에 따르면 $\zeta = 27/32$ 이므로

$$E_{MO} \to \left(\frac{27}{32}\right)^2 - 2\left(\frac{27}{32}\right)^2 = -\left(\frac{27}{32}\right)^2 = -0.7119E_h$$

이고 그림 10-23의 값과 잘 일치한다.

다음 절로 진행하기 전에 10-42 식의 처음 두 항으로 돌아가 보자.

$$\psi_{VB} = 1s_A(1)1s_B(2) + 1s_A(2)1s_B(1) \tag{10-43}$$

1927 년 Heitler와 London은 10-43 식을 사용하여 처음으로 화학결합의 안정성에 대해 설명하는데 성공하였다. 그들의 방법은 원자가결합(10-43 식의 VB 하첨자를 쓴 이유) 방법이라고 알려져 있다. 이 방법이 처음으로 화학결합을 성공적으로 기술하였음에도 불구하고 분자궤도 이론에 비해 매우 뒤져 있어 여기에서는 단지 역사적인 이유로 간단히 언급하려고 한다.

요약하면, H_2의 가장 간단한 최소 기저세트 분자궤도는

$$\psi_{MO} = \psi_{VB} + \psi_{\text{ionic}} \tag{10-44}$$

로 쓸 수 있고, 이것은 분자궤도 방식이 이온 항을 과다하게 강조하고 있는 반면 원자가결합 방법에서는 이온 항을 무시하고 있다는 점을 시사한다. 따라서 올바른 방법은 다음과 같은 선형결합

$$\psi = c_1\psi_{VB} + c_2\psi_{\text{ionic}} \tag{10-45}$$

을 사용하고 변분원리가 각 항의 공헌도를 결정하게 하는 것이다. 다음 절에서는 분자궤도 파동함수를 개선하기 위해 배치 상호작용을 사용하면 이 결과에 도달한다는 것을 보일 것이다.

10.9 배치 상호작용은 정확한 해리한계를 준다.

다음 분자궤도를 주는 H_2^+의 최소 기저세트 LCAO에 대해 생각해 보자.

$$\sigma_b = \frac{1s_A + 1s_B}{\sqrt{2(1+S)}} \qquad \sigma_a = \frac{1s_A - 1s_B}{\sqrt{2(1-S)}} \tag{10-46}$$

H_2에 대한 분자궤도를 논의할 때

$$\psi_1 = \frac{1}{\sqrt{2}}\begin{vmatrix}\sigma_b\alpha(1) & \sigma_b\beta(1)\\ \sigma_b\alpha(2) & \sigma_b\beta(2)\end{vmatrix} \tag{10-47}$$

또는 공간성분 $\sigma_b(1)\sigma_b(2)$만을 사용하였다. 그러나 분자궤도를 반결합궤도 σ_a를 사용하여 확장할 수도 있다. σ_b와 σ_a를 스핀함수 α 혹은 β와 결합하여 네 개의 스핀 분자궤도, $\sigma_b\alpha$, $\sigma_b\beta$, $\sigma_a\alpha$, $\sigma_a\beta$를 만들 수 있다. 네 개의 스핀 분자궤도에 4 × 3/2 = 6 가지 두 개의 전자를 채울 수 있는 방법이 있다. 따라서 6 개의 Slater 행렬식을 얻게 된다.

$$\begin{aligned}
D_1 &= \frac{1}{\sqrt{2}}\begin{vmatrix}\sigma_b\alpha(1) & \sigma_b\beta(1)\\ \sigma_b\alpha(2) & \sigma_b\beta(2)\end{vmatrix}\\
D_2 &= \frac{1}{\sqrt{2}}\begin{vmatrix}\sigma_a\alpha(1) & \sigma_a\beta(1)\\ \sigma_a\alpha(2) & \sigma_a\beta(2)\end{vmatrix}\\
D_3 &= \frac{1}{\sqrt{2}}\begin{vmatrix}\sigma_b\alpha(1) & \sigma_a\alpha(1)\\ \sigma_b\alpha(2) & \sigma_a\alpha(2)\end{vmatrix}\\
D_4 &= \frac{1}{\sqrt{2}}\begin{vmatrix}\sigma_b\alpha(1) & \sigma_a\beta(1)\\ \sigma_b\alpha(2) & \sigma_a\beta(2)\end{vmatrix}\\
D_5 &= \frac{1}{\sqrt{2}}\begin{vmatrix}\sigma_b\beta(1) & \sigma_a\alpha(1)\\ \sigma_b\beta(2) & \sigma_a\alpha(2)\end{vmatrix}\\
D_6 &= \frac{1}{\sqrt{2}}\begin{vmatrix}\sigma_b\beta(1) & \sigma_a\beta(1)\\ \sigma_b\beta(2) & \sigma_a\beta(2)\end{vmatrix}
\end{aligned} \tag{10-48}$$

여기에서 $1/\sqrt{2}$는 정규화상수이다.(연습문제 10-29)

H_2가 두 전자 계이기 때문에 위 행렬식에서 다음 공간 성분 만을 이용한다.(연습문제 10-30)

$$\begin{aligned}
\psi_1 &= \sigma_b(1)\sigma_b(2)\\
\psi_2 &= \sigma_a(1)\sigma_a(2)\\
\psi_3,\psi_4,\psi_5 &= \sigma_b(1)\sigma_a(2) - \sigma_a(1)\sigma_b(2)\\
\psi_6 &= \sigma_b(1)\sigma_a(2) + \sigma_a(1)\sigma_b(2)
\end{aligned} \tag{10-49}$$

이 여섯 개의 함수들의 선형결합을 변분 시도함수로 사용하면 6x6 영년행렬식 $|H_{ij} - ES_{ij}|$을 얻게 된다. 6x6 영년행렬식은 E에 대한 6차 방정식을 주고 이 중 가장 작은 근이 바닥상태 에너지가 된다. 위 방정식을 이차로 줄일 수 있는 정리가 있다.

$\hat{P}_{AB}$를 핵 A와 B를 교환하는 연산자라고 하자. 10-49 식의 파동함수에 $\hat{P}_{AB}$를 연산하면

$$\hat{P}_{AB}\psi_j = +\psi_j \qquad j = 1,2 \tag{10-50}$$

$$\hat{P}_{AB}\psi_j = -\psi_j \qquad j = 3,4,5,6$$

임을 주목하여라. 파동함수 ψ_1과 ψ_2는 고유치 +1을 주고 ψ_3에서 ψ_6의 파동함수는 고유치가 −1이다. Hamiltonian 연산자는 A, B에 대해 대칭이므로 $\hat{P}_{AB}$는 $\hat{H}$와 교환된다.

$$[\hat{P}_{AB}, \hat{H}] = 0 \tag{10-51}$$

정리 $\hat{P}_{AB}$가 $\hat{H}$와 교환되므로 $\hat{P}_{AB}$의 고유치가 서로 다른 상태와의 $\hat{H}$의 행렬요소

$$H_{ij} = < \psi_j | \hat{H} | \psi_i >$$

는 영이다. 다시 말하면 $\hat{P}_{AB}$의 고유치가 서로 같은 상태와의 H_{ij}만이 영이 아니다.

이 정리를 위 문제에 적용하면

$$H_{1j} = 0 \qquad j = 3,4,5,6 \tag{10-52}$$
$$H_{2j} = 0 \qquad j = 3,4,5,6$$

가 된다. 이 정리와 변형된 이 정리는 양자화학의 분자 계산에서 언제나 등장하는 행렬식을 간단히 하는데 자주 이용된다. 이 정리와 관계된 정리들에 대한 증명은 짧고 간단하며 연습문제 10−34에 있다.

예제 10-8 A와 B를 교환하고 $I_{BA} = -I_{AB}$ 또는

$$I_{AB} = < \sigma_b(1)\sigma_b(2) | \hat{H} | \sigma_b(1)\sigma_a(2) > = 0$$

을 보여라.

풀이 A와 B를 교환하는 것은 σ_b에는 영향을 주지 않으나 $\sigma_a = -\sigma_a$이다. I_{AB}에 단지 하나의 σ_a만 있으므로 $I_{BA} = -I_{AB}$ 또는 $I_{AB} = 0$이다. 이 방법을 이용하여 10−52 식을 증명할 수 있다.

10−49 식의 여섯 개의 행렬식형 파동함수를 선형결합 하여 사용하면 위 정리는 바닥상태 파동함수 ψ_1은 ψ_2와 만 영이 아닌 행렬요소를 갖게 된다. 이때 ψ_1은 ψ_2와 만 혼합된다라고 말한다. 그 외 다른 어떤 파동함수도 마지막 결과에 영향을 주지 않으므로 여섯 개 파동함수의 선형결합 대신

$$\psi_{CI} = c_1\psi_1 + c_2\psi_2 \tag{10-53}$$

을 사용한다. 10-53 식은 들뜬상태 배치가 혼합된 바닥상태 분자궤도이다. 들뜬상태 배치가 포함된 간단한 분자궤도의 확장을 배치 상호작용(configuration interaction)이라고 부른다. 10-53 식의 하첨자 CI는 ψ_{CI}가 배치 상호작용 파동함수임을 나타낸다.

10-53 식의 ψ_{CI}를 좀 더 자세히 살펴보자. 10-46 식을 사용하면 10-53 식은

$$\begin{aligned}\psi_{CI} &= c_1[1s_A(1)1s_A(2)+1s_A(1)1s_B(2)+1s_B(1)1s_A(2)+1s_B(1)1s_B(2)]\\ &\quad + c_2[1s_A(1)1s_A(2)-1s_A(1)1s_B(2)-1s_B(1)1s_A(2)+1s_B(1)1s_B(2)]\\ &= (c_1-c_2)\psi_{VB}+(c_1+c_2)\psi_{\text{ionic}} \qquad (10\text{-}54)\end{aligned}$$

가 된다. 따라서 10-53 식의 ψ_{CI}는 10-45 식과 정확히 같다.

H_2의 전자에너지를 계산하는데 10-53 식을 사용해 보자. 이것은 2×2 영년행렬형 방정식을 주고 작은 근 $E_{CI}(\zeta,R)$에서 이전에서처럼 E_{CI}가 ζ와 R의 함수임을 강조하였다. 이 긴 계산은 10-8 절의 분자궤도 계산에서와 같이 부록에 정리하였다.

그림 10-25는 $\zeta=1$에서 E_{CI}를 R에 대해 도시한 그림이다. E_{CI}가 두 고립된 바닥상태 수소원자의 정확한 해리한계($E=-1E_h$)로 접근함을 주목하여라. E_{CI}의 최소값이 $R_{eq}=1.668a_0$에서 $-1.11865E_h$이다. 에너지가 $\zeta=1$ 분자궤도 이론에서보다 개선되었지만 R_{eq}는 $\zeta=1$ 계산보다 좋지 않다. 그림 10-25는 $E_{CI}(\zeta,R)$을 여러 R에서 ζ에 대해 최소화 하여 얻은 최적 에너지 $E_{CI}(\zeta,R)$을 함께 보여 주고 있다. 이 결과는 $\zeta=1$계산보다 훨씬 더 개선되어 $R_{eq}=1.430a_0$에서 최소 에너지 $-1.14794E_h$를 주고 있다. 그림 10-26은 최적화 된 ζ(E_{CI}를 최소로 하는 값)를 R에 대해 도시한 그림이다. 그림 10-23과 반대로 $R\to\infty$에서 정확히 $\zeta\to1$임을 주목하여라.

10-53 식의 c_1과 c_2 역시 R에 의존한다. 그림 10-27은 c_1과 c_2를 R에 대해 도시한 그림이다. 예제 10-9에 보인 것 같이 $R\to\infty$에서 $c_1\to1/\sqrt{2}$, $c_2\to-1/\sqrt{2}$, 즉 고립된 두 수소원자의 정확한 파동함수가 되는 것을 알 수 있다.(부록)

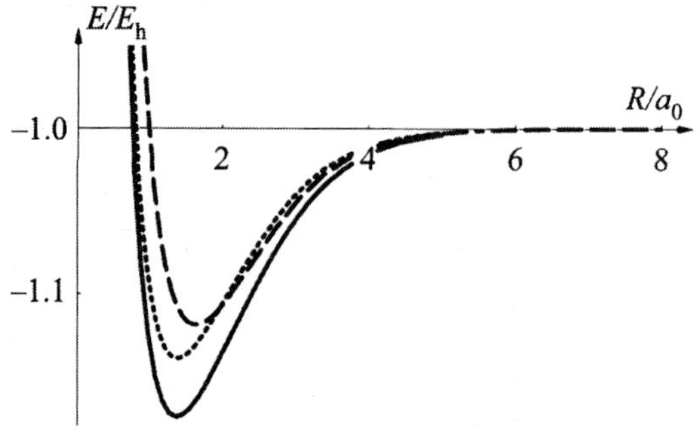

그림 10-25 $\zeta=1$에서 R에 대해 도시한 H_2의 바닥상태 배치 상호작용 에너지 E_{CI}(대시선)와 ζ(점선). 비교를 위해 Kolos와 Wolniewicz에 의해 계산된 정확한 에너지(실선)를 함께 도시 하였다.

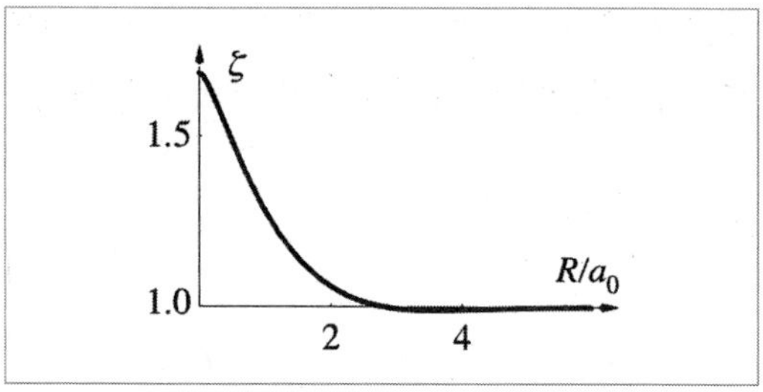

그림 10-26 R에 대해 도시한 최적화 된 10-53 식의 ζ(E_{CI}를 최소로 하는 값). $R\to0$와 $R\to\infty$에서 정확한 한계로 접근함을 주목하여라.

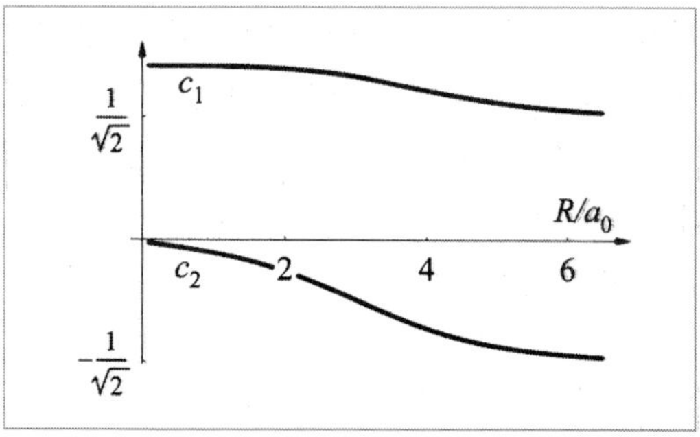

그림 10-27 최적화 된 ζ에 대해 10-53 식의 c_1,c_2를 R에 대해 도시한 그림. $R\to\infty$에서 $c_1\to1/\sqrt{2}$, $c_2\to-1/\sqrt{2}$ 임을 주목하여라.

예제 10-9 10-53 식의 ψ가 $R\to\infty$에서 고립된 두 수소원자의 파동함수가 되는 것을 보여라. $c_1\to1/\sqrt{2}$, $c_2\to-1/\sqrt{2}$ 임을 이용하여라.

풀이 10-49 식을 사용하면

$$\begin{aligned}\psi_{CI} &= c_1\psi_1 + c_2\psi_2 = c_1\sigma_b(1)\sigma_b(2) + c_2\sigma_a(1)\sigma_a(2)\\ &= \frac{1}{\sqrt{2}}[1s_A(1)+1s_B(1)][1s_A(2)+1s_B(2)] - \frac{1}{\sqrt{2}}[1s_A(1)-1s_B(1)][1s_A(2)-1s_B(2)]\\ &= \frac{1}{\sqrt{2}}[1s_A(1)1s_B(2)+1s_B(1)1s_A(2)]\end{aligned}$$

이 결과는 고립된 두 바닥상태 수소원자의 파동함수이다. 두 전자를 구별할 수 없기 때문에 두 항의 선형결합을 사용하였음을 기억하여라.

이제까지 수행한 모든 계산에서는 각 수소원자의 핵에 위치한 한 개의 원자궤도로 이루어진 최소 기저세트를 사용하였음을 알아야 한다. 최소 기저세트는 결합궤도 σ_b 그리고 반결합궤도 σ_a의 두 분자궤도를 준다. 두 개의 원자궤도의 선형결합을 사용했기 때문에 두 개의 분자궤도를 얻는다는 것을 아는 것이 중요하다. 두 개의 원자궤도를 사용한 것은 단지 간단히 하기 위해서 이고 다음과 같은 선형결합을 사용할 수도 있다.

$$\psi = c_1(1s_A+1s_B) + c_2(2p_{zA}+2p_{zB}) + c_3(2s_A+2s_B) + \cdots \qquad (10\text{-}55)$$

이 시도함수는 6×6 영년행렬식을 주고 따라서 여섯 개의 분자궤도를 준다. 각각의 분자궤도는 해당되는 에너지를 갖는다. 이제 분자궤도를 에너지가 증가하는 순서로 $\psi_1, \psi_2, \cdots, \psi_6$로 해 보자. 바닥상태 분자 파동함수는 다음 Slater 행렬식으로 주어지고

$$\psi_1 = N\begin{vmatrix} \psi_1\alpha(1) & \psi_1\beta(1) \\ \psi_1\alpha(2) & \psi_1\beta(2) \end{vmatrix} \tag{10-56}$$

N은 정규화상수이다. 10-56 식은 분자궤도 ψ_1에 채워진 서로 스핀이 다른 두 전자를 기술한다. 다른 다섯 개의 분자궤도는 바닥상태에서는 비어있고 가상궤도(virtual orbitals)라고 부른다.(그림 10-28) 이 가상궤도를 이용하여 배치 상호작용 계산을 수행할 들뜬상태 배치를 만든다. 이 경우 총 여섯 개의 분자궤도가 되며 따라서 12 개의 스핀궤도가 존재하게 된다.(각각의 분자궤도와 결합된 α 혹은 β) 총 배치의 수는 두 개의 전자를 12 스핀궤도에 분배하는 방법의 수와 같다.

$$\frac{12!}{(12-2)!2!} = 66$$

배치의 수가 많더라도 이 계산을 바로 수행할 수 있는 컴퓨터 프로그램이 있다. 사실 10-55 식에 더 많은 항을 사용하여 더 많은 배치를 사용하면 원리적으로 정확한 결과에 도달할 수 있다.

예제 10-10 $2N$ 개의 전자를 $2K$ 스핀궤도에 분배하는 총 배치의 수를 구하여라. 이 결과를 앞 절에서 수행한 최소 기저세트 배치 상호작용 계산에 적용하여라.

풀이 총 배치의 수는 동일한 $2N$ 개의 물체를 $2K$ 개의 용기에 분배하는 방법의 수와 같다. 이 값은 이항계수로 주어진다.

$$\text{총 배치의 수} = \frac{(2K)!}{(2K-2N)!2N!} \tag{10-57}$$

최소 기저세트 계산에서 $K=2$, $N=1$이므로 $4!/2!2! = 6$으로 위의 계산과 일치한다.

McLean, Weiss 그리고 Yoshine는 $1s, 2s, 2p$ 궤도로 이루어진 Slater 행렬식 분자궤도가 포함된 다섯항 CI 파동함수를 이용하여 최소 에너지 $-1.16723E_h$를 얻었으며, Hangstrom과 Schull은 33항 CI 함수를 사용하여 최소 에너지 $-1.1735E_h$를 얻었다.(표 10-4) 더 큰 기저세트를 사용할수록 더 개선된 수치적 결과를 얻을 수 있음을 알 수 있다. 이장의 마지막에서 할 일은 큰 기저세트를 사용할 경우 최적화된 분자궤도를 얻는 방법을 배우는 일이다. 이것은 이전의 장에서 최적화된 원자궤도를 얻는 방법과 유사한 방법으로 진행할 것이다. 다음 절에서는 원자궤도의 선형결합으로 최적화된 분자궤도를 주는 Hartree-Fock-Roothaan 방법에 대해 논의할 것이다.

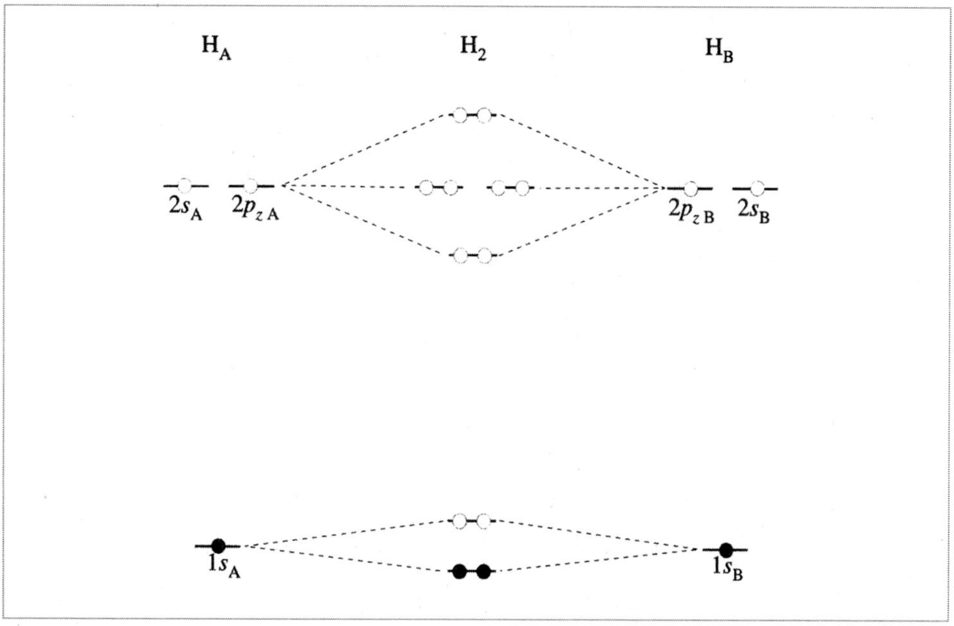

그림 10-28 LCAO-MO가 10-55 식의 여섯 개의 원자궤도의 선형결합일 때 얻어지는 여섯 개의 공간 분자궤도. 바닥상태 H_2의 경우 최저 에너지 분자궤도만이 채워진다. 다섯 개 빈 궤도는 가상 궤도라고 부른다.

10.10 Hartree-Fock-Roothaan 방정식은 최적화된 분자궤도를 준다.

제 9 장에서 원자에 대한 Hartree-Fock 이론을 소개하고 헬륨원자에 수치해석적으로 적용하였다. Hartree-Fock 이론은 Roothaan에 의해 분자에 대해 실질적으로 확장되었고, 이 절에서는 Hartree-Fock-Roothaan 방정식을 유도하고 H_2의 수치해석적인 최소 기저세트 계산에 응용한다. H_2에 대한 Hartree-Fock-Roothaan 방정식은 헬륨원자에 대한 Hartree-Fock-Roothaan 방정식과 기본적으로 거의 같다. H_2의 Hamiltonian 연산자에서 시작해 보자.

$$\hat{H}=-\frac{1}{2}\sum_{j=1}^{2}\nabla_j^2+\sum_{j=1}^{2}\left(-\frac{1}{r_{jA}}-\frac{1}{r_{jB}}\right)+\frac{1}{r_{12}}+\frac{1}{R} \tag{10-58}$$

고정된 구조에서 핵간 상호작용 항은 상수이기 때문에 지금은 이 항을 무시하고 다음에 추가하기로 한다. H_2가 두 전자 분자이기 때문에 바닥상태 파동함수에서 공간 성분과 스핀 성분을 분리하여

$$\Psi(\boldsymbol{r}_1,\boldsymbol{r}_2)=\psi(\boldsymbol{r}_1)\psi(\boldsymbol{r}_2) \tag{10-59}$$

로 쓰면 바닥상태 에너지는 다음으로 주어진다.

$$E = \int dr_1 dr_2 \Psi^*(1,2)\hat{H}\Psi(1,2) \qquad (10\text{-}60)$$

10-59 식의 $\Psi(\boldsymbol{r}_1, \boldsymbol{r}_2)$를 이 식에 대입하면(연습문제 10-36)

$$E = I_1 + I_2 + J_{11} \qquad (10\text{-}61)$$

$$I_j = \int d\boldsymbol{r}_j \psi^*(\boldsymbol{r}_j)\left[-\frac{1}{2}\nabla_j^2 - \frac{1}{r_{jA}} - \frac{1}{r_{jB}}\right]\psi(\boldsymbol{r}_j) \qquad (10\text{-}62)$$

$$J_{11} = \int d\boldsymbol{r}_1 d\boldsymbol{r}_2 \psi^*(\boldsymbol{r}_1)\psi^*(\boldsymbol{r}_2)\frac{1}{r_{12}}\psi(\boldsymbol{r}_1)\psi(\boldsymbol{r}_2) \qquad (10\text{-}63)$$

을 얻고 대칭성에 의해 $I_1 = I_2$ 임을 알 수 있다.

10-61 식에서 10-63 식이 9-23 식에서 9-25 식과 다른 점은 I_j의 정의에 있다. 9-23 식이 전자와 헬륨원자 핵과의 상호작용을 나타내는 반면 10-62 식은 전자와 두 수소원자 핵과의 상호작용을 나타낸다. 그 점을 제외하면 두 식은 동일하다.

이제 9 장의 부록에서 헬륨원자에 대해 수행했던 것과 같은 Hartree-Fock 계산을 수행한다. 먼저 10-59 식의 LCAO-MO를

$$\psi = c_1\phi_A + c_2\phi_B \qquad (10\text{-}64)$$

로 하고 이때 $\phi_A(\phi_B)$는 핵 $A(B)$에 있는 정규화 된 Slater 궤도이다.($\zeta = 1.19302$) $\zeta = 1.19302$를 선택한 이유는 이 기저세트에서 $R_{eq} = 1.38543a_0$일 때 최적화된 ζ 값이기 때문이다.(표 10-4) 10.8 절에서 수행한 최적화된 분자궤도 이론 계산에서 얻어진 ζ와 R_{eq} 값(유효숫자 여섯 개)이 있다. 고정된 ζ 값에 대해 Hartree-Fock 자체 일관성 방법을 이용하여 c_1과 c_2를 결정한다.

9 장에서 했던 것처럼 10-64 식을 10-60 식에 대입하면

$$E = \frac{2(c_1^2 H_{AA} + 2c_1c_2H_{AB} + c_2^2H_{BB}) + c_1^2G_{AA} + 2c_1c_2G_{AB} + c_2^2G_{BB}}{c_1^2S_{AA} + 2c_1c_2S_{AB} + c_2^2S_{BB}} \qquad (10\text{-}65)$$

를 얻고

$$\begin{aligned} H_{ij} = H_{ji} &= \int dr_1 \phi_j(r_1)\left(-\frac{1}{2}\nabla_1^2 - \frac{1}{r_{1A}} - \frac{1}{r_{1B}}\right)\phi_j(r_1) \\ &= \left\langle \phi_j \middle| -\frac{1}{2}\nabla_1^2 - \frac{1}{r_{1A}} - \frac{1}{r_{1B}} \middle| \phi_j \right\rangle \qquad i,j = A,B \end{aligned} \qquad (10\text{-}66)$$

$$G_{ij} = G_{ji} = c_1^2\left\langle \phi_i(1)\phi_A(2)\middle|\frac{1}{r_{12}}\middle|\phi_j(1)\phi_A(2)\right\rangle + c_1c_2\left\langle \phi_i(1)\phi_A(2)\middle|\frac{1}{r_{12}}\middle|\phi_j(1)\phi_B(2)\right\rangle$$

$$+c_2c_1\left\langle \phi_i(1)\phi_B(2)\left|\frac{1}{r_{12}}\right|\phi_j(1)\phi_A(2)\right\rangle + c_2^2\left\langle \phi_i(1)\phi_B(2)\left|\frac{1}{r_{12}}\right|\phi_j(1)\phi_B(2)\right\rangle$$

$$i,j = A,B \tag{10-67}$$

$$S_{ij} = S_{ji} = <\phi_i|\phi_j> \quad i,j = A,B \tag{10-68}$$

에서 $S_{AA} = S_{BB} = 1$이다. 이 모든 적분은 표 10-1과 10-4에 수록되어 있으며 10-65 식부터 10-68 식까지 각 항들의 수치들은 표 10-5에 $\zeta = 1.19302$ 그리고 $R_{eq} = 1.38543a_0$에 대해 수록되어 있다.(연습문제 10-39)

10-65 식을 c_1과 c_2에 대해 미분하면 이 계에 대한 Hartree-Fock-Roothaan 방정식을 얻는다.

$$\begin{aligned}(F_{AA}-\varepsilon)c_1 + (F_{AB}-\varepsilon S_{AB})c_2 &= 0 \\ (F_{AB}-\varepsilon S_{AB})c_1 + (F_{BB}-\varepsilon)c_2 &= 0\end{aligned} \tag{10-69}$$

$$\begin{pmatrix} F_{AA} & F_{AB} \\ F_{AB} & F_{BB}\end{pmatrix}\begin{pmatrix} c_1 \\ c_2\end{pmatrix} = \varepsilon\begin{pmatrix} S_{AA} & S_{AB} \\ S_{AB} & S_{BB}\end{pmatrix}\begin{pmatrix} c_1 \\ c_2\end{pmatrix} \tag{10-70}$$

해당되는 영년행렬식형 방정식은

$$\begin{vmatrix} F_{AA}-\varepsilon & F_{AB}-\varepsilon S_{AB} \\ F_{AB}-\varepsilon S_{AB} & F_{BB}-\varepsilon\end{vmatrix} = 0 \tag{10-71}$$

이고

$$F_{ij}(c_1,c_2) = H_{ij} + G_{ij} \quad i,j = A,B \tag{10-72}$$

는 Fock 행렬의 요소이다. 표기법이 의미하듯이 F_{ij}는 c_1과 c_2에 의존한다. 10-71 식은 ε에 대한 이차방정식이다. 행렬요소 F_{ij}는 c_1과 c_2에 의존하며 아직 그 값을 모른다. 이제 첫 번째 과정으로 c_1과 c_2를 가정한다. $c_1/c_2 = 2$를 가정해 보자. 시도함수가 정규화되기 위해(연습문제 10-40)

$$c_1^2 + 2c_1c_2S_{AB} + c_2^2 = 1 \tag{10-73}$$

이어야 하며 표 10-5의 $S_{AB} = 0.68242$를 사용하면 $c_1 = 0.71937$, $c_2 = 0.35968$을 얻는다. 이제 이 값을 이용하여 표 10-5의 G_{ij}를 계산하고 10-72 식을 이용하여 표 10-6에 주어진 F_{ij}를 계산한다. 이 초기 값 c_1과 c_2는 다음 에너지를 준다.

표 10-5 $\zeta = 1.193$, $R_{eq} = 1.38543a_0$ 일 때 10-66 식에서 10-68 식의 행렬요소에 대한 수치적 값

$$H_{AA}^{core} = H_{BB}^{core} = -1.132\,95\,E_h$$
$$H_{AB}^{core} = H_{BA}^{core} = -0.974\,75\,E_h$$
$$S_{AA} = S_{BB} = 1$$
$$S_{AB} = S(w) = 0.682\,42$$
$$G_{AA} = 0.745\,64\,c_1^2 + 0.893\,59\,c_1c_2 + 0.813\,35\,c_2^2$$
$$G_{AB} = G_{BA} = 0.446\,75\,c_1^2 + 0.364\,98\,c_1c_2 + 0.446\,75\,c_2^2$$
$$G_{BB} = 0.813\,36\,c_1^2 + 0.893\,49\,c_1c_2 + 0.745\,64\,c_2^2$$

$$\begin{aligned} E &= 2(c_1^2 H_{AA} + 2c_1c_2 H_{AB} + c_2^2 H_{BB}) + c_1^2 G_{AA} + 2c_1c_2 G_{AB} + c_2^2 G_{BB} \\ &= c_1^2(H_{AA} - F_{AA}) + 2c_1c_2(H_{AB} - F_{AB}) + c_2^2(H_{BB} - F_{BB}) \\ &= -1.80553E_h \end{aligned} \tag{10-74}$$

여기에 핵간 반발 항($R_{eq} = 1.38543a_0$) $1/R$을 더하면 $E_{el} = -1.08373E_h$를 얻게 된다.

다음 단계는 F_{ij}를 사용하여 10-71 식을 풀어 ε을 구한다. 가장 작은 고유치 $\varepsilon_1 = -0.58804$가 얻어 졌다. 이제 ε_1을 구했으므로 10-70 식을 풀어 c_1과 c_2를 구한다.

$$\begin{aligned} \frac{c_1}{c_2} &= -\frac{F_{AB} - \varepsilon S_{AB}}{F_{AA} - \varepsilon S_{AA}} = -\frac{-0.59133 - (-0.58804)(0.68242)}{-0.41068 - (0.58804)} \\ &= 1.0715 \end{aligned} \tag{10-75}$$

이 값으로부터 10-73 식은

$$c_1 = 0.56391 \qquad c_2 = 0.52627 \tag{10-76}$$

을 준다. 이 값들이 표 10-6의 두 번째 행에 주어져 있다.

다음 단계로 이렇게 얻은 계수들을 이용하여 새로운 세트의 G_{ij}를 계산한다. $F_{ij} = H_{ij} + G_{ij}$를 이용하여 새로운 세트의 F_{ij}를 계산하고 10-71 식으로부터 새로운 ε 그리고 10-70 식으로부터 새로운 계수들과 이로부터 다시 10-74 식을 이용하여 새로운 E를 구한다. 이 결과들이 표 10-6에 연이은 계산 결과와 함께 주어져 있다. 이렇게 계산된 에너지가 최적화된 분자궤도 계산 결과에 수렴하고 있은 것에 주목하여라.

Hartree-Fock-Roothaan 방정식을 단지 두 개의 Slater 행렬식으로 구성된 기저세트의 특별한 경우로 유도하였지만 12 장에서는 이 방법이 여러 개의 기저세트 함수들로

표 10-6 H_2에 대한 $\zeta = 1.19302$ ($R_{eq} = 1.38543a_0$)의 두 Slater 행렬식을 이용한 최소 기저세트 계산 결과

	c_1	c_2	F_{AA}	F_{AB}	F_{BB}	ε_1	ε_2	E_{el}
Initial guess	0.719 37	0.359 68	−0.410 68	−0.591 33	−0.384 40			−1.083 73
1st iteration	0.563 91	0.526 27	−0.405 41	−0.600 14	−0.402 63	−0.588 04	0.610 49	−1.127 74
2nd iteration	0.547 11	0.543 19	−0.404 23	−0.600 74	−0.403 94	−0.597 15	0.619 13	−1.128 22
3rd iteration	0.545 36	0.544 95	−0.404 11	−0.600 74	−0.404 08	−0.597 25	0.619 22	−1.128 23
4th iteration	0.545 17	0.545 13	−0.404 09	−0.600 74	−0.404 09	−0.597 25	0.619 23	−1.128 23
5th iteration	0.545 15	0.545 15	−0.404 09	−0.600 74	−0.404 09	−0.597 25	0.619 23	−1.128 23

쉽게 확장되어지고, 열 개 혹은 수 백 개의 원자들로 구성된 분자들에 대한 큰 기저세트까지도 다룰 수 있는 컴퓨터 프로그램이 상당 수 있다는 것을 알게 될 것이다. 사실 1960 년에서 1970 년대에는 이러한 계산들을 전문적인 양자화학자 들만이 할 수 있었지만 이러한 계산이 현재에는 다수의 유기화학 및 물리화학의 과목에서 쉽게 실험의 일환으로 일상적으로 진행되고 있다.

점점 더 큰 기저세트를 사용하면 더 낮은 에너지를 얻게 되고 결국 Hartree-Fock 한계에 이르게 된다. 제한된 수의 항으로 된 기저세트를 사용하고 계수들을 자체 일관성 방법으로 결정하면 Hartree-Fock 한계에 도달하지 않을 수 있다. 따라서 SCF-LCAO-MO는 Hartree-Fock 궤도와 같지 않을 수도 있다. SCF-LCAO-MO가 충분히 많은 수의 항을 포함할 때 Hartree-Fock 한계에 도달하고 두 궤도가 같아진다.

표 10-7은 H_2에 대해 Hartree-Fock 한계에 도달한 Hartree-Fock-Roothaan 계산 결과를 보여주고 있다. 이 경우 기저세트가 12 개의 Slater 궤도를 포함하고 있음을 주

표 10-7 H_2에 대해 Hartree-Fock 한계에 도달한 Hartree-Fock-Roothaan 계산 결과

Slater orbital	Value of ζ	Linear coefficient
$1s$	1.188 63	0.903 74
$1s'$	2.500 21	−0.049 78
$2s$	0.794 45	0.011 44
$2s'$	1.730 27	−0.128 32
$3s$	3.436 00	0.001 94
$2p_z$	1.055 29	0.039 84
$2p_z'$	1.985 53	0.024 13
$2p_z''$	4.081 82	−0.000 94
$3p_z$	3.433 59	0.001 29
$3d_{z^2}$	1.266 63	0.006 49
$3d_{z^2}'$	2.680 42	0.003 93
$4f_{z^3}$	2.708 08	0.001 03

목하여라. 이 계산에서 궤도의 지수와 선형계수 모두가 최적화 되어 Hartree-Fock 한계 에너지 $-1.133629E_h$를 준다. 이 결과는 최소 기저세트 계산에서 얻어진 에너지 $-1.12823E_h$와 비교된다.(간단히 고정된 ζ 값을 이용한 계산)

K 원자궤도로 되어있는 기저세트는 K 분자궤도를 준다. H_2의 경우, 이들 중 첫 번째는 스핀이 반대인 두 개의 전자로 채워지고 나머지는 비어있는 가상궤도가 된다. 자연적으로 이 궤도들은 배치 상호작용 계산에서 들뜬상태 Slater 행렬식을 만드는데 사용된다. 이 과정은 잘 개발되어 Hartree-Fock 근사를 넘는 방법으로 구성되었으며 post-Hartree-Fock 방법의 주된 방법들 중의 하나로 되었다.

여기에서 Hartree-Fock-Roothaan 분자궤도가 이장의 앞에서 구한 분자궤도들과 같은 부족함을 갖는다는 점을 지적하고자 한다. R이 클 때 바닥상태 분자궤도가 두 개의 고립된 수소원자의 바닥상태 파동함수로 접근하지 않는다. 다시 말해서 정확한 해리한계를 주지 않는다. 이 점은 만족스럽지 않지만 몇 가지 이유로 인해 문제가 되지 않는다. 한 가지 이유는 Hartree-Fock-Roothaan 방정식을 보완하는 방법이 개발되어 정확한 해리한계를 주게 할 수 있다. 이 방법이 unrestricted-Hartree-Fock 방법이다. 여기에서는 unrestricted-Hartree-Fock 계산에 대해 고려하지는 않을 것이나 이러한 방법이 있다는 것에 대해서 알고 있어야 한다. 또 하나의 이유는 배치 상호작용과 같은 대부분의 post-Hartree-Fock 방법이 정확한 해리한계를 준다는 것이다. 실제 이 전의 절에서 그렇게 됨을 보였다. 또 다른 아마 가장 중요한 이유는 Hartree-Fock 계산이 12 장에서 보듯 받아들여질 수 있는 평형 분자 파라메터를 준다는 점이다. 따라서 화학반응속도론에서 중요한 관심사인 위치에너지 곡선 더 일반적으로는 위치에너지 곡면에 대한 계산을 제외하면 Hartree-Fock 계산은 상당히 좋다. Hartree-Fock 계산과 post-Hartree-Fock 계산을 수행할 수 있는 컴퓨터 프로그램을 쉽게 구할 수 있기 때문에 기본적으로 Hartree-Fock 이론인 분자궤도 이론이 분자 계산의 표준 방법이 되었다.

부록 H_2의 분자궤도 이론

H_2에 대한 최소 기저세트 분자궤도 이론도 상당히 긴 수학적 계산을 요한다. 최초 계산은 초기 양자역학이 성립하던 때에 수행되어져 이 후 많은 개선이 있었으나 아직도 분자 계산에 있어 기본적인 생각을 반영하고 있다. 이 부록에서는 최소 기저세트 분자궤도 이론과 Slater 궤도를 이용한 배치 상호작용에 대해 자세히 설명하고자 한다. 이 내용은 이장의 끝에 있는 참고문헌의 Slater의 논문에 잘 나타나 있다.

다음에 주어지는 에너지

$$E_{MO} = \langle \psi_{MO} | \hat{H} | \psi_{MO} \rangle \tag{1}$$

에서 시작하고 $\hat{H}$는 10−35 식으로 주어진다. 10−39 식을 (1) 식에 대입하면

$$E_{MO} = \zeta^2\left[\frac{1-S(w)-2K(w)}{1+S(W)}\right]+\zeta\left[\frac{-2+2J(w)+4K(w)}{1+S(w)}\right]$$
$$\zeta\left[\frac{5/16+J'(w)/2+K'(w)+2L(w)}{[1+S(w)]^2}\right]+\frac{\zeta}{w} \tag{2}$$

를 얻게 된다.

(2) 식은 좀 복잡해 보이지만 그렇지 않다. 아래 (4) 식과 (5) 식의 논의에 의하면 (2) 식은 H_2^+에 대한 10−33 식과 같이 다음의 형으로 쓸 수 있다.

$$E_{MO} = \zeta^2 T(w) + \zeta V(w) \tag{3}$$

이 전에 말했던 것과 같이 이 결과는 Hamiltonian 연산자의 모양의 결과이다. (2) 식의 처음 두 항에 있는 적분 $S(w)$, $J(w)$, $K(w)$는 이미 H_2^+ 계산에서 수행한 적이 있으며 새로운 적분 $J'(w)$, $K'(w)$ 그리고 $L(w)$는 표 10−8에 주어져 있다. 표 10−8의 처음 세 적분은 H_2^+에서 했던 것 같이 타원좌표 계를 이용하면 상당히 쉽게 구해지나 네 번째 적분은 상당히 어렵다. 그러나 보기에는 복잡해 보일지라도 컴퓨터에게는 별 차이가 없다. $K'(w)$의 일부분인 함수 $E_1(x)$는 지수적분(exponential integral)이라고 부르며 표에 잘 정리되어 있는 함수로(Abramowitz and Stegun의 참고문헌) 대부분 예를 들어, Mathcad나 Mathematica와 같은 프로그램에 들어있다. Euler 상수라고 부르는 $K'(w)$에 들어 있는 상수 γ는 π나 e같이 고급 미적분에 자연적으로 등장하는 설명할 수 없는 수이다.

(2) 식에 대한 논의를 하기 전에 H_2^+(10−8 식)와 H_2(10−35)의 Hamiltonian 연산자를 비교해 보자. H_2의 Hamiltonian 연산자를 다음과 같이 쓸 수 있음을 주목하여라.

$$\hat{H}_{H_2} = \hat{H}_{H_2^+}(1) + \hat{H}_{H_2^+}(2) + \frac{1}{r_{12}} \tag{4}$$

여기에서 $\hat{H}_{H_2^+}(i)$는 표시한대로 전자 i에 대한 $H_2^+(i)$의 Hamiltonian 연산자이다. 이제 (2) 식의 네 항을 각각 차례로 살펴보자. 처 번째 항은 10−31 식에 주어진 H_2^+의 운동에너지의 두 배이고 두 번째 항은 10−22 식에 주어진 H_2^+의 전자−핵 간 상호작용 에너지의 두 배이다. 네 번째 항은 단순히 핵간 반발에너지 $1/R$이다. (2) 식의 새로운 항은 단지 세 번째 항인 전자−전자 상호작용에 기인한 항이며 H_2^+에는 없는 H_2의 Hamiltonian 연산자에만 나타난다. 따라서 (2) 식의 네 번째 항은

$$\left\langle \psi_{MO}\middle|\frac{1}{r_{12}}\middle|\psi_{MO}\right\rangle = \zeta\left[\frac{5/16+J'(w)/2+K'(w)+2L(w)}{[1+S(W)]^2}\right] \tag{5}$$

에 기인함을 알 수 있다.

표 10-8 H_2^+의 분자궤도 계산에 나오는 $1/r_{12}$에 대한 적분

$$\left\langle \phi_A(1)\phi_A(2) \left| \frac{1}{r_{12}} \right| \phi_A(1)\phi_A(2) \right\rangle = \frac{5\zeta}{8}$$

$$\left\langle \phi_A(1)\phi_B(2) \left| \frac{1}{r_{12}} \right| \phi_A(1)\phi_B(2) \right\rangle = \zeta J'(w)$$

$$= \zeta \left[\frac{1}{w} - e^{-2w} \left(\frac{1}{w} + \frac{11}{8} + \frac{3w}{4} + \frac{w^2}{6} \right) \right]$$

$$\left\langle \phi_A(1)\phi_A(2) \left| \frac{1}{r_{12}} \right| \phi_A(1)\phi_B(2) \right\rangle = \zeta L(w)$$

$$= \zeta \left[e^{-w} \left(w + \frac{1}{8} + \frac{5}{16w} \right) + e^{-3w} \left(-\frac{1}{8} - \frac{5}{16w} \right) \right]$$

$$\left\langle \phi_A(1)\phi_A(2) \left| \frac{1}{r_{12}} \right| \phi_B(1)\phi_B(2) \right\rangle = \zeta K'(w)$$

$$= \frac{\zeta}{5} \left\{ -e^{-2w} \left(-\frac{25}{8} + \frac{23w}{4} + 3w^2 + \frac{w^3}{3} \right) + \frac{6}{w} [S^2(w)(\gamma + \ln w) - S'(w)^2 E_1(4w) + 2S(w)S'(w)E_1(2w)] \right\}^{\mathrm{b}}$$

w에 대한 (2) 식의 모든 함수들이 표 10-1과 10-8에 주어져 있으므로 ζ와 $w = \zeta R$의 함수로 E_{MO}가 구해진다. $\zeta = 1$로 하고 R에 대해 에너지를 최소화 하면 $R_{eq} = 1.603a_0$에서 $E_{MO} = -1.0991E_h$가 얻어진다. 이 과정은 Mathcad나 Mathematica와 같은 프로그램을 이용하면 잘 수행된다.(연습문제 10-43) ζ를 변분변수로 하여 ζ와 R에 대해 E_{MO}를 최소화 할 수도 있다.(연습문제 10-44) 이 경우 $R_{eq} = 1.385a_0$ 그리고 $\zeta = 1.193$에서 $E_{MO} = -1.1282E_h$가 얻어져 $\zeta = 1$ 경우보다 상당히 개선된 결과를 얻는다.(표 10-4)

$\zeta = 1$일 때 E_{MO}를 R에 대해 도시하면 그림 10-23의 검은색 곡선, 10 장에서 논의한 대로 $R \to \infty$에서 부정확한 해리한계를 주는 곡선이 얻어진다. R에 대해 ζ를 최적화 하여도 상황은 개선되지 않는다.(그림 10-23) 이 장에서 보였듯이 잘 알려진 분자궤도 이론의 부족함은 배치 상호작용을 이용하여 보완될 수 있다. 10.9 절에서, 10-49 식의 처음 두 식으로 주어지는 ψ_1과 ψ_2를 10-53 식으로 하여 H_2의 최소 기저세트 배치 상호작용 파동함수로 사용할 수 있음을 보였다. 이 파동함수는 다음 2×2 행렬식형 방정식을 준다.

$$\begin{vmatrix} H_{11} - ES_{11} & H_{12} - ES_{12} \\ H_{12} - ES_{12} & H_{22} - ES_{22} \end{vmatrix} = 0 \tag{6}$$

$$H_{11} = <\psi_1|\hat{H}|\psi_1> \qquad H_{22} = <\psi_2|\hat{H}|\psi_2> \qquad H_{12} = H_{21} = <\psi_1|\hat{H}|\psi_2>$$
$$S_{11} = <\psi_1|\psi_1> \qquad S_{22} = <\psi_2|\psi_2> \qquad S_{12} = <\psi_1|\psi_2> \tag{7}$$

S_{ij} 적분 값은 상당히 쉽게 구해진다. 먼저 σ_b와 σ_a가 직교정규화 되어 있음을 보인다.

$$<\sigma_b|\sigma_b> = \left\langle \frac{1s_A + 1s_B}{\sqrt{2(1+s)}} \middle| \frac{1s_A + 1s_B}{\sqrt{2(1+s)}} \right\rangle = \frac{1+2S+1}{2(1+S)} = 1$$

$$<\sigma_a|\sigma_a> = \left\langle \frac{1s_A - 1s_B}{\sqrt{2(1-s)}} \middle| \frac{1s_A - 1s_B}{\sqrt{2(1-s)}} \right\rangle = \frac{1-2S+1}{2(1-S)} = 1$$

$$<\sigma_b|\sigma_a> = \left\langle \frac{1s_A + 1s_B}{\sqrt{2(1+s)}} \middle| \frac{1s_A - 1s_B}{\sqrt{2(1-s)}} \right\rangle = \frac{1+S-S-1}{2\sqrt{1-S^2}} = 0$$

이 결과를 이용하면 다음을 알 수 있다.

$$S_{11} = <\psi_1|\psi_1> = <\sigma_b(1)\sigma_b(2)|\sigma_b(1)\sigma_b(2)>$$
$$= <\sigma_b(1)|\sigma_b(1)><\sigma_b(2)|\sigma_b(2)> = 1 \times 1 = 1$$

$$S_{22} = <\psi_2|\psi_2> = <\sigma_a(1)\sigma_a(2)|\sigma_a(1)\sigma_a(2)>$$
$$= <\sigma_a(1)|\sigma_a(1)><\sigma_a(2)|\sigma_a(2)> = 1 \times 1 = 1 \tag{8}$$

$$S_{12} = <\psi_1|\psi_2> = <\sigma_b(1)\sigma_b(2)|\sigma_a(1)\sigma_a(2)>$$
$$= <\sigma_b(1)|\sigma_a(1)><\sigma_b(2)|\sigma_a(2)> = 0 \times 0 = 0$$

$\hat{H}$의 행렬요소를 구하는 것은 지루한 과정이지만 표 10-9에 주어져 있으며 필요한 적분은 이미 표 10-1과 10-8에 주어져 있다.

E에 대해 (6) 식을 풀어 에너지를 구하면

$$E_{\pm}(\zeta,w) = \frac{H_{11}(\zeta,w) + H_{22}(\zeta,w)}{2}$$
$$\pm \frac{1}{2}\left\{[H_{11}(\zeta,w) - H_{22}(\zeta,w)]^2 + 4H_{12}^2(\zeta,w)\right\}^{1/2} \tag{9}$$

를 얻고 $H_{ij}(\zeta,w)$는 표 10-9에 주어져 있다. (9) 식은 매우 길어 보이나 모든 항들이 ζ

와 R의 함수이고 ($w=\zeta R$) 컴퓨터 프로그램을 이용하여 바로 구해진다. 이 경우 $E_{-}(R)$이 항상 작은 근이고 따라서 $E_{CI}=E_{-}$로 할 수 있다. 그림 10–25는 $\zeta=1$에서 E_{CI}를 R에 대해 도시한 그림이다. E_{CI}가 고립된 두 바닥상태 수소원자의 정확한 해리한계($E=-1E_h$)로 접근함을 주목하여라.

표 10–9 H_2의 최소 기저세트 배치 상호작용 계산에 필요한 행렬요소 H_{ij}와 S_{ij}

$$\left.\begin{matrix} H_{11}(\zeta, w) \\ H_{22}(\zeta, w) \end{matrix}\right\} = \zeta^2\left[\frac{1\mp S(w)\mp 2K(w)}{1\pm S(w)}\right]+\zeta\left\{\frac{-2+2J(w)\pm 4K(w)}{1\pm S(w)} + \frac{\dfrac{5}{16}+\dfrac{J'(w)}{2}+K'(w)\pm 2L(w)}{[1\pm S(w)]^2}+\frac{1}{w}\right\}$$

$$H_{12}(\zeta, \omega)=\zeta\left[\frac{\dfrac{5}{16}-\dfrac{J'(w)}{2}}{1-S^2(w)}\right]$$

최적화된 결과를 살펴보기 전에 이 경우 정확한 해리한계에 도달하는 이유에 대해 살펴보자.($\zeta=1$) 표 10–9의 모든 적분은($w=\zeta R$의 함수) $R\to\infty$ 에서 영이 된다.(연습문제 10–47) 따라서

$$H_{11}=H_{22}\to\zeta^2+\zeta(-2+5/16) \qquad H_{12}\to 5\zeta/16 \tag{10}$$

이고

$$E_{CI}\to H_{11}-H_{12}=\zeta^2-2\zeta \tag{11}$$

이다. $\zeta=1$이면 $E_{CI}=-1E_h$, 즉 고립된 두 바닥상태 수소원자의 에너지가 된다.

(6) 식을 만드는 두 방정식으로부터 10–53 식의 c_1과 c_2를 결정할 수 있다. 첫 번째 식을 풀면

$$\frac{c_1}{c_2}=-\frac{H_{11}-E}{H_{12}} \tag{12}$$

을 얻는다. H_{11}(표 10–9), E(식 (9)) 그리고 H_{12}(표 10–9)를 ζ와 $w=\zeta R$의 함수로 알고 있으므로 c_1/c_2를 ζ와 w의 함수로 구할 수 있다. 10–53 식의 ψ_{CI}가 정규화 되어야 하므로 이제 c_1과 c_2를 각각 결정할 수 있다.($c_1^2+c_2^2=1$) 이 결과를 그림 10–27에 나

타내었다. 이제 $R \to \infty$ 에서 $c_1 \to 1/\sqrt{2}$ 그리고 $c_2 \to -1/\sqrt{2}$ 를 보일 수 있다. 식 (10), (11), (12)에서 다음을 얻을 수 있다.

$$\frac{c_1}{c_2} \to -\frac{(\zeta^2 - 27\zeta/16) - (\zeta^2 - 2\zeta)}{5\zeta/16} = -1$$

정규화 조건은 $c_1 = -c_2 = 1/\sqrt{2}$ 를 준다. 이 결과가 ζ에 의존하지 않음을 주목하여라.

최적화된 E_{CI}를 R의 함수로 얻기 위해 여러 R에서 E_{CI}를 ζ에 대해 최소화 하는 것을 Mathcad나 Mathematica 같은 프로그램을 사용할 수 있다. 그림 10-25는 R에 대해 E_{CI}를 도시한 그림을 Kolos-Wolniewicz의 정확한 결과와 함께 나타낸 그림이다.

연 습 문 제

10-1. 수소분자의 Hamiltonian 연산자를 원자단위로 나타내어라.

10-2. H_2^+의 진동에너지 준위가 JANAF Thermochemical Tables라고도 알려져 있는 Chase, M. W. Jr. el.의 *J. Phys. Chem. Ref. Data* 1985, **14**, supplement 1에 주어져 있다. 이 표들은 1998 년 Chase, M. W. Jr.에 의해 American Institute of Physics에서 구할 수 있는 NIST-JANAF Thermochemical Tables, 4th ed. monograph no. 9에 수정 보완되어 있다. www.nist.gov/srd/jpcrd_28.htm#janaf

$$G(v) = 2323.23\left(v+\frac{1}{2}\right) - 67.39\left(v+\frac{1}{2}\right)^2 + 0.93\left(v+\frac{1}{2}\right)^3 - 0.029\left(v+\frac{1}{2}\right)^4$$

분자는 $\Delta G(v) = G(v+1) - G(v) \to 0$ 한계에서 해리한다. 따라서 최대 진동양자수 $v_{\max}$는 $\Delta G(v_{\max}) = 0$으로 주어진다. $\Delta G(v) = G(v+1) - G(v)$를 v에 대해 도시하여 $v_{\max} = 18$을 보여라.

10-3. JANAF Tables(이전 문제)는 $D_0 = 255.76\ \text{kJ}\cdot\text{mol}^{-1}$을 준다. 이전 문제의 진동 자료를 이용하여 $D_e = 269.45\ \text{kJ}\cdot\text{mol}^{-1} = 0.10264E_h$ 임을 보여라.

10-4. H_2^+의 D_e는 $0.10264E_h$이다. 그러나 그림 10-2의 최소 에너지는 $-0.60264E_h$이다. 왜 이러한 차이가 나는가?

10-5. 여러 R에 대해 핵간 축에 대해 $1s_A1s_B$를 도시하여라.

10-6. H_2^+에서와 같은 두 중심 문제에서 타나나는 10−13c 식의 겹침적분 그리고 다른 적분들을 이중심 적분 (two center integral)이라고 부른다. 이중심 적분은 소위 타원좌표를 이용하면 가장 쉽게 구해진다. 이 좌표계에는 (그림 10−4) 거리가 R인 고정된 두 점이 있다. 이 좌표계에서 한 점 P는 세 개의 좌표로 주어지는 데 이 세 좌표는

$$\lambda = \frac{r_A + r_B}{R} \qquad \mu = \frac{r_A - r_B}{R}$$

그리고 초점 간의 축을 중심으로 (r_A, r_B, R) 삼각형이 만들어지는 각 ϕ이다. 타원좌표계에서 미분 부피요소는

$$dr = \frac{R^3}{8}(\lambda^2 - \mu^2)d\lambda d\mu d\phi$$

이다. 주어진 λ, μ, ϕ의 정의를 이용하여 다음을 보여라.

$$1 \leqq \lambda \leqq \infty \qquad -1 \leqq \mu \leqq 1 \qquad 0 \leqq \phi \leqq 2\pi$$

이제 10−13c 식의 겹침적분 값을 타원좌표 계를 이용하여 구하여라.

$$S = \int 1s_A 1s_B dr = \frac{Z^3}{\pi}\int e^{-Zr_A}e^{-Zr_B}dr$$

10-7. 이 문제에서는 원자 A를 중심으로 한 구형좌표를 이용하여 10−13c 식의 겹침적분을 구한다. 구해야 하는 적분은(연습문제 10−6)

$$\begin{aligned} S(R) &= \frac{1}{\pi}\int dr_A e^{-r_A}e^{-r_B} \\ &= \frac{1}{\pi}\int_0^\infty dr_A e^{-r_A} r_A^2 \int_0^{2\pi} d\phi \int_0^\pi d\theta \sin\theta e^{-r_B} \end{aligned}$$

이고 r_A, r_B, θ를 다음 그림에 나타내었다.

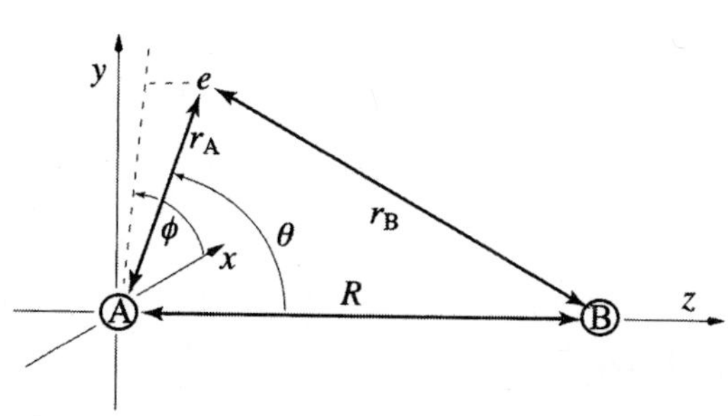

위 적분 값을 구하기 위해 r_B를 r_A, θ, ϕ로 나타내어야 한다. 이를 위해 코사인 법칙을 이용한다.

$$r_B = (r_A^2 + R^2 - 2r_A R\cos\theta)^{1/2}$$

따라서 고려해야 하는 첫 번째 적분은 다음과 같다.

$$I = \int_0^{\pi} e^{-(r_A^2 + R^2 - 2r_A R\cos\theta)^{1/2}} \sin\theta d\theta$$

$\cos\theta = x$로 하면

$$I = \int_{-1}^{1} e^{-(r_A^2 + R^2 - 2r_A Rx)^{1/2}} dx$$

이다. $u = (r_A^2 + R^2 - 2r_A Rx)^{1/2}$로 하여

$$dx = -\frac{udu}{r_A R}$$

임을 보여라. u에 대한 적분의 한계가 $x = -1$에서 $u = r_A + R$ 그리고 $x = 1$에서 $u = |R - r_A|$ 가됨을 보여라. 이제 다음을 보여라.

$$\begin{aligned} I &= \frac{1}{r_A R}\left[e^{-(R-r_A)}(R+1-r_A) - e^{-(R+r_A)}(R+1+r_A)\right] \quad r_A < R \\ &= \frac{1}{r_A R}\left[e^{-(r_A-R)}(r_A - R+1) - e^{-(R+r_A)}(R+1+r_A)\right] \quad r_A > R \end{aligned}$$

이 결과를 위의 $S(R)$에 대입하여

$$S(R) = e^{-R}\left(1 + R + \frac{R^2}{3}\right)$$

를 보여라. 풀이의 길이를 문제 10-6과 비교하여 보아라.

10-8. 식 10-16의 처음 두 적분 값이 각각 1/2와 -1 임을 보여라.

10-9. 10-16 식의 네 번째 적분이 $1/R$과 같음을 보여라.

10-10. 연습문제 10-6의 타원좌표를 사용하여 H_2^+의 간단한 분자궤도 이론에서 나오는 S, J, K를 해석적으로 구하여라.

10-11. 이제 연습문제 10-7에서 구한 방법으로 10-18 식의 쿨롬적분 J를 구해보자.

$$J=-\int\frac{dr1s_A{}^{*}1s_A}{r_B}=-\frac{1}{\pi}\int dr\frac{e^{-2r_A}}{(r_A^2+R^2-2r_AR\cos\theta)^{1/2}}$$
$$=-\frac{1}{\pi}\int_0^{\infty}dr_Ar_A^2r^{-2r_A}\int_0^{2\pi}d\phi\int_0^{\pi}\frac{d\theta\sin\theta}{(r_A^2+R^2-2r_AR\cos\theta)^{1/2}}$$

문제 10-7의 접근법으로 $\cos\theta=x$, $u=(r_A^2+R^2-2r_AR\cos\theta)^{1/2}$로 하여

$$J=\frac{2}{R}\int_0^{\infty}dr\,r_Ae^{-2r_A}\int_{R+r_A}^{|R-r_A|}du=\frac{2}{R}\int_0^{\infty}dr_A\,r_Ae^{-2r_A}[|R-r_A|-(R+r_A)]$$
$$=e^{-2R}\left(1+\frac{1}{R}\right)-\frac{1}{R}$$

이 됨을 보여라.

힌트 다음 적분이 필요할 것이다.

$$\int xe^{ax}dx=e^{ax}\left(\frac{x}{a}-\frac{1}{a^2}\right)$$
$$\int x^2e^{ax}dx=e^{ax}\left(\frac{x^2}{a}-\frac{2x}{a^2}+\frac{2}{a^3}\right)$$

10-12. 표 10-1을 이용하여 R에 대해 ΔE_+를 도시하여라.

10-13. 표 10-1을 이용하여 R에 대해 ΔE_-를 도시하여라.

10-14. H_2^+의 분자궤도 이론에서

$$H_{AA}=H_{BB}=-\frac{1}{2}+J$$
$$H_{AB}=-\frac{S}{2}+K$$

임을 보여라. J와 K는 각각 10-18 식과 10-21 식에 주어져 있다.

10-15. 다음을 보여라.

$$\langle\hat{T}\rangle=\left\langle\psi_+\left|-\frac{1}{2}\nabla^2\right|\psi_+\right\rangle=\frac{\frac{1}{2}-\frac{S}{2}-K}{1+S}$$

$$\langle \hat{V} \rangle = \left\langle \psi_+ \middle| -\frac{1}{r_A} \middle| \psi_+ \right\rangle + \left\langle \psi_+ \middle| -\frac{1}{r_B} \middle| \psi_+ \right\rangle + \left\langle \psi_+ \middle| \frac{1}{R} \middle| \psi_+ \right\rangle = \frac{-1+J+2K}{1+S} + \frac{1}{R}$$

10-16. 위 문제에서 구한 $\langle \hat{T} \rangle + \langle \hat{V} \rangle$ 가 10-22 식의 E_+와 일치함을 보여라.

10-17. 두 원자가 접근하여 안정한 결합을 이루면 총 에너지의 변화는 음수이어야 한다. 따라서 R_{eq}에서 $\Delta E < 0$이다. 그러므로 $\Delta E = \Delta T + \Delta V < 0$이다. 비리알 정리가 $\Delta V < 0$을 요함을 보여라. 또한 결합 형성에 대해 $\Delta T > 0$을 보여라. 수소원자의 운동에너지가 $1/2E_h$인 사실(표 10-1의 둘째 행), 위치에너지가 $-1E_h$(표 10-1의 넷째 행) 그리고 예제 10-3의 결과를 이용하여 결합 형성에 대해

$$\Delta T = \langle \hat{T} \rangle_{H_2^+} - \langle \hat{T} \rangle_H = 0.3827E_h - 0.5000E_h = -0.11731E_h$$
$$\Delta V = \langle \hat{V} \rangle_{H_2^+} - \langle \hat{V} \rangle_H = -0.9475E_h - (-1.0000E_h) = +0.05248E_h$$

임을 보여라. 이 결과들의 부호는 비리알 정리에서 기대한 것과 반대이다. 이것은 10-26 식에 주어진 간단한 분자궤도가 결합 형성에 대한 정확한 해석을 주지 않는다는 것을 의미한다.

10-18. $\phi(\zeta, r) = (\zeta^3/\pi)^{1/2} e^{-\zeta r}$로 주어지는 두 1$s$ Slater 궤도의 겹침적분이 다음으로 됨을 보여라.

$$S(\zeta, r) = e^{-\zeta R}\left(1 + \zeta R + \frac{1}{3}\zeta^2 R^2\right)$$

10-19. 10-31 식과 10-32 식을 증명하여라.

10-20. 이 문제에서는 10-31 식과 10-32 식이 Hamiltonian 연산자의 모양에 의해 결정된다는 것을 보일 것이다. N 개의 전자와 n 핵으로 된 분자의 Hamiltonian 연산자에서 시작한다.

$$\hat{H} = -\frac{1}{2}\sum_{j=0}^{N} \nabla_j^2 + \hat{V}(x_1, y_1, z_1, \cdots, x_N, y_N, z_N, R_1, R_2, \cdots, R_m)$$
$$\psi = \psi(x_1, y_1, \cdots z_N, R_1, \cdots, R_m)$$

여기에서 $\hat{V}$는 전자들의 좌표$(x_1, y_1, \cdots, z_N)$와 m 핵간거리, $R_1, \cdots, R_m$(m은 n과 같을 필요가 없다. 이원자분자를 생각해 보아라.)을 포함하는 쿨롬 항들로 이루어져 있다. 이제 ψ의 모든 좌표를 ζ 만큼 바꿔보자.

$$\psi = \psi(\zeta x_1, \zeta y_1, \cdots, \zeta z_N, \zeta R_1, \cdots, \zeta R_m)$$

이 파동함수를 이용하여 다음과 같이 평균 운동에너지를 계산해 보자.

$$
\begin{aligned}
<\hat{T}> &= -\frac{1}{2}\left\langle \psi(\zeta)\left|\sum_{j=1}^{N}\nabla_j^2\right|\psi(\zeta)\right\rangle / <\psi(\zeta)|\psi(\zeta)> \\
&= -\frac{1}{2}\left\langle \psi(\zeta)\left|\sum_{j=1}^{N}\left(\frac{\partial^2}{\partial x_j^2}+\frac{\partial^2}{\partial y_j^2}+\frac{\partial^2}{\partial z_j^2}\right)\right|\psi(\zeta)\right\rangle / <\psi(\zeta)|\psi(\zeta)>
\end{aligned}
$$

$x_1{}' = \zeta x_1 \ \cdots \ z_N{}' = \zeta z_N, \ w_1 = \zeta R_1 \ \cdots \ w_m = \zeta R_m$ 으로 하여

$$
<\hat{T}> = \zeta^2 T(w_1, w_2, \cdots, w_m)
$$

$$
T(w_1, \cdots, w_m) = -\frac{1}{2}\left\langle \psi(\zeta=1)\left|\sum_{j=1}^{N}\nabla_j^2\right|\psi(\zeta=1)\right\rangle / <\psi(\zeta=1)|\psi(\zeta=1)>
$$

을 보여라. 이와 유사하게 $V(x_1, \cdots z_N, R_1, \cdots, R_m)$의 모든 항이 쿨롬 항인 사실을 이용하여 다음을 보여라.

$$
\begin{aligned}
<\hat{V}> &= <\psi(\zeta)|\hat{V}|\psi(\zeta)> / <\psi(\zeta)|\psi(\zeta)> \\
&= \zeta <\psi(\zeta=1)|\hat{V}|\psi(\zeta=1)> / <\psi(\zeta=1)|\psi(\zeta=1)> \\
&= \zeta V(w_1, w_2, \cdots, w_m)
\end{aligned}
$$

10-21. $E_+(\zeta, R)$을 수치해석적으로 최소화 하는 대신 해석적으로 할 수도 있다. 10-33 식을 이용하여 $w = \zeta R$의 함수로 구해진 최적화된 ζ가 다음과 같이 됨을 보여라.

$$
\zeta = \frac{-V_+(w) - w\dfrac{dV_+(w)}{dw}}{2T_+(w) + w\dfrac{dT_+(w)}{dw}}
$$

10-22. 이전의 문제에서 ζ가 R의 함수가 아니고 w의 함수임을 기억하여라.($w = \zeta R$) R에 대해 ζ를 도시하기 위해 Mathcad나 Mathematica 같은 프로그램을 사용하여 $\zeta(w)$와 $R(w)$를 w의 함수로 수치해석적으로 도시하여라.

10-23. 이 문제에서는 그림 10-16에 보인 $R \to 0$에서 $\zeta \to 2$를 증명할 것이다. 먼저 $R \to 0$에서

$$
S(w) = 1 - \frac{1}{6}w^2 + O(w^3)
$$

$$
J(w) = -1 + \frac{2}{3}w^2 + O(w^3)
$$

$$
K(w) = -1 + \frac{w^2}{2} + O(w^3)
$$

을 보여라. 이제 다음을 보여라.

$$T_+(w) = \frac{1}{2} - \frac{w^2}{6} + O(w^3)$$

$$V_+(w) = \frac{1}{w} - 2 + \frac{2}{3}w^2 + O(w^3)$$

연습문제 10-21의 ζ에 이들을 대입하여 다음을 얻어 보아라.

$$\zeta = 2 - \frac{2w^2}{3} + O(w^3)$$

10-24. 이 문제에서는 그림 10-16에 보인 $R \to \infty$ 에서 $\zeta \to 1$을 증명한다. 먼저 $R \to \infty$ 에서

$$S(w) = 1 - \frac{w^2 e^{-w}}{3}$$

$$J(w) = e^{-2w}$$

$$K(w) = -we^{-w}$$

임을 보여라. 이제 $T(w) \to 1/2$, $V(w) \to -1$을 보여라. 이 결과를 연습문제 10-21의 ζ에 대입하여 $R \to \infty$ 에서 $\zeta \to 1$을 보여라.

10-25. 10-24 식과 10-25 식의 ψ_+와 ψ_-를 핵간 축을 따라 여러 R 값에 대해 도시하여 보아라.

10-26. 한 수소원자의 s 궤도와 다른 한 수소원자의 p_z 궤도의 겹침이 영이 되는 것을 보여라. 표 7-5의 $2s$ 궤도와 $2p_z$ 파동함수를 이용하여 겹침적분을 써 보아라. **힌트** 적분 값을 구할 필요는 없고 단지 겹집적분이 두 성분으로 분리되어 서로 상쇄됨을 보이면 된다.

10-27. H_2^+의 반결합궤도 ψ_-에 대해 $\Delta E_- = (J - K)/(1 - S)$을 보여라.

10-28. 10-38 식의 ψ가 고유치 $S_z = 0$인 $\hat{S}_z = \hat{S}_{z1} + \hat{S}_{z2}$의 고유함수임을 보여라.

10-29. 10-48 식의 행렬식형 파동함수가 정규화 되어 있음을 보여라.

10-30. 10-49 식의 여섯 개의 파동함수는 실제로 10-48 식의 행렬식형 파동함수의 선형결합이다. ψ_1과 ψ_2 각각 D_1과 D_2의 공간성분이며, ψ_3, ψ_4 또는 ψ_5 중 두 개는 D_3와 D_6의 공간성분, ψ_3, ψ_4 또는 ψ_5 중 나머지 하나는 $(D_4 + D_5)/\sqrt{2}$의 공간성분 그리고 ψ_6는 $(D_4 - D_5)/\sqrt{2}$의 공간성분임을 보여라. $(D_5 \pm D_6)/\sqrt{2}$의 성형결합을 택하는 이유는

이 결합이 $\hat{S}^2$의 고유함수이기 때문이다.(증명 없이 사용한다.)

10-31. 위 문제의 결과를 이용하여 10-49 식의 완전한 파동함수(스핀 함수를 사용한)가 다음과 같음을 보여라.

$$\psi_1 = \frac{1}{\sqrt{2}}\sigma_b(1)\sigma_b(2)[\alpha(1)\beta(2) - \alpha(2)\beta(1)]$$

$$\psi_2 = \frac{1}{\sqrt{2}}\sigma_a(1)\sigma_a(2)[\alpha(1)\beta(2) - \alpha(2)\beta(1)]$$

$$\psi_3, \psi_4, \psi_5 = \frac{1}{\sqrt{2}}[\sigma_b(1)\sigma_a(2) - \sigma_a(1)\sigma_b(2)]\begin{cases}\alpha(1)\alpha(2) \\ \alpha(1)\beta(2) + \alpha(2)\beta(1) \\ \beta(1)\beta(2)\end{cases}$$

$$\psi_6 = \frac{1}{\sqrt{2}}[\sigma_b(1)\sigma_a(2) + \sigma_b(2)\sigma_a(1)][\alpha(1)\beta(2) - \alpha(2)\beta(1)]$$

또한 다음을 보여라.

$$\hat{S}_z\psi_1 = (\hat{S}_{z1} + \hat{S}_{z2})\psi_1 = 0$$
$$\hat{S}_z\psi_2 = (\hat{S}_{z1} + \hat{S}_{z2})\psi_2 = 0$$
$$\hat{S}_z\psi_3 = (\hat{S}_{z1} + \hat{S}_{z2})\psi_3 = 1$$
$$\hat{S}_z\psi_4 = (\hat{S}_{z1} + \hat{S}_{z2})\psi_4 = 0$$
$$\hat{S}_z\psi_5 = (\hat{S}_{z1} + \hat{S}_{z2})\psi_5 = -1$$
$$\hat{S}_z\psi_6 = (\hat{S}_{z1} + \hat{S}_{z2})\psi_6 = 0$$

ψ_3, ψ_4, ψ_5는 삼중항 상태의 파동함수이며 나머지는 단일항 상태의 파동함수이다.

10-32. 위 문제의 여섯 개 파동함수 모두 반대칭임을 보여라.

10-33. 예제 10-8에서 보인 대칭성에 대한 논의를 이용하여 10-49 식의 ψ_1과 ψ_6에 대해 $H_{16} = \langle \psi_1 | \hat{H} | \psi_6 \rangle = 0$ 임을 보여라.

10-34. 이 문제에서는 연산자 $\hat{F}$가 $\hat{H}$와 교환되면 $\hat{F}$의 서로 다른 고유치를 주는 상태에 대해 $\hat{H}$의 행렬요소 $H_{ij} = \langle \psi_i | \hat{H} | \psi_j \rangle$가 영이 됨을 보일 것이다. 간단히 하기 위해 축퇴되지 않은 상태에 대해 논의한다. 연산자 $\hat{F}$가 $\hat{H}$와 교환되고 고유치와 고유함수를 각각 λ와 ψ_λ로 하자.

$$[\hat{H}, \hat{F}]_{\lambda\lambda'} = \langle \psi_\lambda | [\hat{H}, \hat{F}] | \psi_{\lambda'} \rangle = (\lambda - \lambda')H_{\lambda\lambda'}$$

을 보여라. 이제 $\lambda = \lambda'$이 아니면 $H_{\lambda\lambda'} = 0$임을 논하여라. 축퇴되지 않은 상태의 파동함수를 선형결합하여 축퇴된 상태에 대해서도 같은 방법으로 증명할 수 있다.

10-35. 10.9 절에 기술된 배치 상호작용 계산에서 얻어지는 상관 에너지가 몇 %인지 결정하여라.

10-36. 10-58 식을 10-60 식에 대입하여 10-61 식에서 10-63 식이 되는 것을 보여라.

10-37. $\psi_1 = (1s_A + 1s_B)/\sqrt{2(1+S)}$를 사용하면 10-61 식이 부록의 (2) 식과 같음을 보여라.

10-38. 10-64 식을 10-60 식에 대입하여 10-65 식을 유도하여라.

10-39. 표 10-5의 값들을 증명하여라.

10-40. S_{AB}가 ϕ_A와 ϕ_B를 포함하는 겹침적분일 때 10-64 식의 정규화 조건이 $c_1^2 + 2c_1c_2S_{AB} + c_2^2 = 1$임을 보여라.

10-41. $c_1 = c_2$에서 출발하여 10.10 절의 Hartree-Fock-Roothaan 계산을 Mathcad나 Mathematica 같은 프로그램을 사용하여 수행하여라. 그 결과가 빠르게 수렴하는 이유를 설명하여라.

10-42. 표 10-6의 에너지가 세 번 또는 네 번의 반복 계산에 의해 수렴하는 반면 파동함수의 계수는 다섯 번 만에 수렴하는 이유는 무엇인가?

10-43. Mathcad나 Mathematica 같은 프로그램을 사용하여 $\zeta = 1$에 대해 부록 (2) 식에 주어진 E_{MO}를 R에 대해 도시하고 그 결과를 그림 10-23과 비교하여 보아라.

10-44. 부록 (2) 식에 주어진 E_{MO}에 대해 Mathcad나 Mathematica 같은 프로그램 그리고 연습문제 10-21의 결과를 이용하여 ζ를 w의 함수로 결정하여라. ζ를 R에 대해 도시하기 위해 $\zeta(w)$와 $R(w)$를 도시하여라. 이 결과를 그림 10-24와 비교하여 보아라.

10-45. 이 문제에서는 H_2에 대한 부록의 분자궤도 계산에서 $w \to 0$일때 $\zeta \to 27/16$을 보이기 위해 연습문제 10-21의 결과를 이용할 것이다.(그림 10-24) 표 10-8의 $K'(w)$가 다음과 같이 전개된다는 사실을 이용할 것이다.

$$E_1(x) = -\gamma - \ln x + x - x^2/4 + O(x^3)$$

(이 장의 끝에 있는 Abramowitz와 Stegun의 문헌을 참고하여라.) 이 전개를 이용하여

먼저 $w \to 0$에서 $K'(w)$의 정의에서 두 번째 항($6/w$가 곱해져 있는 항)이 영이 됨을 보여라. 이제 다음을 보여라.

$$K'(w) = \frac{5}{8} + O(w)$$

$$J'(w) = \frac{5}{8} + O(w)$$

$$L(w) = \frac{5}{8} + O(w)$$

연습문제 10-23에서 다음을 얻었다.

$$S(w) = 1 - \frac{1}{6}w^2 + O(w^3)$$

$$J(w) = -1 + \frac{2}{3}w^2 + O(w^3)$$

$$K(w) = -1 + \frac{w^2}{2} + O(w^3)$$

이들을 이용하여

$$T(w) = 1 + O(w)$$

그리고

$$V(w) = \frac{1}{w} - \frac{27}{8} + O(w)$$

를 보이고 마지막으로 연습문제 10-21의 결과를 이용하여 $w \to 0$에서

$$\zeta \to 27/16$$

을 보여라.

10-46. 이 문제는 부록의 H_2에 대한 분자궤도 계산에서 $w \to \infty$ 일때 $\zeta \to 27/32$를 보이는 이전 문제에 대한 보완적인 문제이다.(그림 10-24와 예제 10-6) 이를 위해 다음 사실을 이용한다.

$$E_1(x) \to \frac{e^{-1}}{x}[1 - x + O(x^2)] \qquad x \to \infty$$

(이 장의 끝에 있는 Abramowitz와 Stegun의 문헌을 참고하여라.)

$$T(w) \to 1 + O(w^2 e^{-w})$$

$$V(w) \to -\frac{27}{16} - \frac{1}{2w} + O(w^2 e^{-w})$$

를 보여라. 이제 연습문제 10-21의 결과를 이용하여 $w\rightarrow\infty$ 일 때 다음을 보여라.

$$\zeta\rightarrow 27/32$$

10-47. $R\rightarrow\infty$ 에서 표 10-8의 모든 적분이 영이 되어 $H_{11}=H_{22}\rightarrow\zeta^2-27\zeta/16$, $H_{12}\rightarrow 5\zeta/16$ 그리고 $E_{CI}\rightarrow\zeta^2-\zeta$가 됨을 보여라.

10-48. Born-Oppenheimer 근사에서는 핵이 전자보다 질량이 매우 커, 핵의 운동에 대해 전자는 순간적으로 적응하고 따라서 각 핵간거리 R에 대해 독특한 그리고 잘 정의된 에너지 $E(R)$을 갖는다고 가정한다. 이 가정 하에서 $E(R)$은 핵간 위치에너지가 되고 이 위치에너지에서 핵은 진동한다. Born-Oppenheimer 근사에서 힘상수가 동위원소 치환에 대해 무관함을 논하여라. 이 생각을 가지고 H_2의 해리에너지 $D_0=430.3\ \text{kJ}\cdot\text{mol}^{-1}$, 기본 진동수 $\nu=1.32\times10^{-14}\ \text{s}^{-1}$일 때 D_2에 대해 D_0와 ν를 계산하여라. 관측된 해리에너지가 D_e가 R_{eq}에서의 $E(R)$일 때

$$D_0=D_e-\frac{1}{2}h\nu$$

임을 상기하여라.

참 고 문 헌

Slater, J. C. *Quantum Theory of Molecules and Solids*. Vol. 1: *Electronic Structure of Molecules*. McGraw-Hill: New York, 1963.

Mulliken, R. S., Ermler, W. C. *Diatomic Molecules: Results of ab initio Calculations*. Academic Press: New York, 1977.

Szabo, A., Ostlund, N. S. *Modern Quantum Chemistry*. Macmillan Publishing: New York, 1982.

Carrington, A. The Simplest Molecule. *New Scientist,* **53** (Jan. 14, 1989).

Bates, D. R., Ledsham, K., Stewart, A. L. Wave Functions of the Hydrogen Molecular Ion. *Phil. Trans. Roy. Soc.,* **A 246**, 215 (1953).

Kolos, W., Wolniewicz, L. Improved Theoretical Ground-State Energy of the Hydrogen Molecule. *J. Chem. Phys.,* **49**, 404 (1968).

Herzberg, G. Dissociation Energy and Ionization Energy of Molecular Hydrogen. *Phys. Rev. Letters,* **23**, 1081 (1961).

Kolos, W., Roothaan, C. C. J. Accurate Electronic Wave Functions for the H_2 Molecule. *Rev. Mod. Phys.,* **32**, 219 (1960).

McLean, A. D., Weiss, A., Yoshine, M. Configuration Interaction in the Hydrogen Molecule. *Rev. Mod. Phys.,* **32**, 211 (1960).

Abramowitz, M., Stegun, I. *Handbook of Mathematical Functions*. Dover Publications: Mineola, NY, 1965.

Linus Pauling was born in Condon, near Portland, Oregon, on February 28, 1901, and died in 1994. He received his Ph.D. in chemistry in 1925 from the California Institute of Technology for his dissertation on X-ray crystallography of organic compounds and the structure of crystals. After spending a year studying at the University of Munich, he joined the faculty at the California Institute of Technology, where he remained for almost 40 years. Pauling was a pioneer in the application of quantum mechanics to chemistry. His book *The Nature of the Chemical Bond* (1939) was one of the most influential chemistry texts of the twentieth century. In the 1930s, he became interested in biological molecules and developed a structural theory of protein molecules, work that led to demonstrating that sickle cell anemia is caused by a faulty structure in hemoglobin. In the early 1950s, he proposed the alpha helix as the basic structure of proteins. Pauling was awarded the Nobel Prize in Chemistry in 1954 "for his research into the nature of the chemical bond and its application to the elucidation of the structure of complex structures." During the 1950s, Pauling was in the forefront of the fight against nuclear testing, for which he was awarded the Nobel Peace Prize in 1963. From the early 1980s until his death, he was embroiled in the controversy of advocating the use of vitamin C as protection against the common cold and other serious maladies such as cancer.

Chapter 11

화학결합에 대한 정성적 이론

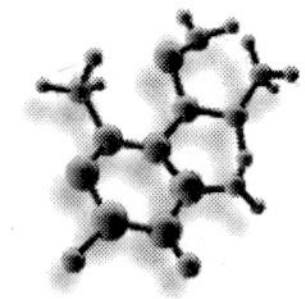

이 전의 장에서 H_2^+와 H_2의 화학결합에 대해 정량적인 자세한 논의를 하였다. 다음 장에서는 다원자 분자에 대해 Hatree-Fock-Roothaan 방법을 적용할 것이지만 먼저 이 장에서 화학결합에 대한 정성적인 논의를 할 것이다. 이 전 장에서 σ_b로 표시한 결합 분자궤도에 두 개의 전자를 모두 채우는 것으로 바닥상태 H_2의 파동함수를 만들었다. 이에 해당하는 전자배치는 σ_b^2이다. 이 방법을 더 발전시켜 분자궤도의 세트를 만들고, Pauli의 배타원리 그리고 Hund의 규칙에 따라 전자를 이 궤도들에 채워 이원자 분자의 파동함수를 만들 것이다. 이 과정을 분자궤도 이론이라고 부르며 다른 교과에서도 이 분자궤도 이론에 대해 틀림없이 배웠을 것이다. Hartree-Fock-Roothaan 이론에서처럼 정량적인 예측을 하지 않기 때문에 이 이론을 정성적인 분자궤도 이론이라고 부를 것이지만, 자세한 수치적 계산 없이 일반적인 논의만 이용하여 동종 이원자 분자의 많은 흥미 있는 성질과 경향을 예측할 수 있을 것이다. 예를 들어, 산소가 상자기성 분자임을 정확히 예측할 수 있지만 상자기성을 얼만 큼 갖고 있는 지 수치적 계산을 하지는 않을 것이다.

원자의 전자배치가 원자 항기호로 표시되는 것과 같이(9.9 절) 분자의 전자배치도 항기호로 표시된다. 11.4 절에서 전자배치에서 분자 항기호를 결정하는 방법을 보일 것이다. 분자 항기호는 분자의 여러 전자상태를 표시하는데 사용된다. 또한 11.5 절에서 논의할 분자의 대칭성을 표시하는 데에도 사용된다.

이 장의 나머지에서는 비편재화된 그리고 방향족 분자들의 결합에 대한 간단한 이론에 대해 논의할 것인데, 이 이론은 간단함에도 불구하고 분자에 대해 많은 유용한 성질에 대한 예측을 하는데 이용된다. Hückel 분자궤도 이론 또는 간단히 Hückel 이론이라고 부르는 이 이론은 비편재화된 계의 π 전자에 초점을 맞추고 있다. 엄격히 정성적 이론이라고 할 수는 없지만 이 이론은 보통 정밀한 수치적 결과보다 상관관계 및 경향을 예측하는데 이용된다.

11.1 에너지에 따라 분자궤도의 순서를 정할 수 있다.

이 절에서는 분자궤도의 세트를 형성하고 Pauli 배타원리에 따라 전자를 채운다. 이 과정은 9 장에서 원자에 대해 논의했던 것 같은 분자의 전자배치를 만들어 낸다. 먼저 동종 이원자 분자에 대해 이 과정을 자세히 설명하고 이종 이원자 분자에 대한 결과를 소개할 것이다.

LCAO-MO 근사를 이용하여 분자궤도를 원자궤도의 선형결합으로 만든다. 각 원자의 $1s$ 궤도에서 출발하여(이 전의 장에서 H_2에 대해 최소 기저세트를 만들었을 때와 같이) 논의할 처음 두 분자궤도는(정규화 되지 않은)

$$\psi_{\pm} = 1s_A \pm 1s_B \tag{11-1}$$

이다. 이 전 장에서 σ_b와 σ_a로 불렀던 이 두 분자궤도는 그림 11-1에 보인 것처럼 σ 궤도이다. σ 궤도가 핵간 축에 대해 대칭이며 핵간 축(z 축)을 포함하는 마디면이 없음을 상기하여라.

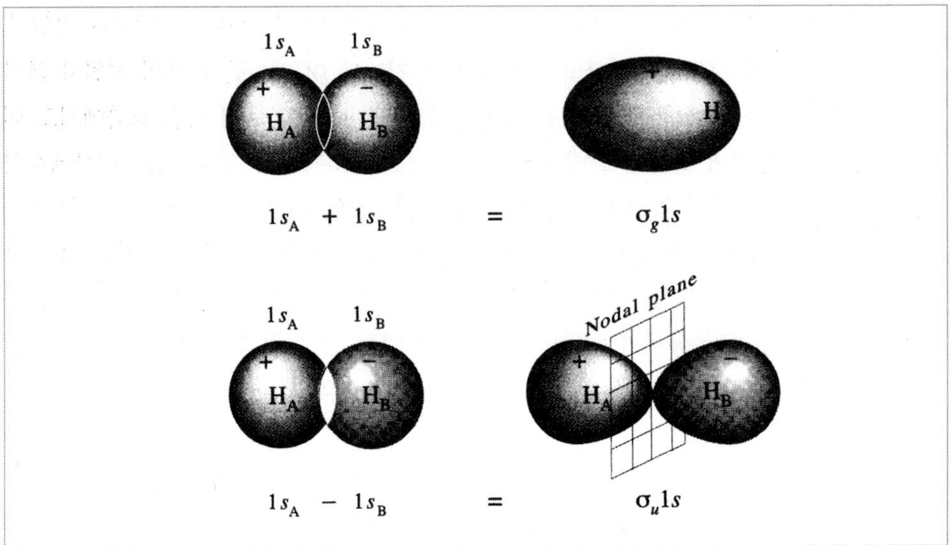

그림 11-1 두 $1s$ 궤도의 선형결합은 결합($\sigma 1s$ 또는 $\sigma_g 1s$) 그리고 반결합($\sigma^* 1s$ 또는 $\sigma_u 1s$) 분자궤도를 준다. 결합 궤도, σ_b는 전자밀도가 두 핵 사이 영역에서 높은 반면 반결합 궤도, σ_a는 이 영역에서 전자밀도가 없고 두 핵 사이 중간에 마디면이 있다.

원자궤도의 선형결합이 많은 σ 궤도를 형성하기 때문에 특정한 σ 궤도를 형성하는 원자궤도들을 확인하여야 한다. $1s$ 궤도들로부터 형성되는 분자궤도들을 $\sigma 1s$로 표시한다. $\sigma 1s$가 결합 또는 반결합 궤도가 될 수 있으므로 이 두 가능성에 대해 구별할 필요가 있다. 이때 흔히 사용하는 두 가지 방법이 있다. 한 가지 방법은 이 전 장에서처럼

gerade 또는 ungerade 대칭성을 지칭하는 $\sigma_g 1s$와 $\sigma_u 1s$로 표시하는 방법이다. 그러나 여기에서는 두 분자궤도가 완전히 $1s$ 궤도로만 이루어짐을 강조하였다. 다른 한 방법은 반결합 궤도에 별표 위첨자를 사용하여 그림 11-1의 두 궤도를 $\sigma 1s$(결합) 그리고 $\sigma^* 1s$(반결합)로 표시하는 방법이다. 따라서 $\sigma 1s$ 궤도에 두 가지 방법의 표기법이 있게 된다. 즉, $\sigma 1s$와 $\sigma^* 1s$ 또는 $\sigma_g 1s$와 $\sigma_u 1s$으로 표시하는 방법이다. 이 두 방법 모두 흔히 사용하지만 여기에서는 분자궤도에 대해 g, u 표시를 사용할 것이다. $1s$ 궤도의 경우 gerade 대칭은 결합 궤도를 ungerade 대칭은 반결합 궤도를 주는 것에 주목하여라.

다른 종류의 원자궤도에서 형성되는 분자궤도들도 같은 방법으로 형성한다. 이 전 장에서 정확한 분자궤도가 많은 수의 원자궤도들의 선형결합으로 형성되는 것을 보였지만 여기에서는 가장 간단한 근사, 같은 에너지를 갖는 원자궤도가 분자궤도를 형성하기 위해 결합된다는 근사를 사용할 것이다. $\sigma 1s$ 궤도에 대한 위의 방법에 따라 고려해야 할 다음 결합은 $2s_A \pm 2s_B$이다. 이 두 분자궤도는 그림 11-1에 도시한 궤도와 유사해 보이나 $2s$ 궤도가 $1s$ 궤도보다 크기 때문에 더 확장되어 있다. 또한, 각 $2s$ 파동함수가 갖고 있는 방사방향 마디를 반영하는 구형의 마디면이 각각의 핵에 존재한다.(그림 7-2) 위에 소개한 표기법에 따라 $2s_A \pm 2s_B$의 두 분자궤도는 $\sigma_g 2s$ 그리고 $\sigma_u 2s$로 표시한다. $2s$ 원자궤도가 $1s$ 원자궤도보다 에너지가 높기 때문에 $\sigma_g 2s$ 분자궤도의 에너지가 $\sigma_g 1s$ 분자궤도의 에너지 보다 높다. 이 에너지의 차이는 10.8 절에서 $\sigma_g 1s$와 $\sigma_u 1s$ 분자궤도에 대해 했던 것처럼 분자궤도의 에너지를 계산하는 것으로 보일 수 있다. 또한, 결합 궤도의 에너지는 해당하는 반결합 궤도의 에너지보다 낮다. 이 결과는 이제까지 논의한 네 개의 분자궤도들에 대해 에너지 순서로 $\sigma_g 1s < \sigma_u 1s < \sigma_g 2s < \sigma_u 2s$가 되게 한다.

이제 $2p$ 궤도의 선형결합에 대해 생각해 보자. 수소원자의 경우 $2p$ 궤도의 에너지가 $2s$ 궤도와 같지만 다른 원자의 경우에는 $E_{2p} > E_{2s}$로 같지 않다. 그 결과 $2p$ 궤도에 의해 형성된 분자궤도의 에너지는 $\sigma_g 2s$와 $\sigma_u 2s$ 보다 높다. 핵간 축을 z 축으로 하면 그림 11-2와 11-3은 $2p_z$ 원자궤도에 의해 형성된 분자궤도는 $2p_x$나 $2p_y$ 원자궤도에 의해 형성된 분자궤도와 그 모양이 다름을 보여주고 있다. $2p_{zA} \pm 2p_{zB}$ 두 분자궤도는 핵간 축에 대해 원통 대칭이며 따라서 σ 궤도이다. 다시 결합 그리고 반결합 궤도가 형성되며 이 두 궤도는 각각 $\sigma_g 2p_z$ 그리고 $\sigma_u 2p_z$로 표시한다.

$2p_z$ 궤도와는 달리 $2p_x$나 $2p_y$에 의해 형성된 분자궤도는 핵간 축에 대해 원통 대칭이 아니다. 그림 11-3은 $2p_x$ 궤도의 결합에 의해 형성된 결합 그리고 반결합 궤도에서 $y-z$ 평면이 마디면임을 보여주고 있다. 이 전 장에서 배웠듯이 핵간 축을 포함하는 마디면이 있는 분자궤도를 π 궤도라고 부른다. $2p_x$ 궤도의 결합에 의해 형성된 결합 그리고 반결합 분자궤도를 $\pi_u 2p_x$ 그리고 $\pi_g 2p_x$로 각각 표시한다. $\pi_g 2p_x$ 궤도는 $\pi_u 2p_x$ 궤도에는 없는 핵간 축에 수직인 두 번째 마디면을 가짐을 주목하여라. $2p_y$ 궤도도 같은 방법으로 결합하여 형성된 분자궤도가 그림 11-3과 유사하나 x 축을 향하는 대신 y 축

을 향하게 된다. $\pi_u 2p_y$와 $\pi_g 2p_y$ 궤도에서는 $x-z$ 평면이 마디면이 된다. $2p_x$와 $2p_y$ 궤도가 같은 에너지를 갖기 때문에 분자궤도는 단지 공간 배향만이 다르고 $\pi_u 2p_x$와 $\pi_u 2p_y$는 $\pi_g 2p_x$와 $\pi_g 2p_y$ 궤도와 같이 축퇴되어 있다. 결합 σ 궤도와 달리 결합 π 궤도가 ungerade 대칭 그리고 반결합 π 궤도가 gerade 대칭임을 주의하여라.

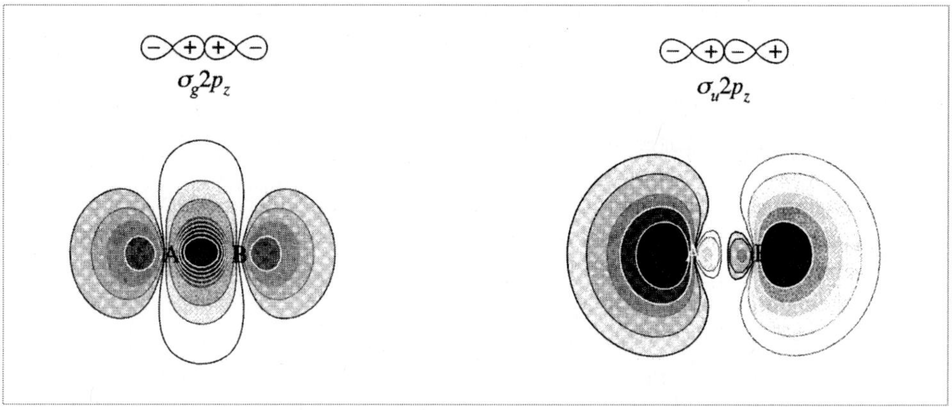

그림 11-2 $2p_z$ 원자궤도의 선형결합으로 형성된 $\sigma_g 2p_z$ 그리고 $\sigma_u 2p_z$ 분자궤도. s 궤도의 경우와는 대조적으로 결합 궤도($\sigma_g 2p_z$)가 $2p_{zA}-2p_{zB}$의 결합 그리고 반결합 궤도($\sigma_u 2p_z$)가 $2p_{zA}+2p_{zB}$의 결합임을 주목하여라. 오렌지색 영역이 분자궤도의 양의 값 그리고 회색 및 검은색 영역이 각각 음의 값을 표시한다.

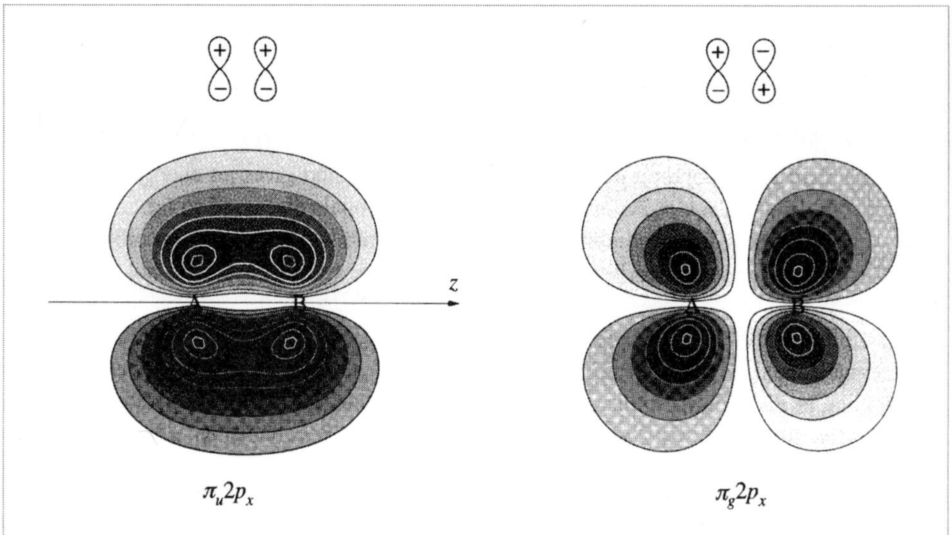

그림 11-3 $2p_x$ 원자궤도의 결합에 의해 형성된 결합, $\pi_u 2p_x$ 그리고 반결합 $\pi_g 2p_x$ 분자궤도. 오렌지색 영역이 분자궤도의 양의 값 그리고 회색 및 검은색 영역이 각각 음의 값을 표시한다.

이제까지 형성한 분자궤도의 세트들은 H_2부터 Ne_2 까지의 분자에서 전자배치를 논의하기에 충분하다. 그러나 먼저 이들 분자궤도들의 에너지 순서를 아는 것이 필요하다.

분자궤도들의 순서는 핵의 원자번호(핵전하)에 의존한다. 원자번호가 리튬의 3에서 플로린의 9 까지 증가함에 따라 $\sigma_g 2p_z$와 $\pi_u 2p_x$, $\pi_u 2p_y$ 궤도의 에너지는 접근하고 그림 11-4에 보인 것 같이 N_2에서 O_2로 감에 따라 순서를 바꾼다. 계산 그리고 분광학 실험 결과와 일치하는 그림 11-4에 보인 순서의 복잡성은 원자번호가 증가함에 따라 나타나는 원자궤도의 에너지 순서를 생각하게 한다.

이제 동종 이원자 분자 H_2부터 Ne_2 까지 전자배치를 구하는데 그림 11-4를 이용한다. 이 과정은 9 장에서 다전자 원자에서 했던 것 같이 Pauli 배타원리 그리고 Hund의 규칙에 따라 전자를 이 궤도들에 채우는 것으로 수행한다. 9.11 절에서 Hund의 규칙은 궤도가 축퇴되면 어느 한 궤도에 두 개의 전자를 채우기 전에 각각 한 개씩의 전자를 각 궤도에 평행 스핀이 되도록 채워야 한다고 말하고 있음을 상기하여라.

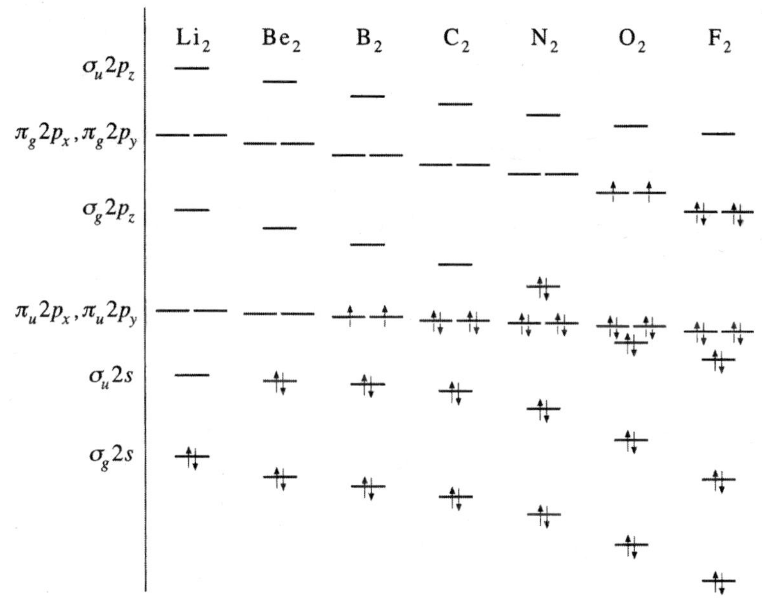

그림 11-4 동종 이원자 분자 Li_2에서 F_2 까지 분자궤도의 상대적인 에너지. $\pi_u 2p_x$와 $\pi_u 2p_y$ 궤도는 $\pi_g 2p_x$와 $\pi_g 2p_y$ 궤도와 같이 축퇴되어 있다.

11.2 전자들은 Pauli 배타원리에 따라 분자궤도에 채워진다.

H_2와 He_2의 경우 가장 낮은 에너지 분자궤도 $\sigma_g 1s$와 $\sigma_u 1s$ 두 분자궤도 만 고려하면 된다. H_2의 바닥상태 전자배치에 대해 생각해 보자. Pauli 배타원리에 따라 서로 반대 스핀인 두 전자를 $\sigma_g 1s$ 궤도에 채우게 된다. 따라서 H_2의 전자배치는 $(\sigma_g 1s)^2$로 쓴다.

결합 궤도의 두 전자는 결합 전자쌍을 이루고 H_2의 단일결합을 설명한다.

이제 He_2에 대해 생각해 보자. 이 분자에는 네 개의 전자가 있고 바닥상태 전자배치는 $(\sigma_g 1s)^2(\sigma_u 1s)^2$이다. 이 배치는 He_2에 한 쌍의 결합 전자와 한 쌍의 반결합 전자를 준다. 결합 궤도의 전자들은 핵들을 잡아당기는 반면 반결합 궤도의 전자들은 핵들을 밀어 멀어지게 한다. 이렇게 상반되는 힘의 결과 반결합 궤도의 전자는 결합 궤도의 전자에 의한 효과를 상쇄시킨다. 따라서 He_2의 경우 알짜 결합 효과가 없다. 간단한 분자궤도 이론은 이원자 헬륨분자가 존재하지 않음을 예측하게 한다.(그렇지만 1993 년 결합에너지 약 0.01 kJ · mol^{-1}, 결합길이 약 6,000 pm의 약한 결합에 의한 분자가 발견되었다.)

위 결과는 결합차수라고 정의된 다음으로 공식화되었다.

$$\text{결합차수} = \frac{1}{2}[(\text{결합궤도의 전자 수})-(\text{반결합 궤도의 전자 수})] \tag{11-2}$$

단일결합은 결합차수 1, 이중결합은 결합차수 2이다. He_2의 결합차수는 0이다. 다음 예제가 보여 주듯이 결합차수는 정수일 필요는 없고 반정수가 될 수도 있다.

예제 11-1 He_2^+의 결합차수를 결정하여라.

풀이 He_2^+의 바닥상태 전자배치는 $(\sigma_g 1s)^2(\sigma_u 1s)^1$이므로 결합차수는

$$\text{결합차수} = \frac{1}{2}[(2) - (1)] = \frac{1}{2}$$

이다.

표 11-1 H_2^+, H_2, He_2^+, He_2 분자의 성질

Species	Number of electrons	Ground-state electron configuration	Bond order	Bond length/pm	Binding energy/ kJ·mol^{-1}
H_2^+	1	$(\sigma_g 1s)^1$	1/2	106	269
H_2	2	$(\sigma_g 1s)^2$	1	75	458
He_2^+	3	$(\sigma_g 1s)^2(\sigma_u 1s)^1$	1/2	108	241
He_2	4	$(\sigma_g 1s)^2(\sigma_u 1s)^2$	0	≈6000	≈0.01

표 11-1에 H_2^+, H_2, He_2^+와 He_2에 대한 분자궤도 이론의 결과를 수록하였다. 여기에 논의한 정성적 이론은 표 11-1의 결합길이와 결합에너지에 대한 수치적 결과를 주지는 않지만 경향을 알려준다. 실제 수치적 값들을 구하기 위하여는 Hartree-Fock-Roothaan 방법이나 다른 수치해석적인 계산을 필요로 한다.

이제 Li_2에서 Ne_2 까지 동종 이원자 분자에 대해 생각해 보자. 각 리튬원자에 세 개의 전자가 있으므로 Li_2의 바닥상태 전자배치는 $(\sigma_g 1s)^2(\sigma_u 1s)^2(\sigma_g 2s)^2$이고 결합차수는 1이다. 따라서 이원자 리튬분자는 두 분리된 리튬원자 보다 상대적으로 더 안정함을 예측할 수 있다. 리튬 증기는 이원자 리튬분자로 되어 있는 것으로 알려져 있으며 결합길이 267 pm 그리고 결합에너지가 99.8 $kJ \cdot mol^{-1}$이다.(연습문제 11-1, 11-2)

그림 11-5에 각각의 분자궤도의 전자밀도에 대한 Hartree-Fock-Roothaan 등고도 그림과 Li_2의 총 전자밀도를 나타내었다. 등고도 그림의 각 선은 전자밀도의 정해진 값에 해당된다. 등고도 그림은 일반적으로 전자밀도에 대해 정해진 값만큼 증가시켜 가면서 그려진다. 따라서 선들의 간격은 얼만큼 빨리 전자밀도가 변하는지를 알려준다. 그림

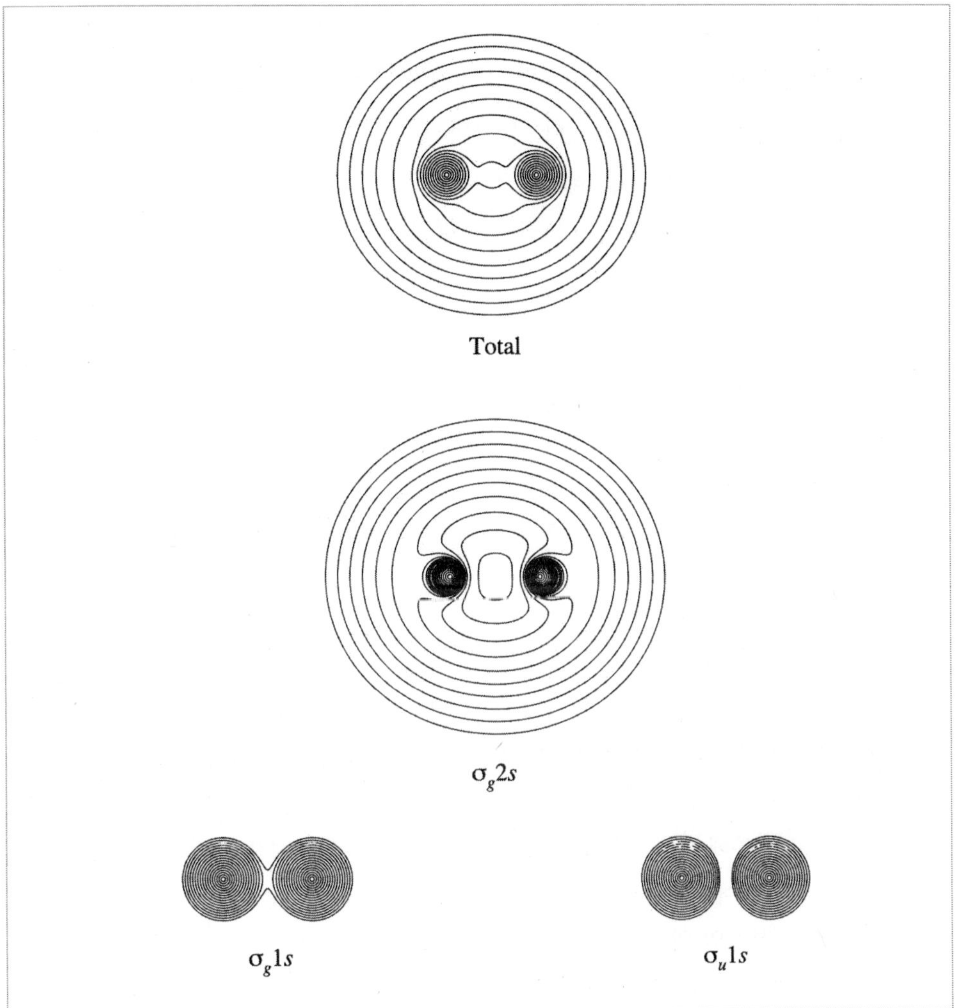

그림 11-5 Li_2 분자의 전자밀도 등고도 그림. $\sigma_g 1s$와 $\sigma_u 1s$ 궤도의 전자들이 각 핵의 주위에 단단히 붙잡혀 있어 결합에 크게 참여하지 않음을 주목하여라. $\sigma_g 2s$ 궤도의 전자들이 Li_2 결합에 참여한다.

11-5는 Li_2의 $\sigma_g 1s$와 $\sigma_u 1s$ 분자궤도에 거의 차이가 없으며 각 리튬원자의 두 $1s$ 원자궤도의 전자밀도도 차이가 없음을 명백히 보여주고 있다. 이 관찰은 정성적인 화학결합을 논하는데 원자가 껍질의 전자만을 포함시킨다는 일반적인 가정의 기초가 된다. Li_2의 경우 $1s$ 전자들은 각각의 핵 주위에 단단히 붙잡혀 있어 결합에 참여하지 않는다. 따라서 Li_2의 바닥상태 전자배치를 $KK(\sigma_g 2s)^2$로 쓸 수 있고 이때 K는 리튬원자의 차있는 $n=1$ 껍질을 의미한다.

주기율표의 이주기에서 핵전하가 증가할수록 $1s$ 전자들은 리튬의 $1s$ 전자보다 더 단단히 잡혀있다. 따라서 He_2이 후의 이원자 분자의 전자배치를 쓰는데 원자가전자만을 고려한다는 것은 좋은 근사가 된다. $\sigma_g 1s$ 그리고 $\sigma_u 1s$ 분자궤도는 각 원자의 차있는 K 껍질과 동등하다.

이원자 붕소는 특별히 흥미 있는 경우이다. 이 분자에는 여섯 개의 원자가전자가 있다.(각 붕소원자에서 세 개) 그림 11-4에 따르면 B_2의 바닥상태 전자배치는 $KK(\sigma_g 2s)^2(\sigma_u 2s)^2(\pi_u 2p_x)^1(\pi_u 2p_y)^1$이다. 원자의 경우와 같이 Hund 규칙을 적용하면 스핀이 평행이 되도록 축퇴된 $\pi_u 2p$ 궤도에 전자를 각각 한 개씩 채우게 된다. 실험적인 관측은 실제 B_2에 두 개의 짝짓지 않은 전자를 결정하게 한다.(즉, 상자기성이 있다.)

예제 11-2 이원자 탄소분자가 존재할 지를 분자궤도 이론을 이용하여 예측하여 보아라.

풀이 C_2의 바닥상태 전자배치는 $KK(\sigma_g 2s)^2(\sigma_u 2s)^2(\pi_u 2p_x)^2(\pi_u 2p_y)^2$이고 결합차수 2이다. 따라서 이원자 탄소가 존재할 것을 예측할 수 있다. 실험 결과 C_2에 짝짓지 않은 전자가 없다(diamagnetic)고 결론되었다. B_2와 C_2의 자기적 성질에 대한 정확한 예측은 그림 11-4에 주어진 $Z=5$, $Z=6$의 분자궤도 에너지의 순서에 대해 확증을 갖게 한다.(연습문제 11-4)

산소분자의 정확한 전자배치에 대한 예측은 정성적인 분자궤도 이론에서 가장 성공적인 결과의 하나이다. 산소분자는 상자기성 (paramagnetic)이다. 실험적인 관측은 산소분자의 알짜 스핀이 같은 스핀을 갖는 두 개의 짝짓지 않은 전자에 해당함을 보여주고 있다. 공기 중에 있는 산소의 양은 공기 시료의 상자기성을 측정하여 추정할 수 있다. 공기의 성분 중에서 산소만이 상자기성이기 때문에 측정된 공기의 상자기성은 공기 중에 존재하는 산소의 양에 직접 비례한다. Linus Pauling은 2 차 대전 때 잠수함 내 그리고 비행기 내의 산소의 양을 측정하기 위해 이 방법을 개발하였다. 또한 이 방법은 의사들이 마취상태에 있는 사람의 피에 존재하는 산소의 양을 측정하는 방법으로 아직도 이용되고 있다.

분자궤도 이론에서 예측한 O_2의 바닥상태 전자배치는 $KK(\sigma_g 2s)^2(\sigma_u 2s)^2(\sigma_g 2p_z)^2$

$(\pi_u 2p_x)^2(\pi_u 2p_y)^2(\pi_g 2p_x)^1(\pi_g 2p_y)^1$이다. $\pi_g 2p_x$와 $\pi_g 2p_y$ 궤도가 축퇴되어 있으므로 Hund의 법칙에 따라 각 궤도에 한 개씩의 전자가 스핀이 평행하도록 배치되어 있다. 다른 분자궤도 $KK(\sigma_g 2s)^2(\sigma_u 2s)^2(\sigma_g 2p_z)^2(\pi_u 2p_x)^2(\pi_u 2p_y)^2$ 에는 전자들이 두 개씩 짝지워 있기 때문에 알짜 스핀이 없으며 따라서 바닥성태 O_2에는 두 개의 짝짓지 않은 전자가 있다. 따라서 분자궤도 배치는 O_2 분자의 상자기성을 정확히 설명한다.

분자궤도 이론으로부터 예제 11-3에 보인 것처럼 분자의 상대적인 결합길이 그리고 결합에너지를 구할 수 있다.

예제 11-3 O_2^+, O_2, O_2^-, O_2^{2-}의 상대적인 결합길이 그리고 결합에너지에 대해 논하여라.

풀이 O_2에는 열두 개의 원자가전자가 있다. 그림 11-4에 따르면 이 화학종들의 바닥상태 전자배치와 결합차수는 다음과 같다:

	바닥상태 전자배치	결합차수
O_2^+	$KK(\sigma_g 2s)^2(\sigma_u 2s)^2(\sigma_g 2p_z)^2(\pi_u 2p_x)^2(\pi_u 2p_y)^2(\pi_g 2p_x)^1$	2 1/2
O_2	$KK(\sigma_g 2s)^2(\sigma_u 2s)^2(\sigma_g 2p_z)^2(\pi_u 2p_x)^2(\pi_u 2p_y)^2(\pi_g 2p_x)^1(\pi_g 2p_y)^1$	2
O_2^-	$KK(\sigma_g 2s)^2(\sigma_u 2s)^2(\sigma_g 2p_z)^2(\pi_u 2p_x)^2(\pi_u 2p_y)^2(\pi_g 2p_x)^2(\pi_g 2p_y)^1$	1 1/2
O_2^{2-}	$KK(\sigma_g 2s)^2(\sigma_u 2s)^2(\sigma_g 2p_z)^2(\pi_u 2p_x)^2(\pi_u 2p_y)^2(\pi_g 2p_x)^2(\pi_g 2p_y)^2$	1

결합차수가 증가함에 따라 결합길이는 감소하고 결합에너지가 증가할 것을 예측할 수 있다. 이 사실은 다음과 같은 실험적인 관측과 매우 잘 일치하고 있다.

	결합차수	결합길이/pm	결합에너지/kJ · mol^{-1}
O_2^+	2 1/2	112	643
O_2	2	121	494
O_2^-	1 1/2	135	395
O_2^{2-}	1	149	

MO에서 예측한대로 O_2에서 전자를 제거하면 더 강한 결합을 형성한다는 것에 주목하여라.

그림 11-6은 동종 이원자 분자 B_2에서 Ne_2 까지 예측된 결합길이, 결합에너지와 실험적으로 측정된 결합길이, 결합에너지와의 상관관계를 보여주는 그림이다. 주기율표의 이주기 원소들의 이원자 분자에 대한 결과를 표 11-2에 요약하였다.

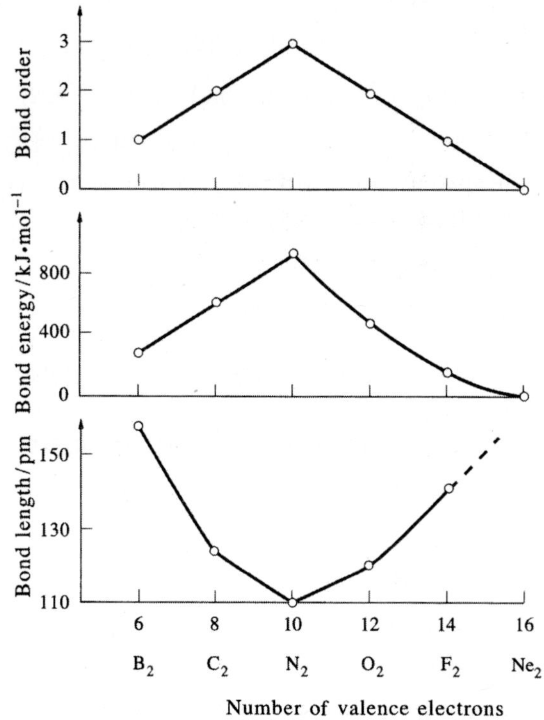

그림 11-6 B_2에서 Ne_2까지 동종 이원자 분자들의 여러 가지 결합 성질.

표 11-2 주기율표의 이주기 원소들의 동종 이원자 분자에 대한 바닥상태 전자배치와 여러 가지 물리적 성질

Species	Ground-state electron configuration	Bond order	Bond length/pm	Bond energy/ kJ·mol^{-1}
Li_2	$KK(\sigma_g 2s)^2$	1	267	99.8
Be_2	$KK(\sigma_g 2s)^2(\sigma_u 2s)^2$	0	245	≈ 9
B_2	$KK(\sigma_g 2s)^2(\sigma_u 2s)^2(\pi_u 2p_x)^1(\pi_u 2p_y)^1$	1	159	289
C_2	$KK(\sigma_g 2s)^2(\sigma_u 2s)^2(\pi_u 2p_x)^2(\pi_u 2p_y)^2$	2	124	599
N_2	$KK(\sigma_g 2s)^2(\sigma_u 2s)^2(\pi_u 2p_x)^2(\pi_u 2p_y)^2(\sigma_g 2p_z)^2$	3	110	942
O_2	$KK(\sigma_g 2s)^2(\sigma_u 2s)^2(\sigma_g 2p_z)^2(\pi_u 2p_x)^2(\pi_u 2p_y)^2$ $(\pi_g 2p_x)^1(\pi_g 2p_y)^1$	2	121	494
F_2	$KK(\sigma_g 2s)^2(\sigma_u 2s)^2(\sigma_g 2p_z)^2(\pi_u 2p_x)^2(\pi_u 2p_y)^2$ $(\pi_g 2p_x)^2(\pi_g 2p_y)^2$	1	141	154
Ne_2	$KK(\sigma_g 2s)^2(\sigma_u 2s)^2(\sigma_g 2p_z)^2(\pi_u 2p_x)^2(\pi_u 2p_y)^2$ $(\pi_g 2p_x)^2(\pi_g 2p_y)^2(\sigma_u 2p_z)^2$	0		

원자궤도 및 분자궤도에 대한 아이디어는 추상적이어서 가끔 실제와는 먼 것처럼 보인다. 그러나 분자의 전자배치는 실험적으로 증명될 수 있다. 이 방법은 1 장의 광전효과와 매우 유사하다. 기체에 고 에너지 전자기복사선을 조사하면 기체 분자들로부터 전자가 방출된다. 분자에서 전자가 방출되는데 필요한 에너지, 즉 결합에너지(binding energy)는 분자 내에 전자가 얼마나 강하게 결합되어 있는지를 나타낸다. 분자 내 전자의 결합에너지는 전자가 차있는 분자궤도에 의존한다. 즉, 분자궤도의 에너지가 낮을수록 분자궤도에서 전자를 방출시키는데 더 많은 에너지가 필요하다.

기체 상 분자에 조사된 빛에 의해 방출된 전자의 에너지를 측정하는 것을 광전자 분광학(photoelectron spectroscopy)이라고 부른다. 그림 11-7에 N_2의 광전자 분광 스펙트럼을 나타내었다. 그림 11-4에 따르면 N_2의 바닥상태 전자배치는 $KK(\sigma_g 2s)^2(\sigma_u 2s)^2(\pi_u 2p_x)^2(\pi_u 2p_y)^2(\sigma_g 2p_z)^2$이다. 광전자 스펙트럼의 피이크들은 차있는 분자궤도의 에너지에 해당된다. 광전자 분광 스펙트럼은 여기에서 제시한 분자궤도 이론에 대한 실험적인 증거가 된다.

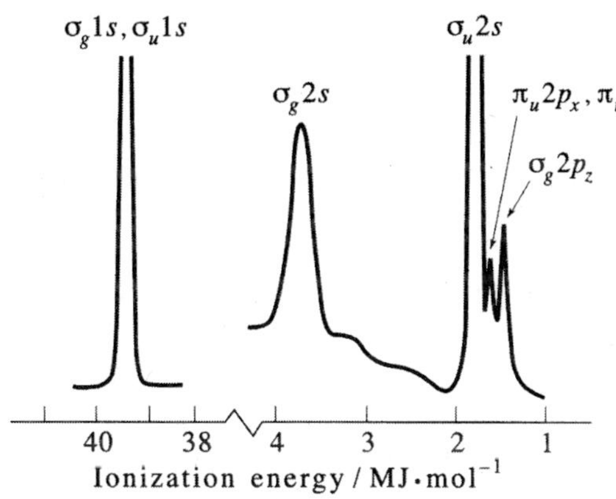

그림 11-7 N_2의 광전자 분광 스펙트럼. 이 그림의 피이크들은 여러 분자궤도에서 방출된 전자들에 기인한다.

11.3 분자궤도 이론은 이종 이원자 분자에도 적용된다.

여기에서 개발된 분자궤도 이론은 이종 이원자 분자로 확장할 수 있다. 이때 분자궤도를 형성하는 두 원자의 원자궤도의 에너지가 다르다는 것을 아는 것이 중요하다. 같은 에너지를 갖는 궤도들이 선형결합 하여 분자궤도를 형성한다는 위에서 언급한 근사에 비춰 볼 때 이 차이는 고려해야만 한다. 원자번호의 작은 차이에 대해 결합을 이루는 두 원자의 같은 원자궤도의 에너지 차이는 작다.(CO와 NO) 그러나 대다수의 이종 이원자 분자들(HF와 HCl 같은)에서 각 원자궤도의 에너지는 상당히 다르며 이러한 분자들에서 어느 원자궤도를 분자궤도를 형성하는데 포함시킬 지에 대해 다시 생각해 보아야 한다.

먼저 시아나이드 이온(CN^-)에 대해 생각해 보자. 탄소(6)와 질소(7)의 원자번호는 1 밖에 차이가 나지 않으므로 그림 11-4의 에너지 순서가 아직도 유효할 것이다. 총 원자가전자의 수는 10($n=2$ 껍질에 탄소는 4 개의 전자 질소는 5 개의 전자가 있다.) 개이며 이온의 총 전하는 −1이다. 따라서 CN^-의 바닥상태 전자배치는 $KK(\sigma_g 2s)^2(\sigma_u 2s)^2(\pi_u 2p_x)^2(\pi_u 2p_y)^2(\sigma_g 2p_z)^2$이고 결합차수는 3이다.

예제 11-4 일산화탄소 CO 분자의 결합에 대해 논하여라.

풀이 CO 분자는 총 10 개의 원자가전자가 있다. CO가 N_2와 전자 수가 같음(isoelectronic)을 주목하여라. 따라서 CO의 바닥상태 전자배치는 $KK(\sigma_g 2s)^2(\sigma_u 2s)^2(\pi_u 2p_x)^2(\pi_u 2p_y)^2(\sigma_g 2p_z)^2$이고 결합차수는 3이다. N_2와 CO 모두 삼중결합을 갖고 있으며 세 원자(C, O, N) 모두 크기가 비슷하기 때문에 CO의 결합길이와 결합에너지가 N_2와 비슷할 것이라고 예상할 수 있다. 실험적 자료들은 다음과 같다.

	결합길이/pm	결합에너지/kJ · mol^{-1}
N_2	110	942
CO	113	1,071

CO의 결합세기는 알려진 이원자 분자들 중 가장 크다.

그림 11-8에는 CO의 광전자 분광 스펙트럼을 나타내었다. 분자궤도의 에너지가 이 자료들에서 잘 나타나 있다. 또한, 이 스펙트럼의 피이크들은 탄소와 산소의 $1s$ 원자궤도의 특성을 보여주고 있다. $1s$ 원자궤도의 결합에너지가 매우 높음을 주목하여라. 이 에너지는 궤도가 핵에 매우 가까움을 보여주는 결과이며 이 자료들은 $1s$ 전자가 이 분자의 결합에서 중요한 역할을 하지 않는다는 것을 증명하고 있다.

이제 이원자 분자 HF에 대해 생각해 보자. 이 분자는 원자의 원자가전자가 서로 다른 전자껍질을 차지하고 있는 경우의 예이다. 플로린원자의 $2s$ 그리고 $2p$ 원자궤도 원자가전자의 에너지는 각각 $-1.572E_h$ 그리고 $-0.730E_h$이며(연습문제 11-20) 수소원자의 $1s$ 원자궤도 원자가전자의 에너지는 $-0.500E_h$이다. 플로린의 $2p$ 원자궤도의 에너지가 수소의 $1s$ 원자궤도의 에너지와 가깝기 때문에 분자궤도에 대한 일차 근사로 이들 궤도들의 선형결합을 생각할 수 있다. 그러나 어느 $2p$ 원자궤도를 이용해야할 것인가?

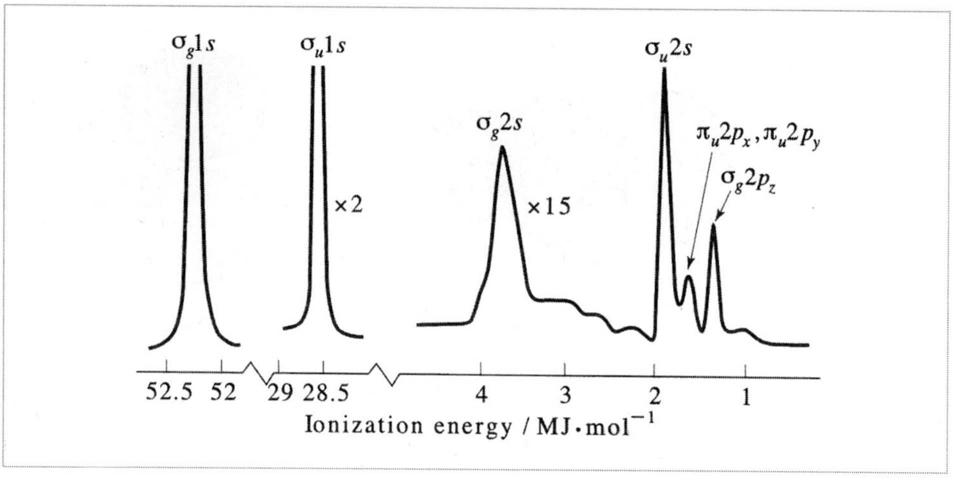

그림 11-8 CO의 광전자 분광 스펙트럼. 여러 분자궤도에 해당되는 에너지를 확인하였다. $\sigma_g 1s$ 궤도와 $\sigma_u 1s$ 궤도는 기본적으로 각각 산소와 탄소원자의 $1s$ 전자이다. 상대적으로 이 전자들의 큰 결합에너지는 이 전자들이 핵에 단단히 붙잡혀 있고 결합에서 역할을 하지 않음을 나타낸다.

핵간 축을 z 축으로 하여 그림 11-9는 플로린의 $2p_z$ 궤도 그리고 $2p_x$ 궤도와 수소의 $1s$ 궤도와의 겹침을 보여주고 있다. 플로린의 $2p_y$ 궤도는 $2p_x$ 궤도와 유사하게 수소의 $1s$ 궤도와 겹치지만 단지 x 축이 아닌 y 축 방향을 향한다. 수소의 $1s$ 궤도와 플로린의 $2p_z$ 궤도는 증가하는 겹침이 되므로 이들 두 궤도의 선형결합을 사용할 수 있다. 그러나 $y-z$ 평면($x-z$ 평면)에 대해 $2p_x(2p_y)$ 궤도의 부호가 바뀌고 수소의 $1s$ 궤도는 부호가 변하지 않기 때문에 플로린의 $2p_x(2p_y)$ 궤도와 수소의 $1s$ 궤도의 알짜 겹침은 모든 핵간거리에 대해 영이 된다. 따라서 분자궤도를 형성하는 첫 번 째 근사는 플로린의 $2p_z$ 궤도와 수소의 $1s$ 궤도의 선형결합이다.

$$\psi_{\pm} = c_1 1s_H \pm c_2 2p_{zF} \tag{11-3}$$

11-3 식의 분자궤도는 핵간 축을 따라 전자밀도가 대칭임을 알려주며 따라서 두 궤도 모두 σ (결합 σ_b 그리고 반결합 σ_a) 궤도이다. 그림 11-10은 HF의 분자궤도 에너지그림이다.($1s_F$와 $2s_F$ 궤도는 생략되었다.) 여섯 개의 $1s_H$ 및 $2p_{zF}$ 전자들은 Pauli 배타원리에 따라 그림 11-10의 낮은 에너지 분자궤도를 채우며 따라서 HF의 바닥상태 전자배치는 $(1s_F)^2(2s_F)^2(\sigma_b)^2(2p_{xF})^2(2p_{yF})^2$이다. $2s_F$, $2p_{xF}$, $2p_{yF}$ 궤도는 비결합(nonbonding) 궤도로 비공유 전자쌍을 이루고 σ_b는 HF의 Lewis 식에서 단일결합을 나타낸다.

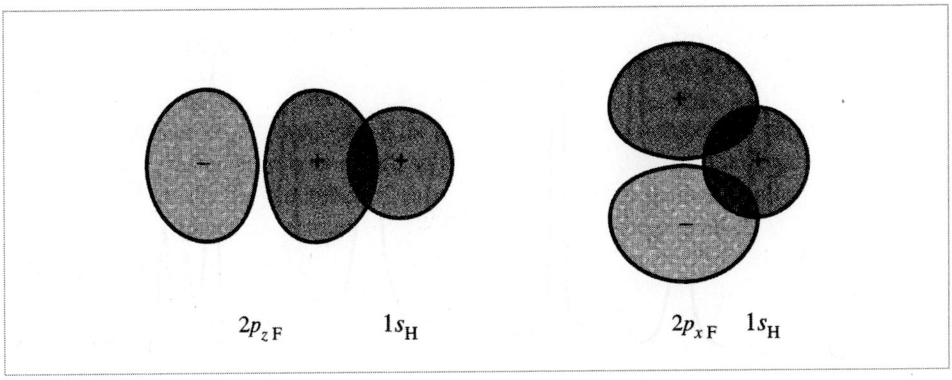

그림 11-9 플루린의 $2p_z$ 궤도 그리고 $2p_x$ 궤도와 수소의 $1s$ 궤도와의 겹침. $2p_x$ 궤도의 부호가 바뀌기 때문에 $2p_x$ 궤도와 수소의 $1s$ 궤도의 알짜 겹침은 모든 핵간거리에 대해 영이 된다. 플루린의 $2p_z$ 궤도와 수소의 $1s$ 궤도와의 겹침의 결과 두 개의 σ 분자궤도가 형성된다. 여기에는 결합 σ_b 궤도만을 나타내었다.

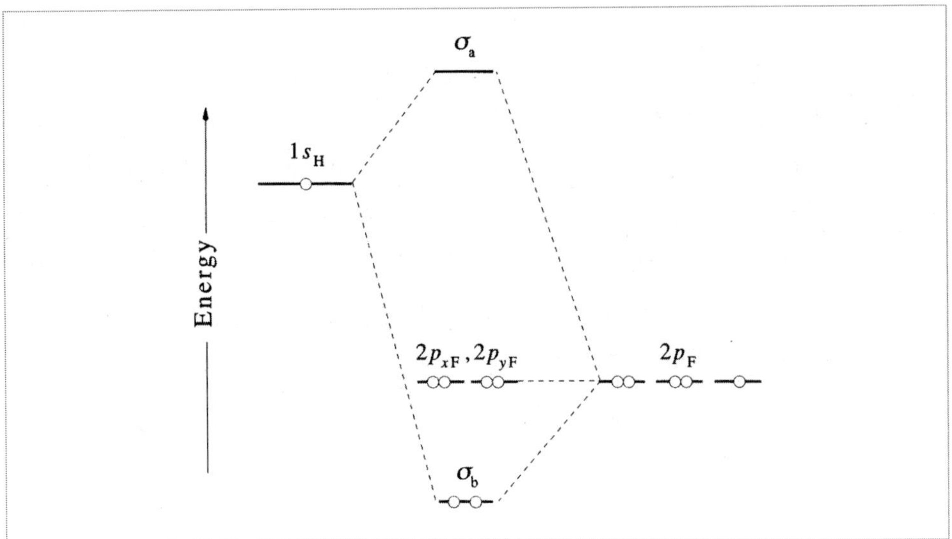

그림 11-10 HF의 분자궤도 에너지그림. 플루린의 $1s$, $2s$는 생략하였다. $2p_{xF}$, $2p_{yF}$ 궤도가 비결합 궤도임을 주목하여라.

11.4 분자의 전자상태는 분자 항기호로 표시한다.

9.9 절에서 원자의 전자상태를 원자 항기호로 표시하였다. 분자의 전자상태도 항기호로 표시할 수 있다. 원자는 구형 대칭이라서 총 궤도 각운동량 연산자 $\hat{L}^2$이 Hamiltonian 연산자와 교환된다. 따라서 총 궤도 각운동량은 보존되고 L이 좋은 양자수이다. 원자 항기호에서 L이 중심이 됨을 상기하여라. 이원자 분자는 z 축(핵간 축)을 따라 원통 대

칭이어서 총 각운동량의 z 축 성분, $\hat{L}_z$가 Hamiltonian 연산자와 교환된다. 따라서 총 각운동량의 z 축 성분이 보존되고 z 축 성분 값 M_L이 좋은 양자수이다. 이제 분자 항기호에서 M_L 값이 중심 역할을 함을 보일 것이다.

분자 항기호는 원자 항기호보다 유도하기 쉽다. 결정적인 이유는 원자에서 총 궤도 각운동량을 다루는 것에 반해 분자에서는 총 각운동량의 z 축 성분만을 다루기 때문이다. 즉, 원자의 경우 벡터 양을 다루어야 하는데 반해 분자의 경우에는 스칼라 양을 다루게 된다.

분자의 전자배치에서 항기호를 결정하는 것에 대한 논의를 하기 전에 분자궤도에 대해 사용하는 표시를 일반화 할 것이다. 이제까지 기술한 분자궤도 방법은 그림 11-1에서 그림 11-3 까지의 분자궤도가 각 핵에서 한 개씩의 원자궤도로 형성되었다는 점에서 가장 간단한 분자궤도 형성 방법이다. 그러나 10.9 절에서 보았듯이 $\psi = 1s_A \pm 1s_B$를 사용하는 대신 훨씬 나은 결과를 얻기 위해 다음 형의 분자궤도 시도함수를 사용할 수 있다.

$$\psi = c_1(1s_A + 1s_B) + c_2(2s_A + 2s_B) + c_3(2p_{zA} + 2p_{zB}) + \cdots$$

이 계산이 많은 수의 원자궤도의 선형결합을 이용하기 때문에 $\sigma_g 1s$, $\sigma_u 2p_z$ 같은 분자궤도 표시가 의미가 없어지고 분자궤도들을 더 근사적으로 첫 번째 σ_g 궤도($1\sigma_g$), 두 번째 σ_u 궤도($2\sigma_u$), 두 번째 π_u 궤도($2\pi_u$) 등으로 표시하게 된다. 예를 들어, 이 방법을 이용하면 N_2의 전자배치는 표 11-2 대신 $(1\sigma_g)^2(1\sigma_u)^2(2\sigma_g)^2(2\sigma_u)^2(1\pi_u)^2(1\pi_u)^2(3\sigma_g)^2$ 이 된다.

분자 항기호를 결정하기 위해 먼저 분자궤도에 차 있는 전자들의 궤도 각운동량의 z 축 성분의 합인 가능한 총 궤도 각운동량의 z 축 성분 값 M_L을 계산한다.

$$M_L = m_{l1} + m_{l2} + \cdots \tag{11-4}$$

여기에서 σ 궤도는 $m_l = 0$, π 궤도는 $m_l = \pm 1$ 등이다. 여러 $|M_L|$ 값에 대응되는 희랍어 대문자는 다음과 같다.

$\|M_L\|$	글자
0	Σ
1	Π
2	Δ
3	Φ

M_L이 결정되면 총 스핀 각운동량의 가능한 z 축 성분 값 M_S를 구해야 한다.

$$M_S = m_{s1} + m_{s2} + \cdots \tag{11-5}$$

$S=0$에 대해 $M_S=0$, $S=1/2$이면 $M_S=\pm 1/2$, $S=1$이면 $M_S=\pm 1$ 등이다. 따라서 원자에서처럼 총 스핀 S는 얻어지는 M_S 값으로부터 결정할 수 있다. 특정한 M_L과 S의 세트에 대해 분자 항기호는 다음과 같이 나타내어진다.

$$^{2S+1}|M_L|$$

위첨자 $2S+1$은 스핀다중도이며 특정한 S 값에 대해 가능한 M_S의 수를 나타낸다. $2S+1=1$이면 이 상태를 단일항 상태, $2S+1=2$이면 이중항, $2S+1=3$이면 삼중항 등으로 부름을 상기하여라. 분자의 전자배치에서 분자 항기호를 결정하는 일은 예를 들어 설명하는 것이 편리하다.

H_2 분자의 경우에 대해 생각해 보자. H_2의 바닥상태 전자배치는 $(1\sigma_g)^2$이므로 차있는 σ 궤도의 각 전자에 대해 $m_l=0$이다. 따라서

$$M_L=0+0=0$$

이다. 이 두 전자의 스핀은 Pauli 배타원리를 만족해야 하므로

$$M_S=+\frac{1}{2}-\frac{1}{2}=0$$

이다. M_S가 영의 값만 가지므로 S는 영이 되어야 한다. 그러므로 H_2의 바닥상태 전자배치에서 얻어지는 항기호는 $^1\Sigma$ (singlet sigma state)이다.

예제 11-5 He_2^+와 He_2의 항기호를 구하여라.

풀이 He_2^+의 바닥상태 전자배치는 $(1\sigma_g)^2(1\sigma_u)^1$이다. 이 전자들의 m_l과 m_s에 대해 고려해야 한다. 가능한 값들은

$$\begin{array}{ll} m_{l1}=0 & m_{s1}=+1/2 \\ m_{l2}=0 & m_{s2}=-1/2 \\ m_{l3}=0 & m_{s3}=\pm 1/2 \\ M_L=0 & M_S=\pm 1/2 \end{array}$$

이다. $M_L=0$은 Σ 상태임을 의미한다. $M_S=\pm 1/2$는 $S=1/2$에 해당되고 따라서 He_2^+의 바닥상태 항기호는 $^2\Sigma$ (doublet sigma state)이다.

바닥상태 He_2의 전자배치는 $(1\sigma_g)^2(1\sigma_u)^2$이다. 이 경우 $M_L=0$, $M_S=0$이다. 따라서 바닥상태 He_2의 항기호는 $^1\Sigma$이다.

이제 B_2에 대해 생각해 보자. 이 분자는 더 복잡해서 고려해야할 일반적인 예로 들 수 있다. B_2의 바닥상태 전자배치는 $(1\sigma_g)^2(1\sigma_u)^2(2\sigma_g)^2(2\sigma_u)^2(1\pi_{ux})^1(1\pi_{uy})^1$이다. B_2의 처음 네 분자궤도에서 $M_L = 0$, $M_S = 0$이므로 $1\pi_u$ 궤도의 두 전자만 고려하면 된다. $1\pi_u$ 궤도가 이중으로 축퇴되어 있으므로 Hund 규칙에 따라 두 전자는 각각 $1\pi_u$ 궤도를 채워 $m_l = \pm 1$, $m_s = \pm 1/2$이다. 분자의 전자상태에 대한 항기호를 결정하기 위해 원자 항기호를 결정할 때와 같은 방법을 사용한다. $(1\pi_{ux})^1(1\pi_{uy})^1$ 전자배치에서 허락된 M_L 값은 2, 0, −2이며 M_S는 1, 0, −1이다. 가능한 M_L과 M_S에 해당하는 (m_{l1}, m_{s1})과 (m_{l2}, m_{s2})의 모든 가능한 조합들의 표를 만든다.

		M_S		
		1	0	−1
	2	~~$1^+, 1^+$~~	$1^+, 1^-$	~~$1^-, 1^-$~~
M_L	0	$1^+, -1^+$	$1^+, -1^-; 1^-, -1^+$	$1^-, -1^-$
	−2	~~$-1^+, -1^+$~~	$-1^+, -1^-$	~~$-1^-, -1^-$~~

위 표에서 상첨자 +, −는 각각 스핀 양자수 $m_s = +1/2$ 그리고 $m_s = -1/2$를 표시한다. 표의 숫자들은 해당되는 m_l 양자수이다. 예를 들어, $1^+, -1^+$는 $m_{l1} = 1$, $m_{s1} = +1/2$ 그리고 $m_{l2} = -1$, $m_{s2} = +1/2$ 따라서 $M_L = m_{l1} + m_{l2} = 0$, $M_S = m_{s1} + m_{s2} = 1$을 의미한다. 위 표의 모든 값들이 다 허락되는 것은 아니다. Pauli 배타원리에 따라 같은 궤도의 어느 두 전자도 같은 세트의 양자수를 가지면 안되므로 $1^+, 1^+$, $1^-, 1^-$, $-1^+, -1^+$, $-1^-, -1^-$ 네 개의 상태는 허락되지 아니하며 따라서 지웠다. 이렇게 하면 허락된 항기호를 유도할 다음 (m_{l1}, m_{s1})과 (m_{l2}, m_{s2})의 조합이 남는다.

		M_S		
		1	0	−1
	2		$1^+, 1^-$	
M_L	0	$1^+, -1^+$	$1^+, -1^-; 1^-, -1^+$	$1^-, -1^-$
	−2		$-1^+, -1^-$	

가운데 행을 살펴보면 $M_L = 0$, $M_S = 1, 0, -1$에 해당하는 세 조합, $1^+, -1^+$, $1^+, -1^-$ (또는 $1^-, -1^+$) 그리고 $1^-, -1^-$가 있다. 따라서 이 상태는 $^3\Sigma$이다. 이제 다음이 남는다.

		M_S	
	1	0	−1
M_L 2		$1^+, 1^-$	
0		$1^-, -1^+$	
−2		$-1^+, -1^-$	

열에 남은 두 항($1^+, 1^-$와 $-1^+, -1^-$)은 $M_L = 2$, -2 ($|M_L| = 2$) 그리고 $M_S = 0$에서 $^1\Delta$ 상태에 해당된다. 이제 마지막으로 남은 항 $1^-, -1^+$는 $M_L = 0$, $M_S = 0$에서 $^1\Sigma$ 상태에 해당된다. B_2에 세 개의 가능한 상태 $^1\Delta$, $^3\Sigma$, $^1\Sigma$가 있음을 알았다. Hund 규칙이 원자의 전자상태는 물론 분자의 전자상태에도 적용되기 때문에 스핀다중도가 가장 큰 상태가 B_2의 바닥상태가 된다. 따라서 B_2의 바닥상태를 $^3\Sigma$로 예측할 수 있다.

예제 11-6 바닥상태 O_2와 O_2^+의 항기호를 유도하여라.

풀이 O_2의 바닥상태 전자배치는(표 11-2) $(1\sigma_g)^2(1\sigma_u)^2(2\sigma_g)^2(2\sigma_u)^2(3\sigma_g)^2(1\pi_{ux})^2(1\pi_{uy})^2(1\pi_{gx})^1(1\pi_{gy})^1$이다. 분자 항기호를 결정하기 위해 고려해야 하는 전자들은 $1\pi_g$ 궤도의 두 전자이다. 이 경우는 B_2에 대해 논의했던 것과 같은 경우이다. 따라서 Hund 규칙에 따라 O_2의 바닥상태 항기호는 $^3\Sigma$이다.

O_2^+의 바닥상태 전자배치는 $(1\sigma_g)^2(1\sigma_u)^2(2\sigma_g)^2(2\sigma_u)^2(3\sigma_g)^2(1\pi_{ux})^2(1\pi_{uy})^2(1\pi_{gx})^1$이다.(예제 11-3) 분자 항기호를 결정하기 위해 고려해야 하는 전자들은 $1\pi_g$ 궤도의 한 개의 전자이다. $1\pi_g$ 궤도의 한 개의 전자에 대해 허락된 m_l과 m_s 값은 $m_l = \pm 1$, $m_s = \pm 1/2$이며 이것은 $M_L = 1$, $M_S = 1/2$에 해당되어 $^2\Pi$ 상태가 된다.

11.5 분자 항기호는 분자 파동함수의 대칭성을 표시한다.

항기호는 분자 파동함수의 대칭성을 표시하는 데에도 사용된다. 동종 이원자 분자에서 두 핵의 중간점에 대한 반전은 분자의 핵 배치를 변화시키지 않고, 구성된 분자궤도는 gerade 혹은 ungerade 대칭을 갖는다. 분자의 전자 파동함수가 g,u 대칭성을 갖는 분자궤도의 곱으로 이루어져 있기 때문에 총 파동함수가 gerade 혹은 ungerade 대칭성을 갖는다. 가장 간단한 경우인 두 분자궤도의 곱을 생각해 보자. 두 궤도 모두 gerade이면 곱도 gerade이다. 두 궤도 모두 ungerade이면 기함수의 곱이 우함수가 되기 때문에 곱은 gerade가 된다. 두 궤도가 서로 반대의 대칭성을 가지면 곱은 ungerade이다.

그 결과 얻어지는 g,u 대칭은 항기호의 우측 하첨자로 표시한다. 예를 들어, O_2의 바닥 상태 전자배치는 $(1\sigma_g)^2(1\sigma_u)^2(2\sigma_g)^2(2\sigma_u)^2(3\sigma_g)^2(1\pi_{ux})^2(1\pi_{uy})^2(1\pi_{gx})^1(1\pi_{gy})^1$이다. 이제 완전히 차 있는 궤도를 생략하고 $(1\pi_{gx})^1(1\pi_{gy})^1$에 초점을 맞춰보자. 그림 11-2와 11-3에 따르면 $(1\pi_{gx})^1(1\pi_{gy})^1$의 대칭은 $g \times g = g$이다. 따라서 O_2의 바닥 전자상태 분자 항기호는 $^3\Sigma_g$이다. 이와 유사하게 O_2^+는 $^2\Pi_g$가 된다.

예제 11-7 바닥상태 전자배치 B_2의 항기호에서 대칭성(g,u)을 결정하여라.

풀이 B_2의 바닥상태 전자배치는 $(1\sigma_g)^2(1\sigma_u)^2(2\sigma_g)^2(2\sigma_u)^2(1\pi_{ux})^1(1\pi_{uy})^1$이고 해당되는 항기호는 $^3\Sigma$이다. 완전히 차 있는 궤도들은 생략하고 두 짝짓지 않은 전자들에 대해 $u \times u = g$이므로 항기호는 $^3\Sigma_g$이다.

이종 이원자 분자들의 경우 반전 대칭성을 갖지 않으므로 항기호에 g,u 표시가 없다. 동종 이원자 분자의 항기호에서 g,u 표시와 함께 Σ 전자상태는 우측 위첨자로 + 혹은 −의 표시를 하여 핵들을 포함하는 평면에 대해 반사했을 때 분자 파동함수의 행동을 나타낸다. σ 궤도는 핵간 축에 대해 대칭이므로 두 핵을 포함하는 평면에 대해 반사했을 때 변하지 않는다. 그림 11-11은 이중으로 축퇴된 π_u 궤도 중 하나가 부호가 바뀌는 반면 다른 하나는 변하지 않는다는 것을 보여주고 있다. 이와 유사하게 이중으로 축퇴된 π_g 궤도 중 하나가 부호가 바뀌는 반면 다른 하나는 변하지 않는다.(그림 11-11) 이 관찰을 이용하여 Σ 전자상태에서 우측 위첨자로 + 혹은 −를 표시할 지를 결정할 수 있다.

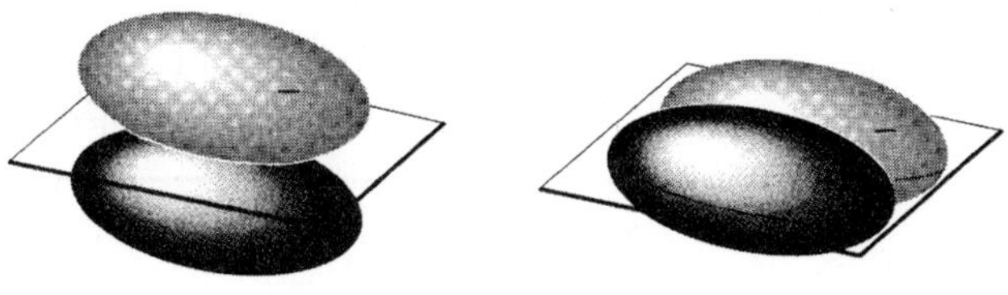

그림 11-11 두 핵을 포함하는 평면에 대한(임의로 $y-z$ 평면으로 정한) 두 $1\pi_u$ 궤도의 행동.(그림 11-3)

예제 11-8 O_2의 완전한 분자 항기호를 결정하여라.

풀이 예제 11-6에 따라 O_2의 항기호는 ± 표시 없이 $^3\Sigma_g$이다. 전자배치가 $(1\pi_{gx})^1(1\pi_{gy})^1$이므로 $x-z$ 평면에 대한 반사에서 (+)(−) = (−)이다. 따라서 바닥상태 O_2의 완전한 분자 항기호는 $^3\Sigma_g^-$ 이다.

예제 11-9 He_2^+의 바닥상태 전자배치에서 (+) (−) 부호를 결정하여라.

풀이 He_2^+의 바닥상태 전자배치는 $(1\sigma_g)^2(1\sigma_u)^1$ 이고 항기호는 $^1\Sigma_u$ 이다. 두 핵을 포함하는 평면에 대한 반사에 대해 $1\sigma_g$와 $1\sigma_u$ 궤도의 부호가 변하지 않으므로 총 파동함수는 변하지 않는다. 그 결과 He_2^+의 완전한 바닥상태 항기호는 $^1\Sigma_u^+$ 이다.

표 11-3에는 여러 동종 이원자 분자들의 바닥상태 항기호를 수록하였으며 연습문제 11-23은 이 항기호들을 결정하는 문제이다.

표 11-3 일주기 그리고 이주기 원소들의 동종 이원자분자들의 바닥상태 전자배치와 항기호.(이 전자배치들을 표 11-2에 주어진 배치와 비교하여 보아라.)

Molecule	Electron Configuration	Term Symbol
H_2^+	$(1\sigma_g)^1$	$^2\Sigma_g^+$
H_2	$(1\sigma_g)^2$	$^1\Sigma_g^+$
He_2^+	$(1\sigma_g)^2(1\sigma_u)^1$	$^2\Sigma_u^+$
Li_2	$(1\sigma_g)^2(1\sigma_u)^2(2\sigma_g)^2$	$^1\Sigma_g^+$
B_2	$(1\sigma_g)^2(1\sigma_u)^2(2\sigma_g)^2(2\sigma_u)^2(1\pi_u)^1(1\pi_u)^1$	$^3\Sigma_g^-$
C_2	$(1\sigma_g)^2(1\sigma_u)^2(2\sigma_g)^2(2\sigma_u)^2(1\pi_u)^2(1\pi_u)^2$	$^1\Sigma_g^+$
N_2^+	$(1\sigma_g)^2(1\sigma_u)^2(2\sigma_g)^2(2\sigma_u)^2(1\pi_u)^2(1\pi_u)^2(3\sigma_g)^1$	$^2\Sigma_g^+$
N_2	$(1\sigma_g)^2(1\sigma_u)^2(2\sigma_g)^2(2\sigma_u)^2(1\pi_u)^2(1\pi_u)^2(3\sigma_g)^2$	$^1\Sigma_g^+$
O_2^+	$(1\sigma_g)^2(1\sigma_u)^2(2\sigma_g)^2(2\sigma_u)^2(3\sigma_g)^2(1\pi_u)^2(1\pi_u)^2(1\pi_g)^1$	$^2\Pi_g$
O_2	$(1\sigma_g)^2(1\sigma_u)^2(2\sigma_g)^2(2\sigma_u)^2(3\sigma_g)^2(1\pi_u)^2(1\pi_u)^2(1\pi_g)^1(1\pi_g)^1$	$^3\Sigma_g^-$
F_2	$(1\sigma_g)^2(1\sigma_u)^2(2\sigma_g)^2(2\sigma_u)^2(3\sigma_g)^2(1\pi_u)^2(1\pi_u)^2(1\pi_g)^2(1\pi_g)^2$	$^1\Sigma_g^+$

이제까지 이원자 분자들의 바닥 전자상태들에 대해 주로 고려하였다. 이전에 보았듯이 H_2의 바닥상태 전자배치는 $(1\sigma_g)^2$ 이며 항기호는 $^1\Sigma_g^+$ 이다. 첫 번째 들뜬 상태는 전자배치 $(1\sigma_g)^1(1\sigma_u)^1$ 가 되고 예제 11-10에 보인 것 같이 항기호 $^1\Sigma_u^+$와 $^3\Sigma_u^+$를 준다.

예제 11-10 전자배치 $(1\sigma_g)^1(1\sigma_u)^1$ 에서 항기호 $^1\Sigma_u^+$와 $^3\Sigma_u^+$가 얻어짐을 보여라.

풀이 두 전자 모두 $m_l = 0$ 이어서 $M_L = 0$ 이다. 가능한 m_{s1}과 m_{s2} 값은 각각 $m_{s1} = \pm 1/2$ 그리고 $m_{s2} = \pm 1/2$ 이므로 $M_S = 1, 0, -1$ 이다. 이제 해당되는 M_L과 M_S 값에 대해

(m_{l1}, m_{l2}) 그리고 (m_{s1}, m_{s2})의 가능한 조합을 표로 만들면 다음과 같다.

	M_S		
	1	0	−1
M_L 0	$0^+, 0^+$	$0^+, 0^-; 0^-, 0^+$	$0^-, 0^-$

표에서 $0^+, 0^+$, $0^+, 0^-$ (혹은 $0^-, 0^+$) $0^-, 0^-$는 $M_L = 0$, $M_S = 1, 0, -1$에 해당되고 따라서 $S = 1$이므로 $^3\Sigma$ 상태이다. 남은 $0^-, 0^+$ (혹은 $0^+, 0^-$)는 $M_L = 0$, $M_S = 0$에 해당되어 $^1\Sigma$이다.

$1\sigma_g \times 1\sigma_u$ 곱은 u 상태가 되고 따라서 $^3\Sigma_u$와 $^1\Sigma_u$가 된다. 또한 두 핵을 포함하는 평면에 대한 반사에 대해 σ_g, σ_u 모두 부호가 변하지 않으므로 완전한 항기호는 $^3\Sigma_u^+$와 $^1\Sigma_u^+$가 된다.

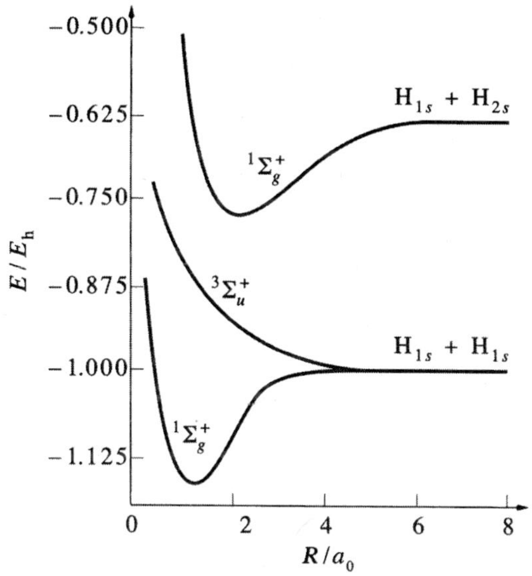

그림 11-12 H_2의 바닥상태와 두 들뜬상태에 대한 핵간 위치에너지 곡선. 큰 거리에서 두 낮은 상태 곡선이 $-1E_h$로 접근하여 두 분리된 바닥상태 수소원자를 나타냄을 주목하여라.(바닥상태 수소원자는 $-0.5E_h$) 그림에 보인 다른 들뜬상태는 바닥상태 수소원자와 전자가 2s 워자궤도에 있는 들뜬상태 수소원자로 해리한다.(연습문제 11-25)

그림 11-12에 H_2의 바닥상태와 두 들뜬상태에 대해 핵간 위치에너지 곡선을 나타내었다. 전자배치 $(1\sigma_g)^1(1\sigma_u)^1$ ($^3\Sigma_u^+$ 상태)에 해당하는 삼중항 상태가 항상 반발상태인 것을 주목하여라. 그림 11-12에 보인 두 번째 들뜬상태는 전자배치 $(1\sigma_g)^1(2\sigma_g)^1$ 그리고

항기호 $^1\Sigma_g^+$에 해당한다. 바닥상태 H_2 분자와 같이 이 들뜬상태는 결합차수 1이다. 그러나 $2\sigma_g$ 궤도가 $1\sigma_g$ 궤도보다 크기 때문에 이 들뜬상태의 결합길이가 바닥상태보다 길 것이 예측된다. 실험 결과는 이 예측이 맞음을 증명하여 이 $^1\Sigma_g^+$ 상태에서의 결합길이가 바닥상태 보다 약 35% 정도 더 길다.

11.6 컨쥬게이트된 탄화수소와 방향족 탄화수소들은 π-전자 근사로 다룰 수 있다.

그림 11-13에는 에틸렌, C_2H_4 원자가전자의 분자궤도 에너지준위 그리고 그림 11-14에는 광전자 분광 스펙트럼을 나타내었다. 에틸렌은 12 개의 원자가전자를 갖고 있으므로 바닥상태 원자가전자의 전자배치는 $(2\sigma_g)^2(2b_{1u})^2(1b_{2u})^2(1b_{3g})^2(3\sigma_g)^2(1b_{3u})^2$이다.

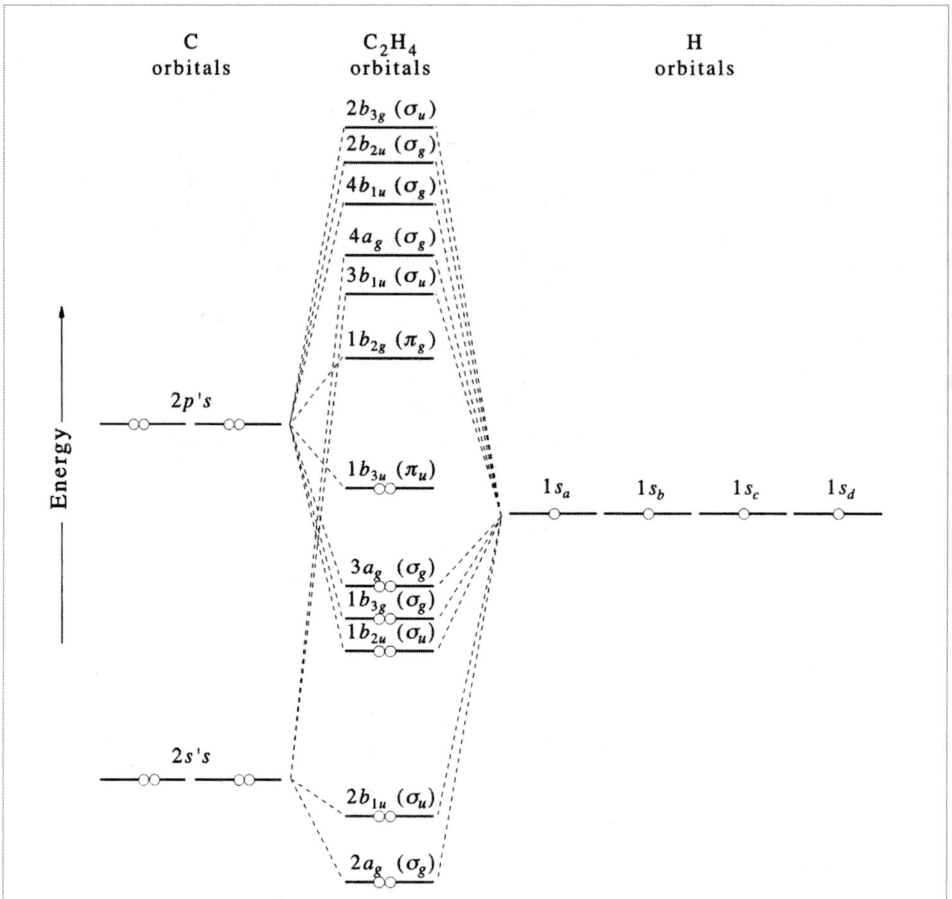

그림 11-13 C_2H_4 원자가전자의 분자궤도 에너지준위 그림. 처음 다섯 궤도는 σ 궤도이며, 여섯 번째(HOMO)는 π_u 궤도 그리고 일곱 번째(LUMO)는 π_g 궤도이다.

$1\sigma_g$, $2b_{1u}$, 등은 분자궤도를 간단히 줄여서 쓴 표현이다. 표기에서 분명히 들어나지는 않지만 그림 11-13의 가장 낮은 다섯 상태는 σ 궤도이며, 그림에 나타낸 대로 여섯 번째 상태인 가장 높은 차있는 궤도(highest occupied molecular orbital: HOMO)는 π_u 궤도 그리고 일곱 번째 가장 낮은 비어있는 궤도(lowest unoccupied molecular orbital: LUMO)는 π_g 궤도이다. 그림 11-13은 HOMO에서 LUMO로의 전이가 $\pi_u \to \pi_g$ 전이임을 보여준다. 이러한 경우가 모든 불포화 탄화수소에서 보이며 화학적으로 활성이 있는 전자는 π 전자이다. 이 관찰은 불포화 탄화수소에서 π 궤도만을 포함하는 단순화된 분자궤도 이론을 적용할 수 있음을 알게 한다. 이 근사에서는 그림 11-13에 보인 복잡한 에너지준위 그림이 간단히 두 궤도, π_u와 π_g 궤도만으로 이루어지게 된다.(그림 11-16)

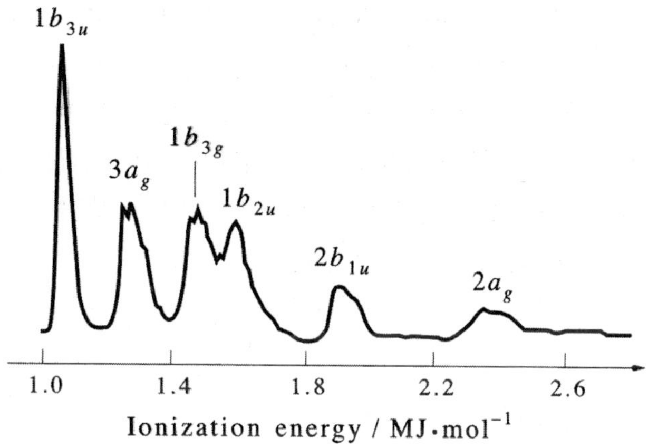

그림 11-14 에틸렌의 광전자 분광 스펙트럼. 스펙트럼의 피이크들은 그림 11-13의 가장 낮은 여섯 개의 궤도들 사이의 간격을 결정하는데 사용될 수 있다.

에틸렌은 평면 구조를 갖고 모든 결합각이 약 120°인 분자이다. 유기화학에서 에틸렌의 탄소원자는 sp^2 혼성궤도를 만들고 각각의 C-H 결합은 수소원자의 $1s$ 궤도와 각 탄소원자의 sp^2 혼성궤도와의 겹침에 의한 결과라고 배웠다. 이 다섯 개의 결합은 모두 σ 결합이며 에틸렌 분자의 σ 결합 골격이라고 부른다.(그림 11-15) σ 결합 골격이 $x-y$ 평면에 놓여 있다면 탄소원자의 $2p_x$ $2p_y$ 궤도가 혼성궤도를 만들고 σ 결합 골격에 수직인 $2p_z$ 궤도의 겹침은 탄소 사이에 π 결합을 만든다는 것을 의미한다. 이제 polyenes 또는 벤젠과 같이 큰 계에서 π 궤도들이 분자 전체에 비편재화 된다는 것을 알게 될 것이다. 이 경우 π 전자들이 σ 결합 골격에 의해 만들어지는 고정된, 유효 정전기적 위치에너지 하에서 움직이고 있다고 생각할 수 있다. 이러한 근사를 π-전자 근사라고 부른다. π-전자 근사는 Schrödinger 방정식에서 시작하여 공식화할 수 있지만 여기에서는 불포화 탄화수소의 결합을 설명하기 위해 물리적인 직관으로 받아들이기로 한다.

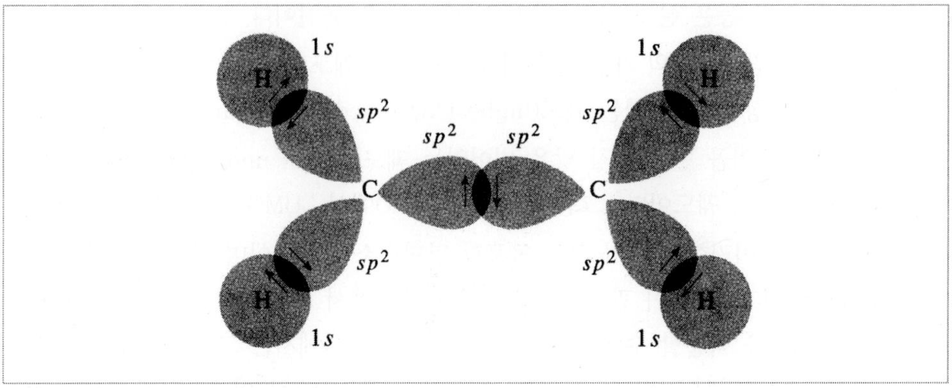

그림 11-15 에틸렌 분자의 (평면) σ 결합 골격.

이제 이 π 전자들이 차있는 비편재화 되어 있는 분자궤도에 대해 주의를 기울여 보자. 고려하고 있는 Hamiltonian 연산자가 σ 결합 골격에 있는 전자들에 기인한 유효 위치 에너지를 포함하고 있지만 이 유효 Hamiltonian 연산자의 모양이 아직 정해지지 않았으며 앞으로도 필요하지 않을 것임을 상기하여라. 이러한 생각을 가지고 에틸렌으로 돌아가 보자. 각 탄소원자는 비편재된 π 궤도에 각각 $2p_z$ 궤도를 참여시키며, H_2의 파동함수에서 σ 결합을 기술했던 대로 에틸렌의 π 궤도 파동함수 ψ_π를 다음과 같이 쓴다.

$$\psi_\pi = c_1 2p_{z1} + c_2 2p_{z2} \tag{11-6}$$

이 파동함수에서 얻어지는 영년방정식은

$$\begin{vmatrix} H_{11} - ES_{11} & H_{12} - ES_{12} \\ H_{12} - ES_{12} & H_{22} - ES_{22} \end{vmatrix} = 0 \tag{11-7}$$

이고 H_{ij}는 유효 Hamiltonian 연산자가 포함된 적분 그리고 S_{ij}는 $2p_z$ 궤도가 포함된 겹침적분이다. 에틸렌의 두 탄소원자가 동등하므로 $H_{11} = H_{22}$이다. 영년방정식에서 유효 Hamiltonian 연산자의 대각선 행렬요소를 쿨롬적분이라고 부르며 비대각선 행렬요소를 공명적분 또는 교환적분이라고 부른다. 공명적분이 서로 다른 두 탄소원자에서 온 원자궤도들이 포함되어 두 원자의 중심에 대한 적분임을 주목하여라.

에너지와 해당되는 분자궤도를 결정하기 위해서는 유효 Hamiltonian 연산자를 정하거나 영년방정식의 항들을 구할 수 있는 근사를 제시해야만 한다. 이제 1930 년 Erich Hückel에 의해 제안된 근사를 살펴보는데, 이 방법은 확장 및 수정을 통해 유기화학에서 널리 사용되어지고 있다. 적어도 처음 제안된 가장 간단한 Hückel 분자궤도 이론에서는 세 개의 가정이 있다. 첫째, 겹침적분 S_{ij}는 $i = j$가 아니면 영이고 $S_{ii} = 1$이다. 둘째, 모든 쿨롬적분은 동등한 탄소원자에 대해 다 같고 α로 표시한다. 셋째, 인접한 탄소원자를 포함한 공명적분은 같다고 가정하여 β로 하고 나머지 공명적분들은 영으로 한

다. 따라서 에틸렌의 Hückel 영년방정식은(11-7 식) 다음과 같이 되고

$$\begin{vmatrix} \alpha - E & \beta \\ \beta & \alpha - E \end{vmatrix} = 0 \tag{11-8}$$

에서 얻어지는 두 근은 $E = \alpha \pm \beta$이다.

에틸렌에는 두 개의 π 전자가 있다. 바닥상태에서 두 전자는 모두 낮은 에너지 궤도에 채워진다. β가 원래 음수이므로 낮은 에너지는 $E = \alpha + \beta$이고 따라서 에틸렌의 π 전자 에너지는 $E_\pi = 2\alpha + 2\beta$이다. 그림 11-16에 에틸렌의 π 전자 에너지준위 그림을 나타내었다.(그림 11-13과 비교하여 보아라.) α를 영의 에너지를 표시하는데 사용하면 영년방정식에서 얻은 두 에너지 $E = \alpha \pm \beta$는 결합 그리고 반결합 궤도에 해당한다.

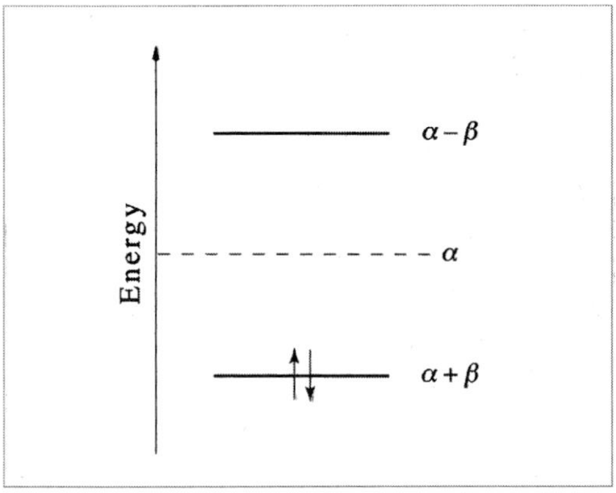

그림 11-16 에틸렌의 π 전자에 대한 바닥상태 전자배치.

예제 11-11 에틸렌의 결합 및 반결합 Hückel 분자궤도를 구하여라.

풀이 11-7 식에서 c_1, c_2에 대한 식은

$$c_1(\alpha - E) + c_2\beta = 0 \qquad c_1\beta + c_2(\alpha - E) = 0$$

이다. $E = \alpha + \beta$에 대해 두 식 모두 $c_1 = c_2$이다. 따라서

$$\psi_b = c_1(2p_{z1} + 2p_{z2})$$

이다. c_1은 파동함수가 정규화 되어야한다는 조건에서 결정할 수 있다. ψ_π의 정규화 조건은 $c_1^2(1 + 2S + 1) = 1$이다. Hückel 근사를 사용하면 $S = 0$이므로 $c_1 = 1/\sqrt{2}$이다.

$E = \alpha - \beta$를 위 식에 대입하면 $c_1 = -c_2$를 얻는다. 따라서

$$\psi_a = c_1(2p_{z1} - 2p_{z2})$$

이고 정규화 조건 $c_1^2(1 - 2S + 1) = 1$에서 $c_1 = 1/\sqrt{2}$이다.

부타디엔의 경우는 에틸렌의 경우보다 더 흥미 있다. 부타디엔이 cis 및 trans 형으로 존재하지만 여기에서는 무시하고 부타디엔 분자가 π 궤도에 각각 $2p_z$ 궤도를 참여시키는 네 개의 탄소원자가 선형으로 늘어서 있다고 보자.(그림 11-17)

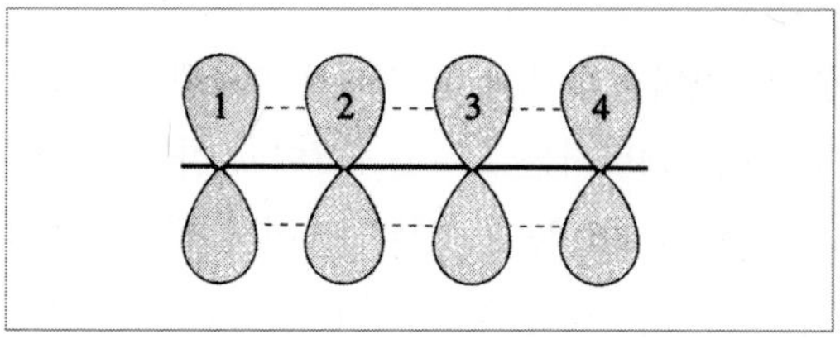

그림 11-17 부타디엔 분자에서 네 탄소원자의 $2p_z$ 궤도에 대한 도식적 그림.

네 개의 원자궤도의 선형결합에 대해 다루므로 영년행렬식은 4×4 차원이 되며 네 개의 서로 다른 에너지와 네 개의 서로 다른 π 궤도를 준다. 이 분자궤도들을 하나의 표현으로

$$\psi_j = \sum_{j=1}^{4} c_{ji} 2p_{zj} \qquad i = 1,2,3,4 \tag{11-9}$$

로 쓰고 여기에서 c_{ji}는 i 번째 분자궤도에서 j 번째 탄소원자에 있는 $2p_z$ 원자궤도 $(2p_{zj})$의 계수이다. 부타디엔 분자의 행렬식형 영년방정식은 $|H_{ij} - ES_{ij}| = 0$ 형의 4×4 방정식이다. Hückel 근사를 사용하면 $H_{jj} = \alpha$, $i \neq j$이면 $S_{jj} = 1$ 및 $S_{ij} = 0$, 인접한 탄소원자에 대해 $H_{ij} = \beta$ 멀리 떨어진 탄소원자에 대해 $H_{ij} = 0$이므로 영년방정식은 다음과 같이 된다.(연습문제 11-29)

$$\begin{vmatrix} \alpha - E & \beta & 0 & 0 \\ \beta & \alpha - E & \beta & 0 \\ 0 & \beta & \alpha - E & \beta \\ 0 & 0 & \beta & \alpha - E \end{vmatrix} = 0 \tag{11-10}$$

각 열에서 β를 내오고 $x = (\alpha - E)/\beta$로 하면 행렬식은 다음과 같이 된다.

$$\beta^4 \begin{vmatrix} x & 1 & 0 & 0 \\ 1 & x & 1 & 0 \\ 0 & 1 & x & 1 \\ 0 & 0 & 1 & x \end{vmatrix} = 0 \tag{11-11}$$

이 행렬식을 전개하면 영년방정식은(수학 F) $x^4 - 3x^2 + 1 = 0$이 되어

$$x^2 = \frac{3 \pm \sqrt{5}}{2} \tag{11-12}$$

에서 네 개의 근 $x = \pm 1.61804$, ± 0.61804를 얻는다.

$x=(\alpha-E)/\beta$ 그리고 β가 음수임을 상기하면 부타디엔에 대해 다음과 같은 Hückel 에너지준위 그림을 그릴 수 있다. 부타디엔에는 네 개의 π 전자가 있고 바닥상태에서 이 전자들은 그림 11-18에 보인 것처럼 낮은 에너지 두 궤도를 차지한다. 부타디엔의 총 π 전자 에너지는 따라서

$$E_\pi = 2(\alpha+1.618\beta)+2(\alpha+0.618\beta)=4\alpha+4.472\beta \qquad (11\text{-}13)$$

이다.

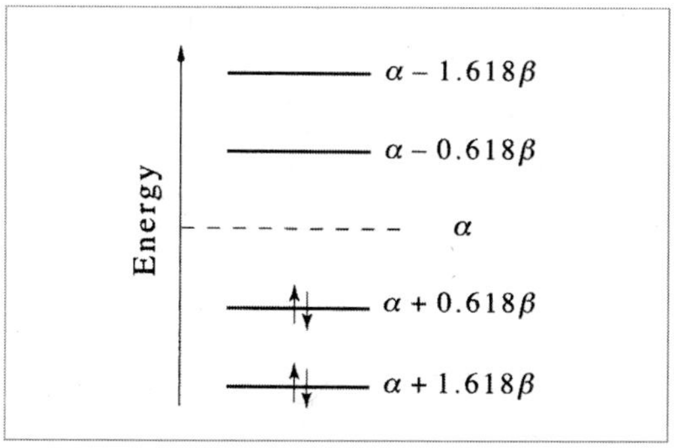

그림 11-18 부타디엔의 π 전자에 대한 바닥상태 전자배치.

이제 흥미 있는 비교를 할 수 있는데 11-13 식의 에너지와, 두 개의 π 전자가 1 번과 2 번 탄소원자 사이에 그리고 두 개의 π 전자가 3 번과 4 번 탄소원자 사이에 편재되어 있는 편재화된 전자 에너지에서 예측된 값과의 비교이다. 이 편재화된 구조는 분리된 두 에틸렌 분자와 같다. 에틸렌의 π 전자 에너지는 $2\alpha+2\beta$이다. 두 에틸렌 분자의 에너지와 부타디엔의 비편재화 된 궤도에서 얻어지는 에너지를 비교해 보면 비편재화의 결과 에너지의 안정화 E_{deloc}가 있음을 알 수 있다.

$$E_{deloc}=E_\pi(butadiene)-2E_\pi(ethene)=0.472\beta<0 \qquad (11\text{-}14)$$

이제까지 β 값을 결정하지 않았다. Hückel 이론이 기본적으로 정성적 이론임에도 불구하고 β 값을 수치로 결정하면 반정량적 예측을 할 수 있다. 여러 가지 실험 자료를 이용하면 β를 약 $-75\ \text{kJ}\cdot\text{mol}^{-1}$로 정할 수 있다. 이 값을 사용하면 부타디엔의 비편재화 에너지가 약 $35\ \text{kJ}\cdot\text{mol}^{-1}$ 정도가 된다. 이 에너지가 바로 고립된 두 이중결합으로 될 때보다 더 안정하게 되는 에너지 또는 π 전자가 두 끝 결합에 편재되는 것보다 분자 전체에 비편재화 됨으로 인해 안정화되는 에너지이다.

얻어진 부타디엔의 네 분자궤도의 에너지 각각은 분자궤도를 준다. 분자궤도를 결정하기 위해 11-19 식의 계수 c_{ji}를 결정해야 한다. 구하는 방법은 예제 11-11의 방법과 같으나 계산이 좀 더 길다.(Mathcad나 Mathematica 같은 프로그램을 사용하면 쉬워진다.) 얻어지는 분자궤도는(연습문제 11-31)

$$
\begin{aligned}
\psi_1 &= 0.3717\ 2p_{z1} + 0.6015\ 2p_{z2} + 0.6015\ 2p_{z3} + 0.3717\ 2p_{z4} \\
&\quad E_1 = \alpha + 1.618\beta \\
\psi_2 &= 0.6015\ 2p_{z1} + 0.3717\ 2p_{z2} - 0.3717\ 2p_{z3} - 0.6015\ 2p_{z4} \\
&\quad E_2 = \alpha + 0.618\beta \\
\psi_3 &= 0.6015\ 2p_{z1} - 0.3717\ 2p_{z2} - 0.3717\ 2p_{z3} + 0.6015\ 2p_{z4} \\
&\quad E_3 = \alpha - 0.618\beta \\
\psi_4 &= 0.3717\ 2p_{z1} - 0.6015\ 2p_{z2} + 0.6015\ 2p_{z3} - 0.3717\ 2p_{z4} \\
&\quad E_4 = \alpha - 1.618\beta
\end{aligned}
\tag{11-15}
$$

이다. 이 분자궤도들을 그림 11-19에 도식적으로 나타내었다. 분자궤도의 에너지가 증가함에 따라 마디의 수가 증가함을 주목하여라. 이것이 분자궤도에 대한 일반적인 결과이다.

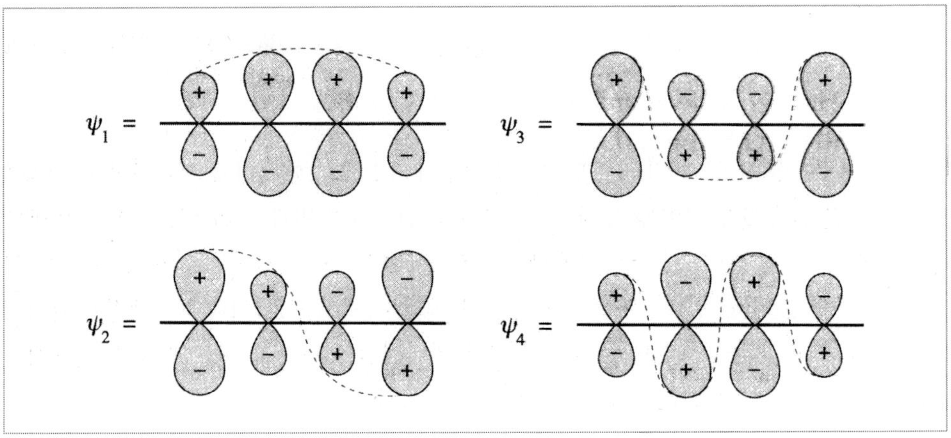

그림 11-19 부타디엔의 π 분자궤도를 나타내는 도식적 그림. 마디가 증가함에 따라 에너지가 증가함에 주목하여라.

예제 11-12 11-15 식의 ψ_1이 정규화 되어 있고 ψ_2와 직교함을 보여라.

풀이 먼저

$$\int dr \psi_1{}^* \psi_1 = <\psi_1|\psi_1> = 1$$

을 보여야 한다. Hückel 이론이 모든 겹침적분을 영으로 하므로

$$<\psi_1|\psi_1> = (0.3717)^2 + (0.6015)^2 + (0.6015)^2 + (0.3717)^2 = 1.000$$

이다. ψ_1이 ψ_2와 직교함을 보이기 위해 $<\psi_1|\psi_2> = 0$을 보여야 한다. 다시 겹침적분

이 영이므로

$$< \psi_1|\psi_2 > = \int dr\psi_1{}^*\psi_2 = (0.3717)(0.6015) + (0.6015)(0.3717)$$
$$- (0.6015)(0.3717) - (0.3717)(0.6015) = 0$$

이다. 11-15 식의 네 분자궤도 모두 정규화 되어 있으며 서로 직교하는 것을 보이는 것은 쉬운 일이다.

11.7 Hückel 분자궤도 이론은 결합차수를 계산하는 데 이용할 수 있다.

π-전자의 에너지를 11-9 식의 계수 c_{ji}로 계산할 수 있다. π-전자 에너지는 n_j를 i 번째 분자궤도에 있는 전자의 수 그리고 E_j를 에너지라고 할 때

$$E_\pi = \sum n_j E_j \tag{11-16}$$

로 주어진다. i 번째 분자궤도의 에너지는

$$E_i = < \psi_i|\hat{H}_{eff}|\psi_i > \tag{11-17}$$

로 주어지고

$$\psi_i = \sum_r c_{ri} 2p_{zr} \tag{11-18}$$

이다. 11-18 식을 11-17 식에 대입하면 다음을 얻는다.(연습문제 11-33)

$$E_i = \sum_r c_{ri}^2 \alpha_r + \sum_{r, r \neq s} \sum_s c_{ri} c_{si} \beta_{rs} \tag{11-19}$$

마지막으로 11-16 식을 사용하면 다음과 같이 된다.

$$E_\pi = \sum_r \alpha_r \left(\sum_i n_i c_{ri}^2 \right) + \sum_{r, r \neq s} \sum_s \beta_{rs} \left(\sum_i n_i c_{ri} c_{si} \right) \tag{11-20}$$

11-20 식의 첫째 항에 있는 i에 대한 합은 다음과 같이 해석할 수 있다. 분자궤도 ψ_i에 있는 전자의 확률밀도는

$$\psi_i^2 = \left(\sum_{j=1}^{4} c_{ji} 2p_{zj} \right)^2$$

$$= \sum_{j=1}^{4}\sum_{k=1}^{4} c_{ji}c_{ki}2p_{zj}2p_{zk}$$

$$= \sum_{j=1}^{4} c_{ji}^2 2p_{zj}^2 + \sum_{j=1}^{4}\sum_{j\neq k\, k=1}^{4} c_{ji}c_{ki}2p_{zj}2p_{zk} \qquad (11-21)$$

로 주어진다. 예제 11-12에 따라

$$\sum_{j=1}^{4} c_{ji}^2 = 1 \qquad i = 1,2,3,4 \qquad (11-22)$$

이다. 11-22 식은 c_{ji}^2을 i 번째 분자궤도의 전자에 기인한 j 번째 탄소원자에 있는 π 전자의 전하의 분율이라고 해석하게 하는 것을 가능하게 한다. 따라서 j 번째 탄소원자에 있는 π 전자의 총 전하는 n_i를 i 번째 분자궤도에 있는 전자 수라고 할 때

$$q_j = \sum_i n_i c_{ji}^2 \qquad (11-23)$$

이 된다. 예를 들어, 부타디엔의 경우

$$q_1 = 2c_{11}^2 + 2c_{12}^2 + 0c_{13}^2 + 0c_{14}^2$$
$$= 2(0.3717)^2 + 2(0.6015)^2 = 1.000$$

이다. 다른 q 들도 역시 일이며 이 사실은 부타디엔의 π 전자들이 분자 전체에 균일하게 분포함을 알려준다.

11-20 식의 두 번 째 항은 곱 $c_{ri}c_{si}$가 i 번째 분자궤도의 인접한 탄소원자 r과 s 사이의 π 전자 전하임을 시사한다. 인접한 탄소원자 r과 s 사이의 π-결합차수를

$$p_{rs}^{\pi} = \sum_i n_i c_{ri} c_{si} \qquad (11-24)$$

로 정의한다. 11-20 식을 p_{rs}^{π}로 쓰면(연습문제 11-34)

$$E_{\pi} = \sum_r p_{rr}^{\pi}\alpha_r + \sum_{r,r\neq s}\sum_s p_{rs}^{\pi}\beta_{rs} \qquad (11-25)$$

이다. 11-25 식의 의미하는 대로 결합차수는 영이 아닌 β 값을 갖는 r과 s 사이에서만 물리적인 의미를 갖는다.

부타디엔의 경우

$$p_{12}^{\pi} = 2c_{11}c_{21} + 2c_{12}c_{22} + 0c_{13}c_{23} + 0c_{14}c_{24}$$
$$= 2(0.3717)(0.6015) + 2(0.6015)(0.3717) = 0.8943$$

$$\begin{aligned}p_{23}^{\pi} &= 2c_{21}c_{31} + 2c_{22}c_{32} + 0c_{23}c_{33} + 0c_{24}c_{34} \\ &= 2(0.6015)(0.6015) + 2(0.3717)(0.3717) = 0.4473\end{aligned}$$

이다. 대칭성에 따라 $p_{12}^{\pi} = p_{34}^{\pi}$이다. 각 탄소원자 사이에 σ 결합이 있음을 상기하면 총 결합차수를

$$p_{rs}^{total} = 1 + p_{rs}^{\pi} \tag{11-26}$$

로 정의할 수 있고 우변 첫 번째 항은 r과 s 사이에 있는 σ 결합에 기인한다. 부타디엔의 경우 이제

$$\begin{aligned}p_{12}^{total} &= p_{34}^{total} = 1.894 \\ p_{23}^{total} &= 1.447\end{aligned} \tag{11-27}$$

이다. 11-27 식은 실험적으로 관측된 이들 결합들의 반응성과 매우 잘 일치한다. 그림 11-20은 실험적으로 측정된 탄소-탄소 결합길이와 Hückel 이론에 의해 계산된 결합차수와의 상관관계를 보여주고 있다.

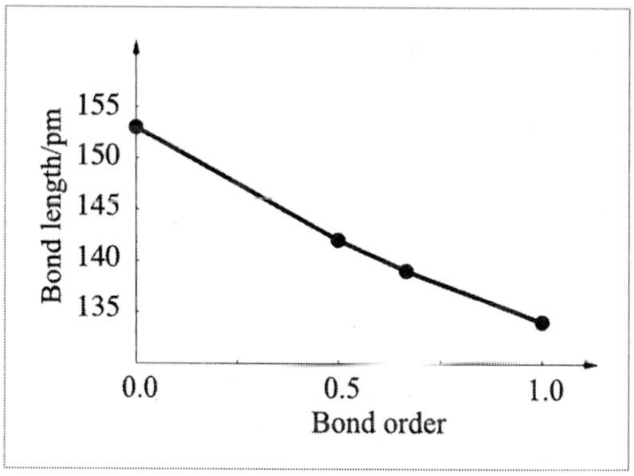

그림 11-20 실험적으로 측정된 탄소-탄소 결합길이와 π-결합차수와의 상관관계.

마지막 예로 벤젠에 대해 생각해 보자. 벤젠에는 여섯 개의 탄소원자가 있고 각 탄소원자에서 $2p_z$ 궤도가 π 분자궤도를 형성한다. 여섯 개의 원자궤도의 선형결합이므로 영년행렬식은 6×6 차원이 되며 여섯 개의 서로 다른 에너지와 여섯 개의 서로 다른 π 분자궤도를 준다. 벤젠의 Hückel 영년행렬식형 방정식은(연습문제 11-35)

$$\begin{vmatrix}\alpha-E & \beta & 0 & 0 & 0 & \beta \\ \beta & \alpha-E & \beta & 0 & 0 & 0 \\ 0 & \beta & \alpha-E & \beta & 0 & 0 \\ 0 & 0 & \beta & \alpha-E & \beta & 0 \\ 0 & 0 & 0 & \beta & \alpha-E & \beta \\ \beta & 0 & 0 & 0 & \beta & \alpha-E\end{vmatrix} = 0 \tag{11-28}$$

이다. 6×6 영년행렬식은 E에 대한 6차 방정식을 준다. 부타디엔과 같은 방법으로 $x=(\alpha-E)/\beta$로 놓고 행렬식을 전개하면

$$x^6-6x^4+9x^2-4=0 \tag{11-29}$$

에서 여섯 개의 근 $x=\pm 1, \pm 1, \pm 2$를 얻어(연습문제 11-36) 다음 여섯 분자궤도의 에너지를 얻게 된다.

$$E_1=\alpha+2\beta,\ E_2=E_3=\alpha+\beta,\ E_4=E_5=\alpha-\beta,\ E_6=\alpha-2\beta \tag{11-30}$$

벤젠의 Hückel 에너지준위 그림을 그림 11-21에 나타내었다. 여섯 개의 π 전자들은 가장 낮은 세 개의 분자궤도에 차례로 채워진다. 벤젠의 총 π 전자 에너지는

$$E_\pi=2(\alpha+2\beta)+4(\alpha+\beta)=6\alpha+8\beta \tag{11-31}$$

이다. 세 개의 에틸렌 분자의 π 전자 에너지와 비교하면 벤젠의 비편재화(혹은 공명) 에너지는 2β이다. 따라서 $\beta=-75\ \text{kJ}\cdot\text{mol}^{-1}$을 사용하면 Hückel 분자궤도 이론은 벤젠이 약 $150\ \text{kJ}\cdot\text{mol}^{-1}$ 정도 안정화됨을 예측하게 한다.

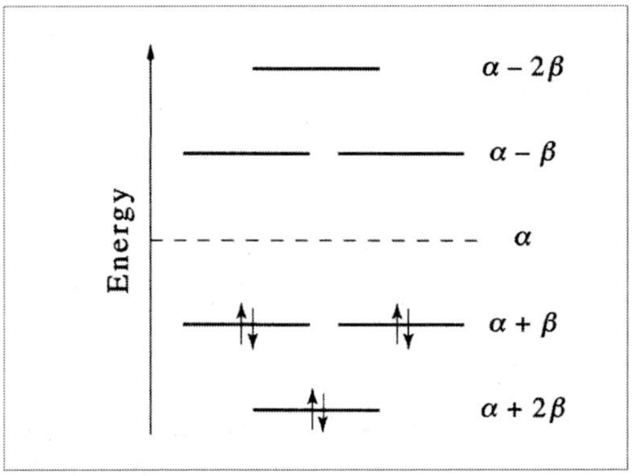

그림 11-21 벤젠 π 전자의 바닥상태 전자 배치.

얻어지는 벤젠의 여섯 π 분자궤도는 다음과 같다.

$$\psi_1=\frac{1}{\sqrt{6}}(2p_{z1}+2p_{z2}+2p_{z3}+2p_{z4}+2p_{25}+2p_{z6}) \qquad E_1=\alpha+2\beta$$

$$\psi_2=\frac{1}{\sqrt{4}}(2p_{z2}+2p_{z3}-2p_{25}-2p_{z6}) \qquad E_2=\alpha+\beta$$

$$\psi_3=\frac{1}{\sqrt{3}}(2p_{z1}+\frac{1}{2}2p_{z2}-\frac{1}{2}2p_{z3}-2p_{z4}-\frac{1}{2}2p_{25}+\frac{1}{2}2p_{z6}) \quad E_3=\alpha+\beta$$

$$\psi_4=\frac{1}{\sqrt{4}}(2p_{z2}-2p_{z3}+2p_{25}-2p_{z6}) \qquad E_4=\alpha-\beta \tag{11-32}$$

$$\psi_5 = \frac{1}{\sqrt{3}}(2p_{z1} - \frac{1}{2}2p_{z2} - \frac{1}{2}2p_{z3} + 2p_{z4} - \frac{1}{2}2p_{25} - \frac{1}{2}2p_{z6}) \quad E_5 = \alpha - \beta$$

$$\psi_6 = \frac{1}{\sqrt{6}}(2p_{z1} - 2p_{z2} + 2p_{z3} - 2p_{z4} + 2p_{25} - 2p_{z6}) \qquad E_6 = \alpha - 2\beta$$

예제 11-13 벤젠의 π 분자궤도를 그리고 마디면을 표시하여라.

풀이 그림 11-22에 답이 있다. 에틸렌과 부타디엔에서 보듯 마디면의 수가 증가할수록 에너지가 증가함을 주목하여라.

예제 11-14 11-32 식에 주어진 벤젠의 Hückel 분자궤도를 이용하여 각 탄소원자의 π 전자의 전하와 벤젠의 총 결합차수를 구하여라.

풀이 11-23 식을 이용하여 n 번째 탄소원자의 π 전자의 전하를 계산하면

$q_n = 2(c_{1n}^2 + c_{2n}^2 + c_{3n}^2)$이므로

$$q_1 = 2(1/6 + 1/3) = 1$$
$$q_2 = 2(1/6 + 1/4 + 1/12) = 1$$
$$q_3 = 2(1/6 + 1/4 + 1/12) = 1$$
$$q_4 = 2(1/6 + 1/3) = 1$$
$$q_5 = 2(1/6 + 1/4 + 1/12) = 1$$
$$q_6 = 2(1/6 + 1/4 + 1/12) = 1$$

이다. 따라서 π 전자가 벤젠고리에 균일하게 분포하고 있음을 알 수 있다.

11-24 식을 이용하여 π 결합차수를 구하면

$P_{rs}^{\pi} = 2(c_{1r}c_{1s} + c_{2r}c_{2s} + c_{3r}c_{3s})$이므로

$$P_{12}^{\pi} = 2(1/6 + 1/6) = 2/3$$
$$P_{23}^{\pi} = 2(1/6 + 1/4 - 1/12) = 2/3$$
$$P_{34}^{\pi} = 2(1/6 + 1/6) = 2/3$$
$$P_{45}^{\pi} = 2(1/6 + 1/6) = 2/3$$
$$P_{56}^{\pi} = 2(1/6 + 1/4 - 1/12) = 2/3$$
$$P_{61}^{\pi} = 2(1/6 + 1/6) = 2/3$$

이다. 따라서 벤젠의 모든 결합은 다 같고 실험적으로 관측된 화학적 성질과 일치한다.

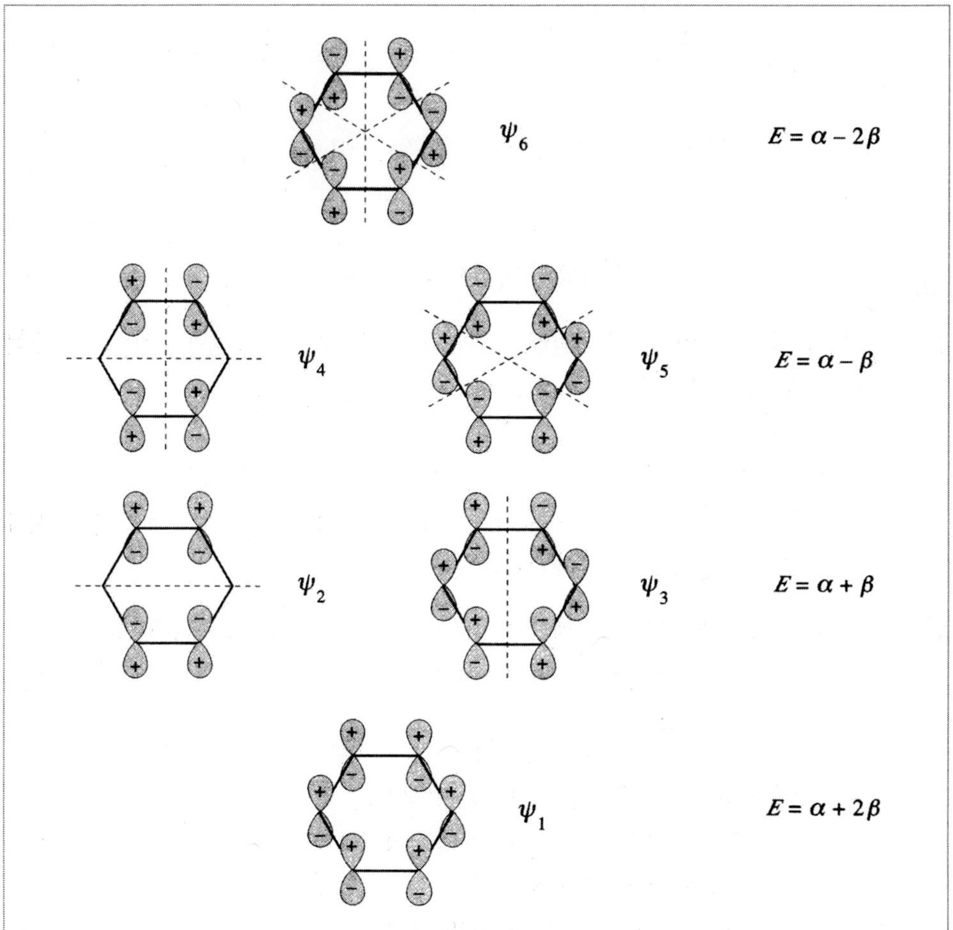

그림 11-22 예제 11-13의 해.

11.8 Hückel 분자궤도 이론은 행렬 형으로 공식화할 수 있다.

이 장을 끝내기 전에 Hückel 이론의 모든 결과를 행렬 형으로 써보자. 이것이 더 경제적인 표현 방식임은 물론 표준화된 컴퓨터 알고리즘으로 되기 때문이다. 11-10 식과 같은 영년행렬식은 다음과 같은 행렬형 고유치 문제에서 나온다.

$$\mathbf{H}\mathbf{c} = E\mathbf{S}\mathbf{c} \tag{11-33}$$

$S_{ij} = \delta_{ij}$로 가정했기 때문에 행렬 **S**는 단위행렬 **I**이다. 따라서 11-33 식은

$$\mathbf{H}\mathbf{c} = E\mathbf{c} \tag{11-34}$$

로 된다.

H가 N×N 행렬이면 N 고유벡터와 해당하는 N 고유치가 존재한다. 고유벡터를 $\mathbf{c}^a$라고 하고 해당되는 고유치를 E_a로 하면 a = 1, 2, …, N에 대해 11-34 식은 다음과 같이 된다.

$$\mathbf{H}\mathbf{c}^a = E_a\mathbf{c}^a \tag{11-35}$$

H가 대칭행렬이기 때문에 고유벡터를 직교하도록 선택할 수 있고 따라서

$$(\mathbf{c}^a)^\mathsf{T}\mathbf{c}^b = \sum_{j=1}^{N}(c_i^a)^* c_j^b = \delta_{ab} \tag{11-36}$$

이며 여기에서 $(\mathbf{c}^a)^\mathsf{T}$는 $\mathbf{c}^b$의 transpose의 켤레복소수를 나타낸다.($\mathbf{c}^a$가 열 벡터이면 $(\mathbf{c}^a)^\mathsf{T}$는 행 벡터이고 $(\mathbf{c}^a)^\mathsf{T}\mathbf{c}^b$는 수가 된다.)

이제 열들이 특히, C의 a 번째 열이 정규화된 $\mathbf{c}^a$인 고유벡터(정규화 된)로 된 행렬 C를 정의하자. C의 행렬요소는

$$C_{ia} = c_i^a \tag{11-37}$$

이므로 C_{ia}는 고유벡터 $\mathbf{c}^a$의 i 번째 요소이다. a 번째 분자궤도를 C_{ia}로 쓰면

$$\psi_a = \sum_{i=1}^{N} C_{ia} 2p_{zi} \tag{11-38}$$

이 된다. 11-38 식이 11-19 식을 일반화한 결과이다.

연습문제 11-51은 다음을 보이게 한다.

$$\mathbf{HC} = \mathbf{CD} \tag{11-39}$$

여기에서 D는 C의 열들에 해당하는 H의 고유치로 되어 있는 대각행렬이다. 즉, 다시 말해서 $D_{aj} = E_a\delta_{aj}$이다.

예제 11-15 에틸렌의 결과를 이용하여 HC = CD 임을 보여라.

풀이 세 행렬은 다음과 같다.

$$\mathbf{H} = \begin{pmatrix} \alpha & \beta \\ \beta & \alpha \end{pmatrix} \qquad \mathbf{C} = \begin{pmatrix} \frac{1}{\sqrt{2}} & \frac{1}{\sqrt{2}} \\ \frac{1}{\sqrt{2}} & -\frac{1}{\sqrt{2}} \end{pmatrix} \qquad \mathbf{D} = \begin{pmatrix} \alpha+\beta & 0 \\ 0 & \alpha+\beta \end{pmatrix}$$

따라서

$$\mathbf{HC} = \begin{pmatrix} \alpha & \beta \\ \beta & \alpha \end{pmatrix} \begin{pmatrix} \frac{1}{\sqrt{2}} & \frac{1}{\sqrt{2}} \\ \frac{1}{\sqrt{2}} & -\frac{1}{\sqrt{2}} \end{pmatrix} = \begin{pmatrix} \frac{1}{\sqrt{2}}(\alpha+\beta) & \frac{1}{\sqrt{2}}(\alpha-\beta) \\ \frac{1}{\sqrt{2}}(\alpha+\beta) & -\frac{1}{\sqrt{2}}(\alpha-\beta) \end{pmatrix}$$

$$\mathbf{CD} = \begin{pmatrix} \frac{1}{\sqrt{2}} & \frac{1}{\sqrt{2}} \\ \frac{1}{\sqrt{2}} & -\frac{1}{\sqrt{2}} \end{pmatrix} \begin{pmatrix} \alpha+\beta & 0 \\ 0 & \alpha+\beta \end{pmatrix} = \begin{pmatrix} \frac{1}{\sqrt{2}}(\alpha+\beta) & \frac{1}{\sqrt{2}}(\alpha-\beta) \\ \frac{1}{\sqrt{2}}(\alpha+\beta) & -\frac{1}{\sqrt{2}}(\alpha-\beta) \end{pmatrix}$$

이다. 연습문제 11-54에서 부타디엔에 대해 이 결과를 증명한다.

먼저 대각행렬 **n**을 정의하여 11-23 식과 11-24 식을 행렬형으로 표시할 수 있다. **n**의 행렬요소를 분자궤도의 occupation number로 식으로 표시하면

$$n_{ab} = n_a \delta_{ab} \tag{11-40}$$

이다. **n**을 occupation number 행렬이라고 부른다. 이제 마지막으로 행렬 **R**을

$$\mathbf{R} = \mathbf{C}\ \mathbf{n}\ \mathbf{C}^{\mathrm{T}} \tag{11-41}$$

로 정의한다. 연습문제 11-53에서처럼 다음을 보이는 것은 쉬운 일이다.

$$q_j = R_{jj} \tag{11-42}$$

$$p_{ij}^{\pi} = R_{ij} \tag{11-43}$$

따라서 **R**의 대각선 요소는 π-전자 전하의 분율이고 인접한 탄소원자에 해당하는 비 대각선 요소는 결합차수가 된다.

예제 11-16 에틸렌에 대해 행렬 **R**을 구하여라.

풀이 행렬 **C**와 **n**은

$$\mathbf{C} = \begin{pmatrix} \frac{1}{\sqrt{2}} & \frac{1}{\sqrt{2}} \\ \frac{1}{\sqrt{2}} & -\frac{1}{\sqrt{2}} \end{pmatrix} \qquad \mathbf{n} = \begin{pmatrix} 2 & 0 \\ 0 & 0 \end{pmatrix}$$

이다. 따라서

$$\mathsf{R} = \begin{pmatrix} \frac{1}{\sqrt{2}} & \frac{1}{\sqrt{2}} \\ \frac{1}{\sqrt{2}} & -\frac{1}{\sqrt{2}} \end{pmatrix} \begin{pmatrix} 2 & 0 \\ 0 & 0 \end{pmatrix} \begin{pmatrix} \frac{1}{\sqrt{2}} & \frac{1}{\sqrt{2}} \\ \frac{1}{\sqrt{2}} & -\frac{1}{\sqrt{2}} \end{pmatrix} = \begin{pmatrix} 1 & 1 \\ 1 & 1 \end{pmatrix}$$

이다.

마지막으로 행렬요소가 각 탄소원자의 α 값인 대각행렬 A ($A_{ij} = a_j \delta_{ij}$) 그리고 가장 인접한 원자에 대한 β 값이 행렬요소인 행렬 B를 정의하면 11–25 식이 행렬형으로 다음과 같이 됨을 보이는 것은 쉬운 일이다.

$$E_\pi = \mathrm{Tr}(\mathsf{RA}) + \mathrm{Tr}(\mathsf{RB}) = \mathrm{Tr}(\mathsf{RH}) \qquad (11\text{–}44)$$

예를 들어, 에틸렌의 경우

$$E_\pi = Tr\left[\begin{pmatrix} 1 & 1 \\ 1 & 1 \end{pmatrix}\begin{pmatrix} \alpha & \beta \\ \beta & \alpha \end{pmatrix}\right] = Tr\begin{pmatrix} \alpha+\beta & \alpha+\beta \\ \alpha+\beta & \alpha+\beta \end{pmatrix} = 2\alpha + 2\beta$$

이다.

Hückel 분자궤도 이론은 많은 종류의 유기 분자들에 적용되어 상당한 성공을 거두고 있으며 보완 확장되어 유기화학의 유용한 도구로 이용되고 있다.

연 습 문 제

11-1. JANAF Thermochemical Tables (참고문헌)에 따르면 바닥 진동상태에 있는 Li_2 분자의 회전상수는 0.669 cm^{-1}이다. Li_2의 결합길이를 결정하여라.

11-2. 바닥 전자상태에 있는 Li_2의 진동에너지(cm^{-1})가 JANAF Thermochemical Tables (참고문헌)에 다음과 같이 주어져 있다.

$$G(v) = 351.39\left(v+\frac{1}{2}\right) - 2.578\left(v+\frac{1}{2}\right)^2 - 0.00647\left(v+\frac{1}{2}\right)^3 - 9.712\times10^{-5}\left(v+\frac{1}{2}\right)^4$$

진동에너지 준위의 수를 계산하여라.(연습문제 10–2)

11-3. 바닥 진동상태에 있는 B_2 분자의 회전상수는 JANAF Thermochemical Tables (참고문헌)에 1.228 cm^{-1}로 주어져 있다. B_2의 결합길이를 계산하여라.

11-4. 바닥 진동상태에 있는 C_2 분자의 회전상수는 JANAF Thermochemical Tables (참고문헌)에 1.811 cm^{-1}로 주어져 있다. C_2의 결합길이를 계산하여라.

11-5. N_2의 해리에너지가 N_2^+ 보다 큰 반면 O_2^+의 해리에너지가 O_2 보다 큰 이유를 분자궤도 이론을 이용하여 설명하여라.

11-6. 분자궤도 이론을 이용하여 F_2와 F_2^+의 결합 성질에 대해 논하여라.

11-7. N_2, N_2^+ 그리고 N_2^-의 상대적인 안정도를 예측하여라.

11-8. 이원자 탄소 C_2와 음이온 C_2^-의 상대적인 결합길이 그리고 결합의 세기를 예측하여라.

11-9. 이원자분자 B_2에서 F_2 까지 힘상수가 아래 표에 주어져 있다. 이 순서가 예측한 순서인가? 설명하여 보아라.

이원자분자	k, N · m^{-1}
B_2	350
C_2	930
N_2	2260
O_2	1140
F_2	450

11-10. Na_2 부터 Ar_2 까지 바닥상태 분자궤도 전자배치를 써보아라. 안정한 Mg_2 분자를 예측할 수 있는가?

11-11. 11.2 절에서 동종 이원자 분자의 분자궤도를 결합된 각 원자의 $n = 2$ 원자궤도를 이용하여 형성하였다. 이 문제에서는 $n = 3$ 원자궤도로부터 형성되는 분자궤도에 대해 생각해 보자. 이 궤도들은 첫 번째 주기 전이금속 원소들의 이원자 분자를 기술하는데 중요하다. 다시 z 축을 분자결합을 따르는 축으로 하자. $3s_A \pm 3s_B$ 그리고 $3p_A \pm 3p_B$ 분자궤도에 대한 표현은 각각 무엇인가? $n = 3$ 껍질은 다섯 개의 $3d$ 궤도 세트를 포함하고 있다.($3d$ 원자궤도의 모양은 그림 7-8에 있다.) 핵간 축을 포함하는 두 마디면을 가진 분자궤도가 σ 궤도로 주어질 때 열 개의 $3d_A \pm 3d_B$ 궤도가 결합 σ 궤도, 한 쌍의 결합 π 궤도, 한 쌍의 결합 δ 궤도와 그에 상응하는 반결합 궤도로 이루어짐을 보여라.

11-12. 첫 번째 주기 전이금속 원소들의 이원자 분자들에서 가장 큰 결합차수를 결정하여라.(이전 연습문제)

11-13. NO와 NO^+의 바닥상태 분자궤도 전자배치를 결정하여라. 이 둘의 결합차수를 비교하여라.

11-14. 그림 11–10은 HF 분자궤도의 에너지에 대한 도식적인 그림이다. 이원자 OH라디칼의 에너지 준위 그림과 HF는 어떻게 다른가? OH에서 가장 높은 차있는 분자궤도는 무엇인가?

11-15. 그림 11–10을 이용하면 HF의 가장 높은 차있는 분자궤도는 플로린의 $2p$ 원자궤도이다. HF의 이 비결합 분자궤도의 전자에 대해 측정된 이온화에너지는 1550 $kJ \cdot mol^{-1}$이다. 그러나 플로린원자에서 $2p$ 전자의 측정된 이온화에너지는 1795 $kJ \cdot mol^{-1}$이다. 플로린의 $2p$ 원자궤도의 전자에 대한 이온화에너지가 HF 분자보다 플로린원자에서 더 큰 이유는 무엇인가?

11-16. 이 문제에서는 이종 이원자분자 CO에 대해 생각해 보자. 탄소원자와 산소원자의 원자가 원자궤도의 전자에 대한 이온화에너지가 각각 아래 표에 주어져 있다.

원자	원자가 궤도	이온화에너지, $MJ \cdot mol^{-1}$
O	$2s$	3.116
	$2p$	1.524
C	$2s$	1.872
	$2p$	1.023

이 자료를 이용하여 CO의 분자궤도 에너지 준위 그림을 그려보아라. CO 분자궤도에서 대칭성에 대한 표현은 무엇인가? 바닥상태 전자배치는 무엇인가? 결합차수는 얼마인가? CO가 상자기성인가 또는 비자기성(diamagnetic)인가?

11-17. BF 분자는 CO와 등전자성(isoelectronic)이다. 그러나 BF의 분자궤도는 CO와 다르다. CO와는 달리, 붕소와 플로린의 $2s$ 궤도 에너지 차가 매우 커서 붕소의 $2s$ 궤도는 플로린의 $2p$ 궤도와 결합하여 분자궤도를 만든다. 플로린의 남은 $2p$ 궤도는 B의 두 개의 $2p$ 궤도와 결합하여 π 궤도를 형성한다. 분자궤도의 에너지 순서는 $\psi(2s_B + 2p_F) < \psi(2p_B - 2p_F) < \psi(2s_B - 2p_F) < \psi(2p_B + 2p_F) < \psi(2p_B)$이다. BF 분자궤도에서 대칭성의 표현은 무엇인가? BF의 바닥상태 전자배치는 무엇인가? BF는 상자기성인가? 마지막 두 질문에 대한 답을 CO의 그것과 비교하여 보아라.(연습문제 11–16)

11-18. O_2의 광전자 분광 스펙트럼은 산소 $1s$ 전자의 이온화에 해당되는 52.398 MJ · mol^{-1}, 52.311 MJ · mol^{-1} 두 밴드를 보여준다. 이 관측에 대해 설명하여라.

11-19. HF와 F_2의 플로린 $1s$ 전자의 관측된 이온화에너지는 각각 66.981, 67.217 MJ · mol^{-1}이다. 플로린의 $1s$ 전자가 화학결합에 참여하지 않음에도 이온화에너지가 다른 이유를 설명하여라.

11-20. 웹사이트 www.ccl.net/cca/data/atomic-RHF-wavefunctions/tables에 들어가 플로린의 $2s$, $2p$ 궤도에너지가 각각 $-1.572E_h$ 그리고 $-0.730E_h$ 임을 확인하여라.

11-21. 이원자 분자의 분자궤도를 만들 때 유사한 에너지를 갖는 궤도들만이 잘 혼합되기 때문에 같은 에너지 궤도들을 결합한다. 이 문제는 이러한 생각을 설명한다. 두 원자궤도 χ_A와 χ_B에 대해 생각해 보자. 이 궤도들의 선형결합이 다음 영년행렬식을 주는 것을 보여라.

$$\begin{vmatrix} \alpha_A - E & \beta - ES \\ \beta - ES & \alpha_B - E \end{vmatrix} = 0$$

$$\alpha_A = \int \chi_A h^{eff} \chi_A d\tau \qquad \alpha_B = \int \chi_B h^{eff} \chi_B d\tau$$

$$\beta = \int \chi_B h^{eff} \chi_A d\tau = \int \chi_A h^{eff} \chi_B d\tau \qquad S = \int \chi_A \chi_B d\tau$$

여기에서 h^{eff}는 분자궤도 ϕ를 차지하고 있는 전자의 유효 일전자 Hamiltonian 연산자이다. 이제

$$(1-S^2)E^2 + (2\beta S - \alpha_A - \alpha_B)E + \alpha_A\alpha_B - \beta^2 = 0$$

을 보여라. S를 무시하는 것이 흔히 제 일차의 만족스런 근사가 된다. 이렇게 하여

$$E_\pm = \frac{\alpha_A + \alpha_B \pm [(\alpha_A - \alpha_B)^2 - 4\beta^2]^{1/2}}{2}$$

를 보여라. χ_A와 χ_B가 같은 에너지를 갖는다면 $\alpha_A = \alpha_B = \alpha$ 그리고

$$E_\pm = \alpha \pm \beta$$

를 보여 에너지가 α 보다 한 단위 β 만큼 높고 한 단위 β 만큼 낮아, 한 준위는 고립된 궤도일 때보다 한 단위 β 만큼 안정하고 다른 한 준위는 한 단위 β 만큼 불안정함을 보여라.

이제 $\alpha_A \neq \alpha_B$ 즉 $\alpha_A < \alpha_B$의 경우를 생각해 보자.

$$E_{\pm} = \frac{\alpha_A + \alpha_B}{2} \pm \frac{\alpha_A - \alpha_B}{2}\left[1 + \frac{4\beta^2}{(\alpha_A - \alpha_B)^2}\right]^{1/2}$$
$$= \frac{\alpha_A + \alpha_B}{2} \pm \frac{\alpha_A - \alpha_B}{2}\left[1 + \frac{2\beta^2}{(\alpha_A - \alpha_B)^2} - \frac{2\beta^4}{(\alpha_A - \alpha_B)^4} + \cdots\right]$$
$$= \frac{\alpha_A + \alpha_B}{2} \pm \frac{\alpha_A - \alpha_B}{2} \pm \frac{\beta^2}{\alpha_A - \alpha_B} + \cdots$$

를 보여라. 여기에서 $\beta^2 < (\alpha_A - \alpha_B)^2$ 그리고 다음 전개를 이용하였다.

$$(1+x)^{1/2} = 1 + \frac{x}{2} - \frac{x^2}{8} + \cdots$$

다음을 보여라.

$$E_{\pm} = \alpha_A \pm \frac{\beta^2}{\alpha_A - \alpha_B} + \cdots$$

이 결과를 이용하여 위 $\alpha_A = \alpha_B$ 경우에 반해 α_A와 α_B의 안정-비안정화에 대해 논하여라. 간단히 초기 $\alpha_A - \alpha_B$가 매우 크다고 가정한다.

11-22. 분자 항기호를 결정하는데 채워진 궤도를 무시할 수 있음을 보여라.

11-23. 표 11-3의 모든 이원자분자들의 바닥상태 항기호를 구하여라.

11-24. O_2, N_2, O_2^+, N_2^+의 바닥상태 항기호를 구하여라.

11-25. $1s$ 상태 수소원자의 에너지와 $2s$ 상태 수소원자 에너지의 합을 계산하고 결과가 그림 11-12와 일치함을 보여라.

11-26. 산소분자의 들뜬상태 전자배치의 가장 높은 차있는 분자궤도는 $(1\pi_g)^1(3\sigma_u)^1$이다. 이 전자배치의 산소의 항기호는 무엇인가?

11-27. 에틸렌의 $E = \alpha - \beta$에 해당하는 π 분자궤도가

$$\psi_\pi = \frac{1}{\sqrt{2}}(2p_{z1} - 2p_{z2})$$

임을 보여라.

11-28. 에틸렌에 대한 Hückel 분자궤도 이론을 일반화 하여 $2p_{z1}$과 $2p_{z2}$의 겹침을 포함시켜라. 에너지와 궤도를 겹침적분 S로 결정하여라.

11-29. 11–10 식을 증명하여라.

11-30. $\begin{vmatrix} x & 1 & 0 & 0 \\ 1 & x & 1 & 0 \\ 0 & 1 & x & 1 \\ 0 & 0 & 1 & x \end{vmatrix} = 0$

이 방정식 $x^4 - 3x^2 + 1 = 0$을 줌을 보여라.

11-31. 부타디엔의 네 π 분자궤도가 11–15 식으로 주어짐을 보여라.

11-32. 부타디엔의 네 π 분자궤도(11–15식)가 11–25 식을 만족함을 보여라.

11-33. 11–19 식을 유도하여라.

11-34. $E_\pi = \sum_r p_{rr}^\pi \alpha_r + 2\sum_r \sum_{s>r} p_{rs}^\pi \beta_{rs}$

임을 보여라. 여기에서 α_r은 r 번째 원자에 대한 쿨롬적분이고 β_{rs}는 r과 s 원자 사이의 교환적분이다. 이 관계는 에너지 준위를 계산하기 위한 좋은 테스트가 된다.

11-35. 벤젠에 대해 Hückel 이론 영년행렬식을 유도하여라.

11-36. 11–25 식의 여섯 개의 근이 $E_1 = \alpha + 2\beta$, $E_2 = E_3 = \alpha + \beta$, $E_4 = E_5 = \alpha - \beta$, $E_6 = \alpha - 2\beta$ 임을 보여라.

11-37. 사이클로부타디엔의 Hückel π 전자 에너지를 계산하여라. 바닥상태 사이클로부타디엔에 대해 Hund 규칙은 무엇을 말해 주는가? 사이클로부타디엔의 안정도를 고립된 두 에틸렌 분자와 비교하여 보아라.

11-38. 트리메틸렌메탄의 Hückel π 전자 에너지를 계산하여라.

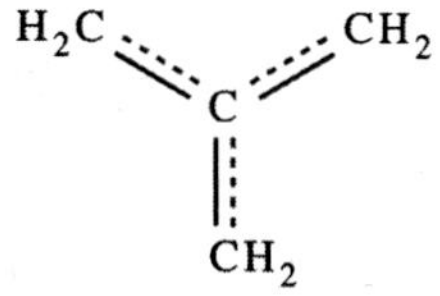

11-39. 바이사이클로부타디엔의 Hückel π 전자 에너지준위 그리고 총 π 전자 에너지를 계산하여라.

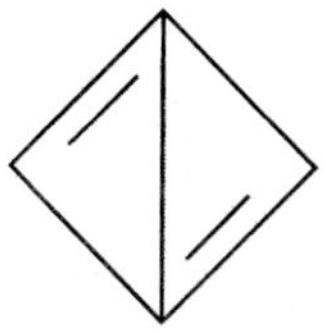

11-40. 11−29 식에 주어진 벤젠의 Hückel 분자궤도가 직교정규화 되어 있음을 보여라.

11-41. 나프탈렌에 대해 Hückel 분자궤도 이론 행렬형 방정식을 세워 보아라.

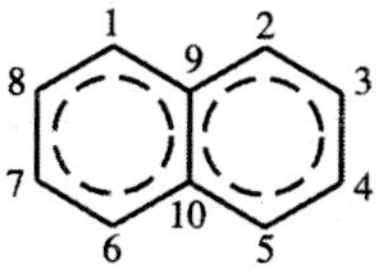

11-42. Mathcad나 Mathematica 같은 프로그램을 사용하여 나프탈렌, $C_{10}H_8$에 대한 Hückel 계산이 분자궤도 에너지준위 $E_i = \alpha + m_i\beta$를 주고 열 개의 m_i 값이 2.3028, 1.6180, 1.3029, 1.0000, 0.6180, −0.6180, −1.0000, −1.3029, −1.6180, −2.3028를 주는 것을 보여라. 바닥상태 π 전자 에너지와 나프탈렌의 안정화 에너지를 계산하여라.

11-43. Mathcad나 Mathematica 같은 프로그램을 사용하여 나프탈렌의 열 개의 π 궤도를 결정하여라. 각 탄소원자의 π−전자 전하와 결합차수를 계산하여라.

11-44. Hückel 분자궤도 이론을 이용하여 H_3^+에서 선형$(H-H-H)^+$ 상태가 안정한지 또는 삼각형 상태가 더 안정한지를 결정하여라.

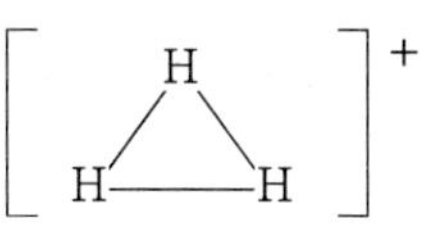

H_3와 H_3^-에 대해 같은 계산을 수행하여라.

11-45. 피리딘에 대해 Hückel 분자궤도 이론 영년행렬식을 세워 보아라.

11-46. 알릴 라디칼과 그의 양이온, 음이온에 대해 비편재화 에너지, 각 탄소의 전하 그리고 결합차수를 계산하여라. 이 계의 분자궤도를 그려보아라.

11-47. 선형 그리고 사이클릭 컨쥬게이트된 폴리엔의 Hückel 분자궤도 이론 영년행렬식의 대칭성 때문에 임의의 탄소 수를 갖는 이 계의 에너지준위를 나타내는 수학적인 식을 쓸 수 있다.(짝수의 탄소원자를 포함하는 사이클릭 폴리엔의 경우에 대해 생각해 보자.) 이 식은

$$E_n = \alpha + 2\beta\cos\frac{n\pi}{N+1} \qquad n = 1, 2, \cdots, N \qquad \text{선형 체인}$$

$$E_n = \alpha + 2\beta\cos\frac{2\pi n}{N} \qquad n = 0, \pm 1, \cdots, \pm\left(\frac{\alpha}{2} - 1\right), \frac{N}{2} \qquad \text{사이클릭 체인(짝수 } N\text{)}$$

이고 여기에서 N은 컨쥬게이트된 π 계에서 탄소원자의 수이다.

(a) 이 식을 이용하여 부타디엔과 벤젠의 결과를 증명하여라.

(b) 이 식을 이용하여 선형 헥사트리엔(C_6H_8)과 옥타테트라엔(C_8H_{10})의 에너지준위를 예측하여라. 사슬의 길이가 증가함에 따라 탄소원자 당 이들 분자들의 안정화 에너지는 어떻게 변화하는가?

(c) 헥사트리엔과 벤젠의 결과를 비교하여 보아라. 어느 분자가 더 큰 안정화 에너지를 갖는가? 이유는 무엇인가?

11-48. 선형 컨쥬게이트된 N 탄소원자 폴리엔의 문제는 일반적으로 풀 수 있다. 에너지 E_j와 j 번 째 분자궤도의 계수는 다음과 같이 주어진다.

$$E_j = \alpha + 2\beta\cos\frac{j\pi}{N+1} \qquad j = 1, 2, 3, \cdots, N$$

$$c_{jk} = \left(\frac{2}{N+1}\right)^{1/2}\sin\frac{jk\pi}{N+1} \qquad k = 1, 2, 3, \cdots, N$$

이 식을 이용하여 부타디엔의 에너지준위와 파동함수를 결정하여라.

11-49. 가상의 일차원 고체의 상태를 한 개의 원자에 한 개의 궤도를 갖는 원자의 일차원 array 모델을 사용하여 계산하고 허락된 에너지를 Hückel 이론을 이용하여 계산할 수 있다. 이전 문제의 E_j에 대한 식을 이용하여 에너지가 4β 두께를 갖는 연속적인 값을 갖는다는 것을 보여라.(**힌트** $E_N - E_1$을 계산하고 N이 커서 $\cos x \approx 1 - x^2/2 + \cdots$를 사용한다.)

11-50. 이전 문제에서 계산한 전자의 에너지 밴드는 서로 반대의 스핀을 갖는 N 쌍의 전자, 즉 $2N$ 개의 전자를 수용할 수 있다. 각 원자가 한 개 씩의 전자(폴리엔의 경우와 같이)를 내 놓으면 밴드는 총 N 개의 전자로 채워진다. 일반화학에서 배운 생각을 이용하여 이러한 계가 전도체인지 비전도체인지 예측할 수 있겠는가?

11-51. 11−39 식을 증명하여라.

11-52. 부타디엔에 대해 C 행렬을 쓰고 직교함을 보여라. 직교행렬에 대해 $C^T = C^{-1}$ 혹은 CC^T

= C^TC = I 임을 상기하여라.(수학 G)

11-53. 11−42 식, 11−43 식이 11−23 식, 11−25 식과 동등함을 보여라.

11-54. 부타디엔에 대해 Mathcad나 Mathematica 같은 프로그램을 사용하여 HC = CD 임을 보여라.

11-55. Mathcad나 Mathematica 같은 프로그램을 사용하여 부타디엔에 대해 R 행렬(11−41 식)이 다음과 같음을 보이고 이 결과를 해석하여라.

$$\begin{pmatrix} 1.0000 & 0.8943 & 0 & -0.4473 \\ 0.8943 & 1.0000 & 0.4473 & 0 \\ 0 & 0.4473 & 1.0000 & 0.8943 \\ -0.4473 & 0 & 0.8943 & 1.0000 \end{pmatrix}$$

11-56. Mathcad나 Mathematica 같은 프로그램을 사용하여 사이클로부타디엔에 대해 R 행렬(11−41 식)이 다음과 같음을 보이고 이 결과를 해석하여라.

$$\begin{pmatrix} 1.0 & 0.5 & 0 & 0.5 \\ 0.5 & 1.0 & 0.5 & 0 \\ 0 & 0.5 & 1.0 & 0.5 \\ 0.5 & 0 & 0.5 & 1.0 \end{pmatrix}$$

11-57. Mathcad나 Mathematica 같은 프로그램을 사용하여 사이클로부타디엔에 대해 R 행렬(11−41 식)이 다음과 같음을 보이고 이 결과를 해석하여라.

$$\begin{pmatrix} 0.621268 & 0.485071 & 0.485071 & 0.621268 \\ 0.485071 & 1.37873 & -0.621268 & 0.485071 \\ 0.485071 & -0.621268 & 1.37873 & 0.485071 \\ 0.621268 & 0.485071 & 0.485071 & 0.621268 \end{pmatrix}$$

참 고 문 헌

DeKock, R. L., Gray, H. B. *Chemical Structure and Bonding*. University Science Books: Sausalito, CA, 1989.

JANAF Thermochemical Tables: Chase, M. W. Jr., et al., *J. Phys. Chem. Ref. Data* 1985, vol. 14, Supplement No. 1.

JANAF Thermochemical Tables (update): *http://www.nist.gov/srd/jpcrd_28.htm#janaf*

Levine, I. N. *Quantum Chemistry,* 5th ed. Prentice Hall: Upper Saddle River, NJ, 2000.

Pilar, F. L. *Elementary Quantum Chemistry,* 2nd ed. Dover Publications: Mineola, NY, 1990.

Streitwieser, A. *Molecular Orbital Theory for Organic Chemists*. Wiley & Sons: New York, 1961.

John Pople was born in Somerset, England, on October 31, 1925, and died in 2004 in Chicago. He received his Ph.D. in mathematics from Cambridge University in 1951. He emigrated to the United States in 1964 to the Carnegie Institute of Technology (now Carnegie Mellon University), where he remained until 1974. Over a period of years, Pople developed computational algorithms for the ab initio calculation of molecular properties based upon Gaussian orbitals. The computer programs developed by Pople and his many collaborators were initially freely distributed, but later were packaged as a commercially available program called Gaussian, one of the most widely used computational quantum-chemical programs. The availability of such programs has made it possible for chemistry students at all levels to calculate molecular properties. Pople shared the 1998 Nobel Prize in Chemistry with Walter Kohn, who developed density functional theory.

Clemens Roothaan was born in 1918 in Nijmegen, the Netherlands. In 1936, he entered the Technical University of Delft and after graduating in 1940 continued there as a graduate student in physics. In 1943 Roothaan returned to his family's home in response to increasing Nazi oppression. Due to his younger brother's involvement with the underground resistance, he was arrested and spent the remainder of World War II in police lockup and eventually in concentration camps in the Netherlands and Germany. After the war, he received his master's degree from the University of Delft, and then went to the University of Chicago to work for Robert Mulliken, while teaching at the Catholic University of America in Washington, DC. In 1950, he joined the physics department at the University of Chicago, where he remained until his retirement in 1988. Roothaan was a pioneer in the application of computers to quantum chemistry.

Chapter 12 Hartree-Fock-Roothaan 방법

제 9 장에서 원자에 대한 Hartree-Fock 근사 그리고 제 10 장에서 H_2 분자에 대해 최소한의 기저함수를 사용한 Hartree-Fock-Roothaan 근사법에 대해 논의하였다. 이 장에서는 어느 분자에도 적용할 수 있는 Hartree-Fock-Roothaan 근사법에 대해 논의한다. 이 근사는 분자의 전자구조를 기술하는 최적의 분자궤도를 준다. 이 방법은 원자의 경우 원자궤도와, 분자궤도의 개념이 전자들이 평균 혹은 자체일관성이 있는 위치에너지와 상호작용을 한다는 가정을 하고 있으므로 근사적이다. Hartree-Fock-Roothaan 근사법은 원자와 분자에 대해 ab initio 계산을 수행하는 출발점이 되며 분자 양자화학의 근원이 된다. ab initio 계산이라 함은 실험적인 변수가 없음을 의미한다. 즉, 계산이 원점에서 출발한다.

Hartree-Fock-Roothaan 계산, 줄여서 Hartree-Fock 계산의 과정은 자연히 기저함수 세트에 대한 논의에서부터 출발하게 된다. 분자에 대한 Hartree-Fock 계산에서 Roothaan의 공헌은 연립 Hartree-Fock 미분방정식을 행렬방정식으로 바꾸는 기저함수 세트를 도입한데 있는데, 이 행렬방정식은 기저함수 세트를 이루는 함수들의 계수를 구하게 한다. 현대 양자화학 계산은 가우스 함수들을 선형결합 한 기저함수 세트를 사용하는데 이 기저함수 세트에 대한 표기가 양자역학의 문헌에 널리 퍼지게 되었다. 이제 STO-3G, 6-31G* 등 기저함수 세트를 나타내는 용어들에 대해 배우게 될 것이다.

많은 수의 컴퓨터 프로그램이 상업적으로 혹은 온라인상에 존재하여 초보 학생들조차도 신뢰할 만한 수준의 분자 계산을 수행할 수 있게 되었다. 이중 가장 대중적인 세 개의 프로그램이 GAUSSIAN 03, GAMESS 그리고 SPARTAN인데 GAUSSIAN이 가장 널리 사용되고 있다. GAUSSIAN에 03은 가장 최근 출시된 연도 2003 년을 의미한다. 이들 프로그램은 모두 PC, Mac, UNIX 컴퓨터에서 작동된다. 12.5 절에서 GAUSSIAN 03을 이용하여 Hartree-Fock 계산을 수행하는 것이 얼마나 쉽고 사용하기 편리한지 예를 들어 설명할 것이다. 다음 절에서는 여러 종류의 분자들의 성질들에 대한 Hartree-Fock 계산 결과들을 소개하고 마지막 절에서 더 흔히 사용되는 post-Hartree-Fock 방법에 대해 논의할 것이다.

Hartree-Fock 계산은 현대 물리화학의 원자 및 분자 계산에서 첫 번째 표준 근사이다. 많은 수의 상업적인 혹은 무상의 컴퓨터 프로그램이 존재하기 때문에 Hartree-Fock 계산은 이제 일상적이 되었으며 앞에서 언급한 대로 물리화학은 물론 유기화학의 실험 코스에서조차도 사용되고 있다. 제 9 장의 다전자 원자 계에서 Hartree-Fock 이론을 도입하였고 10 장에서는 H_2에서 최소 기저함수 세트를 이용한 계산에 대해 소개하였다.

이 절에서는 다원자 분자의 Hartree-Fock 방정식에 대해 다시 소개하고, 원자궤도의 선형결합으로 주어지는 분자궤도를 나타내는 기저함수 세트를 도입하여 거의 모든 분자 계산의 출발점이 되는 Hartree-Fock-Roothaan 방정식에 대해 논의할 것이다. 이제 일반적으로 모든 방정식이 많은 수의 합을 포함하고 있어 복잡해 보일지 모르지만, 합과 적분 등 모든 것을 이들을 다루는 데 익숙한 컴퓨터가 하도록 하면 아무 문제가 없다는 것을 알게 될 것이다. 이제 Hartree-Fock 이론에 대해 다시 살펴보기로 하자.

9.6 절에서 원자에 대한 Hartree-Fock 방법에 대해 소개하였다. 간단히 하기 위해 N 개의 공간궤도에 전자가 두 개씩 채워진 $2N$ 개의 전자가 있는 닫힌 껍질 계에 대해 생각해 보자. 이 경우 파동함수는 한 개의 Slater 행렬식으로 주어진다. 여기에서는 닫힌 껍질 계에 대해서만 고려하는 데 다행히도 이러한 계는 거의 모든 분자의 바닥상태를 기술한다.

M 개의 핵과 $2N$ 개의 전자가 있는 분자의 Hamiltonian 연산자는 Born- Oppenheimer 근사에 따라

$$\hat{H} = -\frac{1}{2}\sum_{i=1}^{2N}\nabla_i^2 - \sum_{i=1}^{2N}\sum_{A=1}^{M}\frac{Z_A}{r_{iA}} + \sum_{i=1}^{2N}\sum_{j>1}\frac{1}{r_{ij}} + \sum_{A}^{M}\sum_{B<A}^{M}\frac{Z_A Z_B}{R_{AB}} \tag{12-1}$$

로 주어진다. 이 식에서 첫 번째 항은 전자의 운동에너지를 나타내며 두 번째 항은 전자와 핵 간의 상호작용, 세 번째 항은 전자-전자 상호작용 그리고 마지막 항은 핵 간 상호작용을 나타낸다. 핵 간 반발력 항은 주어진 분자의 기하학적 구조에 따라 상수가 되므로 여기에서는 무시하고 나중에 포함시키기로 한다.

Slater 행렬식으로 주어지는 파동함수는

$$\Psi(1,2,\cdots,2N) = \frac{1}{\sqrt{(2N)!}}\begin{vmatrix} \psi_1\alpha(1) & \psi_1\beta(1) & \cdots & \psi_N\alpha(1) & \psi_N\beta(1) \\ \psi_1\alpha(2) & \psi_1\beta(2) & \cdots & \psi_N\alpha(2) & \psi_N\beta(2) \\ \vdots & \vdots & \cdots & \vdots & \vdots \\ \vdots & \vdots & \cdots & \vdots & \vdots \\ \psi_1\alpha(2N) & \psi_1\beta(2N) & \cdots & \psi_N\alpha(2N) & \psi_N\beta(2N) \end{vmatrix}$$

이며 에너지는 다음으로 주어진다.

$$E = <\Psi^*(1,2,\cdots,2N)|\hat{H}|\Psi(1,2,\cdots,2N)> \qquad (12-2)$$

원자의 경우와 같이 12-2 식이 다음과 같이 되는 것은 단순한 일이나 한 번 구해볼 가치가 있다.(연습문제 12-1)

$$E = 2\sum_{j=1}^{N} I_j + \sum_{i=1}^{N}\sum_{j=1}^{N}(2J_{ij} - K_{ij}) \qquad (12-3)$$

$$I_j = \int d\boldsymbol{r}_j \psi_j^*(\boldsymbol{r}_j)\left(-\frac{1}{2}\nabla_j^2 - \sum_A^M \frac{Z_A}{r_{jA}}\right)\psi_j(\boldsymbol{r}_j) \qquad (12-4)$$

$$J_{ij} = \int\int d\boldsymbol{r}_1 d\boldsymbol{r}_2 \psi_i^*(\boldsymbol{r}_1)\psi_j^*(\boldsymbol{r}_2)\frac{1}{r_{12}}\psi_i(\boldsymbol{r}_1)\psi_j(\boldsymbol{r}_2) \qquad (12-5)$$

$$K_{ij} = \int\int d\boldsymbol{r}_1 d\boldsymbol{r}_2 \psi_i^*(\boldsymbol{r}_1)\psi_j^*(\boldsymbol{r}_2)\frac{1}{r_{12}}\psi_i(\boldsymbol{r}_2)\psi_j(\boldsymbol{r}_1) \qquad (12-6)$$

12-3 식의 인자 2는 닫힌 껍질 계에서 $2N$ 개의 전자 중 N 개는 스핀함수 α, N 개는 스핀함수 β를 갖기 때문에 나타난다. J_{ij}는 쿨롬적분이라고 부르며 K_{ij}는 $i \neq j$이면 교환적분이라고 부른다. $K_{ii} = J_{ii}$ (연습문제 12-2) 임을 주목하여라. 또한 12-4 식의 I_j는 이것이 전자-핵 상호작용에 대한 것이기 때문에 원자의 경우의 I_j (9-67 식)와 다름도 주의하여라. 원자의 경우 합에 단지 한 개의 항(한 개의 핵)만이 존재한다.

원자의 경우에서처럼 공간궤도 $\psi_i(\boldsymbol{r}_i)$는 12-3 식에 변분법을 적용하여 결정한다. 이렇게 하면 에너지 E를 최소로 하는 공간궤도는 다음 식을 만족한다.

$$\hat{F}(\boldsymbol{r}_1)\psi_i(\boldsymbol{r}_1) = \varepsilon_i\psi_i(\boldsymbol{r}_1) \qquad i = 1,2,\cdots,N \qquad (12-7)$$

여기에서 Fock 연산자 $\hat{F}(\boldsymbol{r}_1)$은

$$\hat{F}(\boldsymbol{r}_1) = \hat{f}(\boldsymbol{r}_1) + \sum_{j=1}^{N}[2\hat{J}_j(\boldsymbol{r}_1) - \hat{K}_j(\boldsymbol{r}_1)] \qquad (12-8)$$

로 주어지며

$$\hat{f}(\boldsymbol{r}_1) = -\frac{1}{2}\nabla_1^2 - \sum_A \frac{Z_A}{r_{1A}} \qquad (12-9)$$

이다. 쿨롬연산자라고 부르는 $\hat{J}_j(\boldsymbol{r}_1)$은

$$\hat{J}_j(\boldsymbol{r}_1)\psi_i(\boldsymbol{r}_1) = \psi_i(\boldsymbol{r}_1)\int d\boldsymbol{r}_2\psi_j^*(\boldsymbol{r}_2)\frac{1}{r_{12}}\psi_j(\boldsymbol{r}_2) \qquad (12-10)$$

로 주어지며 교환연산자 $\hat{K}_j(\boldsymbol{r}_1)$은

$$\hat{K}_j(\boldsymbol{r}_1)\psi_i(\boldsymbol{r}_1) = \psi_j(\boldsymbol{r}_1)\int d\boldsymbol{r}_2\psi_j{}^*(\boldsymbol{r}_2)\frac{1}{r_{12}}\psi_i(\boldsymbol{r}_2) \tag{12-11}$$

로 주어진다. 12-7 식의 고유치를 Hartree-Fock 궤도에너지라고 부른다. Fock 연산자 $\hat{F}(\boldsymbol{r})$의 정의에서 합이 1 부터 N 까지인 것은 N 개의 공간궤도가 있기 때문인 것을 주목하여라. 12-10 식과 12-11 식의 적분이 $\boldsymbol{r}_1$의 함수인 것이 $1/r_{12} = 1/|\boldsymbol{r}_1 - \boldsymbol{r}_2|$이고 적분을 $\boldsymbol{r}_2$에 대해 수행하면 $\boldsymbol{r}_1$만의 함수가 됨을 또한 주목하여라. 또한 $\psi_i(\boldsymbol{r}_1)$에 쿨롬연산자를 연산하면 $\psi_i(\boldsymbol{r}_1)$에 $\boldsymbol{r}_1$의 함수를 곱한 함수가 되지만 교환연산자는 다르게 작용하여 작용된 함수가 적분 기호로 끝나게 된다.

i 번째 분자궤도의 에너지는 12-7 식의 왼편으로부터 $\psi_i{}^*(\boldsymbol{r}_1)$을 곱하고 $\boldsymbol{r}_1$에 대해 적분하여

$$\varepsilon_i = \int d\boldsymbol{r}_1\psi_i{}^*(\boldsymbol{r}_1)\hat{F}(\boldsymbol{r}_1)\psi_i(\boldsymbol{r}_1) \tag{12-12}$$

얻을 수 있다. Fock 연산자에 대한 위의 정의를 사용하면 12-12 식은

$$\varepsilon_i = I_i + \sum_{j=1}^{N}(2J_{ij} - K_{ij}) \tag{12-13}$$

이 되며 I_i, J_{ij} 그리고 K_{ij}는 각각 12-4에서 12-6 식에 주어져 있다. 이 결과를 12-3 식과 비교하면

$$E = \sum_{i=1}^{N}(I_i + \varepsilon_i) \tag{12-14}$$

임을 알 수 있다. 이제 E가 단순히 Hartree-Fock 궤도에너지의 합이 아님을 주목하여라.

12-7 식에서부터 12-14 식 까지는 9-58 식에서부터 9-65 식 까지와 거의 같다. 단 하나 차이는 원자의 경우 핵이 한 개이기 때문에 A에 대한 12-9 식의 합에 한 개의 항만이 있다는 점이다. 원자의 경우에서처럼 12-7 식의 Fock 연산자는 모든 궤도에 의존하므로 모든 궤도들을 알아야만 12-10 식과 12-11 식으로부터 구할 수 있다. 따라서 12-7 식은 연결된 N 개의 방정식이고, 초기 궤도들의 세트 $\psi_i(\boldsymbol{r}_i)$를 가정하여 초기 Fock 연산자의 세트를 계산하여야 자체일관성 방법에 의해 풀 수 있다. 이 Fock 연산자들을 이용하여 이제 12-7 식을 풀어 새로운 세트의 궤도들을 구할 수 있다. 이 새로운 궤도들을 이용하여 새로운 세트의 Fock 연산자를 계산하고 다시 새로운 궤도들을 계산한다. 이 순환 과정을 새롭게 구해진 궤도들이 이전에 구해진 궤도들과 같아질 때까지, 즉 자체일관성이 생길 때까지 반복한다.

상당히 간단한 Hartree-Fock 계산을 이미 두 번 수행한 바 있다. 제 9 장에서 헬륨원자에 대한 Hartree-Fock SCF 계산을 수행하였고 제 10 장에서는 수소분자에 대해 유사한 계산을 수행하였다. 각 경우 궤도들을(헬륨원자의 경우 원자궤도, 수소분자의 경우 분자궤도) 두 개의 Slater 궤도의 선형결합으로 표시하였다. 이렇게 하면 Hartree-Fock 방정식은 행렬형 방정식으로 되며 행렬 대수학의 방법으로 일상적으로 풀 수 있다. 이 방법은 1950 년대 컴퓨터가 일반적으로 이용되기 시작했을 때 Chicago 대학의 Clemens Roothaan에 의해 개발되었다. 즉, 분자궤도 ψ를 기저함수 $\phi_\nu(\boldsymbol{r})$, $\nu = 1, \cdots, K$ 들의 선형결합

$$\psi = \sum_{\nu=1}^{K} c_\nu \phi_\nu \qquad (12\text{-}15)$$

으로 표시하였으며 이때 함수들은 꼭 필요하지는 않지만 보통 Slater 궤도를 사용하였다. 기저세트가 점점 커질수록 12-15 식은 분자궤도를 점점 더 정확히 묘사하게 된다. 이 한계를 Hartree-Fock 한계라고 부르며 최적의 분자궤도를 준다. 그러나 Hartree-Fock 근사가 각각의 전자가 다른 모든 전자들의 평균 위치에너지를 경험한다는 근사에서 비롯된 것이기 때문에 이 최적화된 분자궤도도 실제 분자궤도에 대한 근사임을 잊지 말아야 한다. 다시 말해서 전자들의 운동에 상관성을 부여하지 않았다는 것이다.

12-15 식을 12-7 식에 대입하고 양변에 왼편으로부터 $\psi_\mu{}^*(\boldsymbol{r}_1)$을 곱하고 $\boldsymbol{r}_1$에 대해 적분하면

$$\sum_\nu F_{\mu\nu} c_\nu = \varepsilon \sum_\nu S_{\mu\nu} c_\nu \qquad \mu = 1, 2, \cdots, K \qquad (12\text{-}16)$$

을 얻고 여기에서 Fock 행렬요소는

$$F_{\mu\nu} = \int d\boldsymbol{r}_1 \phi_\mu{}^*(\boldsymbol{r}_1) \hat{F}(\boldsymbol{r}_1) \phi_\nu(\boldsymbol{r}_1) \qquad (12\text{-}17)$$

그리고 겹침 행렬요소는 다음으로 주어진다.

$$S_{\mu\nu} = \int d\boldsymbol{r}_1 \phi_\mu{}^*(\boldsymbol{r}_1) \phi_\nu(\boldsymbol{r}_1) \qquad (12\text{-}18)$$

이 두 행렬 모두 K×K 에르미티안 행렬이다. 즉, 보통 하듯이 기저세트를 실수함수로 선택하면 두 행렬 모두 실수, 대칭행렬이 된다. c_ν에 대한 방정식(12-16 식)은 Hartree-Fock-Roothaan 방정식이다. 이 방정식은 행렬형으로 압축하여 흔히 다음과 같이 쓴다.

$$\mathbf{Fc} = \varepsilon \mathbf{Sc} \qquad (12\text{-}19)$$

12-19 식에서 **F**와 **S**는 K×K 행렬이며 **c**는 K×1 열 벡터이다. 이 방정식은 표준 행렬

고유치 문제와 유사하며(수학 H) K×K 영년행렬식을 주고 K 개의 궤도에너지 ε와 K 개의 분자궤도를 주는 K 개의 고유벡터 **c**를 준다. 바닥 전자상태에서 가장 낮은 N 공간궤도에 $2N$ 개의 전자가 채워진다.

12-7 식에 주어지는 F의 요소들은 12-8 식부터 12-11 식의 c_j 들에 의존한다는 것을 알아야 한다. 이것을 강조하기 위해 12-19 식을 다음과 같이 쓴다.

$$\mathbf{F(c)c} = \varepsilon\mathbf{Sc} \tag{12-20}$$

12-20 식은 자체일관성 방법으로 반복하여 푼다.

Hartree-Fock-Roothaan 방법은 1960 년대 Roothaan과 그 외 여러 사람들에 의해 잘 발전되었다. 바닥 전자상태 N_2에 대해 전형적인 결과를 표 12-1에 정리하였다. 표의 첫 번째 열은 바닥 전자상태 N_2의 채워진 분자궤도를 얻은 기저세트를 나타내고 있다. $\sigma_g 1s$는 $1s_A + 1s_B$, …를 나타낸다. 이와 유사하게 $\sigma_u 1s$는 $1s_A - 1s_B$, …를 나타낸다. N_2가 동종 이원자 분자이기 때문에 두 핵에 같은 원자궤도에 대한 계수들은 항상 합이나 차로 나타난다. 예를 들어, $\sigma_g 1s(5.68298)$은 궤도지수 $\zeta = 5.68298$인 두 Slater $1s$ 궤도의 합(각각 핵의 중심에 있는)이며 $\sigma_u 1s(5.95534)$는 궤도지수 $\zeta = 5.95534$인 두 Slater $1s$ 궤도의 차이다. 두 번째 열은 가장 낮은 에너지를 갖는 1 번열의 $1\sigma_g$ 분자궤도에 대한 기저세트의 수의 계수들을 나타낸다. 세 번째 열은 두 번째로 낮은 에너지를 갖는 $1\sigma_u$ 분자궤도에 대한 계수들을 나타내고 나머지 다른 열들도 주어진 분자궤도에 대한 계수들을 나타낸다.

σ 궤도들이 핵간 축에 대해 대칭이어서 p_z, d_{z^2}, f_{z^2} 원자궤도들의 합 또는 차로 이루어져 있음을 알아야 한다. 그러나 π 궤도는 핵간 축을 포함하는 마디가 있고 따라서 p_x, p_y, 그리고 적당한 d와 f 궤도들의 합 또는 차로 이루어진다.(π_u와 π_g 궤도를 그림으로 표시하기 위해 실제 그림 11-3을 보아라.)

예제 12-1 표 12-1의 첫 번째 열의 기저세트 궤도 $\sigma_g 2s(2.43875)$를 써 보아라.

풀이 $\sigma_g 2s(2.43875)$는 궤도지수 $\zeta = 2.43875$인 두 Slater $2s$ 궤도를 의미한다.

$$S_{2s}(r) = \left(\frac{\zeta^5}{3\pi}\right)^{1/2} re^{-\zeta r}$$

이므로 $\sigma_g 2s(2.43875)$ 궤도는 다음과 같이 주어진다.

$$\begin{aligned}\sigma_g 2s(2.43875) &= N[S_{2s}(r_A, 2.43875) + S_{2s}(r_B, 2.43875)] \\ &= N\left(\frac{\zeta^5}{3\pi}\right)^{1/2}(r_A e^{-\zeta r_A} + r_B e^{-\zeta r_B})\end{aligned}$$

여기에서 N은 정규화상수이며 $\zeta = 2.43875$이다.

표 12-1 평형 핵간거리 1.094 Å에 있는 바닥상태 N_2에 대한 기저세트와 채워진 MO의 전개 계수 값들

Basis set functions	MO					
	$1\sigma_g$	$1\sigma_u$	$2\sigma_g$	$2\sigma_u$	$3\sigma_g$	$1\pi_u$
$\sigma_g 1s$ (5.682 98)	0.923 19		−0.279 31		0.074 84	
$\sigma_g 1s$ (10.342 40)	0.152 04		−0.006 15		0.002 62	
$\sigma_g 2s$ (1.453 49)	0.000 90		0.141 06		−0.458 59	
$\sigma_g 2s$ (2.438 75)	−0.000 03		0.599 48		−0.176 62	
$\sigma_g 3s$ (7.040 41)	−0.085 01		−0.023 33		−0.006 78	
$\sigma_g 2p$ (1.282 61)	0.000 41		0.116 02		0.429 14	
$\sigma_g 2p$ (2.569 88)	0.001 04		0.259 07		0.484 53	
$\sigma_g 2p$ (6.216 98)	0.001 09		0.010 92		0.024 78	
$\sigma_g 3d$ (1.341 42)	0.000 17		0.036 26		0.046 96	
$\sigma_g 3d$ (2.916 81)	0.000 98		0.039 48		0.030 65	
$\sigma_g 3d$ (5.520 63)	−0.000 18		−0.002 75		−0.001 58	
$\sigma_g 4f$ (2.594 49)	0.000 32		0.013 34		0.010 86	
$\sigma_u 1s$ (5.955 34)		0.934 06		−0.243 70		
$\sigma_u 1s$ (10.658 79)		0.114 83		−0.000 00		
$\sigma_u 2s$ (1.570 44)		−0.011 56		0.364 37		
$\sigma_u 2s$ (2.489 65)		0.004 79		0.547 02		
$\sigma_u 3s$ (7.291 69)		−0.053 43		−0.030 54		
$\sigma_u 2p$ (1.485 49)		−0.006 79		−0.413 55		
$\sigma_u 2p$ (3.499 90)		0.002 94		−0.109 45		
$\sigma_u 3d$ (1.690 03)		−0.001 21		−0.035 53		
$\pi_u 2p$ (1.384 36)						0.469 21
$\pi_u 2p$ (2.532 88)						0.398 69
$\pi_u 2p$ (5.691 76)						0.031 41
$\pi_u 3d$ (2.057 07)						0.059 38
$\pi_u 3d$ (2.706 50)						0.017 38
$\pi_u 4f$ (3.068 96)						0.012 33

예제 12-2 표 12-1의 자료를 이용하여 $1\sigma_u$ 분자궤도를 원자궤도로 써 보아라.

풀이 세 번째 열의 계수들을 이용하면

$$1\sigma_u = 0.93406[S_{1s}(r_A, 5.95534 - S_{1s}(r_B, 5.95534)] \\ + 0.11483[S_{1s}(r_A, 10.65879) - S_{1s}(r_B, 10.65879)]$$

$$
\begin{aligned}
&-0.01156[S_{2s}(r_A, 1.57044) - S_{2s}(r_B, 1.57044)] \\
&+0.00479[S_{2s}(r_A, 2.48965) - S_{2s}(r_B, 2.48965)] \\
&-0.05343[S_{3s}(r_A, 7.29169) - S_{3s}(r_B, 7.29169)] \\
&-0.00679[S_{2p_z}(\boldsymbol{r}_A, 1.48549) + S_{2p_z}(\boldsymbol{r}_B, 1.48549)] \\
&+0.00294[S_{2p_z}(\boldsymbol{r}_A, 3.49990) + S_{2p_z}(\boldsymbol{r}_B, 3.49990)] \\
&-0.00121[S_{3d_{z^2}}(\boldsymbol{r}_A, 1.69003) - S_{3d_{z^2}}(\boldsymbol{r}_B, 1.69003)]
\end{aligned}
$$

이다. 이 식에서 $\boldsymbol{r}_A$와 $\boldsymbol{r}_B$는 S_{2p_z} 궤도와 $S_{3d_{z^2}}$ 궤도(구형이 아닌)에 있는 전자의 세 구형 좌표를 나타낸다. ungerade 대칭이 $2p_z$ 궤도의 합에서 얻어짐을 주목하여라.(그림 11-2)

그림 12-1 에는 바닥상태 N_2에 대해 채워진 분자궤도의 등고도 그림과 Hartree-Fock 파동함수를 나타내었다. $1\pi_u$ 궤도가 그림 11-3의 궤도와 유사함을 주목하여라. 이 궤도는 예를 들어, 핵간 축에 대해 방향만이 다른 p_x 궤도 또는 p_y 궤도를 이용하여 만들어질 수 있으므로 이중으로 축퇴되어 있다.

표 12-1에 따르면 $1\sigma_g$, $1\sigma_u$, $2\sigma_g$, $2\sigma_u$, $3\sigma_g$ 그리고 두 $1\pi_u$ 궤도가 에너지가 증가하는 순서로 일곱 개의 낮은 에너지 분자궤도이다. N_2에는 14 개의 전자가 있으므로 스핀 방향이 다른 두 개씩의 전자를 이 궤도에 채워 N_2의 바닥상태 전자배치를 쓸 수 있다. 이 배치는 $1\sigma_g^2 1\sigma_u^2 2\sigma_g^2 2\sigma_u^2 3\sigma_g^2 1\pi_u^4$ 이다. 이 전자배치가 표 11-2의 배치와 다름을 주목하여라. 사실 Hartree-Fock 이론의 부족함 중의 하나는 N_2에 대해 $3\sigma_g$와 $1\pi_u$ 궤도의 에너지 순서를 틀리게 준다는 점이다. post-Hartree-Fock 방법 중 하나에 의한 전자상관을 포함하는 것이 이 부족함을 보완하는 방법이다.(이에 대한 논의는 이장의 끝에 있는 Szabo와 Ostlund의 참고문헌에 잘 나타나 있다.)

12.2 분자 계산에서는 거의 Gaussian 기저세트를 사용한다.

이 시점에서 다원자 분자에 대한 Hartree-Fock-Roothaan 계산에 대한 논의를 하는 것이 적절해 보인다. 그러나 이 과정에서 1960 년 그리고 1970 년대 초반 분자 계산에서 부딪쳤던 어려움에 대해 이야기해야 한다. 이 어려움은 12-17 식의 Fock 행렬요소를 구하는데 있다. 이 행렬요소들은 다음 적분들로 이루어져 있다.(연습문제 12-8)

$$
(\mu\nu|\sigma\lambda) = \int d\boldsymbol{r}_1 d\boldsymbol{r}_2 \phi_\mu(\boldsymbol{r}_1)\phi_\nu(\boldsymbol{r}_1)\frac{1}{r_{12}}\phi_\sigma(\boldsymbol{r}_2)\phi_\lambda(\boldsymbol{r}_2)
$$

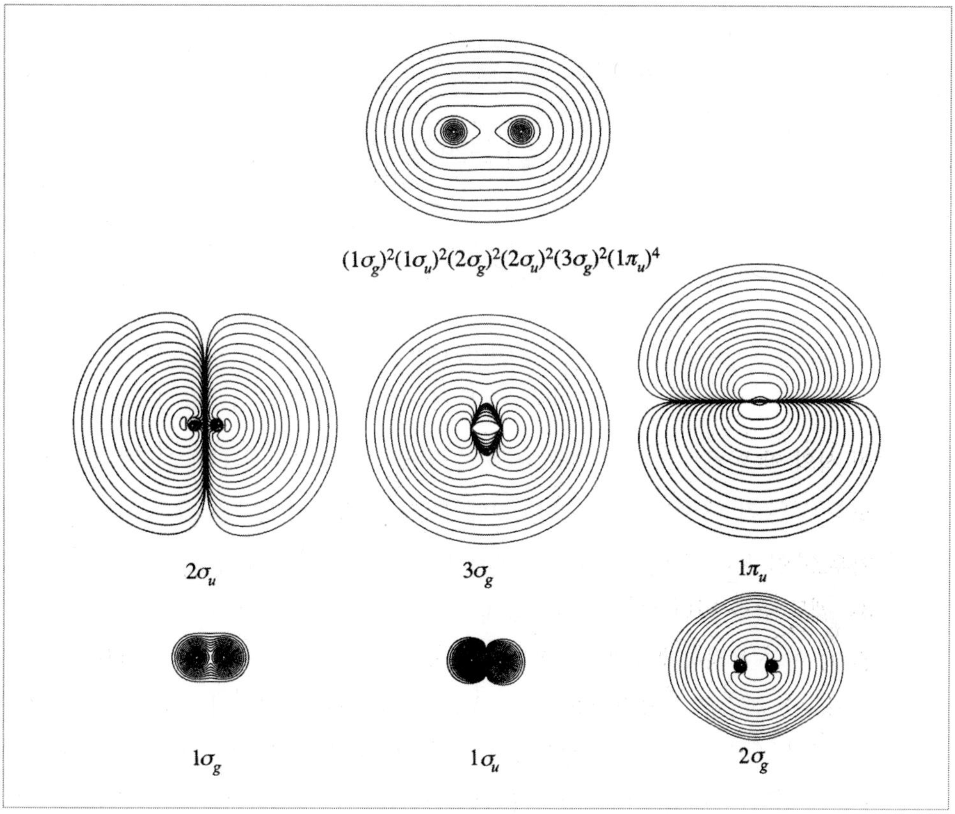

그림 12-1 바닥상태 N_2에 대해 채워진 분자궤도의 등고도 그림과 Hartree-Fock 파동함수.

이원자 분자에 대해 이 적분들은 단지 핵간거리와 기저세트의 궤도지수에만 의존하므로 상당히 쉽게, 적어도 수치해석의 방법으로 구해질 수 있었다. 그러나 한 가지 문제는 K를 기저세트의 수라고 할 때 적분의 수가 $K^4/8$이라는 점이다. 따라서 $K=100$인 기저세트에 대해(특별히 많은 수의 기저세트가 아님) 수백만 개 이상의 적분을 구해야 한다. 1960 년 대 한정된 컴퓨터의 능력을 지금 감안하더라도 그렇게 문제는 아니어서 이원자 분자에 대해 많은 양질의(다시 말해서 큰 기저세트를 사용한) Hartree-Fock-Roothaan 계산이 수행되었다.

다원자 분자에 대한 어려움은 기저함수가 모든 핵의 중심에 있어서 위의 많은(실제 거의 모든) 적분들이 두 개 이상의 핵에 걸쳐 있는 기저함수를 포함한다는 것이다. 이러한 이- 또는 삼중심(다중심 적분) 적분들은 구하기가 매우 어려우며 다원자 분자에서는 기저함수의 수 및 적분의 수가 매우 증가하게 된다. 이 어려움을 해결하는 방법이 1950 년대 초반 영국의 화학자 Frank Boys에 의해 제안되었는데 기저함수로 Slater 형 궤도를 사용하는 대신 가우스 형의 함수를 사용하면 다중심 적분이 간단한 형으로 해석적으로 구해질 수 있다는 것이다. 즉, 다음 형의 가우스 함수를 사용한다.(연습문제 12-28)

$$g_s(r,\alpha) = \left(\frac{2\alpha}{\pi}\right)^{3/4} e^{-\alpha r^2}$$

$$g_x(r,x,\alpha) = \left(\frac{128\alpha^5}{\pi^3}\right)^{1/4} xe^{-\alpha r^2}$$

$$g_y(r,y,\alpha) = \left(\frac{128\alpha^5}{\pi^3}\right)^{1/4} ye^{-\alpha r^2} \qquad (12\text{-}21)$$

$$g_z(r,z,\alpha) = \left(\frac{128\alpha^5}{\pi^3}\right)^{1/4} ze^{-\alpha r^2}$$

이 식의 앞 인자들은 정규화상수들이다.(연습문제 12-9) 이 가우스 함수들이 Slater 궤도와 같은 각 대칭성을 갖는다는 것에 주목하여라. 주된 다른 점은 지수인자 $e^{-\alpha r}$ 대신 가우스 인자 $e^{-\alpha r^2}$이다. 이제 아래에서 g_s 가우스 함수들이 모든 $1s$ 궤도 그리고 $2s$, $3s$ 궤도 등을 나타낸다는 것을 알게 될 것이다. 예를 들어, g_{1s} 가우스 함수 같은 것은 없다. 이와 유사하게 g_x 가우스 함수는 모든 p_x 궤도, 즉 $2p_x$, $3p_x$ 궤도 등을 나타낸다.

가우스 함수를 사용하는데 따르는 장점은 두 개의 서로 다른 위치를 중심으로 한 두 가우스 함수의 곱이 어느 한 위치를 중심으로 한 하나의 가우스 함수로 된다는 데에 있다. 이 성질은 모든 삼- 또는 사중심 적분들을 해석적으로 쉽게 구해지는 이중심 적분으로 만든다. 연습문제 12-10에서 12-17 까지는 가우스 함수의 성질에 대한 복습이며 가우스 함수를 이용하여 어떻게 다중심 적분을 구하는 지를 보여준다.

가우스 함수를 사용한다는 생각은 John Pople과 여러 연구자들이 현대 분자 계산에 이를 성공적으로 이용할 수 있는 방법을 개발하기 전까지는 활발히 이용되지는 못하였다. 기본적인 아이디어는 Slater 궤도를 가우스 함수로 대체하는 것이다. 이 생각의 문제는 작은 r에 대해 Slater 궤도와 가우스 함수가 매우 다른 행동을 한다는 것이다.(큰 r에 대해서도) 그림 12-2 에는 $\zeta = 1$의 Slater $1s$ 궤도와

$$S_{1s} = \left(\frac{1}{\pi}\right)^{1/2} e^{-r} \qquad (12\text{-}22)$$

$\alpha = 0.2710$의 가우스 s 함수

$$g_s = \left(\frac{2\alpha}{\pi}\right)^{3/4} e^{-\alpha r^2} \qquad (12\text{-}23)$$

를 비교하였다. 이 α 값은 $S_{1s}(r)$과 $g_s(r)$의 겹침이 최대로 되는 값을 선택하였다.(연습문제 12-19) $r = 0$에서 Slater 궤도가 첨점을 가지며 큰 r에서 가우스 함수보다 큰 값을 가짐을 주목하여라.

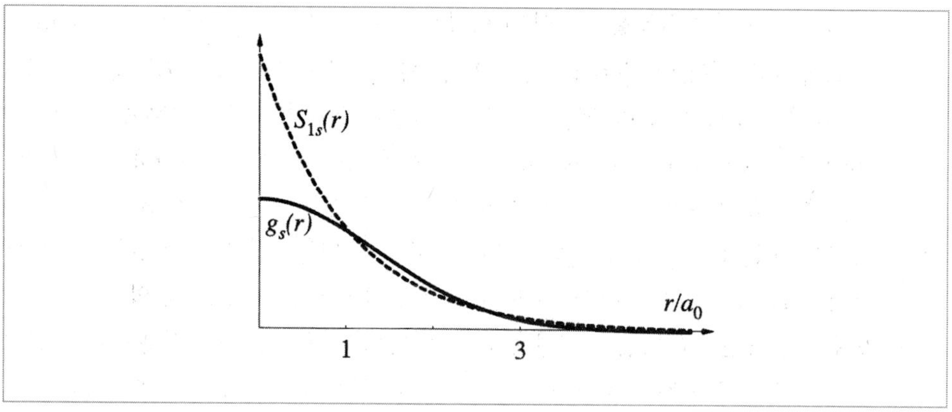

그림 12-2 $\zeta = 1$인 Slater $1s$ 궤도(점선)(12-22 식)와 $\alpha = 0.2710$의 가우스 함수(실선)(12-23 식)와의 비교. 이 α 값은 두 함수의 겹침이 최대로 되는 값으로 선택되었다.

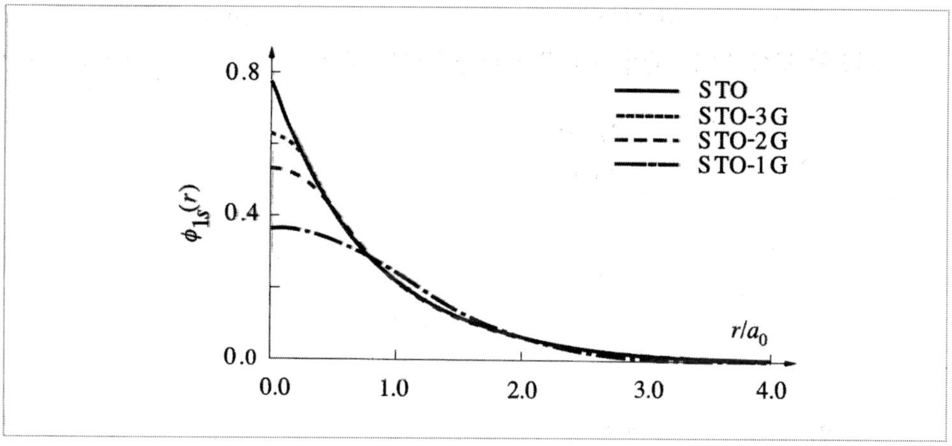

그림 12-3 한 개, 두 개, 그리고 세 개의 원초 가우스 함수(여러가지 점선)로 이루어진 축약된 가우스 함수와 비교한 Slater 궤도, STO (실선).

Slater $1s$ 궤도와 가우스 함수의 차이는 분자 계산에서 큰 의미를 갖는 것으로 밝혀졌다. 이 어려움을 극복하기 위해 가우스 함수의 선형결합을 사용하여 하나의 Slater 궤도에 맞춘다. 이 맞춤은 사용되는 가우스 함수의 수 N이 증가함에 따라 개선된다. 그림 12-3은 이 맞춤을 N의 함수로 보여 준다. 예를 들어, $N = 3$이면 Slater 궤도 $S_{1s}(r) = (1/\pi)^{1/2}e^{-r}$이

$$S_{1s}(r) = \sum_{i=1}^{3} d_{1si} g_s(r, \alpha_{1si}) \tag{12-24}$$

$$= 0.4446 g_s(r, 0.10982) + 0.5353 g_s(r, 0.40577) + 0.1543 g_s(r, 2.2277)$$

로 표시되고 g_s는 12-21 식으로 정의되는 가우스 함수이다. 이 가우스 함수의 선형결합

이 Slater $S_{1s}(r)$ 궤도를 나타내며 축약된 가우스 함수(contracted Gaussian function)라고 부른다. 축약된 가우스 함수의 변수들은 소위 Slater 궤도와의 맞춤에 의해 결정되며 이 후의 계산에서 하나의 함수로 취급된다. 각각의 가우스 함수들은 원초 가우시안(primitive Gaussian)이라고 부른다. 한 개의 Slater 궤도를 표현하기 위해 세 개의 가우스 함수를 축하였기 때문에 이러한 기저세트를 STO-3G 기저세트라고 부른다. Slater 궤도를 표현하기 위해 N 개의 가우스 함수를 축약한다면 STO-NG 기저세트를 가지게 된다. STO-3G 기저세트에서는 모든 원자궤도들이 세 가우스 함수의 축약으로 기술되며 변수들은 곡선맞춤 방법으로 정해진다. 이 방법이 구해야 하는 적분의 수를 급격히 늘어나게 하지만 각각은 비교적 쉽고 따라서 전 과정 자체는 매우 효과적이다.

H_2의 최소 기저세트는 각 핵의 중심에 있는 $1s$ 궤도들로 이루어져 있다. 엄격히 말해서 최소 기저세트는 원자의 모든 전자를 담을 수 있는 궤도들의 수만으로 되어 있다. 따라서 수소, 헬륨, 리튬 그리고 베릴륨원자에 대해서도 최소 기저세트는 s 궤도만으로 되어야 한다. 그렇지만 리튬과 베릴륨원자에 $2p$ 궤도를 포함하고 소듐과 마그네슘에는 $3p$ 궤도를 포함시키는 것이 더 좋은 결과를 준다는 것이 발견되었다. 따라서 최소 기저세트는

H, He	$1s$
Li to Ne	$1s$
	$2s,\ 2p_x,\ 2p_y,\ 2p_z$
Na to Ar	$1s$
	$2s,\ 2p_x,\ 2p_y,\ 2p_z$
	$3s,\ 3p_x,\ 3p_y,\ 3p_z$

각 주기에서 1, 5, 9 개의 총 기저함수에 대해 고려한다.

예제 12-3 칼슘원자의 최소 기저세트는 13 개의 기저함수로 이루어져 있다. 어느 궤도들을 포함시키겠는가?

풀이 칼슘원자의 전자배치는 10 개의 궤도에 대해 $1s^2 2s^2 2p^6 3s^2 3p^6 4s^2$ 이다. 그러나 Li, Be, Na, Mg의 경우처럼 칼슘원자의 최소 기저세트에는 $4p$ 궤도를 포함시켜 13 개의 기저함수로 한다.

예제 12-4 메탄 분자에서 STO-3G 최소 기저세트는 총 원초 가우스 함수가 몇 개가 되겠는가?

풀이 수소원자의 최소 기저세트는 $1s$ 궤도만으로 이루어져 있고 세 개의 가우스 함수가 축약되어 있으므로 수소원자들에 대해 총 12 개의 원초 가우스 함수가 있다. 탄소원자의 최소 기저세트는 다섯 개의 궤도로 이루어져 있고 각각 세 개의 원초 가우스 함수로 기술되므로 총 15 개의 원초 가우스 함수가 있다. 메탄 분자의 STO-3G 최소 기저세트 계산

에는 27 개의 원초 가우스 함수가 필요하다.

이제까지 $\zeta = 1$ Slater 궤도를 나타내는데 축약된 가우스 함수를 이용하였다. 제 10 장에서 본대로 이러한 최적화 되지 않은 궤도는 좋지 않은 결과를 준다. 12.1 절에 논의한 Slater 궤도를 이용한 이원자 분자의 계산에서 궤도지수는 모든 궤도들에 대해 에너지를 최소화하는 것으로 최적화된다. 예를 들어, 표 12-1의 N_2에 대한 궤도지수는 모두 최적화 되어 있다. 궤도지수가 지수에 나타나기 때문에 최적화의 과정에 비선형 수치해석의 방법을 요하게 되고 매우 어렵고 긴 시간이 소모되게 된다. 최적화된 많은 수의 원자 그리고 분자 계산을 잘 살펴보면 완전한 최적화의 결과와 같은 결과를 주는 Slater 궤도의 지수 세트를 선택할 수 있음을 발견할 수 있다. 이 방법은 컴퓨터 계산 시간을 매우 단축시킬 수 있으며 이 방법의 부족함은 큰 기저세트를 사용하는 것으로 쉽게 보완될 수 있음을 알게 될 것이다. 표 12-2에는 H 원자에서 Ne 까지 흔히 사용되는 궤도지수들을 수록하였다. 궤도지수들의 값들이 $2s$와 $2p$ 궤도에 대해 같음을 즉시 알 수 있을 것이다. 더 많은 값들은 Hehre, Radom, Schleyer, Pople에 의해 주어져 있다.(이 장의 끝 참고문헌을 보아라.)

표 12-2에 의하면 수소원자들을 포함하는 분자들의 계산에서

$$\begin{aligned} S_{1s} &= S_{1s}(r, \zeta = 1.24) \\ &= \left[\frac{(1.24)^3}{\pi}\right]^{1/2} e^{-1.24r} \end{aligned}$$

표 12-2 주기율표의 처음 두 주기 원자들에 대한 Slater 궤도의 궤도지수 ζ

Atom	ζ_{1s}	$\zeta_{2s} = \zeta_{2p}$
H	1.24	
He	1.69	
Li	2.69	0.80
Be	3.68	1.15
B	4.68	1.50
C	5.67	1.72
N	6.67	1.95
O	7.66	2.25
F	8.56	2.55
Ne	9.64	2.88

을 사용한다. 12-24 식에서 Slater 궤도 $S_{1s}(r,\zeta=1.00)$를 세 가우스 함수의 합에 맞추었다. 이 결과를 $S_{1s}(r,\zeta=1.24)$에 세 항 가우스 함수를 결정하는데 사용할 수 있겠는가? 답은 쉽다는 것이다. 연습문제 12-21은 임의의 ζ를 갖는 Slater 궤도를 나타내기 위한 α 값들이 $\zeta=1.00$인 Slater 궤도를 나타내는 축약된 가우스 함수의 α 값들과 다음과 같은 관계가 있다는 것을 보여준다.

$$\alpha(\zeta)=\zeta^2\alpha(\zeta=1.00) \tag{12-25}$$

이 유용한 관계 때문에 Gaussian fit이 $\zeta=1$ Slater 궤도에 대해 이루어지고 그 다음 여러 가우스 함수의 지수가 12-25 식에 따라 구해진다. 선형 계수는 같고 따라서 지수 부분만 구하면 된다.

예제 12-5 12-24 식으로 주어진 맞춤이 주어질 때

$$S_{1s}(r,1.0000)=0.4446g_s(r,0.10982)+0.5353g_s(r,0.40577)+0.1543g_s(r,2.2277)$$

$S_{1s}(r,1.24)$에 대해 해당되는 fit을 써보아라.

풀이 12-25 식을 사용하면

$$\alpha_1=(1.24)^2(0.10982)=0.1688$$
$$\alpha_2=(1.24)^2(0.40577)=0.6239$$
$$\alpha_3=(1.24)^2(2.2277)=3.425$$

이다. 따라서

$$S_{1s}(r,1.24)=0.4446g_s(r,0.1688)+0.5353g_s(r,0.6239)+0.1543g_s(r,3.425)$$

이다.

12.3 정확한 결과를 얻기 위해서는 확장된 기저세트를 사용해야 한다.

이제까지 논의한 STO-NG 궤도는 최소 기저세트로 이루어져 있다. 최소 기저세트를 이용한 Hartree-Fock-Roothaan 계산은 보통 적당하나 아주 좋은 결과를 주지는 않는다. 결합길이에서 약 수백 Å 정도의 오차 그리고 결합각 약 몇도 정도의 오차를 준다. 최소 기저세트의 하나의 부적당함은 궤도지수가 고정되어 있다는 사실에 기인하여, 분자의 다른 환경에 따라 궤도를 축약하거나 확장할 수 없다는 것이다. 고정된 궤도지수는

궤도를 너무 경직되게 한다. 궤도지수가 비선형이어서 변화시키는데 불편하지만, 같은 형(같은 대칭성) 그러나 다른 궤도지수를 갖는 궤도들의 선형결합을 사용하는 것으로 거의 같은 결과를 얻을 수 있다.

예를 들어, $2s$ 궤도를 다음과 같이

$$\phi_{2s}(r) = S_{2s}(r,\zeta_1) + dS_{2s}(r,\zeta_2) \tag{12-26}$$

쓰고 d를 Hartree-Fock-Roothaan 방정식에서 결정하는 변수로 한다. 이렇게 할 때의 장점을 다음에서 알 수 있다. Slater 궤도 $S_{2s}(r,\zeta_1)$와 $S_{2s}(r,\zeta_2)$는 $\zeta_1 \neq \zeta_2$이면 서로 크기가 다른 $2s$ 궤도를 나타낸다.(그림 12-4)

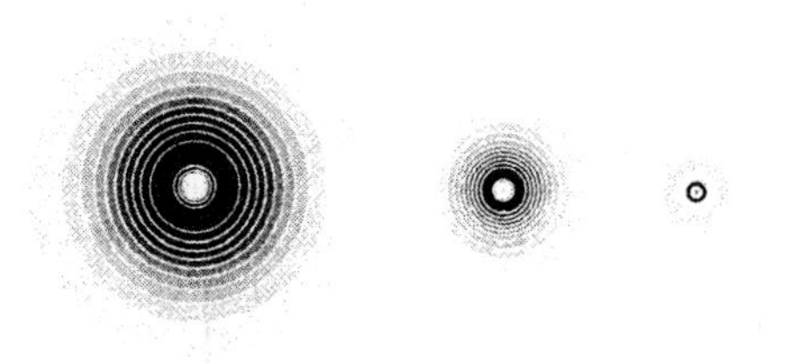

그림 12-4 궤도지수 값에 따른 $2s$ 궤도의 크기 의존도를 보여주는 그림. ζ 값은 1.00, 2.00, 4.00이다.

$S_{2s}(r,\zeta_1)$와 $S_{2s}(r,\zeta_2)$의 선형결합을 사용하여 12-26 식의 상수 d를 변화시키는 것으로 그림 12-5에 보인 것 같이, $S_{2s}(r,\zeta_1)$와 $S_{2s}(r,\zeta_2)$에 의해 정해진 크기 사이에서 크기가 다른 원자궤도를 만들 수 있다. 두 함수 모두 같은 형(이 경우 S_{2s})이므로 선형결합은 원자궤도에서 원하는 대칭성을 갖는다. 두 궤도의 합으로 만들어지는 기저세트를 이중-제타 기저세트(double-zeta basis set)라고 부르는데, 기저세트의 각 궤도가 궤도지수 ζ만이 다른 두 궤도의 합으로 생성되기 때문이다.

흔히 원자가 궤도만이 이중-제타 기저세트로 표현된다. 내부 껍질 전자들은 아직도 한 개의 궤도로 기술된다. 예를 들어, 탄소원자에서 $1s$ 원자궤도에 있는 전자들은 표 12-2의 ζ 값을 이용한 한 개의 궤도로 기술하고, $2s$ 원자궤도의 전자들은 서로 다른 궤도지수 ζ를 갖는 두 개의 $2s$ 궤도의 선형결합으로 기술한다. 내부 껍질 전자들은 한 개의 궤도로 기술하고 원자가전자들은 궤도들의 합으로 기술하는 기저세트를 split-valence 기저세트라고 부른다. 가장 간단한 split-valence 기저세트에서 수소 그리고 헬륨원자는 두 개의 s 궤도로 표시되며 주기율표의 다음 두 주기 원자들은 두 개의 완전한 세트의 s와 p 궤도로 기술된다. 수소에서 아르곤원자까지 다음과 같다.

H, Ne	$1s$
	$1s'$
Li에서 Ne	$1s$
	$2s', 2p_x', 2p_y', 2p_z'$
	$2s'', 2p_x'', 2p_y'', 2p_z''$
Na에서 Ar	$1s$
	$2s, 2p_x, 2p_y, 2p_z$
	$3s', 3p_x', 3p_y', 3p_z'$
	$3s'', 3p_x'', 3p_y'', 3p_z''$

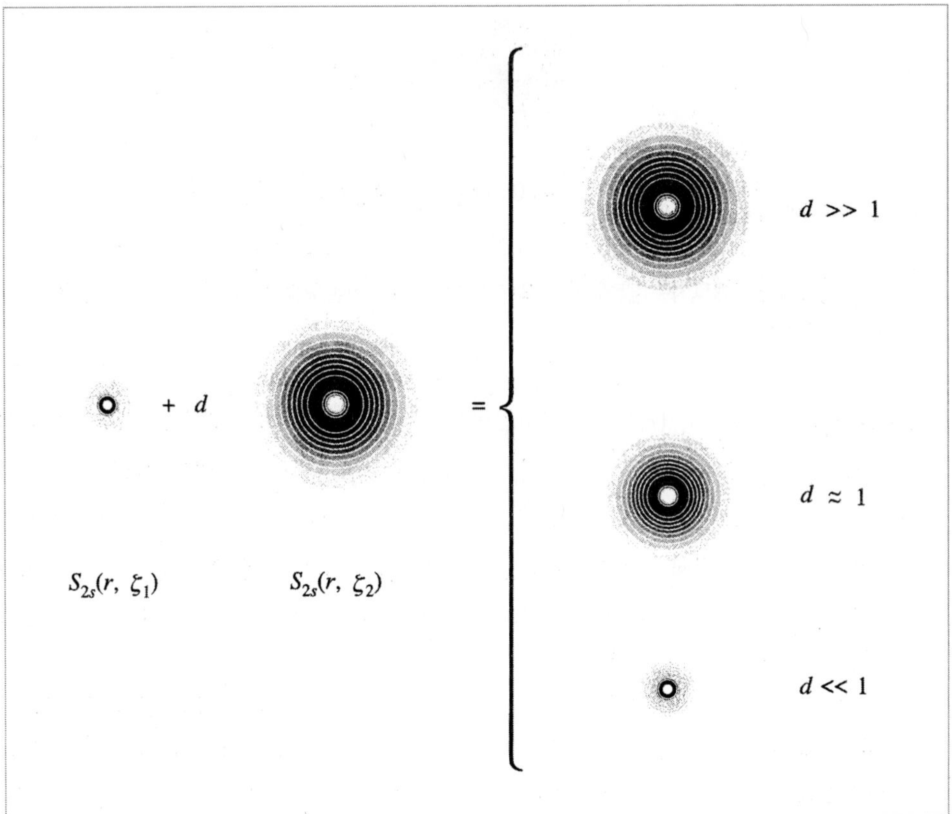

그림 12-5 같은 형(이 경우 S_{2s}) 그러나 궤도지수 ζ_1과 ζ_2가 서로 다른 두 궤도의 선형결합으로 12-26 식의 d를 변화시킴으로 크기를 변화시킬 수 있는 원자궤도를 만든다.

예제 12-6 메탄 CH_4의 split-valence 기저세트 계산에서 몇 개의 궤도가 사용되겠는가?

풀이 각 수소원자는 두 개의 $1s$ 궤도, 탄소원자는 한 개의 $1s$ 궤도, 두 개의 $2s$ 궤도와 각 $2p$

궤도의 두 개씩을 사용한다. 따라서 총 궤도의 수는 4x2+1+2+2x3=17이다.

이제까지의 논의는 Slater 궤도를 바탕으로 하였다. 이중-제타 기저세트는 서로 다른 궤도지수(흔히 ζ로 표현됨)를 갖는 Slater 궤도에서 지칭되었다. 그렇지만 STO-NG 최소 기저세트 외에 현재 흔히 사용되는 다른 Gaussian 기저세트들은 더 이상 Slater 궤도를 기본으로 하지 않는다. 3-21G로 표시되는 상당히 간단한 기저세트에 대해 생각해 보자. 3은 각 비 원자가 궤도가 전체를 축약된 가우스 함수라고 부르는 세 개의 가우스 함수로 표시됨을 의미하며, 대시는 기저세트가 split-valence 기저세트임을 그리고 21은 각 원자가 궤도가 두 개의 원초 가우스함수와 한 개의 가우스 함수(축약이라고 하기 어려움)로 되어 있는 축약된 두 가우스 함수로 이루어짐을 나타내고 G는 모든 궤도가 가우스 함수로 표현됨을 강조하기 위해 사용되었다.

예를 들어, 비 원자가 궤도가 없는 수소원자에 대해 다음과 같다.

$$\phi_{1s}'(\boldsymbol{r}) = \sum_{i=1}^{2} d'_{i,1s} g_s(\boldsymbol{r}, \alpha'_{i,1s}) \qquad (12-27)$$
$$\phi_{1s}''(\boldsymbol{r}) = g_s(\boldsymbol{r}, \alpha''_{i,1s})$$

흔히 $\phi_{1s}'(\boldsymbol{r})$이 $\phi_{1s}''(\boldsymbol{r})$ 보다 더 축약, 즉 $\phi_{1s}''(\boldsymbol{r})$이 $\phi_{1s}'(\boldsymbol{r})$ 보다 더 확장되어 있음을 나타낸다. 이것은 $\phi_{1s}''(\boldsymbol{r})$의 궤도지수가 $\phi_{1s}'(\boldsymbol{r})$의 궤도지수보다 작을 때 얻어진다. 이 궤도들을 압축 그리고 확장된 궤도라고 부를 것이다.

리튬에서 플로린원자 까지에 대해서는 다음과 같다.

$$\begin{aligned}
\phi_{1s}(\boldsymbol{r}) &= \sum_{i=1}^{3} d_{i,1s} g_s(\boldsymbol{r}, \alpha_{i,1s}) \\
\phi_{2s}'(\boldsymbol{r}) &= \sum_{i=1}^{2} d'_{i,2s} g_s(\boldsymbol{r}, \alpha'_{i,2sp}) \\
\phi_{2s}''(\boldsymbol{r}) &= g_s(\boldsymbol{r}, \alpha''_{2sp}) \qquad (12-28) \\
\phi_{2p}'(\boldsymbol{r}) &= \sum_{i=1}^{2} d'_{i,2p} g_{2p}(\boldsymbol{r}, \alpha'_{i,2sp}) \\
\phi_{2p}''(\boldsymbol{r}) &= g_{2p}(\boldsymbol{r}, \alpha''_{2sp})
\end{aligned}$$

12-28 식의 모든 것에 대해 확실히 해 두자. 먼저 비 원자가 궤도인 $1s$ 궤도는 축약된 세 개의 가우스 함수로 기술하여 3-21G에서 3으로 나타낸다. 압축된 $2s$ 원자가 궤도인 $\phi_{2s}'(\boldsymbol{r})$은 축약된 두 가우스 함수로 기술하여 3-21G의 2로 나타낸다. ϕ_{2s}'의 원초 가우스함수는 $1s$ 축약에 사용된 함수와 변수 값만이 다른 같은 형이다. 확장된 원자가 궤도인 $\phi_{2s}''(\boldsymbol{r})$은 단지 한 개의 가우스 함수로 되어 3-21G의 1로 나타낸다. 마지막으로 압

축된 $2s$ 그리고 $2p$ 궤도인 $\phi_{2s}{}'(r)$과 $\phi_{2p}{}'(r)$은 같은 궤도지수를 가지며 확장된 $\phi_{2s}{}''(r)$과 $\phi_{2p}{}''(r)$에 대해서도 같다. 이것이 Gaussian 기저세트의 일반적인 경우이다.

예를 들어, 분자궤도에 탄소원자의 공헌은 12-28 식의 원자궤도의 선형결합으로 주어진다.

$$\psi_C = c_1\phi_{1s} + c_2\phi_{2s}{}' + c_3\phi_{2s}{}'' + c_4\phi_{2p}{}' + c_5\phi_{2p}{}''$$

분자의 Hartree-Fock 계산에서 ϕ 들은 알려진 양으로 취급되고 선형 계수 c_j를 결정한다. 이제 생기는 문제는 이러한 알려진 양이 어디에서 오는가이다. 다시 말해서 12-28 식의 d와 α 값들을 어떻게 알겠는가 이다. 이에 대해 양자화학자들에 의해 여러 가지 방법이 사용되고 있다. STO-NG 기저세트의 경우 축약된 가우스 함수들은 가우스 함수들의 선형결합을 Slater 궤도에 곡선맞춤 하여 결정한다는 것을 알고 있다. split-valence 기저세트 및 다른 확장된 기저세트의 경우에는 12-28 식에 있는 것 같은 축약된 가우스 함수의 변수들을 원자의 에너지 아마도 몇몇 작은 테스트 분자들의 에너지와 결합길이를 최적화하는 방법에 의해 직접 결정한다. 이 방법 및 변형된 방법들이 분자 계산에 사용될 축약된 가우스 함수들로 이루어진 원자궤도의 세트를 형성하는데 사용되었다. 다음 절에서는 이러한 기저세트들이 온라인 상에서 이용될 수 있음을 알게 될 것이다.

예제 12-7 메탄 분자 CH_4에 대한 3-21G 계산에서 몇 개의 원초 가우스 함수와 몇 개의 축약된 가우스 함수가 사용되겠는가?

풀이 각 수소원자는 두 개의 $1s$ 궤도로 나타내어지며 하나는 두 가우스 함수의 축약 그리고 다른 하나는 하나의 가우스 함수이다. 따라서 네 개의 수소원자에 대해 4×3=12 원초 가우스 함수와 4×2=8 축약된 가우스 함수가 필요하다. 탄소원자는 축약된 세 개의 가우스 함수로 표시되는 한 개의 $1s$ 궤도, 한 개는 축약된 두 개의 가우스 함수, 다른 한 개는 하나의 가우스 함수로 표시되는 두 개의 원자가 $2s$ 궤도, 축약된 두 개의 가우스 함수로 표시되는 세 개의 원자가 $2p$ 궤도의 각 세트와 하나의 가우스 함수로 표시되는 다른 세트의 $2p$ 궤도의 각 세트로 기술된다. 따라서 총 원초 가우스 함수는 1×3+1×2+1×1+3×2+3×1=15 개이며 탄소원자에 9 개의 축약된 가우스 함수가 필요하다. 분자에 필요한 총 원초 가우스 함수는 12+15=27 개이며 총 축약된 가우스 함수는 17 개이다.

split-valence 기저세트를 설명하기 위해 3-21G 기저세트를 이용하였으나 여러 종류의 split-valence 기저세트가 존재한다. 각 궤도에 대해 몇 개의 원초 가우스 함수를 축약하여 사용하였는가를 표시하기 위해 N-MPG 표현을 사용하는데 N,M,P는 정수이다. 이 표현에서 N은 내부 껍질(비 원자가 궤도) 궤도를 기술하기 위해 사용된 원초 가우스 함수의 수, 대시는 split-valence 기저세트임을 나타내며 정수 M과 P는 두 세트의

split-valence-shell 궤도를 기술하기 위해 축약된 원초 가우스 함수의 수이다. 이 중 M은 더 압축된 궤도(더 큰 궤도지수를 갖는 궤도)를 표시하기 위해 축약된 원초 가우스 함수의 수 그리고 P는 더 확장된 궤도(더 작은 궤도지수를 갖는 궤도)를 표시하기 위해 축약된 원초 가우스 함수의 수이며 G는 단순히 가우스 함수를 사용한다는 것을 의미한다.

예를 들어, 흔히 사용되는 split-valence 기저세트는 6-31G 기저세트이다. 탄소원자에 대해 6-31G 기저세트를 생각해 보자. 6은 탄소원자의 $1s$ 궤도(비 원자가 궤도)를 여섯 개의 가우스 함수의 축약으로 기술한다는 것을 의미한다. 대시는 split-valence 기저세트를 의미하여 원자가 궤도를 분리함을 말해준다. $2s$ 궤도 중 하나, 더 압축된 궤도는 세 개의 가우스 함수를 축약하여 표시하며(따라서 3) 상대적으로 큰 α 값을 갖는다. 다른 $2s$ 궤도, 즉 확장된 궤도는 상대적으로 작은 α 값을 갖는 하나의 가우스 함수로 나타낸다.(따라서 1) $2p$ 궤도는 세 개의 가우스 함수의 축약(압축된 $2p$ 궤도)과 하나의 가우스 함수(확장된 $2p$ 궤도)로 나타낸다.(연습문제 12-30)

예제 12-8 탄소원자의 궤도를 6-311G 기저세트로 기술하여라. 이 기저세트는 삼중 split- valence 기저세트이다.

풀이 이 경우 $1s$ 궤도(비 원자가 궤도)는 여섯 개의 가우스 함수의 축약으로 나타낸다. 원자가 궤도는 각각 세 개로 분리한다. $2s$ 궤도 중 하나, 더 압축된 궤도는 상대적으로 큰 α 값을 갖는 세 개의 가우스 함수를 축약하여 표시하며, 다른 $2s$ 궤도는 압축된 궤도에서 상대적으로 작은 α 값을 갖는 하나의 가우스 함수로 나타내며 또 다른 $2s$ 궤도는 가장 작은 α 값을 갖는 하나의 가우스 함수로 나타낸다. $2p$ 궤도도 세 개로 분리하여 α 값이 작아지는 순서로 세 개, 한 개 그리고 한 개의 가우스 함수의 축약으로 나타낸다.(연습문제 12-31)

12.4 기저세트의 별 표시는 궤도 편극 항을 표시한다.

H_2의 각 수소원자의 $1s$ 궤도로부터 형성된 최소기저 세트 $\sigma 1s$ 분자궤도의 형성에 대해 생각해 보자. 10.6 절에서 논의한 대로 두 원자가 접근함에 따라 각 수소원자를 중심으로 한 전자분포는 구형대칭으로 남아 있지 않다. 이 효과는 $1s$ 궤도만이 아니고 $1s$ 궤도와 $2p_z$ 궤도를 선형결합 하여 분자궤도를 만드는 것으로 고려할 수 있다. 이렇게 하여 원자들이 서로 가까이 접근할 때 원자궤도의 변형이 일어난다는, 편극(polarization)이라고 부르는 사실을 적용할 수 있다. 이 편극을 10.6 절에서 $1s$ 궤도에 $2p_z$ 궤도를 더한 것 같이 주어진 궤도에 더 큰 궤도 각운동량 l을 갖는 궤도를 포함시키는 것으로 설명할 수 있다. 또한 $2p$ 궤도에 있는 원자가 전자를 기술하는 데 d 성질을 포함시켜, $2p$ 궤

도가 포함된 화학결합을 따른 전자밀도의 대칭성을 나타낼 수 있다.(그림 12-6) 주기율표의 이주기 원소에 대해 이러한 함수들을 사용하는 것을 별표 *로 표시한다. 예를 들어, 6-31G* (6-31G(d)로 표시하기도 한다.)는 6-31G 기저세트의 p 궤도에 d 궤도를 더한 것을 나타낸다. 두 개의 별표 **는 수소원자의 1s 궤도에 p-형 궤도를 더해 편극을 고려한 것을 나타낸다. 특히 6-31G**(6-31G(d, p) 로도 표시한다.) 기저세트는 수소결합이 있는 계를 표현하는데 유용하다.

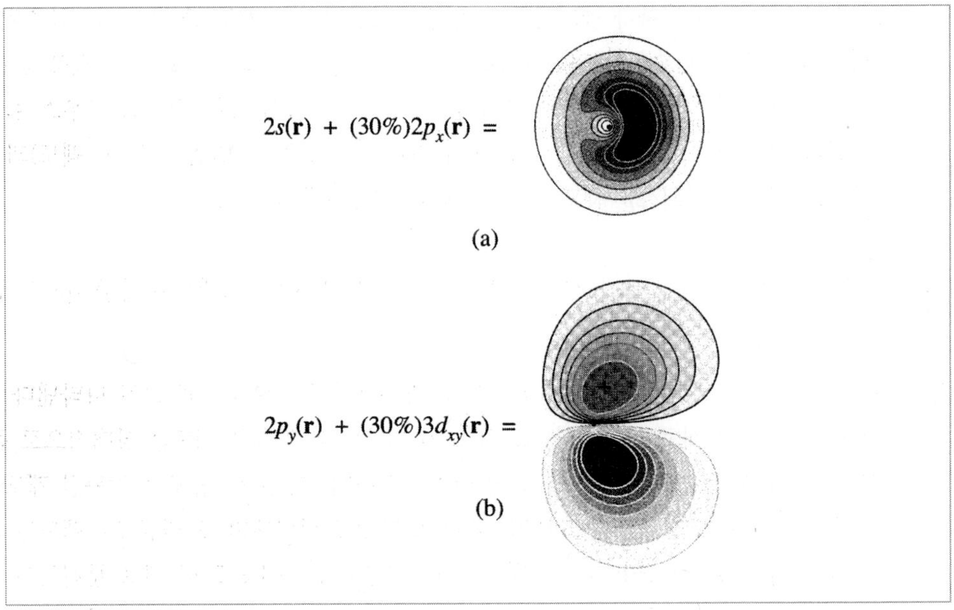

그림 12-6 (a) s 궤도에 p 궤도를 (b) p 궤도에 d 궤도를 더하는 것으로 편극을 달성하는 것을 보여주는 그림

예제 12-9 6-31G** 기저세트의 탄소원자 1s 궤도의 일반적인 표현을 써보아라.

풀이 이것은 split-valence 기저세트이다. 이 표현의 첫 숫자는 1s 궤도를 나타내기 위해 축약된 총 가우스 함수의 수이다. 따라서

$$\phi_{1s}(r) = \sum_{i=1}^{6} d_{1si} g_s(r, \alpha_{1si})$$

이다. **는 1s 궤도의 표현에 가우스 p 궤도들의 세트가 더해졌음을 알려준다. 따라서

$$\phi_{1s}(r) = \sum_{i=1}^{6} d_{1si} g_s(r, \alpha_{1si}) + d_{2p_x} g_x(r, \alpha_{2p}) + d_{2p_y} g_y(r, \alpha_{2p}) + d_{2p_z} g_z(r, \alpha_{2p})$$

이다. 위에서 논의한 대로 d_{1si}와 α_{1si} 값들은 선택된 방법에 의해 고정되며, 더해진 p

궤도에 대해서는 표준 가우스 지수 $\alpha_{2p} = 1.1$이 흔히 사용된다. 계수 d_{2p_x}, d_{2p_y}, d_{2p_z}는 Hartree-Fock 변분 계산에 의해 최적화 된다.

3-21G나 6-31G 기저세트에 편극을 포함시키는 한편 예를 들어, 확산함수(diffuse function)를 더하는 것이 더 좋을 수 있다. 확산함수는 상당히 작은 궤도지수를 갖는 가우스 함수로 가우스 함수를 퍼지게 만든다. 확산함수는 비공유 전자쌍이나 음이온 같이 비교적 핵에서 먼 전자들을 기술하는 데 특별히 유용하다. H나 He 외의 원자들의 각 원자가 궤도에 대해 보통 한 개의 가우스 함수로 이루어진 확산함수를 더한다. 확산함수가 더해진 기저세트를 기저세트의 표현에서 G 앞에 + 부호를 삽입하여 표현한다. 예를 들어, 탄소원자에서 6-31+G*[6-31+G(d)] 기저세트는 다음 궤도들로 이루어져 있고

$$1s$$
$$2s', 2p_x', 2p_y', 2p_z'$$
$$2s'', 2p_x'', 2p_y'', 2p_z''$$
$$5\ 3d\ \text{궤도}$$
$$2s+, 2p_x+, 2p_y+, 2p_z+$$

총 18 개의 기저함수로 되었으며 $2s+$ 등이 확산함수이다.

이제까지 논의한 기저세트 중 3-21G는 작은 기저세트 그리고 6-31+G*와 6-31+G**는 중간 크기의 기저세트로 간주된다. 이들 기저세트들로부터 얻어지는 상대적인 결과에 대해 알아보기 위해 표 12-3에 여러 작은 분자들의 Hartree-Fock- Roothaan 계산 결과로부터 얻어진 결합길이와 결합각을 수록하였다.

표 12-3의 모든 결과들은 상용화 된 양자역학 프로그램을 이용하여 쉽게 계산된다. 다음 설에서는 이 프로그램들을 사용하는 방법에 대해 배우게 될 것이다. 이 프로그램들은 위 기저세트들을 이미 포함하고 있어서 따로 입력할 필요가 없다. 그렇지만 전혀 모르는 상태에서 사용하는 것보다는 이들 기저세트에 대한 지식을 갖고 있는 것이 좋다. 이들 프로그램에서 사용되고 있는 기저세트들은 미국 Richland, Washington 소재 정부기관인 Pacific Northwest Laboratory에서 관리하고 있는 웹사이트, http://gnode2.pnl.gov/bse/portal (이전 http://www.emsl.pnl.gov/forms/basisforms.html)에서 볼 수 있다. 예를 들어, 탄소원자에 대해 Gaussian 94에서 사용하는 6-31G**를 요구하면 그림 12-7에 보인 결과를 얻을 수 있다. 이 리스트의 첫 번째 열은 궤도지수 그리고 다른 열들은 선형계수들이다. SP로 지칭된 행들의 두 세트에 대해 두 번째 열은 s 궤도들의 계수 그리고 세 번째 열은 p 궤도들의 계수를 나타낸다. $2s$와 $2p$ 궤도의 궤도지수가 같음을 주목하여라. 위에서 언급한대로 이것이 일반적인 경우이며 큰 계산 효율을 준다.

표 12-3 여러 작은 분자들에 대해 서로 다른 기저세트를 사용하여 계산된 결합길이(angstrom)와 결합각(degree)

Molecule	Geometrical parameter	STO-3G	3-21G	3-21G*	6-31G*	6-31G**	6-31+G**	Expt.
H_2	r(HH)	0.712	0.735	0.735	0.730	0.732	0.733	0.742
CH_4	r(CH)	1.083	1.083	1.083	1.084	1.084	1.084	1.092
NH_3	r(NH)	1.003	1.003	1.003	1.002	1.001	1.000	1.012
	$\angle$(HNH)	104.2	112.4	112.4	107.2	107.6	108.9	106.7
H_2O	r(OH)	0.990	0.967	0.967	0.947	0.943	0.943	0.958
	$\angle$(HOH)	100.0	107.6	107.6	105.5	105.9	107.1	104.5
HF	r(FH)	0.956	0.937	0.937	0.911	0.901	0.902	0.917
SiH_4	r(SiH)	1.422	1.487	1.475	1.475	1.476	1.476	1.481
PH_3	r(PH)	1.378	1.423	1.402	1.403	1.405	1.405	1.420
	$\angle$(HPH)	95.0	96.1	95.2	95.4	95.6	95.7	93.3
H_2S	r(SH)	1.329	1.350	1.327	1.326	1.327	1.328	1.336
	$\angle$(HSH)	92.5	95.8	94.4	94.4	94.4	94.4	92.1
HCl	r(ClH)	1.313	1.293	1.267	1.267	1.266	1.261	1.275

그림 12-8에는 탄소원자에 대해 그림 12-7의 6-31G** 기저세트로부터 얻은 $1s$ 궤도와 제 9 장에 주어진 웹사이트 http://www.ccl.net/cca/data/stomic-RHR-wavefunctions/tables에 주어진 Hartree-Fock $1s$ 궤도를 비교하였다.

```
C      0
S      6       1.00
            3047.5249000                 0.0018347
             457.3695100                 0.0140373
             103.9486900                 0.0688426
              29.2101550                 0.2321844
               9.2866630                 0.4679413
               3.1639270                 0.3623120
SP      3      1.00
               7.8682724                -0.1193324                0.0689991
               1.8812885                -0.1608542                0.3164240
               0.5442493                 1.1434564                0.7443083
SP      1      1.00
               0.1687144                 1.0000000                1.0000000
D      1      1.00
               0.8000000                 1.0000000
****
```

그림 12-7 탄소원자에 대해 http://gnode2.pnl.gov/bse/portal에서 구한 6-31G** 기저세트의 컴퓨터 화면

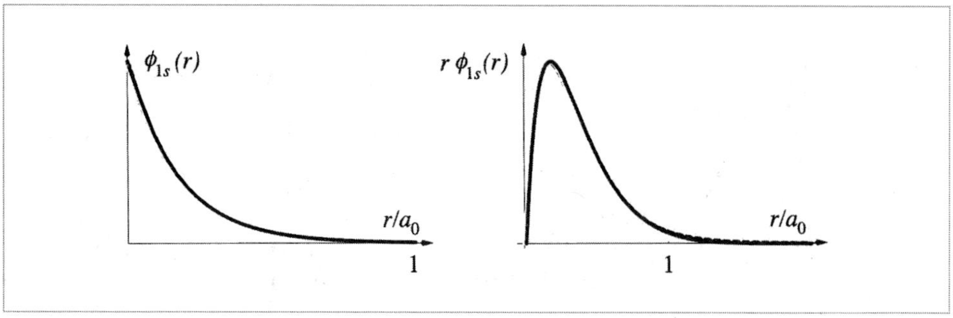

그림 12-8 그림 12-7의 $1s$ 궤도(오렌지색 실선)와 http://www.ccl.net/cca/data/stomic-RHR-wavefunctions/tables에 주어진 Hartree-Fock $1s$ 궤도(검은색 대시선)의 비교.

예제 12-10 그림 12-7의 자료를 이용하여 $2s$, $2p$ 궤도의 축약된 가우스 함수를 써보아라.

풀이 압축된 $2s$ 궤도는

$$\phi_{2s}' = -0.1193324 g_s(r, 7.8682724) - 0.1608542 g_s(r, 1.8812885) \\ + 1.1434564 g_s(r, 0.5442493)$$

이고 확장된 $2s$ 궤도는

$$\phi_{2s}'' = g_s(r, 0.1687144)$$

로 주어진다. 여기에서 $g_s(r,\alpha)$는 12-21 식으로 주어진다. ϕ_{2s}''의 궤도지수가 ϕ_{2s}'의 궤도지수보다 훨씬 작음을 주목하여라. 이것이 ϕ_{2s}'' 궤도가 ϕ_{2s}' 보다 확장되게 만든다. 그림 12-9에 ϕ_{2s}'' 궤도와 ϕ_{2s}'를 나타내었다.

압축된 $2p_x$ 궤도는

$$\phi_{2p_x}' = 0.0689991 g_s(r, x, 7.8682724) + 0.3164240 g_s(r, x, 1.8812885) \\ + 0.7443083 g_s(r, x, 0.5442493)$$

이며 확장된 $2p_x$ 궤도는

$$\phi_{2p_x}'' = g_s(r, x, 0.1687144)$$

이다. 여기에서 $g_s(r,x,\alpha)$는 12-21 식으로 주어진다. 유사하게 $2p_y$ 그리고 $2p_z$ 궤도가 주어진다. $2s$와 $2p$ 궤도가 같은 궤도지수를 가짐을 주목하여라.

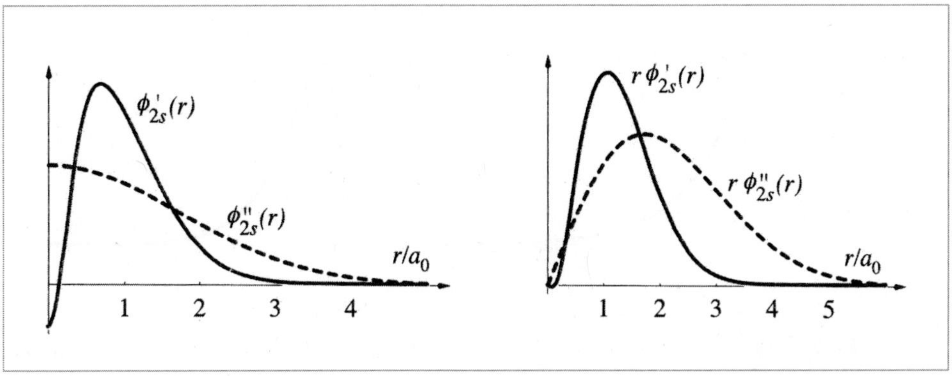

그림 12-9 그림 12-7에 주어진 6-31G** 기저세트에서 압축된(실선) $2s$ 궤도와 확장된(대시선) $2s$ 궤도와의 비교.

Pacific Northwest Laboratory 웹사이트에 들어가 보면 100 개 이상의 기저세트를 선택할 수 있음을 알 수 있을 것이다. 이 장에서 논의한 것들은 Pople과 동료들에 의한 것으로 가끔 Pople-type 기저세트라고 부른다. cc-pVTZ 같은 다른 형의 기저세트는 correlation consistent polarized valence triple zeta를 의미한다. cc-pxxx 기저세트는 전자상관(12.7절)을 포함한 계산과 흔히 post-Hartree-Fock 계산에서 이용하는데 Thom Dunning에 의해 개발되었다.

12.5 Gaussian 03과 WebMO가 학부생들에 의해 가장 많이 사용되는 양자화학 프로그램이다.

분자의 성질에 대한 계산을 비전문가도 수행할 수 있는 상용화된 여러 컴퓨터 프로그램이 있다고 이야기하였다. 이들 중 기장 널리 사용되고 있는 것들이 Gaussian Inc.에서 개발한 Gaussian 03 (www.gaussian.com), Iowa 대학의 Mark Gordon Research Group에서 관리하고 있는 GAMESS(General Atomic and Molecular Electronic Structure System)(www. msg.ameslab.gov/GAMESS/) 그리고 Wavefunction Inc.에서 개발한 SPARTAN(www.wavefun.com)이다. 1983 년 이 책이 처음 출판되었을 때에는 분자 계산이 단지 전문적인 양자화학자들에 의해서만 수행되었다. 그러나 현재에는 위 프로그램들 덕분에 화학전공 학부생들도 계산을 수행할 수 있게 되었다. 많은 수의 대학 화학과에서 위 프로그램들 중 한 두 개의 사용허가를 갖고 있음은 물론 Shoder Education Foundation (http://chemistry.ncsm.edu 이전 www.shoder.org/chemistry)에서는 고등학생들이 분자 계산을 수행할 수 있도록 North Carolina High School Computational Chemistry Server를 개발하였다. 표 12-4에 가장 많이 알려져 있는 프로그램과 웹사이트를 정리하였다.

표 12-4 잘 알려져 있는 양자화학 프로그램과 웹사이트

Name	Website	Cost
ACES II	*www.aces2.de/*	free
ADF	*www.scm.com/*	commercial
Dalton	*www.kjemi.uio.no/software/dalton/*	free
GAMESS	*www.msg.ameslab.gov/GAMESS*	free
Gaussian	*www.gaussian.com*	commercial
Jaquar	*www.schrodinger.com/*	commercial
Molpro	*www.molpro.net/*	commercial
MOPAC	*www.openmopac.net/*	free
NWChem	*www.emsl.pnl.gov/docs/nwchem/nwchem.html*	free
Q-Chem	*www.q-chem.com/*	commercial
SPARTAN	*www.wavefun.com/*	commercial

이 절에서는 Gaussian 계산을 수행하기 위해 무엇을 해야 하는지를 아세트알데히드(CH_3CHO) 분자를 이용해 설명하려고 하는데 그 과정은 다른 프로그램의 경우와도 매우 유사하다. 계산을 수행하기 위해 초기 구조 또는 대상 분자 내의 원자들의 좌표와 사용될 model chemistry를 지정해야 한다. 여기에서 model chemistry라 함은 이론의 수준(예를 들어, Hartree-Fock, 배치 상호작용 등)과 기저세트의 조합을 의미한다. 이 경우, 6-311G(d, p) 기저세트를 이용하여 Hartree-Fock 계산을 수행한다. 이 medel chemistry를 HF/6-311G(d, p)로 표시한다. 초기 Gaussian에서는 분자 내 모든 원자의 초기 좌표가 포함된 입력파일을 만드는 것이 필요했는데 분자가 클 경우 이 작업이 매우 힘든 일이었다. 다행이도 현재에는 Gaussian 계산을 쉽게 수행할 수 있도록, 설치, 계산 그리고 출력을 확인할 수 있게 그림을 이용한 user interface를 사용한다. 이러한 interface로 Gaussian Inc.에서 개발하여 Gaussian 03에 포함시킨 GaussView 그리고 여러 교육기관에서 무상으로 사용되고 있는 web-based interface인 WebMO를 어떻게 사용하는지 설명할 것이다. WebMO는 Gaussian 외에 GAMESS 및 여러 가지 다른 양자화학 프로그램에도 사용할 수 있다.

GaussView를 이용하여 Gaussian 계산을 수행하는 첫 번째 단계는 원자와 여러 결합 유형으로부터 분자의 그림을 구성하는 일이다. 분자가 만들어지면 그림으로 표현된 분자에서 자동적으로 원자들의 좌표에 대한 초기 세트가 생성된다. 이 원자 좌표의 세트가 Gaussian 계산에서 초기 구조로 사용된다. 간단한 예로 아세트알데히드 분자를 사용하여 설명할 것이지만 GaussView나 WebMO에 있는 그림으로 분자를 그리는 장치에는 포화된 고리, 방향성 고리, 등과 같은 기호와 더 크고 복잡한 분자 및 생화학 분자를 그릴 수 있는 기호들이 포함되어 있다.

이 과정의 첫 단계가 그림 12-10에 나타나 있다. 먼저 Job Type(예를 들어, 고정된

구조, 즉 한 점의 에너지 계산, 구조 최적화, IR 진동수 계산 등)을 선택하고 그 다음 **Method**, 즉 model chemistry, 이 경우 HF/6-311G(d,p)를 선택한다. 작업을 실행하면 여러 쪽에 걸친 많은 양의 정보가 포함된 출력을 얻게 된다.

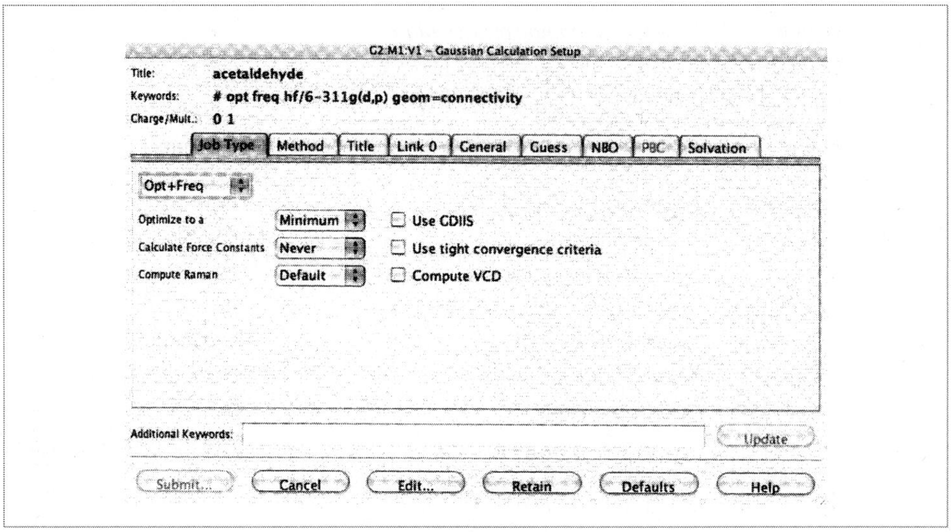

그림 12-10 GaussView에서 **Gaussian Calculation Setup** 화면 그림. 이 창은 계산에 수행된 model chemistry를 보여주고 있다.

그림 12-11은 이 출력의 일부분인데 사용된 78 개의 분자궤도의 궤도에너지를 보여주고 있다. 왜 이 6-311G(d,p) 기저세트에 78 개의 기저함수가 있는지 확실히 하자. 기본 6-311G 기저세트(삼중 split-valence 기저세트)는 네 수소원자 각각에 세 개의 $1s$ 궤도, 산소원자와 두 탄소원자 각각에 $1s$ 및 세 세트의 $2s$, $2p_x$, $2p_y$, $2p_z$ 궤도가 있으므로 총 51 개의 기저함수가 있다. 여기에 (d,p)는 각 수소원자에 세 개의 p 궤도와 산소원자와 두 탄소원자에 각각 다섯 개의 d 궤도를 포함시키므로 27 개의 기저함수를 더하여 총 78 개의 기저함수를 주게 된다. 이 정보는 Gaussian 03 출력에 주어진다.

예제 12-11 아세트알데히드의 6-311G(d,p) 기저세트에는 몇 개의 원초 가우스 함수가 있는가?

풀이 삼중 split-valence 기저세트에서 수소원자의 $1s$, $1s'$, $1s''$ 궤도는 세 개, 한 개, 한 개의 가우스 함수로 표시되어 각 수소원자에 대해 다섯 개의 함수이다. 각 수소원자에 더해지는 각 세 개의 p 궤도는 한 개의 가우스 함수로 표시되어 수소원자 각각은 여덟 개의 가우스 함수로 표시되어 네 개의 수소원자에 대해 총 32 개의 원초 가우스 함수가 있게 된다. 산소원자와 탄소원자의 $1s$ 궤도는 각각 여섯 개의 가우스 함수로 표시되고 $2s$, $2p_x$, $2p_y$, $2p_z$ 궤도 각각은 세 개의 가우스 함수, $2s'$, $2p_x'$, $2p_y'$, $2p_z'$ 등은 한 개의 가우스 함수로 표시된다. d 궤도가 산소원자와 두 탄소원자에 더해져 여섯 개의 가우스 함수(연습문제 12-28)를 포함하면 총 6+12+4+4+6=32 가우스 함수가 산소원자와 탄소원자를 표시하게 된다. 따라서 아세트알데히드의 6-311G(d,p) 기저세트에는 총 32+32×3=128 개의 가우스 함수가 포함되게 된다. 이 정보는 Gaussian 03 출력에 나타나 있다.

```
Orbital symmetries:
      Occupied  (A') (A') (A') (A') (A') (A') (A') (A') (A") (A')
                (A") (A')
      Virtual   (A') (A") (A') (A") (A') (A') (A') (A") (A') (A')
                (A") (A') (A') (A") (A') (A') (A') (A') (A') (A')
                (A") (A') (A") (A') (A") (A') (A") (A") (A') (A')
                (A") (A') (A') (A') (A") (A') (A") (A') (A') (A")
                (A') (A') (A') (A") (A') (A') (A") (A') (A") (A')
                (A') (A") (A') (A") (A') (A') (A') (A") (A') (A')
                (A") (A') (A') (A') (A') (A')
The electronic state is 1-A'.
Alpha  occ. eigenvalues --  -20.55164 -11.32875 -11.23673  -1.41113  -1.01990
Alpha  occ. eigenvalues --   -0.80098  -0.67954  -0.62903  -0.60721  -0.56246
Alpha  occ. eigenvalues --   -0.51064  -0.42043
Alpha virt. eigenvalues --    0.15524   0.15741   0.18606   0.21232   0.23115
Alpha virt. eigenvalues --    0.35797   0.38132   0.45501   0.48483   0.55389
Alpha virt. eigenvalues --    0.60494   0.62239   0.74508   0.77882   0.78158
Alpha virt. eigenvalues --    0.79350   0.82958   0.89886   0.99840   1.00528
Alpha virt. eigenvalues --    1.11277   1.19368   1.19466   1.42478   1.45121
Alpha virt. eigenvalues --    1.63127   1.68850   1.70047   1.73056   1.73860
Alpha virt. eigenvalues --    1.75130   1.76317   1.87138   1.98182   2.01892
Alpha virt. eigenvalues --    2.16117   2.16405   2.29676   2.39840   2.51390
Alpha virt. eigenvalues --    2.57097   2.70200   2.71707   2.72122   2.76078
Alpha virt. eigenvalues --    2.86622   2.87903   3.03472   3.04821   3.11440
Alpha virt. eigenvalues --    3.28956   3.29205   3.46515   3.74522   3.85183
Alpha virt. eigenvalues --    3.91373   4.17384   4.18437   4.27206   4.52726
Alpha virt. eigenvalues --    5.43760   5.56623   6.15357  25.01426  25.08726
Alpha virt. eigenvalues --   51.66346
```

그림 12-11 아세트알데히드에서 HF/6-311G(d,p) 궤도에너지를 보여주는 Gaussian 03 출력의 일부 화면. 아세트알데히드의 24 개의 전자는 12 개의 낮은 에너지 분자궤도를 채운다. 나머지 66 개의 채워지지 않은 궤도는 가상궤도이다.

표 12-5 에는 아세트알데히드에 대해 HF/6-311G(d,p) model chemistry를 사용하여 계산된 결합길이 그리고 결합에너지를 실험치와 비교하였다. 이 표에서 Hartree-Fock 계산이 상당히 좋은 구조를 주는 것을 알 수 있을 것이다. Gaussian 03 출력에서 단지 궤도에너지와 최적화된 구조만을 뽑았지만 여기에는 예를 들어, 분자 내 원자들 주위의 전하 분포, 진동수 및 세기와 같은 IR, Raman 진동분광학 성질, 쌍극자모멘트 및 다중극자모멘트와 같은 전기적 성질, NMR 성질등과 같은 훨씬 많은 정보가 포함되어 있다.

또 하나 흔히 이용되는 interface는 WebMO이다. 위에서 말했듯이 WebMO (www.webmo.net)는 많은 수의 계산화학 프로그램에서 사용할 수 있는 웹 기반 무료 interface 이다. WebMO는 UNIX 컴퓨터에 설치할 수 있다. 서버에 설치된 모든 계산 프로그램들은 윈도우 용 PC 나 Mac 컴퓨터에 표준화된 웹 브라우저를 사용하여 집이나 혹은 기숙사에서도 접속할 수 있다. 이러한 형의 셋업이 세계적으로 수천 개의 화학과에서 사용되고 있다.

표 12-5 아세트알데히드에 대해 HF/6-311G(d,p) model chemistry를 사용하여 계산된 결합길이와 결합각의 실험치와의 비교

	Calculated value	Experimental value
R(C,O)	1.1819	1.216
R(C,H) (aldehyde)	1.0986	1.114
R(C,C)	1.5034	1.501
R(C,H) (methyl)	1.0819	1.086
R(C,H) (methyl)	1.0870	1.086
R(C,H) (methyl)	1.0870	1.086
A(COH)	124.5673	123.9
A(CCH) (aldehyde)	115.1790	117.5
A(HCH) (methyl)	110.2088	108.3
A(HCH) (methyl)	110.0354	108.3
A(HCH) (methyl)	107.3411	108.3

WebMO에 접속하기 위해 서버의 인터넷 주소에 들어가 시스템 관리자에게서 얻은 사용자이름과 비밀번호를 입력한다. WebMO를 사용할 수 없을지라도 게스트로 접속하면 1분의 CPU 시간을 사용할 수 있는데 이 시간은 이제 까지 고려한 분자들의 Hartree-Fock. 계산을 수행할 수 있는 충분한 시간이다.(www.webmo.net/demo/으로 가 Demo에 접속하여 지시를 따른다.) 접속하면 **WebMO Job Manager** 페이지를 볼 수 있는데 이것은 지나간 job 들의 내역을 보여준다. **Creat New Job**을 클릭하면 그림으로 된 분자를 그리는 장치에 들어가는데 이것은 GaussView와 동일한 역할을 한다. 분자가 그려지고 초기 구조가 정해지면 **Choose Computational Engine**을 선택할 수 있고 여기에서 사용 가능한 프로그램들 중 Gaussian을 선택할 수 있다. 그림 12-12는 그림 12-10의 **Gaussian Calculation Setup** 페이지와 동일한 **Configure Gaussian Job Options** 페이지를 보여주고 있다. **Submit Job**을 클릭하면 Gaussian에 의한 계산이 수행되며 **WebMO Job Manager** 페이지로 돌아오게 된다. 완결된 job 보기를 클릭하면 계산, 계산된 성질 보기(쌍극자모멘트, 부분전하, 기준진동 모드(그림 12-13), 스펙트럼, 분자궤도)에 대한 요약 및 프로그램의 출력 텍스트와 연결을 할 수 있다.

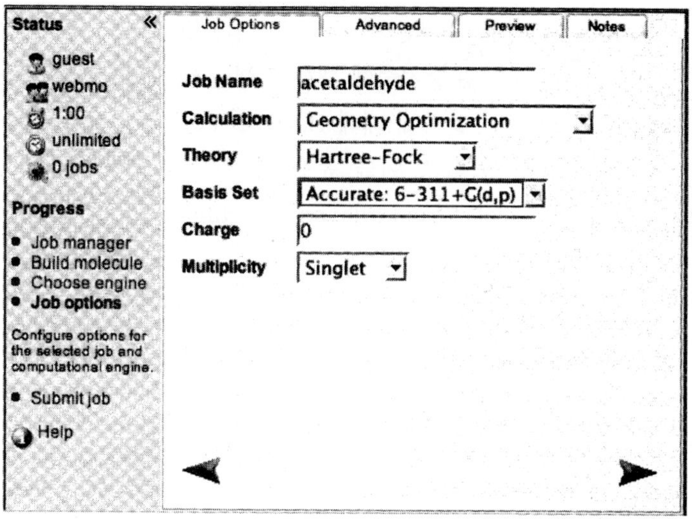

그림 12-12 WebMO에서 Configure Gaussian Job Options 페이지 화면.

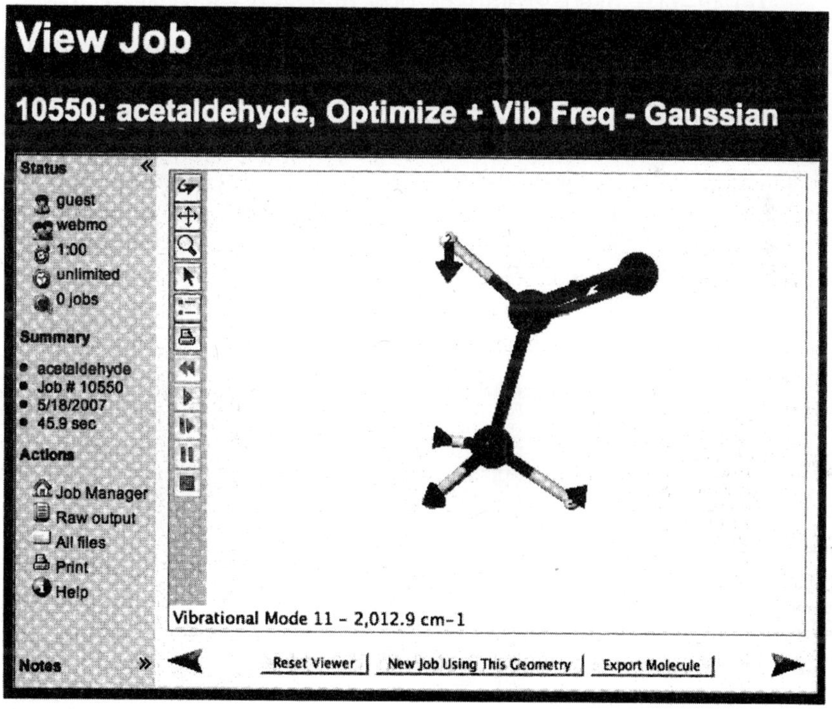

그림 12-13 WebMO에서 아세트알데히드의 기준진동 모드들 중 하나를 보여주는 View Job 페이지 화면.

12.6 많은 분자들에 대해 Hartree-Fock-Roothaan 계산이 수행되었다.

이 절에서는 많은 수의 분자들에 대해 수행된 Hartree-Fock-Roothaan 계산 결과들을 소개하려고 한한다. 분자에 대해 Hartree-Fock 계산을 소개한 수많은 문헌들이 있는데 이 절의 기본 목적은 이들 문헌들을 스스로 찾아볼 수 있도록 하는데 있다. National Institute of Standards and Technology에는 Computational Chemistry Comparison and Benchmark Data Base(cccbdb)라고 부르는 웹사이트 (http://srdata.nist.gov/cccbdb)가 있다. 설정된 목표는 “(1) ab initio 계산 방법의 평가를 위한 분자 계산의 기준을 제공하며 (2) 열역학적 성질들을 예측하는 서로 다른 ab initio 계산 방법들을 비교할 수 있도록 한다.” 이 웹사이트는 수 백 가지 분자들에 대해 에너지, 구조, 진동수, 엔트로피, 쌍극자모멘트, 사중극자모멘트, 편극률, 내부회전의 장벽 및 여러 다른 성질들에 대한 계산 결과를 주고 있다. 각 분자들에 대해 다른 model chemistry를 사용한 계산에서 얻어진 결과 또한 주고 있으며 이들 성질들에 대한 실험치 또한 주고 있다. 여기에다 이 웹사이트는 특정한 분자 및 model chemistry에서 얻어진 좋지 않은 결과들을 “bad calculations”라고 부르는 목록으로 제공하며 계산 항에 대한 용어를 포함하는 tutorial을 제공하고 있다.

그림 12-14는 아세트알데히드에 대해 여러 가지 model chemistry를 사용하여 계산된 298 K에서의 표준 몰당 엔트로피(J.K^{-1}) 계산 결과를 보여주는 NIST cccbdb 웹사이트 화면이다. 엔트로피 계산 결과를 선택한 이유는 이 계산(통계열역학적 식을 사용한)에 분자구조와 진동수가 사용되기 때문이다. 첫 번째 행은 점차로 복잡한 기저세트를 사용한 Hartree-Fock 계산 결과를 보여주고 있다. 나머지 행들은 다음 절에 간략히 기술할 여러 가지 post-Hartree-Fock 계산 결과들을 보여준다. NIST cccbdb 웹사이트는 실험치 263.95 kJ · mol^{-1}을 준다.

		STO-3G	3-21G	3-21G*	6-31G	6-31G*	6-31G**	6-31+G**	6-311G*	6-311G**	6-31G(2df,p)	cc-pVDZ	cc-pVTZ	aug-cc-pVDZ	6-311+G(3df,2p)	6-311+G(3df,2pd)
hartree fock	HF	265.2	263.2	263.3	263.6	263.6	263.4	263.5	263.2	262.9	262.5	262.3	262.5	262.4	262.8	
density functional	BLYP	266.2	263.0	263.0	263.4	263.5	263.5	263.9	263.2	263.2	262.9	262.8	263.1	263.4		
	B3LYP	265.9	262.8	262.9	263.4	263.4	263.5	263.8	263.2	263.1	262.8	262.6	263.0	263.1	263.2	
	B3LYPultrafine					263.5										
	B3PW91	265.8	263.0	263.1	263.6	263.7	263.7	264.0	263.3	263.2	263.0	262.8	263.2	263.2		
	mPW1PW91	265.7	262.9	263.2	263.7	263.6	263.6	263.9	263.3	263.3	263.0	262.7	263.0	263.2		
	PBEPBE	265.9	262.9	263.7	263.4	263.4	263.5	263.8	263.2	263.2	262.9	262.9	263.1	263.2		
Moller Plesset perturbation	MP2FC	266.2	263.0	263.1	263.9	264.1	264.1	264.6	263.6	263.4	263.2	263.0	263.4	263.4		
	MP2FU		263.0			263.9	264.0	264.5	263.6	263.4		263.0				
	MP4					264.2										
Configuration interaction	CID					263.9										
	CISD					263.9										
Quadratic configuration interaction	QCISD		263.2			264.0	264.3	264.5	263.6	263.4						
	QCISD(T)					264.1										
Coupled Cluster	CCD					263.9										
	CCSD					266.4										
	CCSD(T)					263.8	264.1									

그림 12-14 아세트알데히드에 대해 여러 가지 model chemistry를 사용하여 계산된 298 K에서의 표준 몰당 엔트로피(J · K^{-1}) 계산 결과를 보여주는 NIST 웹사이트 (http://srdata.nist.gov/cccbdb) 화면

ab initio 분자 계산 결과에 대한 또 다른 훌륭한 소스는 이 장의 끝에 있는 참고문헌 Hehre, Radom, Schleyer, Pople의 책이다. 이 책에서는 많은 분자들의 성질의 서로 다른 계산결과들에 대해 심도 있는 논의와 비교를 하고 있다. 이와 동등하며 더 최근의 책은 Hehre의 A Guide to Molecular Mechanics and Quantum Chemical Calculations 이다. 또한 일본의 양자화학자들이 공동으로 관리하고 있는 Quantum Chemistry Literature Database 웹사이트(http://gcldb2.ims.ac.jp/)가 있으며 여기에서는 원자 및 분자구조에 대한 ab initio 계산을 다룬 1978 년 이후 발간된 논문들에 대한 자료를 제공하고 있다.

제일 먼저 조사해야할 일은 Hartree-Fock 계산이 기저세트에 얼마나 의존하는가이다. 이것을 잘 다루기 위해 Szabo와 Ostlund에 따라(이 장의 끝 참고문헌) 열 개의 전자를 갖고 있는, CH_4, NH_3, H_2O, HF에 집중하기로 한다. Hartree-Fock 방법은 에너지에 대해 변분법적이므로 기저세트가 증가함에 따라 에너지가 감소할 것으로 예측할 수 있다. 표 12-6은 기저세트의 증가에 따른 Hartree-Fock 에너지를 보여주고 있다. 표 위 왼쪽에서 오른쪽으로 갈수록 에너지가 감소함을 주목하여라. 또한 6-311G** 기저세트도 Hartree-Fock 한계를 주지 않으며 각각의 경우 Hartree-Fock 한계보다 0.02 내지 0.03 hartree(50 to 80 $kJ \cdot mol^{-1}$) 높음도 주목하여라.

구조가 에너지보다 당연히 더 흥미롭다. 표 12-7에는 CH_4에서 HF 까지 여러 기저세트를 사용하여 계산된 결합길이(angstroms)와 결합각(degrees)을 수록하였다. 결합길이와 결합각은 에너지처럼 변분법적이지 않기 때문에 여러 계산 값들이 단순하게 변화할 필요가 없음을 주목하여라. 결합길이에 대해 0.02 Å 그리고 결합각 몇 도 정도의 오차 범위에서 실험치와 상당히 잘 일치하고 있다. 3-21G 기저세트조차도 받아들일 만한 구조를 주고 있다. 비교적 작은 기저세트는 큰 기저세트를 사용하는 복잡한 계산의 초기 구조를 얻는데 흔히 사용된다.

표 12-6 사용된 기저세트의 함수로 나타낸 열 개의 전자를 갖고 있는, CH_4, NH_3, H_2O, HF의 Hartree-Fock 에너지(hartree)

	STO-3G	3-21G	6-31G*	6-31G**	6-311G*	6-311G**	Hartree–Fock limit
H_2O	−74.9659	−75.5860	−76.0107	−76.0236	−76.0324	−76.0470	−76.065
NH_3	−55.4554	−55.8722	−56.1844	−56.1955	−56.2010	−56.2104	−56.255
CH_4	−39.7269	−39.9769	−40.1952	−40.2021	−40.2027	−40.2090	−40.225
HF	−98.5728	−99.4602	−100.0029	−100.0117	−100.0345	−100.0469	−100.071

표 12-7 사용된 기저세트의 함수로 나타낸 열 개의 전자를 갖고 있는, CH_4, NH_3, H_2O, HF의 Hartree-Fock 결합길이(angstroms)와 결합각(degrees).

	3-21G	6-31G*	6-31G**	6-311G*	6-311G**	Experimental
CH_4	1.083	1.084	1.084	1.083	1.084	1.094
	109.5	109.5	109.5	109.5	109.5	109.5
NH_3	1.003	1.003	1.001	0.9990	1.001	1.012
	112.4	107.2	107.6	107.4	107.4	106.7
H_2O	0.9665	0.9473	0.9430	0.9394	0.9410	0.958
	107.7	105.5	106.0	107.5	105.4	104.5
HF	0.9376	0.9109	0.9005	0.8973	0.8960	0.917

쌍극자모멘트는(연습문제 12-54, 12-55) 구조보다 사용된 model chemistry에 더 민감하다. 표 12-8에는 NH_3에서 HF 까지 계산된 쌍극자모멘트와 실험치를 수록하였다. (대칭성에 의해 CH_4의 쌍극자모멘트는 영이다.) 이 경우 STO-3G 기저세트는 정확한 $H_2O>HF>NH_3$ 순서조차도 주지 못하며 3-21G 그리고 이보다 큰 기저세트는 너무 큰 결과를 준다. 실험치와 잘 일치하는 쌍극자모멘트를 얻기 위해서는 post-Hartree-Fock 방법을 사용하여야 한다.

표 12-8 사용된 기저세트의 함수로 나타낸 열 개의 전자를 갖고 있는, NH_3, H_2O, HF의 Hartree-Fock 쌍극자모멘트(Debyes)

	STO-3G	3-21G	6-31G*	6-31G**	6-311G*	6-311G**	Experimental
H_2O	1.709	2.388	2.199	2.148	2.317	2.318	1.850
NH_3	1.876	1.752	1.920	1.839	1.845	1.725	1.470
HF	1.252	2.174	1.972	1.944	1.980	1.980	1.820

그림 12-15에서 12-17 까지에는 CH_4에서 HF 까지의 분자가 아닌 다른 분자들에 대한 결과를 보여주고 있다. 그림 12-5는 실험치의 함수로 도시된 일반식 AH_n의 하이드라이드 분자들의 HF/6-31G** 결합길이이다. 실선의 기울기는 1이며 이 선에 가까운 값은 실험치와 잘 일치함을 나타낸다. 그림 12-16은 두 개의 이주기 그리고 삼주기 원자를 포함한 분자들에 대한 HF/6-31G** 결합길이를 나타낸 유사한 그림이다. 그림 12-15와 그림 12-16 모두 Hartree-Fock 구조가 상당히 좋음을 보여주고 있다. 그림 12-17은 더 많은 수의 분자들에 대한 HF/6-31G** 쌍극자모멘트이다. 많은 수의 점들이 기울기 1인 선보다 보다 아래에 있으며 이것은 Hartree-Fock 쌍극자모멘트가 흔히 너무 큰 값을 준다는 것을 보여준다. 마지막으로 표 12-9와 12-10에는 여러 가지 유기화합물의 결합길이와 결합각을 수록하였다.

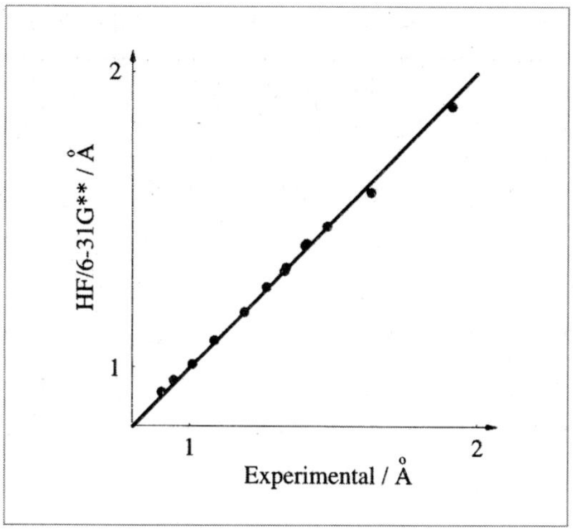

그림 12-15 실험치의 함수로 도시된 HF/6-31G** model chemistry를 이용하여 계산된 일반식 AH_n의 하이드라이드 분자들의 결합길이. 실선은 기울기 1이다.

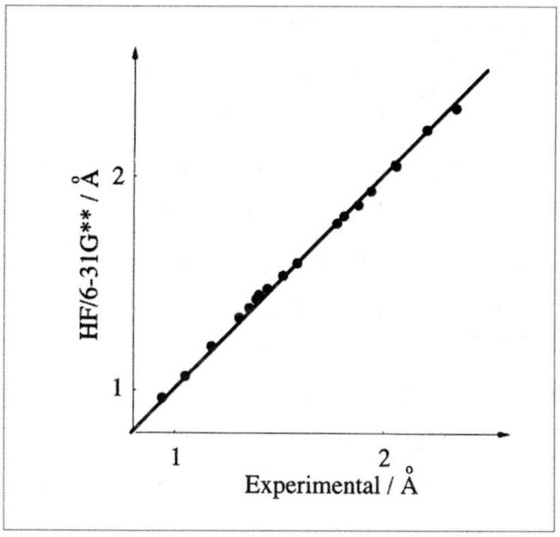

그림 12-16 실험치의 함수로 도시된, HF/6-31G** model chemistry를 이용하여 계산된 일반식 H_nABH_m 분자들의 A–B 결합길이. 여기에서 A, B는 이주기 그리고 삼주기 원자이며 실선의 기울기는 1이다.

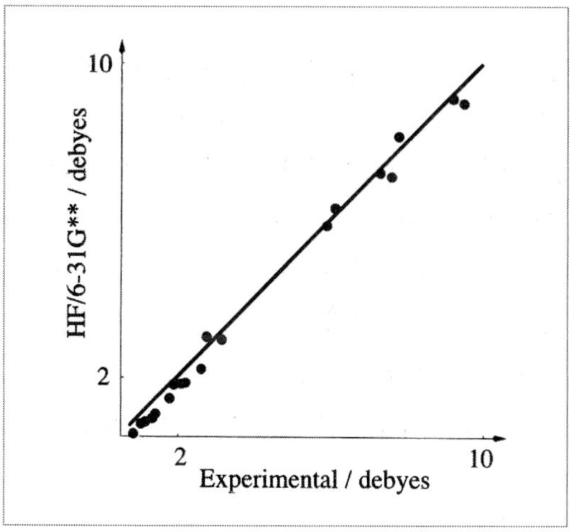

그림 12-17 실험치의 함수로 도시된, 선택된 분자들에 대해 HF/6-31G** model chemistry에 의해 계산된 쌍극자모멘트. 실선의 기울기는 1이다.

표 12-9 사용된 기저세트의 함수로 나타낸 여러 유기화합물들의 Hartree-Fock 결합길이(Å).

Bond type	Molecule	Bond length/Å					
		STO-3G	3-21G	3-21G*	6-31G*	6-31G**	Experimental
C–C	Ethane		1.542	1.542	1.547	1.527	1.536
	Propane		1.541	1.541	1.528	1.528	1.526
	Acetonitrile	1.488	1.457	1.457		1.467	1.458
	Acetaldehyde	1.537	1.507	1.507	1.504	1.503	1.501
	1,3-Cyclopentadiene	1.522	1.519	1.519	1.507	1.506	1.506
	Cyclobutane	1.554	1.571	1.571	1.548	1.545	1.548
C=C	Cyclopropene	1.277	1.282	1.282	1.276	1.276	1.300
	Allene	1.288	1.292	1.292	1.296	1.296	1.308
	Cyclobutene	1.314	1.326	1.326	1.322	1.322	1.332
	Ethene	1.306	1.315	1.315	1.317	1.316	1.339
C≡C	Acetylene	1.180	1.188	1.188	1.185	1.186	1.203
	Propyne	1.170	1.188	1.188	1.184	1.187	1.206
C–C	Benzene		1.385	1.385	1.386	1.386	1.397
C≡N	Hydrogen cyanide	1.153	1.137	1.137	1.133	1.135	1.153
	Acetonitrile	1.154	1.139	1.139	1.133	1.135	1.157
	Hydrogen isocyanide	1.170	1.160	1.160	1.154	1.155	1.169
C=O	Carbon dioxide	1.188	1.156	1.156	1.143	1.143	1.162
	Formaldehyde	1.216	1.212	1.212		1.184	1.193
	Acetone	1.219	1.211	1.210		1.192	1.222
C–Cl	Tetrachloromethane		1.832	1.772	1.766	1.766	1.767
	Chloromethane	1.802	1.802	1.806	1.785	1.784	1.781

여기에 나타낸 모든 결과들이 Hartree-Fock 결과들이며 대부분의 경우 Hartree-Fock 한계에 도달하지 못하였음을 기억하여라. 어느 ab initio 계산을 수행하는 경우에도 두 종류의 에러가 존재한다. 그 중 하나는 무한대의 기저세트를 사용할 수 없기 때문에 유한한 기저세트를 사용함으로 얻어지는 basis set truncation error가 있다는 사실에 기인한다. 다른 하나는 사용하는 이론의 수준, 즉 Hartree-Fock에서 완전한 배치 상호작용까지에 기인하는 에러이다. 그림 12-18은 최소 기저세트를 이용하는 Hartree-Fock 계산에서부터 기본적으로 정확한 계산에 이르기까지 여러 가지 계산 경로를 설명하는 그림이다. 물론 점차 더 나은 model chemistry를 이용함에 따라 비용은 증가한다.

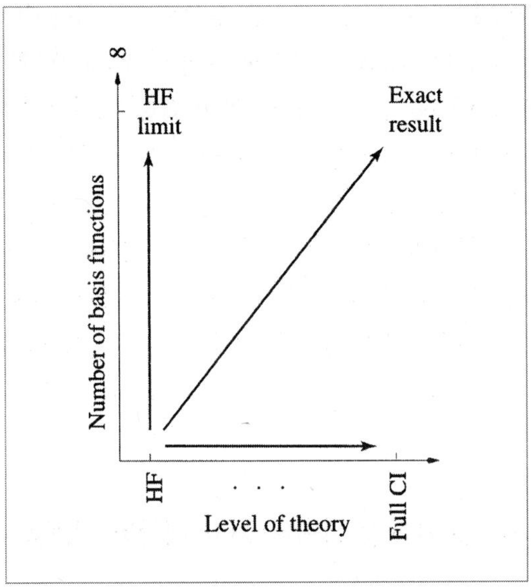

그림 12-18 최소 기저세트를 이용하는 Hartree-Fock 계산에서부터 기본적으로 정확한 계산에 이르기까지 여러 가지 계산 경로를 설명하는 그림

표 12-10 유기화합물에 대해 사용된 기저세트의 함수로 나타낸 Hartree-Fock 결합각.

	3-21G	3-21G*	6-31G*	6-31G**	6-311G**	Experimental
Formaldehyde						
O–C–H	122.5	122.5	122.2	122.1	122.1	121.9
H–C–H	114.9	114.9	115.7	115.7	115.8	116.1
1-Butene						
C=C–C	124.9	124.9	125.4	125.4	125.4	125.4
C–C–C	111.2	111.2	112.5	112.5	112.6	112.1
Dimethyl ether						
C–O–C	114.0	114.0	113.8	113.9	113.9	111.2
Formamide						
H–C–O		122.4	122.3	122.3	122.3	122.5
H–N–C		121.9	121.8	121.6	121.5	120.0
Propane						
C–C–C	111.6	111.6	112.8	112.9	112.9	112.4
Chloromethane						
Cl–C–H	106.2	108.1	108.5	108.4	108.2	108.4
H–C–H	112.5	110.8	110.4	110.5	110.7	110.5
Dichloromethane						
Cl–C–Cl	110.8	112.1	112.8	112.8	112.8	111.8
H–C–H	114.5	111.5	111.2	111.2	111.7	112.0
Methylene (CH_2)						
H–C–H	131.3	131.3	130.7	131.1	131.7	135.5
Propene						
C–C–C	124.7	124.7	125.2	125.2	125.2	124.8

Hartree-Fock은 비교적 좋은 구조를 주지만 전자상관을 무시하므로 결합에너지와 반응에너지를 계산할 때 심각한 결함을 준다. Hartree-Fock 계산이 총 에너지의 95% 정도를 줌에도 불구하고 상관에너지-Hartree-Fock 에너지와 정확한 에너지의 차이-는 화학적인 목적에서 볼 때 상당히 중요하다. 예를 들어, Hartree-Fock 에너지와 정확한 에너지의 차이인 H_2의 전자 상관에너지는 0.0404 hartree 인데, 1 hartree가 2,625 $kJ \cdot mol^{-1}$ 그리고 상관에너지가 전형적인 결합에너지에 대해 상당한 비율인 106 $kJ \cdot mol^{-1}$ 임을 알 때까지는 괜찮아 보인다. 다음 절에서는 Hartree-Fock 결과를 개선할 수 있는 몇 가지 방법에 대해 논의한다. 이 방법들을 총괄하여 post-Hartree-Fock 방법이라고 부른다.

12.7 분자의 성질에 대해 post-Hartree-Fock 방법은 거의 정확한 결과를 준다.

그림 12-19는 여러 가지 model chemistry에 의해 계산된 물 분자의 에너지를 보여주는 NIST cccbdb 웹사이트 (http://srdata.nist.gov/cccbdb) 화면이다. 이 그림과 그림 12-14는 여러 가지 post-Hartree-Fock 계산 결과들을 보여 준다. 이 방법들에 대해 차례로 Moller-Plesset 섭동 이론에서 시작하여 배치 상호작용, 이차 배치 상호작용, 짝지은 클러스터(coupled-cluster) 이론 그리고 마지막으로 밀도함수 이론에 대해 간략히 논의한다. 전자상관을 Born-Oppenheimer 근사 수준에서 정확한 계의 비상대론적 바닥상태 에너지와 Hartree-Fock 한계 에너지 E_{HF} 와의 차이라고 정의하였음을 상기하여라. 이것을 식으로 나타내면 다음과 같다.

Methods with standard basis sets

		STO-3G	3-21G	3-21G*	6-31G	6-31G*	6-31G**	6-31+G**	6-311G*	6-311G**	6-31G(2df,p)	cc-pVDZ	cc-pVTZ
hartree fock	HF	-74.962123	-75.582180	-75.582180	-75.981579	-76.006967	-76.019835	-76.027450	-76.028621	-76.043232	-76.025542	-76.023274	-76.053989
density functional	BLYP	-75.288175	-75.947470	-75.947470	-76.362896	-76.384765	-76.395105	-76.412358	-76.411656	-76.424689	-76.401663	-76.395087	-76.437682
	B3LYP	-75.318996	-75.970186	-75.970186	-76.382336	-76.405174	-76.415957	-76.430267	-76.430153	-76.443668	-76.422297	-76.416847	-76.456060
	B3LYPultrafine					-76.405174							
	B3PW91	-75.302244	-75.945691	-75.945691	-76.354645	-76.377833	-76.388768	-76.400817	-76.400952	-76.415103	-76.395036	-76.390795	-76.426904
	mPW1PW91	-75.311801	-75.951441	-75.952149	-76.361072	-76.383844	-76.395030	-76.407058	-76.406640	-76.421567	-76.401895	-76.397119	-76.432831
	PBEPBE	-75.234755	-75.882699	-75.882698	-76.296016	-76.318702	-76.329437	-76.344832	-76.342604	-76.356589	-76.337247	-76.330388	-76.369303
Moller Plesset perturbation	MP2FC	-75.002262	-75.704022	-75.704022	-76.109395	-76.193068	-76.216005	-76.229327	-76.231172	-76.260192	-76.263562	-76.224886	-76.314877
	MP2FU		-75.705840			-76.195465	-76.218668	-76.232105	-76.249874	-76.279116		-76.227209	
	MP4		-75.712387			-76.203470			-76.242809				
Configuration interaction	CID					-76.193807			-76.230314				-76.309010
	CISD					-76.194427							-76.310094
Quadratic configuration interaction	QCISD		-75.711927			-76.202283	-76.225166	-76.237629	-76.239537	-76.267919		-76.234571	
	QCISD(T)					-76.204123	-76.227878	-76.240776	-76.243066			-76.237591	-76.328602
Coupled Cluster	CCD		-75.710840			-76.201465	-76.224252	-76.235967	-76.238258			-76.233666	-76.319660
	CCSD					-76.202061	-76.224989	-76.237161	-76.239290			-76.234426	-76.320776
	CCSD(T)					-76.005821	-76.227804	-76.240613				-76.237526	-76.328437

그림 12-19 여러 가지 model chemistry에 의해 계산된 물 분자의 에너지를 보여주는 NIST cccbdb 웹사이트 (http://srdata.nist.gov/cccbdb) 화면.

$$E_{\text{corr}} = E_{\text{exact}} - E_{HF}$$

post-Hartree-Fock 방법이 약간의 상관에너지를 주기 때문에 전자상관 방법이라고 부른다.

Moller-Plesset 섭동 이론(Perturbation Theory)

MØller-Plesset 섭동 이론의 기본 생각은 섭동되지 않은 파동함수로 Hartree-Fock 파동함수로부터 시작하여 섭동론을 적용하여 체계적으로 이를 개선하는 것이다. 일차 MØoller-Plesset(MP) 섭동 에너지는 Hartree-Fock 에너지와 같음이 밝혀졌다. 이차 MP 섭동 이론은 Hartree-Fock 결과에 대한 일차 보정이 되고 그림 12-19에 MP2로 표현되어 있다. 뒤의 FC는 frozen core, 즉 비원자가 궤도로부터의 들뜸을 포함하지 않으며 FU는 full, 즉, 모든 궤도에서의 들뜸을 포함한다는 것을 나타낸다. MP4는 사차 MP 섭동 이론을 나타낸다. 12.5 절에서 논의한 모든 프로그램들은 MP 섭동 이론 계산을 수행할 수 있다. 그림 12-20은 기저세트의 크기의 함수로 여러 가지 계산 방법에 의해 계산된 메탄올 분자의 구조 최적화에 걸리는 시간을 도시한 그림이다. 이 그림이 log plot임을 주목하여라. Hartree-Fock 계산에 비해 MP2 계산이 약 두 배의 시간이 필요하며 MP4 계산의 경우에는 약 20 배의 시간이 더 걸림을 알 수 있다. MP 섭동 이론 계산의 결과와 다른 post-Hartree-Fock 계산의 결과를 그림 12-19 그리고 표 12-11(이 절의 끝)에 비교하였다.

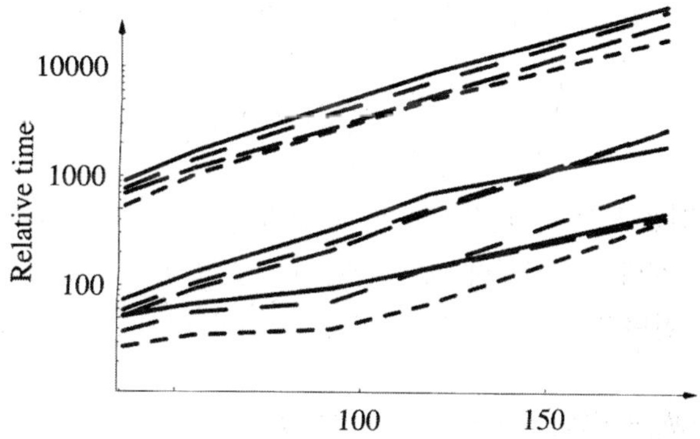

그림 12-20 여러 가지 계산 방법에 의해 계산된 메탄올 분자의 구조 최적화에 걸리는 상대적 시간을 기저세트의 크기의 함수로 log plot 한 그림. 네 개의 곡선으로 된 낮은 세트는 HF, MP2, BLYP 그리고 B3LYP를 나타내며, 중간 세 곡선은 CISD, CCD, QCISD 그리고 위 네 곡선 세트는 CCSD, CCSDT, QCISDT, MP4 결과이다.(자료들은 http://srdata.nist.gov/cccbdb에 있다.)

배치 상호작용 (Configuration Interaction)

그림 12-19에서 CID와 CISD로 표시된 두 줄은 배치 상호작용 결과이다. 10.9 절에서 최소 기저세트를 사용한 간단한 H_2 배치 상호작용 계산에 대해 논의하였다. K 기저함수로 이루어진 기저세트를 사용하면 Hartree-Fock 계산은 K 분자궤도 따라서 $2K$ 스핀궤도를 준다. $2N$ 개의 전자가 있는 닫힌 껍질 분자의 바닥상태에서 가장 낮은 에너지 $2N$ 스핀궤도가 채워지고 나머지 $2K-2N$ 스핀궤도는 비어 있다.(가상 스핀궤도) $2N$ 전자 닫힌 껍질 계에서 배치 상호작용 계산의 출발점은 $2N$ 최저 에너지 스핀궤도로부터 형성된 Slater 행렬식 Ψ_0이다. Ψ_0를 기준상태로 하여, 모든 들뜬 배치를 이들이 어떻게 Ψ_0와 다른지를 Ψ_0를 이용하여 표시한다. 먼저, 채워진 스핀궤도를 가상 스핀궤도와 바꾸어 Ψ_0와 다른 모든 행렬식을 만든다. 채워진 스핀궤도를 χ_i, χ_j, $\cdots$, 가상 스핀궤도를 χ_a, χ_b, $\cdots$ 그리고 Ψ_i^a를 채워진 스핀궤도 χ_i에서 가상 스핀궤도 χ_a로 전자를 들뜨게 해서 얻어지는 행렬식을 표시하는 것이 표준화된 표현 방법이다. 이렇게 얻어지는 행렬식 Ψ_i^a를 단일 들뜬 행렬식 (singly excited determinant)이라고 부른다. 이제 단일 들뜸 연산자 $\hat{C}_1$을

$$\hat{C}_1\Psi_0 = \sum_i\sum_a c_i^a \Psi_i^a \tag{12-29}$$

로 정의하고 c_i^a는 변분법적으로 결정되는 상수이다. 12-29 식은 바닥상태 행렬식으로부터 얻어지는 모든 가능한 단일 들뜸에 대한 합을 나타낸다. 즉, 각각 그리고 모든 채워진 스핀궤도에서 각각 그리고 모든 가상 스핀궤도로의 들뜸을 나타낸다.(연습문제 12-42)

이 과정을 연장하여 가능한 이중 들뜸 배치에 대해 생각해 보자.

$$\hat{C}_2\Psi_0 = \sum_{i<j}\sum_{a<b} c_{ij}^{ab}\Psi_{ij}^{ab} \tag{12-30}$$

여기에서 합은 모든 i, j 값 $(i<j)$에 대해 그리고 모든 a, b $(a<b)$ 값에 대해 수행된다. 합을 표시하는 첨자들에 대한 한계 ($i<j$ 그리고 $a<b$)는 주어진 이중 들뜸 배치가 합에서 단 한번만 나오게 되도록 한다. 완전한 배치 상호작용 파동함수 Ψ_{CI}는

$$\begin{aligned}\Psi_{CI} &= c_0\Psi_0 + \hat{C}_1\Psi_0 + \hat{C}_2\Psi_0 + \cdots + \hat{C}_{2N}\Psi_0 \\ &= c_0\Psi_0 + \sum_i\sum_j c_i^a\Psi_i^a + \sum_{i<j}\sum_{a<b} c_{ij}^{ab}\Psi_{ij}^{ab} + \cdots + \sum_{i<j<\cdots}\sum_{a<b<\cdots} c_{ij\cdots}^{ab\cdots}\Psi_{ij\cdots}^{ab\cdots}\end{aligned} \tag{12-31}$$

로 주어지고 여기에서 둘째 줄 마지막 항은 채워진 스핀궤도에서 모든 가능한 가상 스핀궤도로 모든 $2N$ 전자의 들뜸을 포함하고 있다.

12-31 식에 주어진 완전한 배치 상호작용(full CI) 파동함수는 이 기저세트에서 주어지는 $2N$ 전자 문제에 대한 정확한 해이다. 무한대의 기저세트 한계에서 12-31 식은

Schrödinger 방정식의 정확한 해를 제공한다. 12-31 식의 항의 개수는 수백만 개가 될 수 있다. 예를 들어, 6-31G* 기저세트를 사용한 N_2의 full CI 계산은 백만 개 이상의 배치를 포함하게 된다. 따라서 중간 정도의 기저세트를 사용한 가장 작은 분자에 대한 full CI 계산도 수행할 수가 없다. 다행히도 1970 년대 수행된 많은 CI 계산은 이중 들뜸 배치가 에너지에 가장 큰 공헌을 한다는 것을 알려주고 있다. 이 때문에 실질적인 CI 계산은 12-31 식의 Ψ_{CI}을 중간에서 끊고 있다.

$\hat{C}_2$를 제외한 모든 $\hat{C}_n$을 영으로 하면 소위 배치 상호작용 이중 들뜸(CID)이라고 부르는 근사에 도달하게 된다. 계산상으로는 단일 들뜸에 약간의 계산을 더하면 되는 것으로 밝혀졌기 때문에 흔히 사용되는 CI 계산은 CISD(configuration interaction singles and doubles)가 사용된다.

Hartree-Fock 결과가 정성적으로 맞지 않아서 CI에 의해 개선된 예가 많이 있다. 제 10 장에서 Hartree-Fock 계산이 부정확한 이원자 분자의 해리에너지를 주는데 반해 CI 계산이 정확한 해리 한계를 주는 것을 보았다. 배치 상호작용은 N_2의 이온화에너지에 대해 바른 값을 주지만 12.1 절의 끝에서 지적했듯이 Hartree-Fock은 그렇지 않다는 것도 알았다. 다른 한 예는 일산화탄소 분자의 쌍극자모멘트 계산에 관한 것인데 이 문제는 양자화학자들에게 오랫동안 관심의 대상이었다.(쌍극자모멘트에 관하여 연습문제 12-54에서 12-57 까지 복습한다.) 간단히 전기음성도를 이용하여 논의하면 산소원자가 쌍극자모멘트의 음의 방향이고 탄소원자가 양의 방향이어야 함을 예측하게 하지만 실험적으로는 그 반대이다. 아주 큰 기저세트를 사용한 Hartree-Fock 계산도 쌍극자모멘트에 대해 틀린 방향을 준다. 다시 말해서 산소원자가 음의 방향임을 예측하게 한다. 그러나 이 절에서 논의한 다른 post-Hartree-Fock 방법은 물론 배치 상호작용은 쌍극자모멘트에 대해 올바른 방향을 준다.

배치 상호작용이 매우 많은 계산을 요구함에도 불구하고 원칙적으로 정확하며 또한 변분법적이다. 변분법적인 것은 원하던 바인데 왜냐하면 에너지가 항상 정확한 값보다 크다는 것을 알고 있기 때문이다. 한때 거의 모든 계산화학자들에게 분자 계산에 있어 배치 상호작용이 가장 실제적인 방법이라고 믿어졌었다. 사실 1960 년대 수행된 ab initio 계산의 반 이상이 CI 계산이었다. 그러나 CI 계산이 수행될수록 계산의 수렴 속도가 점점 느려짐이 분명해졌다. 12-31 식에 항을 더 포함할수록 더 좋은 결과를 주지만 실망스럽게도 수렴속도는 느려진다. 이에 더하여 배치 상호작용은 큰 분자들의 계산에 특별히 결함이 있다.

두 N-전자 분자에 대해 생각해 보자. 이 두 분자들의 에너지는 멀리 떨어져 있을 때 한 분자의 에너지의 두 배이다. 그러나 두 분자를 구조적으로는 멀리 떨어져 있지만 $2N$-전자 계라고 가정해 보자. 이들이 충분히 멀리 떨어져 있으면 계산된 에너지는 한 분자의 에너지의 두 배가 되어야 한다. 그러나 실제 CISD나 CID 같은 줄여진 CI 계산은 정확한 에너지를 주지 못한다. 즉, 두 고립된 분자의 에너지를 주지 못한다. 틀림없이 바람

직한 방법에 의하면 한 개의 "초분자(suermolecule)"로 취급된 n 개의 멀리 떨어진 분자들의 에너지가 한 개 분자의 에너지의 n 배가 되어야 한다. 이 조건을 size consistency라고 부른다. full CI 계산은 기저세트 내에서 정확하므로 이 조건을 만족시키지만 줄여진 CI 계산은 이 조건이 만족될 이유가 없다. 이 결함을 치료할 많은 방법이 제안되었다. 그림 12-14와 12-19의 QCISD와 QCISD(T)는 이차 배치 상호작용(quadratic configuration interaction)을 의미하며 size-consistent 한 CI 계산이다. 그림 12-20은 그러나 이 방법이 상당한 시간을 요함을 보여 준다.

짝지은 클러스터 이론(Coupled-Cluster Theory)

다음에 논의할 계산 방법(그림 12-14와 12-19에 CCD라고 표현된)은 size-consistent 함은 물론 비슷한 컴퓨터 자원의 양에 비추어 볼 때 CI 보다 더 정확하다. 그렇지만 이 방법은 변분법적이 아니어서 더 큰 기저세트가 더 정확한 에너지를 주지는 않는다. 짝지은 클러스터 이론이라고 부르는 이 방법은 특히 작은 분자들의 경우 post-Hartree-Fock 방법 중 가장 많이 쓰이는 그리고 가장 성공적인 방법들 중의 하나이다. 짝지은 클러스터 이론은 1950 년대 후반 원자핵에 대한 연구를 위하여 개발되었으며 이 후 1970 년대 후반 분자의 전자구조 계산을 위해 다시 공식화되었다. 짝지은 클러스터 이론의 기본 식을 유도하는 것은 상당히 어렵고 복잡하지만 현재에는 다음과 같이 간단히 나타낸다. N-전자 분자에 대한 짝지은 클러스터 이론의 기본 식은

$$\Psi_{\text{exact}} = e^{\hat{T}}\Psi_0 \tag{12-32}$$

이며 Ψ_0는 보통 기준이 되는 Hartree-Fock 행렬식형 파동함수 그리고 $\hat{T}$는 다음으로 표시되는 연산자이다.

$$\hat{T} = \hat{T}_1 + \hat{T}_2 + \hat{T}_3 + \cdots + \hat{T}_N \tag{12-33}$$

$$\hat{T}_1\Psi_0 = \sum_{i,a} t_i^a \Psi_i^a \tag{12-34}$$

$$\hat{T}_2\Psi_0 = \sum_{i<j,a<b} t_{ij}^{ab} \Psi_{ij}^{ab} \tag{12-35}$$

여기에서 t_i^a, t_{ij}^{ab}, ⋯ 등은 비선형 연립방정식으로부터 결정되는 상수들이다.(여기에서는 다루지 않는다.)

12-32 식은 수학적으로는 정확하지만 수치적으로는 나타낸 바와 같이 다루기 어려운 식이다. 12-33 식에서 $\hat{T}_2$를 제외한 모든 항을 무시하면 소위 coupled cluster doubles(CCD)라고 부르는 근사를 하게 된다.

$$\Psi_{CCD} = e^{\hat{T}_2}\Psi_0 \tag{12-36}$$

CCD 근사는 배치 상호작용 이차(CID) 근사와는 매우 다르다. 왜 그런지 보기 위해 12-36 식의 지수를 $e^x = 1 + x + x^2/2! + x^3/3! + \cdots$ 에 따라 전개하면

$$\Psi_{CCD} = \Psi_0 + \hat{T}_2\Psi_0 + \frac{1}{2}\hat{T}_2^2\Psi_0 + \cdots \tag{12-37}$$

이 된다. 12-37 식의 처음 두 항이 CCD 근사를 이루지만 12-37 식에는 더 많은 항들이 있다. 12-35 식의 $\hat{T}_2$에 대한 정의를 사용하면 다음을 얻는다.

$$\begin{aligned}\hat{T}_2^2\Psi_0 &= \hat{T}_2(\hat{T}_2\Psi_0) = \hat{T}_2 \sum_{i<j,a<b} t_{ij}^{ab}\Psi_{ij}^{ab} \\ &= \sum_{i<j,a<b} t_{ij}^{ab}\hat{T}_2\Psi_{ij}^{ab} = \sum_{i<j,a<b}\sum_{k<l,c<d} t_{ij}^{ab}t_{kl}^{cd}\Psi_{ijkl}^{abcd}\end{aligned} \tag{12-38}$$

이 항은 두 이중 들뜸의 곱으로 되어 있는 사중 들뜸을 나타낸다. 그러나 곱으로 되어 있는 각각의 항들이 사중 들뜸에 주된 수치적인 공헌을 하는 것으로 밝혀졌다. 이와 유사하게 12-37 식의 나머지 항들이 육중 들뜸, 팔중 들뜸 등을 나타낸다. 따라서 CCD가 12-32 식의 $\hat{T}$를 $\hat{T}_2$로 대체하여 얻어짐에도 불구하고 지수 형이 이중 들뜸 외에 많은 다중 들뜸을 포함하게 된다. 거기에다 결정해야 하는 계수들의 수가 CID와 거의 같기 때문에 약간의 시간과 노력을 더하는 것으로 이 방법이 수행된다. 12-32 식의 $\hat{T}$를 $\hat{T}_2$로 하는 대신 $\hat{T}_1 + \hat{T}_2$로 하면 CCSD(coupled cluster singles and doubles)가 된다. 모든 계산화학 프로그램에는 짝지은 클러스터 계산이 포함되어 있으며 흔히 사용되는 방법이 CCD와 CCSD이다.

배치 상호작용의 경우와 마찬가지로 짝지은 클러스터 계산도 상당히 작은 분자들에 대해 작은 기저세트를 사용한 계산으로 제한되고 있다. 298 *K*에서 다음 HCl(g) 분해반응의 반응엔탈피 ΔH_r^0에 대해 cc-pVTZ 기저세트를 사용한 Hartree-Fock, CISD 그리고 CCSD 계산 결과를 비교하여 보자.

$$\text{HCl(g)} \rightarrow \text{H(g)} + \text{Cl(g)} \tag{12-39}$$

NIST cccbdb 웹사이트에 들어가 **Reaction Data and the User Specified Reaction at 298 K**를 클릭하면 반응의 반응물과 생성물 입력을 요구하는 형식을 볼 수 있다. 입력하면 실험 결과들(이 경우 431.6 ± 0.1 kJ · mol^{-1})과 여러 가지 model chemistry를 이용하여 계산된 결과들에 대한 오차들을 보여주는 페이지로 이동한다. **HF/cc-pVTZ**를 클릭하면 302.6 kJ · mol^{-1}을 볼 수 있다. 이와 유사하게 **CISD/cc-pVTZ** 결과는 412.6 kJ · mol^{-1} 그리고 **CCSD/cc-pVTZ** 결과는 402.6 kJ · mol^{-1}이다. Hartree-Fock 계산

이 100 kJ · mol^{-1} 이 넘는 오차를 보이고 있으나 CISD와 CCSD 계산 결과는 실험치의 10% 내의 오차를 보이고 있음을 주목하여라.

이 ΔH_r^0 값들을 각각의 ΔH_f^0 값들로부터 계산해 보는 것은 흥미롭다. NIST cccbdb 웹사이트에는 298 K에서 다음 표준 생성엔탈피(영점에너지를 제외한) 값들이 주어져 있다.

	$\Delta H_f^0/E_h$		
Method	HCl(g)	H(g)	Cl(g)
HF/cc-pVTZ	−460.103 547	−0.497 449	−459.483 044
CISD/cc-pVTZ	−460.315 791	−0.497 449	−459.657 404
CCSD/cc-pVTZ	−460.326 255	−0.497 449	−459.663 893

12-39 식의 반응에 대한 HF/cc-pVTZ 표준 반응엔탈피 값은

$$\begin{aligned}\Delta H_r^0 &= \Delta H_f^0[\mathrm{H(g)}] - \Delta H_f^0[\mathrm{Cl(g)}] - \Delta H_f^0[\mathrm{HCl(g)}] \\ &= -0.497449E_h - 459.483044E_h + 460.103547E_h \\ &= 0.123054E_h = 323.1\ \mathrm{kJ\cdot mol^{-1}}\end{aligned}$$

이다. ΔH_r^0가 큰 값들의 작은 차이로 얻어진 것에 주목하여라. 이것이 분자의 에너지의 정확성이 중요한 이유이다. 여기에서 최종적으로 얻어진 ΔH_r^0 값은 상관에너지와 맞먹는 값이다. 여기에서 얻어진 값은 위에서 얻은 값과 다른데 ΔH_f^0에 영점에너지가 포함되지 않았기 때문이다. 영점에너지를 포함하면 위의 값과 같은 값을 얻게 된다.(연습문제 12-48) 해당되는 CISD/cc-pVTZ 그리고 CCSD/cc-pVTZ 값들은

$$\begin{aligned}\Delta H_r^0(\mathrm{CISD/cc\text{-}pVTZ}) &= -(460.315791E_h)-(-0.497449E_h)-(-459.657404E_h) \\ &= -0.160938E_h = -422.5\ \mathrm{kJ\cdot mol^{-1}}\end{aligned}$$

$$\begin{aligned}\Delta H_r^0(\mathrm{CCSD/cc\text{-}pVTZ}) &= -(460.326255E_h)-(-0.497449E_h)-(-459.663893E_h) \\ &= -0.164913E_h = -433.0\ \mathrm{kJ\cdot mol^{-1}}\end{aligned}$$

이다.

밀도함수 이론(Density Functional Theory)

이제까지 논의한 모든 분자 이론은 분자 파동함수에 근거하고 있다. N-전자 분자의 파동함수는 $3N$ 공간좌표와 N 스핀좌표의 함수 $\psi(x_1, y_1, z_1, \sigma_1, \cdots, x_N, y_N, z_N, \sigma_N)$이며 에너지, 구조, 쌍극자모멘트 등 물리적인 성질들은 이들 좌표들에 대한 적분으로부터 얻어진다. 예를 들어, 다음 형의 일전자 연산자에 해당하는 성질에 대한 계산을 살펴보자.

$$\hat{A}=\sum_{i=1}^{N}\hat{A}(x_i,y_i,z_i) \tag{12-40}$$

이 연산자의 기대치는

$$A=<\psi|\hat{A}|\psi>=\sum_{i=1}^{N}\int\cdots\int\psi^*(x_1,\cdots,\sigma_N)\hat{A}\psi(x_1,\cdots,\sigma_N)d\tau_1\cdots d\tau_N$$
$$=\int\int\int dxdydz\hat{A}(x,y,z)\rho(x,y,z) \tag{12-41}$$

로 주어지며(연습문제 12-51) 여기에서

$$\rho(x,y,z)=N\int\cdots\int d\sigma_1 d\tau_2\cdots d\tau_N\psi^*(x,y,z,\sigma_1,x_2,\cdots\sigma_N)$$
$$\times\psi(x,y,z,\sigma_1,x_2,\cdots,\sigma_N)$$

은 한 점 (x,y,z)의 주위 단위부피 $dxdydz$ 안에서 전자가 발견될 확률밀도이며 $d\tau_i=dx_idy_idz_i$는 공간좌표 x_i,y_i,z_i에 대한 적분과 스핀좌표 σ_i에 대한 합을 나타낸다.

12-41 식의 중요한 점은 A를 전자밀도로부터 계산할 수 있다는 점이다. 따라서 전체 파동함수를 필요로 하지 않는다. 파동함수는 실제 우리가 필요로 하는 것보다 훨씬 더 많은 정보를 포함하고 있다. 전자밀도는 개념적으로 파동함수보다 간단함은 물론 X-선 회절이나 전자회절 방법을 이용하여 실험적으로 결정할 수 있다. 따라서 양자화학을 자세한 다전자 파동함수 $\psi(x_1,y_1,\cdots,\sigma_N)$ 대신 전자밀도 $\rho(x,y,z)$로 공식화할 수 있다면 더 바람직한 일이 될 것이다.

A를 계산하는 것이 단지 전자밀도에만 의존하는 이유는 $\hat{A}(x,y,z)$가 일전자 연산자이기 때문이다. 에너지 계산은 다음 적분에 의한다.

$$E=\int\cdots\int d\tau_1\cdots d\tau_N\psi^*(x_1,\cdots,\sigma_N)\hat{H}\psi(x_1,\cdots,\sigma_N)$$

Hamiltonian 연산자는 일전자 그리고 이전자 연산자로 이루어져 있으므로 E를 전자밀도로 표현하는 것이 어려워 보일지 모른다. 1920 년대 양자역학의 초기에서부터도 사람들은 원자 및 분자의 성질을 전자밀도를 이용하여 표현하려고 노력하였으나 1964 년 Pierre Hohenberg와 Walter Kohn이 두 개의 뚜렷한 결과를 발표하기까지는 이렇다 할 진전이 없었다. 첫째, 바닥상태 에너지와 다른 모든 바닥상태 분자의 성질이 실제 전자밀도가 포함된 적분을 이용하여 표현하는 것이 가능함을 보였다. 이 결과를 다음과 같이

$$E=E[\rho] \tag{12-42}$$

로 표현하고 대괄호는 이 경우 $\rho(x,y,z)$를 포함하는 적분을 나타내는 표준 표현 방법이

다. 다음 E_0와 ρ_0가 정확한 값이면 12-42 식이 변분법적이어서

$$E_0 = E[\rho_0] \leq E[\rho] \tag{12-43}$$

임을 보였다. 여기에서 ρ는 시도 밀도함수이며 $\rho = \rho_0$이면 등호가 성립한다.

현재 Hohenberg-Kohn 정리라고 부르고 있는 이 두 정리는 파동함수를 제쳐두고 전자밀도를 사용하는 것으로 양자화학에 있어 완전히 다른 접근 방법을 열어 1960 년대 이후 폭발적인 성장을 하였다.(그림 12-21) 이제 보겠지만 한 가지 결점은 첫 번째 Hohenberg-Kohn 정리가 단순히 존재에 관한 정리라는 점이다. 다시 말해서 바닥상태 에너지를 $\rho(x,y,z)$를 포함하는 적분으로 표현하는 것이 가능함을 증명하였지만 아무도 아직 이 관계가 무엇인지 모른다. 이 관계에 대한 연구 또는 적어도 이에 대한 좋은 근사에 대한 연구가 1980 년대 이후 양자화학 연구의 많은 부분이 되었다. 이 이론을 밀도함수 이론(density functional theory: DFT)이라고 부르며 모든 분자 계산 프로그램에는 여러 종류의 DFT 계산을 포함하고 있다. 심지어 dedicated DFT 프로그램이 있다. 밀도함수 이론의 최대 장점은 그 결과가 이제까지 논의한 post-Hartree -Fock 수준과 비슷하면서 그림 12-20에서 보인대로 Hartree-Fock 계산 정도의 시간을 요한다는 점이다.

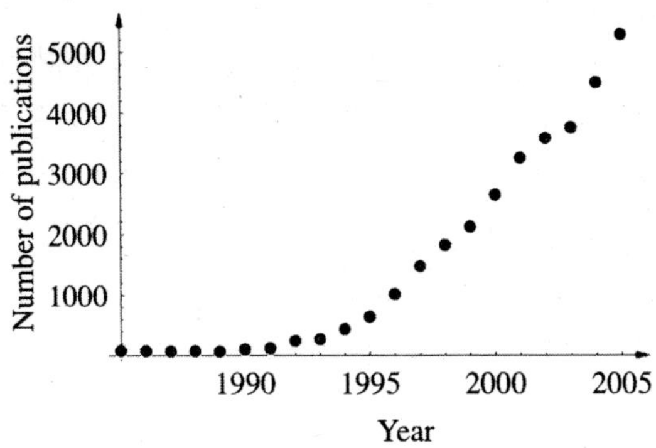

그림 12-21 1990 년부터 2005 년 사이 Chemical Abstrat 찾기에서 제목이나 초록에서 밀도함수 이론 또는 DFT가 들어간 논문의 수.

밀도함수 이론에 대한 논의에 앞서 이름이 어디에서 유래하는지 살펴보자. 함수가 한 개의 수를 다른 한 개의 수로 대응시킨다는 것을 상기해 보자. 예를 들어, $y = f(x) = x^3$는 x 로부터 y를 생성하는 규칙이다. 이때 $y = f(x)$를 한 개의 수를 다른 한 개의 수로 mapping 한다고 말한다. 한편, functional은 한 개의 함수를 한 개의 수로 mapping 한다. functional에 대한 고전적인 예는 다음과 같은 정적분이다.

$$I[f] = \int_1^2 dx f(x)$$

$f(x)$가 주어지면 적분은 한 개의 수를 준다. $I[f]$는 숫자 I가 f의 함수임을 의미한다. 가끔 $I[f(x)]$로 쓰기도 한다. 첫 번 째 Hohenberg-Kohn 정리, 12-41 식은 단순히 에너지가 전자밀도의 functional 임을 말하고 있다.

위에서 말하였듯이, Hohenberg와 Kohn이 에너지가 전자밀도의 functional로 표현될 수 있음을 증명하였음에도 불구하고 단지 존재에 대한 정리로 처방을 제공하지는 못한다. 밀도함수 이론에 대한 많은 연구는 $E[\rho]$에 대한 여러 가지 근사의 개발에 대한 연구이다. 이 근사법에 대한 연구가 제안한 양자화학자들의 이름 첫 자를 따서 명명되었다. 예를 들어, 성공적이고 흔히 사용되는 방법 중의 하나는 Becke, Lee, Yang, Parr에 의한 BLYP functional이라고 부른다.(그림 12-14와 12-19) 이들 그림에 나타나 있는 다른 밀도함수 이론들은 다른 양자화학자들의 이름에서 온 에너지 functional 들이다.

밀도함수 이론 계산은 에너지 functional과 기저세트를 결합하여 공식화 된다. BLYP/6-31G*로 부르는 결합은 BLYP functional과 6-31G* 기저세트와의 결합으로 이주 좋은 분자 성질을 준다. 표 12-11은 몇 가지 DFT 계산 방법에 의한 분자 성질을 보여 준다.(BLYP, B3LYP, BVWN) 이 결과들은 1993 년 발표된 Johnson, Gil, Pople 논문의 초록에 있는 문장을 이용함으로 절 요약할 수 있다.(표 12-11) "밀도함수 이론에 의한 진동수는 ab initio 결과와 비교하여 조금 낮은 수준이지만 원자화 에너지의 경우에

표 12-11 여러 가지 post-Hartree-Fock 계산에 의한 원자화 에너지(kJ · mol^{-1}) 비교.

Molecule	HF	BLYP	B3LYP	BVWN	MP2	CISD	CCSD	QCISD	Experimental
CH_4	1257	1631	1637	1657	1482	1470	1488	1481	1642
NH_3	712	1130	1128	1144	972	951	968	965	1158
H_2O	551	867	869	875	790	755	770	769	918
HF	344	520	514	524	495	477	477	477	566
C_2H_2	1138	1604	1598	1590	1530	1415	1464	1469	1627
C_2H_4	1649	2210	2217	2211	2048	1960	2015	2015	2225
C_2H_6	2117	2765	2780	2782	2546	2468	2527	2523	2788
HCN	774	1281	1279	1260	1202	1070	1123	1128	1263
CO	704	1077	1052	1050	1064	940	983	993	1072
H_2CO	995	1514	1485	1500	1404	1287	1341	1347	1494
CH_3OH	1387	1989	1987	1987	1819	1719	1780	1779	2012
O_2	121	572	522	534	492	359	406	414	494
HOOH	458	1058	1014	1038	919	795	865	865	1056
CO_2	982	1644	1572	1587	1594	1330	1437	1455	1598

a. All the calculations were done using a 6-31G* basis set.

표 12-12 팔면체 착물 $Cr(CO)_6$, $Mo(CO)_6$, $W(CO)_6$의 결합길이(Å)와 결합 해리에너지($kJ \cdot mol^{-1}$)

	Bond length/Å						Bond dissociation/$kJ \cdot mol^{-1}$		
	$Cr(CO)_6$		$Mo(CO)_6$		$W(CO)_6$				
Method	Cr–C	C–O	Mo–C	C–O	W–C	C–O	$Cr(CO)_6$	$Mo(CO)_6$	$W(CO)_6$
MP2	1.883	1.168	2.066	1.164	2.054	1.116	243	193	230
CCSD(T)	1.938	1.172					192	169	201
B88P91	1.910	1.153	2.076	1.153	2.049	1.155	193	166	183
B3LYP	1.921	1.155	2.068	1.155	2.078	1.156	170	168	187
Experimental	1.918	1.141	2.063	1.145	2.058	1.148	154	169	192

는 두 DFT 방법이 실험치와 아주 잘 일치하는 우수한 결과를 주어 모든 다른 방법보다 우수하다." 표 12-11을 보면 DFT 방법은 이제까지 논의한 어느 post-Hartree-Fock 방법과 비교하여도 분자의 성질에 대해 최소한 같은 수준의 결과를 줌을 볼 수 있다.

DFT 계산에 필요한 상대적으로 가벼운 컴퓨터 비용 때문에 밀도함수 이론은 다른 post-Hartree-Fock 방법에서 보다 큰 계에 대해 적용이 가능하다.(그림 12-20) 큰 분자 계의 밀도함수 이론 계산에 대한 논문이 이 장의 끝 참고문헌에 주어져 있다. 여기에서는 한 개의 계산에 대해 논의하기로 한다. 표 12-12에는 팔면체 착물 $Cr(CO)_6$, $Mo(CO)_6$, $W(CO)_6$의 전이금속-CO 결합의 길이와 결합 해리에너지를 수록하였다. 100개가 넘는 전자를 포함하고 있는 이들 계는 다른 post-Hartree-Fock 방법을 사용할 경우 매우 비용이 많이 든다. 표 12-12에서는 DFT 결과가 실험치와 잘 일치함을 볼 수 있다.

밀도함수 이론이 ab initio 이론인가? 정확한 에너지 functional을 안다면 ab initio 이론이라고 할 수 있지만 불행히도 알 수 없다. 몇몇 제안된 에너지 functional이 기본 원리에 기초하고 실험적인 변수를 포함하고 있지 않음에도 불구하고 가장 성공적인 방법, 즉 가장 정확한 분자의 성질을 주는 방법은 어떤 방법을 사용하든 결정되어야 하는 변수를 포함하고 있다. 확실히 하기 위해 몇 개의 ab initio 원자 성질에 functional을 맞추고 그 결과 얻어지는 functional을 이용하여 분자의 성질을 예측하지만 이 과정이 몇몇의 양자화학자들에게는 순수한 ab initio 성을 잃게 한다고 생각하게 한다.

아마도 밀도함수 이론의 가장 심각한 결함은 이 방법이 체계적으로 개선될 수 없다는 점이다. 위에서 논의한 다른 전자상관 방법은 전개에 더 많은 항을 포함하여 점차로 좋은 결과를 얻을 수 있다. 이러한 점은 순전히 컴퓨터의 양과 질에 달려 있으므로 매우 빠른 속도로 팽창할 것이다. 그러나 밀도함수 이론의 발전은 더 좋은 functional을 구축하는데 의존한다. 즉, 발전이 이 분야 연구자들의 천재성과 영감에 달려 있다.

연 습 문 제

12-1. 12-3 식에서 12-6 식까지 유도하여라.

12-2. 쿨롬적분 J_{ii}가 교환적분 K_{ii}와 동등함을 보여라.

12-3. 12-7 식의 하첨자 i가 $2N$-전자 분자를 기술함에도 불구하고 왜 1에서 N 까지 인지 이유를 설명하여라.

12-4. Hartree-Fock 에너지가 Hartree-Fock 궤도에너지의 합과 같지 않음을 보여라.

12-5. 표 12-1의 첫 번 째 열의 기저세트 궤도 $\sigma_u 3s(7.29169)$를 써 보아라.

12-6. 표 12-1의 첫 번 째 열의 기저세트 궤도 $\sigma_u 3d(1.69003)$를 써 보아라.

12-7. 표 12-1의 자료를 이용하여 $2\sigma_u$ 분자궤도를 원자궤도로 써 보아라.

12-8. Fock 연산자의 행렬요소가 다음과 같은 적분으로 이루어져 있음을 보여라.

$$(\mu\nu|\sigma\lambda) = \int d\boldsymbol{r}_1 d\boldsymbol{r}_2 \phi_\mu(\boldsymbol{r}_1)\phi_\nu(\boldsymbol{r}_1)\frac{1}{r_{12}}\phi_\sigma(\boldsymbol{r}_2)\phi_\lambda(\boldsymbol{r}_2)$$

12-9. 12-21 식의 가우스 함수가 정규화 되어 있음을 보여라.

12-10. $\boldsymbol{r}_0 = x_0\boldsymbol{i} + y_0\boldsymbol{j} + z_0\boldsymbol{k}$를 중심으로 한 삼차원 가우스 함수가 x_0, y_0, z_0를 중심으로 한 세 일차원 가우스 함수의 곱임을 보여라.

12-11. 다음을 보여라.

$$\int_{-\infty}^{\infty} e^{-(x-x_0)^2}dx = \int_{-\infty}^{\infty} e^{-x^2}dx = 2\int_0^{\infty} e^{-x^2}dx = \pi^{1/2}$$

12-12. 다음 가우스 적분

$$I_0 = \int_0^{\infty} e^{-ax^2} dx$$

은 다음 트릭을 사용하여 구해질 수 있다. 먼저

$$I_0^2 = \int_0^{\infty} dx e^{-ax^2} \int_0^{\infty} dy e^{-ay^2} = \int_0^{\infty} \int_0^{\infty} dx dy e^{-a(x^2+y^2)}$$

을 써 보아라. 이제 적분의 변수를 직교좌표에서 극좌표로 변환하고 다음을 보여라.

$$I_0 = \frac{1}{2}\left(\frac{\pi}{a}\right)^{1/2}$$

12-13. 다음

$$I_{2n} = \int_0^{\infty} x^{2n} e^{-ax^2} dx$$

적분이 위 문제의 적분 I_0를 a에 대해 n 번 미분하여 얻어짐을 보여라.

$$I_{2n} = \frac{1 \cdot 3 \cdot 5 \cdots (2n-1)}{2(2a)^n}\left(\frac{\pi}{a}\right)^{1/2}$$

12-14. $\boldsymbol{R}_A$를 중심으로 한 가우스 함수와 $\boldsymbol{R}_B$를 중심으로 한 함수의 곱이, 즉

$$\phi_1 = e^{-\alpha|\boldsymbol{r}-\boldsymbol{R}_A|^2} \quad \text{그리고} \quad \phi_2 = e^{-\beta|\boldsymbol{r}-\boldsymbol{R}_B|^2}$$

곱이 다음을 중심으로 한 가우스 함수임을 보여라.

$$\boldsymbol{R}_p = \frac{\alpha \boldsymbol{R}_A + \beta \boldsymbol{R}_B}{\alpha + \beta}$$

간단히 하기 위해 일차원에서 보이고 12-10을 이용하여 삼차원 증명을 하여라.

12-15. $\phi_s(\alpha, \boldsymbol{r}-\boldsymbol{R}_A) = \left(\frac{2\alpha}{\pi}\right)^{3/4} e^{-\beta|\boldsymbol{r}-\boldsymbol{R}_A|^2}$와 $\phi_s(\beta, \boldsymbol{r}-\boldsymbol{R}_B) = \left(\frac{2\beta}{\pi}\right)^{3/4} e^{-\alpha|\boldsymbol{r}-\boldsymbol{R}_B|^2}$

가 정규화 된 가우스 s 함수이면

$$\phi_s(\alpha, \boldsymbol{r}-\boldsymbol{R}_A)\phi_s(\beta, \boldsymbol{r}-\boldsymbol{R}_B) = K_{AB}\phi_{1s}(p, \boldsymbol{r}-\boldsymbol{R}_p)$$

임을 보여라. 이 때 $p=\alpha+\beta$, $\boldsymbol{R}_p=(\alpha\boldsymbol{R}_A+\beta\boldsymbol{R}_B)/(\alpha+\beta)$ (이전 문제)이고

$$K_{AB}=\left[\frac{2\alpha\beta}{(\alpha+\beta)\pi}\right]^{3/4}e^{-\frac{\alpha\beta}{\alpha+\beta}|\boldsymbol{R}_A-\boldsymbol{R}_B|^2}$$

이다.

12-16. 두 가우스 함수 $\phi_1=e^{-2(x-1)^2}$과 $\phi_2=e^{-3(x-2)^2}$의 곱을 도시하여라. 그 결과를 해석하여라.

12-17. 연습문제 12-15의 결과를 이용하여 정규화 된 두 가우스 함수

$$\phi_s(\alpha,\boldsymbol{r}-\boldsymbol{R}_A)=\left(\frac{2\alpha}{\pi}\right)^{3/4}e^{-\alpha|\boldsymbol{r}-\boldsymbol{R}_A|^2} \text{와 } \phi_s(\beta,\boldsymbol{r}-\boldsymbol{R}_B)=\left(\frac{2\beta}{\pi}\right)^{3/4}e^{-\beta|\boldsymbol{r}-\boldsymbol{R}_B|^2}$$

의 겹침적분이 다음으로 됨을 보여라.

$$S(|\boldsymbol{R}_A-\boldsymbol{R}_B|)=\left(\frac{4\alpha\beta}{\pi}\right)^{3/2}\left(\frac{\pi}{\alpha+\beta}\right)^{3/4}e^{-\alpha\beta|\boldsymbol{R}_A-\boldsymbol{R}_B|^2}$$

이 결과를 $|\boldsymbol{R}_A-\boldsymbol{R}_B|$의 함수로 도시하여라.

12-18. 가우스 함수를 Slater 궤도에 맞출 때 최적 맞춤에 대한 하나의 조건이 차이의 제곱 적분이 최소가 되어야 한다는 것이다. 예를 들어, $g_s(r,\alpha)$의 최적화 된 값 α를

$$I=\int dr[S_{1s}(r,1.00)-g_s(r,\alpha)]^2$$

적분을 α에 대해 최소화 하여 구한다. 이 두 함수 $S_{1s}(r,1.00)$과 $g_s(r,\alpha)$가 정규화 되어 있다면 I를 최소로 하는 것이 $S_{1s}(r,1.00)$과 $g_s(r,\alpha)$의 다음 겹침적분을 최대로 하는 것과 같음을 보여라.

$$S(\alpha)=\int dr S_{1s}(r,1.00)g_s(r,\alpha)$$

12-19. 위 연습문제의 $S(\alpha)$가 다음으로 주어짐을 보여라.

$$S(\alpha)=4\pi^{1/2}\left(\frac{2\alpha}{\pi}\right)^{3/4}\int_0^{\infty}r^2e^{-r}e^{-\alpha r^2}dr$$

Mathcad나 Mathematica 같은 프로그램을 사용하여 최대가 $\alpha=0.27095$에서 얻어짐

을 보여라.

12-20. 같은 그래프에 $S_{1s}(r, 1.00)$과 $g_s(r, 0.27095)$를 함께 도시하여 비교하여라.

12-21. $S_{1s}(\zeta=1)$에 대한 맞춤을 알고 있을 때 가우스 함수의 Slater 궤도 $S_{1s}(\zeta\neq 1)$에의 맞춤을 결정하기 위해 $S_{1s}(r,\zeta)$와 $g_s(r,\beta)$의 다음 겹침적분에서 시작한다.

$$S = 4\pi^{1/2}\left(\frac{2\beta}{\pi}\right)^{3/4}\zeta^{3/2}\int_0^\infty r^2 e^{-\zeta r}e^{-\beta r^2}dr$$

$u=\zeta r$로 하여 다음을 얻어라.

$$S = 4\pi^{1/2}\left(\frac{2\beta/\zeta^2}{\pi}\right)^{3/4}\int_0^\infty u^2 e^{-u}e^{-(\beta/\zeta^2)/u^2}du$$

이 결과를 연습문제 12-19의 S와 비교하여 $\beta=\alpha\zeta^2$ 또는 자세한 표현

$$\alpha(\zeta)=\alpha(\zeta=1.00)\times\zeta^2$$

임을 보여라.

12-22. 이중제타 (DZ) 기저세트와 이중 split-valence 기저세트의 차이는 무엇인가?

12-23. 삼중제타 기저세트는 무엇을 의미하는가?

12-24. 에탄 분자의 6-31G 기저세트 계산에는 몇 개의 기저 함수가 사용되는가? 프로판 분자에서는 몇 개인가?

12-25. 벤젠 분자의 6-31G 기저세트 계산에는 몇 개의 기저 함수가 사용되는가? 톨루엔 분자에서는 몇 개인가?

12-26. 에탄 분자의 6-31G 기저세트 계산에는 몇 개의 원초 가우스 함수와 축약된 가우스 함수가 사용되는가? 프로판 분자에서는 몇 개인가?

12-27. 벤젠 분자의 6-31G 기저세트 계산에는 몇 개의 원초 가우스 함수와 축약된 가우스 함수가 사용되는가? 톨루엔 분자에서는 몇 개인가?

12-28. 다섯 개의 d 궤도만이 있음에도 보통 Gaussian 기저세트에서는 여섯 개의 "d" 궤도를

사용한다.

$$g_{xx}=\left(\frac{2048\alpha^7}{9\pi^3}\right)^{1/4}x^2e^{-\alpha r^2}\qquad g_{yy}=\left(\frac{2048\alpha^7}{9\pi^3}\right)^{1/4}y^2e^{-\alpha r^2}$$

$$g_{zz}=\left(\frac{2048\alpha^7}{9\pi^3}\right)^{1/4}z^2e^{-\alpha r^2}\qquad g_{xy}=\left(\frac{2048\alpha^7}{9\pi^3}\right)^{1/4}xye^{-\alpha r^2}$$

$$g_{xz}=\left(\frac{2048\alpha^7}{9\pi^3}\right)^{1/4}xze^{-\alpha r^2}\qquad g_{yz}=\left(\frac{2048\alpha^7}{9\pi^3}\right)^{1/4}yze^{-\alpha r^2}$$

이 모든 함수들이 다 d 궤도와 같은 각 대칭성을 가짐을 주목하여라. 그러나 g_{xy}, g_{xz}, g_{yz}, $(2g_{zz}g_{xx}-g_{yy})/2$, $(3/4)^{1/2}(g_{xx}-g_{yy})$는 정확한 대칭성을 가짐을 보여라. 또한 여섯 번째 선형결합 $(g_{xx}+g_{yy}+g_{zz})/5^{1/2}$이 s 궤도의 대칭성을 가짐을 보여라.

12-29. 연습문제 12-28은 d 궤도에 해당하는 가우스 함수를 기술한다. d 궤도에 대한 정확한 대칭성을 갖는 다섯 개의 결합을 사용하는 것보다 기저세트를 형성하는데 여섯 개의 가우스 d 궤도를 사용하는 것이 계산상 더 쉽다. 이렇게 하여 에탄 분자에 대해 6-31G* 기저세트 계산에 42 개의 기저함수가 사용된다. 벤젠 분자에 대한 유사한 계산에서는 몇 개의 함수가 사용되겠는가? 벤젠 분자에 대해 6-31G** 계산을 하면 몇 개의 함수가 사용되겠는가?

12-30. 질소원자의 6-31G 기저세트에 대한 축약된 가우스 함수를 쓰기 위한 정보를 얻기 위해 웹사이트 http://gnode2.pnl.gov/bse/portal에 접속하여라. 두 $2s$ 궤도가 정규화 되어 있음을 보여라. 이들을 도시하고 하나의 가우스 함수로 표시된 하나가 다른 하나보다 확장되어 있음을 보여라.

12-31. 탄소원자의 6-311G 기저세트에 대한 축약된 가우스 함수를 쓰기 위한 정보를 얻기 위해 웹사이트 http://gnode2.pnl.gov/bse/portal에 접속하여라. 두 $2s$ 궤도가 정규화 되어 있음을 보여라. 이들을 도시하고 이들이 점차로 커짐을 보여라.

12-32. 산소원자의 6-31G* 기저세트에 대한 축약된 가우스 함수를 쓰기 위한 정보를 얻기 위해 웹사이트 http://gnode2.pnl.gov/bse/portal에 접속하여라. 두 $2s$ 궤도가 정규화 되어 있음을 보여라. 이들을 도시하고 하나의 가우스 함수로 표시된 하나가 다른 하나보다 확장되어 있음을 보여라.

12-33. 탄소원자의 STO-3G $1s$ 그리고 $2s$ 궤도를 얻기 위해 웹사이트 http://gnode2.pnl.gov/bse/portal에 접속하여 이들 궤도가 정규화 되어 있음을 보여라.

12-34. 그림 12-7에 주어진 6-31G** 기저세트의 $1s$, $2s'$, $2p_x'$, $2p_y'$, $2p_z'$ 궤도가 정규화 되어 있음을 보여라.

12-35. Gaussian을 사용할 수 있다면 아세트알데히드의 6-311G(d, p) 계산에 78 개의 기저함수와 128 개의 원초 가우스 함수가 사용됨을 증명하여라.

연습문제 12-36에서 12-40: GaussView 나 WebMO에 무한정 접속이 불가능하더라도 WebMO에 게스트로 접속하여 계산 수행에 필요한 1 분의 CPU 시간을 사용할 수 있다. 1 분의 시간은 이제 까지 고려한 분자들의 Hartree-Fock 계산을 수행하기에는 충분한 시간이다. 웹사이트 www.webmo.net/demo/에 접속한 후 Demo Server에 들어가 다음 지시를 따르면 된다.

12-36. GaussView나 WebMO를 이용하여 표 12-6의 메탄 분자의 HF/6-31G* 결과를 확인하여라.

12-37. GaussView나 WebMO를 이용하여 표 12-7의 NH_3의 HF/6-311G* 결과를 확인하여라.

12-38. GaussView나 WebMO를 이용하여 표 12-7의 CH_4의 HF/6-311G* 결과를 확인하여라.

12-39. GaussView나 WebMO를 이용하여 표 12-8의 HF의 HF/6-31G* 결과를 확인하여라.

12-40. GaussView나 WebMO를 이용하여 표 12-10의 포름알데히드 분자의 HF/6-31G* 결과를 확인하여라.

12-41. NIST 웹사이트 http://srdata.nist.gov/cccbdb에 들어가 표 12-6의 결과를 확인하여라. (Hartree-Fock 한계는 다른 자료들로부터 얻어진다.)

12-42. 배치 상호작용 계산에서 얻어지는 단일 들뜸 행렬식의 수가 $2N$ 전자와 $2K$ 스핀궤도를 갖는 분자에 대해 $2N(2K-2N)$으로 주어짐을 보여라. n 개의 삼중 들뜸에 대해 다음과 같이 됨을 보여라.

$$\binom{2N}{n}\binom{2K-2N}{n}$$

12-43. 위 문제의 결과를 이용하여 100 개의 기저함수로 이루어진 기저세트를 사용한 N_2의 CI 계산에서 단일 그리고 이중 들뜸의 수가 백만 개 이상이 됨을 보여라.

12-44. 12−31 식의 Ψ_{CI}가 $2N$ 번째 항에서 끊어지는 이유는 무엇인가?

12-45. CID 계산보다 CCD 계산에서 더 많은 들뜬 항이 있는 이유는 무엇인가?

12-46. CISDQ 계산이 어려운 이유가 무엇이라고 생각하는가?

12-47. 이 문제에서는 CCD가 size−consistent 한 반면 CID는 그렇지 않다는 것을 간단히 증명할 것이다. n 개의 멀리 분리되어 있는 A 분자들에 대해 생각해 보자. 이 n 분자들의 파동함수가 $\psi(nA) = \psi(A)^n$으로 주어지고 에너지가 $E(nA) = nE(A)$로 주어짐을 논하여라. 한 개의 분자에 대해 CCD에서는 $\psi(A) = \exp(\hat{T}_2)\psi_0(A)$로 주어지며 여기에서 $\psi_0(A)$는 A 분자의 기준 파동함수이다. 멀리 분리되어 있는 n 개의 A 분자들의 기준 파동함수를 $\Psi_0(nA) = \psi_0(1)\psi_0(2)\cdots\psi_0(n)$이라고 하고 다음을 보여라.

$$\begin{aligned}\Psi_{CCD} &= \exp[\hat{T}_2(1) + \hat{T}_2(2) + \cdots + \hat{T}_2(n)]\Psi_0(nA) \\ &= [\exp(\hat{T}_2)\psi_0(A)]^n = \psi^n(A)\end{aligned}$$

또한 해당하는 에너지가 $nE(A)$임을 보여라. 이제 이와 반대로 $\psi(A) = (1 + \hat{C}_2)\psi_0(A)$이면, 즉 CID에서는

$$\begin{aligned}\Psi_{CID} &= [1 + \hat{C}_2(1) + \cdots + \hat{C}_2(n)]\psi_0(nA) \\ &\neq [(1 + \hat{C}_2)\psi_0(A)]^n\end{aligned}$$

을 보여라.

12-48. 12.7 절에 논의한 HCl(g) → H(g) + Cl(g) 분해반응의 에너지, 298 K에서의 ΔH_r^0 값을 HCl(g)의 영점에너지와 Cl(g)의 스핀−궤도 상호작용의 효과를 고려하여 보정하여라.(이 값들은 NIST cccbdb 웹사이트에서 구할 수 있다.)

12-49. NIST cccbdb 웹사이트의 **Reaction Data** 절의 자료를 이용하여 298 K에서 HF(g) → H(g) + F(g) 반응의 ΔH_r^0을 결정하여라. 각각 화학종들의 ΔH_f^0 자료들로부터 ΔH_r^0를 계산하고 결과를 비교하여라. 두 값이 다른 이유는 무엇인가?

12-50. NIST cccbdb 웹사이트 자료를 이용하여 298 K에서 프로판의 표준 연소 엔트로피를 CCSD/cc−pVTZ model chemistry로 계산하고 결과를 실험치와 비교하여 보아라.

12-51. 12−41 식을 유도하여라.

12-52. functional의 전형적인 예가 정적분이다. 다른 두 예를 들어 보아라.

12-53. 에너지가 전자밀도의 functional로 표현될 수 없다는 것을 예상할 수 있는 이유는 무엇인가?

12-54. Gaussian에서 주어진 쌍극자모멘트의 단위는 debyes이다.(단위 D는 쌍극자모멘트에 대한 일로 1936 년 노벨 화학상을 수상한 미국의 화학자 Peter Debye의 이름을 딴 것이다.) 1 debye는 10^{-18} esu · cm이다. 여기에서 esu(electrostatic unit)는 전하에 대한 비-SI 단위이다. 양성자의 전하가 4.803×10^{-10} esu로 주어질 때 debye와 C · m (coulomb meter)의 변환이 $1D = 3.33 \times 10^{-30}$ C · m 임을 보여라.

12-55. 쌍극자모멘트 1 debye (1D)가 0.39345 au 임을 보여라.(debye에 대한 위 문제를 참고하여라.)

12-56. 물 분자에 대해 HF/6-31G* Gaussian 계산 결과 R(OH) = 0.947 Å, ∠(HOH) = 105.5° 그리고 수소원자의 부분전하 +0.41, 산소원자의 부분전하 −0.82가 얻어졌다. 이 값들을 이용하여 물 분자의 쌍극자모멘트를 계산하고 결과를 실험치와 비교하여 보아라.

12-57. 암모니아 분자에 대해 HF/6-31G* Gaussian 계산 결과 R(NH) = 1.000 Å, ∠(HNH) = 107.1° 그리고 수소원자의 부분전하 +0.37, 질소원자의 부분전하 −1.11이 얻어졌다. 이 값들을 이용하여 물 분자의 쌍극자모멘트를 계산하고 결과를 실험치와 비교하여 보아라.

12-58. GaussView 또는 WebMO를 사용하여 표 12-11의 H_2O에 대해 BLYP/6-31G* 결과를 확인하여라.

12-59. GaussView 또는 WebMO를 사용하여 표 12-11의 NH_3에 대해 BLYP/6-31G* 결과를 확인하여라.

12-60. GaussView 또는 WebMO를 사용하여 표 12-11의 CH_4에 대해 BLYP/6-31G* 결과를 확인하여라.

참 고 문 헌

Basis sets: *http://www.emsl.pnl.gov/forms/basisform.html* or *https://bse.pnl.gov/bse/portal*

NIST Computation Chemistry Comparison and Benchmark Data Base: NIST Standard Reference Database Number 101, Release 12, Aug. 2005, Russell D. Johnson III (Editor); *http://srdata.nist.gov/cccbdb*

Quantum Chemistry Literature Database: *http://qcldb2.ims.ac.jp/*

Gaussian home page: *http://www.gaussian.com*

GAMESS homepage: *www.msg.ameslab.gov/GAMESS/*

WebMO homepage: *www.webmo.net*

SPARTAN home page: *http://www.wavefun.com*

North Carolina High School computational chemistry server: *http://chemistry.ncssm.edu*

Hehre, W., Radom, L., Schleyer, P. V., Pople, J. *Ab Initio Molecular Orbital Theory*. Wiley & Sons: New York, 1986.

Hehre, W. *A Guide to Molecular Mechanics and Quantum Chemical Calculations*. Wavefunction, Inc.: Irvine, CA, 2005.

Levine, I. N. *Quantum Chemistry,* 5th ed. Prentice Hall: Upper Saddle River, NJ, 2000.

Szabo, A., Ostlund, N. *Modern Quantum Chemistry: Introduction to Advanced Electronic Structure Theory*. Dover Publications: Mineola, NY, 1982.

Gotwals, R. R., Jr., Sendlinger, S. A. *A Chemistry Educator's Guide to Molecular Modeling*. Available in pre-publication form at *http://www.chemistry.ncssm.edu/book/index.html*

Post-Hartree-Fock 방법에 대한 참고문헌

■ 일반

Head-Gordon, M. Quantum Chemistry and Molecular Processes. *J. Phys. Chem.*, **100**, 13213 (1996).

Raghavachari, K., Anderson, J. B. Electron Correlation Effects in Molecules. *J. Phys. Chem.*, **100**, 12960 (1996).

Jensen, F. *Introduction to Computational Chemistry,* 2nd ed. Wiley & Sons: New York, 2006.

Cramer, C. *Essentials of Computational Chemistry: Theories and Models,* 2nd ed. Wiley & Sons: New York, 2004.

■ 배치 상호작용

Szabo, A., Ostlund, N. *Modern Quantum Chemistry: Introduction to Advanced Electronic Structure Theory*. Dover Publications: Mineola, NY, 1982.

Lee, T. J., Remington, R. B., Yamaguchi, Y., Schaefer, H. F., III. The Effects of Triple and Quaduple Excitations in Configuration Interaction Procedures for the Quantum Mechanical Prediction of Molecular Properties. *J. Chem. Phys.*, **89**, 408 (1988).

Christoffersen, R. E. *Basic Principles and Techniques of Molecular Quantum Mechanics*. Springer-Verlag: New York, 1989.

■ Coupled-Cluster Theory

Levine, I. N. *Quantum Chemistry,* 5th ed. Prentice Hall: Upper Saddle River, NJ, 2000.

Bartlett, R. Coupled-Cluster Approach to Molecular Structure and Spectra: A Step Toward Predictive Quantum Chemistry. *J. Phys. Chem.,* **93**, 1697 (1989).

■ 밀도함수 이론

Parr, R. G., Yang, W. *Density Functional Theory of Atoms and Molecules*. Oxford University Press: New York, 1989.

Koch, W., Holthausen, M. C. *A Chemist's Guide to Density Functional Theory,* 2nd ed. Wiley-VCH: New York, 2001.

Levine, I. N. *Quantum Chemistry,* 5th ed. Prentice Hall: Upper Saddle River, NJ, 2000.

Ziegler, T. Approximate Density Functional Theory as a Practical Tool in Molecular Energetics and Dynamics. *Chem. Rev.,* **91**, 651 (1991).

Kohn, W., Becke, A. D., Parr, R. G. Density Functional Theory of Electronic Structure. *J. Phys. Chem.,* **100**, 12974 (1996).

연습문제 해답

Chapter 1

1–1. $\nu = \dfrac{c}{\lambda} = \dfrac{3.00 \times 10^{8}\ \text{m}\cdot\text{s}^{-1}}{200 \times 10^{-9}\ \text{m}} = 1.50 \times 10^{15}\ \text{Hz}$

$\tilde{\nu} = \dfrac{1}{\lambda} = 5.00 \times 10^{6}\ \text{m}^{-1} = 5.00 \times 10^{4}\ \text{cm}^{-1}$

$E = h\nu = \dfrac{hc}{\lambda} = 9.93 \times 10^{-19}\ \text{J} = 0.993\ \text{aJ}$

1–2. $\nu = c\tilde{\nu} = (3.00 \times 10^{8}\ \text{m}\cdot\text{s}^{-1})(10^{3}\ \text{cm}^{-1}) = 3 \times 10^{13}\ \text{Hz}$

$\lambda = \dfrac{1}{\tilde{\nu}} = 10^{-3}\ \text{cm} = 10^{-5}\ \text{m}$

$E = h\nu = 2 \times 10^{-20}\ \text{J}$

1–3. $\tilde{\nu} = 0.666\ \text{cm}^{-1}$

$\lambda = \dfrac{c}{\nu} = 0.015\ \text{m}$

$E = h\nu = 1.3 \times 10^{-23}\ \text{J}$

1–6. (a) 9.67×10^{-6} m (b) 9.67×10^{-7} m (c) 2.90×10^{-7} m

1–7. 11 000 K

1–8. 3×10^{-10} m; X ray

1–11. $E = \dfrac{hc}{\lambda} = 2 \times 10^{-15}\ \text{J}$

1–13. (a) 1.07×10^{16} photons (b) 5.41×10^{15} photons (c) 2.68×10^{15} photons

1–14. $\lambda_{\text{max}} = 1.01 \times 10^{-5}$ m; infrared

1–15. $\nu = 4.738 \times 10^{14}$ Hz; $E = 3.319 \times 10^{-19}\ \text{J} = 0.3139\ \text{aJ}$

1–16. 1.70×10^{15} photon$\cdot$s^{-1}

1–17. 5300 K

1–18. $\phi = 3.52 \times 10^{-19}$ J $= 2.20$ eV; KE $= 1.32 \times 10^{-19}$ J

1–19. $\phi = 4.40$ eV $= 7.05 \times 10^{-19}$ J; $E = 9.93 \times 10^{-19}$ J; KE $= 2.88 \times 10^{-19}$ J

1–20. KE $= 0.805$ eV $= 1.29 \times 10^{-19}$ J; $E = 8.64 \times 10^{-19}$ J; $\phi = 7.35 \times 10^{-19}$ J $=$ 4.59 eV; $\nu_0 = 1.11 \times 10^{15}$ Hz

1–21. $h = 6.60 \times 10^{-34}$ Hz; $\phi = 3.59 \times 10^{-19}$ J $= 2.24$ eV

1–23. $\nu = 3.286 \times 10^{15}$ Hz; $\lambda = 9.117 \times 10^{-8}$ m
1 Rydberg $= 13.60$ eV $= 1312$ kJ$\cdot$mol^{-1}

1–24. $\lambda = 121.57$ nm; 102.57 nm; 97.253 nm

1–25. $n = 3$

1–26. $n = 2$

1–28. $\lambda = 91.17$ nm; $E = -2.179 \times 10^{-18}$ J

1–29. (109 737 cm^{-1})(0.999 45) $=$ 109 678 cm^{-1}

1–30. $\mu = 7.00$; 0.9798

1–31. $I = 2.68 \times 10^{-47}$ kg$\cdot$m^2; $r = 1.28 \times 10^{-10}$ m $= 1.28$ Å

1–33. Infrared

1–34. 54.394 eV $=$ 5248.2 kJ$\cdot$mol^{-1}

1–35. $v_1 = 2.188 \times 10^6$ m$\cdot$s^{-1}, $v_2 = 1.094 \times 10^6$ m$\cdot$s^{-1}, $v_3 = 7.292 \times 10^5$ m$\cdot$s^{-1}

1–36. The hydrogen is present as H(g); 31 800 K

1–37. $\mu = 1.69 \times 10^{-28}$ kg; $r_0 = 0.284$ pm, $\nu = 4.59 \times 10^{17}$ Hz; $E = -4.06 \times 10^{-16}$ J

1–38. (a) 0.123 nm (b) 2.86×10^{-3} nm (c) 0.332 nm

1–39. (a) 1.602×10^{-17} J$\cdot$electron^{-1}, 1.23×10^{-10} m $= 1.23$ Å (b) 6.02×10^{-18} J

1–40. 0.082 V

1–41. 1.3×10^{-18} J/α-particle, 5.1 pm $= 0.051$ Å

1–42. 2500 K

1–43. 2.188×10^7 m$\cdot$s^{-1}; 1.094×10^8 m$\cdot$s^{-1}

1–44. $\sin\theta = \lambda/d = 0.006$, $\theta = 0.006$ radians, $\tan\theta = x/2.00$ m, or $x = 0.012$ m $=$ 12 mm

1–45. $\tan\theta = 1.50 \times 10^{-2}\ \text{m}/3.00\ \text{m} = 5.00 \times 10^{-3}$, or $\theta = 5.00 \times 10^{-3}$ radians, $\sin\theta = 5.00 \times 10^{-3}$, $d = \lambda/\sin\theta = 0.139$ mm

1–46. $3.6 \times 10^{7}\ \text{m}\cdot\text{s}^{-1}$

1–47. $6.6 \times 10^{-23}\ \text{kg}\cdot\text{m}\cdot\text{s}^{-1}$, compared to $1.993 \times 10^{-24}\ \text{kg}\cdot\text{m}\cdot\text{s}^{-1}$

1–49. 2.9×10^{-23} s

1–50. 7×10^{-25} J

1–51. 7×10^{-22} J

MathChapter A

A–1. (a) $(2-i)^3 = 8 - (3)(4)i + 3(2)i^2 - i^3 = 8 - 12i - 6 + i = 2 - 11i$

(b) $e^{\pi i/2} = \cos\dfrac{\pi}{2} + i\sin\dfrac{\pi}{2} = i$

(c) $e^{-2+i\pi/2} = e^{-2}\left(\cos\dfrac{\pi}{2} + i\sin\dfrac{\pi}{2}\right) = e^{-2}i$

(d) $(\sqrt{2}+2i)\left(\cos\dfrac{\pi}{2} - i\sin\dfrac{\pi}{2}\right) = (\sqrt{2}+2i)(-i) = 2 - i\sqrt{2}$

A–2. (a) x

(b) $z^2 = (x+2iy)^2 = x^2 + 4ixy - 4y^2$, $\text{Re}\, z^2 = x^2 - 4y^2$

(c) $\text{Im}\, z^2 = 4xy$

(d) $zz^* = (x+2iy)(x-2iy) = x^2 + 4y^2$, $\text{Re}\, zz^* = x^2 + 4y^2$

(e) $\text{Im}\, zz^* = 0$

A–3. (a) $z = 6e^{i\pi/2}$

(b) $r = (16+2)^{1/2} = 3\sqrt{2}$; $\theta = \tan^{-1}\dfrac{-\sqrt{2}}{4} = -0.340$ (note quadrant); $z = 3\sqrt{2}e^{-0.340i}$

(c) $r = \sqrt{5}$; $\theta = \tan^{-1} 2 = 1.107 + \pi$ (note quadrant); $z = \sqrt{5}e^{(\pi+1.107)i}$

(d) $z = (\pi^2 + e^2)^{1/2} e^{i\tan^{-1}(e/\pi)} = (\pi^2 + e^2)^{1/2} e^{0.713i}$

A–4. (a) $z = \cos\dfrac{\pi}{4} + i\sin\dfrac{\pi}{4} = \dfrac{\sqrt{2}}{2} + i\dfrac{\sqrt{2}}{2}$

(b) $z = 6\left(\cos\dfrac{2\pi}{3} + i\sin\dfrac{2\pi}{3}\right) = -3 + i3\sqrt{3}$

(c) $z = e^{\ln 2}\left(\cos\dfrac{\pi}{4} - i\sin\dfrac{\pi}{4}\right) = 2\left(\dfrac{\sqrt{2}}{2} - i\dfrac{\sqrt{2}}{2}\right) = \sqrt{2} - i\sqrt{2}$

(d) $z = (\cos 2\pi - i\sin 2\pi) + (\cos 4\pi + i\sin 4\pi) = 1 + 1 = 2$

A–11. They do not oscillate.

A–13. $i^i = (e^{i\pi/2})^i = e^{-\pi/2}$

A–15. $x = 2; -1 \pm i\sqrt{3}$

Chapter 2

2–1. (a) $y(x) = c_1e^{3x} + c_2e^{x}$

(b) $y(x) = c_1 + c_2e^{-6x}$

(c) $y(x) = c_1e^{-3x}$

(d) $y(x) = c_1e^{(-1+\sqrt{2})x} + c_2e^{(-1-\sqrt{2})x}$

(e) $y(x) = c_1e^{2x} + c_2e^{x}$

2–2. (a) $y(x) = 2e^{2x}$ (b) $y(x) = -3e^{2x} + 2e^{3x}$ (c) $y(x) = 2e^{2x}$

2–4. (a) $x(t) = \frac{v_0}{\omega} \sin \omega t$ (b) $x(t) = A \cos \omega t + \frac{v_0}{\omega} \sin \omega t$

2–5. $c_1 = A \sin \phi = B \cos \psi,\ c_2 = A \cos \phi = -B \sin \psi$

2–6. (a) $y(x) = e^{-x}(c_1 \cos x + c_2 \sin x)$

(b) $y(x) = e^{3x}(c_1 \cos 4x + c_2 \sin 4x)$

(c) $y(x) = e^{-\beta x}(c_1 \cos \omega x + c_2 \sin \omega x)$

(d) $y(x) = e^{-2x}(\cos x - \sin x)$

2–7. The motion is oscillatory with frequency $(1/2\pi)(k/m)^{1/2}$ and amplitude $v_0(m/k)^{1/2}$.

2–8. $\xi(t) = e^{-\gamma t/2m} \cos(\omega' t + \phi)$ with $\omega' = (4km - \gamma^2)^{1/2}/2m$

2–10. $\psi(x) = A \sin \frac{n\pi x}{a},\ n = 1, 2, \ldots$

2–14. $\psi(x, y) = A \sin \frac{n_x \pi x}{a} \sin \frac{n_y \pi y}{b},\ n_x, n_y = 1, 2, \ldots$

2–15. $\psi(x, y, z) = A \sin \frac{n_x \pi x}{a} \sin \frac{n_y \pi y}{b} \sin \frac{n_z \pi z}{c},\ n_x, n_y, n_z = 1, 2, \ldots$

2–25. Height $= v_0^2/2g$; time to return $= 2v_0/g$

2–26. Natural frequency $= (g/l)^{1/2}/2\pi$

MathChapter B

B–1. $\langle x \rangle = 0.30,\ \langle x^2 \rangle = 5.80,\ \sigma^2 = 5.71 > 0$

B–2. $\langle n \rangle = \lambda,\ \langle n^2 \rangle = \lambda^2 + \lambda,\ \sigma^2 = \lambda > 0$

B–3. $c = \lambda,\ \langle x \rangle = 1/\lambda,\ \langle x^2 \rangle = 2/\lambda^2,\ \sigma^2 = 1/\lambda^2$, Prob $[x \geq a] = e^{-\lambda a}$

B–12. 1/2 for all n

Chapter 3

3–1. (a) $\pm x^2$ (b) $(x^3 - a^3)e^{-ax}$ (c) $\frac{1}{4} - 1 + 3 = \frac{9}{4}$ (d) $6xy^2z^4 + 2x^3z^4 + 12x^3y^2z^2$

3–2. (a) nonlinear (b) nonlinear (c) linear (d) nonlinear (e) linear (f) nonlinear

3–3. (a) $-\omega^2$ (b) $i\omega$ (c) $\alpha^2 + 2\alpha + 3$ (d) 6

3–5. (a) $\hat{A}^2 = \frac{d^4}{dx^4}$

(b) $\hat{A}^2 = \frac{d^2}{dx^2} + 2x\frac{d}{dx} + 1 + x^2$

(c) $\hat{A}^2 = \frac{d^4}{dx^4} - 4x\frac{d^3}{dx^3} + (4x^2 - 2)\frac{d^2}{dx^2} + 1$

3–6. (a) commute

(b) do not commute

(c) do not commute (watch $\pm$ signs)

(d) commute

3–7. Same result as ordinary algebra only if $\hat{P}$ and $\hat{Q}$ commute.

3–13. The square root of reciprocal length

3–25. No, because $\hat{H}\psi(x)$ is just a function.

3–26. $\langle x \rangle = a/2$, $\langle x^2 \rangle = \frac{a^2}{3} - \frac{a^2}{8\pi^2}$

3–27. $\langle p \rangle = 0$, $\langle p^2 \rangle = \frac{n^2\pi^2\hbar^2}{a^2} = \sigma_p^2$, $\sigma_p = h/a$ for $n = 2$

3–32. 1, 2, 1, 1

MathChapter C

C–1. $\sqrt{14}$

C–2. $(x^2 + y^2)^{1/2}$, $(x^2 + y^2 + z^2)^{1/2}$

C–3. $\cos\frac{\pi}{2} = 0$

C–6. $\cos\theta = \frac{-3}{(6)^{1/2}(14)^{1/2}} = -0.327$, $\theta = 109°$

C–8. $5\,\mathbf{i} + 5\,\mathbf{j} - 5\,\mathbf{k}$

C–15. $3\,\mathbf{i} - \mathbf{j} + \mathbf{k}$

Chapter 4

4–1. (a) normalizable, $1/\pi^{1/4}$

(b) not normalizable

(c) normalizable, $1/(2\pi)^{1/2}$

(d) not normalizable

(e) normalizable, 2

4–2. (a) $2/\sqrt{\pi}$ (b) normalized (c) normalized

4–5. (a) not normalizable

(b) acceptable

(c) acceptable

(d) not normalizable

(e) not normalizable

4–7. $\langle E \rangle = 6\hbar^2/ma^2$, $\langle E^2 \rangle = 126\hbar^4/m^2a^4$, $\sigma_E^2 = 90\hbar^4/m^2a^4$

4–9. $\langle p \rangle = 0, \sigma_p^2 = \dfrac{h^2}{4}\left(\dfrac{n_x^2}{a^2} + \dfrac{n_y^2}{b^2}\right)$

4–10. $\langle E \rangle = \dfrac{5\hbar^2}{m}\left(\dfrac{1}{a^2} + \dfrac{1}{b^2}\right)$

4–11. (a) $[\hat{A}, \hat{B}] = 2\dfrac{d}{dx}$ (b) $[\hat{A}, \hat{B}] = 2$ (c) $[\hat{A}, \hat{B}] = -f(0)$ (d) $[\hat{A}, \hat{B}] = 4x\dfrac{d}{dx} + 3$

4–12. The subscripts occur as x, y, z and as cyclic permutations of x, y, z.

4–15. $[\hat{X}, \hat{P}_y] = [\hat{Y}, \hat{P}_z] = 0$; $[\hat{X}, \hat{P}_x] = [\hat{Y}, \hat{P}_y] = i\hbar$

4–16. No

4–17. $\Delta x \Delta p_y = \Delta y \Delta p_x = 0$

4–18. d/dx is not Hermitian; id/dx is Hermitian; d^2/dx^2 is Hermitian; id^2/dx^2 is not Hermitian; xd/dx is not Hermitian; x is Hermitian

4–25. $\phi_0(x) = 1$, $\phi_1(x) = x$, $\phi_2(x) = \frac{1}{2}(3x^2 - 1)$

4–27. $\langle n \mid m \rangle = \delta_{nm}$; $\mid \phi \rangle = \sum_n c_n \mid n \rangle$; $c_n = \langle n \mid \phi \rangle$

4–29. $f_0(x) = 1$, $f_1(x) = \sqrt{3}(1 - 2x)$, $f_2(x) = \sqrt{5}(1 - 6x + 6x^2)$

4–31. Only if $\hat{A}$ and $\hat{B}$ commute.

4–39. $\langle x \rangle = \dfrac{a}{2} - \dfrac{48a}{25\pi^2}\cos\omega_{23}t$; $\omega_{23} = (E_3 - E_2)/\hbar$

4–40. $\langle x \rangle = \frac{a}{2} - \frac{32a}{225\pi^2} \cos \omega_{14} t$; $\omega_{14} = (E_4 - E_1)/\hbar$; amplitude $= \frac{64a}{225\pi^2}$ compared to $\frac{96a}{25\pi^2}$ in the previous problem

4–52. 0.52 $(v_0 = 1.966)$

4–53. $4/(4 + v_0)$

MathChapter D

D–1. $1.25 \times 10^{-3}\%$; $4.97 \times 10^{-3}\%$; $11.1 \times 10^{-3}\%$; . . . ; 0.468%

D–2. 0.249%; 0.499%; 0.748%; . . . ; 4.92%

D–3. $1 + \frac{x}{2} - \frac{x^2}{8} + O(x^3)$

D–4. $1 - \frac{x}{2} + \frac{3x^2}{8} + O(x^3)$

D–6. 1

D–7. 3/2

D–8. 1/3

D–17. 1

D–18. $\frac{a^3}{3} - \frac{a^4}{4} + O(a^5)$

D–21. $-1/2$

D–22. The first expansion is valid for $x < 1$ and the second expansion is valid for $x > 1$. The sum of the two expansions is valid for no value of x.

Chapter 5

5–4. The period, τ, which is the time it takes to undergo one cycle, is $2\pi/\omega = 1/\nu$.

5–9. $479\ \text{N}\cdot\text{m}^{-1}$

5–10. $1.81 \times 10^{10}\ \text{m}^{-1}$

5–11. $\gamma_3 = -6D\beta^3$

5–12. $\tilde{x}_e = 0.01961$; $\tilde{x}_e\tilde{\omega}_e = 56.59\ \text{cm}^{-1}$

5–13. $313\ \text{N}\cdot\text{m}^{-1}$

5–14. $\tilde{\omega}_e = 556\ \text{cm}^{-1}$; $E_0 = 5.52 \times 10^{-21}\ \text{J}$

5–15. $\tilde{\omega}_e = 2169.0\ \text{cm}^{-1}$; $\tilde{x}_e\tilde{\omega}_e = 13.0\ \text{cm}^{-1}$

5–16. $2558.549\ \text{cm}^{-1}$, $5026.64\ \text{cm}^{-1}$, $7404.31\ \text{cm}^{-1}$, $9691.54\ \text{cm}^{-1}$

5–17. $\tilde{\omega}_e = 2989\ \text{cm}^{-1}$; $\tilde{x}_e\tilde{\omega}_e = 51.6\ \text{cm}^{-1}$

5–18. $\tilde{\omega}_e = 3841\ \text{cm}^{-1}$; $\tilde{x}_e\tilde{\omega}_e = 1.45\ \text{cm}^{-1}$

5–19. $\tilde{D}_e = 37\,400\ \text{cm}^{-1}$

5–20. Around 68

5–39. 8.0 pm = 0.080 Å; less than 6%

5–41. ≈ 1; $1 - e^{-1.906} = 0.851$

5–42. (a) 3, 3, 9 (b) 3, 2, 4 (c) 3, 3, 30 (d) 3, 3, 6

MathChapter E

E–2. $\left(1, \frac{\pi}{2}, 0\right)$; $\left(1, \frac{\pi}{2}, \frac{\pi}{2}\right)$; $(1, 0, \phi)$; $(1, \pi, \phi)$

E–3. (a) a sphere of radius 5 centered at the origin

(b) a cone about the z axis

(c) the y–z axis

E–4. $2\pi a^3/3$

E–5. $2\pi a^2$

E–6. 4/15

E–10. 0, 1/3

E–11. $8\pi/3$

Chapter 6

6–4. $\mu \approx 10^{-25}$ kg, $r \approx 10^{-10}$ m and so $I \approx 10^{-45}\ \text{kg}\cdot\text{m}^2$ and $B \approx 10^{10}$ Hz

6–5. $3.35 \times 10^{-47}\ \text{kg}\cdot\text{m}^2$, 142 pm = 1.42 Å

6–6. 113 pm = 1.13 Å

6–7. 127.5 pm = 1.275 Å

6–8. 305.5 pm = 3.055 Å

6–9. 1.964×10^{11} Hz, 1.964×10^5 MHz, $6.552\ \text{cm}^{-1}$

6–10. 1.36×10^{11} revolution·s^{-1}

6–11. $2\tilde{B} = 2.96\ \text{cm}^{-1}$

6–12. $1.894 \times 10^{-46}\ \text{kg}\cdot\text{m}^2$

6–13. $\tilde{B}_{\text{HI}} = 6.428\ \text{cm}^{-1}$, $I_{\text{HI}} = 4.355 \times 10^{-47}\ \text{kg}\cdot\text{m}^2$, $\bar{l}_{\text{HI}} = 161.9\ \text{pm} = 1.619\ \text{Å}$,
$\tilde{B}_{\text{DI}} = 3.254\ \text{cm}^{-1}$, $I_{\text{DI}} = 8.604 \times 10^{-47}\ \text{kg}\cdot\text{m}^2$, $\bar{l}_{\text{DI}} = 161.7\ \text{pm} = 1.617\ \text{Å}$

6–14. $\tilde{\nu}_R = 2143.0\ \text{cm}^{-1} + (3.74\ \text{cm}^{-1})(J+1)$; $\tilde{\nu}_P = 2143.0\ \text{cm}^{-1} - (3.74\ \text{cm}^{-1})J$

6–15. $\tilde{\nu}_R = 963.7\ \text{cm}^{-1} + (1.52\ \text{cm}^{-1})(J+1)$; $\tilde{\nu}_P = 963.7\ \text{cm}^{-1} - (1.52\ \text{cm}^{-1})(J)$

6–16. $\tilde{\nu}_R(0 \to 1) = 2905.6\ \text{cm}^{-1}$, $\tilde{\nu}_R(1 \to 2) = 2925.2\ \text{cm}^{-1}$, $\tilde{\nu}_P(0 \to 1) = 2864.4\ \text{cm}^{-1}$,
$\tilde{\nu}_P(2 \to 1) = 2842.9\ \text{cm}^{-1}$

6–17. $\tilde{B}_0 = 6.47\ \text{cm}^{-1}$, $\tilde{B}_1 = 6.28\ \text{cm}^{-1}$, $\tilde{\alpha}_e = 0.19\ \text{cm}^{-1}$, $\tilde{B}_e = 6.56\ \text{cm}^{-1}$

6–18. Yes

Molecule	$^{74}\text{Ge}^{32}\text{S}$	$^{74}\text{Ge}^{32}\text{S}$
$(\tilde{\nu}, J = 0)/\text{cm}^{-1}$	0.372 381	0.375 505
$(\tilde{\nu}, J = 1)/\text{cm}^{-1}$	0.744 761	0.750 009
$\Delta\tilde{\nu}/\text{cm}^{-1}$	0.372 379	0.375 504

6–19. $\tilde{\alpha}_e = 0.005\,92\ \text{cm}^{-1}$, $\tilde{B}_e = 0.820\,04\ \text{cm}^{-1}$

6–20. 6; 4; 9; 18

6–21. $\tilde{B}_0 = 8.35\ \text{cm}^{-1}$, $\tilde{B}_1 = 8.12\ \text{cm}^{-1}$, $\tilde{B}_e = 8.47\ \text{cm}^{-1}$, $\tilde{\alpha}_e = 0.23\ \text{cm}^{-1}$

6–22. $\tilde{B} = 10.40\ \text{cm}^{-1}$, $\tilde{D} = 4.43 \times 10^{-4}\ \text{cm}^{-1}$

6–23. $\tilde{B} = 1.9227\ \text{cm}^{-1}$, $\tilde{D} = 6.387 \times 10^{-6}\ \text{cm}^{-1}$

6–24. $0 \to 1$, $21.1847\ \text{cm}^{-1}$; $1 \to 2$, $42.3566\ \text{cm}^{-1}$; $2 \to 3$, $63.5030\ \text{cm}^{-1}$; $3 \to 4$, $84.6110\ \text{cm}^{-1}$

6–25. $$\text{ratio} = \frac{\tilde{D}J^2(J+1)^2}{\tilde{B}J(J+1) - \tilde{D}J^2(J+1)^2}$$

For H^{35}Cl, ratio $= 5.64 \times 10^{-3}$; for $^{35}\text{Cl}^{35}\text{Cl}$, ratio $= 8.38 \times 10^{-5}$

6–39. $$\hat{L}_x = i\hbar\left(\sin\phi\frac{\partial}{\partial\theta} + \cot\theta\cos\phi\frac{\partial}{\partial\phi}\right),\ \hat{L}_y = -i\hbar\left(\cos\phi\frac{\partial}{\partial\theta} - \cot\theta\sin\phi\frac{\partial}{\partial\phi}\right)$$

6–40. (a) 0 (b) $2\hbar^2$ (c) $2\hbar^2$ (d) $2\hbar^2$

6–43. $I_{0\to1}$, $1/\sqrt{3}$; $I_{0\to2}$, $2/\sqrt{15}$; $I_{0\to1}/I_{0\to2} = \sqrt{5}/2$

6–44. 2 to 3 for H^{35}Cl and ≈ 30 for $^{127}\text{I}^{35}\text{Cl}$ at 300 K

MathChapter F

F–1. 5, 5, 5

F–2. −5, −5

F–3. 0, 0

F–4. $x^4 - 3x^2 = 0$; $x = 0, 0, \pm\sqrt{3}$

F–5. $x^4 - 4x^2 = 0$; $x = 0, 0, \pm 2$

F–6. $\cos^2\theta + \sin^2\theta = 1$

F–7. $\lambda = 1,\ 1 \pm \sqrt{2}$

F–8. (9/5, 1/5)

F–9. (1, 3, −4)

F–10. $x^4 - 4x^2 = 0$; $x = 0, 0, \pm 2$

Chapter 7

7–9. 0.762

7–10. $1.3\,a_0$; $2.7\,a_0$

7–18. $\langle r \rangle_{20} = 6\,a_0$; $\langle r \rangle_{21} = 5\,a_0$

7–28. n^2

7–29. $1312\ \text{kJ}\cdot\text{mol}^{-1}$; $5248\ \text{kJ}\cdot\text{mol}^{-1}$

7–30. 0.999 728

7–35. $\Delta E = (1.391 \times 10^{-22}\ \text{J})m_l,\ m_l = 0, \pm 1$; $E_{2p} - E_{1s} = 1.635 \times 10^{-18}\ \text{J}$

7–38. $2p\ ^2\text{P}_{1/2}$ and $2p\ ^2\text{P}_{3/2}$ states: $0.3652\ \text{cm}^{-1}$ (calc) vs. $0.3659\ \text{cm}^{-1}$ (expt)
$3p\ ^2\text{P}_{1/2}$ and $3p\ ^2\text{P}_{3/2}$ states: $0.1082\ \text{cm}^{-1}$ (calc) vs. $0.1084\ \text{cm}^{-1}$ (expt)
$4p\ ^2\text{P}_{1/2}$ and $4p\ ^2\text{P}_{3/2}$ states: $0.0457\ \text{cm}^{-1}$ (calc) vs. $0.00457\ \text{cm}^{-1}$ (expt)

7–39. $3d\ ^2\text{D}_{3/2}$ and $3d\ ^2\text{D}_{5/2}$ states: $0.0361\ \text{cm}^{-1}$ (calc) vs. $0.0362\ \text{cm}^{-1}$ (expt)
$4d\ ^2\text{D}_{3/2}$ and $4d\ ^2\text{D}_{5/2}$ states: $0.0152\ \text{cm}^{-1}$ (calc) vs. $0.0153\ \text{cm}^{-1}$ (expt)
$4f\ ^2\text{F}_{5/2}$ and $4f\ ^2\text{F}_{7/2}$ states: $0.0076\ \text{cm}^{-1}$ (calc) vs. $0.0077\ \text{cm}^{-1}$ (expt)

7–40. $\alpha = 7.297\,353\,01 \times 10^{-3}$; $\alpha^{-1} = 137.035\,991$

7–41. $2p\ ^2\text{P}_{1/2}$ and $2p\ ^2\text{P}_{3/2}$ states: $5.844\ \text{cm}^{-1}$ (calc) vs. $5.857\ \text{cm}^{-1}$ (expt)
$3p\ ^2\text{P}_{1/2}$ and $3p\ ^2\text{P}_{3/2}$ states: $1.731\ \text{cm}^{-1}$ (calc) vs. $1.736\ \text{cm}^{-1}$ (expt)
$4p\ ^2\text{P}_{1/2}$ and $4p\ ^2\text{P}_{3/2}$ states: $0.7305\ \text{cm}^{-1}$ (calc) vs. $0.7321\ \text{cm}^{-1}$ (expt)

7–42. $3d\ ^2D_{3/2}$ and $3d\ ^2D_{5/2}$ states: $0.5772\ cm^{-1}$ (calc) vs. $0.5784\ cm^{-1}$ (expt)
$4d\ ^2D_{3/2}$ and $4d\ ^2D_{5/2}$ states: $0.2435\ cm^{-1}$ (calc) vs. $0.2440\ cm^{-1}$ (expt)
$4f\ ^2F_{5/2}$ and $4f\ ^2F_{7/2}$ states: $0.1217\ cm^{-1}$ (calc) vs. $0.1220\ cm^{-1}$ (expt)

7–44. 18 states; $m_j = \frac{9}{2}, \frac{7}{2}, \frac{5}{2}, \frac{3}{2}, \frac{1}{2}, -\frac{1}{2}, -\frac{3}{2}, -\frac{5}{2}, -\frac{7}{2}, -\frac{9}{2}$

$m_j = \frac{7}{2}, \frac{5}{2}, \frac{3}{2}, \frac{1}{2}, -\frac{1}{2}, -\frac{3}{2}, -\frac{5}{2}, -\frac{7}{2}$

7–45. $2(2l+1)$

7–47. $E_{\text{upper}} = (82\,258.9206 - 0.1556)\ cm^{-1}$; $E_{\text{lower}} = (0 + 0.4669)\ cm^{-1}$;
$\Delta E = 82\,258.2981\ cm^{-1}$

7–48. $E_{\text{upper}} = (82\,259.2865 - 0.3112)\ cm^{-1}$; $E_{\text{lower}} = (0 - 0.4669)\ cm^{-1}$;
$\Delta E = 82\,259.4422\ cm^{-1}$

MathChapter G

G–1. $\mathsf{C} = \begin{pmatrix} 5 & -3 & -2 \\ -11 & 4 & -6 \\ -3 & -1 & -1 \end{pmatrix} \qquad \mathsf{D} = \begin{pmatrix} -7 & 6 & 1 \\ 19 & -2 & 12 \\ 6 & 5 & 5 \end{pmatrix}$

G–4. If A, B, and C correspond to $\hat{L}_x$, $\hat{L}_y$, and $\hat{L}_z$, respectively, then the results are similar to the commutation relations of $\hat{L}_x$, $\hat{L}_y$, and $\hat{L}_z$.

G–7. $\det \mathsf{C}_3 = 1$, $\operatorname{Tr} \mathsf{C}_3 = -1$, $\det \sigma_v = -1$, $\operatorname{Tr} \sigma_v = 0$, $\det \sigma_v' = -1$, $\operatorname{Tr} \sigma_v' = 0$,
$\det \sigma_v'' = -1$, $\operatorname{Tr} \sigma_v'' = 0$

G–8. They all are.

G–9. $\mathsf{A}^{-1} = \begin{pmatrix} 0 & \sqrt{2} \\ \sqrt{2} & -1 \end{pmatrix}$; $\qquad \mathsf{B}^{-1} = -\frac{1}{4}\begin{pmatrix} 1 & -2 & -1 \\ 1 & -6 & 3 \\ -2 & 4 & -2 \end{pmatrix}$

G–10. The prescription for finding the inverse of a matrix has you divide by its determinant.

G–11. $\mathsf{D} = \begin{pmatrix} 2 & 0 & 0 \\ 0 & 1 & 0 \\ 0 & 0 & 0 \end{pmatrix}$ D is diagonal, and its elements are the eigenvalues of A.

G–12. $\mathbf{x}^{\mathsf{T}} = \frac{1}{13}(24, -19, -8)$

Chapter 8

8–3. You get the exact result for the energy because the trial function is the exact ground-state wave function.

8–4. $E_{\text{min}} = \frac{\hbar}{\sqrt{2}}\left(\frac{k}{\mu}\right)^{1/2} = 0.7071\,\hbar\left(\frac{k}{\mu}\right)^{1/2}$

8–5. $E_{\min} = \frac{\sqrt{7}}{5}\hbar\left(\frac{k}{\mu}\right)^{1/2} = 0.5292\,\hbar\left(\frac{k}{\mu}\right)^{1/2}$

8–6. The value of c will come out to be equal to zero because $e^{-\alpha x^2/2}$ is the exact ground-state wave function of a harmonic oscillator.

8–7. $E_{\min} = -\frac{3}{8}\frac{e^2}{4\pi\epsilon_0 a_0} = -\frac{3}{8}\left(\frac{m_e e^4}{16\pi^2\epsilon_0^2\hbar^2}\right)$

8–8. The value of c_2 will come out to be equal to zero because $e^{-\alpha r}$ is the exact ground-state wave function of a hydrogen atom. The value of α will be equal to $1/a_0$ and c_1 is just a normalization constant.

8–9. The variational energy is the exact energy because $e^{-\beta x^2}$ is the form of the exact ground-state wave function of a harmonic oscillator.

8–10. $E_{\min} = \frac{3}{2}\hbar\left(\frac{k}{\mu}\right)^{1/2}$ for $\phi(r) = e^{-\alpha r^2}$ (this is the exact energy);

$E_{\min} = 3^{1/2}\hbar\left(\frac{k}{\mu}\right)^{1/2}$ for $\phi(r) = e^{-\alpha r}$

8–11. $E_{\min} = \frac{(3)(6)^{1/3}}{8}c^{1/3}\frac{\hbar^{4/3}}{\mu^{2/3}}$

8–12. $E_{\min}$ is the lesser of $\frac{h^2}{8ma^2} + V_0 a\left(\frac{1}{4} + \frac{1}{\pi^2}\right)$ or $\frac{h^2}{2ma^2} + \frac{V_0 a}{4}$

8–13. $E_{\min} = 0.6816\frac{\hbar^2}{ma^2}$ for $\alpha = 4$ and $E_{\min} = 0.6219\frac{\hbar^2}{ma^2}$ for $\alpha = 12$

8–14. $E_{\min} = 0.6381\frac{\hbar^2}{ma^2}$ for $\alpha = 4$ and $E_{\min} = 0.8432\frac{\hbar^2}{ma^2}$ for $\alpha = 12$

8–15. $E_{\min} = 5\hbar^2/ma^2$

8–16. $E_{\min} = 7\hbar^2/ma^2$

8–19. The ground-state energy of a helium atom is the negative of the sum of the ionization energy of a helium atom (198 310.6672 cm^{-1}) and that of a helium ion (438 908.8863 cm^{-1}). The sum is equal to 637 219.5535 cm^{-1} or $E = -2.903\,386\,E_h$.

8–21. $E_{\min} = \frac{3}{2}h\nu + \frac{7\gamma_4}{32\alpha^2} - \frac{1}{2}\left(4h^2\nu^2 + \frac{3h\nu\gamma_4}{2\alpha^2} + \frac{11}{64}\frac{\gamma_4^2}{\alpha^4}\right)^{1/2}$

8–25. $\phi(x) = \left(1.280\,59\sin\frac{\pi x}{a} + 0.600\,07\sin\frac{2\pi x}{a}\right)/a^{1/2}$

8–26. The off-diagonal matrix element $\langle 1 \mid x \mid 3 \rangle = 0$. We say that $\sin 3\pi x/a$ does not mix with $\sin \pi x/a$ in this case. The same is true for $\sin 5\pi x/a$, or the sine of any odd multiple of $\pi x/a$.

8–27. The off-diagonal terms are equal to $-32V_0/225\pi^2$ and $\varepsilon_{\text{min}} = 5.998\,62$ compared to 5.155 95 in Example 8–4. The off-diagonal terms are equal to $-48/1225\pi^2$, and $\varepsilon_{\text{min}} = 5.999\,95$ for $\sin 6\pi x/a$.

8–29. $\varepsilon_{\text{min}} = 5.15403$

8–35. $\psi_1(x) = \left(\frac{4\alpha^3}{\pi}\right)^{1/4} xe^{-\alpha x^2/2}$; $E^{(1)} = \frac{\gamma_3}{6}\langle 1 \mid x^3 \mid 1\rangle + \frac{\gamma_4}{24}\langle 1 \mid x^4 \mid 1\rangle = \frac{15\gamma_4}{96\alpha^2}$

8–36. $E^{(1)} = \frac{V_0 a}{2}\left(\frac{1}{2} + \frac{1-\cos n\pi}{n^2\pi^2}\right)$

8–37. $\hat{H}^{(1)} = cx^4 - \frac{kx^2}{2}$; $E^{(1)} = \frac{3c}{4\alpha^2} - \frac{k}{4\alpha}$

8–38. $a = D\beta^2$; $b = -D\beta^3$; $c = 7D\beta^4/12$; $E^{(1)}(v=0) = \frac{3c}{4\alpha^2}$; $E^{(1)}(v=1) = \frac{15c}{4\alpha^2}$; $E^{(1)}(v=2) = \frac{39c}{4\alpha^2}$

MathChapter H

H–1. $\lambda = 2, 0$; $\begin{pmatrix} 1 \\ 1 \end{pmatrix}, \begin{pmatrix} 1 \\ -1 \end{pmatrix}$

H–2. $\lambda = 3, -1$; $\begin{pmatrix} 1 \\ -1 \end{pmatrix}, \begin{pmatrix} 1 \\ 1 \end{pmatrix}$

H–3. $\lambda = \frac{1+\sqrt{5}}{2}, 1, \frac{1-\sqrt{5}}{2}$; $\begin{pmatrix} (1+\sqrt{5})/2 \\ 0 \\ 1 \end{pmatrix}, \begin{pmatrix} 0 \\ 1 \\ 0 \end{pmatrix}, \begin{pmatrix} (1-\sqrt{5})/2 \\ 0 \\ 1 \end{pmatrix}$

H–4. $\lambda = 2, 1, 0$; $\begin{pmatrix} 1 \\ 0 \\ -1 \end{pmatrix}, \begin{pmatrix} 0 \\ 1 \\ 0 \end{pmatrix}, \begin{pmatrix} 1 \\ 0 \\ 1 \end{pmatrix}$

H–7. $\mathsf{S} = \begin{pmatrix} -\frac{1}{\sqrt{2}} & 0 & \frac{1}{\sqrt{2}} \\ 0 & 1 & 0 \\ \frac{1}{\sqrt{2}} & 0 & \frac{1}{\sqrt{2}} \end{pmatrix}$

H–8. $\mathsf{S} = \begin{pmatrix} \frac{1}{\sqrt{2}} & \frac{1}{\sqrt{2}} \\ \frac{1}{\sqrt{2}} & -\frac{1}{\sqrt{2}} \end{pmatrix}$; $\mathsf{D} = \begin{pmatrix} 2 & 0 \\ 0 & 0 \end{pmatrix}$

H–9. $\mathsf{S} = \begin{pmatrix} \dfrac{1}{\sqrt{2}} & \dfrac{1}{\sqrt{2}} \\ \dfrac{1}{\sqrt{2}} & -\dfrac{1}{\sqrt{2}} \end{pmatrix}$; $\quad \mathsf{D} = \begin{pmatrix} 3 & 0 \\ 0 & -1 \end{pmatrix}$

H–10. $\mathsf{S} = \begin{pmatrix} \dfrac{1+\sqrt{5}}{(10+2\sqrt{5})^{1/2}} & 0 & \dfrac{1-\sqrt{5}}{(10-2\sqrt{5})^{1/2}} \\ 0 & \dfrac{1}{\sqrt{2}} & 0 \\ \dfrac{2^{1/2}}{(5+\sqrt{5})^{1/2}} & 0 & \dfrac{2^{1/2}}{(5-\sqrt{5})^{1/2}} \end{pmatrix}$;

$$\mathsf{D} = \begin{pmatrix} \dfrac{1+\sqrt{5}}{2} & 0 & 0 \\ 0 & 1 & 0 \\ 0 & 0 & \dfrac{1-\sqrt{5}}{2} \end{pmatrix}$$

H–11. $\mathsf{S} = \begin{pmatrix} \dfrac{1}{\sqrt{2}} & 0 & \dfrac{1}{\sqrt{2}} \\ 0 & 1 & 0 \\ -\dfrac{1}{\sqrt{2}} & 0 & \dfrac{1}{\sqrt{2}} \end{pmatrix}$; $\quad \mathsf{D} = \begin{pmatrix} 2 & 0 & 0 \\ 0 & 1 & 0 \\ 0 & 0 & 0 \end{pmatrix}$

H–13. $\lambda = -2 + a, \quad -1 + a, \quad -1 + a, \; 1 + a, \; 1 + a, \; 2 + a;$

$$\begin{pmatrix} -1 \\ 1 \\ -1 \\ 1 \\ -1 \\ 1 \end{pmatrix}, \begin{pmatrix} -1 \\ 0 \\ 1 \\ -1 \\ 0 \\ 1 \end{pmatrix}, \begin{pmatrix} -1 \\ 1 \\ 0 \\ -1 \\ 1 \\ 0 \end{pmatrix}, \begin{pmatrix} 1 \\ 0 \\ -1 \\ -1 \\ 0 \\ 1 \end{pmatrix}, \begin{pmatrix} -1 \\ -1 \\ 0 \\ 1 \\ 1 \\ 0 \end{pmatrix}, \begin{pmatrix} 1 \\ 1 \\ 1 \\ 1 \\ 1 \\ 1 \end{pmatrix}$$

Chapter 9

9–18. It has the same form as the classical expression for the coulombic interaction of two charge distributions.

9–22. The two hydrogen atoms are isolated from each other.

9–23. The angular equation associated with the Schrödinger equation is the same in both cases. The radial equation, however, is different.

9–24. The radial equation associated with the Schrödinger equation is different in the two cases; the potential energy is purely coulombic in the case of a hydrogen atom, but is more complicated (see Figure 9.2 and Problem 9–20) for the Hartree–Fock approximation.

9–30. 0 and $\hbar/2$

9–31. 0 and 0

9–35.
$$\begin{aligned}\psi_{1s}(r) &= 0.285\,107\, S_{1s}(r,\, 5.7531) + 0.474\,813\, S_{1s}(r,\, 3.7156)\\ &- 0.001\,620\, S_{3s}(r,\, 9.9670) + 0.052\,852\, S_{3s}(r,\, 3.7128)\\ &+ 0.243\,499\, S_{2s}(4.4661) + 0.000\,106\, S_{2s}(r,\, 1.2919)\\ &- 0.000\,032\, S_{2s}(0.8555)\end{aligned}$$

where the S's are normalized Slater orbitals.

9–36. The orbital energy of the $2p$ orbital of a neon atom is given as $\varepsilon_{2p} = -0.850\,410\, E_h$, or $I_{2p} = 2.23$ MJ·mol^{-1}. Similarly, we have $\varepsilon_{2s} = -1.930\,391\, E_h$, ($I_{2s} = 5.07$ MJ·mol^{-1}), and $\varepsilon_{1s} = -32.772\,442\, E_h$, ($I_{1s} = 86.0$ MJ·mol^{-1}).
For an argon atom, $\varepsilon_{3p} = -0.591\,016\, E_h$, ($I_{3p} = 1.55$ MJ·mol^{-1}), $\varepsilon_{3s} = -1.277\,352\, E_h$, ($I_{3s} = 3.35$ MJ·mol^{-1}), $\varepsilon_{2p} = -9.571\,464\, E_h$, ($I_{2p} = 25.13$ MJ·mol^{-1}), $\varepsilon_{2s} = -12.322\,152\, E_h$, ($I_{2s} = 32.35$ MJ·mol^{-1}), and $\varepsilon_{1s} = -118.610\,349\, E_h$, ($I_{1s} = 311.4$ MJ·mol^{-1}).

9–38. $E_{corr} = E_{exact} - E_{HF} = -2.903\,724\,375\, E_h + 2.861\,68\, E_h = -0.042\,04\, E_h$.
For Eckart, % = 100 × (2.8757 − 2.861 68)/0.042 04 = 33.3%
For Hylleraas, % = 100 × (2.903 63 − 2.861 68)/0.042 04 = 99.8%

9–42. $^1S_0$, $^3S_1$

9–43. $^2P_{3/2}$, $^2P_{1/2}$

9–44. $(1\times1)(^1S) + (3\times3)(^3P) + (1\times5)(^1D) = 15$

9–45. 45, $(1\times1)(^1S) + (1\times5)(^1D) + (3\times3)(^3P) + (3\times7)(^3F) + (1\times9)(^1G) = 45$

9–46. $^1P_1$, $^3P_2$, $^3P_1$, $^3P_0$; $^3P_0$

9–47. 20; $^1D_2$, $^3D_3$, $^3D_2$, $^3D_1$; $^3D_1$

9–48. $^1S_0$, $^1D_2$, $^1G_4$, $^3P_2$, $^3P_1$, $^3P_0$, $^3F_4$, $^3F_3$, $^3F_2$; $^3F_2$

9–49. $^2P_{3/2}$, $^2P_{1/2}$, $^2D_{5/2}$, $^2D_{3/2}$, $^4S_{3/2}$; $^4S_{3/2}$

9–50. [Ne]$3s^2$; $^1S_0$

9–51. $^3F_2$ (see Problem 9–48)

9–52. $^1S_0$

9–53. $^3P_2$: five-fold degenerate, $^3P_1$: three-fold degenerate, $^3P_0$: singly degenerate, $^1P_1$: three-fold degenerate

9–54. $\Delta E = (34\,548.766 - 16\,956.172)$ cm^{-1} = 17 592.594 cm^{-1} → 5684.210 Å; 5684.210 Å/1.000 29 = 5682.6 Å

9–55. The results are given in the table that follows:

Sharp series	Principal series	Diffuse series	Fundamental series
11 404 Å	5895.9 Å	8194.8 Å	18 459 Å
11 382 Å	5889.9 Å	8183.3 Å	
6160.7 Å	3302.9 Å	5688.2 Å	12 678 Å
6154.2 Å	3302.3 Å	5682.7 Å	
5153.6 Å	2853.0 Å	4982.9 Å	
5149.1 Å	2852.8 Å	4978.6 Å	

9–56. $E = -(43\,487.150 + 610\,079.0 + 987\,661.027)\ \text{cm}^{-1} = -1\,641\,227.177\ \text{cm}^{-1} = -7.4780\ E_\text{h}$ compared to the Hartree–Fock value, $-7.432\,727\ E_\text{h}$.

9–60. $4(\zeta_i^3\zeta_j^3)^{1/2}/(\zeta_i + \zeta_j)^2$

Chapter 10

10–4. The value of D_e represents the energy difference between the minimum of the energy curve and the dissociation limit. The dissociation limit is that of a ground-state hydrogen atom, whose electronic energy is $-1/2\ E_\text{h}$. Thus, $-1/2\ E_\text{h} - (-0.602\,64\ E_\text{h}) = 0.102\,64\ E_\text{h}$.

10–35. $E_\text{corr} = E_\text{exact} - E_\text{HF} = (-1.1744 + 1.1336)\ E_\text{h} = -0.0408\ E_\text{h}$; $\% = 100 \times (-1.1479 + 1.1336)/0.0408 = 35.1\%$

10–41. If you set $c_1 = c_2$ right at the beginning of the calculation, then the calculation converges immediately because $c_1 = c_2$ by the symmetry of H_2.

10–42. This observation is due to the fact that if you know a wave function through first order in a perturbation, then you know the energy through third order. The values of the energy are more stable than those of the wave function.

10–48. $\nu_{D_2} = 9.332 \times 10^{13}$ Hz; $D_0^{D_2} = 439.8\ \text{kJ}\cdot\text{mol}^{-1}$. The experimental value of $D_0^{D_2}$ is $439.6\ \text{kJ}\cdot\text{mol}^{-1}$.

Chapter 11

11–1. 268 pm = 2.68 Å

11–2. ≈ 48

11–3. 159 pm = 1.59 Å

11–4. 124 pm = 1.24 Å

11–5. N_2 has a bond order of 3 and N_2^+ has a bond order of 5/2; O_2^+ has a bond order of 5/2 and O_2 has a bond order of 2.

11–6. F_2 has a bond order of 1; F_2^+ has a bond order of 3/2.

11–7. The relative bond orders are 3, 5/2, and 5/2.

11–8. The bond order of C_2 is 2; that of C_2^- is 5/2.

11–9. The magnitude of the force constants is in accord with the bond orders.

11–10. (L represents the filled $n = 2$ shell.)

Na_2	$KKLL(\sigma_g 3s)^2$
Mg_2	$KKLL(\sigma_g 3s)^2(\sigma_u 3s)^2$
Al_2	$KKLL(\sigma_g 3s)^2(\sigma_u 3s)^2(\pi_u 3p)^2$
Si_2	$KKLL(\sigma_g 3s)^2(\sigma_u 3s)^2(\pi_u 3p)^4$
P_2	$KKLL(\sigma_g 3s)^2(\sigma_u 3s)^2(\pi_u 3p)^4(\sigma_g 3p_z)^2$
S_2	$KKLL(\sigma_g 3s)^2(\sigma_u 3s)^2(\pi_u 3p)^4(\sigma_g 3p_z)^2(\pi_g 3p)^2$
Cl_2	$KKLL(\sigma_g 3s)^2(\sigma_u 3s)^2(\pi_u 3p)^4(\sigma_g 3p_z)^2(\pi_g 3p)^4$
Ar_2	$KKLL(\sigma_g 3s)^2(\sigma_u 3s)^2(\pi_u 3p)^4(\sigma_g 3p_z)^2(\pi_g 3p)^4(\sigma_u 3p_z)^2$

11–12. 6, Cr_2

11–13. The bond order of NO^+ is 3 and that of NO is 5/2.

11–14. The nonbonding orbitals $2p_{x\text{O}}$ and $2p_{y\text{O}}$.

11–16. CO has a bond order of 3 and is diamagnetic.

11–17. BF has a bond order of 1 and is paramagnetic.

11–18. The energies of the 1s electrons of different spin differ because of spin-orbit coupling.

11–24. See Table 11.3.

11–25. $E_{1s} = -1/2\, E_\text{h}$ and $E_{2s} = -1/8\, E_\text{h}$ and their sum is $-5/8\, E_\text{h} = -0.625\, E_\text{h}$.

11–26. $^3\Pi$ and $^1\Pi$

11–28. $E_\pm = (\alpha \pm \beta)/(1 \pm S)$; $\psi_\pm = (2p_{z\text{A}} + 2p_{z\text{B}})/\sqrt{2(1 \pm S)}$

11–37. $x^4 - 4x^2 = 0$; $x = 2, 0, 0, -2$; $E = \alpha + 2\beta, \alpha, \alpha, \alpha - 2\beta$. We predict that the ground state is a triplet. The two molecules have the same stability. Cyclobutadiene has no stabilization energy.

11–38. $x^4 - 3x^2 = 0$; $x = \sqrt{3}, 0, 0, -\sqrt{3}$; $E = \alpha + \sqrt{3}\beta,\ \alpha,\ \alpha,\ \alpha - \sqrt{3}\beta$; $E_\pi = 2(\alpha + \sqrt{3}\beta) + 2\alpha = 4\alpha + 2\sqrt{3}\beta$

11–39. $x^4 - 5x^2 + 4x = 0$; $x = 1, 0, -\frac{1}{2} \pm \frac{1}{2}\sqrt{17}$; $E = \alpha + 2.5616\beta,\ \alpha,\ \alpha - \beta,\ \alpha - 1.5616\beta$; $E_\pi = 2(\alpha + 2.5616\beta) + 2\alpha = 4\alpha + 5.1231\beta$

11–42. $E_\pi = 2(\alpha + 2.3028\beta) + 2(\alpha + 1.6180\beta) + 2(\alpha + 1.3028\beta) + 2(\alpha + \beta) + 2(\alpha + 0.6180\beta) = 10\,\alpha + 13.6832\beta$; $E_{\text{deloc}} = 3.6832\beta$

11–43. All the partial charges come out to be one and the various bond orders are $p^\pi_{23} = p^\pi_{18} = p^\pi_{67} = p^\pi_{45} = 0.724\,56$, $p^\pi_{78} = p^\pi_{34} = 0.603\,17$, $p^\pi_{19} = p^\pi_{29} = p^\pi_{6,10} = p^\pi_{5,10} = 0.554\,70$, and $p^\pi_{9,10} = 0.518\,23$. (See Problem 10–41 for the numbering convention used.)

11–44.

	$E_{H_3^+}$	E_{H_3}	$E_{H_3^-}$
trangular	$2\alpha + 4\beta$	$3\alpha + 3\beta$	$4\alpha + 2\beta$
linear	$2\alpha + 2\sqrt{2}\beta$	$3\alpha + 2\sqrt{2}\beta$	$4\alpha + 2\sqrt{2}\beta$

Therefore, we predict that H_3^+ is triangular; H_3 is triangular; and H_3^- is linear.

11–46.

	E_{deloc}	q_1	q_2	q_3	p^π_{12}	p^π_{23}
radical	$2\sqrt{2} - 2$	1	1	1	$\sqrt{2}$	$\sqrt{2}$
carbonium	$2\sqrt{2} - 2$	1/2	1	1/2	$\sqrt{2}$	$\sqrt{2}$
carbanion	$2\sqrt{2} - 2$	3/2	1	3/2	$\sqrt{2}$	$\sqrt{2}$

11–47. For hexatriene: $E_1 = \alpha + 1.802\beta$, $E_2 = \alpha + 1.247\beta$, $E_3 = \alpha + 0.4450\beta$, $E_4 = \alpha - 0.4450\beta$, $E_5 = \alpha - 1.247\beta$, $E_6 = \alpha - 1.802\beta$; $E_{\text{deloc}} = 0.9880\beta$; $E_{\text{deloc}} = 0.1647$ per carbon atom
For octatetraene: $E_1 = \alpha + 1.879\beta$, $E_2 = \alpha + 1.532\beta$, $E_3 = \alpha + \beta$, $E_4 = \alpha + 0.3473\beta$, $E_5 = \alpha - 0.3473\beta$, $E_6 = \alpha - \beta$, $E_7 = \alpha - 1.532\beta$, $E_8 = \alpha - 1.879\beta$; $E_{\text{deloc}} = 1.517\beta$; $E_{\text{deloc}} = 0.1896$ per carbon atom

11–49. $E_1 - E_N = 2\beta\left(\cos\dfrac{\pi}{N+1} - \cos\dfrac{N\pi}{N+1}\right) \rightarrow 2\beta(\cos 0 - \cos\pi) = 4\beta$

11–50. A conductor

11–52. $$\mathsf{C} = \begin{pmatrix} 0.3717 & 0.6015 & 0.6015 & 0.3717 \\ 0.6015 & 0.3717 & -0.3717 & -0.6015 \\ 0.6015 & -0.3717 & -0.3717 & 0.6015 \\ 0.3717 & -0.6015 & 0.6015 & -0.3717 \end{pmatrix}$$

Chapter 12

12–3. Equation 12.7 gives the N spatial orbitals, each of which is doubly occupied by electrons of opposite spin.

12–5. $\sigma_u 3s(7.291\,69) = N[S_{3s}(r_A, 7.291\,69) - S_{3s}(r_B, 7.291\,69)]$, where $S_{3s}(r, 7.291\,69)$ is a Slater 3s orbital (Equation 9.15) with $\zeta = 7.291\,69$ and N is a normalization constant.

12–6. $\sigma_u 3d(1.690\,03) = N[S_{3d_{z^2}}(r_A, 1.690\,03) - S_{3d_{z^2}}(r_B, 1.690\,03)]$, where $S_{3d_{z^2}}(r, 1.690\,03)$ is a Slater $3d_{z^2}$ orbital (Equation 9.15) with $\zeta = 1.690\,03$ and N is a normalization constant.

12–7. The equation is

$$\begin{aligned} 2\sigma_u = &-0.243\,70\,[S_{1s}(r_A, 5.955\,34) - S_{1s}(r_B, 5.955\,34)] \\ &- 0.000\,0\,[S_{1s}(r_A, 10.658\,79) - S_{1s}(r_B, 10.658\,79)] \\ &+ 0.364\,37\,[S_{2s}(r_A, 1.570\,44) - S_{2s}(r_B, 1.570\,44)] \\ &+ 0.547\,02\,[S_{2s}(r_A, 2.489\,65) - S_{2s}(r_B, 2.489\,65)] \\ &- 0.030\,54\,[S_{3s}(r_A, 7.291\,69) - S_{3s}(r_B, 7.291\,69)] \\ &- 0.413\,55\,[S_{2p_z}(\mathbf{r}_A, 1.485\,49) + S_{2p_z}(\mathbf{r}_B, 1.485\,49)] \\ &- 0.109\,45\,[S_{2p_z}(\mathbf{r}_A, 3.499\,90) + S_{2p_z}(\mathbf{r}_B, 3.499\,90)] \\ &- 0.035\,53\,[S_{3d_{z^2}}(\mathbf{r}_A, 1.690\,03) - S_{3d_{z^2}}(\mathbf{r}_B, 1.690\,03)] \end{aligned}$$

12–22. In a double-zeta (DZ) basis set, all atomic orbitals are represented by sums of two Slater orbitals with different values of ζ; in a double split-valence basis set, only the valence atomic orbitals are represented by sums of two Slater orbitals with different values of ζ.

12–23. In a triple-zeta (TZ) basis set, all atomic orbitals are represented by sums of three Slater orbitals with different values of ζ.

12–24. C_2H_6: $2 \times 9 + 6 \times 2 = 30$, two for each hydrogen atom and 9 for each carbon atom. C_3H_8: $3 \times 9 + 8 \times 2 = 43$

12–25. C_6H_6: $6 \times 9 + 6 \times 2 = 66$ (see previous problem). C_7H_8: $7 \times 9 + 8 \times 2 = 79$

12–26. C_2H_6: 30 contracted Gaussian functions (see Problem 12–24); $2 \times (6 + 4 \times 3 + 4 \times 1) + 6 \times (3 + 1) = 44 + 24 = 68$ primitive Gaussian functions
C_3H_8: 43 contracted Gaussian functions; $3 \times (6 + 4 \times 3 + 4 \times 1) + 8 \times (3 + 1) = 66 + 32 = 98$ primitive Gaussian functions

12–27. C_6H_6: $6 \times 9 + 6 \times 2 = 66$ contracted Gaussian functions (see Problem 11–25); $6 \times (6 + 4 \times 3 + 4 \times 1) + 6 \times (3 + 1) = 132 + 24 = 156$ primitive Gaussian functions
C_7H_8: $7 \times 9 + 8 \times 2 = 79$ contracted Gaussian functions; $7 \times (6 + 4 \times 3 + 4 \times 1) + 8 \times (3 + 1) = 154 + 24 = 178$ primitive Gaussian functions

12–29. $6 \times (1 + 4 + 4 + 6) + 6 \times 2 = 102$; $6 \times (1 + 4 + 4 + 6) + 6 \times (2 + 3) = 120$

12–30. For the $2s$ orbitals, $2s'(r) = -0.114\,9610\, g_s(r, 11.626\,3580) - 0.169\,1180\, g_s(r, 2.716\,2800) + 1.145\,8520\, g_s(r, 0.772\,2180)$; $2s''(r) = g_s(r, 0.212\,0313)$

12–31. For the $2s$ orbital, $2s'(r) = 0.114\,660\, g_s(r, 20.964\,200) + 0.919\,9990\, g_s(r, 4.803\,3100) - 0.003\,030\,68\, g_s(r, 1.459\,3300)$; $2s''(r) = g_s(r, 0.483\,4560)$; $2s'''(r) = g_s(r, 0.145\,5850)$

12–32. $1s(r) = 0.001\,8311\, g_s(r, 5484.671\,700) + 0.013\,9501\, g_s(r, 825.234\,9500) + 0.068\,4451\, g_s(r, 188.046\,9600) + 0.232\,7143\, g_s(r, 52.964\,500) + 0.0470\,1930\, g_s(r, 16.897\,5700) + 0.358\,5209\, g_s(r, 5.799\,6353)$; $2s'(r) = -0.110\,7775\, g_s(r, 15.539\,6160) - 0.148\,0263\, g_s(r, 3.599\,9336) + 1.130\,7670\, g_s(r, 1.013\,7618)$; $2p'(\mathbf{r}) = 0.070\,8743\, g_p(\mathbf{r}, 15.539\,6160) + 0.339\,7528\, g_p(\mathbf{r}, 3.599\,9336) + 0.727\,1586\, g_p(\mathbf{r}, 1.013\,7618)$; $2s''(r) = g_s(r, 0.270\,0058)$; $2p''(\mathbf{r}) = g_p(\mathbf{r}, 0.270\,0058)$; $d(\mathbf{r}) = g_d(\mathbf{r}, 0.800\,0000)$

12–33. $1s(r) = 0.154\,328\,97\, g_s(r, 71.616\,8370) + 0.535\,328\,14\, g_s(r, 13.045\,0960) + 0.444\,634\,54\, g_s(r, 3.530\,5122)$; $2s(r) = -0.099\,967\,23\, g_s(r, 2.941\,2494) + 0.399\,512\,83\, g_2(r, 0.683\,4831) + 0.700\,115\,47\, g_s(r, 0.222\,2899)$

12–43. $K = 100$, $N = 7$, and so the number of single and double excitations $= \dfrac{14!}{13!\,1!}\dfrac{186!}{185!\,1!} + \dfrac{14!}{12!\,2!}\dfrac{186!}{184!\,2!} = 2604 + 1\,565\,655 = 1\,568\,259$

12–44. The $2N$th term in Equation 12.31 represents terms in which all the electrons occupy virtual orbitals.

12–45. See Equation 12.37.

12–46. CISDQ means a configuration interaction in which single, double, and quadruple excitations are used.

12–52. The number of maxima or the number of zeroes of $f(x)$ in an interval

12–53. Because part of the Hamiltonian operator (the interelectronic interaction terms) consists of two-electron operators (the $1/r_{ij}$).

12–56. 2.3 D compared to an experimental value of 1.85 D

12–57. 2.0 D compared to an experimental value of 1.47 D

찾아보기

[기호 및 숫자]

[영문]

[A]

[B]

[C]

[D]

[E]

[F, G]

[H]

[J, K]

[L]

[M, N, O]

[P]

[R]

[S]

[T, U]]

[W, X, Z]

[국문]

[ㄱ]

|역자 소개|

김홍래
서울대학교 화학과 졸업
카이스트 화학과 졸업
University of Illinois at Urbaba Ph.D.
Columbia University, Brookhaven National Lab. 연구원
현재 : 강원대학교 화학과 교수

양자화학 제2판

|저 자 Donald A. McQuarrie
|역 자 김 홍 래
|발 행 인 김 지 영
|발 행 처 자유아카데미
|주 소 경기도 파주시 회동길 37-42 파주출판도시
|전 화 031-955-1321
|팩 스 031-955-1322
|홈페이지 www.freeaca.com
|전자우편 main@freeaca.com(대표) editor@freeaca.com(편집) crm@freeaca.com(영업)
|등 록 제406-2003-017호, 1980. 7. 12
|제2판1쇄 2010년 2월 28일 발행
|정 가 38,000원

역자와의 협의하에 인지생략

Printed in Korea
ISBN 978-89-7338-815-8 93430

■ 이 책의 한국어판 저작권은 University Science Books사와의 독점계약으로 한국어판을 "자유아카데미"가 소유합니다.
■ 저작권법에 의하여 한국 내에서 보호를 받는 저작물이므로 무단 전재와 복제를 금합니다.
■ 잘못 만들어진 책은 바꾸어 드립니다.

SOME MATHEMATICAL FORMULAS

$$\sin(x \pm y) = \sin x \cos y \pm \cos x \sin y$$

$$\cos(x \pm y) = \cos x \cos y \mp \sin x \sin y$$

$$\sin x \sin y = \frac{1}{2}\cos(x-y) - \frac{1}{2}\cos(x+y)$$

$$\cos x \cos y = \frac{1}{2}\cos(x-y) + \frac{1}{2}\cos(x+y)$$

$$\sin x \cos y = \frac{1}{2}\sin(x+y) + \frac{1}{2}\sin(x-y)$$

$$e^{\pm ix} = \cos x \pm i \sin x$$

$$\cos x = \frac{e^{ix}+e^{-ix}}{2} \qquad \sin x = \frac{e^{ix}-e^{-ix}}{2i}$$

$$\cosh x = \frac{e^{x}+e^{-x}}{2} \qquad \sinh x = \frac{e^{x}-e^{-x}}{2}$$

$$f(x) = f(a) + f'(a)(x-a) + \frac{1}{2!}f''(a)(x-a)^2 + \frac{1}{3!}f'''(a)(x-a)^3 + \cdots$$

$$e^x = 1 + x + \frac{x^2}{2!} + \frac{x^3}{3!} + \frac{x^4}{4!} + \cdots$$

$$\cos x = 1 - \frac{x^2}{2!} + \frac{x^4}{4!} - \frac{x^6}{6!} + \cdots$$

$$\sin x = x - \frac{x^3}{3!} + \frac{x^5}{5!} - \frac{x^7}{7!} + \cdots$$

$$\ln(1+x) = x - \frac{x^2}{2} + \frac{x^3}{3} - \frac{x^4}{4} + \cdots \qquad -1 < x \le 1$$

$$\frac{1}{1-x} = 1 + x + x^2 + x^3 + x^4 + \cdots \qquad x^2 < 1$$

$$(1 \pm x)^n = 1 \pm nx \pm \frac{n(n-1)}{2!}x^2 \pm \frac{n(n-1)(n-2)}{3!}x^3 + \cdots \qquad x^2 < 1$$

$$\int_0^\infty x^n e^{-ax}\,dx = \frac{n!}{a^{n+1}} \qquad (n \text{ positive integer})$$

$$\int_0^\infty e^{-ax^2}\,dx = \left(\frac{\pi}{4a}\right)^{1/2}$$

$$\int_0^\infty x^{2n} e^{-ax^2}\,dx = \frac{1\cdot 3\cdot 5\cdots(2n-1)}{2^{n+1}a^n}\left(\frac{\pi}{a}\right)^{1/2} \qquad (n \text{ positive integer})$$

$$\int_0^\infty x^{2n+1} e^{-ax^2}\,dx = \frac{n!}{2a^{n+1}} \qquad (n \text{ positive integer})$$

$$\int_0^1 x^m(1-x)^n\,dx = \frac{m!\,n!}{(m+n+1)!} \qquad (m \text{ and } n \text{ positive integers})$$

$$\int_0^a \sin\frac{n\pi x}{a}\sin\frac{m\pi x}{a} = \int_0^a \cos\frac{n\pi x}{a}\cos\frac{m\pi x}{a} = \frac{a}{2}\delta_{nm}$$

$$\int_{-a}^a \cos\frac{n\pi x}{a}\sin\frac{m\pi x}{a} = 0 \qquad (m \text{ and } n \text{ integers})$$

PLANE POLAR COORDINATES:

$$x = r\cos\theta \qquad 0 \le r < \infty$$

$$y = r\sin\theta \qquad 0 \le \theta \le 2\pi$$

$$d\tau = r\,dr\,d\theta$$

$$\nabla^2 = \frac{\partial^2}{\partial x^2} + \frac{\partial^2}{\partial y^2}$$

$$= \frac{1}{r}\frac{\partial}{\partial r}\left(r\frac{\partial}{\partial r}\right) + \frac{1}{r^2}\frac{\partial^2}{\partial\theta^2} = \frac{\partial^2}{\partial r^2} + \frac{1}{r}\frac{\partial}{\partial r} + \frac{1}{r^2}\frac{\partial^2}{\partial\theta^2}$$

SPHERICAL COORDINATES:

$$x = r\sin\theta\cos\phi \qquad 0 \le r < \infty$$

$$y = r\sin\theta\sin\phi \qquad 0 \le \theta \le \pi$$

$$z = r\cos\theta \qquad 0 \le \phi \le 2\pi$$

$$d\tau = r^2\sin\theta\,dr\,d\theta\,d\phi$$

$$\nabla^2 = \frac{\partial^2}{\partial x^2} + \frac{\partial^2}{\partial y^2} + \frac{\partial^2}{\partial z^2}$$

$$= \frac{1}{r^2}\frac{\partial}{\partial r}\left(r^2\frac{\partial}{\partial r}\right) + \frac{1}{r^2\sin\theta}\frac{\partial}{\partial\theta}\left(\sin\theta\frac{\partial}{\partial\theta}\right) + \frac{1}{r^2\sin^2\theta}\frac{\partial^2}{\partial\phi^2}$$

$$\int_0^\pi \cos^n\theta\sin\theta\,d\theta = \int_{-1}^1 x^n\,dx = \begin{cases} 0 & \text{if } n \text{ is odd} \\ \dfrac{2}{n+1} & \text{if } n \text{ is even} \end{cases}$$

$$\int_0^\pi \cos^n\theta\sin^3\theta\,d\theta = \int_{-1}^1 x^n(1-x^2)\,dx = \begin{cases} 0 & \text{if } n \text{ is odd} \\ \dfrac{4}{(n+1)(n+3)} & \text{if } n \text{ is even} \end{cases}$$